전기기사 합격수기 보러가기

당신 차례입니다.
한솔과 **합격할 수 있습니다!**

한솔아카데미와 함께 합격의 주인공이 되어보세요!

비전공자
박*양

노력한 것은 반드시 보상이 된다

저는 50대 후반으로 대기업 직장생활 정년퇴직을 두해 정도 남겨두었고, 전기 전공은 아니지만 화공 분야 전공자로서 기초 수학과 물리 개념은 정도는 이해한 상태로 시험공부를 시작하였습니다. 시험공부는 23년 7월 교재를 구입하여 퇴근 후 3~4시간과 주말 8~10시간 목표로 시작하였지만, 퇴근 후 도서관이나 스터디 카페에서 책을 펴면 잠이 쏟아지니 집중적인 공부는 2시간 정도를 넘지 못했습니다. 좌절 속에 23년 12월을 마무리하고 24년 1회 차 필기 합격에 독한 마음으로 다시 시작하였습니다. 우선 수면은 5시간으로 하고 부족한 수면은 회사에서 점심시간에 쪽잠으로 메꾸는 전략, 출퇴근 시간에는 가수면 상태를 유지하고 가장 중요한 것은 에너지를 한 곳으로 모아서 공부에만 집중하는 것이었습니다. 퇴근하고 반드시 7시부터 12시까지 열공. 다음날 아침에 반드시 전일 공부한 것은 1시간 정도 리뷰하고 자주 잊어버리는 핵심사항은 별도 노트를 만들어 기록하여 소지하고 다니면서 영상 이미지를 반복하거나 기억이 안나면 확인하는 전략이었습니다. 또한 기출문제의 모르는 부분은 항상 이론서에서 확인하였습니다. 결국 공짜는 없고 투자한 만큼 점수로 보상받는 것이 진리였습니다. "노력한 것은 반드시 보상이 된다"라는 신념으로 필기를 마쳤고 다시 실기에 도전하고자 합니다. 한솔아카데미에서 공부하시는 모든 분들이 좋은 결과가 함께 하시길 기도드립니다.

비전공자
이*윤

전기기사 동회차 합격했습니다

안녕하세요. 비전공자 동회차 전기기사 합격했습니다. 공대 출신이긴 하나 토목전공으로 처음 전기를 처음 공부할 때 V=IR 이거만 알고 시작했어요. 처음 이론 강의 한번 듣고 기출 시작하려고 했는데 한솔의 블랙박스 강의 동영상이 많은 도움이 되었습니다. 공부기간은 한 달 정도 걸렸고 기출 10개년 3회독, 그리고 복원문제 2회독 이렇게 준비하고 시험 쳐서 평균 77점으로 합격했습니다. 기출과 복원을 얼마나 제대로 외웠는지 거기서 필기는 합불이 갈려진다고 볼 수 있습니다. 실기도 기출 들어가기 전에 이론 강의로 한솔 블랙박스 강의 및 마인드맵 동영상이 많은 도움이 되었습니다. 실기공부기간은 한 달 반정도 걸렸고 기출 15개년 3회독을 목표로 잡고 공부했습니다. 실기는 하루에 1년 치 또는 그 이하를 하더라도 꾸준히 빠짐없이 하는 게 중요한 거 같습니다. 안되면 다음회차 치면 되겠지 이런 생각보다 동차를 목표로 자투리 시간도 틈틈이 공부한 게 도움이 된 거 같습니다. 운이 좋게 63점으로 실기는 합격하게 되었습니다. 한솔아카데미 카카오톡 오픈채팅으로 모르는 게 있으면 질문하면 답변도 잘해주시고 도움이 많이 되었습니다. 거의 4개월 동안 짧다면 짧고 길다면 길겠지만 합격으로 마무리할 수 있어 다행으로 생각되며 합격에 도움을 준 한솔아카데미와 한솔아카데미 교수님께 감사합니다.

이 책의 구성

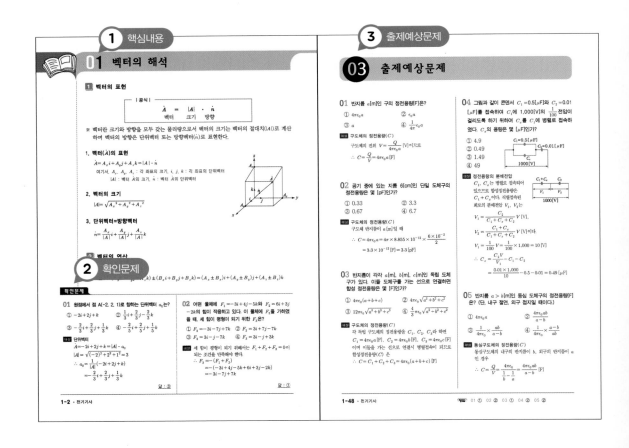

01 핵심내용

- 출제항목별 핵심이 되는 기본이론을 일목요연하게 정리하여 학습의 기초를 튼튼하게 한다.
- 최근 출제경향에 맞는 기본핵심공식 및 이론을 확실하게 학습하여야 한다.
- 특히, 전기설비기술기준(KEC 규정)은 21년 7월에 변경된 최신 내용을 반영하여 신규문제에 대한 적응력을 향상시켰다.

02 확인문제

- 기본핵심이론 및 기본공식을 실제 문제에 적용하여 이해도를 높이고 각 문제풀이시 적응력을 높이도록 한다.

03 출제예상문제

- 출제예상문제는 28여 년 간의 과년도 기출문제를 완전분석하여 난이도별 기본문제, 중급문제, 상급문제를 고르게 수록하여 충분한 학습이 되도록 구성하였다.
- 이 과정을 충실히 학습하면 80% 이상의 모든 문제가 해결될 수 있을 것으로 생각된다.
- 전기설비기술기준(KEC 규정)에 따른 최신 내용에 맞는 출제예상문제를 수록하였다.

04 예제문제

- 예제문제는 난이도 중급, 상급의 문제를 선별하여 보다 상세한 풀이과정을 설명하였으며 한 가지 공식만으로 풀리지 않고 2중, 3중의 공식을 이용하거나 공식 상관관계에 따라 유도되는 까다로운 문제들을 모아 새로운 풀이전략을 제시하고 있다.

05 유사문제

- 유사문제는 난이도 중급, 상급의 예제문제풀이를 통해 익숙한 풀이전략을 유사문제를 통해 문제풀이 범위를 넓혀 실전 적응력을 높이도록 구성하고 있다.

06 과년도 출제문제

- 28개 년 기출문제를 각 단원별 출제항목별로 분석하여 본문의 출제예상문제에 수록하였다.
- 최근 5개년 간 출제문제를 수록하여 출제경향파악 및 학습 완성도를 평가할 수 있게 하였다.
- 전기설비기술기준 과목은 삭제문제와 규정변경문제로 구분하여 새로운 규정이 반영된 문제로 변경하여 수록하였다.

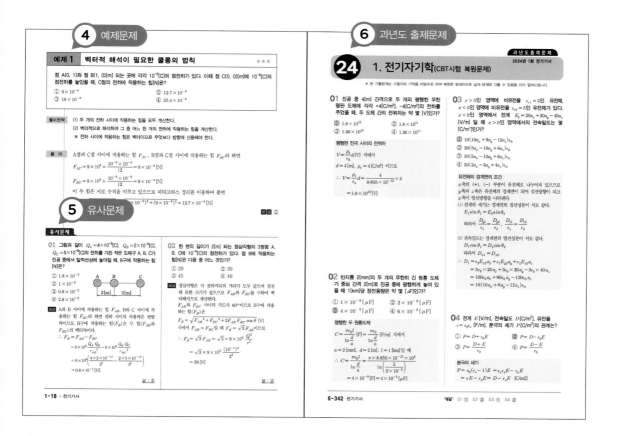

최종 점검 모의고사

필기 온라인 전국모의고사 ㅣ 실기 자율모의고사 문제제공

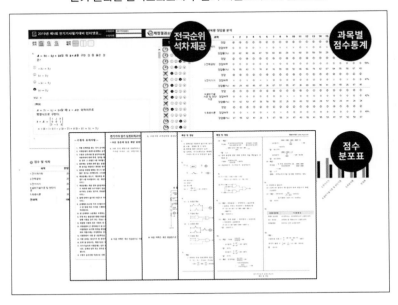

전기전담 강사님과의 학습 Q&A

365일 학습질의, 응답 답변

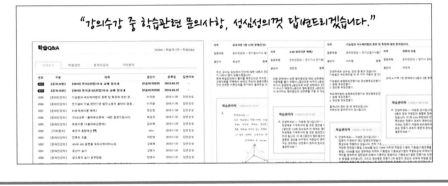

2025 **완벽대비**

핵심포켓북
동영상강의 제공

각 과목별 핵심정리 및 과년도문제 분석

전기기사
5주 완성

INUP
2025 대비

전용 홈페이지 학습게시판을 통한
담당교수님의 1:1 질의응답 학습관리

28년간 기출문제 분석

2

적중문제

한솔아카데미

Contents

Contents

05 전기설비기술기준 (한국전기설비규정[KEC])

전 기 기 사
5 주 완 성

04

Engineer   Electricity

회로이론 및 제어공학

Part I 회로이론

01 직류회로

1 옴의 법칙

| 정의 |

저항(R)에 흐르는 전류(I)의 크기가 전압(V 또는 E)에 비례하고, 저항에 반비례하여 흐른다.

| 공식 |

$$I = \frac{V}{R} [\text{A}], \quad V = IR [\text{V}], \quad R = \frac{V}{I} [\Omega]$$

여기서, I : 전류[A], V : 전압[V], R : 저항[Ω]

2 저항의 직·병렬 접속

$R = \dfrac{V}{I}[\Omega]$식에 의하여 전류가 일정한 직렬회로에서 전압은 저항에 비례하여 분배되며 전압이 일정한 병렬회로에서 전류는 저항에 반비례하여 분배된다.

1. 저항의 직렬접속

(1) 합성저항(R)

$$R = R_1 + R_2 [\Omega]$$

(2) 전전류(I)

$$I = \frac{V_1}{R_1} = \frac{V_2}{R_2} = \frac{V}{R} = \frac{V}{R_1 + R_2} [\text{A}]$$

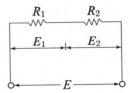

확인문제

01 그림에서 R_1, R_2, R_3가 각각 1, 2, 3[Ω]일 때 합성 저항은 몇 [Ω]인가?

① 5.45
② 6
③ 7
④ 8

[해설] 저항이 직렬접속이므로 합성저항은

$R = R_1 + R_2 + R_3 [\Omega]$이다.

$\therefore R = 1 + 2 + 3 = 6 [\Omega]$

답 : ②

신유형

02 24[Ω]인 저항 R에 미지저항 R_x를 직렬로 접속했을 때 R의 전압강하 $E = 72$[V]이고 미지저항 R_x의 전압강하 $E_x = 45$[V]라면 R_x의 값은 몇 [Ω]인가?

① 15
② 10
③ 8
④ 5

[해설] 24[Ω]과 R_x 저항이 직렬접속되었으므로 회로에 흐르는 전류는 일정하게 된다. 따라서

$I = \dfrac{V_1}{R_1} = \dfrac{V_2}{R_2} = \dfrac{V}{R} = \dfrac{V}{R_1 + R_2}$[A]식에 의해서

$R = 24 [\Omega]$, $E = 72$ [V], $E_x = 45$ [V]일 때

$\dfrac{E}{24} = \dfrac{E_x}{R_x}$[A]식은 $\dfrac{72}{24} = \dfrac{45}{R_x}$[A]가 된다.

$\therefore R_x = 45 \times \dfrac{24}{72} = 15 [\Omega]$

답 : ①

(3) 분배전압(V_1, V_2)

$$V_1 = \frac{R_1}{R_1 + R_2} V [\mathrm{V}], \quad V_2 = \frac{R_2}{R_1 + R_2} V [\mathrm{V}]$$

여기서, R_1, R_2 : 직렬접속된 저항[Ω], R : 합성저항[Ω],

V_1, V_2 : 각 저항의 분배전압(=전압강하)[V], V : 전전압[V]

2. 저항의 병렬 접속

(1) 합성저항(R)

$$R = \frac{1}{\dfrac{1}{R_1} + \dfrac{1}{R_2}} = \frac{R_1 R_2}{R_1 + R_2} [\Omega]$$

(2) 전전압(V)

$$V = R_1 I_1 = R_2 I_2 = R I = \frac{R_1 R_2}{R_1 + R_2} I [\mathrm{V}]$$

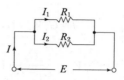

(3) 분배전류(I_1, I_2)

$$I_1 = \frac{R_2}{R_1 + R_2} I [\mathrm{A}], \quad I_2 = \frac{R_1}{R_1 + R_2} I [\mathrm{A}]$$

여기서, R_1, R_2 : 병렬접속된 저항[Ω], R : 합성저항[Ω], I_1, I_2 : 각 저항의 분배전류[A], I : 전전류[A]

확인문제

03 그림에서 R_1, R_2, R_3가 각각 1, 2, 3[Ω]일 때 합성 저항은 몇 [Ω]인가?

① 0.545
② 5.45
③ 0.275
④ 2.75

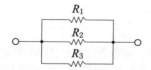

[해설] 저항이 병렬접속이므로 합성저항은

$$R = \frac{1}{\dfrac{1}{R_1} + \dfrac{1}{R_2} + \dfrac{1}{R_3}} [\Omega] 이다.$$

$$\therefore R = \frac{1}{\dfrac{1}{1} + \dfrac{1}{2} + \dfrac{1}{3}} = 0.545 [\Omega]$$

답 : ①

04 그림과 같은 회로에서 저항 R_2에 흐르는 전류 I_2는 얼마인가?

① $\dfrac{R_1 + R_2}{R_1} \cdot I$

② $\dfrac{R_1 + R_2}{R_2} \cdot I$

③ $\dfrac{R_2}{R_1 + R_2} \cdot I$

④ $\dfrac{R_1}{R_1 + R_2} \cdot I$

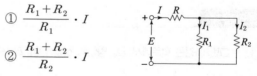

[해설] 저항 R_1과 R_2가 병렬연결이며 전전류가 I이므로

$$I_1 = \frac{R_2}{R_1 + R_2} I [\mathrm{A}], \quad I_2 = \frac{R_1}{R_1 + R_2} I [\mathrm{A}]$$

답 : ④

3 콘덕턴스의 직·병렬 접속

$G=\dfrac{1}{R}=\dfrac{I}{V}$ [S]식에 의하여 전류가 일정한 직렬회로에서 전압은 콘덕턴스에 반비례하여 분배되며 전압이 일정한 병렬회로에서 전류는 콘덕턴스에 비례하여 분배된다.

콘덕턴스의 직렬접속	콘덕턴스의 병렬접속
$G=\dfrac{1}{\dfrac{1}{G_1}+\dfrac{1}{G_2}}=\dfrac{G_1 G_2}{G_1+G_2}$ [S]	$G=G_1+G_2$ [S]
$I=G_1 V_1=G_2 V_2=GV=\dfrac{G_1 G_2}{G_1+G_2}V$ [A]	$V=\dfrac{I_1}{G_1}=\dfrac{I_2}{G_2}=\dfrac{I}{G}=\dfrac{I}{G_1+G_2}$ [V]
$V_1=\dfrac{G_2}{G_1+G_2}V$ [V], $V_2=\dfrac{G_1}{G_1+G_2}V$ [V] 여기서, G_1, G_2 : 직렬접속된 콘덕턴스[S], G : 합성콘덕턴스[S], V_1, V_2 : 분배전압[V], V : 전전압[V], I : 전류[A]	$I_1=\dfrac{G_1}{G_1+G_2}I$ [A], $I_2=\dfrac{G_2}{G_1+G_2}I$ [A] 여기서, G_1, G_2 : 병렬접속된 콘덕턴스[S], I_1, I_2 : 각 콘덕턴스의 분배전류[A] G : 합성콘덕턴스[S], V : 전전압[V], I : 전류[A]

4 소비전력(P)

> **| 공식 |**
>
> $$P=VI=I^2 R=\dfrac{V^2}{R}\ [\mathrm{W}]$$

여기서, P : 소비전력[W], V : 전압[V], I : 전류[A], R : 저항[Ω]

전력의 공식은 여러 가지 형태로 표현되며 회로의 접속 상황에 따라 적절히 적용시켜야 한다. 일반적으로 "$I^2 R$" 공식은 직렬접속에서 적용하고 "$\dfrac{V^2}{R}$" 공식은 병렬접속에서 적용함이 적당하다.

확인문제

05 그림과 같은 회로에서 G_2 양단의 전압 강하 E_2는?

① $\dfrac{G_2}{G_1+G_2}\cdot E$

② $\dfrac{G_1}{G_1+G_2}\cdot E$

③ $\dfrac{G_1 G_2}{G_1+G_2}\cdot E$

④ $\dfrac{G_1+G_2}{G_1 G_2}\cdot E$

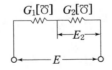

해설 콘덕턴스 직렬접속의 분배전압

$$E_1=\dfrac{G_2}{G_1+G_2}E\ [\mathrm{V}],\quad E_2=\dfrac{G_1}{G_1+G_2}E\ [\mathrm{V}]$$

답 : ②

06 정격 전압에서 1[kW] 전력을 소비하는 저항에 정격의 70[%]의 전압을 가할 때의 전력[W]은?

① 490 ② 580

③ 640 ④ 860

해설 $P=\dfrac{V^2}{R}=1$ [kW]이므로 $V'=0.7V$[V]이면

$$P'=\dfrac{V'^2}{R}=\dfrac{(0.7V)^2}{R}=0.49\times\dfrac{V^2}{R}$$
$$=0.49\times 1,000$$
$$=490\ [\mathrm{W}]$$

답 : ①

예제 1	저항의 직·병렬 접속 - 전류계산	★★☆

그림과 같은 회로에서 a, b단자에 200[V]를 가할 때 저항 2[Ω]에 흐르는 전류 I_1[A]는?

① 40

② 30

③ 20

④ 20

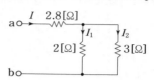

풀이전략 (1) 합성저항을 이용하여 전전류를 계산한다.

(2) 저항의 병렬접속의 분배전류 공식을 이용하여 문제를 해결한다.

풀 이 저항 2[Ω], 3[Ω]을 각각 R_1, R_2라 하고 병렬이므로 $\dfrac{R_1 R_2}{R_1 + R_2}$[Ω]식에 대입하여 풀고 저항 2.8[Ω]이 직렬이므로 합하여 합성저항(R)을 구한다.

$$R = 2.8 + \frac{2 \times 3}{2 + 3} = 4\,[\Omega]$$

옴의 법칙을 이용하여 전전류를 계산한다.

$$I = \frac{V}{R} = \frac{200}{4} = 50[A]$$

저항의 병렬접속의 분배전류 공식에 대입하여 결과를 얻는다.

$$\therefore I_1 = \frac{R_2}{R_1 + R_2} I = \frac{3}{2 + 3} \times 50 = 30[A]$$

정답 ②

유사문제

신유형

01 그림과 같은 회로에서 2[Ω]에 흐르는 전류 I_1 [A]는?

① 2

② 4

③ 6

④ 8

해설 $R = 3 + \dfrac{2 \times 3}{2 + 3} = 4.2\,[\Omega]$

$I = \dfrac{42}{4.2} = 10[A]$

$\therefore I_1 = \dfrac{3}{2 + 3} \times 10 = 6[A]$

답 : ③

02 그림과 같은 회로에서 6[Ω]에 흐르는 전류 I_1 [A]는?

① 2

② 4

③ 6

④ 8

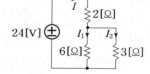

해설 $R = 2 + \dfrac{6 \times 3}{6 + 3} = 4\,[\Omega]$

$I = \dfrac{24}{4} = 6[A]$

$\therefore I_1 = \dfrac{3}{6 + 3} \times 6 = 2[A]$

답 : ①

예제 2	저항의 직·병렬 접속 – 전압계산	★★☆

그림과 같은 회로에서 a, b의 단자 전압 E_{ab}[V]는?

① 3
② 6
③ 12
④ 24

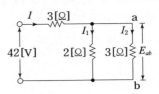

풀이전략 (1) 먼저 병렬접속된 저항을 계산하여 회로를 직렬로 만든다.

(2) 저항의 직렬접속의 분배전압 공식을 이용하여 문제를 해결한다.

풀 이 병렬접속된 저항 2[Ω], 3[Ω]의 합성저항을 R_{ab}라 하면

$$R_{ab} = \frac{2 \times 3}{2 + 3} = 1.2 \, [\Omega]$$

남아있는 저항 3[Ω]과 R_{ab}는 직렬접속되므로 저항의 직렬접속의 분배전압 공식에 대입하여 결과를 얻는다.

$$\therefore E_{ab} = \frac{R_{ab}}{3 + R_{ab}} \times 42 = \frac{1.2}{3 + 1.2} \times 42 = 12 \, [\text{V}]$$

정답 ③

유사문제

신유형

03 그림과 같은 회로에서 저항 3[Ω]에 걸리는 단자 전압 [V]는?

① 30
② 40
③ 50
③ 60

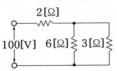

해설 병렬접속된 6[Ω], 3[Ω]의 합성저항을 R_{ab}라 하면

$$R_{ab} = \frac{6 \times 3}{6 + 3} = 2 \, [\Omega]$$

$$\therefore E_{ab} = \frac{R_{ab}}{2 + R_{ab}} \times 100 = \frac{2}{2 + 2} \times 100 = 50 \, [\text{V}]$$

답 : ③

04 그림과 같은 회로에서 $V_1 = 24$[V]일 때, V_0는 몇 [V]인가?

① 8
② 12
③ 16
④ 24

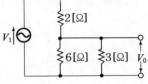

해설 병렬접속된 6[Ω], 3[Ω]의 합성저항을 R_{ab}라 하면

$$R_{ab} = \frac{6 \times 3}{6 + 3} = 2 \, [\Omega]$$

$$\therefore E_{ab} = \frac{R_{ab}}{2 + R_{ab}} \times 24 = \frac{2}{2 + 2} \times 24 = 12 \, [\text{V}]$$

답 : ②

그림과 같은 회로에 있어서 단자 a, b 사이에 24[V]의 전압을 가하여 2[A]의 전류를 흘리고 또한 r_1, r_2에 흐르는 전류를 1 : 2로 하고자 한다. r_1의 값[Ω]은?

① 3
② 6
③ 12
④ 24

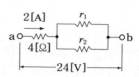

풀이전략
(1) 저항이 미지값이므로 먼저 전류의 분배비에 맞는 저항비를 구한다.
(2) 합성저항을 이용하여 옴의 법칙을 세운다.
(3) 저항비에 맞는 각각의 저항값을 계산한다.

풀 이
저항 r_1, r_2가 병렬접속이므로 옴의 법칙에 의하여 저항은 전류와 반비례 관계가 성립한다.
따라서, 저항 r_1, r_2에 흐르는 전류의 비가 1 : 2이면 저항의 비는 반대로 2 : 1이 됨을 알 수 있다.
$r_1 = 2r_2$

$$24 = 2 \times \left(4 + \frac{r_1 \times r_2}{r_1 + r_2}\right) = 2 \times \left(4 + \frac{2r_2 \times r_2}{2r_2 + r_2}\right)$$

위의 식을 정리하면
$12 = 4 + \dfrac{2}{3}r_2$이며 $r_2 = 12\,[\Omega]$이 됨을 알 수 있다.

$r_1 = 2r_2$이므로
$\therefore r_1 = 24\,[\Omega]$, $r_2 = 12\,[\Omega]$

정답 ④

유사문제

05 그림과 같은 회로에서 r_1, r_2에 흐르는 전류의 크기가 1 : 2의 비율이라면 r_1, r_2의 저항은 각각 몇 [Ω]인가?

① 16, 8
② 24, 12
③ 6, 3
④ 8, 4

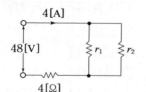

해설 $r_1 = 2r_2$

$$48 = 4 \times \left(4 + \frac{r_1 \times r_2}{r_1 + r_2}\right) = 4 \times \left(4 + \frac{2r_2 \times r_2}{2r_2 + r_2}\right)$$

$12 = 4 + \dfrac{2}{3}r_2$에서 $r_2 = 12\,[\Omega]$

$\therefore r_1 = 24\,[\Omega]$, $r_2 = 12\,[\Omega]$

답 : ②

06 a, b간에 25[V]의 전압을 가할 때 5[A]의 전류가 흐른다. r_1 및 r_2에 흐르는 전류의 비를 1 : 3으로 하려면 r_1 및 r_2의 저항은 각각 몇 [Ω]인가?

① $r_1 = 12$, $r_2 = 4$
② $r_1 = 24$, $r_2 = 8$
③ $r_1 = 6$, $r_2 = 2$
④ $r_1 = 2$, $r_2 = 6$

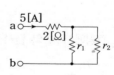

해설 $r_1 = 3r_2$

$$25 = 5 \times \left(2 + \frac{r_1 \times r_2}{r_1 + r_2}\right) = 5 \times \left(2 + \frac{3r_2 \times r_2}{3r_2 + r_2}\right)$$

$5 = 2 + \dfrac{3}{4}r_2$에서 $r_2 = 4\,[\Omega]$

$\therefore r_1 = 12\,[\Omega]$, $r_2 = 4\,[\Omega]$

답 : ①

★★★

01 일정 전압의 직류전원에 저항을 접속하고 전류를 흘릴 때 이 전류값을 20[%] 증가시키기 위해서는 저항값을 몇 배로 하여야 하는가?

① 1.25배
② 1.20배
③ 0.83배
④ 0.80배

[해설] 옴의 법칙

전류 I, 전압 V, 저항 R일 때 $I = \dfrac{V}{R}$ [A] $\propto \dfrac{1}{R}$ 이므로

$$\therefore R' = \frac{I}{I'}R = \frac{1}{1.2}R = 0.83\,R\,[\Omega]$$

★★

02 그림과 같은 회로에서 R_2 양단의 전압 E_2 [V]는?

① $\dfrac{R_1}{R_1 + R_2}E$

② $\dfrac{R_2}{R_1 + R_2}E$

③ $\dfrac{R_1 R_2}{R_1 + R_2}E$

④ $\dfrac{R_1 + R_2}{R_1 R_2}E$

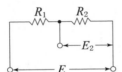

[해설] R_1, R_2 저항이 직렬연결이므로 전압의 비례분배법칙에

의하여 $E_1 = \dfrac{R_1}{R_1 + R_2}E[\mathrm{V}]$, $E_2 = \dfrac{R_2}{R_1 + R_2}E[\mathrm{V}]$

★

03 그림에서 R_1의 단자전압 e_1은 얼마인가?

① $\dfrac{R_1}{R_1 + R_2}e$

② $\dfrac{-R_1}{R_1 + R_2}e$

③ $\dfrac{R_2}{R_1 + R_2}e$

④ $\dfrac{-R_2}{R_1 + R_2}e$

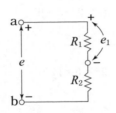

[해설] R_1, R_2 저항이 직렬연결이므로 전압의 비례분배법칙에 의하여 $e_1 = \dfrac{R_1}{R_1 + R_2}e$ [V], $e_2 = \dfrac{R_2}{R_1 + R_2}e$ [V]

★★

04 그림과 같은 회로에서 S를 열었을 때 전류계의 지시는 10[A]였다. S를 닫을 때 전류계의 지시는 몇 [A]인가?

① 8
② 10
③ 12
④ 15

[해설] S를 열었을 때 회로 전체에 걸리는 전전압을 구하면

$$E = IR = 10 \times \left(\frac{3 \times 6}{3 + 6} + 4\right) = 60\,[\mathrm{V}]$$

S를 닫으면 합성저항이 변하므로 전류계 지시값도 바뀌게 된다.

$$I' = \frac{E}{R'} = \frac{60}{\dfrac{3 \times 6}{3 + 6} + \dfrac{4 \times 12}{4 + 12}} = 12\,[\mathrm{A}]$$

★

05 a, b 양단에 220[V] 전압을 인가시 전류 I가 1[A] 흘렀다면 R의 저항은 몇 [Ω]인가?

① 100[Ω]
② 150[Ω]
③ 220[Ω]
④ 330[Ω]

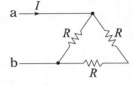

[해설] 옴의 법칙

$V = 220$ [V], $I = 1$ [A]일 때 합성저항 R_o은

$$R_o = \frac{V}{I} = \frac{R \cdot 2R}{R + 2R} = \frac{2}{3}R\,[\Omega]$$

$$\therefore R = \frac{V}{I} \times \frac{3}{2} = \frac{220}{1} \times \frac{3}{2} = 330\,[\Omega]$$

★★★
06 정격 전압에서 1[kW] 전력을 소비하는 저항에 정격의 80[%]의 전압을 가할 때의 전력[W]은?

① 320 　　　　② 580

③ 640 　　　　④ 860

해설 $P = \dfrac{V^2}{R} = 1\,[\text{kW}]$이므로 $V' = 0.8\,V\,[\text{V}]$이면

$$P' = \dfrac{V'^2}{R} = \dfrac{(0.8\,V)^2}{R} = 0.64 \times \dfrac{V^2}{R}$$
$$= 0.64 \times 1{,}000 = 640\,[\text{W}]$$

★★
07 그림의 사다리꼴 회로에서 부하전압 V_L 의 크기[V]는?

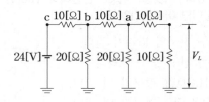

① 3 　　　　② 3.25

③ 4 　　　　④ 4.15

해설 $V_c = 24\,[\text{V}]$, $R_a = 10\,[\Omega]$, $R_b = 10\,[\Omega]$이므로

$$V_b = \frac{1}{2}\,V_c = \frac{1}{2} \times 24 = 12\,[\text{V}]$$
$$V_a = \frac{1}{2}\,V_b = \frac{1}{2} \times 12 = 6\,[\text{V}]$$
$$\therefore\ V_L = \frac{1}{2}\,V_a = \frac{1}{2} \times 6 = 3\,[\text{V}]$$

★★
08 그림과 같은 회로에서 I 는 몇 [A]인가? (단, 저항의 단위는 [Ω]이다.)

① 1

② $\dfrac{1}{2}$

③ $\dfrac{1}{4}$

④ $\dfrac{1}{8}$

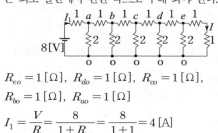

해설 연속적인 저항의 직·병렬접속의 회로에서는 합성저항을 구하는 것이 최우선이 되어야 한다. 또한 합성저항은 회로 말단에서 전원 쪽으로 구해 와야 한다.

$R_{eo} = 1\,[\Omega]$, $R_{do} = 1\,[\Omega]$, $R_{co} = 1\,[\Omega]$,
$R_{bo} = 1\,[\Omega]$, $R_{ao} = 1\,[\Omega]$

$$I_1 = \frac{V}{R} = \frac{8}{1 + R_{ao}} = \frac{8}{1+1} = 4\,[\text{A}]$$
$$\therefore\ I = \left(\frac{1}{2}\right)^5 I_1 = \frac{1}{32} \times 4 = \frac{1}{8}\,[\text{A}]$$

★★★
09 그림과 같은 회로에 일정한 전압이 걸릴 때 전원에 R_1 및 100[Ω]을 접속했다. R_1에 흐르는 전류를 최소로 하기 위한 R_2의 값[Ω]은?

① 25

② 50

③ 75

④ 100

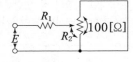

해설 우선 R_1에 흐르는 전류를 최소로 하기 위해서는 회로의 합성저항을 최대로 해야 한다. 합성저항을 R이라 하면

$$R = R_1 + \frac{R_2 \times (100 - R_2)}{R_2 + (100 - R_2)}$$
$$= R_1 + \frac{1}{100}(100 R_2 - R_2{}^2)$$

$\dfrac{dR}{dR_2} = 0$이 되는 조건에서 합성저항이 최대가 되므로

$$\frac{dR}{dR_2} = \frac{1}{100}(100 - 2R_2) = 0$$이 되려면
$$\therefore\ R_2 = \frac{100}{2} = 50\,[\Omega]$$

★

10 그림에서 BC 사이의 저항 R_1상에서 점 A를 취하여 AC 사이에 흐르는 전류가 최소로 되는 조건은?

① $\dfrac{2}{R_1}$

② $\dfrac{R_1}{2}$

③ $2R_1$

④ R_1

해설 우선 합성저항을 R, AC 사이에 흐르는 전류를 I라 하면

$$R = x + \frac{R_2 \times (R_1 - x)}{R_2 + (R_1 - x)} = \frac{R_1 R_2 + R_1 x - x^2}{R_1 + R_2 - x}$$

$$I = \frac{R_2}{R_1 + R_2 - x} \times \frac{E}{R} = \frac{R_2 E}{R_1 R_2 + R_1 x - x^2}$$

$\dfrac{dI}{dx} = 0$이 되는 조건에서 전류 I가 최소가 되므로

$$\frac{dI}{dx} = \frac{R_2 E(2x - R_1)}{(R_1 R_2 R_1 x - x^2)^2} = 0$$이 되려면 $x = \frac{R_1}{2}$

★★★

11 $R = 1[\Omega]$의 저항을 그림과 같이 무한히 연결할 때 a, b 사이의 합성 저항[Ω]은?

① 0

② 1

③ ∞

④ $1 + \sqrt{3}$

해설 연속적인 저항의 직·병렬접속이 무한히 연결된 회로의 합성저항은 근사법을 이용하여 풀어야 한다.

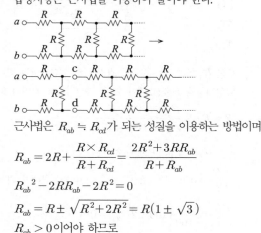

근사법은 $R_{ab} ≒ R_{cd}$가 되는 성질을 이용하는 방법이며

$$R_{ab} = 2R + \frac{R \times R_{cd}}{R + R_{cd}} = \frac{2R^2 + 3RR_{ab}}{R + R_{ab}}$$

$$R_{ab}^2 - 2RR_{ab} - 2R^2 = 0$$

$$R_{ab} = R \pm \sqrt{R^2 + 2R^2} = R(1 \pm \sqrt{3})$$

$R_{ab} > 0$이어야 하므로

$$\therefore R_{ab} = R(1 + \sqrt{3}) = 1 + \sqrt{3} \, [\Omega]$$

★★★

12 단위 길이당의 저항이 같은 도선을 사용하여 그림과 같은 무한히 긴 사다리 모양의 회로를 만들었다. 각 지로의 저항을 r라 할 때 ab 사이의 합성 저항은 몇 [Ω]인가?

① $\sqrt{3}\,r$

② r

③ $(\sqrt{3} - 1)r$

④ $(\sqrt{3} + 1)r$

해설 근사법에 의하여 $R_{ab} ≒ R_{cd}$가 되는 성질을 이용하면

$$R_{ab} = \frac{r \times (2r + R_{cd})}{r + 2r + R_{cd}} = \frac{2r^2 + rR_{ab}}{3r + R_{ab}}$$

$$R_{ab}^2 + 2rR_{ab} - 2r^2 = 0$$

$$R_{ab} = -r \pm \sqrt{r^2 + 2r^2} = r(-1 \pm \sqrt{3})$$

$R_{ab} > 0$이어야 하므로

$$\therefore R_{ab} = r(-1 + \sqrt{3}) = (\sqrt{3} - 1)r \, [\Omega]$$

★★ 신유형

13 100[V], 100[W] 전구와 100[V], 200[W] 전구가 있다. 이것을 직렬로 연결하여 100[V] 전원에 연결하면 어떠한가?

① 두 전구의 밝기가 같다.

② 두 전구 모두 흐리다.

③ 100[W] 전구가 더 밝다.

④ 200[W] 전구가 더 밝다.

해설 100[W] 전구와 200[W] 전구의 저항값을 각각 R_{100}, R_{200}이라 하면 $P = \dfrac{V^2}{R}$ [W] 식에 의해서

R_{100}과 R_{200}을 먼저 구해보면

$$R_{100} = \frac{V^2}{P_{100}} = \frac{100^2}{100} = 100 \, [\Omega]$$

$$R_{200} = \frac{V^2}{P_{200}} = \frac{100^2}{200} = 50 \, [\Omega]$$

이 두 전구를 직렬로 연결하면 각 전구의 소비전력 P_{100}', P_{200}'는 $P = I^2 R$ [W]식에 의해서($V = 100$ [V]임)

$$P_{100}' = \left(\frac{V}{R_{100} + R_{200}}\right)^2 R_{100}$$

$$= \left(\frac{100}{100 + 50}\right)^2 \times 100 = 44.44 \,[\text{W}]$$

$$P_{200}' = \left(\frac{V}{R_{100} + R_{200}}\right)^2 R_{200}$$

$$= \left(\frac{100}{100 + 50}\right)^2 \times 50 = 22.22 \,[\text{W}]$$

$\therefore P_{100}' > P_{200}'$이므로 100[W] 전구가 더 밝다.

★

14 다음 그림은 전압이 10[V]인 전원장치에 가변저
항과 전열기를 연결한 회로이다. 가변저항이 5[Ω]
일 때 회로에 흐르는 전류는 1[A]이다. 가변저항을
15[Ω]으로 바꾸고 전열기를 4초 동안 사용할 경우
전열기에 소비되는 전력[W]는 얼마인가? (단, 전원
장치의 전압과 전열기의 저항은 일정하다.)

① 1.25
② 1.5
③ 1.88
④ 2.0

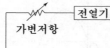

가변저항 전열기 전원장치

해설 소비전력(P)

$V = 10\,[\text{V}]$, 가변저항 R_x, 전열기 저항 R이라 하면

$R_x = 5\,[\Omega]$일 때 $I = 1\,[\text{A}]$이므로

$V = I(R_x + R)\,[\text{V}]$ 식에서

$R = \dfrac{V}{I} - R_x = \dfrac{10}{1} - 5 = 5\,[\Omega]$이다.

$R_x' = 15$으로 바꾸면 전류 I'는

$I' = \dfrac{V}{R_x' + R} = \dfrac{10}{15 + 5} = 0.5\,[\text{A}]$

$\therefore$ 전열기의 소비전력

$\quad P = (I')^2 R = 0.5^2 \times 5 = 1.25\,[\text{W}]$

02 정현파 교류

1 교류의 표현

> **│ 정의 │**
>
> 교류발전기의 전기자 1도체가 1회전할 때 시간에 대하여 주기적으로 정현파를 그리며 나타나는데 이 때 교류의 표현을 정현파 교류라 하며 다음과 같은 종류로 분류하여 적용한다.

1. 순시값(=순시치 : 교류의 파형을 식으로 표현할 때 호칭)

- E_m, I_m은 파형의 최대치를 표현하며 $\sin\omega t$는 정현파형을 나타내고 θ_e, θ_i는 전압, 전류 파형의 위상각을 의미한다. 그리고 소문자 알파벳으로 표현하는 $e(t)$, $i(t)$를 전압, 전류의 순시값이라 한다.
- 각속도(=각주파수 : ω)

$$\omega = \frac{\theta}{t} = \frac{2\pi}{T} = 2\pi f \,[\text{rad/sec}]$$

여기서 T : 주기,[sec] f : 주파수[Hz]

(1) 전압의 순시값 : $e(t)$

$$e(t) = E_m \sin(\omega t + \theta_e)\,[\text{V}]$$

(2) 전류의 순시값 : $i(t)$

$$i(t) = I_m \sin(\omega t + \theta_i)\,[\text{A}]$$

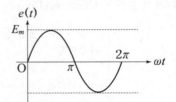

확인문제

01 $v = 141\sin\left(377t - \dfrac{\pi}{6}\right)$인 파형의 주파수[Hz]는?

① 377   ② 100
③ 60   ④ 50

해설 전압의 순시값을 표현하면
$v = V_m \sin(\omega t + \theta_v)\,[\text{V}]$이므로
$\omega = 2\pi f = 377\,[\text{rad/sec}]$임을 알 수 있다.

$$\therefore f = \frac{\omega}{2\pi} = \frac{377}{2\pi} = 60\,[\text{Hz}]$$

답 : ③

02 $v = 141\sin 377t$ [V]인 정현파 전압의 주파수[C/s]는?

① 50   ② 55
③ 60   ④ 65

해설 주파수의 단위는 [Hz]이며 또는 [C/s]이기도 하다. 따라서 전압의 순시값에서
$v = V_m \sin\omega t\,[\text{V}]$일 때
$\omega = 2\pi f = 377\,[\text{rad/sec}]$이므로

$$\therefore f = \frac{\omega}{2\pi} = \frac{377}{2\pi} = 60\,[\text{C/s}]$$

답 : ③

2. 실효값(=실효치 : 교류의 크기를 숫자로 표현할 때 호칭 : I)

| 공식 |

$$\cdot I^2 = \frac{1}{T}\int_0^T i(t)^2\,dt$$

$$\cdot I = \sqrt{\frac{1}{T}\int_0^T i(t)^2\,dt}$$

$$\cdot I = \sqrt{한\ 주기\ 동안의\ i(t)^2의\ 평균값}$$

여기서, T: 주기[sec], $i(t)$: 전류의 순시값[A]

3. 평균값(=평균치 : 교류의 직류 성분값 : I_{av})

| 공식 |

$$I_{av} = \frac{1}{T}\int_0^T i(t)\,dt$$

여기서, T: 주기[sec], $i(t)$: 전류의 순시값[A]

| 중요 |

정현파 교류는 한주기 내에서 반주기마다 주기적으로 정(+), 부(−)로 변화하므로 한주기 내에서의 평균값을 구하면 영(0)으로 된다. 따라서 교류의 직류성분값(평균값)을 구하기 위해서는 반주기까지 계산하여야 한다.

2 파고율과 파형률

1. 파고율

교류의 실효값에 대하여 파형의 최대값의 비율

확인문제

03 정현파 교류의 실효값을 계산하는 식은?

① $I = \frac{1}{T}\int_0^T i^2\,dt$ ② $I^2 = \frac{2}{T}\int_0^T i\,dt$

③ $I^2 = \frac{1}{T}\int_0^T i^2\,dt$ ④ $I = \sqrt{\frac{2}{T}\int_0^T i^2\,dt}$

[해설] 정현파 교류의 실효값은
- $I^2 = \frac{1}{T}\int_0^T i^2 dt$
- $I = \sqrt{\frac{1}{T}\int_0^T i^2 dt}$
- $I = \sqrt{1주기\ 동안의\ i^2의\ 평균값}$

답 : ③

04 교류 전류는 크기 및 방향이 주기적으로 변한다. 한 주기의 평균값은?

① 0   ② $\frac{2}{\pi}$

③ $\frac{2I_m}{\pi}$ ④ $\frac{I_m}{\sqrt{2}}$

[해설] 교류의 한 주기(T)는 2π이므로
$$I_{av} = \frac{1}{T}\int_0^T i\,dt = \frac{1}{2\pi}\int_0^{2\pi} I_m\sin\omega t\,d\omega t$$
$$= \frac{I_m}{2\pi}[-\cos\omega t]_0^{2\pi} = \frac{I_m}{2\pi}(-1+1) = 0\,[A]$$
∴ 교류의 평균값은 한 주기에서는 0으로 계산되므로 반 주기 동안만 주기로 하여 계산해야 한다.

답 : ①

2. 파형률

교류의 직류성분값(평균값)에 대하여 교류의 실효값의 비율

| 공식 |

$$파고율 = \frac{최대값}{실효값} \ , \quad 파형률 = \frac{실효값}{평균값}$$

3. 파형별 데이터

파형 및 명칭	실효값(I)	평균값(I_{av})	파고율	파형률
정현파	$\dfrac{I_m}{\sqrt{2}} = 0.707\,I_m$	$\dfrac{2I_m}{\pi} = 0.637\,I_m$	$\sqrt{2} = 1.414$	$\dfrac{\pi}{2\sqrt{2}} = 1.11$
전파정류파	"	"	"	"
반파정류파	$\dfrac{I_m}{2} = 0.5\,I_m$	$\dfrac{I_m}{\pi} = 0.319 I_m$	2	$\dfrac{\pi}{2} = 1.57$
구형파	I_m	I_m	1	1

확인문제

05 정현파 교류의 실효값은 최대값과 어떠한 관계가 있는가?

① π배   ② $\dfrac{2}{\pi}$배

③ $\dfrac{1}{\sqrt{2}}$배   ④ $\sqrt{2}$배

[해설] 정현파 교류의 실효값(I)

$$I = \frac{I_m}{\sqrt{2}} = 0.707\,I_m\,[A]이므로$$

$$\therefore \ \frac{1}{\sqrt{2}}배$$

답 : ③

06 정현파 교류 전압 $v = V_m \sin(\omega t + \theta)$ [V]의 평균값은 최대값의 몇(%)인가?

① 약 41.4   ② 약 50
③ 약 63.7   ④ 약 70.7

[해설] 정현파 교류의 평균값(V_{av})

$$V_{av} = \frac{2V_m}{\pi} = 0.637\,V_m\,[V]이므로$$

$$\therefore \ 63.7\,[\%]$$

답 : ③

파형 및 명칭	실효값(I)	평균값(I_{av})	파고율	파형률
반파구형파	$\dfrac{I_m}{\sqrt{2}} = 0.707\,I_m$	$\dfrac{I_m}{2} = 0.5\,I_m$	$\sqrt{2} = 1.414$	$\sqrt{2} = 1.414$
톱니파	$\dfrac{I_m}{\sqrt{3}} = 0.577\,I_m$	$\dfrac{I_m}{2} = 0.5\,I_m$	$\sqrt{3} = 1.732$	$\dfrac{2}{\sqrt{3}} = 1.155$
삼각파	"	"	"	"
제형파	$\dfrac{\sqrt{5}}{3}I_m$ $= 0.745\,I_m$	$\dfrac{2}{3}I_m = 0.667\,I_m$	$\dfrac{3}{\sqrt{5}} = 1.342$	$\dfrac{\sqrt{5}}{2} = 1.118$
2차 함수 파형 ($5\times10^4(t-0.02)^2$, 0.02 0.04 0.06)	6.32	3.3	3.16	1.915
1차 함수 파형 (10, 1 2 3 4 5)	6.67	5	1.499	1.334

여기서, I_m : 전류의 최대값[A]

예제 1 실효값과 평균값, 파형률과의 관계 ★☆☆

어떤 교류 전압의 실효값이 314[V]일 때 평균값 [V]은?

① 약 142
② 약 283
③ 약 365
④ 약 382

풀이전략
(1) 각 파형별로 파형률을 정리하여 암기해둔다.
(2) 파형률 공식을 이용하여 실효값, 평균값을 계산한다.

풀 이
임의의 교류전압은 정현파를 기준으로 정하여 계산하면 되므로 정현파의 파형률(=1.11)값을 이용하여 푼다.

┌─ |공식| ─────────────────────────────

$$파형률 = \frac{실효값}{평균값}, \quad 실효값 = 파형률 \times 평균값, \quad 평균값 = \frac{실효값}{파형률}$$

$$\therefore 평균값 = \frac{실효값}{파형률} = \frac{314}{1.11} = 283 \, [\text{V}]$$

정답 ②

유사문제

01 정현파 교류의 실효값을 구하는 식이 잘못된 것은?

① $\sqrt{\dfrac{1}{T} \int_0^T i^2 \, dt}$
② 파고율×평균값
③ $\dfrac{최대값}{\sqrt{2}}$
④ $\dfrac{\pi}{2\sqrt{2}} \times 평균값$

해설 $파형률 = \dfrac{실효값}{평균값}$ 식에 의해서

실효값=파형률×평균값

답 : ②

02 그림과 같은 파형을 가진 맥류 전류의 평균값이 10[A]라 하면 전류의 실효값[A]는?

① 10
② 14
③ 20
④ 28

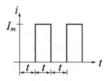

해설 파형은 반파구형파이므로 파형률은 $\sqrt{2}$임을 알 수 있다. $파형률 = \dfrac{실효값}{평균값}$ 식에 의해서

실효값=파형률×평균값=$\sqrt{2} \times 10 ≒ 14$ [A]

답 : ②

03 정현파 교류의 평균값에 어떠한 수를 곱하면 실효값을 얻을 수 있는가?

① $\dfrac{2\sqrt{2}}{\pi}$
② $\dfrac{\sqrt{3}}{2}$
③ $\dfrac{2}{\sqrt{3}}$
④ $\dfrac{\pi}{2\sqrt{2}}$

해설 $파형률 = \dfrac{실효값}{평균값}$ 식에 의해서

실효값=파형률×평균값이므로 본 문제는 정현파교류의 파형률을 요구하는 문제이다.

$\therefore$ 정현파 교류의 파형률=$\dfrac{\pi}{2\sqrt{2}} = 1.11$

답 : ④

신유형

04 파형이 톱니파일 경우 실효값이 100[V]였다면 평균값은 몇 [V]인가?

① 86.58
② 76.58
③ 66.58
④ 56.58

해설 톱니파의 파형률은 1.155이므로

$$평균값 = \frac{실효값}{파형률} = \frac{100}{1.155} = 86.58 \, [\text{V}]$$

답 : ①

예제 2. 두 개의 파형이 혼합된 경우의 평균값 계산 ★★☆

그림과 같은 전류 파형에서 $0 \sim \pi$까지는 $i = I_m \sin \omega t$, $\pi \sim 2\pi$까지는 $i = -\dfrac{I_m}{2}$으로 주어진다. $I_m = 10$ [A]라 할 때 전류의 평균값[A]은?

① 0.234
② 0.342
③ 0.432
④ 0.684

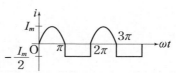

풀이전략   (1) 각 파형별로 평균값을 정리하여 암기해둔다.

           (2) 각 파형의 평균값을 합산하여 계산하되 각별히 부호에 신중해야 한다.

풀 이   본문의 파형은 반파정류파와 반파구형파가 혼합된 경우를 나타내고 있다.

이때 각 파형의 평균값은 반파정류파인 경우 $I_{av1} = \dfrac{최대값}{\pi} = \dfrac{I_m}{\pi}$

반파구형파인 경우 $I_{av2} = \dfrac{최대값}{2} = \dfrac{-\dfrac{I_m}{2}}{2} = -\dfrac{I_m}{4}$이므로

$I_{av} = I_{av1} + I_{av2} = \dfrac{I_m}{\pi} - \dfrac{I_m}{4}$임을 알 수 있다.

$I_m = 10$ [A]일 때

$\therefore I_{av} = \dfrac{10}{\pi} - \dfrac{10}{4} = 0.684$ [A]

정답 ④

유사문제

05 그림과 같은 전류 파형의 평균값 [A]은?

① 3.06
② 0.342
③ 0.36
④ 0.685

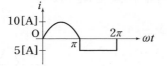

해설 위의 본문과 동일한 문제로 $I_m = 10$ [A]를 위 식에 대입하여 풀면

$\therefore I_{av} = \dfrac{I_m}{\pi} - \dfrac{I_m}{4} = \dfrac{10}{\pi} - \dfrac{10}{4} = 0.685$ [A]

답 : ④

06 그림과 같은 전류파형에서 $0 \sim \pi$까지는 $i = I_m \sin \omega t$, $\pi \sim 2\pi$까지는 $i = -\dfrac{I_m}{2}$으로 주어진다. $I_m = 5$[A]라 할 때 전류의 평균값 [A]은?

① 0.234
② 0.342
③ 0.432
④ 0.5

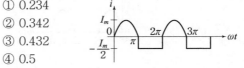

해설 위의 본문과 유사한 문제로 $I_m = 5$ [A]를 위 식에 대입하여 풀면

$\therefore I_{ab} = \dfrac{I_m}{\pi} - \dfrac{I_m}{4} = \dfrac{5}{\pi} - \dfrac{5}{4} = 0.342$ [A]

답 : ②

측정용 계기(전압계, 전류계)와 실효값, 평균값과의 관계 ★☆☆

그림과 같은 파형의 맥동 전류를 열선형 계기로 측정한 결과 10[A]였다. 이를 가동코일형 계기로 측정할 때 전류의 값[A]은?

① 7.07
② 10
③ 14.14
④ 17.32

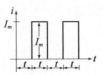

풀이전략 (1) 측정용 계기의 지시값이 어떤 값을 나타내는지를 파악한다.

(2) 파형률 공식을 이용하여 실효값, 평균값을 계산한다.

풀 이 ■ 측정용 계기에는 직류용(DC)과 교류용(AC), 직·교양용(DC/AC)으로 나누어지며 직류 전용 계기의 지시값은 평균값, 교류측정이 가능한 계기는 실효값으로 취하여 계산한다.

· 직류전용 : 가동코일형 계기

· 교류용, 직·교양용 : 가동철편형, 전류력계형, 열선형, 열전형, 정전형 계기 등이다.

열선형 계기의 지시값은 실효값을 나타내므로 반파구형파의 실효값이 10[A]임을 알 수 있다. 또한 가동코일형 계기의 지시값은 평균값을 나타내며 반파구형파의 파형률은 $\sqrt{2}$ 이므로 파형률 공식에 따라서

$$\therefore 평균값 = \frac{실효값}{파형률} = \frac{10}{\sqrt{2}} = 7.07 \,[A]$$

정답 ①

유사문제

07 그림과 같이 최대값 V_m의 정현파 교류를 다이오드 1개로 반파 정류하여 순저항 부하에 가하고 직류 전압계로 전압을 측정할 때, 전압계의 지시값은 몇 [V]인가?

① πV_m

② $\dfrac{V_m}{\pi}$

③ $\dfrac{\sqrt{2}}{\pi} V_m$

④ $\dfrac{2}{\pi} V_m$

해설 직류전압계의 지시값은 평균값을 나타내며 파형은 반파정류파이므로

$$\therefore 평균값 = \frac{최대값}{\pi} = \frac{V_m}{\pi}$$

답 : ②

08 무유도 저항 부하에 그림 (a)와 같이 정현파 교류를 정류한 맥류가 흐를 때 그림 (b)와 같이 접속된 가동 코일형 전압계 및 전류계의 지시값 V_a, I_a에 의하여 부하의 전력을 구하면?

① $\dfrac{\pi^2}{8} V_a I_a$

② $V_a I_a$

③ $\dfrac{\pi^2}{4} V_a I_a$

④ $\dfrac{\pi^2}{2} V_a I_a$

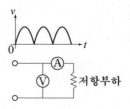

해설 정현파의 파형률은 $\dfrac{\pi}{2\sqrt{2}}$ 이며 실효값은 파형률×평균값이므로 실효값 전압, 전류를 V, I 라 할 때 전력은

$$\therefore P = VI = \frac{\pi}{2\sqrt{2}} V_a \times \frac{\pi}{2\sqrt{2}} I_a = \frac{\pi^2}{8} V_a I_a \,[W]$$

답 : ①

★★
01 파고율이 1.414인 것은 어떤 파인가?

① 반파 정류파   ② 직사각형파
③ 정현파   ④ 톱니파

[해설] 파형의 파고율

파형	정현파	반파 정류파	구형파	반파 구형파	톱니파	삼각파
파고율	$\sqrt{2}$	2	1	$\sqrt{2}$	$\sqrt{3}$	$\sqrt{3}$

파고율$= 1.414 = \sqrt{2}$ 이므로
∴ 정현파 또는 반파구형파이다.

★★★
02 파고율이 2가 되는 파형은?

① 정현파   ② 톱니파
③ 반파 정류파   ④ 전파 정류파

[해설] 파형의 파고율

파형	정현파	반파 정류파	구형파	반파 구형파	톱니파	삼각파
파고율	$\sqrt{2}$	2	1	$\sqrt{2}$	$\sqrt{3}$	$\sqrt{3}$

★★★
03 그림과 같은 파형의 파고율은?

① 2.828
② 1.732
③ 1.414
④ 1

[해설] 파형의 파고율

파형	정현파	반파 정류파	구형파	반파 구형파	톱니파	삼각파
파고율	$\sqrt{2}$	2	1	$\sqrt{2}$	$\sqrt{3}$	$\sqrt{3}$

∴ 파형은 구형파이므로 파고율=1이다.

★★★
04 그림과 같은 파형의 파고율은?

① $\sqrt{2}$
② $\sqrt{3}$
③ 2
④ 3

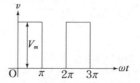

[해설] 파형의 파고율

파형	정현파	반파 정류파	구형파	반파 구형파	톱니파	삼각파
파고율	$\sqrt{2}$	2	1	$\sqrt{2}$	$\sqrt{3}$	$\sqrt{3}$

∴ 파형은 반파구형파이므로 파고율$= \sqrt{2}$ 이다.

★★★
05 그림과 같은 파형의 파고율은?

① $\dfrac{1}{\sqrt{3}}$
② $\dfrac{2}{\sqrt{3}}$
③ $\sqrt{3}$
④ $\sqrt{6}$

[해설] 파형의 파고율

파형	정현파	반파 정류파	구형파	반파 구형파	톱니파	삼각파
파고율	$\sqrt{2}$	2	1	$\sqrt{2}$	$\sqrt{3}$	$\sqrt{3}$

∴ 파형은 삼각파이므로 파고율$= \sqrt{3}$ 이다.

★★
06 다음 중 파형률이 1.11이 되는 파형은?

①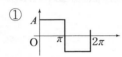
②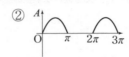
③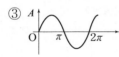
④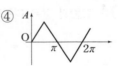

해설 **파형의 파형률**

파형	정현파	반파정류파	구형파	반파구형파	톱니파	삼각파
파형률	$\dfrac{\pi}{2\sqrt{2}}$	$\dfrac{\pi}{2}$	1	$\sqrt{2}$	$\dfrac{2}{\sqrt{3}}$	$\dfrac{2}{\sqrt{3}}$

파형률 $= 1.11 = \dfrac{\pi}{2\sqrt{2}}$ 이므로

∴ 정현파 또는 전파정류파이다.

★★★
07 파형률, 파고율이 다같이 1인 파형은?

① 반원파 ② 3각파
③ 구형파 ④ 사인파

해설 파형률과 파고율이 다같이 1인 파형은 구형파이다.

★★★
08 파형이 톱니파일 경우 파형률은?

① 0.577 ② 1.732
③ 1.414 ④ 1.155

해설 **파형의 파형률**

파형	정현파	반파정류파	구형파	반파구형파	톱니파	삼각파
파형률	$\dfrac{\pi}{2\sqrt{2}}$	$\dfrac{\pi}{2}$	1	$\sqrt{2}$	$\dfrac{2}{\sqrt{3}}$	$\dfrac{2}{\sqrt{3}}$

∴ 톱니파의 파형률 $= \dfrac{2}{\sqrt{3}} = 1.155$

★★★
09 그림 중 파형률이 1.15가 되는 파형은?

①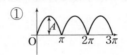
②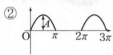
③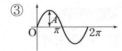
④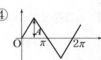

해설 **파형의 파형률**

파형	정현파	반파정류파	구형파	반파구형파	톱니파	삼각파
파형률	$\dfrac{\pi}{2\sqrt{2}}$	$\dfrac{\pi}{2}$	1	$\sqrt{2}$	$\dfrac{2}{\sqrt{3}}$	$\dfrac{2}{\sqrt{3}}$

파형률 $= 1.15 = \dfrac{2}{\sqrt{3}}$ 이므로

∴ 톱니파 또는 삼각파이다.

★★★
10 정현파 전압의 평균값과 최대값의 관계식 중 옳은 것은?

① $V_{av} = 0.707\,V_m$ ② $V_{av} = 0.840\,V_m$
③ $V_{av} = 0.637\,V_m$ ④ $V_{av} = 0.956\,V_m$

해설 **파형의 평균값**

파형	정현파	반파정류파	구형파	반파구형파	톱니파	삼각파
평균값	$\dfrac{2V_m}{\pi}$	$\dfrac{V_m}{\pi}$	V_m	$\dfrac{V_m}{2}$	$\dfrac{V_m}{2}$	$\dfrac{V_m}{2}$

∴ $V_{av} = \dfrac{2V_m}{\pi} = 0.637\,V_m$

★★★
11 최대값이 100[V]인 사인파 교류의 평균값[V]은?

① 141 ② 70.7
③ 63.7 ④ 52.8

해설 사인파는 정현파이므로 최대값 V_m, 평균값 V_{av} 라 하면

∴ $V_{av} = \dfrac{2V_m}{\pi} = 0.637\,V_m$

$= 0.637 \times 100 = 63.7\,[\text{V}]$

★★
12 어떤 정현파 전압의 평균값이 150[V]이면 최대값은 약 얼마인가?

① 300[V]　　　　② 236[V]
③ 115[V]　　　　④ 175[V]

해설 정현파 평균값
　　최대값 E_m, 평균값 E_{av} 라 하면
　　$E_{av} = \dfrac{2E_m}{\pi} = 0.637\,E_m$ [V]이므로
　　$E_{av} = 150$ [V]일 때
　　$\therefore E_m = \dfrac{E_{av}}{0.637} = \dfrac{150}{0.637} = 236$ [V]

★★★
13 삼각파의 최대값이 1이라면 실효값 및 평균값은 각각 얼마인가?

① $\dfrac{1}{\sqrt{2}},\ \dfrac{1}{\sqrt{3}}$　　　　② $\dfrac{1}{\sqrt{3}},\ \dfrac{1}{2}$
③ $\dfrac{1}{\sqrt{2}},\ \dfrac{1}{2}$　　　　④ $\dfrac{1}{\sqrt{2}},\ \dfrac{1}{3}$

해설 삼각파의 특성값

실효값	평균값	파고율	파형률
$\dfrac{I_m}{\sqrt{3}}$	$\dfrac{I_m}{2}$	$\sqrt{3}$	$\dfrac{2}{\sqrt{3}}$

　　$I_m = 1$ [A]일 때
　　$\therefore$ 실효값 $= \dfrac{I_m}{\sqrt{3}} = \dfrac{1}{\sqrt{3}}$, 평균값 $= \dfrac{I_m}{2} = \dfrac{1}{2}$

★★
14 그림과 같은 파형의 실효값은?

① 47.7
② 57.7
③ 67.7
④ 77.5

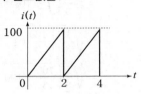

해설 톱니파의 특성값은 삼각파의 특성값과 같으므로
　　$I_m = 100$ [A]일 때
　　$\therefore$ 실효값 $= \dfrac{I_m}{\sqrt{3}} = \dfrac{100}{\sqrt{3}} = 57.7$ [A]

★★
15 그림과 같은 정류 회로에서 부하 R에 흐르는 직류 전류의 크기는 약 몇 [A]인가?
(단, $V = 100$ [V], $R = 10\sqrt{2}$ [Ω]이다.)

① 5.6
② 6.4
③ 4.4
④ 3.2

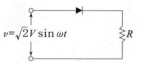

해설 회로의 다이오드는 정류작용을 하며 저항에 흐르는 전류는 반파정류파가 흐르게 된다. 따라서 반파정류파의 평균값(직류분)을 계산해야 하므로 반파정류파의 특성값을 이용하여 풀면

반파정류파의 특성값

실효값	평균값	파고율	파형률
$\dfrac{V_m}{2}$	$\dfrac{V_m}{\pi}$	2	$\dfrac{\pi}{2}$

　　$v = \sqrt{2}\,V\sin\omega t$ [V]이므로
　　$V_m = \sqrt{2}\,V = \sqrt{2} \times 100$ [V]이다.
　　$\therefore$ 직류전류 $= \dfrac{\text{직류전압}}{R} = \dfrac{V_m}{\pi R}$
　　　　$= \dfrac{\sqrt{2} \times 100}{\pi \times 10\sqrt{2}} = 3.2$ [A]

★★★
16 ωt가 0에서 π까지는 $i = 20$ [A], π에서 2π까지는 $i = 0$ [A]인 파형을 푸리에 급수로 전개할 때 a_0는?

① 7.07
② 5
③ 10
④ 14.14

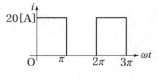

해설 파형은 반파구형파이며 푸리에 급수(9장, 비정현파 참고)에서 a_0는 직류분(평균값)이므로

반파구형파의 특성값

실효값	평균값	파고율	파형률
$\dfrac{I_m}{\sqrt{2}}$	$\dfrac{I_m}{2}$	$\sqrt{2}$	$\sqrt{2}$

　　$I_m = 20$ [A]일 때
　　$\therefore a_0 = \dfrac{I_m}{2} = \dfrac{20}{2} = 10$ [A]

★
17 그림과 같이 $v = 100 \sin \omega t$[V]인 정현파 전압의 반파 정류파에 있어서 사선 부분의 평균값[V]은?

① 27.17
② 37
③ 45
④ 51.7

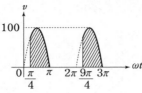

해설 평균값 $= \dfrac{1}{T}\displaystyle\int_0^T v(t)dt = \dfrac{1}{2\pi}\displaystyle\int_{\frac{\pi}{4}}^{\pi} 100\sin\omega t\,d\omega t$

$= \dfrac{100}{2\pi}\left[-\cos\omega t\right]_{\frac{\pi}{4}}^{\pi}$

$= \dfrac{100}{2\pi}(-\cos 180°+\cos 45°) = 27.17\,[\mathrm{V}]$

★★
18 그림과 같은 제형파의 평균값은?

① $\dfrac{2A}{3}$

② $\dfrac{3A}{2}$

③ $\dfrac{A}{3}$

④ $\dfrac{A}{2}$

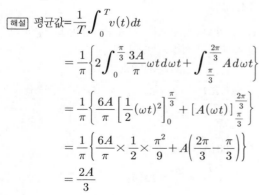

해설 평균값 $= \dfrac{1}{T}\displaystyle\int_0^T v(t)dt$

$= \dfrac{1}{\pi}\left\{2\displaystyle\int_0^{\frac{\pi}{3}}\dfrac{3A}{\pi}\omega t\,d\omega t + \displaystyle\int_{\frac{\pi}{3}}^{\frac{2\pi}{3}}A\,d\omega t\right\}$

$= \dfrac{1}{\pi}\left\{\dfrac{6A}{\pi}\left[\dfrac{1}{2}(\omega t)^2\right]_0^{\frac{\pi}{3}} + \left[A(\omega t)\right]_{\frac{\pi}{3}}^{\frac{2\pi}{3}}\right\}$

$= \dfrac{1}{\pi}\left\{\dfrac{6A}{\pi}\times\dfrac{1}{2}\times\dfrac{\pi^2}{9} + A\left(\dfrac{2\pi}{3}-\dfrac{\pi}{3}\right)\right\}$

$= \dfrac{2A}{3}$

★★
19 그림과 같은 주기 전압파에서 $t = 0$으로부터 0.02[s] 사이에는 $v = 5\times 10^4(t-0.02)^2$ 으로 표시되고 0.02[s]에서부터 0.04[s]까지는 $v = 0$이다. 전압의 평균값[V]은?

① 2.2
② 3.3
③ 4
④ 5.5

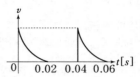

해설 평균값 $= \dfrac{1}{T}\displaystyle\int_0^T v(t)dt$

$= \dfrac{1}{0.04}\displaystyle\int_0^{0.02}5\times 10^4(t-0.02)^2 dt$

$= \dfrac{5\times 10^4}{0.04}\left[\dfrac{1}{3}t^3 - 0.02t^2 + 0.02^2t\right]_0^{0.02}$

$= \dfrac{5\times 10^4}{0.04}\times$

$\left(\dfrac{1}{3}\times 0.02^3 - 0.02\times 0.02^2 + 0.02^2\times 0.02\right)$

$= 3.3\,[\mathrm{V}]$

★★
20 그림과 같은 전압 파형의 실효값[V]은?

① 5.67
② 6.67
③ 7.57
④ 8.57

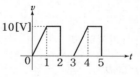

해설 실효값 $= \sqrt{\dfrac{1}{T}\displaystyle\int_0^T v^2 dt}$

$= \sqrt{\dfrac{1}{3}\left\{\displaystyle\int_0^1(10t)^2 dt + \displaystyle\int_1^2 10^2 dt\right\}}$

$= \sqrt{\dfrac{1}{3}\left\{\left[\dfrac{100}{3}t^3\right]_0^1 + \left[100t\right]_1^2\right\}}$

$= \sqrt{\dfrac{1}{3}\left(\dfrac{100}{3} + 100\times 2 - 100\times 1\right)}$

$= 6.67\,[\mathrm{V}]$

★

21 어떤 교류의 평균값이 566[V]일 때 실효값은 몇 [V]인가?

① $\dfrac{\pi \cdot 566}{\sqrt{2}}$

② $\dfrac{566}{2\pi}$

③ $\dfrac{566}{2}$

④ $\dfrac{\pi \cdot 566}{2\sqrt{2}}$

해설 파형률

어떤 교류의 파형은 정현파 교류로 해석하므로 정현파의 파형률은 $\dfrac{\pi}{2\sqrt{2}} = 1.11$ 임을 알 수 있다.

파형률 $= \dfrac{\text{실효값}}{\text{평균값}} = \dfrac{\pi}{2\sqrt{2}}$ 이므로

$\therefore$ 실효값 $= \dfrac{\pi}{2\sqrt{2}} \times \text{평균값} = \dfrac{\pi}{2\sqrt{2}} \times 566$

$= \dfrac{\pi \cdot 566}{2\sqrt{2}}$ [V]

03 기본교류회로

1 복소수

|정의|

복소수란 실수와 허수로 이루어져 있으며 극형식으로 변환하여 활용하면 더욱 쉽게 결과를 얻을 수 있다. 교류의 복소수는 실효값을 이용하여 표현하는 것을 기본으로 한다.

1. 복소수를 극형식으로 변환

$$a + jb = A(\cos\theta + j\sin\theta) = A\angle\theta \text{인 경우 } A = \sqrt{a^2 + b^2}$$

$$\cos\theta = \frac{a}{\sqrt{a^2+b^2}} = \frac{a}{A}, \ \sin\theta = \frac{b}{\sqrt{a^2+b^2}} = \frac{b}{A}, \ \theta = \cos^{-1}\left(\frac{a}{A}\right) = \sin^{-1}\left(\frac{b}{A}\right)$$

여기서, a : 실수부, b : 허수부, A : 복소수

|보기|

$$1 + j\sqrt{3} = A(\cos\theta + j\sin\theta) = A\angle\theta \text{라 놓으면 } A = \sqrt{1^2 + (\sqrt{3})^2} = 2$$

$$\cos\theta = \frac{1}{2}, \ \sin\theta = \frac{\sqrt{3}}{2} \text{이므로 } \theta = 60° \text{임을 알 수 있다.}$$

$$\therefore \ 1 + j\sqrt{3} = 2(\cos 60° + j\sin 60°) = 2\angle 60°$$

|참고|

오일러 공식

$$A\angle\theta = A(\cos\theta + j\sin\theta), \ A\angle -\theta = A(\cos\theta - j\sin\theta)$$

확인문제

01 정현파 전류 $i = 10\sqrt{2}\sin\left(\omega t + \dfrac{\pi}{3}\right)$[A]를 복소수의 극좌표형으로 표시하면?

① $10\sqrt{2} \ \angle \dfrac{\pi}{3}$
② $10\angle 0$
③ $10\angle \dfrac{\pi}{3}$
④ $10\angle -\dfrac{\pi}{3}$

해설 $i(t) = I_m\sin(\omega t + \theta) = 10\sqrt{2}\sin\left(\omega t + \dfrac{\pi}{3}\right)$[A]

에서 전류의 최대값 $I_m = 10\sqrt{2}$,

위상각 $\theta = \dfrac{\pi}{3}$ 이므로 전류의 복소수 극형식은

$\dot{I} = I\angle\theta = \dfrac{I_m}{\sqrt{2}}\angle\theta$에 대입하여 풀면

$\therefore \ \dot{I} = \dfrac{10\sqrt{2}}{\sqrt{2}}\angle\dfrac{\pi}{3} = 10\angle\dfrac{\pi}{3}$

답 : ③

02 어떤 회로에 $i = 10\sin\left(314t - \dfrac{\pi}{6}\right)$[A]의 전류가 흐른다. 이를 복소수 [A]로 표시하면?

① $6.12 - j3.54$
② $17.32 - j5$
③ $3.54 - j6.12$
④ $5 - j17.32$

해설 $i(t) = I_m\sin(\omega t + \theta)$

$= 10\sin\left\{314t + \left(-\dfrac{\pi}{6}\right)\right\}$[A]에서

$I_m = 10, \ \theta = -\dfrac{\pi}{6} = -30°$이므로

$\dot{I} = \dfrac{I_m}{\sqrt{2}}\angle\theta = \dfrac{10}{\sqrt{2}}\angle -30°$

$= \dfrac{10}{\sqrt{2}}(\cos 30° - j\sin 30°)$

$= 6.12 - j3.54$ [A]

답 : ①

2. 극형식을 복소수로 변환

$A \angle \pm\theta = A(\cos\theta \pm j\sin\theta) = a \pm jb$인 경우 $a = A\cos\theta$, $b = A\sin\theta$

| 보기 |

$100\angle 60° = A(\cos\theta + j\sin\theta) = a + jb$라 놓으면

$a = A\cos\theta = 100\cos 60° = 50$

$b = A\sin\theta = 100\sin 60° = 50\sqrt{3}$

$\therefore 100\angle 60° = 100(\cos 60° + j\sin 60°) = 50 + j50\sqrt{3}$

2 복소수의 연산

| 공식 |

$$\dot{A} = a_1 + jb_1 = A\angle\theta_1, \quad \dot{B} = a_2 + jb_2 = B\angle\theta_2$$

복소수의 연산 중 합(+)과 차(−)는 실수와 허수로 표현함이 간편하며 곱(×)과 나누기(÷)는 극형식으로 표현함이 간편하다.

1. 복소수의 합(+)과 차(−)

$$\dot{A} \pm \dot{B} = (a_1 + jb_1) \pm (a_2 + jb_2) = (a_1 \pm a_2) + j(b_1 \pm b_2)$$

2. 복소수의 곱(×)과 나누기(÷)

$$\dot{A} \times \dot{B} = A\angle\theta_1 \times B\angle\theta_2 = AB\angle(\theta_1 + \theta_2)$$

$$\frac{\dot{A}}{\dot{B}} = \frac{A\angle\theta_1}{B\angle\theta_2} = \frac{A}{B}\angle(\theta_1 - \theta_2)$$

확인문제

03 복소수 $I_1 = 10\angle\tan^{-1}\dfrac{4}{3}$, $I_2 = 10\angle\tan^{-1}\dfrac{3}{4}$ 일 때 $I = I_1 + I_2$는 얼마인가?

① $-2 + j2$ ② $14 + j14$

③ $14 + j4$ ④ $14 + j3$

해설 $I = I_1 + I_2 = 10\angle\tan^{-1}\dfrac{4}{3} + 10\angle\tan^{-1}\dfrac{3}{4}$

$= 10\left\{\cos\left(\tan^{-1}\dfrac{4}{3}\right) + j\sin\left(\tan^{-1}\dfrac{4}{3}\right)\right\}$

$\quad + 10\left\{\cos\left(\tan^{-1}\dfrac{3}{4}\right) + j\sin\left(\tan^{-1}\dfrac{3}{4}\right)\right\}$

$= 14 + j14\,[\text{A}]$

답 : ②

04 $V_1 = 100\angle\tan^{-1}\dfrac{4}{3}$, $V_2 = 50\angle\tan^{-1}\dfrac{3}{4}$일 때, $V_1 + V_2$는?

① $90 + j120$ ② $100 + j110$

③ $110 + j100$ ④ $120 + j90$

해설 $V_1 + V_2 = 100\angle\tan^{-1}\dfrac{4}{3} + 50\angle\tan^{-1}\dfrac{3}{4}$

$= 100\left\{\cos\left(\tan^{-1}\dfrac{4}{3}\right) + j\sin\left(\tan^{-1}\dfrac{4}{3}\right)\right\}$

$\quad + 50\left\{\cos\left(\tan^{-1}\dfrac{3}{4}\right) + j\sin\left(\tan^{-1}\dfrac{3}{4}\right)\right\}$

$= 100 + j110\,[\text{V}]$

답 : ②

3. 극형식의 절대값 합성

$\dot{A} = A \angle \theta_1$, $\dot{B} = B \angle \theta_2$일 때

(1) $\theta_1 = \theta_2$인 경우

$|\dot{A} + \dot{B}| = A + B$

(2) θ_1과 θ_2 위상차가 90°인 경우(=피타고라스 정리)

$|\dot{A} + \dot{B}| = \sqrt{A^2 + B^2}$

(3) θ_1과 θ_2 위상차가 θ인 경우

$|\dot{A} + \dot{B}| = \sqrt{A^2 + B^2 + 2AB\cos\theta}$

3 R, L, C 회로소자

1. 저항(R)

(1) 전류

① 순시값 전류 : $i(t)$

$$i(t) = \frac{e(t)}{R} = \frac{E_m}{R}\sin\omega t \,[\text{A}]$$

② 실효값 전류 : I

$$I = \frac{E}{R} = \frac{E_m}{\sqrt{2}\,R}\,[\text{A}]$$

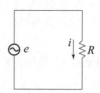

$e = E_m \sin\omega t\,[\text{V}]$

여기서, $e(t)$: 순시값 전압[V], E_m : 최대값 전압[V], R : 저항[Ω], E : 실효값 전압[V]

(2) 전압과 전류의 위상관계

① 전류의 위상과 전압의 위상이 서로 같다.

② 동상전류

③ 순저항 회로 또는 무유도 저항회로

확인문제

05 어느 소자에 전압 $e = 125\sin 377t$[V]를 인가하니 전류 $i = 50\sin 377t$[A]가 흘렀다. 이 소자는 무엇인가?

① 순저항   ② 인덕턴스

③ 커패시턴스   ④ 리액턴스

해설 전류의 위상이 전압과 동위상이므로
∴ 순저항 소자이다.

답 : ①

06 자체 인덕턴스[H]인 코일에 100[V], 60[Hz]의 교류전압을 가해서 15[A]의 전류가 흘렀다. 코일의 자체 인덕턴스[H]는?

① 17.6   ② 1.76

③ 0.176   ④ 0.0176

해설 $V = 100$ [V], $f = 60$ [Hz], $I = 15$ [A]에서

$I = \dfrac{V}{\omega L} = \dfrac{V}{2\pi f L}$ [A]이므로

$\therefore L = \dfrac{V}{2\pi f I} = \dfrac{100}{2\pi \times 60 \times 15} = 0.0176$ [H]

답 : ④

2. 인덕턴스(L : 일명 "코일"이라고도 한다.)

(1) 리액턴스(인덕턴스의 저항[Ω] 성분 : X_L)

$$X_L = \omega L = 2\pi f L \, [\Omega]$$

(2) 전류

① 순시값 전류 : $i(t)$

$$i(t) = \frac{1}{L}\int e(t)\, dt = \frac{e(t)}{jX_L} = \frac{E_m}{\omega L}\sin(\omega t - 90°) \, [A]$$

② 실효값 전류 : I

$$I = \frac{E}{jX_L} = -j\frac{E}{\omega L} = -j\frac{E_m}{\sqrt{2}\,\omega L} \, [A]$$

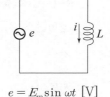

$$e = E_m \sin \omega t \, [V]$$

여기서, ω : 각주파수[rad/sec], L : 인덕턴스[H], f : 주파수[Hz], $e(t)$: 순시값 전압[V],
E_m : 최대값 전압[V], X_L : 리액턴스[Ω], E : 실효값 전압[V],

(3) 전압과 전류의 위상관계

① 전류의 위상이 전압의 위상보다 90° 뒤진다.

② 지상전류

③ 유도성 회로

3. 커패시턴스(C : 일명 "정전용량" 또는 "콘덴서"라고도 한다.)

(1) 리액턴스(커패시턴스의 저항[Ω] 성분 X_C)

$$X_C = \frac{1}{\omega C} = \frac{1}{2\pi f C} \, [\Omega]$$

(2) 전류

① 순시값 전류 : $i(t)$

$$i(t) = C\frac{de(t)}{dt} = \frac{e(t)}{-jX_C} = \omega C E_m \sin(\omega t + 90°) \, [A]$$

② 실효값 전류 : I

$$I = \frac{E}{-jX_C} = j\omega C E = j\frac{\omega C E_m}{\sqrt{2}} \, [A]$$

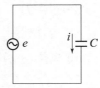

$$e = E_m \sin \omega t \, [V]$$

여기서, ω : 각주파수[rad/sec], C : 커패시턴스[F], $e(t)$: 순시값 전압[V], E_m : 최대값 전압[V],
X_C : 리액턴스[Ω], E : 실효값 전압[V]

확인문제

07 1[μF]인 콘덴서가 60[Hz]인 전원에 대한 용량 리액턴스의 값[Ω]은?

① 2,753 　② 2,653

③ 2,600 　④ 2,500

해설 $C = 1[\mu F]$, $f = 60\,[Hz]$이므로 용량성 리액턴스

$$X_C = \frac{1}{\omega C} = \frac{1}{2\pi f C}\,[\Omega] \text{식에서}$$

$$\therefore X_C = \frac{1}{2\pi \times 60 \times 1 \times 10^{-6}} = 2,653\,[\Omega]$$

답 : ②

08 3[μF]인 커패시턴스를 50[Ω]의 용량 리액턴스로 사용하면 주파수는 몇 [Hz]인가?

① 2.06×10^3 　② 1.06×10^3

③ 3.06×10^3 　④ 4.06×10^3

해설 $C = 3[\mu F]$, $X_C = 50\,[\Omega]$이므로

$$X_C = \frac{1}{\omega C} = \frac{1}{2\pi f C}\,[\Omega] \text{식에서}$$

$$\therefore f = \frac{1}{2\pi \times 3 \times 10^{-6} \times 50} = 1.06 \times 10^3\,[Hz]$$

답 : ②

(3) 전압과 전류의 위상관계

① 전류의 위상이 전압의 위상보다 90° 앞선다.

② 진상전류

③ 용량성 회로

4. R-L-C 직렬접속

(1) 임피던스(Z)

$$\dot{Z} = R + jX_L - jX_C = R + j\omega L - j\frac{1}{\omega C} = Z \angle \theta \,[\Omega]$$

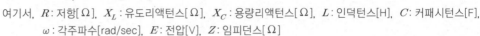

$$e = E_m \sin \omega t \,[V]$$

(2) 전류(I)

$$I = \frac{E}{Z} \,[A]$$

(3) 역률($\cos \theta$)

$$\cos \theta = \frac{R}{Z} = \frac{R}{\sqrt{R^2 + (X_L - X_C)^2}}$$

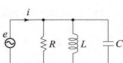

여기서, R : 저항[Ω], X_L : 유도리액턴스[Ω], X_C : 용량리액턴스[Ω], L : 인덕턴스[H], C : 커패시턴스[F], ω : 각주파수[rad/sec], E : 전압[V], Z : 임피던스[Ω]

5. R-L-C 병렬접속

(1) 어드미턴스(Y)

$$\dot{Y} = \frac{1}{R} - j\frac{1}{X_L} + j\frac{1}{X_C} = \underbrace{G}_{\text{콘덕턴스}} - \underbrace{jB_L + jB_C}_{\text{서셉턴스}} = Y \angle \theta \,[S]$$

(2) 전류(I)

$$I = YE \,[A]$$

(3) 역률($\cos \theta$)

$$\cos \theta = \frac{G}{Y} = \frac{G}{\sqrt{G^2 + (B_L - B_C)^2}}$$

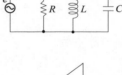

여기서, R : 저항[Ω], X_L : 유도리액턴스[Ω], X_C : 용량리액턴스[Ω], G : 콘덕턴스[S], B_L : 유도서셉턴스[S], B_C : 용량서셉턴스[S], Y : 어드미턴스[S], E : 전압[V]

확인문제

09 저항 8[Ω]과 리액턴스 6[Ω]을 직렬로 연결한 회로에서 임피던스[Ω]는?

① 5   ② 6

③ 8   ④ 10

해설 $R = 8 \,[\Omega]$, $X_L = 6 \,[\Omega]$을 직렬로 연결하였으므로 $Z = R + jX_L \,[\Omega]$식에 대입하여 풀면

$\therefore \; Z = R + jX_L = 8 + j6 \,[\Omega]$

$\qquad = \sqrt{8^2 + 6^2} = 10 \,[\Omega]$

답 : ④

10 그림과 같은 회로에서 벡터 어드미턴스 Y[℧]는?

① $3 - j4$

② $4 + j3$

③ $3 + j4$

④ $5 - j4$

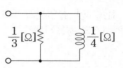

해설 그림에서 $R = \frac{1}{3} \,[\Omega]$, $X_L = \frac{1}{4} \,[\Omega]$이 병렬접속되었

으므로 $Y = \frac{1}{R} - j\frac{1}{X_L} \,[℧]$식에 대입하여 풀면

$\therefore \; Y = \frac{1}{R} - j\frac{1}{X_L} = 3 - j4 \,[℧]$

답 : ①

6. 공진

(1) 직렬공진시

$$Z = R + j(X_L - X_C) \fallingdotseq R\,[\Omega] \;\rightarrow\; \boxed{\text{최소 임피던스}}$$

(2) 병렬공진시

$$Y = \frac{1}{R} - j\left(\frac{1}{X_L} - \frac{1}{X_C}\right) \fallingdotseq \frac{1}{R}\,[\text{S}] \;\rightarrow\; \boxed{\text{최소 어드미턴스}}$$

(3) 공진조건

① $X_L = X_C$ 또는 $X_L - X_C = 0$

② $\omega L = \dfrac{1}{\omega C}$ 또는 $\omega L - \dfrac{1}{\omega C} = 0$

③ $\omega^2 LC = 1$ 또는 $\omega^2 LC - 1 = 0$

(4) 공진주파수(f)

$$f = \frac{1}{2\pi\sqrt{LC}}\,[\text{Hz}]$$

(5) 공진전류

① 직렬접속시 공진전류는 최대 전류이다.

② 병렬접속시 공진전류는 최소 전류이다.

(6) 첨예도(=선택도 : Q)

① 직렬공진시

$$Q = \frac{V_L}{V} = \frac{V_C}{V} = \frac{X_L}{R} = \frac{X_C}{R} = \frac{1}{R}\sqrt{\frac{L}{C}}$$

㉠ 전압확대비

㉡ 저항에 대한 리액턴스비

② 병렬공진시

$$Q = \frac{I_L}{I} = \frac{I_C}{I} = \frac{R}{X_L} = \frac{R}{X_C} = R\sqrt{\frac{C}{L}}$$

㉠ 전류확대비

㉡ 리액턴스에 대한 저항비

여기서, Z : 임피던스[Ω], R : 저항[Ω], X_L : 유도리액턴스[Ω], X_C : 용량리액턴스[Ω], Y : 어드미턴스[S],
     L : 인덕턴스[H], C : 커패시턴스[F], ω : 각주파수[rad/sec],
     V : 전전압[V], V_L : 인덕턴스 단자전압[V], V_C : 커패시턴스 단자전압[V],
     I : 전전류[A], I_L : 인덕턴스 회로전류[A], I_C : 커패시턴스 회로전류[A]

순시값 전류의 합성 ★☆☆

$i_1 = I_{m1}\sin\omega t$ 와 $i_2 = I_{m2}\sin(\omega t + \alpha)$의 두 전류를 합성할 때 다음 중 잘못된 것은?

① 최대값은 $\sqrt{I_{m1}^2 + I_{m2}^2}$ 이다.

② 초기 위상은 $\tan^{-1}\dfrac{I_{m2}\sin\alpha}{I_{m1} + I_{m2}\cos\alpha}$ 이다.

③ 주파수는 $\dfrac{\omega}{2\pi}$ 이다.

④ 파형은 정현파이다.

풀이전략
(1) 극형식의 절대값 합성 공식에 따라 최대값을 계산한다.

(2) 초기 위상은 복소수의 실수와 허수값으로 벡터계산한다.

(3) 계산기 사용법을 익혀서 간단한 풀이로 해결한다.

풀 이
(1) 두 전류의 위상차가 α이므로 극형식의 절대값 합성 공식에 대입하여 풀면

$$|\dot{I}_{m1} + \dot{I}_{m2}| = \sqrt{I_{m1}^2 + I_{m2}^2 + 2I_{m1}I_{m2}\cos\alpha}$$ 가 된다.

(2) 두 전류의 순시값을 복소수로 표현하면 $\dot{I}_{m1} = I_{m1}$, $\dot{I}_{m2} = I_{m2}\cos\alpha + jI_{m2}\sin\alpha$이므로

$$\dot{I}_{m1} + \dot{I}_{m2} = (I_{m1} + I_{m2}\cos\alpha) + jI_{m2}\sin\alpha$$

따라서 초기 위상 ϕ는 $\phi = \tan^{-1}\dfrac{I_{m2}\sin\alpha}{I_{m1} + I_{m2}\cos\alpha}$ 가 된다.

(3) $\omega = 2\pi f$이므로 $f = \dfrac{\omega}{2\pi}$ 가 된다.

정답 ①

유사문제

01 $v_1 = 10\sin\left(\omega t + \dfrac{\pi}{3}\right)$와 $v_2 = 20\sin\left(\omega t + \dfrac{\pi}{6}\right)$의 합성 전압의 순시값 v는 약 몇 [V]인가?

① $29.1\sin(\omega t + 40°)$
② $20.6\sin(\omega t + 40°)$
③ $29.1\sin(\omega t + 50°)$
④ $20.6\sin(\omega t + 50°)$

해설 $\dot{V}_{m1} = 10\angle 60°$, $\dot{V}_{m2} = 20\angle 30°$ 이므로

$\dot{V}_{m1} + \dot{V}_{m2} = 10\angle 60° + 20\angle 30°$
$\qquad\qquad = 29.1\angle 40$ [V]가 된다.

$\therefore v = v_1 + v_2 = 29.1\sin(\omega t + 40°)$

답 : ①

02 2개의 교류 전류 i_1, i_2가 있다. 이것의 합성 전류 $i_1 + i_2$를 구하면?

$$i_1 = 50\sin\left(\omega t + \dfrac{\pi}{6}\right), \quad i_2 = 50\sqrt{3}\sin\left(\omega t - \dfrac{\pi}{3}\right)$$

① $100\sin\left(\omega t + \dfrac{\pi}{6}\right)$
② $141\sin\left(\omega t - \dfrac{\pi}{6}\right)$
③ $100\sin\left(\omega t - \dfrac{\pi}{6}\right)$
④ $141\sin\left(\omega t + \dfrac{\pi}{6}\right)$

해설 $\dot{I}_{m1} = 50\angle 30°$, $\dot{I}_{m2} = 50\sqrt{3}\angle -60°$이므로

$\dot{I}_{m1} + \dot{I}_{m2} = 50\angle 30° + 50\sqrt{3}\angle -60°$
$\qquad\qquad = 100\angle -30° = 100\angle -\dfrac{\pi}{6}$ [A]

가 된다.

$\therefore i = i_1 + i_2 = 100\sin\left(\omega t - \dfrac{\pi}{6}\right)$

답 : ③

코일에 축적된 평균 자기에너지 ★★☆

인덕턴스 $L = 20$[mH]인 코일에 실효값 $V = 50$[V], 주파수 $f = 60$[Hz]인 정현파 전압을 인가했을 때 코일에 축적되는 평균 자기에너지 W_L[J]은?

① 6.3   ② 0.63

③ 4.4   ④ 0.44

풀이전략

(1) 인덕턴스에 흐르는 전류를 계산한다.

(2) 코일에 축적되는 평균 자기에너지 공식에 대입하여 푼다.

풀 이

──── | 공식 |

코일에 축적되는 평균 자기에너지 W_L는 $W_L = \dfrac{1}{2}LI^2$[J]

여기서, L : 인덕턴스[H], I : 전류[A]

$I = \dfrac{V}{X_L} = \dfrac{V}{\omega L} = \dfrac{V}{2\pi f L} = \dfrac{50}{2\pi \times 60 \times 20 \times 10^{-3}} = 6.63\,[A]$

$\therefore W_L = \dfrac{1}{2}LI^2 = \dfrac{1}{2} \times 20 \times 10^{-3} \times 6.63^2 = 0.44\,[J]$

정답 ④

유사문제

03 $L = 20$[mH]에 실효값 $|E| = 50$ [V], $f = 50$[Hz]인 정현파 전압을 가했을 때 축적되는 평균 자기 에너지는 몇 [J]인가?

① 2.634   ② 1.634

③ 0.634   ④ 0.352

해설 $I = \dfrac{E}{X_L} = \dfrac{E}{\omega L} = \dfrac{E}{2\pi f L}$ [A]식에 대입하여 전류를 계산하면

$I = \dfrac{50}{2\pi \times 50 \times 20 \times 10^{-3}} = 7.95\,[A]$

$\therefore W_L = \dfrac{1}{2}LI^2 = \dfrac{1}{2} \times 20 \times 10^{-3} \times 7.95^2$
$\qquad = 0.634\,[J]$

답 : ③

04 R=20[Ω], L=0.1[H]의 직렬 회로에 60[Hz], 115[V]의 교류 전압이 인가되어 있다. 인덕턴스에 축적되는 자기 에너지의 평균값은 몇 [J]인가?

① 0.364   ② 3.64

③ 0.752   ④ 4.52

해설 R, L 직렬회로에서 전류 I를 구하면

$I = \dfrac{V}{Z} = \dfrac{V}{R + jX_L} = \dfrac{V}{R + j\omega L}$

$\quad = \dfrac{V}{R + j2\pi f L}$ [A]이므로

$I = \dfrac{115}{20 + j2\pi \times 60 \times 0.1} = 2.69 \angle -62°\,[A]$이다.

$\therefore W_L = \dfrac{1}{2}LI^2 = \dfrac{1}{2} \times 0.1 \times 2.69^2 = 0.364\,[J]$

답 : ①

첨예도 = 선택도(Q) ★☆☆

공진회로의 Q가 갖는 물리적 의미와 관계 없는 것은?

① 공진 회로의 저항에 대한 리액턴스의 비
② 공진 곡선의 첨예도
③ 공진시의 전압 확대비
④ 공진 회로에서 에너지 소비 능률

풀이전략

(1) 먼저 회로가 직렬공진인지 병렬공진인지를 파악한다.

(2) 첨예도의 의미 문제와 공식 문제를 각 직·병렬 공진조건의 첨예도에 대입하여 해결한다.

풀 이

(1) 직렬공진시 첨예도

$$Q = \frac{V_L}{V} = \frac{V_C}{V} = \frac{X_L}{R} = \frac{X_C}{R} = \frac{1}{R}\sqrt{\frac{L}{C}}$$

㉠ 전압 확대비

㉡ 저항에 대한 리액턴스비

(2) 병렬공진시 첨예도

$$Q = \frac{I_L}{I} = \frac{I_C}{I} = \frac{R}{X_L} = \frac{R}{X_C} = R\sqrt{\frac{C}{L}}$$

㉠ 전류 확대비

㉡ 리액턴스에 대한 저항비

정답 ④

유사문제

05 R-L-C 직렬회로의 선택도 Q는?

① $\sqrt{\dfrac{L}{C}}$ ② $\dfrac{1}{R}\sqrt{\dfrac{L}{C}}$

③ $\sqrt{\dfrac{C}{L}}$ ④ $R\sqrt{\dfrac{C}{L}}$

해설 직렬공진시 첨예도(=선택도 : Q)

$$Q = \frac{V_L}{V} = \frac{V_C}{V} = \frac{X_L}{R} = \frac{X_C}{R} = \frac{1}{R}\sqrt{\frac{L}{C}}$$

답 : ②

06 R=10[Ω], L=10[mH], C=1[μF]인 직렬회로에 100[V]의 전압을 인가할 때 공진의 첨예도 Q는?

① 1   ② 10
③ 100   ④ 1,000

해설 직렬공진시 첨예도(Q)는

$$Q = \frac{V_L}{V} = \frac{V_C}{V} = \frac{X_L}{R} = \frac{X_C}{R} = \frac{1}{R}\sqrt{\frac{L}{C}}$$ 이므로

$$Q = \frac{1}{10}\sqrt{\frac{10 \times 10^{-3}}{1 \times 10^{-6}}} = 10$$

답 : ②

★★
01 $i_1 = 20\sqrt{2}\sin\left(\omega t + \dfrac{\pi}{3}\right)$[A],

$i_2 = 10\sqrt{2}\sin\left(\omega t - \dfrac{\pi}{6}\right)$[A]의 합성전류[A]를 복소수로 표시하면?

① $18.66 - j12.32$ ② $18.66 + j12.32$

③ $12.32 - j18.66$ ④ $12.32 + j18.66$

해설 $\dot{I}_{m1} = 20\sqrt{2}\angle 60°$, $\dot{I}_{m2} = 10\sqrt{2}\angle -30°$이므로 합성전류를 복소수로 표시하려면 실효값으로 변환하여 구해야 한다.

$$\dot{I}_1 + \dot{I}_2 = \frac{\dot{I}_{m1}}{\sqrt{2}} + \frac{\dot{I}_{m2}}{\sqrt{2}} = 20\angle 60° + 10\angle -30°$$
$$= 20(\cos 60° + j\sin 60°)$$
$$\qquad + 10(\cos 30° - j\sin 30°)$$
$$= 18.66 + j12.32$$

★
02 $V = 96 + j28$[V], $Z = 4 - j3$[Ω]이다. 전류 I[A]는? (단, $\alpha = \tan^{-1}\dfrac{4}{3}$, $\beta = \tan^{-1}\dfrac{3}{4}$이다.)

① $20\epsilon^{j\alpha}$

② $10\epsilon^{j\alpha}$

③ $20\epsilon^{j\beta}$

④ $10\epsilon^{j\beta}$

해설 옴의 법칙

$$I = \frac{V}{Z} = \frac{96 + j28}{4 - j3} = 12 + j16 = 20\angle \tan^{-1}\left(\frac{4}{3}\right)$$
$$= 20\angle \alpha\,[\text{A}]$$
$$\therefore I = 20e^{j\alpha}\,[\text{A}]$$

★
03 그림과 같은 회로에서 Z_1의 단자전압 $V_1 = \sqrt{3} + jy$[V], Z_2의 단자전압 $V_2 = |V|\angle 30°$[V]일 때 y 및 $|V|$의 값은?

① 1, $\sqrt{3}$

② $2\sqrt{3}$, 1

③ $\sqrt{3}$, 2

④ 1, 2

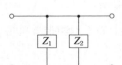

해설 Z_1, Z_2가 병렬접속되어 있으므로 단자전압은 서로 같다.
$V_1 = V_2$일 때

$$\sqrt{3} + jy = |V|\angle 30° = |V|\cos 30° + j|V|\sin 30°$$

에서 $|V| = \dfrac{\sqrt{3}}{\cos 30°} = 2$[V]

$$y = |V|\sin 30° = 2 \times \sin 30° = 1$$
$$\therefore y = 1,\ |V| = 2$$

★★
04 60[Hz]에서 3[Ω]의 리액턴스를 갖는 자기인덕턴스 L값 및 정전용량 C값은 약 얼마인가?

① 6[mH], $660[\mu\text{F}]$

② 7[mH], $770[\mu\text{F}]$

③ 8[mH], $880[\mu\text{F}]$

④ 9[mH], $990[\mu\text{F}]$

해설 인덕턴스(L)와 정전용량(C)
유도리액턴스 X_L[Ω], 용량리액턴스 X_c[Ω]일 때

$$X_L = \omega L = 2\pi f L\,[\Omega],\ X_C = \frac{1}{\omega C} = \frac{1}{2\pi f C}\,[\Omega]$$

식에서 $f = 60$[Hz], $X = 3$[Ω]이므로

$$\therefore L = \frac{X_L}{2\pi f} = \frac{3}{2\pi \times 60} = 8 \times 10^{-3}\,[\text{H}] = 8\,[\text{mH}]$$
$$\therefore C = \frac{1}{2\pi f X_C} = \frac{1}{2\pi \times 60 \times 3} = 880 \times 10^{-6}\,[\text{F}]$$
$$= 880\,[\mu\text{F}]$$

★★
05 저항과 유도리액턴스의 직렬회로에 $\dot{E} = 14 + j38$ [V]인 교류전압을 가하니 $\dot{I} = 6 + j2$[A]의 전류가 흐른다. 이 회로의 저항과 유도리액턴스는 얼마인가?

① $R = 4\,[\Omega],\ X_L = 5\,[\Omega]$
② $R = 5\,[\Omega],\ X_L = 4\,[\Omega]$
③ $R = 6\,[\Omega],\ X_L = 3\,[\Omega]$
④ $R = 7\,[\Omega],\ X_L = 2\,[\Omega]$

해설 $R{-}L$ 직렬회로의 임피던스(Z)

$$Z = R + jX_L = \frac{E}{I}\,[\Omega]\text{이므로}$$

$$Z = \frac{E}{I} = \frac{14 + j38}{6 + j2} = 4 + j5\,[\Omega]$$

$$\therefore R = 4\,[\Omega],\ X_L = 5\,[\Omega]$$

★
06 자기 인덕턴스 0.1[H]인 코일에 실효값 100[V], 60[Hz], 위상각 0인 전압을 가했을 때 흐르는 전류의 순시값[A]은?

① 약 $3.75\sin\left(377t - \dfrac{\pi}{2}\right)$
② 약 $3.75\cos\left(377t - \dfrac{\pi}{2}\right)$
③ 약 $3.75\cos\left(377t + \dfrac{\pi}{2}\right)$
④ 약 $3.75\sin\left(377t + \dfrac{\pi}{2}\right)$

해설 인덕턴스에 흐르는 순시값 전류 $i(t)$는
$L = 0.1$ [H], $E = 100$ [V], $f = 60$ [Hz]이므로

$$i(t) = \frac{E_m}{\omega L}\sin(\omega t - 90°)$$

$$= \frac{\sqrt{2}\,E}{2\pi f L}\sin\left(2\pi f t - \frac{\pi}{2}\right)$$

$$= \frac{100\sqrt{2}}{2\pi \times 60 \times 0.1}\sin\left(2\pi \times 60 t - \frac{\pi}{2}\right)$$

$$= 3.75\sin\left(377t - \frac{\pi}{2}\right)$$

★★★
07 정전용량 C [F]의 회로에 기전력 $e = E_m \sin\omega t$[V]를 인가할 때 흐르는 전류 i[A]는?

① $\dfrac{E_m}{\omega C}\sin(\omega t + 90°)$
② $\dfrac{E_m}{\omega C}\sin(\omega t - 90°)$
③ $\omega C E_m \sin(\omega t + 90°)$
④ $\omega C E_m \cos(\omega t + 90°)$

해설 정전용량에 흐르는 순시값 전류 $i(t)$는

$$i(t) = C\frac{de(t)}{dt} = \frac{e(t)}{-jX_C}$$

$$= \omega C E_m \sin(\omega t + 90°)\ [\text{A}]$$

★★
08 0.1[μF]의 정전 용량을 가지는 콘덴서에 실효값 1,414[V], 주파수 1[kHz], 위상각 0인 전압을 가했을 때 순시값 전류[A]는?

① $0.89\sin(\omega t + 90°)$
② $0.89\sin(\omega t - 90°)$
③ $1.26\sin(\omega t + 90°)$
④ $1.26\sin(\omega t - 90°)$

해설 정전용량에 흐르는 순시값 전류 $i(t)$는
$C = 0.1\,[\mu\text{F}]$, $E = 1414$ [V], $f = 1$ [kHz]이므로
$$i(t) = \omega C E_m \sin(\omega t + 90°)$$
$$= 2\pi f C \cdot \sqrt{2}\,E\sin(\omega t + 90°)$$
$$= 2\pi \times 10^3 \times 0.1 \times 10^{-6}$$
$$\times 1414\sqrt{2}\,\sin(\omega t + 90°)$$
$$= 1.26\sin(\omega t + 90°)\ [\text{A}]$$

★★★
09 정전 용량 C만의 회로에 100[V], 60[Hz]의 교류를 가하니 60[mA]의 전류가 흐른다. C는 얼마인가?

① $5.26\,[\mu\text{F}]$
② $4.32\,[\mu\text{F}]$
③ $3.59\,[\mu\text{F}]$
④ $1.59\,[\mu\text{F}]$

해설 정전용량에 흐르는 실효값 전류 I는
$V = 100$ [V], $f = 60$ [Hz], $I = 60$ [mA]일 때

$$I = \frac{V}{-jX_C} = j\omega C V = j\frac{\omega C V_m}{\sqrt{2}}\ [\text{A}]\text{이므로}$$

$$\therefore C = \frac{I}{\omega V} = \frac{I}{2\pi f V} = \frac{60 \times 10^{-3}}{2\pi \times 60 \times 100} \times 10^6$$

$$= 1.59\,[\mu\text{F}]$$

★★
10 커패시턴스 C에서 급격히 변할 수 없는 것은?

① 전류
② 전압
③ 전압과 전류
④ 정답이 없다.

해설 커패시턴스 C에서 시간에 따른 변화량은 전압이며 콘덴서에 전류가 충·방전이 이루어질 수 있는 조건식은 $i_C = C \dfrac{de}{dt}$ [A]로서 시간에 따른 전압의 변화율에 비례하여 전류가 증감하게 된다. 따라서 콘덴서에서 급격히 변화할 수 없는 성분은 전압이다.

★★★
11 콘덴서와 코일에서 실제적으로 급격히 변화할 수 있는 것이 있다. 그것은 다음 중 어느 것인가?

① 코일에서 전압, 콘덴서에서 전류
② 코일에서 전류, 콘덴서에서 전압
③ 코일, 콘덴서 모두 전압
④ 코일, 콘덴서 모두 전류

해설 코일에서 급격히 변화할 수 없는 성분은 전류이며, 콘덴서에서 급격히 변화할 수 없는 성분은 전압이다.

★
12 C [F]의 콘덴서에 V [V]의 직류전압을 인가시 축적되는 에너지는 몇 [J]인가?

① $\dfrac{CV^2}{2}$
② $\dfrac{C^2V^2}{2}$
③ $2CV^2$
④ 0

해설 콘덴서에 축적되는 에너지(W)
$Q = CV$ [V] 식을 이용하면
$$\therefore W = \frac{1}{2}CV^2 = \frac{1}{2}QV = \frac{Q^2}{2C} \text{ [J]}$$

★
13 어떤 콘덴서를 300[V]로 충전하는데 9[J]의 에너지가 필요하였다. 이 콘덴서의 정전용량은 몇 [μF]인가?

① 100
② 200
③ 300
④ 400

해설 콘덴서의 충전에너지(=정전에너지 : W)
콘덴서 C, 전압 V, 전하량 Q라 하면
$$W = \frac{1}{2}CV^2 = \frac{1}{2}QV = \frac{Q^2}{2C} \text{ [J]이므로}$$
$V = 300$ [V], $W = 9$ [J]일 때
$$\therefore C = \frac{2W}{V^2} = \frac{2 \times 9}{300^2} = 200 \times 10^{-6} \text{ [F]} = 200 \text{ [}\mu\text{F]}$$

★★
14 $R=100[\Omega]$, $C=30[\mu F]$의 직렬회로에 $f=60[Hz]$, $V=100[V]$의 교류 전압을 인가할 때 전류[A]는?

① 0.45
② 0.56
③ 0.75
④ 0.96

해설 R–C 직렬회로의 전류
$$\dot{Z} = R - j\frac{1}{\omega C} = R - j\frac{1}{2\pi f C}$$
$$= 100 - j\frac{1}{2\pi \times 60 \times 30 \times 10^{-6}}$$
$$= 100 - j88.42 \text{ [}\Omega\text{]}$$
$$\therefore I = \frac{V}{Z} = \frac{100}{\sqrt{100^2 + 88.42^2}} = 0.75 \text{ [A]}$$

★★
15 그림과 같은 회로에서 $e = 100\sin(\omega t + 30°)$ [V]일 때 전류 I의 최대값[A]은?

① 1
② 2
③ 3
④ 5

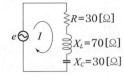

해설 R–L–C 직렬회로의 전류
$$\dot{Z} = R + jX_L - jX_C = 30 + j70 - j30$$
$$= 30 + j40 \text{ [}\Omega\text{]}$$
$E_m = 100$ [V]이므로 전류의 최대값 I_m은
$$\therefore I_m = \frac{E_m}{Z} = \frac{100}{\sqrt{30^2 + 40^2}} = 2 \text{ [A]}$$

★★
16 그림과 같은 회로의 역률은 얼마인가?

① 약 0.76
② 약 0.86
③ 약 0.97
④ 약 1.00

9[Ω] 2[Ω]

해설 R–C 직렬회로의 역률($\cos\theta$)

$R = 9\,[\Omega]$, $X_C = 2\,[\Omega]$이므로

$$\cos\theta = \frac{R}{Z} = \frac{R}{\sqrt{R^2 + X_C^2}} = \frac{9}{\sqrt{9^2 + 2^2}} = 0.97$$

★★★
17 R=50[Ω], L=200[mH]의 직렬회로가 주파수 $f = 50$[Hz]의 교류에 대한 역률은 몇[%]인가?

① 52.3
② 82.3
③ 62.3
④ 72.3

해설 R–L 직렬회로의 역률($\cos\theta$)

$X_L = \omega L = 2\pi f L\,[\Omega]$이므로

$$\cos\theta = \frac{R}{Z} = \frac{R}{\sqrt{R^2 + X_L^2}} = \frac{R}{\sqrt{R^2 + (2\pi f L)^2}}$$

$$= \frac{50}{\sqrt{50^2 + (2\pi \times 50 \times 200 \times 10^{-3})^2}}$$

$$= 0.623\,[\text{pu}] = 62.3\,[\%]$$

★★★
18 100[V], 50[Hz]의 교류전압을 저항 100[Ω], 커패시턴스10[μF]의 직렬 회로에 가할 때 역률은?

① 0.25
② 0.27
③ 0.3
④ 0.35

해설 R–C 직렬회로의 역률($\cos\theta$)

$V = 100\,[\text{V}]$, $f = 50\,[\text{Hz}]$, $R = 100\,[\Omega]$,

$C = 10\,[\mu\text{F}]$이고 $X_C = \dfrac{1}{\omega C} = \dfrac{1}{2\pi f C}\,[\Omega]$이므로

$$\cos\theta = \frac{R}{Z} = \frac{R}{\sqrt{R^2 + X_C^2}}$$

$$= \frac{100}{\sqrt{100^2 + \left(\dfrac{1}{2\pi \times 50 \times 10 \times 10^{-6}}\right)^2}} = 0.3$$

★★
19 저항 R, 리액턴스 X의 직렬회로에서 $\dfrac{X}{R} = \dfrac{1}{\sqrt{2}}$ 일 때 회로의 역률은?

① 12
② $\dfrac{1}{\sqrt{3}}$
③ $\dfrac{\sqrt{2}}{\sqrt{3}}$
④ $\dfrac{\sqrt{3}}{2}$

해설 R–X 직렬회로의 역률($\cos\theta$)

$\dfrac{X}{R} = \dfrac{1}{\sqrt{2}}$일 때 $R : X$를 비례식으로 표현하면

$R : X = \sqrt{2} : 1$ 이 된다.

$$\therefore \cos\theta = \frac{R}{Z} = \frac{R}{\sqrt{R^2 + X^2}} = \frac{\sqrt{2}}{\sqrt{(\sqrt{2})^2 + 1^2}}$$

$$= \frac{\sqrt{2}}{\sqrt{3}}$$

★
20 $R = 30\,[\Omega]$, $L = 0.127\,[\text{H}]$의 직렬회로에 $v = 100\sqrt{2}\sin 100\pi t$[V]의 전압이 인가되었을 때 이 회로 역률은 약 얼마인가?

① 0.2
② 0.4
③ 0.6
④ 0.8

해설 $R - L$ 직렬회로의 역률($\cos\theta$)

$v = 100\sqrt{2}\sin 100\pi t = V_m \sin\omega t\,[\text{V}]$ 식에서

$V_m = 100\sqrt{2}\,[\text{V}]$, $\omega = 100\pi$ 임을 알 수 있다.

$X_L = \omega L = 100\pi \times 0.127 = 40\,[\Omega]$이므로

$$\therefore \cos\theta = \frac{R}{\sqrt{R^2 + X_L^2}} = \frac{30}{\sqrt{30^2 + 40^2}} = 0.6$$

★★
21 그림과 같은 회로에서 E_1과 E_2는 각각 100[V]이면서 60°의 위상차가 있다. 유도 리액턴스의 단자전압은? (단, $R = 10\,[\Omega]$, $X_L = 30\,[\Omega]$ 임)

① 164[V]
② 174[V]
③ 200[V]
④ 150[V]

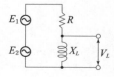

정답 16 ③ 17 ③ 18 ③ 19 ③ 20 ③ 21 ①

해설 전압강하

E_1과 E_2가 위상차 θ를 이루고 있을 때 백터의 합을 구해보면

$\dot{E_1} + \dot{E_2} = \sqrt{E_1^2 + E_2^2 + 2E_1 E_2 \cos\theta}$ [V]이므로

$E_1 = E_2 = 100$ [V], $\theta = 60°$일 때

$\dot{E_1} + \dot{E_2}$

$= \sqrt{100^2 + 100^2 + 2 \times 100 \times 100 \times \cos 60°}$

$= 100\sqrt{3}$ [V]

$\dot{Z} = R + jX_L = 10 + j30$ [Ω]

$I = \dfrac{E}{Z} = \dfrac{100\sqrt{3}}{\sqrt{10^2 + 30^2}} = 5.48$ [A]

$\therefore V_L = X_L I = 30 \times 5.48 = 164$ [V]

★★
22 R=200[Ω], L=1.59[H], C=3.315[μF]를 직렬로 한 회로에 $v = 141.4\sin 377t$[V]를 인가할 때 C의 단자 전압[V]은?

① 71 ② 212
③ 283 ④ 401

해설 R–L–C 직렬회로의 단자전압을 계산하는 데는 우선 전류 계산이 되어야 하며 각 소자의 저항 성분과 전류의 옴의 법칙에 대입하여 구하면 된다.

$\dot{Z} = R + j\omega L - j\dfrac{1}{\omega C}$

$= 200 + j377 \times 1.59 - j\dfrac{1}{377 \times 3.315 \times 10^{-6}}$

$= 200 + j600 - j800$

$= 200 - j200$ [Ω]

$I = \dfrac{V}{Z} = \dfrac{V_m}{\sqrt{2}\,Z} = \dfrac{141.4}{\sqrt{2} \times \sqrt{200^2 + 200^2}}$

$= 0.353$ [A]

$\therefore V_C = X_C I = \dfrac{1}{\omega C} I$

$= 800 \times 0.353 = 283$ [V]

Tip 각주파수(ω)는 전압의 순시값에 표시되어 있음
$v(t) = V_m \sin(\omega t + \theta) = 141.4\sin 377t$ [V]
이므로 $V_m = 141.4$ [V], $\omega = 377$임을 알 수 있다.

★
23 $R = 25$[Ω], $X_L = 5$[Ω], $X_C = 10$[Ω]을 병렬로 접속한 회로의 어드미턴스 Y[℧]는?

① $0.4 - j0.1$ ② $0.4 + j0.1$
③ $0.04 + j0.1$ ④ $0.04 - j0.1$

해설 R–L–C 병렬 어드미턴스 Y는

$Y = \dfrac{1}{R} - j\dfrac{1}{X_L} + j\dfrac{1}{X_C} = \dfrac{1}{25} - j\dfrac{1}{5} + j\dfrac{1}{10}$

$= 0.04 - j0.1$ [℧]

★★★
24 그림과 같은 회로의 합성 어드미턴스는 몇 [℧]인가?

① $\dfrac{1}{R}(1 + j\omega CR)$

② $j\dfrac{R}{\omega CR - 1}$

③ $R - j\dfrac{1}{\omega C}$

④ $\dfrac{1}{R} - j\dfrac{1}{\omega C}$

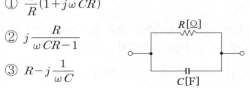

해설 R–C 병렬 어드미턴스 Y는

$Y = \dfrac{1}{R} + j\dfrac{1}{X_C} = \dfrac{1}{R} + j\omega C$

$= \dfrac{1}{R}(1 + j\omega CR)$ [℧]

★★
25 그림과 같은 회로에서 전류 I는 몇[A]인가?

① 40
② 50
③ 80
④ 90

해설 R–L 병렬회로의 전류

$V = 120$ [V], $R = 3$ [Ω], $X_L = 4$ [Ω]이므로

$\dot{Y} = \dfrac{1}{R} - j\dfrac{1}{X_L} = \dfrac{1}{3} - j\dfrac{1}{4}$ [℧]

$\therefore I = YV = \sqrt{\left(\dfrac{1}{3}\right)^2 + \left(\dfrac{1}{4}\right)^2} \times 120 = 50$ [A]

★★★
26 저항 30[Ω]과 유도 리액턴스 40[Ω]을 병렬로 접속한 회로에 120[V]의 교류 전압을 가할 때의 전전류[A]는?

① 5　　　　　　　　② 6

③ 8　　　　　　　　④ 10

해설 R–L 병렬회로의 전류

$R = 30\,[\Omega]$, $X_L = 40\,[\Omega]$, $V = 120\,[V]$이므로

$\dot{Y} = \dfrac{1}{R} - j\dfrac{1}{X_L} = \dfrac{1}{30} - j\dfrac{1}{40}\,[\mho]$

$\therefore I = YV = \sqrt{\left(\dfrac{1}{30}\right)^2 + \left(\dfrac{1}{40}\right)^2} \times 120 = 5\,[A]$

★★
27 $R = 10\,[\Omega]$, $X_L = 8\,[\Omega]$, $X_C = 20\,[\Omega]$이 병렬로 접속된 회로에 80[V]의 교류 전압을 가하면 전원에 몇 [A]의 전류가 흐르게 되는가?

① 20　　　　　　　② 15

③ 5　　　　　　　　④ 10

해설 R–L–C 병렬회로의 전류

$\dot{Y} = \dfrac{1}{R} - j\dfrac{1}{X_L} + j\dfrac{1}{X_C} = \dfrac{1}{10} - j\dfrac{1}{8} + j\dfrac{1}{20}$

$\quad = 0.1 - j0.075\,[\mho]$

$V = 80\,[V]$이므로

$\therefore I = YV = \sqrt{0.1^2 + 0.075^2} \times 80 = 10\,[A]$

★
28 저항이 40[Ω], 인덕턴스가 79.85[mH]인 R–L 직렬회로에 $311\sin(377t + 30°)\,[V]$의 전압을 가할 때 전류의 순시값[A]은 약 얼마인가?

① $4.4 \angle -6.87°\,[A]$　　② $4.4 \angle 36.87°\,[A]$

③ $6.2 \angle -6.87°\,[A]$　　④ $6.2 \angle 36.87°\,[A]$

해설 R–L 직렬회로의 순시값 전류

$v = 311\sin(377t + 30°) = V_m\sin(\omega t + \theta)\,[V]$

식에서 $\omega = 377$임을 알 수 있다.

$R = 40\,[\Omega]$, $L = 79.85\,[mH]$일 때

$Z = R + jX_L = R + j\omega L$

$\quad = 40 + j377 \times 79.58 \times 10^{-3} = 40 + j30$

$\quad = 50 \angle 36.87°\,[\Omega]$이므로

$i = \dfrac{v}{Z} = \dfrac{311\sin(377t + 30°)}{50 \angle 36.87°}$

$\quad = \dfrac{311}{50}\sin(377t + 30° - 36.87°)$

$\quad = 6.2\sin(377t - 6.87°)\,[A]$

$\therefore$ 순시값의 극형식은 $6.2 \angle -6.87°\,[A]$이다.

★★★
29 저항 R과 유도 리액턴스 X_L이 병렬로 접속된 회로의 역률은?

① $\dfrac{\sqrt{R^2 + X_L{}^2}}{R}$　　　　② $\sqrt{\dfrac{R^2 + X_L{}^2}{X_L}}$

③ $\dfrac{R}{\sqrt{R^2 + X_L{}^2}}$　　　　④ $\dfrac{X_L}{\sqrt{R^2 + X_L{}^2}}$

해설 R–L 병렬회로의 역률($\cos\theta$)

$\cos\theta = \dfrac{\dfrac{1}{R}}{\sqrt{\left(\dfrac{1}{R}\right)^2 + \left(\dfrac{1}{X_L}\right)^2}} = \dfrac{X_L}{\sqrt{R^2 + X_L{}^2}}$

★★★
30 저항 30[Ω]과 유도 리액턴스 40[Ω]을 병렬로 접속하고 120[V]의 교류전압을 가했을 때 회로의 역률값은?

① 0.6　　　　　　　② 0.7

③ 0.8　　　　　　　④ 0.9

해설 R–L 병렬회로의 역률($\cos\theta$)

$R = 30\,[\Omega]$, $X_L = 40\,[\Omega]$, $V = 120\,[V]$이므로

$\cos\theta = \dfrac{X_L}{\sqrt{R^2 + X_L{}^2}} = \dfrac{40}{\sqrt{30^2 + 40^2}} = 0.8$

★★
31 $R = 15\,[\Omega]$, $X_L = 12\,[\Omega]$, $X_C = 30\,[\Omega]$이 병렬로 된 회로에 120[V]의 교류전압을 가하면 전원에 흐르는 전류[A]와 역률[%]은?

① 22, 85　　　　　　② 22, 80

③ 22, 60　　　　　　④ 10, 80

해설 R–L–C 병렬회로의 전류 및 역률

$$\dot{Y} = \frac{1}{R} - j\frac{1}{X_L} + j\frac{1}{X_C} = \frac{1}{15} - j\frac{1}{12} + j\frac{1}{30}$$

$$= \frac{1}{15} - j\frac{1}{20}\ [\text{℧}]$$

$$\therefore I = YV = \sqrt{\left(\frac{1}{15}\right)^2 + \left(\frac{1}{20}\right)^2} \times 120 = 10\ [\text{A}]$$

$$\therefore \cos\theta = \frac{\dfrac{1}{15}}{\sqrt{\left(\dfrac{1}{15}\right)^2 + \left(\dfrac{1}{20}\right)^2}} = 0.8\ [\text{pu}] = 80\ [\%]$$

해설 R–C 병렬회로의 역률($\cos\theta$)

$$\cos\theta = \frac{X_C}{\sqrt{R^2 + X_C{}^2}}$$

$$= \frac{\dfrac{1}{\omega C}}{\sqrt{R^2 + \left(\dfrac{1}{\omega C}\right)^2}} = \frac{1}{\sqrt{1 + (\omega RC)^2}}$$

★
32 그림과 같은 회로에서 전원에 흘러 들어오는 전류 I [A]는?

① 7
② 10
③ 13
④ 17

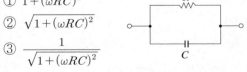

해설 R–L 병렬회로의 전류

회로에서 주어진 전류는 저항에 5[A], 코일에 12[A]가 흐르고 있음을 알 수 있다. 또한 저항과 코일이 병렬이므로 두 전류의 합이 전원에 흘러들어오는 전류임도 알 수 있다. 하지만 가장 중요한 사실을 잊으면 안되는데 이는 저항과 코일에 흐르는 전류는 서로 90° 위상차가 있다는 것이다.

$I_R = 5\ [\text{A}]$, $I_L = 12\ [\text{A}]$이므로

$$\therefore I = \sqrt{I_R{}^2 + I_L{}^2} = \sqrt{5^2 + 12^2} = 13\ [\text{A}]$$

★★★
34 R–L–C 직렬회로에서 전압과 전류가 동상이 되기 위해서는? (단, $\omega = 2\pi f$이고 f는 주파수이다.)

① $\omega L^2 C^2 = 1$
② $\omega^2 LC = 1$
③ $\omega LC = 1$
④ $\omega = LC$

해설 R–L–C 직렬공진 조건

$$X_L = X_C\ \text{또는}\ X_L - X_C = 0$$

$$\omega L = \frac{1}{\omega C}\ \text{또는}\ \omega L - \frac{1}{\omega C} = 0$$

$$\omega^2 LC = 1\ \text{또는}\ \omega^2 LC - 1 = 0$$

★★
33 그림과 같은 회로의 역률은 얼마인가?

① $1 + (\omega RC)^2$
② $\sqrt{1 + (\omega RC)^2}$
③ $\dfrac{1}{\sqrt{1 + (\omega RC)^2}}$
④ $\dfrac{1}{1 + (\omega RC)^2}$

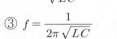

★★
35 그림과 같이 주파수 f[Hz]인 교류회로에 있어서 전류 I와 I_R의 값이 같도록 되는 조건은? (단, R은 저항[Ω], C는 정전용량[F], L은 인덕턴스[H])

① $f = \dfrac{1}{\sqrt{LC}}$

② $f = \dfrac{2\pi}{\sqrt{LC}}$

③ $f = \dfrac{1}{2\pi\sqrt{LC}}$

④ $f = 2\pi(LC)^2$

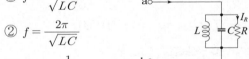

해설 R–L–C 병렬공진시 공진 주파수

그림에서 $I = I_R$이 되기 위해서는 R–L–C병렬회로가 병렬 공진이 되어야 하며 이때 공진 주파수는

$$\therefore f = \frac{1}{2\pi\sqrt{LC}}\ [\text{Hz}]$$

★★★
36 직렬 공진회로에서 최대가 되는 것은?

① 전류　　　　　　② 저항
③ 리액턴스　　　　④ 임피던스

[해설] R-L-C 직렬공진시 공진 전류
R-L-C 직렬공진시 임피던스가 최소값으로 되어 직렬공진전류는 최대 전류가 흐르게 된다.

★★★
37 어떤 R-L-C 병렬회로가 공진되었을 때 합성전류는?

① 최소가 된다.
② 최대가 된다.
③ 전류는 흐르지 않는다.
④ 전류는 무한대가 된다.

[해설] R-L-C 병렬공진시 공진전류
R-L-C 병렬 공진시 어드미턴스가 최소값으로 되어 병렬공진전류는 최소전류가 흐르게 된다.

★★★
38 1[kHz]인 정현파 교류회로에서 5[mH]인 유도성 리액턴스와 크기가 같은 용량성 리액턴스를 갖는 C의 크기는 몇 [μF]인가?

① 2.07　　　　　　② 3.07
③ 4.07　　　　　　④ 5.07

[해설] R-L-C 공진조건
$f = 1$ [kHz], $L = 5$ [mH]일 때 $X_L = X_C$인 조건은 공진조건으로 $\omega^2 LC = 1$을 만족한다.

$$\therefore C = \frac{1}{\omega^2 L} = \frac{1}{(2\pi f)^2 L}$$

$$= \frac{1}{(2\pi \times 10^3)^2 \times 5 \times 10^{-3}} \times 10^6$$

$$= 5.07 \, [\mu F]$$

★★
39 $R = 10$[kΩ], $L = 10$[mH], $C = 1$[μF]인 직렬회로에 크기가 100[V]인 교류전압을 인가할 때 흐르는 최대전류는? (단, 교류전압의 주파수는 0에서 무한대까지 변화한다.)

① 0.1[mA]　　　　② 1[mA]
③ 5[mA]　　　　　④ 10[mA]

[해설] R-L-C 직렬공진
R-L-C 직렬회로에서 최대전류가 흐를 조건은 직렬공진 조건으로서 리액턴스 성분이 영(0)이 되어 저항만의 회로로 남게 된다.
$E = 100$ [V]이므로

$$\therefore I_m = \frac{E}{R} = \frac{100}{10 \times 10^3} = 10 \times 10^{-3} \, [A]$$

$$= 10 \, [mA]$$

★★★
40 R-L-C 직렬회로에서 전원 전압을 V라 하고 L 및 C에 걸리는 전압을 각각 V_L 및 V_C라 하면 선택도 Q를 나타내는 것은 어느 것인가? (단, 공진 각주파수는 ω_r이다.)

① $\dfrac{CL}{R}$　　　　　　② $\dfrac{\omega_r R}{L}$
③ $\dfrac{V_L}{V}$　　　　　　④ $\dfrac{V}{V_C}$

[해설] R-L-C 직렬공진시 첨예도 또는 선택도(Q)

$$Q = \frac{V_L}{V} = \frac{V_C}{V} = \frac{X_L}{R} = \frac{X_C}{R} = \frac{1}{R}\sqrt{\frac{L}{C}}$$

★★
41 R=2[Ω], L=10[mH], C=4[μF]의 직렬공진회로의 Q는?

① 25　　　　　　　② 45
③ 65　　　　　　　④ 85

[해설] R-L-C 직렬공진시 첨예도(Q)

$$Q = \frac{1}{R}\sqrt{\frac{L}{C}} = \frac{1}{2}\sqrt{\frac{10 \times 10^{-3}}{4 \times 10^{-6}}} = 25$$

★★★
42 R=5[Ω], L=20[mH] 및 가변용량 C로 구성된 R-L-C 직렬회로에 주파수 1,000[Hz]인 교류를 가한 다음 C를 가변하여 직렬공진시켰다. $C_r[\mu F]$의 값과 선택도 Q는?

① $C_r = 2.277$, $Q = 15.49$

② $C_r = 1.268$, $Q = 15.49$

③ $C_r = 2.277$, $Q = 25.12$

④ $C_r = 1.268$, $Q = 25.12$

해설 R-L-C 직렬공진시 첨예도(Q)

$f = 1,000\,[\text{Hz}]$이므로

$$\therefore C = \frac{1}{\omega^2 L} = \frac{1}{(2\pi f)^2 L}$$
$$= \frac{1}{(2\pi \times 1,000)^2 \times 20 \times 10^{-3}} \times 10^6$$
$$= 1.268\,[\mu F]$$

$$\therefore Q = \frac{1}{R}\sqrt{\frac{L}{C}} = \frac{1}{5}\sqrt{\frac{20 \times 10^{-3}}{1.268 \times 10^{-6}}} = 25.12$$

★
43 RLC 직렬회로에서 자체 인덕턴스 $L = 0.02\,[\text{mH}]$와 선택도 $Q = 60$일 때 코일의 주파수 $f = 2\,[\text{MHz}]$였다. 이 코일의 저항은 몇 [Ω]인가?

① 2.2 ② 3.2

③ 4.2 ④ 5.2

해설 선택도=첨예도(Q)

R-L-C 직렬회로에서 선택도 Q 는

$$Q = \frac{X_L}{R} = \frac{X_C}{R} = \frac{V_L}{V} = \frac{V_C}{V} = \frac{1}{R}\sqrt{\frac{L}{C}}\text{ 이므로}$$

$\omega = 2\pi f\,[\text{rad/sec}]$일 때

$$\therefore R = \frac{X_L}{Q} = \frac{\omega L}{Q} = \frac{2\pi \times 2 \times 10^6 \times 0.02 \times 10^{-3}}{60}$$
$$= 4.2\,[\Omega]$$

★★
44 R-L-C 병렬회로에서 L 및 C의 값을 고정시켜 놓고 저항 R의 값만 큰 값으로 변화시킬 때 옳게 설명한 것은?

① 이 회로의 Q(선택도)는 커진다.

② 공진주파수는 커진다.

③ 공진주파수는 변화한다.

④ 공진주파수는 커지고 선택도는 작아진다.

해설 R-L-C 병렬공진회로

(1) 선택도(Q) : $Q = R\sqrt{\dfrac{C}{L}} \propto R$이므로 저항 R이 커지면 선택도 Q도 커진다.

(2) 공진주파수(f) : $f = \dfrac{1}{2\pi\sqrt{LC}}$이므로 변하지 않는다.

★★★
45 저항 4[Ω]과 X_L의 유도 리액턴스가 병렬로 접속된 회로에 12[V]의 교류전압을 인가하니 5[A]의 전류가 흘렀다. 이 회로의 리액턴스 X_L은 몇 [Ω]인가?

① 8 ② 6

③ 3 ④ 4

해설 R-L 병렬회로

$R = 4\,[\Omega]$과 X_L이 병렬이며 12[V]의 전압을 인가 시 5[A]의 전류(I)가 흐르기 때문에 먼저 저항에 흐르는 전류(I_R)를 계산하여 L에 흐르는 전류(I_L)를 유도한다. 이때 R과 L에 흐르는 전류의 위상차가 90° 생기는 사실을 꼭 기억해야 한다.

$V = 12\,[\text{V}]$이므로

$$I_R = \frac{V}{R} = \frac{12}{4} = 3\,[\text{A}]$$

$$I_L = \frac{V}{X_L} = \sqrt{I^2 - I_R^2} = \sqrt{5^2 - 3^2} = 4\,[\text{A}]$$

$$\therefore X_L = \frac{V}{I_L} = \frac{12}{4} = 3\,[\Omega]$$

★★★

46 저항과 콘덴서를 병렬로 접속한 회로에 직류 100[V]를 가하면 5[A]가 흐르고, 교류 300[V]를 가하면 25[A]가 흐른다. 이때 용량 리액턴스 [Ω]는?

① 7   ② 14

③ 15   ④ 30

해설 R-C 병렬회로

직류 100[V]에 의한 전류 5[A]는 저항에 흐르는 전류이므로 $V_D = 100$ [V], $I_D = 5$ [A]일 때

$$R = \frac{V_D}{I_D} = \frac{100}{5} = 20 \, [\Omega]$$임을 알 수 있다.

교류 300[V]에 의한 전류 25[A]는 R-C 병렬에 흐르는 전류(I)이므로 저항에 흐르는 전류(I_R)를 계산하여 C에 흐르는 전류(I_C)를 유도한다. 이때 주의할 것은 R과 C에 흐르는 전류의 위상차가 90° 생기는 것을 잊어서는 안 된다.

$V_a = 300$ [V]일 때

$$I_R = \frac{V_a}{R} = \frac{300}{20} = 15 \, [A]$$

$$I_C = \frac{V_a}{X_C} = \sqrt{I_a^2 - I_R^2} = \sqrt{25^2 - 15^2} = 20 \, [A]$$

$$\therefore X_C = \frac{V_a}{I_C} = \frac{300}{20} = 15 \, [\Omega]$$

★★ 신유형

47 그림에서 $|E| = 100$ [V]를 가했을 때 a, b 사이의 전위차는 몇 [V]인가?

① 50

② 100

③ 150

④ 200

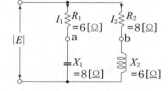

해설 이 문제의 해결점은 전류 I_1, I_2를 정확하게 유도하는 데 있다.

$$I_1 = \frac{E}{R_1 - jX_1} = \frac{100}{6 - j8} = 6 + j8 \, [A]$$

$$I_2 = \frac{E}{R_2 + jX_2} = \frac{100}{8 + j6} = 8 - j6 \, [A]$$

$$\therefore V_{ab} = |R_1 I_1 - R_2 I_2| = |X_1 I_1 - X_2 I_2|$$
$$= |6(6 + j8) - 8(8 - j6)| = 100 \, [V]$$

★★

48 회로에서 단자 a, b 사이에 교류전압 200[V]를 가하였을 때, c, d 사이의 전위차는 몇 [V]인가?

① 46[V]

② 96[V]

③ 56[V]

④ 76[V]

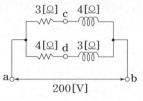

해설 전위차법

c점에 흐르는 전류 I_c, d점에 흐르는 전류 I_d라 하면

$$I_c = \frac{200}{3 + j4} = 24 - j32 \, [A],$$

$$I_d = \frac{200}{4 + j3} = 32 - j24 \, [A]$$

c점의 전압 V_c, d점의 전압 V_d라 하면

$$V_c = 200 - 3 I_c = 200 - 3(24 - j32)$$
$$= 128 + j96 \, [V]$$

$$V_d = 200 - 4 I_d = 200 - 4(32 - j24)$$
$$= 72 + j96 \, [V]$$

따라서 c, d 사이의 전위차 V_{cd}는

$$\therefore V_{cd} = V_c - V_d = 128 + j96 - (72 + j96)$$
$$= 56 \, [V]$$

★

49 그림과 같은 회로에 교류전압 $E = 100 \angle 0°$[V]를 인가할 때 전전류 I는 몇 [A]인가?

① $6 + j28$

② $6 - j28$

③ $28 + j6$

④ $28 - j6$

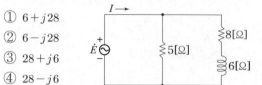

해설 각 병렬지로에 흐르는 전류를 I_1, I_2라 하면

$R_1 = 5 \, [\Omega]$, $Z_2 = 8 + j6 \, [\Omega]$일 때

$$I_1 = \frac{E}{R_1} = \frac{100 \angle 0°}{5} = 20 \angle 0° \, [A]$$

$$I_2 = \frac{E}{Z_2} = \frac{100 \angle 0°}{8 + j6} = 8 - j6 \, [A]$$이므로

$$\therefore I = I_1 + I_2 = 20 + 8 - j6 = 28 - j6 \, [A]$$

★★
50 그림과 같은 회로에서 공진시의 어드미턴스(℧)는?

① $\dfrac{CR}{L}$

② $\dfrac{LC}{R}$

③ $\dfrac{C}{RL}$

④ $\dfrac{R}{LC}$

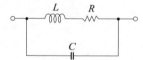

해설 반공진회로

R, L 직렬회로의 임피던스를 Z_1, C의 임피던스를 Z_2라 하여 구하면

$Z_1 = R + j\omega L\,[\Omega]$, $Z_2 = -j\dfrac{1}{\omega C}\,[\Omega]$이다.

회로는 병렬접속되어 있으므로 어드미턴스를 구하여 허수부를 영(0)으로 취하면 병렬공진이 이루어진다.

$$Y = \frac{1}{Z_1} + \frac{1}{Z_2} = \frac{1}{R + j\omega L} + j\omega C$$

$$= \frac{R - j\omega L}{R^2 + (\omega L)^2} + j\omega C$$

$$= \frac{R}{R^2 + (\omega L)^2} + j\left(\omega C - \frac{\omega L}{R^2 + (\omega L)^2}\right)[\text{℧}]$$

$\omega C = \dfrac{\omega L}{R^2 + (\omega L)^2}$ 이므로

$R^2 + (\omega L)^2 = \dfrac{L}{C}$ 임을 알 수 있다.

공진시 어드미턴스 Y_r은

$$\therefore\ Y_r = \frac{R}{R^2 + (\omega L)^2} = \frac{R}{\dfrac{L}{C}} = \frac{CR}{L}\,[\text{℧}]$$

04 교류전력

1 교류전력의 표현

1. 피상전력(S)

(1) 피상전력의 절대값

$$|S| = VI = I^2 Z = \frac{V^2}{Z} = \frac{P}{\cos \theta} = \frac{Q}{\sin \theta} = \sqrt{P^2 + Q^2} \, [\text{VA}]$$

(2) 피상전력의 복소전력

① $\dot{S} = {}^*VI = P \pm jQ \, [\text{VA}]$ $\begin{cases} +jQ : 용량성 \ 무효전력(C부하) \\ -jQ : 유도성 \ 무효전력(L부하) \end{cases}$

　※ $^*V$는 복소전압 V의 공액(또는 켤레)복소수로서 복소수의 허수부 부호를 바꾸거나
　극형식의 위상부호를 바꾸어 나타내는 복소수를 의미한다.

② $\dot{S} = VI^{\,*} = P \pm jQ \, [\text{VA}]$ $\begin{cases} +jQ : 유도성 \ 무효전력(L부하) \\ -jQ : 용량성 \ 무효전력(C부하) \end{cases}$

　　여기서, V : 전압[V], I : 전류[A], Z : 임피던스[Ω], P : 유효전력[W], Q : 무효전력[Var],
　　$\cos \theta$: 역률, $\sin \theta$: 무효율

2. 유효전력(= 소비전력 = 부하전력 = 평균전력 : P)

(1) 전압(V), 전류(I), 역률($\cos \theta$)이 주어진 경우

$$P = S\cos \theta = VI\cos \theta = \frac{1}{2} V_m I_m \cos \theta \, [\text{W}]$$

(2) R-X 직렬접속된 경우

$$P = I^2 R = \frac{V^2 R}{R^2 + X^2} \, [\text{W}]$$

(3) R-X 병렬접속된 경우

$$P = \frac{V^2}{R} \, [\text{W}]$$

　　여기서, S : 피상전력[VA], $\cos \theta$: 역률, V : 전압[V], I : 전류[A], V_m : 전압의 최대값[V],
　　I_m : 전류의 최대값[A], R : 저항[Ω], X : 리액턴스[Ω]

확인문제

01 역률이 70[%]인 부하에 전압 100[V]를 인가하니 전류 5[A]가 흘렀다. 이 부하의 피상전력[VA]은?

① 100　　　　　② 200
③ 400　　　　　④ 500

해설 $\cos \theta = 0.7$, $V = 100 \, [\text{V}]$, $I = 5 \, [\text{A}]$이므로 피상전력 $S = VI[\text{VA}]$식에 대입하여 풀면
　∴ $S = VI = 100 \times 5 = 500 \, [\text{VA}]$

답 : ④

02 어느 회로에서 전압과 전류의 실효값이 각각 50[V], 10[A]이고 역률이 0.8이다. 소비전력[W]은?

① 400　　　　　② 500
③ 300　　　　　④ 800

해설 $V = 50 \, [\text{V}]$, $I = 10 \, [\text{A}]$, $\cos \theta = 0.8$이므로 소비전력 $P = VI\cos \theta \, [\text{W}]$식에 대입하여 풀면
　∴ $P = VI\cos \theta = 50 \times 10 \times 0.8 = 400 \, [\text{W}]$

답 : ①

3. 무효전력(Q)

(1) 전압(V), 전류(I), 역률($\cos\theta$)이 주어진 경우

$$Q = S\sin\theta = VI\sin\theta = \frac{1}{2}V_m I_m \sin\theta \,[\text{Var}]$$

- 주어진 역률($\cos\theta$)을 무효율($\sin\theta$)로 환산하면 $\sin\theta = \sqrt{1-\cos^2\theta}$ 이다.

(2) R-X 직렬접속된 경우

$$Q = I^2 X = \frac{V^2 X}{R^2 + X^2}\,[\text{Var}]$$

(3) R-X 병렬접속된 경우

$$Q = \frac{V^2}{X}\,[\text{Var}]$$

여기서, S : 피상전력[Va], $\sin\theta$: 무효율, V : 전압[V], V_m : 전압의 최대값[V], I_m : 전류의 최대값[A], R : 저항[Ω], X : 리액턴스[Ω]

4. 피타고라스 정리 적용

$$S = \sqrt{P^2 + Q^2}\,[\text{VA}],\quad P = \sqrt{S^2 - Q^2}\,[\text{W}],\quad Q = \sqrt{S^2 - P^2}\,[\text{Var}]$$

여기서, S : 피상전력[VA], P : 유효전력[W], Q : 무효전력[Var]

2 최대전송전력

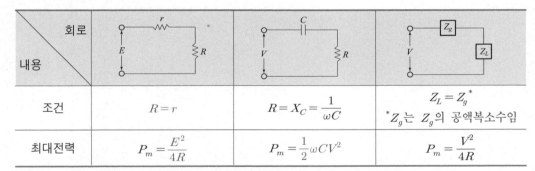

내용＼회로	$R = r$ 회로	C 회로	Z_g, Z_L 회로
조건	$R = r$	$R = X_C = \dfrac{1}{\omega C}$	$Z_L = Z_g{}^*$ ${}^*Z_g$는 Z_g의 공액복소수임
최대전력	$P_m = \dfrac{E^2}{4R}$	$P_m = \dfrac{1}{2}\omega C V^2$	$P_m = \dfrac{V^2}{4R}$

여기서, P_m : 최대전력[W], R, r : 저항[Ω], X_C : 용량 리액턴스[Ω], Z_L : 부하임피던스[Ω], Z_g : 내부임피던스[Ω], ω : 각주파수[rad/sec], C : 커패시턴스[F]

확인문제

03 어느 회로의 전압과 전류의 실효값이 각각 50[V], 10[A]이고 역률이 0.80이다. 무효 전력[Var]은?

① 300 ② 400
③ 500 ④ 600

해설 $V = 50\,[\text{V}]$, $I = 10\,[\text{A}]$, $\cos\theta = 0.8$이므로 무효전력 $Q = VI\sin\theta\,[\text{Var}]$식에 대입하여 풀면
$$\therefore Q = VI\sin\theta = VI\sqrt{1-\cos^2\theta}$$
$$= 50 \times 10 \times \sqrt{1-0.8^2} = 300\,[\text{Var}]$$

답 : ①

04 내부저항 $r\,[\Omega]$인 전원이 있다. 부하 R에 최대 전력을 공급하기 위한 조건은?

① $r = 2R$ ② $R = r$
③ $R = 2\sqrt{r}$ ④ $R = r^2$

해설 내부저항 $r\,[\Omega]$과 부하저항 $R\,[\Omega]$이 직렬로 접속된 회로에서 부하에 전력을 최대로 공급할 수 있는 조건식은
$$\therefore R = r \text{이다.}$$

답 : ②

3 3전압계법, 3전류계법

명칭 회로 내용	3전압계법	3전류계법
회로	(그림)	(그림)
역률	$\cos\theta = \dfrac{V_3{}^2 - V_1{}^2 - V_2{}^2}{2V_1V_2}$	$\cos\theta = \dfrac{A_1{}^2 - A_2{}^2 - A_3{}^2}{2A_2A_3}$
부하전력	$P = \dfrac{1}{2R}(V_3{}^2 - V_1{}^2 - V_2{}^2)$	$P = \dfrac{R}{2}(A_1{}^2 - A_2{}^2 - A_3{}^2)$

여기서, V_1, V_2, V_3 : 전압계 지시값[V], A_1, A_2, A_3 : 전류계 지시값[A],

P : 부하전력[W], R : 저항[Ω], $\cos\theta$: 역률

예제 1   복소전력을 이용한 전력계산   ★☆☆

전압 및 전류의 벡터가 각각 $V = 200 \angle 30°$ [V], $I = 10 \angle 60°$ [A]일 때 전력[W]은?

① 1,732   ② 2,000

③ 2,500   ④ 3,000

풀이전략

(1) 전압과 전류가 복소수로 주어졌는지 확인한다.

(2) 전압에 공액복소수를 취하여 복소전력 공식에 적용시킨다.

(3) 실수와 허수를 각각 유효전력(P)과 무효전력(Q)으로 표시한다.

풀 이

전압, 전류 모두 복소수 극형식으로 표현되었으므로 $V = 200 \angle 30°$ [V]일 때

공액복소수 $^{*}V$는 위상의 부호를 바꿔서 $^{*}V = 200 \angle -30°$ [V]로 표현하여 적용하면

$\dot{S} = {}^{*}VI = 200 \angle -30° \times 10 \angle 60° = 2,000 \angle 30° = 2,000(\cos 30° + j \sin 30°) = 1,732 + j1,000$ [VA]

$\dot{S} = P \pm jQ$ [VA]이므로

$\therefore P = 1,732$ [W]

정답 ①

유사문제

01 $V = 100 \angle 60°$ [V], $I = 20 \angle 30°$ [A]일 때 유효전력 [W]은 얼마인가?

① $1,000\sqrt{2}$ ② $1,000\sqrt{3}$

③ $\dfrac{2,000}{\sqrt{2}}$ ④ 2,000

해설 복소전력을 이용해서 풀면

$V = 100 \angle 60°$ [V]일 때 공액복소수 $^{*}V$는 위상의 부호를 바꿔서 $^{*}V = 100 \angle -60°$ [V]로 표현되므로

$\dot{S} = {}^{*}VI = 100 \angle -60 \times 20 \angle 30$

$= 1000\sqrt{3} - j1,000$ [VA]이므로

$\therefore$ 소비전력 $P = 1,000\sqrt{3}$ [W]이다.

답 : ②

02 어떤 회로에 $V = 100 \angle \dfrac{\pi}{3}$ [V]의 전압을 인가하니 $I = 10\sqrt{3} + j10$ [A]의 전류가 흘렀다. 이 회로의 무효 전력[Var]은?

① 0   ② 1,000

③ 1,732   ④ 2,000

해설 복소전력을 이용해서 풀면

$V = 100 \angle 60°$ [V]일 때 공액복소수 $^{*}V$는 위상의 부호를 바꿔서 $^{*}V = 100 \angle -60°$ [V]로 표현되므로

$\dot{S} = {}^{*}VI = 100 \angle -60 \times (10\sqrt{3} + j10)$

$= 1,732 - j1,000$ [VA]이므로

$\therefore$ 무효전력 $Q = 1,000$ [Var]이다.

답 : ②

03 $V = 100 + j30$ [V]의 전압을 어떤 회로에 인가하니 $I = 16 + j3$ [A]의 전류가 흘렀다. 이 회로에서 소비되는 유효 전력[W] 및 무효 전력[Var]은?

① 1,690, 180   ② 1,510, 780

③ 1,510, 180   ④ 1,690, 780

해설 복수전력을 이용해서 풀면 $V = 100 + j30$ [V]일 때

공액복소수 $^{*}V$는 허수부의 부호를 바꿔서

$^{*}V = 100 - j30$ [V]로 표현되므로

$\dot{S} = {}^{*}VI = (100 - j30) \times (16 + j3)$

$= 1,690 - j180$ [VA]

$\therefore P = 1,690$ [W], $Q = 180$ [Var]

답 : ①

04 어떤 회로에 $V = 100 + j20$ [V]인 전압을 가했을 때 $I = 8 + j6$ [A]인 전류가 흘렀다. 이 회로의 소비 전력[W]은?

① 800   ② 920

③ 1200   ④ 1400

해설 복소전력을 이용해서 풀면 $V = 100 + j20$ [V]일 때

공액복소수 $^{*}V$는 허수부의 부호를 바꿔서

$^{*}V = 100 - j20$ [V]로 표현되므로

$\dot{S} = {}^{*}VI = (100 - j20) \times (8 + j6)$

$= 920 + j440$ [VA]

$\therefore P = 920$ [W]

답 : ②

복소전력을 이용한 역률 계산 ★☆☆

어느 회로의 유효전력이 80[W], 무효전력이 60[Var]이면 역률[%]은?

① 50 ② 70

③ 80 ④ 90

풀이전략

(1) 전력의 표현을 복소전력으로 하여 유효전력(P)와 무효전력(Q)으로 나눈다.

(2) 유효전력과 무효전력을 이용하여 피상전력(S)를 계산한다.

(3) 역률공식에 대입하여 문제를 해결한다.

풀이

본문에서 $P = 80\,[W]$, $Q = 60\,[Var]$이므로 피상전력(S)은

$S = \sqrt{P^2 + Q^2} = \sqrt{80^2 + 60^2} = 100\,[VA]$

$P = S\cos\theta\,[W]$ 식에서 역률 $\cos\theta$를 구하면

$\therefore \cos\theta = \dfrac{P}{S} \times 100 = \dfrac{80}{100} \times 100 = 80\,[\%]$

정답 ③

유사문제

05 어느 회로의 소비전력이 160[W], 무효전력이 120[Var]이면 역률[%]은?

① 70 ② 80

③ 90 ④ 100

해설 $P = 160\,[W]$, $Q = 120\,[Var]$이므로

$S = \sqrt{P^2 + Q^2} = \sqrt{160^2 + 120^2} = 200\,[VA]$

$\therefore \cos\theta = \dfrac{P}{S} \times 100 = \dfrac{160}{200} \times 100 = 80\,[\%]$

답 : ②

06 $E = 40 + j30\,[V]$의 전압을 가하면 $I = 30 + j10\,[A]$의 전류가 흐른다. 이 회로의 역률값을 구하면?

① 0.651 ② 0.764

③ 0.949 ④ 0.831

해설 복소전력을 이용해서 풀면 전압 E의 공액복소수 $^*E$는 허수부의 부호를 바꿔서 표현하므로

$\dot{S} = {}^*EI = (40 - j30) \times (30 + j10)$
$= 1,500 - j500\,[VA]$

$P = 1,500\,[W]$, $Q = 500\,[Var]$일 때

$P = S\cos\theta\,[W]$ 식에서

$\therefore \cos\theta = \dfrac{P}{S} = \dfrac{P}{\sqrt{P^2 + Q^2}}$

$= \dfrac{1,500}{\sqrt{1,500^2 + 500^2}} = 0.949$

답 : ③

07 부하에 전압 $V = (7\sqrt{3} + j7)\,[V]$를 가했을 때, 전류 $I = (7\sqrt{3} - j7)\,[A]$가 흘렀다. 이때 부하의 역률은?

① 100[%] ② 86.6[%]

③ 67.7[%] ④ 50[%]

해설 복소전력을 이용해서 풀면 전압 V의 공액복소수 $^*V$는 허수부의 부호를 바꿔서 표현하므로

$\dot{S} = {}^*VI = (7\sqrt{3} - j7) \times (7\sqrt{3} - j7)$
$= 98 - j169.74\,[VA]$

$P = 98\,[W]$, $Q = 169.74\,[Var]$일 때

$P = S\cos\theta\,[W]$ 식에서

$\therefore \cos\theta = \dfrac{P}{S} = \dfrac{P}{\sqrt{P^2 + Q^2}}$

$= \dfrac{98}{\sqrt{98^2 + 169.74^2}} \times 100 = 50\,[\%]$

답 : ④

08 $E = 100\angle 60\,[V]$, $I = 5 + j5\,[A]$일 때 이 회로의 역률은 얼마인가?

① 0.966 ② 0.956

③ 0.946 ④ 0.936

해설 복소전력을 이용해서 풀면 전압 E의 공액복소수 $^*E$는 위상의 부호를 바꿔서 표현하므로

$\dot{S} = {}^*EI = 100\angle -60° \times (5 + j5)$
$= 683 - j183\,[VA]$

$P = 683\,[W]$, $Q = 183\,[Var]$일 때

$P = S\cos\theta\,[W]$ 식에서

$\therefore \cos\theta = \dfrac{683}{\sqrt{683^2 + 183^2}} = 0.966$

답 : ①

04 출제예상문제

★★★

01 어느 회로의 유효 전력은 300[W], 무효 전력은 400[Var]이다. 이 회로의 피상 전력은 몇 [VA]인가?

① 500 ② 600

③ 700 ④ 350

해설 피상전력(S)의 절대값 공식에 대입하여 풀면

$P = 300$ [W], $Q = 400$ [Var]이므로

$$\therefore |S| = VI = \sqrt{P^2 + Q^2}$$
$$= \sqrt{300^2 + 400^2} = 500 \, [\text{VA}]$$

★★★

02 어떤 회로에 전압을 115[V]를 인가하였더니 유효전력이 230[W], 무효전력이 345[Var]를 지시한다면 회로에 흐르는 전류[A]의 값은 어느 것인가?

① 약 2.5 ② 약 5.6

③ 약 3.6 ④ 약 4.5

해설 피상전력(S)의 절대값 공식에 대입하여 풀면

$V = 115$ [V], $P = 230$ [W], $Q = 345$ [Var]일 때

$|S| = VI = \sqrt{P^2 + Q^2}$ [VA]이므로

$$\therefore I = \frac{\sqrt{P^2 + Q^2}}{V} = \frac{\sqrt{230^2 + 345^2}}{115} = 3.6 \, [\text{A}]$$

★★

03 어떤 부하에 $100 \angle 30°$[V]의 전압을 인가했을 때 $10 \angle 60°$[A]의 전류가 흘렀다. 이 부하의 유효 전력[W]과 무효 전력[Var]은 각각 얼마인가?

① 800, 866 ② 866, 500

③ 680, 400 ④ 400, 680

해설 유효전력(P)과 무효전력(Q)

$V = 100 \angle 30°$ [V], $I = 10 \angle 60°$ [A]일 때

$V = 100$ [V], $I = 10$ [A], $\theta = 60° - 30° = 30°$ 이므로

$\therefore P = VI\cos\theta = 100 \times 10 \times \cos 30° = 866$ [W]

$\therefore Q = VI\sin\theta = 100 \times 10 \times \sin 30° = 500$ [Var]

별해 복소전력

$V = 100 \angle 30°$ [V], $I = 10 \angle 60°$ [A]일 때

V의 켤레복소수(=공액복소수) $^*V$는

$^*V = 100 \angle -30°$이므로

$S = \,^*VI = P \pm jQ$

$\quad = 100 \angle -30° \times 10 \angle 60°$

$\quad = 866 + j500$ [VA]

$\therefore P = 866$ [W], $Q = 500$ [Var]

참고 θ는 전압과 전류의 위상차이므로 큰 위상에서 작은 위상을 뺀 값이다.

★★

04 $v = 200\sin\omega t$[V]이고 $i = 4\sin\left(\omega t - \dfrac{\pi}{3}\right)$[A]일 때 평균 전력[W]은?

① 100 ② 200

③ 300 ④ 400

해설 유효전력(=평균전력 : P)

전압과 전류의 파형 및 주파수가 모두 일치하므로

$$V = \frac{V_m}{\sqrt{2}} \angle 0° = \frac{200}{\sqrt{2}} \angle 0° \, [\text{V}]$$

$$I = \frac{I_m}{\sqrt{2}} \angle -60° = \frac{4}{\sqrt{2}} \angle -60° \, [\text{A}]$$이므로

$$V = \frac{200}{\sqrt{2}} \, [\text{V}], \quad I = \frac{4}{\sqrt{2}} \, [\text{A}],$$

$\theta = 0° - (-60°) = 60°$일 때

$$\therefore P = VI\cos\theta = \frac{200}{\sqrt{2}} \times \frac{4}{\sqrt{2}} \times \cos 60° = 200 \, [\text{W}]$$

참고 $-\dfrac{\pi}{3}$ [rad] $= -60°$이다.

★★★
05 어떤 회로에 전압 v와 전류 i가 각각

$$v = 100\sqrt{2}\sin\left(377t + \frac{\pi}{3}\right)[\text{V}],$$

$i = \sqrt{8}\sin\left(377t + \frac{\pi}{6}\right)[\text{A}]$일 때 소비 전력[W]은?

① 100　　　　　　② $200\sqrt{3}$

③ 300　　　　　　④ $100\sqrt{3}$

해설 유효전력(=소비전력 : P)

$$V = \frac{V_m}{\sqrt{2}}\angle 60° = \frac{100\sqrt{2}}{\sqrt{2}}\angle 60°[\text{V}]$$

$$I = \frac{I_m}{\sqrt{2}}\angle 30° = \frac{\sqrt{8}}{\sqrt{2}}\angle 30°[\text{A}]$이므로$$

$$V = 100[\text{V}], \quad I = 2[\text{A}],$$

$$\theta = 60° - 30° = 30°$이므로$$

$$\therefore P = VI\cos\theta = 100 \times 2 \times \cos 30° = 100\sqrt{3}[\text{W}]$$

★★
06 직렬회로에 $v = 170\cos\left(120t + \frac{\pi}{6}\right)[\text{V}]$를 인가할

때 $i = 8.5\cos\left(120t - \frac{\pi}{6}\right)[\text{A}]$가 흐르는 경우 소비

되는 전력[W]은?

① 361　　　　　　② 623

③ 720　　　　　　④ 1,445

해설 유효전력(=소비전력 : P)

전압과 전류의 파형 및 주파수가 모두 일치하므로

$$V_m = 170\angle 30°[\text{V}], \quad I_m = 8.5\angle -30°[\text{A}]$일 때$$

$$V = \frac{V_m}{\sqrt{2}} = \frac{170}{\sqrt{2}}[\text{V}], \quad I = \frac{I_m}{\sqrt{2}} = \frac{8.5}{\sqrt{2}}[\text{A}],$$

$$\theta = 30° - (-30°) = 60°$이므로$$

$$\therefore P = VI\cos\theta = \frac{170}{\sqrt{2}} \times \frac{8.5}{\sqrt{2}} \times \cos 60°$$

$$= 361[\text{W}]$$

참고 $\frac{\pi}{6}[\text{rad}] = 30°$이고 $-\frac{\pi}{6}[\text{rad}] = -30°$이다.

★★★
07 어떤 회로에 인가전압 $v = 150\sin(\omega t + 10°)[\text{V}]$ 인가시 전류 $i = 5\sin(\omega t - 50°)[\text{A}]$가 흐르는 경우 무효 전력은 몇 [Var]인가?

① 187.5　　　　　② 325

③ 345　　　　　　④ 375

해설 무효전력(Q)

$$V = 150\angle 10°[\text{V}], \quad I = 5\angle -50°[\text{A}]$일 때$$

$$V = \frac{V_m}{\sqrt{2}} = \frac{150}{\sqrt{2}}[\text{V}], \quad I = \frac{I_m}{\sqrt{2}} = \frac{5}{\sqrt{2}}[\text{A}],$$

$$\theta = 10° - (-50°) = 60°$이므로$$

$$\therefore P = VI\sin\theta = \frac{150}{\sqrt{2}} \times \frac{5}{\sqrt{2}} \times \sin 60°$$

$$= 325[\text{Var}]$$

별해 복소전력

$$V = \frac{150}{\sqrt{2}}\angle 10°[\text{V}], \quad I = \frac{5}{\sqrt{2}}\angle -50°$일 때$$

V의 켤레복소수(=공액복소수) $^*V$는

$$^*V = \frac{150}{\sqrt{2}}\angle -10°[\text{V}]$이므로$$

$$S = {}^*VI = P \pm jQ$$

$$= \frac{150}{\sqrt{2}}\angle -10° \times \frac{5}{\sqrt{2}}\angle -50°$$

$$= 187.5 - j325[\text{VA}]$$

$$\therefore P = 187.5[\text{W}], \quad Q = 325[\text{Var}]$$

★★
08 어떤 회로에 전압 $v(t) = V_m\cos(\omega t + \theta)$를 가 했더니 전류 $i(t) = I_m\cos(\omega t + \theta + \phi)$가 흘렀다. 이때 회로에 유입되는 평균 전력은?

① $\frac{1}{4}V_m I_m\cos\phi$　　② $\frac{1}{2}V_m I_m\cos\phi$

③ $\frac{V_m I_m}{\sqrt{2}}$　　　　　④ $V_m I_m\sin\phi$

해설 전압, 전류, 역률이 주어진 경우의 유효전력(P)

$$\therefore P = S\cos\phi = VI\cos\phi = \frac{1}{2}V_m I_m\cos\phi$$

09 저항 R, 리액턴스 X 와의 직렬회로에 전압 V 가 가해졌을 때 소비 전력은?

① $\dfrac{R}{\sqrt{R^2+X^2}}$ ② $\dfrac{X}{\sqrt{R^2+X^2}}$

③ $\dfrac{R}{R^2+X^2}V^2$ ④ $\dfrac{X}{R^2+X^2}V^2$

해설 R-X 직렬접속된 경우의 유효전력(P)

$$\therefore P=I^2R=\frac{V^2R}{R^2+X^2}\,[\mathrm{W}]$$

10 저항 $R=3[\Omega]$과 유도 리액턴스 $X_L=4[\Omega]$이 직렬로 연결된 회로에 $v=100\sqrt{2}\sin\omega t[\mathrm{V}]$인 전압을 가하였다. 이 회로에서 소비되는 전력[kW]은?

① 1.2 ② 2.2
③ 3.5 ④ 4.2

해설 R-X 직렬접속된 경우의 유효전력(P)

$V_m=100\sqrt{2}\,[\mathrm{W}]$이므로

$$\therefore P=\frac{V^2R}{R^2+X_L^2}=\frac{\left(\frac{V_m}{\sqrt{2}}\right)^2R}{R^2+X_L^2}=\frac{\left(\frac{100\sqrt{2}}{\sqrt{2}}\right)^2\times3}{3^2+4^2}$$
$$=1{,}200\,[\mathrm{W}]=1.2\,[\mathrm{kW}]$$

11 $R=40[\Omega]$, $L=80[\mathrm{mH}]$의 코일이 있다. 이 코일에 100[V], 60[Hz]의 전압을 가할 때에 소비되는 전력[W]은?

① 100 ② 120
③ 160 ④ 200

해설 R-X 직렬접속된 경우의 유효전력(P)

$V=100\,[\mathrm{V}]$, $f=60\,[\mathrm{Hz}]$이고
$X_L=\omega L=2\pi fL\,[\Omega]$이므로

$$\therefore P=\frac{V^2R}{R^2+X_L^2}=\frac{100^2\times40}{40^2+(2\pi\times60\times80\times10^{-3})^2}$$
$$=160\,[\mathrm{W}]$$

12 저항 40[Ω], 임피던스 50[Ω]의 직렬 유도부하에서 소비되는 무효전력[var]은 얼마인가? (단, 인가전압은 100[V]이다.)

① 120 ② 160
③ 200 ④ 250

해설 무효전력(Q)

$R=40\,[\Omega]$, $Z=50\,[\Omega]$, $V=100\,[\mathrm{V}]$일 때
$Z=\sqrt{R^2+X_L^2}\,[\Omega]$ 식에서 리액턴스 X_L은
$X_L=\sqrt{Z^2-R^2}=\sqrt{50^2-40^2}=30\,[\Omega]$이다.

무효전력은 $Q=\dfrac{V^2X_L}{R^2+X_L^2}\,[\mathrm{Var}]$이므로

$$\therefore Q=\frac{V^2X_L}{R^2+X_L^2}=\frac{100^2\times30}{40^2+30^2}=120\,[\mathrm{Var}]$$

13 어떤 회로의 전압 V, 전류 I 일 때, $P_a=\overline{V}I$ $=P+jP_r$에서 $P_r>0$이다. 이 회로는 어떤 부하인가?

① 유도성 ② 무유도성
③ 용량성 ④ 정저항

해설 복소전력에서 무효전력의 성질
(1) $\dot{S}={}^*VI=P\pm jQ\,[\mathrm{VA}]$인 경우 :
  $Q>0$(용량성), $Q<0$(유도성)
(2) $\dot{S}=VI^*=P\pm jQ\,[\mathrm{VA}]$인 경우 :
  $Q>0$(유도성), $Q<0$(용량성)
∴ $\overline{V}$는 ${}^*V$이므로 $P_r>0$인 경우는 $Q>0$이므로 용량성 부하이다.

★★

14 $V = 50\sqrt{3} + j50$[V], $I = 15\sqrt{3} - j15$[A]일 때 전력[W]과 무효전력[Var]은?

① $\begin{cases} 3,000 \\ 1,500 \end{cases}$　　② $\begin{cases} 1,500 \\ 1,500\sqrt{3} \end{cases}$

③ $\begin{cases} 750 \\ 750\sqrt{3} \end{cases}$　　④ $\begin{cases} 2,250 \\ 1,500\sqrt{3} \end{cases}$

해설 피상전력(S)의 복소전력으로 풀면

전압 V의 공액복소수 $^*V$는

$^*V = 50\sqrt{3} - j50$ [V]일 때

$\dot{S} = {}^*VI = (50\sqrt{3} - j50) \times (15\sqrt{3} - j15)$

$\qquad = 1,500 - j1,500\sqrt{3}$ [VA]

$\therefore P = 1,500$ [W], $Q = 1,500\sqrt{3}$ [Var]

★★★

15 어떤 회로에 $E = 100 + j50$[V]인 전압을 가했더니 $I = 3 + j4$[A]인 전류가 흘렀다면 이 회로의 소비 전력[W]은?

① 300　　　　② 500

③ 700　　　　④ 900

해설 피상전력(S)의 복소전력으로 풀면

전압 E의 공액복소수 $^*E$는

$^*E = 100 - j50$ [V]일 때

$\dot{S} = {}^*EI = (100 - j50)(3 + j4)$

$\qquad = 500 + j250$ [VA]

$\therefore P = 500$ [W], $Q = 250$ [Var]이므로

소비전력(P)은 500[W]이다.

★★

16 $R = 4$[Ω]과 $X_C = 3$[Ω]이 직렬로 접속된 회로에 10[A]의 전류를 통할 때의 교류 전력[VA]은?

① $400 + j300$　　② $400 - j300$

③ $420 + j360$　　④ $360 + j420$

해설 $R - X_C$가 직렬연결이므로 유효전력과 무효전력은 각각

$P = I^2R$[W], $Q = I^2X_C$[Var] 식에 대입하여 풀면

$I = 10$ [A]일 때

$P = 10^2 \times 4 = 400$ [W], $Q = 10^2 \times 3 = 300$ [Var]

여기서, X_C는 용량성 리액턴스로 용량성 부하임을 의미하며 $Q > 0$이 되어야 한다.

$\therefore \dot{S} = P + jQ = 400 + j300$ [VA]

★

17 피상전력이 10[kVA], 유효전력이 7.07[kW]이면 역률은?

① 1.414　　　② 1

③ 0.707　　　④ 0.353

해설 유효전력 공식에서 역률($\cos\theta$)을 구할 수 있다.

$S = 10$ [kVA], $P = 7.07$ [kW]일 때

$P = S\cos\theta$ [W]이므로

$\therefore \cos\theta = \dfrac{P}{S} = \dfrac{7.07}{10} = 0.707$

★★

18 Var은 무엇의 단위인가?

① 전력　　　　② 피상전력

③ 효율　　　　④ 무효전력

해설 전력의 표현과 단위

피상전력 S[VA], 유효전력 P[W], 무효전력 Q[Var]

★★★

19 22[kVA]의 부하가 역률 0.80이라면 무효전력[kVar]은?

① 16.6　　　　② 17.6

③ 15.2　　　　④ 13.2

해설 무효전력공식에 대입하여 풀면

$S = 22$ [kVA], $\cos\theta = 0.8$일 때

$Q = S\sin\theta = S\sqrt{1 - \cos^2\theta}$

$\qquad = 22 \times \sqrt{1 - 0.8^2} = 13.2$ [kVar]

★★★

20 역률 60[%]인 부하의 유효 전력이 120[kW]일 때 무효 전력은[kVar]은?

① 40　　　　② 80

③ 120　　　　④ 160

해설 피상전력의 절대값 식에서

$\cos\theta = 0.6$, $P = 120$ [kW]일 때

$|S| = VI = \dfrac{P}{\cos\theta} = \dfrac{Q}{\sin\theta}$ [VA]이므로

$\therefore Q = P\dfrac{\sin\theta}{\cos\theta} = P \cdot \dfrac{\sqrt{1-\cos^2\theta}}{\cos\theta} = P\tan\theta$

$= 120 \times \dfrac{\sqrt{1-0.6^2}}{0.6} = 160$ [kW]

★
21 100[V] 전원에 1[kW]의 선풍기를 접속하니 12[A]의 전류가 흘렀다. 선풍기의 무효율은 약 몇 [%]인가?

① 50[%] ② 55[%]
③ 83[%] ④ 91[%]

해설 무효율($\sin\theta$)

$V = 100$ [V], $P = 1$ [kW], $I = 12$ [A]이므로
피상전력 S는 $S = VI = 100 \times 12 = 1,200$ [VA]이다.

역률 $\cos\theta = \dfrac{P}{S} = \dfrac{1 \times 10^3}{1,200} = \dfrac{5}{6}$

$\therefore \sin\theta = \sqrt{1-\cos^2\theta} = \sqrt{1-\left(\dfrac{5}{6}\right)^2}$

$= 0.55$ [pu] $= 55$ [%]

★★★
22 교류 전압 100[V], 전류 20[A]로서 1.2[kW]의 전력을 소비하는 회로의 리액턴스는 몇 [Ω]인가?

① 3 ② 4
③ 6 ④ 8

해설 전력의 피타고라스 정리 적용

$V = 100$ [V], $I = 20$ [A], $P = 1.2$ [kW]일 때
$S = VI$ [VA],

$Q = I^2X = \sqrt{S^2 - P^2} = \sqrt{(VI)^2 - P^2}$ [Var]

$\therefore X = \dfrac{\sqrt{(VI)^2 - P^2}}{I^2}$

$= \dfrac{\sqrt{(100 \times 20)^2 - 1,200^2}}{20^2}$

$= 4$ [Ω]

★★
23 100[V], 800[W], 역률 80[%]인 회로의 리액턴스는 몇 [Ω]인가?

① 12 ② 10
③ 8 ④ 6

해설 전력의 피타고라스 정리를 적용하기 위해서 먼저 전류가 계산되어야 한다.

$V = 100$ [V], $P = 800$ [W], $\cos\theta = 0.8$일 때
$P = VI\cos\theta$ [W] 식에서

$I = \dfrac{P}{V\cos\theta} = \dfrac{800}{100 \times 0.8} = 10$ [A]이므로

$S = VI$ [VA],

$Q = I^2X = \sqrt{S^2 - P^2} = \sqrt{(VI)^2 - P^2}$ [Var]

$\therefore X = \dfrac{\sqrt{(VI)^2 - P^2}}{I^2} = \dfrac{\sqrt{(100 \times 10)^2 - 800^2}}{10^2}$

$= 6$ [Ω]

★★
24 어떤 코일의 임피던스를 측정하고자 직류전압 100[V]를 가했더니 500[W]가 소비되고, 교류전압 150[V]를 가했더니 720[W]가 소비되었다. 코일의 저항[Ω]과 리액턴스[Ω]는 각각 얼마인가?

① $R = 20$, $X_L = 15$
② $R = 15$, $X_L = 20$
③ $R = 25$, $X_L = 20$
④ $R = 30$, $X_L = 25$

해설 교류전력

직류전압 $V_d = 100$ [V], 소비전력 $P_d = 500$ [W]일

때 $P_d = \dfrac{V_d^2}{R}$ [W]이므로 저항 R을 구하면

$R = \dfrac{V_d^2}{P_d} = \dfrac{100^2}{500} = 20$ [Ω]이다.

교류전압 $V_a = 150$ [V], 소비전력 $P_a = 720$ [W]일

때 $P_a = \dfrac{V_a^2 R}{R^2 + X^2}$ [W]이므로 리액턴스 X를 구하면

$X = \sqrt{\dfrac{V_a^2 R}{P_a} - R^2} = \sqrt{\dfrac{150^2 \times 20}{720} - 20^2}$

$= 15$ [Ω]

$\therefore R = 20$ [Ω], $X = 15$ [Ω]

25 그림과 같이 주파수 f[Hz], 단상 교류 전압 V [V]의 전원에 저항 R[Ω], 인덕턴스 L[H]의 코일을 접속한 회로가 있을 때 L을 가감해서 R의 전력을 L이 0인 때의 $\frac{1}{5}$로 하려면 L의 크기는?

① $\dfrac{R}{2\pi f}$

② $\dfrac{R}{\pi f}$

③ $\pi f R^2$

④ $\dfrac{R^2}{2\pi f}$

[해설] $R - X_L$이 직렬로 접속되어 있으므로 R의 전력손실

은 $P = I^2 R = \dfrac{V^2 R}{R^2 + X_L^2}$ [W]임을 알 수 있다.

여기서 $L = 0$이 된다면 $X_L = \omega L = 0$ [Ω]이 되어

$L = 0$인 때의 전력손실은 $P_{L=0} = \dfrac{V^2}{R}$ [W]가 된다.

$P = \dfrac{1}{5} P_{L=0}$이 되는 조건은 $\dfrac{V^2 R}{R^2 + X_L^2} = \dfrac{V^2}{5R}$

식을 정리하면 $2R = X_L = \omega L = 2\pi f L$ [Ω]이 된다.

∴ $L = \dfrac{2R}{2\pi f} = \dfrac{R}{\pi f}$ [H]

26 그림과 같은 회로에서 주파수 60[Hz], 교류 전압 200[V]의 전원이 인가되었을 때 R의 전력 손실을 $L = 0$인 때의 $\frac{1}{2}$로 하려면 L의 크기 [H]는? (단, $R = 600$[Ω])

① 0.59

② 1.59

③ 4.62

④ 3.62

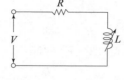

[해설] $f = 60$ [Hz]이므로

∴ $L = \dfrac{R}{2\pi f} = \dfrac{600}{2\pi \times 60} = 1.59$ [H]

27 그림과 같은 회로에서 각 계기들의 지시값은 다음과 같다. Ⓥ는 240[V], Ⓐ는 5[A], Ⓦ는 720[W]이다. 이때 인덕턴스 L[H]는 얼마인가? (단, 전원주파수는 60[Hz]라 한다.)

① $\dfrac{1}{\pi}$

② $\dfrac{1}{2\pi}$

③ $\dfrac{1}{3\pi}$

④ $\dfrac{1}{4\pi}$

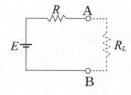

[해설] **교류전력**

$V = 240$ [V], $I = 5$ [A], $P = 720$ [W],

$f = 60$ [Hz]일 때

피상전력 $S = VI = 240 \times 5 = 1,200$ [VA]

무효전력

$Q = \sqrt{S^2 - P^2} = \sqrt{1,200^2 - 720^2} = 960$ [Var]

R-L 병렬회로이므로

$Q = \dfrac{V^2}{X_L} = \dfrac{V^2}{\omega L} = \dfrac{V^2}{2\pi f L}$ [Var]

∴ $L = \dfrac{V^2}{2\pi f Q} = \dfrac{240^2}{2\pi \times 60 \times 960} = \dfrac{1}{2\pi}$ [H]

28 그림과 같이 전압 E와 저항 R로 된 회로의 단자 A, B간에 적당한 저항을 R_L을 접속하여 R_L에서 소비되는 전력을 최대로 되게 하고자 한다. R_L을 어떻게 하면 되는가?

① R

② $\dfrac{3}{2}R$

③ $\dfrac{1}{2}R$

④ $2R$

[해설] R과 R_L이 직렬로 접속된 회로에서 부하에 전력을 최대로 공급할 수 있는 조건과 최대전력은 다음과 같다.

(1) 조건 : $R = R_L$ [Ω]

(2) 최대전력 : $P_m = \dfrac{E^2}{4R}$ [W]

★★★

29 그림과 같이 전압 E와 저항 R로 된 단자 a, b 사이에 적당한 저항 R_L을 접속하여 R_L에서 소비되는 전력을 최대로 하게 했다. 이때 R_L에서 소비되는 전력은?

① $\dfrac{E^2}{4R}$

② $\dfrac{E^2}{2R}$

③ $\dfrac{E^2}{3R_L}$

④ $\dfrac{E}{R_L}$

해설 R과 R_L이 직렬로 접속된 회로에서 부하에 전력을 최대로 공급할 수 있는 조건과 최대전력은 다음과 같다.

(1) 조건 : $R = R_L$ [Ω]

(2) 최대전력 : $P_m = \dfrac{E^2}{4R}$ [W]

★★

30 다음 회로에서 부하 R_L에 최대 전력이 공급될 때의 전력 값이 5[W]라고 할 때 $R_L + R_i$의 값은 몇 [Ω]인가?

① 5

② 10

③ 15

④ 20

해설 최대전력전송조건

최대전력을 공급하기 위한 조건은 $R_L = R_i$이며 이때 최대전력 P_m은 $P_m = \dfrac{E^2}{4R_L}$ [W]이므로

$P_m = 5$ [W], $E = 10$ [V]일 때

$R_L = \dfrac{E^2}{4P_m} = \dfrac{10^2}{4 \times 5} = 5$ [Ω]이다.

∴ $R_L + R_i = 5 + 5 = 10$ [Ω]

★★★

31 $R - C$ 직렬회로에 V[V]의 교류 기전력을 인가한다. 이때 저항 R을 변화시켜 부하 R에 최대 전력을 공급하고자 한다. R에서 소비되는 최대 전력은 얼마인가?

① $\dfrac{1}{4}\omega C V^2$

② $2\omega^2 C V$

③ $\omega^2 C V$

④ $\dfrac{1}{2}\omega C V^2$

해설 $R - C$ 직렬회로에서 최대전력전송조건과 최대전력은 다음과 같다.

(1) $R = X_C = \dfrac{1}{\omega C}$ [Ω]

(2) $P_m = \dfrac{1}{2}\omega C V^2$ [W]

★★★

32 $C = 100[\mu F]$인 콘덴서와 저항 $R[\Omega]$과의 직렬회로에서 R의 값을 적당히 선정하면 저항에서 소비되는 전력을 최대로 할 수 있는데 이때의 소비 전력은? (단, 입력 전압은 100[V], 주파수는 60[Hz]라 한다.)

① 157.3[W]

② 188.5[W]

③ 201.2[W]

④ 243.5[W]

해설 $R - C$ 직렬회로의 최대전력공식에 대입하여 풀면

$V = 100$ [V], $f = 60$ [Hz]

$\therefore P_m = \dfrac{1}{2}\omega C V^2$

$= \dfrac{1}{2} \times 2\pi \times 60 \times 100 \times 10^{-6} \times 100^2$

$= 188.5$ [W]

여기서, $\omega = 2\pi f$ [rad/sec]이다.

★★

33 최대값 V_0, 내부임피던스 $Z = R_0 + jX_0$ $(R_0 > 0)$ 인 전원에서 공급할 수 있는 최대전력은?

① $\dfrac{V_0^2}{8R_0}$ ② $\dfrac{V_0^2}{4R_0}$

③ $\dfrac{V_0^2}{2R_0}$ ④ $\dfrac{V_0^2}{2\sqrt{2}\,R_0}$

[해설] 내부 임피던스가 Z인 경우 최대전력전송조건과 최대 전력은 다음과 같다.

(1) 조건 : 부하 임피던스 $Z_L = {}^*Z = R_0 - jX_0\,[\Omega]$

(2) 최대전력 : $P_m = \dfrac{V^2}{4R_0}\,[\mathrm{W}]$

여기서, V_0는 최대값 전압이므로 실효값으로 바꾸어 대입해야 한다. ($V_0 = V_m$이다.)

$$\therefore P_m = \frac{V^2}{4R_0} = \frac{\left(\dfrac{V_m}{\sqrt{2}}\right)^2}{4R_0} = \frac{V_m^2}{8R_0} = \frac{V_0^2}{8R_0}\,[\mathrm{W}]$$

★

34 전원의 내부임피던스가 순저항 R과 리액턴스 X로 구성되고 외부에 부하저항 R_L을 연결하여 최대전력을 전달하려면 R_L의 값은?

① $R_L = \sqrt{R^2 + X^2}$

② $R_L = \sqrt{R^2 - X^2}$

③ $R_L = R$

④ $R_L = R + X$

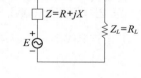

[해설] **최대전력전달조건**

부하에 전력을 최대로 전송하기 위한 조건은 전원측 내부임피던스(Z)와 부하의 임피던스(Z_L)을 같게 해주어야 한다. (단, Z와 Z_L은 켤레복소수 관계임)

$$Z_L = Z^* = (R + jX)^* = R - jX\,[\Omega]$$

$$\therefore R_L = Z_L = \sqrt{R^2 + X^2}\,[\Omega]$$

★★

35 내부 임피던스가 $0.3 + j2\,[\Omega]$인 발전기에 임피던스가 $1.7 + j3\,[\Omega]$인 선로를 연결하여 전력을 공급한다. 부하 임피던스가 몇 $[\Omega]$일 때 최대전력이 전달되겠는가?

① $2\,[\Omega]$ ② $\sqrt{29}\,[\Omega]$

③ $2 - j5\,[\Omega]$ ④ $2 + j5\,[\Omega]$

[해설] **최대전력전달조건**

발전기 내부임피던스 Z_g, 선로측 임피던스 Z_ℓ이라 하면 전원측 내부임피던스 합 Z_o는

$$Z_o = Z_g + Z_\ell = 0.3 + j2 + 1.7 + j3 = 2 + j5\,[\Omega]$$

최대전력전달조건은 부하임피던스 Z_L이 $Z_L = Z_o^*\,[\Omega]$ 이어야 하므로(여기서 Z_o^*는 Z_o의 켤레복소수이다.)

$$\therefore Z_L = (2 + j5)^* = 2 - j5\,[\Omega]$$

★★★

36 그림과 같은 회로에서 전압계 3개로 단상 전력을 측정하고자 할 때 유효전력은?

① $\dfrac{1}{2R}\left(V_3^2 - V_1^2 - V_2^2\right)$

② $\dfrac{1}{2R}\left(V_3^2 - V_1^2\right)$

③ $\dfrac{R}{2}\left(V_3^2 - V_1^2 - V_2^2\right)$

④ $\dfrac{R}{2}\left(V_2^2 - V_1^2 - V_3^2\right)$

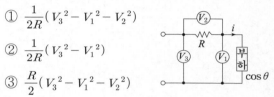

[해설] **3전압계법의 역률과 부하전력**

(1) 역률 $\cos\theta = \dfrac{V_3^2 - V_1^2 - V_2^2}{2V_1 V_2}$

(2) 부하전력 $P = \dfrac{1}{2R}\left(V_3^2 - V_1^2 - V_2^2\right)\,[\mathrm{W}]$

★★★

37 그림과 같이 부하와 저항 R을 병렬로 접속하여 $100[\mathrm{V}]$의 교류 전압을 인가할 때 각 지로에 흐르는 전류가 그림과 같을 때 부하의 소비 전력은 몇 $[\mathrm{W}]$인가?

① 400
② 500
③ 600
④ 700

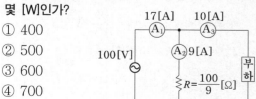

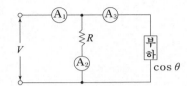

해설 3전류계법의 역률과 부하전력

(1) 역률 z

$$\cos\theta = \frac{A_1{}^2 - A_2{}^2 - A_3{}^2}{2A_2 A_3}$$

(2) 부하전력

$$P = \frac{R}{2}(A_1{}^2 - A_2{}^2 - A_3{}^2)\,[W]$$

$$\therefore P = \frac{\left(\frac{100}{9}\right)}{2} \times (17^2 - 9^2 - 10^2) = 600\,[W]$$

★★★
38 그림과 같이 전류계 A_1, A_2, A_3, $25\,[\Omega]$의 저항 R을 접속하였다. 전류계의 지시는 $A_1 = 10\,[A]$, $A_2 = 4\,[A]$, $A_3 = 7\,[A]$이다. 부하의 전력[W]과 역률은?

① $P = 437.5$, $\cos\theta = 0.625$

② $P = 437.5$, $\cos\theta = 0.547$

③ $P = 487.5$, $\cos\theta = 0.647$

④ $P = 507.5$, $\cos\theta = 0.747$

해설 3전류계법의 역률과 부하전력

(1) 역률 $\cos\theta = \dfrac{A_1{}^2 - A_2{}^2 - A_3{}^2}{2A_2 A_3}$

(2) 부하전력 $P = \dfrac{R}{2}(A_1{}^2 - A_2{}^2 - A_3{}^2)\,[W]$

$$\therefore P = \frac{25}{2} \times (10^2 - 4^2 - 7^2) = 437.5\,[W]$$

$$\therefore \cos\theta = \frac{10^2 - 4^2 - 7^2}{2 \times 4 \times 7} = 0.625$$

★
39 60[Hz], 120[V] 정격인 단상유도 전동기의 출력은 3[HP]이고 효율은 90[%]이며 역률은 80[%]이다. 역률을 100[%]로 개선하기 위한 병렬 콘덴서의 용량은 약 몇 [VA]인가? (단, 1[HP]=746[W]이다.)

① 1,865[VA]

② 2,252[VA]

③ 2,667[VA]

④ 3,156[VA]

해설 역률 개선용 콘덴서 용량(Q_c)

$$Q_c = P(\tan\theta_1 - \tan\theta_2) = P\left(\frac{\sin\theta_1}{\cos\theta_1} - \frac{\sin\theta_2}{\cos\theta_2}\right)$$

[VA] 식에서 $\cos\theta_1 = 0.8$, $\cos\theta_2 = 1$이므로

$P = 3\,[HP] = 3 \times 746\,[W]$, $\eta = 0.9$일 때

$$\therefore Q_c = \frac{3 \times 746}{0.9} \times \left(\frac{0.6}{0.8} - \frac{0}{1}\right) = 1,865\,[VA]$$

★★
40 코일에 단상 100[V]의 전압을 가하면 30[A]의 전류가 흐르고 1.8[kW]의 전력을 소비한다고 한다. 이 코일과 병렬로 콘덴서를 접속하여 회로의 합성 역률을 100[%]로 하기 위한 용량 리액턴스는 약 몇 [Ω]인가?

① 1

② 2

③ 3

④ 4

해설 역률 개선

R-L 직렬회로에서

$V = 100\,[V]$, $I = 30\,[A]$, $P = 1.8\,[W]$이므로 피타고라스 정리 공식에 의해 무효전력을 구할 수 있다.

$$Q_L = \sqrt{S^2 - P^2} = \sqrt{(VI)^2 - P^2}$$
$$= \sqrt{(100 \times 30)^2 - 1,800^2} = 2,400\,[Var]$$

이때 콘덴서를 병렬로 연결하여 역률이 100[%]로 개선되었다는 것은 진상 무효전력(Q_C)이 Q_L과 같게 되어 완전 공진이 되었다는 것을 의미한다.

$Q_C = Q_L = \dfrac{V^2}{X_C}\,[Var]$ 식에 의해서

$$\therefore X_C = \frac{V^2}{Q_L} = \frac{100^2}{2,400} \fallingdotseq 4\,[\Omega]$$

★
41 인덕턴스 L인 코일에 전류 $i = I_m \sin\omega t$가 흐르고 있다. L에 축적된 에너지의 첨두(Peak)값은?

① $\dfrac{1}{\sqrt{2}}L I_m{}^2$

② $\dfrac{1}{\sqrt{3}}L I_m{}^2$

③ $\dfrac{1}{2}L I_m{}^2$

④ $\dfrac{1}{2}L^2 I_m{}^2$

해설 코일에 축적된 자기에너지(W)

$W = \dfrac{1}{2}L I^2\,[J]$ 식에서 에너지의 첨두값(W_m)은 전류가 최대값(I_m)일 때 나타나는 값으로서

$$\therefore W_m = \frac{1}{2}L I_m{}^2\,[J]$$이다.

05 상호유도회로

1 상호유도

| 정의 |

근접한 2개의 코일이 결합하는 경우 코일 중 어느 한쪽에 전류가 흐르면 다른 쪽 코일에는 기전력이 유기되는 현상을 말한다.

1. 유기기전력

(1) 코일이 독립된 경우

$$e_1 = L_1 \frac{di_1}{dt} \, [V], \; e_2 = L_2 \frac{di_2}{dt} \, [V]$$

여기서 L_1, L_2를 "자기인덕턴스"라 한다.

(2) 코일이 결합된 경우

$$e_2 = \pm M \frac{di_1}{dt} \, [V]$$

여기서 M을 "상호유도인덕턴스"라 한다.

2. 결합계수(k)

| 정의 |

두 개의 코일이 결합하여 어느 한쪽 코일에 자속 $\phi_1 = \phi_{11} + \phi_{12}$[Wb]이 쇄교되고 다른 한쪽 코일에 자속 $\phi_2 = \phi_{22} + \phi_{21}$[Wb]이 쇄교되는 경우 누설자속 ϕ_{11}, ϕ_{22}의 감소에 따라 결정되는 결합계수를 말한다.

$$k = \frac{\sqrt{\phi_{12} \, \phi_{21}}}{\sqrt{\phi_1 \, \phi_2}} = \frac{M}{\sqrt{L_1 \, L_2}}$$

여기서, L_1, L_2 : 자기인덕턴스[H], M: 상호인덕턴스[H]

확인문제

01 어떤 코일에 흐르는 전류를 0.5[ms] 동안에 5[A] 변화시키면 20[V]의 전압이 생긴다. 자체 인덕턴스 [mH]는?

① 2   ② 4
③ 6   ④ 8

해설 어떤 코일에 발생하는 기전력은

$e = L \frac{di}{dt} = N \frac{d\phi}{dt} \, [V]$ 식으로 표현할 수 있다.

$dt = 0.5 \, [ms]$, $di = 5 \, [A]$, $e = 20 \, [V]$일 때

$\therefore \; L = e \frac{dt}{di} = 20 \times \frac{0.5 \times 10^{-3}}{5} \times 10^3 = 2 \, [mH]$

답 : ①

02 상호 인덕턴스 100[mH]인 회로의 1차 코일에 3[A]의 전류가 0.3초 동안에 18[A]로 변화할 때 2차 유도 기전력[V]은?

① 5   ② 6
③ 7   ④ 8

해설 2차 유도 기전력은

$e_2 = M \frac{di_1}{dt} \, [V]$ 식으로 표현되므로

$M = 100 \, [mH]$, $di_1 = 18 - 3 = 15 \, [A]$, $dt = 0.3 \, [s]$

$\therefore \; e_2 = 100 \times 10^{-3} \times \frac{18 - 3}{0.3} = 5 \, [V]$

답 : ①

2 상호인덕턴스의 부호

1. 가동결합

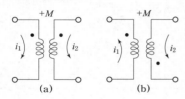

(a)   (b)

2. 차동결합

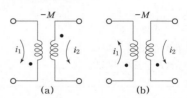

(a)   (b)

3 합성인덕턴스(L)

1. 가동결합

$$L = L_1 + L_2 + 2M[\text{H}]$$

2. 차동결합

$$L = L_1 + L_2 - 2M[\text{H}]$$

여기서, L_1, L_2 : 자기인덕턴스[H], M: 상호인덕턴스[H]

4 브리지회로

	휘스톤브리지회로	캠벨브리지회로
평형조건	① 절점 a, b의 전위가 같다. ② 검류계(G)에 전류가 흐르지 않는다. ③ $Z_1 Z_3 = Z_2 Z_4$	① $I_2 = 0$이 된다. ② $\omega^2 MC = 1$ ③ $f = \dfrac{1}{2\pi\sqrt{MC}}$

여기서, Z_1, Z_2, Z_3, Z_4 : 임피던스[Ω], 여기서, L_1, L_2 : 자기인덕턴스[H],
M: 상호인덕턴스[H], C: 커패시턴스[F]

확인문제

03 인덕턴스 L_1, L_2가 각각 3[mH], 6[mH]인 두 코일간의 상호 인덕턴스 M이 4[mH]라고 하면 결합 계수 k는?

① 약 0.94 ② 약 0.44
③ 약 0.89 ④ 약 1.12

해설 두 개의 코일에 의한 결합계수공식은 다음과 같다.

$$k = \frac{\sqrt{\phi_{12}\phi_{21}}}{\sqrt{\phi_1\phi_2}} = \frac{M}{\sqrt{L_1 L_2}}$$ 식에서

$L_1 = 3\,[\text{mH}]$, $L_2 = 6\,[\text{mH}]$, $M = 4\,[\text{mH}]$일 때

$$\therefore k = \frac{4}{\sqrt{3 \times 6}} = 0.94$$

답 : ①

04 그림과 같은 결합 회로의 등가 인덕턴스는?

① $L_1 + L_2 + 2M$
② $L_1 + L_2 - 2M$
③ $L_1 + L_2 + M$
④ $L_1 + L_2 - M$

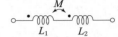

해설 두 개의 코일의 감은 방향이 서로 같기 때문에 가동결합이며 이때 합성 인덕턴스는
$$\therefore L = L_1 + L_2 + 2M\,[\text{H}]$$

답 : ①

유도 결합된 회로의 임피던스　★☆☆

다음 회로의 A, B간의 합성 임피던스 Z_0을 구하면?

① $R_1 + R_2 - j\omega M$

② $R_1 + R_2 - 2j\omega M$

③ $R_1 + R_2 + j\omega(L_1 + L_2 - 2M)$

④ $R_1 + R_2 + j\omega(L_1 + L_2 + 2M)$

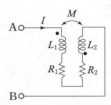

풀이전략　(1) 결합된 두 개의 코일이 어떤 결합을 하고 있는지를 파악한다.

(2) 합성인덕턴스 공식에 대입하여 리액턴스를 구한다.

(3) 저항과 리액턴스를 합성하여 임피던스를 계산한다.

풀 이　그림은 가동결합된 코일이므로 합성인덕턴스 L은 $L = L_1 + L_2 + 2M$[H]이다.

저항도 직렬접속되어 있으므로 합성저항 $R = R_1 + R_2$[Ω]이 된다.

$$\therefore Z = R + j\omega L = (R_1 + R_2) + j\omega(L_1 + L_2 + 2M)\,[\Omega]$$

정답 ④

유사문제

01 그림과 같이 직렬로 유도 결합된 회로에서 단자 a, b로 본 등가 임피던스 Z_{ab}를 나타낸 식은 어느 것인가?

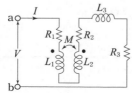

① $R_1 + R_2 + R_3 + j\omega(L_1 + L_2 - 2M)$

② $R_1 + R_2 + j\omega(L_1 + L_2 + 2M)$

③ $R_1 + R_2 + R_3 + j\omega(L_1 + L_2 + L_3 + 2M)$

④ $R_1 + R_2 + R_3 + j\omega(L_1 + L_2 + L_3 - 2M)$

해설 그림은 차동결합 코일이므로 합성인덕턴스 L은
$L = L_1 + L_2 - 2M + L_3$[H]이다.
저항도 직렬접속되어 합성저항은
$R = R_1 + R_2 + R_3$[Ω]이다.

$\therefore Z_{ab} = R + j\omega L$
$= R_1 + R_2 + R_3 + j\omega(L_1 + L_2 + L_3 - 2M)$

답 : ④

02 그림과 같은 회로에서 $L_1 = 6$[mH], $R_1 = 4$[Ω], $R_2 = 9$[Ω], $L_2 = 7$[mH], $M = 5$[mH]이며 L_1과 L_2가 서로 유도 결합되어 있을 때 등가 직렬 임피던스는 얼마인가? (단, $\omega = 100$[rad/s]이다.)

① $13 + j7.2$

② $13 + j1.3$

③ $13 + j2.3$

④ $13 + j9.4$

해설 그림은 가동결합 코일이며 직렬접속되어 있으므로
$L = L_1 + L_2 + 2M$[H]
$R = R_1 + R_2$[Ω]
$\therefore Z = R + j\omega L$
$= (R_1 + R_2) + j\omega(L_1 + L_2 + 2M)$
$= 4 + 9 + j100(6 + 7 + 2 \times 5) \times 10^{-3}$
$= 13 + j2.3\,[\Omega]$

답 : ③

합성 인덕턴스의 최대값, 최소값 구하기 ★★★

5[mH]인 두 개의 자기 인덕턴스가 있다. 결합 계수를 0.2로부터 0.8까지 변화시킬 수 있다면 이것을 접속하여 얻을 수 있는 합성 인덕턴스의 최대값과 최소값은 각각 몇 [mH]인가?

① 18, 2   ② 18, 8
③ 20, 2   ④ 20, 8

풀이전략
(1) 결합계수를 이용하여 상호인덕턴스를 계산한다.
(2) 최대값, 최소값을 각각 가동결합과 차동결합에 대입하여 식을 세운다.
(3) 특히 부호에 주의하여 계산한다.

풀 이
$L_1 = L_2 = 5\,[\text{mH}]$, $k = 0.2 \sim 0.8$일 때

$M = k\sqrt{L_1 L_2}$ 이며 최대값, 최소값은 모두 $k = 0.8$인 경우에 구해지므로

$M = 0.8 \times \sqrt{5 \times 5} = 4\,[\text{mH}]$

최대값 $L_{\max}$, 최소값 $L_{\min}$라 하면

$L_{\max} = L_1 + L_2 + 2M = 5 + 5 + 2 \times 4 = 18\,[\text{mH}]$

$L_{\min} = L_1 + L_2 - 2M = 5 + 5 - 2 \times 4 = 2\,[\text{mH}]$

정답 ①

유사문제

03 10[mH]인 두 개의 인덕턴스가 있다. 결합계수를 0.1부터 0.9까지 변화시킬 수 있다면 이것을 접속하여 얻을 수 있는 합성 인덕턴스의 최대값과 최소값은 각각 얼마인가?

① 36, 4   ② 37, 3
③ 38, 2   ④ 39, 1

해설 $L_1 = L_2 = 10\,[\text{mH}]$, $k = 0.1 \sim 0.9$일 때
$M = k\sqrt{L_1 L_2}$ 이며 $k = 0.9$를 대입하여 풀면
$M = 0.9 \times \sqrt{10 \times 10} = 9\,[\text{mH}]$
$L_{\max} = L_1 + L_2 + 2M$
$\quad\quad = 10 + 10 + 2 \times 9 = 38\,[\text{mH}]$
$L_{\min} = L_1 + L_2 - 2M$
$\quad\quad = 10 + 10 - 2 \times 9 = 2\,[\text{mH}]$

답 : ③

04 20[mH]의 두 자기 인덕턴스가 있다. 결합 계수를 0.1부터 0.9까지 변화시킬 수 있다면 이것을 접속시켜 얻을 수 있는 합성 인덕턴스의 최대값과 최소값의 비는?

① 9:1   ② 19:1
③ 13:1   ④ 16:1

해설 $L_1 = L_2 = 20\,[\text{mH}]$, $k = 0.1 \sim 0.9$일 때
$M = k\sqrt{L_1 L_2}$ 이며 $k = 0.9$를 대입하여 풀면
$M = 0.9 \times \sqrt{20 \times 20} = 18\,[\text{mH}]$
$L_{\max} = L_1 + L_2 + 2M$
$\quad\quad = 20 + 20 + 2 \times 18 = 76\,[\text{mH}]$
$L_{\min} = L_1 + L_2 - 2M$
$\quad\quad = 20 + 20 - 2 \times 18 = 4\,[\text{mH}]$
$\therefore L_{\max} : L_{\min} = 76 : 4 = 19 : 1$

답 : ②

그림과 같은 회로에서 합성 인덕턴스는?

① $\dfrac{L_1 L_2 + M^2}{L_1 + L_2 - 2M}$

② $\dfrac{L_1 L_2 - M^2}{L_1 + L_2 - 2M}$

③ $\dfrac{L_1 L_2 + M^2}{L_1 + L_2 + 2M}$

④ $\dfrac{L_1 L_2 - M^2}{L_1 + L_2 + 2M}$

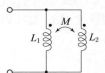

풀이전략

(1) 결합회로와 같은 등가회로를 그린다.

(2) 인덕턴스의 직·병렬접속을 이해하고 합성 인덕턴스를 유도한다.

※ 결합상태를 잘 이해하며 풀어야 한다.

풀 이

등가회로1	등가회로2
(a) → (b)	(a) → (b)

본문의 그림은 [등가회로 1]에 해당하므로 [등가회로 1]의 그림 (b)를 이용하여 합성 인덕턴스를 유도한다.

$$L = M + \frac{(L_1 - M) \times (L_2 - M)}{(L_1 - M) + (L_2 - M)} = \frac{M(L_1 + L_2 - 2M) + (L_1 L_2 - L_1 M - L_2 M + M^2)}{L_1 + L_2 - 2M}$$

$$\therefore L = \frac{L_1 L_2 - M^2}{L_1 + L_2 - 2M} \, [\text{H}]$$

정답 ②

유사문제

신유형

05 그림과 같은 회로에서 합성 인덕턴스는?

① $\dfrac{L_1 L_2 + M^2}{L_1 + L_2 - 2M}$

② $\dfrac{L_1 L_2 - M^2}{L_1 + L_2 - 2M}$

③ $\dfrac{L_1 L_2 + M^2}{L_1 + L_2 + 2M}$

④ $\dfrac{L_1 L_2 - M^2}{L_1 + L_2 + 2M}$

해설 [등가회로 2]의 그림 (b)를 이용하여 풀면

$$L = -M + \frac{(L_1 + M) \times (L_2 + M)}{L_1 + M + L_2 + M}$$

$$= \frac{L_1 L_2 - M^2}{L_1 + L_2 + 2M}$$

답 : ④

06 25[mH]와 100[mH]의 두 인덕턴스가 병렬로 연결되어 있다. 합성 인덕턴스[mH]는? (단, 상호 인덕턴스는 없는 것으로 한다.)

① 125

② 20

③ 50

④ 75

해설 [등가회로 1]인 경우 $L_0 = \dfrac{L_1 L_2 - M^2}{L_1 + L_2 - 2M}$

[등가회로 2]인 경우 $L_0 = \dfrac{L_1 L_2 - M^2}{L_1 + L_2 + 2M}$ 이므로

$M = 0$이라면 $L_0 = \dfrac{L_1 L_2}{L_1 + L_2}$ 가 된다.

$L_1 = 25 \,[\text{mH}], \ L_2 = 100 \,[\text{mH}]$일 때

$$\therefore L_0 = \frac{L_1 L_2}{L_1 + L_2} = \frac{25 \times 100}{25 + 100} = 20 \,[\text{mH}]$$

답 : ②

★★★
01 어떤 코일에 흐르는 전류가 0.01초 사이에 0[A] 로부터 10[A]로 변할 때 20[V]의 기전력이 발생했다. 이 코일의 자기인덕턴스[mH]는?

① 20   ② 33
③ 40   ④ 50

[해설] 어떤 코일에 발생하는 기전력은 $e = L\dfrac{di}{dt} = N\dfrac{d\phi}{dt}$ [V] 식으로 표현할 수 있다.

$dt = 0.01$ [sec], $di = 10$ [A], $e = 20$ [V]일 때

$\therefore L = e\dfrac{dt}{di} = 20 \times \dfrac{0.01}{10} \times 10^3 = 20$ [mH]

★★★
02 코일이 두 개 있다. 한 코일의 전류가 매초 15[A] 일 때 다른 코일에는 7.5[V]의 기전력이 유기된다. 이때 두 코일의 상호인덕턴스[H]는?

① 1   ② $\dfrac{1}{2}$

③ $\dfrac{1}{4}$ ④ 0.75

[해설] 2차 유도 기전력은 $e_2 = M\dfrac{di_1}{dt}$ [V] 식으로 표현되므로

$dt = 1$ [sec], $di_1 = 15$ [A], $e = 7.5$ [V]일 때

$\therefore M = e_2\dfrac{dt}{di_1} = 7.5 \times \dfrac{1}{15} = \dfrac{1}{2}$ [H]

★★★
03 두 코일의 자기인덕턴스가 L_1, L_2이고 상호인덕턴스가 M일 때 결합계수 k는?

① $\dfrac{\sqrt{L_1 L_2}}{M}$ ② $\dfrac{M}{\sqrt{L_1 L_2}}$

③ $\dfrac{M^2}{L_1 L_2}$ ④ $\dfrac{L_1 L_2}{M^2}$

[해설] 두 개의 코일에 의한 결합계수 공식은 다음과 같다.

$k = \dfrac{\sqrt{\phi_{12}\,\phi_{21}}}{\sqrt{\phi_1\,\phi_2}} = \dfrac{M}{\sqrt{L_1 L_2}}$

★★
04 코일 1, 2가 있다. 각각의 L은 20, 50[μH]이고 그 사이의 M은 5.6[μH]이다. 두 코일간의 결합 계수는?

① 4.156   ② 0.177
③ 3.527   ④ 0.427

[해설] 두 개의 코일에 의한 결합계수 공식에 대입하여 풀면
$L_1 = 20$ [μF], $L_2 = 50$ [μH], $M = 5.6$ [μF]일 때

$k = \dfrac{M}{\sqrt{L_1 L_2}} = \dfrac{5.6}{\sqrt{20 \times 50}} = 0.177$

★
05 코일 ①의 권수 $N_1 = 50$회, 코일 ②의 권수 $N_2 = 500$회이다. 코일 ①에 1[A]의 전류를 흘렸을 때 코일 ①과 쇄교하는 자속 $\phi_1 = \phi_{11} + \phi_{12} = 6 \times 10^{-4}$ [Wb]이고, 코일 ②와 쇄교하는 자속 $\phi_{12} = 5.5 \times 10^{-4}$ [Wb]이다. 코일 ②에 1[A]를 흘렸을 때 코일 ②와 쇄교하는 자속 $\phi_2 = \phi_{21} + \phi_{22} = 6 \times 10^{-3}$ [Wb]이고, 코일 ①과 쇄교하는 자속 $\phi_{21} = 5.5 \times 10^{-3}$ [Wb]라고 할 때 결합계수 k의 값은?

① 약 0.917   ② 약 1
③ 약 0.817   ④ 약 0.717

[해설] 두 개의 코일에 의한 결합계수 공식에 대입하여 풀면

$k = \dfrac{\sqrt{\phi_{12}\,\phi_{21}}}{\sqrt{\phi_1\,\phi_2}} = \dfrac{\sqrt{5.5 \times 10^{-4} \times 5.5 \times 10^{-3}}}{\sqrt{6 \times 10^{-4} \times 6 \times 10^{-3}}}$
$= 0.917$

★★★
06 그림과 같은 회로에서 a, b간의 합성인덕턴스는?

① $L_1 + L_2 + L$
② $L_1 + L_2 - 2M + L$
③ $L_1 + L_2 + 2M + L$
④ $L_1 + L_2 - M + L$

[해설] L_1, L_2 코일의 감은 방향이 서로 반대이기 때문에 차동결합이며 이때 합성인덕턴스는
$\therefore L = L_1 + L_2 - 2M + L$ [H]

07 그림과 같은 회로에서 e_{ab}는?

① $(L_1 + L_2 - 2M)\dfrac{di}{dt}$

② $(L_1 + L_2 + 2M)\dfrac{di}{dt}$

③ $(L_1 + L_2 + M)\dfrac{di}{dt}$

④ $(L_1 + L_2 - M)\dfrac{di}{dt}$

해설 두 개의 코일의 감은 방향이 서로 반대이기 때문에 차동결합이며 이때 합성인덕턴스는
$L = L_1 + L_2 - 2M$[H]이므로

$\therefore e_{ab} = L\dfrac{di}{dt} = (L_1 + L_2 - 2M)\dfrac{di}{dt}$ [V]

08 두 개의 코일 a, b가 있다. 두 개를 같은 방향으로 감아서 직렬로 접속하였더니 합성 인덕턴스가 110[mH]가 되고, 반대로 연결하면 24[mH]가 되었다. 코일 a의 자기 인덕턴스가 10[mH]라면 결합계수 K는 얼마인가?

① 0.6   ② 0.7

③ 0.8   ④ 0.9

해설 합성인덕턴스(L_0)와 결합계수(K)

두 개의 코일을 같은 방향으로 감으면 가동결합이 되고 이때의 합성인덕턴스를 L_{01}이라 한다. 또한 반대로 연결하였을 때는 차동결합이 되며 이때의 합성인덕턴스를 L_{02}라 하면

$L_{01} = L_1 + L_2 + 2M = 110$

$L_{02} = L_1 + L_2 - 2M = 24$ 식에서

$L_{01} - L_{02} = 4M = 86$이므로 $M = 21.5$ [mH]이다.

$L_1 = 10$ [mH]이므로

$L_2 = L_{01} - L_1 - 2M = 110 - 10 - 2 \times 21.5$
$\quad = 57$ [mH]

$\therefore K = \dfrac{M}{\sqrt{L_1 L_2}} = \dfrac{21.5}{\sqrt{10 \times 57}} = 0.9$

09 20[mH]와 60[mH]의 두 인덕턴스가 병렬로 연결되어 있다. 합성인덕턴스[mH]는? (단, 상호인덕턴스는 없는 것으로 한다.)

① 15   ② 20

③ 50   ④ 75

해설 병렬로 결합된 두 코일의 합성인덕턴스는

$L = \dfrac{L_1 L_2 - M^2}{L_1 + L_2 \pm 2M}$ [H]이므로 $M = 0$이라면

$L_1 = 20$ [mH], $L_2 = 60$ [mH]일 때

$\therefore L = \dfrac{L_1 L_2}{L_1 + L_2} = \dfrac{20 \times 60}{20 + 60} = 15$ [H]

10 다음과 같이 1개의 콘덴서와 2개의 코일이 직렬로 접속된 회로에 300[Hz]의 주파수가 공진한다고 한다. $C = 30[\mu F]$, $L_1 = L_2 = 4$ [mH]이면 상호인덕턴스 M값은 약 몇 [mH]인가? (단, 코일은 동일축 상에 같은 방향으로 감겨있다.)

① 2.8 [mH]

② 1.4 [mH]

③ 0.7 [mH]

④ 0.4 [mH]

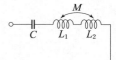

해설 상호인덕턴스(M)

코일을 같은 방향으로 감았을 때 가동결합이며 합성인덕턴스 L_o는 $L_o = L_1 + L_2 + 2M$ [H]이다.

공진조건 $\omega^2 L_o C = 1$을 만족하는 상호인덕턴스 M은
$\omega = 2\pi f$ [rad/sec], $f = 300$ [Hz]이므로

$L_o = L_1 + L_2 + 2M = \dfrac{1}{\omega^2 C}$

$\therefore M = \dfrac{1}{2}\left(\dfrac{1}{\omega^2 C} - L_1 - L_2\right)$

$\quad = \dfrac{1}{2}\left\{\dfrac{1}{(2\pi \times 300)^2 \times 30 \times 10^{-6}}\right.$

$\qquad \left. -4 \times 10^{-3} - 4 \times 10^{-3}\right\}$

$\quad = 0.7 \times 10^{-3}$ [H] $= 0.7$ [mH]

★★★

11 그림과 같은 교류 브리지 회로에서 Z_0에 흐르는 전류가 0이 되려면 각 임피던스는 어떤 조건이어야 하는가?

① $Z_1 Z_2 = Z_3 Z_4$

② $Z_1 Z_2 = Z_3 Z_0$

③ $Z_2 Z_3 = Z_1 Z_0$

④ $Z_2 Z_3 = Z_1 Z_4$

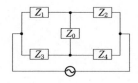

해설 휘스톤브리지의 평형조건

(1) 임피던스 Z_0의 양 단자의 전위가 같다.

(2) 임피던스 Z_0에 전류가 흐르지 않는다.

(3) $Z_1 Z_4 = Z_2 Z_3$

★★

12 그림과 같은 회로에서 절점 a와 절점 b의 전압이 같을 조건은?

① $R_1 R_2 = R_3 R_4$

② $R_1 + R_3 = R_2 R_4$

③ $R_1 R_3 = R_2 R_4$

④ $R_1 R_2 = R_3 + R_4$

$E[V]$

해설 휘스톤브리지 평형조건

(1) 절점 a, b의 전위가 같다.

(2) $R_1 R_2 = R_3 R_4$

★

13 다음 회로에서 전류 I는 몇 [A]인가?

① 50[A]

② 25[A]

③ 12.5[A]

④ 10[A]

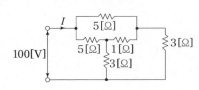

해설 휘스톤브리지 회로

그림은 브리지 회로로서 평형조건을 만족하고 있으므로 1[Ω] 저항을 개방시켜 놓고 합성저항 R을 구하면

$$R = \frac{8}{2} = 4 \, [\Omega]$$

$$\therefore I = \frac{V}{R} = \frac{100}{4} = 25 \, [A]$$

★★

14 그림과 같은 회로에서 단자 ab 사이의 합성저항은 몇 [Ω]인가?

① r

② $\frac{3}{2} r$

③ $\frac{1}{2} r$

④ $3r$

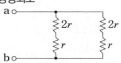

해설 휘스톤브리지 평형회로

그림은 브리지 회로로서 평형을 이루고 있기 때문에 저항 $3r[\Omega]$을 개방시킬 수 있으며 각각 $2r[\Omega]$과 $r[\Omega]$은 직렬로 접속되게 된다.

$$\therefore R_{ab} = \frac{2r+r}{2} = \frac{3}{2} r \, [\Omega]$$

★★

15 그림과 같은 캠벨 브리지(Campbell bridge) 회로에서 I_2가 0이 되기 위한 C의 값은?

① $\frac{1}{\omega L}$

② $\frac{1}{\omega^2 L}$

③ $\frac{1}{\omega M}$

④ $\frac{1}{\omega^2 M}$

해설 캠벨브리지 평형조건

(1) $I_2 = 0$이 된다.

(2) $\omega^2 MC = 1$

(3) $f = \frac{1}{2\pi \sqrt{MC}}$

$$\therefore C = \frac{1}{\omega^2 M}$$

★★
16 그림과 같은 회로(브리지 회로)에서 상호 인덕 턴스 M을 조정하여 수화기 T에 흐르는 전류를 0으로 할 때 주파수는?

① $\dfrac{1}{2\pi MC}$

② $\sqrt{\dfrac{1}{2\pi MC}}$

③ $2\pi MC$

④ $\dfrac{1}{2\pi}\sqrt{\dfrac{1}{MC}}$

해설 캠벨브리지 평형조건

(1) $I_2 = 0$이 된다.

(2) $\omega^2 MC = 1$

(3) $f = \dfrac{1}{2\pi\sqrt{MC}}$

$\therefore f = \dfrac{1}{2\pi}\sqrt{\dfrac{1}{MC}}$

memo

1 이상적인 전압원과 전류원

구분 회로도 특징	이상적인 전압원	이상적인 전류원
회로도	(회로도)	(회로도)
특징	① 실제적인 전압원 $E = V + rI_L$ [V] ② 이상적인 전압원 $E = V$ [V] ③ 이상적인 전압원 조건 $r = 0$ [Ω]	① 실제적인 전류원 $I = I_L + \dfrac{V}{r}$ [A] ② 이상적인 전류원 $I = I_L$ [A] ③ 이상적인 전류원 조건 $r = \infty$ [Ω]

여기서, E : 전원기전력[V], V : 부하단자전압[V], r : 전원내부저항[Ω], R : 부하저항[Ω],
I : 전원전류[A], I_L : 부하전류

2 키르히호프법칙

구분 회로도 특징	제1법칙(KCL)	제2법칙(KVL)
회로도	(회로도)	(회로도)
방정식	① Σ유입전류 = Σ유출전류 ② $I_1 + I_2 + I_3 = I_4 + I_5$	① Σ기전력 = Σ전압강하 ② $V_1 - V_2 = R_1 I + R_2 I$
적용범위	회로조건에 구애받지 않는다.	회로조건에 구애받지 않는다.

여기서, I : 전류[A], V : 기전력[V], R : 저항[Ω]

확인문제

01 이상적인 전압, 전류원에 관하여 옳은 것은?

① 전압원의 내부 저항은 ∞이고, 전류원의 내부 저항은 0이다.

② 전압원의 내부 저항은 0이고, 전류원의 내부 저항은 ∞이다.

③ 전압원, 전류원의 내부 저항은 흐르는 전류에 따라 변한다.

④ 전압원의 내부 저항은 일정하고 전류원의 내부 저항은 일정하지 않다.

해설 이상적인 전압원

이상적인 전압원이 되기 위한 조건은 내부저항이 0이거나 매우 작아야 하며 이상적인 전류원이 되기 위한 조건은 내부저항이 ∞이거나 매우 커야 한다.

답 : ②

02 그림과 같은 회로망에서 전류를 계산하는데 옳게 표시된 식은?

① $I_1 + I_2 + I_3 + I_4 = 0$

② $I_1 + I_2 - I_3 + I_4 = 0$

③ $I_1 + I_4 = I_2 + I_3$

④ $I_1 + I_2 - I_4 = I_3$

해설 키르히호프 제1법칙(KCL)

그림에서 유입하는 전류는 I_1, I_2, I_4이고 유출하는 전류는 I_3이므로 $I_1 + I_2 + I_4 = I_3$가 된다.

∴ $I_1 + I_2 - I_3 + I_4 = 0$

답 : ②

3 중첩의 원리

┌─ |정의|
│ 여러 개의 전원을 이용하는 하나의 회로망에서 임의의 지로에 흐르는 전류를 구하기 위해서
│ 전원 각각 단독으로 존재하는 경우의 회로를 해석하여 계산된 전류의 대수의 합을 한다.

※ 중첩의 원리는 선형회로에서만 적용이 가능하며, 또한 전원을 제거하는 경우에는 전압원
단락, 전류원 개방을 하여야 한다.

4 테브난 정리와 노튼의 정리

1. 테브난 정리

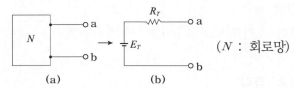

$(N : 회로망)$

(1) 등가전압(E_T)

그림 (a)에서 개방단자에 나타난 전압

(2) 등가저항(R_T)

그림 (a)에서 전원을 제거하고 a, b단자에서 바라본 회로망 합성저항

확인문제

03 그림에서 10[Ω]의 저항에 흐르는 전류는 몇 [A]
인가?

① 16
② 15
③ 14
④ 13

[해설] **중첩의 원리**
중첩의 원리를 이용하려면 전원 각각 존재하는 경우
의 회로를 만들어야 하며 위 문제에서 이를 적용하면
(전압원 단락) 10[V]의 전압원이 단락되면 10[Ω]에
흐르는 전류는 전류원 3개의 전류합이므로
$I_1 = 10 + 2 + 3 = 15$ [A]이다.
(전류원 개방) 10[A], 2[A], 3[A] 전류원을 모두 개
방하면 10[V] (−)극성의 회로가 단선되어 $I_2 = 0$
[A]가 된다.
$\therefore I = I_1 + I_2 = 15 + 0 = 15$ [A]

답 : ②

04 회로 a를 회로 b로 할 때 테브난의 정리를 이용
하여 임피던스 Z_0의 값과 전압 E_{ab}의 값을 구하여라.

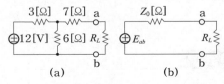

① $E_{ab} = 4$ [V], $Z_o = 13$ [Ω]
② $E_{ab} = 8$ [V], $Z_o = 2$ [Ω]
③ $E_{ab} = 8$ [V], $Z_o = 9$ [Ω]
④ $E_{ab} = 4$ [V], $Z_o = 9$ [Ω]

[해설] **테브난 정리**
테브난정리를 이용하려면 단자 a, b를 개방상태로 만
들어야 한다. 등가전압(E_{ab})은 저항 6[Ω]에 나타나
는 전압으로 $E_{ab} = \dfrac{6}{3+6} \times 12 = 8$ [V]가 되고 등가
저항(R_0)은 전압원 12[V]를 단락하고 개방단자 a,
b에서 회로망을 바라보면
$R_0 = 7 + \dfrac{3 \times 6}{3+6} = 9$ [Ω]이 된다.
$\therefore E_{ab} = 8$ [V], $R_0 = 9$ [Ω]

답 : ③

2. 노튼의 정리

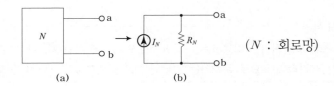

(a)　　　　(b)　　　　(N : 회로망)

(1) 등가전류(I_N)

그림(a)에서 단자 a, b를 단락시킨 경우 a, b 사이에 흐르는 전류

(2) 등가저항(R_N)

그림(a)에서 전원을 제거하고 a, b 단자에서 바라본 회로망 합성저항

3. 상호관계

∴ 테브난 정리와 노튼의 정리는 서로 쌍대관계가 성립한다.

5 밀만의 정리

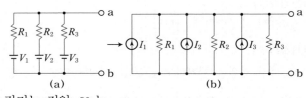

(a)　　　　(b)

a, b 단자 사이에 걸리는 전압 V_{ab}는

$$V_{ab} = \frac{\dfrac{V_1}{R_1} + \dfrac{V_2}{R_2} + \dfrac{V_3}{R_3}}{\dfrac{1}{R_1} + \dfrac{1}{R_2} + \dfrac{1}{R_3}} = \frac{I_1 + I_2 + I_3}{\dfrac{1}{R_1} + \dfrac{1}{R_2} + \dfrac{1}{R_3}}\,[\text{V}]$$

여기서, V: 기전력[V], R: 저항[Ω], I: 전류[A]

확인문제

05 다음과 같은 전압원과 전류원 사이의 관계는?

① $I = \dfrac{E}{R_e}$, $R_i = R_e$

② $I = E$, $R_i = R_e$

③ $I = R_e E$, $R_i = \dfrac{1}{R_e}$

④ $I = \dfrac{R_e}{E}$, $R_i = \dfrac{E}{R_e}$

해설 노튼의 정리

단자를 단락시킨 경우 흐르는 전류 I와 등가저항 R_i는

∴ $I = \dfrac{E}{R_e}$ [A], $R_i = R_e$ [Ω]

답 : ①

06 다음 회로의 단자 a, b에 나타나는 전압[V]은 얼마인가?

① 9
② 10
③ 12
④ 3

해설 밀만의 정리

a, b단자 사이에 걸리는 전압 V_{ab}는

∴ $V_{ab} = \dfrac{\dfrac{V_1}{R_1} + \dfrac{V_2}{R_2}}{\dfrac{1}{R_1} + \dfrac{1}{R_2}} = \dfrac{\dfrac{9}{3} + \dfrac{12}{6}}{\dfrac{1}{3} + \dfrac{1}{6}} = 10\,[\text{V}]$

답 : ②

6 가역정리

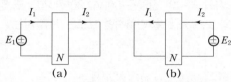

(a)

(b)

그림 (a), (b) 모두가 같은 회로망에서 해석하는 경우로서 다음 식이 성립하는 경우를 가역정리라 한다.

$$E_1 I_1 = E_2 I_2$$

여기서, E : 기전력[V], I : 전류[A], N : 회로망

두 개의 회로망 N_1과 N_2가 있다. a, b 단자 a', b' 단자의 각각의 전압은 50[V], 30[V]이다. 또 양 단자에서 N_1, N_2를 본 임피던스가 15[Ω]과 25[Ω]이다. a와 a', b와 b'를 연결하면 흐르는 전류[A]는?

① 0.5
② 1
③ 2
④ 4

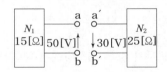

풀이전략
(1) 회로망을 접합할 수 있는 회로조건이 만족되었는지 확인한다.
(2) 단자전압의 방향을 확인하여 수식에 적용한다.
(3) 옴의 법칙으로 전류를 계산한다.

풀 이
양쪽 회로 모두 저항과 전압이 직렬로 접속되어 있으므로 a와 a', b와 b'를 연결하면 회로 내에 전류가 흐르게 된다. 또한 50[V] 전원은 a단자가 (+)극이고 30[V] 전원은 b' 단자가 (+)극이므로 전원은 순방향이 걸린다.

$$\therefore I = \frac{50+30}{15+25} = 2 \,[\mathrm{A}]$$

정답 ③

유사문제

01 두 개의 회로망 N_1과 N_2가 있다. a, b 단자, a', b' 단자의 각각의 전압은 50[V], 100[V]이다. 또 양 단자에서 N_1, N_2를 본 임피던스가 90[Ω], 10[Ω]이다. a와 a', b와 b'를 연결하면 흐르는 전류 [A]는?

① $\dfrac{8}{3}$

② $\dfrac{2}{3}$

③ 5.5

④ 0.5

해설 회로망 접합
그림에서와 같이 단자 a, b와 단자 a', b'에 모두 화살표가 그려져 있으므로 전위의 높고 낮음을 정할 수가 없다. 따라서 전압방향을 순방향과 역방향으로 하여 두 가지 조건의 답을 유도해야 한다.

순방향 전류 $I = \dfrac{50+100}{90+10} = 1.5 = \dfrac{3}{2}\,[\mathrm{A}]$

역방향 전류 $I = \dfrac{100-50}{90+10} = 0.5 = \dfrac{1}{2}\,[\mathrm{A}]$

∴ 역방향 전류 0.5[A]를 선택한다.

답 : ④

02 그림과 같은 회로망에서 a, b간의 단자 전압이 50[V], a, b에서 본 능동 회로망 쪽의 임피던스가 $6+j8[\Omega]$일 때 a, b 단자에 새로운 임피던스 $Z=2-j2[\Omega]$을 연결하였을 때의 a, b에 흐르는 전류 [A]는?

① 10
② 8
③ 5
④ 2.5

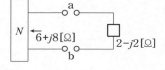

해설 회로망 접합
양쪽 회로망 중 어느 한쪽에만 전원이 걸려 있으면 전압방향을 정할 필요가 없어진다.

$$\therefore I = \frac{50}{6+j8+2-j2} = 5\,[\mathrm{A}]$$

답 : ③

예제 2 **밀만의 정리를 이용하는 새로운 유형의 회로** ★★☆

그림과 같은 회로에서 단자 a, b에 걸리는 전압 V_{ab}[V]는?

① 4
② 6
③ 8
④ 10

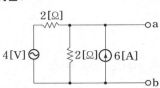

풀이전략 (1) 밀만의 정리를 이용할 수 있는 유형인지를 먼저 파악한다.

(2) 밀만의 공식에 대입하여 단자전압을 계산한다.

(3) 임의의 저항에 흐르는 전류를 계산할 수 있다.

풀 이 위의 그림을 다음과 같이 그린 경우

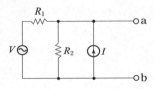

일 때 밀만의 공식은 다음과 같다.

$$\therefore V_{ab} = \frac{\dfrac{V}{R_1}+I}{\dfrac{1}{R_1}+\dfrac{1}{R_2}} = \frac{\dfrac{4}{2}+6}{\dfrac{1}{2}+\dfrac{1}{2}} = 8\,[\text{V}]$$

정답 ③

유사문제

03 그림과 같은 회로에서 2[Ω]의 단자 전압[V]은?

① 3
② 4
③ 6
④ 8

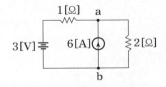

해설 밀만의 정리

그림에서 2[Ω]의 단자전압은 a, b 단자에 나타나는 전압으로 위 예문에 표현된 V_{ab} 공식에 대입하여 풀면 바로 계산된다.

$$\therefore V_{ab} = \frac{\dfrac{V}{R_1}+I}{\dfrac{1}{R_1}+\dfrac{1}{R_2}} = \frac{\dfrac{3}{1}+6}{\dfrac{1}{1}+\dfrac{1}{2}} = 6\,[\text{V}]$$

답 : ③

04 그림과 같은 회로에서 1[Ω]의 저항에 나타나는 전압[V]은?

① 6
② 2
③ 3
④ 4

해설 밀만의 정리

$$V_{ab} = \frac{\dfrac{V}{R_1}+I}{\dfrac{1}{R_1}+\dfrac{1}{R_2}} = \frac{\dfrac{6}{2}+6}{\dfrac{1}{2}+1} = 6\,[\text{V}]$$

답 : ①

★★
01 전류원의 내부저항에 관하여 맞는 것은?

① 전류공급을 받는 회로의 구동점 임피던스와 같아야 한다.
② 클수록 이상적이다.
③ 경우에 따라 다르다.
④ 작을수록 이상적이다.

해설 **이상적인 전원특성**
이상적인 전압원이 되기 위한 조건은 내부저항이 0이거나 매우 작아야 하며 이상적인 전류원이 되기 위한 조건은 내부저항이 ∞이거나 매우 커야 한다.

★★★
02 여러 개의 기전력을 포함하는 선형 회로망 내의 전류 분포는 각 기전력이 단독으로 그 위치에 있을 때 흐르는 전류 분포의 합과 같다는 것은?

① 키르히호프(Kirchhoff) 법칙이다.
② 중첩의 원리이다.
③ 테브난(Thevenin)의 정리이다.
④ 노오튼(Norton)의 정리이다.

해설 **중첩의 원리**
중첩의 원리란 여러 개의 전원을 이용하는 하나의 회로망에서 임의의 지로에 흐르는 전류를 구하기 위해서 전원 각각 단독으로 존재하는 경우의 회로를 해석하여 계산된 전류의 대수의 합을 말한다.
중첩의 원리는 선형 회로에서만 적용할 수 있다.

★★★
03 선형 회로에 가장 관계가 있는 것은?

① 키르히호프의 법칙
② 중첩의 원리
③ $V = RI^2$
④ 패러데이의 전자 유도 법칙

해설 **중첩의 원리**
중첩의 원리는 선형 회로에서만 적용할 수 있다.

★★
04 그림과 같은 회로에서 15[Ω]의 저항에 흐르는 전류는 몇 [A]인가?

① 4
② 6
③ 8
④ 10

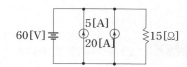

해설 **중첩의 원리**
(전압원 단락) 60[V]의 전압원을 단락하면 15[Ω] 저항에는 전류가 흐르지 않는다. $I_1 = 0$[A]
(전류원 개방) 5[A], 20[A] 전류원을 모두 개방하면 60[V]와 15[Ω]이 직렬접속이 되어

$$I_2 = \frac{60}{15} = 4 \,[\text{A}] \text{가 된다.}$$

$$\therefore I = I_1 + I_2 = 0 + 4 = 4 \,[\text{A}]$$

★★
05 그림과 같은 회로에서 15[Ω]에 흐르는 전류는 몇 [A]인가?

① 4
② 8
③ 10
④ 20

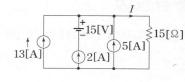

해설 **중첩의 원리**
(1) 전압원 단락
    15[V]의 전압원이 단락되면 15[Ω]에 흐르는 전류는 전류원 3개의 전류합이므로
    $I_1 = 13 + 2 + 5 = 20$[A]이다.
(2) 전류원 개방
    13[A], 2[A], 5[A] 전류원을 모두 개방하면 15[V] (−)극성의 회로가 단선되어 전류 $I_2 = 0$[A]이 된다.

$$\therefore I = I_1 + I_2 = 20 + 0 = 20 \,[\text{A}]$$

★★★
06 그림과 같은 회로에서 전류 I[A]는?

① 1
② 3
③ −2
④ 2

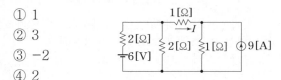

해설 **중첩의 원리**

(전압원 단락) 6[V]의 전압원을 단락하면 2[Ω] 두 저항은 병렬이 되어 1[Ω] 저항과 직렬접속을 이루며 이때 전류 I_1 는

$$I_1 = \frac{1}{2+1} \times (-9) = -3 \,[\text{A}]$$

(전류원 개방) 9[A]의 전류원을 개방하면 1[Ω] 두 저항은 직렬이 되어 2[Ω] 저항과 병렬접속을 이루며 이때 전류

I_2 는 $I_2 = \frac{2}{2+2} \times \frac{6}{2 + \frac{2 \times 2}{2+2}} = 1\,[\text{A}]$

$$\therefore \; I = I_1 + I_2 = -3 + 1 = -2\,[\text{A}]$$

★
07 그림에서 저항 1[Ω]에 흐르는 전류 I[A]를 구하면?

① 3[A]
② 2[A]
③ 1[A]
④ −1[A]

해설 **중첩의 원리**

(전압원 단락) 6[V]의 전압원을 단락하면 2[Ω] 저항에는 전류가 흐르지 않게 되며 1[Ω] 두 저항은 서로 병렬접속이 된다. 따라서 전류 I_1 는

$$I_1 = \frac{1}{2} \times (-4) = -2\,[\text{A}]$$

(전류원 개방) 4[A]의 전류원을 개방하면 1[Ω] 두 저항은 직렬이 되어 2[Ω] 저항과 병렬접속을 이룬다. 이때 전류 I_2 는

$$I_2 = \frac{6}{2} = 3\,[\text{A}]$$

$$\therefore \; I = I_1 + I_2 = -2 + 3 = 1\,[\text{A}]$$

★★
08 그림과 같은 회로에서 전압 v[V]는?

① 약 0.93
② 약 0.6
③ 약 1.47
④ 약 1.5

해설 **중첩의 원리**

6[A] 전류원을 개방하면 0.5[Ω]과 0.6[Ω]은 직렬접속이 되어 0.4[Ω] 저항과 병렬접속을 이룬다. 이때 0.5[Ω]에 흐르는 전류 I_1 는

$$I_1 = \frac{0.4}{0.5 + 0.6 + 0.4} \times 2 = 0.53\,[\text{A}]$$

2[A] 전류원을 개방하면 0.5[Ω]과 0.4[Ω]은 직렬접속이 되어 0.6[Ω] 저항과 병렬접속을 이룬다. 이때 0.5[Ω]에 흐르는 전류 I_2 는

$$I_2 = \frac{0.6}{0.5 + 0.6 + 0.4} \times 6 = 2.4\,[\text{A}]$$

$$I = I_1 + I_2 = 0.53 + 2.4 = 2.93\,[\text{A}]$$

$$\therefore \; v = 0.5\,I = 0.5 \times 2.93 = 1.47\,[\text{V}]$$

★★★
09 테브난의 정리와 쌍대의 관계가 있는 것은 다음 중 어느 것인가?

① 밀만의 정리
② 중첩의 원리
③ 노오튼의 정리
④ 보상의 정리

해설 **테브난 정리**

테브난 정리는 등가 전압원 정리로서 개방단자 기준으로 등가저항과 직렬접속하며 노튼의 정리는 등가 전류원 정리로서 개방단자 기준으로 등가저항과 병렬접속한다.

이때 전압원과 전류원, 직렬접속과 병렬접속이 모두 쌍대 관계에 있으며 서로는 등가회로 변환이 가능하다. 따라서 테브난 정리와 노튼의 정리는 서로 쌍대의 관계에 있다.

★★★
10 그림과 같은 (a)의 회로를 그림 (b)와 같은 등가회로로 구성하고자 한다. 이때 V 및 R의 값은?

① 2, 3
② 3, 2
③ 6, 2
④ 2, 6

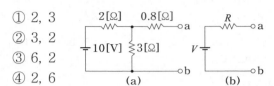
(a)　　　(b)

해설 테브난 정리
등가전압(V)은 저항 $3[\Omega]$에 나타나는 전압

$$V = \frac{3}{2+3} \times 10 = 6\,[V]$$

등가저항(R)은 전압원 $10[V]$를 단락하고 개방단자에서 회로망을 바라보면 $R = 0.8 + \frac{2 \times 3}{2+3} = 2\,[\Omega]$

$$\therefore\ V = 6\,[V],\ R = 2\,[\Omega]$$

★★★
11 테브난(Thevenin)의 정리를 사용하여 그림(a)의 회로를 (b)와 같은 등가 회로로 바꾸려 한다. $E\,[V]$와 $R\,[\Omega]$의 값은?

① 7, 9.1
② 10, 9.1
③ 7, 6.5
④ 10, 6.5

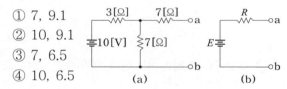
(a)　　　(b)

해설 테브난 정리
등가전압(E)은 저항 $7[\Omega]$에 나타나는 전압으로

$$E = \frac{7}{3+7} \times 10 = 7\,[V]$$

등가저항(R)은 전압원 $10[V]$를 단락하고 개방단자에서 회로망을 바라보면 $R = 7 + \frac{3 \times 7}{3+7} = 9.1\,[\Omega]$

$$\therefore\ E = 7\,[V],\ R = 9.1\,[\Omega]$$

★★
12 a, b 단자의 전압 v는?

① 2
② −2
③ −8
④ 8

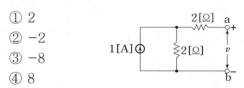

해설 테브난 정리
등가전압(v)은 저항 $2[\Omega]$에 나타나는 전압으로
$v = 1 \times 2 = 2\,[V]$
등가저항(R)은 전류원 $1[A]$를 개방하고 개방단자 a, b에서 회로망을 바라보면 $R = 2 + 2 = 4\,[\Omega]$

$$\therefore\ v = 2\,[V]$$

★★★
13 그림 (a)와 같은 회로를 (b)와 같은 등가 전압원과 직렬 저항으로 변환시켰을 때 $E_T\,[V]$ 및 $R_T\,[\Omega]$는?

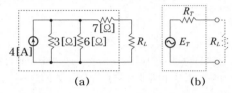
(a)　　　(b)

① 12, 7
② 8, 9
③ 36, 7
④ 12, 13

해설 테브난 정리
등가전압(E_T)은 병렬접속된 $3[\Omega]$과 $6[\Omega]$에 동시에 걸리는 전압으로 $E_T = 4 \times \frac{3 \times 6}{3+6} = 8\,[V]$가 되고
등가저항(R_T)은 전류원 $4[A]$를 개방하고 개방단자에서 회로망을 바라보면 $R_T = 7 + \frac{3 \times 6}{3+6} = 9\,[\Omega]$이 된다.

$$\therefore\ E_T = 8\,[V],\ R_T = 9\,[\Omega]$$

★
14 그림과 같은 회로를 등가 회로로 고치려고 한다. 이때 테브난 등가 저항 $R_T\,[\Omega]$와 등가 전압 $E_T\,[V]$는?

① $\frac{8}{3}$, 8
② 6, 12
③ 8, 16
④ $\frac{8}{3}$, 16

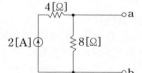

해설 테브난 정리
등가전압(E_T)은 저항 $8[\Omega]$에 나타나는 전압으로
$E_T = 2 \times 8 = 16\,[V]$
등가저항(R_T)은 전류원 $2[A]$를 개방하고 개방단자에서 회로망을 바라보면 $R_T = 8\,[\Omega]$이 된다.

$$\therefore\ R_T = 8\,[\Omega],\ E_T = 16\,[V]$$

15 그림에서 저항 0.2[Ω]에 흐르는 전류는 몇 [A]인가?

① 0.1
② 0.2
③ 0.3
④ 0.4

해설 테브난 정리

a, b 단자 사이에 연결된 저항(0.2[Ω])을 개방시켜서 테브난 등가회로를 구해보면

$$V_{ab} = \frac{6}{6+4} \times 10 - \frac{4}{6+4} \times 10 = 2 \,[\mathrm{V}]$$

$$R_{ab} = \frac{6 \times 4}{6+4} \times 2 = 4.8 \,[\Omega]$$

$$\therefore I = \frac{V_{ab}}{R_{ab}+0.2} = \frac{2}{4.8+0.2} = 0.4 \,[\mathrm{A}]$$

★★

16 그림과 같은 (a), (b) 두 회로가 등가일 때 I_o[A], R_s[Ω]의 값은?

① 2, $\dfrac{1}{5}$

② 2, 5

③ 10, 5

④ 5, 10

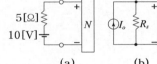

(a)   (b)

해설 노튼의 정리

노튼의 정리는 회로망(N)을 개방시켜놓고 개방단자를 단락시킨 후 흐르는 전류 I_0와 전원을 제거한 후에 개방단자에서 전원 쪽 회로망을 바라본 등가저항 R_s를 구하는 정리로

$$\therefore I_0 = \frac{V}{R} = \frac{10}{5} = 2 \,[\mathrm{A}], \ R_s = R = 5 \,[\Omega]$$

★★★

17 그림 (a)를 그림 (b)와 같은 등가전류원으로 변환할 때 I와 R은?

① $I=6$, $R=2$
② $I=3$, $R=5$
③ $I=4$, $R=0.5$
④ $I=3$, $R=2$

(a)   (b)

해설 노튼의 정리

단자를 단락시킨 경우 흐르는 전류 I와 등가저항 R은

$$\therefore I = \frac{6}{2} = 3 \,[\mathrm{A}], \ R = 2 \,[\Omega]$$

★★★

18 그림과 같은 회로에서 a, b에 나타나는 전압은 약 몇 [V]인가?

① 8
② 10
③ 15
④ 17

해설 밀만의 정리

$R_1 = 10 \,[\Omega], \ V_1 = 10 \,[\mathrm{V}], \ R_2 = 5 \,[\Omega],$
$V_2 = 20 \,[\mathrm{V}]$라 하면

$$V_{ab} = \frac{\dfrac{V_1}{R_1} + \dfrac{V_2}{R_2}}{\dfrac{1}{R_1} + \dfrac{1}{R_2}} = \frac{\dfrac{10}{10} + \dfrac{20}{5}}{\dfrac{1}{10} + \dfrac{1}{5}} = 17 \,[\mathrm{V}]$$

★★★

19 그림과 같은 회로에서 $E_1 = 110 \,[\mathrm{V}]$, $E_2 = 120 \,[\mathrm{V}]$, $R_1 = 1 \,[\Omega]$, $R_2 = 2 \,[\Omega]$일 때 a, b단자에 5[Ω]의 R_3를 접속하면 a, b간의 전압 V_{ab}[V]는?

① 85
② 90
③ 100
④ 105

해설 밀만의 정리

$R_1 = 1 \,[\Omega], \ E_1 = 110 \,[\mathrm{V}], \ R_2 = 2 \,[\Omega],$
$E_2 = 120 \,[\mathrm{V}], \ R_3 = 5 \,[\Omega], \ E_3 = 0 \,[\mathrm{V}]$이므로

$$V_{ab} = \frac{\dfrac{E_1}{R_1} + \dfrac{E_2}{R_2} + \dfrac{E_3}{R_3}}{\dfrac{1}{R_1} + \dfrac{1}{R_2} + \dfrac{1}{R_3}} = \frac{\dfrac{110}{1} + \dfrac{120}{2} + \dfrac{0}{5}}{\dfrac{1}{1} + \dfrac{1}{2} + \dfrac{1}{5}}$$

$$= 100 \,[\mathrm{V}]$$

★★
20 아래 회로에서 단자 a, b간의 전압 V_{ab} [V]는?

① 16.1
② 32.5
③ 23.7
④ 12.5

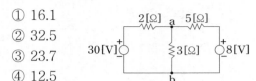

밀만의 정리

$R_1 = 2\,[\Omega]$, $V_1 = 30\,[V]$, $R_2 = 3\,[\Omega]$,
$V_2 = 0\,[V]$, $R_3 = 5\,[\Omega]$, $V_3 = 8\,[V]$이므로

$$V_{ab} = \dfrac{\dfrac{V_1}{R_1} + \dfrac{V_2}{R_2} + \dfrac{V_3}{R_3}}{\dfrac{1}{R_1} + \dfrac{1}{R_2} + \dfrac{1}{R_3}} = \dfrac{\dfrac{30}{2} + \dfrac{0}{3} + \dfrac{8}{5}}{\dfrac{1}{2} + \dfrac{1}{3} + \dfrac{1}{5}}$$

$$= 16.1\,[V]$$

★★★
21 그림과 같은 회로에서 단자 a, b 사이의 전압[V]은?

① $\dfrac{360}{37}$

② $\dfrac{120}{37}$

③ 28

④ 40

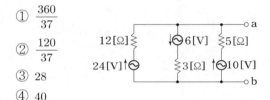

밀만의 정리

$R_1 = 12\,[\Omega]$, $V_1 = 24\,[V]$, $R_2 = 3\,[\Omega]$,
$V_2 = -6\,[V]$, $R_3 = 5\,[\Omega]$, $V_3 = 10\,[V]$이므로

$$V_{ab} = \dfrac{\dfrac{V_1}{R_1} + \dfrac{V_2}{R_2} + \dfrac{V_3}{R_3}}{\dfrac{1}{R_1} + \dfrac{1}{R_2} + \dfrac{1}{R_3}} = \dfrac{\dfrac{24}{12} - \dfrac{6}{3} + \dfrac{10}{5}}{\dfrac{1}{12} + \dfrac{1}{3} + \dfrac{1}{5}}$$

$$= \dfrac{120}{37}\,[V]$$

★★
22 그림과 같은 회로에서 a-b 사이의 전위차[V]는?

① 10[V]
② 8[V]
③ 6[V]
④ 4[V]

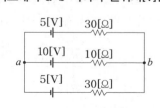

밀만의 정리

$R_1 = 30\,[\Omega]$, $V_1 = 5\,[V]$, $R_2 = 10\,[\Omega]$,
$V_2 = 10\,[V]$, $R_3 = 30\,[\Omega]$, $V_3 = 5\,[V]$이므로

$$V_{ab} = \dfrac{\dfrac{V_1}{R_1} + \dfrac{V_2}{R_2} + \dfrac{V_3}{R_3}}{\dfrac{1}{R_1} + \dfrac{1}{R_2} + \dfrac{1}{R_3}} = \dfrac{\dfrac{5}{30} + \dfrac{10}{10} + \dfrac{5}{30}}{\dfrac{1}{30} + \dfrac{1}{10} + \dfrac{1}{30}}$$

$$= 8\,[V]$$

★★
23 그림의 회로에서 단자 a, b에 걸리는 전압 V_{ab}는 몇 [V]인가?

① 12
② 18
③ 24
④ 36

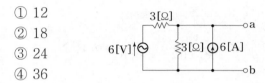

밀만의 정리

$R_1 = 3\,[\Omega]$, $V_1 = 6\,[V]$, $R_2 = 3\,[\Omega]$,
$I_2 = 6\,[A]$이므로

$$V_{ab} = \dfrac{\dfrac{V_1}{R_1} + I_2}{\dfrac{1}{R_1} + \dfrac{1}{R_2}} = \dfrac{\dfrac{6}{3} + 6}{\dfrac{1}{3} + \dfrac{1}{3}} = 12\,[V]$$

★★★
24 그림과 같은 회로에서 15[Ω]에 흐르는 전류는 몇 [A]인가?

① 0.5
② 2
③ 4
④ 6

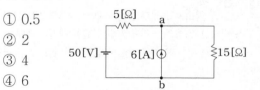

밀만의 정리

$R_1 = 5\,[\Omega]$, $V_1 = 50\,[V]$, $R_2 = 15\,[\Omega]$,
$I_2 = 6\,[A]$이므로 저항 15 $[\Omega]$양 단자를 a, b라 하면

$$V_{ab} = \dfrac{\dfrac{V_1}{R_1} + I_2}{\dfrac{1}{R_1} + \dfrac{1}{R_2}} = \dfrac{\dfrac{50}{5} + 6}{\dfrac{1}{5} + \dfrac{1}{15}} = 60\,[V]이다.$$

15$[\Omega]$에 흐르는 전류 I는

$$\therefore I = \dfrac{V_{ab}}{15} = \dfrac{60}{15} = 4\,[A]$$

★★★
25 그림과 같은 회로 (a) 및 (b)에서 $I_1 = I_2$가 되면?

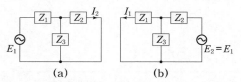

(a)　　　　(b)

① 보상 정리가 성립한다.
② 중첩의 원리가 성립한다.
③ 노오튼의 정리가 성립한다.
④ 가역 정리가 성립한다.

해설 **가역정리**
　동일 회로망의 양단(1차, 2차)에 가해지는 전압 E_1, E_2에 의한 전류를 I_1, I_2라 할 때 $E_1 I_1 = E_2 I_2$가 성립되는 회로를 가역정리라 한다. 그림 (b)에서 $E_1 = E_2$이므로 $I_1 = I_2$는 성립할 수 있다.

★★
26 그림과 같은 선형 회로망에서 단자 a, b간에 100[V]의 전압을 가할 때 단자 c, d에 흐르는 전류가 5[A]였다. 반대로 같은 회로에서 c, d간에 50[V]를 가하면 a, b에 흐르는 전류[A]는?

① 2.5
② 10
③ 5
④ 50

해설 **가역정리**
　$E_1 = 100\,[V]$, $E_2 = 50\,[V]$, $I_2 = 5\,[A]$일 때
$E_1 I_1 = E_2 I_2$이므로
$$\therefore I_1 = \frac{E_2 I_2}{E_1} = \frac{50 \times 5}{100} = 2.5\,[A]$$

★★
27 두 개의 회로망 N_1과 N_2가 있다. a, b 단자 a', b' 단자의 각각의 전압은 50[V], 30[V]이다. 또 양 단자에서 N_1, N_2를 본 임피던스가 20[Ω]과 10[Ω]이다. a와 a', b와 b'를 연결하면 흐르는 전류[A]는?

① 6.67
② 0.67
③ 5.57
④ 0.57

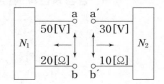

해설 **회로망 접합**
　양쪽 회로망 모두 저항과 전압이 직렬로 접속되어 있으므로 a와 a', b와 b'을 연결하면 회로 내에 전류가 흐르게 된다. 그러나 전압의 방향이 주어지지 않았으므로 순방향과 역방향 두 가지 조건을 모두 구해야 한다.

순방향 전류 $I = \dfrac{50+30}{20+10} = 2.67\,[A]$

역방향 전류 $I = \dfrac{50-30}{20+10} = 0.67\,[A]$

∴ 역방향 전류 0.67[A]를 선택한다.

★★★
28 그림에서 a, b 단자의 전압이 12[V], a, b 단자에서 본 능동 회로망의 임피던스가 4[Ω]일 때 단자 a, b에 2[Ω]의 저항을 접속하면 이 저항에 흐르는 전류[A]는 얼마인가?

① 8
② 6
③ 3
④ 2

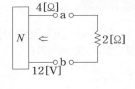

해설 **회로망 접합**
　양쪽 회로망 중 어느 한쪽에만 전원이 걸려있으면 전압 방향을 정할 필요가 없어진다.
$$\therefore I = \frac{12}{4+2} = 2\,[A]$$

07 다상교류

1 n상 다상교류의 특징

1. 성형결선과 환상결선의 특징

특징＼종류	성형결선	환상결선
선간전압(V_L)과 상전압(V_P) 관계	$V_L = 2\sin\dfrac{\pi}{n} V_P \,[\mathrm{V}]$	$V_L = V_P \,[\mathrm{V}]$
선전류(I_L)와 상전류(I_P) 관계	$I_L = I_P \,[\mathrm{A}]$	$I_L = 2\sin\dfrac{\pi}{n} I_P \,[\mathrm{A}]$
위상관계	$\dfrac{\pi}{2}\left(1-\dfrac{2}{n}\right)$	$\dfrac{\pi}{2}\left(1-\dfrac{2}{n}\right)$
소비전력(P_n)	$P_n = \dfrac{n}{2\sin\dfrac{\pi}{n}} V_L I_L \cos\theta \,[\mathrm{W}]$	$P_n = \dfrac{n}{2\sin\dfrac{\pi}{n}} V_L I_L \cos\theta \,[\mathrm{W}]$

여기서, n : 상수

> | 참고 |
>
> ① 5상 성형결선에서 선간전압과 상전압의 위상차는
>
> $\theta = \dfrac{\pi}{2}\left(1-\dfrac{2}{n}\right) = \dfrac{\pi}{2}\left(1-\dfrac{2}{5}\right) = 54\,°$
>
> ② 대칭 6상 환상결선인 경우 선전류와 상전류의 크기 관계는
>
> $I_L = 2\sin\dfrac{\pi}{n} I_P = 2\sin\dfrac{\pi}{6} I_P = I_P \,[\mathrm{A}]$

확인문제

01 대칭 n상 성형 결선에서 선간 전압의 크기는 성형 전압의 몇 배인가?

① $\sin\dfrac{\pi}{n}$ 　　　② $\cos\dfrac{\pi}{n}$

③ $2\sin\dfrac{\pi}{n}$ 　　　④ $2\cos\dfrac{\pi}{n}$

해설 대칭 n상 성형결선에서 선간전압(V_L)과 성형전압 (=상전압 : V_P) 관계는

$V_L = 2\sin\dfrac{\pi}{n} V_P$ 이므로

∴ $2\sin\dfrac{\pi}{n}$ 배

답 : ③

02 대칭 n상에서 선전류와 상전류 사이의 위상차 [rad]는?

① $\dfrac{\pi}{2}\left(1-\dfrac{2}{n}\right)$ 　　② $2\left(1-\dfrac{2}{n}\right)$

③ $\dfrac{\pi}{2}\left(1-\dfrac{2}{\pi}\right)$ 　　④ $\dfrac{\pi}{2}\left(1-\dfrac{n}{2}\right)$

해설 대칭 n상에서 선전류와 상전류 사이의 위상관계는 $\dfrac{\pi}{2}\left(1-\dfrac{2}{n}\right)$ 만큼의 위상차가 발생한다.

답 : ①

2. 회전자계의 모양

(1) 대칭 n상 회전자계

각 상의 모든 크기가 같으며 각 상간 위상차가 $\frac{2\pi}{n}$로 되어 회전자계의 모양은 원형을 그린다.

(2) 비대칭 n상 회전자계

각 상의 크기가 균등하지 못하여 각 상간 위상차는 $\frac{2\pi}{n}$로 될 수 없기 때문에 회전자계의 모양은 타원형을 그린다.

2 3상 성형결선(Y결선)과 3상 환상결선(△결선)의 특징

1. 전압과 전류 관계

	Y결선	△결선
선간전압(V_L)과 상전압(V_P) 관계	$V_L = \sqrt{3}\, V_P \angle +30°$ [V]	$V_L = V_P$ [V]
선전류(I_L)와 상전류(I_P) 관계	$I_L = I_P$ [A]	$I_L = \sqrt{3}\, I_P \angle -30°$ [A]

2. 선전류 계산

(1) 한상의 임피던스(Z)와 선간전압(V_L) 또는 상전압(V_P)이 주어진 경우

Y결선의 선전류(I_Y)	△결선의 선전류(I_Δ)
$I_Y = \dfrac{V_P}{Z} = \dfrac{V_L}{\sqrt{3}\, Z}$ [A]	$I_\Delta = \dfrac{\sqrt{3}\, V_P}{Z} = \dfrac{\sqrt{3}\, V_L}{Z}$ [A]

※ △결선인 경우 Y결선인 경우보다 선전류가 3배 크다. : $I_\Delta = 3 I_Y$

확인문제

03 공간적으로 서로 $\frac{2\pi}{n}$ [rad]의 각도를 두고 배치한 n개의 코일에 대칭 n상 교류를 흘리면 그 중심에 생기는 회전 자계의 모양은?

① 원형 회전 자계   ② 타원 회전 자계
③ 원통 회전 자계   ④ 원추형 회전 자계

해설 대칭 n상 교류는 각 상의 모든 크기가 같으며 각 상간 위상차가 $\frac{2\pi}{n}$로 되어 회전자계의 모양은 원형을 그린다.

답 : ①

04 R [Ω]인 3개의 저항을 전압 V [V]의 3상 교류 선간에 그림과 같이 접속할 때 선전류[A]는?

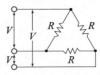

① $\dfrac{V}{\sqrt{3}\,R}$ ② $\dfrac{\sqrt{3}\,V}{R}$
③ $\dfrac{V}{3R}$ ④ $\dfrac{3V}{R}$

해설 한 상의 저항 R [Ω]과 선간전압 V [V]가 주어진 경우 △결선의 선전류 I_Δ는

$\therefore I_\Delta = \dfrac{\sqrt{3}\,V}{R}$ [A]이다.

답 : ②

(2) 소비전력(P)와 역률($\cos\theta$), 효율(η)이 주어진 경우

① 절대값 계산

$$I_L = \frac{P}{\sqrt{3}\,V_L\cos\theta\,\eta}\,[\text{A}]$$

② 복소수로의 계산

$$\dot{I_L} = \frac{P}{\sqrt{3}\,V_L\cos\theta\,\eta}(\cos\theta - j\sin\theta)\,[\text{A}]$$

3. 소비전력 계산

(1) 선간전압(V_L), 선전류(I_L), 역률($\cos\theta$)이 주어진 경우

$$P = \sqrt{3}\,V_L I_L\cos\theta\,[\text{W}]$$

(2) 한 상의 임피던스(Z)와 선간전압(V_L)이 주어진 경우

※ $Z = R + jX_L\,[\Omega]$에서 저항(R)과 리액턴스(X_L)가 직렬접속된 경우임

Y결선의 소비전력(P_Y)	Δ결선의 소비전력(P_Δ)
$P_Y = \dfrac{V_L^2 R}{R^2 + X_L^2}\,[\text{W}]$	$P_\Delta = \dfrac{3V_L^2 R}{R^2 + X_L^2}\,[\text{W}]$

(3) 한 상의 임피던스(Z)와 선전류(I_L)가 주어진 경우

Y결선의 소비전력(P_Y)	Δ결선의 소비전력(P_Δ)
$P_Y = 3I_P^2 R = 3I_L^2 R\,[\text{W}]$	$P_\Delta = 3I_P^2 R = I_L^2 R\,[\text{W}]$

여기서, I_P : 상전류[A], I_L : 선전류[A], R : 저항[Ω]

※ (2)항의 조건일 때 Δ결선인 경우 Y결선인 경우보다 소비전력이 3배 크다. : $P_\Delta = 3P_Y$

확인문제

05 3상 평형 부하가 있다. 전압이 200[V], 역률이 0.8이고 소비 전력은 10[kW]이다. 부하전류[A]는?

① 30 ② 32
③ 34 ④ 36

[해설] $I_L = \dfrac{P}{\sqrt{3}\,V\cos\theta\,\eta} = \dfrac{10\times10^3}{\sqrt{3}\times200\times0.8}$
$= 36\,[\text{A}]$

06 $Z = 5\sqrt{3} + j5\,[\Omega]$인 3개의 임피던스를 Y 결선하여 250[V]의 대칭 3상 전원에 연결하였다. 소비전력 [W]은?

① 3,125 ② 5,410
③ 6,250 ④ 7,120

[해설] $Z = R + jX_L = 5\sqrt{3} + j5\,[\Omega]$이므로
$R = 5\sqrt{3}\,[\Omega]$, $X_L = 5\,[\Omega]$이 되며 Y결선일 때
소비전력(P_Y)은 $P_Y = \dfrac{V^2 R}{R^2 + X_L^2}\,[\text{W}]$이므로
∴ $P_Y = \dfrac{250^2\times5\sqrt{3}}{(5\sqrt{3})^2 + 5^2} = 5,410\,[\text{W}]$

답 : ④

답 : ②

4. Y-△ 결선 변환

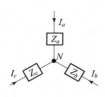

(1) $Y \to \triangle$ 변환

$$Z_{ab} = \frac{Z_a Z_b + Z_b Z_c + Z_c Z_a}{Z_c}$$

$$Z_{bc} = \frac{Z_a Z_b + Z_b Z_c + Z_c Z_a}{Z_a}$$

$$Z_{ca} = \frac{Z_a Z_b + Z_b Z_c + Z_c Z_a}{Z_b}$$

(2) $\triangle \to Y$ 변환

$$Z_a = \frac{Z_{ab} \cdot Z_{ca}}{Z_{ab} + Z_{bc} + Z_{ca}}$$

$$Z_b = \frac{Z_{ab} \cdot Z_{bc}}{Z_{ab} + Z_{bc} + Z_{ca}}$$

$$Z_c = \frac{Z_{bc} \cdot Z_{ca}}{Z_{ab} + Z_{bc} + Z_{ca}}$$

※ 평형 3상인 경우 등가변환된 임피던스는 △결선일 때가 Y결선인 경우보다 3배 크다.

$$\therefore Z_\triangle = 3 Z_Y$$

3 3상 V결선의 특징

> **| 정의 |**
> 단상변압기 3대로 △결선 운전 중 1대 고장으로 나머지 2대로 3상부하를 운전할 수 있는 결선

1. V결선의 출력

$$P = \sqrt{3}\, V_L I_L \cos\theta \,[\text{W}], \quad S = \sqrt{3} \times TR \ \text{1대 용량}[\text{VA}]$$

여기서, P : V결선 출력[W], S : 피상전력[VA], V_L : 선간전압[V], I_L : 선전류[A], $\cos\theta$: 역률

확인문제

07 그림 (a)의 3상 △부하와 등가인 그림 (b)의 3상 Y부하 사이에 Z_Y와 $Z_\triangle$의 관계는 어느 것이 옳은가?

① $Z_\triangle = Z_Y$

② $Z_\triangle = 3Z_Y$

③ $Z_Y = 3Z_\triangle$

④ $Z_Y = 6Z_\triangle$

(a)   (b)

해설 Y-△결선 변환

△결선된 상의 임피던스를 $Z_\triangle$라 하고 Y결선된 상의 임피던스를 Z_Y라 하여 △결선을 Y결선으로 변환하면

$$Z_Y = \frac{Z_\triangle \cdot Z_\triangle}{Z_\triangle + Z_\triangle + Z_\triangle} = \frac{Z_\triangle^{\,2}}{3Z_\triangle} = \frac{Z_\triangle}{3} \text{이므로}$$

$$\therefore Z_\triangle = 3Z_Y \ \text{또는} \ Z_Y = \frac{1}{3} Z_\triangle$$

답 : ②

08 V결선의 출력은 $P = \sqrt{3}\, VI \cos\theta$로 표시된다. 여기서 V, I는?

① 선간전압, 상전류

② 상전압, 선전류

③ 선간전압, 선전류

④ 상전압, 상전류

해설 V결선의 출력

V결선의 출력을 P라 하면

$$P = \sqrt{3}\, VI \cos\theta = \sqrt{3}\, V_L I_L \cos\theta \,[\text{W}] \text{이다.}$$

여기서, V_L은 선간전압, I_L은 선전류이다.

답 : ③

2. V결선의 출력비

┌─ ┃정의┃ ─────────────────────────────────

△결선으로 운전하는 경우에 비해서 V결선으로 운전할 때의 비율

└──

$$\therefore \frac{S_V}{S_\Delta} = \frac{\sqrt{3} \times \text{TR 1대 용량}}{3 \times \text{TR 1대 용량}} = \frac{1}{\sqrt{3}} = 0.577$$

3. V결선의 이용률

$$\therefore \frac{S_V}{\text{변압기 총용량}} = \frac{\sqrt{3} \times \text{TR 1대 용량}}{2 \times \text{TR 1대 용량}} = \frac{\sqrt{3}}{2} = 0.866$$

4 전력계법

1. 2전력계법

(1) 전전력(P)

$$P = W_1 + W_2 = \sqrt{3}\, VI\cos\theta\,[\text{W}]$$

(2) 무효전력(Q)

$$Q = \sqrt{3}\,(W_1 - W_2) = \sqrt{3}\, VI\sin\theta\,[\text{Var}]$$

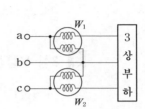

(3) 피상전력(S)

$$S = 2\sqrt{W_1^2 + W_2^2 - W_1 W_2} = \sqrt{3}\, VI[\text{VA}]$$

(4) 역률($\cos\theta$)

$$\cos\theta = \frac{P}{S} \times 100 = \frac{W_1 + W_2}{2\sqrt{W_1^2 + W_2^2 - W_1 W_2}} \times 100\,[\%]$$

① $W_1 = 2W_2$ 또는 $W_2 = 2W_1$: $\cos\theta = 0.866 = 86.6\,[\%]$

② $W_1 = 3W_2$ 또는 $W_2 = 3W_1$: $\cos\theta = 0.75 = 75\,[\%]$

③ W_1 또는 W_2 중 어느 하나가 0인 경우 : $\cos\theta = 0.5 = 50\,[\%]$

여기서, W_1, W_2 : 전력계 지시값[W], V : 선간전압[V], I : 선전류[A]

2. 1전력계법

(1) 전전력(P)

$$P = 2W = \sqrt{3}\, VI[\text{W}]$$

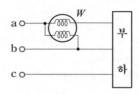

(2) 선전류(I)

$$I = \frac{2W}{\sqrt{3}\, V}\,[\text{A}]$$

여기서, W : 전력계 지시값[W], V : 선간전압[V]

각 상의 임피던스를 이용한 Y결선의 선간전압 ★☆☆

대칭 3상 Y결선 부하에서 각 상의 임피던스가 $Z = 16 + j12\,[\Omega]$이고 부하 전류가 10[A]일 때 이 부하의 선간전압[V]은?

① 235.4   ② 346.4

③ 456.7   ④ 524.4

풀이전략   (1) Y결선의 상전류를 먼저 구한다.

      (2) 임피던스와 상전류의 곱으로 상전압을 구한다.

      (3) Y결선의 선간전압은 상전압의 $\sqrt{3}$ 배이다.

풀 이   부하전류는 선전류(I_L)이며 Y결선인 경우 상전류(I_P)는 선전류(I_L)와 같으므로

$$I_P = I_L = 10\,[\text{A}]$$

상전압을 V_P, 선간전압을 V_L이라 하면

$$V_P = ZI_P = \sqrt{16^2 + 12^2} \times 10 = 200\,[\text{V}]$$

$$\therefore\ V_L = \sqrt{3}\,V_P = \sqrt{3} \times 200 = 346.4\,[\text{V}]$$

정답 ②

유사문제

01 대칭 3상 Y부하에서 각 상의 임피던스가 $Z = 3 + j4\,[\Omega]$이고 부하 전류가 20[A]일 때 이 부하의 선간 전압[V]은?

① 226   ② 173

③ 192   ④ 164

해설 $I_P = I_L = 20\,[\text{A}]$

   $V_P = ZI_P = (3 + j4) \times 20 = 100 \angle 53°\,[\text{V}]$

   $\therefore\ V_L = \sqrt{3}\,V_P = \sqrt{3} \times 100 = 173\,[\text{V}]$

02 각 상의 임피던스가 $Z = 16 + j12\,[\Omega]$인 평형 3상 Y부하에 정현파 상전류 10[A]가 흐를 때 이 부하의 선간 전압의 크기[V]는?

① 200   ② 600

③ 220   ④ 346

해설 $I_P = I_L = 10\,[\text{A}]$

   $V_P = ZI_P = (16 + j12) \times 10 = 200 \angle 36°\,[\text{V}]$

   $\therefore\ V_L = \sqrt{3}\,V_P = \sqrt{3} \times 200 = 346\,[\text{V}]$

답 : ②   답 : ④

예제 2 · Δ-Y결선 변환을 이용한 전류 계산 ★★★

그림과 같이 접속된 회로에 평형 3상 전압 E를 가할 때의 전류 I_1[A] 및 I_2[A]는?

① $I_1 = \dfrac{\sqrt{3}}{4E}, \ I_2 = \dfrac{rE}{4}$

② $I_1 = \dfrac{4E}{\sqrt{3}}, \ I_2 = \dfrac{4r}{E}$

③ $I_1 = \dfrac{\sqrt{3}\,E}{4}, \ I_2 = \dfrac{E}{4r}$

④ $I_1 = \dfrac{\sqrt{3}\,E}{4r}, \ I_2 = \dfrac{E}{4r}$

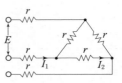

풀이전략

(1) Δ결선을 Y결선으로 바꾸어 각 상의 합성저항을 유도한다.

(2) Y결선의 선전류를 먼저 유도한다.

(3) 상전류는 Δ결선 내부의 순환전류이므로 선전류의 $\dfrac{1}{\sqrt{3}}$ 배이다.

풀 이

Δ결선으로 이루어진 저항 r을 Y결선으로 변환하면 저항은 $\dfrac{1}{3}$ 배로 감소되므로 각 상의 합성저항(R)은 다음과 같이 계산된다.

$$R = r + \frac{r}{3} = \frac{4}{3}r \ [\Omega]$$

Y결선의 선전류를 유도하면 I_1을 계산할 수 있다. $\quad I_1 = \dfrac{E}{\sqrt{3}\,R} = \dfrac{E}{\sqrt{3} \times \dfrac{4}{3}r} = \dfrac{\sqrt{3}\,E}{4r} \ [\text{A}]$

상전류를 유도하면 I_2를 계산할 수 있다. $\quad I_2 = \dfrac{I_1}{\sqrt{3}} = \dfrac{E}{4r} \ [\text{A}]$

$\therefore \ I_1 = \dfrac{\sqrt{3}\,E}{4r} \ [\text{A}], \ I_2 = \dfrac{E}{4r} \ [\text{A}]$

정답 ④

유사문제

03 r[Ω]인 6개의 저항을 그림과 같이 접속하고 대칭 3상 전압 V를 인가했을 때 I[A]는? (단, $r = 3$[Ω], $V = 60$[V]이다.)

① 5
② 6
③ 7.5
④ 8.5

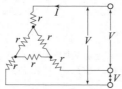

해설 본 문제의 전류는 위의 예문에서의 선전류에 해당되며

$\therefore \ I = \dfrac{\sqrt{3}\,V}{4r} = \dfrac{\sqrt{3} \times 60}{4 \times 3} \fallingdotseq 8.5 \ [\text{A}]$

답 : ④

04 그림과 같은 회로에서 대칭 3상 전압 20.78[V]를 인가할 때 흐르는 전류 I는 몇 [A]인가? (단, r저항 값은 3[Ω]이다.)

① $\sqrt{3}$
② 2.45
③ 3
④ 5.2

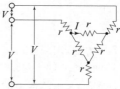

해설 본 문제의 전류는 위의 예문에서의 상전류에 해당되며 $V = 20.78$ [V]이므로

$I = \dfrac{V}{4r} = \dfrac{20.78}{4 \times 3} = 1.73 = \sqrt{3} \ [\text{A}]$

답 : ①

★
01 비대칭 다상 교류가 만드는 회전 자계는?

① 교번 자계   ② 타원 회전 자계

③ 원형 회전 자계   ④ 포물선 회전 자계

해설 회전자계의 모양

(1) 대칭 n상 회전자계는 각 상의 모든 크기가 같으며 각 상간 위상차가 $\dfrac{2\pi}{n}$이 되어 회전자계의 모양이 원형을 그린다.

(2) 비대칭 n상 회전자계는 각 상의 크기가 균등하지 못하여 각 상간 위상차는 $\dfrac{2\pi}{n}$가 될 수 없기 때문에 회전자계의 모양이 타원형을 그린다.

★★★
02 대칭 6상식의 성형 결선의 전원이 있다. 상전압이 100[V]이면 선간 전압[V]은 얼마인가?

① 600   ② 300

③ 220   ④ 100

해설 대칭 n상에서 성형결선에서 선간전압(V_L)과 상전압(V_P)의 관계는 $V_L = 2\sin\dfrac{\pi}{n} V_P$[V]이므로 대칭 6상은 $n = 6$이고 $V_P = 100$[V]일 때

$V_L = 2\sin\dfrac{\pi}{n} V_P = 2\sin\dfrac{\pi}{6} V_P = V_p$이다.

$\therefore V_L = V_P = 100$[V]

★★
03 대칭 5상 기전력의 선간 전압과 상전압의 위상차는 얼마인가?

① 27°   ② 36°

③ 54°   ④ 72°

해설 대칭 n상에서 선간전압과 상전압의 위상차는 $\dfrac{\pi}{2}\left(1 - \dfrac{2}{n}\right)$식에서 대칭 5상은 $n = 5$일 때이므로

$\therefore \dfrac{\pi}{2}\left(1 - \dfrac{2}{n}\right) = \dfrac{\pi}{2}\left(1 - \dfrac{2}{5}\right) = 54°$

★★
04 대칭 6상 기전력의 선간 전압과 상기전력의 위상차는?

① 75°   ② 30°

③ 60°   ④ 120°

해설 대칭 n상에서 선간전압과 상전압의 위상차는 $\dfrac{\pi}{2}\left(1 - \dfrac{2}{n}\right)$이므로 대칭 6상은 $n = 6$일 때이므로

$\therefore \dfrac{\pi}{2}\left(1 - \dfrac{2}{n}\right) = \dfrac{\pi}{2}\left(1 - \dfrac{2}{6}\right) = 60°$

★★
05 Y결선의 전원에서 각 상전압이 100[V]일 때 선간 전압[V]은?

① 143   ② 151

③ 173   ④ 193

해설 3상 성형결선(Y결선)에서 선간전압(V_L)과 상전압(V_P)과의 관계는 $V_L = \sqrt{3} V_P \angle +30°$[V]이므로 $V_P = 100$[V]일 때

$\therefore V_L = \sqrt{3} V_P = \sqrt{3} \times 100 = 173$[V]

★★
06 대칭 3상 교류의 성형 결선에서 선간 전압이 220[V]일 때 상전압은 약 몇 [V]인가?

① 421   ② 345

③ 251   ④ 127

해설 3상 성형결선(Y결선)에서 $V_L = 220$[V]일 때

$\therefore V_P = \dfrac{V_L}{\sqrt{3}} = \dfrac{220}{\sqrt{3}} = 127$[V]

★★
07 $10[\Omega]$의 저항 3개를 Y로 결선한 것을 등가 $\triangle$ 결선으로 환산한 저항의 크기$[\Omega]$는?

① 20   ② 30
③ 40   ④ 60

해설 $\triangle$결선과 Y결선을 상호 변환하게 되면 임피던스(또는 저항과 리액턴스)나 전류 및 소비전력은 크기가 바뀌게 되는데 $\triangle$결선을 Y결선으로 변환하면 위의 모든 값은 $\frac{1}{3}$배로 줄어들게 된다. 따라서 Y결선을 $\triangle$결선으로 환산하면 저항값은 3배 증가한다.
$R_Y = 10[\Omega]$이므로
∴ $R_\triangle = 3R_Y = 3 \times 10 = 30[\Omega]$

★★★
08 $R[\Omega]$인 3개의 저항을 같은 전원에 $\triangle$결선으로 접속시킬 때와 Y결선으로 접속시킬 때 선전류의 크기비 $\left(\dfrac{I_\triangle}{I_Y}\right)$는?

① $\dfrac{1}{3}$ ② $\sqrt{6}$
③ $\sqrt{3}$ ④ 3

해설 $\triangle$결선과 Y결선을 상호 변환하게 되면 선전류의 크기는 바뀌게 되는데 $\triangle$결선을 Y결선으로 변환하면 $\frac{1}{3}$배로 줄어들게 된다. 따라서 $I_\triangle = 3I_Y$이므로
∴ $\dfrac{I_\triangle}{I_Y} = \dfrac{3I_Y}{I_Y} = 3$배

★★
09 $R[\Omega]$의 저항 3개를 Y로 접속한 것을 전압 200[V]의 3상 교류전원에 연결할 때 선전류가 10[A] 흐른다면, 이 3개의 저항을 $\triangle$로 접속하고 동일 전원에 연결하면 선전류는 몇 [A]가 되는가?

① 30   ② 25
③ 20   ④ $\dfrac{20}{\sqrt{3}}$

해설 $\triangle$결선과 Y결선을 바꾸면 $I_\triangle = 3I_Y$이므로 $I_Y = 10$[A]일 때
∴ $I_\triangle = 3I_Y = 3 \times 10 = 30$[A]

★★★
10 평형 3상 회로에서 임피던스를 Y결선에서 $\triangle$결선으로 하면 소비 전력은 몇 배가 되는가?

① 3   ② $\sqrt{3}$
③ $\dfrac{1}{\sqrt{3}}$ ④ $\dfrac{1}{3}$

해설 Y결선을 $\triangle$결선으로 하면 소비전력은 3배로 증가한다.

★★
11 각 상의 임피던스가 $R + jX[\Omega]$인 것을 Y결선으로 한 평형 3상 부하에 선간전압 E[V]를 가하면 선전류는 몇 [A]가 되는가?

① $\dfrac{E}{\sqrt{2(R^2+X^2)}}$ ② $\dfrac{\sqrt{2}\,E}{\sqrt{R^2+X^2}}$
③ $\dfrac{\sqrt{3}\,E}{\sqrt{R^2+X^2}}$ ④ $\dfrac{E}{\sqrt{3(R^2+X^2)}}$

해설 선전류(I_L)
각 상의 임피던스 $Z = R + jX[\Omega]$, 선간전압 V[V]일 때 Y결선의 선전류 I_{LY}, $\triangle$결선의 선전류 $I_{L\triangle}$라 하면
$I_{LY} = \dfrac{V}{\sqrt{3}\,Z} = \dfrac{V}{\sqrt{3(R^2+X^2)}}$ [A]
$I_{L\triangle} = \dfrac{\sqrt{3}\,V}{Z} = \dfrac{\sqrt{3}\,V}{\sqrt{R^2+X^2}}$ [A]

★
12 그림과 같이 평형 3상 성형 부하 $Z = 6 + j8[\Omega]$에 200[V]의 상전압이 공급될 때 선전류는 몇 [A]인가?

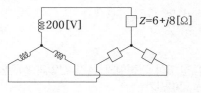

① 15   ② $15\sqrt{3}$
③ 20   ④ $20\sqrt{3}$

해설 Y결선의 선전류 계산
Y결선의 선전류 I_Y, $\triangle$결선의 선전류 $I_\triangle$라 하면
$V_P = 200$[V]일 때
$I_Y = \dfrac{V_P}{Z} = \dfrac{V_L}{\sqrt{3}\,Z}$ [A],

$$I_\Delta = \frac{\sqrt{3}\,V_P}{Z} = \frac{\sqrt{3}\,V_L}{Z}\,[A]\text{이므로}$$
$$\therefore I_Y = \frac{V_P}{Z} = \frac{V_L}{\sqrt{3}\,Z} = \frac{200}{\sqrt{6^2+8^2}} = 20\,[A]$$

★★★
13 각 상의 임피던스가 $Z=6+j8\,[\Omega]$인 평형 Y부하에 선간전압 220[V]인 대칭 3상 전압이 가해졌을 때 선전류는 약 몇 [A]인가?

① 11.7 ② 12.7
③ 13.7 ④ 14.7

해설 Y결선의 선전류 계산
$V_L = 220\,[V]$이므로
$$\therefore I_Y = \frac{V_P}{Z} = \frac{V_L}{\sqrt{3}\,Z} = \frac{220}{\sqrt{3}\times(\sqrt{6^2+8^2})}$$
$$= 12.7\,[A]$$

★★★
14 각 상의 임피던스 $Z=6+j8\,[\Omega]$인 평형 △부하에 선간전압이 220[V]인 대칭 3상 전압을 가할 때의 선전류[A]를 구하면?

① 22 ② 13
③ 11 ④ 38

해설 △결선의 선전류 계산
$V_L = 220\,[V]$이므로
$$\therefore I_\Delta = \frac{\sqrt{3}\,V_P}{Z} = \frac{\sqrt{3}\,V_L}{Z} = \frac{\sqrt{3}\times220}{\sqrt{6^2+8^2}}$$
$$= 38\,[A]$$

★★
15 $R=6\,[\Omega]$, $X_L=8\,[\Omega]$이 직렬인 임피던스 3개로 △결선된 대칭 부하 회로에 선간전압 100[V]인 대칭 3상 전압을 가하면 선전류는 몇 [A]인가?

① $\sqrt{3}$ ② $3\sqrt{3}$
③ 10 ④ $10\sqrt{3}$

해설 △결선의 선전류 계산
$V_L = 100\,[V]$, $Z=R+jX_L=6+j8\,[\Omega]$이므로
$$\therefore I_\Delta = \frac{\sqrt{3}\,V_P}{Z} = \frac{\sqrt{3}\,V_L}{Z} = \frac{\sqrt{3}\times100}{\sqrt{6^2+8^2}}$$
$$= 10\sqrt{3}\,[A]$$

★★
16 3상 유도전동기의 출력이 5[HP], 전압 200[V], 효율 60[%], 역률 85[%]일 때 전동기의 선전류는 약 몇 [A]인가?

① 21.1 ② 20.1
③ 19.1 ④ 18.1

해설 선전류 절대값 계산
$P = 5\,[HP] = 5\times746\,[W]$, $V_L = 200\,[V]$,
$\eta = 0.6$, $\cos\theta = 0.85$이므로
$$\therefore I = \frac{P}{\sqrt{3}\,V_L\cos\theta\,\eta} = \frac{5\times746}{\sqrt{3}\times200\times0.85\times0.6}$$
$$= 21.1\,[A]$$

★★★
17 부하 단자 전압이 220[V]인 10[kW]의 3상 대칭 부하에 3상 전력을 공급하는 선로 임피던스가 $(3+j2)$ $[\Omega]$일 때 부하가 뒤진 역률 80[%]이면 선전류는?

① $19.7+j26.2$ ② $26.2-j19.7$
③ $32.8-j19.7$ ④ $19.7-j32.8$

해설 선전류 복소수 계산
$V_L = 220\,[V]$, $P = 10\,[kW]$, $Z=3+j2\,[\Omega]$,
$\cos\theta = 0.8$, $\eta = 1$이므로
$$\therefore \dot{I}_L = \frac{P}{\sqrt{3}\,V_L\cos\theta\,\eta}(\cos\theta-j\sin\theta)$$
$$= \frac{10\times10^3}{\sqrt{3}\times220\times0.8}(0.8-j0.6)$$
$$= 26.2-j19.7\,[A]$$

★★★
18 부하 단자 전압이 220[V]인 15[kW]의 3상 대칭 부하에 3상 전력을 공급하는 선로 임피던스가 $3+j2$ $[\Omega]$일 때, 부하가 뒤진 역률 60[%]이면 선전류[A]는?

① 약 $26.2-j19.7$ ② 약 $39.36-j52.48$
③ 약 $39.39-j29.54$ ④ 약 $19.7-j26.4$

해설 선전류 복소수 계산
$V_L = 220\,[V]$, $P = 15\,[kW]$, $Z=3+j2\,[\Omega]$,
$\cos\theta = 0.6$이므로
$$\therefore \dot{I}_L = \frac{P}{\sqrt{3}\,V_L\cos\theta\,\eta}(\cos\theta-j\sin\theta)$$
$$= \frac{15\times10^3}{\sqrt{3}\times220\times0.6}(0.6-j0.8)$$
$$= 39.36-j52.48\,[A]$$

★
19 성형결선의 부하가 있다. 선간전압이 300[V]의 3상 교류를 인가했을 때 선전류가 40[A], 그 역률이 0.8이라면 리액턴스는 약 몇 [Ω]인가?

① 5.73　　　　② 4.33

③ 3.46　　　　④ 2.59

해설 Y결선의 선전류(I_Y)

$I_Y = \dfrac{V_L}{\sqrt{3}\,Z}$ [A] 식에서

$V_L = 300$ [V], $I_L = 40$ [A], $\cos\theta = 0.8$일 때

$Z = \dfrac{V_L}{\sqrt{3}\,I_Y} = \sqrt{R^2 + X_L^2}$ [Ω]이므로

$Z = \sqrt{R^2 + X_L^2} = \dfrac{V_L}{\sqrt{3}\,I_Y} = \dfrac{300}{\sqrt{3}\times 40} = 4.33$ [Ω]

역률 $\cos\theta = \dfrac{R}{\sqrt{R^2 + X_L^2}} = 0.8$에서

$\sqrt{R^2 + X_L^2} = \dfrac{R}{0.8}$ [Ω]이므로

$\dfrac{R}{0.8} = 4.33$ [Ω] 일 때 $R = 3.46$ [Ω]

$\therefore X_L = \sqrt{\left(\dfrac{R}{0.8}\right)^2 - R^2} = \sqrt{\left(\dfrac{3.46}{0.8}\right)^2 - 3.46^2}$
$\qquad = 2.59$ [Ω]

★★★
20 그림의 3상 Y결선 회로에서 소비하는 전력[W]은?

① 3,072
② 1,536
③ 768
④ 512

해설 Y결선의 소비전력 P_Y, Δ결선의 소비전력 P_Δ라 하면

$Z = R + jX_L = 24 + j7$ [Ω]일 때

$R = 24$ [Ω], $X_L = 7$ [Ω], $V_L = 200$ [V]이므로

$P_Y = \dfrac{V_L^2 R}{R^2 + X_L^2}$ [W], $P_\Delta = \dfrac{3V_L^2 R}{R^2 + X_L^2}$ [W] 식에서

$\therefore P_Y = \dfrac{V_L^2 R}{R^2 + X_L^2} = \dfrac{100^2 \times 24}{24^2 + 7^2} \fallingdotseq 1,536$ [W]

★★★
21 1상의 임피던스가 $Z = 20 + j10$[Ω]인 Y결선 부하에 대칭 3상 선간전압 200[V]를 인가할 때 소비전력[W]은?

① 800　　　　② 1,200

③ 1,600　　　④ 2,400

해설 Y결선의 소비전력

$Z = R + jX_L = 20 + j10$ [Ω]일 때

$R = 20$ [Ω], $X_L = 10$ [Ω], $V_L = 200$ [V]이므로

$\therefore P_Y = \dfrac{V_L^2 R}{R^2 + X_L^2} = \dfrac{200^2 \times 20}{20^2 + 10^2} = 1,600$ [W]

★
22 한 상의 임피던스 $Z = 6 + j8$[Ω]인 평형 Y부하에 평형 3상 전압 200[V]를 인가할 때 무효전력[Var]은 약 얼마인가?

① 1,330　　　② 1,848

③ 2,381　　　④ 3,200

해설 Y결선의 무효전력

$Z = R + jX_L = 6 + j8$ [Ω]이므로

$R = 6$ [Ω], $X_L = 8$ [Ω], $V_L = 200$ [V]일 때

$\therefore Q = \dfrac{V_L^2 X_L}{R^2 + X_L^2} = \dfrac{200^2 \times 8}{6^2 + 8^2} = 3,200$ [Var]

★★★
23 1상의 임피던스가 $14 + j48$[Ω]인 Δ부하에 대칭 선간전압 200[V]를 가한 경우의 3상 전력은 몇 [W]인가?

① 672　　　　② 695

③ 712　　　　④ 732

해설 Δ결선의 소비전력

$Z = R + jX_L = 14 + j48$ [Ω]일 때

$R = 14$ [Ω], $X_L = 48$ [Ω], $V_L = 200$ [V]이므로

$\therefore P_\Delta = \dfrac{3V_L^2 R}{R^2 + X_L^2} = \dfrac{3 \times 200^2 \times 14}{14^2 + 48^2} = 672$ [W]

★★★
24 한 상의 임피던스가 $3+j4[\Omega]$인 평형 $\triangle$부하에 대칭인 선간전압 200[V]를 가할 때 3상 전력은 몇 [kW]인가?

① 9.6   ② 12.5

③ 14.4   ④ 20.5

해설 $\triangle$결선의 소비전력

$Z=R+jX_L=3+j4[\Omega]$일 때

$R=3[\Omega]$, $X_L=4[\Omega]$, $V_L=200[V]$이므로

$\therefore P_\Delta = \dfrac{3V_L^2 R}{R^2+X_L^2} = \dfrac{3\times 200^2 \times 3}{3^2+4^2} = 14,400[W]$

$\qquad = 14.4[kW]$

★★
25 $Z=24+j7[\Omega]$의 임피던스 3개를 그림과 같이 성형으로 접속하여 a, b, c 단자에 200[V]의 대칭 3상 전압을 인가했을 때 흐르는 전류[A]와 전력[W]은?

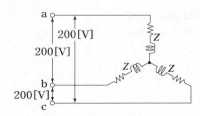

① $I\fallingdotseq 4.6$, $P=1,536$ ② $I\fallingdotseq 6.4$, $P=1,636$

③ $I\fallingdotseq 5.0$, $P=1,500$ ④ $I\fallingdotseq 6.4$, $P=1,346$

해설 Y결선의 선전류 및 소비전력

$Z=R+jX_L=24+j7[\Omega]$일 때

$R=24[\Omega]$, $X_L=7[\Omega]$, $V_L=200[V]$이므로

$\therefore I_Y = \dfrac{V_L}{\sqrt{3}\,Z} = \dfrac{200}{\sqrt{3}\times \sqrt{24^2+7^2}}$

$\qquad = 4.6[A]$

$\therefore P_Y = \dfrac{V_L^2 R}{R^2+X_L^2} = \dfrac{200^2 \times 24}{24^2+7^2} = 1,536[W]$

★
26 1상의 임피던스 $Z_p=12+j9[\Omega]$인 평형 $\triangle$부하에 평형 3상 전압 208[V]가 인가되어 있다. 이 회로의 피상전력[VA]은 약 얼마인가?

① 8,652   ② 7,640

③ 6,672   ④ 5,340

해설 $\triangle$결선의 피상전력

$V_L=208[V]$이므로

$\therefore S_\Delta = \dfrac{3V_L^2}{Z} = \dfrac{3\times 208^2}{\sqrt{12^2+9^2}} = 8,652[VA]$

★
27 $\triangle$결선된 대칭 3상 부하가 있다. 역률이 0.8(지상)이고, 전 소비전력이 1,800[W]이다. 한 상의 선로 저항이 0.5[Ω]이고, 발생하는 전선로 손실이 50[W] 이면 부하단자 전압은?

① 440[V]   ② 402[V]

③ 324[V]   ④ 225[V]

해설 $\triangle$결선 부하의 단자전압[V]

역률 $\cos\theta = 0.8$, 전소비전력 $P=1,800[W]$,

한 상의 선로저항 $R=0.5[\Omega]$일 때

전소비전력 $P_\ell = \sqrt{3}\,VI\cos\theta[W]$,

전손실 $P_\ell = 3I^2 R[W]$ 식에서

$I=\sqrt{\dfrac{P_\ell}{3R}} = \sqrt{\dfrac{50}{3\times 0.5}} = 5.77[A]$

$\therefore V = \dfrac{P}{\sqrt{3}\,I\cos\theta} = \dfrac{1,800}{\sqrt{3}\times 5.77 \times 0.8} = 225[V]$

★★
28 단상 변압기 3대(50[kVA]×3)를 $\triangle$결선으로 운전 중 한 대가 고장이 생겨 V결선으로 한 경우 출력은 몇 [kVA]인가?

① $30\sqrt{3}$ ② $50\sqrt{3}$

③ $100\sqrt{3}$ ④ $200\sqrt{3}$

해설 V결선의 출력은 $P_V = \sqrt{3}\times$변압기 1대 용량[kVA] 이므로

$\therefore P_V = \sqrt{3}\times 50 = 50\sqrt{3}[kVA]$

★★★
29 단상 변압기 3대(100[kVA]×3)로 △결선하여 운전 중 1대 고장으로 V결선한 경우의 출력 [kVA]은?

① 100 [kVA]
② $100\sqrt{3}$ [kVA]
③ 245 [kVA]
④ 300 [kVA]

해설 V결선의 출력

$$P_V = \sqrt{3} \times 변압기\ 1대\ 용량 = 100\sqrt{3}\ [\text{kVA}]$$

★★★
30 단상 변압기 3대(50[kVA]×3)를 △결선하여 부하에 전력을 공급하고 있다. 변압기 1대의 고장으로 V결선으로 한 경우 공급할 수 있는 전력과 고장 전 전력과의 비율[%]은?

① 57.7
② 66.7
③ 75.0
④ 86.6

해설 V결선의 출력비는 △결선으로 운전하는 경우에 비해서 V결선으로 운전하는 경우의 출력의 비를 의미하며

$$\frac{S_V}{S_\Delta} = \frac{\sqrt{3} \times \text{TR 1대 용량}}{3 \times \text{TR 1대 용량}} = \frac{1}{\sqrt{3}} = 0.577\ [\text{pu}]$$
$$= 57.7\,[\%]$$

★★
31 V결선의 변압기 이용률[%]은?

① 57.7
② 86.6
③ 80
④ 100

해설 V결선의 이용률

$$\frac{S_V}{변압기\ 총용량} = \frac{\sqrt{3} \times \text{TR 1대 용량}}{2 \times \text{TR 1대 용량}} = \frac{\sqrt{3}}{2}$$
$$= 0.866\,[\text{pu}] = 86.6\,[\%]$$

★★★
32 2개의 전력계에 의한 3상 전력 측정시 전 3상 전력 W는?

① $\sqrt{3}(|W_1| + |W_2|)$
② $3(|W_1| + |W_2|)$
③ $|W_1| + |W_2|$
④ $\sqrt{W_1^2 + W_2^2}$

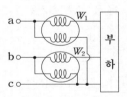

해설 2전력계법
　(1) 전전력 : $P = W_1 + W_2$ [W]
　(2) 무효전력 : $Q = \sqrt{3}\,(W_1 - W_2)$ [Var]
　(3) 피상전력 : $S = 2\sqrt{W_1^2 + W_2^2 - W_1 W_2}$ [VA]
　(4) 역률 : $\cos\theta = \dfrac{W_1 + W_2}{2\sqrt{W_1^2 + W_2^2 - W_1 W_2}}$

★★
33 2전력계법을 써서 3상 전력을 측정하였더니 각 전력계가 +500[W], +300[W]를 지시하였다. 전전력[W]은?

① 800
② 200
③ 500
④ 300

해설 2전력계법에서 전전력

$$P = W_1 + W_2 = 500 + 300 = 800\ [\text{W}]$$

★★★
34 2전력계법으로 평형 3상 전력을 측정하였더니 한쪽의 지시가 800[W], 다른 쪽의 지시가 1,600[W]였다. 피상전력은 몇 [VA]인가?

① 2,971
② 2,871
③ 2,771
④ 2,671

해설 2전력계법에서 피상전력

$$S = 2\sqrt{W_1^2 + W_2^2 - W_1 W_2}$$
$$= 2\sqrt{800^2 + 1,600^2 - 800 \times 1,600}$$
$$= 2,771\ [\text{VA}]$$

★★
35 두 개의 전력계를 사용하여 평형 부하의 역률을 측정하려고 한다. 전력계의 지시가 각각 P_1, P_2 라 할 때 이 회로의 역률은?

① $\dfrac{\sqrt{P_1+P_2}}{P_1+P_2}$

② $\dfrac{P_1+P_2}{P_1{}^2+P_2{}^2-2P_1P_2}$

③ $\dfrac{P_1+P_2}{2\sqrt{P_1{}^2+P_2{}^2-P_1P_2}}$

④ $\dfrac{2P_1P_2}{\sqrt{P_1{}^2+P_2{}^2}}$

[해설] 2전력계법에서 역률
$$\cos\theta=\frac{P_1+P_2}{2\sqrt{P_1{}^2+P_2{}^2-P_1P_2}}$$

★★★
36 대칭 3상 전압을 공급한 유도 전동기가 있다. 전동기에 그림과 같이 2개의 전력계 W_1 및 W_2, 전압계 V, 전류계 A를 접속하니 각 계기의 지시가 다음과 같다. $W_1=5.96$[kW], $W_2=1.31$[kW], $V=200$[V], $A=30$[A] 이 전동기의 역률[%]은?

① 60
② 70
③ 80
④ 90

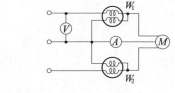

[해설] 2전력계법에서 역률
$$\cos\theta=\frac{W_1+W_2}{2\sqrt{W_1{}^2+W_2{}^2-W_1W_2}}$$
$$=\frac{5.96+1.31}{2\sqrt{5.96^2+1.31^2-5.96\times1.31}}\times100$$
$$=67\,[\%]\fallingdotseq70\,[\%]$$

[별해] $\cos\theta=\dfrac{P}{S}=\dfrac{W_1+W_2}{\sqrt{3}\,VI}$
$$=\frac{(5.96+1.31)\times10^3}{\sqrt{3}\times200\times30}\times100$$
$$=69.9\,[\%]\fallingdotseq70\,[\%]$$

★★
37 대칭 3상 4선식의 전력 계통이 있다. 단상 전력계 2개로 전력을 측정하였더니 각 전력계의 값이 -301[W] 및 1,327[W]이었다. 이때 역률은 얼마인가?

① 0.94
② 0.75
③ 0.62
④ 0.34

[해설] 2전력계법에서 역률
$W_1=-301$ [W], $W_2=1,327$ [W]일 때
$$\cos\theta=\frac{W_1+W_2}{2\sqrt{W_1{}^2+W_2{}^2-W_1W_2}}$$
$$=\frac{-301+1,327}{2\sqrt{(-301)^2+1327^2-(-301)\times1,327}}$$
$$=0.34$$

★★★
38 2개의 전력계로 3상 유도 전동기의 입력을 측정하였더니 한 전력계는 다른 전력계의 2배의 지시를 나타냈다고 한다. 전동기의 역률은 몇 [%]인가? (단, 전압, 전류는 순정현파라고 한다.)

① 70
② 76.4
③ 86.6
④ 90

[해설] 2전력계법에서 역률
전력계의 지시값 W_1, W_2의 관계에 따라 다음과 같은 역률의 결과를 얻을 수 있다.
(1) $W_1=2W_2$ 또는 $W_2=2W_1$인 경우
$\cos\theta=0.866$ [pu] $=86.6$ [%]
(2) $W_1=3W_2$ 또는 $W_2=3W_1$인 경우
$\cos\theta=0.75$ [pu] $=75$ [%]
(3) W_1 또는 W_2 중 어느 하나가 0인 경우 :
$\cos\theta=0.5$ [pu] $=50$ [%]

★★
39 단상 전력계 2개로 3상 전력을 측정하고자 한다. 전력계의 지시가 각각 200[W], 100[W]를 가리켰다고 한다. 부하의 역률은 약 몇 [%]인가?

① 94.8
② 86.6
③ 50.0
④ 31.6

[해설] 2전력계의 지시값이 각각 200[W], 100[W]를 나타내는 경우 $W_1=2W_2$ 또는 $W_2=2W_1$인 경우에 속하므로
$\therefore \cos\theta=0.866$ [pu] $=86.6$ [%]

★★
40 2개의 전력계로 평형 3상 부하의 전력을 측정하였더니 한 쪽의 지시가 다른 쪽 전력계 지시의 3배였다면 부하의 역률은?

① 0.75　　　　② 1

③ 3　　　　④ 0.4

해설 2전력계법에서 역률

$W_1 = 3W_2$ 또는 $W_2 = 3W_1$인 경우

$\cos\theta = 0.75\,[\mathrm{pu}] = 75\,[\%]$이다.

★★★
41 3상 전력을 측정하는데 두 전력계 중에서 하나가 0이었다. 이때의 역률은 어떻게 되는가?

① 0.5　　　　② 0.8

③ 0.6　　　　④ 0.4

해설 2전력계법에서 역률

W_1 또는 W_2 중 어느 하나가 0인 경우

$\cos\theta = 0.5\,[\mathrm{pu}] = 50\,[\%]$이다.

★★★
42 평형 3상 무유도 저항 부하가 3상 4선식 회로에 걸려 있을 때 단상 전력계를 그림과 같이 접속했더니 그 지시치가 W[W]였다. 부하의 전력[W]은? (단, 정현파 교류이다.)

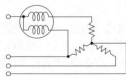

① $\sqrt{2}\,W$　　　　② $2W$

③ $\sqrt{3}\,W$　　　　④ $3W$

해설 1전력계법

(1) 전전력 : $P = 2W = \sqrt{3}\,VI$[W]

(2) 선전류 : $I = \dfrac{2W}{\sqrt{3}\,V}$ [A]

★★★
43 선간전압 V[V]인 대칭 3상 전원에 평형 3상 저항 부하 $R[\Omega]$이 그림과 같이 접속되었을 때 a, b 두 상간에 접속된 전력계의 지시값이 W[W]라 하면 c상의 전류[A]는?

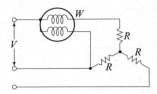

① $\dfrac{\sqrt{3}\,W}{V}$　　　　② $\dfrac{3W}{V}$

③ $\dfrac{W}{\sqrt{3}\,V}$　　　　④ $\dfrac{2W}{\sqrt{3}\,V}$

해설 1전력계법에서 선전류

$I = \dfrac{2W}{\sqrt{3}\,V}$ [A]

★
44 역률각이 45°인 3상 평형부하에 상순이 a-b-c 이고 Y결선된 회로에 $V_a = 220$[V]인 상전압을 가하니 $I_a = 10$[A]의 전류가 흘렀다. 전력계의 지시값[W]은?

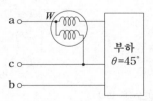

① 1555.63[W]　　　　② 2694.44[W]

③ 3047.19[W]　　　　④ 3680.67[W]

해설 전력계법

$W = V_{ab}\,I_a \cos\phi$

$\quad = \sqrt{3}\,V_a I_a \cos(30 - \theta)$ [W] 식에서

$V_a = 220$ [V], $I_a = 10$ [A], $\theta = 45°$이므로

$\therefore\ W = \sqrt{3}\,V_a I_a \cos(30 - \theta)$

$\quad = \sqrt{3} \times 220 \times 10 \times \cos(30 - 45°)$

$\quad = 3,680.67$ [W]

★★★
45 △결선의 상전류가 $I_{ab} = 4 \angle -36°$, $I_{bc} = 4 \angle -156°$, $I_{ca} = 4 \angle -276°$이다. 선전류 I_c는?

① $4 \angle -306°$

② $6.93 \angle -306°$

③ $6.93 \angle -276°$

④ $4 \angle -276°$

해설 △결선의 선전류와 상전류 관계는

$I_L = \sqrt{3}\, I_P \angle -30°$ [A]이므로

$I_a = \sqrt{3}\, I_{ab} \angle -30°$ [A]

$I_b = \sqrt{3}\, I_{bc} \angle -30°$ [A]

$I_c = \sqrt{3}\, I_{ca} \angle -30°$ [A]이다.

$\therefore I_c = \sqrt{3} \times 4 \angle -276° \angle -30°$

$\qquad = 6.93 \angle -306°$ [A]

★★
46 3상 4선식에서 중성선이 필요하지 않은 조건은? 단, 각 상의 전류는 I_1, I_2, I_3이다.

① 평형 3상 : $I_1 + I_2 + I_3 = 0$

② 불평형 3상 : $I_1 + I_2 + I_3 = \sqrt{3}$

③ 불평형 3상 : $I_1 + I_2 + I_3 = 0$

④ 평형 3상 : $I_1 + I_2 + I_3 = \sqrt{3}$

해설 3상 4선식은 상전선 3가닥과 중성선 1가닥으로 모두 4가닥의 전선이 소요되며 상전선 3가닥은 3상 부하에 직접 연결하여 사용하고 상전선과 중성선을 이용하여 단상 부하에 공급한다. 이때 각 상에 걸리는 부하가 평형이면 중성선에는 전류가 흐르지 않지만 불평형이라면 중성선에는 전류가 흐르게 된다. 본문에서 중성선이 필요하지 않은 경우라면 부하는 3상 부하만 접속된 경우로서 이때 부하는 항상 평형을 이루게 된다.

$I_N = I_a + I_b + I_c$ [A]이므로

$\therefore$ 평형 3상 부하에서 $I_N = I_a + I_b + I_c = 0$ [A]인 경우 중성선이 필요없다.

★
47 그림과 같은 성형 불평형 회로에 각 상전압이 E_a, E_b, E_c[V]이고 부하는 Z_a, Z_b, Z_c[Ω]이라 하면 중성선의 임피던스가 Z_n[Ω]일 때 중성점의 전위 V_n은?

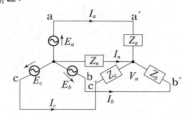

① $\dfrac{E_a + E_b + E_c}{Z_a + Z_b + Z_c}$

② $\dfrac{E_a + E_b + E_c}{Z_a + Z_b + Z_c + Z_n}$

③ $\dfrac{\dfrac{E_a}{Z_a} + \dfrac{E_b}{Z_b} + \dfrac{E_c}{Z_c}}{\dfrac{1}{Z_a} + \dfrac{1}{Z_b} + \dfrac{1}{Z_c} + \dfrac{1}{Z_n}}$

④ $\dfrac{\dfrac{E_a}{Z_a} + \dfrac{E_b}{Z_b} + \dfrac{E_c}{Z_c}}{\dfrac{1}{Z_a} + \dfrac{1}{Z_b} + \dfrac{1}{Z_c}}$

해설 3상 성형 결선의 중성점 전위는

$\therefore V_n = \dfrac{\dfrac{E_a}{Z_a} + \dfrac{E_b}{Z_b} + \dfrac{E_c}{Z_c}}{\dfrac{1}{Z_a} + \dfrac{1}{Z_b} + \dfrac{1}{Z_c} + \dfrac{1}{Z_n}}$

$\qquad = \dfrac{Y_a E_a + Y_b E_b + Y_c E_c}{Y_a + Y_b + Y_c + Y_n}$ [V]

★
48 그림과 같은 불평형 Y회로에 대칭 3상 전압을 인가할 경우 중성점의 전위는?

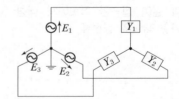

① $\dfrac{E_1 + E_2 + E_3}{Z_1 + Z_2 + Z_3}$

② $\dfrac{Z_1 E_1 + Z_2 E_2 + Z_3 E_3}{Z_1 + Z_2 + Z_3}$

③ $\dfrac{E_1 + E_2 + E_3}{Y_1 + Y_2 + Y_3}$

④ $\dfrac{Y_1 E_1 + Y_2 E_2 + Y_3 E_3}{Y_1 + Y_2 + Y_3}$

해설 3상 성형 결선의 중성점 전위는

$\therefore V_n = \dfrac{Y_1 E_1 + Y_2 E_2 + Y_3 E_3}{Y_1 + Y_2 + Y_3}$ [V]

49 그림과 같이 6개의 저항 r[Ω]을 접속한 것에 대칭 3상 전압 V를 인가하였을 때 전류 I는?

① $\dfrac{V}{5r}$

② $\dfrac{V}{4r}$

③ $\dfrac{V}{3r}$

④ $\dfrac{\sqrt{3}\,V}{4r}$

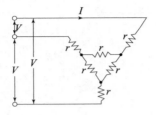

해설 Δ결선으로 이루어진 저항 r을 Y결선으로 변환하면 저항은 $\dfrac{1}{3}$배로 감소하므로 각 상의 합성저항(R)은

$R = r + \dfrac{r}{3} = \dfrac{4}{3}r$ [Ω]이다.

Y결선의 선전류를 유도하면 I_L을 계산할 수 있다.

$I_L = \dfrac{V}{\sqrt{3}\,R} = \dfrac{V}{\sqrt{3} \times \dfrac{4}{3}r} = \dfrac{\sqrt{3}\,V}{4r}$ [V]

상전류를 유도하면 I_P를 계산할 수 있다.

$I_P = \dfrac{I_L}{\sqrt{3}} = \dfrac{V}{4r}$ [A]

$\therefore\ I = I_L = \dfrac{\sqrt{3}\,V}{4r}$ [A]

50 그림과 같이 접속한 회로에서 대칭 3상 전압 V를 인가할 때 r의 상전류 I_2는?

① $\dfrac{V}{4r}$

② $\dfrac{2V}{4r}$

③ $\dfrac{V}{3r}$

④ $\dfrac{2V}{3r}$

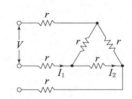

해설 선전류 I_L, 상전류 I_P는 다음과 같다.

$I_1 = I_L = \dfrac{\sqrt{3}\,V}{4r}$ [A], $I_2 = I_P = \dfrac{V}{4r}$ [A]

51 그림과 같은 순저항만의 회로에 대칭 3상 전압을 가했을 때 각 선에 흐르는 전류가 같게 될 때 R의 값은?

① 2.5[Ω]

② 5[Ω]

③ 7.5[Ω]

④ 10[Ω]

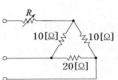

해설 Δ결선된 저항을 Y결선으로 변형하면

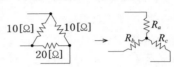

$R_a = \dfrac{10 \times 10}{10 + 10 + 20} = 2.5$ [Ω]

$R_b = \dfrac{10 \times 20}{10 + 10 + 20} = 5$ [Ω]

$R_c = \dfrac{10 \times 20}{10 + 10 + 20} = 5$ [Ω]

각 상이 평형을 유지하기 위해서는
$R_a + R = R_b = R_c$이어야 하므로
$R_a + R = 5$ [Ω]이어야 한다.

$\therefore\ R = 5 - R_a = 5 - 2.5 = 2.5$ [Ω]

52 그림과 같은 회로의 단자 a, b, c에 대칭 3상 전압을 가하여 각 선전류를 같게 하려면 R의 값을 얼마[Ω]로 하면 되는가?

① 2

② 8

③ 16

④ 24

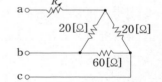

해설 Δ결선된 저항을 Y결선으로 변형하면

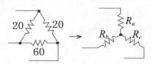

$R_a = \dfrac{20 \times 20}{20 + 20 + 60} = 4$ [Ω]

$R_b = \dfrac{20 \times 60}{20 + 20 + 60} = 12$ [Ω]

$R_c = \dfrac{20 \times 60}{20 + 20 + 60} = 12$ [Ω]

$\therefore\ R = 12 - R_a = 12 - 4 = 8$ [Ω]

★★
53 전압 200[V]의 3상 회로에 그림과 같은 평형 부하를 접속했을 때 선전류 I[A]는? (단, $r=9[\Omega]$, $\dfrac{1}{\omega C}=4[\Omega]$이다.)

① 48.1
② 38.5
③ 28.9
④ 115.5

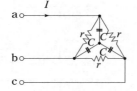

<u>해설</u> 선전류 계산

Δ결선된 저항 r에 의한 선전류를 I_Δ, Y결선된 정전용량 C에 의한 선전류를 I_Y라 하면

$$I_\Delta = \frac{\sqrt{3}\,V_L}{Z} = \frac{\sqrt{3}\,V_L}{r} = \frac{\sqrt{3}\times 200}{9} = 38.49\,[\text{A}]$$

$$I_Y = \frac{V_L}{\sqrt{3}\,Z} = \frac{V_L}{\sqrt{3}\,X_C} = \frac{200}{\sqrt{3}\times 4} = 28.87\,[\text{A}]$$

저항에 흐르는 전류는 유효분이며 정전용량에 흐르는 전류는 90° 앞선 진상전류이므로

$$I_L = I_\Delta + j\,I_Y = 38.49 + j\,28.87\,[\text{A}]$$

$$\therefore \text{선전류 } I_L = \sqrt{38.49^2 + 28.87^2} = 48.1\,[\text{A}]$$

★★
54 대칭 3상 전압을 그림과 같은 평형 부하에 인가할 때 부하의 역률은 얼마인가? (단, $R=9[\Omega]$, $\dfrac{1}{\omega C}=4[\Omega]$이다.)

① 1
② 0.96
③ 0.8
④ 0.6

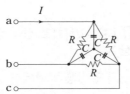

<u>해설</u> Δ결선된 저항 R을 Y결선으로 변환하면 각 상의 저항 값은 $\dfrac{R}{3}$로 되며 정전용량과 병렬접속을 이루게 된다.

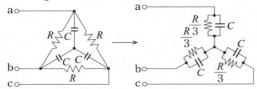

따라서 각 상의 저항 성분은 $R_0 = \dfrac{R}{3} = \dfrac{9}{3} = 3\,[\Omega]$ 이며, 리액턴스 성분은 $X_C = 4\,[\Omega]$이 병렬접속을 이루고 있으므로 역률 $\cos\theta$는

$$\therefore \cos\theta = \frac{X_C}{\sqrt{R_0{}^2 + X_C{}^2}} = \frac{4}{\sqrt{3^2 + 4^2}} = 0.8$$

★★
55 그림과 같은 부하에 전압 $V=100$[V]의 대칭 3상 전압을 인가할 때 선전류 I는?

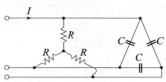

① $\dfrac{100}{\sqrt{3}}\left(\dfrac{1}{R} + j\,3\omega C\right)$
② $100\left(\dfrac{1}{R} + j\,\sqrt{3}\,\omega C\right)$
③ $\dfrac{100}{\sqrt{3}}\left(\dfrac{1}{R} + j\,\omega C\right)$
④ $100\left(\dfrac{1}{R} + j\,\omega C\right)$

<u>해설</u> 선전류 계산

Y결선된 저항 R에 의한 선전류 I_Y, Δ결선된 정전용량 C에 의해 선전류 I_Δ라 하면

$$I_Y = \frac{V_L}{\sqrt{3}\,Z} = \frac{100}{\sqrt{3}\,R}\,[\text{A}]$$

$$I_\Delta = \frac{\sqrt{3}\,V_L}{Z} = \frac{\sqrt{3}\,V_L}{\dfrac{1}{\omega C}} = 100\,\sqrt{3}\,\omega C\,[\text{A}]$$

저항에 흐르는 전류는 유효분이며, 정전용량에 흐르는 전류는 90° 앞선 진상전류이므로

$$\therefore I_L = I_Y + j\,I_\Delta = \frac{100}{\sqrt{3}\,R} + j\,100\,\sqrt{3}\,\omega C$$

$$= \frac{100}{\sqrt{3}}\left(\frac{1}{R} + j\,3\omega C\right)\,[\text{A}]$$

★
56 평형 3상 회로에서 그림과 같이 변류기를 접속하고 전류계 ⒜를 연결했을 때 ⒜에 흐르는 전류는 몇 [A]인가?

① 0
② 5.33
③ 8.66
④ 10.22

전류계 ⒜
5[A]   전류계 5[A]

<u>해설</u>

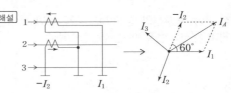

2번 상에 흐르는 변류기 2차 전류의 방향이 반대이므로 전류계 ⒜의 전류벡터식은 $I_A = I_1 + (-I_2)$ [A]가 된다.

$$\therefore I_A = \sqrt{I^2 + I^2 + 2I^2\cos 60°} = \sqrt{3}\,I$$

$$= \sqrt{3}\times 5 = 8.66\,[\text{A}]$$

★★
57 그림과 같은 성형 평형부하가 선간전압 210[V] 의 대칭 3상 전원에 접속되어 있다. 이 접속선 중 의 한 선이 X점에서 단선되었다고 하면 이 단선점 X의 양단에 나타나는 전압은? (단, 전원전압은 변 화하지 않는 것으로 한다.)

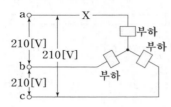

① $105\sqrt{3}$

② 105

③ $210\sqrt{3}$

④ 210

[해설] 3상 전원 단자를 a, b, c라 하여 a선이 단선되었다고 하면

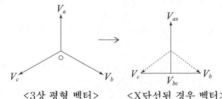

<3상 평형 벡터>　　<X단선된 경우 벡터>

(1) 3상 평형인 경우

상전압 $V_a = V_b = V_c = \dfrac{210}{\sqrt{3}}$ [V]

선간전압 $V_{ab} = V_{bc} = V_{ca} = 210$ [V]

(2) X 단선된 경우

$V_{bc} = 210$ [V]

$\therefore V_{ax} = V_{bc}\sin 60° = 210 \times \dfrac{\sqrt{3}}{2}$

$= 105\sqrt{3}$ [V]

★
58 대칭 3상 Δ결선의 상전압이 220[V]이다. a상 의 전원이 단선되었을 때 선간전압[V]은?

① 0

② 127

③ 220

④ 380

[해설] Δ결선의 선간전압(V_L)과 상전압(V_P)은 크기와 위 상이 모두 같으며 한 상이 단선되거나 결상되더라도 선간전압의 변화는 없게 된다.

$\therefore V_L = V_P = 220$ [V]

★
59 그림과 같은 회로에서 대칭 3상 전압 220[V]를 인가할 때 a, a′선이 X점에서 단선되었다고 하면 선전류[A]는?

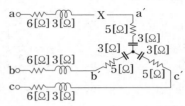

① 5

② 10

③ 15

④ 20

[해설] 3상 Y결선에서 a선이 단선되면 a상과 선에 모두 전류 가 흐르지 못하며 또한 b상과 c상은 직렬접속을 이루 게 된다. 이때 b상과 c상에 접속된 유도 리액턴스 $j3$ [Ω]과 용량 리액턴스 $-j3$ [Ω]은 공진되어 리액턴 스 성분은 없어지며 순저항만 남게 된다.

$V_{bc} = 220$ [V]이므로

$\therefore I_{bc} = \dfrac{V_{bc}}{Z_b + Z_c} = \dfrac{220}{6+5+5+6} = 10$ [A]

★
60 다상 교류회로 설명 중 잘못된 것은? (단, n= 상수)

① 평형 3상 교류에서 Δ결선의 상전류는 선전 류의 $\dfrac{1}{\sqrt{3}}$과 같다.

② n상전력 $P = \dfrac{1}{2\sin\dfrac{\pi}{n}} V_l I_l \cos\theta$이다.

③ 성형결선에서 선간전압과 상전압과의 위상 차는 $\dfrac{\pi}{2}\left(1-\dfrac{2}{n}\right)$[rad]이다.

④ 비대칭 다상교류가 만드는 회전 자기장은 타원 회전 자기장이다.

[해설] 대칭평형 n상 전력(P)

$$P = nV_P I_P \cos\theta = \dfrac{n}{2\sin\dfrac{\pi}{n}} V_l I_l \cos\theta \text{ [W]}$$

★★

61 전원이 Y결선, 부하가 △결선된 3상 대칭회로가 있다. 전원의 상전압이 220[V]이고 전원의 상전류가 10[A]일 경우, 부하 한 상의 임피던스[Ω]는?

① 66

② $22\sqrt{3}$

③ 22

④ $\dfrac{22}{\sqrt{3}}$

해설 Y결선 및 △결선의 특성

부하 △결선의 상전압은 전원 Y결선 선간전압과 같으므로 $V_L = \sqrt{3}\, V_P = \sqrt{3} \times 220 = 220\sqrt{3}$ [V]이다.

부하 △결선의 상전류는 전원 Y결선 선전류의 $\dfrac{1}{\sqrt{3}}$

배이므로 $I_P = \dfrac{I_L}{\sqrt{3}} = \dfrac{10}{\sqrt{3}}$ [A]이다.

$\therefore Z_P = \dfrac{V_L}{I_P} = \dfrac{220\sqrt{3}}{\dfrac{10}{\sqrt{3}}} = 66\,[\Omega]$

★★

62 3상 회로에 △결선된 평형 순저항 부하를 사용하는 경우 선간전압 220[V], 상전류가 7.33[A]라면 1상의 부하저항은 약 몇 [Ω]인가?

① 80[Ω]

② 60[Ω]

③ 45[Ω]

④ 30[Ω]

해설 △결선의 상저항(R_P)

△결선의 선간전압(V_L)은 상전압(V_P)과 같기 때문에 한 상에서 옴의 법칙을 적용하면 상전류

$I_P = \dfrac{V_P}{R_P} = \dfrac{V_L}{R_P}$ [A]이므로

$V_L = 220\,[V]$, $I_P = 7.33\,[A]$일 때

$R_P = \dfrac{V_P}{I_P} = \dfrac{V_L}{I_P} = \dfrac{220}{7.33} = 30\,[\Omega]$

★★

63 평형 3상 부하에 전력을 공급할 때 선전류 값이 20[A]이고 부하의 소비전력이 4[kW]이다. 이 부하의 등가 Y회로에 대한 각 상의 저항은 약 몇 [Ω]인가?

① 3.3[Ω]

② 5.7[Ω]

③ 7.2[Ω]

④ 10[Ω]

해설 3상 소비전력(P)

3상 소비전력은 상전류 I_P, 상저항 R이 있을 때 $P = 3I_P^2 R$ [W]이다.

Y결선에서는 상전류(I_P)와 선전류(I_L)가 같으므로 $I_L = I_P = 20\,[A]$, $P = 4\,[kW]$일 때

$\therefore R = \dfrac{P}{3I_P^2} = \dfrac{4 \times 10^3}{3 \times 20^2} = 3.3\,[\Omega]$

★

64 대칭 3상 Y부하에서 각상의 임피던스가 $3+j4$ [Ω]이고 부하전류가 20[A]일 때 이 부하에서 소비되는 전 전력은?

① 1,400[W]

② 1,600[W]

③ 1,800[W]

④ 3,600[W]

해설 Y결선의 소비전력(P)

$Z_P = R + jX_L = 3 + j4\,[\Omega]$, $I_L = 20\,[A]$일 때 Y결선에서 $I_P = I_L$이므로

$\therefore P = 3I_P^2 R = 3I_L^2 R = 3 \times 20^2 \times 3 = 3,600\,[W]$

08 대칭좌표법

1 대칭분 해석

┌─ | 정의 | ───

비대칭 3상 교류회로에서 "상회전이 없으며 각 상에 공통인 성분으로 나타나는 영상분과 상회전 방향이 반시계 방향으로 발전기 전원과 같은 성분인 정상분이 존재하며 상회전방향이 시계방향으로 불평형률을 결정하는 역상분"으로 해석되는 성분을 대칭분이라 한다.

───

1. 상전압(V_a, V_b, V_c)과 상전류(I_a, I_b, I_c)

$$\begin{cases} V_a = V_0 + V_1 + V_2 \\ V_b = V_0 + a^2 V_1 + a V_2 \\ V_c = V_0 + a V_1 + a^2 V_2 \end{cases} \qquad \begin{cases} I_a = I_0 + I_1 + I_2 \\ I_b = I_0 + a^2 I_1 + a I_2 \\ I_c = I_0 + a I_1 + a^2 I_2 \end{cases}$$

┌─ | 참고 | ───

- $a = 1 \angle 120° = -\dfrac{1}{2} + j\dfrac{\sqrt{3}}{2}$ • $a^2 = 1 \angle -120° = -\dfrac{1}{2} - j\dfrac{\sqrt{3}}{2}$

───

2. 대칭분 전압(V_0, V_1, V_2), 대칭분 전류(I_0, I_1, I_2)

(1) 영상분 전압과 영상분 전류(V_0, I_0)

$$V_0 = \frac{1}{3}(V_a + V_b + V_c), \quad I_0 = \frac{1}{3}(I_a + I_b + I_c)$$

(2) 정상분 전압과 정상분 전류(V_1, I_1)

$$V_1 = \frac{1}{3}(V_a + a V_b + a^2 V_c) = \frac{1}{3}(V_a + \angle 120° V_b + \angle -120° V_c)$$

$$I_1 = \frac{1}{3}(I_a + a I_b + a^2 I_c) = \frac{1}{3}(I_a + \angle 120° I_b + \angle -120° I_c)$$

확인문제

01 대칭 좌표법에서 사용되는 용어 중 3상에 공통인 성분을 표시하는 것은?

① 정상분   ② 영상분
③ 역상분   ④ 공통분

[해설] 영상분은 상회전이 없으며 각 상에 공통인 성분으로 나타난다.

답 : ②

02 대칭분을 I_0, I_1, I_2라 하고 선전류를 I_a, I_b, I_c라 할 때 I_b는?

① $I_0 + I_1 + I_2$ ② $\dfrac{1}{3}(I_0 + I_1 + I_2)$

③ $I_0 + a^2 I_1 + a I_2$ ④ $I_0 + a I_1 + a^2 I_2$

[해설] $\begin{cases} I_a = I_0 + I_1 + I_2 \\ I_b = I_0 + a^2 I_1 + a I_2 \\ I_c = I_0 + a I_1 + a^2 I_2 \end{cases}$

답 : ③

(3) 역상분 전압과 역상분 전류(V_2, I_2)

$$V_2 = \frac{1}{3}(V_a + a^2 V_b + a V_c) = \frac{1}{3}(V_a + \angle -120° V_b + \angle 120° V_c)$$

$$I_2 = \frac{1}{3}(I_a + a^2 I_b + a I_c) = \frac{1}{3}(I_a + \angle -120° I_b + \angle 120° I_c)$$

여기서, V_a, V_b, V_c : 상전압, I_a, I_b, I_c : 상전류

2 불평형률(%UV)

$$\%UV = \frac{역상분}{정상분} \times 100[\%]$$

3 3상 불평형 전력($\dot{S}$)

$$\dot{S} = P \pm jQ = V_a{}^* I_a + V_b{}^* I_b + V_c{}^* I_c = 3(V_0{}^* I_0 + V_1{}^* I_1 + V_2{}^* I_2)[\text{VA}]$$

여기서, S : 피상전력[VA], P : 유효전력[W], Q : 무효전력[Var]

4 a상 기준으로 해석한 대칭분

V_a, $V_b = a^2 V_a$, $V_c = a V_a$ 이므로

1. 영상분 전압(V_0)

$$V_0 = \frac{1}{3}(V_a + V_b + V_c) = \frac{1}{3}(V_a + a^2 V_a + a V_a) = 0[\text{V}]$$

2. 정상분 전압(V_1)

$$V_1 = \frac{1}{3}(V_a + a V_b + a^2 V_c) = \frac{1}{3}(V_a + a^3 V_a + a^3 V_a) = V_a[\text{V}]$$

3. 역상분 전압(V_2)

$$V_2 = \frac{1}{3}(V_a + a^2 V_b + a V_c) = \frac{1}{3}(V_a + a^4 V_a + a^2 V_a) = 0[\text{V}]$$

확인문제

03 3상 불평형 전압에서 역상 전압이 50[V]이고 정상 전압이 200[V], 영상 전압이 10[V]라고 할 때 전압의 불평형률은?

① 0.01   ② 0.05

③ 0.25   ④ 0.5

해설 불평형률$= \dfrac{역상분}{정상분} \times 100[\%]$

$\therefore$ 불평형률$= \dfrac{50}{200} = 0.25$

답 : ③

04 대칭 3상 전압 V_a, V_b, V_c를 a상을 기준으로 한 대칭분은?

① $V_0 = 0$, $V_1 = V_a$, $V_2 = a V_a$

② $V_0 = V_a$, $V_1 = V_a$, $V_2 = V_a$

③ $V_0 = 0$, $V_1 = 0$, $V_2 = a^2 V_a$

④ $V_0 = 0$, $V_1 = V_a$, $V_2 = 0$

해설 a상을 기준으로 해석한 대칭분은

$\therefore$ $V_0 = 0$, $V_1 = V_a$, $V_2 = 0$

답 : ④

| 참고 |

- $a^3 = 1$ - $a^4 = a^3 \times a = a$ - $1 + a + a^2 = 0$

5 발전기 기본식

$$\begin{cases} V_0 = -Z_0 I_0 [\text{V}] \\ V_1 = E_a - Z_1 I_1 [\text{V}] \\ V_2 = -Z_2 I_2 [\text{V}] \end{cases}$$

여기서, V_0 : 영상전압[V], V_1 : 정상전압[V], V_2 : 역상전압[V], E_a : a상 전압[V], Z_0 : 영상임피던스[Ω], Z_1 : 정상임피던스[Ω], Z_2 : 역상임피던스[Ω], I_0 : 영상전류[A], I_1 : 정상전류[A], I_2 : 역상전류[A]

예제 1 　 영상분 해석에 대한 내용　　　★☆☆

비접지 3상 Y부하에서 각 선전류를 I_a, I_b, I_c라 할 때 전류의 영상분은?

① 1 　　　　　　　　　　　　② 0

③ −1 　　　　　　　　　　　④ $\sqrt{3}$

풀이전략 (1) 영상분은 Y 결선의 3상4선식 회로에서 나타날 수 있다.

(2) 영상분 전류는 지락사고시 대지를 귀로하여 회로로 되돌아오는 성분으로 선로나 변압기 중성점이 접지되어 있는 경우에 나타날 수 있다.

풀 이 3상 Y부하이긴 하지만 비접지 선로에 대한 영상분은 항상 영(0)이다. 영상분이 나타날 수 있는 회로 구성은 3상 4선식 Y결선으로서 중성점이 접지되어 있어야 한다.

정답 ②

유사문제

01 대칭 좌표법에 관한 설명으로 옳지 않은 것은?

① 불평형 3상 회로의 비접지식 회로에서는 영상분이 존재한다.

② 대칭 3상 전압에서 영상분은 0이 된다.

③ 대칭 3상 전압은 정상분만 존재한다.

④ 불평형 3상 회로의 접지식 회로에서는 영상분이 존재한다.

해설 영상분은 Y−Y결선의 3상4선식 회로의 중성점이 접지되어 있는 경우에 나타날 수 있기 때문에 비접지식 회로에서는 영상분이 존재하지 않는다.

답 : ①

02 3상 △부하에서 각 선전류를 I_a, I_b, I_c라 하면 전류의 영상분은?

① ∞ 　　　　　　　　② −1

③ 1 　　　　　　　　　④ 0

해설 3상 △부하는 비접지식 회로로서 영상분 전류는 존재하지 않는다.

답 : ④

03 대칭 좌표법에 관한 설명 중 옳지 않은 것은?

① 대칭 좌표법은 일반적인 비대칭 n상 교류 회로의 계산에도 이용된다.

② 대칭 3상 전압은 영상분과 역상분이 0이고 정상분만 존재한다.

③ 비대칭 n상 교류 회로는 영상분, 역상분 및 정상분의 3성분으로 해석된다.

④ 비대칭 3상 회로의 접지식 회로에는 영상분이 존재하지 않는다.

해설 영상분은 중성점이 접지되어 있는 경우에는 존재할 수 있게 된다.

답 : ④

04 3상 3선식에서는 회로의 평형, 불평형 또는 부하의 △, Y에도 불구하고 세 전류의 합은 0이므로 선전류의 ( )은 0이다. ( ) 안에 들어갈 말은?

① 영상분 　　　　　　② 정상분

③ 역상분 　　　　　　④ 상전압

해설 3상3선식 회로는 △, Y결선과 관계없이 비접지된 회로일 때 영상분은 항상 0이며 또한 세 선전류의 합이 0이면 영상분도 항상 0이다.

답 : ①

영상분의 순시치 계산 ★☆☆

각 상의 전류가 $i_a = 30 \sin \omega t$[A], $i_b = 30 \sin (\omega t - 90°)$[A], $i_c = 30 \sin (\omega t + 90°)$[A]일 때 영상 전류 [A]는?

① $10 \sin \omega t$

② $10 \sin \dfrac{\omega t}{3}$

③ $\dfrac{30}{\sqrt{3}} \sin (\omega t + 45°)$

④ $30 \sin \omega t$

풀이전략 (1) 각 상에 대한 순시치의 위상을 파악한다.

(2) 위상차가 180°인 경우 최대치가 같으면 소거한다.

(3) 영상분 공식에 대입하여 나머지를 계산한다.

풀 이 각 상전류의 위상이 a상은 0°, b상은 $-90°$, c상은 90°이므로 b상과 c상의 위상차가 180°임을 알 수 있다.

$i_b = 30 \sin (\omega - 90°)$, $i_c = 30 \sin (\omega + 90°)$에서 최대치가 모두 30이므로 $i_b + i_c = 0$이 된다.

$i_0 = \dfrac{1}{3}(i_a + i_b + i_c) = \dfrac{1}{3} i_a$이므로

$\therefore i_0 = \dfrac{1}{3} \times 30 \sin \omega t = 10 \sin \omega t$ [A]

정답 ①

유사문제

05 각 상의 전압이
$v_a = 100 \sin \omega t$, $v_b = 100 \sin (\omega t - 90°)$,
$v_c = 100 \sin (\omega t + 90°)$일 때 영상 대칭 전압[V]은?

① $\dfrac{100}{3} \sin \omega t$

② $\dfrac{100}{3} \sin \dfrac{\omega t}{3}$

③ $100 \sin \omega t$

④ $100 \sin (\omega t + 45°)$

해설 $v_b + v_c = 0$이므로

$\therefore v_0 = \dfrac{1}{3}(v_a + v_b + v_c) = \dfrac{1}{3} v_a$
$= \dfrac{1}{3} \times 100 \sin \omega t = \dfrac{100}{3} \sin \omega t$ [V]

답 : ①

06 각 상 전압이
$v_a = 40 \sin \omega t$, $v_b = 40 \sin (\omega t + 90°)$,
$v_c = 40 \sin (\omega t - 90°)$라 하면 영상 대칭분의 전압은?

① $40 \sin \omega t$

② $\dfrac{40}{3} \sin \omega t$

③ $\dfrac{40}{3} \sin (\omega t - 90°)$

④ $\dfrac{40}{3} \sin (\omega t + 90°)$

해설 $v_b + v_c = 0$이므로

$\therefore v_0 = \dfrac{1}{3}(v_a + v_b + v_c) = \dfrac{1}{3} v_a$
$= \dfrac{1}{3} \times 40 \sin \omega t = \dfrac{40}{3} \sin \omega t$ [V]

답 : ②

★★★
01 3상 비대칭 전압을 V_a, V_b, V_c라 할 때 영상전압 V_0는?

① $\dfrac{1}{3}(V_a + a V_b + a^2 V_c)$

② $\dfrac{1}{3}(V_a + a^2 V_b + a V_c)$

③ $\dfrac{1}{3}(V_a + V_b + V_c)$

④ $\dfrac{1}{3}(V_a + a^2 V_b + V_c)$

해설 대칭분 전압(V_0, V_1, V_2)
(1) 영상전압

$$V_0 = \frac{1}{3}(V_a + V_b + V_c)$$

(2) 정상전압

$$V_1 = \frac{1}{3}(V_a + a V_b + a^2 V_c)$$
$$= \frac{1}{3}(V_a + \angle 120° V_b + \angle -120° V_c)$$

(3) 역상전압

$$V_2 = \frac{1}{3}(V_a + a^2 V_b + a V_c)$$
$$= \frac{1}{3}(V_a + \angle -120° V_b + \angle 120° V_c)$$

★★★
02 상순이 a, b, c인 V_a, V_b, V_c를 3상 불평형 전압이라 하면 정상전압은?

① $\dfrac{1}{3}(V_a + V_b + V_c)$ ② $\dfrac{1}{3}(V_a + a^2 V_b + a V_c)$

③ $\dfrac{1}{3}(V_a + a V_b + a^2 V_c)$ ④ $3(V_a + a V_b + a^2 V_c)$

해설 대칭분 전압
정상전압

$$V_1 = \frac{1}{3}(V_a + a V_b + a^2 V_c)$$
$$= \frac{1}{3}(V_a + \angle 120° V_b + \angle -120° V_c)$$

★★★
03 V_a, V_b, V_c가 3상 전압일 때 역상전압은?

(단, $a = e^{j\frac{2a}{3}}$ 이다.)

① $\dfrac{1}{3}(V_a + a V_b + a^2 V_c)$ ② $\dfrac{1}{3}(V_a + a^2 V_b + a V_c)$

③ $\dfrac{1}{3}(V_a + V_b + V_c)$ ④ $\dfrac{1}{3}(V_a + a^2 V_b + V_c)$

해설 대칭분 전압
역상전압

$$V_2 = \frac{1}{3}(V_a + a^2 V_b + a V_c)$$
$$= \frac{1}{3}(V_a + \angle -120° V_b + \angle 120° V_c)$$

★★★
04 대칭 좌표법을 이용하여 3상 회로의 각 상전압을 다음과 같이 쓴다.

$$V_a = V_{a0} + V_{a1} + V_{a2}$$
$$V_b = V_{a0} + V_{a1} \angle -120° + V_{a2} \angle +120°$$
$$V_c = V_{a0} + V_{a2} \angle +120° + V_{a2} \angle -120°$$

이와 같이 표시될 때 정상분 전압 V_{a1}을 옳게 계산한 것은? (상순은 a, b, c이다.)

① $\dfrac{1}{3}(V_a + V_b + V_c)$

② $\dfrac{1}{3}(V_a + V_b \angle +120° + V_c \angle -120°)$

③ $\dfrac{1}{3}(V_a + V_b \angle -120° + V_c \angle +120°)$

④ $\dfrac{1}{3}(V_a \angle +120° + V_b + V_c \angle -120°)$

해설 대칭분 전압(V_0, V_1, V_2)
정상전압

$$V_1 = \frac{1}{3}(V_a + a V_b + a^2 V_c)$$
$$= \frac{1}{3}(V_a + \angle 120° V_b + \angle -120° V_c)$$

★★
05 대칭 좌표법에서 대칭분을 각 상전압으로 표시한 식 중 옳지 않은 것은?

① $V_0 = \frac{1}{3}(V_a + V_b + V_c)$

② $V_1 = \frac{1}{3}(V_a + aV_b + a^2 V_c)$

③ $V_3 = \frac{1}{3}(V_a^2 + V_b^2 + V_c^2)$

④ $V_2 = \frac{1}{3}(V_a + a^2 V_b + aV_c)$

해설 대칭분 전압(V_0, V_1, V_2)

(1) 영상전압

$$V_0 = \frac{1}{3}(V_a + V_b + V_c)$$

(2) 정상전압

$$V_1 = \frac{1}{3}(V_a + aV_b + a^2 V_c)$$

(3) 역상전압

$$V_2 = \frac{1}{3}(V_a + a^2 V_b + aV_c)$$

★★
06 상순이 a, b, c인 불평형 3상 전류 I_a, I_b, I_c의 대칭분을 I_0, I_1, I_2라 하면 이때 대칭분과의 관계식 중 옳지 못한 것은?

① $\frac{1}{3}(I_a + I_b + I_c)$

② $\frac{1}{3}(I_a + I_b \angle 120° + I_c \angle -120°)$

③ $\frac{1}{3}(I_a + I_b \angle -120° + I_c \angle 120°)$

④ $\frac{1}{3}(-I_a - I_b - I_c)$

해설 대칭분 전류(I_0, I_1, I_2)

(1) 영상전류

$$I_0 = \frac{1}{3}(I_a + I_b + I_c)$$

(2) 정상전류

$$I_1 = \frac{1}{3}(I_a + aI_b + a^2 I_c)$$

$$= \frac{1}{3}(I_a + \angle 120° I_b + \angle -120° I_c)$$

(3) 역상전류

$$I_2 = \frac{1}{3}(I_a + a^2 I_b + aI_c)$$

$$= \frac{1}{3}(I_a + \angle -120° I_b + \angle 120° I_c)$$

★★★
07 3상 회로에서 각 상의 전류는 다음과 같다.

$$I_a = 400 - j650,$$
$$I_b = -230 - j700,$$
$$I_c = -150 + j600$$

전류의 영상분 I_o는 얼마인가? (단, b상을 기준으로 한다.)

① $20 - j750$ ② $6.66 - j250$

③ $572 - j223$ ④ $-179 - j177$

해설 영상분 전류(I_0)

$$I_0 = \frac{1}{3}(I_a + I_b + I_c)$$

$$= \frac{1}{3}(400 - j650 - 230 - j700 - 150 + j600)$$

$$= 6.66 - j250 \, [A]$$

★★★
08 불평형 3상 전류 $I_a = 25 + j4$[A], $I_b = -18 - j16$[A], $I_c = 7 + j15$[A]일 때의 영상전류 I_0는 몇 [A]인가?

① $3.66 + j$ ② $4.66 + j2$

③ $4.66 + j$ ④ $2.67 + j0.2$

해설 영상분 전류(I_0)

$$I_0 = \frac{1}{3}(I_a + I_b + I_c)$$

$$= \frac{1}{3}(25 + j4 - 18 - j16 + 7 + j15)$$

$$= 4.66 + j \, [A]$$

★★
09 3상 부하가 Y결선되었다. 각 상의 임피던스는 $Z_a = 3$[Ω], $Z_b = 3$[Ω], $Z_c = j3$[Ω]이다. 이 부하의 영상임피던스[Ω]는?

① $2 + j$ ② $3 + j3$

③ $3 + j6$ ④ $6 + j3$

해설 영상 임피던스(Z_0)

$$Z_0 = \frac{1}{3}(Z_a + Z_b + Z_c) = \frac{1}{3}(3 + 3 + j3)$$

$$= 2 + j \, [Ω]$$

★★
10 3상 부하가 Δ결선되어 있다. 컨덕턴스가 a상에 0.3[℧], b상에 0.3[℧]이고 유도 서셉턴스가 c상에 0.3[℧]이 연결되어 있을 때 이 부하의 영상 어드미턴스[℧]는?

① $0.2 + j0.1$ ② $0.2 - j0.1$

③ $0.6 - j0.3$ ④ $0.6 + j0.3$

해설 영상 어드미턴스(Y_0)

영상임피던스 $Z_0 = R_0 + jX_{L0} - jX_{C0}$[Ω]으로 표현할 수 있으며 영상분 저항 R_0, 영상분 유도 리액턴스 X_{L0}, 영상분 용량 리액턴스 X_{C0}로 이루어져 있다.

영상 어드미턴스 $Y_0 = \dfrac{1}{Z_0}$[℧]이므로

$$Y_0 = \frac{1}{R_0} - j\frac{1}{X_{L0}} + j\frac{1}{X_{C0}}$$
$$= G_0 - jB_{L0} + jB_{C0} [℧]$$

으로 표현할 수 있으며 영상분 콘덕턴스 G_0, 영상분 유도 서셉턴스 B_{L0}, 영상분 용량 서셉턴스 B_{C0}로 이루어져 있다.

$$\therefore Y_0 = \frac{1}{3}(Y_a + Y_b + Y_c) = \frac{1}{3}(0.3 + 0.3 - j0.3)$$
$$= 0.2 - j0.1 [℧]$$

★★★
11 각 상 전압이
$V_a = 200\sin\omega t$, $V_b = 200\sin(\omega t - 90°)$,
$V_c = 200\sin(\omega t + 90°)$일 때 영상 대칭분의 전압은?

① $\dfrac{200}{3}\sin\left(\dfrac{\omega t}{3}\right)$ ② $\dfrac{200}{\sqrt{3}}\sin(\omega t + 45°)$

③ $\dfrac{200}{3}\sin\omega t$ ④ $200\sin\omega t$

해설 영상분의 순시치 계산(v_0)

각 상전압의 위상이 a상은 0°, b상은 −90°, c상은 90°이므로 b상과 c상의 위상차가 180° 임을 알 수 있다. $v_b = 200\sin(\omega t - 90°)$, $v_c = 200\sin(\omega t + 90°)$에서 최대치가 모두 200이므로 $v_b + v_c = 0$이 된다.

$v_0 = \dfrac{1}{3}(v_a + v_b + v_c) = \dfrac{1}{3}v_a$이므로

$$\therefore v_0 = \frac{1}{3} \times 200\sin\omega t = \frac{200}{3}\sin\omega t [V]$$

★★
12 불평형 3상 전류가 $I_a = 15 + j2$[A], $I_b = -20 - j14$[A], $I_c = -3 + j10$[A]일 때 역상분 전류[A]는?

① $1.91 + j6.24$

② $15.74 - j3.57$

③ $-2.67 - j0.67$

④ $2.67 - j0.67$

해설 역상분 전류(I_2)

$$I_2 = \frac{1}{3}(I_a + \angle -120° I_b + \angle 120° I_c)$$
$$= \frac{1}{3}\{(15 + j2) + 1\angle -120° \times (-20 - j14)$$
$$+ 1\angle 120° \times (-3 + j10)\}$$
$$= 1.91 + j6.24 [A]$$

★★
13 불평형 회로에서 영상분이 존재하는 3상 회로 구성은?

① Δ−Δ결선의 3상 3선식

② Δ−Y결선의 3상 3선식

③ Y−Y결선의 3상 3선식

④ Y−Y결선의 3상 4선식

해설 영상분이 나타날 수 있는 회로구성은 3상 4선식 Y결선으로서 중성점이 접지되어 있어야 한다.

★★★
14 비접지 3상 Y부하에서 각 선전류를 I_a, I_b, I_c라 할 때 전류의 영상분 I_0는 얼마인가?

① $I_a + I_b$ ② $I_b + I_c$

③ $I_c + I_a$ ④ 0

해설 영상분

3상 Y부하이긴 하지만 비접지 선로에 대한 영상분은 항상 영(0)이다. 영상분이 나타날 수 있는 회로 구성은 3상 4선식 Y결선으로서 중성점이 접지되어 있어야 한다.

★★★

15 대칭 좌표법에서 불평형률을 나타내는 것은?

① $\dfrac{\text{영상분}}{\text{정상분}} \times 100$ 　　② $\dfrac{\text{정상분}}{\text{역상분}} \times 100$

③ $\dfrac{\text{정상분}}{\text{영상분}} \times 100$ 　　④ $\dfrac{\text{역상분}}{\text{정상분}} \times 100$

해설 대칭좌표법에서 불평형률이란 정상분에 대하여 역상분의 크기에 의해 결정되는 계수이며 고장이나 사고의 정도 또는 3상의 밸런스를 표현하는 척도라 할 수 있다.

$$\therefore \text{불평형률} = \frac{\text{역상분}}{\text{정상분}} \times 100 \, [\%]$$

★★

16 3상 불평형 전압에서 역상전압이 25[V]이고 정상전압이 100[V], 영상전압이 10[V]라고 할 때, 전압의 불평형률은?

① 0.25 　　② 0.4

③ 4 　　④ 10

해설 불평형률 $= \dfrac{\text{역상분}}{\text{정상분}} = \dfrac{25}{100} = 0.25$

★

17 3상 불평형 전압에서 역상전압이 10[V], 정상전압이 50[V], 영상전압이 200[V]라고 한다. 전압의 불평형률은 얼마인가?

① 0.1 　　② 0.05

③ 0.2 　　④ 0.5

해설 불평형률 $= \dfrac{\text{역상분}}{\text{정상분}} = \dfrac{10}{50} = 0.2$

★★★

18 3상 교류의 선간전압을 측정하였더니 120[V], 100[V], 100[V]이었다. 선간전압의 불평형률[%]은?

① 13 　　② 15

③ 17 　　④ 19

해설 $V_a = 120 \, [\text{V}]$, $V_b = 100 \, [\text{V}]$, $V_c = 100 \, [\text{V}]$인 3상 불평형 선간전압에서 $V_a + V_b + V_c = 0 \, [\text{V}]$인 V_b, V_c의 전압 벡터는

$V_b = -60 - j\,80 \, [\text{V}]$, $V_c = -60 + j\,80 \, [\text{V}]$이므로

정상분 전압 V_1은

$$V_1 = \frac{1}{3}(V_a + \angle 120° \, V_b + \angle -120° \, V_c)$$

$$= \frac{1}{3}\{120 + 1\angle 120° \times (-60 - j\,80)$$

$$+ 1\angle -120° \times (-60 + j\,80)\}$$

$$= 106.2 \, [\text{V}]$$

역상분 전압 V_2는

$$V_2 = \frac{1}{3}(V_a + \angle -120° \, V_b + \angle 120° \, V_c)$$

$$= \frac{1}{3}\{120 + 1\angle -120° \times (-60 - j\,80)$$

$$+ 1\angle 120° \times (-60 + j\,80)\}$$

$$= 13.8 \, [\text{V}]$$

$$\therefore \text{불평형률} = \frac{\text{역상분}}{\text{정상분}} \times 100 = \frac{13.8}{106.2} \times 100$$

$$= 13 \, [\%]$$

★★★

19 어느 3상 회로의 선간전압을 측정하니 $V_a = 120$ [V], $V_b = -60 - j\,80 \, [\text{V}]$, $V_c = -60 + j\,80 \, [\text{V}]$이었다. 불평형률[%]은?

① 12 　　② 13

③ 14 　　④ 15

해설 정상분 전압

$$V_1 = \frac{1}{3}(V_a + \angle 120° \, V_b + \angle -120° \, V_c)$$

$$= \frac{1}{3}\{120 + 1\angle 120° \times (-60 - j\,80)$$

$$+ 1\angle -120° \times (-60 + j\,80)\}$$

$$= 106.2 \, [\text{V}]$$

역상분 전압

$$V_2 = \frac{1}{3}(V_a + \angle -120° \, V_b + \angle 120° \, V_c)$$

$$= \frac{1}{3}\{120 + 1\angle -120° \times (-60 - j\,80)$$

$$+ 1\angle 120° \times (-60 + j\,80)\}$$

$$= 13.8 \, [\text{V}]$$

$$\therefore \text{불평형률} = \frac{\text{역상분}}{\text{정상분}} \times 100 = \frac{13.8}{106.2} \times 100$$

$$= 13 \, [\%]$$

★★★
20 3상 회로의 선간전압이 각각 80, 50, 50[V]일 때 전압의 불평형률[%]은?

① 22.7　　　　② 39.6
③ 45.3　　　　④ 57.3

해설 $V_a = 80\,[V]$, $V_b = 50\,[V]$, $V_c = 50\,[V]$인 3상 불평형 선간전압에서 $V_a + V_b + V_c = 0\,[V]$인 V_b, V_c의 전압 벡터는 $V_b = -40 - j30\,[V]$, $V_c = -40 + j30$ [V]이므로 정상분 전압 V_1은

$$V_1 = \frac{1}{3}(V_a + \angle 120° \ V_b + \angle -120° \ V_c)$$
$$= \frac{1}{3}\{80 + 1\angle 120° \times (-40 - j30)$$
$$+ 1\angle -120° \times (-40 + j30)\}$$
$$= 57.3\,[V]$$

역상분 전압 V_2는

$$V_2 = \frac{1}{3}(V_a + \angle -120° \ V_b + \angle 120° \ V_c)$$
$$= \frac{1}{3}\{80 + 1\angle -120° \times (-40 - j30)$$
$$+ 1\angle 120° \times (-40 + j30)\}$$
$$= 22.7\,[V]$$

∴ 불평형률 $= \dfrac{\text{역상분}}{\text{정상분}} \times 100 = \dfrac{22.7}{57.3} \times 100$
$$= 39.6\,[\%]$$

★★
21 대칭 3상 전압이 V_a, $V_b = a^2 V_a$, $V_c = a V_a$일 때 a상을 기준으로 한 각 대칭분 V_0, V_1, V_2는?

① 0, V_a, 0
② $a^2 V_a$, $a V_a$, V_a
③ $\frac{1}{3}(V_a + V_b + V_c)$, $\frac{1}{3}(V_a + a^2 V_b + a V_c)$,

　$\frac{1}{3}(V_a + a V_b + a^2 V_c)$
④ $\frac{1}{3}(V_a + V_b + V_c)$, $\frac{1}{3}(V_a + a V_b + a^2 V_c)$,

　$\frac{1}{3}(V_a + a^2 V_b + a V_c)$

해설 a상을 기준으로 해석한 대칭분
(1) 영상분 전압 : $V_0 = 0\,[V]$
(2) 정상분 전압 : $V_1 = V_a\,[V]$
(3) 역상분 전압 : $V_2 = 0\,[V]$

★
22 대칭 3상 전압이 V_a, $V_b = a^2 V_a$, $V_c = a V_a$일 때, a상을 기준으로 한 대칭분을 구할 때 영상분은?

① V_a　　　　② $\frac{1}{3} V_a$
③ 0　　　　④ $V_a + V_b + V_c$

해설 a상을 기준으로 해석한 대칭분
$V_0 = 0\,[V]$, $V_1 = V_a\,[V]$, $V_2 = 0\,[V]$

★★
23 대칭 3상 전압이 a상 V_a[V], b상 $V_b = a^2 V_a$[V], c상 $V_c = a V_a$[V]일 때 a상을 기준으로 한 대칭분 전압 중 정상분 V_1은 어떻게 표시되는가?

① $\frac{1}{3} V_a$　　　　② V_a
③ $a V_a$　　　　④ $a^2 V_a$

해설 a상을 기준으로 해석한 대칭분
$V_0 = 0\,[V]$, $V_1 = V_a\,[V]$, $V_2 = 0\,[V]$

★★★
24 불평형 3상 회로의 성형 전압 대칭분 전압이 V_0, V_1, V_2 대칭분 전류가 I_0, I_1, I_2라 하면 전력은 어떻게 되는가?

① $P + j P_r = V_0 I_o + V_1 I_1 + V_2 I_2$
② $P + j P_r = \sqrt{3}(V_0 I_o + V_1 I_1 + V_2 I_2)$
③ $P + j P_r = 3(V_0 I_o + V_1 I_1 + V_2 I_2)$
④ $P + j P_r = \frac{1}{3}(V_0 I_o + V_1 I_1 + V_2 I_2)$

해설 3상 불평형 전력(S)
$$\dot{S} = P + jQ = V_a^* I_a + V_b^* I_b + V_c^* I_c$$
$$= 3(V_0^* I_0 + V_1^* I_1 + V_2^* I_2)\,[VA]$$

★★★

25 대칭 3상 교류 발전기의 기본식 중 알맞게 표현된 것은? (단, V_0는 영상분 전압, V_1은 정상분 전압, V_2는 역상분 전압이다.)

① $V_0 = E_0 - Z_0 I_0$

② $V_1 = -Z_1 I_0$

③ $V_2 = Z_2 I_2$

④ $V_1 = E_a - Z_1 I_1$

해설 발전기 기본식

$$V_0 = -Z_0 I_0 \,[\text{V}]$$

$$V_1 = E_a - Z_1 I_1 \,[\text{V}]$$

$$V_2 = -Z_2 I_2 \,[\text{V}]$$

★

26 전류의 대칭분을 I_0, I_1, I_2, 유기기전력 및 단자전압의 대칭분을 E_a, E_b, E_c 및 V_0, V_1, V_2라 할 때 3상 교류 발전기의 기본식 중 정상분 V_1의 값은?

① $-Z_0 I_0$

② $-Z_2 I_2$

③ $E_a - Z_1 I_1$

④ $E_b - Z_2 I_2$

해설 발전기 기본식

$$V_0 = -Z_0 I_0 \,[\text{V}]$$

$$V_1 = E_a - Z_1 I_1 \,[\text{V}]$$

$$V_2 = -Z_2 I_2 \,[\text{V}]$$

★★

27 단자전압의 각 대칭분 V_0, V_1, V_2가 0이 아니고 같게 되는 고장의 종류는?

① 1선 지락

② 선간 단락

③ 2선 지락

④ 3선 단락

해설 지락 고장의 특징

(1) 1선 지락 사고

$$I_0 = I_1 = I_2 \neq 0$$

(2) 2선 지락 사고

$$V_0 = V_1 = V_2 \neq 0$$

★★

28 송전선로에서 발생하는 사고의 종류 중에 대칭분 전류(영상전류, 정상전류, 역상전류)가 모두 같으며 영(0)이 안되는 사고는 어떤 사고인가?

① 1선 지락사고

② 선간 단락사고

③ 2선 지락사고

④ 3선 단락사고

해설 지락 고장의 특징

(1) 1선 지락 사고

$$I_0 = I_1 = I_2 \neq 0$$

(2) 2선 지락 사고

$$V_0 = V_1 = V_2 \neq 0$$

정답 25 ④ 26 ③ 27 ③ 28 ①

memo

09 비정현파

1 푸리에(Fourier) 급수

> **|정의|**
> 기본파에 고조파가 포함된 비정현파를 여러 개의 정현파의 합으로 표시하는 방법을
> "푸리에 급수"라 한다.

1. 푸리에 급수 정의식

> **|공식|**
> $$f(t) = a_0 + \sum_{n=1}^{\infty} a_n \cos n\omega t + \sum_{n=1}^{\infty} b_n \sin n\omega t$$

2. 비정현파에 포함된 요소

(1) 직류분 또는 평균치 : a_0

(2) 기본파 : $a_1 \cos \omega t + b_1 \sin \omega t$

(3) 고조파 : $\displaystyle\sum_{n=2}^{\infty} a_n \cos n\omega t + \sum_{n=2}^{\infty} b_n \sin n\omega t$

∴ 직류분+기본파+고조파

3. 주기적인 구형파 신호의 푸리에 급수

$$f(t) = \frac{4 I_m}{\pi}\left(\sin \omega t + \frac{1}{3}\sin 3\omega t + \frac{1}{5}\sin 5\omega t + \frac{1}{7}\sin 7\omega t + \cdots\right)$$

∴ 기수(홀수)차로 구성된 무수히 많은 주파수 성분의 합성

확인문제

01 비정현파를 여러 개의 정현파의 합으로 표시하는 방법은?

① 키르히호프의 법칙
② 노오튼의 정리
③ 푸리에 분석
④ 테일러의 분석

[해설] 기본파에 고조파가 포함된 비정현파를 여러 개의 정현파의 합으로 표시하는 방법을 "푸리에 급수" 또는 "푸리에 분석"이라 한다.

답 : ③

02 비정현파의 푸리에 급수에 의한 전개에서 옳게 전개한 $f(t)$는?

① $\displaystyle\sum_{n=1}^{\infty} a_n \sin n\omega t + \sum_{n=1}^{\infty} b_n \sin n\omega t$

② $\displaystyle\sum_{n=1}^{\infty} a_n \sin n\omega t + \sum_{n=1}^{\infty} b_n \cos n\omega t$

③ $\displaystyle a_0 + \sum_{n=1}^{\infty} a_n \cos n\omega t + \sum_{n=1}^{\infty} b_n \sin n\omega t$

④ $\displaystyle\sum_{n=1}^{\infty} a_n \cos n\omega t + \sum_{n=1}^{\infty} b_n \cos n\omega t$

[해설] 푸리에 급수의 정의식 $f(t)$는

∴ $f(t) = a_0 + \displaystyle\sum_{n=1}^{\infty} a_n \cos n\omega t + \sum_{n=1}^{\infty} b_n \sin n\omega t$

답 : ③

2 비정현파의 계산

1. 실효치

비정현파 순시치 전압을 $e(t)$라 할 때 실효치 전압 E는

$$e(t) = E_0 + E_{m1}\sin\omega t + E_{m2}\sin 2\omega t + E_{m3}\sin 3\omega t + \cdots \text{ [V]}$$

① $E = \sqrt{E_0{}^2 + \left(\dfrac{E_{m1}}{\sqrt{2}}\right)^2 + \left(\dfrac{E_{m2}}{\sqrt{2}}\right)^2 + \left(\dfrac{E_{m3}}{\sqrt{2}}\right)^2 + \cdots} \text{ [V]}$

② 각 파의 실효값의 제곱의 합의 제곱근

2. 피상전력(S)

S = 전압의 실효치(E) × 전류의 실효치(I)

3. 소비전력(P)

※ 비정현파의 소비전력을 계산할 때는 반드시 고조파 성분을 일치시켜서 구해야 한다.

(1) 순시치 전압($e(t)$), 순시치 전류($i(t)$)가 주어진 경우

$$P = E_0 I_0 + \frac{1}{2}\sum_{n=1}^{\infty} E_{mn} I_{mn}\cos\theta_n \text{ [W]}$$

(2) R과 X_L이 직렬로 연결되어 Z가 주어지는 경우

$$P = \frac{E_0{}^2}{R} + \frac{1}{2}\sum_{n=1}^{\infty}\frac{E_{mn}{}^2 R}{R^2 + (nX_L)^2} \text{ [W]}$$

여기서, $E_0 I_0$: 직류분 전력[W], E_{mn} : n고조파 최대값 전압[V], I_{mn} : n고조파 최대값 전류[A],
θ_n : 전압, 전류 간의 위상차, E_0 : 직류분 전압[V],
R : 저항[Ω], X_L : 유도리액턴스[Ω], n : 고조파 차수

확인문제

03 $v(t) = 50 + 30\sin\omega t$[V]의 실효값 V는 몇 [V]인가?

① 약 50.3 　　② 약 62.3
③ 약 54.3 　　④ 약 58.3

해설 $v(t) = 50 + 30\sin\omega t$ [V]에서
$V_0 = 5$ [V], $V_{m1} = 30$ [V]이므로 실효값 V는

∴ $V = \sqrt{V_0{}^2 + \left(\dfrac{V_{m1}}{\sqrt{2}}\right)^2} = \sqrt{50^2 + \left(\dfrac{30}{\sqrt{2}}\right)^2}$
　　$= 54.3$ [V]

답 : ③

04 어떤 회로에 흐르는 전류가 $i = 5 + 10\sqrt{2}\sin\omega t + 5\sqrt{2}\sin\left(3\omega t + \dfrac{\pi}{3}\right)$[A]인 실효값[A]은?

① 10.25 　　② 11.25
③ 12.25 　　④ 13.25

해설 $i = 5 + 10\sqrt{2}\sin\omega t + 5\sqrt{2}\sin\left(3\omega t + \dfrac{\pi}{3}\right)$ [A]
에서 $I_0 = 5$ [A], $I_{m1} = 10\sqrt{2}$ [A], $I_{m3} = 5\sqrt{2}$ [A]이므로 실효값 I는

∴ $I = \sqrt{I_0{}^2 + \left(\dfrac{I_{m1}}{\sqrt{2}}\right)^2 + \left(\dfrac{I_{m3}}{\sqrt{2}}\right)^2}$
　　$= \sqrt{5^2 + 10^2 + 5^2} = 12.25$ [A]

답 : ③

4. 역률($\cos\theta$)

$$\cos\theta = \frac{P}{S} \times 100\,[\%]$$

여기서, S : 피상전력[VA], P : 소비전력[W]

5. 왜형률(ϵ)

(1) $\epsilon = \dfrac{\text{전고조파 실효치}}{\text{기본파 실효치}} \times 100\,[\%]$

(2) $\epsilon = \sqrt{\text{고조파 각각의 왜형률의 제곱의 합}} \times 100\,[\%]$

6. n고조파 전류의 실효치(I_n)

$$I_n = \frac{E_{mn}}{\sqrt{2} \times \sqrt{R^2 + \left(nX_L - \dfrac{X_C}{n}\right)^2}}\,[A]$$

여기서, E_{mn} : n고조파 최대값 전압[V], R : 저항[Ω], X_L : 유도리액턴스[Ω], X_C : 용량 리액턴스[Ω]
n : 고조파 차수

확인문제

05 비정현파 전압
$v = 100\sqrt{2}\sin\omega t + 50\sqrt{2}\sin 2\omega t + 30\sqrt{2}\sin 3\omega t$
의 왜형률은?

① 1.0   ② 0.8
③ 0.5   ④ 0.3

해설 파형에서 기본파, 2고조파, 3고조파의 최대치를 각각
V_{m1}, V_{m2}, V_{m3}라 하면
$V_{m1} = 100\sqrt{2}$, $V_{m2} = 50\sqrt{2}$, $V_{m3} = 30\sqrt{2}$
이며 2고조파 왜형률과 3고조파 왜형률을 각각 ϵ_2,
ϵ_3라 하면
$\epsilon_2 = \dfrac{V_{m2}}{V_{m1}} = \dfrac{50\sqrt{2}}{100\sqrt{2}} = 0.5$
$\epsilon_3 = \dfrac{V_{m3}}{V_{m1}} = \dfrac{30\sqrt{2}}{100\sqrt{2}} = 0.3$이므로
$\therefore \epsilon = \sqrt{{\epsilon_2}^2 + {\epsilon_3}^2} = \sqrt{0.5^2 + 0.3^2} \fallingdotseq 0.5$

답 : ③

06 $e = 200\sqrt{2}\sin\omega t + 100\sqrt{2}\sin 3\omega t$
$\qquad + 50\sqrt{2}\sin 5\omega t$[V]인 전압을 R-L 직렬회로
에 가할 때 제3고조파 전류의 실효값[A]은?
(단, $R = 8\,[\Omega]$, $\omega L = 2\,[\Omega]$이다.)

① 10   ② 14
③ 20   ④ 28

해설 제3고조파 전류의 실효값 I_3는
$V_{m3} = 100\sqrt{2}$ [V]이므로
$\therefore I_3 = \dfrac{V_{m3}}{\sqrt{2} \times \sqrt{R^2 + (3\omega L)^2}}$
$= \dfrac{100\sqrt{2}}{\sqrt{2} \times \sqrt{8^2 + 6^2}}$
$= 10$ [A]

답 : ①

예제 1 **옴의 법칙을 이용한 비정현파 전류의 실효치** ★★★

그림과 같은 회로에서 $E_d = 14[\text{V}]$, $E_m = 48\sqrt{2}\,[\text{V}]$, $R = 20[\Omega]$인 전류의 실효값[A]은?

① 2.5
② 2.2
③ 2.0
④ 1.5

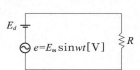
E_d
$e = E_m \sin wt[\text{V}]$
R

풀이전략

(1) 각 파의 주파수 성분을 분석하여 전압과 임피던스의 주파수를 일치시킨다.

(2) 각각의 파형의 전류의 실효치를 계산한다.

(3) 비정현파 실효치 공식에 대입하여 전류의 실효치를 구한다.

풀 이

전압의 성분은 직류분과 기본파로 구성되어 있으므로 전류성분도 직류분과 기본파분을 먼저 계산하여 구한다.

직류분 전류 $I_d = \dfrac{E_d}{R} = \dfrac{14}{20}[\text{A}]$

기본파 전류 $I_1 = \dfrac{E_m}{\sqrt{2}\,R} = \dfrac{48\sqrt{2}}{\sqrt{2}\times 20} = \dfrac{48}{20}[\text{A}]$

따라서 전류의 실효치 I값을 비정현파 실효치 공식에 대입하여 풀면

$$\therefore I = \sqrt{{I_d}^2 + {I_1}^2} = \sqrt{\left(\frac{14}{20}\right)^2 + \left(\frac{48}{20}\right)^2} = 2.5\,[\text{A}]$$

정답 ①

유사문제

01 $R = 3[\Omega]$, $\omega L = 4[\Omega]$의 직렬 회로에

$v = 60 + \sqrt{2}\cdot 100\sin\left(\omega t - \dfrac{\pi}{6}\right)[\text{V}]$를 인가할 때 전류의 실효값은 약 몇 [A]인가?

① 24.2
② 26.3
③ 28.3
④ 30.2

해설 $V_d = 60[\text{V}]$, $V_{m1} = \sqrt{2}\cdot 100[\text{V}]$이므로

$I_d = \dfrac{V_d}{R} = \dfrac{60}{3} = 20[\text{A}]$

$I_1 = \dfrac{V_{m1}}{\sqrt{2}\,Z_1} = \dfrac{V_{m1}}{\sqrt{2}\times\sqrt{R^2+(\omega L)^2}}$

$\quad = \dfrac{100\sqrt{2}}{\sqrt{2}\times\sqrt{3^2+4^2}} = 20[\text{A}]$

$\therefore I = \sqrt{{I_d}^2 + {I_1}^2} = \sqrt{20^2 + 20^2} = 28.3[\text{A}]$

답 : ③

02 저항 $3[\Omega]$, 유도 리액턴스 $4[\Omega]$의 직렬 회로에

$v = 141.4\sin\omega t + 42.4\sin 3\omega t[\text{V}]$를 인가할 때 전류의 실효값은 몇 [A]인가?

① 20.15
② 18.25
③ 16.25
④ 14.25

해설 $V_{m1} = 141.4[\text{V}]$, $V_{m3} = 42.4[\text{V}]$이므로

$Z_1 = R + jX_L = 3 + j4[\Omega]$일 때

$I_1 = \dfrac{V_{m1}}{\sqrt{2}\,Z_1} = \dfrac{141.4}{\sqrt{2}\times\sqrt{3^2+4^2}} = 20[\text{A}]$

$I_3 = \dfrac{V_{m3}}{\sqrt{2}\,Z_3} = \dfrac{V_{m3}}{\sqrt{2}\times\sqrt{R^2+(3X_L)^2}}$

$\quad = \dfrac{42.4}{\sqrt{2}\times\sqrt{3^2+12^2}} = 2.42[\text{A}]$

$\therefore I = \sqrt{{I_1}^2 + {I_3}^2} = \sqrt{20^2 + 2.42^2}$

$\quad = 20.15[\text{A}]$

답 : ①

예제 2 | 전압, 전류의 파형이 일치하지 않는 경우의 소비전력 계산 ★☆☆

다음과 같은 비정현파 교류 전압, 전류간의 전력[W]은?

$$v = 100\sin\omega t + 50\sin(3\omega t + 60°)\,[\text{V}], \quad i = 20\cos(\omega t - 30°) + 10\sin(3\omega t - 30°)\,[\text{A}]$$

① 500

② 1,000

③ 1,299

④ 1,732

풀이전략 (1) 먼저 전압과 전류의 주파수 성분이 일치하는지 여부를 확인한다.

(2) 전압과 전류의 파형이 모두 일치하는지를 확인한다.

　　만약, 파형이 일치하지 않는 경우에는 $\cos\theta = \sin(\theta + 90°)$ 식을 사용하여 파형까지 일치시켜주어야 한다.

풀 이 전압의 주파수 성분은 기본파와 제3고조파로 구성되어 있으며 전류의 주파수 성분도 기본파와 제3고조파로 이루어져 있으므로 전류의 cos 파형만 sin 파형으로 일치시키면 된다.

$$i(t) = 20\sin(\omega t - 30° + 90°) + 10\sin(3\omega t - 30°) = 20\sin(\omega t + 60°) + 10\sin(3\omega t - 30°)\,[\text{A}]$$

$$V_{m1} = 100\angle 0°\,[\text{V}], \quad V_{m3} = 50\angle 60°\,[\text{V}], \quad I_{m1} = 20\angle 60°\,[\text{A}], \quad I_{m3} = 10\angle -30°\,[\text{A}]$$

θ_1은 V_{m1}과 I_{m1}의 위상차($60° - 0° = 60°$), θ_3는 V_{m3}과 I_{m3}의 위상차($60° - (-30°) = 90°$)일 때

$$\therefore P = \frac{1}{2}(V_{m1}I_{m1}\cos\theta_1 + V_{m3}I_{m3}\cos\theta_3) = \frac{1}{2}(100 \times 20 \times \cos 60° + 50 \times 10 \times \cos 90°) = 500\,[\text{W}]$$

정답 ①

유사문제

03 다음과 같은 비정현파 교류 전압, 전류간의 전력 [W]은?

$$v = 100\sin\omega t + 50\sin(3\omega t + 60°)\,[\text{V}]$$
$$i = 20\cos(\omega t - 30°) + 10\cos(3\omega t - 30°)\,[\text{A}]$$

① 750　　　　② 1000

③ 1290　　　④ 1732

해설 $i(t) = 20\sin(\omega t - 30° + 90°)$
$\qquad + 10\sin(3\omega t - 30° + 90°)$
$\qquad = 20\sin(\omega t + 60°) + 10\sin(3\omega t + 60°)\,[\text{A}]$

$V_{m1} = 100\angle 0°\,[\text{V}], \quad V_{m3} = 50\angle 60°\,[\text{V}],$
$I_{m1} = 20\angle 60°\,[\text{A}], \quad I_{m3} = 10\angle 60°\,[\text{A}],$
$\theta_1 = 60° - 0° = 60°, \quad \theta_3 = 60° - 60° = 0°$일 때

$\therefore P = \frac{1}{2}(V_{m1}I_{m1}\cos\theta_1 + V_{m3}I_{m3}\cos\theta_3)$
$\qquad = \frac{1}{2}(100 \times 20 \times \cos 60° + 50 \times 10 \times \cos 0°)$
$\qquad = 750\,[\text{W}]$

답 : ①

04 비정현파 전압 및 전류의 값이 아래와 같으면 전력[W]은?

$$v = 100\sin\omega t - 50\sin(3\omega t + 30°)$$
$$\qquad + 20\sin(5\omega t + 45°)\,[\text{V}]$$
$$i = 20\sin(\omega t + 30°) + 10\sin(3\omega t - 30°)$$
$$\qquad + 5\cos 5\omega t\,[\text{A}]$$

① 763.2　　　　② 776.4

③ 705.8　　　　④ 725.6

해설 $i(t) = 20\sin(\omega t + 30°) + 10\sin(3\omega t - 30°)$
$\qquad + 5\sin(5\omega t + 90°)\,[\text{A}]$

$V_{m1} = 100\angle 0°\,[\text{V}], \quad V_{m3} = -50\angle 30°\,[\text{V}],$
$V_{m5} = 20\angle 45°\,[\text{V}], \quad I_{m1} = 20\angle 30°,$
$I_{m3} = 10\angle -30°\,[\text{A}], \quad I_{m5} = 5\angle 90°\,[\text{A}],$
$\theta_1 = 30° - 0° = 30°, \quad \theta_3 = 30° - (-30°) = 60°,$
$\theta_5 = 90° - 45° = 45°$일 때

$\therefore P = \frac{1}{2}(V_{m1}I_{m1}\cos\theta + V_{m3}I_{m3}\cos\theta_3$
$\qquad\qquad + V_{m5}I_{m5}\cos\theta_5)$
$\qquad = \frac{1}{2}(100 \times 20 \times \cos 30°$
$\qquad\qquad - 50 \times 10 \times \cos 60° + 20 \times 5 \times \cos 45°)$
$\qquad = 776.4\,[\text{W}]$

답 : ②

★★★
01 비정현파를 나타내는 식은?

① 기본파+고조파+직류분
② 기본파+직류분−고조파
③ 직류분+고조파−기본파
④ 교류분+기본파+고조파

해설 비정현파에 포함된 요소
  (1) 직류분 또는 평균치 : a_0
  (2) 기본파 : $a_1 \cos \omega t + b_1 \sin \omega t$
  (3) 고조파 : $\displaystyle\sum_{n=2}^{\infty} a_n \cos n \omega t + \sum_{n=2}^{\infty} b_n \sin n \omega t$
  ∴ 직류분 + 기본파 + 고조파

★★★
02 주기적인 구형파의 신호는 그 주파수 성분이 어떻게 되는가?

① 무수히 많은 주파수의 성분을 가진다.
② 주파수 성분을 갖지 않는다.
③ 직류분만으로 구성된다.
④ 교류 합성을 갖지 않는다.

해설 주기적인 구형파 신호의 푸리에 급수
$$f(t) = \frac{4A}{\pi}\left(\sin \omega t + \frac{1}{3} \sin 3\omega t + \frac{1}{5} \sin 5\omega t + \cdots\right)$$
  ∴ 기수(홀수)차로 구성된 무수히 많은 주파수 성분의 합성

★★
03 비정현파의 실효값은?

① 최대파의 실효값
② 각 고조파 실효값의 합
③ 각 고조파 실효값의 합의 제곱근
④ 각 고조파 실효값의 제곱의 합의 제곱근

해설 비정현파의 실효값
  비정현파의 실효값 전압을 E 라 하면
$$E = \sqrt{E_0{}^2 + \left(\frac{E_{m1}}{\sqrt{2}}\right)^2 + \left(\frac{E_{m2}}{\sqrt{2}}\right)^2 + \left(\frac{E_{m3}}{\sqrt{2}}\right)^2 + \cdots} \text{ [V]}$$
  ∴ 각 파의 실효값의 제곱의 합의 제곱근

★★★
04 $v = 3 + 10\sqrt{2}\sin\omega t + 4\sqrt{2}\sin\left(3\omega t + \dfrac{\pi}{3}\right)$
$+ 10\sqrt{2}\sin\left(5\omega t - \dfrac{\pi}{6}\right)$일 때 실효값[V]은?

① 11.6　　　　② 15
③ 31　　　　④ 42.6

해설 $v = 3 + 10\sqrt{2}\sin\omega t + 4\sqrt{2}\sin\left(3\omega t + \dfrac{\pi}{3}\right)$
$+ 10\sqrt{2}\sin\left(5\omega t - \dfrac{\pi}{6}\right)$ [V]에서
$V_0 = 3$ [V], $V_{m1} = 10\sqrt{2}$ [V], $V_{m3} = 4\sqrt{2}$ [V],
$V_{m5} = 10\sqrt{2}$ [V]이므로 실효값 V 는
$$\therefore V = \sqrt{V_0{}^2 + \left(\frac{V_{m1}}{\sqrt{2}}\right)^2 + \left(\frac{V_{m3}}{\sqrt{2}}\right)^2 + \left(\frac{V_{m5}}{\sqrt{2}}\right)^2}$$
$$= \sqrt{3^2 + 10^2 + 4^2 + 10^2} = 15 \text{ [V]}$$

★★
05 $i = 100 + 50\sqrt{2}\sin\omega t + 20\sqrt{2}\sin\left(3\omega t + \dfrac{\pi}{6}\right)$[A]
로 표시되는 비정현파 전류의 실효값은 약 얼마인가?

① 20[A]　　　　② 50[A]
③ 114[A]　　　　④ 150[A]

해설 $i = 100 + 50\sqrt{2}\sin\omega t + 20\sqrt{2}\sin\left(3\omega t + \dfrac{\pi}{6}\right)$ [A]
에서
$I_0 = 100$ [A], $I_{m_1} = 50\sqrt{2}$ [A], $I_{m_3} = 20\sqrt{2}$ [A]
이므로 실효값 I 는
$$\therefore I = \sqrt{I_0{}^2 + \left(\frac{I_{m1}}{\sqrt{2}}\right)^2 + \left(\frac{I_{m3}}{\sqrt{2}}\right)^2}$$
$$= \sqrt{100^2 + 50^2 + 20^2} = 114 \text{ [A]}$$

★★

06 $v = 50 \sin \omega t + 70 \sin (3\omega t + 60°)$ 의 실효값은?

① $\dfrac{50 + 70}{\sqrt{2}}$

② $\dfrac{\sqrt{50^2 + 70^2}}{\sqrt{2}}$

③ $\sqrt{\dfrac{50^2 + 70^2}{\sqrt{2}}}$

④ $\sqrt{\dfrac{50 + 70}{2}}$

해설 $v = 50 \sin \omega t + 70 \sin (3\omega t + 60°)$ [V]에서

$V_{m1} = 50$ [V], $V_{m3} = 70$ [V]이므로 실효값 V는

$$\therefore V = \sqrt{\left(\frac{V_{m1}}{\sqrt{2}}\right)^2 + \left(\frac{V_{m3}}{\sqrt{2}}\right)^2}$$

$$= \sqrt{\left(\frac{50}{\sqrt{2}}\right)^2 + \left(\frac{70}{\sqrt{2}}\right)^2}$$

$$= \frac{\sqrt{50^2 + 70^2}}{\sqrt{2}} \text{ [V]}$$

★★★

07 어떤 회로의 단자전압이

$v = 100 \sin \omega t + 40 \sin 2\omega t + 30 \sin (3\omega t + 60°)$ [V]

이고 전압 강하의 방향으로 흐르는 전류가

$i = 10 \sin (\omega t - 60°) + 2 \sin (3\omega t + 105°)$ [A]일 때

회로에 공급되는 평균 전력[W]은?

① 530

② 630

③ 371.2

④ 271.2

해설 전압의 주파수 성분은 기본파, 제2고조파, 제3고조파로 구성되어 있으며 전류의 주파수 성분은 기본파, 제3고조파로 이루어져 있으므로 평균전력은 기본파와 제3고조파 성분만 계산된다.

$V_{m1} = 100 \angle 0°$ [V], $V_{m2} = 40 \angle 0°$ [V],

$V_{m3} = 30 \angle 60°$ [V], $I_{m1} = 10 \angle -60°$ [A],

$I_{m2} = 0$ [A], $I_{m3} = 2 \angle 105°$ [A],

$\theta_1 = 0° - (-60°) = 60°$, $\theta_3 = 105° - 60° = 45°$

이므로

$$\therefore P = \frac{1}{2}(V_{m1} I_{m1} \cos \theta_1 + V_{m2} I_{m2} \cos \theta_2$$

$$+ V_{m3} I_{m3} \cos \theta_3)$$

$$= \frac{1}{2}(100 \times 10 \times \cos 60° + 30 \times 2 \times \cos 45°)$$

$$= 271.2 \text{ [W]}$$

★★★

08 어떤 교류회로에 $v = 100 \sin \omega t + 20 \sin \left(3\omega t + \dfrac{\pi}{3}\right)$

[V]인 전압을 가할 때 이것에 의해 회로에 흐르는 전류가

$i = 40 \sin \left(\omega t - \dfrac{\pi}{6}\right) + 5 \sin \left(3\omega t + \dfrac{\pi}{12}\right)$ [A]라 한다. 이

회로에서 소비되는 전력은 약 몇 [kW]인가?

① 1.27

② 1.77

③ 1.97

④ 2.27

해설 $V_{m1} = 100 \angle 0°$ [V], $V_{m3} = 20 \angle 60°$ [V],

$I_{m1} = 40 \angle -30°$ [A], $I_{m3} = 5 \angle 15°$ [A],

$\theta_1 = 0°(-30°) = 30°$, $\theta_3 = 60° - 15° = 45°$이므로

$$\therefore P = \frac{1}{2}(V_{m1} I_{m1} \cos \theta_1 + V_{m3} I_{m3} \cos \theta_3)$$

$$= \frac{1}{2}(100 \times 40 \times \cos 30°$$

$$+ 20 \times 5 \times \cos 45°) \times 10^{-3}$$

$$= 1.77 \text{ [kW]}$$

★

09 전압이 $v = 10 \sin 10t + 20 \sin 20t$[V]이고 전류가

$i = 20 \sin 10t + 10 \sin 20t$[A]이면 소비 전력[W]은?

① 400

② 283

③ 200

④ 141

해설 $V_{m1} = 10$ [V], $V_{m2} = 20$ [V],

$I_{m1} = 20$ [A], $I_{m2} = 10$ [A]이므로

$$\therefore P = \frac{1}{2}(V_{m1} I_{m1} + V_{m2} I_{m2})$$

$$= \frac{1}{2}(10 \times 20 \times + 20 \times 10)$$

$$= 200 \text{ [W]}$$

★★
10 다음과 같은 비정현파 기전력 및 전류에 의한 전력 [W]은? 단, 전압 및 전류의 순시식은 다음과 같다.

$$e = 100\sqrt{2}\sin(\omega t + 30°)$$
$$+ 50\sqrt{2}\sin(5\omega t + 60°)\,[V]$$
$$i = 15\sqrt{2}\sin(3\omega t + 30°)$$
$$+ 10\sqrt{2}\sin(5\omega t + 30°)\,[A]$$

① $250\sqrt{3}$　　　　② $1,000$
③ $1,000\sqrt{3}$　　　④ $2,000$

해설 $V_{m1} = 100\sqrt{2}\angle 30°\,[V]$, $V_{m5} = 50\sqrt{2}\angle 60°\,[V]$
$I_{m3} = 15\sqrt{2}\angle 30°\,[A]$, $I_{m5} = 10\sqrt{2}\angle 30°\,[A]$
$\theta_5 = 60° - 30° = 30°$이므로

$$\therefore P = \frac{1}{2}V_{m5}I_{m5}\cos\theta_5$$
$$= \frac{1}{2}\times 50\sqrt{2}\times 10\sqrt{2}\times\cos 30°$$
$$= 250\sqrt{3}\,[W]$$

★★★
11 다음과 같은 비정현파 전압 및 전류에 의한 전력을 구하면 몇 [W]인가?

$$v = 100\sin\omega t - 50\sin(3\omega t + 30°)$$
$$+ 20\sin(5\omega t + 45°)\,[V]$$
$$i = 20\sin\omega t + 10\sin(3\omega t - 30°)$$
$$+ 5\sin(5\omega t - 45°)\,[A]$$

① $1,175$　　　　② 925
③ 875　　　　　④ 825

해설 $V_{m1} = 100\angle 0°\,[V]$, $V_{m3} = -50\angle 30°\,[V]$,
$V_{m5} = 20\angle 45°\,[V]$, $I_{m1} = 20\angle 0°\,[A]$,
$I_{m3} = 10\angle -30°\,[A]$, $I_{m5} = 5\angle -45°\,[A]$
$\theta_1 = 0° - 0° = 0°$, $\theta_3 = 30° - (-30°) = 60°$,
$\theta_5 = 45° - (-45°) = 90°$이므로

$$\therefore P = \frac{1}{2}(V_{m1}I_{m1}\cos\theta_1 + V_{m3}I_{m3}\cos\theta_3$$
$$+ V_{m5}I_{m5}\cos\theta_5)$$
$$= \frac{1}{2}(100\times 20\times\cos 0° - 50\times 10\times\cos 60°$$
$$+ 20\times 5\times\cos 90°) = 875\,[W]$$

★★★
12 $R = 3\,[\Omega]$, $\omega L = 4\,[\Omega]$인 직렬회로에
$$e = 200\sin(\omega t + 10°) + 50\sin(3\omega t + 30°)$$
$$+ 30\sin(5\omega t + 50°)\,[V]$$를 인가하면 소비되는 전력은 몇 [W]인가?

① $2,427.8$　　　　② $2,327.8$
③ $2,227.8$　　　　④ $2,127.8$

해설 전압의 주파수 성분은 기본파, 제3고조파, 제5고조파로 구성되어 있으므로 리액턴스도 전압과 주파수를 일치시켜야 한다. $V_{m1} = 200\,[V]$, $V_{m3} = 50\,[V]$, $V_{m5} = 30\,[V]$이므로

$$P = \frac{1}{2}\left\{\frac{V_{m1}^2 R}{R^2 + (\omega L)^2} + \frac{V_{m3}^2 R}{R^2 + (3\omega L)^2}\right.$$
$$\left. + \frac{V_{m5}^2 R}{R^2 + (5\omega L)^2}\right\}$$
$$= \frac{1}{2}\left\{\frac{200^2\times 3}{3^2 + 4^2} + \frac{50^2\times 3}{3^2 + 12^2} + \frac{30^2\times 3}{3^2 + 20^2}\right\}$$
$$= 2,427.8\,[W]$$

★★★
13 $R = 8\,[\Omega]$, $\omega L = 6\,[\Omega]$의 직렬회로에 비정현파 전압 $v = 200\sqrt{2}\sin\omega t + 100\sqrt{2}\sin 3\omega t\,[V]$를 가했을 때, 이 회로에서 소비되는 전력은 대량 얼마인가?

① $3,350\,[W]$　　　　② $3,406\,[W]$
③ $3,250\,[W]$　　　　④ $3,750\,[W]$

해설 $$P = \frac{V_1^2 R}{R^2 + (\omega L)^2} + \frac{V_3^2 R}{R^2 + (3\omega L)^2}$$
$$= \frac{1}{2}\left\{\frac{V_{m1}^2 R}{R^2 + (\omega L)^2} + \frac{V_{m3}^2 R}{R^2 + (3\omega L)^2}\right\}$$
$$= \frac{200^2\times 8}{8^2 + 6^2} + \frac{100^2\times 8}{8^2 + 18^2} = 3,406\,[W]$$

★★
14 다음과 같은 식의 비정현파 전압, 전류로부터 전력[W]과 피상전력[VA]은?

$$v = 100\sin(\omega t + 30°) - 50\sin(3\omega t + 60°)$$
$$+ 25\sin 5\omega t \quad [V]$$
$$i = 20\sin(\omega t - 30°) + 15\sin(3\omega t + 30°)$$
$$+ 10\cos(5\omega t - 60°) [A]$$

① $P = 283.5$, $P_a = 1,542$

② $P = 385.2$, $P_a = 2,021$

③ $P = 404.9$, $P_a = 3,284$

④ $P = 491.3$, $P_a = 4,141$

해설 $V_{m1} = 100 [V]$, $V_{m3} = -50 [V]$, $V_{m5} = 25 [V]$이며
$I_{m1} = 20 [A]$, $I_{m3} = 15 [A]$, $I_{m5} = 10 [A]$이므로
전압, 전류의 실효값 V, I는

$$V = \sqrt{\left(\frac{V_{m1}}{\sqrt{2}}\right)^2 + \left(\frac{V_{m3}}{\sqrt{2}}\right)^2 + \left(\frac{V_{m5}}{\sqrt{2}}\right)^2}$$

$$= \sqrt{\left(\frac{100}{\sqrt{2}}\right)^2 + \left(\frac{-50}{\sqrt{2}}\right)^2 + \left(\frac{25}{\sqrt{2}}\right)^2}$$

$$= \frac{25\sqrt{42}}{2} [V]$$

$$I = \sqrt{\left(\frac{I_{m1}}{\sqrt{2}}\right)^2 + \left(\frac{I_{m3}}{\sqrt{2}}\right)^2 + \left(\frac{I_{m5}}{\sqrt{2}}\right)^2}$$

$$= \sqrt{\left(\frac{20}{\sqrt{2}}\right)^2 + \left(\frac{15}{\sqrt{2}}\right)^2 + \left(\frac{10}{\sqrt{2}}\right)^2}$$

$$= \frac{5\sqrt{58}}{2} [A]$$

따라서 피상전력 P_a는

$$\therefore P_a = VI = \frac{25\sqrt{42}}{2} \times \frac{5\sqrt{58}}{2} = 1,542 [VA]$$

전압의 주파수 성분은 기본파, 제3고조파, 제5고조파로 구성되어 있으며 전류의 주파수 성분도 전압과 같기 때문에 전류의 cos 파형만 sin 파형으로 일치시키면 된다.

$$i = 20\sin(\omega t - 30°) + 15\sin(3\omega t + 30°)$$
$$+ 10\sin(5\omega t - 60° + 90°)$$
$$= 20\sin(\omega t - 30°) + 15\sin(3\omega t + 30°)$$
$$+ 10\sin(5\omega t + 30°) [A]$$

따라서 소비전력 P는

$$\therefore P = \frac{1}{2}(100 \times 20 \times \cos 60°$$
$$- 50 \times 15 \times \cos 30° + 25 \times 10 \times \cos 30°)$$
$$= 283.5 [W]$$

★★★
15 왜형률이란 무엇인가?

① $\dfrac{\text{전고조파의 실효값}}{\text{기본파의 실효값}} \times 100$

② $\dfrac{\text{전고조파의 평균값}}{\text{기본파의 평균값}} \times 100$

③ $\dfrac{\text{제3고조파의 실효값}}{\text{기본파의 실효값}} \times 100$

④ $\dfrac{\text{우수 고조파의 실효값}}{\text{기수 고조파의 실효값}} \times 100$

해설 왜형률(ϵ)

$$\epsilon = \frac{\text{전고조파 실효치}}{\text{기본파 실효치}} \times 100$$
$$= \sqrt{\text{고조파 각각의 왜형률의 제곱의 합}}$$
$$\times 100[\%]$$

★★
16 비정현파 전류 $i(t) = 56\sin\omega t + 25\sin 2\omega t$ $+ 30\sin(3\omega t + 30°) + 40\sin(4\omega t + 60°)$로 주어질 때 왜형률은 어느 것으로 표시되는가?

① 약 0.8

② 약 1

③ 약 0.5

④ 약 1.414

해설 파형에서 기본파, 제2고조파, 제3고조파, 제4고조파의 최대치를 각각 I_{m1}, I_{m2}, I_{m3}, I_{m4}라 하면
$I_{m1} = 56 [A]$, $I_{m2} = 25 [A]$, $I_{m3} = 30 [A]$,
$I_{m4} = 40 [A]$이며

각 고조파의 왜형률을 ϵ_2, ϵ_3, ϵ_4라 하면

$$\epsilon_2 = \frac{I_{m2}}{I_{m1}} = \frac{25}{56}, \quad \epsilon_3 = \frac{I_{m3}}{I_{m1}} = \frac{30}{56}, \quad \epsilon_4 = \frac{I_{m4}}{I_{m1}} = \frac{40}{56}$$

이므로

$$\therefore \epsilon = \sqrt{\epsilon_2{}^2 + \epsilon_3{}^2 + \epsilon_4{}^2}$$
$$= \sqrt{\left(\frac{25}{56}\right)^2 + \left(\frac{30}{56}\right)^2 + \left(\frac{40}{56}\right)^2} = 1$$

★★★
17 기본파의 전압이 100[V], 제3고조파 전압이 40[V], 제5고조파 전압이 30[V]일 때 이 전압파의 왜형률은?

① 10[%]　　　　　② 20[%]

③ 30[%]　　　　　④ 50[%]

해설 왜형률(ϵ)

　기본파 전압 E_1, 3고조파 전압 E_3, 5고조파 전압 E_5라 하면

　3고조파 왜형률 $\epsilon_3 = \dfrac{E_3}{E_1} = \dfrac{40}{100} = 0.4$,

　5고조파 왜형률 $\epsilon_5 = \dfrac{E_5}{E_1} = \dfrac{30}{100} = 0.3$

　$\therefore \epsilon = \sqrt{\epsilon_3^2 + \epsilon_5^2} = \sqrt{0.4^2 + 0.3^2}$
　　$= 0.5\,[\mathrm{pu}] = 50\,[\%]$

★★★
18 기본파의 80[%]인 제3고조파와 60[%]인 제5고조파를 포함하는 전압파의 왜형률은 다음 어느 것인가?

① 10　　　　　② 5

③ 0.5　　　　　④ 1

해설 3고조파의 왜형률 $\epsilon_3 = 0.8$, 5고조파의 왜형률 $\epsilon_5 = 0.6$이므로

　$\therefore \epsilon = \sqrt{\epsilon_3^2 + \epsilon_5^2} = \sqrt{0.8^2 + 0.6^2} = 1$

★★★
19 기본파의 30[%]인 제3고조파와 20[%]인 제5고조파를 포함하는 전압파의 왜형률은?

① 0.23　　　　　② 0.46

③ 0.33　　　　　④ 0.36

해설 3고조파의 왜형률 $\epsilon_3 = 0.3$,

　5고조파의 왜형률 $\epsilon_5 = 0.2$이므로

　$\therefore \epsilon = \sqrt{\epsilon_3^2 + \epsilon_5^2} = \sqrt{0.3^2 + 0.2^2} = 0.36$

★★
20 왜형파 전압 $v = 100\sqrt{2}\sin\omega t + 75\sqrt{2}\sin 3\omega + t + 20\sqrt{2}\sin 5\omega t$ [V]를 R-L 직렬회로에 인가할 때에 제3고조파 전류의 실효값[A]은? (단, $R = 4[\Omega]$, $\omega L = 1[\Omega]$이다.)

① 75　　　　　② 20

③ 4　　　　　④ 15

해설 3고조파 전류의 실효값

　$V_{m3} = 75\sqrt{2}$ [V]이므로

　$I_3 = \dfrac{V_{m3}}{\sqrt{2} \times \sqrt{R^2 + (3\omega L)^2}} = \dfrac{75\sqrt{2}}{\sqrt{2} \times \sqrt{4^2 + 3^2}}$
　　$= 15$ [A]

★★
21 R-L 직렬회로에 $v = 10 + 100\sqrt{2}\sin\omega t + 50\sqrt{2}\sin(3\omega t + 60°) + 60\sqrt{2}\sin(5\omega t + 30°)$ [V]인 전압을 가할 때 제3고조파 전류의 실효값[A]은? (단, $R = 8[\Omega]$, $\omega L = 2[\Omega]$이다.)

① 1　　　　　② 3

③ 5　　　　　④ 7

해설 3고조파 전류의 실효값

　$V_{m3} = 50\sqrt{2}$ [V]이므로

　$I_3 = \dfrac{V_{m3}}{\sqrt{2} \times \sqrt{R^2 + (3\omega L)^2}} = \dfrac{50\sqrt{2}}{\sqrt{2} \times \sqrt{8^2 + 6^2}}$
　　$= 5$ [A]

★★
22 3상 교류대칭 전압에 포함되는 고조파 중에서 상회전이 기본파에 대하여 반대되는 것은?

① 제3고조파

② 제5고조파

③ 제7고조파

④ 제9고조파

해설 고조파에 따른 상회전
　(1) $3n + 1$: 기본파와 상회전이 같은 고조파
　　　예) 1, 4, 7, 10, …
　(2) $3n - 1$: 기본파와 상회전이 반대인 고조파
　　　예) 2, 5, 8, 11, …
　(3) $3n$: 상회전이 없는 고조파
　　　예) 3, 6, 9, 12, …

★
23 $R = 10[\Omega]$, $\omega L = 5[\Omega]$, $\dfrac{1}{\omega C} = 30[\Omega]$이 직렬로 접속된 회로에서 기본파에 대한 합성임피던스(Z_1)과 제3고조파에 대한 합성임피던스(Z_3)는 각각 몇 [Ω]인가?

① $Z_1 = \sqrt{725}$, $Z_3 = \sqrt{125}$

② $Z_1 = \sqrt{461}$, $Z_3 = \sqrt{461}$

③ $Z_1 = \sqrt{461}$, $Z_3 = \sqrt{125}$

④ $Z_1 = \sqrt{125}$, $Z_3 = \sqrt{461}$

해설 합성임피던스(Z)

$R - L - C$ 직렬회로의 임피던스 Z를 기본파(Z_1)와 제3고조파(Z_3)로 각각을 구하면

$$Z_1 = R + j\omega L - j\frac{1}{\omega C} = 10 + j5 - j30$$
$$= 10 + j25 = \sqrt{10^2 + 25^2} = \sqrt{725}\,[\Omega]$$
$$Z_3 = R + j3\omega L - j\frac{1}{3\omega C} = 10 + j15 - j10$$
$$= 10 + j5 = \sqrt{10^2 + 5^2} = \sqrt{125}\,[\Omega]$$
$$\therefore\ Z_1 = \sqrt{725}\,[\Omega],\ Z_3 = \sqrt{125}\,[\Omega]$$

★
24 그림과 같은 파형의 교류전압 V와 전류 i 간의 등가역률은 얼마인가? (단, $v = V_m \sin\omega t$[V], $i = I_m\left(\sin\omega t - \dfrac{1}{\sqrt{3}}\sin 3\omega t\right)$ [A]이다.)

① $\dfrac{\sqrt{3}}{2}$

② $\dfrac{\sqrt{4}}{2}$

③ 0.8

④ 0.9

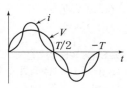

해설 비정현파의 역률($\cos\theta$)

전압의 실효값 $V = \dfrac{V_m}{\sqrt{2}}$ [V]

전류의 실효값
$$I = \frac{I_m}{\sqrt{2}} \cdot \sqrt{1^2 + \left(\frac{1}{\sqrt{3}}\right)^2} = \frac{I_m}{\sqrt{2}} \cdot \frac{2}{\sqrt{3}}\ [\text{A}]$$

피상전력
$$S = VI = \frac{V_m}{\sqrt{2}} \times \frac{I_m}{\sqrt{2}} \times \frac{2}{\sqrt{3}} = \frac{1}{\sqrt{3}} V_m I_m\ [\text{VA}]$$

소비전력 $P = \dfrac{1}{2} V_m I_m$ [W]이므로

$$\therefore\ \cos\theta = \frac{P}{S} = \frac{\dfrac{1}{2} V_m I_m}{\dfrac{1}{\sqrt{3}} V_m I_m} = \frac{\sqrt{3}}{2}$$

★★
25 R-L-C 직렬공진회로에서 제n고조파의 공진 주파수 f_n[Hz]은?

① $\dfrac{1}{2\pi\sqrt{LC}}$

② $\dfrac{1}{2\pi\sqrt{nLC}}$

③ $\dfrac{1}{2\pi n\sqrt{LC}}$

④ $\dfrac{1}{2\pi n^2\sqrt{LC}}$

해설 R-C 직렬회로에서 제n고조파의 공진주파수는
$$Z_n = R + jn\omega L - j\frac{1}{n\omega C} = R + j\left(n\omega L - \frac{1}{n\omega C}\right)$$
$$= R[\Omega]$$이므로

$$n\omega L = \frac{1}{n\omega C}$$이어야 한다.

$$\therefore\ f_n = \frac{1}{2\pi n\sqrt{LC}}\ [\text{Hz}]$$

memo

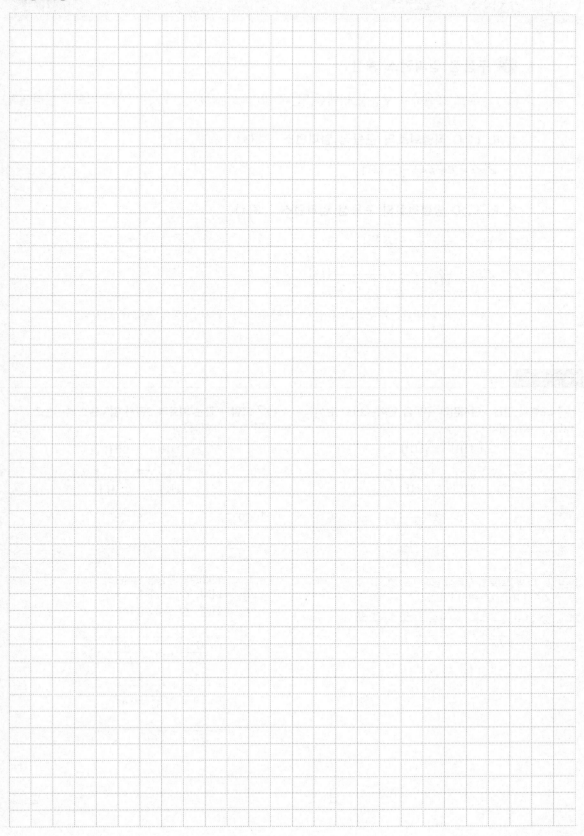

10 2단자망

1 구동점 임피던스 계산

※ $j\omega = s$로 표현하고 구동점 리액턴스는 각각 $j\omega L = sL[\Omega]$, $\dfrac{1}{j\omega C} = \dfrac{1}{sC}[\Omega]$으로 나타낸다.

1. R, L, C 직렬회로의 구동점 임피던스 : $Z(s)$

$$Z(s) = R + Ls + \frac{1}{Cs}\ [\Omega]$$

2. R, L, C 병렬회로의 구동점 임피던스 : $Z(s)$

$$Y(s) = \frac{1}{R} + \frac{1}{Ls} + Cs\ [\text{S}]$$

$$Z(s) = \frac{1}{Y(s)} = \frac{1}{\dfrac{1}{R} + \dfrac{1}{Ls} + Cs}\ [\Omega]$$

여기서, R : 저항[Ω], L : 인덕턴스[H], C : 커패시턴스[F], $Y(s)$: 구동점 어드미턴스[S]

확인문제

01 그림과 같은 2단자망의 구동점 임피던스[Ω]는?
(단, $s = j\omega$이다.)

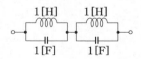

① $\dfrac{s}{s^2+1}$ ② $\dfrac{1}{s^2+1}$

③ $\dfrac{2s}{s^2+1}$ ④ $\dfrac{3s}{s^2+1}$

해설 L, C 병렬회로의 구동점 임피던스 $Z(s)$
$L = 1[\text{H}]$, $C = 1[\text{F}]$이므로

$$Z(s) = \frac{1}{\dfrac{1}{Ls} + Cs} \times 2 = \frac{2}{\dfrac{1}{s} + s} = \frac{2s}{s^2+1}$$

답 : ③

02 그림과 같은 회로의 2단자 임피던스 $Z(s)$는?
(단, $s = j\omega$이다.)

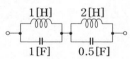

① $\dfrac{s}{s^2+1}$ ② $\dfrac{0.5s}{s^2+1}$

③ $\dfrac{3s}{s^2+1}$ ④ $\dfrac{2s}{s^2+1}$

해설 L, C 병렬회로의 구동점 임피던스 $Z(s)$
$L_1 = 1[\text{H}]$, $C_1 = 1[\text{F}]$,
$L_2 = 2[\text{H}]$, $C_2 = 0.5[\text{F}]$이므로

$$Z(s) = \frac{1}{\dfrac{1}{L_1 s} + C_1 s} + \frac{1}{\dfrac{1}{L_2 s} + C_2 s}$$

$$= \frac{1}{\dfrac{1}{s} + s} + \frac{1}{\dfrac{1}{2s} + 0.5s}$$

$$= \frac{s}{s^2+1} + \frac{2s}{s^2+1} = \frac{3s}{s^2+1}$$

답 : ③

2 정저항 회로

┌─ |정의| ────────────────────────────────

임피던스의 허수부가 어떤 주파수에 관해서도 언제나 0이 되고 실수부도 주파수에 무관하여
항상 일정하게 되는 회로를 "정저항 회로"라 한다.

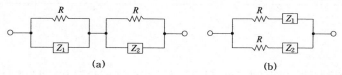

(a)　　　　　　　　(b)

1. 정저항 조건식

$$R^2 = Z_1 Z_2$$

2. $Z_1 = j\omega L$, $Z_2 = \dfrac{1}{j\omega C}$인 경우

$$R^2 = Z_1 Z_2 = j\omega L \times \frac{1}{j\omega C} = \frac{L}{C}$$

┌─ |공식| ────────────────────────────────

$$R^2 = Z_1 Z_2 = \frac{L}{C}$$

$$R = \sqrt{\frac{L}{C}}\,[\Omega], \quad L = CR^2[\mathrm{H}], \quad C = \frac{L}{R^2}[\mathrm{F}]$$

여기서, R : 저항[Ω], Z_1, Z_2 : 임피던스[Ω], L : 인덕턴스[H], C : 커패시턴스[F]

확인문제

03 2단자 임피던스의 허수부가 어떤 주파수에 관해서도 언제나 0이 되고 실수부도 주파수에 무관하여 항상 일정하게 되는 회로는?

① 정인덕턴스 회로　　② 정임피던스 회로
③ 정리액턴스 회로　　④ 정저항 회로

[해설] 정저항 회로란 임피던스의 허수부가 어떤 주파수에 관해서도 언제나 0이 되고 실수부도 주파수에 무관하여 항상 일정하게 되는 회로를 말한다.

답 : ④

04 그림과 같은 회로의 임피던스가 R이 되기 위한 조건은?

① $Z_1 Z_2 = R$

② $\dfrac{Z_1}{Z_2} = R^2$

③ $Z_1 Z_2 = R^2$

④ $\dfrac{Z_2}{Z_1} = R^2$

[해설] 정저항 조건식

(1) $R^2 = Z_1 Z_2 = \dfrac{L}{C}$

(2) $R = \sqrt{\dfrac{L}{C}}\,[\Omega]$, $L = CR^2[\mathrm{H}]$, $C = \dfrac{L}{R^2}[\mathrm{F}]$

답 : ③

구동점 임피던스에 직류전원을 인가한 경우 ★☆☆

임피던스 $Z(s)$가 $Z(s) = S + 20/S^2 + 5RLS + 1$으로 주어지는 2단자 회로에 직류 전류원 10[A]를 가할 때, 이 회로의 단자전압[V]은?

① 20   ② 40
③ 200   ④ 400

풀이전략 (1) 직류전원을 인가하면 주파수와 전혀 무관하게 되어 구동점 임피던스의 $j\omega = j2\pi f = s = 0$이 된다.

(2) $Z(s) = Z(0) = R\,[\Omega]$이 되므로 "옴의 법칙"을 이용하여 전압, 전류를 계산한다.

풀 이 직류전류원 10[A]를 인가하였으므로 s=0을 대입하여 구동점 임피던스를 구하면

$$Z(0) = \frac{0+20}{0+0+1} = 20\,[\Omega]\text{이 된다.}$$

$Z(0) = R\,[\Omega]$이므로

$$\therefore\ V = IR = 10 \times 20 = 200\,[V]$$

정답 ③

유사문제

01 임피던스 $Z(s) = \dfrac{s+20}{s^2+2RLs+2}\,[\Omega]$으로 주어지는 2단자 회로에 직류 전원 20[A]를 인가할 때 회로의 단자 전압[V]은?

① 100   ② 200
③ 300   ④ 400

[해설] 직류전원 20[A]를 인가하였으므로 s=0을 대입하여 구동점 임피던스를 구하면

$$Z(0) = \frac{0+20}{0+0+2} = 10\,[\Omega]\text{이 된다.}$$

$Z(0) = R\,[\Omega]$이므로

$$\therefore\ V = IR = 20 \times 10 = 200\,[V]$$

답 : ②

02 임피던스 $Z(s)$가 $\dfrac{s+50}{s^2+3s+2}\,[\Omega]$으로 주어지는 2단자 회로에 직류 100[V]의 전압을 인가했다면 회로의 전류[A]는?

① 4   ② 6
③ 8   ④ 10

[해설] 직류전압 100[V]를 인가하였으므로 s=0을 대입하여 구동점 임피던스를 구하면

$$Z(0) = \frac{0+50}{0+0+2} = 25\,[\Omega]\text{이 된다.}$$

$Z(0) = R\,[\Omega]$이므로

$$\therefore\ I = \frac{V}{R} = \frac{100}{25} = 4\,[A]$$

답 : ①

임피던스 $Z(s) = \dfrac{8s+7}{s}$ [Ω]으로 표시되는 2단자 회로는?

① 8[Ω] 1[H] $\frac{1}{7}$[F]

② $\frac{8}{7}$[Ω] $\frac{7}{8}$[H]

③ 8[H] 7[F]

④ 8[Ω] $\frac{1}{7}$[F]

풀이전략

(1) 직렬접속의 구동점 임피던스의 형태로 유도한다.

$$Z(s) = R + Ls + \frac{1}{Cs} \,[\Omega]$$

(2) R, L, C 각각의 값을 구하여 회로를 디자인한다.

R L C

풀 이

$$Z(s) = \frac{8s+7}{s} = 8 + \frac{7}{s} = 8 + \frac{1}{\frac{1}{7}s} \,[\Omega]$$

$Z(s) = R + \dfrac{1}{Cs}$ [Ω]이므로 $R = 8$ [Ω], $C = \dfrac{1}{7}$ [F]이다.

∴ 8[Ω] $\frac{1}{7}$[F]

정답 ④

유사문제

03 임피던스 함수가 $Z(s) = \dfrac{4s+2}{s}$ 로 표시되는 2단자 회로망은 다음 중 어느 것인가? (단, $s = j\omega$이다.)

① 4 2 (R W C)

② 4 2 (R C)

③ 4 1/2 (R W L)

④ 4 1/2 (R W L)

해설 $Z(s) = \dfrac{4s+2}{s} = 4 + \dfrac{2}{s} = 4 + \dfrac{1}{\frac{1}{2}s}$ [Ω]

$Z(s) = R + \dfrac{1}{Cs}$ [Ω]이므로 $R = 4$ [Ω],

$C = \dfrac{1}{2}$ [F]이다.

∴ 4 1/2

답 : ②

신유형
04 임피던스 함수 $Z(\lambda) = \dfrac{8\lambda^2 + 1}{4\lambda}$ 의 2단자망 회로는?

① 2 4

② 2 4

③ 2 / 4

④ 2 / 4

해설 $Z(s) = \dfrac{8\lambda^2 + 1}{4\lambda} = 2\lambda + \dfrac{1}{4\lambda}$ [Ω]

$Z(s) = Ls + \dfrac{1}{Cs}$ [Ω]이므로 $L = 2$ [H],

$C = 4$ [F]이다.

∴  2 4

답 : ②

예제 3   구동점 임피던스의 회로망 전개-병렬접속   ★★☆

$Z(s) = \dfrac{s}{s^2+3}$ 로 표시되는 2단자 회로는?

① 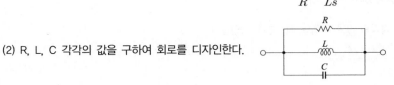 ⟜ 3 1

② ⟜ 1/3 1

③ ⟜ [1 / 1/3]

④ ⟜ [1/3 / 1]

풀이전략

(1) 병렬접속의 구동점 임피던스의 형태로 유도한다. $Z(s) = \dfrac{1}{\dfrac{1}{R}+\dfrac{1}{Ls}+Cs}\ [\Omega]$

(2) R, L, C 각각의 값을 구하여 회로를 디자인한다.

풀 이

$Z(s) = \dfrac{s}{s^2+3} = \dfrac{1}{\dfrac{s^2+3}{s}} = \dfrac{1}{s+\dfrac{3}{s}} = \dfrac{1}{s+\dfrac{1}{\dfrac{1}{3}s}}\ [\Omega]$

$Z(s) = \dfrac{1}{Cs+\dfrac{1}{Ls}}\ [\Omega]$이므로 $C=1\ [\text{F}]$, $L=\dfrac{1}{3}\ [\text{H}]$이다. $\therefore$ ⟜ [1 / 1/3]

정답 ③

유사문제

05 리액턴스 함수가 $Z(\lambda) = \dfrac{4\lambda}{\lambda^2+9}$ 로 표시되는 리액턴스 2단자망은 다음 중 어느 것인가?

① 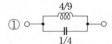 [4/9 / 1/4]   ② [1/4 / 4/9]

③ ⟜ 4/9 1/4   ④ ⟜ 1/4 4/9

해설 $Z(\lambda) = \dfrac{4\lambda}{\lambda^2+9} = \dfrac{1}{\dfrac{\lambda^2+9}{4\lambda}} = \dfrac{1}{\dfrac{1}{4}\lambda+\dfrac{9}{4\lambda}}$

$= \dfrac{1}{\dfrac{1}{4}\lambda+\dfrac{1}{\dfrac{4}{9}\lambda}} = \dfrac{1}{Cs+\dfrac{1}{Ls}}\ [\Omega]$

$C=\dfrac{1}{4}\ [\text{F}]$, $L=\dfrac{4}{9}\ [\text{H}]$ $\therefore$ [4/9 / 1/4]

답 : ①

06 리액턴스 함수가 $Z(\lambda) = \dfrac{3\lambda}{\lambda^2+15}$ 로 표시되는 리액턴스 2단자망은?

① 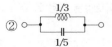 [1/5 / 1/3]   ② [1/3 / 1/5]

③ ⟜ 1/3 1/5   ④ ⟜ 1/3 1/5

해설 $Z(\lambda) = \dfrac{3\lambda}{\lambda^2+15} = \dfrac{1}{\dfrac{\lambda^2+15}{3\lambda}}$

$= \dfrac{1}{\dfrac{1}{3}\lambda+\dfrac{15}{3\lambda}} = \dfrac{1}{\dfrac{1}{3}\lambda+\dfrac{1}{\dfrac{1}{5}\lambda}} = \dfrac{1}{Cs+\dfrac{1}{Ls}}\ [\Omega]$

$C=\dfrac{1}{3}\ [\text{F}]$, $L=\dfrac{1}{5}\ [\text{H}]$ $\therefore$  [1/5 / 1/3]

답 : ①

10 출제예상문제

01 ★★ 임피던스 $Z(s)$가 $Z(s) = \dfrac{s+30}{s^2+2RLs+1}$ [Ω]으로 주어지는 2단자 회로에 직류 전류원 30[A]를 가할 때, 이 회로의 단자 전압[V]은? (단, $s = j\omega$이다.)

① 30 　　　　　② 90
③ 300 　　　　　④ 900

해설 직류전류원 30[A]를 인가하였으므로 $s = 0$을 대입하여 구동점 임피던스를 구하면

$$Z(0) = \frac{0+30}{0+0+1} = 30 \,[\Omega] \text{이 된다.}$$

$Z(0) = R\,[\Omega]$이므로

$$\therefore \ V = IR = 30 \times 30 = 900 \,[\text{V}]$$

02 ★★★ L 및 C를 직렬로 접속한 임피던스가 있다. 지금 그림과 같이 L 및 C의 각각에 동일한 무유도 저항 R을 병렬로 접속하여 이 합성 회로가 주파수에 무관하게 되는 R의 값은?

① $R^2 = \dfrac{L}{C}$

② $R^2 = \dfrac{C}{L}$

③ $R^2 = LC$

④ $R^2 = \dfrac{1}{LC}$

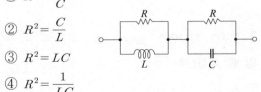

해설 정저항 조건식

(1) $R^2 = Z_1 Z_2 = \dfrac{L}{C}$

(2) $R = \sqrt{\dfrac{L}{C}}\,[\Omega]$, $L = CR^2\,[\text{H}]$, $C = \dfrac{L}{R^2}\,[\text{F}]$

03 ★★★ 다음 회로가 정저항 회로가 되기 위한 R의 값은?

① $\dfrac{1}{\sqrt{LC}}$ 　　② $\sqrt{LC}$

③ $\sqrt{\dfrac{L}{C}}$ 　　④ $\sqrt{\dfrac{C}{L}}$

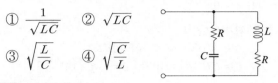

해설 정저항 조건식

(1) $R^2 = Z_1 Z_2 = \dfrac{L}{C}$

(2) $R = \sqrt{\dfrac{L}{C}}\,[\Omega]$, $L = CR^2\,[\text{H}]$, $C = \dfrac{L}{R^2}\,[\text{F}]$

04 ★★★ 그림과 같은 회로에서 $L = 4[\text{mH}]$, $C = 0.1[\mu\text{F}]$일 때 정저항 회로가 되려면 R[Ω]의 값은?

① 100
② 400
③ 300
④ 200

해설 정저항 조건식

$$\therefore \ R = \sqrt{\frac{L}{C}} = \sqrt{\frac{4 \times 10^{-3}}{0.1 \times 10^{-6}}} = 200\,[\Omega]$$

05 ★★★ 인덕턴스 L 및 커패시턴스 C를 직렬로 연결한 임피던스가 있다. 저항 회로를 만들기 위하여 그림과 같이 L 및 C의 각각에 서로 같은 저항 R을 병렬로 연결할 때 R[Ω]은? (단, $L = 4[\text{mH}]$, $C = 0.1[\mu\text{F}]$이다.)

① 100
② 200
③ 2×10^{-5}
④ 0.5×10^{-2}

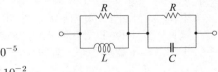

해설 정저항 조건식

$$R = \sqrt{\frac{L}{C}} = \sqrt{\frac{4 \times 10^{-3}}{0.1 \times 10^{-6}}} = 200\,[\Omega]$$

★★
06 그림과 같은 회로가 정저항 회로가 되려면 L의 값[H]은?

① 3×10^{-4}
② 4×10^{-3}
③ 3×10^{-3}
④ 4×10^{-4}

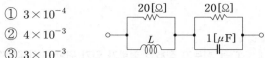

해설 정저항 조건식

$R = 20\,[\Omega]$, $C = 1\,[\mu F]$이므로

$L = CR^2 = 1 \times 10^{-6} \times 20^2 = 4 \times 10^{-4}\,[H]$

★★
07 그림이 정저항 회로로 되려면 $C\,[\mu F]$는?

① 4
② 6
③ 8
④ 10

해설 정저항 조건식

$R = 100\,[\Omega]$, $L = 40\,[mH]$이므로

$C = \dfrac{L}{R^2} = \dfrac{40 \times 10^{-3}}{100^2} \times 10^6 = 4\,[\mu F]$

★★
08 구동점 임피던스 $Z(\lambda)$에서 영점은?

① 전류가 흐르지 않는 상태이다.
② 회로 상태와는 무관하다.
③ 단락 회로 상태이다.
④ 개방 회로 상태이다.

해설 영점이란 어떤 함수를 0이 되도록 하는 함수의 근을 의미하며 극점이란 어떤 함수를 ∞가 되도록 하는 함수의 근을 의미한다. 함수를 구동점 임피던스로 정하면 $Z(\lambda) = 0$을 만족하는 함수의 근이 영점이므로 $Z(\lambda) = \dfrac{V}{I}\,[\Omega]$ 식에서 $V = 0\,[V]$임을 알 수 있다. 따라서 회로망에 전압이 걸리지 않을 조건을 만족시키기 위해 단락회로 상태로 해석한다.

★★
09 구동점 임피던스 함수에 있어서 극점은?

① 단락 회로 상태를 의미한다.
② 개방 회로 상태를 의미한다.
③ 아무 상태도 아니다.
④ 전류가 많이 흐르는 상태를 의미한다.

해설 영점이란 어떤 함수를 0이 되도록 하는 함수의 근을 의미하며 극점이란 어떤 함수를 ∞가 되도록 하는 함수의 근을 의미한다. 함수를 구동점 임피던스로 정하면 $Z(s) = \infty$를 만족하는 함수의 근이 극점이므로 $Z(s) = \dfrac{V}{I}\,[\Omega]$ 식에서 $I = 0\,[A]$임을 알 수 있다. 따라서 회로망에 전류가 흐르지 않을 조건을 만족시키기 위해 개방회로 상태로 해석한다.

★
10 2단자 임피던스 함수 $Z(\lambda) = \dfrac{\lambda + 1}{(\lambda + 2)(\lambda + 3)}$일 때 영점은?

① -1
② $-2,\ -3$
③ $-1,\ -2,\ -3$
④ $2,\ 3$

해설 영점이란 $Z(\lambda) = 0\,[\Omega]$을 만족해야 하므로

$\lambda + 1 = 0$이 되어야 한다.

∴ $\lambda = -1$

★
11 2단자 임피던스 함수 $Z(\lambda) = \dfrac{(\lambda + 3)(\lambda + 4)}{(\lambda + 5)(\lambda + 6)}$일 때, 극점은?

① $3,\ 4$
② $-3,\ -4$
③ $3,\ 4,\ 5,\ 6$
④ $-5,\ -6$

해설 극점이란 $Z(\lambda) = \infty\,[\Omega]$을 만족해야 하므로

$(\lambda + 5)(\lambda + 6) = 0$이 되어야 한다.

∴ $\lambda = -5,\ \lambda = -6$

정답 06 ④ 07 ① 08 ③ 09 ② 10 ① 11 ④

12 그림과 같은 R-C 병렬회로에서 전원전압이 $e(t) = 3e^{-5t}$인 경우 이 회로의 임피던스는?

① $\dfrac{j\omega RC}{1+j\omega RC}$

② $\dfrac{R}{1-5RC}$

③ $\dfrac{R}{1+Cs}$

④ $\dfrac{1+j\omega RC}{R}$

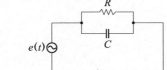

해설 R-C 병렬의 임피던스

$e(t) = 3e^{-5t} = 3e^{j\omega t}$ [V]이므로 $j\omega = -5$임을 알 수 있다.

$\therefore Z = \dfrac{1}{\dfrac{1}{R}+j\omega C} = \dfrac{R}{1+j\omega CR} = \dfrac{R}{1-5RC}$ [Ω]

13 다음과 같은 회로의 구동점 임피던스는?
(단, ω는 회로의 각주파수이다.)

① $2+j\omega$

② $\dfrac{2\omega^2+j4\omega}{3}$

③ $\dfrac{\omega^2+j8\omega}{4+\omega^2}$

④ $\dfrac{2\omega^2+j4\omega}{4+\omega^2}$

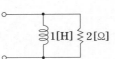

해설 구동점 임피던스 $Z(j\omega)$

$Z(j\omega) = \dfrac{j\omega L \cdot R}{j\omega L + R} = \dfrac{j\omega \cdot 2}{j\omega + 2}$

$= \dfrac{j2\omega(2-j\omega)}{(2+j\omega)(2-j\omega)}$

$= \dfrac{2\omega^2+j4\omega}{4+\omega^2}$

14 리액턴스 함수 $Z(\lambda)$가 $Z(\lambda) = \dfrac{6\lambda^2+1}{\lambda(\lambda^2+1)}$로 표시되는 2단자 회로망은?

①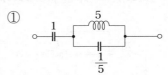

②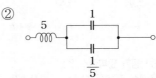

③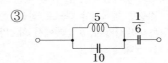

④

해설 $Z(\lambda) = \dfrac{6\lambda^2+1}{\lambda(\lambda^2+1)} = \dfrac{A}{\lambda} + \dfrac{B\lambda+C}{\lambda^2+1}$

$\dfrac{(A+B)\lambda^2+C\lambda+A}{\lambda(\lambda^2+1)}$ [Ω] 식에서

$A=1$, $B=5$, $C=0$임을 알 수 있다.

$Z(\lambda) = \dfrac{1}{\lambda} + \dfrac{5\lambda}{\lambda^2+1}$

$= \dfrac{1}{\lambda} + \dfrac{1}{\dfrac{\lambda^2+1}{5\lambda}}$

$= \dfrac{1}{\lambda} + \dfrac{1}{\dfrac{1}{5}\lambda + \dfrac{1}{5\lambda}}$

$= \dfrac{1}{C_1 s} + \dfrac{1}{C_2 s + \dfrac{1}{Ls}}$ [Ω]을 만족하므로

$C_1 = 1$ [F], $C_2 = \dfrac{1}{5}$ [F], $L = 5$ [H]이 된다.

$\therefore$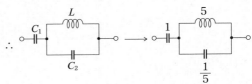

15 회로망 출력단자 a-b에서 바라본 등가 임피던스는? (단, $V_1 = 6$[V], $V_2 = 3$[V], $I_1 = 10$[A], $R_1 = 15$[Ω], $R_2 = 10$[Ω], $L = 2$[H], $j\omega = s$이다.)

① $\dfrac{1}{s+3}$

② $s+15$

③ $\dfrac{3}{s+2}$

④ $2s+6$

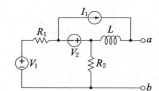

[해설] 테브난 정리를 이용한 등가 임피던스(Z)

테브난 정리를 이용하여 등가임피던스를 구할 때는 회로망에 있는 모든 전원은 제거해야 하므로 전압원은 단락시키고, 전류원은 개방시켜 a, b 단자에서 회로망을 바라본 임피던스를 구해야 한다.

$$\therefore Z = j\omega L + \frac{R_1 R_2}{R_1 + R_2} = 2s + \frac{15 \times 10}{15 + 10}$$

$$= 2s + 6\,[\Omega]$$

memo

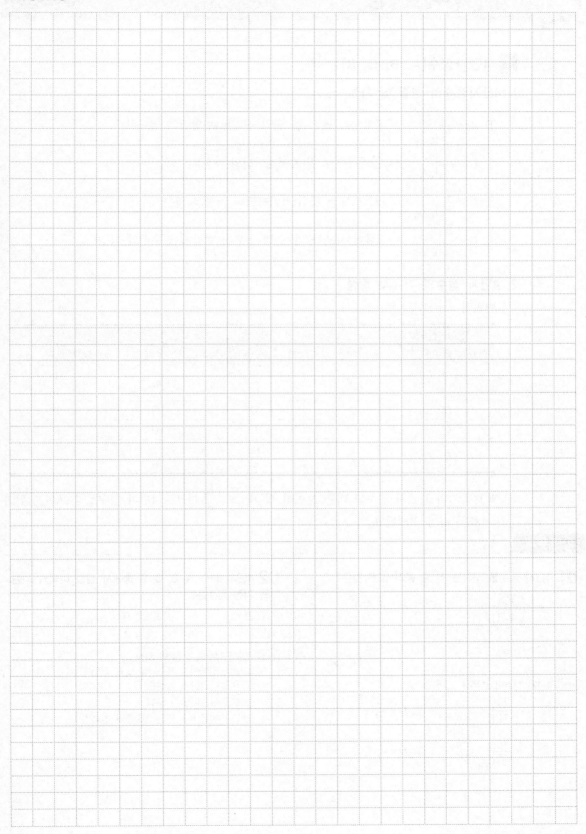

11 4단자망

1 4단자정수(A, B, C, D)

1. 4단자정수의 성질 및 차원

① $A = \dfrac{V_1}{V_2}\bigg|_{I_2=0}$ ⇒ 전압이득 또는 입·출력 전압비(변압기의 권수비)

② $B = \dfrac{V_1}{I_2}\bigg|_{V_2=0}$ ⇒ 임피던스 차원(자이레이터의 저항)

③ $C = \dfrac{I_1}{V_2}\bigg|_{I_2=0}$ ⇒ 어드미턴스 차원(자이레이터 저항의 역수)

④ $D = \dfrac{I_1}{I_2}\bigg|_{V_2=0}$ ⇒ 전류이득 또는 입·출력 전류비(변압기 권수비의 역수)

2. 4단자 정수의 기계적 특성

(1) 변압기

4단자정수 ＼ 회로망	N	$n_1 : n_2$	$n : 1$	$1 : n$
A	N	$\dfrac{n_1}{n_2}$	n	$\dfrac{1}{n}$
B	0	0	0	0
C	0	0	0	0
D	$\dfrac{1}{N}$	$\dfrac{n_2}{n_1}$	$\dfrac{1}{n}$	n

※ 변압기의 1, 2차 권수의 비를 N이라 할 때 $N = \dfrac{n_1}{n_2}$이므로 4단자 정수로의 표현은 위의 표와 같이 전개된다.

확인문제

01 4단자 정수를 구하는 식 중 옳지 않은 것은?

① $A = \left(\dfrac{V_1}{V_2}\right)_{I_2=0}$ ② $B = \left(\dfrac{V_2}{I_2}\right)_{V_2=0}$

③ $C = \left(\dfrac{I_1}{V_2}\right)_{I_2=0}$ ④ $D = \left(\dfrac{I_1}{I_2}\right)_{V_2=0}$

[해설] 4단자 정수의 표현식

① $A = \dfrac{V_1}{V_2}\bigg|_{I_2=0}$ ② $B = \dfrac{V_1}{I_2}\bigg|_{V_2=0}$

③ $C = \dfrac{I_1}{V_2}\bigg|_{I_2=0}$ ④ $D = \dfrac{I_1}{I_2}\bigg|_{V_2=0}$

답 : ②

02 4단자 정수 A, B, C, D 중에서 전압 이득의 차원을 가진 정수는?

① D   ② B
③ C   ④ A

[해설] 4단자 정수의 성질 및 차원
(1) A : 전압이득 또는 입·출력 전압비
(2) B : 임피던스 차원
(3) C : 어드미턴스 차원
(4) D : 전류이득 또는 입·출력 전류비

답 : ④

(2) 자이레이터

4단자정수 〳 회로망			
A	0	0	0
B	a	r	$\sqrt{r_1 r_2}$
C	$\dfrac{1}{a}$	$\dfrac{1}{r}$	$\dfrac{1}{\sqrt{r_1 r_2}}$
D	0	0	0

※ 자이레이터의 1, 2차 저항의 계수를 자이레이터 저항 a(또는 r)라 할 때 $a = r = \sqrt{r_1 r_2}$ 이므로 4단자 정수로의 표현은 위의 표와 같이 전개된다.

3. 4단자 정수의 회로망 특성

〳						
A	$1 + \dfrac{Z_1}{Z_3}$	$1 + \dfrac{Z_1}{Z_2}$	1	$1 + \dfrac{Z_2}{Z_3}$	1	1
B	$Z_1 + Z_2 + \dfrac{Z_1 Z_2}{Z_3}$	Z_1	Z_2	Z_2	Z	0
C	$\dfrac{1}{Z_3}$	$\dfrac{1}{Z_2}$	$\dfrac{1}{Z_1}$	$\dfrac{1}{Z_1} + \dfrac{1}{Z_3} + \dfrac{Z_2}{Z_1 Z_3}$	0	$\dfrac{1}{Z}$
D	$1 + \dfrac{Z_2}{Z_3}$	1	$1 + \dfrac{Z_2}{Z_1}$	$1 + \dfrac{Z_2}{Z_1}$	1	1

확인문제

03 그림과 같은 회로의 4단자 정수 A, B, C, D를 구하면?

$R_1 = 300[\Omega]$ $R_2 = 300[\Omega]$ $R_3 = 450[\Omega]$

① $A = \dfrac{5}{3}$, $B = 800$, $C = \dfrac{1}{450}$, $C = \dfrac{5}{3}$

② $A = \dfrac{3}{5}$, $B = 600$, $C = \dfrac{1}{350}$, $D = \dfrac{3}{5}$

③ $A = 800$, $B = \dfrac{5}{3}$, $C = \dfrac{5}{3}$, $D = \dfrac{1}{450}$

④ $A = 600$, $B = \dfrac{3}{5}$, $C = \dfrac{3}{5}$, $D = \dfrac{1}{350}$

[해설] 4단자 정수 A, B, C, D를 표현하면

$$A = 1 + \frac{R_1}{R_3} = 1 + \frac{300}{450} = \frac{5}{3}$$

$$B = R_1 + R_2 + \frac{R_1 R_2}{R_3}$$

$$= 300 + 300 + \frac{300 \times 300}{450} = 800$$

$$C = \frac{1}{R_3} = \frac{1}{450}$$

$$D = 1 + \frac{R_2}{R_3} = 1 + \frac{300}{450} = \frac{5}{3}$$

답 : ①

2 Z파라미터(Z_{11}, Z_{12}, Z_{21}, Z_{22})

1. Z 파라미터의 4단자 정수로의 표현

| 정의 |

$$Z_{11} = \frac{A}{C}, \ Z_{12} = Z_{21} = \frac{1}{C}, \ Z_{22} = \frac{D}{C}$$

2. T형과 L형 회로망의 Z파라미터

Z파라미터＼회로망	Z_1 Z_2 / Z_3	Z_1 / Z_2	Z_2 / Z_1
Z_{11}	$Z_1 + Z_3$	$Z_1 + Z_2$	Z_1
$Z_{12} = Z_{21}$	Z_3	Z_2	Z_1
Z_{22}	$Z_2 + Z_3$	Z_2	$Z_1 + Z_2$

3 Y파라미터(Y_{11}, Y_{12}, Y_{21}, Y_{22})

1. Y파라미터의 4단자 정수로의 표현

| 정의 |

$$Y_{11} = \frac{D}{B}, \ Y_{12} = Y_{21} = \pm \frac{1}{B}, \ Y_{22} = \frac{A}{B}$$

확인문제

04 그림과 같은 T형 회로의 임피던스[Ω] 정수를 구하면?

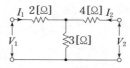

① $Z_{11} = 5$, $Z_{21} = 3$, $Z_{22} = 7$, $Z_{12} = 3$
② $Z_{11} = 7$, $Z_{21} = 5$, $Z_{22} = 3$, $Z_{12} = 5$
③ $Z_{11} = 3$, $Z_{21} = 7$, $Z_{22} = 3$, $Z_{12} = 5$
④ $Z_{11} = 5$, $Z_{21} = 7$, $Z_{22} = 3$, $Z_{12} = 7$

[해설] Z파라미터 Z_{11}, Z_{12}, Z_{21}, Z_{22}를 표현하면
$Z_{11} = 2 + 3 = 5\,[\Omega]$, $Z_{12} = Z_{21} = 3\,[\Omega]$
$Z_{22} = 4 + 3 = 7\,[\Omega]$

답 : ①

05 그림과 같은 T형 4단자망의 임피던스 파라미터로서 옳지 않은 것은?

① $Z_{11} = Z_1 + Z_3$
② $Z_{12} = Z_3$
③ $Z_{21} = - Z_3$
④ $Z_{22} = Z_2 + Z_3$

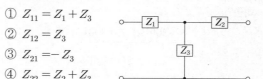

[해설] Z파라미터 Z_{11}, Z_{12}, Z_{21}, Z_{22}를 표현하면
$Z_{11} = Z_1 + Z_3$
$Z_{12} = Z_{21} = Z_3$
$Z_{22} = Z_2 + Z_3$

답 : ③

2. π형과 L형 회로망의 Y파라미터

Y파라미터 \ 회로망	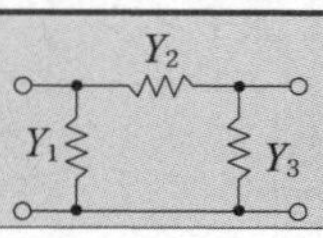	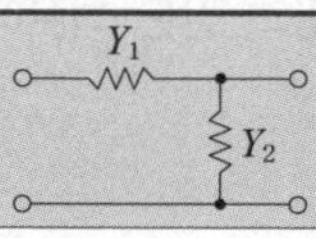	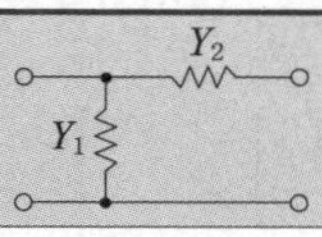
Y_{11}	$Y_1 + Y_2$	Y_1	$Y_1 + Y_2$
$Y_{12} = Y_{21}$	$\pm Y_2$	$\pm Y_1$	$\pm Y_2$
Y_{22}	$Y_2 + Y_3$	$Y_1 + Y_2$	Y_2

4 영상임피던스(Z_{01}, Z_{02})

1. Z_{01}, Z_{02}

| 정의 |
$$Z_{01} = \sqrt{\frac{AB}{CD}}, \ Z_{02} = \sqrt{\frac{DB}{CA}}$$

2. 대칭조건

① $A = D$

② $Z_{01} = Z_{02} = \sqrt{\dfrac{B}{C}}$

5 전달정수(θ)

| 정의 |
$$\theta = \ln(\sqrt{AD} + \sqrt{BC})$$

확인문제

06 그림과 같은 4단자 회로의 어드미턴스 파라미터 Y_{11}은 어느 것인가?

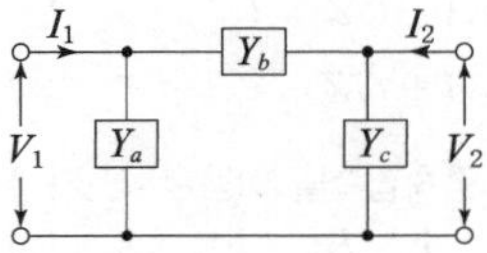

① Y_a
② $-Y_b$
③ $Y_a + Y_b$
④ $Y_b + Y_c$

해설 Y파라미터 Y_{11}, Y_{12}, Y_{21}, Y_{22}를 표현하면
$Y_{11} = Y_a + Y_b$
$Y_{12} = Y_{21} = -Y_b$
$Y_{22} = Y_b + Y_c$

답 : ③

07 4단자 회로에서 4단자 정수를 A, B, C, D라 하면 영상 임피던스 Z_{01}, Z_{02}는?

① $Z_{01} = \sqrt{\dfrac{AB}{CD}}$, $Z_{02} = \sqrt{\dfrac{BD}{AC}}$
② $Z_{01} = \sqrt{AB}$, $Z_{02} = \sqrt{CD}$
③ $Z_{01} = \sqrt{\dfrac{CD}{AB}}$, $Z_{02} = \sqrt{\dfrac{BD}{AC}}$
④ $Z_{01} = \sqrt{\dfrac{BD}{AC}}$, $Z_{02} = \sqrt{ABCD}$

해설 영상 임피던스 Z_{01}, Z_{02}를 표현하면
$Z_{01} = \sqrt{\dfrac{AB}{CD}}$, $Z_{02} = \sqrt{\dfrac{BD}{AC}}$

답 : ①

종속접속을 이용한 4단자 정수 ★★★

이상 변압기를 포함한 그림과 같은 회로에서 4단자 정수 $\begin{bmatrix} A & B \\ C & D \end{bmatrix}$는?

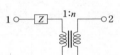

① $\begin{bmatrix} n & 0 \\ Z & \dfrac{1}{n} \end{bmatrix}$

② $\begin{bmatrix} 1 & \dfrac{1}{n} \\ nZ & 1 \end{bmatrix}$

③ $\begin{bmatrix} \dfrac{1}{n} & nZ \\ 0 & n \end{bmatrix}$

④ $\begin{bmatrix} n & 0 \\ \dfrac{Z}{n} & 1 \end{bmatrix}$

풀이전략

(1) 단일형 회로망의 4단자정수를 표시할 수 있어야 한다.

(2) 종속접속을 수학적으로 해석하면 행렬의 곱과 같다.

(3) 행렬의 곱을 이용하여 종합 4단자 정수를 유도한다.

풀 이   문제의 그림은 단일형 회로와 변압기 회로가 종속접속되어 있으며 각각의 4단자 정수는 다음과 같다.

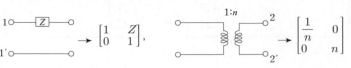

회로망을 종속접속하여 행렬의 곱으로 계산하면

$$\therefore \begin{bmatrix} A & B \\ C & D \end{bmatrix} = \begin{bmatrix} 1 & Z \\ 0 & 1 \end{bmatrix} \begin{bmatrix} \dfrac{1}{n} & 0 \\ 0 & n \end{bmatrix} = \begin{bmatrix} \dfrac{1}{n} & nZ \\ 0 & n \end{bmatrix}$$

정답 ③

유사문제

01 그림과 같이 10[Ω]의 저항에 1, 2차 권선비가 10:1인 결합회로에 연결했을 때 4단자 정수 A, B, C, D는?

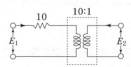

① $A=10$, $B=1$, $C=0$, $D=\dfrac{1}{10}$

② $A=1$, $B=10$, $C=0$, $D=10$

③ $A=10$, $B=1$, $C=0$, $D=10$

④ $A=10$, $B=0$, $C=1$, $D=\dfrac{1}{10}$

해설 종속접속을 이용한 4단자 정수

$$\begin{bmatrix} A & B \\ C & D \end{bmatrix} = \begin{bmatrix} 1 & 10 \\ 0 & 1 \end{bmatrix} \begin{bmatrix} 10 & 0 \\ 0 & \dfrac{1}{10} \end{bmatrix} = \begin{bmatrix} 10 & 1 \\ 0 & \dfrac{1}{10} \end{bmatrix}$$

$$\therefore A=10, \ B=1, \ C=0, \ D=\dfrac{1}{10}$$

답 : ①

02 그림과 같은 전송 회로에서 Z_s 및 Z_r는 각각 송·수전단 변압기의 누설 임피던스이다. 이 회로의 4단자 정수 A', C'는?

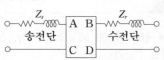

① $A+CZ_s$, C ② $A-CZ_s$, C

③ $A+CZ_r$, C ④ $A-CZ_r$, C

해설 종속접속을 이용한 4단자 정수

$$\begin{bmatrix} A & B \\ C & D \end{bmatrix} = \begin{bmatrix} 1 & Z_s \\ 0 & 1 \end{bmatrix} \begin{bmatrix} A & B \\ C & D \end{bmatrix} \begin{bmatrix} 1 & Z_r \\ 0 & 1 \end{bmatrix}$$

$$= \begin{bmatrix} A+Z_s C & B+Z_s D \\ C & D \end{bmatrix} \begin{bmatrix} 1 & Z_r \\ 0 & 1 \end{bmatrix}$$

$$= \begin{bmatrix} A+Z_s C & (A+Z_s C)Z_r + B+Z_s D \\ C & Z_r C+D \end{bmatrix}$$

$$\therefore A' = A+CZ_s, \ C' = C$$

답 : ①

그림과 같은 4단자 회로의 영상 임피던스 Z_{02}는 몇 [Ω]인가?

① 12

② 14

③ $\dfrac{21}{4}$

④ $\dfrac{5}{3}$

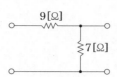

 풀이전략

(1) 4단자 회로망의 4단자 정수를 먼저 구한다.

(2) 영상 임피던스 공식에 대입하여 계산한다.

풀 이

문제의 4단자 회로망의 4단자 정수 A, B, C, D는
$$\begin{bmatrix} A & B \\ C & D \end{bmatrix} = \begin{bmatrix} 1 + \dfrac{9}{7} & 9 \\ \dfrac{1}{7} & 1 \end{bmatrix} = \begin{bmatrix} \dfrac{16}{7} & 9 \\ \dfrac{1}{7} & 1 \end{bmatrix}$$

$$Z_{01} = \sqrt{\dfrac{AB}{CD}} = \sqrt{\dfrac{\dfrac{16}{7} \times 9}{\dfrac{1}{7} \times 1}} = 12\,[\Omega], \qquad Z_{02} = \sqrt{\dfrac{DB}{CA}} = \sqrt{\dfrac{1 \times 9}{\dfrac{1}{7} \times \dfrac{16}{7}}} = \dfrac{21}{4}\,[\Omega]$$

정답 ③

유사문제

03 그림과 같은 회로의 영상 임피던스 Z_{01}, Z_{02}의 값[Ω]은?

① $Z_{01} = 9,\ Z_{02} = 5$

② $Z_{01} = 4,\ Z_{02} = 5$

③ $Z_{01} = 4,\ Z_{02} = \dfrac{20}{9}$

④ $Z_{01} = 6,\ Z_{02} = \dfrac{10}{3}$

해설 4단자 정수 A, B, C, D를 구하면
$$\begin{bmatrix} A & B \\ C & D \end{bmatrix} = \begin{bmatrix} 1 + \dfrac{4}{5} & 4 \\ \dfrac{1}{5} & 1 \end{bmatrix} = \begin{bmatrix} \dfrac{9}{5} & 4 \\ \dfrac{1}{5} & 1 \end{bmatrix}$$

$$Z_{01} = \sqrt{\dfrac{AB}{CD}} = \sqrt{\dfrac{\dfrac{9}{5} \times 4}{\dfrac{1}{5} \times 1}} = 6\,[\Omega]$$

$$Z_{02} = \sqrt{\dfrac{DB}{CA}} = \sqrt{\dfrac{1 \times 4}{\dfrac{1}{5} \times \dfrac{9}{5}}} = \dfrac{10}{3}\,[\Omega]$$

답 : ④

04 그림과 같은 회로에서 영상 임피던스 Z_{01}[Ω]은?

① 6.50

② 10.50

③ 9.08

④ 7.65

해설 4단자 정수 A, B, C, D를 구하면
$$\begin{bmatrix} A & B \\ C & D \end{bmatrix} = \begin{bmatrix} 1 + \dfrac{4}{5} & 4 + 5 + \dfrac{4 \times 5}{5} \\ \dfrac{1}{5} & 1 + \dfrac{5}{5} \end{bmatrix} = \begin{bmatrix} \dfrac{9}{5} & 13 \\ \dfrac{1}{5} & 2 \end{bmatrix}$$

$$Z_{01} = \sqrt{\dfrac{AB}{CD}} = \sqrt{\dfrac{\dfrac{9}{5} \times 13}{\dfrac{1}{5} \times 2}} = 7.65\,[\Omega]$$

$$Z_{02} = \sqrt{\dfrac{DB}{CA}} = \sqrt{\dfrac{2 \times 13}{\dfrac{1}{5} \times \dfrac{9}{5}}} = 8.5\,[\Omega]$$

답 : ④

4단자 정수를 이용한 전달정수 계산　　★★☆

그림과 같은 4단자망의 영상 전달 정수 θ는?

① $\sqrt{5}$

② $\log_e \sqrt{5}$

③ $\log_e \dfrac{1}{\sqrt{5}}$

④ $5\log_e \sqrt{5}$

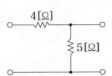

풀이전략　(1) 4단자 회로망의 4단자 정수를 먼저 구한다.

　　　　　(2) 전달정수 공식에 대입하여 계산한다.

풀 이　문제의 4단자 회로망의 4단자 정수 A, B, C, D는

$$\begin{bmatrix} A & B \\ C & D \end{bmatrix} = \begin{bmatrix} 1+\dfrac{4}{5} & 4 \\ \dfrac{1}{5} & 1 \end{bmatrix} = \begin{bmatrix} \dfrac{9}{5} & 4 \\ \dfrac{1}{5} & 1 \end{bmatrix}$$

$$\theta = \log_e \left(\sqrt{AD} + \sqrt{BC} \right) = \log_e \left(\sqrt{\dfrac{9}{5} \times 1} + \sqrt{4 \times \dfrac{1}{5}} \right) = \log_e \sqrt{5}$$

정답 ②

유사문제

05 그림과 같은 T형 4단자망의 전달 정수는?

① $\log_e 2$

② $\log_e \dfrac{1}{2}$

③ $\log_e \dfrac{1}{3}$

④ $\log_e 3$

해설 4단자 정수 A, B, C, D를 구하면

$$\begin{bmatrix} A & B \\ C & D \end{bmatrix} = \begin{bmatrix} 1 & 300 \\ 0 & 1 \end{bmatrix} \begin{bmatrix} 1 & 0 \\ \dfrac{1}{450} & 1 \end{bmatrix} \begin{bmatrix} 1 & 300 \\ 0 & 1 \end{bmatrix}$$

$$= \begin{bmatrix} \dfrac{5}{3} & 800 \\ \dfrac{1}{450} & \dfrac{5}{3} \end{bmatrix}$$

$$\therefore \theta = \log_e \left(\sqrt{AD} + \sqrt{BC} \right)$$

$$= \log_e \left(\sqrt{\dfrac{5}{3} \times \dfrac{5}{3}} + \sqrt{800 \times \dfrac{1}{450}} \right)$$

$$= \log_e 3$$

답 : ④

06 그림에서 영상 파라미터 θ는?

① 1

② 10

③ 2

④ 0

해설 4단자 정수 A, B, C, D를 구하면

$$\begin{bmatrix} A & B \\ C & D \end{bmatrix} = \begin{bmatrix} 1 & j600 \\ 0 & 1 \end{bmatrix} \begin{bmatrix} 1 & 0 \\ \dfrac{1}{-j300} & 1 \end{bmatrix} \begin{bmatrix} 1 & j600 \\ 0 & 1 \end{bmatrix}$$

$$= \begin{bmatrix} -1 & 0 \\ \dfrac{1}{-j300} & -1 \end{bmatrix}$$

$$\therefore \theta = \ln \left(\sqrt{AD} + \sqrt{BC} \right)$$

$$= \ln \left\{ \sqrt{(-1) \times (-1)} + \sqrt{0 \times \left(\dfrac{1}{-j300} \right)} \right\}$$

$$= \ln 1 = 0$$

답 : ④

11 출제예상문제

★★★
01 4단자 정수 A, B, C, D 중에서 전달 임피던스 차원을 갖는 정수는?

① B   ② A

③ C   ④ D

해설 4단자 정수의 성질 및 차원
(1) A : 전압이득 또는 입·출력 전압비
(2) B : 임피던스 차원
(3) C : 어드미턴스 차원
(4) D : 전류이득 또는 입·출력 전류비

★★★
02 4단자 정수 A, B, C, D 중에서 어드미턴스의 차원을 가진 정수는 어느 것인가?

① A   ② B

③ C   ④ D

해설 4단자 정수의 성질 및 차원
C : 어드미턴스 차원

★
03 4단자 회로망에 있어서 출력 단자 단락시 입력 전류와 출력 전류의 비를 나타내는 것은?

① A
② B
③ C
④ D

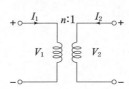

해설 4단자 정수의 성질 및 차원
D : 전류이득 또는 입·출력 전류비

★★
04 그림과 같은 이상 변압기(권선비 $n_1 : n_2$)에 대한 4단자 정수는 얼마인가?

① $A = 1$, $B = \dfrac{n_1}{n_2}$, $C = \dfrac{n_2}{n_1}$, $D = 1$

② $A = \dfrac{n_2}{n_1}$, $B = 1$, $C = 1$, $D = \dfrac{n_1}{n_2}$

③ $A = \dfrac{n_1}{n_2}$, $B = 0$, $C = 0$, $D = \dfrac{n_2}{n_1}$

④ $A = n_1$, $B = n_2$, $C = \dfrac{n_2}{n_1}$, $D = 1$

해설 변압기 권수비 $N = \dfrac{n_1}{n_2}$ 이므로

$$\begin{bmatrix} A & B \\ C & D \end{bmatrix} = \begin{bmatrix} N & 0 \\ 0 & \dfrac{1}{N} \end{bmatrix} = \begin{bmatrix} \dfrac{n_1}{n_2} & 0 \\ 0 & \dfrac{n_2}{n_1} \end{bmatrix}$$

★★★
05 그림과 같은 이상적인 변압기로 구성된 4단자 회로에서 정수 A와 C는 어떻게 되는가?

① $A = 0$, $C = n$ ② $A = 0$, $C = \dfrac{1}{n}$

③ $A = n$, $C = 0$ ④ $A = \dfrac{1}{n}$, $C = 0$

해설 4단자 정수의 기계적 특성
변압기 권수비 $N = \dfrac{n_1}{n_2} = \dfrac{n}{1} = n$ 이므로

$$\begin{bmatrix} A & B \\ C & D \end{bmatrix} = \begin{bmatrix} N & 0 \\ 0 & \dfrac{1}{N} \end{bmatrix} = \begin{bmatrix} \dfrac{n_1}{n_2} & 0 \\ 0 & \dfrac{n_2}{n_1} \end{bmatrix} = \begin{bmatrix} n & 0 \\ 0 & \dfrac{1}{n} \end{bmatrix}$$

$\therefore A = n$, $C = 0$

★★★
06 그림과 같은 회로에서 각주파수를 ω[rad/s]라 하면 4단자 정수 A와 C는 어떻게 되는가?

① $A=\dfrac{1}{a}$, $C=0$

② $A=a$, $C=0$

③ $A=0$, $C=\dfrac{1}{a}$

④ $A=0$, $C=a$

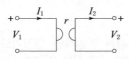

해설 4단자 정수의 기계적 특성

변압기 권수비 $N=\dfrac{n_1}{n_2}=\dfrac{1}{a}$ 이므로

$$\begin{bmatrix} A & B \\ C & D \end{bmatrix} = \begin{bmatrix} N & 0 \\ 0 & \dfrac{1}{N} \end{bmatrix} = \begin{bmatrix} \dfrac{n_1}{n_2} & 0 \\ 0 & \dfrac{n_2}{n_1} \end{bmatrix} = \begin{bmatrix} \dfrac{1}{a} & 0 \\ 0 & a \end{bmatrix}$$

$\therefore A=\dfrac{1}{a}$, $C=0$

★★
07 다음 그림은 이상적인 gyrator로서 4단자 정수 A, B, C, D 파라미터 행렬은? (단, 저항은 r이다.)

① $\begin{bmatrix} 0 & r \\ -r & 0 \end{bmatrix}$

② $\begin{bmatrix} 0 & r \\ \dfrac{1}{r} & 1 \end{bmatrix}$

③ $\begin{bmatrix} 0 & r \\ \dfrac{1}{r} & 0 \end{bmatrix}$

④ $\begin{bmatrix} 1 & r \\ -r & 0 \end{bmatrix}$

해설 발전기 자이레이터 저항을 r이라 하면

$$\begin{bmatrix} A & B \\ C & D \end{bmatrix} = \begin{bmatrix} 0 & r \\ \dfrac{1}{r} & 0 \end{bmatrix}$$

★★
08 그림은 자이레이터(gyrator) 회로이다. 4단자 정수 A, B, C, D는?

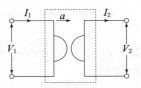

① $A=a$, $B=0$, $C=0$, $D=\dfrac{1}{a}$

② $A=0$, $B=a$, $C=\dfrac{1}{a}$, $D=0$

③ $A=a$, $B=0$, $C=\dfrac{1}{a}$, $D=0$

④ $A=0$, $B=\dfrac{1}{a}$, $C=a$, $D=0$

해설 4단자 정수의 기계적 특성

자이레이터 $a=r=\sqrt{r_1 r_2}$ 이므로

$$\begin{bmatrix} A & B \\ C & D \end{bmatrix} = \begin{bmatrix} 0 & a \\ \dfrac{1}{a} & 0 \end{bmatrix} = \begin{bmatrix} 0 & r \\ \dfrac{1}{r} & 0 \end{bmatrix}$$

★★★
09 그림과 같은 T형 회로에서 4단자 정수 중 B의 값은?

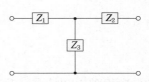

① $\dfrac{Z_3 + Z_1}{Z_3}$

② $\dfrac{Z_1 Z_2 + Z_2 Z_3 + Z_3 Z_1}{Z_3}$

③ $\dfrac{1}{Z_3}$

④ $\dfrac{Z_3 + Z_2}{Z_3}$

해설 4단자 정수의 회로망 특성

$$\begin{bmatrix} A & B \\ C & D \end{bmatrix} = \begin{bmatrix} 1+\dfrac{Z_1}{Z_3} & Z_1 + Z_2 + \dfrac{Z_1 Z_2}{Z_3} \\ \dfrac{1}{Z_3} & 1+\dfrac{Z_2}{Z_3} \end{bmatrix}$$

$\therefore B = Z_1 + Z_2 + \dfrac{Z_1 + Z_2}{Z_3}$

$= \dfrac{Z_1 Z_2 + Z_2 Z_3 + Z_3 Z_1}{Z_3}$

★★★

10 그림과 같은 T형 회로의 ABCD 파라미터 중 C의 값을 구하면?

① $\dfrac{Z_3}{Z_2}+1$

② $\dfrac{1}{Z_2}$

③ $1+\dfrac{Z_1}{Z_2}$

④ Z_2

해설 4단자 정수의 회로망 특성

$$\begin{bmatrix} A & B \\ C & D \end{bmatrix} = \begin{bmatrix} 1+\dfrac{Z_1}{Z_2} & Z_1+Z_3+\dfrac{Z_1 Z_3}{Z_2} \\ \dfrac{1}{Z_2} & 1+\dfrac{Z_3}{Z_2} \end{bmatrix}$$

★★★

11 그림과 같은 T형 4단자 회로의 4단자 정수 중 D의 값은?

① $\dfrac{1}{Z_3}$

② $1+\dfrac{Z_1}{Z_3}$

③ $1+\dfrac{Z_2}{Z_3}$

④ $Z_2\left(1+\dfrac{Z_1}{Z_3}\right)+Z_1$

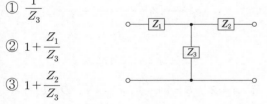

해설 4단자 정수의 회로망 특성

$$\begin{bmatrix} A & B \\ C & D \end{bmatrix} = \begin{bmatrix} 1+\dfrac{Z_1}{Z_3} & Z_1+Z_2+\dfrac{Z_1 Z_2}{Z_3} \\ \dfrac{1}{Z_3} & 1+\dfrac{Z_2}{Z_3} \end{bmatrix}$$

$$\therefore D = 1+\dfrac{Z_2}{Z_3}$$

★★

12 그림과 같은 T형 회로에서 4단자 정수가 아닌 것은?

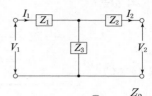

① $1+\dfrac{Z_1}{Z_3}$

② $1+\dfrac{Z_2}{Z_3}$

③ $\dfrac{Z_1 Z_2}{Z_3}+Z_2+Z_1$

④ $1+\dfrac{Z_3}{Z_2}$

해설 4단자 정수의 회로망 특성

$$\begin{bmatrix} A & B \\ C & D \end{bmatrix} = \begin{bmatrix} 1+\dfrac{Z_1}{Z_3} & Z_1+Z_2+\dfrac{Z_1 Z_2}{Z_3} \\ \dfrac{1}{Z_3} & 1+\dfrac{Z_2}{Z_3} \end{bmatrix}$$

★

13 그림과 같은 회로에서 4단자 정수 중 옳지 않은 것은?

① $A=2$

② $B=12$

③ $C=\dfrac{1}{2}$

④ $D=2$

해설 4단자 정수의 회로망 특성

$$\begin{bmatrix} A & B \\ C & D \end{bmatrix} = \begin{bmatrix} 1+\dfrac{4}{4} & 4+4+\dfrac{4\times4}{4} \\ \dfrac{1}{4} & 1+\dfrac{4}{4} \end{bmatrix} = \begin{bmatrix} 2 & 12 \\ \dfrac{1}{4} & 2 \end{bmatrix}$$

★★★
14 그림과 같은 4단자 회로의 4단자 정수 A, B, C, D에서 C의 값은?

① $1-j\omega C$
② $1-\omega^2 LC$
③ $j\omega L(2-\omega^2 LC)$
④ $j\omega C$

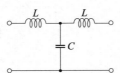

해설 4단자 정수의 회로망 특성

$$\begin{bmatrix} A & B \\ C & D \end{bmatrix}$$

$$=\begin{bmatrix} 1+\dfrac{j\omega L}{-j\dfrac{1}{\omega C}} & j\omega L+j\omega L+\dfrac{j\omega L\times j\omega L}{-j\dfrac{1}{\omega C}} \\ \dfrac{1}{-j\dfrac{1}{\omega C}} & 1+\dfrac{j\omega L}{-j\dfrac{1}{\omega C}} \end{bmatrix}$$

$$=\begin{bmatrix} 1-\omega^2 LC & j2\omega L-j\omega^3 L^2 C \\ j\omega C & 1-\omega^2 LC \end{bmatrix}$$

$$\therefore\ C=j\omega C$$

★★★
15 그림과 같은 4단자 회로의 4단자 정수 중 D의 값은?

① $1-\omega^2 LC$
② $j\omega L(2-\omega^2 LC)$
③ $j\omega C$
④ $j\omega L$

해설 4단자 정수의 회로망 특성

$$\begin{bmatrix} A & B \\ C & D \end{bmatrix}$$

$$=\begin{bmatrix} 1+\dfrac{j\omega L}{-j\dfrac{1}{\omega C}} & j\omega L+j\omega L+\dfrac{j\omega L\times j\omega L}{-j\dfrac{1}{\omega C}} \\ \dfrac{1}{-j\dfrac{1}{\omega C}} & 1+\dfrac{j\omega L}{-j\dfrac{1}{\omega C}} \end{bmatrix}$$

$$=\begin{bmatrix} 1-\omega^2 LC & j2\omega L-j\omega^3 L^2 C \\ j\omega C & 1-\omega^2 LC \end{bmatrix}$$

$$\therefore\ D=1-\omega^2 LC$$

★
16 다음 회로의 4단자 정수는?

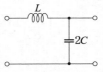

① $A=1-2\omega^2 LC,\ B=j\omega L,\ C=j2\omega C,\ D=1$
② $A=2\omega^2 LC,\ B=j\omega L,\ C=j2\omega,\ D=1$
③ $A=1-2\omega^2 LC,\ B=j\omega L,\ C=j\omega L,\ D=0$
④ $A=2\omega^2 LC,\ B=j\omega L,\ C=j2\omega C,\ D=0$

해설 4단자 정수

$$\begin{bmatrix} A & B \\ C & D \end{bmatrix}=\begin{bmatrix} 1+\dfrac{j\omega L}{-j\dfrac{1}{2\omega C}} & j\omega L \\ \dfrac{1}{-j\dfrac{1}{2\omega C}} & 1 \end{bmatrix}=\begin{bmatrix} 1-2\omega^2 LC & j\omega L \\ j2\omega C & 1 \end{bmatrix}$$

★★
17 그림과 같은 L형 회로의 4단자 정수는 어떻게 되는가?

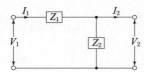

① $A=Z_1,\ B=1+\dfrac{Z_1}{Z_2},\ C=\dfrac{1}{Z_2},\ D=1$
② $A=1,\ B=\dfrac{1}{Z_2},\ C=1+\dfrac{1}{Z_2},\ D=Z_1$
③ $A=1+\dfrac{Z_1}{Z_2},\ B=Z_1,\ C=\dfrac{1}{Z_2},\ D=1$
④ $A=\dfrac{1}{Z_2},\ B=1,\ C=Z_1,\ D=1+\dfrac{Z_1}{Z_2}$

해설 4단자 정수의 회로망 특성

$$\begin{bmatrix} A & B \\ C & D \end{bmatrix}=\begin{bmatrix} 1+\dfrac{Z_1}{Z_2} & Z_1 \\ \dfrac{1}{Z_2} & 1 \end{bmatrix}$$

★★★
18 그림과 같은 L형 회로의 4단자 정수 중 A는?

① $1 - \dfrac{1}{\omega^2 LC}$

② $1 + \dfrac{1}{\omega^2 LC}$

③ $\dfrac{1}{2\sqrt{LC}}$

④ $1 + \dfrac{C}{j\omega L}$

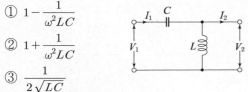

해설 4단자 정수의 회로망 특성

$$\begin{bmatrix} A & B \\ C & D \end{bmatrix} = \begin{bmatrix} 1 + \dfrac{-j\dfrac{1}{\omega C}}{j\omega L} & -j\dfrac{1}{\omega C} \\ \dfrac{1}{j\omega L} & 1 \end{bmatrix}$$

$$= \begin{bmatrix} 1 - \dfrac{1}{\omega^2 LC} & -j\dfrac{1}{\omega C} \\ \dfrac{1}{j\omega L} & 1 \end{bmatrix}$$

$$\therefore \ A = 1 - \dfrac{1}{\omega^2 LC}$$

★★
19 그림과 같은 4단자망의 4단자 정수(선로 상수) A, B, C, D를 접속법에 의하여 구하면 어떻게 표현이 되는가?

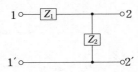

① $\begin{bmatrix} A & B \\ C & D \end{bmatrix} = \begin{bmatrix} 1 & Z_1 \\ 0 & 1 \end{bmatrix} \begin{bmatrix} 1 & 0 \\ \dfrac{1}{Z_2} & 1 \end{bmatrix}$

② $\begin{bmatrix} A & B \\ C & D \end{bmatrix} = \begin{bmatrix} 1 & Z_1 \\ 0 & 1 \end{bmatrix} \begin{bmatrix} 1 & 0 \\ Z_2 & 1 \end{bmatrix}$

③ $\begin{bmatrix} A & B \\ C & D \end{bmatrix} = \begin{bmatrix} 1 & 0 \\ Z_1 & 1 \end{bmatrix} \begin{bmatrix} 1 & \dfrac{1}{Z_2} \\ 0 & 1 \end{bmatrix}$

④ $\begin{bmatrix} A & B \\ C & D \end{bmatrix} = \begin{bmatrix} 1 & 0 \\ Z_1 & 1 \end{bmatrix} \begin{bmatrix} 1 & -\dfrac{1}{Z_2} \\ 0 & 1 \end{bmatrix}$

해설 종속접속을 이용한 4단자 정수
문제의 그림을 단일형 회로로 분리하여 종속접속할 경우 등가회로가 되기 때문에

$$\boxed{Z_1} \quad \rightarrow \quad \begin{bmatrix} 1 & Z_1 \\ 0 & 1 \end{bmatrix}$$

$$\boxed{Z_2} \quad \rightarrow \quad \begin{bmatrix} 1 & 0 \\ \dfrac{1}{Z_2} & 1 \end{bmatrix}$$

$$\therefore \begin{bmatrix} A & B \\ C & D \end{bmatrix} = \begin{bmatrix} 1 & Z_1 \\ 0 & 1 \end{bmatrix} \begin{bmatrix} 1 & 0 \\ \dfrac{1}{Z_2} & 1 \end{bmatrix} = \begin{bmatrix} 1 + \dfrac{Z_1}{Z_2} & Z_1 \\ \dfrac{1}{Z_2} & 1 \end{bmatrix}$$

★★
20 그림과 같은 회로의 4단자 정수는?

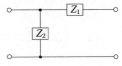

① $A = 2$, $B = \dfrac{1}{Z_1}$, $C = Z_1$, $D = 1 + \dfrac{Z_2}{Z_3}$

② $A = 4$, $B = \dfrac{1}{Z_2}$, $C = Z_3$, $D = 2 + \dfrac{Z_2}{Z_3}$

③ $A = 1$, $B = Z_1$, $C = \dfrac{1}{Z_2}$, $D = 1 + \dfrac{Z_1}{Z_2}$

④ $A = 4$, $B = \dfrac{1}{Z_4}$, $C = \dfrac{Z_3}{Z_3 + Z_4}$, $D = Z_2 + Z_3$

해설 4단자 정수의 회로망 특성

$$\begin{bmatrix} A & B \\ C & D \end{bmatrix} = \begin{bmatrix} 1 & Z_1 \\ \dfrac{1}{Z_2} & 1 + \dfrac{Z_1}{Z_2} \end{bmatrix}$$

★★★
21 그림과 같은 회로에서 4단자 정수 A, B, C, D 중 출력 단자가 개방되었을 때의 $\dfrac{V_1}{V_2}$인 A의 값은?

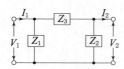

① $1+\dfrac{Z_2}{Z_1}$

② $\dfrac{Z_1+Z_2+Z_3}{Z_1 Z_2}$

③ $1+\dfrac{Z_2}{Z_3}$

④ $1+\dfrac{Z_3}{Z_2}$

해설 4단자 정수의 회로망 특성

$$\begin{bmatrix} A & B \\ C & D \end{bmatrix} = \begin{bmatrix} 1+\dfrac{Z_3}{Z_2} & Z_3 \\ \dfrac{1}{Z_1}+\dfrac{1}{Z_2}+\dfrac{Z_3}{Z_1 Z_2} & 1+\dfrac{Z_3}{Z_1} \end{bmatrix}$$

★★★
22 그림과 같은 π형 회로의 4단자 정수 중 B의 값은?

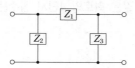

① $1+\dfrac{Z_2}{Z_1}$

② $-\dfrac{1}{Z_1}+\dfrac{1}{Z_3}$

③ Z_1

④ $1+\dfrac{Z_2}{Z_3}$

해설 4단자 정수의 회로망 특성

$$\begin{bmatrix} A & B \\ C & D \end{bmatrix} = \begin{bmatrix} 1+\dfrac{Z_1}{Z_3} & Z_1 \\ \dfrac{1}{Z_2}+\dfrac{1}{Z_3}+\dfrac{Z_1}{Z_2 Z_3} & 1+\dfrac{Z_1}{Z_2} \end{bmatrix}$$

$\therefore B=Z_1$

★★
23 그림과 같은 π형 회로의 4단자 정수 중 D는?

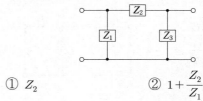

① Z_2

② $1+\dfrac{Z_2}{Z_1}$

③ $\dfrac{1}{Z_1}+\dfrac{1}{Z_3}$

④ $1+\dfrac{Z_2}{Z_3}$

해설 4단자 정수의 회로망 특성

$$\begin{bmatrix} A & B \\ C & D \end{bmatrix} = \begin{bmatrix} 1+\dfrac{Z_2}{Z_3} & Z_2 \\ \dfrac{1}{Z_1}+\dfrac{1}{Z_3}+\dfrac{Z_2}{Z_1 Z_3} & 1+\dfrac{Z_2}{Z_1} \end{bmatrix}$$

$\therefore D=1+\dfrac{Z_2}{Z_1}$

★
24 그림과 같은 회로에서 4단자 정수 A, B, C, D의 값은?

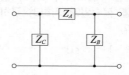

① $A=1+\dfrac{Z_A}{Z_B}$, $B=Z_A$, $C=\dfrac{Z_A+Z_B+Z_C}{Z_B Z_C}$, $D=\dfrac{1}{Z_B Z_C}$

② $A=1+\dfrac{Z_A}{Z_B}$, $B=Z_A$, $C=\dfrac{1}{Z_B}$, $D=1+\dfrac{Z_A}{Z_B}$

③ $A=1+\dfrac{Z_A}{Z_B}$, $B=Z_A$, $C=\dfrac{Z_A+Z_B+Z_C}{Z_B Z_C}$, $D=1+\dfrac{Z_A}{Z_C}$

④ $A=1+\dfrac{Z_A}{Z_B}$, $B=Z_A$, $C=\dfrac{1}{Z_B}$, $D=1+\dfrac{Z_B}{Z_A}$

해설 4단자 정수의 회로망 특성

$$\begin{bmatrix} A & B \\ C & D \end{bmatrix} = \begin{bmatrix} 1+\dfrac{Z_A}{Z_B} & Z_A \\ \dfrac{1}{Z_B}+\dfrac{1}{Z_C}+\dfrac{Z_A}{Z_B Z_C} & 1+\dfrac{Z_A}{Z_C} \end{bmatrix}$$

$$= \begin{bmatrix} 1+\dfrac{Z_A}{Z_B} & Z_A \\ \dfrac{Z_A+Z_B+Z_C}{Z_B Z_C} & 1+\dfrac{Z_A}{Z_C} \end{bmatrix}$$

25 그림과 같은 단일 임피던스 회로의 4단자 정수는?

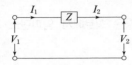

① $A=Z$, $B=0$, $C=1$, $D=0$

② $A=0$, $B=1$, $C=Z$, $D=1$

③ $A=1$, $B=Z$, $C=0$, $D=1$

④ $A=1$, $B=0$, $C=1$, $D=Z$

해설 4단자 정수의 회로망 특성 $\begin{bmatrix} A & B \\ C & D \end{bmatrix} = \begin{bmatrix} 1 & Z \\ 0 & 1 \end{bmatrix}$

26 그림과 같은 4단자망에서 4단자 정수 행렬은?

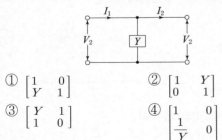

① $\begin{bmatrix} 1 & 0 \\ Y & 1 \end{bmatrix}$　　② $\begin{bmatrix} 1 & Y \\ 0 & 1 \end{bmatrix}$

③ $\begin{bmatrix} Y & 1 \\ 1 & 0 \end{bmatrix}$　　④ $\begin{bmatrix} 1 & 0 \\ \dfrac{1}{Y} & 0 \end{bmatrix}$

해설 4단자 정수의 회로망 특성

$$\begin{bmatrix} A & B \\ C & D \end{bmatrix} = \begin{bmatrix} 1 & 0 \\ \dfrac{1}{Z} & 1 \end{bmatrix} = \begin{bmatrix} 1 & 0 \\ Y & 1 \end{bmatrix}$$

27 그림의 대칭 T회로의 일반 4단자 정수가 다음과 같다. A=D=1.2, B=44[Ω], C=0.01[℧]일 때, 임피던스 Z[Ω]의 값은?

① 1.2

② 12

③ 20

④ 44

해설 4단자 전류(A, B, C, D)

$$\begin{bmatrix} A & B \\ C & D \end{bmatrix} = \begin{bmatrix} 1+ZY & Z(2+ZY) \\ Y & 1+ZY \end{bmatrix}$$

$C=Y=0.01$ [℧], $A=D=1+ZY=1.2$ 이므로

$$\therefore Z = \frac{1.2-1}{Y} = \frac{1.2-1}{0.01} = 20 \,[\Omega]$$

28 그림과 같은 회로망에서 Z_1을 4단자 정수에 의해 표시하면 어떻게 되는가?

① $\dfrac{1}{C}$

② $\dfrac{D-1}{C}$

③ $\dfrac{B-1}{C}$

④ $\dfrac{A-1}{C}$

해설 4단자 정수

$$\begin{bmatrix} A & B \\ C & D \end{bmatrix} = \begin{bmatrix} 1+\dfrac{Z_1}{Z_3} & Z_1+Z_2+\dfrac{Z_1 Z_2}{Z_3} \\ \dfrac{1}{Z_3} & 1+\dfrac{Z_2}{Z_3} \end{bmatrix}$$

$A=1+\dfrac{Z_1}{Z_3}$, $C=\dfrac{1}{Z_3}$ 이므로

$A=1+\dfrac{Z_1}{Z_3}=1+\dfrac{1}{Z_3} \cdot Z_1 = 1+CZ_1$ 식에서

$$\therefore Z_1 = \frac{A-1}{C}$$

★
29 어떤 회로망의 4단자 정수 중에서 $A = 8$, $B = j2$, $D = 3 + j2$이면 이 회로망의 C는?

① $24 + j14$
② $3 - j4$
③ $8 - j11.5$
④ $4 + j6$

해설 4단자 정수의 특성
4단자 정수 A, B, C, D는 $AD - BC = 1$을 만족하여야 하므로
$$\therefore C = \frac{AD - 1}{B} = \frac{8 \times (3 + j2) - 1}{j2} = 8 - j11.5$$

★
30 그림과 같은 H형 회로의 4단자 정수 중 A의 값은?

① Z_5
② $\dfrac{Z_5}{Z_2 + Z_4 + Z_5}$
③ $\dfrac{1}{Z_5}$
④ $\dfrac{Z_1 + Z_3 + Z_5}{Z_5}$

해설 4단자 정수의 회로망 특성

$$\begin{bmatrix} A & B \\ C & D \end{bmatrix}$$
$$= \begin{bmatrix} 1 + \dfrac{Z_1 + Z_3}{Z_5} & Z_1 + Z_3 + Z_2 + Z_4 + \dfrac{(Z_1 + Z_3)(Z_2 + Z_4)}{Z_5} \\ \dfrac{1}{Z_5} & 1 + \dfrac{Z_2 + Z_4}{Z_5} \end{bmatrix}$$
$$\therefore A = 1 + \frac{Z_1 + Z_3}{Z_5} = \frac{Z_1 + Z_3 + Z_5}{Z_5}$$

★★★
31 그림과 같은 T형 회로의 단자 1-1′에서 본 구동점 임피던스 $Z_{11}[\Omega]$은?

① 1
② 2
③ 5
④ 6

해설 T형 회로망의 Z파라미터
$$\begin{bmatrix} Z_{11} & Z_{12} \\ Z_{21} & Z_{22} \end{bmatrix} = \begin{bmatrix} 1 + 5 & 5 \\ 5 & 2 + 5 \end{bmatrix} = \begin{bmatrix} 6 & 5 \\ 5 & 7 \end{bmatrix}$$
$$\therefore Z_{11} = 6 \, [\Omega]$$

★★★
32 그림과 같은 회로에서 임피던스 파라미터 Z_{11} $[\Omega]$은?

① 8
② 5
③ 3
④ 2

해설 L형 회로망의 Z파라미터
$$\begin{bmatrix} Z_{11} & Z_{12} \\ Z_{21} & Z_{22} \end{bmatrix} = \begin{bmatrix} 5 + 3 & 3 \\ 3 & 3 \end{bmatrix} = \begin{bmatrix} 8 & 3 \\ 3 & 3 \end{bmatrix}$$
$$\therefore Z_{11} = 8 \, [\Omega]$$

★★
33 그림과 같은 회로에서 Z_{21}은?

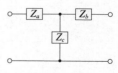

① $Z_a + Z_b$
② $Z_b + Z_c$
③ Z_c
④ $Z_a + Z_c$

해설 T형 회로망의 Z파라미터
$$\begin{bmatrix} Z_{11} & Z_{12} \\ Z_{21} & Z_{22} \end{bmatrix} = \begin{bmatrix} Z_a + Z_c & Z_c \\ Z_c & Z_b + Z_c \end{bmatrix}$$
$$\therefore Z_{21} = Z_c \, [\Omega]$$

★★
34 그림과 같은 역 L형 회로에서 임피던스 파라미터 중 Z_{22}는?

① Z_2
② $-Z_2$
③ $Z_1 - Z_2$
④ $Z_1 + Z_2$

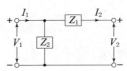

해설 L형 회로망의 Z파라미터

$$\begin{bmatrix} Z_{11} & Z_{12} \\ Z_{21} & Z_{22} \end{bmatrix} = \begin{bmatrix} Z_2 & Z_2 \\ Z_2 & Z_1 + Z_2 \end{bmatrix}$$

$$\therefore Z_{22} = Z_1 + Z_2 \,[\Omega]$$

★★★
35 그림과 같은 π형 회로에 있어서 어드미턴스 파라미터 중 Y_{21}은 어느 것인가?

① $Y_a + Y_b$
② $Y_a + Y_c$
③ Y_b
④ $-Y_a$

해설 π형 회로의 Y파라미터

$$\begin{bmatrix} Y_{11} & Y_{12} \\ Y_{21} & Y_{22} \end{bmatrix} = \begin{bmatrix} Y_a + Y_b & \pm Y_a \\ \pm Y_a & Y_a + Y_c \end{bmatrix}$$

$$\therefore Y_{21} = +Y_a \text{ 또는 } -Y_a$$

★★★
36 그림과 같은 π형 4단자 회로의 어드미턴스 상수 중 $Y_{22}[\mho]$는?

① 5
② 6
③ 9
④ 11

해설 π형 회로망의 Y파라미터

$$\begin{bmatrix} Y_{11} & Y_{12} \\ Y_{21} & Y_{22} \end{bmatrix} = \begin{bmatrix} Y_a + Y_b & \pm Y_b \\ \pm Y_b & Y_b + Y_c \end{bmatrix}$$

$$= \begin{bmatrix} 3+2 & 3 \\ 3 & 3+6 \end{bmatrix} = \begin{bmatrix} 5 & 3 \\ 3 & 9 \end{bmatrix}$$

$$\therefore Y_{22} = 9 \,[\mho]$$

★
37 그림과 같은 4단자망을 어드미턴스 파라미터로 나타내면 어떻게 되는가?

① $Y_{11} = 10$, $Y_{21} = 10$, $Y_{22} = 10$
② $Y_{11} = \dfrac{1}{10}$, $Y_{21} = \dfrac{1}{10}$, $Y_{22} = \dfrac{1}{10}$
③ $Y_{11} = 10$, $Y_{21} = \dfrac{1}{10}$, $Y_{22} = 10$
④ $Y_{11} = \dfrac{1}{10}$, $Y_{21} = 10$, $Y_{22} = \dfrac{1}{10}$

해설 Y파라미터의 4단자 정수로의 표현
단일형 회로의 4단자 정수는

$$\begin{bmatrix} A & B \\ C & D \end{bmatrix} = \begin{bmatrix} 1 & Z \\ 0 & 1 \end{bmatrix} = \begin{bmatrix} 1 & 10 \\ 0 & 1 \end{bmatrix}$$ 이므로

$$\therefore \begin{bmatrix} Y_{11} & Y_{12} \\ Y_{21} & Y_{22} \end{bmatrix} = \begin{bmatrix} \dfrac{D}{B} & \pm\dfrac{1}{B} \\ \pm\dfrac{1}{B} & \dfrac{A}{B} \end{bmatrix} = \begin{bmatrix} \dfrac{1}{10} & \dfrac{1}{10} \\ \dfrac{1}{10} & \dfrac{1}{10} \end{bmatrix}$$

★
38 다음과 같은 Z파라미터로 표시되는 4단자망의 1-1′ 단자 간에 4[A], 2-2′ 단자 간에 1[A]의 정전류원을 연결하였을 때의 1-1′ 단자간의 전압 V_1과 2-2′ 단자간의 전압 V_2가 바르게 구하여진 것은? (단, Z파라미터는 단위는 [Ω]이다.)

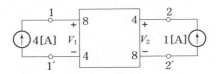

① $V_1 = 18\,[V]$, $V_2 = 12\,[V]$
② $V_1 = 18\,[V]$, $V_2 = 24\,[V]$
③ $V_1 = 36\,[V]$, $V_2 = 24\,[V]$
④ $V_1 = 24\,[V]$, $V_2 = 36\,[V]$

해설 파라미터(Z_{11}, Z_{12}, Z_{21}, Z_{22})
$V_1 = Z_{11} I_1 + Z_{12} I_2$, $V_2 = Z_{21} I_1 + Z_{22} I_2$ 식에서
$Z_{11} = 8$, $Z_{12} = 4$, $Z_{21} = 4$, $Z_{22} = 8$,
$I_1 = 4$, $I_2 = 1$이므로
$$\therefore V_1 = 8 \times 4 + 4 \times 1 = 36\,[V],$$
$$V_2 = 4 \times 4 + 8 \times 1 = 24\,[V]$$

정답 34 ④ 35 ④ 36 ③ 37 ② 38 ③

★★
39 그림과 같은 4단자망의 개방 순방향 전달 임피던스 Z_{21}[Ω]과 단락 순방향 전달 어드미턴스 Y_{21}[℧]은?

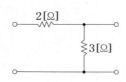

① $Z_{21} = 5$, $Y_{21} = -\dfrac{1}{2}$

② $Z_{21} = 3$, $Y_{21} = -\dfrac{1}{3}$

③ $Z_{21} = 3$, $Y_{21} = -\dfrac{1}{2}$

④ $Z_{21} = 3$, $Y_{21} = -\dfrac{5}{6}$

해설 Z파라미터와 Y파라미터의 4단자 정수로의 표현

$$\begin{bmatrix} A & B \\ C & D \end{bmatrix} = \begin{bmatrix} 1+\dfrac{2}{3} & 2 \\ \dfrac{1}{3} & 1 \end{bmatrix} = \begin{bmatrix} \dfrac{5}{3} & 2 \\ \dfrac{1}{3} & 1 \end{bmatrix}$$

$$\begin{bmatrix} Z_{11} & Z_{12} \\ Z_{21} & Z_{22} \end{bmatrix} = \begin{bmatrix} \dfrac{A}{C} & \dfrac{1}{C} \\ \dfrac{1}{C} & \dfrac{D}{C} \end{bmatrix} = \begin{bmatrix} \dfrac{5}{3}\Big/\dfrac{1}{3} & 1\Big/\dfrac{1}{3} \\ 1\Big/\dfrac{1}{3} & 1\Big/\dfrac{1}{3} \end{bmatrix}$$

$$= \begin{bmatrix} 5 & 3 \\ 3 & 3 \end{bmatrix}$$

$$\begin{bmatrix} Y_{11} & Y_{12} \\ Y_{21} & Y_{22} \end{bmatrix} = \begin{bmatrix} \dfrac{D}{B} & \pm\dfrac{1}{B} \\ \pm\dfrac{1}{B} & \dfrac{A}{B} \end{bmatrix}$$

$$= \begin{bmatrix} \dfrac{1}{2} & -\dfrac{1}{2} \\ -\dfrac{1}{2} & \dfrac{5}{3}\Big/2 \end{bmatrix} = \begin{bmatrix} \dfrac{1}{2} & -\dfrac{1}{2} \\ -\dfrac{1}{2} & \dfrac{5}{6} \end{bmatrix}$$

$\therefore Z_{21} = 3$, $Y_{21} = -\dfrac{1}{2}$

★★★
40 그림과 같은 회로의 영상임피던스 Z_{01}과 Z_{02}의 값[Ω]은?

① $\sqrt{\dfrac{8}{3}}$, $2\sqrt{6}$

② $2\sqrt{6}$, $\sqrt{\dfrac{8}{3}}$

③ $\sqrt{\dfrac{3}{8}}$, $\dfrac{1}{2\sqrt{6}}$

④ $\dfrac{1}{2\sqrt{6}}$, $\sqrt{\dfrac{3}{8}}$

해설 영상 임피던스

$$\begin{bmatrix} A & B \\ C & D \end{bmatrix} = \begin{bmatrix} 1+\dfrac{4}{2} & 4 \\ \dfrac{1}{2} & 1 \end{bmatrix} = \begin{bmatrix} 3 & 4 \\ 0.5 & 1 \end{bmatrix}$$

$$\therefore Z_{01} = \sqrt{\dfrac{AB}{CD}} = \sqrt{\dfrac{3\times4}{0.5\times1}} = 2\sqrt{6}\ [\Omega]$$

$$Z_{02} = \sqrt{\dfrac{BD}{AC}} = \sqrt{\dfrac{4\times1}{3\times0.5}} = \sqrt{\dfrac{8}{3}}\ [\Omega]$$

★★
41 그림과 같은 4단자망의 영상임피던스[Ω]는?

① 600
② 450
③ 300
④ 200

해설 영상 임피던스

$$\begin{bmatrix} A & B \\ C & D \end{bmatrix} = \begin{bmatrix} 1+\dfrac{300}{450} & 300+300+\dfrac{300\times300}{450} \\ \dfrac{1}{450} & 1+\dfrac{300}{450} \end{bmatrix}$$

$$= \begin{bmatrix} \dfrac{5}{3} & 800 \\ \dfrac{1}{450} & \dfrac{5}{3} \end{bmatrix}$$

4단자 정수 중 $A = D$인 경우 대칭 조건이 성립되어 $Z_{01} = Z_{02}$가 된다.

$B = 800\ [\Omega]$, $C = \dfrac{1}{450}$ [S]

$$\therefore Z_{01} = Z_{02} = Z_0 = \sqrt{\dfrac{B}{C}} = \sqrt{\dfrac{800}{\dfrac{1}{450}}} = 600\ [\Omega]$$

★★
42 그림과 같은 회로에서 특성임피던스 Z_0[Ω]는?

① 1
② 2
③ 3
④ 4

해설 특성 임피던스=영상 임피던스

$$\begin{bmatrix} A & B \\ C & D \end{bmatrix} = \begin{bmatrix} 1+\dfrac{2}{3} & 2+2+\dfrac{2\times 2}{3} \\ \dfrac{1}{3} & 1+\dfrac{2}{3} \end{bmatrix}$$

$$= \begin{bmatrix} \dfrac{5}{3} & \dfrac{16}{3} \\ \dfrac{1}{3} & \dfrac{5}{3} \end{bmatrix}$$

4단자 정수 중 $A=D$인 경우 대칭조건이 성립되어 $Z_{01}=Z_{02}$가 된다.

$B=\dfrac{16}{3}$ [Ω], $C=\dfrac{1}{3}$ [S]이므로

$$\therefore Z_{01}=Z_{02}=Z_0=\sqrt{\dfrac{B}{C}}=\sqrt{\dfrac{16/3}{1/3}}=4\,[\Omega]$$

★★★
43 그림과 같은 T형 4단자망에서 $ABCD$ 파라미터간의 성질 중 성립되는 대칭 조건은?

① $A=D$
② $A=C$
③ $B=C$
④ $B=A$

해설 4단자망의 대칭조건
4단자 회로망에서 T형과 π형의 경우 4단자 정수 중 $A=D$이면 입, 출력이 대칭되어 영상임피던스도 $Z_{01}=Z_{02}$를 만족하게 된다.

$Z_{01}=\sqrt{\dfrac{AB}{CD}}$, $Z_{02}=\sqrt{\dfrac{BD}{AC}}$ 이므로 $A=D$를 대입하여 풀면

$Z_{01}=Z_{02}=Z_0=\sqrt{\dfrac{B}{C}}$ 가 된다.

★★★
44 어떤 4단자망의 입력 단자 1, 1′ 사이의 영상 임피던스 Z_{01}과 출력 단자 2, 2′ 사이의 영상 임피던스 Z_{02}가 같게 되려면 4단자 정수 사이에 어떠한 관계가 있어야 하는가?

① $AD=BC$
② $AB=CD$
③ $A=D$
④ $B=C$

해설 4단자망의 대칭조건
4단자 회로망에서 T형과 π형의 경우 4단자 정수 중 $A=D$이면 입, 출력이 대칭되어 영상임피던스도 $Z_{01}=Z_{02}$를 만족하게 된다.

★★
45 4단자 회로에서 4단자 정수를 A, B, C, D라 하면 영상임피던스 $\dfrac{Z_{01}}{Z_{02}}$는?

① $\dfrac{D}{A}$
② $\dfrac{B}{C}$
③ $\dfrac{C}{B}$
④ $\dfrac{A}{D}$

해설 영상임피던스(Z_{01}, Z_{02})
4단자정수를 A, B, C, D라 하면

$$Z_{01}=\sqrt{\dfrac{AB}{CD}}\,[\Omega], \quad Z_{02}=\sqrt{\dfrac{DB}{CA}}\,[\Omega]$$이므로

$$\therefore \dfrac{Z_{01}}{Z_{02}}=\sqrt{\dfrac{AB/CD}{DB/CA}}=\dfrac{A}{D}$$

★★★
46 대칭 4단자 회로에서 특성임피던스는?

① $\sqrt{\dfrac{AB}{CD}}$
② $\sqrt{\dfrac{DB}{CA}}$
③ $\sqrt{\dfrac{B}{C}}$
④ $\sqrt{\dfrac{A}{D}}$

해설 4단자망의 대칭조건
4단자 회로망에서 T형과 π형의 경우 4단자 정수 중 $A=D$이면 입, 출력이 대칭되어 영상임피던스도 $Z_{01}=Z_{02}$를 만족하게 된다.

$Z_{01}=\sqrt{\dfrac{AB}{CD}}$, $Z_{02}=\sqrt{\dfrac{BD}{AC}}$ 이므로 $A=D$를 대입하여 풀면

$Z_{01}=Z_{02}=Z_0=\sqrt{\dfrac{B}{C}}$ 가 된다.

★★★
47 4단자 회로에서 4단자 정수를 A, B, C, D라 할 때 전달정수 θ는?

① $\log_e(\sqrt{AB}+\sqrt{BC})$

② $\log_e(\sqrt{AB}-\sqrt{CD})$

③ $\log_e(\sqrt{AD}+\sqrt{BC})$

④ $\log_e(\sqrt{AD}-\sqrt{BC})$

[해설] 전달정수(θ)

$$\theta = \cosh^{-1}\sqrt{AD} = \sinh^{-1}\sqrt{BC}$$
$$= \tanh^{-1}\sqrt{\frac{BC}{AD}}$$
$$\theta = \ln(\sqrt{AD}+\sqrt{BC})$$

※ 자연로그의 표현이 $\log_e = \ln$ 으로 바뀌었음!

★
48 T형 4단자 회로망에서 영상 임피던스가 $Z_{01} = 50[\Omega]$, $Z_{02}=2[\Omega]$이고, 전달 정수가 0일 때 이 회로의 4단자 정수 D의 값은 얼마인가?

① 10

② 5

③ 0.2

④ 0

[해설] 영상임피던스(Z_{01}, Z_{02})와 전달정수(θ)

$$Z_{01} = \sqrt{\frac{AB}{CD}}, \quad Z_{02} = \sqrt{\frac{BD}{AC}}$$
$$\theta = \ln(\sqrt{AD}+\sqrt{BC}) = \cosh^{-1}\sqrt{AD}$$
$$= \sinh^{-1}\sqrt{BC}$$

식에서 $\dfrac{Z_{01}}{Z_{02}} = \dfrac{A}{D} = \dfrac{50}{2}$ 일 때 $A = 25D$ 이다.

$\theta = \cosh^{-1}\sqrt{AD} = 0$일 때 $AD = 1$이 된다.

$25D \cdot D = 1$이므로

$$\therefore D = \sqrt{\frac{1}{25}} = 0.2$$

★★★
49 4단자 정수가 $A = \dfrac{5}{3}$, $B = 800[\Omega]$, $C = \dfrac{1}{450}$ [℧], $D = \dfrac{5}{3}$일 때 전달정수 θ는 얼마인가?

① $\log_e 5$

② $\log_e 4$

③ $\log_e 3$

④ $\log_e 2$

[해설] 전달정수(θ)

$$\theta = \ln(\sqrt{AD}+\sqrt{BC})$$
$$= \ln\left(\sqrt{\frac{5}{3}\times\frac{5}{3}} + \sqrt{800\times\frac{1}{450}}\right) = \ln 3$$

※ 자연로그의 표현이 $\log_e = \ln$ 으로 바뀌었음!

★
50 다음 그림과 같은 T형 회로에 대한 서술 중 잘못된 것은?

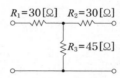

① 영상임피던스 $Z_{01} = 60[\Omega]$이다.

② 개방 구동점 임피던스 $Z_{11} = 45[\Omega]$이다.

③ 단락 전달 어드미턴스 $Y_{12} = \dfrac{1}{80}[℧]$이다.

④ 전달 정수 $\theta = \cosh^{-1}\dfrac{5}{3}$이다.

[해설] 4단자망 이론

$$\begin{bmatrix} A & B \\ C & D \end{bmatrix} = \begin{bmatrix} 1+\dfrac{30}{45} & 30+30+\dfrac{30\times30}{45} \\ \dfrac{1}{45} & 1+\dfrac{30}{45} \end{bmatrix}$$
$$= \begin{bmatrix} \dfrac{5}{3} & 80 \\ \dfrac{1}{45} & \dfrac{5}{3} \end{bmatrix}$$
$$Z_{01} = \sqrt{\frac{B}{C}} = \sqrt{\frac{80}{1/45}} = 60[\Omega]$$
$$Z_{11} = \frac{A}{C} = \frac{5/3}{1/45} = 75[\Omega]$$
$$Y_{12} = \frac{1}{B} = \frac{1}{80}[℧]$$
$$\theta = \cosh^{-1}\sqrt{AD} = \cosh^{-1}\sqrt{\frac{5}{3}\times\frac{5}{3}} = \cosh^{-1}\frac{5}{3}$$

★★
51 영상임피던스 및 전달정수 Z_{01}, Z_{02}, θ와 4단자
정수 A, B, C, D와의 관계식 중 옳지 않은 것은?

① $A = \sqrt{\dfrac{Z_{01}}{Z_{02}}} \cosh\theta$

② $B = \sqrt{Z_{01} Z_{02}} \sinh\theta$

③ $C = \dfrac{1}{\sqrt{Z_{01} Z_{02}}} \cosh\theta$

④ $D = \sqrt{\dfrac{Z_{02}}{Z_{01}}} \cosh\theta$

해설 4단자 정수의 표현

$$\begin{bmatrix} A & B \\ C & D \end{bmatrix}$$

$$= \begin{bmatrix} \sqrt{\dfrac{Z_{01}}{Z_{02}}} \cosh\theta & \sqrt{Z_{01} Z_{02}} \sinh\theta \\ \dfrac{1}{\sqrt{Z_{01} Z_{02}}} \sinh\theta & \sqrt{\dfrac{Z_{02}}{Z_{01}}} \cosh\theta \end{bmatrix}$$

★★
52 전달정수 θ를 4단자 정수 A, B, C, D로 표시
할 때 옳은 것은?

① $\cosh\theta = \sqrt{BD}$

② $\sinh\theta = \sqrt{BC}$

③ $\cosh\theta = \sqrt{\dfrac{AD}{BC}}$

④ $\sinh\theta = \sqrt{AD}$

해설 전달정수(θ)

$\theta = \cosh^{-1}\sqrt{AD} = \sinh^{-1}\sqrt{BC}$

$\quad = \tanh^{-1}\sqrt{\dfrac{BC}{AD}}$

$\therefore \cosh\theta = \sqrt{AD}$, $\sinh\theta = \sqrt{BC}$,

$\quad \tanh\theta = \sqrt{\dfrac{BC}{AD}}$

★★
53 길이 l인 유한장 선로의 4단자 정수 중 옳지
않은 것은?

① $A = \cosh\gamma l$

② $B = Z_0 \cosh\gamma l$

③ $C = \dfrac{1}{Z_n} \sinh\gamma l$

④ $D = \cosh\gamma l$

해설 4단자 정수의 표현

선로를 대칭으로 가정하면 $A = D$이므로 $Z_{01} = Z_{02}$
임을 알 수 있다. 이때 $Z_{01} = Z_{02} = Z_0$라 하고,
$\theta = \gamma l$로 놓으면

$$\begin{bmatrix} A & B \\ C & D \end{bmatrix}$$

$$= \begin{bmatrix} \sqrt{\dfrac{Z_{01}}{Z_{02}}} \cosh\theta & \sqrt{Z_{01} Z_{02}} \sinh\theta \\ \dfrac{1}{\sqrt{Z_{01} Z_{02}}} \sinh\theta & \sqrt{\dfrac{Z_{02}}{Z_{01}}} \cosh\theta \end{bmatrix}$$

$$= \begin{bmatrix} \cosh\gamma l & Z_0 \sinh\gamma l \\ \dfrac{1}{Z_0} \sinh\gamma l & \cosh\gamma l \end{bmatrix}$$

12 분포정수회로

1 분포정수회로

> **│ 정의 │**
>
> 장거리 송전선로에 선로정수로 표현하고 있는 R, L, C, G가 고르게 분포되어 있다 가정하여
> 전압, 전류에 대한 기본방정식을 세워 송전계통의 특성을 해석하는데 필요한 회로를 말한다.

※ 송전선로의 직렬임피던스는 $Z = R + j\omega L\,[\Omega/\text{Km}]$, 병렬어드미턴스는 $Y = G + j\omega C\,[\text{S/Km}]$
로 표현한다.

1. 특성임피던스(Z_0)

$$Z_0 = \sqrt{\frac{Z}{Y}} = \sqrt{\frac{R + j\omega L}{G + j\omega C}}\;[\Omega]$$

2. 전파정수(γ)

$$\gamma = \sqrt{ZY} = \sqrt{(R + j\omega L)(G + j\omega C)} = \alpha + j\beta$$

여기서, α : 감쇠정수, β : 위상정수

3. 전파속도(v)

$$v = \lambda f = \frac{1}{\sqrt{LC}} = \frac{\omega}{\beta}\;[\text{m/sec}]$$

여기서, λ : 파장[m], f : 주파수[Hz], L : 인덕턴스[H], C : 커패시턴스[F],
ω : 각주파수[rad/sec], β : 위상정수

확인문제

01 단위 길이당 임피던스 및 어드미턴스가 각각 Z 및
Y인 전송선로의 특성임피던스는?

① $\sqrt{ZY}$ ② $\sqrt{\dfrac{Z}{Y}}$

③ $\sqrt{\dfrac{Y}{Z}}$ ④ $\dfrac{Y}{Z}$

[해설] 특성임피던스(Z_0)

$$Z_0 = \sqrt{\frac{Z}{Y}} = \sqrt{\frac{R + j\omega L}{G + j\omega C}}\;[\Omega]$$

답 : ②

02 단위 길이당 임피던스 및 어드미턴스가 각각 Z 및
Y인 전송선로의 전파정수 γ는?

① $\sqrt{\dfrac{Z}{Y}}$ ② $\sqrt{\dfrac{Y}{Z}}$

③ $\sqrt{YZ}$ ④ YZ

[해설] 전파정수(γ)

$$\gamma = \sqrt{ZY} = \sqrt{(R + j\omega L)(G + j\omega C)}$$

답 : ③

2 무손실선로와 무왜형선로

	무손실선로	무왜형선로
조건	$R=0,\ G=0$	• 감쇠량이 최소일 때 • $LG=RC$
특성임피던스(Z_0)	$Z_0=\sqrt{\dfrac{L}{C}}\ [\Omega]$	$Z_0=\sqrt{\dfrac{L}{C}}\ [\Omega]$
전파정수(γ)	$\gamma=j\omega\sqrt{LC}$ $\alpha=0,\ \beta=\omega\sqrt{LC}$	$\gamma=\sqrt{RG}+j\omega\sqrt{LC}$ $\alpha=\sqrt{RG},\ \beta=\omega\sqrt{LC}$
전파속도(v)	$v=\dfrac{1}{\sqrt{LC}}\ [\text{m/sec}]$	$v=\dfrac{1}{\sqrt{LC}}\ [\text{m/sec}]$

여기서, R: 저항[Ω], G: 콘덕턴스[S], L: 인덕턴스[H], C: 커패시턴스[F], α: 감쇠정수, β: 위상정수

3 반사계수(ρ) 및 정재파비(s)

$$\rho=\frac{Z_L-Z_0}{Z_0+Z_L},\ s=\frac{1+\rho}{1-\rho}$$

여기서, Z_0: 특성임피던스, Z_L: 부하임피던스

확인문제

03 무손실 선로의 분포정수회로에서 감쇠정수 α와 위상정수 β의 값은?

① $\alpha=\sqrt{RG},\ \beta=\omega\sqrt{LC}$

② $\alpha=0,\ \beta=\omega\sqrt{LC}$

③ $\alpha=\sqrt{RG},\ \beta=0$

④ $\alpha=0,\ \beta=\dfrac{1}{\sqrt{LC}}$

해설 무손실선로의 전파정수
$R=0,\ G=0$인 조건은 무손실선로를 의미하므로 전파정수에 대입하면
$\gamma=\sqrt{ZY}=\sqrt{(R+j\omega L)(G+j\omega C)}$
$\quad=j\omega\sqrt{LC}=\alpha+j\beta$
$\therefore\ \alpha=0,\ \beta=\omega\sqrt{LC}$

답 : ②

04 분포정수회로가 무왜선로로 되는 조건은?
(단, 선로의 단위 길이당 저항을 R, 인덕턴스를 L, 정전 용량을 C, 누설 컨덕턴스를 G라 한다.)

① $RC=LG$

② $RL=CG$

③ $R=\sqrt{\dfrac{L}{C}}$

④ $R=\sqrt{LC}$

해설 무왜형선로의 조건
(1) 감쇠량이 최소일 것
(2) $LG=RC$

답 : ①

★★★
01 선로의 단위 길이당 분포 인덕턴스, 저항, 정전 용량, 누설 컨덕턴스가 각각 L, R, C, G라 하면 특성임피던스는?

① $\dfrac{\sqrt{R+j\omega L}}{G+j\omega C}$ ② $\sqrt{(R+j\omega L)(G+j\omega C)}$

③ $\sqrt{\dfrac{R+j\omega L}{G+j\omega C}}$ ④ $\sqrt{\dfrac{G+j\omega C}{R+j\omega L}}$

해설 특성임피던스(Z_0)
$$Z_0 = \sqrt{\dfrac{Z}{Y}} = \sqrt{\dfrac{R+j\omega L}{G+j\omega C}} = \sqrt{\dfrac{L}{C}}\,[\Omega]$$

★★★
02 단위 길이당 인덕턴스 L[H], 커패시턴스 C[μF]인 가공선의 특성임피던스[Ω]는?

① $\sqrt{\dfrac{C}{L}} \times 10^2$ ② $\sqrt{\dfrac{C}{L}} \times 10^3$

③ $\sqrt{\dfrac{L}{C}} \times 10^3$ ④ $\sqrt{\dfrac{1}{LC}} \times 10^2$

해설 특성임피던스(Z_0)
$$Z_0 = \sqrt{\dfrac{Z}{Y}} = \sqrt{\dfrac{R+j\omega L}{G+j\omega C}} = \sqrt{\dfrac{L}{C \times 10^{-6}}}$$
$$= \sqrt{\dfrac{L}{C}} \times 10^3\,[\Omega]$$

★★★
03 전송선로에서 무손실일 때 L=96[mH], C=0.6[μF]이면 특성임피던스[Ω]는?

① 500 ② 400
③ 300 ④ 200

해설 특성 임피던스(Z_0)
$$Z_0 = \sqrt{\dfrac{L}{C}} = \sqrt{\dfrac{96 \times 10^{-3}}{0.6 \times 10^{-6}}} = 400\,[\Omega]$$

★★★
04 선로의 단위 길이당 분포 인덕턴스, 저항, 정전 용량, 누설 컨덕턴스가 각각 L, R, C, G라 하면 전파정수는?

① $\dfrac{\sqrt{R+j\omega L}}{G+j\omega C}$

② $\sqrt{(R+j\omega L)(G+j\omega C)}$

③ $\sqrt{\dfrac{R+j\omega L}{G+j\omega C}}$

④ $\sqrt{\dfrac{G+j\omega C}{R+j\omega L}}$

해설 전파정수(γ)
$$\gamma = \sqrt{ZY} = \sqrt{(R+j\omega L)(G+j\omega C)} = \alpha + j\beta$$

★★★
05 선로의 분포정수 R, L, C, G 사이에 $\dfrac{R}{L} = \dfrac{G}{C}$의 관계가 있으면 전파정수 γ는?

① $RG + j\omega LC$ ② $RG + j\omega CG$
③ $\sqrt{RG} + j\omega\sqrt{LC}$ ④ $\sqrt{RL} + j\omega\sqrt{GC}$

해설 무왜형선로의 전파정수(γ)
$\dfrac{R}{L} = \dfrac{G}{C}$의 관계는 무왜형선로의 조건에 해당하며 전파정수에 대입하여 식을 전개하면
$\gamma = \alpha + j\beta = \sqrt{RG} + j\omega\sqrt{LC}$가 된다.

★★
06 분포정수회로에서 선로의 특성임피던스를 Z_0, 전파정수를 γ라 할 때 선로의 직렬 임피던스 Z는?

① $\dfrac{Z_0}{\gamma}$ ② $\dfrac{\gamma}{Z_0}$
③ $\sqrt{\gamma Z_0}$ ④ γZ_0

해설 분포정수회로의 특성
직렬 임피던스 Z, 병렬 어드미턴스 Y라 하면
$$Z_0 = \sqrt{\dfrac{Z}{Y}},\ \gamma = \sqrt{ZY}\text{이므로}$$
$$\therefore Z = Z_0\gamma\,[\Omega],\ Y = \dfrac{\gamma}{Z_0}\,[\mho]$$

정답 01 ③ 02 ③ 03 ② 04 ② 05 ③ 06 ④

★★ 07 분포정수회로에서 선로의 특성임피던스 Z_0, 전파정수 γ 라 할 때 선로의 병렬 어드미턴스 Y는?

① $\dfrac{Z_0}{\gamma}$ ② $\dfrac{\gamma}{Z_0}$

③ $\sqrt{Z_0\gamma}$ ④ γZ_0

해설 분포정수회로의 특성
직렬 임피던스 Z, 병렬 어드미턴스 Y 라 하면

$$Z_0 = \sqrt{\frac{Z}{Y}}, \quad \gamma = \sqrt{ZY} \text{이므로}$$

$$\therefore Z = Z_0\gamma\,[\Omega], \quad Y = \frac{\gamma}{Z_0}\,[\mho]$$

★★★ 08 단위 길이당 인덕턴스 L[H], 정전용량 C[F]의 선로에서 진행파의 전파속도는?

① $\sqrt{\dfrac{L}{C}}$ ② $\sqrt{\dfrac{C}{L}}$

③ $\dfrac{1}{\sqrt{LC}}$ ④ $\sqrt{LC}$

해설 전파속도(v)

$$v = \lambda f = \frac{1}{\sqrt{LC}} = \frac{\omega}{\beta}\,[\text{m/sec}]$$

★ 09 1[km]당의 인덕턴스 30[mH], 정전용량 0.007[μF]의 선로가 있을 때 무손실선로라고 가정한 경우의 위상속도[km/sec]는?

① 약 6.9×10^3
② 약 6.9×10^4
③ 약 6.9×10^2
④ 약 6.9×10^5

해설 위상속도(v)
인덕턴스 $L = 30\,[\text{mH/km}]$,
정전용량 $C = 0.007\,[\mu\text{F/km}]$ 일 때

$$\therefore v = \frac{1}{\sqrt{LC}} = \frac{1}{\sqrt{30 \times 10^{-3} \times 0.007 \times 10^{-6}}}$$
$$= 6.9 \times 10^4\,[\text{km/sec}]$$

★★ 10 무손실 선로가 되기 위한 조건 중 옳지 않은 것은?

① $Z_0 = \sqrt{\dfrac{L}{C}}$ ② $\gamma = \sqrt{ZY}$

③ $\alpha = \omega\sqrt{LC}$ ④ $v = \dfrac{1}{\sqrt{LC}}$

해설 무손실선로의 특성
(1) 조건 : $R = 0$, $G = 0$
(2) 특성임피던스 : $Z_0 = \sqrt{\dfrac{L}{C}}\,[\Omega]$
(3) 전파정수 : $\gamma = j\omega\sqrt{LC} = j\beta$
                 $\alpha = 0$, $\beta = \omega\sqrt{LC}$
(4) 전파속도 : $v = \dfrac{1}{\sqrt{LC}} = \lambda f\,[\text{m/sec}]$

★★★ 11 무손실 분포정수선로에 대한 설명 중 옳지 않은 것은?

① 전파정수는 $j\omega\sqrt{LC}$이다.
② 진행파의 전파속도는 $\sqrt{LC}$이다.
③ 특성임피던스는 $\sqrt{\dfrac{L}{C}}$ 이다.
④ 파장은 $\dfrac{1}{f\sqrt{LC}}$이다.

해설 무손실선로의 특성

$$\therefore \text{전파속도} : v = \frac{1}{\sqrt{LC}} = \lambda f\,[\text{m/sec}]$$

★★ 12 어떤 송전선로가 무손실선로일 때 감쇠정수는 얼마인가?

① $\sqrt{\dfrac{L}{C}}$ ② $j\omega\sqrt{LC}$

③ 0 ④ $\dfrac{1}{\sqrt{LC}}$

해설 전파정수(γ)

$$\gamma = \sqrt{ZY} = \sqrt{(R+j\omega L)(G+j\omega C)} = \alpha + j\beta$$
식에서 무손실 선로는 $R = 0$, $G = 0$이므로
$$\gamma = \sqrt{(j\omega L)(j\omega C)} = j\omega\sqrt{LC} = j\beta \text{이다.}$$
$$\therefore \text{감쇠정수 } \alpha = 0, \text{ 위상정수 } \beta = \omega\sqrt{LC}$$

★
13 분포정수회로에서 저항 0.5[Ω/km], 인덕턴스 1[μH/km], 정전용량 6[μF/km], 길이 250[km]의 송전선로가 있다. 무왜형선로가 되기 위해서는 컨덕턴스 [℧/km]는 얼마가 되어야 하는가?

① 1 ② 2
③ 3 ④ 4

[해설] 무왜형 선로조건
$LG = RC$를 만족할 때 무왜형 선로가 되며 감쇠량이 최소가 된다.
$R = 0.5\,[\Omega/km]$, $L = 1\,[\mu H/km]$, $C = 6\,[\mu F/km]$이므로

$$\therefore G = \frac{RC}{L} = \frac{0.5 \times 6 \times 10^{-6}}{1 \times 10^{-6}} = 3\,[\text{℧/km}]$$

★
14 분포정수회로에서 선로의 단위길이당 저항을 100[Ω], 인덕턴스를 200[mH], 누설 컨덕턴스를 0.5[℧]라 할 때 일그러짐이 없는 조건을 만족하기 위한 정전용량은 몇 [μF]인가?

① $0.001\,[\mu F]$
② $0.1\,[\mu F]$
③ $10\,[\mu F]$
④ $1,000\,[\mu F]$

[해설] 무왜형 선로조건
$LG = RC$를 만족할 때 무왜형 선로가 되며 감쇠량이 최소가 된다.
$R = 100\,[\Omega]$, $L = 200\,[mH]$, $G = 0.5\,[℧]$

$$\therefore C = \frac{LC}{R} = \frac{200 \times 10^{-3} \times 0.5}{100}$$
$$= 10^{-3}\,[F] = 1,000\,[\mu F]$$

★★★
15 분포정수선로에서 무왜형 조건이 성립하면 어떻게 되는가?

① 감쇠량은 주파수에 비례한다.
② 전파속도가 최대로 된다.
③ 감쇠량이 최소로 된다.
④ 위상정수가 주파수에 관계없이 일정하다.

[해설] 무왜형선로의 특성
(1) 조건 : $LG = RC$, 감쇠량이 최소일 것
(2) 특성임피던스 : $Z_0 = \sqrt{\dfrac{L}{C}}\,[\Omega]$
(3) 전파정수 : $\gamma = \sqrt{RG} + j\omega\sqrt{LC} = \alpha + j\beta$
$\qquad \alpha = \sqrt{RG}$, $\beta = \omega\sqrt{LC}$
(4) 전파속도 : $v = \dfrac{1}{\sqrt{LC}} = \lambda f\,[\text{m/sec}]$

★★
16 무왜형선로를 설명한 것 중 옳은 것은?

① 특성임피던스는 주파수의 함수이다.
② 감쇠정수는 0이다.
③ $LR = CG$의 관계가 있다.
④ 위상속도 v는 주파수에 관계가 없다.

[해설] 무왜형선로의 특성
∴ 특성임피던스와 전파속도(또는 위상속도)는 주파수와 무관하다.

★★★
17 다음 분포정수전송회로에 대한 서술에서 옳지 않은 것은?

① $\dfrac{R}{L} = \dfrac{G}{C}$인 회로를 무왜회로라 한다.
② $R = G = 0$인 회로를 무손실회로라 한다.
③ 무손실회로, 무왜회로의 감쇠정수는 $\sqrt{RG}$이다.
④ 무손실회로, 무왜회로에서의 위상속도는 $\dfrac{1}{\sqrt{LC}}$이다.

[해설] 무손실선로 및 무왜형선로의 특성
$\gamma = \sqrt{ZY} = \sqrt{(R + j\omega L)(G + j\omega C)} = \alpha + j\beta$에서 감쇠정수는 α이며 무손실선로인 경우 $\alpha = 0$, 무왜형선로인 경우 $\alpha = \sqrt{RG}$이다.

정답 13 ③ 14 ④ 15 ③ 16 ④ 17 ③

★★
18 분포정수회로에서 위상정수가 β라 할 때 파장 λ는?

① $2\pi\beta$ ② $\dfrac{2\pi}{\beta}$

③ $4\pi\beta$ ④ $\dfrac{4\pi}{\beta}$

해설 전파속도(v)

$$v = \lambda f = \frac{1}{\sqrt{LC}} = \frac{\omega}{\beta} \text{ [m/sec] 식에서}$$

$$\therefore \lambda = \frac{v}{f} = \frac{1}{f\sqrt{LC}} = \frac{\omega}{f\beta} = \frac{2\pi f}{f\beta} = \frac{2\pi}{\beta} \text{ [m]}$$

★
19 위상정수 $\beta = 6.28$ [rad/km]일 때 파장은 몇 [km] 인가?

① 1 ② 2
③ 3 ④ 4

해설 전파속도(v)

$$v = \lambda f = \frac{1}{\sqrt{LC}} = \frac{\omega}{\beta} \text{ [m/sec] 식에서}$$

$$\therefore \lambda = \frac{2\pi}{\beta} = \frac{2\pi}{6.28} = 1 \text{ [km]}$$

★
20 전송회로에서 특성임피던스 Z_0와 부하저항 Z_r 가 같으면 부하에서의 반사계수는?

① 1 ② 0.5
③ 0.3 ④ 0

해설 전송선로의 반사계수(ρ)
특성임피던스 Z_0, 부하임피던스 Z_L이라 하면
$Z_0 = Z_L$인 경우

$$\therefore \rho = \frac{Z_L - Z_0}{Z_L + Z_0} = 0$$

★★
21 전송선로의 특성임피던스가 50[Ω], 부하저항이 150[Ω]이라면 부하에서의 반사계수는?

① 0 ② 0.5
③ 0.3 ④ 1

해설 전송선로의 반사계수(ρ)
특성임피던스 Z_0, 부하임피던스 Z_L이라 하면

$$\therefore \rho = \frac{Z_L - Z_0}{Z_L + Z_0} = \frac{150 - 50}{150 + 50} = 0.5$$

★★
22 어떤 무손실 전송선로의 인덕턴스가 1[μH/m] 이고 커패시턴스가 400[pF/m]일 때 250[Ω]인 부하를 수전단에 연결하면 이곳에서의 반사계수는?

① $\dfrac{2}{3}$ ② $\dfrac{1}{3}$

③ $\dfrac{1}{2}$ ④ 1

해설 전송선로의 반사계수(ρ)
특성임피던스

$$Z_0 = \sqrt{\frac{L}{C}} = \sqrt{\frac{1 \times 10^{-6}}{400 \times 10^{-12}}} = 50 \text{ [Ω]이므로}$$

$$\therefore \rho = \frac{Z_L - Z_0}{Z_L + Z_0} = \frac{250 - 50}{250 + 50} = \frac{2}{3}$$

★
23 특성임피던스 400[Ω]의 회로 말단에 200[Ω] 의 부하가 연결되어 있다. 전원측에 10[kV]의 전 압을 인가할 때 반사파의 크기 [kV]는? (단, 선로 에서의 전압 감쇠는 없는 것으로 간주한다.)

① 3.3 ② 5
③ 10 ④ 33

해설 전송선로의 반사계수(ρ)

$$\rho = \frac{Z_0 - Z_L}{Z_0 + Z_L} = \frac{400 - 200}{400 + 200} = \frac{1}{3}$$

전원측에서 10[kV]를 인가하게 되면 반사파 전압의 크기는 반사계수에 비례하여 나타난다. 입사파전압 E_τ, 반사파전압 E_ρ라 하면 $E_\tau = 10$ [kV]이므로

$$\therefore E_\rho = \rho E_\tau = \frac{1}{3} \times 10 = 3.3 \text{ [kV]}$$

24 전압 정재파비(VSWR)를 반사계수 m으로 바르게 나타낸 것은?

① $\dfrac{1+m}{1-m}$　　② $\dfrac{1-m}{1+m}$

③ $\dfrac{m-1}{m+1}$　　④ $\dfrac{m+1}{m-1}$

[해설] 전송선로의 정재파비(s)

반사계수를 m이라 하면

$$s = \frac{1+|m|}{1-|m|} = \frac{1+m}{1-m}$$

25 전송선로의 특성임피던스가 100[Ω]이고, 부하저항이 400[Ω]일 때 전압 정재파비 S는 얼마인가?

① 0.25　　　　② 0.6

③ 1.67　　　　④ 4

[해설] 반사계수(ρ)와 정재파비(s)

$$\rho = \frac{Z_L - Z_o}{Z_L + Z_o}, \ s = \frac{1+\rho}{1-\rho} \ \text{식에서}$$

$Z_o = 100\,[\Omega]$, $Z_L = 400\,[\Omega]$이므로

$$\rho = \frac{Z_L - Z_o}{Z_L + Z_o} = \frac{400 - 100}{400 + 100} = 0.6$$

$$\therefore \ s = \frac{1+\rho}{1-\rho} = \frac{1+0.6}{1-0.6} = 4$$

memo

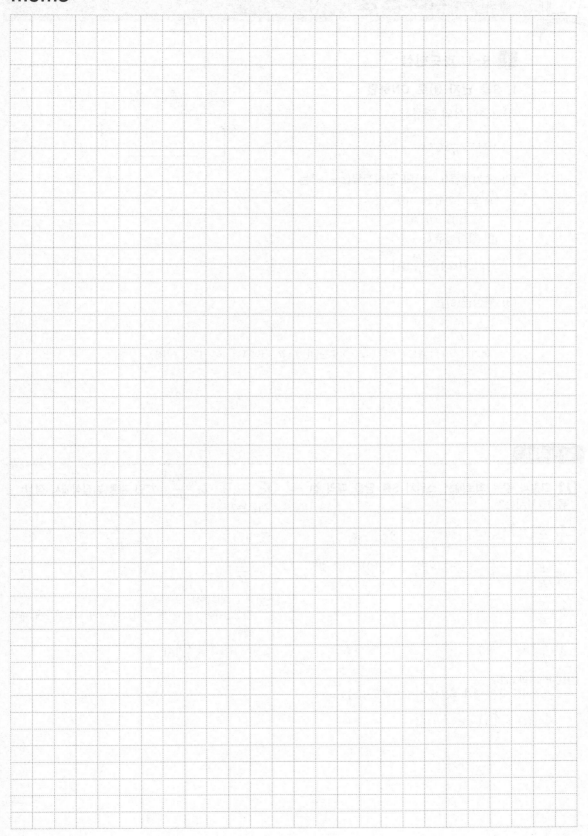

13 과도현상

1 R-L 과도현상

1. S를 단자 ①로 ON하면

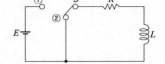

(1) t초에서의 전류는

$$i(t) = \frac{E}{R}(1 - e^{-\frac{R}{L}t}) \text{ [A]}$$

(2) 초기전류($t=0$)와 정상전류($t=\infty$)는

① 초기전류($t=0$)

$$i(0) = 0 \text{ [A]}$$

② 정상전류($t=\infty$)

$$i(\infty) = \frac{E}{R} \text{ [A]}$$

(3) 특성근(s)은

$$s = -\frac{R}{L}$$

여기서, $i(t)$: 과도전류[A], E : 직류전압[V], R : 저항[Ω], L : 인덕턴스[H]

확인문제

01 그림과 같은 회로에서 스위치 S를 닫을 때의 전류 $i(t)$[A]는?

① $\dfrac{E}{R} e^{-\frac{R}{L}t}$

② $\dfrac{E}{R}(1 - e^{-\frac{R}{L}t})$

③ $\dfrac{E}{R} e^{-\frac{L}{R}t}$

④ $\dfrac{E}{R}(1 - e^{-\frac{L}{R}t})$

해설 R-L 과도현상

스위치를 닫을 때의 회로에 흐르는 전류 $i(t)$는

$$\therefore i(t) = \frac{E}{R}(1 - e^{-\frac{R}{L}t}) \text{ [A]}$$

답 : ②

02 $Ri(t) + L\dfrac{di(t)}{dt} = E$인 계통 방정식에서 정상전류는?

① 0

② $\dfrac{E}{RL}$

③ $\dfrac{E}{R}$

④ E

해설 R-L 과도현상

정상전류는 $t=\infty$일 때의 전류이며 과도전류에 대입하면

$$\therefore i(\infty) = \frac{E}{R} \text{ [A]}$$

답 : ③

(4) 시정수(τ)는

① S를 닫고 전류가 정상전류의 63.2[%]에 도달하는데 소요되는 시간이다.

② 시정수가 크면 클수록 과도시간은 길어져서 정상상태에 도달하는데 오래 걸리게 되며 반대로 시정수가 작으면 작을수록 과도시간은 짧게 되어 일찍 소멸하게 된다.

$$\tau = \frac{L}{R} = \frac{N\phi}{RI} \text{ [sec]}$$

③ 시정수(τ)와 특성근(s)은 절대값의 역수와 서로 같다.

④ 시정수(τ)에서의 전류 $i(\tau)$는

$$i(\tau) = \frac{E}{R}(1 - e^{-1}) = 0.632\frac{E}{R} \text{ [A]}$$

(5) L에 걸리는 단자전압 e_L은

$$e_L = L\frac{di(t)}{dt} = Ee^{-\frac{R}{L}t} \text{ [V]}$$

여기서, R : 저항[Ω], L : 인덕턴스[H], N : 코일 권수, ϕ : 자속[Wb], I : 전류[A], E : 직류전압[V], $di(t)$: 전류변화[A], dt : 시간변화[sec],

2. S를 단자 ②로 OFF하면

(1) t초에서의 전류 $i(t)$는

$$i(t) = \frac{E}{R}e^{-\frac{R}{L}t} \text{ [A]}$$

(2) 시정수(τ)에서의 전류 $i(\tau)$는

$$i(\tau) = 0.368\frac{E}{R} \text{ [A]}$$

여기서, $i(t)$: 과도전류[A], E : 직류전압[V], R : 저항[Ω], L : 인덕턴스[H],

확인문제

03 저항 R과 인덕턴스 L의 직렬 회로에서 시정수는?

① RL
② $\dfrac{L}{R}$
③ $\dfrac{R}{L}$
④ $\dfrac{L}{Z}$

해설 R–L 과도현상
R–L 직렬회로에서 스위치를 닫고 전류가 정상전류의 63.2[%]에 도달하는데 소요되는 시간을 시정수라 하며

$$i(\tau) = \frac{E}{R}(1 - e^{-\frac{R}{L}\tau}) = 0.632\frac{E}{R} \text{ [A]}를 \quad 만족하는$$

시간을 구하면

$$\therefore \ \tau = \frac{L}{R} = \frac{N\phi}{RI} \text{ [sec]}$$

답 : ②

04 그림과 같은 회로에서 스위치 S를 열 때 흐르는 전류 $i(t)$는?

① $\dfrac{E}{R}e^{-\frac{R}{L}t}$

② $\dfrac{E}{R}e^{\frac{R}{L}t}$

③ $\dfrac{E}{R}(1 - e^{\frac{R}{L}t})$

④ $\dfrac{E}{R}(1 - e^{-\frac{R}{L}t})$

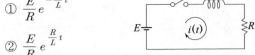

해설 R–L 과도현상
스위치를 열 때의 회로에 흐르는 전류 $i(t)$는

$$\therefore \ i(t) = \frac{E}{R}e^{-\frac{R}{L}t} \text{ [A]}$$

답 : ①

2 R-C 과도현상

1. S를 단자 ①로 ON하면

(1) t초에서의 전류는

$$i(t) = \frac{E}{R} e^{-\frac{1}{RC}t} \, [\text{A}]$$

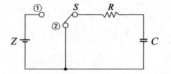

(2) 초기전류($t=0$)와 정상전류($t=\infty$)는

① 초기전류($t=0$)

$$i(0) = \frac{E}{R} \, [\text{A}]$$

② 정상전류($t=\infty$)

$$i(\infty) = 0 \, [\text{A}]$$

(3) 특성근(s)은

$$s = -\frac{1}{RC}$$

(4) 시정수(τ)는

$$\tau = RC \, [\text{sec}]$$

여기서, $i(t)$: 과도전류[A], E : 직류전압[V], R : 저항[Ω], C : 커패시턴스[F],

확인문제

05 그림과 같은 회로에서 스위치 S를 닫을 때 콘덴서의 초기 전하를 무시하고 회로에 흐르는 전류를 구하면?

① $\dfrac{E}{R} e^{\frac{C}{R}t}$

② $\dfrac{E}{R} e^{\frac{R}{C}t}$

③ $\dfrac{E}{R} e^{-\frac{1}{CR}t}$

④ $\dfrac{E}{R} e^{\frac{1}{CR}t}$

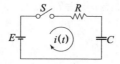

해설 R-C 과도현상

스위치를 닫을 때의 회로에 흐르는 전류 $i(t)$는

$$\therefore \; i(t) = \frac{E}{R} e^{-\frac{1}{RC}t} \, [\text{A}]$$

답 : ③

06 R-C 직렬회로의 시정수 τ [s]는?

① RC

② $\dfrac{1}{RC}$

③ $\dfrac{C}{R}$

④ $\dfrac{R}{C}$

해설 R-C 과도현상

R-C 직렬회로에서 스위치를 닫고 전류가 정상전류의 36.8[%]에 도달하는데 소요되는 시간을 시정수라 하며

$$i(\tau) = \frac{E}{R} e^{-\frac{1}{RC}\tau} = 0.368 \frac{E}{R} \, [\text{A}]를 \, 만족하는 \, 시간$$

을 구하면

$$\therefore \; \tau = RC \, [\text{sec}]$$

답 : ①

(5) C의 단자전압(E_C)과 충전된 전하량(Q)은

$$E_C = \frac{1}{C}\int_0^t i(t)dt = E(1-e^{-\frac{1}{RC}t})\,[\mathrm{V}]$$

$$Q = CE(1-e^{-\frac{1}{RC}t})\,[\mathrm{C}]$$

여기서, E: 직류전압[V], R: 저항[Ω], C: 커패시턴스[F]

2. S를 단자 ②로 OFF하면 t초에서의 전류는

$$i(t) = -\frac{E}{R}e^{-\frac{1}{RC}t}\,[\mathrm{A}]$$

여기서, $i(t)$: 과도전류[A], E: 직류전압[V], R: 저항[Ω], C: 커패시턴스[F]

3 L–C 과도현상

1. S를 ON하고 t초 후에 전류는

$$i(t) = \frac{E}{\sqrt{\frac{L}{C}}}\sin\frac{1}{\sqrt{LC}}t\,[\mathrm{A}]\,:\,불변진동\ 전류$$

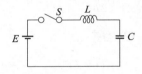

여기서, $i(t)$: 과도전류[A], E: 직류전압[V], L: 인덕턴스[H], C: 커패시턴스[F]

확인문제

07 그림과 같이 V_0로 충전된 회로에서 $t=0$일 때 S를 닫을 때의 전류 $i(t)$는?

① $\dfrac{V_0}{\sqrt{\dfrac{L}{C}}}e^{-t\sqrt{LC}}$

② $\dfrac{V_0}{\sqrt{\dfrac{L}{C}}}\sin\dfrac{1}{\sqrt{LC}}t$

③ $\dfrac{V_0}{\sqrt{\dfrac{L}{C}}}\cos\dfrac{1}{\sqrt{LC}}t$

④ $\dfrac{V_0}{\sqrt{\dfrac{L}{C}}}(1-e^{-\frac{t}{\sqrt{LC}}})$

해설 L–C 과도현상
스위치를 닫을 때의 회로에 흐르는 전류 $i(t)$는

$$\therefore\ i(t) = \frac{V_0}{\sqrt{\dfrac{L}{C}}}\sin\frac{1}{\sqrt{LC}}t\,[\mathrm{A}]$$

답 : ②

08 그림과 같은 R–L–C 직렬회로에서 발생되는 과도현상이 진동이 되지 않는 조건은 어느 것인가?

① $\left(\dfrac{R}{2L}\right)^2 - \dfrac{1}{LC} < 0$

② $\left(\dfrac{R}{2L}\right)^2 - \dfrac{1}{LC} > 0$

③ $\left(\dfrac{R}{2L}\right)^2 = \dfrac{1}{LC}$

④ $\dfrac{R}{2L} = \dfrac{1}{LC}$

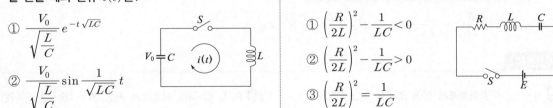

해설 R–L–C 과도현상
비진동조건(과제동인 경우)
① 조건

$$\left(\frac{R}{2L}\right)^2 - \frac{1}{LC} > 0$$

② 전류

$$i(t) = \frac{E}{\sqrt{\left(\dfrac{R}{2}\right)^2 - \dfrac{L}{C}}}e^{-\alpha t}\sinh\beta t\,[\mathrm{A}]$$

답 : ②

2. L, C 단자전압의 범위

(1) L단자전압의 범위
$$-E \leq E_L \leq +E \ [\text{V}]$$

(2) C단자전압의 범위
$$0 \leq E_C \leq 2E \ [\text{V}]$$

여기서, E : 직류전압[V], E_L : L의 단자전압[V], E_C : C의 단자전압[V]

4 R-L-C 과도현상

1. 비진동조건(=과제동인 경우)

(1) 조건
$$\left(\frac{R}{2L}\right)^2 - \frac{1}{LC} > 0 \ \Rightarrow \ R^2 > \frac{4L}{C} \ \Rightarrow \ R > 2\sqrt{\frac{L}{C}}$$

(2) 전류
$$i(t) = EC \cdot \frac{\alpha^2 - \beta^2}{\beta} e^{-\alpha t}\sinh\beta t = \frac{E}{\sqrt{\left(\frac{R}{2}\right)^2 - \frac{L}{C}}} e^{-\alpha t}\sinh\beta t \ [\text{A}]$$

여기서, R : 저항[Ω], L : 인덕턴스[H], C : 커패시턴스[F], $i(t)$: 과도전류[A], E : 직류전압[V]

2. 진동조건(=부족제동인 경우)

(1) 조건
$$\left(\frac{R}{2L}\right)^2 - \frac{1}{LC} < 0 \ \Rightarrow \ R^2 < \frac{4L}{C} \ \Rightarrow \ R < 2\sqrt{\frac{L}{C}}$$

확인문제

09 R-L-C 직렬회로에서 진동 조건은 어느 것인가?

① $R < 2\sqrt{\frac{C}{L}}$ ② $R < 2\sqrt{\frac{L}{C}}$

③ $R < 2\sqrt{LC}$ ④ $R < \frac{1}{2\sqrt{LC}}$

해설 R-L-C 과도현상
진동조건(부족제동인 경우)
(1) 조건
$$\left(\frac{R}{2L}\right)^2 - \frac{1}{LC} < 0 \ \Rightarrow R < 2\sqrt{\frac{L}{C}}$$
(2) 전류
$$i(t) = \frac{E}{\sqrt{\frac{L}{C} - \left(\frac{R}{2}\right)^2}} e^{-\alpha t}\sin\gamma t \,[\text{A}]$$

답 : ②

10 R, L, C 직렬 회로에서 저항 $R = 1[\text{k}\Omega]$, 인덕턴스 $L = 3[\text{mH}]$일 때, 이 회로가 진동적이기 위한 커패시턴스 C의 값은?

① 12[F]   ② 12[mF]

③ 12[μF]   ④ 12[pF]

해설 R-L-C 과도현상

회로가 진동적이기 위해서는 $R^2 < \frac{4L}{C}$ 식을 만족해야 하므로

$$C < \frac{4L}{R^2} = \frac{4 \times 3 \times 10^{-3}}{1,000^2} = 12 \times 10^{-9} \ [\text{F}]$$
$$= 12 \ [\text{nF}]$$
$$\therefore \ C = 12 \ [\text{pF}]$$

답 : ④

(2) 전류

$$i(t) = CEe^{-\gamma t}\frac{\alpha^2 + \gamma^2}{\gamma}\sin\gamma t = \frac{E}{\sqrt{\dfrac{L}{C} - \left(\dfrac{R}{2}\right)^2}}\, e^{-\alpha t}\sin\gamma t\,[\text{A}]$$

여기서, R : 저항$[\Omega]$, L : 인덕턴스[H], C : 커패시턴스[F], $i(t)$: 과도전류[A], E : 직류전압[V]

3. 임계진동조건(=임계제동인 경우)

(1) 조건

$$\left(\frac{R}{2L}\right)^2 - \frac{1}{LC} = 0 \;\Rightarrow\; R^2 = \frac{4L}{C} \;\Rightarrow\; R = 2\sqrt{\frac{L}{C}}$$

(2) 전류

$$i(t) = CE\alpha^2 te^{-\alpha t} = \frac{CER^2}{4L^2}te^{-\alpha t} = \frac{E}{L}te^{-\alpha t}\;\;[\text{A}]$$

※ $\alpha = \dfrac{R}{2L}$, $\beta = \sqrt{\left(\dfrac{R}{2L}\right)^2 - \dfrac{1}{LC}}$, $\gamma = \sqrt{\dfrac{1}{LC} - \left(\dfrac{R}{2L}\right)^2}$

여기서, R : 저항$[\Omega]$, L : 인덕턴스[H], C : 커패시턴스[F], $i(t)$: 과도전류[A], E : 직류전압[V],

그림과 같은 회로에서 스위치 S를 t=0에서 닫았을 때 $(V_L)_{t=0} = 60[V]$, $\left(\dfrac{di}{dt}\right)_{t=0} = 30[A/s]$이다. L의 값

은 몇 [H]인가?

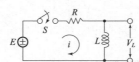

① 0.5

② 1.0

③ 1.25

④ 2.0

풀이전략   (1) 회로 소자 R, L, C 중에서 전류의 시간적 변화율과 관련된 소자는 인덕턴스(L)이다.

(2) L에 단자전압 공식 $e_L = L\dfrac{di}{dt}$[V]에 의하여 계산한다.

풀 이 $(V_L)_{t=0} = 60[V]$, $\left(\dfrac{di}{dt}\right)_{t=0} = 30[A/s]$이므로 $e_L = L\dfrac{di}{dt}$[V]식에 의하여

$$\therefore L = \frac{(V_L)_{t=0}}{\left(\dfrac{di}{dt}\right)_{t=0}} = \frac{60}{30} = 2[H]$$

정답 ④

유사문제

01 그림의 회로에서 스위치 S를 t=0에서 닫을 때 $(V_L)_{t=0} = 50[V]$, $\left(\dfrac{di(t)}{dt}\right)_{t=0} = 100[A/s]$라면 L의

값 [H]은?

① 0.25

② 0.5

③ 0.75

④ 1.0

해설 전류의 시간적 변화

$e_L = L\dfrac{di}{dt}$[V]식에 의하여

$\therefore L = \dfrac{(V_L)_{t=0}}{\left(\dfrac{di}{dt}\right)_{t=0}} = \dfrac{50}{100} = 0.5[H]$

답 : ②

02 그림과 같은 회로에서 $E=10[V]$, $R=10[\Omega]$, $L=1[H]$, $C=10[\mu F]$ 그리고 $V_C(0)=0$일 때 스

위치 S를 닫는 직후 전류의 변화율 $\dfrac{di(0^+)}{dt}$의 값

[A/s]은?

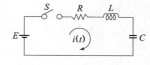

① 0

② 5

③ 10

④ 1

해설 전류의 시간적 변화

$e_L = L\dfrac{di}{dt}$[V] 식에 의하여

$\left(\dfrac{di}{dt}\right) = \dfrac{e_L}{L} = \dfrac{10}{1} = 10[A/s]$

답 : ③

R, L, C 과도전류의 진동여부 판별 및 조건 ★☆☆

R-L-C 직렬회로에서 $R = 100 [\Omega]$, $L = 0.1 \times 10^{-3}$[H], $C = 0.1 \times 10^{-6}$[F]일 때 이 회로는?

① 진동적이다.
② 비진동이다.
③ 정현파 진동이다.
④ 진동일수도 있고 비진동일수도 있다.

풀이전략 (1) 먼저 R, L, C의 값을 진동조건식에 대입하여 계산한다.

(2) 결과로 진동여부를 판별하거나 그 조건을 만족할 만한 R, L, C값의 범위를 정한다.

풀 이 진동 조건식 $R \square 2\sqrt{\dfrac{L}{C}}$ 에서 □ 안에 들어갈 등호 및 부등호에 따라 전류의 성질이 결정된다.

$R = 100 [\Omega]$이므로

$$2\sqrt{\frac{L}{C}} = 2\sqrt{\frac{0.1 \times 10^{-3}}{0.1 \times 10^{-6}}} = 63.2 [\Omega]$$이면

$$\therefore R > 2\sqrt{\frac{L}{C}} \Rightarrow \text{비진동이다.}$$

정답 ②

유사문제

03 R-L-C 직렬회로에서 $L = 5 \times 10^{-3}$[H], $R = 100$ [Ω], $C = 2 \times 10^{-6}$[F]일 때 이 회로는?

① 진동적이다.
② 임계 진동이다.
③ 비진동이다.
④ 정현파로 진동이다.

해설 진동여부 판별

진동 조건식 $R \square 2\sqrt{\dfrac{L}{C}}$ 에서 □ 안에 들어갈 등호 및 부등호에 따라 전류의 성질이 결정된다.
$R = 100 [\Omega]$이므로
$$2\sqrt{\frac{L}{C}} = 2\sqrt{\frac{5 \times 10^{-3}}{2 \times 10^{-6}}} = 100 [\Omega]$$이며
$$\therefore R = 2\sqrt{\frac{L}{C}} \Rightarrow \text{임계진동이다.}$$

답 : ②

04 R-L-C 직렬회로에서 $R = 100 [\Omega]$, $L = 100$[mH], $C = 2[\mu F]$일 때 이 회로는 어떠한가?

① 진동적이다.
② 비진동적이다.
③ 임계진동점이다.
④ 정현파 진동이다.

해설 진동여부 판별

진동 조건식 $R \square 2\sqrt{\dfrac{L}{C}}$ 에서 □ 안에 들어갈 등호 및 부등호에 따라 전류의 성질이 결정된다.
$R = 100 [\Omega]$이므로
$$2\sqrt{\frac{L}{C}} = 2\sqrt{\frac{100 \times 10^{-3}}{2 \times 10^{-6}}} = 447.2 [\Omega]$$
$$\therefore R < 2\sqrt{\frac{L}{C}} \Rightarrow \text{진동적이다.}$$

답 : ①

★★★
01 R=5[Ω], L=1[H]의 직렬회로에서 직류 10[V]를 인가할 때 순시 전류의 식은?

① $5(1-e^{-5t})$ ② $2e^{-5t}$

③ $5e^{-5t}$ ④ $2(1-e^{-5t})$

해설 R-L 과도현상

스위치를 닫을 때 회로에 흐르는 전류 $i(t)$는

$$\therefore i(t) = \frac{E}{R}(1-e^{-\frac{R}{L}t}) = \frac{10}{5}(1-e^{-\frac{5}{1}t})$$

$$= 2(1-e^{-5t})\,[\text{A}]$$

★★
02 그림의 RL 직렬회로가 스위치를 닫은 상태에서 정상이었다. 스위치를 개방한 후 $t=10^{-3}$[sec]일 때의 전류 i[A]는?

① 0.12
② 0.084
③ 0.076
④ 0.044

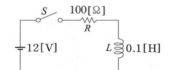

해설 R-L 과도현상

R-L 과도현상에서 s를 개방할 때 회로에 흐르는 전류 $i(t)$는

$$i(t) = \frac{E}{R}e^{-\frac{R}{L}t}\,[\text{A}]$$이므로

$$\therefore i(t) = \frac{12}{100}e^{-\frac{100}{0.1}\times10^{-3}} = 0.044\,[\text{A}]$$

★★
03 R-L 직렬회로에 E인 직류 전압원을 갑자기 연결하였을 때 $t=0^+$인 순간 이 회로에 흐르는 전류에 대하여 옳게 표현된 것은?

① 이 회로에는 전류가 흐르지 않는다.

② 이 회로에는 $\frac{E}{R}$ 크기의 전류가 흐른다.

③ 이 회로에는 무한대의 전류가 흐른다.

④ 이 회로에는 $\frac{E}{R+j\omega L}$ 의 전류가 흐른다.

해설 R-L 과도현상

스위치를 닫을 때 $t=0$인 순간 회로에 흐르는 전류 $i(0)$는 초기 전류를 의미하며

$$i(0) = \frac{E}{R}(1-e^0) = 0\,[\text{A}]$$

∴ 전류가 흐르지 않는다.

★
04 어떤 회로의 전류가 $i(t)=20-20e^{-200t}$[A]로 주어졌다. 정상값은 몇 [A]인가?

① 5   ② 12.6
③ 15.6   ④ 20

해설 정상값 전류 : $i(\infty)$

$i(t)=20-20e^{-200t}$[A]일 때 $t=\infty$인 경우의 전류를 정상전류라 하므로

$$\therefore i(\infty) = 20-20e^{-\infty} = 20\,[\text{A}]$$

★★★
05 그림과 같은 회로에서 정상 전류값 i_s[A]는? (단, t=0에서 스위치 S를 닫았다.)

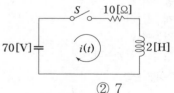

① 0   ② 7
③ 3   ④ −35

해설 R-L 과도현상

스위치를 닫고 난 후 $t=\infty$인 순간 회로에 흐르는 전류 $i(\infty)$는 정상 전류를 의미하며

$$i(\infty) = \frac{E}{R}(1-e^{-\infty}) = \frac{E}{R}\,[\text{A}]$$

$$\therefore i(\infty) = \frac{E}{R} = \frac{70}{10} = 7\,[\text{A}]$$

★★
06 R-C 직렬회로의 시정수는 RC이다. 시정수의 단위는 어떻게 되는가?

① [Ω]　　　　② [Ω μF]
③ [sec]　　　　④ [Ω/F]

[해설] R-C 과도현상
　　R-C 직렬회로에서 스위치를 닫고 전류가 정상전류의 36.8[%]에 도달하는데 소요되는 시간을 시정수라 하며 $i(\tau) = \dfrac{E}{R}e^{-\frac{1}{RC}\tau} = 0.368\dfrac{E}{R}$ [A]를 만족하는 시간을 구하면
　　$\therefore \ \tau = RC$ [sec]

★★★
07 R-L-C 직렬회로에서 시정수의 값이 작을수록 과도현상이 소멸되는 시간은 어떻게 되는가?

① 짧아진다.
② 관계없다.
③ 길어진다.
④ 과도 상태가 없다.

[해설] 시정수가 크면 클수록 과도시간은 길어져서 정상상태에 도달하는데 오래 걸리게 되며 반대로 시정수가 작으면 작을수록 과도시간은 짧게 되어 일찍 소멸하게 된다.

★★★
08 전기 회로에서 일어나는 과도현상은 그 회로의 시정수와 관계가 있다. 이 사이의 관계를 옳게 표현한 것은?

① 회로의 시정수가 클수록 과도현상은 오랫동안 지속된다.
② 시정수는 과도현상의 지속 시간에는 상관되지 않는다.
③ 시정수의 역이 클수록 과도현상은 천천히 사라진다.
④ 시정수가 클수록 과도현상은 빨리 사라진다.

[해설] 시정수가 크면 클수록 과도시간은 길어져서 정상상태에 도달하는데 오래 걸리게 되며 반대로 시정수가 작으면 작을수록 과도시간은 짧게 되어 일찍 소멸하게 된다.

★★
09 R-C 직렬 회로의 과도상태현상에 관한 설명 중 옳게 표현된 것은?

① 과도 전류값은 RC 값에 상관이 없다.
② RC 값이 클수록 회로의 과도값도 빨리 사라진다.
③ RC 값이 클수록 과도 전류값은 천천히 사라진다.
④ $\dfrac{1}{RC}$의 값이 클수록 과도 전류값은 천천히 사라진다.

[해설] 시정수가 크면 클수록 과도시간은 길어져서 정상상태에 도달하는데 오래 걸리게 되며 반대로 시정수가 작으면 작을수록 과도시간은 짧게 되어 일찍 소멸하게 된다. R-C 회로에서 시정수는 $\tau = RC$[sec]이므로 RC값이 클수록 과도전류는 천천히 사라진다.

★★
10 그림과 같은 회로에서 시간 t=0에서 스위치를 갑자기 닫은 후 전류 $i(t)$가 0에서 정상 전류의 63.2[%]에 도달하는 시간[s]을 구하면?

① RL
② $\dfrac{1}{RL}$
③ $\dfrac{L}{R}$
④ $\dfrac{R}{L}$

[해설] R-L 과도현상
　　R-L 직렬연결에서 스위치를 닫고 전류가 63.2[%]에 도달하는데 소요되는 시간을 시정수(τ)라 하며 이때 시정수 τ는
　　$\therefore \ \tau = \dfrac{L}{R} = \dfrac{N\phi}{RI}$ [sec]

★★★
11 R_1, R_2 저항 및 인덕턴스 L의 직렬회로가 있다. 이 회로의 시정수는?

① $-\dfrac{R_1+R_2}{L}$ ② $\dfrac{R_1+R_2}{L}$

③ $-\dfrac{L}{R_1+R_2}$ ④ $\dfrac{L}{R_1+R_2}$

해설 R-L 과도현상
R-L 직렬연결에서 시정수 τ는
$$\therefore \tau = \frac{L}{R} = \frac{L}{R_1+R_2} \text{ [sec]}$$

★★
12 그림과 같은 회로에서 스위치 S를 닫았을 때 시정수의 값[s]은? (단, L=10[mH], R=20[Ω]이다.)

① 2,000
② 5×10^{-4}
③ 200
④ 5×10^{-3}

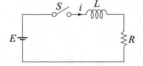

해설 R-L 과도현상
R-L 직렬연결에서 시정수 τ는
$$\therefore \tau = \frac{L}{R} = \frac{10 \times 10^{-3}}{20} = 5 \times 10^{-4} \text{ [sec]}$$

★★
13 유도 코일의 시정수가 0.04[s], 저항이 15.8[Ω]일 때 코일의 인덕턴스[mH]는?

① 12.6   ② 632
③ 2.53   ④ 395

해설 R-L 과도현상
R-L 직렬연결에서 시정수 τ 는 $\tau = \dfrac{L}{R}$ [sec]이므로
$\tau = 0.04$ [s], $R = 15.8$ [Ω]일 때
$$\therefore L = \tau R = 0.04 \times 15.8 = 0.632 \text{ [H]} = 632 \text{ [mH]}$$

★★
14 자계 코일의 권수 $N = 2,000$, 저항 $R = 12[\Omega]$으로 전류 $I = 10$[A]를 통했을 때의 자속 $\phi = 6 \times 10^{-2}$ [Wb]이다. 이 회로의 시정수[s]는?

① 0.01   ② 0.1
③ 1   ④ 10

해설 R-L 과도현상
R-L 직렬연결에서 시정수 τ 는
$$\therefore \tau = \frac{L}{R} = \frac{N\phi}{RI} = \frac{2,000 \times 6 \times 10^{-2}}{12 \times 10} = 1 \text{ [sec]}$$

★★
15 자계 코일의 권수 $N = 1,000$, 저항 $R[\Omega]$으로 전류 $I = 10$[A]를 통했을 때의 자속 $\phi = 2 \times 10^{-2}$ [Wb]이다. 이 회로의 시정수가 0.1[s]라면 저항 R [Ω]은?

① 0.2   ② $\dfrac{1}{20}$
③ 2   ④ 20

해설 R-L 과도현상
R-L 직렬연결에서 시정수 τ는
$\tau = \dfrac{L}{R} = \dfrac{N\phi}{RI}$ [sec]이므로
$$\therefore R = \frac{N\phi}{\tau I} = \frac{1,000 \times 2 \times 10^{-2}}{0.1 \times 10} = 20 \text{ [Ω]}$$

★
16 RL 직렬회로에 직류전압 5[V]를 $t = 0$에서 인가하였더니 $i(t) = 50(1 - e^{-20 \times 10^{-3}t})$ [mA]$(t \geq 0)$ 이었다. 이 회로의 저항을 처음 값의 2배로 하면 시정수는 얼마가 되겠는가?

① 10[msec]   ② 40[msec]
③ 5[sec]   ④ 25[sec]

해설 R-L 과도현상

R-L 과도현상의 전류를 $i(t)$ 라 하면

$$i(t) = \frac{E}{R}\left(1 - e^{-\frac{R}{L}t}\right) = 50\left(1 - e^{-20 \times 10^{-3}t}\right) [A]$$

식에서

$\frac{E}{R} = 50$, $\frac{R}{L} = 20 \times 10^{-3}$일 때 $E = 5$ [V]이므로

$R = \frac{E}{50} = \frac{5}{50} = 0.1 [\Omega]$,

$L = \frac{R}{20 \times 10^{-3}} = \frac{0.1}{20 \times 10^{-3}} = 5$ [H]이다.

따라서 저항을 2배로 하였을 때 시정수 τ는

$$\therefore \tau = \frac{L}{2R} = \frac{5}{2 \times 0.1} = 25 [\text{sec}]$$

★★★
17 회로 방정식의 특성근과 회로의 시정수에 대하여 옳게 서술된 것은?

① 특성근과 시정수는 같다.
② 특성근의 역과 회로의 시정수는 같다.
③ 특성근의 절대값의 역과 회로의 시정수는 같다.
④ 특성근과 회로의 시정수는 서로 상관되지 않는다.

해설 시정수
시정수는 특성근의 절대값의 역수와 같다.

★★★
18 R-L 직렬회로에서 스위치 S를 닫아 직류 전압 E [V]를 회로 양단에 급히 인가한 후 $\frac{L}{R}$ [s] 후의 전류 I [A]는?

① $0.632\frac{E}{R}$

② $0.5\frac{E}{R}$

③ $0.368\frac{E}{R}$

④ $\frac{E}{R}$

해설 시정수

R-L 직렬연결에서 스위치를 닫고 시정수에서의 전류 $i\left(\frac{L}{R}\right)$는

$$\therefore i\left(\frac{L}{R}\right) = \frac{E}{R}(1 - e^{-\frac{R}{L} \times \frac{L}{R}}) = \frac{E}{R}(1 - e^{-1})$$

$$= 0.632\frac{E}{R} [A]$$

★★
19 $R = 100[\Omega]$, $L = 1$[H]의 직렬회로에 직류전압 $E = 100$[V]를 가했을 때, $t = 0.01$[s] 후의 전류 i_t[A]는 약 얼마인가?

① 0.362[A]

② 0.632[A]

③ 3.62[A]

④ 6.32[A]

해설 R-L 과도현상

스위치를 닫은 후 시정수 $\frac{L}{R}$ [sec]에서의 전류는

$$i\left(\frac{L}{R}\right) = 0.632\frac{E}{R} [A]$$이므로

$R = 100 [\Omega]$, $L = 1$ [H]이면 $t = 0.01$ [s]이기 때문에 시정수에서 전류를 구하면 된다.

$$\therefore i\left(\frac{L}{R}\right) = 0.632\frac{E}{R} = 0.632 \times \frac{100}{100} = 0.632 [A]$$

★★
20 그림과 같은 R-L 직렬회로에 t=0에서 스위치 S를 닫아 직류전압 100[V]를 회로 양단에 급히 인가한 후 $\frac{L}{R}$ [s]일 때의 전류[A]는? (단, R=10 [Ω], L=0.1[H]이다.)

① 0.632
② 6.32
③ 36.8
④ 63.2

해설 시정수

R-L 직렬연결에서 스위치를 닫고 시정수에서의 전류 $i\left(\frac{L}{R}\right)$는

$$\therefore i\left(\frac{L}{R}\right) = 0.632\frac{E}{R} = 0.632 \times \frac{100}{10} = 6.32 [A]$$

정답 17 ③ 18 ① 19 ② 20 ②

★★
21 R-L 직렬회로에 계단 응답 $i(t)$의 $\dfrac{L}{R}$[s]에서의 값은?

① $\dfrac{1}{R}$　　　　② $\dfrac{0.368}{R}$

③ $\dfrac{0.5}{R}$　　　　④ $\dfrac{0.632}{R}$

해설 시정수

R-L 직렬연결에서 스위치를 닫고 시정수에서의 계단 응답 전류 $i(t)$는

$$\therefore i(t) = 0.632\,\frac{E}{R} = \frac{0.632}{R}\,[\text{A}]$$

※ 계단응답전류란 입력전압을 단위계단함수(크기가 1인 함수)로 주었을 때 출력전류를 의미한다.

★
23 회로에서 $t=0$인 순간에 전압 E를 인가한 경우, 인덕턴스 L에 걸리는 전압은?

① 0
② E
③ $\dfrac{LE}{R}$
④ $\dfrac{E}{R}$

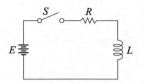

해설 $R-L$ 과도현상

$R-L$ 직렬회로에 직류전압 E[V]를 인가한 경우 L의 단자전압 e_L은 $e_L = Ee^{-\frac{R}{L}t}$[V]이므로 $t=0$인 순간 L에 걸리는 전압 $e_L(0)$은

$$\therefore e_L(0) = Ee^0 = E[\text{V}]$$

★★★
22 그림과 같은 회로에서 스위치 S를 닫았을 때 L에 가해지는 전압은?

① $\dfrac{E}{R}e^{-\frac{R}{L}t}$

② $\dfrac{E}{R}e^{-\frac{L}{R}t}$

③ $Ee^{-\frac{R}{L}t}$

④ $Ee^{-\frac{L}{R}t}$

해설 R-L 과도현상

R-L 직렬연결에서 스위치를 닫고 L에 가해지는 전압을 e_L이라 하면

$$\therefore e_L = L\frac{di}{dt} = Ee^{-\frac{R}{L}t}\,[\text{V}]$$

★★
24 그림과 같은 회로에서 시정수[s] 및 회로의 정상 전류[A]는?

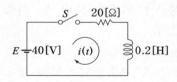

① 0.01, 2　　　② 0.001, 1
③ 0.02, 1　　　④ 1, 3

해설 R-L 과도현상

R-L 직렬연결에서 시정수 및 정상전류는

$$\therefore 시정수 = \frac{L}{R} = \frac{0.2}{20} = 0.01\,[\text{sec}]$$

$$\therefore 정상전류 = \frac{E}{R} = \frac{40}{20} = 2\,[\text{A}]$$

★★★
25 그림과 같이 저항 R_1, R_2 및 인덕턴스 L의 직렬회로가 있다. 이 회로에 대한 서술 중 옳은 것은?

① 이 회로의 시정수는 $\dfrac{L}{R_1+R_2}$ [s]이다.

② 이 회로의 특성근은 $\dfrac{R_1+R_2}{L}$ 이다.

③ 정상 전류값은 $\dfrac{E}{R_2}$

④ 이 회로의 전류값은 $i(t)=\dfrac{E}{R_1+R_2}(1-e^{-\frac{L}{R_1+R_2}})$ 이다.

해설 R-L 과도현상
R-L 직렬연결에서 스위치를 닫고 회로에 흐르는 전류 $i(t)$는

$i(t)=\dfrac{E}{R}(1-e^{-\frac{R}{L}t})$

$\quad =\dfrac{E}{R_1+R_2}(1-e^{-\frac{R_1+R_2}{L}t})$ [A]

(1) 시정수 $=\dfrac{L}{R_1+R_2}$

(2) 특성근 $=-\dfrac{R_1+R_2}{L}$

(3) 정상전류 $=\dfrac{E}{R_1+R_2}$

★★
26 직류 과도현상의 저항 R[Ω]과 인덕턴스 L[H]의 직렬 회로에서 옳지 않은 것은?

① 회로의 시정수는 $\tau=\dfrac{L}{R}$ [s]이다.

② t=0에서 직류 전압 E[V]를 가했을 때 t[s] 후의 전류는 $i(t)=\dfrac{E}{R}(1-e^{-\frac{R}{L}t})$ [A]이다.

③ 과도 기간에 있어서 인덕턴스 L의 단자 전압은 $v_L(t)=Ee^{-\frac{L}{R}t}$이다.

④ 과도 기간에 있어서 저항 R의 단자전압 $v_R(t)=E(1-e^{-\frac{R}{L}t})$ 이다.

해설 R-L 과도현상
R-L 직렬연결에서 스위치를 닫고 L에 가해지는 전압을 e_L이라 하면

$\therefore e_L=L\dfrac{di}{dt}=Ee^{-\frac{R}{L}t}$ [V]

★★★
27 R-L 직렬회로에서 그의 양단에 직류 전압 E를 연결 후 스위치 S를 개방하면 $\dfrac{L}{R}$ [s] 후의 전류값(A)은?

① $\dfrac{E}{R}$

② $0.5\dfrac{E}{R}$

③ $0.368\dfrac{E}{R}$

④ $0.632\dfrac{E}{R}$

해설 시정수
R-L 직렬연결에서 스위치를 열고 시정수에서의 전류 $i(t)$는

$\therefore i\left(\dfrac{L}{R}\right)=\dfrac{E}{R}e^{-\frac{R}{L}\times\frac{L}{R}}=\dfrac{E}{R}e^{-1}=0.368\dfrac{E}{R}$ [A]

★
28 그림과 같은 회로에서 처음에 스위치 S가 닫힌 상태에서 회로에 정상전류가 흐르고 있었다. $t=0$ 에서 스위치 S를 연다면 회로의 전류는?

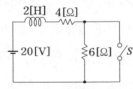

① $2+3e^{-5t}$ ② $2+3e^{-2t}$

③ $4+2e^{-2t}$ ④ $4+2e^{-5t}$

해설 **과도현상**

$i(t)=\dfrac{20}{4+6}+Ae^{-\frac{4+6}{2}t}=2+Ae^{-5t}$ [A] 식에서

$t=0$인 순간 $i(0)=\dfrac{20}{4}=5$ [A]이므로

$i(0)=2+A=5$ [A]를 만족하는 $A=3$ [A]이다.

$\therefore i(t)=2+3e^{-5t}$ [A]

★
29 그림의 RL직렬회로에서 스위치를 닫은 후 몇 초 후에 회로의 전류가 10[mA]가 되는가?

① 0.011 [sec]

② 0.016 [sec]

③ 0.022 [sec]

④ 0.031 [sec]

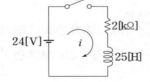

해설 **R-L 과도현상**

R-L 과도현상이 전류를 $i(t)$라 하면

$i(t)=\dfrac{E}{R}\left(1-e^{-\frac{R}{L}t}\right)$ [A] 이므로

$i(t)=10$ [mA], $E=24$ [V], $R=2$ [kΩ], $L=25$ [H]일 때

$10\times10^{-3}=\dfrac{24}{2\times10^{3}}\left(1-e^{-\frac{2\times10^{3}}{25}t}\right)$

$e^{-80t}=1-10\times10^{-3}\times\dfrac{2\times10^{3}}{24}=\dfrac{1}{6}$

$\ln e^{-80t}=-80t=\ln\left(\dfrac{1}{6}\right)$

$\therefore t=\dfrac{\ln\left(\dfrac{1}{6}\right)}{-80}=0.022$ [sec]

★★★
30 그림과 같은 저항 R[Ω]과 정전 용량 C[F]의 직렬 회로에서 잘못 표현된 것은?

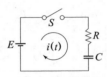

① 회로의 시정수는 $\tau=RC$[s]이다.

② $t=0$에서 직류 전압 E[V]를 인가했을 때 t [s] 후의 전류 $i=\dfrac{E}{R}e^{-\frac{1}{RC}t}$ [A]이다.

③ $t=0$에서 직류 전압 E[V]를 인가했을 때 t [s] 후의 전류 $i=\dfrac{E}{R}(1-e^{-\frac{1}{RC}t})$ [A]이다.

④ R-C 직렬 회로에 직류 전압 E[V]를 충전하는 경우 회로의 전압 방정식은 $Ri+\dfrac{1}{C}\displaystyle\int i\,dt=E$이다.

해설 **R-C 과도현상**

R-C 직렬연결에서 스위치를 닫을 때의 회로에 흐르는 전류 $i(t)$는

$\therefore i(t)=\dfrac{E}{R}e^{-\frac{1}{RC}t}$ [A]

★★
31 그림과 같은 회로에 $t=0$ 에서 s를 닫을 때의 방전 과도전류 $i(t)$[A]는?

① $\dfrac{Q}{RC}e^{-\frac{t}{RC}}$

② $-\dfrac{Q}{RC}e^{\frac{t}{RC}}$

③ $\dfrac{Q}{RC}(1+e^{\frac{t}{RC}})$

④ $-\dfrac{1}{RC}(1-e^{-\frac{t}{RC}})$

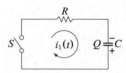

정답 28 ①   29 ③   30 ③   31 ①

해설 R-C 과도현상

R-C직렬회로의 과도전류 $i(t)$

$i(t) = \dfrac{E}{R} e^{-\frac{1}{RC}t}$ [A]이며 기전력을 인가한 경우의 충전전류이다.

기전력이 제거되고 난 후에 방전전류는 충전 시 흐르는 전류와 크기는 같고 방향이 반대이므로 전류부호가 음(−)이 되어야 하나 이 문제의 전류방향이 콘덴서 부호와 일치하는 방전전류를 가리키므로 음(−) 부호를 붙이지 않아야 한다.

$E = \dfrac{Q}{C}$ [V] 식을 대입하여 구하면

$\therefore i(t) = \dfrac{E}{R} e^{-\frac{1}{RC}t} = \dfrac{Q}{RC} e^{-\frac{1}{RC}t}$ [A]

★

32 회로에서 스위치 K는 닫혀진 상태에 있었다. $t = 0$에서 K를 열었을 때 다음의 서술 중 잘못된 것은?

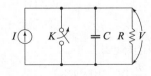

① $t \geq 0$에 대한 회로방정식은 $C\dfrac{dV}{dt} + \dfrac{V}{R} = I$ 이다.

② $V(0^+) = 0$이다.

③ $\dfrac{dV}{dt}\Big|_{t=0} = 0$ 이다.

④ V의 정상값은 $V_{ss} = RI$이다.

해설 R-C 과도현상

$I = C\dfrac{dV}{dt} + \dfrac{V}{R}$ [A] 식에서 $\dfrac{dV}{dt}\Big|_{t=0^+} = \dfrac{I}{C}$ [A/F]

★★★

33 그림과 같은 회로에서 정전 용량 C[F]를 충전한 후 스위치 S를 닫아 이것을 방전하는 경우의 과도 전류는? (단, 회로에는 저항이 없다.)

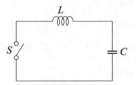

① 불변의 진동 전류

② 감쇠하는 전류

③ 감쇠하는 진동 전류

④ 일정값까지 증가하여 그 후 감쇠하는 전류

해설 L-C 과도현상

L-C 직렬연결에서 회로에 흐르는 전류 $i(t)$는

$i(t) = \dfrac{E}{\sqrt{\dfrac{L}{C}}} \sin \dfrac{1}{\sqrt{LC}} t$ [A]이며 불변진동전류이다.

★★

34 그림과 같은 직류 LC 직렬회로에 대한 설명 중 옳은 것은?

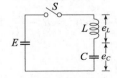

① e_L은 진동함수이나 e_C는 진동하지 않는다.

② e_L의 최대치는 $2E$까지 될 수 있다.

③ e_C의 최대치가 $2E$까지 될 수 있다.

④ C의 충전전하 q는 시간 t에 무관하다.

해설 LC 과도현상의 LC 단자전압이 범위

(1) L단자전압의 범위 : $-E \leq E_L \leq +E$ [V]

(2) C단자전압의 범위 : $0 \leq E_C \leq 2E$ [V]

★★★
35 R-L-C 직렬 회로에서 t=0에서 교류 전압 $v(t) = V_m \sin(\omega t + \theta)$ 를 인가할 때 $R^2 - 4\frac{L}{C} > 0$ 이면 이 회로는?

① 진동적이다.　　② 비진동적이다.
③ 임계적이다.　　④ 비감쇠 진동이다.

해설 R-L-C 과도현상
비진동조건(과제동인 경우)

$$\left(\frac{R}{2L}\right)^2 - \frac{1}{LC} > 0 \;\Rightarrow\; R^2 - \frac{4L}{C} > 0$$

$$\Rightarrow R > 2\sqrt{\frac{L}{C}}$$

★★★
36 R-L-C 직렬 회로에 직류 전압을 갑자기 인가할 때 회로에 흐르는 전류가 비진동적이 될 조건은?

① $R^2 > \dfrac{1}{LC}$　　② $R^2 = \dfrac{4L}{C}$

③ $R^2 > \dfrac{4L}{C}$　　④ $R^2 < \dfrac{4L}{C}$

해설 R-L-C 과도현상
비진동조건(과제동인 경우)

$$\left(\frac{R}{2L}\right)^2 - \frac{1}{LC} > 0 \;\Rightarrow\; R^2 - \frac{4L}{C} > 0$$

$$\Rightarrow R > 2\sqrt{\frac{L}{C}}$$

★★★
37 저항 R, 인덕턴스 L, 콘덴서 C의 직렬회로에서 발생되는 과도현상이 진동이 되지 않을 조건은?

① $\left(\dfrac{R}{2L}\right)^2 - \dfrac{1}{LC} > 0$　　② $\left(\dfrac{R}{2L}\right)^2 - \dfrac{1}{LC} < 0$

③ $\left(\dfrac{R}{2L}\right)^2 - \dfrac{1}{LC} = 0$　　④ $\dfrac{R}{2L} - \dfrac{1}{LC} = 0$

해설 R-L-C 과도현상
비진동조건(과제동인 경우)

$$\left(\frac{R}{2L}\right)^2 - \frac{1}{LC} > 0$$

★★★
38 R-L-C 직렬 회로에서 저항값이 다음 중 어느 값이어야 이 회로가 임계적으로 제동되는가?

① $\sqrt{\dfrac{L}{C}}$　　② $2\sqrt{\dfrac{L}{C}}$

③ $\dfrac{1}{\sqrt{LC}}$　　④ $2\sqrt{\dfrac{C}{L}}$

해설 R-L-C 과도현상
임계진동조건(임계제동인 경우)

$$\left(\frac{R}{2L}\right)^2 - \frac{1}{LC} = 0 \;\Rightarrow\; R^2 = \frac{4L}{C}$$

$$\Rightarrow R = 2\sqrt{\frac{L}{C}}$$

★
39 그림과 같은 회로에서 스위치를 닫을 때, 즉 $t = 0^+$일 때 $\dfrac{di_2(t)}{dt}$의 값[A/s]은?

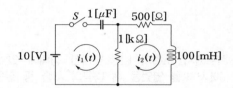

① 1　　② 10
③ 100　　④ 126

해설 전류의 시간적 변화

$e_L = L\dfrac{di}{dt}$ [V] 식에 의하여

$e_L = 10$ [V], $L = 100$ [mH]일 때

$$\therefore \frac{di(t)}{dt} = \frac{e_L}{L} = \frac{10}{100 \times 10^{-3}} = 100 \text{ [A/sec]}$$

Part II 제어공학

01 자동제어계의 요소와 구성

1 자동제어계의 구성

1. 제어계의 기본 구성요소

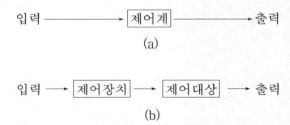

입력 ─────→ 제어계 ─────→ 출력

(a)

입력 ──→ 제어장치 ──→ 제어대상 ──→ 출력

(b)

2. 피드백 제어계의 구성

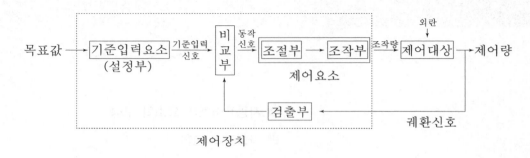

확인문제

01 피드백 제어계에서 반드시 필요한 장치는 어느 것인가?

① 구동 장치
② 응답 속도를 빠르게 하는 장치
③ 안정도를 좋게 하는 장치
④ 입력과 출력을 비교하는 장치

해설 피드백 제어계에서는 제어량(출력)을 검출할 수 있는 검출부가 있어서 목표값(입력)을 기준입력신호로 바꾸어 들어오는 입력과 제어량을 검출신호로 바꾸어 들어오는 출력을 비교할 수 있게 된다. 이러한 입·출력을 비교할 수 있는 비교부를 갖는 제어계를 피드백 제어계라 한다.

답 : ④

02 다음 요소 중 피드백 제어계의 제어장치에 속하지 않는 것은?

① 설정부
② 조절부
③ 검출부
④ 제어대상

해설 제어계의 기본구성은 제어장치와 제어대상으로 구분되며 제어장치에 설정부, 비교부, 제어요소, 검출부 등의 시스템이 속해있다. 따라서 제어장치에 속하지 않는 구성은 제어대상이다.

답 : ④

3. 제어계 구성요소의 정의

① 목표값 : 제어계에 설정되는 값으로서 제어계에 가해지는 입력을 의미한다.

② 기준입력요소 : 목표값에 비례하는 신호인 기준입력신호를 발생시키는 장치로서 제어계의 설정부를 의미한다.

③ 동작신호 : 목표값과 제어량 사이에서 나타나는 편차값으로서 제어요소의 입력신호이다.

④ 제어요소 : 조절부와 조작부로 구성되어 있으며 동작신호를 조작량으로 변환하는 장치이다.

⑤ 조작량 : 제어장치 또는 제어요소의 출력이면서 제어대상의 입력인 신호이다.

⑥ 제어대상 : 제어기구로서 제어장치를 제외한 나머지 부분을 의미한다.

⑦ 제어량 : 제어계의 출력으로서 제어대상에서 만들어지는 값이다.

⑧ 검출부 : 제어량을 검출하는 부분으로서 입력과 출력을 비교할 수 있는 비교부에 출력신호를 공급하는 장치이다.

⑨ 외란 : 제어대상에 가해지는 정상적인 입력 이외의 좋지 않은 외부입력으로서 편차를 유발하여 제어량의 값을 목표값에서부터 멀어지게 하는 입력

⑩ 제어장치 : 기준입력요소, 제어요소, 검출부, 비교부 등과 같은 제어동작이 이루어지는 제어계 구성부분을 의미하며 제어대상은 제외된다.

2 자동제어계의 분류

1. 목표값에 의한 분류

(1) 정치제어

목표값이 시간에 관계없이 항상 일정한 제어

예) 연속식 압연기

확인문제

03 제어요소는 무엇으로 구성되는가?

① 비교부와 검출부 　② 검출부와 조작부
③ 검출부와 조절부 　④ 조절부와 조작부

[해설] 제어계 구성요소의 정의
(1) 기준입력요소 : 목표값에 비례하는 신호인 기준입력신호를 발생시키는 장치로서 제어계의 설정부를 의미한다.
(2) 동작신호 : 목표값과 제어량 사이에서 나타나는 편차값으로서 제어요소의 입력신호이다.
(3) 제어요소 : 조절부와 조작부로 구성되어 있으며 동작신호를 조작량으로 변환하는 장치이다.
(4) 조작량 : 제어장치 또는 제어요소의 출력이면서 제어대상의 입력인 신호이다.
(5) 검출부 : 제어량을 검출하는 부분으로서 입력과 출력을 비교할 수 있는 비교부에 출력신호를 공급하는 장치이다.

답 : ④

04 제어장치가 제어대상에 가하는 제어신호로 제어장치의 출력인 동시에 제어대상의 입력인 신호는?

① 목표값 　② 조작량
③ 제어량 　④ 동작 신호

[해설] 제어계 구성요소의 정의
(1) 기준입력요소 : 목표값에 비례하는 신호인 기준입력신호를 발생시키는 장치로서 제어계의 설정부를 의미한다.
(2) 동작신호 : 목표값과 제어량 사이에서 나타나는 편차값으로서 제어요소의 입력신호이다.
(3) 제어요소 : 조절부와 조작부로 구성되어 있으며 동작신호를 조작량으로 변환하는 장치이다.
(4) 조작량 : 제어장치 또는 제어요소의 출력이면서 제어대상의 입력인 신호이다.
(5) 검출부 : 제어량을 검출하는 부분으로서 입력과 출력을 비교할 수 있는 비교부에 출력신호를 공급하는 장치이다.

답 : ②

(2) 추치제어

목표값의 크기나 위치가 시간에 따라 변하는 것을 제어

추치제어의 3종류

① 추종제어 : 제어량에 의한 분류 중 서보 기구에 해당하는 값을 제어한다.

　예) 비행기 추적레이더, 유도미사일

② 프로그램제어 : 미리 정해진 시간적 변화에 따라 정해진 순서대로 제어한다.

　예) 무인 엘리베이터, 무인 자판기, 무인 열차

③ 비율제어

2. 제어량에 의한 분류

(1) 서보기구 제어

제어량이 기계적인 추치제어이다.

제어량) 위치, 방향, 자세, 각도, 거리

(2) 프로세스 제어

공정제어라고도 하며 제어량이 피드백 제어계로서 주로 정치제어인 경우이다.

제어량) 온도, 압력, 유량, 액면, 습도, 농도

(3) 자동조정 제어

제어량이 정치제어이다.

제어량) 전압, 주파수, 장력, 속도

3. 동작에 의한 분류

(1) 연속동작에 의한 분류

① 비례동작(P제어) : off-set(오프셋, 잔류편차, 정상편차, 정상오차)가 발생, 속응성(응답속도)이 나쁘다.

확인문제

05 열차의 무인 운전을 위한 제어는 어느 것에 속하는가?

① 정치제어　　② 추종제어

③ 비율제어　　④ 프로그램제어

해설 추치제어의 3종류

(1) 추종제어 : 제어량에 의한 분류 중 서보 기구에 해당하는 값을 제어한다.

예) 비행기 추적레이더, 유도미사일

(2) 프로그램제어 : 미리 정해진 시간적 변화에 따라 정해진 순서대로 제어한다.

예) 무인 엘리베이터, 무인 자판기, 무인 열차

(3) 비율제어

답 : ④

06 프로세스제어의 제어량이 아닌 것은?

① 물체의 자세　　② 액위면

③ 유량　　④ 온도

해설 제어량에 의한 분류

(1) 서보기구 제어 : 제어량이 기계적인 추치제어이다.

제어량) 위치, 방향, 자세, 각도, 거리

(2) 프로세스 제어 : 공정제어라고도 하며 제어량이 피드백 제어계로서 주로 정치제어인 경우이다.

제어량) 온도, 압력, 유량, 액면, 습도, 농도

(3) 자동조정 제어 : 제어량이 정치제어이다.

제어량) 전압, 주파수, 장력, 속도

답 : ①

② 미분제어(D제어) : 진동을 억제하여 속응성(응답속도)를 개선한다. [진상보상]

③ 적분제어(I제어) : 정상응답특성을 개선하여 off-set(오프셋, 잔류편차, 정상편차, 정상오차)를 제거한다. [지상보상]

④ 비례미분적분제어(PID제어) : 최상의 최적제어로서 off-set를 제거하며 속응성 또한 개선하여 안정한 제어가 되도록 한다. [진·지상보상]

(2) 불연속 동작에 의한 분류(사이클링 발생)

① 2위치 제어(ON-OFF 제어)

② 샘플링제어

3 비례감도(K_p), 비례대(PB), 제어계수(η)의 관계

$$K_p = \frac{100}{PB}, \quad PB = \frac{100}{K_p}$$

$$\eta = \frac{PB}{100 + PB} = \frac{1}{1 + K_p}$$

---

07 제어요소의 동작 중 연속 동작이 아닌 것은?

① D 동작　　　　② ON-OFF 동작

③ P+D 동작　　　④ P+I 동작

해설 불연속동작에 의한 분류

(1) 2위치 제어(ON-OFF 제어)

(2) 샘플링 제어

답 : ②

08 비례동작의 비례대가 50[%]일 때 제어계수는 얼마인가?

① 0.25　　　　② 0.33

③ 0.50　　　　④ 0.66

해설 제어계수(η)

$\eta = \dfrac{PB}{100 + PB} = \dfrac{1}{1 + K_P}$ 이므로

$PB = 50\,[\%]$일 때

$\therefore \ \eta = \dfrac{50}{100 + 50} = 0.33$

답 : ②

★
01 다음 용어 설명 중 옳지 않은 것은?

① 목표값을 제어할 수 있는 신호로 변환하는 장치를 기준입력장치
② 목표값을 제어할 수 있는 신호로 변환하는 장치를 조작부
③ 제어량을 설정값과 비교하여 오차를 계산하는 장치를 오차검출기
④ 제어량을 측정하는 장치를 검출단

해설 제어계 구성요소의 정의
(1) 기준입력요소 : 목표값에 비례하는 신호인 기준입력신호를 발생시키는 장치로서 제어계의 설정부를 의미한다.
(2) 동작신호 : 목표값과 제어량 사이에서 나타나는 편차값으로서 제어요소의 입력신호이다.
(3) 제어요소 : 조절부와 조작부로 구성되어 있으며 동작신호를 조작량으로 변환하는 장치이다.
(4) 조작량 : 제어장치 또는 제어요소의 출력이면서 제어대상의 입력인 신호이다.
(5) 검출부 : 제어량을 검출하는 부분으로서 입력과 출력을 비교할 수 있는 비교부에 출력신호를 공급하는 장치이다.

★★
02 제어계를 동작시키는 기준으로서 직접 제어계에 가해지는 신호는?

① 기준입력신호
② 동작신호
③ 조절신호
④ 주 피드백신호

해설 제어계를 동작시키는 기준신호로 직접 제어계에 가해지는 신호는 목표값 신호이다. 목표값은 기준입력요소(=기준입력장치)를 통해서 목표값에 비례하는 신호인 기준입력신호로 바뀌게 된다.

★★★
03 피드백 제어계에서 제어요소에 대한 설명 중 옳은 것은?

① 목표치에 비례하는 신호를 발생하는 요소이다.
② 조작부와 검출부로 구성되어 있다.
③ 조절부와 검출부로 구성되어 있다.
④ 동작신호를 조작량으로 변환시키는 요소이다.

해설 제어계 구성요소의 정의
제어요소 : 조절부와 조작부로 구성되어 있으며 동작신호를 조작량으로 변환하는 장치이다.

★★★
04 조절부와 조작부로 이루어진 요소는?

① 기준입력요소
② 피드백요소
③ 제어요소
④ 제어대상

해설 제어계 구성요소의 정의
제어요소 : 조절부와 조작부로 구성되어 있으며 동작신호를 조작량으로 변환하는 장치이다.

★★★
05 제어요소가 제어대상에 주는 양은?

① 기준입력신호
② 동작신호
③ 제어량
④ 조작량

해설 제어계 구성요소의 정의
조작량 : 제어장치 또는 제어요소의 출력이면서 제어대상의 입력인 신호이다.

★
06 보일러의 온도를 70[℃]로 일정하게 유지시키기 위하여 기름의 공급을 변화시킬 때 목표값은?

① 70[℃]
② 온도
③ 기름 공급량
④ 보일러

해설 **자동제어계의 구성**

자동제어계는 목표값을 설정값으로 하는 입력부와 제어량을 제어값으로 하는 출력부로 나누어지며 제어량을 검출하여 입력신호와 비교할 수 있도록 비교부에 전달해주는 검출부로 이루어진다. 문제에서 보일러의 온도는 제어량에 해당되며 70[℃]는 목표값에 해당된다.

★★
07 인가직류 전압을 변화시켜서 전동기의 회전수를 800[rpm]으로 하고자 한다. 이 경우 회전수는 어느 용어에 해당되는가?

① 목표값　　　　　② 조작량
③ 제어량　　　　　④ 제어 대상

해설 **자동제어계의 구성**

전동기의 회전수는 제어량에 해당되며 800[rpm]은 목표값에 해당된다.

★★★
08 전기로의 온도를 900[℃]로 일정하게 유지시키기 위하여, 열전 온도계의 지시값을 보면서 전압 조정기로 전기로에 대한 인가전압을 조절하는 장치가 있다. 이 경우 열전온도계는 어느 용어에 해당되는가?

① 검출부　　　　　② 조작량
③ 조작부　　　　　④ 제어량

해설 **자동제어계의 구성**

전기로의 온도는 제어량에 해당되며 900[℃]는 목표값에 해당된다. 또한 열전온도계는 전기로의 온도를 검출하는 검출부에 속한다.

★★
09 자동제어의 추치제어 3종이 아닌 것은?

① 프로세스제어　　② 추종제어
③ 비율제어　　　　④ 프로그램제어

해설 **자동제어계의 목표값에 의한 분류**

(1) 정치제어 : 목표값이 시간에 관계없이 항상 일정한 제어
예) 연속식 압연기
(2) 추치제어 : 목표값의 크기나 위치가 시간에 따라 변하는 것을 제어

㉠ 추종제어 : 제어량에 의한 분류 중 서보 기구에 해당하는 값을 제어한다.
예) 비행기 추적레이더, 유도미사일
㉡ 프로그램제어 : 미리 정해진 시간적 변화에 따라 정해진 순서대로 제어한다.
예) 무인 엘리베이터, 무인 자판기, 무인 열차
㉢ 비율제어

★★
10 연속식 압연기의 자동제어는 다음 중 어느 것인가?

① 정치제어　　　　② 추종제어
③ 프로그래밍제어　④ 비례제어

해설 **자동제어계의 목표값에 의한 분류**

정치제어 : 목표값이 시간에 관계없이 항상 일정한 제어
예) 연속식 압연기

★★
11 인공위성을 추적하는 레이더(radar)의 제어방식은?

① 정치제어　　　　② 비율제어
③ 추종제어　　　　④ 프로그램제어

해설 **자동제어계의 목표값에 의한 분류**

추종제어 : 제어량에 의한 분류 중 서보 기구에 해당하는 값을 제어한다.
예) 비행기 추적레이더, 유도미사일

★★★
12 엘리베이터의 자동제어는 다음 중 어느 것에 속하는가?

① 추종제어　　　　② 프로그램제어
③ 정치제어　　　　④ 비율제어

해설 **자동제어계의 목표값에 의한 분류**

프로그램제어 : 미리 정해진 시간적 변화에 따라 정해진 순서대로 제어한다. 예) 무인 엘리베이터, 무인 자판기, 무인 열차

★★★
13 목표값이 미리 정해진 시간적 변화를 하는 경우 제어량을 그것에 추종시키기 위한 제어는?

① 프로그래밍제어
② 정치제어
③ 추종제어
④ 비율제어

해설 자동제어계의 목표값에 의한 분류
프로그램제어 : 미리 정해진 시간적 변화에 따라 정해진 순서대로 제어한다.
예) 무인 엘리베이터, 무인 자판기, 무인 열차

★
14 제어 목적에 의한 분류에 해당되는 것은?

① 프로세서 제어
② 서보 기구
③ 자동조정
④ 비율제어

해설 자동제어계의 목표값에 의한 분류
(1) 정치제어 : 목표값이 시간에 관계없이 항상 일정한 제어
(2) 추치제어 : 목표값의 크기나 위치가 시간에 따라 변하는 것을 제어
  ㉠ 추종제어
  ㉡ 프로그램제어
  ㉢ 비율제어

★
15 자동 조정계가 속하는 제어계는?

① 추종제어
② 정치제어
③ 프로그램제어
④ 비율제어

해설 자동제어계의 제어량에 의한 분류
(1) 서보기구 제어 : 제어량이 기계적인 추치제어이다.
  제어량) 위치, 방향, 자세, 각도, 거리
(2) 프로세스 제어 : 공정제어라고도 하며 제어량이 피드백 제어계로서 주로 정치제어인 경우이다.
  제어량) 온도, 압력, 유량, 액면, 습도, 농도
(3) 자동조정 제어 : 제어량이 정치제어이다.
  제어량) 전압, 주파수, 장력, 속도

★★★
16 서보기구에서 직접 제어되는 제어량은 주로 어느 것인가?

① 압력, 유량, 액위, 온도
② 수분, 화학 성분
③ 위치, 각도
④ 전압, 전류, 회전 속도, 회전력

해설 자동제어계의 제어량에 의한 분류
서보기구 제어 : 제어량이 기계적인 추치제어이다.
제어량) 위치, 방향, 자세, 각도, 거리

★★★
17 피드백 제어계 중 물체의 위치, 방위, 자세 등의 기계적 변위를 제어량으로 하는 것은?

① 서보 기구(servomechanism)
② 프로세스 제어(process control)
③ 자동조정(automatic regulation)
④ 프로그램제어(program control)

해설 자동제어계의 제어량에 의한 분류
서보 기구 제어 : 제어량이 기계적인 추치제어이다.
제어량) 위치, 방향, 자세, 각도, 거리

★★★
18 프로세스제어에 속하는 것은?

① 전압 ② 압력
③ 자동조정 ④ 정치제어

해설 자동제어계의 제어량에 의한 분류
프로세스 제어 : 공정제어라고도 하며 제어량이 피드백 제어계로서 주로 정치제어인 경우이다.
제어량) 온도, 압력, 유량, 액면, 습도, 농도

★★★
19 다음의 제어량에서 추종제어에 속하지 않는 것은?

① 유량 ② 위치
③ 방위 ④ 자세

해설 추종제어는 제어량에 의한 분류 중 서보 기구에 해당하는 값을 제어한다. 따라서 서보기구 제어의 제어량인 위치, 방향, 자세, 각도, 거리 등이 추종제어에 속한다.

★★★
20 오프셋이 있는 제어는?

① I 제어　　　　② P 제어
③ PI 제어　　　 ④ PID 제어

[해설] **자동제어계의 동작에 의한 분류**
　연속동작에 의한 분류
　비례동작(P제어) : off-set(오프셋, 잔류편차, 정상편차, 정상오차)가 발생, 속응성(응답속도)이 나쁘다.

★★★
21 잔류편차가 있는 제어계는?

① 비례 제어계(P 제어계)
② 적분 제어계(I 제어계)
③ 비례 적분 제어계(PI 제어계)
④ 비례 적분 미분 제어계(PID 제어계)

[해설] **자동제어계의 동작에 의한 분류**
　연속동작에 의한 분류
　비례동작(P제어) : off-set(오프셋, 잔류편차, 정상편차, 정상오차)가 발생, 속응성(응답속도)이 나쁘다.

★★★
22 PID 동작은 어느 것인가?

① 사이클링은 제거할 수 있으나 오프셋은 생긴다.
② 오프셋은 제거되나 제어동작에 큰 부동작시간이 있으면 응답이 늦어진다.
③ 응답속도는 빨리 할 수 있으나 오프셋은 제거되지 않는다.
④ 사이클링과 오프셋이 제거되고 응답속도가 빠르며 안정성도 있다.

[해설] **자동제어계의 동작에 의한 분류**
　연속동작에 의한 분류
　비례미분적분제어(PID제어) : 최상의 최적제어로서 off-set를 제거하며 속응성 또한 개선하여 안정한 제어가 되도록 한다. [진·지상보상]

★★
23 PD 제어동작은 공정제어계의 무엇을 개선하기 위하여 쓰이고 있는가?

① 정밀성　　　　② 속응성
③ 안정성　　　　④ 이득

[해설] **자동제어계의 동작에 의한 분류**
　연속동작에 의한 분류
　미분제어(D제어) : 진동을 억제하여 속응성(응답속도)을 개선한다. [진상보상]

★
24 진동이 일어나는 장치의 진동을 억제시키는데 가장 효과적인 제어동작은?

① ON-OFF동작　② 비례동작
③ 미분동작　　　④ 적분동작

[해설] **자동제어계의 동작에 의한 분류**
　연속동작에 의한 분류
　미분제어(D제어) : 진동을 억제하여 속응성(응답속도)을 개선한다. [진상보상]

★★
25 PD 제어동작은 프로세스제어계의 과도특성개선에 쓰인다. 이것에 대응하는 보상 요소는?

① 지상보상 요소　② 진상보상 요소
③ 진지상보상 요소 ④ 동상보상 요소

[해설] **자동제어계의 동작에 의한 분류**
　연속동작에 의한 분류
　미분제어(D제어) : 진동을 억제하여 속응성(응답속도)을 개선한다. [진상보상]

★★
26 PI 제어동작은 제어계의 무엇을 개선하기 위해 쓰는가?

① 정상특성　　　② 속응성
③ 안정성　　　　④ 이득

[해설] **자동제어계의 동작에 의한 분류**
　연속동작에 의한 분류
　적분제어(I제어) : 정상응답특성을 개선하여 off-set(오프셋, 잔류편차, 정상편차, 정상오차)를 제거한다. [지상보상]

★
27 PI 제어동작은 프로세스제어계의 정상특성 개선에 흔히 쓰인다. 이것에 대응하는 보상 요소는?

① 지상보상 요소　　② 진상보상 요소
③ 진지상보상 요소　④ 동상보상 요소

[해설] 자동제어계의 동작에 의한 분류
연속동작에 의한 분류
적분제어(I제어) : 정상응답특성을 개선하여 off- set (오프셋, 잔류편차, 정상편차, 정상오차)를 제거한다. [지상보상]

★★
28 비례적분제어(PI 동작)의 단점은?

① 사이클링을 일으킨다.
② 오프세트를 크게 일으킨다.
③ 응답의 진동 시간이 길다.
④ 간헐 현상이 있다.

[해설] PI(비례적분)제어는 오프세트를 제거하여 제어계의 정상응답특성을 개선하게 되지만 속응성을 개선하지는 못한다. 진동을 억제하여 속응성을 향상시키고자 할 경우 PD(비례미분)제어로 보상해주어야 한다. 사이클링과 간헐현상은 불연속 동작에 의한 제어특성이다.

★★
29 조절부의 동작에 의한 분류 중 제어계의 오차가 검출될 때 오차가 변화하는 속도에 비례하여 조작량을 조절하는 동작으로 오차가 커지는 것을 미연에 방지하는 제어 동작은 무엇인가?

① 비례동작제어
② 미분동작제어
③ 적분동작제어
④ 온-오프(ON-OFF) 제어

[해설] 연속동작에 의한 분류
제어계의 동작 중 오차가 검출되어 오차 범위가 커지는 것을 진동억제 및 속응성 개선으로 인하여 미연에 방지할 수 있다. 따라서 이러한 제어계의 동작은 미분동작제어에 속한다.

[참고] 적분제어는 오차발생을 미연에 방지할 목적으로 동작하는 것이 아니라 이미 발생한 오차를 제거하고자할 때 행하는 제어 동작이다.

★★★
30 정상특성과 응답속응성을 동시에 개선시키려면 다음 어느 제어를 사용해야 하는가?

① P 제어　　② PI 제어
③ PD 제어　④ PID 제어

[해설] 자동제어계의 동작에 의한 분류
연속동작에 의한 분류
비례미분적분제어(PID제어) : 최상의 최적제어로서 off-set를 제거하며 속응성 또한 개선하여 안정한 제어가 되도록 한다. [진·지상보상]

★★★
31 다음 동작중 속응도와 정상편차에서 최적제어가 되는 것은?

① P 동작　　② PI 동작
③ PD 동작　④ PID 동작

[해설] 자동제어계의 동작에 의한 분류
연속동작에 의한 분류
비례미분적분제어(PID제어) : 최상의 최적제어로서 off-set를 제거하며 속응성 또한 개선하여 안정한 제어가 되도록 한다. [진·지상보상]

★
32 사이클링이 있는 제어는?

① on-off제어　　② 비례제어
③ 비례적분제어　④ 비례적분미분제어

[해설] 자동제어계의 동작에 의한 분류
불연속 동작에 의한 분류(사이클링 발생)
(1) 2위치제어(ON-OFF 제어)
(2) 샘플링제어

★
33 P 동작의 비례감도(proportional gain)가 4인 경우 비례대(proportional band)는 몇 [%]인가?

① 4　　　　② 10
③ 25　　　④ 40

[해설] 비례감도(K_P), 비례대(PB)의 관계
$K_P = \dfrac{100}{PB}$, $PB = \dfrac{100}{K_P}$ 이므로 $K_P = 4$인 경우
$\therefore PB = \dfrac{100}{K_P} = \dfrac{100}{4} = 25$

★
34 비례대를 25[%]라 하면 P동작의 비례이득은?

① 4 　　　　 ② 10

③ 25 　　　　 ④ 50

해설 비례감도(K_P), 비례대(PB)의 관계

$K_P = \dfrac{100}{PB}$, $PB = \dfrac{100}{K_P}$ 이므로

$PB = 25$ [%]일 때 비례이득(=비례감도)은

$\therefore K_P = \dfrac{100}{PB} = \dfrac{100}{25} = 4$

★★
35 다음 그림 중 ⑴에 알맞은 신호는?

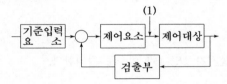

① 기준입력 　　　 ② 동작신호

③ 조작량 　　　　 ④ 제어량

해설 제어계 구성요소의 정의

⑴ 기준입력요소 : 목표값에 비례하는 신호인 기준입력신호를 발생시키는 장치로서 제어계의 설정부를 의미한다.

⑵ 동작신호 : 목표값과 제어량 사이에서 나타나는 편차값으로서 제어요소의 입력신호이다.

⑶ 제어요소 : 조절부와 조작부로 구성되어 있으며 동작신호를 조작량으로 변환하는 장치이다.

⑷ 조작량 : 제어장치 또는 제어요소의 출력이면서 제어대상의 입력인 신호이다.

⑸ 검출부 : 제어량을 검출하는 부분으로서 입력과 출력을 비교할 수 있는 비교부에 출력신호를 공급하는 장치이다.

★★
36 다음 중 피드백 제어계의 일반적인 특징이 아닌 것은?

① 비선형 왜곡이 감소한다.

② 구조가 간단하고 설치비가 저렴하다.

③ 대역폭이 증가한다.

④ 계의 특성 변화에 대한 입력 대 출력비의 감도가 감소한다.

해설 피드백 제어계의 특징

⑴ 궤환 신호를 목표값과 비교하여 편차를 줄이고 응답속도를 빠르게 제어한다.

⑵ 비선형 왜곡이 감소한다.

⑶ 대역폭이 증가한다.

⑷ 입력과 출력 사이의 감도가 감소한다.

⑸ 궤환장치가 필요하므로 회로가 복잡하고 비용이 많이 든다.

★
37 그림은 인쇄기 제어 시스템의 블록선도이다. 이러한 시스템을 무슨 제어 시스템이라고 하는가?

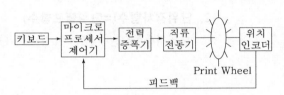

① 디지털제어 시스템

② 아날로그제어 시스템

③ 최적제어 시스템

④ 적응제어 시스템

해설 폐루프 프린트휠 제어계

폐루프 프린트휠 제어계는 궤환(피드백)이 있는 프린트휠 제어계를 의미하며, 이 경우에 프린트휠의 위치는 위치 인코더에 의해 측정된 뒤 키보드로부터 원하는 위치와 비교된 뒤에 마이크로프로세서에 의하여 처리된다. 전동기는 이와 같이 원하는 위치에 정확하게 프린트휠을 구동하도록 제어된다. 프린트휠의 속도에 관한 정보도 위치데이터로부터 마이크로프로세서에 의하여 처리될 수 있으며, 프린트휠의 운동이 보다 잘 제어될 수 있다.

이러한 폐루프 프린트휠 제어계는 마이크로프로세서가 디지털 데이터를 받고 내보내므로 대표적인 디지털 제어계에 속한다.

1 정의식

$$\mathcal{L}\left[f(t)\right] = F(s) = \int_0^\infty f(t)\, e^{-st}\, dt$$

2 함수별 라플라스 변환

1. 단위계단함수(=인디셜함수)

단위계단함수는 $u(t)$ 로 표시하며 크기가 1인 일정함수로 정의한다.

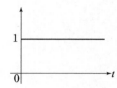

$f(t) = u(t) = 1$

$$\mathcal{L}\left[f(t)\right] = \mathcal{L}\left[u(t)\right] = \int_0^\infty u(t)\, e^{-st} dt = \int_0^\infty e^{-st}\, dt = \left[-\frac{1}{s}e^{-st}\right]_0^\infty = \frac{1}{s}$$

2. 단위경사함수(=단위램프함수)

단위경사함수는 t 또는 $tu(t)$ 로 표시하며 기울기가 1인 1차 함수로 정의한다.

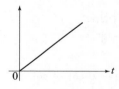

01 단위계단함수 $u(t)$의 라플라스 변환은?

① e^{-st} ② $\dfrac{1}{2}e^{-st}$

③ $\dfrac{1}{e^{-st}}$ ④ $\dfrac{1}{s}$

해설 $f(t) = u(t) = 1$이므로

$$\mathcal{L}\left[f(t)\right] = \mathcal{L}\left[u(t)\right] = \int_0^\infty u(t)\, e^{-st} dt$$

$$= \left[-\frac{1}{s}e^{-st}\right]_0^\infty = \frac{1}{s}$$

답 : ④

02 $f(t) = t^2$ 의 라플라스 변환은?

① $\dfrac{2}{s}$ ② $\dfrac{2}{s^2}$

③ $\dfrac{2}{s^3}$ ④ $\dfrac{2}{s^4}$

해설 $f(t) = t^n$일 때

$$\mathcal{L}\left[f(t)\right] = \mathcal{L}\left[t^n\right] = \frac{n!}{s^{n+1}} \text{ 이므로 } f(t) = t^2 \text{라면}$$

$$\mathcal{L}\left[t^2\right] = \frac{2!}{s^3} = \frac{2 \times 1}{s^3} = \frac{2}{s^3}$$

답 : ③

$$f(t) = t$$

$$\mathcal{L}\left[f(t)\right] = \mathcal{L}\left[t\right] = \int_0^\infty t e^{-st}\, dt = \left[-\frac{1}{s} t e^{-st}\right]_0^\infty + \int_0^\infty \frac{1}{s} e^{-st}\, dt = \frac{1}{s}\int_0^\infty e^{-st}\, dt = \frac{1}{s^2}$$

$f(t)$	$F(s)$
t	$\dfrac{1}{s^2}$
t^2	$\dfrac{2}{s^3}$
t^3	$\dfrac{6}{s^4}$

3. 삼각함수

(1) $\cos \omega t$

$$\mathcal{L}\left[f(t)\right] = \mathcal{L}\left[\cos \omega t\right] = \int_0^\infty \cos \omega t\, e^{-st}\, dt = \left[-\frac{1}{s}\cos \omega t\, e^{-st}\right]_0^\infty - \frac{\omega}{s}\int_0^\infty \sin \omega t\, e^{-st}\, dt$$

$$= \frac{1}{s} - \frac{\omega}{s}\left\{\left[-\frac{1}{s}\sin \omega t\, e^{-st}\right]_0^\infty + \frac{\omega}{s}\int_0^\infty \cos \omega t\, e^{-st}\, dt\right\}$$

$$= \frac{1}{s} - \frac{\omega^2}{s^2}\int_0^\infty \cos \omega t\, e^{-st}\, dt$$

$$\int_0^\infty \cos \omega t\, e^{-st}\, dt = \frac{1}{s\left(\dfrac{\omega^2}{s^2}+1\right)} = \frac{s}{s^2+\omega^2}$$

확인문제

03 $\cos \omega t$ 의 라플라스 변환은?

① $\dfrac{s}{s^2-\omega^2}$ ② $\dfrac{s}{s^2+\omega^2}$

③ $\dfrac{\omega}{s^2-\omega^2}$ ④ $\dfrac{\omega}{s^2+\omega^2}$

해설 라플라스 변환표

$f(t)$	$F(s)$
$\sin \omega t$	$\dfrac{\omega}{s^2+\omega^2}$
$\cos \omega t$	$\dfrac{s}{s^2+\omega^2}$
$\sinh \omega t$	$\dfrac{\omega}{s^2-\omega^2}$
$\cosh \omega t$	$\dfrac{s}{s^2-\omega^2}$

답 : ②

04 $f(t) = \sinh at$ 의 라플라스 변환은?

① $\dfrac{a}{s^2+a^2}$ ② $\dfrac{a}{s^2-a^2}$

③ $\dfrac{s}{s^2+a^2}$ ④ $\dfrac{s}{s^2-a^2}$

해설 라플라스 변환표

$f(t)$	$F(s)$
$\sin \omega t$	$\dfrac{\omega}{s^2+\omega^2}$
$\cos \omega t$	$\dfrac{s}{s^2+\omega^2}$
$\sinh \omega t$	$\dfrac{\omega}{s^2-\omega^2}$
$\cosh \omega t$	$\dfrac{s}{s^2-\omega^2}$

답 : ②

(2) $\sin\omega t$

$$\mathcal{L}[f(t)] = \mathcal{L}[\sin\omega t] = \int_0^\infty \sin\omega t\, e^{-st}\, dt$$

$$= \left[-\frac{1}{s}\sin\omega t\, e^{-st}\right]_0^\infty + \frac{\omega}{s}\int_0^\infty \cos\omega t\, e^{-st}\, dt$$

$$= \frac{\omega}{s}\left\{\frac{s}{s^2+\omega^2}\right\} = \frac{\omega}{s^2+\omega^2}$$

$f(t)$	$F(s)$
$\sin t$	$\dfrac{1}{s^2+1}$
$\sin t \cos t$	$\dfrac{1}{s^2+4}$
$\sin t + 2\cos t$	$\dfrac{2s+1}{s^2+1}$
$t\sin\omega t$	$\dfrac{2\omega s}{(s^2+\omega^2)^2}$
$\sin(\omega t+\theta)$	$\dfrac{\omega\cos\theta+s\sin\theta}{s^2+\omega^2}$
$\sinh\omega t$	$\dfrac{\omega}{s^2-\omega^2}$
$\cosh\omega t$	$\dfrac{s}{s^2-\omega^2}$

확인문제

05 $f(t)=\sin t\cos t$를 라플라스 변환하면?

① $\dfrac{1}{s^2+4}$ ② $\dfrac{1}{s^2+2}$

③ $\dfrac{1}{(s+2)^2}$ ④ $\dfrac{1}{(s+4)^2}$

해설 라플라스 변환표

$f(t)$	$F(s)$
$\sin t$	$\dfrac{1}{s^2+1}$
$\sin t\cos t$	$\dfrac{1}{s^2+4}$
$\sin t+2\cos t$	$\dfrac{2s+1}{s^2+1}$
$t\sin\omega t$	$\dfrac{2\omega s}{(s^2+\omega^2)^2}$

답 : ①

06 $f(t)=\sin t+2\cos t$를 라플라스 변환하면?

① $\dfrac{2s}{s^2+1}$ ② $\dfrac{2s+1}{(s+1)^2}$

③ $\dfrac{2s+1}{s^2+1}$ ④ $\dfrac{2s}{(s+1)^2}$

해설 라플라스 변환표

$f(t)$	$F(s)$
$\sin t$	$\dfrac{1}{s^2+1}$
$\sin t\cos t$	$\dfrac{1}{s^2+4}$
$\sin t+2\cos t$	$\dfrac{2s+1}{s^2+1}$
$t\sin\omega t$	$\dfrac{2\omega s}{(s^2+\omega^2)^2}$

답 : ③

4. 지수함수

(1) e^{at}

$$\mathcal{L}\left[f(t)\right] = \mathcal{L}\left[e^{at}\right] = \int_0^\infty e^{at}\, e^{-st}\, dt = \int_0^\infty e^{-(s-a)t}\, dt = \frac{1}{s-a}$$

(2) e^{-at}

$$\mathcal{L}\left[f(t)\right] = \mathcal{L}\left[e^{-at}\right] = \int_0^\infty e^{-at}\, e^{-st}\, dt = \int_0^\infty e^{-(s+a)t}\, dt = \frac{1}{s+a}$$

5. 단위임펄스함수(=단위충격함수)

단위임펄스함수는 $\delta(t)$ 로 표시하며 중량함수와 하중함수에 비례하여 충격에 의해 생기는 함수로 정의한다.

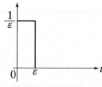

$$f(t) = \delta(t) = \lim_{\epsilon \to 0}\left\{\frac{1}{\epsilon}\, u(t) - \frac{1}{\epsilon} u(t-\epsilon)\right\}$$

$$\mathcal{L}\left[f(t)\right] = \mathcal{L}\left[\delta(t)\right] = \int_0^\infty \lim_{\epsilon \to 0}\left\{\frac{1}{\epsilon}\, u(t) - \frac{1}{\epsilon} u(t-\epsilon)\right\} e^{-st}\, dt$$

$$= \lim_{\epsilon \to 0}\frac{1-e^{-\epsilon s}}{\epsilon s} = \lim_{\epsilon \to 0}\frac{(1-e^{-\epsilon s})'}{(\epsilon s)'}$$

$$= \lim_{\epsilon \to 0}\frac{\epsilon e^{-\epsilon s}}{\epsilon} = 1$$

확인문제

07 $e^{j\omega t}$ 의 라플라스 변환은?

① $\dfrac{1}{s-j\omega}$ ② $\dfrac{1}{s+j\omega}$

③ $\dfrac{1}{s^2+j\omega}$ ④ $\dfrac{\omega}{s^2+\omega^2}$

[해설] 라플라스 변환표

$f(t)$	$F(s)$
e^{at}	$\dfrac{1}{s-a}$
e^{-at}	$\dfrac{1}{s+a}$
$\delta(t)$	1

$\therefore\ \mathcal{L}\left[f(t)\right] = \mathcal{L}\left[e^{j\omega t}\right] = \dfrac{1}{s-j\omega}$

답 : ①

08 단위임펄스함수 $\delta(t)$ 의 라플라스 변환은?

① 0 ② 1

③ $\dfrac{1}{s}$ ④ $\dfrac{1}{s+a}$

[해설] 라플라스 변환표

$f(t)$	$F(s)$
e^{at}	$\dfrac{1}{s-a}$
e^{-at}	$\dfrac{1}{s+a}$
$\delta(t)$	1

$\therefore\ \mathcal{L}\left[f(t)\right] = \mathcal{L}\left[\delta(t)\right] = 1$

답 : ②

3 라플라스 정리

1. 시간추이정리

$$\pounds\left[f(t \pm T)\right] = F(s)\, e^{\pm Ts}$$

$f(t)$	$F(s)$
$u(t-a)$	$\dfrac{1}{s}e^{-as}$
$u(t-b)$	$\dfrac{1}{s}\,e^{-bs}$
$(t-T)u(t-T)$	$\dfrac{1}{s^2}e^{-Ts}$
$\sin\omega\left(t - \dfrac{T}{2}\right)$	$\dfrac{\omega}{s^2+\omega^2}e^{-\frac{T}{2}s}$

2. 복소추이정리

$$\pounds\left[f(t)\, e^{-at}\right] = F(s+a)$$

$f(t)$	$F(s)$
$t\,e^{at}$	$\dfrac{1}{(s-a)^2}$
$t\,e^{-at}$	$\dfrac{1}{(s+a)^2}$
$t^2\,e^{at}$	$\dfrac{2}{(s-a)^3}$

확인문제

09 $f(t) = u(t-a) - u(t-b)$ 식으로 표시되는 4각파의 라플라스는?

① $\dfrac{1}{s}(e^{-as} - e^{-bs})$ ② $\dfrac{1}{s}(e^{as} + e^{bs})$

③ $\dfrac{1}{s^2}(e^{-as} - e^{-bs})$ ④ $\dfrac{1}{s^2}(e^{as} + e^{bs})$

해설 시간추이정리

$$\pounds\left[u(t-a)\right] = \frac{1}{s}e^{-as}$$

$$\pounds\left[u(t-b)\right] = \frac{1}{s}e^{-bs}$$

$$\pounds\left[f(t)\right] = \pounds\left[u(t-a) - u(t-b)\right]$$
$$= \frac{1}{s}(e^{-as} - e^{-bs})$$

답 : ①

10 $f(t) = t^2 e^{at}$ 의 라플라스 변환은?

① $\dfrac{2}{(s-a)^2}$ ② $\dfrac{2}{(s-a)^3}$

③ $\dfrac{2}{(s+a)^2}$ ④ $\dfrac{2}{(s+a)^3}$

해설 복소추이 정리

$$\pounds\left[f(t)\right] = \pounds\left[t^2 e^{at}\right] = \frac{2}{s^3}\Bigg|_{s=s-a}$$

$$= \frac{2}{(s-a)^3}$$

답 : ②

$f(t)$	$F(s)$
$t^2 e^{-at}$	$\dfrac{2}{(s+a)^3}$
$e^{at}\cos\omega t$	$\dfrac{s-a}{(s-a)^2+\omega^2}$
$e^{-at}\cos\omega t$	$\dfrac{s+a}{(s+a)^2+\omega^2}$
$e^{at}\sin\omega t$	$\dfrac{\omega}{(s-a)^2+\omega^2}$
$e^{-at}\sin\omega t$	$\dfrac{\omega}{(s+a)^2+\omega^2}$

3. 초기값 정리와 최종값 정리

(1) 초기값 정리

$$\mathcal{L}\left[\frac{df(t)}{dt}\right]=\int_0^\infty \frac{df(t)}{dt}e^{-st}dt=[f(t)\,e^{-st}]_0^\infty + \int_0^\infty s\,f(t)\,e^{-st}\,dt$$

$$=s\,F(s)-f(0_+)$$

$$\lim_{s\to\infty}\left[\int_0^\infty \frac{df(t)}{dt}\,e^{-st}\,dt\right]=\lim_{s\to\infty}[s\,F(s)-f(0_+)]=0$$

$$f(0_+)=\lim_{t\to 0_+}f(t)=\lim_{s\to\infty}sF(s)$$

확인문제

11 $e^{-2t}\cos 3t$의 라플라스 변환은?

① $\dfrac{s+2}{(s+2)^2+3^2}$ ② $\dfrac{s-2}{(s-2)^2+3^2}$

③ $\dfrac{s}{(s+2)^2+3^2}$ ④ $\dfrac{s}{(s-2)^2+3^2}$

[해설] 복소추이정리

$$\mathcal{L}\left[f(t)\right]=\mathcal{L}\left[e^{-2t}\cos 3t\right]=\left.\frac{s}{s^2+3^2}\right|_{s=s+2}$$

$$=\frac{s+2}{(s+2)^2+3^2}$$

답 : ①

12 다음과 같은 2개의 전류의 초기값 $i_1(0_+)$, $i_2(0_+)$가 옳게 구해진 것은?

$$I_1(s)=\frac{12(s+8)}{4s(s+6)},\quad I_2(s)=\frac{12}{s(s+6)}$$

① 3, 0   ② 4, 0
③ 4, 2   ④ 3, 4

[해설] 초기값 정리

$$i_1(0_+)=\lim_{s\to\infty}s\,I_1(s)=\lim_{s\to\infty}\frac{12s(s+8)}{4s(s+6)}$$

$$=\frac{12}{4}=3$$

$$i_2(0_+)=\lim_{s\to\infty}s\,I_2(s)=\lim_{s\to\infty}\frac{12s}{(s+6)}=\frac{12}{\infty}=0$$

답 : ①

(2) 최종값 정리

$$\mathcal{L}\left[\frac{df(t)}{dt}\right] = sF(s) - f(0_+) = \lim_{s \to 0}\left[\int_0^\infty \frac{df(t)}{dt}e^{-st}dt\right]$$

$$= \int_0^\infty \frac{df(t)}{dt}dt = \lim_{t \to \infty}f(t) - f(0_+)] = \lim_{s \to 0}[sF(s) - f(0_+)]$$

$$\lim_{t \to \infty}f(t) = \lim_{s \to 0}sF(s)$$

4. 실미분정리와 실적분정리

(1) 실미분정리

$$\mathcal{L}\left[\frac{d^n f(t)}{dt^n}\right] = s^nF(s) - s^{n-1}f(0_+) - s^{n-2}f'(0_+) \cdots f^{n-1}(0_+)$$

(2) 실적분정리

$$\mathcal{L}\left[\int\int\cdots\int f(t)dt^n\right] = \frac{1}{s^n}F(s) + \frac{1}{s^n}f^{(-1)}(0_+) + \cdots + \frac{1}{s}f^{(-n)}(0_+)$$

5. 복소미분정리

$$\mathcal{L}\left[t^n f(t)\right] = (-1)^n \frac{d^n}{ds^n}F(s)$$

13 $F(s) = \dfrac{3s+10}{s^3+2s^2+5s}$ 일 때 $f(t)$의 최종값은?

① 0   ② 1

③ 2   ④ 8

해설 최종값 정리=정상값 정리

$$f(\infty) = \lim_{s \to 0}sF(s) = \lim_{s \to 0}\frac{s(3s+10)}{s^3+2s^2+5s}$$

$$= \frac{10}{5} = 2$$

답 : ③

14 $F(s) = \dfrac{5s+3}{s(s+1)}$ 의 정상값 $f(\infty)$는?

① 3   ② −3

③ 2   ④ −2

해설 최종값 정리=정상값 정리

$$f(\infty) = \lim_{s \to 0}sF(s) = \lim_{s \to 0}\frac{s(5s+3)}{s(s+1)}$$

$$= \frac{3}{1} = 3$$

답 : ①

02 출제예상문제

★
01 함수 $f(t)$의 라플라스 변환은 어떤 식으로 정의되는가?

① $\int_{-\infty}^{\infty} f(t)e^{-st}dt$ ② $\int_{-\infty}^{\infty} f(t)e^{st}dt$

③ $\int_{0}^{\infty} f(t)e^{-st}dt$ ④ $\int_{0}^{\infty} f(t)e^{st}dt$

해설 라플라스의 정의식

$$\mathcal{L}\left[f(t)\right] = F(s) = \int_{0}^{\infty} f(t)e^{-st}dt$$

★★
02 그림과 같은 직류 전압의 라플라스 변환을 구하면?

① $\dfrac{E}{s-1}$ ② $\dfrac{E}{s+1}$

③ $\dfrac{E}{s}$ ④ $\dfrac{E}{s^2}$

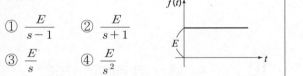

해설 $f(t) = Eu(t) = E$ 일 때 $\mathcal{L}\left[u(t)\right] = \dfrac{1}{s}$ 이므로

$$\therefore \; \mathcal{L}\left[f(t)\right] = \mathcal{L}\left[Eu(t)\right] = E\mathcal{L}\left[u(t)\right] = \frac{E}{s}$$

★★★
03 단위램프함수 $\rho(t) = tu(t)$의 라플라스 변환은?

① $\dfrac{1}{s^2}$ ② $\dfrac{1}{s}$

③ $\dfrac{1}{s^3}$ ④ $\dfrac{1}{s^4}$

해설 $\rho(t) = tu(t) = t$ 일 때

$$\therefore \; \mathcal{L}\left[\rho(t)\right] = \mathcal{L}\left[tu(t)\right] = \mathcal{L}\left[t\right]$$
$$= \int_{0}^{\infty} te^{-st}dt$$
$$= \left[-\frac{1}{s}te^{-st}\right]_{0}^{\infty} + \int_{0}^{\infty}\frac{1}{s}e^{-st}dt$$
$$= \frac{1}{s}\int_{0}^{\infty} e^{-st}dt = \frac{1}{s^2}$$

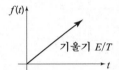

암기

$f(t)$	t	t^2	t^3
$F(s)$	$\dfrac{1}{s^2}$	$\dfrac{2}{s^3}$	$\dfrac{6}{s^4}$

★★
04 다음 파형의 라플라스 변환은?

① $\dfrac{E}{s^2}$

② $\dfrac{E}{Ts^2}$

③ $\dfrac{E}{s}$

④ $\dfrac{E}{Ts}$

기울기 E/T

해설 $f(t) = \dfrac{E}{T}t$ 일 때 $\mathcal{L}\left[t\right] = \dfrac{1}{s^2}$ 이므로

$$\therefore \; \mathcal{L}\left[f(t)\right] = \mathcal{L}\left[\frac{E}{T}t\right] = \frac{E}{T}\mathcal{L}\left[t\right] = \frac{E}{Ts^2}$$

★★★
05 $10t^3$의 라플라스 변환은?

① $\dfrac{60}{s^4}$ ② $\dfrac{30}{s^4}$

③ $\dfrac{10}{s^4}$ ④ $\dfrac{80}{s^4}$

해설 $f(t) = 10t^3$ 일 때

$$\therefore \; \mathcal{L}\left[f(t)\right] = \mathcal{L}\left[10t^3\right] = 10\mathcal{L}\left[t^3\right] = \frac{60}{s^4}$$

★★★
06 $\sin \omega t$ 라플라스 변환은?

① $\dfrac{s}{s^2+\omega^2}$ ② $\dfrac{\omega}{s^2+\omega^2}$

③ $\dfrac{s}{s^2-\omega^2}$ ④ $\dfrac{\omega}{s^2-\omega^2}$

해설 $f(t)=\sin \omega t$일 때

$f(t)$	$\sin \omega t$	$\cos \omega t$	$\sinh \omega t$	$\cosh \omega t$
$F(s)$	$\dfrac{\omega}{s^2+\omega^2}$	$\dfrac{s}{s^2+\omega^2}$	$\dfrac{\omega}{s^2-\omega^2}$	$\dfrac{s}{s^2-\omega^2}$

$\therefore \mathcal{L}[f(t)]=\mathcal{L}[\sin \omega t]=\dfrac{\omega}{s^2+\omega^2}$

★★
07 기전력 $E_m \sin \omega t$의 라플라스 변환은?

① $\dfrac{s}{s^2+\omega^2}E_m$ ② $\dfrac{\omega}{s^2+\omega^2}E_m$

③ $\dfrac{s}{s^2-\omega^2}E_m$ ④ $\dfrac{\omega}{s^2-\omega^2}E_m$

해설 $f(t)=E_m \sin \omega t$일 때

$\mathcal{L}[\sin \omega t]=\dfrac{\omega}{s^2+\omega^2}$이므로

$\therefore \mathcal{L}[f(t)]=\mathcal{L}[E_m \sin \omega t]=E_m \mathcal{L}[\sin \omega t]$

$\qquad =\dfrac{\omega}{s^2+\omega^2}E_m$

★★★
08 $\mathcal{L}[\sin t]=\dfrac{1}{s^2+1}$ 을 이용하여 ㉠ $\mathcal{L}[\cos \omega t]$, ㉡ $\mathcal{L}[\sin at]$를 구하면?

① ㉠ $\dfrac{1}{s^2-a^2}$ ㉡ $\dfrac{1}{s^2-\omega^2}$

② ㉠ $\dfrac{1}{s+a}$ ㉡ $\dfrac{s}{s+\omega}$

③ ㉠ $\dfrac{s}{s^2+\omega^2}$ ㉡ $\dfrac{a}{s^2+a^2}$

④ ㉠ $\dfrac{1}{s+a}$ ㉡ $\dfrac{1}{s-\omega}$

해설 ㉠ $f(t)=\cos \omega t$, ㉡ $f(t)=\sin at$일 때

㉠ $\mathcal{L}[f(t)]=\mathcal{L}[\cos \omega t]=\dfrac{s}{s^2+\omega^2}$

㉡ $\mathcal{L}[f(t)]=\mathcal{L}[\sin at]=\dfrac{a}{s^2+a^2}$

★★★
09 $t \sin \omega t$의 라플라스의 변환은?

① $\dfrac{\omega}{(s^2+\omega^2)^2}$ ② $\dfrac{\omega s}{(s^2+\omega^2)^2}$

③ $\dfrac{\omega^2}{(s^2+\omega^2)^2}$ ④ $\dfrac{2\omega s}{(s^2+\omega^2)^2}$

해설 $f(t)=t \sin \omega t$일 때

$f(t)$	$F(s)$
$\sin t \cos t$	$\dfrac{1}{s^2+4}$
$\sin t+2\cos t$	$\dfrac{2s+1}{s^2+1}$
$t \sin \omega t$	$\dfrac{2\omega s}{(s^2+\omega^2)^2}$
$\sin(\omega t+\theta)$	$\dfrac{\omega \cos \theta+s \sin \theta}{s^2+\omega^2}$

$\therefore \mathcal{L}[f(t)]=\mathcal{L}[t \sin \omega t]=\dfrac{2\omega s}{(s^2+\omega^2)^2}$

★★
10 $f(t)=\sin(\omega t+\theta)$의 라플라스 변환은?

① $\dfrac{\omega \sin \theta}{s^2+\omega^2}$ ② $\dfrac{\omega \cos \theta}{s^2+\omega^2}$

③ $\dfrac{\cos \theta+\sin \theta}{s^2+\omega^2}$ ④ $\dfrac{\omega \cos \theta+s \sin \theta}{s^2+\omega^2}$

해설 $f(t)=\sin(\omega t+\theta)$일 때

$\therefore \mathcal{L}[f(t)]=\mathcal{L}[\sin(\omega t+\theta)]=\dfrac{\omega \cos \theta+s \sin \theta}{s^2+\omega^2}$

★★
11 자동 제어계에서 중량함수(weight function)라고 불리는 것은?

① 임펄스 ② 인디셜

③ 전달함수 ④ 램프함수

해설 단위임펄스함수는 $\delta(t)$로 표시하며 중량함수와 하중함수에 비례하여 충격에 의해 생기는 함수로 정의한다.

$f(t)=\delta(t)$일 때

$\therefore \mathcal{L}[f(t)]=\mathcal{L}[\delta(t)]=1$

정답 06 ② 07 ② 08 ③ 09 ④ 10 ④ 11 ①

★★
12 $f(t) = 1 - e^{-at}$의 라플라스 변환은? (단, a는 상수이다.)

① $U(s) - e^{-as}$ ② $\dfrac{2s+a}{s(s+a)}$

③ $\dfrac{a}{s(s+a)}$ ④ $\dfrac{a}{s(s-a)}$

해설 $f(t) = 1 - e^{-at}$일 때

$\therefore \mathcal{L}[f(t)] = \mathcal{L}[1 - e^{-at}] = \dfrac{1}{s} - \dfrac{1}{s+a}$

$\qquad = \dfrac{s+a-s}{s(s+a)} = \dfrac{a}{s(s+a)}$

★★
13 $f(t) = \delta(t) - be^{-bt}$의 라플라스 변환은? (단, $\delta(t)$는 임펄스 함수이다.)

① $\dfrac{b}{s+b}$ ② $\dfrac{s(1-b)+5}{s(s+b)}$

③ $\dfrac{1}{s(s+b)}$ ④ $\dfrac{s}{s+b}$

해설 $f(t) = \delta(t) - be^{-bt}$일 때

$\therefore \mathcal{L}[f(t)] = \mathcal{L}[\delta(t) - be^{-bt}] = 1 - \dfrac{b}{s+b}$

$\qquad = \dfrac{s+b-b}{s+b} = \dfrac{s}{s+b}$

★★
14 주어진 시간함수 $f(t) = 3u(t) + 2e^{-t}$일 때 라플라스 변환 함수 $F(s)$는?

① $\dfrac{s+3}{s(s+1)}$ ② $\dfrac{5s+3}{s(s+1)}$

③ $\dfrac{3s}{s^2+1}$ ④ $\dfrac{5s+1}{(s+1)s^2}$

해설 $f(t) = 3u(t) + 2e^{-t}$일 때

$\therefore \mathcal{L}[f(t)] = \mathcal{L}[3u(t) + 2e^{-t}] = \dfrac{3}{s} + \dfrac{2}{s+1}$

$\qquad = \dfrac{3s+3+2s}{s(s+1)} = \dfrac{5s+3}{s(s+1)}$

★★★
15 그림과 같이 표시된 단위계단함수는?

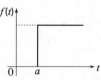

① $u(t)$ ② $u(t-a)$

③ $u(t+a)$ ④ $-u(t-a)$

해설 시간추이정리의 라플라스 변환
$f(t) = u(t-a)$일 때

$\therefore \mathcal{L}[f(t)] = \mathcal{L}[u(t-a)] = \dfrac{1}{s}e^{-as}$

★★★
16 그림과 같이 표시되는 파형을 함수로 표시하는 식은?

① $3u(t) - u(t-2)$
② $3u(t) - 3u(t-2)$
③ $3u(t) + 3u(t-2)$
④ $3u(t+2) - 3u(t)$

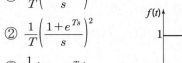

해설 시간추이정리의 라플라스 변환
$f(t) = 3u(t) - 3u(t-2)$일 때
$\therefore \mathcal{L}[f(t)] = \mathcal{L}[3u(t) - 3u(t-2)]$
$\qquad = \dfrac{3}{s} - \dfrac{3}{s}e^{-2s} = \dfrac{3}{s}(1-e^{-2s})$

★★
17 그림과 같은 펄스의 라플라스 변환은?

① $\dfrac{1}{T}\left(\dfrac{1-e^{Ts}}{s}\right)^2$

② $\dfrac{1}{T}\left(\dfrac{1+e^{Ts}}{s}\right)^2$

③ $\dfrac{1}{s}(1-e^{-Ts})$

④ $\dfrac{1}{s}(1+e^{Ts})$

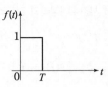

해설 시간추이정리의 라플라스 변환
$f(t) = u(t) - u(t-T)$일 때
$\therefore \mathcal{L}[f(t)] = \mathcal{L}[u(t) - u(t-T)]$
$\qquad = \dfrac{1}{s} - \dfrac{1}{s}e^{-Ts} = \dfrac{1}{s}(1-e^{-Ts})$

★★★
18 그림과 같은 높이가 1인 펄스의 라플라스 변환은?

① $\dfrac{1}{s}(e^{-as}+e^{-bs})$

② $\dfrac{1}{s}(e^{-as}-e^{-bs})$

③ $\dfrac{1}{a-b}\left[\dfrac{e^{-as}+e^{-bs}}{s}\right]$

④ $\dfrac{1}{a-b}\left[\dfrac{e^{-as}-e^{-bs}}{s}\right]$

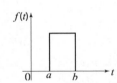

해설 시간추이정리의 라플라스 변환

$f(t)=u(t-a)-u(t-b)$ 일 때

$\therefore \mathcal{L}[f(t)]=\mathcal{L}[u(t-a)-u(t-b)]$

$=\dfrac{1}{s}e^{-as}-\dfrac{1}{s}e^{-bs}$

$=\dfrac{1}{s}(e^{-as}-e^{-bs})$

★★
19 다음 파형의 Laplace 변환은?

① $\dfrac{E}{Ts}e^{-Ts}$

② $-\dfrac{E}{Ts}e^{-Ts}$

③ $-\dfrac{E}{Ts^2}e^{-Ts}$

④ $\dfrac{E}{Ts^2}e^{-Ts}$

해설 시간추이정리의 라플라스 변환

$f(t)=-\dfrac{E}{T}(t-T)u(t-T)$ 일 때

$\therefore \mathcal{L}[f(t)]=\mathcal{L}\left[-\dfrac{E}{T}(t-T)u(t-T)\right]$

$=\dfrac{-E}{Ts^2}e^{-Ts}$

★★
20 그림과 같은 게이트 함수의 라플라스 변환은?

① $\dfrac{E}{Ts^2}\{1-(Ts+1)e^{-Ts}\}$

② $\dfrac{E}{Ts^2}\{1+(Ts+1)e^{-Ts}\}$

③ $\dfrac{E}{Ts^2}(Ts+1)e^{-Ts}$

④ $\dfrac{E}{Ts^2}(Ts-1)e^{-Ts}$

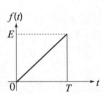

해설 시간추이정리의 라플라스 변환

$f(t)=\dfrac{E}{T}t-\dfrac{E}{T}(t-T)u(t-T)-Eu(t-T)$

일 때

$\therefore \mathcal{L}[f(t)]=\dfrac{E}{Ts^2}-\dfrac{E}{Ts^2}e^{-Ts}-\dfrac{E}{s}e^{-Ts}$

$=\dfrac{E}{Ts^2}\{1-(Ts+1)e^{-Ts}\}$

★★
21 그림과 같은 정현파의 라플라스 변환은?

① $\dfrac{E\omega}{s^2+\omega^2}(1-e^{-\frac{1}{2}Ts})$

② $\dfrac{Es}{s^2+\omega^2}(1-e^{-\frac{1}{2}Ts})$

③ $\dfrac{E\omega}{s^2+\omega^2}(1+e^{-\frac{1}{2}Ts})$

④ $\dfrac{Es}{s^2+\omega^2}(1+e^{-\frac{1}{2}Ts})$

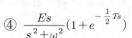

해설 시간추이정리의 라플라스 변환

$f(t)=E\sin\omega t+E\sin\omega\left(t-\dfrac{T}{2}\right)$ 일 때

$\therefore \mathcal{L}[f(t)]=\dfrac{E\omega}{s^2+\omega^2}+\dfrac{E\omega}{s^2+\omega^2}e^{-\frac{T}{2}s}$

$=\dfrac{E\omega}{s^2+\omega^2}(1+e^{-\frac{T}{2}s})$

정답 18 ② 19 ③ 20 ① 21 ③

★
22 그림과 같은 계단 함수의 Laplace 변환은?

① $\dfrac{E}{1-e^{-Ts}}$

② $\dfrac{E}{s(1-e^{-Ts})}$

③ $E(1-e^{-Ts})$

④ $\dfrac{E}{s}(1-e^{-Ts})$

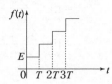

해설 시간추이정리의 라플라스 변환
$$f(t)=Eu(t)+Eu(t-T)+Eu(t-2T)$$
$$+Eu(t-3T)+\cdots$$
$$\therefore \mathcal{L}[f(t)]=\frac{E}{s}+\frac{E}{s}e^{-Ts}+\frac{E}{s}e^{-2Ts}$$
$$+\frac{E}{s}e^{-3Ts}+\cdots$$
$$=\frac{\frac{E}{s}}{1-e^{-Ts}}=\frac{E}{s(1-e^{-Ts})}$$

참고 무한등비급수
일정한 공비 r, 초기값 a라 하면(단, $r<1$이다.)
$$a+ar+ar^2+ar^3+\cdots=\frac{a}{1-r}$$

★★★
23 함수 $f(t)=te^{at}$를 옳게 라플라스 변환시킨 것은?

① $F(s)=\dfrac{1}{(s-a)^2}$

② $F(s)=\dfrac{1}{s-a}$

③ $F(s)=\dfrac{1}{s(s-a)}$

④ $F(s)=\dfrac{1}{s(s-a)^2}$

해설 복소추이정리의 라플라스 변환
$f(t)=te^{at}$일 때

$f(t)$	$F(s)$
te^{at}	$\dfrac{1}{(s-a)^2}$
t^2e^{at}	$\dfrac{2}{(s-a)^3}$
$e^{at}\sin\omega t$	$\dfrac{\omega}{(s-a)^2+\omega^2}$
$e^{at}\cos\omega t$	$\dfrac{s-a}{(s-a)^2+\omega^2}$

$$\therefore \mathcal{L}[f(t)]=\mathcal{L}[te^{at}]=\frac{1}{(s-a)^2}$$

★★★
24 $f(t)=te^{-at}$일 때 라플라스 변환하면 $F(s)$의 값은?

① $\dfrac{2}{(s+a)^2}$

② $\dfrac{1}{s(s-a)}$

③ $\dfrac{1}{(s+a)^2}$

④ $\dfrac{1}{s+a}$

해설 복소추이정리의 라플라스 변환
$f(t)=te^{-at}$일 때
$$\therefore \mathcal{L}[f(t)]=\mathcal{L}[te^{-at}]=\frac{1}{(s+a)^2}$$

★
25 $\mathcal{L}[\cos(10t-30°)\cdot u(t)]$는?

① $\dfrac{s+1}{s^2+100}$

② $\dfrac{s+30}{s^2+100}$

③ $\dfrac{0.866s}{s^2+100}$

④ $\dfrac{0.866s+5}{s^2+100}$

해설 $f(t)=\cos(10t-30°)\cdot u(t)$일 때
$$f(t)=\cos 10t\cos 30°+\sin 10t\sin 30°$$
$$=0.866\cos 10t+0.5\sin 10t이므로$$
$$\therefore \mathcal{L}[f(t)]=\frac{0.866s}{s^2+10^2}+\frac{0.5\times 10}{s^2+10^2}=\frac{0.866s+5}{s^2+100}$$

참고 • $\cos(A+B)=\cos A\cos B-\sin A\sin B$
• $\cos(A-B)=\cos A\cos B+\sin A\sin B$

★
26 $F(s)=\mathcal{L}[e^{-4t}\cos(10t-30°)\cdot u(t)]$는?

① $\dfrac{0.866s+10}{(s+4)^2+100}$

② $\dfrac{0.866s+5}{(s+4)^2+100}$

③ $\dfrac{0.866(s+4)+5}{(s+4)^2+100}$

④ $\dfrac{0.866s+5}{s^2+100}$

해설 $f(t)=e^{-4t}\cos(10t-30°)\cdot u(t)$일 때
$$\mathcal{L}[\cos(10t-30°)\cdot u(t)]=\frac{0.866s+5}{s^2+100}$$
이므로
$$\therefore \mathcal{L}[f(t)]=\frac{0.866(s+4)+5}{(s+4)^2+100}$$

★★★
27 임의의 함수 $f(t)$에 대한 라플라스 변환 $\mathcal{L}[f(t)] = F(s)$ 라고 할 때 최종값 정리는?

① $\lim_{s \to 0} F(s)$　　　② $\lim_{s \to \infty} s F(s)$

③ $\lim_{s \to \infty} F(s)$　　　④ $\lim_{s \to 0} s F(s)$

[해설] 초기값 정리와 최종값 정리
(1) 초기값 정리
$$f(0_+) = \lim_{t \to 0} f(t) = \lim_{s \to \infty} s F(s)$$
(2) 최종값 정리
$$f(\infty) = \lim_{t \to \infty} f(t) = \lim_{s \to 0} s F(s)$$

★★★
28 다음과 같은 $I(s)$의 초기값 $i(0^+)$가 바르게 구해진 것은?

$$I(s) = \frac{2(s+1)}{s^2 + 2s + 5}$$

① $\dfrac{2}{5}$　　　② $\dfrac{1}{5}$

③ 2　　　④ -2

[해설] 초기값 정리
$$i(0^+) = \lim_{t \to 0} i(t) = \lim_{s \to \infty} s I(s)$$
$$= \lim_{s \to \infty} \frac{2s^2 + 2s}{s^2 + 2s + 5} = \lim_{s \to \infty} \frac{2 + \dfrac{2}{s}}{1 + \dfrac{2}{s} + \dfrac{5}{s^2}}$$
$$= \frac{2}{1} = 2$$

★★★
29 어떤 함수 $f(t)$의 라플라스 변환식 $F(s)$가 다음과 같을 때 이 함수의 최종값을 구하면?

$$F(s) = \frac{2s^2 + 4s + 2}{s(s^2 + 2s + 2)}$$

① 0　　　② 1

③ 2　　　④ 4

[해설] 최종값 정리
$$f(\infty) = \lim_{t \to \infty} f(t) = \lim_{s \to 0} s F(s)$$
$$= \lim_{s \to 0} \frac{s(2s^2 + 4s + 2)}{s(s^2 + 2s + 2)}$$
$$= \lim_{s \to 0} \frac{2s^2 + 4s + 2}{s^2 + 2s + 2} = \frac{2}{2} = 1$$

★★★
30 어떤 제어계의 출력이 $c(s) = \dfrac{5}{s(s^2 + s + 2)}$ 로 주어질 때 출력의 시간함수 $c(t)$의 정상값은?

① 5　　　② 2

③ $\dfrac{2}{5}$　　　④ $\dfrac{5}{2}$

[해설] 정상값 정리=최종값 정리
$$c(\infty) = \lim_{t \to \infty} c(t) = \lim_{s \to 0} s C(s)$$
$$= \lim_{s \to 0} \frac{5s}{s(s^2 + s + 2)} = \lim_{s \to 0} \frac{5}{s^2 + s + 2}$$
$$= \frac{5}{2}$$

★
31 $\dfrac{s\sin\theta + \omega\cos\theta}{s^2 + \omega^2}$ 의 역라플라스 변환을 구하면?

① $\sin(\omega t - \theta)$　　　② $\sin(\omega t + \theta)$

③ $\cos(\omega t - \theta)$　　　④ $\cos(\omega t + \theta)$

[해설] 라플라스 역변환
$$\mathcal{L}^{-1}\left[\frac{s}{s^2 + \omega^2}\right] = \cos\omega t,$$
$$\mathcal{L}^{-1}\left[\frac{\omega}{s^2 + \omega^2}\right] = \sin\omega t \text{이며}$$
$$F(s) = \frac{s\sin\theta + \omega\cos\theta}{s^2 + \omega^2}$$
$$= \frac{s}{s^2 + \omega^2}\sin\theta + \frac{\omega}{s^2 + \omega^2}\cos\theta \text{이므로}$$
$$\therefore f(t) = \mathcal{L}^{-1}[F(s)]$$
$$= \cos\omega t \sin\theta + \sin\omega t \cos\theta$$
$$= \sin(\omega t + \theta)$$

[참고] • $\sin(\omega t + \theta) = \sin\omega t \cos\theta + \cos\omega t \sin\theta$
• $\sin(\omega t - \theta) = \sin\omega t \cos\theta - \cos\omega t \sin\theta$

★★
32 $F(s) = \dfrac{e^{-bs}}{s+a}$ 의 역라플라스 변환은?

① $e^{-a(t-b)}$ ② $e^{-a(t+b)}$

③ $e^{a(t-b)}$ ④ $e^{a(t+b)}$

해설 라플라스 역변환

$\mathcal{L}^{-1}\left[\dfrac{1}{s+a}\right] = e^{-at}$ 이며

$F(s) = \dfrac{e^{-bs}}{s+a} = \dfrac{1}{s+a}e^{-bs}$ 이므로

시간추이정리를 이용하면

$\therefore f(t) = \mathcal{L}^{-1}[F(s)] = e^{-a(t-b)}$

★★★
33 $\dfrac{1}{s(s+1)}$ 의 라플라스 역변환을 구하면?

① $e^{-t}\sin t$ ② $1+e^{-t}$

③ $1-e^{-t}$ ④ $e^{-t}\cos t$

해설 라플라스 역변환

$F(s) = \dfrac{1}{s(s+1)} = \dfrac{A}{s} + \dfrac{B}{s+1}$ 일 때

$A = sF(s)|_{s=0} = \dfrac{1}{s+1}\bigg|_{s=0} = 1$

$B = (s+1)F(s)|_{s=-1} = \dfrac{1}{s}\bigg|_{s=-1} = -1$

$F(s) = \dfrac{1}{s} - \dfrac{1}{s+1}$ 이므로

$\therefore f(t) = \mathcal{L}^{-1}[F(s)] = 1 - e^{-t}$

★
34 $F(s) = \dfrac{1}{s(s-1)}$ 의 라플라스 역변환은?

① $1-e^{t}$ ② $1-e^{-t}$

③ $e^{t}-1$ ④ $e^{-t}-1$

해설 라플라스 역변환

$F(s) = \dfrac{1}{s(s-1)} = \dfrac{A}{s} + \dfrac{B}{s-1}$ 일 때

$A = sF(s)|_{s=0} = \dfrac{1}{s-1}\bigg|_{s=0} = -1$

$B = (s-1)F(s)|_{s=1} = \dfrac{1}{s}\bigg|_{s=1} = 1$

$F(s) = \dfrac{1}{s-1} - \dfrac{1}{s}$ 이므로

$\therefore f(t) = \mathcal{L}^{-1}[F(s)] = e^{t} - 1$

★★★
35 $F(s) = \dfrac{1}{s(s+a)}$ 의 라플라스 역변환을 구하면?

① $1-e^{-at}$

② $a(1-e^{-at})$

③ $\dfrac{1}{a}(1-e^{-at})$

④ e^{-at}

해설 라플라스 역변환

$F(s) = \dfrac{1}{s(s+a)} = \dfrac{A}{s} + \dfrac{B}{s+a}$ 일 때

$A = sF(s)|_{s=0} = \dfrac{1}{s+a}\bigg|_{s=0} = \dfrac{1}{a}$

$B = (s+a)F(s)|_{s=-a} = \dfrac{1}{s}\bigg|_{s=-a} = -\dfrac{1}{a}$

$F(s) = \dfrac{1}{a}\left(\dfrac{1}{s} - \dfrac{1}{s+a}\right)$ 이므로

$\therefore f(t) = \mathcal{L}^{-1}[F(s)] = \dfrac{1}{a}(1-e^{-at})$

★★★
36 다음 함수 $F(s) = \dfrac{5s+3}{s(s+1)}$ 의 역라플라스 변환은 어떻게 되는가?

① $2+3e^{-t}$

② $3+2e^{-t}$

③ $3-2e^{-t}$

④ $2-3e^{-t}$

해설 라플라스 역변환

$F(s) = \dfrac{5s+3}{s(s+1)} = \dfrac{A}{s} + \dfrac{B}{s+1}$ 일 때

$A = sF(s)|_{s=0} = \dfrac{5s+3}{s+1}\bigg|_{s=0} = \dfrac{3}{1} = 3$

$B = (s+1)F(s)|_{s=-1} = \dfrac{5s+3}{s}\bigg|_{s=-1}$

$= \dfrac{-5+3}{-1} = 2$

$F(s) = \dfrac{3}{s} + \dfrac{2}{s+1}$ 이므로

$\therefore f(t) = \mathcal{L}^{-1}[F(s)] = 3 + 2e^{-t}$

★★★
37 $F(s) = \dfrac{s+1}{s^2+2s}$ 로 주어졌을 때 $F(s)$의 역변환을 한 것은 어느 것인가?

① $\dfrac{1}{2}(1+e^t)$ ② $\dfrac{1}{2}(1-e^{-t})$

③ $\dfrac{1}{2}(1+e^{-2t})$ ④ $\dfrac{1}{2}(1-e^{-2t})$

해설 라플라스 역변환

$$F(s) = \frac{s+1}{s^2+2s} = \frac{s+1}{s(s+2)} = \frac{A}{s} + \frac{B}{s+2} \text{ 일 때}$$

$$A = s\,F(s)|_{s=0} = \frac{s+1}{s+2}\Big|_{s=0} = \frac{1}{2}$$

$$B = (s+2)F(s)|_{s=-2} = \frac{s+1}{s}\Big|_{s=-2}$$

$$= \frac{-2+1}{-2} = \frac{1}{2}$$

$$F(s) = \frac{1}{2}\left(\frac{1}{s} + \frac{1}{s+2}\right) \text{이므로}$$

$$\therefore\ f(t) = \mathcal{L}^{-1}[F(s)] = \frac{1}{2}(1+e^{-2t})$$

★★
38 $F(s) = \dfrac{s}{(s+1)(s+2)}$ 일 때 $f(t)$를 구하면?

① $1 - 2e^{-2t} + e^{-t}$
② $e^{-2t} - 2e^{-t}$
③ $2e^{-2t} + e^{-t}$
④ $2e^{-2t} - e^{-t}$

해설 라플라스 역변환

$$F(s) = \frac{s}{(s+1)(s+2)} = \frac{A}{s+1} + \frac{B}{s+2} \text{ 일 때}$$

$$A = (s+1)\,F(s)|_{s=-1} = \frac{s}{s+2}\Big|_{s=-1}$$

$$= \frac{-1}{-1+2} = -1$$

$$B = (s+2)\,F(s)|_{s=-2} = \frac{s}{s+1}\Big|_{s=-2}$$

$$= \frac{-2}{-2+1} = 2$$

$$F(s) = \frac{2}{s+2} - \frac{1}{s+1} \text{이므로}$$

$$\therefore\ f(t) = \mathcal{L}^{-1}[F(s)] = 2e^{-2t} - e^{-t}$$

★★★
39 $f(t) = \mathcal{L}^{-1}\left[\dfrac{2s+3}{(s+1)(s+2)}\right]$ 를 구하면?

① $e^{-t} + e^{-2t}$ ② $e^{-t} - e^{-2t}$
③ $e^{-t} - 2e^{-2t}$ ④ $e^{-t} + 2e^{-2t}$

해설 라플라스 역변환

$$F(s) = \frac{2s+3}{(s+1)(s+2)} = \frac{A}{s+1} + \frac{B}{s+2} \text{ 일 때}$$

$$A = (s+1)\,F(s)|_{s=-1} = \frac{2s+3}{s+2}\Big|_{s=-1}$$

$$= \frac{-2+3}{-1+2} = 1$$

$$B = (s+2)F(s)|_{s=-2} = \frac{2s+3}{s+1}\Big|_{s=-2}$$

$$= \frac{-4+3}{-2+1} = 1$$

$$F(s) = \frac{1}{s+1} + \frac{1}{s+2} \text{이므로}$$

$$\therefore\ f(t) = \mathcal{L}^{-1}[F(s)] = e^{-t} + e^{-2t}$$

★★★
40 $F(s) = \dfrac{2s+3}{s^2+3s+2}$ 의 시간함수 $f(t)$는?

① $f(t) = e^{-t} - e^{-2t}$ ② $f(t) = e^{-t} + e^{-2t}$
③ $f(t) = e^{-t} + 2e^{-2t}$ ④ $f(t) = e^{-t} - 2e^{-2t}$

해설 라플라스 역변환

$$F(s) = \frac{2s+3}{s^2+3s+2} = \frac{2s+3}{(s+1)(s+2)}$$

$$= \frac{A}{s+1} + \frac{B}{s+2} \text{ 일 때}$$

$$A = (s+1)\,F(s)|_{s=-1} = \frac{2s+3}{s+2}\Big|_{s=-1}$$

$$= \frac{-2+3}{-1+2} = 1$$

$$B = (s+2)\,F(s)|_{s=-2} = \frac{2s+3}{s+1}\Big|_{s=-2}$$

$$= \frac{-4+3}{-2+1} = 1$$

$$F(s) = \frac{1}{s+1} + \frac{1}{s+2} \text{이므로}$$

$$\therefore\ f(t) = \mathcal{L}^{-1}[F(s)] = e^{-t} + e^{-2t}$$

참고 인수분해전개

$$s^2 + (a+b)s + ab = (s+a)(s+b) \text{이므로}$$
$$s^2 + 3s + 2 = s^2 + (1+2)s + 1 \times 2$$
$$= (s+1)(s+2) \text{이다.}$$

★★
41 $F(s) = \dfrac{(s+2)}{(s+1)^2}$ 의 시간함수 $f(t)$는?

① $f(t) = e^{-t} + te^{-t}$　　② $f(t) = e^t - te^{-t}$

③ $f(t) = e^t + (e^t)^2$　　④ $f(t) = e^{-t} + (e^{-t})^2$

해설 라플라스 역변환

$$F(s) = \frac{s+2}{(s+1)^2} = \frac{A}{(s+1)^2} + \frac{B}{s+1} \text{ 일 때}$$

$$A = (s+1)^2 F(s)\big|_{s=-1} = s+2\big|_{s=-1} = 1$$

$$B = \frac{d}{ds}(s+1)^2 F(s)\bigg|_{s=-1} = \frac{d}{ds}(s+2)\bigg|_{s=-1} = 1$$

$$F(s) = \frac{1}{(s+1)^2} + \frac{1}{s+1} \text{ 이므로}$$

$$\therefore f(t) = \mathcal{L}^{-1}[F(s)] = e^{-t} + te^{-t}$$

별해 $F(s) = \dfrac{s+2}{(s+1)^2} = \dfrac{s+1+1}{(s+1)^2}$

$$= \frac{s+1}{(s+1)^2} + \frac{1}{(s+1)^2} = \frac{1}{s+1} + \frac{1}{(s+1)^2}$$

이므로

$$\therefore f(t) = \mathcal{L}^{-1}[F(s)] = e^{-t} + te^{-t}$$

★★
42 $\mathcal{L}^{-1}\left(\dfrac{s}{(s+1)^2}\right)$ 는?

① $e^{-t} - te^{-t}$　　② $e^{-t} - 2te^{-t}$

③ $e^{-t} + 2te^{-t}$　　④ $e^{-t} + te^{-t}$

해설 라플라스 역변환

$$F(s) = \frac{s}{(s+1)^2} = \frac{A}{(s+1)^2} + \frac{B}{s+1} \text{ 일 때}$$

$$A = (s+1)^2 F(s)\big|_{s=-1} = s\big|_{s=-1} = -1$$

$$B = \frac{d}{ds}(s+1)^2 F(s)\bigg|_{s=-1} = \frac{d}{ds}(s)\bigg|_{s=-1} = 1$$

$$F(s) = \frac{1}{s+1} - \frac{1}{(s+1)^2} \text{ 이므로}$$

$$\therefore f(t) = \mathcal{L}^{-1}[F(s)] = e^{-t} - te^{-t}$$

별해 $F(s) = \dfrac{s}{(s+1)^2} = \dfrac{s+1-1}{(s+1)^2}$

$$= \frac{s+1}{(s+1)^2} - \frac{1}{(s+1)^2} = \frac{1}{s+1} - \frac{1}{(s+1)^2}$$

$$\therefore f(t) = \mathcal{L}^{-1}[F(s)] = e^{-t} - te^{-t}$$

★★
43 $f(t) = \mathcal{L}^{-1}\left[\dfrac{1}{s^2+6s+10}\right]$ 의 값은 얼마인가?

① $e^{-3t}\sin t$

② $e^{-3t}\cos t$

③ $e^{-t}\sin 5t$

④ $e^{-t}\sin 5\omega t$

해설 라플라스 역변환

$$F(s) = \frac{1}{s^2+6s+10} = \frac{1}{(s+3)^2+1} \text{ 일 때}$$

$$\mathcal{L}^{-1}\left[\frac{\omega}{(s+a)^2+\omega^2}\right] = e^{-at}\sin \omega t \text{ 이므로}$$

$$\therefore f(t) = \mathcal{L}^{-1}[F(s)] = e^{-3t}\sin t$$

★★
44 어떤 회로의 전류에 대한 라플라스 변환이 다음과 같을 때의 시간함수는?

$$I(s) = \frac{1}{s^2+2s+2}$$

① $i(t) = 5e^{-t}$

② $i(t) = 2\sin t\,u(t)$

③ $i(t) = e^{-t}\sin t\,u(t)$

④ $i(t) = e^{-t}\cos t\,u(t)$

해설 라플라스 역변환

$$I(s) = \frac{1}{s^2+2s+2} = \frac{1}{(s+1)^2+1} \text{ 일 때}$$

$$\mathcal{L}^{-1}\left[\frac{\omega}{(s+a)^2+\omega^2}\right] = e^{-at}\sin \omega t \text{ 이므로}$$

$$\therefore f(t) = \mathcal{L}^{-1}[F(s)] = e^{-t}\sin t \cdot u(t)$$

★★★
45 $e_i(t) = Ri(t) + L\dfrac{di(t)}{dt} + \dfrac{1}{C}\displaystyle\int i(t)\,dt$ 에서 모든 초기조건을 0으로 하고 라플라스 변환하면 어떻게 되는가?

① $I(s) = \dfrac{Cs}{LCs^2 + RCs + 1} E_i(s)$

② $I(s) = \dfrac{1}{LCs^2 + RCs + 1} E_i(s)$

③ $I(s) = \dfrac{LCs}{LCs^2 + RCs + 1} E_i(s)$

④ $I(s) = \dfrac{C}{LCs^2 + RCs + 1} E_i(s)$

해설 실미분정리와 실적분정리의 라플라스 변환
초기조건을 영(0)으로 한 경우

$\mathcal{L}\left[\dfrac{d^n f(t)}{dt^n}\right] = s^n F(s),$

$\mathcal{L}\left[\displaystyle\int\int\cdots\int f(t)\,dt^n\right] = \dfrac{1}{s^n} F(s)$ 이므로

$e_i(t) = Ri(t) + Ls\dfrac{di(t)}{dt} + \dfrac{1}{C}\displaystyle\int i(t)\,dt$ 를 양 변 모두 라플라스 변환하면

$E_i(s) = RI(s) + LsI(s) + \dfrac{1}{Cs}I(s)$

$\therefore\ I(s) = \dfrac{1}{Ls + R + \dfrac{1}{Cs}} E_i(s)$

$\qquad = \dfrac{Cs}{LCs^2 + RCs + 1} E_i(s)$

★
46 $\dfrac{di(t)}{dt} + 4i(t) + 4\displaystyle\int i(t)\,dt = 50u(t)$ 를 라플라스 변환하여 풀면 전류는? (단, $t = 0$에서 $i(0) = 0$, $\displaystyle\int_{-\infty}^{0} i(t) = 0$이다.)

① $50e^{2t}(1+t)$ ② $e^t(1+5t)$
③ $1/4(1 - e^t)$ ④ $50te^{-2t}$

해설 라플라스 역변환

$\dfrac{di(t)}{dt} + 4i(t) + 4\displaystyle\int i(t)\,dt = 50u(t)$ 의 양 변을 모든 초기조건을 영(0)으로 하고 실미분정리와 실적분정리를 이용하여 라플라스 변환하면

$sI(s) + 4I(s) + \dfrac{4}{s}I(s) = \dfrac{50}{s}$

$I(s) = \dfrac{50}{s\left(s + 4 + \dfrac{4}{s}\right)} = \dfrac{50}{s^2 + 4s + 4} = \dfrac{50}{(s+2)^2}$

$\therefore\ i(t) = \mathcal{L}^{-1}[I(s)] = 50te^{-2t}$

memo

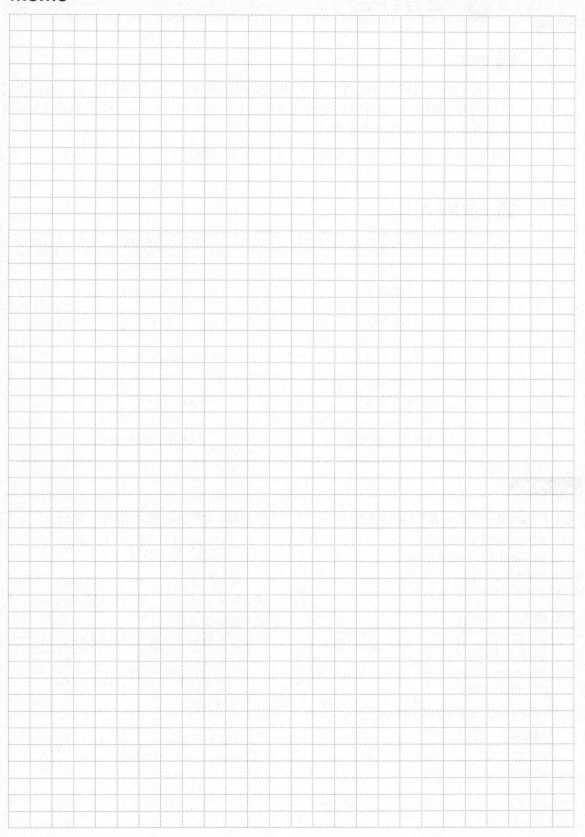

03 전달함수

1 정의

계의 모든 초기조건은 0으로 하며 계의 입력변수와 출력변수 사이의 전달함수는 임펄스 응답의 라플라스 변환으로 정의한다. 한편 입출력 변수 사이의 전달함수는 출력의 라플라스 변환과 입력의 라플라스 변환과의 비이기도 하다.

입력을 $u(t)$, 출력을 $y(t)$ 라 하면 $G(s) = \dfrac{Y(s)}{U(s)}$ 로 표현된다.

2 전달함수의 요소

요소	전달함수
비례요소	$G(s) = K$
미분요소	$G(s) = Ts$
적분요소	$G(s) = \dfrac{1}{Ts}$
1차 지연 요소	$G(s) = \dfrac{1}{1+Ts}$
2차 지연 요소	$G(s) = \dfrac{\omega_n{}^2}{s^2 + 2\zeta\omega_n s + \omega_n{}^2}$
부동작 시간 요소	$G(s) = Ke^{-Ls} = \dfrac{K}{e^{Ls}}$

확인문제

01 전달함수를 정의할 때 옳게 나타낸 것은?

① 모든 초기값을 0으로 한다.
② 모든 초기값을 고려한다.
③ 입력만을 고려한다.
④ 주파수 특성만 고려한다.

[해설] 전달함수의 정의
계의 모든 초기조건은 0으로 하며 계의 입력변수와 출력변수 사이의 전달함수는 임펄스 응답의 라플라스 변환으로 정의한다. 한편 입출력 변수 사이의 전달함수는 출력의 라플라스 변환과 입력의 라플라스 변환과의 비이기도 하다.

입력을 $u(t)$, 출력을 $y(t)$ 라 하면 $G(s) = \dfrac{Y(s)}{U(s)}$ 로 표현된다.

답 : ①

02 그림과 같은 블록선도가 의미하는 요소는?

$$R(s) \rightarrow \boxed{\dfrac{K}{1+sT}} \rightarrow C(s)$$

① 1차 늦은 요소　　② 0차 늦은 요소
③ 2차 늦은 요소　　④ 1차 빠른 요소

[해설] 전달함수의 요소

요소	전달함수
비례요소	$G(s) = K$
미분요소	$G(s) = Ts$
적분요소	$G(s) = \dfrac{1}{Ts}$
1차 지연 요소	$G(s) = \dfrac{1}{1+Ts}$

답 : ①

3 물리계와의 대응관계

1. 직선계

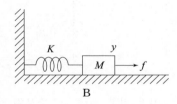

질량 M, 마찰 저항 계수 B, 스프링 상수 K라 할 때, 입력 $f(t)$에 대한 출력 $y(t)$의 변화는 속도변수 $v(t)$에 대하여 다음과 같은 식으로 표현된다.

$$f(t) = Bv(t) + M\frac{dv(t)}{dt} + K\int v(t)\,dt$$

$$v(t) = \frac{dy(t)}{dt}$$

$$f(t) = M\frac{d^2y(t)}{dt^2} + B\frac{dy(t)}{dt} + Ky(t)$$

양변 라플라스 변환하여 전개하면

$$F(s) = Ms^2Y(s) + BsY(s) + KY(s)$$

$$G(s) = \frac{Y(s)}{F(s)} = \frac{1}{Ms^2 + Bs + K}$$

확인문제

03 그림과 같은 질량 – 스프링 – 마찰계의 전달함수 $G(s) = X(s)/F(s)$ 는 어느 것인가?

① $\dfrac{1}{Ms^2 + Bs + K}$

② $\dfrac{1}{Ms^2 - Bs - K}$

③ $\dfrac{1}{Ms^2 - Bs + K}$

④ $\dfrac{1}{Ms^2 + Bs - K}$

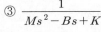

해설 직선계의 전달함수

$$f(t) = Bv(t) + M\frac{dv(t)}{dt} + K\int v(t)\,dt$$

$$v(t) = \frac{dy(t)}{dt}$$

$$f(t) = M\frac{d^2y(t)}{dt^2} + B\frac{dy(t)}{dt} + Ky(t)$$

양변 라플라스 변환하여 전개하면

$$F(s) = Ms^2Y(s) + BsY(s) + KY(s)$$

$$\therefore\ G(s) = \frac{Y(s)}{F(s)} = \frac{1}{Ms^2 + Bs + K}$$

답 : ①

04 힘 f에 의하여 움직이고 있는 질량 M인 물체의 좌표와 y축에 가한 힘에 의한 전달함수는?

① Ms^2　　② Ms

③ $\dfrac{1}{Ms}$　　④ $\dfrac{1}{Ms^2}$

해설 직선계의 전달함수

$$f(t) = M\frac{dv(t)}{dt},\ v(t) = \frac{dy(t)}{dt}$$

$$f(t) = M\frac{d^2y(t)}{dt^2}$$

$$F(s) = Ms^2Y(s)$$

$$\therefore\ G(s) = \frac{Y(s)}{F(s)} = \frac{1}{Ms^2}$$

답 : ④

2. 회전계

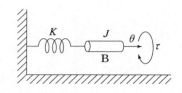

관성 모멘트 J, 마찰 저항 계수 B, 스프링 상수 K라 하면 입력 $\tau(t)$에 대한 출력 $\theta(t)$의 변화는 각속도 변수 $\omega(t)$에 대하여 다음과 같은 식으로 표현된다.

$$\tau(t) = B\omega(t) + J\frac{d\omega(t)}{dt} + K\int \omega(t)\,dt$$

$$\omega(t) = \frac{d\theta(t)}{dt}$$

$$\tau(t) = J\frac{d^2\theta(t)}{dt^2} + B\frac{d\theta(t)}{dt} + K\theta(t)$$

양변 라플라스 변환하여 전개하면

$$T(s) = Js^2\theta(s) + Bs\theta(s) + K\theta(s)$$

$$G(s) = \frac{\theta(s)}{T(s)} = \frac{1}{Js^2 + Bs + K}$$

확인문제

05 그림과 같은 기계적인 회전운동계에서 토크 $\tau(t)$를 입력으로, 변위 $\theta(t)$를 출력으로 하였을 때의 전달함수는?

① $\dfrac{1}{Js^2 + Bs + K}$

② $Js^2 + Bs + K$

③ $\dfrac{s}{Js^2 + Bs + K}$

④ $\dfrac{Js^2 + Bs + K}{s}$

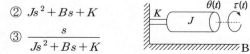

해설 회전계의 전달함수

$$\tau(t) = B\omega(t) + J\frac{d\omega(t)}{dt} + K\int \omega(t)\,dt$$

$$\omega(t) = \frac{d\theta(t)}{dt}$$

$$\tau(t) = J\frac{d^2\theta(t)}{dt^2} + B\frac{d\theta(t)}{dt} + K\theta(t)$$

양변 라플라스 변환하여 전개하면

$$T(s) = Js^2\theta(s) + Bs\theta(s) + K\theta(s)$$

$$\therefore\ G(s) = \frac{\theta(s)}{T(s)} = \frac{1}{Js^2 + Bs + K}$$

답 : ①

06 기계적인 회전운동계에서 토크 $\tau(t)$를 입력으로, 변위 $\theta(t)$를 출력으로 하였을 때 관성모멘트 J로 표현되는 전달함수는?

① Js^2

② $\dfrac{1}{Js^2}$

③ Js

④ $\dfrac{1}{Js}$

해설 회전계의 전달함수

$$\tau(t) = J\frac{d\omega(t)}{dt},\ \omega(t) = \frac{d\theta(t)}{dt}$$

$$\tau(t) = J\frac{d^2\theta(t)}{dt^2}$$

$$T(s) = Js^2\theta(s)$$

$$\therefore\ G(s) = \frac{\theta(s)}{T(s)} = \frac{1}{Js^2}$$

답 : ②

★★
01 전달함수의 성질 중 옳지 않은 것은?

① 어떤 계의 전달함수는 그 계에 대한 임펄스 응답의 라플라스 변환과 같다.

② 전달함수 $P(s)$인 계의 입력이 임펄스함수 (δ함수)이고 모든 초기값이 0이면 그 계의 출력변환은 $P(s)$와 같다.

③ 계의 전달함수는 계의 미분방정식을 라플라스 변환하고 초기값에 의하여 생긴 항을 무시하면 $P(s) = \mathcal{L}^{-1}\left[\dfrac{Y^2}{X^2}\right]$와 같이 얻어진다.

④ 계의 전달함수의 분모를 0으로 놓으면 이것이 곧 특성방정식이 된다.

[해설] 전달함수의 정의

계의 모든 초기조건은 0으로 하며 계의 입력변수와 출력변수 사이의 전달함수는 임펄스 응답의 라플라스 변환으로 정의한다. 한편 입출력 변수 사이의 전달함수는 출력의 라플라스 변환과 입력의 라플라스 변환과의 비이기도 하다. 입력을 $u(t)$, 출력을 $y(t)$라 하면 $G(s) = \dfrac{Y(s)}{U(s)}$로 표현된다.

$$P(s) = \mathcal{L}\left[\frac{y(t)}{x(t)}\right] = \frac{Y(s)}{X(s)}$$

★★★
02 적분요소의 전달함수는?

① K

② $\dfrac{K}{1+Ts}$

③ $\dfrac{1}{Ts}$

④ Ts

[해설] 전달함수의 요소

요소	전달함수
비례요소	$G(s) = K$
미분요소	$G(s) = Ts$
적분요소	$G(s) = \dfrac{1}{Ts}$

1차 지연 요소	$G(s) = \dfrac{1}{1+Ts}$
2차 지연 요소	$G(s) = \dfrac{\omega_n^2}{s^2 + 2\zeta\omega_n s + \omega_n^2}$
부동작 시간 요소	$G(s) = Ke^{-Ls} = \dfrac{K}{e^{Ls}}$

$$\therefore \ G(s) = \frac{1}{Ts}$$

★★★
03 다음 중 부동작시간(dead time) 요소의 전달함수는?

① Ks

② $1 + Ks^{-1}$

③ K/e^{LS}

④ $T/1 + Ts$

[해설] 전달함수의 요소

요소	전달함수
부동작 시간 요소	$G(s) = Ke^{-Ls} = \dfrac{K}{e^{Ls}}$

★★★
04 단위계단함수를 어떤 제어요소에 입력으로 넣었을 때 그 전달함수가 그림과 같은 블록선도로 표시될 수 있다면 이것은?

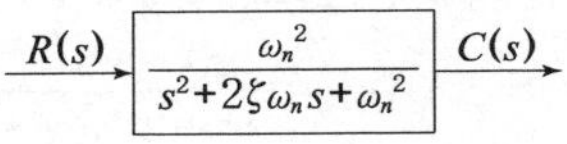

① 1차지연요소
② 2차지연요소
③ 미분요소
④ 적분요소

$$R(s) \rightarrow \boxed{\dfrac{\omega_n^2}{s^2 + 2\zeta\omega_n s + \omega_n^2}} \rightarrow C(s)$$

[해설] 전달함수의 요소

요소	전달함수
2차 지연 요소	$G(s) = \dfrac{\omega_n^2}{s^2 + 2\zeta\omega_n s + \omega_n^2}$

05 그림과 같은 액면계에서 $q(t)$를 입력, $h(t)$를 출력으로 본 전달 함수는?

① $\dfrac{K}{s}$

② Ks

③ $1+Ks$

④ $\dfrac{K}{1+s}$

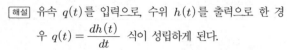

[해설] 유속 $q(t)$를 입력으로, 수위 $h(t)$를 출력으로 한 경우 $q(t) = \dfrac{dh(t)}{dt}$ 식이 성립하게 된다.

양 변을 라플라스 변환하면 $Q(s) = sH(s)$ 이므로

$$\therefore G(s) = \frac{H(s)}{Q(s)} = \frac{H(s)}{sH(s)} = \frac{1}{s} \fallingdotseq \frac{K}{s}$$

06 다음 전달함수에 관한 말 중 옳은 것은?

① 2계회로의 분모와 분자의 차수의 차는 s의 1차식이 된다.

② 2계회로에서는 전달함수의 분모는 s의 2차식이다.

③ 전달함수의 분자의 차수에 따라 분모의 차수가 결정된다.

④ 전달함수의 분모의 차수는 초기값에 따라 결정된다.

[해설] 2차지연요소(=2계회로)의 전달함수

$$G(s) = \frac{{\omega_n}^2}{s^2 + 2\zeta\omega_n s + {\omega_n}^2}$$ 이므로 전달함수의 분모는 s의 2차식으로 전개된다.

07 그림과 같은 회로의 전달함수는? (단, 초기값은 0)

① $\dfrac{s}{R+Ls}$

② $\dfrac{1}{s+\dfrac{R}{L}}$

③ $\dfrac{1}{R+Ls}$

④ $\dfrac{s}{s+\dfrac{R}{L}}$

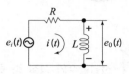

[해설] $E_i(s) = RI(s) + LsI(s) = (R+Ls)I(s)$

$E_o(s) = LsI(s)$

$$\therefore G(s) = \frac{E_o(s)}{E_i(s)} = \frac{LsI(s)}{(R+Ls)I(s)} = \frac{Ls}{Ls+R}$$

$$= \frac{s}{s+\dfrac{R}{L}}$$

08 그림과 같은 회로망의 전달함수 $G(s)$는? (단, $s=j\omega$이다.)

① $\dfrac{1}{1+s}$

② $\dfrac{CR}{s+CR}$

③ $\dfrac{CR}{RCs+1}$

④ $\dfrac{1}{RCs+1}$

[해설] $V_1(s) = RI(s) + \dfrac{1}{Cs}I(s) = \left(R + \dfrac{1}{Cs}\right)I(s)$

$V_2(s) = \dfrac{1}{Cs}I(s)$

$$\therefore G(s) = \frac{V_2(s)}{V_1(s)} = \frac{\dfrac{1}{Cs}I(s)}{\left(R + \dfrac{1}{Cs}\right)I(s)} = \frac{\dfrac{1}{Cs}}{R + \dfrac{1}{Cs}}$$

$$= \frac{1}{RCs+1}$$

★★★
09 RC저역필터 회로의 전달함수 $G(j\omega)$는 $\omega=0$ 에서 얼마인가?

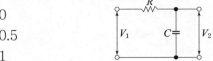

① 0
② 0.5
③ 1
④ 0.707

[해설] $V_1(s) = RI(s) + \dfrac{1}{Cs}I(s) = \left(R + \dfrac{1}{Cs}\right)I(s)$

$V_2(s) = \dfrac{1}{Cs}I(s)$

$G(s) = \dfrac{V_2(s)}{V_1(s)} = \dfrac{\dfrac{1}{Cs}I(s)}{\left(R + \dfrac{1}{Cs}\right)I(s)} = \dfrac{\dfrac{1}{Cs}}{R + \dfrac{1}{Cs}}$

$\qquad = \dfrac{1}{RCs+1}$

$\therefore\ G(j\omega)\Big|_{\omega=0} = \dfrac{1}{RC(j\omega)+1}\Big|_{\omega=0} = \dfrac{1}{0+1} = 1$

★★★
10 다음 회로의 전달함수 $G(s) = E_o(s)/E_i(s)$는 얼마인가?

① $\dfrac{(R_1+R_2)Cs+1}{R_2Cs+1}$

② $\dfrac{R_2Cs+1}{(R_1+R_2)Cs+1}$

③ $\dfrac{R_2C+1}{(R_1+R_2)Cs+1}$

④ $\dfrac{(R_1+R_2)C+1}{R_2C+1}$

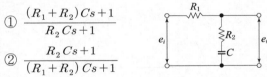

[해설] $E_i(s) = R_1I(s) + R_2I(s) + \dfrac{1}{Cs}I(s)$

$\qquad = \left(R_1 + R_2 + \dfrac{1}{Cs}\right)I(s)$

$E_o(s) = R_2I(s) + \dfrac{1}{Cs}I(s) = \left(R_2 + \dfrac{1}{Cs}\right)I(s)$

$\therefore\ G(s) = \dfrac{E_o(s)}{E_i(s)} = \dfrac{\left(R_2 + \dfrac{1}{Cs}\right)I(s)}{\left(R_1 + R_2 + \dfrac{1}{Cs}\right)I(s)}$

$\qquad = \dfrac{R_2 + \dfrac{1}{Cs}}{R_1 + R_2 + \dfrac{1}{Cs}s} = \dfrac{R_2Cs+1}{(R_1+R_2)Cs+1}$

★★★
11 그림과 같은 $R-C$회로의 전달함수는? (단, $T_1 = R_2C$, $T_2 = (R_1+R_2)C$이다.)

① $\dfrac{T_1}{T_2s+1}$

② $\dfrac{T_2s}{T_1s+1}$

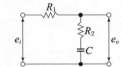

③ $\dfrac{T_1s+1}{T_2s+1}$

④ $\dfrac{T_1(T_1s+1)}{T_2(T_2s+1)}$

[해설] $E_i(s) = R_1I(s) + R_2I(s) + \dfrac{1}{Cs}I(s)$

$\qquad = \left(R_1 + R_2 + \dfrac{1}{Cs}\right)I(s)$

$E_o(s) = R_2I(s) + \dfrac{1}{Cs}I(s) = \left(R_2 + \dfrac{1}{Cs}\right)I(s)$

$G(s) = \dfrac{E_o(s)}{E_i(s)} = \dfrac{\left(R_2 + \dfrac{1}{Cs}\right)I(s)}{\left(R_1 + R_2 + \dfrac{1}{Cs}\right)I(s)}$

$\qquad = \dfrac{R_2Cs+1}{(R_1+R_2)Cs+1}$

$T_1 = R_2C,\ T_2 = (R_1+R_2)C$이므로

$\therefore\ G(s) = \dfrac{T_1s+1}{T_2s+1}$

★★★
12 그림과 같은 회로에서 전달함수 $V_2(s)/V_1(s)$를 구하면?

① $\dfrac{RCs}{1+RCs}$

② $\dfrac{1}{1+RCs}$

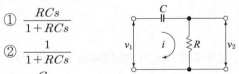

③ $\dfrac{Cs}{R+Cs}$

④ $\dfrac{R}{R+Cs}$

[해설] $V_1(s) = \dfrac{1}{Cs}I(s) + RI(s) = \left(\dfrac{1}{Cs} + R\right)I(s)$

$V_2(s) = RI(s)$

$\therefore\ G(s) = \dfrac{V_2(s)}{V_1(s)} = \dfrac{RI(s)}{\left(\dfrac{1}{Cs} + R\right)I(s)}$

$\qquad = \dfrac{R}{\dfrac{1}{Cs} + R} = \dfrac{RCs}{1+RCs}$

★★★

13 그림과 같은 회로에서 전압비의 전달함수는?

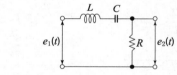

① $\dfrac{1}{\dfrac{1}{Ls}+Cs}$ 　　② $\dfrac{1}{LC+Cs}$

③ $\dfrac{\dfrac{1}{LC}}{s^2+\dfrac{1}{LC}}$ 　　④ $\dfrac{sC}{s^2(s+LC)}$

해설 $V_1(s)=\left(Ls+\dfrac{1}{Cs}\right)I(s)$

$V_2(s)=\dfrac{1}{Cs}I(s)$

$\therefore\ G(s)=\dfrac{V_2(s)}{V_1(s)}=\dfrac{\dfrac{1}{Cs}I(s)}{\left(Ls+\dfrac{1}{Cs}\right)I(s)}$

$=\dfrac{\dfrac{1}{Cs}}{Ls+\dfrac{1}{Cs}}=\dfrac{1}{LCs^2+1}$

$=\dfrac{\dfrac{1}{LC}}{s^2+\dfrac{1}{LC}}$

★★★

14 그림과 같은 회로의 전달함수는 어느 것인가?

① C_1+C_2

② $\dfrac{C_2}{C_1}$

③ $\dfrac{C_1}{C_1+C_2}$

④ $\dfrac{C_2}{C_1+C_2}$

해설 $E_i(s)=\dfrac{1}{C_1 s}I(s)+\dfrac{1}{C_2 s}I(s)$

$=\left(\dfrac{1}{C_1 s}+\dfrac{1}{C_2 s}\right)I(s)$

$E_o(s)=\dfrac{1}{C_2 s}I(s)$

$\therefore\ G(s)=\dfrac{E_o(s)}{E_i(s)}=\dfrac{\dfrac{1}{C_2 s}I(s)}{\left(\dfrac{1}{C_1 s}+\dfrac{1}{C_2 s}\right)I(s)}$

$=\dfrac{\dfrac{1}{C_2 s}}{\dfrac{1}{C_1 s}+\dfrac{1}{C_2 s}}=\dfrac{C_1}{C_1+C_2}$

★★★

15 그림에서 전기 회로의 전달함수는?

① $\dfrac{LRs}{LCs^2+RCs+1}$ 　　② $\dfrac{Cs}{LCs^2+RCs+1}$

③ $\dfrac{RCs}{LCs^2+RCs+1}$ 　　④ $\dfrac{LRCs}{LCs^2+RCs+1}$

해설 $E_1(s)=Ls\,I(s)+\dfrac{1}{Cs}I(s)+RI(s)$

$=\left(Ls+\dfrac{1}{Cs}+R\right)I(s)$

$E_2(s)=RI(s)$

$\therefore\ G(s)=\dfrac{E_2(s)}{E_1(s)}=\dfrac{RI(s)}{\left(Ls+R+\dfrac{1}{Cs}\right)I(s)}$

$=\dfrac{R}{Ls+R+\dfrac{1}{Cs}}=\dfrac{RCs}{LCs^2+RCs+1}$

정답 13 ③ 14 ③ 15 ③

16 그림에서 회로의 전달함수는?

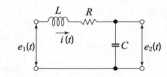

① $\dfrac{1}{Ls^2 + Cs + 1}$ 　② $Ls^2 + RCs + 1$

③ $\dfrac{1}{LCs^2 + RCs + 1}$ ④ $\dfrac{1}{LRs^2 + RCs + 1}$

해설 $E_1(s) = Ls\,I(s) + RI(s) + \dfrac{1}{Cs}\,I(s)$

$\qquad = \left(Ls + R + \dfrac{1}{Cs}\right)I(s)$

$E_2(s) = \dfrac{1}{Cs}\,I(s)$

$\therefore\; G(s) = \dfrac{E_2(s)}{E_1(s)} = \dfrac{\dfrac{1}{Cs}\,I(s)}{\left(Ls + R + \dfrac{1}{Cs}\right)I(s)}$

$\qquad = \dfrac{\dfrac{1}{Cs}}{Ls + R + \dfrac{1}{Cs}} = \dfrac{1}{LCs^2 + RCs + 1}$

★★
17 그림과 같은 회로의 전압비 전달함수 $G(j\omega) = \dfrac{V_c(j\omega)}{V(j\omega)}$는?

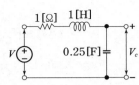

① $\dfrac{2}{(j\omega)^2 + j\omega + 2}$ ② $\dfrac{2}{(j\omega)^2 + j\omega + 4}$

③ $\dfrac{4}{(j\omega)^2 + j\omega + 4}$ ④ $\dfrac{1}{(j\omega)^2 + j\omega + 1}$

해설 $V(s) = \left(R + Ls + \dfrac{1}{Cs}\right)I(s)$

$V_c(s) = \dfrac{1}{Cs}\,I(s)$

$R = 1\,[\Omega],\; L = 1\,[\mathrm{H}],\; C = 0.25\,[\mathrm{F}] = \dfrac{1}{4}\,[\mathrm{F}]$이므로
$s = j\omega$를 대입하여 식을 전개하면

$V(j\omega) = \left(1 + j\omega + \dfrac{4}{j\omega}\right)I(j\omega)$

$V_c(j\omega) = \dfrac{4}{j\omega}\,I(j\omega)$

$\therefore\; G(j\omega) = \dfrac{V_c(j\omega)}{V(j\omega)} = \dfrac{\dfrac{4}{j\omega}\,I(j\omega)}{\left(1 + j\omega + \dfrac{4}{j\omega}\right)I(j\omega)}$

$\qquad = \dfrac{4}{(j\omega)^2 + j\omega + 4}$

★★
18 그림과 같은 회로의 전압비 전달함수 $H(j\omega)$는 얼마인가? (단, 입력 $v(t)$는 정현파 교류전압이며, 출력은 v_R이다.)

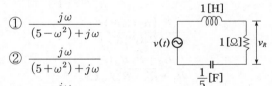

① $\dfrac{j\omega}{(5 - \omega^2) + j\omega}$

② $\dfrac{j\omega}{(5 + \omega^2) + j\omega}$

③ $\dfrac{j\omega}{(5 - \omega)^2 + j\omega}$

④ $\dfrac{j\omega}{(5 + \omega)^2 + j\omega}$

해설 $V(s) = \left(R + Ls + \dfrac{1}{Cs}\right)I(s)$

$V_R(s) = RI(s)$

$R = 1\,[\Omega],\; L = 1\,[\mathrm{H}],\; C = \dfrac{1}{5}\,[\mathrm{F}]$이므로 $s = j\omega$를
대입하여 식을 전개하면

$V(j\omega) = \left(j\omega + 1 + \dfrac{5}{j\omega}\right)I(j\omega)$

$V_R(j\omega) = I(j\omega)$

$\therefore\; H(j\omega) = \dfrac{V_R(j\omega)}{V(j\omega)} = \dfrac{I(j\omega)}{\left(j\omega + 1 + \dfrac{5}{j\omega}\right)I(j\omega)}$

$\qquad = \dfrac{j\omega}{-\omega^2 + j\omega + 5} = \dfrac{j\omega}{(5 - \omega^2) + j\omega}$

★★
19 회로에서의 전압비 전달함수 $\dfrac{E_o(s)}{E_i(s)}$ 는?

① $\dfrac{R_1 + Cs}{R_1 + R_2 + Cs}$

② $\dfrac{R_2 + Cs}{R_1 + R_2 + Cs}$

③ $\dfrac{R_1 + R_1 R_2 Cs}{R_1 + R_2 + R_1 R_2 Cs}$

④ $\dfrac{R_2 + R_1 R_2 Cs}{R_1 + R_2 + R_1 R_2 Cs}$

[해설] $E_1(s) = \left(\dfrac{R_1 \cdot \dfrac{1}{Cs}}{R_1 + \dfrac{1}{Cs}} + R_2 \right) I(s)$

$= \dfrac{R_1 + R_2(R_1 Cs + 1)}{R_1 Cs + 1} I(s)$

$E_2(s) = R_2 I(s)$

$\therefore \ G(s) = \dfrac{E_2(s)}{E_1(s)} = \dfrac{R_2 I(s)}{\dfrac{R_1 + R_2(R_1 Cs + 1)}{R_1 Cs + 1} I(s)}$

$= \dfrac{R_2(R_1 Cs + 1)}{R_1 + R_2(R_1 Cs + 1)}$

$= \dfrac{R_2 + R_1 R_2 Cs}{R_1 + R_2 + R_1 R_2 Cs}$

★★★
20 그림과 같은 회로에서 i를 입력, e_o를 출력으로 할 경우 전달함수 $\dfrac{E(s)}{I(s)}$ 는?

① $\dfrac{1}{C_1 + C_2}$

② $\dfrac{C_1}{C_1 s + C_2 s}$

③ $\dfrac{C_2}{C_1 s + C_2 s}$

④ $\dfrac{1}{C_1 s + C_2 s}$

[해설] C_1, C_2 병렬회로의 어드미턴스 $Y(s)$는

$Y(s) = C_1 s + C_2 s \ [\mho]$이므로

$\therefore \ G(s) = \dfrac{E(s)}{I(s)} = Z(s) = \dfrac{1}{Y(s)}$

$= \dfrac{1}{C_1 s + C_2 s}$

★★★
21 그림과 같은 R-C 병렬회로의 전달함수 $\dfrac{E_0(s)}{I(s)}$ 는?

① $\dfrac{R}{RCs + 1}$

② $\dfrac{C}{RCs + 1}$

③ $\dfrac{RC}{RCs + 1}$

④ $\dfrac{RCs}{RCs + 1}$

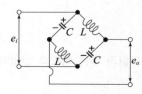

[해설] R-C 병렬회로의 어드미턴스 $Y(s)$는

$Y(s) = \dfrac{1}{R} + Cs \ [\mho]$이므로

$\therefore \ G(s) = \dfrac{E(s)}{I(s)} = Z(s) = \dfrac{1}{Y(s)} = \dfrac{1}{\dfrac{1}{R} + Cs}$

$= \dfrac{R}{RCs + 1}$

★★
22 그림과 같은 LC 브리지회로의 전달함수는?

① $\dfrac{1}{1 + LCs^2}$

② $\dfrac{Ls}{1 + LCs^2}$

③ $\dfrac{LCs}{1 + LCs^2}$

④ $\dfrac{1 - LCs^2}{1 + LCs^2}$

[해설] $E_i(s) = \dfrac{1}{Cs} I(s) + Ls \, I(s) = \left(\dfrac{1}{Cs} + Ls \right) I(s)$

$E_o(s) = \dfrac{1}{Cs} I(s) - Ls \, I(s) = \left(\dfrac{1}{Cs} - Ls \right) I(s)$

$\therefore \ G(s) = \dfrac{E_o(s)}{E_i(s)} = \dfrac{\left(\dfrac{1}{Cs} - Ls \right) I(s)}{\left(\dfrac{1}{Cs} + Ls \right) I(s)}$

$= \dfrac{\dfrac{1}{Cs} - Ls}{\dfrac{1}{Cs} + Ls} = \dfrac{1 - LCs^2}{1 + LCs^2}$

★★
23 그림과 같은 회로의 전달함수 $\dfrac{E_o(s)}{E_i(s)}$ 는?

① $\dfrac{s}{1+RCs}$

② $\dfrac{Cs}{1+RCs}$

③ $\dfrac{RCs}{1+RCs}$

④ $\dfrac{1-RCs}{1+RCs}$

해설 $E_i(s) = \dfrac{1}{Cs}I(s) + RI(s) = \left(\dfrac{1}{Cs}+R\right)I(s)$

$E_o(s) = \dfrac{1}{Cs}I(s) - RI(s) = \left(\dfrac{1}{Cs}-R\right)I(s)$

$\therefore\ G(s) = \dfrac{E_o(s)}{E_i(s)} = \dfrac{\left(\dfrac{1}{Cs}-R\right)I(s)}{\left(\dfrac{1}{Cs}+R\right)I(s)}$

$= \dfrac{\dfrac{1}{Cs}-R}{\dfrac{1}{Cs}+R} = \dfrac{1-RCs}{1+RCs}$

★★
24 그림과 같은 회로가 가지는 기능 중 가장 적합한 것은?

① 적분기능
② 진상보상
③ 지연보상
④ 지진상보상

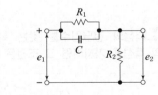

해설 $E_1(s) = \left(\dfrac{R_1 \cdot \dfrac{1}{Cs}}{R_1 + \dfrac{1}{Cs}} + R_2\right)I(s)$

$= \dfrac{R_1 + R_2(R_1 Cs + 1)}{R_1 Cs + 1}I(s)$

$E_2(s) = R_2 I(s)$

$G(s) = \dfrac{E_2(s)}{E_1(s)} = \dfrac{R_2 I(s)}{\dfrac{R_1 + R_2(R_1 Cs + 1)}{R_1 Cs + 1}I(s)}$

$= \dfrac{R_2(R_1 Cs + 1)}{R_1 + R_2(R_1 Cs + 1)}$

$= \dfrac{R_1 R_2 Cs + R_2}{R_1 R_2 Cs + R_1 + R_2}$

$= \dfrac{s + \dfrac{R_2}{R_1 R_2 C}}{s + \dfrac{R_1 + R_2}{R_1 R_2 C}} = \dfrac{s+b}{s+a}$

$a = \dfrac{R_1 + R_2}{R_1 R_2 C},\ b = \dfrac{R_2}{R_1 R_2 C}$ 일 때

$\therefore\ a > b$이므로 미분회로이며 진상보상회로이다.

참고 보상회로

(1) 진상보상회로 : 출력전압의 위상이 입력전압의 위상보다 앞선 회로이다.

$G(s) = \dfrac{s+b}{s+a} \fallingdotseq s$: 미분회로

$\therefore$ 전달함수가 미분회로인 경우 진상보상회로가 되며 $a > b$인 조건을 만족해야 한다. 또한 미분회로는 속응성(응답속도)을 개선하기 위하여 진동을 억제한다.

(2) 지상보상회로 : 출력전압의 위상이 입력전압의 위상보다 뒤진 회로이다.

$G(s) = \dfrac{s+b}{s+a} \fallingdotseq \dfrac{1}{Ts}$: 적분회로

$\therefore$ 전달함수가 적분회로인 경우 지상보상회로가 되며 $a < b$인 조건을 만족해야 한다. 또한 적분회로는 잔류편차를 제거하여 정상특성을 개선한다.

★★
25 그림의 회로에서 입력전압의 위상은 출력전압보다 어떠한가?

① 앞선다.
② 뒤진다.
③ 같다.
④ 정수에 따라 앞서기도 하고 뒤지기도 한다.

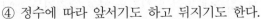

해설 미분회로이며 진상보상회로이고 출력전압의 위상이 앞선 회로이므로 입력전압의 위상이 뒤진 회로이다.

★★
26 다음 전기회로망은 무슨 회로망인가?

① 진상회로망
② 지진상회로망
③ 지상회로망
④ 동상회로망

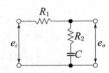

[해설] $E_i(s) = \left(R_1 + R_2 + \dfrac{1}{Cs}\right) I(s)$

$E_o(s) = \left(R_2 + \dfrac{1}{Cs}\right) I(s)$

$G(s) = \dfrac{E_o(s)}{E_i(s)} = \dfrac{\left(R_2 + \dfrac{1}{Cs}\right) I(s)}{\left(R_1 + R_2 + \dfrac{1}{Cs}\right) I(s)}$

$= \dfrac{R_2 + \dfrac{1}{Cs}}{R_1 + R_2 + \dfrac{1}{Cs}} = \dfrac{R_2 Cs + 1}{(R_1 + R_2) Cs + 1}$

$= K \dfrac{s + \dfrac{1}{R_2 C}}{s + \dfrac{1}{(R_1 + R_2) C}} = K \dfrac{s + b}{s + a}$

$a = \dfrac{1}{(R_1 + R_2) C}, \quad b = \dfrac{1}{R_2 C}$ 일 때

∴ $a < b$ 이므로 적분회로이며 지상보상회로이다.

★★
27 그림의 회로에서 입력전압의 위상은 출력전압보다 어떠한가?

① 앞선다.
② 뒤진다.
③ 같다.
④ 정수에 따라 앞서기도 하고 뒤지기도 한다.

[해설] 적분회로이며 지상보상회로이고 출력전압의 위상이 뒤진 회로이므로 입력전압의 위상이 앞선 회로이다.

★★
28 다음 중 보상법에 대한 설명 중 맞는 것은?

① 위치제어계의 종속보상법중 진상요소의 주된 사용목적은 속응성을 개선하는 것이다.
② 위치제어계의 이득조정은 속응성의 개선을 목적으로 한다.
③ 제어정도의 개선에는 진상요소에 의한 종속보상법이 사용된다.
④ 이득정수를 크게 하면 안정성도 개선된다.

[해설] 전달함수가 미분회로인 경우 진상보상회로가 되며 속응성(응답속도)을 개선하기 위하여 진동을 억제한다.

★
29 진상보상기의 설명 중 맞는 것은?

① 일종의 저주파통과 필터의 역할을 한다.
② 2개의 극점과 2개의 영점을 가지고 있다.
③ 과도응답 속도를 개선시킨다.
④ 정상상태에서의 정확도를 현저히 개선시킨다.

[해설] 전달함수가 미분회로인 경우 진상보상회로가 되며 속응성(응답속도)을 개선하기 위하여 진동을 억제한다.

★
30 다음의 전달함수를 갖는 회로가 진상보상회로의 특성을 가지려면 그 조건은 어떠한가?

$$G(s) = \dfrac{s + b}{s + a}$$

① $a > b$
② $a < b$
③ $a > 1$
④ $b > 1$

[해설] 전달함수가 미분회로인 경우 진상보상회로가 되며 $a > b$ 인 조건을 만족해야 한다.

★★★

31 어떤 계를 표시하는 미분 방정식이

$\dfrac{d^2y(t)}{dt^2}+3\dfrac{dy(t)}{dt}+2y(t)=\dfrac{dx(t)}{dt}+x(t)$ 라고 한다.

$x(t)$ 는 입력, $y(t)$ 는 출력이라고 한다면 이 계의 전달함수는 어떻게 표시되는가?

① $G(s)=\dfrac{s^2+3s+2}{s+1}$

② $G(s)=\dfrac{2s+1}{s^2+s+1}$

③ $G(s)=\dfrac{s+1}{s^2+3s+2}$

④ $G(s)=\dfrac{s^2+s+1}{2s+1}$

해설 미분방정식을 양 변 모두 라플라스 변환하여 전개하면

$s^2Y(s)+3sY(s)+2Y(s)=sX(s)+X(s)$

$(s^2+3s+2)Y(s)=(s+1)X(s)$

$\therefore\ G(s)=\dfrac{Y(s)}{X(s)}=\dfrac{s+1}{s^2+3s+2}$

★★★

32 제어계의 미분방정식이

$\dfrac{d^3c(t)}{dt^3}+4\dfrac{d^2c(t)}{dt^2}+5\dfrac{dc(t)}{dt}+c(t)=5r(t)$ 로

주어졌을 때 전달함수를 구하면?

① $\dfrac{C(s)}{R(s)}=\dfrac{5}{s^3+4s^2+5s+1}$

② $\dfrac{C(s)}{R(s)}=\dfrac{s^3+4s^2+5s+1}{5s}$

③ $\dfrac{C(s)}{R(s)}=\dfrac{5s}{s^3+4s^2+5s+1}$

④ $\dfrac{C(s)}{R(s)}=s^3+4s^2+5s+1$

해설 문제의 미분방정식을 양 변 모두 라플라스 변환하여 전개하면

$s^3C(s)+4s^2C(s)+5s(s)+C(s)=5R(s)$

$(s^3+4s^2+5s+1)C(s)=5R(s)$

$\therefore\ G(s)=\dfrac{C(s)}{R(s)}=\dfrac{5}{s^3+4s^2+5s+1}$

★★★

33 입력신호 $x(t)$ 와 출력신호 $y(t)$ 의 관계가 다음과 같을 때 전달함수는?

(단, $\dfrac{d^2}{dt^2}y(t)+5\dfrac{d}{dt}y(t)+6y(t)=x(t)$)

① $\dfrac{1}{(s+2)(s+3)}$

② $\dfrac{s+1}{(s+2)(s+3)}$

③ $\dfrac{s+4}{(s+2)(s+3)}$

④ $\dfrac{s}{(s+2)(s+3)}$

해설 문제의 미분방정식을 양 변 모두 라플라스 변환하여 전개하면

$s^2Y(s)+5sY(s)+6Y(s)=X(s)$

$(s^2+5s+6)Y(s)=X(s)$

$\therefore\ G(s)=\dfrac{Y(s)}{X(s)}=\dfrac{1}{s^2+5s+6}$

$\qquad\qquad =\dfrac{1}{(s+2)(s+3)}$

★★

34 $\dfrac{B(s)}{A(s)}=\dfrac{2}{2s+3}$ 의 전달함수를 미분방정식으로 표시하면?

① $3\dfrac{d}{dt}b(t)+2b(t)=2a(t)$

② $\dfrac{d}{dt}b(t)+b(t)=a(t)$

③ $2\dfrac{d}{dt}b(t)+3b(t)=2a(t)$

④ $3\dfrac{d}{dt}b(t)+b(t)=a(t)$

해설 $\dfrac{B(s)}{A(s)}=\dfrac{2}{2s+3}$

$2sB(s)+3B(s)=2A(s)$

위 식을 양 변 모두 라플라스 역변환하면

$\therefore\ 2\dfrac{d}{dt}b(t)+3b(t)=2a(t)$

★★
35 전달함수 $\dfrac{B(s)}{A(s)}$ 의 값이 $\dfrac{1}{s^2+2s+1}$ 로 주어지는 경우 이 때의 미분방정식의 값은?

① $\dfrac{d^2}{dt^2}a(t)+2\dfrac{d}{dt}a(t)+a(t)=b(t)$

② $\dfrac{d^2}{dt^2}b(t)+2\dfrac{d}{dt}b(t)+b(t)=a(t)$

③ $\dfrac{d^2}{dt^2}a(t)+2\displaystyle\int a(t)dt+a(t)=b(t)$

④ $\dfrac{d^2}{dt^2}b(t)+2\displaystyle\int b(t)dt+b(t)=a(t)$

해설 $\dfrac{B(s)}{A(s)}=\dfrac{1}{s^2+2s+1}$

$s^2 B(s)+2s B(s)+B(s)=A(s)$
위 식을 양 변 모두 라플라스 역변환하면

$\therefore \dfrac{d^2}{dt^2}b(t)+2\dfrac{d}{dt}b(t)+b(t)=a(t)$

★★★
36 어떤 계의 임펄스응답(impulse response)이 정현파신호 $\sin t$일 때, 이 계의 전달함수와 미분방정식을 구하면?

① $\dfrac{1}{s^2+1}$, $\dfrac{d^2 y}{dt^2}+y=x$

② $\dfrac{1}{s^2-1}$, $\dfrac{d^2 y}{dt^2}+2y=2x$

③ $\dfrac{1}{2s+1}$, $\dfrac{d^2 y}{dt^2}-y=x$

④ $\dfrac{1}{2s^2-1}$, $\dfrac{d^2 y}{dt^2}-2y=2x$

해설 임펄스 응답과 전달함수
임펄스 응답이란 입력함수가 임펄스 함수로 주어질 때 나타나는 출력함수를 말한다. 입력 $x(t)$, 출력 $y(t)$, 전달함수 $G(s)$ 라 하면
$x(t)=\delta(t)$이므로 $X(s)=1$
$Y(s)=G(s)X(s)=G(s)$ $y(t)=\sin t$이므로
$\therefore G(s)=\dfrac{Y(s)}{X(s)}=\mathcal{L}^{-1}[y(t)]=\dfrac{1}{s^2+1}$
또한 $s^2 Y(s)+Y(s)=X(s)$ 의 양 변을 모두 라플라스 역변환하면
$\therefore \dfrac{d^2 y(t)}{dt^2}+y(t)=x(t)$

★★★
37 어떤 시스템을 표시하는 미분방정식이
$2\dfrac{d^2 y(t)}{dt^2}+3\dfrac{dy(t)}{dt}+4y(t)=\dfrac{dx(t)}{dt}+3x(t)$인 경우 $x(t)$를 입력, $y(t)$를 출력이라면 이 시스템의 전달함수는? (단, 모든 초기조건은 0이다.)

① $G(s)=\dfrac{s+3}{2s^2+3s+4}$

② $G(s)=\dfrac{s-3}{2s^2-3s+4}$

③ $G(s)=\dfrac{s+3}{2s^2+3s-4}$

④ $G(s)=\dfrac{s-3}{2s^2-3s-4}$

해설 문제의 미분방정식을 양 변 모두 라플라스 변환하여 전개하면
$2s^2 Y(s)+2s Y(s)+4Y(s)=sX(s)+3X(s)$
$(2s^2+3s+4)Y(s)=(s+3)X(s)$
$\therefore G(s)=\dfrac{Y(s)}{X(s)}=\dfrac{s+3}{2s^2+3s+4}$

★★
38 다음 회로에서 입력을 $V(t)$, 출력을 $i(t)$로 했을 때의 입출력 전달함수는? (단, 스위치 s는 $t=0$ 순간에 회로 전압을 공급한다.)

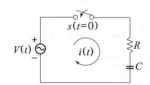

① $\dfrac{I(s)}{V(s)}=\dfrac{s}{R\left(s+\dfrac{1}{RC}\right)}$

② $\dfrac{I(s)}{V(s)}=\dfrac{1}{RC\left(s+\dfrac{1}{RC}\right)}$

③ $\dfrac{I(s)}{V(s)}=\dfrac{s}{RCs+1}$

④ $\dfrac{I(s)}{V(s)}=\dfrac{RCs}{RCs+1}$

정답 35 ② 36 ① 37 ① 38 ①

해설 전달함수

$$V(s) = \left(R + \frac{1}{Cs}\right) I(s)$$

$$\therefore G(s) = \frac{I(s)}{V(s)} = \frac{1}{R + \dfrac{1}{Cs}} = \frac{Cs}{RCs + 1}$$

$$= \frac{s}{R\left(s + \dfrac{1}{RC}\right)}$$

★★
39 그림과 같은 RLC 회로에서 입력전압 $e_i(t)$, 출력 전류가 $i(t)$인 경우 이 회로의 전달함수 $\dfrac{I(s)}{E_i(s)}$ 는?

① $\dfrac{Cs}{RCs^2 + LCs + 1}$

② $\dfrac{1}{RCs^2 + LCs + 1}$

③ $\dfrac{Cs}{LCs^2 + RCs + 1}$

④ $\dfrac{1}{LCs^2 + RCs + 1}$

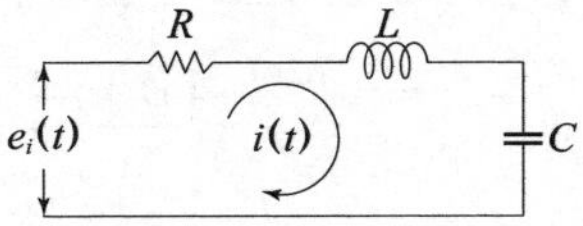

해설 전달함수

$$E_i(s) = RI(s) + Ls\,I(s) + \frac{1}{Cs}I(s) \text{이므로}$$

$$\therefore G(s) = \frac{I(s)}{E_i(s)} = \frac{1}{R + Ls + \dfrac{1}{Cs}}$$

$$= \frac{Cs}{LCs^2 + RCs + 1}$$

★
40 RC 저역 여파기 회로의 전달함수 $G(j\omega)$에서 $\omega = \dfrac{1}{RC}$ 인 경우 $|G(j\omega)|$ 의 값은?

① 1
② 0.707
③ 0.5
④ 0

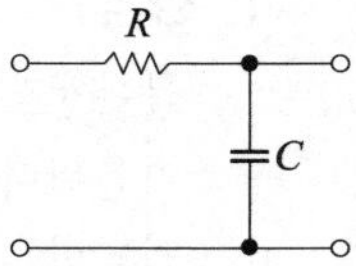

해설 전달함수 $G(s)$
입, 출력전압을 $V_1(s)$, $V_2(s)$라 하면

$$V_1(s) = RI(s) + \frac{1}{Cs}I(s)$$

$$V_2(s) = \frac{1}{Cs}I(s)$$

$$G(s) = \frac{V_2(s)}{V_1(s)} = \frac{\dfrac{1}{Cs}I(s)}{\left(R + \dfrac{1}{Cs}\right)I(s)} = \frac{\dfrac{1}{Cs}}{R + \dfrac{1}{Cs}}$$

$$= \frac{1}{RCs + 1}$$

$$\therefore G(j\omega)\Big|_{\omega = \frac{1}{RC}} = \frac{1}{RC(j\omega) + 1}\Big|_{\omega = \frac{1}{RC}}$$

$$= \frac{1}{1 + j} = \frac{1}{\sqrt{2}} = 0.707$$

1 블록선도

1. 정의

블록선도는 단순성과 융통성을 지니기 때문에 모든 형태의 계통을 모델링하는 데에 자주 이용된다. 블록선도는 계통의 구성이나 연결관계를 간단히 표현하는 데 쓰일 수 있다. 또한 전달함수와 함께 전체 계통의 인과관계를 표시하는데 사용되기도 한다.

2. 제어계의 블록선도

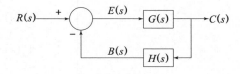

$$B(s) = C(s)H(s)$$

$$E(s) = R(s) - B(s) = R(s) - C(s)H(s)$$

$$C(s) = E(s)G(s) = R(s)G(s) - C(s)H(s)G(s)$$

$$C(s)\{1 + G(s)H(s)\} = R(s)G(s)$$

$$G_0(s) = \frac{C(s)}{R(s)} = \frac{G(s)}{1 + G(s)H(s)}$$

확인문제

01 그림과 같은 계통의 전달함수는?

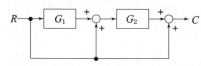

① $1 + G_1G_2$ ② $1 + G_2 + G_1G_2$

③ $\dfrac{G_1G_2}{1 - G_1G_2}$ ④ $\dfrac{G_2G_3}{1 - G_1 - G_2}$

해설 블록선도의 전달함수

$$C(s) = G_1G_2R(s) + G_2R(s) + R(s)$$
$$= (G_1G_2 + G_2 + 1)R(s)$$
$$\therefore \ G(s) = \frac{C(s)}{R(s)} = 1 + G_2 + G_1G_2$$

<u>답 : ②</u>

02 다음 블록선도의 입출력비는?

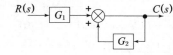

① $\dfrac{1}{1 + G_1G_2}$ ② $\dfrac{G_1G_2}{1 - G_2}$

③ $\dfrac{G_1}{1 - G_2}$ ④ $\dfrac{G_1}{1 + G_2}$

해설 블록선도의 전달함수

$$C(s) = G_1R(s) + G_2C(s)$$
$$(1 - G_2)C(s) = G_1R(s)$$
$$\therefore \ G(s) = \frac{C(s)}{R(s)} = \frac{G_1}{1 - G_2}$$

<u>답 : ③</u>

2 신호흐름선도

1. 정의

신호흐름선도(SFG)는 블록선도의 간단화된 표현으로 생각될 수 있을 것이다. 원래 신호흐름선도는 S. J. Mason에 의하여 대수방정식으로 주어지는 선형계의 인과관계의 표현을 위하여 소개되었다. 신호흐름선도와 블록선도의 외견상의 차이 외에도, 신호흐름선도는 보다 엄밀한 수학적 공식에 의해 제약을 받고 있는데 비하여 블록선도 표현의 사용은 덜 엄격하다. 신호흐름선도는 일련의 선형대수방정식의 변수 사이의 입출력관계를 도식적으로 나타내는 방법으로 정의될 수 있을 것이다.

2. 메이슨 공식

$$\Delta = 1 - \sum_i L_{1i} + \sum_j L_{2j} - \sum_k L_{3k} + \cdots$$

$L_{rm} = r$개의 비접촉 루프의 가능한 m번째 조합의 이득 곱.
(신호흐름선도의 두 부분의 공통마디를 공유하지 않으면 비접촉이라 한다.)

$\Delta = 1 -$ (모든 각각의 루프이득의 합)+두 개의 비접촉 루프의 가능한 모든 조합의 이득 곱의 합$-$(세 개의 $\cdots$)$+ \cdots$

$\Delta_k = k$번째 전방경로와 접촉하지 않는 신호흐름선도에 대한 Δ

$M_k =$ 입력과 출력 사이의 k번째 전방경로의 이득

$$G_0(s) = \frac{C(s)}{R(s)} = \sum_{k=1}^{N} \frac{M_k \Delta_k}{\Delta}$$

확인문제

03 다음의 신호흐름선도에서 $\dfrac{C}{R}$의 값은?

① $a+2$
② $a+3$
③ $a+5$
④ $a+6$

R ○→1→○→1→○→1→○ C

(위: 2, 가운데: a, 아래: 3)

[해설] 신호흐름선도의 전달함수
$\Delta = 1$, $\Delta_1 = 1$, $\Delta_2 = 1$, $\Delta_3 = 1$
$M_1 = a$, $M_2 = 2$, $M_3 = 3$

$$\therefore \ G(s) = \frac{M_1 \Delta_1 + M_2 \Delta_2 + M_3 \Delta_3}{\Delta}$$
$$= a + 2 + 3$$
$$= a + 5$$

답 : ③

04 그림과 같은 신호흐름선도에서 $\dfrac{C}{R}$의 값은?

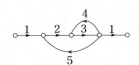

① $-\dfrac{1}{41}$
② $-\dfrac{3}{41}$
③ $-\dfrac{5}{41}$
④ $-\dfrac{6}{41}$

[해설] 신호흐름선도의 전달함수
$L_{11} = 4 \times 3 = 12$
$L_{12} = 2 \times 3 \times 5 = 30$
$\Delta = 1 - (L_{11} + L_{12}) = 1 - (12 + 30) = -41$
$\Delta_1 = 1$
$M_1 = 1 \times 2 \times 3 \times 1 = 6$

$$\therefore \ G(s) = \frac{M_1 \Delta_1}{\Delta} = \frac{6 \times 1}{-41} = -\frac{6}{41}$$

답 : ④

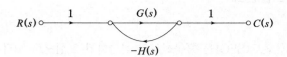

$$L_{11} = -G(s)H(s)$$
$$\Delta = 1 - L_{11} = 1 + G(s)H(s)$$
$$M_1 = G(s)$$
$$\Delta_1 = 1$$
$$G_0(s) = \frac{C(s)}{R(s)} = \frac{M_1\Delta_1}{\Delta} = \frac{G(s)}{1 + G(s)H(s)}$$

★★★
01 자동제어계의 각 요소를 Black 선로로 표시할 때에 각 요소를 전달함수로 표시하고 신호의 전달 경로는 무엇으로 표시하는가?

① 전달함수   ② 단자
③ 화살표   ④ 출력

해설 블록선도는 계통의 구성이나 연결관계를 전달함수와 화살표를 이용하여 모델링한 것으로서 전달함수는 블록으로 표시하고 신호의 전달경로는 화살표로 표시한다.

★
02 종속으로 접속된 두 전달함수의 종합 전달함수를 구하시오.

① $G_1 + G_2$ ② $G_1 \times G_2$
③ $\dfrac{1}{G_1} + \dfrac{1}{G_2}$ ④ $\dfrac{1}{G_1} \times \dfrac{1}{G_2}$

해설 블록선도의 전달함수
입력을 $R(s)$, 출력을 $C(s)$로 표현할 때
$C(s) = G_1 G_2 R(s)$
$\therefore\ G(s) = \dfrac{C(s)}{R(s)} = \dfrac{G_1 G_2 R(s)}{R(s)} = G_1 G_2$

★★★
03 그림과 같은 피드백 회로의 종합 전달함수는?

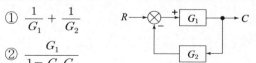

① $\dfrac{1}{G_1} + \dfrac{1}{G_2}$

② $\dfrac{G_1}{1 - G_1 G_2}$

③ $\dfrac{G_1}{1 + G_1 G_2}$

④ $\dfrac{G_1 G_2}{1 + G_1 G_2}$

해설 블록선도의 전달함수
$$C(s) = \{R(s) - G_2 C(s)\} G_1$$
$$= G_1 R(s) - G_1 G_2 C(s)$$
$$(1 + G_1 G_2) C(s) = G_1 R(s)$$
$$\therefore\ G(s) = \frac{C(s)}{R(s)} = \frac{G_1}{1 + G_1 G_2}$$

★★★
04 그림의 블록선도에서 등가 전달함수는?

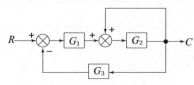

① $\dfrac{G_1 G_2}{1 + G_2 + G_1 G_2 G_3}$

② $\dfrac{G_1 G_2}{1 - G_2 + G_1 G_2 G_3}$

③ $\dfrac{G_1 G_3}{1 - G_2 + G_1 G_2 G_3}$

④ $\dfrac{G_1 G_3}{1 + G_2 + G_1 G_2 G_3}$

해설 블록선도의 전달함수
$$C(s) = [\{R(s) - G_3 C(s)\} G_1 + C(s)] G_2$$
$$= G_1 G_2 R(s) - G_1 G_2 G_3 C(s) + G_2 C(s)$$
$$(1 - G_2 + G_1 G_2 G_3) C(s) = G_1 G_2 R(s)$$
$$\therefore\ G(s) = \frac{C(s)}{R(s)} = \frac{G_1 G_2}{1 - G_2 + G_1 G_2 G_3}$$

★★★
05 그림과 같은 블록선도에서 전달함수는?

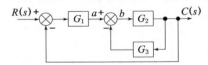

① $\dfrac{G_1 G_2}{1 - G_1 G_2 - G_2 G_3}$ ② $\dfrac{G_1 G_3}{1 - G_1 G_2 - G_2 G_3}$

③ $\dfrac{G_1 G_3}{1 + G_1 G_2 + G_2 G_3}$ ④ $\dfrac{G_1 G_2}{1 + G_1 G_2 + G_2 G_3}$

해설 블록선도의 전달함수

$$C(s) = \left[\{ R(s) - C(s) \} G_1 - G_3 C(s) \right] G_2$$
$$= G_1 G_2 R(s) - G_1 G_2 C(s)$$
$$\quad - G_2 G_3 C(s)$$
$$(1 + G_1 G_2 + G_2 G_3) C(s) = G_1 G_2 R(s)$$
$$\therefore \ G(s) = \frac{C(s)}{R(s)} = \frac{G_1 G_2}{1 + G_1 G_2 + G_2 G_3}$$

★★★
06 그림과 같은 블록선도에 대한 등가전달함수를 구하면?

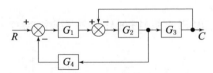

① $\dfrac{G_1 G_2 G_3}{1 + G_2 G_3 + G_1 G_2 G_4}$

② $\dfrac{G_1 G_2 G_3}{1 + G_1 G_2 + G_1 G_2 G_3}$

③ $\dfrac{G_1 G_2 G_4}{1 + G_1 G_2 + G_1 G_2 G_4}$

④ $\dfrac{G_1 G_2 G_3}{1 + G_2 G_3 + G_1 G_2 G_3}$

해설 블록선도의 전달함수

$$C(s) = \left[\left\{ R(s) - \frac{C(s)}{G_3} G_4 \right\} G_1 - C(s) \right] G_2 G_3$$
$$= G_1 G_2 G_3 R(s) - G_1 G_2 G_4 C(s)$$
$$\quad - G_2 G_3 C(s)$$
$$(1 + G_2 G_3 + G_1 G_2 G_4) C(s) = G_1 G_2 G_3 R(s)$$
$$\therefore \ G(s) = \frac{C(s)}{R(s)} = \frac{G_1 G_2 G_3}{1 + G_2 G_3 + G_1 G_2 G_4}$$

★★
07 그림과 같은 블록선도에서 등가합성 전달함수 $\dfrac{C}{R}$ 는?

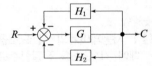

① $\dfrac{H_1 + H_2}{1 + G}$

② $\dfrac{H_1}{1 + H_1 H_2 H_3}$

③ $\dfrac{G}{1 + H_1 + H_2}$

④ $\dfrac{G}{1 + H_1 G + H_2 G}$

해설 블록선도의 전달함수

$$C(s) = \left\{ R(s) - H_1 C(s) - H_2 C(s) \right\} G$$
$$= GR(s) - H_1 G C(s) - H_2 G C(s)$$
$$(1 + H_1 G + H_2 G) C(s) = GR(s)$$
$$\therefore \ G(s) = \frac{C(s)}{R(s)} = \frac{G}{1 + H_1 G + H_2 G}$$

★★
08 그림과 같은 피드백 회로의 종합전달함수는?

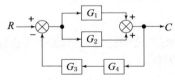

① $\dfrac{G_1 G_2}{1 + G_1 G_2 + G_3 G_4}$

② $\dfrac{G_1 + G_2}{1 + G_1 G_3 G_4 + G_2 G_3 G_4}$

③ $\dfrac{G_1 + G_2}{1 + G_1 G_2 G_3 G_4 + G_2 G_3 G_4}$

④ $\dfrac{G_1 G_2}{1 + G_4 G_2 + G_3 G_1}$

해설 블록선도의 전달함수

$$C(s) = \left\{ R(s) - G_3 G_4 C(s) \right\} (G_1 + G_2)$$
$$= (G_1 + G_2) R(s) - (G_1 + G_2) G_3 G_4 C(s)$$
$$\left\{ 1 + (G_1 + G_2) G_3 G_4 \right\} C(s) = (G_1 + G_2) R(s)$$
$$\therefore \ G(s) = \frac{C(s)}{R(s)} = \frac{G_1 + G_2}{1 + (G_1 + G_2) G_3 G_4}$$
$$= \frac{G_1 + G_2}{1 + G_1 G_3 G_4 + G_2 G_3 G_4}$$

★
09 다음 블록선도의 변환에서 ( )에 맞는 것은?

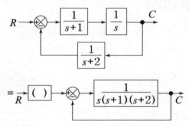

① $s+2$ ② $s+1$

③ s ④ $s(s+1)(s+2)$

[해설] 블록선도의 전달함수

두 가지 경우의 블록선도가 서로 등가회로관계가 성립하기 위해서는 전달함수의 루프이득과 전향이득이 서로 일치하면 되므로 이 경우는 루프이득이 서로 같기 때문에 전향이득을 같게 하면 된다.
전향이득이란 입력단에서 출력단까지 바로 전달되는 경로를 말한다. 여기서 ( )안의 이득을 A라 하면

$$\frac{1}{s+1} \cdot \frac{1}{s} = (A) \cdot \frac{1}{s(s+1)(s+2)} \text{이므로}$$

$$\therefore A = s+2$$

★
10 그림의 전달함수는?

① 0.224

② 0.324

③ 0.424

④ 0.524

[해설] 블록선도의 전달함수

$$C(s) = [\{R(s) - 4C(s)\} \times 3 + D(s)] \times 3$$
$$= 9R(s) - 36C(s) + 3D(s)$$
$$(1+36)C(s) = 9R(s) + 3D(s)$$
$$C(s) = \frac{9}{37}R(s) + \frac{3}{37}D(s)$$
$$= \left(\frac{9}{37} + \frac{3}{37}\right)R'(s)$$
$$\therefore G(s) = \frac{C(s)}{R'(s)} = \frac{9}{37} + \frac{3}{37} = \frac{12}{37} = 0.324$$

★★
11 그림과 같은 블록선도에서 외란이 있는 경우의 출력은?

① $H_1 H_2 e_i + H_2 e_f$

② $H_1 H_2 (e_i + e_f)$

③ $H_1 e_i + H_2 e_f$

④ $H_1 H_2 e_i e_f$

[해설] 블록선도의 출력

$$e_o = (H_1 e_i + e_f)H_2 = H_1 H_2 e_i + H_2 e_f$$

★
12 $r(t) = 2$, $G_1 = 100$, $H_1 = 0.01$일 때 $c(t)$를 구하면?

① 2   ② 50

③ 45   ④ 20

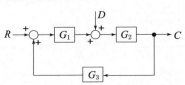

[해설] 블록선도의 출력

$$c(t) = \{r(t) - c(t) + H_1 c(t)\}G_1$$
$$= G_1 r(t) - G_1 c(t) + H_1 G_1 c(t)$$
$$(1 + G_1 - H_1 G_1)c(t) = G_1 r(t)$$
$$\therefore c(t) = \frac{G_1 r(t)}{1 + G_1 - H_1 G_1}$$
$$= \frac{100 \times 2}{1 + 100 - 0.01 \times 100} = 2$$

★★★
13 다음 그림과 같은 블록선도에서 입력 R과 외란 D가 가해질 때 출력 C는?

① $\dfrac{G_1 G_2 R + G_2 D}{1 + G_1 G_2 G_3}$ ② $\dfrac{G_1 G_2 R - G_2 D}{1 + G_1 G_2 G_3}$

③ $\dfrac{G_1 G_2 R + G_2 D}{1 - G_1 G_2 G_3}$ ④ $\dfrac{G_1 G_2 R - G_2 D}{1 - G_1 G_2 G_3}$

[해설] 블록선도의 출력

$$C = \{(R + G_3 C)G_1 + D\}G_2$$
$$= G_1 G_2 R + G_1 G_2 G_3 C + G_2 D$$
$$(1 - G_1 G_2 G_3)C = G_1 G_2 R + G_2 D$$
$$\therefore C = \frac{G_1 G_2 R + G_2 D}{1 - G_1 G_2 G_3}$$

★★★
14 그림의 신호흐름선도에서 $\dfrac{C}{R}$ 는?

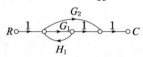

① $\dfrac{G_1 + G_2}{1 - G_1 H_1}$ ② $\dfrac{G_1 G_2}{1 - G_1 H_1}$

③ $\dfrac{G_1 + G_2}{1 + G_1 H_1}$ ④ $\dfrac{G_1 G_2}{1 + G_1 H_1}$

해설 신호흐름선도의 전달함수(메이슨 정리)

$L_{11} = G_1 H_1$, $\Delta = 1 - L_{11} = 1 - G_1 H_1$

$M_1 = G_1$, $M_2 = G_2$, $\Delta_1 = 1$, $\Delta_2 = 1$

$\therefore G(s) = \dfrac{M_1 \Delta_1 + M_2 \Delta_2}{\Delta} = \dfrac{G_1 + G_2}{1 - G_1 H_1}$

참고 메이슨 정리

L_{11} : 각각의 루프이득

Δ : 1-(각각의 루프이득의 합)+(두 개의 비접촉 루프이득의 곱의 합)-(세 개의 비접촉 루프이득의 곱의 합)+⋯

M_1 : 전향이득

Δ_1 : 전향이득과 비접촉 루프이득의 Δ

$G(s) = \dfrac{M_1 \Delta_1}{\Delta}$

★★
15 다음 중 그림의 신호흐름 선도에서 $\dfrac{C}{R}$ 는?

① $\dfrac{ab}{1 + b - abd}$

② $\dfrac{ab}{1 - b - abd}$

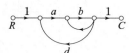

③ $\dfrac{ab}{1 - b + abd}$

④ $\dfrac{ab}{1 - ab + abd}$

해설 신호흐름선도의 전달함수(메이슨 정리)

$L_{11} = b \times 1 = b$

$L_{12} = a \times b \times d = abd$

$\Delta = 1 - (L_{11} + L_{12}) = 1 - (b + abd) = 1 - b - abd$

$M_1 = 1 \times a \times b \times 1 = ab$, $\Delta_1 = 1$

$\therefore G(s) = \dfrac{M_1 \Delta_1}{\Delta} = \dfrac{ab}{1 - b - abd}$

★★★
16 다음 신호흐름선도에서 전달함수 C/R를 구하면 얼마인가?

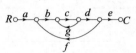

① $\dfrac{abcdg}{1 - abcde}$ ② $\dfrac{abcde}{1 - cg - bcdf}$

③ $\dfrac{abcde}{1 - cg - cgf}$ ④ $\dfrac{abcde}{c + cg + cgf}$

해설 신호흐름선도의 전달함수(메이슨 정리)

$L_{11} = cg$

$L_{12} = bcdf$

$\Delta = 1 - (L_{11} + L_{12}) = 1 - cg - bcdf$

$M_1 = abcde$, $\Delta_1 = 1$

$\therefore G(s) = \dfrac{M_1 \Delta_1}{\Delta} = \dfrac{abcde}{1 - cg - bcdf}$

★★★
17 그림과 같은 신호흐름선도에서 전달함수 $C(s)/R(s)$의 값은?

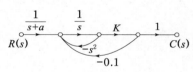

① $\dfrac{C(S)}{R(S)} = \dfrac{K}{(s + a)(s^2 + s + 0.1K)}$

② $\dfrac{C(S)}{R(S)} = \dfrac{K(s + a)}{(s + a)(s^2 + s + 0.1K)}$

③ $\dfrac{C(S)}{R(S)} = \dfrac{K}{(s + a)(-s^2 - s + 0.1K)}$

④ $\dfrac{C(S)}{R(S)} = \dfrac{K(s + a)}{(s + a)(-s^2 - s + 0.1K)}$

해설 신호흐름선도의 전달함수(메이슨 정리)

$L_{11} = -s^2 \times \dfrac{1}{s} = -s$

$L_{12} = -0.1 \times \dfrac{1}{s} \times 4 = -\dfrac{0.1K}{s}$

$\Delta = 1 - (L_{11} - L_{12}) = 1 - \left(-s - \dfrac{0.1K}{s} \right)$

$\quad = 1 + s + \dfrac{0.1K}{s}$

$M_1 = \dfrac{1}{s + a} \times \dfrac{1}{s} \times K = \dfrac{K}{s(s + a)}$

$\Delta_1 = 1$

정답 14 ① 15 ② 16 ② 17 ①

$$\therefore G(s) = \frac{M_1 \Delta_1}{\Delta} = \frac{\dfrac{K}{s(s+a)}}{1 + s + \dfrac{0.1K}{s}}$$

$$= \frac{K}{(s+a)(s^2 + s + 0.1K)}$$

★★★
18 신호흐름선도의 전달함수는?

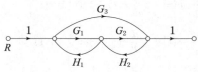

① $\dfrac{G_1 G_2 + G_3}{1 - (G_1 H_1 + G_2 H_2) - G_3 H_1 H_2}$

② $\dfrac{G_1 G_2 + G_3}{1 - (G_1 H_1 + G_2 H_2)}$

③ $\dfrac{G_1 G_2 - G_3}{1 - (G_1 H_1 - G_2 H_2)}$

④ $\dfrac{G_1 G_2 - G_3}{1 - (G_1 H_1 + G_2 H_2)}$

[해설] 신호흐름선도의 전달함수(메이슨 정리)

$L_{11} = G_1 H_1, \ L_{12} = G_2 H_2, \ L_{13} = G_3 H_1 H_2$

$\Delta = 1 - (L_{11} + L_{12} + L_{13})$

$\quad = 1 - (G_1 H_1 + G_2 H_2) - G_3 H_1 H_2$

$M_1 = G_1 G_2, \ \Delta_1 = 1, \ M_2 = G_3, \ \Delta_2 = 1$

$\therefore G(s) = \dfrac{M_1 \Delta_1 + M_2 \Delta_2}{\Delta}$

$\quad = \dfrac{G_1 G_2 \times 1 + G_3 \times 1}{1 - (G_1 H_1 + G_2 H_2) - G_3 H_1 H_2}$

$\quad = \dfrac{G_1 G_2 + G_3}{1 - (G_1 H_1 + G_2 H_2) - G_3 H_1 H_2}$

★★★
19 그림의 신호흐름선도에서 y_2 / y_1의 값은?

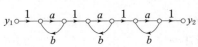

① $\dfrac{a^3}{(1-ab)^3}$ ② $\dfrac{a^3}{(1-3ab+a^2 b^2)}$

③ $\dfrac{a^3}{1-3ab}$ ④ $\dfrac{a^3}{1-3ab+2a^2 b^2}$

[해설] 신호흐름선도의 전달함수(메이슨 정리)

$L_{11} = ab, \ L_{12} = ab, \ L_{13} = ab$

$L_{21} = L_{11} \cdot L_{12} = (ab)^2,$

$L_{22} = L_{11} \cdot L_{13} = (ab)^2$

$L_{23} = L_{12} \cdot L_{13} = (ab)^2$

$L_{31} = L_{11} \cdot L_{12} \cdot L_{13} = (ab)^3$

$\Delta = 1 - (L_{11} + L_{12} + L_{13})$

$\qquad + (L_{21} + L_{22} + L_{23}) - L_{31}$

$\quad = 1 - 3ab + 3(ab)^2 - (ab)^3 = (1-ab)^3$

$M_1 = a^3, \ \Delta_1 = 1$

$\therefore G(s) = \dfrac{M_1 \Delta_1}{\Delta} = \dfrac{a^3}{(1-ab)^3}$

★★★
20 아래 신호흐름선도의 전달함수 $\left(\dfrac{C}{R}\right)$를 구하면?

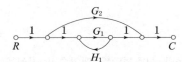

① $\dfrac{C}{R} = \dfrac{G_1 + G_2}{1 - G_1 H_1}$

② $\dfrac{C}{R} = \dfrac{G_1 + G_2}{1 - G_1 H_1 - G_2 H_2}$

③ $\dfrac{C}{R} = \dfrac{G_1 + G_2(1 - G_1 H_1)}{1 - G_1 H_1}$

④ $\dfrac{C}{R} = \dfrac{G_1 G_2}{1 - G_1 H_1}$

[해설] 신호흐름선도의 전달함수(메이슨 정리)

$L_{11} = G_1 H_1$

$\Delta = 1 - L_{11} = 1 - G_1 H_1$

$M_1 = G_1, \ \Delta_1 = 1$

$M_2 = G_2, \ \Delta_2 = 1 - L_{11} = 1 - G_1 H_1$

$\therefore G(s) = \dfrac{M_1 \Delta_1 + M_2 \Delta_2}{\Delta}$

$\quad = \dfrac{G_1 + G_2(1 - G_1 H_1)}{1 - G_1 H_1}$

★★
21 그림의 신호흐름선도에서 $\dfrac{C(s)}{R(s)}$ 의 값은?

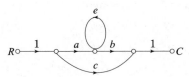

① $\dfrac{ab+c(1-e)}{1-e}$ ② $\dfrac{ab+c}{1-e}$

③ $ab+c$ ④ $\dfrac{ab+c(1+e)}{1+e}$

해설 신호흐름선도의 전달함수(메이슨 정리)

$$L_{11}=e$$
$$\Delta=1-L_{11}=1-e$$
$$M_1=ab,\ \Delta_1=1$$
$$M_2=c,\ \Delta_2=1-L_{11}=1-e$$
$$\therefore\ G(s)=\frac{M_1\Delta_1+M_2\Delta_2}{\Delta}=\frac{ab+c(1-e)}{1-e}$$

★
22 다음의 신호선도를 메이슨의 공식을 이용하여 전달함수를 구하고자 한다. 이 신호선도에서 루프(Loop)는 몇 개인가?

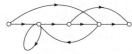

① 1   ② 2

③ 3   ④ 4

해설 신호흐름선도의 메이슨 정리

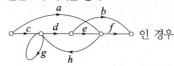 인 경우

$$L_{11}=deh$$
$$L_{12}=g$$
$$\Delta=1-(L_{11}+L_{12})=1-deh-g$$이므로
$$\therefore\ 루프는\ L_{11},\ L_{12}\ 2개임을\ 알\ 수\ 있다.$$

★★
23 다음 상태변수 신호흐름선도가 나타내는 방정식은?

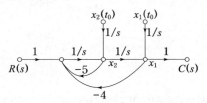

① $\dfrac{d^2}{dt^2}c(t)+5\dfrac{d}{dt}c(t)+4c(t)=r(t)$

② $\dfrac{d^2}{dt^2}c(t)-5\dfrac{d}{dt}c(t)-4c(t)=r(t)$

③ $\dfrac{d^2}{dt^2}c(t)+4\dfrac{d}{dt}c(t)+5c(t)=r(t)$

④ $\dfrac{d^2}{dt^2}c(t)-4\dfrac{d}{dt}c(t)-5c(t)=r(t)$

해설 신호흐름선도의 미분방정식

$$C(s)=X_1(s)$$
$$X_1(s)=\frac{1}{s}X_2(s)+\frac{1}{s}X_1(0)$$
$$X_2(s)=\frac{1}{s}X_3(s)+\frac{1}{s}X_2(0)$$
$$X_3(s)=R(s)-5X_2(s)-4X_1(s)$$
위 모든 식을 라플라스 역변환하여 전개하면
$$c(t)=x_1(t)$$
$$\frac{d}{dt}x_1(t)=\frac{d}{dt}c(t)=x_2(t)$$
$$\frac{d^2}{dt^2}x_2(t)=\frac{d^2}{dt^2}c(t)=x_3(t)$$
$$x_3(t)+5x_2(t)+4x_1(t)=r(t)$$
$$\therefore\ \frac{d^2}{dt^2}c(t)+5\frac{d}{dt}c(t)+4c(t)=r(t)$$

★★★
24 단위 피드백계에서 입력과 출력이 같으면 G(전향전달함수)의 값은 얼마인가?

① $|G|=1$ ② $|G|=0$

③ $|G|=\infty$ ④ $|G|=0.707$

해설 단위 피드백 제어계의 전달함수

단위 피드백 제어계의 블록선도는 다음과 같다.

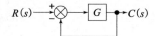

입력과 출력이 같으면 $G(s) = \dfrac{C(s)}{R(s)} = 1$ 이므로

$G(s) = \dfrac{G}{1+G} = \dfrac{1}{\dfrac{1}{G}+1} = 1$ 이기 위해서는

$\dfrac{1}{G} = 0$이 되어야 하므로

$\therefore \ |G| = \infty$

★★
25 연상증폭기의 성질에 관한 설명 중 옳지 않은 것은?

① 전압이득이 매우 크다.

② 입력임피던스가 매우 작다.

③ 전력이득이 매우 크다.

④ 입력임피던스가 매우 크다.

[해설] 연상증폭기의 성질

(1) 증폭기 입력 + 및 − 단자 사이의 전압이 영(0)이
다. 즉 $e^+ = e^-$이다. 이 성질은 공통적으로 실질
적 접지 또는 실질적 단락이라고 불린다.

(2) 증폭기 입력 + 및 − 단자로 들어가는 전류는 영
(0)이다. 즉 입력 임피던스는 무한대이다.

(3) 증폭기 출력단자로 들여다본 임피던스는 영(0)이
다. 즉, 그 출력은 이상적 전압원이다.

(4) 입력, 출력관계는 $e_o = A(e^+ - e^-)$이며, 여기서
증폭기 이득 A는 무한대에 접근한다.

(5) 전압이득 및 전력이득이 매우 크다.

★★★
26 그림과 같이 연산증폭기를 사용한 연산회로의
출력항은 어느 것인가?

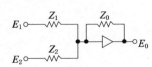

① $E_0 = Z_0 \left(\dfrac{E_1}{Z_1} + \dfrac{E_2}{Z_2} \right)$

② $E_0 = -Z_0 \left(\dfrac{E_1}{Z_1} + \dfrac{E_2}{Z_2} \right)$

③ $E_0 = Z_0 \left(\dfrac{E_1}{Z_2} + \dfrac{E_2}{Z_1} \right)$

④ $E_0 = -Z_0 \left(\dfrac{E_1}{Z_2} + \dfrac{E_2}{Z_2} \right)$

[해설] 연산증폭기의 출력

증폭기 입력단 전압 및 전류를 각각 e, i라 하면

$\dfrac{E_1 - e}{Z_1} + \dfrac{E_2 - e}{Z_2} + \dfrac{E_0 - e}{Z_0} = i$

여기서, $e \fallingdotseq 0\,[\text{V}]$, $i \fallingdotseq 0\,[\text{A}]$이므로

$\dfrac{E_1}{Z_1} + \dfrac{E_2}{Z_2} + \dfrac{E_0}{Z_0} = 0$이다.

$\therefore \ E_0 = -Z_0 \left(\dfrac{E_1}{Z_1} + \dfrac{E_2}{Z_2} \right)$

★★★
27 그림과 같은 연산증폭기에서 출력전압 V_o을 나
타낸 것은? (단, V_1, V_2, V_3는 입력신호이고, A는
연산증폭기의 이득이다.)

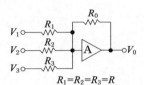

$R_1 = R_2 = R_3 = R$

① $V_o = \dfrac{R_0}{3R} \left(V_1 + V_2 + V_3 \right)$

② $V_o = \dfrac{R}{R_0} \left(V_1 + V_2 + V_3 \right)$

③ $V_o = \dfrac{R_0}{R} \left(V_1 + V_2 + V_3 \right)$

④ $V_o = -\dfrac{R_0}{R} \left(V_1 + V_{2} + V_3 \right)$

[해설] 연산증폭기의 출력

증폭기 입력단 전압 및 전류를 각각 e, i라 하면

$\dfrac{V_1 - e}{R_1} + \dfrac{V_2 - e}{R_2} + \dfrac{V_3 - e}{R_3} + \dfrac{V_0 - e}{R_0} = i$

여기서, $e \fallingdotseq 0\,[\text{V}]$, $i \fallingdotseq 0\,[\text{A}]$이므로

$\dfrac{V_1}{R_1} + \dfrac{V_2}{R_2} + \dfrac{V_3}{R_3} + \dfrac{V_0}{R_0} = 0$이다.

$\therefore \ V_0 = -R_0 \left(\dfrac{V_1}{R_1} + \dfrac{V_2}{R_2} + \dfrac{V_3}{R_3} \right)$

$= -\dfrac{R_0}{R} \left(V_1 + V_2 + V_3 \right)$

★
28 그림의 연산증폭기를 사용한 회로의 기능은?

① 가산기
② 미분기
③ 적분기
④ 제한기

v_1 ○——[R]——●——▷[A]——●——○v_2 (with C across)

해설 **연산증폭기의 출력**

증폭기 입력단 전압 및 전류를 각각 e, i라 하면

$$\frac{v_1 - e}{R} + C\frac{d}{dt}(v_2 - e) = i$$

여기서, $e ≒ 0\,[\text{V}]$, $i ≒ 0\,[\text{A}]$이므로

$$\frac{v_1}{R} + C\frac{dv_2}{dt} = 0$$이다.

$$v_2 = -\frac{1}{RC}\int v_1\,dt$$

∴ 연산증폭기의 기능은 적분기이다.

★
29 그림의 회로명은?

① 가산기
② 미분기
③ 이상기
④ 적분기

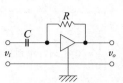

해설 **연산증폭기의 출력**

증폭기 입력단 전압, 전류를 각각 e, i라 하면

$$C\frac{d}{dt}(v_i - e) + \frac{v_o - e}{R} = i$$

여기서, $e ≒ 0\,[\text{V}]$, $i ≒ 0\,[\text{A}]$이므로

$$C\frac{dv_1}{dt} + \frac{v_o}{R} = 0$$이다.

$$v_o = -RC\frac{dv_1}{dt}$$

∴ 연산증폭기의 기능은 미분기이다.

memo

05 자동제어계의 시간영역 해석

1 시간응답

제어계통의 시간응답은 보통 두 부분으로 나누어진다. 즉, 과도응답과 정상상태응답이다. 전체 시간응답은 두 응답의 합으로 표현된다.

1. 과도응답

제어계통에서 과도응답을 매우 크게 할 때 0이 되는 시간응답의 한 부분으로 정의한다. 모든 물리계는 관성과 저항을 갖기 때문에 정상상태에 도달하기 전에 입력을 전혀 따르지 않는 기간이 존재하는데 이 기간의 응답을 의미한다.

2. 정상상태응답

정상상태응답은 과도응답이 없어진 후 남게 되는 전체응답의 한 부분이다.

2 과도응답

선형계통에서 과동응답의 특성화는 단위계단함수 $u_s(t)$ 를 입력으로 사용하여 자주 이행한다. 입력이 단위계단함수일 때 제어계통의 응답을 단위계단응답이라고 부른다. 그림은 선형제어계통의 대표적인 단위계단응답을 설명한다. 단위계단응답에 관련시켜 시간영역내에서 선형제어계통의 특성화에 공통으로 사용되는 평가함수는 다음과 같이 정의한다.

확인문제

01 모든 물리계는 관성과 저항을 갖기 때문에 정상상태에 도달하기 전에 입력을 전혀 따르지 않는 기간이 존재하는데 이 기간 사이의 응답을 무엇이라 하는가?

① 시간응답　　　　② 과도응답
③ 정상응답　　　　④ 선형응답

해설 **시간응답**
제어계통의 시간응답은 보통 두 부분으로 나누어진다. 즉, 과도응답과 정상상태응답이다. 전체 시간응답은 두 응답의 합으로 표현된다.
(1) 과도응답 : 제어계통에서 과도응답을 매우 크게 할 때 0이 되는 시간응답의 한 부분으로 정의한다. 모든 물리계는 관성과 저항을 갖기 때문에 정상상태에 도달하기 전에 입력을 전혀 따르지 않는 기간이 존재하는데 이 기간의 응답을 의미한다.
(2) 정상상태응답 : 정상상태응답은 과도응답이 없어진 후 남게 되는 전체응답의 한 부분이다.

답 : ②

02 어떤 제어계의 입력신호를 가하고 난 후 출력신호가 정상상태에 도달할 때까지의 응답을 무엇이라고 하는가?

① 시간응답　　　　② 선형응답
③ 정상응답　　　　④ 과도응답

해설 **시간응답**
제어계통의 시간응답은 보통 두 부분으로 나누어진다. 즉, 과도응답과 정상상태응답이다. 전체 시간응답은 두 응답의 합으로 표현된다.
(1) 과도응답 : 제어계통에서 과도응답을 매우 크게 할 때 0이 되는 시간응답의 한 부분으로 정의한다. 모든 물리계는 관성과 저항을 갖기 때문에 정상상태에 도달하기 전에 입력을 전혀 따르지 않는 기간이 존재하는데 이 기간의 응답을 의미한다.
(2) 정상상태응답 : 정상상태응답은 과도응답이 없어진 후 남게 되는 전체응답의 한 부분이다.

답 : ④

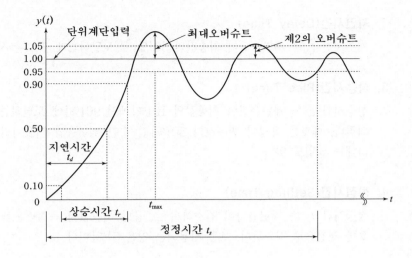

1. 최대오버슈트(Maximum Overshoot)

여기서 $y(t)$를 단위계단응답, y_{max}를 $y(t)$ 값의 최대값, y_{ss}를 $y(t)$의 정상상태값, $y_{max} \geq y_{ss}$ 이라 하면

① 최대오버슈트 $= y_{max} - y_{ss}$

최대오버슈트는 제어량이 목표값을 초과하여 최대로 나타나는 최대편차량으로 계단응답의 최종값 백분율로써 자주 표현한다.

② 백분율 최대오버슈트 $=\dfrac{\text{최대오버슈트}}{y_{ss}} \times 100[\%]$

③ 최대오버슈트는 제어계통의 상대적인 안정도를 측정하는 데 자주 이용된다. 오버슈트가 큰 계통은 항상 바람직하지 못하다. 설계시 최대오버슈트는 시간영역정격으로 흔히 주어진다.

확인문제

03 자동제어계에서 안정성의 척도가 되는 양은?

① 정상편차   ② 오버슈트
③ 지연시간   ④ 감쇠

[해설] **최대오버슈트**
최대오버슈트는 제어계통의 상대적인 안정도를 측정하는 데 자주 이용된다. 오버슈트가 큰 계통은 항상 바람직하지 못하다. 설계시 최대오버슈트는 시간영역정격으로 흔히 주어진다.

답 : ②

04 제어량이 목표값을 초과하여 최대로 나타나는 최대편차량은?

① 정정시간   ② 제동비
③ 지연시간   ④ 최대오버슈트

[해설] **최대오버슈트**
최대오버슈트는 제어량이 목표값을 초과하여 최대로 나타나는 최대편차량으로 계단응답의 최종값 백분율로서 자주 표현한다.

답 : ④

2. 지연시간(Delay Time)

지연시간 t_d 는 계단응답이 최종값의 50[%]에 도달하는데 필요한 시간으로 정의한다.

3. 상승시간(Rise Time)

상승시간 t_r 는 계단응답이 최종값의 10[%]에서 90[%]에 도달하는데 필요한 시간으로 정의한다. 때로는 응답이 최종값의 50[%]인 순간 계단응답 기울기의 역으로 상승시간을 나타내는 방법도 있다.

4. 정정시간(Settling Time)

정정시간 t_s 는 계단응답이 감소하여 그 응답 최종값의 특정백분율 이내에 들어가는데 필요한 시간으로 정의한다. 보통 사용되는 양은 5[%]이다.

3 원형 2차 계통의 과도응답

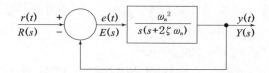

$$G(s) = \frac{Y(s)}{E(s)} = \frac{\omega_n^2}{s(s+2\zeta\omega_n)}$$

$$\frac{Y(s)}{R(s)} = \frac{\omega_n^2}{s^2 + 2\zeta\omega_n s + \omega_n^2}$$

여기서, $G(s)$ 는 개루프 전달함수, $\frac{Y(s)}{R(s)}$ 는 폐루프 전달함수, ζ 는 제동비, ω_n 은 고유비제동주파수이다.

확인문제

05 응답이 최초로 희망값의 50[%]까지 도달하는 데 요하는 시간은?

① 정정시간   ② 상승시간
③ 응답시간   ④ 지연시간

[해설] 지연시간
지연시간 t_d 는 계단응답이 최종값의 50[%]에 도달하는데 필요한 시간으로 정의한다.

답 : ④

06 입상시간이란 단위계단입력에 대하여 그 응답이 최종값의 몇 [%]에서 몇 [%]까지 도달하는 시간을 말하는가?

① 10~30   ② 10~50
③ 10~70   ④ 10~90

[해설] 상승시간
상승시간 t_r 는 계단응답이 최종값의 10[%]에서 90[%]에 도달하는데 필요한 시간으로 정의한다. 때로는 응답이 최종값의 50[%]인 순간 계단응답 기울기의 역으로 상승시간을 나타내는 방법도 있다.

답 : ④

원형 2차 계통의 특성방정식은 다음과 같다.

$$\Delta(s) = s^2 + 2\zeta\omega_n s + \omega_n{}^2 = 0$$

단위계단입력에 대하여 계통의 출력 응답은 $R(s) = \dfrac{1}{s}$ 이므로

$$Y(s) = \frac{\omega_n{}^2}{s(s^2 + 2\zeta\omega_n s + \omega_n{}^2)}$$

$$\therefore y(t) = 1 - \frac{e^{-\zeta\omega_n t}}{\sqrt{1-\zeta^2}} \sin(\omega_n\sqrt{1-\zeta^2}\,t + \cos^{-1}\zeta)$$

1. 제동비와 제동인자

원형 2차 계통의 특성방정식의 근을 구하면

$$s_1, s_2 = -\zeta\omega_n \pm j\omega_n\sqrt{1-\zeta} = -\alpha \pm j\omega$$

$$\alpha = \zeta\omega_n$$

$$\omega = \omega_n\sqrt{1-\zeta^2}$$

(1) 제동비(ζ) 또는 감쇠비

$$\zeta = \frac{\alpha}{\omega_n} = \frac{\text{실제제동인자}}{\text{임계제동에서의 제동인자}} = \frac{\text{제2의 오버슈트}}{\text{최대오버슈트}}$$

(2) 제동인자(=제동상수)

$$\alpha = \zeta\omega_n$$

(3) 안정도와의 관계

① $\zeta < 1$: 부족제동, 감쇠진동, 안정
② $\zeta = 1$: 임계제동, 임계진동, 안정
③ $\zeta > 1$: 과제동, 비진동, 안정
④ $\zeta = 0$: 무제동, 진동, 임계안정

확인문제

07 특성방정식 $S^2 + 2\delta\omega_n S + \omega_n = 0$ 에서 δ를 제동비(Damping ratio)라고 할 때 $\delta < 1$인 경우는?

① 임계진동　　　② 강제진동
③ 감쇠진동　　　④ 완전진동

해설 제동비와 안정도와의 관계
(1) $\delta < 1$: 부족제동, 감쇠진동, 안정
(2) $\delta = 1$: 임계제동, 임계진동, 안정
(3) $\delta > 1$: 과제동, 비진동, 안정
(4) $\delta = 0$: 무제동, 진동, 임계안정

답 : ③

08 제동계수 $\delta = 1$인 경우 어떠한가?

① 임계진동이다.　　② 강제진동이다.
③ 감쇠진동이다.　　④ 완전진동이다.

해설 제동비와 안정도와의 관계
(1) $\delta < 1$: 부족제동, 감쇠진동, 안정
(2) $\delta = 1$: 임계제동, 임계진동, 안정
(3) $\delta > 1$: 과제동, 비진동, 안정
(4) $\delta = 0$: 무제동, 진동, 임계안정

답 : ①

2. 고유비제동주파수

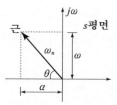

(1) ω_n은 근으로부터 s 평면의 원점에 이르는 반경거리이다.

(2) α는 근의 실수부이다.

(3) ω는 근의 허수부이다.

(4) ζ는 근들이 s 평면 좌반면에 존재할 때 근에 이르는 반경선과 부($-$)의 실수축 사이에 이르는 각의 여현이다. 또는 $\zeta = \cos\theta$이다.

3. s 평면에서 여러 특성방정식 근의 위치에 대한 계단응답 비교.

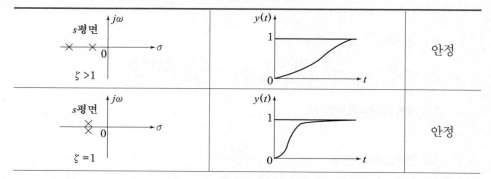

		안정

---

09 그림은 2차계의 단위계단응답을 나타낸 것이다. 감쇠계수 δ가 가장 큰 것은?

① A
② B
③ C
④ D

해설 계단응답의 감쇠계수

A : $\delta > 1$
B : $\delta = 1$
C : $\delta < 1$
D : $\delta \ll 1$

답 : ①

10 그림의 그래프에서 제동비 ζ가 $\zeta < 1$ 을 만족하는 곡선은?

① A
② B
③ C
④ D

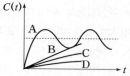

해설 계단응답의 감쇠계수

A : $\zeta < 1$
B : $\zeta > 1$
C : $\zeta \gg 1$
D : $\zeta \gg 1$

답 : ①

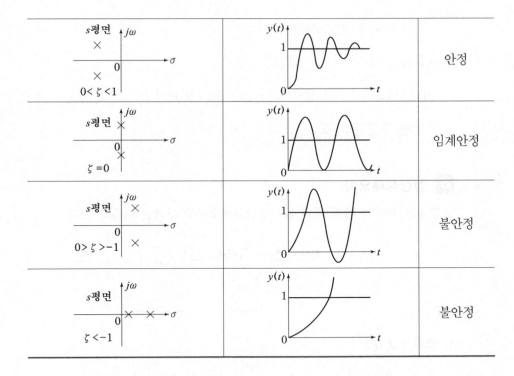

s평면	$y(t)$	
$0 < \zeta < 1$		안정
$\zeta = 0$		임계안정
$0 > \zeta > -1$		불안정
$\zeta < -1$		불안정

4. 최대오버슈트

$$\frac{dy(t)}{dt} = \frac{\omega_n e^{-\zeta\omega_n t}}{\sqrt{1-\zeta^2}} \left[\zeta \sin(\omega t + \theta) - \sqrt{1-\zeta^2} \cos(\omega t + \theta) \right]$$

$$\fallingdotseq \frac{\omega_n}{\sqrt{1-\zeta^2}} e^{-\zeta\omega_n t} \sin \omega_n \sqrt{1-\zeta^2}\, t$$

확인문제

11 제동비 ζ가 1보다 점점 더 작아질수록 어떻게 되는가?

① 진동을 하지 않는다.
② 일정한 진폭으로 계속 진동한다.
③ 최대오버슈트가 점점 작아진다.
④ 최대오버슈트가 점점 커진다.

해설 계단응답의 감쇠계수
　감쇠계수(=제동비)는 최대오버슈트와 밀접한 관계에 있으며 서로 역의 성질을 갖기 때문에 제동비가 1보다 작아질수록 최대오버슈트는 점점 증가하게 되고 너무 작아지면 최대오버슈트가 매우 증가하여 진동을 억제할 수 없는 불안정 상태에 도달하게 된다.

답 : ④

12 특성방정식 $s^2 + 2\delta\omega_n s + \omega_n^2 = 0$인 계가 무제동 진동을 할 경우 δ의 값은?

① 0
② $\delta < 1$
③ $\delta = 1$
④ $\delta > 1$

해설 제동비와 안정도와의 관계
　(1) $\delta < 1$: 부족제동, 감쇠진동, 안정
　(2) $\delta = 1$: 임계제동, 임계진동, 안정
　(3) $\delta > 1$: 과제동, 비진동, 안정
　(4) $\delta = 0$: 무제동, 진동, 임계안정

답 : ①

$\dfrac{dy(t)}{dt} = 0$ 의 해를 구하면

$$t = \infty, \ t = \dfrac{n\pi}{\omega_n \sqrt{1-\zeta^2}} \ \ (n = 0, \ 1, \ 2, \ 3, \ \cdots)$$

최대오버슈트가 나타나는 시간 $t_{\max}$ 는 $n = 1$일 때이므로

$$\therefore \ t_{\max} = \dfrac{\pi}{\omega_n \sqrt{1-\zeta^2}}$$

4 정상상태오차

단위궤환 계통일 때의 제어계의 정상상태오차를 구하면 다음과 같다.

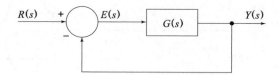

1. 오차 : $E(s)$

$$E(s) = R(s) - Y(s) = R(s) - \dfrac{G(s)}{1+G(s)} R(s) = \dfrac{1}{1+G(s)} R(s)$$

2. 정상상태오차 : e_{ss}

$$e_{ss} = \lim_{t \to \infty} e(t) = \lim_{s \to 0} s E(s) = \lim_{s \to 0} \dfrac{s}{1+G(s)} R(s)$$

확인문제

13 2차 제어계에서 최대오버슈트가 발생하는 시간 t_p 와 고유주파수 ω_n, 감쇠계수 δ 사이의 관계식은?

① $t_p = \dfrac{2\pi}{\omega_n \sqrt{1-\delta^2}}$ ② $t_p = \dfrac{2\pi}{\omega_n \sqrt{1+\delta^2}}$

③ $t_p = \dfrac{\pi}{\omega_n \sqrt{1-\delta^2}}$ ④ $t_p = \dfrac{\pi}{\omega_n \sqrt{1+\delta^2}}$

해설 최대오버슈트가 발생하는 시간
원형 2차 계통의 전달함수에서 단위계단입력에 대한
응답을 $Y(s)$ 라 하면

$$Y(s) = \dfrac{\omega_n{}^2}{s(s^2 + 2\delta\omega_n s + \omega_n{}^2)} \text{ 이므로}$$

$$y(t) = \mathcal{L}^{-1}[Y(s)]$$
$$= 1 - \dfrac{e^{-\delta\omega_n t}}{\sqrt{1-\delta^2}} \sin\left(\omega_n \sqrt{1-\delta^2}\, t + \cos^{-1}\delta\right)$$
이다.

$$\dfrac{dy(t)}{dt} = 0 \text{의 해를 구하면}$$

$$t = \infty, \ t = \dfrac{n\pi}{\omega_n \sqrt{1-\delta^2}} \ (n = 0, \ 1, \ 2, \ 3, \ \cdots)$$
이다.
여기서 최대오버슈트가 나타나는 시간 $t_{\max}$ 는 $n = 1$
일 때이므로

$$\therefore \ t_{\max} = \dfrac{\pi}{\omega_n \sqrt{1-\delta^2}}$$

답 : ③

3. 제어계통의 형에 따른 정상상태오차 및 오차상수

(1) 계단함수입력을 가지는 계통의 정상상태오차

① 정상상태오차

$$e_{ss} = \lim_{s \to 0} \frac{s R(s)}{1 + G(s)} = \lim_{s \to 0} \frac{A}{1 + G(s)} = \frac{A}{1 + \lim_{s \to 0} G(s)}$$

② 계단오차상수 또는 위치오차상수

$$k_p = \lim_{s \to 0} G(s)$$

③ 0형 시스템(또는 제어계)일 때 유한값을 갖는다.

(2) 램프함수입력을 가지는 계통의 정상상태오차

① 정상상태오차

$$e_{ss} = \lim_{s \to 0} \frac{A}{s + s G(s)} = \frac{A}{\lim_{s \to 0} s G(s)}$$

② 램프오차상수 또는 속도오차상수

$$k_v = \lim_{s \to 0} s G(s)$$

③ 1형 시스템(또는 제어계)일 때 유한값을 갖는다.

14 다음 중 위치편차상수로 정의된 것은?
(단, 개루프 전달함수는 $G(s)$ 이다.)

① $\lim_{s \to 0} s^3 G(s)$ ② $\lim_{s \to 0} s^2 G(s)$

③ $\lim_{s \to 0} s G(s)$ ④ $\lim_{s \to 0} G(s)$

해설 오차상수(편차상수)

(1) 위치오차상수 : $k_p = \lim_{s \to 0} G(s)$

(2) 속도오차상수 : $k_v = \lim_{s \to 0} s G(s)$

(3) 가속도오차상수 : $k_a = \lim_{s \to 0} s^2 G(s)$

답 : ④

15 제어시스템의 정상상태오차에서 포물선함수입력에 의한 정상상태오차를 $K_s = \lim_{s \to 0} s^2 G(s) H(s)$ 로 표현한다. 이 때 K_s를 무엇이라고 부르는가?

① 위치오차상수 ② 속도오차상수
③ 가속도오차상수 ④ 평균오차상수

해설 오차상수(편차상수)

(1) 위치오차상수 : $k_p = \lim_{s \to 0} G(s)$

(2) 속도오차상수 : $k_v = \lim_{s \to 0} s G(s)$

(3) 가속도오차상수 : $k_a = \lim_{s \to 0} s^2 G(s)$

답 : ③

(3) 포물선입력을 가지는 계통의 정상상태오차

① 정상상태오차

$$e_{ss} = \lim_{s \to 0} \frac{A}{s^2 + s^2 G(s)} = \frac{A}{\lim_{s \to 0} s^2 G(s)}$$

② 포물선오차상수 또는 가속도오차상수

$$k_a = \lim_{s \to 0} s^2 G(s)$$

③ 2형 시스템(또는 제어계)일 때 유한값을 갖는다.

종합표

계통의 형	오차상수			정상상태오차		
	k_p	k_v	k_a	$e_{ss\,p}$	$e_{ss\,v}$	$e_{ss\,a}$
0형	k	0	0	$\frac{A}{1+k}$	∞	∞
1형	∞	k	0	0	$\frac{A}{k}$	∞
2형	∞	∞	k	0	0	$\frac{A}{k}$

확인문제

16 어떤 제어계에서 단위계단입력에 대한 정상편차가 유한값이면 이 계는 무슨 형인가?

① 1형　　　　② 0형
③ 2형　　　　④ 3형

해설 계통의 형식과 오차

계통의 형	오차상수			정상상태오차		
	k_p	k_v	k_a	$e_{ss\,p}$	$e_{ss\,v}$	$e_{ss\,a}$
0형	k	0	0	$\frac{A}{1+k}$	∞	∞
1형	∞	k	0	0	$\frac{A}{k}$	∞
2형	∞	∞	k	0	0	$\frac{A}{k}$

답 : ②

17 단위램프입력에 대하여 속도편차상수가 유한값을 갖는 제어계는 다음 중 어느 것인가?

① 0형　　　　② 1형
③ 2형　　　　④ 3형

해설 계통의 형식과 오차

계통의 형	오차상수			정상상태오차		
	k_p	k_v	k_a	$e_{ss\,p}$	$e_{ss\,v}$	$e_{ss\,a}$
0형	k	0	0	$\frac{A}{1+k}$	∞	∞
1형	∞	k	0	0	$\frac{A}{k}$	∞
2형	∞	∞	k	0	0	$\frac{A}{k}$

답 : ②

★★★
01 오버슈트에 대한 설명 중 옳지 않은 것은?

① 자동제어계의 정상오차이다.

② 자동제어계의 안정도의 척도가 된다.

③ 상대오버슈트＝$\dfrac{최대오버슈트}{최종의\ 목표값}\times 100$

④ 계단응답중에 생기는 입력과 출력사이의 최대편차량이 최대오버슈트이다.

[해설] 오버슈트
(1) 최대오버슈트는 제어량이 목표값을 초과하여 최대로 나타나는 최대편차량으로 계단응답의 최종값 백분율로서 자주 표현한다.
(2) 백분율 오버슈트 또는 상대오버슈트
$$= \dfrac{최대오버슈트}{최종\ 목표값}\times 100$$
(3) 최대오버슈트는 제어계통의 상대적인 안정도를 측정하는데 자주 이용된다. 오버슈트가 큰 계통은 항상 바람직하지 못하다. 설계시 최대오버슈트는 흔히 시간영역정격으로 주어진다.
∴ 제어계의 정상오차는 정상상태응답으로서 과도응답 중에 생기는 오버슈트와 다른 값이다.

★★
02 백분율 오버슈트는?

① $\dfrac{최종목표값}{최대오버슈트}\times 100$

② $\dfrac{제2오버슈트}{최대목표값}\times 100$

③ $\dfrac{제2오버슈트}{최대오버슈트}\times 100$

④ $\dfrac{최대오버슈트}{최종목표값}\times 100$

[해설] 오버슈트
백분율 오버슈트 또는 상대오버슈트
$$= \dfrac{최대오버슈트}{최종\ 목표값}\times 100$$

★★★
03 다음 과도응답에 관한 설명 중 틀린 것은?

① over shoot는 응답중에 생기는 입력과 출력 사이의 최대편차량을 말한다.

② 시간늦음(time delay)이란 응답이 최초로 희망값의 10[%]에서 90[%]까지 도달하는 데 요하는 시간을 말한다.

③ 감쇠비＝$\dfrac{제2의\ OVER\ SHOOT}{최대\ OVER\ SHOOT}$

④ 입상시간(Rise time)이란 응답이 희망값의 10[%]에서 90[%]까지 도달하는데 요하는 시간을 말한다.

[해설] 응답시간
지연시간(Delay Time) : 지연시간 t_d 는 계단응답이 최종값의 50[%]에 도달하는데 필요한 시간으로 정의한다.

★★
04 2차 제어계에서 공진주파수 ω_m와 고유주파수 ω_n, 감쇠비 α 사이의 관계가 바른 것은?

① $\omega_m = \omega_n\sqrt{1-\alpha^2}$

② $\omega_m = \omega_n\sqrt{1+\alpha^2}$

③ $\omega_m = \omega_n\sqrt{1-2\alpha^2}$

④ $\omega_m = \omega_n\sqrt{1+2\alpha^2}$

[해설] 공진첨두치(M_r)와 공진주파수(ω_r)
원형 2차 계통의 전달함수를 $M(j\omega)$ 라 하면
$$M(j\omega) = \dfrac{\omega_n^2}{s^2+2\alpha\omega_n s+\omega_n^2}\bigg|_{s=j\omega}$$
$$= \dfrac{\omega_n^2}{(j\omega)^2+2\alpha\omega_n(j\omega)+\omega_n^2}$$
$$= \dfrac{1}{1+j2\left(\dfrac{\omega}{\omega_n}\right)\alpha-\left(\dfrac{\omega}{\omega_n}\right)^2}$$

$\dfrac{\omega}{\omega_n}=u$라 놓고 식을 전개하면

$$|M(ju)|=\dfrac{1}{1+j2u\alpha-u^2}$$

$$=\dfrac{1}{\{(1-u^2)^2+(2\alpha u)^2\}^{\frac{1}{2}}}$$

$\dfrac{d|M(ju)|}{du}=0$이기 위한 조건식은 다음과 같다.

$$4u^3-4u+8u\alpha^2=4u(u^2-1+2\alpha^2)=0$$

$$u_r=0 \text{ 또는 } u_r=\sqrt{1-2\alpha^2} \text{이므로}$$

$$\therefore M_r=\dfrac{1}{2\alpha^2\sqrt{1-\alpha^2}}, \ \omega_r=\omega_n\sqrt{1-2\alpha^2}$$

★★★
05 과도응답이 소멸되는 정도를 나타내는 감쇠비는?

① $\dfrac{\text{제2오버슈트}}{\text{최대오버슈트}}$

② $\dfrac{\text{최대오버슈트}}{\text{제2오버슈트}}$

③ $\dfrac{\text{제2오버슈트}}{\text{최대목표값}}$

④ $\dfrac{\text{최대오버슈트}}{\text{최대목표값}}$

[해설] 감쇠비 = 제동비(ζ)

감쇠비란 제어계의 응답이 목표값을 초과하여 진동을 오래하지 못하도록 제동을 걸어주는 값으로서 제동비라고도 한다.

$\zeta=\dfrac{\text{제2오버슈트}}{\text{최대오버슈트}}$ 식으로 표현하며 $\zeta=1$을 기준으로 하여 다음과 같이 구분한다.

(1) $\zeta>1$: 과제동 → 비진동 곡선을 나타낸다.
(2) $\zeta=1$: 임계제동 → 임계진동곡선을 나타낸다.
(3) $\zeta<1$: 부족제동 → 감쇠진동곡선을 나타낸다.
(4) $\zeta=0$: 무제동 → 무제동진동곡선을 나타낸다.

★★
06 2차 제어계에 대한 설명 중 잘못된 것은?

① 제동계수의 값이 적을수록 제동이 적게 걸려 있다.
② 제동계수의 값이 1일 때 제어계는 가장 알맞게 제동되어 있다.
③ 제동계수의 값이 클수록 제동은 많이 걸려 있다.
④ 제동계수의 값이 1일 때를 임계제동되었다고 한다.

[해설] 감쇠비 = 제동비(ζ)
(1) $\zeta>1$: 과제동 → 제동이 많이 걸린다.
(2) $\zeta=1$: 임계제동 → 제동비가 1일 때이다.
(3) $\zeta<1$: 부족제동 → 제동이 적게 걸린다.
(4) $\zeta=0$: 무제동 → 제동이 걸리지 않는다.

★
07 2차 시스템의 감쇠율(damping ratio) δ가 $\delta<1$ 이면 어떤 경우인가?

① 감쇠비
② 과감쇠
③ 부족감쇠
④ 발산

[해설] 감쇠비 = 제동비(δ)
$\delta<1$: 부족제동 → 감쇠진동곡선을 나타낸다.

★
08 최대초과량(OVER SHOOT)이 가장 큰 경우의 제동비 ζ의 값은?

① $\zeta=0$
② $\zeta=0.6$
③ $\zeta=1.2$
④ $\zeta=1.5$

[해설] 감쇠비 = 제동비(ζ)
최대오버슈트와 제동비는 반비례관계에 있으므로 제동비가 가장 작을 때 최대오버슈트가 가장 큰 값을 갖게 된다. 여기서 제동비가 영(0)일 때는 무제동이므로 부족제동에 해당되지 않기 때문에 0.6일 때가 제동비가 가장 작을 때이다.

★★
09 감쇠비 $\zeta=0.4$, 고유각주파수 $\omega_n=1$[rad/s]인 2차계의 전달함수는?

① $\dfrac{1}{s^2+0.4s+1}$

② $\dfrac{1}{s^2+0.8s+1}$

③ $\dfrac{1}{s^2+0.4s+0.16}$

④ $\dfrac{0.16}{s^2+0.8s+0.4}$

[해설] 2차계의 전달함수

$$G(s)=\dfrac{\omega_n^2}{s^2+2\zeta\omega_n s+\omega_n^2} \text{이므로}$$

$$2\zeta\omega_n=2\times0.4\times1=0.8$$

$$\omega_n^2=1^2=1 \text{일 때}$$

$$\therefore G(s)=\dfrac{1}{s^2+0.8s+1}$$

★★★

10 전달함수 $\dfrac{C(s)}{R(s)} = \dfrac{1}{4s^2 + 3s + 1}$ 인 제어계는 어느 경우인가?

① 과제동(over damped)
② 부족제동(under damped)
③ 임계제동(critical damped)
④ 무제동(undamped)

해설 2차계의 전달함수

$$G(s) = \frac{1}{4s^2 + 3s + 1} = \frac{\dfrac{1}{4}}{s^2 + \dfrac{3}{4}s + \dfrac{1}{4}} \text{ 이므로}$$

$2\zeta\omega_n = \dfrac{3}{4}$, $\omega_n{}^2 = \dfrac{1}{4}$ 일 때

$\omega_n = \dfrac{1}{2}$, $\zeta = \dfrac{3}{4}$ 이다.

∴ $\zeta < 1$ 이므로 부족제동되었다.

★★★

11 다음 미분방정식으로 표시되는 2차계가 있다. 감쇠율 ζ는 얼마인가?

$$\frac{d^2 y(t)}{dt^2} + 5\frac{dy(t)}{dt} + 9y(t) = 9x(t)$$

① 5   ② 6

③ $\dfrac{6}{5}$ ④ $\dfrac{5}{6}$

해설 2차계의 전달함수

미분방정식을 양 변 모두 라플라스 변환하면

$s^2 Y(s) + 5s Y(s) + 9Y(s) = 9X(s)$

$G(s) = \dfrac{Y(s)}{X(s)} = \dfrac{9}{s^2 + 5s + 9}$ 이므로

$2\zeta\omega_n = 5$, $\omega_n{}^2 = 9$ 일 때 $\omega_n = 3$

∴ $\zeta = \dfrac{5}{2\omega_n} = \dfrac{5}{2 \times 3} = \dfrac{5}{6}$

★★★

12 다음 미분방정식으로 표시되는 2차 계통에서 감쇠율(Damping Ratio) ζ와 제동의 종류는?

$$\frac{d^2 y(t)}{dt^2} + 6\frac{dy(t)}{dt} + 9y(t) = 9x(t)$$

① $\zeta = 0$: 무제동
② $\zeta = 1$: 임계제동
③ $\zeta = 2$: 과제동
④ $\zeta = 0.5$: 감쇠진동 또는 부족제동

해설 2차계의 전달함수

미분방정식을 양 변 모두 라플라스 변환하면

$s^2 Y(s) + 6s Y(s) + 9Y(s) = 9X(s)$

$G(s) = \dfrac{Y(s)}{X(s)} = \dfrac{9}{s^2 + 6s + 9}$ 이므로

$2\zeta\omega_n = 6$, $\omega_n{}^2 = 9$ 일 때 $\omega_n = 3$

$\zeta = \dfrac{6}{2\omega_n} = \dfrac{6}{2 \times 3} = 1$

∴ $\zeta = 1$ 이며 임계제동되었다.

★★

13 전달함수 $G = \dfrac{1}{1 + 6j\omega + 9(j\omega)^2}$ 의 고유각주파수는?

① 9   ② 3

③ 1   ④ 0.33

해설 2차계의 전달함수

$$G(s) = \frac{1}{1 + 6j\omega + 9(j\omega)^2}\bigg|_{j\omega = s}$$

$$= \frac{1}{1 + 6s + 9s^2}$$

$$= \frac{\dfrac{1}{9}}{s^2 + \dfrac{6}{9}s + \dfrac{1}{9}} \text{ 이므로}$$

$2\zeta\omega_n = \dfrac{6}{9} = \dfrac{2}{3}$, $\omega_n{}^2 = \dfrac{1}{9}$ 일 때

∴ $\omega_n = \dfrac{1}{3} = 0.33$

14 어떤 회로의 영입력 응답(또는 자연응답)이 다음과 같을 때 다음 서술에서 잘못된 것은?

$$v(t) = 84(e^{-t} - e^{-6t})$$

① 회로의 시정수 1(秒), 1/6(秒) 두 개이다.
② 이 회로의 2차 회로이다.
③ 이 회로는 과제동(過制動) 되었다.
④ 이 회로는 임계제동되었다.

[해설] 영입력 응답(=자연응답)

$$v(t) = 84(e^{-t} - e^{-6t}) = 84\left(e^{-\frac{t}{\tau_1}} - e^{-\frac{t}{\tau_2}}\right)$$

$$V(s) = 84\left(\frac{1}{s+1} - \frac{1}{s+6}\right) = \frac{420}{s^2 + 7s + 6}$$

$2\zeta\omega_n = 7$, $\omega_n^2 = 6$, $\omega_n = \sqrt{6}$

$\zeta = \frac{7}{2\omega_n} = \frac{7}{2\sqrt{6}} = 1.42$

위의 계통 해석은 다음과 같다.
(1) 2차 제어계통이다.
(2) 시정수는 $\tau_1 = 1$, $\tau_2 = \frac{1}{6}$ 이다.
(3) $\zeta = 1.42$이므로 과제동 되었다.

15 2차 회로의 회로 방정식은 다음과 같다. 이때의 설명 중 틀린 것은?

$$2\frac{d^2 v}{dt^2} + 8\frac{dv}{dt} + 8v = 0$$

① 특성근은 두 개이다.
② 이 회로는 임계적으로 제동되었다.
③ 이 회로는 −2인 점에 중복된 극점 두 개를 갖는다.
④ $v(t) = K_1 e^{-2t} + K_2 e^{2t}$ 의 꼴을 갖는다.

[해설] 영입력 응답
미분방정식을 라플라스 변환하면
$2s^2 V(s) + 8s V(s) + 8 V(s) = 0$
$(s^2 + 4s + 4) V(s) = 0$
$(s+2)^2 V(s) = 0$이므로
$2\zeta\omega_n = 4$, $\omega_n^2 = 4$
$\omega_n = 4$, $\zeta = 1$
위의 계통해석은 다음과 같다.
(1) 특성근은 −2인 두 개의 중복근을 갖는다.
(2) $\zeta = 1$이므로 임계제동되었다.
(3) $v(t) = kt e^{-2t}$ 의 꼴을 갖는다.

16 그림과 같은 궤환제어계의 감쇠계수(제동비)는?

① 1
② $\frac{1}{2}$
③ $\frac{1}{3}$
④ $\frac{1}{4}$

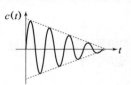

[해설] 2차계의 전달함수

$$G(s) = \frac{\frac{4}{s(s+1)}}{1 + \frac{4}{s(s+1)}} = \frac{4}{s^2 + s + 4} \text{ 이므로}$$

$2\zeta\omega_n = 1$, $\omega_n^2 = 4$일 때 $\omega_n = 2$

$\therefore \zeta = \frac{1}{2\omega_n} = \frac{1}{2\times 2} = \frac{1}{4}$

17 그림의 그래프에 있는 특성방정식의 근의 위치는?

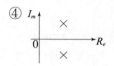

[해설] 2차계의 임펄스 응답 : $c(t)$
그림의 임펄스 응답은 감쇠진동을 하므로
$c(t) = e^{-at}\sin\omega t$임을 알 수 있다.

$$C(s) = \mathcal{L}[c(t)] = \frac{\omega}{(s+a)^2 + \omega^2} \text{ 이므로}$$

특성방정식 $(s+a)^2 + \omega^2 = 0$을 만족하는 근을 구해보면 $(s+a+j\omega)(s+a-j\omega) = 0$이 된다.
$\therefore s = -a \pm j\omega$: s평면의 좌반면에 존재하는 서로 다른 두 공액복소근을 갖는다.

★
18 어떤 자동제어계통의 극이 그림과 같이 주어지는 경우 이 시스템의 시간영역에서의 동작특성을 나타낸 것은?

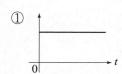 ①
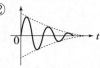 ②
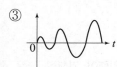 ③
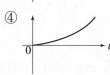 ④

해설 2차계의 임펄스 응답 : $c(t)$
특성방정식의 근의 위치가 $s = -a \pm j\omega$이므로
$$C(s) = \frac{\omega}{(s+a+j\omega)(s+a-j\omega)}$$
$$= \frac{\omega}{(s+a)^2 + \omega^2}$$
이다. $c(t) = \mathcal{L}^{-1}[C(s)] = e^{-at}\sin\omega t$이므로
∴ 감쇠진동곡선으로 나타난다.

★★
19 s평면상에서 전달함수의 극점이 그림과 같은 위치에 있으면 이 회로망의 상태는?

① 발진하지 않는다.
② 점점 더 크게 발진한다.
③ 지속발진한다.
④ 감폭진동한다.

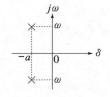

해설 2차계의 임펄스 응답 : $c(t)$
특성방정식의 근의 위치가 $s = -a \pm j\omega$이므로
$$C(s) = \frac{\omega}{(s+a+j\omega)(s+a-j\omega)}$$
$$= \frac{\omega}{(s+a)^2 + \omega^2}$$
이다. $c(t) = \mathcal{L}^{-1}[C(s)] = e^{-at}\sin\omega t$이므로
∴ 감쇠진동곡선으로 나타난다.

★★
20 S평면(복소평면)에서의 극점배치가 다음과 같을 경우 이 시스템의 시간영역에서의 동작은?

① 감쇠진동을 한다.
② 점점 진동이 커진다.
③ 같은 진폭으로 계속 진동한다.
④ 진동하지 않는다.

해설 2차계의 임펄스 응답 : $c(t)$
특성방정식의 근의 위치가 $s = a \pm j\omega$이므로
$$C(s) = \frac{\omega}{(s-a+j\omega)(s-a-j\omega)}$$
$$= \frac{\omega}{(s-a)^2 + \omega^2}$$
이다.
$c(t) = \mathcal{L}^{-1}[C(s)] = e^{at}\sin\omega t$이므로
∴ 증가진동곡선으로 나타난다.

★★
21 다음 임펄스응답 중 안정한 계는?

① $c(t) = 1$
② $c(t) = \cos\omega t$
③ $c(t) = e^{-t}\sin\omega t$
④ $c(t) = 2t$

해설 임펄스 응답
입력이 임펄스 함수로 주어진 경우 출력이 임펄스에 접근하면 제어계는 안정하게 되며 임펄스 함수란 극한 영(0)점을 갖는 함수를 의미한다.
따라서 보기 중에 영(0)으로 근접하는 제어계는 감쇠진동 곡선으로 나타나는 $c(t) = e^{-t}\sin\omega t$임을 알 수 있다.

★★★
22 그림과 같이 S평면상에 A, B, C, D 4개의 근이 있을 때 이중에서 가장 빨리 정상상태에 도달하는 것은?

① A
② B
③ C
④ D

해설 s평면상의 안정도

s평면은 $j\omega$(허수)축을 기준축으로 하여 안정도 구간을 나누고 있으며 제어계의 응답이 정확히 목표값에 도달하는 정도를 속응성과 정상특성으로 해석하여 구별한다.

(1) s평면의 좌반면 : 감쇠진동으로 안정하다.
(2) s평면의 허수축상 : 임계진동으로 임계안정하다.
(3) s평면의 우반면 : 증가진동으로 불안정하다.
∴ 가장 안정한 제어계는 A이다.

★★
23 전달함수 $C(s) = G(s)R(s)$에서 입력함수를 단위임펄스, 즉 $\delta(t)$로 가할 때 계의 응답은?

① $C(s) = G(s)\delta(s)$
② $C(s) = \dfrac{G(s)}{\delta(s)}$
③ $C(s) = \dfrac{G(s)}{s}$
④ $C(s) = G(s)$

해설 임펄스 응답

입력함수가 임펄스 함수로 주어질 때 나타나는 출력함수를 임펄스 응답이라 하므로 입력 $r(t)$, 출력 $c(t)$, 전달함수 $G(s)$라 하면
$r(t) = \delta(t)$이므로 $R(s) = 1$
∴ $C(s) = G(s)R(s) = G(s)$

★★★
24 어떤 제어계의 입력으로 단위임펄스가 가해졌을 때 출력 te^{-3t}이 있다. 이 제어계의 전달함수는?

① $\dfrac{1}{(s+3)^2}$
② $\dfrac{t}{(s+1)(s+2)}$
③ $te(s+2)$
④ $(s+1)(s+4)$

해설 임펄스 응답의 전달함수

입력 $r(t)$, 출력 $c(t)$라 하면
$r(t) = \delta(t)$, $c(t) = te^{-3t}$
$R(s) = \mathcal{L}[r(t)] = \mathcal{L}[\delta(t)] = 1$
$C(s) = \mathcal{L}[c(t)] = \dfrac{1}{(s+3)^2}$
∴ $G(s) = \dfrac{C(s)}{R(s)} = C(s) = \dfrac{1}{(s+3)^2}$

★★★
25 어떤 제어계의 임펄스응답이 $\sin t$이면 이 제어계의 전달함수는?

① $\dfrac{1}{s+1}$
② $\dfrac{1}{s^2+1}$
③ $\dfrac{s}{s+1}$
④ $\dfrac{s}{s^2+1}$

해설 임펄스 응답의 전달함수

입력 $r(t)$, 출력 $c(t)$라 하면
$r(t) = \delta(t)$, $c(t) = \sin t$
$R(s) = \mathcal{L}[r(t)] = \mathcal{L}[\delta(t)] = 1$
$C(s) = \mathcal{L}[c(t)] = \dfrac{1}{s^2+1}$
∴ $G(s) = \dfrac{C(s)}{R(s)} = C(s) = \dfrac{1}{s^2+1}$

★★★
26 어떤 계의 단위임펄스 입력이 가해질 경우 출력이 e^{-3t}로 나타났다. 이 계의 전달함수는?

① $\dfrac{1}{s+1}$
② $\dfrac{1}{s-1}$
③ $\dfrac{1}{s+3}$
④ $\dfrac{1}{s-3}$

해설 임펄스 응답의 전달함수

입력 $r(t)$, 출력 $c(t)$라 하면
$r(t) = \delta(t)$, $c(t) = e^{-3t}$
$R(s) = \mathcal{L}[r(t)] = \mathcal{L}[\delta(t)] = 1$
$C(s) = \mathcal{L}[c(t)] = \dfrac{1}{s+3}$
∴ $G(s) = \dfrac{C(s)}{R(s)} = C(s) = \dfrac{1}{s+3}$

★
27 $G(s) = \dfrac{1}{s^2+1}$인 계의 임펄스응답은?

① e^{-t}
② $\cos t$
③ $1 + \sin t$
④ $\sin t$

해설 임펄스 응답

입력 $r(t)$, 출력 $c(t)$라 하면
$r(t) = \delta(t)$이므로
$R(s) = \mathcal{L}[r(t)] = \mathcal{L}[\delta(t)] = 1$이다.
$C(s) = G(s)R(s) = G(s) = \dfrac{1}{s^2+1}$이므로
임펄스 응답 $c(t)$는
∴ $c(t) = \mathcal{L}^{-1}[C(s)] = \sin t$

★★★
28 다음 임펄스응답에 관한 말 중 옳지 않은 것은?

① 입력과 출력만 알면 임펄스응답은 알 수 있다.
② 회로소자의 값을 알면 임펄스응답은 알 수 있다.
③ 회로의 모든 초기값이 0일 때 입력과 출력을 알면 임펄스응답을 알 수 있다.
④ 회로의 모든 초기값이 0일 때 단위임펄스입력에 대한 출력이 임펄스응답이다.

[해설] 임펄스 응답

입력함수가 임펄스 함수로 주어질 때 나타나는 출력함수를 임펄스 함수라 하므로 입력을 $r(t)$, 출력을 $c(t)$, 전달함수를 $G(s)$ 라 하면
$r(t) = \delta(t)$ 이므로 $R(s) = 1$
$C(s) = G(s) R(s) = G(s)$
$c(t) = \mathcal{L}^{-1}[C(s)] = \mathcal{L}^{-1}[G(s)]$
∴ 임펄스 응답은 전달함수의 라플라스 역변환이므로 입력과 출력을 알면 전달함수를 얻을 수 있으며 또한 임펄스 응답을 알 수 있게 된다.

★★
29 어떤 제어계에 단위계단입력을 가하였더니 출력이 $1 - e^{-2t}$ 로 나타났다. 이 계의 전달함수는?

① $\dfrac{1}{s+2}$　　② $\dfrac{2}{s+2}$
③ $\dfrac{1}{s(s+2)}$　　④ $\dfrac{2}{s(s+2)}$

[해설] 단위계단응답의 전달함수

입력 $r(t)$, 출력 $c(t)$ 라 하면
$r(t) = u(t)$, $c(t) = 1 - e^{-2t}$
$R(s) = \mathcal{L}[r(t)] = \mathcal{L}[u(t)] = \dfrac{1}{s}$
$C(s) = \mathcal{L}[c(t)] = \dfrac{1}{s} - \dfrac{1}{s+2} = \dfrac{s+2-s}{s(s+2)}$
$\quad = \dfrac{2}{s(s+2)}$
∴ $G(s) = \dfrac{C(s)}{R(s)} = \dfrac{\frac{2}{s(s+2)}}{\frac{1}{s}} = \dfrac{2}{s+2}$

★
30 전달함수 $G(s) = \dfrac{1}{(s+1)}$ 인 제어계의 인디셜 응답은?

① $1 - e^{-t}$　　② e^{-t}
③ $1 + e^{-t}$　　④ $e^t - 1$

[해설] 인디셜 응답(=단위계단응답)

입력함수가 단위계단함수로 주어질 때 나타나는 출력함수를 단위계단응답 또는 인리셜 응답이라 하므로 입력 $r(t)$, 출력 $c(t)$ 라 하면
$r(t) = u(t)$ 이므로 $R(s) = \dfrac{1}{s}$
$C(s) = G(s) R(s) = \dfrac{1}{s(s+1)} = \dfrac{A}{s} + \dfrac{B}{s+1}$
$A = s C(s)|_{s=0} = \dfrac{1}{s+1}\Big|_{s=0} = 1$
$B = (s+1) C(s)|_{s=-1} = \dfrac{1}{s}\Big|_{s=-1} = -1$
$C(s) = \dfrac{1}{s} - \dfrac{1}{s+1}$
∴ $c(t) = \mathcal{L}^{-1}[C(s)] = 1 - e^{-t}$

★★
31 $G(s) H(s) = \dfrac{k}{Ts+1}$ 일 때 이 계통은 어떤 형인가?

① 0형　　② 1형
③ 2형　　④ 3형

[해설] 계통의 형식

$G(s) H(s) = \dfrac{k}{Ts+1}$ 인 경우 정상편차를 구해보면
위치오차상수
$k_p = \lim_{s \to 0} G(s) H(s) = \lim_{s \to 0} \dfrac{k}{Ts+1} = k$
위치정상편차 $e_p = \dfrac{1}{1+k_p} = \dfrac{1}{1+k}$
∴ 위치편차상수 및 위치정상편차가 유한값이므로 제어계는 0형이다.

[참고] 계통의 형식의 구별법

$G(s) H(s)$
$= \dfrac{(s+b_1)(s+b_2)(s+b_3)\cdots(s+b_m)}{s^n(s+a_1)(s+a_2)(s+a_3)\cdots(s+a_m)}$
일 때 분모의 s^n 항에서 정수 n값이 제어계통의 형식을 나타낸다.
따라서 $G(s) H(s) = \dfrac{k}{Ts+1} = \dfrac{k}{s^0(Ts+1)}$ 이므로
∴ 제어계통은 0형이다.

32 시스템의 전달함수가 다음과 같이 표시되는 제어계는 무슨 형인가?

$$G(s)\,H(s) = \frac{s^2(s+1)(s^2+s+1)}{s^4(s^4+2s^2+2)}$$

① 1형 제어계   ② 2형 제어계
③ 3형 제어계   ④ 4형 제어계

[해설] 계통의 형식

$$G(s)\,H(s) = \frac{s^2(s+1)(s^2+s+1)}{s^4(s^4+2s^2+2)}$$

$$= \frac{(s+1)(s^2+s+1)}{s^2(s^4+2s^2+2)}\ 이므로$$

∴ 제어계통은 2형 제어계이다.

33 그림과 같은 블록선도로 표시되는 계는 무슨 형인가?

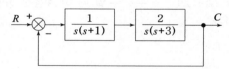

① 0형   ② 1형
③ 2형   ④ 3형

[해설] 계통의 형식

$$G(s)\,H(s) = \frac{1}{s(s+1)} \cdot \frac{2}{s(s+3)}$$

$$= \frac{2}{s^2(s+1)(s+3)}\ 이므로$$

∴ 제어계통은 2형이다.

34 그림과 같은 블록선도로 표시되는 계는 무슨 형인가?

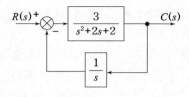

① 0형   ② 1형
③ 2형   ④ 3형

[해설] 계통의 형식

$$G(s)\,H(s) = \frac{3}{s(s^2+2s+2)}\ 이므로$$

∴ 제어계통은 1형이다.

35 단위피드백 제어계에서 개루프 전달함수 $G(s)$가 다음과 같이 주어지는 계의 단위계단입력에 대한 정상편차는?

$$G(s) = \frac{10}{(s+1)(s+2)}$$

① 1/3   ② 1/4
③ 1/5   ④ 1/6

[해설] 제어계의 정상편차

단위계단입력은 0형 입력이고 주어진 개루프 전달함수 $G(s)$도 0형 제어계이므로 정상편차는 유한값을 갖는다. 0형 제어계의 위치편차상수(k_p)와 위치정상편차(e_p)는

$$k_p = \lim_{s \to 0} G(s) = \lim_{s \to 0} \frac{10}{(s+1)(s+2)} = \frac{10}{2} = 5$$

$$\therefore\ e_p = \frac{1}{1+k_p} = \frac{1}{1+5} = \frac{1}{6}$$

★★★
36 그림과 같은 제어계에서 단위계단외란 D가 인가되었을 때의 정상편차는?

① 50
② 51
③ 1/50
④ 1/51

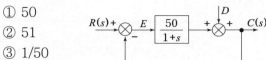

해설 제어계의 정상편차

단위계단입력은 0형 입력이고 주어진 개루프 전달함수 $G(s)$도 0형 제어계이므로 정상편차는 유한값을 갖는다. 0형 제어계의 위치편차상수(k_p)와 위치정상편차(e_p)는

$$k_p = \lim_{s \to 0} G(s) = \lim_{s \to 0} \frac{50}{1+s} = 50$$

$$\therefore \ e_p = \frac{1}{1+k_p} = \frac{1}{1+50} = \frac{1}{51}$$

★★
37 계단오차상수를 k_p라 할 때 1형 시스템의 계단입력 $u(t)$에 대한 정상상태오차 e_{ss}는?

① 1
② $\frac{1}{k_p}$
③ 0
④ ∞

해설 계통의 형식과 오차

계통의 형	오차상수			정상상태오차		
	k_p	k_v	k_a	$e_{ss\,p}$	$e_{ss\,v}$	$e_{ss\,a}$
0형	k	0	0	$\frac{A}{1+k}$	∞	∞
1형	∞	k	0	0	$\frac{A}{k}$	∞
2형	∞	∞	k	0	0	$\frac{A}{k}$

계통의 형식이 1형 시스템일때 단위계단입력을 가할 경우 위치오차상수(k_p)와 위치정상편차(e_p)는

$$\therefore \ k_p = \infty, \ e_p = 0$$

★★
38 개루프 전달함수 $G(s) = \dfrac{1}{s(s^2+5s+6)}$인 단위궤환계에서 단위계단입력을 가하였을 때의 잔류편차(off set)는?

① 0
② 1/6
③ 6
④ ∞

해설 계통의 형식과 오차

개루프 전달함수 $G(s) = \dfrac{1}{s(s^2+5s+6)}$이므로 계통은 1형 시스템이며 단위계단입력을 가할 경우 위치오차상수(k_p)와 위치정상편차(e_p)는

$k_p = \infty$, $e_p = 0$이 된다.

∴ 잔류편차는 정상편차이므로 $e_p = 0$이다.

★★★
39 개회로 전달함수가 다음과 같은 계에서 단위속도입력에 대한 정상편차는?

$$G(s) = \frac{5}{s(s+1)(s+2)}$$

① $\frac{2}{5}$
② $\frac{5}{2}$
③ 0
④ ∞

해설 제어계의 정상편차

단위속도입력은 1형 입력이고 주어진 개루프 전달함수 $G(s)$도 1형 제어계이므로 정상편차는 유한값을 갖는다. 1형 제어계의 속도편차상수(k_v)와 속도정상편차(e_v)는

$$k_v = \lim_{s \to 0} s\, G(s) = \lim_{s \to 0} \frac{5}{(s+1)(s+2)} = \frac{5}{2}$$

$$\therefore \ e_v = \frac{1}{k_v} = \frac{2}{5}$$

★★★
40 다음 그림과 같은 블록선도의 제어계통에서 속도편차상수 K_v는 얼마인가?

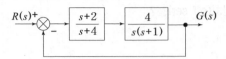

① 2   ② 0
③ 0.5   ④ ∞

해설 제어계의 정상편차상수

개루프 전달함수 $G(s)H(s) = \dfrac{4(s+2)}{s(s+1)(s+4)}$

이므로 1형 제어계이며 단위속도입력 또한 1형 입력이므로 속도편차상수(k_v)는 유한값을 갖는다.

$\therefore k_v = \lim_{s \to 0} s\,G(s)\,H(s) = \lim_{s \to 0} \dfrac{4(s+2)}{(s+1)(s+2)}$

$\qquad = \dfrac{8}{4} = 2$

★★
41 개루프 전달함수 $G(s)$가 다음과 같이 주어지는 단위피드백 계에서 단위속도입력에 대한 정상편차는?

$$G(s) = \frac{10}{s(s+1)(s+2)}$$

① $\dfrac{1}{2}$ ② $\dfrac{1}{3}$
③ $\dfrac{1}{4}$ ④ $\dfrac{1}{5}$

해설 제어계의 정상편차

단위속도입력은 1형 입력이고 주어진 개루프 전달함수 $G(s)$도 1형 제어계이므로 정상편차는 유한값을 갖는다. 1형 제어계의 속도편차상수(k_v)와 속도정상편차(e_v)는

$k_v = \lim_{s \to 0} s\,G(s) = \lim_{s \to 0} \dfrac{10}{(s+1)(s+2)} = \dfrac{10}{2} = 5$

$\therefore e_v = \dfrac{1}{k_v} = \dfrac{1}{5}$

★★
42 개루프 전달함수 $G(s)$가 다음과 같이 주어지는 단위피드백 계에서 단위속도입력에 대한 정상편차는?

$$G(s) = \frac{2(1+0.5s)}{s(1+s)(1+2s)}$$

① 0   ② $\dfrac{1}{2}$
③ 1   ④ 2

해설 제어계의 정상편차

단위속도입력은 1형 입력이고 주어진 개루프 전달함수 $G(s)$도 1형 제어계이므로 정상편차는 유한값을 갖는다. 1형 제어계의 속도편차상수(k_v)와 속도정상편차(e_v)는

$k_v = \lim_{s \to 0} s\,G(s) = \lim_{s \to 0} \dfrac{2(1+0.5s)}{(1+s)(1+2s)} = 2$

$\therefore e_v = \dfrac{1}{k_v} = \dfrac{1}{2}$

★★★
43 그림과 같이 블록선도로 표시되는 제어계의 속도편차상수 K_v의 값은?

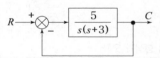

① 0   ② $\dfrac{1}{2}$
③ $\dfrac{5}{3}$ ④ $\dfrac{7}{4}$

해설 제어계의 정상편차상수

개루프 전달함수 $G(s)H(s) = \dfrac{5}{s(s+3)}$ 이므로 1형 제어계이며 단위속도입력 또한 1형 입력이므로 속도편차상수(k_v)는 유한값을 갖는다.

$\therefore k_v = \lim_{s \to 0} s\,G(s)\,H(s) = \lim_{s \to 0} \dfrac{5}{s+3} = \dfrac{5}{3}$

★★★
44 개루프 전달함수 $G(s)$가 다음과 같이 주어지는 단위궤환계가 있다. 단위속도입력에 대한 정상속도편차가 0.025가 되기 위하여서는 K를 얼마로 하면 되는가?

$$G(s) = \frac{4K(1+2s)}{s(1+s)(1+3s)}$$

① 6 　　　　　② 8
③ 10 　　　　　④ 12

[해설] 제어계의 정상편차

단위속도입력은 1형 입력이고 주어진 개루프 전달함수 $G(s)$도 1형 제어계이므로 정상편차는 유한값을 갖는다. 1형 제어계의 속도편차상수(k_v)와 속도정상편차(e_v)는

$$k_v = \lim_{s \to 0} s\,G(s) = \lim_{s \to 0} \frac{4K(1+2s)}{(1+s)(1+3s)} = 4K$$

$$e_v = \frac{1}{k_v} = \frac{1}{4K} = 0.025 \text{이므로}$$

$$\therefore K = \frac{1}{4 \times 0.025} = 10$$

★★★
45 $G_{c1}(s) = K$, $G_{c2}(s) = \dfrac{1+0.1s}{1+0.2s}$,

$G_p(s) = \dfrac{200}{s(s+1)(s+2)}$인 그림과 같은 제어계에 단위램프입력을 가할 때 정상편차가 0.01이라면 K의 값은?

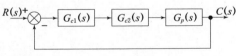

① 0.1 　　　　　② 1
③ 10 　　　　　④ 100

[해설] 제어계의 정상편차

개루프 전달함수

$$G(s)H(s) = \frac{200K(1+0.1s)}{s(s+1)(s+2)(1+0.2s)} \text{이다.}$$

단위램프입력(=단위속도입력)은 1형 입력이고 개루프 전달함수 $G(s)H(s)$도 1형 제어계이므로 정상편차는 유한값을 갖는다. 1형 제어계의 속도편차상수(k_v)와 속도편차상수(e_v)는

$$k_v = \lim_{s \to 0} s\,G(s)\,H(s)s$$

$$= \lim_{s \to 0} \frac{200K(1+0.1s)}{(s+1)(s+2)(1+0.2s)}$$

$$= \frac{200K}{2} = 100K$$

$$e_v = \frac{1}{k_v} = \frac{1}{100K} = 0.01 \text{이므로}$$

$$\therefore K = \frac{1}{100 \times 0.01} = 1$$

★★
46 다음에서 입력이 $r(t) = 5t$일 때 정상상태편차는 얼마인가?

① $e_{ss} = 2$
② $e_{ss} = 4$
③ $e_{ss} = 6$
④ $e_{ss} = \infty$

[해설] 제어계의 정상편차

개루프 전달함수는 1형 제어계이므로 제어계의 속도편차상수(k_v)와 속도정상편차(e_v)는

$$k_v = \lim_{s \to 0} s\,G(s)\,H(s) = \lim_{s \to 0} \frac{5}{s+6} = \frac{5}{6}$$

$$\therefore e_v = \left. \frac{A}{k_v} \right|_{A=5} = \frac{5}{\frac{5}{6}} = 6$$

★★
47 전달함수 $\dfrac{C(s)}{R(s)} = \dfrac{1}{3s^2+4s+1}$인 제어계는 다음 중 어느 경우인가?

① 과제동 　　　　　② 부족제동
③ 임계제동 　　　　　④ 무제동

[해설] 2차계의 전달함수

$$G(s) = \frac{1}{3s^2+4s+1} = \frac{\frac{1}{3}}{s^2 + \frac{4}{3}s + \frac{1}{3}} \text{이므로}$$

$$G(s) = \frac{\omega_n^2}{s^2 + 2\zeta\omega_n s + \omega_n^2} \text{ 식에서}$$

$$2\zeta\omega_n = \frac{4}{3}, \ \omega_n^2 = \frac{1}{3} \text{일 때}$$

$$\omega_n = \frac{1}{\sqrt{3}}, \ \zeta = \frac{2}{\sqrt{3}} = 1.15 \text{이다.}$$

$\therefore \zeta > 1$이므로 과제동 되었다.

48 단위 부궤환 시스템에서 개루프 전달함수 $G(s)$가 다음과 같을 때 $K = 3$이면 무슨 제동인가?

$$G(s) = \frac{K}{s(s+4)}$$

① 무제동 ② 임계제동
③ 과제동 ④ 부족제동

해설 제동비(ζ)

개루프 전달함수 $G(s)$라 하면 페루프 전달함수의 특성방정식은 $1 + G(s) = 0$이므로

$1 + \dfrac{K}{s(s+4)} = \dfrac{s(s+4)+K}{s(s+4)} = 0$이다.

2계 회로의 특성방정식

$s^2 + 2\zeta\omega_n s + \omega_n^2 = s^2 + 4s + K = 0$에서

$2\zeta\omega_n = 4$, $\omega_n^2 = K$이므로 $K = 3$일 때

$\zeta = \dfrac{4}{2\omega_n} = \dfrac{4}{2 \times \sqrt{3}} = 1.15$

$\therefore \zeta > 1$이므로 과제동이다.

49 단위 부궤환 제어시스템(unit negative feedback control system)의 개루프(open loop) 전달함수 $G(s)$가 다음과 같이 주어져 있다. 이 때 다음 설명 중 틀린 것은?

$$G(s) = \frac{\omega_n^2}{s(s+2\zeta\omega_n)}$$

① 이 시스템은 $\zeta = 1.2$일 때 과제동된 상태에 있게 된다.
② 이 페루프 시스템의 특성방정식은 $s^2 + 2\zeta\omega_n s + \omega_n^2 = 0$이다.
③ ζ값이 작게 될수록 제동이 많이 걸리게 된다.
④ ζ 값이 음의 값이면 불안정하게 된다.

해설 감쇠비 = 제동비(ζ)

(1) $\zeta > 1$: 과제동 → 제동이 많이 걸린다.
(2) $\zeta = 1$: 임계제동 → 제동비가 1일 때이다.
(3) $\zeta < 1$: 부족제동 → 제동이 적게 걸린다.
(4) $\zeta = 0$: 무제동 → 제동이 걸리지 않는다.

memo

06 주파수영역 해석

1 나이퀴스트선도(=벡터궤적)

1. 나이퀴스트선도 작도 단계

(1) $G(s)$에 $s = j\omega$를 대입한다.

(2) $\omega = 0$을 대입하면 $G(j\omega)$의 영주파수 성질을 얻는다.

(3) $\omega = \infty$를 대입하면 무한대 주파수에서의 나이퀴스트선도의 성질이 구해진다.

(4) 나이퀴스트선도와 실수축의 교차점을 구하려면 $G(j\omega)$를 분모 유리화 한다.

(5) 실수축과의 교차점을 찾으려면 $G(j\omega)$의 허수부를 0으로 놓는다.

　이 조건을 만족하는 ω값을 구하여 $G(j\omega)$에 대입하면 값을 찾을 수 있다.

2. $G(s)$의 나이퀴스트선도

(1) $G(s) = K$, $G(j\omega) = K$

① $\omega = 0$

$|G(j0)| = K$, $\phi = 0°$

② $\omega = \infty$

$|G(j\infty)| = K$, $\phi = 0°$

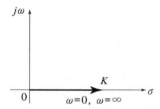

(2) $G(s) = Ts$, $G(j\omega) = j\omega T$

① $\omega = 0$

$|G(j0)| = 0$, $\phi = 0°$

② $\omega = \infty$

$|G(j\infty)| = \infty$, $\phi = 90°$

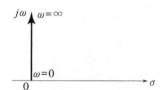

확인문제

01 주파수응답에 필요한 입력은?

① 계단입력　　　② 임펄스입력

③ 램프입력　　　④ 정현파입력

해설 주파수 응답

제어계의 입력에 정현파 입력을 가하여 계의 출력이 어떤 응답을 하는지를 해석하는 제어계의 응답을 주파수 응답이라 하며 주로 나이퀴스트선도나 보드선도를 이용하여 해석한다.

답 : ④

신유형

02 $G(s) = Ts$인 벡터궤적은?

① 실수축상의 직선궤적

② 허수축상의 반직선궤적

③ 4상한 내의 반원궤적

④ 1상한 내의 반원궤적

해설 $G(j\omega) = j\omega T$

⑴ $\omega = 0$: $|G(j0)| = 0$, $\phi = 0°$

⑵ $\omega = \infty$: $|G(j\omega)| = \infty$, $\phi = 90°$

∴ 허수축상의 반직선궤적

답 : ②

(3) $G(s) = \dfrac{1}{Ts}$, $G(j\omega) = \dfrac{1}{j\omega T}$

① $\omega = 0$

$|G(j0)| = \infty$, $\phi = -90°$

② $\omega = \infty$

$|G(j\infty)| = 0$, $\phi = 0°$

(4) $G(s) = \dfrac{1}{1+Ts}$, $G(j\omega) = \dfrac{K}{1+j\omega T}$

① $\omega = 0$

$|G(j0)| = K$, $\phi = 0°$

② $\omega = \infty$

$|G(j\infty)| = 0$, $\phi = -90°$

(5) $G(s) = \dfrac{K}{(1+T_1 s)(1+T_2 s)}$

$G(j\omega) = \dfrac{K}{(1+j\omega T_1)(1+j\omega T_2)}$

① $\omega = 0$

$|G(j0)| = K$, $\phi = 0°$

② $\omega = \infty$

$|G(j\infty)| = 0$, $\phi = -180°$

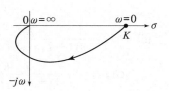

확인문제

03 1차 지연요소의 벡터궤적은?

①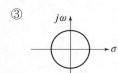

②

③

④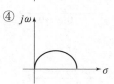

해설 $G(j\omega) = \dfrac{K}{1+j\omega T}$ 일 때

(1) $\omega = 0$: $|G(j0)| = K$, $\phi = 0°$

(2) $\omega = \infty$: $|G(j\omega)| = 0$, $\phi = -90°$

∴ 4상한 내의 원점을 지나는 반원궤적

<u>답 : ①</u>

신유형

04 $G(s) = \dfrac{K}{1+Ts}$ 의 벡터궤적은?

① 1상한 내의 반직선

② 4상한 내의 반직선

③ 1상한 내의 원점을 지나는 반원궤적

④ 4상한 내의 원점을 지나는 반원궤적

해설 $G(j\omega) = \dfrac{K}{1+j\omega T}$ 일 때

(1) $\omega = 0$: $|G(j0)| = k$, $\phi = 0°$

(2) $\omega = \infty$: $|G(j\omega)| = 0$, $\phi = -90°$

∴ 4상한 내의 원점을 지나는 반원궤적

<u>답 : ④</u>

(6) $G(s) = \dfrac{K}{(1+T_1 s)(1+T_2 s)(1+T_3 s)}$

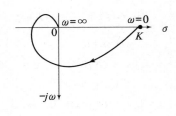

$\qquad G(j\omega) = \dfrac{K}{(1+j\omega T_1)(1+j\omega T_2)(1+j\omega T_3)}$

① $\omega = 0$

$\qquad |G(j\omega)| = K, \ \phi = 0°$

② $\omega = \infty$

$\qquad |G(j\omega)| = 0, \ \phi = -270°$

(7) $G(s) = \dfrac{K}{s(1+Ts)}, \ G(j\omega) = \dfrac{K}{j\omega(1+j\omega T)}$

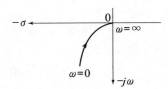

① $\omega = 0$

$\qquad |G(j0)| = \infty, \ \phi = -90°$

② $\omega = \infty$

$\qquad |G(j\infty)| = 0, \ \phi = -180°$

(8) $G(s) = \dfrac{K}{s(1+T_1 s)(1+T_2 s)}$

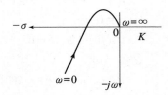

$\qquad G(j\omega) = \dfrac{K}{j\omega(1+j\omega T_1)(1+j\omega T_2)}$

① $\omega = 0$

$\qquad |G(j0)| = \infty, \ \phi = -90°$

② $\omega = \infty$

$\qquad |G(j\infty)| = 0, \ \phi = -270°$

확인문제

05 $G(s) = \dfrac{K}{s(1+Ts)}$ 의 벡터궤적은?

①　②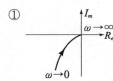

③　④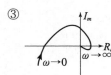

해설 $G(j\omega) = \dfrac{K}{j\omega(1+j\omega T)}$ 일 때

(1) $\omega = 0$: $|G(j0)| = \infty, \ \phi = -90°$

(2) $\omega = \infty$: $|G(j\infty)| = 0, \ \phi = -180°$

답 : ①

06 $G(s) = \dfrac{K}{s(1+T_1 s)(1+T_2 s)}$ 의 벡터궤적은?

① 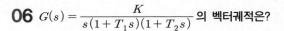 ②

③ 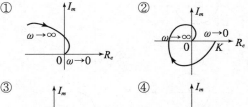 ④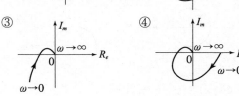

해설 $G(j\omega) = \dfrac{K}{j\omega(1+j\omega T_1)(1+j\omega T_2)}$ 일 때

(1) $\omega = 0$: $|G(j0)| = \infty, \ \phi = -90°$

(2) $\omega = \infty$: $|G(j\infty)| = 0, \ \phi = -270°$

답 : ③

(9) $G(s) = \dfrac{K}{s(1+T_1 s)(1+T_2 s)(1+T_3 s)}$

$G(j\omega) = \dfrac{K}{j\omega(1+j\omega T_1)(1+j\omega T_2)(1+j\omega T_3)}$

① $\omega = 0$

$|G(j0)| = \infty, \ \phi = -90°$

② $\omega = \infty$

$|G(j\infty)| = 0, \ \phi = -360°$

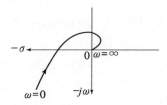

(10) $G(s) = \dfrac{K}{s^2(1+Ts)}$, $G(j\omega) = \dfrac{K}{(j\omega)^2(1+j\omega T)}$

① $\omega = 0$

$|G(j0)| = \infty, \ \phi = -180°$

② $\omega = \infty$

$|G(j\infty)| = 0, \ \phi = -270°$

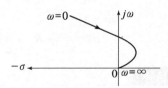

(11) $G(s) = \dfrac{K}{s^2(1+T_1 s)(1+T_2 s)}$

$G(j\omega) = \dfrac{K}{(j\omega)^2(1+j\omega T_1)(1+j\omega T_2)}$

① $\omega = 0$

$|G(j0)| = \infty, \ \phi = -180°$

② $\omega = \infty$

$|G(j\infty)| = 0, \ \phi = -360°$

확인문제

07 $G(s) = \dfrac{K}{s^2(1+Ts)}$ 의 벡터궤적은?

① 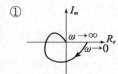 ②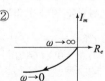

③ 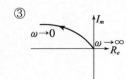 ④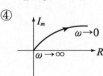

해설 $G(j\omega) = \dfrac{K}{(j\omega)^2(1+j\omega T)}$ 일 때

(1) $\omega = 0$: $|G(j0)| = \infty, \ \phi = -180°$
(2) $\omega = \infty$: $|G(j\infty)| = 0, \ \phi = -270°$

답 : ③

신유형
08 $G(s) = \dfrac{K}{s^2(1+T_1 s)(1+T_2 s)}$ 의 벡터 궤적에

서 $\omega = \infty$일 때 이득과 위상값은 어떻게 되는가?

① $|G(j\infty)| = 0, \ \phi = -180°$
② $|G(j\infty)| = \infty, \ \phi = -180°$
③ $|G(j\omega)| = 0, \ \phi = -360°$
④ $|G(j\omega)| = \infty, \ \phi = -360°$

해설 $G(j\omega) = \dfrac{K}{(j\omega)^2(1+j\omega T_1)(1+j\omega T_2)}$ 일 때

$\omega = \infty$를 대입하면
$\therefore |G(j\omega)| = 0, \ \phi = -360°$

답 : ③

(12) $G(s) = \dfrac{K}{s^3(1+T_1 s)}$, $G(j\omega) = \dfrac{K}{(j\omega)^3(1+j\omega T)}$

① $\omega = 0$

$|G(j0)| = \infty$, $\phi = -270°$

② $\omega = \infty$

$|G(j\infty)| = 0$, $\phi = -360°$

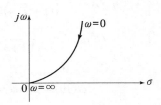

(13) $G(s) = \dfrac{1+T_2 s}{1+T_1 s}$, $G(j\omega) = \dfrac{1+j\omega T_2}{1+j\omega T_1}$

① $\omega = 0$

$|G(j0)| = 1$, $\phi = 0°$

② $\omega = \infty$

$|G(j\infty)| = \dfrac{T_2}{T_1}$, $\phi = 0°$

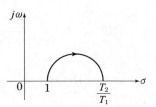

(14) $G(s) = Ke^{-Ls}$, $G(j\omega) = Ke^{-j\omega L}$

① $\omega = 0$

$|G(j0)| = K$, $\phi = 0°$

② $\omega = \infty$

$|G(j\infty)| = K$, $\phi = -\infty°$

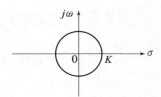

확인문제

09 $G(s) = \dfrac{1+T_2 s}{1+T_1 s}$의 벡터궤적은? (단, $T_2 > T_1$ $T_1 > 0$ 이다.)

① 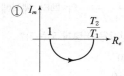 ②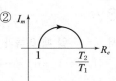

③ 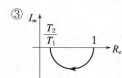 ④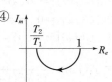

해설 $G(j\omega) = \dfrac{1+j\omega T_2}{1+j\omega T_1}$ 일 때

(1) $\omega = 0$: $|G(j0)| = 1$, $\phi = 0°$

(2) $\omega = \infty$: $|G(j\infty)| = \dfrac{T_2}{T_1}$, $\phi = 0°$

답 : ②

신유형

10 부동작시간요소의 벡터궤적은?

① 원점을 지나는 반원궤적

② 원점을 지나지 않는 반원궤적

③ 원점을 중심으로 한 원궤적

④ 원점을 지나지 않는 직선궤적

해설 $G(s) = ke^{-Ls}$이므로 $G(j\omega) = ke^{-j\omega L}$일 때

(1) $\omega = 0$: $|G(j0)| = k$, $\phi = 0°$

(2) $\omega = \infty$: $|G(j\infty)| = k$, $\phi = -\infty°$

∴ 원점을 중심으로 한 원궤적이다.

답 : ③

2 보드선도

1. 이득과 이득변화(=경사)

(1) $G(s) = Ks^n$ 또는 $G(j\omega) = K(j\omega)^n$ 인 경우

$$g = 20\log|G(j\omega)| = 20\log K\omega^n = 20\log K + 20n\log\omega$$

① 이득

$$g = 20\log K + 20n\log\omega|_{\omega = \text{정수}} \ [\text{dB}]$$

② 이득변화

$$g' = 20n \ [\text{dB/decade}]$$

(2) $G(s) = \dfrac{K}{s^n}$ 또는 $G(j\omega) = \dfrac{K}{(j\omega)^n}$ 인 경우

$$g = 20\log|G(j\omega)| = 20\log\frac{K}{\omega^n} = 20\log K - 20n\log\omega$$

① 이득

$$g = 20\log K - 20n\log\omega|_{\omega = \text{정수}} \ [\text{dB}]$$

② 이득변화

$$g' = -20n \ [\text{dB/decade}]$$

2. 위상

(1) $G(s) = Ks^n$ 또는 $G(j\omega) = K(j\omega)^n$ 인 경우

$$\phi = 90n°$$

(2) $G(s) = \dfrac{K}{s^n}$ 또는 $G(j\omega) = \dfrac{K}{(j\omega)^n}$ 인 경우

$$\phi = -90n°$$

확인문제

11 $G(j\omega) = 5j\omega$ 이고, $\omega = 0.02$ 일 때 이득[dB]은?

① 20　　　　　② 10

③ −20　　　　④ −10

해설 $G(j\omega) = 5j\omega|_{\omega = 0.02} = j5 \times 0.02$
$$= j0.1$$
$\therefore g = 20\log|G(j\omega)| = 20\log 0.1 = -20 \ [\text{dB}]$

답 : ③

12 $G(s) = 20s$ 에서 $\omega = 5[\text{rad/sec}]$일 때 이득[dB]은?

① 60　　　　　② 40

③ 30　　　　　④ 20

해설 $G(s) = 20s$ 일 때 $G(j\omega) = 20j\omega$ 이므로
$$G(j\omega) = 20j\omega|_{\omega = 5} = j20 \times 5 = j100$$
$\therefore g = 20\log|G(j\omega)| = 20\log 100 = 40 \ [\text{dB}]$

답 : ②

3. 이득여유와 위상여유

(1) 이득여유

이득여유(gain margin : GM)는 제어계의 상대안정도를 나타내는데 가장 흔히 쓰이는 것 중 하나이다. 주파수영역에서 이득여유는 $GH(j\omega)$의 Nyquist 선도로 만들어진 음의 실수 축과의 교점이 $(-1, j0)$점에 근접한 정도를 나타내는데 쓰인다.

$$이득여유 = GM = 20\log\frac{1}{|GH(j\omega_p)|} = -20\log|GH(j\omega_p)| \ \ [\text{dB}]$$

이득여유는 폐루프계가 불안정이 되기 전까지 루프에 추가될 수 있는 이득의 양을 dB로 나타낸 것이다.

> **│참고│**
>
> • 위상교차점과 위상교차주파수
> ① 위상교차점
> $GH(j\omega)$ 선도에서 위상 교차점은 선도가 음의 실수축을 만나는 점이다.
> ② 위상교차주파수
>   위상교차 주파수 ω_p는 위상 교차점에서의 주파수 즉, $\angle GH(j\omega_p) = 180°$
> ③ $\omega = \omega_p$일 때 $GH(j\omega)$의 크기를 $|GH(j\omega_p)|$로 표현한다.

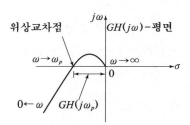

<극좌표계에서 이득여유의 정의>

확인문제

13 $G(s)H(s) = \dfrac{2}{(s+1)(s+2)}$ 의 이득여유[dB]를 구하면?

① 20
② −20
③ 0
④ ∞

[해설] 이득여유(GM)

$$G(j\omega)H(j\omega) = \frac{2}{(j\omega+1)(j\omega+2)}$$
$$= \frac{2}{(2-\omega^2)+j3\omega}$$

$j3\omega = 0$이 되기 위한 $\omega = 0$이므로

$$|G(j\omega)H(j\omega)|_{\omega=0} = \left|\frac{2}{2}\right| = 1$$

$$\therefore \ GM = 20\log\frac{1}{|G(j\omega)H(j\omega)|}$$
$$= 20\log 1 = 0 \ [\text{dB}]$$

답 : ③

14 $G(s)H(s) = \dfrac{200}{(s+1)(s+2)}$ 의 이득여유[dB]를 구하면?

① 20
② 40
③ −20
④ −40

[해설] 이득여유(GM)

$$G(j\omega)H(j\omega) = \frac{200}{(j\omega+1)(j\omega+2)}$$
$$= \frac{200}{(2-\omega^2)+j3\omega}$$

$j3\omega = 0$이 되기 위한 $\omega = 0$이므로

$$|G(j\omega)H(j\omega)|_{\omega=0} = \left|\frac{200}{2}\right| = 100$$

$$\therefore \ GM = 20\log\frac{1}{|G(j\omega)H(j\omega)|}$$
$$= 20\log\frac{1}{100} = -40 \ [\text{dB}]$$

답 : ④

① $GH(j\omega)$ 선도가 음의 실수축을 만나지 않는다. (영이 아닌 유한의 위상교차점이 없음).

$|GH(j\omega_p)|=0$ 일 때 $GM=\infty$ [dB] : 안정

② $GH(j\omega)$ 선도가 음의 실수축을 0과 -1 사이(위상교차점이 놓이는)에서 만난다.

$0<|GH(j\omega_p)|<1$ 일 때 $GM>0$ [dB] : 안정

③ $GH(j\omega)$ 선도가 $(-1, j0)$점을 통과(위상교차점이 있는)한다.

$|GH(j\omega_p)|=1$ 일 때 $GM=0$ [dB] : 임계 안정

④ $GH(j\omega)$ 선도가 $(-1, j0)$점을 포함(위상교차점이 왼쪽에 있는)한다.

$|GH(j\omega_p)|>1$ 일 때 $GM<0$ [dB] : 불안정

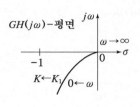 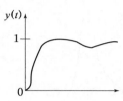 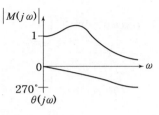

(a) 안정하고 잘 제동된 계

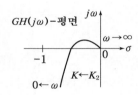 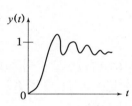 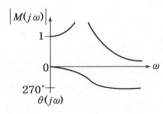

(b) 안정하나 진동하는 계

확인문제

15 $GH(j\omega)=\dfrac{K}{(1+2j\omega)(1+j\omega)}$ 의 이득여유가 20[dB]일 때 K의 값은?

① $K=0$ ② $K=1$

③ $K=10$ ④ $K=\dfrac{1}{10}$

해설 이득여유

$GH(j\omega)=\dfrac{K}{(1+2j\omega)(1+j\omega)}$

$=\dfrac{K}{(1-2\omega^2)+3j\omega}$

$3j\omega=0$이 되기 위한 $\omega=0$이므로

$|GH(j\omega)|_{\omega=0}=K$

$GM=20\log\dfrac{1}{|GH(j\omega)|}=20\log\dfrac{1}{K}=20$ [dB]

$\log\dfrac{1}{K}=1$이 되기 위한 $\dfrac{1}{K}=10$이므로

$\therefore K=\dfrac{1}{10}$

답 : ④

16 $GH(j\omega)$ 선도가 불안정인 경우는 어느 것인가?

① $|GH(j\omega)|=0$일 때

② $0<|GH(j\omega)|<1$일 때

③ $|GH(j\omega)|=1$일 때

④ $|GH(j\omega)|>1$일 때

해설 $GH(j\omega)$ 선도가 안정하려면 이득여유가 양(+)의 값을 가져야 하며 영(0)일 때는 임계안정이 된다. 이득여유가 음(−)의 값을 갖는 경우에는 불안정한 제어계이므로

$\therefore |GH(j\omega)|>1$일 때 $GM<0$ [dB]이 되므로 불안정한 제어계임을 알 수 있다.

답 : ④

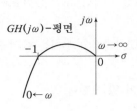 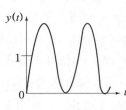 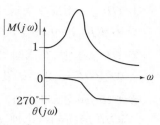

(c) 임계 불안정계

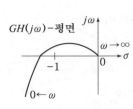 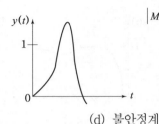 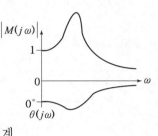

(d) 불안정계

(2) 위상여유

위상여유(phase margin)란 $GH(j\omega)$ 선도의 이득교차점이 $(-1, j0)$ 점을 지나도록 원점에 대하여 $GH(j\omega)$ 선도를 회전시킨다고 할 때 회전한 각도로 정의한다.

위상여유 $(PM) = \angle GH(j\omega_g) - 180°$

확인문제

17 나이퀴스트선도가 $(-1, j0)$ 인 점을 지나는 경우 제어계의 안정도는 어떻게 되는가?

① 안정
② 임계안정
③ 불안정
④ 판별할 수 없다.

[해설] $|GH(j\omega)|_{\omega=0} = |-1| = 1$ 이므로
이득여유

$GM = 20\log \dfrac{1}{|GH(j\omega)|} = 20\log 1 = 0\,[\mathrm{dB}]$

위상여유

$PM = \angle GH(j\omega) - 180° = 180 - 180 = 0°$

∴ $GM = 0$, $PM = 0$ 이므로 임계안정하다.

답 : ②

18 $G(s) = \dfrac{1}{1+5s}$ 일 때 절점에서 절점주파수 ω_0 를 구하면?

① 0.1 [rad/s]
② 0.5 [rad/s]
③ 0.2 [rad/s]
④ 5 [rad/s]

[해설] 절점주파수
보드선도의 이득곡선을 디자인할 때 이득의 경사가 달라지는 곳에서 곡선이 꺾이게 된다. 이 점의 주파수를 절점주파수라 하며 $G(j\omega)$ 의 실수부와 허수부가 서로 같게 되는 조건을 만족할 때의 주파수 ω 값으로 정의된다.

$G(j\omega) = \dfrac{1}{1+5j\omega}$ 에서

$1 = 5\omega$ 인 조건을 만족할 때

∴ $\omega = \dfrac{1}{5} = 0.2\,[\mathrm{rad/s}]$

답 : ③

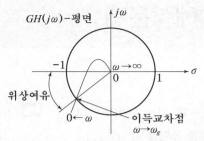

$<G(j\omega)H(j\omega)$ 평면에서 정의한 위상여유$>$

(3) 보드도면에서 이득여유와 위상여유의 결정

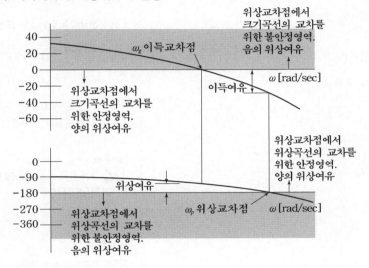

① 위상교차점에서 $GM(j\omega)$의 크기가 dB로 음수이면 이득여유는 양수이고 계는 안정하다. 즉 이득여유는 0[dB]축 아래쪽에서 측정된다. 이득여유를 0[dB]축 위쪽에서 얻게 되면 이득여유가 음수이고 계는 불안정하다.

② 이득교차점에서 $GH(j\omega)$의 위상이 $-180°$보다 더 크면 위상여유가 양수이고 계는 안정하다. 즉 위상여유는 $-180°$ 축 위쪽에서 구해진다. $-180°$ 아래에서 위상여유가 구해지면 위상여유는 음수이고 계는 불안정이다.

★
01 전달함수 $G(s) = \dfrac{20}{3+2s}$ 을 갖는 요소가 있다. 이 요소에 $\omega=2$인 정현파를 주었을 때 $|G(j\omega)|$를 구하면?

① $|G(j\omega)|=8$

② $|G(j\omega)|=6$

③ $|G(j\omega)|=2$

④ $|G(j\omega)|=4$

[해설] 전달함수의 이득(g)

$$G(j\omega) = \dfrac{20}{3+2s}\bigg|_{s=j\omega} = \dfrac{20}{3+2(j\omega)}\bigg|_{\omega=2}$$

$$= \dfrac{20}{3+j4}$$

$$\therefore\ g = |G(j\omega)| = \dfrac{20}{\sqrt{3^2+4^2}} = 4$$

★
02 전달 함수 $G(j\omega) = \dfrac{1}{1+j\omega T}$ 의 크기와 위상각을 구한 값은? (단, $T>0$ 이다.)

① $G(j\omega) = \dfrac{1}{\sqrt{1+\omega^2 T^2}} \angle -\tan^{-1}\omega T$

② $G(j\omega) = \dfrac{1}{\sqrt{1-\omega^2 T^2}} \angle -\tan^{-1}\omega T$

③ $G(j\omega) = \dfrac{1}{\sqrt{1+\omega^2 T^2}} \angle \tan^{-1}\omega T$

④ $G(j\omega) = \dfrac{1}{\sqrt{1-\omega^2 T^2}} \angle \tan^{-1}\omega T$

[해설] 전달함수의 복소수 표현

$G(j\omega) = \dfrac{1}{1+j\omega T}$ 인 경우

$$\therefore\ G(j\omega) = |G(j\omega)| \angle \theta$$

$$= \dfrac{1}{\sqrt{1+(\omega T)^2}} \angle -\tan^{-1}(\omega T)$$

★★
03 $G(j\omega) = \dfrac{1}{1+j2T}$ 이고 $T=2$[sec]일 때 크기 $|G(j\omega)|$ 와 위상 $\angle G(j\omega)$ 는 각각 얼마인가?

① $0.44,\ \angle -36°$

② $0.44,\ \angle 36°$

③ $0.24,\ \angle -76°$

④ $0.24,\ \angle 76°$

[해설] 전달함수의 복소수 표현

$$G(j\omega) = \dfrac{1}{1+j2T}\bigg|_{T=2} = \dfrac{1}{1+j4}\ \text{이므로}$$

$$G(j\omega) = |G(j\omega)| \angle \theta = \dfrac{1}{\sqrt{1^2+4^2}} \angle -\tan^{-1}4$$

$$= 0.24 \angle -76°$$

$$\therefore\ |G(j\omega)| = 0.24,\ \theta = -76°$$

★★★
04 $G(j\omega) = j0.1\omega$ 에서 $\omega = 0.01$ [rad/s]일 때 계의 이득[dB]은?

① -100

② -80

③ -60

④ -40

[해설] 전달함수의 이득(g)

$$G(j\omega) = j0.1\omega|_{\omega=0.01} = j0.1 \times 0.01 = j0.001$$

$$= 0.001 \angle 90°$$

$$\therefore\ g = 20\log_{10}|G(j\omega)| = 20\log_{10}0.001$$

$$= -60\,[\text{dB}]$$

★★★
05 $G(s) = \dfrac{1}{1+10s}$ 인 1차지연요소의 G [dB]는? (단, $\omega = 0.1$ [rad/sec]이다.)

① 약 3

② 약 -3

③ 약 10

④ 약 20

[해설] 전달함수의 이득(g)

$$G(j\omega) = \dfrac{1}{1+10s}\bigg|_{s=j\omega} = \dfrac{1}{1+10j\omega}\bigg|_{\omega=0.1}$$

$$= \dfrac{1}{1+j} = \dfrac{1}{\sqrt{2}} \angle -45°$$

$$\therefore\ g = 20\log_{10}|G(j\omega)| = 20\log_{10}\dfrac{1}{\sqrt{2}}$$

$$= -3\,[\text{dB}]$$

06 주파수 전달함수 $G(j\omega) = \dfrac{1}{j100\,\omega}$ 인 계에서 $\omega = 0.1$[rad/s]일 때의 이득[dB]과 위상각은?

① -20, $-90°$　　　　② -40, $-90°$

③ 20, $-90°$　　　　　④ 40, $-90°$

해설 전달함수의 이득(g)과 위상(ϕ)

$$G(j\omega) = \frac{1}{j100\,\omega}\bigg|_{\omega=0.1}$$

$$= \frac{1}{j100\times 0.1} = \frac{1}{j10} = 0.1 \angle -90°$$

$$\therefore g = 20\log_{10}|G(j\omega)| = 20\log_{10}0.1$$

$$= -20\,[\text{dB}]$$

$$\therefore \phi = -90°$$

07 $G(s) = s$의 보드선도는?

① 20[dB/dec]의 경사를 가지며 위상각 $90°$

② -20[dB/dec]의 경사를 가지며 위상각 $-90°$

③ 40[dB/dec]의 경사를 가지며 위상각 $180°$

④ -40[dB/dec]의 경사를 가지며 위상각 $-180°$

해설 전달함수의 보드선도

$$G(j\omega) = s\,|_{s=j\omega} = j\omega = \omega \angle 90°$$

$$\text{이득 } g = 20\log_{10}|G(j\omega)| = -20\log_{10}\omega$$

$$= g'\log_{10}\omega\,[\text{dB}]$$

경사(=이득변화 또는 기울기) g', 위상각 ϕ는

$$\therefore g' = 20\,[\text{dB/dec}], \quad \phi = 90°$$

08 $G(j\omega) = K(j\omega)^2$의 보드선도는?

① -40[dB/dec]의 경사를 가지며 위상각 $-180°$

② 40[dB/dec]의 경사를 가지며 위상각 $180°$

③ -20[dB/dec]의 경사를 가지며 위상각 $-90°$

④ 20[dB/dec]의 경사를 가지며 위상각 $90°$

해설 전달함수의 보드선도

$$G(j\omega) = K(j\omega)^2 = K\omega^2 \angle 180°$$

$$\text{이득 } g = 20\log_{10}|G(j\omega)| = 20\log_{10}K\omega^2$$

$$= 20\log_{10}K + 40\log_{10}\omega$$

$$= 20\log_{10}K + g'\log_{10}\omega\,[\text{dB}]$$

경사(=이득변화 또는 기울기) g', 위상각 ϕ는

$$\therefore g' = 40\,[\text{dB/dec}], \quad \phi = 180°$$

09 $G(j\omega) = K(j\omega)^3$의 보드선도는?

① 20[dB/dec]의 경사를 가지며 위상각 $90°$

② 40[dB/dec]의 경사를 가지며 위상각 $-90°$

③ 60[dB/dec]의 경사를 가지며 위상각 $90°$

④ 60[dB/dec]의 경사를 가지며 위상각 $270°$

해설 전달함수의 보드선도

$$G(j\omega) = K(j\omega)^3 = K\omega^3 \angle 270°$$

$$\text{이득 } g = 20\log_{10}|G(j\omega)| = 20\log_{10}K\omega^3$$

$$= 20\log_{10}K + 60\log_{10}\omega$$

$$= 20\log_{10}K + g'\log_{10}\omega\,[\text{dB}]$$

경사(=이득변화 또는 기울기) g', 위상각 ϕ는

$$\therefore g' = 60\,[\text{dB/dec}], \quad \phi = 270°$$

10 $G(j\omega) = \dfrac{K}{(j\omega)^2}$의 보드선도에서 ω가 클 때의 이득변화[dB/dec]와 최대위상각는?

① 20[dB/dec], $\theta_m = 90°$

② -20[dB/dec], $\theta_m = -90°$

③ 40[dB/dec], $\theta_m = 180°$

④ -40[dB/dec], $\theta_m = -180°$

해설 전달함수의 보드선도

$$G(j\omega) = \frac{K}{(j\omega)^2} = \frac{K}{\omega^2} \angle -180°$$

$$\text{이득 } g = 20\log_{10}|G(j\omega)| = 20\log_{10}\frac{K}{\omega^2}$$

$$= 20\log_{10}K - 40\log_{10}\omega$$

$$= 20\log_{10}K + g'\log_{10}\omega\,[\text{dB}]$$

경사(=이득변화 또는 기울기) g', 위상각 ϕ는

$$\therefore g' = -40\,[\text{dB/dec}], \quad \phi = -180°$$

★
11 $G(j\omega)=\dfrac{1}{1+j\omega T}$ 인 제어계에서 절점주파수 일 때의 이득[dB]은?

① 약 -1 ② 약 -2

③ 약 -3 ④ 약 -4

[해설] 절점주파수와 절점주파수의 이득

$G(j\omega)=\dfrac{1}{1+j\omega T}$ 에서 $1=\omega T$ 인 조건을 만족할

때 절점주파수 $\omega=\dfrac{1}{T}$ 이 된다.

$\left.|G(j\omega)|\right|_{\omega=\frac{1}{T}}=\dfrac{1}{1+j}=\dfrac{1}{\sqrt{2}}$

$\therefore g=20\log_{10}|G(j\omega)|=20\log_{10}\dfrac{1}{\sqrt{2}}=-3\,[\text{dB}]$

★
12 $G(j\omega)=5/j2\omega$에서 이득[dB]이 0이 되는 각 주파수는?

① 0   ② 1

③ 2.5   ④ ∞

[해설] 전달함수의 이득

$G(j\omega)=\dfrac{5}{j2\omega}=\dfrac{5}{2\omega}\angle -90°$ 이므로

이득 $g=20\log_{10}|G(j\omega)|=20\log_{10}\dfrac{5}{2\omega}=0$이 되

려면 $\dfrac{5}{2\omega}=1$이어야 한다.

$\therefore \omega=\dfrac{5}{2}=2.5$

★
13 $G(j\omega)=5/j2\omega$에서 위상각은?

① $45°$ ② $-180°$

③ $0°$ ④ $-90°$

[해설] 전달함수의 위상

$G(j\omega)=\dfrac{5}{j2\omega}=\dfrac{5}{2\omega}\angle -90°$ 이므로

$\therefore$ 위상각 $\phi=-90°$

★★
14 $G(s)H(s)=\dfrac{K}{(s+1)(s-2)}$ 인 계의 이득여유 가 40[dB]이면 이 때 K의 값은?

① -50 ② $\dfrac{1}{50}$

③ -20 ④ $\dfrac{1}{40}$

[해설] 이득여유(GM)

$G(j\omega)H(j\omega)=\dfrac{K}{(j\omega+1)(j\omega-2)}$

$\qquad\qquad\quad =\dfrac{K}{(-2-\omega^2)-j\omega}$

$j\omega=0$이 되기 위한 $\omega=0$이므로

$\left.|G(j\omega)H(j\omega)|\right|_{\omega=0}=\left|\dfrac{K}{-2}\right|=\dfrac{K}{2}$

$GM=20\log_{10}\dfrac{1}{|G(j\omega)H(j\omega)|}=20\log_{10}\dfrac{2}{K}$

$\qquad =40\,[\text{dB}]$

이 되기 위해서는 $\dfrac{2}{K}=100$이어야 한다.

$\therefore K=\dfrac{2}{100}=\dfrac{1}{50}$

★★
15 $GH(j\omega)=\dfrac{10}{(j\omega+1)(j\omega+T)}$ 에서 이득이유를 20[dB]보다 크게 하기 위한 T의 범위는?

① $T>0$ ② $T>10$

③ $T<0$ ④ $T>100$

[해설] 이득여유(GM)

$GH(j\omega)=\dfrac{10}{(j\omega+1)(j\omega+T)}$

$\qquad\qquad =\dfrac{10}{(T-\omega^2)+j\omega(1+T)}$

$j\omega(1+T)=0$이 되기 위한 $\omega=0$이므로

$\left.|GH(j\omega)|\right|_{\omega=0}=\dfrac{10}{T}$

$GM=20\log_{10}\dfrac{1}{|GH(j\omega)|}$

$\qquad =20\log_{10}\dfrac{T}{10}>20\,[\text{dB}]$

이 되기 위해서는 $\dfrac{T}{10}>10$이어야 한다.

$\therefore T>100$

     정답 11 ③ 12 ③ 13 ④ 14 ② 15 ④

16 $G(s) = \dfrac{10}{(s+1)(10s+1)}$ 의 보드(Bode)선도의 이득곡선은?

①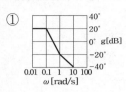

②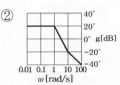

③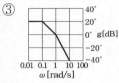

④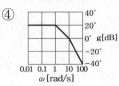

해설 보드선도의 이득곡선

$$G(j\omega) = \frac{10}{(j\omega+1)(10j\omega+1)}$$
$$= \frac{10}{\sqrt{\omega^2+1} \cdot \sqrt{(10\omega)^2+1}}$$

여기서 절점주파수는 $\omega = 0.1$, $\omega = 1$ 이므로

(1) $\omega < 0.1$ 일 때 $|G(j\omega)| = 10$

(2) $0.1 < \omega < 1$ 일 때 $|G(j\omega)| = \dfrac{10}{10\omega} = \dfrac{1}{\omega}$

(3) $\omega > 1$ 일 때 $|G(j\omega)| = \dfrac{10}{\omega \times 10\omega} = \dfrac{1}{\omega^2}$

따라서

(1)에서 이득 $g = 20\log_{10}|G(j\omega)|$
$\qquad\qquad = 20\log_{10}10 = 20\,[\text{dB}]$

(2)에서 이득 $g = 20\log_{10}|G(j\omega)|$
$\qquad\qquad = 20\log_{10}\dfrac{1}{\omega} = -20\log_{10}\omega\,[\text{dB}]$

이므로 경사 $g' = -20\,[\text{dB/dec}]$ 이고

(3)에서 이득 $g = 20\log_{10}|G(j\omega)| = 20\log_{10}\dfrac{1}{\omega^2}$

$\qquad\qquad = -40\log_{10}\omega\,[\text{dB}]$ 이므로

경사 $g' = -40\,[\text{dB/dec}]$ 이다.

∴ 위 조건을 만족하는 보드선도의 이득곡선은 ③이다.

17 $G(s) = \dfrac{10s+1}{s+1}$ 의 보드(Bode)선도의 이득곡선은?

①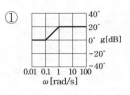

②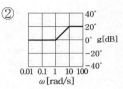

③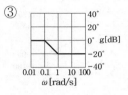

④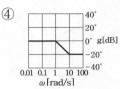

해설 보드선도의 이득곡선

$$G(j\omega) = \frac{10j\omega+1}{j\omega+1} = \frac{\sqrt{(10\omega)^2+1}}{\sqrt{\omega^2+1}}$$

여기서 절점주파수는 $\omega = 0.1$, $\omega = 1$ 이므로

(1) $\omega < 0.1$ 일 때 $|G(j\omega)| = 1$

(2) $0.1 < \omega < 1$ 일 때 $|G(j\omega)| = 10\omega$

(3) $\omega > 1$ 일 때 $|G(j\omega)| = \dfrac{10\omega}{\omega} = 10$

따라서

(1)에서 이득 $g = 20\log_{10}|G(j\omega)|$
$\qquad\qquad = 20\log_{10}1 = 0\,[\text{dB}]$

(2)에서 이득 $g = 20\log_{10}|G(j\omega)|$
$\qquad\qquad = 20\log_{10}10\omega$
$\qquad\qquad = 20\log_{10}10 + 20\log_{10}\omega\,[\text{dB}]$

이므로 경사 $g' = 20\,[\text{dB/dec}]$ 이고

(3)에서 이득 $g = 20\log_{10}|G(j\omega)| = 20\log_{10}10$

$\qquad\qquad = 20\,[\text{dB}]$

∴ 위 조건을 만족하는 보드선도의 이득곡선은 ①이다.

18 $G(s) = \dfrac{1}{s+1}$의 보드(Bode)선도의 위상곡선은?

①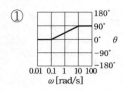

②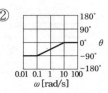

③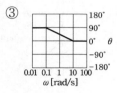

④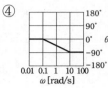

해설 보드선도의 위상곡선

$$G(j\omega) = \frac{1}{j\omega+1} = \frac{1}{\sqrt{\omega^2+1}} \angle -\tan^{-1}\omega$$

(1) $\omega < 0.1$일 때 $\phi = -\tan^{-1}0.1 \fallingdotseq 0°$

(2) $\omega = 1$일 때 $\phi = -\tan^{-1}1 = -45°$

(3) $\omega > 10$일 때 $\phi = -\tan^{-1}10 \fallingdotseq -90°$

∴ 위 조건을 만족하는 보드선도의 위상곡선은 ④이다.

19 $G(s)H(s) = \dfrac{20}{s(s-1)(s+2)}$인 계의 이득 여유는?

① $-20[\text{dB}]$　　② $-10[\text{dB}]$
③ $1[\text{dB}]$　　④ $10[\text{dB}]$

해설 이득여유(GM)

$$G(j\omega)\,H(j\omega) = \frac{20}{j\omega(j\omega-1)(j\omega+2)}$$

$$= \frac{20}{j\omega(-\omega^2-2+j\omega)}$$

$$= \frac{20}{-\omega^2-j\omega(\omega^2+2)}$$

$j\omega(\omega^2+2) = 0$이 되기 위한 ω값은(단, $\omega \neq 0$)

$\omega^2 = -2$이므로

$$\left. |G(j\omega)\,H(j\omega)| \right|_{\omega^2=-2} = \frac{20}{2} = 10$$

$$\therefore\ GM = 20\log_{10}\frac{1}{|G(j\omega)\,H(j\omega)|}$$

$$= 20\log_{10}\frac{1}{10} = -20[\text{dB}]$$

20 폐루프 전달함수 $G(s)$가 $\dfrac{8}{(s+2)^3}$인 때 근궤적의 허수축과의 교점이 64이면 이득 여유는 약 몇 [dB]인가?

① 6　　② 12
③ 18　　④ 24

해설 이득여유(GM)

$G(s) = \dfrac{8}{(s+2)^3}$일 때

$G(j\omega) = \dfrac{8}{(j\omega+2)^3}$이므로

특성방정식

$1 + GH = (j\omega+2)^3$

$= (8 - 6\omega^2) + j(12\omega - \omega^3) = 0$이 된다.

$12\omega - \omega^3 = \omega(12 - \omega^2) = 0$일 때 허수축과 교차하며 $\omega = 0$과 $\omega^2 = 12$임을 알 수 있다. 따라서

$$G(j\omega) = \frac{8}{8-6\omega^2} = \frac{8}{8-6\times12} = \frac{8}{-64} = -\frac{1}{8}$$

$$\therefore\ GM = 20\log\frac{1}{|G(j\omega)|} = 20\log 8 = 18[\text{dB}]$$

21 계의 이득 여유는 보드 선도에서 위상곡선이 (　) 의 점에서의 이득값이 된다. (　)에 알맞은 것은?

① $90°$　　② $180°$
③ $-90°$　　④ $-180°$

해설 Bode선도(보드선도)

보드선도의 이득여유와 위상여유

(1) 이득여유

위상선도가 $-180°$ 축과 교차하는 점(위상교차점)에서 수직으로 그은 선이 이득선도와 만나는 점과 $0[\text{dB}]$ 사이의 이득$[\text{dB}]$값을 이득여유라 한다.

(2) 위상여유

이득선도가 $0[\text{dB}]$ 축과 교차하는 점(이득교차점)에서 수직으로 그은 선이 위상선도와 만나는 점과 $-180°$ 사이의 위상값을 위상여유라 한다.

22 전달함수 $G(s) = \dfrac{10}{s^2+3s+2}$ 으로 표시되는 제어 계통에서 직류 이득은 얼마인가?

① 1　　　　　② 2
③ 3　　　　　④ 5

해설 직류이득(g)

$G(j\omega) = \dfrac{10}{(j\omega)^2+3(j\omega)+2}$ 일 때

직류에서는 $\omega = 0$이므로 직류이득(g)은

$\therefore\ g = |G(j\omega)|_{\omega=0} = \left|\dfrac{10}{(j\omega)^2+3(j\omega)+2}\right|_{\omega=0} = 5$

23 $G(s) = \dfrac{1}{0.005s(0.1s+1)^2}$ 에서 $\omega = 10$[rad/s] 일 때의 이득 및 위상각은?

① 20[dB], $-180°$　　② 20[dB], $-90°$
③ 40[dB], $-180°$　　④ 40[dB], $-90°$

해설 이득(g)과 위상(ϕ)

$G(j\omega) = \dfrac{1}{0.005(j\omega)\{0.1(j\omega)+1\}^2}\Big|_{\omega=10}$

$= \dfrac{1}{j0.05(1+j)^2}$

$\therefore\ g = 20\log\dfrac{1}{0.05\times(\sqrt{2})^2} = 20$[dB]

$\therefore\ \phi = -90 - 2\times\tan^{-1}(1) = -180°$

24 벡터 궤적의 임계점 $(-1, j0)$에 대응하는 보드 선도상의 점은 이득이 A[dB], 위상이 B점이 되는 점이다. A, B에 알맞은 것은?

① A=0[dB], B=$-180°$
② A=0[dB], B=$0°$
③ A=1[dB], B=$0°$
④ A=1[dB], B=$180°$

해설 이득(g)과 위상(ϕ)

$(-1, j0)$에 대응하는 보드선도의 이득[dB]과 위상은

$g = 20\log|G(j\omega)| = 20\log|1| = 0$[dB]

$\phi = -180°$이다.

$\therefore\ g = 0$[dB], $\phi = -180°$

1 개요

제어계의 해석과 설계를 목적으로 하여 제어계통의 안정도를 절대안정도(absolute stability)와 상대안정도(relative stability)로 분류할 수 있다. 절대안정도는 다만 그 계통이 안정한가 불안정한가에 관한 조건만을 제시하는 것으로 안정 또는 불안정이 대답이 된다. 일단, 그 계통이 안정하다고 하면 그것이 어느 정도 안정한가 하는 것을 결정하는 것이 중요하며, 이 안정도의 정도가 상대안정도의 척도이다.

안정도정의를 내리기 위하여 선형시불변계통에 대하여 다음 응답을 정의한다.

1. 영상태응답

이 영상태응답은 입력만으로 인한 것이다 : 이 계통의 모든 초기조건은 0이다.

2. 영입력응답

이 영입력응답은 초기조건만으로 인한 것이다 : 모든 입력은 0이다.

3. 전체응답

영상태응답 + 영입력응답

확인문제

01 선형계의 안정조건은 특성방정식의 근이 s평면의 어느 면에만 존재하여야 하는가?

① 상반 평면 ② 하반 평면
③ 좌반 평면 ④ 우반 평면

해설 안정도 결정법

선형계에서 안정도를 결정하는 경우 s평면의 허수축($j\omega$축)을 기준으로 하여 좌반면을 안정영역, 우반면을 불안정영역, 허수축을 임계안정으로 구분하고 있다. 따라서 특성방정식의 근이 s평면의 좌반면에 존재해야 안정하게 된다.

답 : ③

02 -1, -5에 극점을, 1과 -2에 영점을 가지는 계가 있다. 이 계의 안정 판별은?

① 불안정하다. ② 임계 상태이다.
③ 안정하다. ④ 알 수 없다.

해설 안정도 결정법

극점과 영점은 종합전달함수의 분모를 영(0)으로 한 점과 분자를 영(0)으로 한 점으로 각각 정의된다. 또한 특성방정식은 종합전달함수의 분모를 영(0)으로 한 방정식을 의미하므로 특성방정식의 근과 극점은 서로 일치한다. 따라서 극점이 −1, −5인 경우 특성방정식의 근이 s평면의 좌반면에 존재하므로 제어계는 안정하다.

답 : ③

2 안정도 결정법

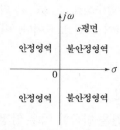

<s 평면에서의 안정과 불안정영역>

설계를 목적으로 하는 경우 미지이거나 가변파라미터가 특성방정식에 내장되므로 근을 구하는 프로그램을 사용하는 것이 불가능한 경우도 있다. 다음에 요약된 방법들은 근을 구하지 않고 선형연속치계통의 안정도를 결정하는 방법으로 잘 알려져 있다.

1. Routh-Hurwitz 판별법

이 판별법은 특성방정식이 상수계수를 가지는 선형시불변계통의 절대안정도에 관한 정보를 제공하는 대수적 방법이다. 이 판별법은 특성방정식의 근 중 그 어느 하나가 s 평면의 우반면에 놓여 있는지를 검사한다. s 평면의 $j\omega$ 축 위나 s 평면의 우반면에 놓여 있는 특성근의 수도 제시한다.

2. Nyquist 판별법

이 방법은 루프전달함수의 Nyquist 도표의 특성을 관찰함으로써 s 평면 우반면에 있는 폐루프전달함수의 극점과 영점의 수의 차이에 관한 정보를 주는 반도표적 방법이다.

확인문제

03 다음 특성방정식 중 안정될 필요조건을 갖춘 것은?

① $s^4 + 3s^2 + 10s + 10 = 0$

② $s^3 + s^2 - 5s + 10 = 0$

③ $s^3 + 2s^2 + 4s - 1 = 0$

④ $s^3 + 9s^2 + 20s + 12 = 0$

[해설] 안정도 필요조건
(1) 특성방정식의 모든 계수는 같은 부호를 갖는다.
(2) 특성방정식의 계수가 어느 하나라도 없어서는 안된다. 즉, 모든 계수가 존재해야 한다.
∴ 보기 중에서 이 두 가지 조건을 모두 만족하는 경우는 ④이다.

답 : ④

04 특성방정식이 $Ks^3 + 2s^2 - s + 5 = 0$인 제어계가 안정하기 위한 K 의 값을 구하면?

① $K < 0$

② $K < -\dfrac{2}{5}$

③ $K > \dfrac{2}{5}$

④ 안정한 값이 없다.

[해설] 안정도 필요조건
(1) 특성방정식의 모든 계수는 같은 부호를 갖는다.
(2) 특성방정식의 계수가 어느 하나라도 없어서는 안된다. 즉, 모든 계수가 존재해야 한다.
∴ 특성방정식에서 1차항의 계수가 음(-)의 값으로 안정도 필요조건을 만족하지 못하였으므로 제어계를 안정하게 하기 위한 K값은 없다.

답 : ④

3. Bode 선도

이 선도는 루프전달함수 $G(j\omega)H(j\omega)$ 의 크기를 dB로, $G(j\omega)H(j\omega)$ 의 위상을 각도로 모든 주파수 ω 에 대하여 그린 도표이다. 이 폐루프계통의 안정도는 이 도표의 특성을 조사해서 결정할 수 있다.

3 안정도 필요조건

특성방정식이 다음 조건을 만족할 경우 안정할 수 있으며 이 조건을 만족하는 경우에 안정도 판별법을 적용하여 안정·불안정 여부를 결정하여 준다.
① 특성방정식의 모든 계수는 같은 부호를 갖는다.
② 특성방정식의 계수가 어느 하나라도 없어서는 안된다. 즉, 모든 계수가 존재하여야 한다.

4 Routh-Hurwitz 판별법

1. Routh 판별법

$$a_0 s^6 + a_1 s^5 + a_2 s^4 + a_3 s^3 + a_4 s^2 + a_5 s + a_6 = 0$$

s^6	a_0	a_2	a_4	a_6
s^5	a_1	a_3	a_5	0
s	$\dfrac{a_1 a_2 - a_0 a_3}{a_1} = A$	$\dfrac{a_1 a_4 - a_0 a_5}{a_1} = B$	$\dfrac{a_1 a_6 - a_0 \times 0}{a_1} = a_6$	0
s^3	$\dfrac{A a_3 - a_1 B}{A} = C$	$\dfrac{A a_5 - a_1 a_6}{A} = D$	$\dfrac{A \times 0 - a_1 \times 0}{A} = 0$	0
s^2	$\dfrac{BC - AD}{C} = E$	$\dfrac{C a_6 - A \times 0}{C} = a_6$	$\dfrac{C \times 0 - A \times 0}{C} = 0$	0
s^1	$\dfrac{ED - C a_6}{E} = F$	0	0	0
s^0	$\dfrac{F a_6 - E \times 0}{F} = a_6$	0	0	0

확인문제

05 루스(Routh) 판정법에서 제1열의 전 원소가 어떠한 경우일 때 불안정한가?

① 전 원소의 부호의 변화가 있어야 한다.
② 전 원소의 부호가 정이어야 한다.
③ 전 원소의 부호의 변화가 없어야 한다.
④ 전 원소의 부호가 부이어야 한다.

[해설] 루스(Routh) 판별법
루프 판별법은 정해진 루스 수열을 작성하여 제1열의 원소로 안정도를 판별하며 제1열의 원소가 모두 동일 부호이면 안정하며, 원소의 부호가 변화하면 불안정이 된다. 또한 부호가 변화한 개수는 불안정한 근의 수를 나타낸다.

답 : ①

06 루스 – 후르비쯔 표를 작성할 때 제1열 요소의 부호변환은 무엇을 의미하는가?

① s – 평면의 좌반면에 존재하는 근의 수
② s – 평면의 우반면에 존재하는 근의 수
③ s – 평면의 허수축에 존재하는 근의 수
④ s – 평면의 원점에 존재하는 근의 수

[해설] 루스(Routh) 판별법
루프 판별법은 정해진 루스 수열을 작성하여 제1열의 원소로 안정도를 판별하며 제1열의 원소가 모두 동일 부호이면 안정하며, 원소의 부호가 변화하면 불안정이 된다. 또한 부호가 변화한 개수는 불안정한 근의 수를 나타낸다.

답 : ②

일단, Routh표가 완성되면 판정응용으로의 마지막 단계는 방정식의 근에 관한 정보를 가지고 있는 표의 제1열에서의 계수의 부호를 조사하는 데 있다. 다음 결론이 이루어진다.

만일 Routh표의 제1열의 모든 요소가 같은 부호이면, 방정식의 근은 모두 s평면 좌반면에 있다. 제1열 요소의 부호변화수는 s평면 우반면내 또는 정(+)의 실수부를 가지는 근의 수와 같다.

2. Hurwitz 판별법

$$a_0 s^6 + a_1 s^5 + a_2 s^4 + a_3 s^3 + a_4 s^2 + a_5 s + a_6 = 0$$

$$D_1 = a_1 \qquad\qquad D_2 = \begin{vmatrix} a_1 & a_3 \\ a_0 & a_2 \end{vmatrix}$$

$$D_3 = \begin{vmatrix} a_1 & a_3 & a_5 \\ a_0 & a_2 & a_4 \\ 0 & a_1 & a_3 \end{vmatrix} \qquad D_4 = \begin{vmatrix} a_1 & a_3 & a_5 & 0 \\ a_0 & a_2 & a_4 & a_6 \\ 0 & a_1 & a_3 & a_5 \\ 0 & a_0 & a_2 & a_4 \end{vmatrix}$$

$$D_5 = \begin{vmatrix} a_1 & a_3 & a_5 & 0 & 0 \\ a_0 & a_2 & a_4 & a_6 & 0 \\ 0 & a_1 & a_3 & a_5 & 0 \\ 0 & a_0 & a_2 & a_4 & a_6 \\ 0 & 0 & a_1 & a_3 & a_5 \end{vmatrix} \qquad D_6 = \begin{vmatrix} a_1 & a_3 & a_5 & 0 & 0 & 0 \\ a_0 & a_2 & a_4 & a_6 & 0 & 0 \\ 0 & a_1 & a_3 & a_5 & 0 & 0 \\ 0 & a_0 & a_2 & a_4 & a_6 & 0 \\ 0 & 0 & a_1 & a_3 & a_5 & 0 \\ 0 & 0 & a_0 & a_2 & a_4 & a_6 \end{vmatrix}$$

$\therefore$ D_1, D_2, D_3, D_4, D_5, D_6 값이 모두 정(+)일 때 제어계는 안정하다.

★★★
01 특성방정식의 근이 모두 복소 s 평면의 좌반부에 있으면 이 계의 안정 여부는?

① 조건부 안정
② 불안정
③ 임계 안정
④ 안정

[해설] 안정도 결정법

선형계에서 안정도를 결정하는 경우 s평면의 허수축(jw축)을 기준으로 하여 좌반면을 안정영역, 우반면을 불안정영역, 허수축을 임계안정으로 구분하고 있다. 따라서 특성방정식의 근이 s평면의 좌반면에 존재해야 안정하게 된다.

★★
02 특성방정식이 $s^5 + 4s^4 - 3s^3 + 2s^2 + 6s + K = 0$으로 주어진 제어계의 안정성은?

① $K = -2$
② 절대 불안정
③ $K = -3$
④ $K > 0$

[해설] 안정도 필요조건

(1) 특성방정식의 모든 계수는 같은 부호를 갖는다.
(2) 특성방정식의 계수가 어느 하나라도 없어서는 안된다. 즉, 모든 계수가 존재해야 한다.
∴ 주어진 문제의 특성방정식은 3차상의 계수가 음(−)의 값으로 안정도 필요조건을 만족하지 못하였으므로 제어계는 절대불안정이다.

★★★
03 특성방정식 $s^3 + s^2 + s = 0$일 때 이 계통은?

① 안정하다.
② 불안정하다.
③ 조건부 안정이다.
④ 임계상태이다.

[해설] 안정도 판별법

안정도 필요조건

(1) 특성방정식의 모든 계수는 같은 부호를 갖는다.
(2) 특성방정식의 계수가 어느 하나라도 없어서는 안된다. 즉, 모든 계수가 존재해야 한다.
∴ 주어진 문제의 특성방정식에서 안정도의 필요조건을 모두 만족하는 경우로서 단 한 가지 −특성방정식의 마지막 상수항이 0인 경우− 방정식의 상수항이 없는 경우에는 허수축에 특성방정식의 근이 존재하므로 제어계는 임계안정상태가 된다.

★★★
04 특성방정식이 $s^3 + 2s^2 + 3s + 4 = 0$일 때 이 계통은?

① 안정하다.
② 불안정하다.
③ 조건부 안정
④ 알 수 없다.

[해설] 안정도 판별법(루스 판정법)

s^3	1	3
s^2	2	4
s^1	$\dfrac{6-4}{2} = 1$	0
s^0	4	

∴ 제1열의 원소에 부호변화가 없으므로 제어계는 안정하다.

★★
05 $s^3 + s^2 - s + 1$에서 안정근은 몇 개인가?

① 0개
② 1개
③ 2개
④ 3개

[해설] 안정도 판별법(루스 판정법)

s^3	1	-1
s^2	1	1
s^1	$1-1 = -2$	0
s^0	1	

∴ 제1열의 원소에 부호가 2번 바뀌었으므로 불안정한 근은 2개이며 특성방정식이 3차방정식이므로 근의 총수는 3개이다. 따라서 안정근의 수는 1개임을 알 수 있다.

★★
06 특성방정식이 $s^3 + s^2 + s + 1 = 0$일 때 이 계통은?

① 안정하다.
② 불안정하다.
③ 임계상태이다.
④ 조건부 안정이다.

[해설] 안정도 판별법(루스 판정법)

s^3	1	1
s^2	1	1
s^1	$1-1=0$	0
s^0	1	

s^1 행의 1열에서 영(0)이 되었으므로 s^2행을 보조방정식으로 세운다.

$A(s)=s^2+1=0$

$\dfrac{dA(s)}{ds}=2s=0$

• 보조행렬(=보조수열)

s^3	1	1
s^2	1	1
s^1	2	0
s^0	1	

∴ 보조행렬에서 제1열의 원소에 부호변화가 없기 때문에 s평면의 우반면에는 근이 존재하지 않으며 보조방정식 $A(s)=s^2+1=0$ 에서 $s=\pm j$의 허수축상 두 개의 근을 갖기 때문에 제어계는 임계안정상태이다.

★★★
07 $2s^3+5s^2+3s+1=0$으로 주어진 계의 안정도를 판정하고 우반평면상의 근을 구하면?

① 임계안정상태이며 허수축상에 근이 2개 존재한다.
② 안정하고 우반 평면에 근이 없다.
③ 불안정하며 우반 평면상에 근이 2개이다.
④ 불안정하며 우반 평면상에 근이 1개이다.

[해설] 안정도 판별법(루스 판정법)

s^3	2	3
s^2	5	1
s^1	$\dfrac{15-2}{5}=\dfrac{13}{5}$	0
s^0	1	

∴ 제1열의 원소에 부호변화가 없으므로 제어계는 안정하며 우반면에 근이 존재하지 않는다.

★★
08 불안정한 제어계의 특성방정식은?

① $s^3+7s^2+14s+8=0$
② $s^3+2s^2+3s+6=0$
③ $s^3+5s^2+11s+15=0$
④ $s^3+2s^2+2s+2=0$

[해설] 안정도 판별법(루스 판정법)

안정도 필요조건을 만족하는 3차 특성방정식의 안정도 판별법은 특별해를 이용하여 풀면 간단히 구할 수 있다.
• 3차 특성방정식의 안정도 판별법 특별해
$as^3+bs^2+cs+d=0$일 때
(1) $bc>ad$: 안정
(2) $bc=ad$: 임계안정
(3) $bc<ad$: 불안정
따라서
① $7\times14>1\times8$: 안정
② $2\times3=1\times6$: 임계안정
③ $5\times11>1\times15$: 안정
④ $2\times2>1\times2$: 안정
∴ 보기 중에서 불안정한 제어계는 임계안정상태에 있는 ②가 된다.

★★
09 특성방정식 $s^3-4s^2-5s+6=0$로 주어지는 계는 안정한가? 또 불안정한가? 또 우반 평면에 근을 몇 개 가지는가?

① 안정하다. 0개
② 불안정하다. 1개
③ 불안정하다. 2개
④ 임계 상태이다. 0개

[해설] 안정도 판별법(루스 판정법)

s^3	1	-5
s^2	-4	6
s^1	$\dfrac{20-6}{-4}=-\dfrac{7}{2}$	0
s^0	6	

∴ 제1열의 원소에 부호변화가 2개 있으므로 제어계는 불안정하며 우반평면에 불안정근도 2개 존재한다.

10 $s^3 + 11s^2 + 2s + 40 = 0$에는 양의 실수부를 갖는 근은 몇 개 있는가?

① 0   ② 1

③ 2   ④ 3

해설 안정도 판별법(루스 판정법)

s^3	1	2
s^2	11	40
s^1	$\dfrac{22-40}{11} = -\dfrac{18}{11}$	0
s^0	40	

∴ 제1열의 원소에 부호변화가 2개 있으므로 제어계는 불안정하며 양의 실수부(우반평면)에 불안정근도 2개 존재한다.

11 $2s^4 + 4s^2 + 3s + 6 = 0$은 양의 실수부를 갖는 근이 몇 개인가?

① 없다.   ② 1개

③ 2개   ④ 3개

해설 안정도 판별법(루스 판정법)

s^4	2	6
s^3	$0(\epsilon)$	0
s^2	$\dfrac{4\epsilon - 6}{\epsilon} \approx -\dfrac{6}{\epsilon}$	6
s^1	3	0
s^0	6	

s^3행의 1열에서 영(0)이 되었으므로 영(0)에 근접한 임의의 ϵ값을 취하여 수열을 전개하면 s^2행의 제1열에서 음(−)의 값을 갖게 된다.

∴ 제1열의 원소에 부호변화가 2개 있으므로 제어계는 불안정하며 양의 실수부(우반평면)에 불안정근도 2개 존재한다.

12 특성방정식이 다음과 같이 주어질 때 불안정근의 수는?

$$s^4 + s^3 - 2s^2 - s + 2 = 0$$

① 0   ② 1

③ 2   ④ 3

해설 안정도 판별법(루스 판정법)

s^4	1	-2	2
s^3	1	-1	0
s^2	$-2+1 = -1$	2	0
s^1	$\dfrac{1-2}{-1} = 1$	0	0
s^0	2	0	0

∴ 제1열의 원소에 부호변화가 2개 있으므로 제어계는 불안정하며 우반평면에 불안정근도 2개 존재한다.

13 특성방정식 $2s^4 + s^3 + 3s^2 + 5s + 10 = 0$일 때 s 평면의 오른쪽 평면에 몇 개의 근을 갖게 되는가?

① 1   ② 2

③ 3   ④ 0

해설 안정도 판별법(루스 판정법)

s^4	2	3	10
s^3	1	5	0
s^2	$3-10 = -7$	10	0
s^1	$\dfrac{-35-10}{-7} = \dfrac{45}{7}$	0	0
s^0	10	0	0

∴ 제1열의 원소에 부호변화가 2개 있으므로 제어계는 불안정하며 s평면의 우반면에 불안정근도 2개 존재한다.

★★
14 특성방정식 $s^4 + 7s^3 + 17s^2 + 17s + 6 = 0$의 특성 근 중에는 양의 실수부를 갖는 근이 몇 개 있는가?

① 1   ② 2
③ 3   ④ 무근

[해설] 안정도 판별법(루스 판정법)

s^4	1	17	6
s^3	7	17	0
s^2	$\dfrac{7 \times 17 - 17}{7} = \dfrac{102}{7}$	6	0
s^1	$\dfrac{240}{17}$	0	0
s^0	6	0	0

∴ 제1열의 원소에 부호변화가 없으므로 제어계는 안정하며 양의 실수부(s평면의 우반면)에 근이 존재하지 않는다.

★★★
16 특성방정식이 $s^3 + 2s^2 + Ks + 5 = 0$으로 주어지는 제어계가 안정하기 위한 K의 값은?

① $K > 0$ ② $K > 5/2$
③ $K < 0$ ④ $K < 5/2$

[해설] 안정도 판별법(루스 판정법)

s^3	1	K
s^2	2	5
s^1	$\dfrac{2K-5}{2}$	0
s^0	5	

제1열의 원소에 부호변화가 없어야 제어계가 안정할 수 있으므로 $2K - 5 > 0$이어야 한다.

∴ $K > \dfrac{5}{2}$

★
15 특성방정식 $s^2 + Ks + 2K - 1 = 0$인 계가 안정될 K의 범위는?

① $K > 0$ ② $K > \dfrac{1}{2}$
③ $K < \dfrac{1}{2}$ ④ $0 < K < \dfrac{1}{2}$

[해설] 안정도 판별법(루스 판정법)
특성방정식이 2차방정식인 경우 제어계가 안정하기 위해서는 특성방정식의 모든 계수가 영(0)보다 큰 양(+)의 실수이면 된다.

따라서, $K > 0$, $2K - 1 > 0$이어야 하므로

$K > 0$, $K > \dfrac{1}{2}$

∴ 위 두 조건을 모두 만족하는 범위는 $K > \dfrac{1}{2}$이다.

★★★
17 특성방정식이 $s^3 + 2s^2 + 3s + 1 + K = 0$일 때 제어계가 안정하기 위한 K의 범위는?

① $-1 < K < 5$ ② $1 < K < 5$
③ $K > 0$ ④ $K < 0$

[해설] 안정도 판별법(루스 판정법)

s^3	1	3
s^2	2	$1+K$
s^1	$\dfrac{6-(1+K)}{2}$	0
s^0	$1+K$	

제1열의 원소에 부호변화가 없어야 제어계가 안정할 수 있으므로 $6 > 1 + K$, $1 + K > 0$ 이어야 한다.

∴ $-1 < K < 5$

★★★

18 특성방정식 $s^3 + 34.5s^2 + 7500s + 7500K = 0$로 표시되는 계통이 안정하기 위한 K의 범위는?

① $0 < K < 34.5$ ② $K < 0$

③ $K > 34.5$ ④ $0 < K < 69$

해설 안정도 판별법(루스 판정법)

s^3	1	7500
s^2	34.5	7500K
s^1	$\dfrac{7500 \times 34.5 - 7500K}{34.5}$	0
s^0	7500K	

제1열의 원소에 부호변화가 없어야 제어계가 안정할 수 있으므로 $7500 \times 34.5 > 7500K$, $7500K > 0$이 어야 한다.

∴ $0 < K < 34.5$

★★★

19 특성방정식이 $s^4 + 6s^3 + 11s^2 + 6s + K = 0$인 제어계가 안정하기 위한 K의 범위는?

① $0 > K$ ② $0 < K < 10$

③ $10 > K$ ④ $K = 10$

해설 안정도 판별법(루스 판정법)

s^4	1	11	K
s^3	6	6	0
s^2	$\dfrac{66-6}{6} = 10$	K	0
s^1	$\dfrac{60-6K}{10}$	0	0
s^0	K	0	0

제1열의 원소에 부호변화가 없어야 제어계가 안정할 수 있으므로 $60 > 6K$, $K > 0$이어야 한다.

∴ $0 < K < 10$

★

20 제어계의 종합전달함수 $G(s) = \dfrac{s}{(s-2)(s^2+4)}$ 에서 안정성을 판정하면 어느 것인가?

① 안정하다. ② 불안정하다.

③ 알 수 없다. ④ 임계상태이다.

해설 안정도 판별법(루스 판정법)

제어계의 종합전달함수의 분모항을 영(0)으로 한 방정식을 특성방정식이라 하므로 특성방정식 $F(s)$는

$$F(s) = (s-2)(s^2+4) = s^3 - 2s^2 + 4s - 8 = 0$$

s^3	1	4		s^3	1	4
s^2	-2	-8	→	s^2	-2	-8
s^1	0	0		s^1	-4	0
s^0	-8	0		s^0	-8	0

s^1행의 1열에서 영(0)이 되어 s^2행을 보조방정식으로 하여 해석하면

$$A(s) = -2s^2 - 8 = 0$$

$$\frac{dA(s)}{ds} = -4s = 0$$

∴ 보조행렬에서 제1열의 원소에 부호가 1번 바뀌었으므로 불안정한 근은 1개이며

보조방정식 $A(s) = -2s^2 - 8 = 0$에서 $s = \pm j2$의 허수축상 두 개의 근을 갖기 때문에 임계안정 근이 2개 있다. 따라서 제어계는 불안정하다.

★

21 개루프 전달함수가 $G(s)H(s) = \dfrac{2}{s(s+1)(s+3)}$ 일 때 제어계는 어떠한가?

① 안정 ② 불안정

③ 임계 안정 ④ 조건부 안정

해설 안정도 판별법(루스 판정법)

제어계의 개루프 전달함수 $G(s)H(s)$가 주어지는 경우 특성방정식 $F(s) = 1 + G(s)H(s) = 0$을 만족하는 방정식을 세워야 한다.

$G(s)H(s) = \dfrac{B(s)}{A(s)}$인 경우 특성방정식 $F(s)$는

$F(s) = A(s) + B(s) = 0$으로 할 수 있다.

문제의 특성방정식

$$F(s) = s(s+1)(s+3) + 2$$
$$= s^3 + 4s^2 + 3s + 2 = 0$$

s^3	1	3
s^2	4	2
s^1	$\dfrac{12-2}{4} = \dfrac{5}{2}$	0
s^0	2	0

∴ 제1열의 원소에 부호변화가 없으므로 제어계는 안정하며 우반면에 근이 존재하지 않는다.

★★★
22 그림과 같은 제어계가 안정하기 위한 K의 범위는?

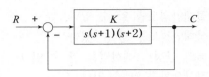

① $K < 0$ ② $K > 6$
③ $0 < K < 6$ ④ $K > 6,\ K > 0$

해설 안정도 판별법(루스 판정법)
개루프 전달함수

$$G(s)\,H(s) = \frac{K}{s(s+1)(s+2)} = \frac{B(s)}{A(s)}\ 이므로$$

특성방정식
$$F(s) = A(s) + B(s) = s(s+1)(s+2) + K$$
$$= s^3 + 3s^2 + 2s + K = 0$$

s^3	1	2
s^2	3	K
s^1	$\dfrac{6-K}{3}$	0
s^0	K	0

제1열의 원소에 부호변화가 없어야 제어계가 안정할
수 있으므로 $K < 6,\ K > 0$이어야 한다.
$$\therefore\ 0 < K < 6$$

★★★
23 다음과 같은 단위 궤환 제어계가 안정하기 위한 K의 범위를 구하면?

① $K > 0$
② $K > 1$
③ $0 < K < 1$
④ $0 < K < 2$

$$R \xrightarrow{+} \otimes \xrightarrow{} \boxed{\dfrac{K}{s(s+1)^2}} \xrightarrow{} C$$

해설 안정도 판별법(루스 판정법)
개루프 전달함수

$$G(s)\,H(s) = \frac{K}{s(s+1)^2} = \frac{B(s)}{A(s)}\ 이므로$$

특성방정식
$$F(s) = A(s) + B(s) = s(s+1)^2 + K$$
$$= s^3 + 2s^2 + s + K = 0$$

s^3	1	1
s^2	2	K
s^1	$\dfrac{2-K}{2}$	0
s^0	K	0

제1열의 원소에 부호변화가 없어야 제어계가 안정할
수 있으므로 $K < 2,\ K > 0$이어야 한다.
$$\therefore\ 0 < K < 2$$

★
24 피드백 제어계의 전 주파수응답 $G(j\omega)\,H(j\omega)$의 나이퀴스트 벡터도에서 시스템이 안정한 궤적은?

① a
② b
③ c
④ d

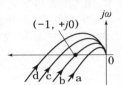

해설 안정도 판별법(상대안정도)
개루프 전달함수의 나이퀴스트 벡터도가 $-180°$에서
만나는 이득을 $|L(j\omega)|$라 하면 $(-1,\ j0)$ 점을 기
준으로 하여 $|L(j\omega)|$의 크기에 따라 안정도를 판별
할 수 있다. 여기서 구하는 이득여유(GM)와 위상여
유(PM)가 모두 영(0)보다 클 경우에 안정하며 만약
영(0)인 경우에는 임계안정, 영(0)보다 작은 경우에는
불안정이 된다.
 a 선도 : $0 < |L(j\omega)| < 1\ \rightarrow\ GM > 0,\ PM > 0$
　　　　　이므로 안정하다.
 b 선도 : $|L(j\omega)| = 0\ \rightarrow\ GM = 0,\ PM = 0$이므로
　　　　　임계안정하다.
 c 선도 : $|L(j\omega)| > 1\ \rightarrow\ GM < 0,\ PM < 0$이므로
　　　　　불안정하다.
 d 선도 : $|L(j\omega)| > 1\ \rightarrow\ GM < 0,\ PM < 0$이므로
　　　　　불안정하다.

별해 화살표 방향을 따라 ω값이 증가하는 경우 $(-1,\ +j0)$
위치가 나이퀴스트 벡터도의 좌측에 있을 경우에 제어계는
안정하다.

★★
25 단위 피드백 제어계의 개루프 전달함수의 벡터 궤적이다. 이 중 안정한 궤적은?

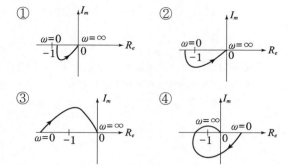

해설 안정도 판별법(상대안정도)

화살표 방향을 따라 ω 값이 증가할 경우 $(-1, +j0)$ 위치가 벡터 궤적의 좌측에 놓여 있을 때 제어계가 안정할 수 있으므로 이 조건을 만족하는 벡터 궤적은 보기 ②번이다.

★★★
26 나이퀴스트 판별법의 설명으로 틀린 것은?

① 안정성을 판별하는 동시에 안정성을 지시해 준다.

② 루스 판별법과 같이 계의 안정여부를 직접 판정해 준다.

③ 계의 안정을 개선하는 방법에 대한 정보를 제시해 준다.

④ 나이퀴스트선도는 제어계의 오차응답에 관한 정보를 준다.

해설 나이퀴스트의 안정판별법 기본사항

(1) 절대안정도를 판별한다.

(2) 상대안정도를 판별한다.

(3) 불안정한 제어계의 불안정성 정도를 제공한다.

(4) 제어계의 안정도 개선방안을 제시한다.

(5) 공진정점(M_r), 공진주파수(ω_r), 대역폭(BW) 등의 주파수 영역의 특성에 대한 정보를 제공한다.

(6) 루스–홀비쯔 판별법에서는 다룰 수 없고 근궤적법으로 해석하기 어려운 순수시간지연을 갖는 시스템에 적용할 수 있다.

∴ 제어계의 오차응답에 관한 정보는 제공하지 않는다.

★★★
27 나이퀴스트선도에서 얻을 수 있는 자료 중 틀린 것은?

① 절대안정도를 알 수 있다.

② 상대안정도를 알 수 있다.

③ 계의 안정도 개선법을 알 수 있다.

④ 정상오차를 알 수 있다.

해설 나이퀴스트의 안정판별법 기본사항

(1) 절대안정도를 판별한다.

(2) 상대안정도를 판별한다.

(3) 불안정한 제어계의 불안정성 정도를 제공한다.

(4) 제어계의 안정도 개선방안을 제시한다.

(5) 공진정점(M_r), 공진주파수(ω_r), 대역폭(BW) 등의 주파수 영역의 특성에 대한 정보를 제공한다.

(6) 루스–홀비쯔 판별법에서는 다룰 수 없고 근궤적법으로 해석하기 어려운 순수시간지연을 갖는 시스템에 적용할 수 있다.

∴ 제어계의 오차응답에 관한 정보는 제공하지 않는다.

★★★
28 Nyquist 경로로 둘러싸인 영역에 특정방정식의 근이 존재하지 않는 제어계는 어떤 특성을 나타내는가?

① 불안정　　　　② 안정

③ 임계안정　　　　④ 진동

해설 안정도 판별법(나이퀴스트 판별법)

나이퀴스트 경로는 반시계방향으로 일주시켰을 경우 s평면의 우반면 전체를 포함하게 된다. 이는 특성방정식의 근이 나이퀴스트 경로에 포함되어 있다면 그 근은 s평면의 우반면에 존재함을 의미하므로 제어계는 결국 불안정하게 된다. 다시 말하면 나이퀴스트 경로로 둘러싸인 영역에 특성방정식의 근이 존재하지 않는다는 것은 제어계가 안정하다는 것을 의미한다.

★★★
29 $G(s)H(s)$ 의 극이 s 평면의 좌반면이나 허수축상에 있고, 나이퀴스트선도가 원점을 일주하지 않으면 폐회로 제어계는 어떠한가?

① 안정　　　　② 불안정
③ 진동　　　　④ 발산

[해설] 안정도 판별법(나이퀴스트 판별법)
　　나이퀴스트 경로는 반시계방향으로 일주시켰을 경우 s 평면의 우반면 전체를 포함하게 된다. 이는 특성방정식의 근이 나이퀴스트 경로에 포함되어 있다면 그 근은 s평면의 우반면에 존재함을 의미하므로 제어계는 결국 불안정하게 된다. 다시 말하면 나이퀴스트 경로로 둘러싸인 영역에 특성방정식의 근이 존재하지 않는다는 것은 제어계가 안정하다는 것을 의미한다.

★★
30 Bode 선도의 설명으로 틀린 것은?

① 안정성을 판별하는 동시에 안정도를 지시해 준다.
② $G(j\omega)$ 의 인수는 선도상에서 길이의 합으로 표시된다.
③ 대부분 함수의 Bode 선도는 직선의 점근선으로 실제 도선에 근사시킬 수 있다.
④ 극좌표 표시에 필요한 데이터와 위상각대 크기의 관계를 Bode 선도로부터 직접 얻을 수 있다.

[해설] Bode 선도(보드선도)
　(1) 보드선도의 특징
　　㉠ 보드도면은 실제 도면의 점근선이 근사적 직선으로 구성하기 때문에 점근선 도면(또는 Corner)이라고도 한다.
　　㉡ $G(j\omega)$ 의 인수(크기와 위상)는 선도상에서 길이의 합으로 표시된다.
　　㉢ 안정성을 판별하며 또한 안정도를 지시해준다.
　(2) 보드선도의 이득여유와 위상여유
　　㉠ 이득여유 : 위상선도가 -180° 축과 교차하는 점(위상교차점)에서 수직으로 그은 선이 이득선도와 만나는 점과 0[dB] 사이의 이득[dB]값을 이득여유라 한다.
　　㉡ 위상여유 : 이득선도가 0[dB] 축과 교차하는 점(이득교차점)에서 수직으로 그은 선이 위상선도와 만나는 점과 -180° 사이의 위상값을 위상여유라 한다.

　(3) 보드선도의 안정도 판별
　　㉠ 이득선도의 0[dB]축과 위상선도의 -180° 축을 일치시킬 경우 위상선도가 위에 있을 때 제어계는 안정하다.
　　㉡ ㉠의 조건을 만족할 경우 이득여유와 위상여유가 모두 영(0)보다 클 때이다.
　∴ 보기 ④는 극좌표도면(=나이퀴스트선도)에 대한 내용이다.

★★★
31 보드선도에서 이득여유는?

① 위상선도가 0° 축과 교차하는 점에 대응하는 크기이다.
② 위상선도가 180° 축과 교차하는 점에 대응하는 크기이다.
③ 위상선도가 -180° 축과 교차하는 점에 대응하는 크기이다.
④ 위상선도가 -90° 축과 교차하는 점에 대응하는 크기이다.

[해설] Bode 선도(보드선도)
　이득여유 : 위상선도가 -180° 축과 교차하는 점(위상교차점)에서 수직으로 그은 선이 이득선도와 만나는 점과 0[dB] 사이의 이득[dB]값을 이득여유라 한다.

★★★
32 보드선도의 안정판정의 설명 중 옳은 것은?

① 위상곡선이 -180° 점에서 이득값이 양이다.
② 이득(0[dB])축과 위상(-180)축을 일치시킬 때 위상곡선이 위에 있다.
③ 이득곡선의 0[dB] 점에서 위상차가 180° 보다 크다.
④ 이득여유는 음의 값, 위상여유는 양의 값이다.

[해설] Bode 선도(보드선도)
　보드선도의 안정도 판별
　(1) 이득선도의 0[dB]축과 위상선도의 -180° 축을 일치시킬 경우 위상선도가 위에 있을 때 제어계는 안정하다.
　(2) (1)의 조건을 만족할 경우 이득여유와 위상여유가 모두 영(0)보다 클 때이다.

★★★

33 계통의 위상여유와 이득여유가 매우 클 때 안정도는 어떻게 되는가?

① 저하한다.

② 좋아진다.

③ 변화가 없다.

④ 안정도가 저하하다 개선된다.

[해설] Bode 선도(보드선도)

보드선도의 안정도 판별

(1) 이득선도의 0[dB]축과 위상선도의 -180° 축을 일치시킬 경우 위상선도가 위에 있을 때 제어계는 안정하다.

(2) (1)의 조건을 만족할 경우 이득여유와 위상여유가 모두 영(0)보다 클 때이다.

★

34 다음 안정도 판별법 중 $G(s)H(s)$의 극점과 영점이 우반평면에 있을 경우 판정 불가능한 방법은?

① 루우드 – 후르비쯔 판별법

② 보우드선도

③ 나이퀴스트 판별법

④ 근궤적법

[해설] 선형계의 안정도 판별법

선형계에서 다루는 대부분의 전달함수들은 우반 s 평면에 극점과 영점을 갖지 않는다. 이런 전달함수를 최소위상전달함수라 한다. 우반 s 평면에 극점이나 영점이 존재할 때의 전달함수는 비최소위상전달함수라 하며 이때 전달함수의 크기 및 위상특성 중 크기특성은 변함이 없으나 위상특성은 해석하기가 곤란하여 주의를 요한다. 따라서 극점과 영점이 s 평면의 우반면에 존재하게 되면 보드선도 판별이 곤란하게 된다.

★★

35 이득 M의 최대값으로 정의되는 공진정점 M_p는 제어계의 어떤 정보를 주는가?

① 속도

② 오차

③ 안정도

④ 시간늦음

[해설] 공진정점(M_p)과 제동계수(ζ)의 관계

$M_p = \dfrac{1}{2\zeta^2\sqrt{1-\zeta^2}}$ 이므로 M_p와 ζ는 반비례관계에 있다. 또한 ζ는 오버슈트와 반비례하여 결국 M_p와 오버슈트는 비례관계가 성립함을 알 수 있다. 따라서 M_p는 오버슈트의 특성처럼 안정도의 척도가 된다.

★★

36 2차 제어계에 있어서 공진정점 M_p가 너무 크면 제어계의 안정도는 어떻게 되는가?

① 불안정하다.

② 안정하게 된다.

③ 불변이다.

④ 조건부안정이 된다.

[해설] 공진정점(M_p)과 제동계수(ζ)의 관계

M_p가 매우 크게 되면 최대오버슈트가 증가하여 ζ는 매우 작아지게 된다. 최대오버슈트가 너무 크게 되면 제어계는 진동을 억제할 수 없을 정도로 오래 진행하게 되며 또한 편차량도 증가하게 된다. 따라서 제어계는 불안정하게 된다.

정답 33 ② 34 ② 35 ③ 36 ①

memo

08 근궤적법

1 완전근궤적의 작도와 성질

1. $K=0$과 $K=\pm\infty$인 점

(1) 근궤적상 $K=0$인 점은 $G(s)H(s)$의 극점이다.

(2) 근궤적상 $K=\pm\infty$인 점은 $G(s)H(s)$의 영점이다.

(3) 근궤적은 극점에서 출발하여 영점에서 도착한다.

2. 완전근궤적의 지로(가지)의 수

근궤적의 지로수는 다항식의 차수와 같다.

3. 완전근궤적의 대칭

완전근궤적은 s평면의 실수축에 대하여 대칭이다. 일반적으로 근궤적은 $G(s)H(s)$의 극점과 영점의 대칭축에 대하여 대칭이다.

4. 근궤적의 점근선의 각도

(1) $K \geq 0$에 대한 근궤적 (RL)의 점근선의 각도

$$\theta_i = \frac{2i+1}{|n-m|} \times 180°\,(n \neq m)$$

(2) $K \leq 0$에 대한 대응근궤적 (CRL)의 점근선의 각도

$$\theta_i = \frac{2i}{|n-m|} \times 180°\,(n \neq m)$$

여기서, n : 극점의 개수, m : 영점의 개수, i : 0, 1, 2, …

확인문제

01 근궤적 $G(s)$, $H(s)$의 (㉠)에서 출발하여 (㉡)에서 종착한다. 다음 중 괄호 안에 알맞는 말은?

① ㉠ 영점, ㉡ 극점

② ㉠ 극점, ㉡ 영점

③ ㉠ 분지점, ㉡ 극점

④ ㉠ 극점, ㉡ 분지점

해설 근궤적의 출발과 도착

(1) 근궤적상 $K=0$인 점은 $G(s)H(s)$의 극점이다.

(2) 근궤적상 $K=\pm\infty$인 점은 $G(s)H(s)$의 영점이다.

(3) 근궤적은 극점에서 출발하여 영점에서 도착한다.

답 : ②

02 근궤적은 무엇에 대하여 대칭인가?

① 원점

② 허수축

③ 실수축

④ 대칭성이 없다.

해설 근궤적의 대칭성

완전근궤적은 s평면의 실수축에 대하여 대칭이다. 일반적으로 근궤적은 $G(s)H(s)$의 극점과 영점의 대칭축에 대하여 대칭이다.

답 : ③

5. 점근선의 교차점

(1) 근궤적의 $2|n-m|$ 개 점근선의 교차점은 s평면의 실수축상 다음에 위치한다.

$$\sigma_1 = \frac{\sum G(s)H(s)\text{의 유한극점} - \sum G(s)H(s)\text{의 유한영점}}{n-m}$$

(2) 여기서, n은 $G(s)H(s)$의 유한극점의 수이고 m은 유한영점의 수이다. 점근선의 교차점 σ_1은 근궤적의 무게중심을 나타내며 항상 실수이다.

$G(s)H(s)$의 극점과 영점은 실수이거나 또는 공액복소쌍이기 때문에 유한극점과 유한영점의 합의 차는 허수부분이 항상 서로 제거된다. 그러므로, $G(s)H(s)$의 극점과 영점의 각 실수부로만 계산할 수 있다.

$$\sigma_1 = \frac{\sum G(s)H(s)\text{의 극점의 실수부} - \sum G(s)H(s)\text{의 영점의 실수부}}{n-m}$$

6. 실수축상의 근궤적

s평면의 전체실수축은 근궤적으로 점유된다. (즉, RL 또는 CRL)

(1) RL : 실수축의 어느 구간에서 그 구간 우측에 있는 $G(s)H(s)$의 극 – 영점 총수가 기수(odd)인 경우 RL이 그 구간에 그려진다.

(2) CRL : 실수축의 어느 구간에서 그 구간 우측에 있는 $G(s)H(s)$의 극 – 영점 총수가 우수(even)인 경우 그 구간에 CRL이 그려진다. $G(s)H(s)$의 복소극점과 영점은 실수축에 그려지는 근궤적인 형태에 영향이 없다.

확인문제

03 $G(s)H(s) = \dfrac{K(s-1)}{s(s+1)(s-4)}$ 에서 점근선의 교차점을 구하면?

① 4   ② 3

③ 2   ④ 1

해설 점근선의 교차점(σ)
유한극점 : $s=0$, $s=-1$, $s=4$
유한영점 : $s=1$
유한극점수 n, 유한영점수 m 일 때

$\sigma = \dfrac{\sum \text{유한극점} - \sum \text{유한영점}}{n-m}$

$= \dfrac{(0-1+4)-(1)}{3-1} = 1$

답 : ④

04 $G(s)H(s) = \dfrac{K(s-2)(s-3)}{s^2(s+1)(s+2)(s+4)}$ 에서 점근선의 교차점은 얼마인가?

① -6 ② -4

③ 6   ④ 4

해설 점근선의 교차점(σ)
유한극점 : $s=0,\ 0,\ -1,\ -2,\ -4$
유한영점 : $s=2,\ 3$

$\sigma = \dfrac{\sum \text{유한극점} - \sum \text{유한영점}}{n-m}$

$= \dfrac{(0+0-1-2-4)-(2+3)}{5-2} = -4$

답 : ②

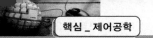

7. 근궤적과 허수축과의 교차

완전근궤적이 s평면 허수축과 교차하는 점이 있다면 이에 대응하는 K의 값은 Routh-Hurwitz 판별법으로 결정할 수 있다. 근궤적이 허수축과 다중교차하는 복잡한 경우에는 그 교차와 K의 임계값은 근궤적 컴퓨터 해를 적절히 선택하여 결정할 수 있다.

8. 완전근궤적의 이탈점(안정점 : saddle point)

$1+KG_1(s)H_1(s)=0$ 의 완전근궤적상 이탈점은 $K=-\dfrac{1}{G_1(s)H_1(s)}$ 식을 양변을 s로 미분하여 $\dfrac{dK}{ds}=0$ 인 조건을 만족하는 s의 근을 의미한다.

08 출제예상문제

★★★
01 시간영역 설계에서 주로 사용되는 방식은?

① Bode 선도법
② 근궤적법
③ Nyquist 선도법
④ Nichois 선도법

해설 제어계통의 시간영역 해석에 과도응답(시간응답)을 이용하여 계통의 출력 특성을 해석하고 근궤적법을 이용하여 근의 이동궤적을 직접 설계하기도 한다. Bode(보드) 선도와 Nyquist(나이퀴스트) 선도, Nichols(니콜스) 선도는 주파수 영역 해석에 이용되고 주파수 영역상의 근의 설계에 적용한다.

★★
02 근궤적의 성질 중 옳지 않은 것은?

① 근궤적은 실수축에 관해 대칭이다.
② 근궤적은 개루프 전달함수의 극으로부터 출발한다.
③ 근궤적의 가지수는 특성방정식의 차수와 같다.
④ 점근선은 실수축과 허수축상에서 교차한다.

해설 근궤적의 성질
(1) 근궤적은 극점에서 출발하여 영점에서 도착한다.
(2) 근궤적의 가지수(지로수)는 다항식의 차수와 같다. 또는 특성방정식의 차수와 같다. 근궤적의 가지수(지로수)는 특성방정식의 근의 수와 같거나 개루프 전달함수 $G(s)H(s)$ 의 극점과 영점 중 큰 개수와 같다.
(3) 근궤적인 실수축에 대하여 대칭이다.
(4) 근궤적의 복소수근은 공액복소수쌍을 이루게 된다.
(5) 근궤적은 개루프 전달함수 $G(s)H(s)$ 의 절대치가 1인 점들의 집합이다.
$$|G(s)H(s)| = 1$$

★
03 근궤적이란 s평면에서 개루프 전달함수의 절대값이 어느 점의 집합인가?

① 0
② 1
③ ∞
④ 임의의 일정한 값

해설 근궤적의 성질
근궤적은 개루프 전달함수 $G(s)H(s)$ 의 절대치가 1인 점들의 집합이다.
$$|G(s)H(s)| = 1$$

★★
04 폐루프 전달함수 $\dfrac{G(s)}{1+G(s)H(s)}$ 를 가지는 시스템의 근궤적 및 근궤적법에 대한 설명 중 맞는 것은?

① $|G(s)H(s)| = 1$ 을 만족한다.
② $G(s)H(s)$ 의 각은 $2n\pi$ ($n = 0, +1, +2, \cdots$)이다.
③ 근궤적은 허수축에 대하여 대칭이다.
④ 특성방정식의 복소근은 반드시 공액복소쌍을 이루는 것은 아니다.

해설 근궤적의 성질
근궤적은 개루프 전달함수 $G(s)H(s)$ 의 절대치가 1인 점들의 집합이다.
$$|G(s)H(s)| = 1$$

★★
05 근궤적이 s 평면의 허수축과 교차하는 이득 K 에 대하여 이 개루프 제어계는?

① 안정하다.　　　　　② 불안정하다.
③ 임계안정이다.　　　④ 조건부안정이다.

해설 근궤적과 허수축과의 교차
　　근궤적이 s 평면 허수축과 교차하는 점이 있다면 이에 대응하는 K 의 값은 Routh-Hurwitz 판별법으로 결정할 수 있다. 근궤적이 허수축과 교차하는 경우 K 에 대하여 제어계는 임계안정이다.

★★
06 개루프 전달함수가 $G(s)H(s) = \dfrac{K}{s(s+4)(s+5)}$ 와 같은 계의 실수축상의 근궤적은 어느 범위인가?

① 0과 -4 사이의 실수축상
② -4와 -5 사이의 실수축상
③ -5와 $-\infty$ 사이의 실수축상
④ 0과 -4, -5와 $-\infty$ 사이의 실수축상

해설 근궤적의 범위
　(1) RL(완전근궤적 : 근궤적) : K 가 정(+)일 때 근궤적 부분으로 실수축 구간 내 한 점의 우측의 극점·영점의 총수가 홀수개인 경우 그 범위에 근궤적이 있다.
　(2) CRL(대응근궤적) : K 가 부(-)일 때 근궤적 부분으로 실수축 구간 내 한 점의 우측의 극점·영점의 총수가 짝수개인 경우 그 범위에 근궤적이 있다.
　극점(n) : $s=0$, $s=-4$, $s=-5$

$$\begin{array}{c} \xrightarrow[\substack{RL \\ -5}]{\times} \substack{CRL \\ -4} \bigcirc \substack{RL \\ 0} \times \xrightarrow{\ \sigma} \\ j\omega \end{array}$$

　∴ 0과 4 사이와 -5와 $-\infty$ 사이

★★
07 개루프 전달함수 $G(s)H(s)$ 가 다음과 같을 때 실수축상의 근궤적 범위는 어떻게 되는가?

$$G(s)H(s) = \frac{K(s+1)}{s(s+2)}$$

① 원점과 (-2) 사이
② 원점에서 점(-1) 사이와 (-2) 에서 $(-\infty)$ 사이
③ (-2) 와 $(+\infty)$ 사이
④ 원점에서 $(+2)$ 사이

해설 근궤적의 범위
　극점(n) : $s=-1$
　영점(m) : $s=0$, $s=-2$

　∴ 원점에서 (-1) 사이와 (-2) 에서 $(-\infty)$ 사이

★★
08 $G(s)H(s) = \dfrac{K}{s(s+4)(s+5)}$ 에서 근궤적의 점근선이 실수축과 이루는 각?

① $60°$, $90°$, $120°$
② $60°$, $120°$, $300°$
③ $60°$, $120°$, $270°$
④ $60°$, $180°$, $300°$

해설 근궤적의 점근선의 각도
　(1) $k \geq 0$ 에 대한 근궤적(RL)의 점근선의 각도
$$\theta_i = \frac{2i+1}{|n-m|}\pi \ (n \neq m)$$
　(2) $k \leq 0$ 에 대한 대응근궤적(CRL)의 점근선의 각도
$$\theta_i = \frac{2i}{|n-m|}\pi \ (n \neq m)$$
　여기서 n : 극점의 개수, m : 영점의 개수,
　　　i : 0, 1, 2, $\cdots$
　극점 : $s=0$, $s=-4$, $s=-5 \rightarrow n=3$
　영점 : $m=0$
$$\theta_0 = \frac{\pi}{3-0} = \frac{\pi}{3} = 60°$$
$$\theta_1 = \frac{2+1}{3-0}\pi = \pi = 180°$$
$$\theta_2 = \frac{4+1}{3-0}\pi = \frac{5\pi}{3} = 300°$$
　∴ $60°$, $180°$, $300°$

★★

09 특성방정식 $s(s+4)(s^2+3s+3)+K(s+2)=0$ 의 $-\infty < K < 0$의 근궤적의 점근선이 실수축과 이루는 각은 몇 도인가?

① 0°, 120°, 240° ② 45°, 135°, 225°

③ 60°, 180°, 300° ④ 90°, 180°, 270°

해설 근궤적의 점근선의 각도

극점 : $K=0$인 점

$s=0$, $s=-4$, $s=-1.5 \pm j0.86 \rightarrow n=4$

영점 : $K=\infty$인 점

$s=-2 \rightarrow m=1$

$\theta_0 = \dfrac{0}{4-1}\pi = 0°$

$\theta_1 = \dfrac{2}{4-1}\pi = \dfrac{2\pi}{2} = 120°$

$\theta_2 = \dfrac{4}{4-1}\pi = \dfrac{4\pi}{3} = 240°$

$\therefore 0°, 120°, 240°$

★★★

11 개루프 전달함수 $G(s)H(s) = \dfrac{K(s-5)}{s(s-1)^2(s+2)^2}$ 일 때 주어지는 계에서 점근선의 교차점은?

① $-\dfrac{3}{2}$ ② $-\dfrac{7}{4}$

③ $\dfrac{5}{3}$ ④ $-\dfrac{1}{5}$

해설 점근선의 교차점(σ)

$$\sigma = \frac{\sum G(s)H(s)\text{의 유한극점} - \sum G(s)H(s)\text{의 유한영점}}{n-m}$$

극점 : $s=0$, $s=1$, $s=1$, $s=-2$, $s=-2$

$\rightarrow n=5$

영점 : $s=5 \rightarrow m=1$

$\sum G(s)H(s)$의 유한극점 $= 0+1+1-2-2$

$= -2$

$\sum G(s)H(s)$의 유한영점 $= 5$

$\therefore \sigma = \dfrac{-2-5}{5-1} = -\dfrac{7}{4}$

★★★

10 루프 전달함수 $G(s)H(s)$가 다음과 같이 주어지는 부궤환계에서 근궤적 점근선의 실수축과 교차점은?

$$G(s)H(s) = \frac{K}{s(s+4)(s+5)}$$

① -3 ② -2

③ -1 ④ 0

해설 점근선의 교차점(σ)

$$\sigma = \frac{\sum G(s)H(s)\text{의 유한극점} - \sum G(s)H(s)\text{의 유한영점}}{n-m}$$

극점 : $s=0$, $s=-4$, $s=-5 \rightarrow n=3$

영점 : $m=0$

$\sum G(s)H(s)$의 유한극점 $= 0-4-5=-9$

$\therefore \sigma = \dfrac{-9}{3-0} = -3$

★★★

12 $G(s)H(s) = \dfrac{K(s+1)}{s(s+2)(s+3)}$ 에서 근궤적 수는?

① 1 ② 2

③ 3 ④ 4

해설 근궤적의 수

근궤적의 가지수(지로수)는 다항식의 차수와 같거나 특성방정식의 차수와 같다. 또는 특성방정식의 근의 수와 같다. 또한 개루프 전달함수 $G(s)H(s)$의 극점과 영점 중 큰 개수와 같다.

극점 : $s=0$, $s=-2$, $s=-3 \rightarrow n=3$

영점 : $s=-1 \rightarrow m=1$

$\therefore$ 근궤적의 수 $=3$개

★★★
13 $G(s)H(s) = \dfrac{K(s+3)}{s^2(s+1)(s+2)}$ 에서 근궤적의 수는?

① 1개   ② 2개
③ 3개   ④ 4개

[해설] 근궤적의 수
극점 : $s=0$, $s=0$, $s=-1$, $s=-2$ → $n=4$
영점 : $s=-1$ → $m=1$
∴ 근궤적의 수=4개

★★★
14 $G(s)H(s) = \dfrac{K}{s^2(s+1)^2}$ 에서 근궤적의 수는?

① 4   ② 2
③ 1   ④ 0

[해설] 근궤적의 수
극점 : $s=0$, $s=0$, $s=-1$, $s=-1$ → $n=4$
영점 : $m=0$
∴ 근궤적의 수=4개

★★
15 이득이 K인 시스템의 근궤적을 그리고자 한다. 다음 중 잘못 된 것은?

① 근궤적의 가지수는 극(Pole)의 수와 같다.
② 근궤적은 $K=0$일 때 극에서 출발하고 $K=\infty$ 일 때 영점에 도착한다.
③ 실수축에서 이득 K가 최대가 되게 하는 점 이 이탈점이 될 수 있다.
④ 근궤적은 실수축에 대칭이다.

[해설] 근궤적의 성질
(1) 근궤적은 극점에서 출발하여 영점에서 도착한다.
(2) 근궤적의 가지수(지로수)는 다항식의 차수와 같다. 또 는 특성방정식의 차수와 같다. 근궤적의 가지수(지로 수)는 특성방정식의 근의 수와 같거나 개루프 전달함 수 $G(s)H(s)$의 극점과 영점 중 큰 개수와 같다.
(3) 근궤적인 실수축에 대하여 대칭이다.
(4) 근궤적의 복소수근은 공액복소수쌍을 이루게 된다.
(5) 근궤적은 개루프 전달함수 $G(s)H(s)$의 절대치 가 1인 점들의 집합이다.
     $|G(s)H(s)|=1$

★
16 특성 방정식 $s^3+9s^2+20s+K=0$에서 허수축 과 교차하는 점 s는?

① $s=\pm j\sqrt{20}$ ② $s=\pm j\sqrt{30}$
③ $s=\pm j\sqrt{40}$ ④ $s=\pm j\sqrt{50}$

[해설] 허수축과 교차하는 점
특성방정식의 근이 허수축과 교차하는 경우에는 임계 안정점이기 때문에

s^3	1	20
s^2	9	K
s^1	$\dfrac{180-K}{9}=0$	0
s^0	K	

루스 수열의 제1열 s^1행에서 영(0)이 되는 K의 값 을 구하여 보조방정식을 세운다.
$180-K=0$이기 위해서는 $K=180$이다.
보조방정식 $9s^2+K=9s^2+180=0$ 식에서
∴ $s=\pm j\sqrt{20}$

★
17 개루프 전달함수 $G(s)H(s) = \dfrac{K}{s(s+3)^2}$의 이 탈점에 해당되는 것은?

① -2.5 ② -2
③ -1 ④ -0.5

[해설] 근궤적의 이탈점
특성방정식이
$1+G(s)H(s) = 1+KG_1(s)H_1(s)=0$일 때
$G_1(s)H_1(s) = \dfrac{1}{s(s+3)^2}$ 이므로
$K=-\dfrac{1}{G_1(s)H_1(s)}$ 식에서 $\dfrac{dK}{ds}=0$인 조건을 만 족하는 s값이 근궤적의 이탈점이다.
$\dfrac{dK}{ds} = \dfrac{d}{ds}(-s^3-6s^2-9s) = -3s^2-12s-9=0$
$s^2+4s+3 = (s+1)(s+3)=0$
$s=-1$, $s=-3$
근궤적의 범위는 0과 -3 사이이므로 이탈점은 이 범 위 안에 놓이게 된다.
∴ $s=-1$

⭐
18 $G(s)H(s) = \dfrac{K}{s(s+1)(s+4)}$ 의 $K \geq 0$ 에서의

분지점(break away point)은?

① -2.867 ② 2.867

③ -0.467 ④ 0.467

해설 근궤적의 분지점(=이탈점)

특성방정식이

$1 + G(s)H(s) = 1 + KG_1(s)H_1(s) = 0$일 때

$G_1(s)H_1(s) = \dfrac{1}{s(s+1)(s+4)}$ 이므로

$K = -\dfrac{1}{G_1(s)H_1(s)}$ 식에서

$\dfrac{dK}{ds} = 0$인 조건을 만족하는 s값이 근궤적의 분지점이다.

$\dfrac{dK}{ds} = \dfrac{d}{ds}(-s^3 - 5s^2 - 4s) = -3s^2 - 10s - 4 = 0$

$3s^2 + 10s + 4 = 0$

$s = \dfrac{-10 \pm \sqrt{10^2 - 4 \times 3 \times 4}}{2 \times 3} = -\dfrac{5}{3} \pm \dfrac{\sqrt{13}}{3}$

$s = -0.467, \ s = -2.869$

근궤적의 범위는 $0 \sim -1, \ -4 \sim -\infty$ 사이이므로
분지점은 이 범위 안에 놓이게 된다.

$\therefore \ s = -0.467$

참고 2차방정식의 근의 공식

$ax^2 + bx + c = 0$일 때 $x = \dfrac{-b \pm \sqrt{b^2 - 4ac}}{2a}$

1 상태방정식

$$\frac{dx(t)}{dt} = Ax(t) + Bu(t)$$

$$A = \begin{bmatrix} 0 & 1 & 0 & \cdots & 0 \\ 0 & 0 & 1 & \cdots & 0 \\ \vdots & \vdots & \vdots & & \vdots \\ 0 & 0 & 0 & \cdots & 1 \\ -a_0 & -a_1 & -a_2 & \cdots & -a_{n-1} \end{bmatrix} \qquad (n \times n)$$

$$B = \begin{bmatrix} 0 \\ 0 \\ \vdots \\ 0 \\ 1 \end{bmatrix} \qquad (n \times n)$$

여기서, 계수행렬 A, B를 갖는 상태방정식을 위상변수표준형(PVCF) 또는 가제어성표준형(CCF)이라 한다.

2 출력방정식

$$y(t) = Cx(t) = x_1(t)$$
$$C = [1 \quad 0 \quad 0 \quad \cdots \quad 0]$$

확인문제

01 다음 운동방정식으로 표시되는 계의 계수행렬 A는 어떻게 표시되는가?

$$\frac{d^2c(t)}{dt^2} + 3\frac{dc(t)}{dt} + 2c(t) = r(t)$$

① $\begin{bmatrix} -2 & -3 \\ 0 & 1 \end{bmatrix}$　　② $\begin{bmatrix} 1 & 0 \\ -3 & -2 \end{bmatrix}$

③ $\begin{bmatrix} 1 & 0 \\ -2 & -3 \end{bmatrix}$　　④ $\begin{bmatrix} -3 & -2 \\ 1 & 0 \end{bmatrix}$

해설 상태방정식의 계수행렬
$$c(t) = x_1$$
$$\dot{c}(t) = \dot{x}_1 = x_2$$
$$\ddot{c}(t) = \ddot{x}_1 = \dot{x}_2$$
$$\dot{x}_2 = -2x_1 - 3x_2 + r(t)$$
$$\begin{bmatrix} \dot{x}_1 \\ \dot{x}_2 \end{bmatrix} = \begin{bmatrix} 0 & 1 \\ -2 & -3 \end{bmatrix} \begin{bmatrix} x_1 \\ x_2 \end{bmatrix} + \begin{bmatrix} 0 \\ 1 \end{bmatrix} u(t)$$
$$\therefore A = \begin{bmatrix} 0 & 1 \\ -2 & -3 \end{bmatrix}$$

답 : ③

02 $\dfrac{d^2x}{dt^2} + \dfrac{dx}{dt} + 2x = 2u$ 의 상태변수를 $x_1 = x$,

$x_2 = \dfrac{dx}{dt}$ 라 할 때 시스템 매트릭스(system matrix)는?

① $\begin{bmatrix} 0 & 1 \\ 1 & 1 \end{bmatrix}$　　② $\begin{bmatrix} 0 & 1 \\ 2 & 1 \end{bmatrix}$

③ $\begin{bmatrix} 0 & 1 \\ -2 & -1 \end{bmatrix}$　　④ $\begin{bmatrix} 0 \\ 2 \end{bmatrix}$

해설 상태방정식의 계수행렬
$$x = x_1$$
$$\dot{x} = \dot{x}_1 = x_2$$
$$\ddot{x} = \ddot{x}_1 = \dot{x}_2$$
$$\dot{x}_2 = -2x_1 - x_2 + 2u$$
$$\begin{bmatrix} \dot{x}_1 \\ \dot{x}_2 \end{bmatrix} = \begin{bmatrix} 0 & 1 \\ -2 & -1 \end{bmatrix} \begin{bmatrix} x_1 \\ x_2 \end{bmatrix} + \begin{bmatrix} 0 \\ 1 \end{bmatrix} u$$
$$\therefore A = \begin{bmatrix} 0 & 1 \\ -2 & -1 \end{bmatrix}$$

답 : ③

3 상태방정식과 전달함수 사이의 상호관계

$$\frac{dx(t)}{dt} = Ax(t) + Bu(t), \quad y(t) = Cx(t) + Du(t)$$

여기서, $x(t)$: 상태벡터, $u(t)$: 출력벡터, $u(t)$: 입력벡터

$$G(s) = C(sI-A)^{-1}B + D$$

4 특성방정식

$$|SI-A| = 0$$

5 상태천이행렬

1. 상태천이행렬

$$\phi(t) = \mathcal{L}^{-1}[(SI-A)^{-1}]$$

2. 상태천이행렬의 성질

(1) $x(t) = \phi(t)x(0) = e^{At}x(0)$, $\phi(t) = e^{At}$

(2) $\phi(0) = I$

　여기서, I : 단위행렬

(3) $\phi^{-1}(t) = \phi(-t) = e^{-At}$

(4) $\phi(t_2-t_1)\phi(t_1-t_0) = \phi(t_2-t_0)$

(5) $[\phi(t)]^k = \phi(kt)$

확인문제

03 다음의 상태방정식으로 표시되는 제어계가 있다. 이 방정식의 값은 어떻게 되는가? (단, $x(0)$ 는 초기 상태 벡터이다.)

$$\dot{x}(t) = Ax(t)$$

① $e^{-At}x(0)$ 　　　　② $e^{At}x(0)$
③ $Ae^{-At}x(0)$ 　　　④ $Ae^{At}x(0)$

해설 상태천이행렬의 성질
　위의 상태방정식을 라플라스 변환하면
　$sX(s) - x(0) = AX(s)$ 이므로
　$(s-A)X(s) = x(0)$ 임을 알 수 있다.
　$X(s) = \dfrac{1}{s-A}x(0)$ 식을 역플라스 변환하여 풀면
　$\therefore x(t) = e^{At}x(0)$

답 : ②

04 state transition matrix(상태전이행렬) $\phi(t) = e^{At}$ 에서 $t = 0$의 값은?

① e 　　　　　　　② I
③ e^{-1} 　　　　　　④ 0

해설 상태천이행렬의 성질
　(1) $x(t) = \phi(t)x(0) = e^{At}x(0)$, $\phi(t) = e^{At}$
　(2) $\phi(0) = I$
　　여기서, I 는 단위행렬
　(3) $\phi^{-1}(t) = \phi(-t) = e^{-At}$
　(4) $\phi(t_2-t_1)\phi(t_1-t_0) = \phi(t_2-t_0)$
　(5) $[\phi(t)]^k = \phi(kt)$

답 : ②

6 가제어성 표준형과 가관측성 표준형

1. 가제어성 표준형

$$\frac{dx(t)}{dt} = Ax(t) + Bu(t)$$

$$S = \begin{bmatrix} B & AB & A^2B & \cdots & A^{n-1} & B \end{bmatrix}$$

∴ 행렬 S 가 역행렬을 가지면 가제어하게 된다.

2. 가관측성 표준형

$$\frac{dx(t)}{dt} = Ax(t) + Bu(t)$$

$$y(t) = Cx(t) + Bu(t)$$

$$V = \begin{bmatrix} C \\ CA \\ CA^2 \\ \vdots \\ CA^{n-1} \end{bmatrix}$$

∴ 행렬 V 가 역행렬을 가지면 가관측하게 된다.

★★
01 다음 방정식으로 표시되는 제어계가 있다. 이 계를 상태방정식 $\dot{x} = Ax + Bu$로 나타내면 계수행렬 A는 어떻게 되는가?

$$\frac{d^3 c(t)}{dt^3} + 5\frac{d^2 c(t)}{dt^2} + \frac{dc(t)}{dt} + 2c(t) = r(t)$$

① $\begin{bmatrix} 0 & 1 & 0 \\ 0 & 0 & 1 \\ -2 & -1 & -5 \end{bmatrix}$　② $\begin{bmatrix} 0 & 0 & 1 \\ 1 & 0 & 0 \\ 5 & 1 & 2 \end{bmatrix}$

③ $\begin{bmatrix} 0 & 0 & 1 \\ 1 & 0 & 0 \\ 0 & 5 & 2 \end{bmatrix}$　④ $\begin{bmatrix} 0 & 1 & 0 \\ 1 & 0 & 0 \\ -2 & -1 & 0 \end{bmatrix}$

해설 상태방정식의 계수행렬

$c(t) = x_1$

$\dot{c}(t) = \dot{x}_1 = x_2$

$\ddot{c}(t) = \ddot{x}_1 = \dot{x}_2 = x_3$

$\dddot{c}(t) = \dot{x}_3$

$\dot{x}_3 = -2x_1 - x_2 - 5x_3 + r(t)$

$\begin{bmatrix} \dot{x}_1 \\ \dot{x}_2 \\ \dot{x}_3 \end{bmatrix} = \begin{bmatrix} 0 & 1 & 0 \\ 0 & 0 & 1 \\ -2 & -1 & -5 \end{bmatrix}\begin{bmatrix} x_1 \\ x_2 \\ x_3 \end{bmatrix} + \begin{bmatrix} 0 \\ 0 \\ 1 \end{bmatrix}u$

$\therefore A = \begin{bmatrix} 0 & 1 & 0 \\ 0 & 0 & 1 \\ -2 & -1 & -5 \end{bmatrix}$

★★
02 $\dfrac{d^3 c(t)}{dt^3} + 6\dfrac{dc(t)}{dt} + 5c(t) = r(t)$의 미분방정식으로 표시되는 계를 상태방정식 $\dot{x}(t) = Ax(t) + Bu(t)$로 나타내면 계수행렬 A는?

① $\begin{bmatrix} 0 & 1 & 0 \\ 0 & 0 & 1 \\ -5 & -6 & 0 \end{bmatrix}$　② $\begin{bmatrix} 1 & 0 & 0 \\ 0 & 0 & 1 \\ -6 & -5 & 0 \end{bmatrix}$

③ $\begin{bmatrix} -5 & -6 & 0 \\ 0 & 0 & 1 \\ 0 & 11 & 0 \end{bmatrix}$　④ $\begin{bmatrix} 0 & 1 & 0 \\ -5 & -6 & 0 \\ 0 & 0 & 11 \end{bmatrix}$

해설 상태방정식의 계수행렬

$c(t) = x_1$

$\dot{c}(t) = \dot{x}_1 = x_2$

$\ddot{c}(t) = \ddot{x}_1 = \dot{x}_2 = x_3$

$\dddot{c}(t) = \dot{x}_3$

$\dot{x}_3 = -5x_1 - 6x_2 + r(t)$

$\begin{bmatrix} \dot{x}_1 \\ \dot{x}_2 \\ \dot{x}_3 \end{bmatrix} = \begin{bmatrix} 0 & 1 & 0 \\ 0 & 0 & 1 \\ -5 & -6 & 0 \end{bmatrix}\begin{bmatrix} x_1 \\ x_2 \\ x_3 \end{bmatrix} + \begin{bmatrix} 0 \\ 0 \\ 1 \end{bmatrix}u$

$\therefore A = \begin{bmatrix} 0 & 1 & 0 \\ 0 & 0 & 1 \\ -5 & -6 & 0 \end{bmatrix}$

★★★
03 $\ddot{x} + 2\dot{x} + 5x = u(t)$의 미분방정식으로 표시되는 계의 상태방정식은?

① $\begin{bmatrix} \dot{x}_1 \\ \dot{x}_2 \end{bmatrix} = \begin{bmatrix} 0 & 1 \\ -5 & -2 \end{bmatrix}\begin{bmatrix} x_1 \\ x_2 \end{bmatrix} + \begin{bmatrix} 1 \\ 0 \end{bmatrix}u$

② $\begin{bmatrix} \dot{x}_1 \\ \dot{x}_2 \end{bmatrix} = \begin{bmatrix} 1 & 0 \\ -2 & -5 \end{bmatrix}\begin{bmatrix} x_1 \\ x_2 \end{bmatrix} + \begin{bmatrix} 1 \\ 0 \end{bmatrix}u$

③ $\begin{bmatrix} \dot{x}_1 \\ \dot{x}_2 \end{bmatrix} = \begin{bmatrix} 0 & 1 \\ -5 & -2 \end{bmatrix}\begin{bmatrix} x_1 \\ x_2 \end{bmatrix} + \begin{bmatrix} 0 \\ 1 \end{bmatrix}u$

④ $\begin{bmatrix} \dot{x}_1 \\ \dot{x}_2 \end{bmatrix} = \begin{bmatrix} 0 & 1 \\ -2 & -5 \end{bmatrix}\begin{bmatrix} x_1 \\ x_2 \end{bmatrix} + \begin{bmatrix} 0 \\ 1 \end{bmatrix}u$

해설 상태방정식

$x = x_1$

$\dot{x} = \dot{x}_1 = x_2$

$\ddot{x} = \dot{x}_2$

$\dot{x}_2 = -5x_1 - 2x_2 + u(t)$

$\therefore \begin{bmatrix} \dot{x}_1 \\ \dot{x}_2 \end{bmatrix} = \begin{bmatrix} 0 & 1 \\ -5 & -2 \end{bmatrix}\begin{bmatrix} x_1 \\ x_2 \end{bmatrix} + \begin{bmatrix} 0 \\ 1 \end{bmatrix}u$

★★★
04 다음 계통의 상태 방정식을 유도하면?

$$\dddot{x} + 5\ddot{x} + 10\dot{x} + 5x = 2u$$

(단, 상태변수를 $x_1 = x$, $x_2 = \dot{x}$, $x_3 = \ddot{x}$로 놓았다.)

① $\begin{bmatrix} \dot{x_1} \\ \dot{x_2} \\ \dot{x_3} \end{bmatrix} = \begin{bmatrix} 0 & 1 & 0 \\ 0 & 0 & 1 \\ -5 & -10 & -5 \end{bmatrix} \begin{bmatrix} x_1 \\ x_2 \\ x_3 \end{bmatrix} + \begin{bmatrix} 0 \\ 0 \\ 2 \end{bmatrix} u$

② $\begin{bmatrix} \dot{x_1} \\ \dot{x_2} \\ \dot{x_3} \end{bmatrix} = \begin{bmatrix} 0 & 0 & 0 \\ 0 & 0 & 1 \\ -5 & -10 & -5 \end{bmatrix} \begin{bmatrix} x_1 \\ x_2 \\ x_3 \end{bmatrix} + \begin{bmatrix} 0 \\ 2 \\ 0 \end{bmatrix} u$

③ $\begin{bmatrix} \dot{x_1} \\ \dot{x_2} \\ \dot{x_3} \end{bmatrix} = \begin{bmatrix} -5 & 0 & 0 \\ -10 & 1 & 1 \\ -5 & 0 & 1 \end{bmatrix} \begin{bmatrix} x_1 \\ x_2 \\ x_3 \end{bmatrix} + \begin{bmatrix} 2 \\ 0 \\ 0 \end{bmatrix} u$

④ $\begin{bmatrix} \dot{x_1} \\ \dot{x_2} \\ \dot{x_3} \end{bmatrix} = \begin{bmatrix} -5 & 0 & 1 \\ -10 & 1 & 0 \\ -5 & 0 & 0 \end{bmatrix} \begin{bmatrix} x_1 \\ x_2 \\ x_3 \end{bmatrix} + \begin{bmatrix} 0 \\ 2 \\ 0 \end{bmatrix} u$

[해설] 상태방정식

$\dot{x_3} = -5x_1 - 10x_2 - 5x_3 + 2u$

$\therefore \begin{bmatrix} \dot{x_1} \\ \dot{x_2} \\ \dot{x_3} \end{bmatrix} = \begin{bmatrix} 0 & 1 & 0 \\ 0 & 0 & 1 \\ -5 & -10 & -5 \end{bmatrix} \begin{bmatrix} x_1 \\ x_2 \\ x_3 \end{bmatrix} + \begin{bmatrix} 0 \\ 0 \\ 2 \end{bmatrix} u$

★
05 선형 시불변계가 다음의 동태방정식(dynamic equation)으로 쓰여질 때 전달함수 $G(s)$ 는? (단, $(sI-A)$ 는 정칙(nonsingular)하다.)

$$\frac{dx(t)}{dt} = Ax(t) + Br(t)$$
$c(t) = Dx(t) + Er(t)$
$x(t) = n \times 1$ state vector
$r(t) = p \times 1$ input vector
$c(t) = q \times 1$ out vector

① $G(s) = (sI-A)^{-1}B + E$
② $G(s) = D(sI-A)^{-1}B + E$
③ $G(s) = D(sI-A)^{-1}B$
④ $G(s) = D(sI-A)B$

[해설] 동태방정식의 전달함수

$sX(s) = AX(s) + BR(s)$ 식에서
$(sI-A)X(s) = BR(s)$ 이므로
$X(s) = (sI-A)^{-1}BR(s)$
$C(s) = DX(s) + ER(s)$
$\quad = D(sI-A)^{-1}BR(s) + ER(s)$
$\therefore G(s) = \frac{C(s)}{R(s)} = D(sI-A)^{-1}B + E$

★★
06 $A = \begin{bmatrix} 0 & 1 \\ -3 & -2 \end{bmatrix}$, $B = \begin{bmatrix} 4 \\ 5 \end{bmatrix}$ 인 상태방정식 $\frac{dx}{dt} = Ax + Br$ 에서 제어계의 특성방정식은?

① $s^2 + 4s + 3 = 0$ ② $s^2 + 3s + 2 = 0$
③ $s^2 + 3s + 4 = 0$ ④ $s^2 + 2s + 3 = 0$

[해설] 상태방정식에서의 특성방정식

특성방정식은 $|sI-A| = 0$ 이므로

$(sI-A) = s\begin{bmatrix} 1 & 0 \\ 0 & 1 \end{bmatrix} - \begin{bmatrix} 0 & 1 \\ -3 & -2 \end{bmatrix}$
$\quad = \begin{bmatrix} s & -1 \\ 3 & s+2 \end{bmatrix}$

$|sI-A| = \begin{vmatrix} s & -1 \\ 3 & s+2 \end{vmatrix} = s(s+2) + 3 = 0$

$\therefore s^2 + 2s + 3 = 0$

★★
07 상태방정식 $\dot{x} = Ax(t) + Bu(t)$ 에서 $A = \begin{bmatrix} 0 & 1 \\ -2 & -3 \end{bmatrix}$ 일 때 특성방정식의 근은?

① $-2, -3$ ② $-1, -2$
③ $-1, -3$ ④ $1, -3$

[해설] 상태방정식에서의 특성방정식

특성방정식은 $|sI-A| = 0$ 이므로

$(sI-A) = s\begin{bmatrix} 1 & 0 \\ 0 & 1 \end{bmatrix} - \begin{bmatrix} 0 & 1 \\ -2 & -3 \end{bmatrix}$
$\quad = \begin{bmatrix} s & -1 \\ 2 & s+3 \end{bmatrix}$

$|sI-A| = \begin{vmatrix} s & -1 \\ 2 & s+3 \end{vmatrix} = s(s+3) + 2$
$\quad = s^2 + 3s + 2 = 0$

$s^2 + 3s + 2 = (s+1)(s+2) = 0$ 이므로 특성방정식의 근은

$\therefore s = -1, s = -2$

★★
08 상태방정식 $\dot{x} = Ax + Bu$ 로 표시되는 계의 특성방정식의 근은? (단, $A = \begin{bmatrix} 0 & 1 \\ -2 & -2 \end{bmatrix}$, $B = \begin{bmatrix} 0 \\ 1 \end{bmatrix}$임)

① $1 \pm j2$ ② $-1 \pm j2$
③ $1 \pm j$ ④ $-1 \pm j$

해설 상태방정식에서의 특성방정식
특성방정식은 $|sI - A| = 0$이므로

$$(sI - A) = s\begin{bmatrix} 1 & 0 \\ 0 & 1 \end{bmatrix} - \begin{bmatrix} 0 & 1 \\ -2 & -2 \end{bmatrix}$$

$$= \begin{bmatrix} s & -1 \\ 2 & s+2 \end{bmatrix}$$

$$|sI - A| = \begin{vmatrix} s & -1 \\ 2 & s+2 \end{vmatrix} = s(s+2) + 2$$

$$= s^2 + 2s + 2 = 0$$

$$\therefore s = -1 \pm \sqrt{(-1)^2 - 2} = -1 \pm \sqrt{-1}$$

$$= -1 \pm j$$

★★★
09 $\begin{bmatrix} 2 & 2 \\ 0.5 & 2 \end{bmatrix}$의 고유값(eigen value)는?

① $2, 2$ ② $3, 2$
③ $1, 3$ ④ $2, 1$

해설 상태방정식에서의 특성방정식
특성방정식은 $|sI - A| = 0$이므로

$$(sI - A) = s\begin{bmatrix} 1 & 0 \\ 0 & 1 \end{bmatrix} - \begin{bmatrix} 2 & 2 \\ 0.5 & 2 \end{bmatrix}$$

$$= \begin{bmatrix} s-2 & -2 \\ -0.5 & s-2 \end{bmatrix}$$

$$|sI - A| = \begin{vmatrix} s-2 & -2 \\ -0.5 & s-2 \end{vmatrix} = (s-2)^2 - 1$$

$$= s^2 - 4s + 3 = 0$$

$s^2 - 4s + 3 = (s-1)(s-3) = 0$이므로 고유값(특성방정식의 근)은

$$\therefore s = 1, \ s = 3$$

★★
10 다음 상태방정식으로 표시되는 제어계의 천이행렬 $\phi(t)$는?

$$\dot{x} = \begin{bmatrix} 0 & 1 \\ 0 & 0 \end{bmatrix} x + \begin{bmatrix} 0 \\ 1 \end{bmatrix} u$$

① $\begin{bmatrix} 0 & t \\ 1 & 1 \end{bmatrix}$ ② $\begin{bmatrix} 1 & 1 \\ 0 & t \end{bmatrix}$
③ $\begin{bmatrix} 1 & t \\ 0 & 1 \end{bmatrix}$ ④ $\begin{bmatrix} 0 & t \\ 1 & 0 \end{bmatrix}$

해설 상태방정식의 천이행렬 : $\phi(t)$
$\phi(t) = \mathcal{L}^{-1}[\phi(s)] = \mathcal{L}^{-1}[sI - A]^{-1}$이므로

$$(sI - A) = s\begin{bmatrix} 1 & 0 \\ 0 & 1 \end{bmatrix} - \begin{bmatrix} 0 & 1 \\ 0 & 0 \end{bmatrix} = \begin{bmatrix} s & -1 \\ 0 & s \end{bmatrix}$$

$$\phi(s) = (sI - A)^{-1} = \begin{bmatrix} s & -1 \\ 0 & s \end{bmatrix}^{-1}$$

$$= \frac{1}{s^2}\begin{bmatrix} s & 1 \\ 0 & s \end{bmatrix} = \begin{bmatrix} \dfrac{1}{s} & \dfrac{1}{s^2} \\ 0 & \dfrac{1}{s} \end{bmatrix}$$

$$\therefore \phi(t) = \mathcal{L}^{-1}[\phi(s)] = \begin{bmatrix} 1 & t \\ 0 & 1 \end{bmatrix}$$

★★
11 다음은 어떤 선형계의 상태방정식이다. 상태천이행렬 $\phi(t)$는?

$$\dot{x}(t) = \begin{bmatrix} -2 & 0 \\ 0 & -2 \end{bmatrix} x(t) + \begin{bmatrix} 0 \\ 1 \end{bmatrix} u$$

① $\phi(t) = \begin{bmatrix} e^{-2t} & 0 \\ 0 & 0 \end{bmatrix}$

② $\phi(t) = \begin{bmatrix} e^{2t} & 0 \\ 0 & e^{-2t} \end{bmatrix}$

③ $\phi(t) = \begin{bmatrix} e^{-2t} & 0 \\ 0 & e^{-2t} \end{bmatrix}$

④ $\phi(t) = \begin{bmatrix} e^{-2t} & 0 \\ 0 & e^{2t} \end{bmatrix}$

해설 상태방정식의 천이행렬 : $\phi(t)$
$\phi(t) = \mathcal{L}^{-1}[\phi(s)] = \mathcal{L}^{-1}[sI - A]^{-1}$이므로

$$(sI - A) = s\begin{bmatrix} 1 & 0 \\ 0 & 1 \end{bmatrix} - \begin{bmatrix} -2 & 0 \\ 0 & -2 \end{bmatrix}$$

$$= \begin{bmatrix} s+2 & 0 \\ 0 & s+2 \end{bmatrix}$$

$$\phi(s) = (sI - A)^{-1} = \begin{bmatrix} s+2 & 0 \\ 0 & s+2 \end{bmatrix}^{-1}$$

$$= \frac{1}{(s+2)^2}\begin{bmatrix} s+2 & 0 \\ 0 & s+2 \end{bmatrix}$$

$$= \begin{bmatrix} \dfrac{1}{s+2} & 0 \\ 0 & \dfrac{1}{s+2} \end{bmatrix}$$

$$\therefore \phi(t) = \mathcal{L}^{-1}[\phi(s)] = \begin{bmatrix} e^{-2t} & 0 \\ 0 & e^{-2t} \end{bmatrix}$$

★
12 어떤 선형 시불변계의 상태방정식이 다음과 같다. 상태천이행렬 $\phi(t)$ 는?

(단, $A = \begin{bmatrix} 0 & 0 \\ -1 & -2 \end{bmatrix}$, $B = \begin{bmatrix} 1 \\ 1 \end{bmatrix}$ 이다.)

$$\dot{x}(t) = Ax(t) + Bu(t)$$

① $\begin{bmatrix} 1 & 0 \\ (e^{-2t}-1) & 1 \end{bmatrix}$

② $\begin{bmatrix} 1 & 0 \\ (e^{-2t}-1) & e^{2t} \end{bmatrix}$

③ $\begin{bmatrix} 1 & 0 \\ \frac{1}{2}(e^{-2t}-1) & e^{-2t} \end{bmatrix}$

④ $\begin{bmatrix} 1 & 0 \\ (e^{-3t}-1)/2 & e^{-3t} \end{bmatrix}$

해설 상태방정식의 천이행렬 : $\phi(t)$

$\phi(t) = \mathcal{L}^{-1}[\phi(s)] = \mathcal{L}^{-1}[sI-A]^{-1}$이므로

$(sI-A) = s\begin{bmatrix} 1 & 0 \\ 0 & 1 \end{bmatrix} - \begin{bmatrix} 0 & 0 \\ -1 & -2 \end{bmatrix}$

$= \begin{bmatrix} s & 0 \\ 1 & s+2 \end{bmatrix}$

$\phi(s) = (sI-A)^{-1} = \begin{bmatrix} s & 0 \\ 1 & s+2 \end{bmatrix}^{-1}$

$= \frac{1}{s(s+2)}\begin{bmatrix} s+2 & 0 \\ -1 & s \end{bmatrix}$

$= \begin{bmatrix} \frac{1}{s} & 0 \\ -\frac{1}{s(s+2)} & \frac{1}{s+2} \end{bmatrix}$

$\therefore \phi(t) = \mathcal{L}^{-1}[\phi(s)] = \begin{bmatrix} 1 & 0 \\ \frac{1}{2}(e^{-2t}-1) & e^{-2t} \end{bmatrix}$

★★★
13 다음 계통의 상태천이행렬 $\phi(t)$ 를 구하면?

$$\begin{bmatrix} x_1 \\ x_2 \end{bmatrix} = \begin{bmatrix} 0 & 1 \\ -2 & -3 \end{bmatrix}\begin{bmatrix} x_1 \\ x_2 \end{bmatrix}$$

① $\begin{bmatrix} 2e^{-t}-e^{2t} & e^t-e^{2t} \\ -2e^{-t}+2e^{2t} & -e^t+2e^{2t} \end{bmatrix}$

② $\begin{bmatrix} 2e^t+e^{2t} & -e^t+2e^{2t} \\ 2e^t-2e^{2t} & e^{-t}-2e^{-2t} \end{bmatrix}$

③ $\begin{bmatrix} -2e^{-t}+e^{2t} & -e^t-e^{-2t} \\ -2e^{-t}-2e^{-2t} & -e^{-t}-2e^{-2t} \end{bmatrix}$

④ $\begin{bmatrix} 2e^{-t}-e^{-2t} & e^{-t}-e^{-2t} \\ -2e^{-t}+2e^{-2t} & -e^{-t}+2e^{-2t} \end{bmatrix}$

해설 상태방정식의 천이행렬 : $\phi(t)$

$\phi(t) = \mathcal{L}^{-1}[\phi(s)] = \mathcal{L}^{-1}[sI-A]^{-1}$이므로

$(sI-A) = s\begin{bmatrix} 1 & 0 \\ 0 & 1 \end{bmatrix} - \begin{bmatrix} 0 & 1 \\ -2 & -3 \end{bmatrix}$

$= \begin{bmatrix} s & -1 \\ 2 & s+3 \end{bmatrix}$

$\phi(s) = (sI-A)^{-1} = \begin{bmatrix} s & -1 \\ 2 & s+3 \end{bmatrix}^{-1}$

$= \frac{1}{s(s+3)+2}\begin{bmatrix} s+3 & 1 \\ -2 & s \end{bmatrix}$

$= \begin{bmatrix} \dfrac{s+3}{s^2+3s+2} & \dfrac{1}{s^2+3s+2} \\ \dfrac{-2}{s^2+3s+2} & \dfrac{s}{s^2+3s+2} \end{bmatrix}$

$\therefore \phi(t) = \mathcal{L}^{-1}[\phi(s)]$

$= \begin{bmatrix} 2e^{-t}-e^{-2t} & e^{-t}-e^{-2t} \\ -2e^{-t}+2e^{-2t} & -e^{-t}+2e^{-2t} \end{bmatrix}$

★★
14 계수행렬(또는 동반행렬) A가 다음과 같이 주어지는 제어계가 있다. 천이행렬(transition matrix)을 구하면?

$$A = \begin{bmatrix} 0 & 1 \\ -1 & -2 \end{bmatrix}$$

① $\begin{bmatrix} (t+1)e^{-t} & te^{-t} \\ -te^{-t} & (-t+1)e^{-t} \end{bmatrix}$

② $\begin{bmatrix} (t+1)e^{t} & te^{-t} \\ -te^{t} & (t+1)e^{t} \end{bmatrix}$

③ $\begin{bmatrix} (t+1)e^{-t} & -te^{-t} \\ te^{-t} & (t+1)e^{-t} \end{bmatrix}$

④ $\begin{bmatrix} (t+1)e^{-t} & 0 \\ 0 & (-t+1)e^{-t} \end{bmatrix}$

해설 상태방정식의 천이행렬 : $\phi(t)$

$\phi(t) = \mathcal{L}^{-1}[\phi(s)] = \mathcal{L}^{-1}[sI-A]^{-1}$이므로

$(sI-A) = s\begin{bmatrix} 1 & 0 \\ 0 & 1 \end{bmatrix} - \begin{bmatrix} 0 & 1 \\ -1 & -2 \end{bmatrix}$

$\quad = \begin{bmatrix} s & -1 \\ 1 & s+2 \end{bmatrix}$

$\phi(s) = (sI-A)^{-1} = \begin{bmatrix} s & -1 \\ 1 & s+2 \end{bmatrix}^{-1}$

$\quad = \dfrac{1}{s(s+2)+1}\begin{bmatrix} s+2 & 1 \\ -1 & s \end{bmatrix}$

$\quad = \begin{bmatrix} \dfrac{s+2}{(s+1)^2} & \dfrac{1}{(s+1)^2} \\ -\dfrac{1}{(s+1)^2} & \dfrac{s}{(s+1)^2} \end{bmatrix}$

$\therefore \phi(t) = \mathcal{L}^{-1}[\phi(s)]$

$\quad = \begin{bmatrix} (t+1)e^{-t} & te^{-t} \\ -te^{-t} & (-t+1)e^{-t} \end{bmatrix}$

★
15 다음은 천이행렬 $\phi(t)$의 특징을 서술한 관계식이다. 이 중 잘못된 것은?

① $\phi(0) = I$

② $\phi^{-1}(t) = \phi(-t)$

③ $\phi(t+\tau) = \phi(t) + \phi(\tau)$

④ $\phi(t_2 - t_0) = \phi(t_2 - t_1)\phi(t_1 - t_0)$

해설 상태천이행렬의 성질

(1) $x(t) = \phi(t)x(0) = e^{At}x(0)$, $\phi(t) = e^{At}$

(2) $\phi(0) = I$ (여기서 I는 단위행렬)

(3) $\phi^{-1}(t) = \phi(-t) = e^{-At}$

(4) $\phi(t_2 - t_1)\phi(t_1 - t_0) = \phi(t_2 - t_0)$

(5) $[\phi(t)]^k = \phi(kt)$

★★
16 천이행렬에 관한 서술 중 옳지 않은 것은?
(단, $\dot{x} = Ax + Bu$이다.)

① $\phi(t) = e^{At}$

② $\phi(t) = \mathcal{L}^{-1}[sI-A]$

③ 천이행렬은 기본행렬이라고도 한다.

④ $\phi(s) = [sI-A]^{-1}$

해설 상태천이행렬의 성질

$\therefore \phi(t) = \mathcal{L}^{-1}[\phi(s)] = \mathcal{L}^{-1}[sI-A]^{-1}$

★★
17 n차 선형 시불변 시스템의 상태방정식을
$\dfrac{d}{dt}x(t) = Ax(t) + Br(t)$로 표시할 때 상태천이행렬 $\phi(t)(n \times n$ 행렬)에 관하여 잘못 기술된 것은?

① $\dfrac{d\phi(t)}{dt} = A\phi(t)$

② $\phi(t) = \mathcal{L}^{-1}[(SI-A)^{-1}]$

③ $\phi(t) = e^{At}$

④ $\phi(t)$는 시스템의 정상상태응답을 나타낸다.

해설 상태천이행렬의 성질
상태천이행렬은 계통의 자유응답으로서 오직 초기조건으로 여기된 응답만을 나타낸다. 이는 입력이 0일 때 $t = 0$인 초기시간으로부터 임의의 시간 t까지 상태의 천이를 의미한다. 이름하여 시스템의 영(0)입력응답이라 한다.

★
18 선형 시불변 제어계의 상태방정식 $\dot{x} = Ax + Bu$에 대한 다음의 서술 중 바르지 못한 것은?

① A, B는 상수 행렬이다.

② $\dot{x} = Ax$의 해는 이 제어계의 영상태응답을 뜻한다.

③ $\dot{x} = Ax$의 해는 이 제어계의 영입력응답을 뜻한다.

④ 제어계의 특성방정식은 $|SI-A| = 0$이다.

해설 상태천이행렬의 성질
상태천이행렬은 계통의 자유응답으로서 오직 초기조건으로 여기된 응답만을 나타낸다. 이는 입력이 0일 때 $t = 0$인 초기시간으로부터 임의의 시간 t까지 상태의 천이를 의미한다. 이름하여 시스템의 영(0)입력응답이라 한다.

19 상태 방정식 $\dfrac{d}{dt}x(t) = Ax(t) + Bu(t)$, 출력 방정식 $y(t) = Cx(t)$에서, $A = \begin{bmatrix} -1 & 2 & 3 \\ 0 & -4 & 0 \\ 0 & 1 & -5 \end{bmatrix}$, $B = \begin{bmatrix} 0 \\ 0 \\ 1 \end{bmatrix}$, $C = \begin{bmatrix} 1 & 0 & 0 \end{bmatrix}$일 때, 아래 설명 중 맞는 것은?

① 이 시스템은 가제어(controllable)하고, 가관측(observable) 하다.
② 이 시스템은 가제어(controllable)하나, 가관측하지 않다(unobservable).
③ 이 시스템은 가제어하지 않으나(uncontrollable), 가관측하다(observable).
④ 이 시스템은 가제어하지 않고(uncontrollable), 가관측하지 않다(unobservable).

[해설] 가제어성과 가관측성

가제어성 행렬 $S = \begin{bmatrix} B & AB & A^2B \end{bmatrix}$, 가관측성 행렬 $V = \begin{bmatrix} C \\ CA \\ CA^2 \end{bmatrix}$ 식에서 S와 V 행렬이 모두 역행렬이 영행렬이 아니면 가제어, 가관측하며 역행렬이 영행렬이면 가제어하지 않고 가관측하지 않다.

$AB = \begin{bmatrix} -1 & 2 & 3 \\ 0 & -4 & 0 \\ 0 & 1 & -5 \end{bmatrix}\begin{bmatrix} 0 \\ 0 \\ 1 \end{bmatrix} = \begin{bmatrix} 3 \\ 0 \\ -5 \end{bmatrix}$

$A^2B = \begin{bmatrix} -1 & 2 & 3 \\ 0 & -4 & 0 \\ 0 & 1 & -5 \end{bmatrix}\begin{bmatrix} -1 & 2 & 3 \\ 0 & -4 & 0 \\ 0 & 1 & -5 \end{bmatrix}\begin{bmatrix} 0 \\ 0 \\ 1 \end{bmatrix}$

$\quad = \begin{bmatrix} -1 & -7 & -18 \\ 0 & 16 & 0 \\ 0 & -9 & 25 \end{bmatrix}\begin{bmatrix} 0 \\ 0 \\ 1 \end{bmatrix} = \begin{bmatrix} -18 \\ 0 \\ 25 \end{bmatrix}$

$CA = \begin{bmatrix} 1 & 0 & 0 \end{bmatrix}\begin{bmatrix} -1 & 2 & 3 \\ 0 & -4 & 0 \\ 0 & 1 & -5 \end{bmatrix} = \begin{bmatrix} -1 & 2 & 3 \end{bmatrix}$

$CA^2 = \begin{bmatrix} 1 & 0 & 0 \end{bmatrix}\begin{bmatrix} -1 & -7 & -18 \\ 0 & 16 & 0 \\ 0 & -9 & 25 \end{bmatrix}$

$\quad = \begin{bmatrix} -1 & -4 & -18 \end{bmatrix}$

$S = \begin{bmatrix} 0 & 3 & -18 \\ 0 & 0 & 0 \\ 1 & -5 & 25 \end{bmatrix}$, $V = \begin{bmatrix} 1 & 0 & 0 \\ -1 & 2 & 3 \\ -1 & -7 & -18 \end{bmatrix}$

이므로 S의 역행렬은 영행렬이며, V의 역행렬은 영행렬이 아니므로
∴ 이 시스템은 가제어하지 않고 가관측하다.

20 상태방정식 $\dfrac{d}{dt}x(t) = Ax(t) + Bu(t)$, 출력방정식 $y(t) = Cx(t)$에서 $A = \begin{bmatrix} -1 & 1 \\ 0 & -3 \end{bmatrix}$, $B = \begin{bmatrix} 0 \\ 1 \end{bmatrix}$, $C = \begin{bmatrix} 0 & 1 \end{bmatrix}$일 때 다음 설명 중 옳은 것은?

① 이 시스템은 제어 및 관측이 가능하다.
② 이 시스템은 제어는 가능하나 관측은 불가능하다.
③ 이 시스템은 제어는 불가능하나 관측은 가능하다.
④ 이 시스템은 제어 및 관측이 불가능하다.

[해설] 가제어성과 가관측성

가제어성 행렬 $S = \begin{bmatrix} B & AB \end{bmatrix}$
가관측성 행렬 $V = \begin{bmatrix} C \\ CA \end{bmatrix}$

식에서 S와 V 행렬이 모두 역행렬이 영행렬이 아니면 가제어, 가관측하며 역행렬이 영행렬이면 가제어하지 않고 가관측하지 않다.

$AB = \begin{bmatrix} -1 & 1 \\ 0 & -3 \end{bmatrix}\begin{bmatrix} 0 \\ 1 \end{bmatrix} = \begin{bmatrix} 1 \\ -3 \end{bmatrix}$

$CA = \begin{bmatrix} 0 & 1 \end{bmatrix}\begin{bmatrix} -1 & 1 \\ 0 & -3 \end{bmatrix} = \begin{bmatrix} 0 & -3 \end{bmatrix}$

$S = \begin{bmatrix} 0 & 1 \\ 1 & -3 \end{bmatrix}$, $V = \begin{bmatrix} 0 & 1 \\ 0 & -3 \end{bmatrix}$이므로 S의 역행렬은 영행렬이 아니고, V의 역행렬은 영행렬이므로
∴ 시스템은 가제어하고 가관측하지 않다.

memo

1 z 변환

1. z 변환의 정의

$$F(z) = f(t) \text{ 의 } z\text{변환} = \mathbb{Z}[f(t)] = \sum_{t=0}^{\infty} f(t) z^{-t}$$

여기서, $t = 0, 1, 2, \cdots$

2. z 변환과 라플라스 변환과의 관계

(1) $z = e^{Ts}$

$\ln z = \ln e^{Ts} = Ts$

$\therefore s = \dfrac{1}{T} \ln z$

(2) $f(t) = u(t)$

① 라플라스 변환

$$\mathcal{L}[u(t)] = \mathcal{L}[1] = \int_{0}^{\infty} e^{-st} dt = \frac{1}{s}$$

② z 변환

$$\mathbb{Z}[u(t)] = Z[1] = \sum_{t=0}^{\infty} z^{-t} = \frac{z}{z-1}$$

확인문제

01 $z/(z-1)$ 에 대응되는 라플라스 변환함수는?

① $1/(s-1)$ 　　② $1/s$

③ $1/(s+1)^2$ 　④ $1/s^2$

해설 $\mathcal{L}$ 변환과 z변환

$f(t)$	$\mathcal{L}$ 변환	z변환
$u(t)$	$\dfrac{1}{s}$	$\dfrac{z}{z-1}$
e^{-aT}	$\dfrac{1}{s+a}$	$\dfrac{z}{z-e^{-aT}}$
t	$\dfrac{1}{s^2}$	$\dfrac{Tz}{(z-1)^2}$
$\delta(t)$	1	1

답 : ②

02 z변환 함수 $z/(z-e^{-aT})$ 에 대응되는 라플라스 변환함수는?

① $1/(s+a)^2$ 　　② $1/(1-e^{TS})$

③ $a/s(s+a)$ 　　④ $1/(s+a)$

해설 $\mathcal{L}$ 변환과 z변환

$f(t)$	$\mathcal{L}$ 변환	z변환
$u(t)$	$\dfrac{1}{s}$	$\dfrac{z}{z-1}$
e^{-aT}	$\dfrac{1}{s+a}$	$\dfrac{z}{z-e^{-aT}}$
t	$\dfrac{1}{s^2}$	$\dfrac{Tz}{(z-1)^2}$
$\delta(t)$	1	1

답 : ④

(3) $f(t) = e^{-at}$

① 라플라스 변환

$$\mathcal{L}\left[e^{-at}\right] = \int_0^\infty e^{-at} e^{-st}\, dt = \frac{1}{s+a}$$

② z변환

$$\mathbb{Z}\left[e^{-at}\right] = \sum_{t=0}^\infty e^{-at} z^{-t} = \frac{z}{z - e^{-at}}$$

$f(t)$	$\mathcal{L}$ 변환	$\mathbb{Z}$ 변환
$u(t) = 1$	$\dfrac{1}{s}$	$\dfrac{z}{z-1}$
e^{-at}	$\dfrac{1}{s+a}$	$\dfrac{z}{z-e^{-at}}$
t	$\dfrac{1}{s^2}$	$\dfrac{Tz}{(z-1)^2}$
$\delta(t)$	1	1

2 초기값 정리와 최종값 정리

1. 초기값 정리

$$\lim_{k \to 0} f(kT) = f(0) = \lim_{z \to \infty} F(z)$$

2. 최종값 정리

$$\lim_{k \to \infty} f(kT) = f(\infty) = \lim_{z \to 1} (1 - z^{-1}) F(z)$$

확인문제

03 $e(t)$의 초기값 $e(t)$의 z변환을 $E(z)$라 했을 때 다음 어느 방법으로 얻어지는가?

① $\lim\limits_{z \to 0} z\, E(s)$ ② $\lim\limits_{z \to 0} E(z)$

③ $\lim\limits_{z \to \infty} z\, E(z)$ ④ $\lim\limits_{z \to \infty} E(z)$

[해설] 초기값 정리와 최종값 정리
(1) 초기값 정리
$$\lim_{k \to 0} f(kT) = f(0) = \lim_{z \to \infty} F(z)$$
(2) 최종값 정리
$$\lim_{k \to \infty} f(kT) = f(\infty) = \lim_{z \to 1} (1 - z^{-1}) F(z)$$

답 : ④

04 $e(t)$의 최종값 $e(t)$의 z변환을 $E(z)$라 했을 때 다음 어느 방법으로 얻어지는가?

① $\lim\limits_{z \to 0} z\, E(z)$ ② $\lim\limits_{z \to 1}(1 - z^{-1})\, E(z)$

③ $\lim\limits_{z \to \infty} z\, E(z)$ ④ $\lim\limits_{z \to 1}(1 - z)\, E(z)$

[해설] 초기값 정리와 최종값 정리
(1) 초기값 정리
$$\lim_{k \to 0} f(kT) = f(0) = \lim_{z \to \infty} F(z)$$
(2) 최종값 정리
$$\lim_{k \to \infty} f(kT) = f(\infty) = \lim_{z \to 1} (1 - z^{-1}) F(z)$$

답 : ②

3 s평면과 z평면 궤적 사이의 사상

구분 구간	s 평면	z 평면
안정	좌반평면	단위원 내부
임계안정	허수축	단위원주상
불안정	우반평면	단위원 외부

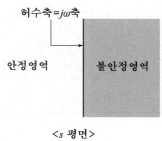

<s 평면>

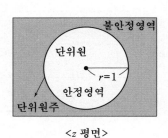

<z 평면>

확인문제

05 z 평면상의 원점에 중심을 둔 단위원주상에 사상 되는 것은 s 평면의 어느 성분인가?

① 양의 반평면   ② 음의 반평면
③ 실수축   ④ 허수축

[해설] s 평면과 z 평면 · 궤적 사이의 사상

구분 구간	s 평면	z 평면
안정	좌반평면	단위원 내부
임계안정	허수축	단위원주상
불안정	우반평면	단위원 외부

답 : ④

06 s 평면의 음의 좌평면상의 점은 z 평면의 단위원 의 어느 부분에 사상되는가?

① 내점   ② 외점
③ 원주상의 점   ④ 내외점

[해설] s 평면과 z 평면 · 궤적 사이의 사상

구분 구간	s 평면	z 평면
안정	좌반평면	단위원 내부
임계안정	허수축	단위원주상
불안정	우반평면	단위원 외부

답 : ①

★★
01 T를 샘플주기라고 할 때 z-변환은 라플라스 변환의 함수의 s대신 다음의 어느 것을 대입하여야 하는가?

① $\dfrac{1}{T}\ln\dfrac{1}{z}$ ② $\dfrac{1}{T}\ln z$

③ $T\ln z$ ④ $T\ln\dfrac{1}{z}$

해설 z변환과 라플라스 변환과의 관계

(1) $z = e^{Ts}$

$\ln z = \ln e^{Ts} = Ts$

$\therefore \ s = \dfrac{1}{T}\ln z$

(2) 변환표

$f(t)$	$\mathcal{L}$ 변환	z변환
$u(t)=1$	$\dfrac{1}{s}$	$\dfrac{z}{z-1}$
e^{-aT}	$\dfrac{1}{s+a}$	$\dfrac{z}{z-e^{-aT}}$
t	$\dfrac{1}{s^2}$	$\dfrac{Tz}{(z-1)^2}$
$\delta(t)$	1	1

★★★
02 단위계단함수 $u(t)$를 z변환하면?

① $\dfrac{1}{z}$ ③ $\dfrac{1}{z-1}$

③ $\dfrac{z}{z-1}$ ④ $\dfrac{1}{z+1}$

해설 z변환과 라플라스 변환과의 관계

변환표

$f(t)$	$\mathcal{L}$ 변환	z변환
$u(t)=1$	$\dfrac{1}{s}$	$\dfrac{z}{z-1}$

★★★
03 단위계단함수의 라플라스 변환과 z변환 함수는 어느 것인가?

① $\dfrac{1}{s}$, $\dfrac{z}{z-1}$ ② s, $\dfrac{z}{z-1}$

③ $\dfrac{1}{s}$, $\dfrac{1}{z-1}$ ④ s, $\dfrac{z-1}{z}$

해설 z변환과 라플라스 변환과의 관계

변환표

$f(t)$	$\mathcal{L}$ 변환	z변환
$u(t)=1$	$\dfrac{1}{s}$	$\dfrac{z}{z-1}$

★★★
04 다음은 단위계단함수 $u(t)$의 라플라스 또는 z변환 쌍을 나타낸다. 이 중에서 옳은 것은?

① $\mathcal{L}[u(t)]=1$ ② $z[u(t)]=1/z$

③ $\mathcal{L}[u(t)]=1/s^2$ ④ $z[u(t)]=z/(z-1)$

해설 z변환과 라플라스 변환과의 관계

변환표

$f(t)$	$\mathcal{L}$ 변환	z변환
$u(t)=1$	$\dfrac{1}{s}$	$\dfrac{z}{z-1}$

★★★
05 z변환 함수 $z/(z-e^{-aT})$에 대응되는 시간함수는? (단, T는 이상 샘플러의 샘플 주기이다.)

① te^{-aT} ② $\displaystyle\sum_{n=0}^{\infty}\delta(t-nT)$

③ $1-e^{-aT}$ ④ e^{-aT}

해설 z변환과 라플라스 변환과의 관계

변환표

$f(t)$	$\mathcal{L}$ 변환	z변환
e^{-aT}	$\dfrac{1}{s+a}$	$\dfrac{z}{z-e^{-aT}}$

★★★
06 신호 $x(t)$가 다음과 같을 때의 z변환함수는 어느 것인가? 단, 신호 $x(t)$는

$$x(t) = 0 \qquad T < 0$$
$$x(t) = e^{-aT} \qquad T \geq 0$$

이며 이상 샘플러의 샘플주기는 $T[s]$이다.

① $\dfrac{(1-e^{-aT})z}{(z-1)(z-e^{-aT})}$ ② $\dfrac{z}{z-1}$

③ $\dfrac{z}{z-e^{-aT}}$ ④ $\dfrac{Tz}{z(z-1)^2}$

[해설] z변환과 라플라스 변환과의 관계
변환표

$f(t)$	£ 변환	z변환
e^{-aT}	$\dfrac{1}{s+a}$	$\dfrac{z}{z-e^{-aT}}$

★★
07 $C(s) = R(s)\,G(s)$의 z – 변환 $C(z)$은 어느 것인가?

① $R(z)\,G(z)$ ② $R(z) + G(z)$
③ $R(z)/G(z)$ ④ $R(z) - G(z)$

[해설] z변환의 전달함수 : $G(z)$
$Z[r(t)] = R(z)$, $Z[c(t)] = C(z)$이므로
$G(z) = \dfrac{C(z)}{R(z)}$
$\therefore\ C(z) = R(z)\,G(z)$

★★★
08 s평면의 우반면은 z평면의 어느 부분으로 사상 되는가?

① z평면의 좌반면
② z평면의 원점에 중심을 둔 단위원 내부
③ z평면이 우반면
④ z평면의 원점에 중심을 둔 단위원 외부

[해설] s평면과 z평면·궤적 사이의 사상관계

구분 구간	s 평면	z 평면
불안정	우반평면	단위원 외부

★★★
09 계통의 특성방정식 $1 + G(s)\,H(s) = 0$의 음의 실근은 z평면 어느 부분으로 사상(mapping)되는가?

① z 평면의 좌반평면
② z 평면의 우반평면
③ z 평면의 원점을 중심으로 한 단위원 외부
④ z 평면의 원점을 중심으로 한 단위원 내부

[해설] s평면과 z평면·궤적 사이의 사상관계

구분 구간	s 평면	z 평면
안정	좌반평면	단위원 내부

★★
10 그림과 같은 이산치계의 z변환 전달함수 $\dfrac{C(z)}{R(z)}$를 구하면? (단, $Z\left[\dfrac{1}{s+a}\right] = \dfrac{z}{z-e^{-aT}}$임)

① $\dfrac{2z}{z-e^{-T}} - \dfrac{2z}{z-e^{-2T}}$

② $\dfrac{2z}{z-e^{-2T}} - \dfrac{2z}{z-e^{-T}}$

③ $\dfrac{2z^2}{(z-e^{-T})(z-e^{-2T})}$

④ $\dfrac{2z}{(z-e^{-T})(z-e^{2T})}$

[해설] z변환의 전달함수
$G_1(s) = \dfrac{1}{s+1}$, $G_2(s) = \dfrac{2}{s+2}$라 하면
$£^{-1}[G_1(s)] = e^{-t}$, $£^{-1}[G_2(s)] = 2e^{-2t}$이므로
$G_1(z) = Z[e^{-T}] = \dfrac{z}{z-e^{-T}}$
$G_2(z) = Z[2e^{-2T}] = \dfrac{2z}{z-e^{-2T}}$
$\therefore\ G(z) = \dfrac{C(z)}{R(z)} = G_1(z)\,G_2(z)$
$\qquad = \dfrac{2z^2}{(z-e^{-T})(z-e^{-2T})}$

[정답] 06 ③ 07 ① 08 ④ 09 ④ 10 ③

11 다음 중 z변환함수 $\dfrac{3z}{(z-e^{-3t})}$ 에 대응되는 라플라스 변환함수는?

① $\dfrac{1}{(s+3)}$ 　② $\dfrac{3}{(s-3)}$

③ $\dfrac{1}{(s-3)}$ 　④ $\dfrac{3}{(s+3)}$

해설 z변환과 라플라스 변환과의 관계

$f(t)$	$\mathcal{L}$ 변환	z변환
e^{-aT}	$\dfrac{1}{s+a}$	$\dfrac{z}{z-e^{-aT}}$

$z^{-1}\left[\dfrac{3z}{z-e^{-3t}}\right]=3e^{-3t}$ 이므로

$\therefore \mathcal{L}[3e^{-3t}]=\dfrac{3}{s+3}$

12 다음 중 $\dfrac{1}{s-\alpha}$ 을 z변환하면?

① $\dfrac{1}{1-z^{-1}e^{aT}}$

② $\dfrac{1}{1-z^{-1}e^{-aT}}$

③ $\dfrac{1}{1-ze^{aT}}$

④ $\dfrac{1}{1+ze^{aT}}$

해설

$f(t)$	$\mathcal{L}$ 변환	z변환
e^{aT}	$\dfrac{1}{s-a}$	$\dfrac{z}{z-e^{-aT}}$

$\mathcal{L}^{-1}\left[\dfrac{1}{s-\alpha}\right]=e^{\alpha T}$

$\therefore \mathcal{L}[e^{\alpha T}]=\dfrac{z}{z-e^{\alpha T}}=\dfrac{1}{1-z^{-1}e^{\alpha T}}$

13 z변환함수 $\dfrac{z}{(z-e^{-aT})}$ 에 대응되는 라플라스 변환과 이에 대응되는 시간함수는?

① $\dfrac{1}{(s+a)^2},\quad te^{-at}$

② $\dfrac{1}{(1-e^{-Ts})},\quad \sum_{n=0}^{\infty}\delta(t-nT)$

③ $\dfrac{a}{s(s+a)},\quad 1-e^{-at}$

④ $\dfrac{1}{s+a},\quad e^{-at}$

해설 $\mathcal{L}$ 변환과 z변환

$f(t)$	$\mathcal{L}$ 변환	z변환
e^{-aT}	$\dfrac{1}{s+a}$	$\dfrac{z}{z-e^{-aT}}$

14 다음과 같이 정의된 신호를 z변환하면?

$$\delta(k)=\begin{pmatrix}1, & k=0\\0, & k\neq0\end{pmatrix}$$

① 1 　② $\dfrac{1}{1+z^{-1}}$

③ $\dfrac{1}{1-z^{-1}}$ 　④ $\dfrac{1}{z}$

해설 z변환과 라플라스 변환과의 관계

$f(t)$	$\mathcal{L}$ 변환	z변환
$\delta(t)$	1	1

★

15 다음 중 z변환에서 최종치 정리를 나타낸 것은?

① $x(0) = \lim\limits_{z \to \infty} X(z)$

② $x(0) = \lim\limits_{z \to \infty} X(z)$

③ $x(\infty) = \lim\limits_{z \to 1} (1-z) X(z)$

④ $x(\infty) = \lim\limits_{z \to 1} (1-z^{-1}) X(z)$

해설 z변환의 초기치 정리와 최종치 정리
　(1) 초기치 정리
　　$\lim\limits_{k \to 0} x(kT) = x(0) = \lim\limits_{z \to \infty} X(z)$
　(2) 최종치 정리
　　$\lim\limits_{k \to \infty} x(kT) = x(\infty) = \lim\limits_{z \to 1} (1-z^{-1}) X(z)$

★★

16 다음 차분방정식으로 표시되는 불연속계(discrete data system)가 있다. 이 계의 전달함수는?

$$c(k+2) + 5c(k+1) + 3c(k) = r(k+1) + 2r(k)$$

① $\dfrac{C(z)}{R(z)} = (z+2)(z^2+5z+3)$

② $\dfrac{C(z)}{R(z)} = \dfrac{z^2+5z+3}{z+2}$

③ $\dfrac{C(z)}{R(z)} = \dfrac{z+2}{z^2+5z+3}$

④ $\dfrac{C(z)}{R(z)} = \dfrac{z^2+5z+3}{z}$

해설 차분방정식
　차분방정식의 z변환을 다음과 같이 정의한다.
　$z[C(k+2)] = z^2 C(z) - z^2 C(0) - z C(0)$
　$z[C(k+1)] = z C(z) - z C(0)$
　$z[C(k)] = C(z)$
　따라서 위 문제의 차분방정식을 모든 초기조건을 영
　(0)으로 하여 양 변 z변환하면
　$z^2 C(z) + 5z C(z) + 3 C(z) = z R(z) + 2R(z)$
　$(z^2 + 5z + 3) C(z) = (z+2) R(z)$
　$\therefore \; G(z) = \dfrac{C(z)}{R(z)} = \dfrac{z+2}{z^2+5z+3}$

memo

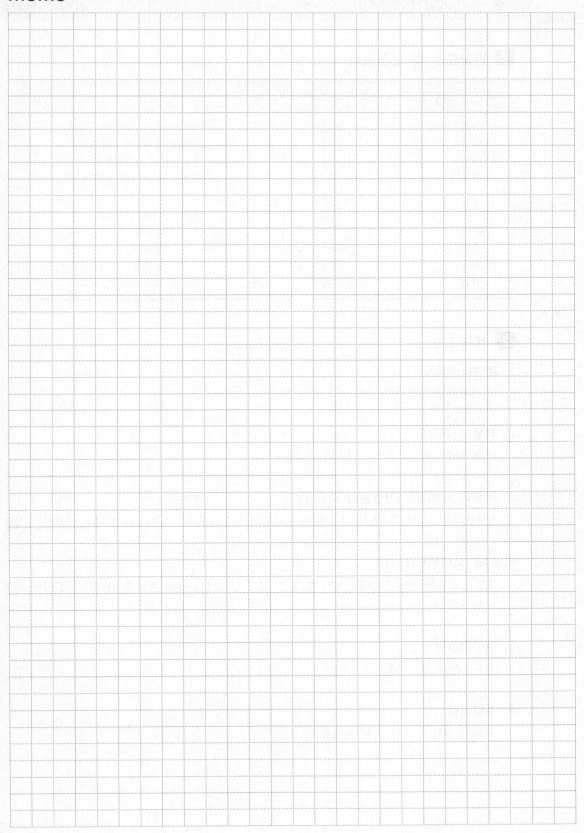

11 제어기기

1 변환요소 및 변환장치

변 환 요 소			변 환 장 치
압력	→	변위	벨로스, 다이어프램
변위	→	압력	노즐플래퍼, 유압분사관
변위	→	전압	차동변압기, 전위차계
변위	→	임피던스	가변저항기, 용량형 변환기
광	→	임피던스	광전관, 광전트랜지스터
광	→	전압	광전지, 광전다이오드
방사선	→	임피던스	GM관
온도	→	임피던스	측온저항
온도	→	전압	열전대
전압	→	변위	전자석

2 제어소자

1. 제너다이오드

전원전압을 안정하게 유지

2. 터널 다이오드

증폭 작용, 발진작용, 개폐(스위칭)작용

3. 바렉터 다이오드(가변용량 다이오드)

PN접합에서 역바이어스시 전압에 따라 광범위하게 변환하는 다이오드의 공간 전하량을 이용

4. 발광 다이오드(LED)

PN 접합에서 빛이 투과하도록 P형 층을 얇게 만들어 순방향 전압을 가하면 발광하는 다이오드

5. 더어미스터

온도보상용으로 사용

6. 배리스터

서어지 전압에 대한 회로 보호용

출제예상문제

★★
01 다음 중 제어계에 가장 많이 이용되는 전자요소는?

① 증폭기   ② 변조기
③ 주파수 변환기   ④ 가산기

[해설] 연산증폭기(OP증폭기)
연산증폭기는 제작이나 설치 또는 연속데이터나 s영역 전달함수를 실현하기에 편리한 방법을 제공한다. 제어계통에서 연산증폭기는 제어계통 설계과정에서 들어가는 제어기나 보상기를 설정하는데 사용되며 널리 이용되고 있다.

★★★
02 변위 → 압력으로 변환시키는 장치는?

① 벨로우즈   ② 가변저항기
③ 다이어프램   ④ 유압분사관

[해설] 변환요소와 변환장치

변 환 요 소			변 환 장 치
압력	→	변위	벨로스, 다이어프램
변위	→	압력	노즐플래퍼, 유압분사관
변위	→	전압	차동변압기, 전위차계
변위	→	임피던스	가변저항기, 용량형 변환기
광	→	임피던스	광전관, 광전트랜지스터
광	→	전압	광전지, 광전다이오드
방사선	→	임피던스	GM관
온도	→	임피던스	측온저항
온도	→	전압	열전대
전압	→	변위	전자석

★★★
03 변위 → 전압 변환장치는?

① 벨로우즈   ② 노즐 플래퍼
③ 더어미스터   ④ 차동변압기

[해설] 변환요소와 변환장치

변 환 요 소			변 환 장 치
변위	→	전압	차동변압기, 전위차계

★★★
04 압력 → 변위로 변환시키는 장치는?

① 다이어프램   ② 노즐플래퍼
③ 더어미스터   ④ 차동변압기

[해설] 변환요소와 변환장치

변 환 요 소			변 환 장 치
압력	→	변위	벨로스, 다이어프램

★★
05 전압 → 변위로 변환시키는 장치는?

① 전자석   ② 광전관
③ 차동변압기   ④ GM관

[해설] 변환요소와 변환장치

변 환 요 소			변 환 장 치
전압	→	변위	전자석

★
06 서보전동기의 특징을 열거한 것 중 옳지 않은 것은?

① 원칙적으로 정역전(正逆轉)이 가능하여야 한다.
② 저속이며 거침없이 운전이 가능하여야 한다.
③ 직류용은 없고, 교류용만 있다.
④ 급가속, 급감속이 용이한 것이라야 한다.

[해설] 서보전동기의 특징
서보전동기는 직류 서보전동기와 교류 2상 서보전동기로 크게 나누며 정·역운전이 가능할 뿐만 아니라 회전속도를 임의로 조정할 수 있으며 급가속, 급감속이 용이하다. 서보전동기의 특징을 나열하면 다음과 같다.
(1) 빈번한 시동, 정전, 역전 등의 가혹한 상태에 견디도록 견고하고 큰 돌입전류에 견딜 것
(2) 시동 토크는 크나 회전부의 관성 모멘트가 작고 전기적 시정수가 짧을 것
(3) 발생 토크는 입력신호에 비례하며 그 비가 클 것
(4) 기동 토크는 직류 서보전동기가 교류 서보전동기보다 월등히 크다.

07 다음은 D.C 서보 전동기(D.C servo motor) 의 설명이다. 틀린 것은?

① D.C 서보 전동기는 제어용의 전기적 동력으로 주로 사용된다.
② 이 전동기는 평형형(平衡型) 지시계기의 동력용으로 많이 쓰인다.
③ 모터의 회전각과 속도는 펄스수에 비례한다.
④ 피드백이 필요하지 않아 제어계가 간단하고 염가이다.

해설 **직류 서보전동기의 특징**
(1) 기동 토크가 매우 크다.
(2) 회전속도를 임의로 선정할 수 있다.
(3) 회전증폭기, 제어발전기의 조합으로 대용량의 것을 만들 수 있다.
(4) 제어용의 전기적 동력으로 주로 사용된다.
(5) 평형형 지시계기의 동력용으로 사용된다.
(6) 피드백이 필요하지 않아 제어계가 간단하고 가격이 저렴하다.

08 전원전압을 안정하게 유지하기 위해서 사용되는 다이오드는?

① 보드형 다이오드
② 터널 다이오드
③ 제너 다이오드
④ 버렉터 다이오드

해설 **제어소자**
(1) 제너 다이오드 : 전원전압을 안정하게 유지
(2) 터널 다이오드 : 증폭작용, 발진작용, 개폐작용
(3) 버렉터 다이오드(가변용량 다이오드) : PN접합에서 역바이어스 전압에 따라 광범위하게 변환하는 다이오드의 공간 전하량을 이용
(4) 발광 다이오드(LED) : PN접합에서 빛이 투과하도록 P형 층을 얇게 만들어 순방향 전압을 가하면 발광하는 다이오드
(5) 더미스터 : 온도보상용으로 사용
(6) 배리스터 : 서지 전압에 대한 회로 보호용

09 터널 다이오드의 응용 예가 아닌 것은?

① 증폭 작용
② 발진 작용
③ 개폐 작용
④ 정전압 정류 작용

해설 **제어소자**
터널 다이오드 : 증폭작용, 발진작용, 개폐작용

10 다음 중 가변용량 소자는?

① 터널 다이오드
② 버렉터 다이오드
③ 제너 다이오드
④ 포토 다이오드

해설 **제어소자**
버렉터 다이오드(가변용량 다이오드) : PN접합에서 역바이어스 전압에 따라 광범위하게 변환하는 다이오드의 공간 전하량을 이용

11 배리스터의 주된 용도는?

① 서지전압에 대한 회로보호
② 온도보상
③ 출력전류 조절
④ 전압증폭

해설 **제어소자**
배리스터 : 서지 전압에 대한 회로 보호용

12 다음 소자 중 온도보상용으로 쓰일 수 있는 것은?

① 서미스터
② 버렉터 다이오드
③ 배리스터
④ 제너 다이오드

해설 **제어소자**
더미스터 : 온도보상용으로 사용

★★
13 사이리스터에서 래칭전류에 관한 설명으로 옳은 것은?

① 게이트를 개방한 상태에서 사이리스터가 도통상태를 유지하기 위한 최소의 순전류
② 게이트 전압을 인가한 후에 급히 제거한 상태에서 도통상태가 유지되는 최소의 순전류
③ 사이리스터의 게이트를 개방한 상태에서 전압을 상승하면 급히 증가하게 되는 순전류
④ 사이리스터가 턴온하기 시작하는 순전류

[해설] 사이리스터의 래칭전류와 유지전류
(1) 래칭전류 : 사이리스터가 턴온하기 시작하는 순전류
(2) 유지전류 : 게이트를 개방한 상태에서 사이리스터의 도통상태를 유지하기 위한 최소의 순전류

★★
14 도전상태(on 상태)에 있는 SCR을 차단상태(off 상태)로 하기 위한 방법으로 알맞은 것은?

① 게이트 전류를 차단시킨다.
② 게이트 역방향 바이어스를 인가시킨다.
③ 양극전압을 음으로 한다.
④ 양극전압을 더 높게 한다.

[해설] 사이리스터의 턴오프
ON상태에 있는 사이리스터를 OFF시키는 것을 턴오프라 하며 방법은 다음과 같다.
(1) 턴온은 게이트 펄스로 되지만 턴오프는 게이트 펄스로 할 수 없기 때문에 턴온을 유지할 수 있는 최소의 순전류인 유지전류보다 작은 순전류를 인가한다.
(2) 사이리스터에 역바이어스 전압을 인가하여 양극 전압을 음(−)으로 음극전압을 양(+)으로 한다.

12 시퀀스 제어

1 시퀀스 제어회로 명칭

1. AND회로

(1) 의미 : 입력이 모두 "H"일 때 출력이 "H"인 회로

(2) 논리식과 논리회로

$$X = A \cdot B$$

(3) 유접점과 진리표

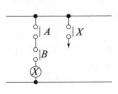

A	B	X
0	0	0
0	1	0
1	0	0
1	1	1

확인문제

01 다음 그림과 같은 논리(logic)회로는?

① OR 회로
② AND 회로
③ NOT 회로
④ NOR 회로

해설 시퀀스 제어회로 명칭
• AND회로
(1) 의미 : 입력이 모두 "H"일 때 출력이 "H"인 회로
(2) 논리식과 논리회로
$$X = A \cdot B$$
(3) 유접점과 진리표

A	B	X
0	0	0
0	1	0
1	0	0
1	1	1

답 : ②

02 다음 그림과 같은 논리회로는?

① OR 회로
② AND 회로
③ NOT 회로
④ NOR 회로

해설 시퀀스 제어회로 명칭
• OR회로
(1) 의미 : 입력 중 어느 하나 이상 "H"일 때 출력이 "H"인 회로
(2) 논리식과 논리회로
$$X = A + B$$
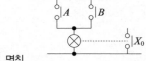
(3) 유접점과 진리표

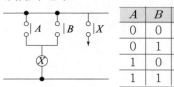

A	B	X
0	0	0
0	1	1
1	0	1
1	1	1

답 : ①

2. OR회로

(1) 의미 : 입력 중 어느 하나 이상 "H"일 때 출력이 "H"인 회로

(2) 논리식과 논리회로

$$X = A + B$$

(3) 유접점과 진리표

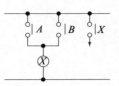

A	B	X
0	0	0
0	1	1
1	0	1
1	1	1

3. NOT회로

(1) 의미 : 입력과 출력이 반대로 동작하는 회로로서 입력이 "H"이면 출력은 "L", 입력이 "L"이면 출력은 "H"인 회로

(2) 논리식과 논리회로

$$X = \overline{A}$$

$$A \longrightarrow\!\!\!\!\!\triangleright\!\circ \longrightarrow X$$

(3) 유접점과 진리표

A	X
0	1
1	0

확인문제

03 그림과 같은 계전기 접점회로의 논리식은?

① A+B+C
② (A+B)C
③ A+B̄+C
④ ABC

해설 유접점 논리식
접점 A, B는 OR회로이고 접점 C는 AND회로이다.
∴ 논리식=(A+B)C

답 : ②

04 그림과 같은 계전기 접점회로의 논리식은?

① $x \cdot (x - y)$
② $x + x \cdot y$
③ $x + (x + y)$
④ $x \cdot (x + y)$

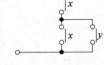

해설 유접점 논리식
접점 x, y는 OR회로이고 접점 x는 AND회로이다.
∴ 논리식=$x \cdot (x + y)$

답 : ④

4. NAND회로

(1) 의미 : AND 회로의 부정회로로서 입력이 모두 "H"일 때만 출력이 "L"되는 회로

(2) 논리식과 논리회로

$$X = \overline{A \cdot B}$$

(3) 유접점과 진리표

A	B	X
0	0	1
0	1	1
1	0	1
1	1	0

확인문제

05 다음 논리회로의 출력은?

① $Y = A\overline{B} + \overline{A}B$

② $Y = \overline{A}\,\overline{B} + \overline{A}B$

③ $Y = A\overline{B} + \overline{A}\,\overline{B}$

④ $Y = \overline{A} + \overline{B}$

해설 Exclusive OR회로

(1) 의미 : 입력 중 어느 하나만 "H"일 때 출력이 "H" 되는 회로

(2) 논리식과 논리회로

$$X = A \cdot \overline{B} + \overline{A} \cdot B$$

(3) 유접점과 진리표

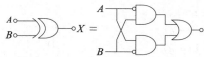

A	B	X
0	0	0
0	1	1
1	0	1
1	1	0

답 : ①

06 그림과 같은 논리회로에서 $A = 1$, $B = 1$인 입력에 대한 출력 X, Y는 각각 얼마인가?

① $X = 0$, $Y = 0$

② $X = 0$, $Y = 1$

③ $X = 1$, $Y = 0$

④ $X = 1$, $Y = 1$

해설 AND 회로와 Exclusive OR 회로의 출력

AND 회로는 입력 모두 H일 때, Exclusive OR 회로는 입력 중 하나만 H일 때 출력이 H로 나온다.

따라서 $A = 1$, $B = 1$ 이라면

∴ $X = 1$, $Y = 0$

답 : ③

5. NOR 회로

(1) 의미 : OR회로의 부정회로로서 입력이 모두 "L"일 때만 출력이 "H"되는 회로

(2) 논리식과 논리회로

$$X = \overline{A + B}$$

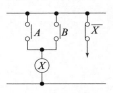

(3) 유접점과 진리표

A	B	X
0	0	1
0	1	0
1	0	0
1	1	0

6. Exclusive OR회로

(1) 의미 : 입력 중 어느 하나만 "H"일 때 출력이 "H"되는 회로

(2) 논리식과 논리회로

$$X = A \cdot \overline{B} + \overline{A} \cdot B$$

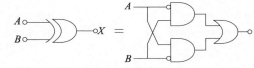

(3) 유접점과 진리표

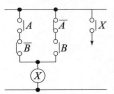

A	B	X
0	0	0
0	1	1
1	0	1
1	1	0

확인문제

07 논리식 $L = \overline{x}\,\overline{y} + \overline{x}y + xy$ 를 간단히 한 것은?

① $x + y$ ② $\overline{x} + y$

③ $x + \overline{y}$ ④ $\overline{x} + \overline{y}$

해설 불대수를 이용한 논리식의 간소화

$L = \overline{x}\,\overline{y} + \overline{x}y + xy$

$= \overline{x}(\overline{y} + y) + y(\overline{x} + x)$

$= \overline{x} + y$

08 다음 식 중 De Morgan의 정답을 나타낸 식은?

① $A + B = B + A$

② $A \cdot (B \cdot C) = (A \cdot B) \cdot C$

③ $\overline{A \cdot B} = \overline{A} \cdot \overline{B}$

④ $\overline{A \cdot B} = \overline{A} + \overline{B}$

해설 드모르강 정리

(1) $\overline{A + B} = \overline{A} \cdot \overline{B}$

(2) $\overline{A \cdot B} = \overline{A} + \overline{B}$

답 : ②   답 : ④

2 불대수와 드모르강 정리

1. 불대수 정리

$A+A=A,\ A\cdot A=A,\ A+1=1,\ A+0=A$

$A\cdot 1=A,\ A\cdot 0=0,\ A+\overline{A}=1,\ A\cdot\overline{A}=0$

2. 드모르강 정리

(1) $\overline{A+B}=\overline{A}\cdot\overline{B}$

(2) $\overline{A\cdot B}=\overline{A}+\overline{B}$

★
01 시퀀스제어에 있어서 기억과 판단기구 및 검출기를 가진 제어방식은?

① 시한 제어
② 순서 프로그램 제어
③ 조건 제어
④ 피드백 제어

해설 **시퀀스 제어방식**
(1) 시한 제어 : 기억과 시한기구에 의하여 동작상태를 제어
(2) 순서 제어 : 기억과 판단기구에 의하여 제어
(3) 프로그램 제어 : 기억과 시한기구 및 판단기구에 의하여 제어
(4) 조건 제어 : 판단기구에 의하여 제어명령을 결정
(5) 피드백 제어 : 기억과 판단기구 및 검출기에 의하여 제어

★★★
02 시퀀스(sequence)제어에서 다음 중 옳지 않은 것은?

① 조합논리회로도 사용된다.
② 기계적 계전기도 사용된다.
③ 전체계통에 연결된 스위치가 일시에 동작할 수도 있다.
④ 시간지연요소도 사용된다.

해설 **시퀀스 제어의 구성**
시퀀스는 무접점 논리소자에 의한 로직시퀀스와 유접점 회로를 이용한 릴레이시퀀스를 이용하며 최근에는 마이컴을 응용하여 시퀀스를 프로그램화한 PLC제어가 적용되고 있다. 또한 동작상황에서 한시동작이나 한시복귀와 같은 시간지연 동작이 필요한 경우에는 타이머를 이용하여 시간지연요소로 사용하고 있다. 시퀀스제어는 정해진 순서에 의해서 일련의 과정이 제어되는 순차제어를 말한다.

★
03 디지털 신호를 시간적인 차례로 조합하여 만든 신호를 무엇이라 하는가?

① 직렬신호
② 병렬신호
③ 택일신호
④ 조합신호

해설 **신호변환**
(1) 직렬신호(serial signal) : 디지털 신호를 시간적인 차례로 조합하여 만든 신호를 말하며 전송회로가 1회선(channel)으로서 전송시간이 길어진다.
(2) 병렬신호(parallel signal) : 2값 이상의 정보를 몇 개의 2값 신호의 조합으로 나타내고 각각의 2값 신호를 별개의 회선으로 보내는 형식의 신호를 말하며 택일신호와 조합신호로 나뉜다.
(3) 택일신호 : 전송하는 각각의 정보값을 각각 1회선에 대응시켜 전송하는 방식으로 각 회선의 출력은 1회선뿐이다.
(4) 조합신호 : 전송하는 정보값이 2개 이상의 회선의 신호값의 조합으로 나타내는 신호형식으로 적은 회선으로 많은 정보값을 전송한다.

★★
04 그림과 같은 계전기 접점회로의 논리식은?

① $(\overline{x}+y) \cdot (x+y)$
② $(\overline{x}+\overline{y}) \cdot (x+y)$
③ $\overline{x} \cdot y + x \cdot \overline{y}$
④ $x \cdot y$

해설 **유접점 논리식**
접점 $\overline{x}$, $\overline{y}$는 OR 회로이고 접점 x, y도 OR 회로이다. 또한 두 개의 OR 회로가 AND 회로로 접속되어 있다.
∴ 논리식 $=(\overline{x}+\overline{y}) \cdot (x+y)$

★★
05 다음 계전기 접점회로의 논리식은?

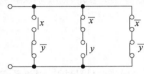

① $(x \cdot \overline{y}) + (\overline{x} \cdot y) + (\overline{x} \cdot \overline{y})$

② $(x \cdot \overline{y}) + (\overline{x} \cdot y) + (\overline{x} \cdot y)$

③ $(x+y) \cdot (\overline{x}+y) \cdot (\overline{x}+\overline{y})$

④ $(x+\overline{y}) \cdot (\overline{x}+y) \cdot (\overline{x}+\overline{y})$

해설 유접점 논리식

접점 x, $\overline{y}$는 AND회로이고 접점 $\overline{x}$, y도 AND 회로이며 접점 $\overline{x}$, $\overline{y}$ 또한 AND 회로이다. 이 세 개의 AND 회로가 OR 회로로 접속되어 있다.

∴ 논리식 $= (x \cdot \overline{y}) + (\overline{x} \cdot y) + (\overline{x} \cdot \overline{y})$

★★★
06 다음 논리회로의 출력 X_0 는?

① $AB + \overline{C}$

② $(A+B)\overline{C}$

③ $A + B + \overline{C}$

④ $AB\overline{C}$

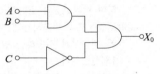

해설 논리회로의 논리식(=출력식)

입력 A, B는 AND 회로이며 입력 $\overline{C}$도 AND 회로이므로

∴ $X_o = AB\overline{C}$

★★★
07 논리회로의 종류에서 설명이 잘못된 것은?

① AND 회로 : 입력신호 A, B, C의 값이 모두 1일 때에만 출력 신호 Z의 값이 1이 되는 회로로 논리식은 $A \cdot B \cdot C = Z$로 표시한다.

② OR 회로 : 입력신호 A, B, C의 값이 모두 1이면 출력 신호 Z의 값이 1이 되는 회로로 논리식은 $A + B + C = Z$로 표시한다.

③ NOT 회로 : 입력신호 A와 출력 신호 Z가 서로 반대로 되는 회로로 논리식은 $A = \overline{Z}$로 표시한다.

④ NOR 회로 : AND 회로의 부정회로로 논리식은 $A + B = Z$로 표시한다.

해설 논리회로의 동작

(1) AND 회로 : 입력신호의 모든 값이 $H(1)$일 때에만 출력신호가 $H(1)$ 되며 논리식은 $Z = ABC$이다.

(2) OR 회로 : 입력신호 중 어느 하나 이상 $H(1)$이면 출력신호가 $H(1)$ 되며 논리식은 $Z = A + B + C$이다.

(3) NOT 회로 : 입력신호와 출력신호가 반대로 동작하는 회로이며 논리식은 $Z = \overline{A}$ 또는 $A = \overline{Z}$이다.

(4) NOR 회로 : OR 회로의 부정회로에서 논리식은 $Z = \overline{A+B} = \overline{A} \cdot \overline{B}$ 이다.

★★
08 다음 불대수식에서 바르지 못한 것은?

① $A + A = A$

② $A \cdot A = A$

③ $A \cdot \overline{A} = 1$

④ $A + 1 = 1$

해설 불대수

$A + A = A$	$A \cdot A = A$
$A + 1 = 1$	$A + 0 = A$
$A \cdot 1 = A$	$A \cdot 0 = 0$
$A + \overline{A} = 1$	$A \cdot \overline{A} = 0$

★★★
09 논리식 $L = X + \overline{X}Y$를 간단히 한 식은?

① X

② Y

③ $X + Y$

④ $\overline{X} + Y$

해설 불대수를 이용한 논리식의 간소화

$1 + Y = 1$, $1 \cdot X = X$, $X + \overline{X} = 1$

식을 이용하여 정리하면

$L = X + \overline{X}Y = X(1 + Y) + \overline{X}Y$

$= X + XY + \overline{X}Y$

$= X + (X + \overline{X})Y = X + Y$

★★
10 다음 부울대수 계산에 옳지 않은 것은?

① $\overline{A \cdot B} = \overline{A} + \overline{B}$

② $\overline{A+B} = \overline{A} \cdot \overline{B}$

③ $A+A=A$

④ $A+A\overline{B}=1$

[해설] 불대수와 드모르강 정리

(1) 불대수

$A+A=A, \ A \cdot A=A, \ A+1=1, \ A+0=A$

$A \cdot 1=A, \ A \cdot 0=0, \ A+\overline{A}=1, \ A \cdot \overline{A}=0$

(2) 드모르강 정리

$\overline{A+B}=\overline{A} \cdot \overline{B}, \ \overline{A \cdot B}=\overline{A}+\overline{B}$

$\therefore \ A+A\overline{B}=A(1+\overline{B})=A \cdot 1=A$

★
11 그림의 논리회로의 출력 y 를 옳게 나타내지 못한 것은?

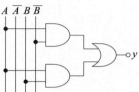

① $y=A\overline{B}+AB$

② $y=A(\overline{B}+B)$

③ $y=A$

④ $y=B$

[해설] 불대수를 이용한 논리식의 간소화

$\therefore \ y=A\overline{B}+AB=A(\overline{B}+B)=A \cdot 1=A$

★
12 인버터 (—▷o—) 의 기능회로가 아닌 것은?

①   ②

③   ④

[해설] NOT 기능의 논리기호

★★★
13 다음은 2차 논리계를 나타낸 것이다. 출력 y는?

① $y=A+B \cdot C$

② $y=B+A \cdot C$

③ $y=\overline{A}+B \cdot C$

④ $y=\overline{B}+A \cdot C$

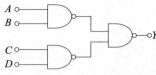

[해설] 논리회로의 출력식

$\therefore \ y=\overline{\overline{B \cdot C} \cdot \overline{A}}=B \cdot C+A=A+B \cdot C$

★★★
14 $A, \ B, \ C, \ D$ 를 논리변수라 할 때 그림과 같은 게이트 회로의 출력은?

① $A \cdot B \cdot C \cdot D$ ② $A+B+C+D$

③ $(A+B) \cdot (C+D)$ ④ $A \cdot B + C \cdot D$

[해설] 논리회로의 출력식

$\therefore \ Y=\overline{\overline{A \cdot B} \cdot \overline{C \cdot D}}=A \cdot B+C \cdot D$

★★
15 그림과 같은 동작을 하는 2진 계수기(binary counter)를 만들려면 최소한 플립 - 플롭(flip - flop)이 몇 개가 필요한가?

① 7개

② 6개

③ 4개

④ 3개

[해설] 플립 – 플롭의 개수(n)

최대계수 숫자는 6이며 mod는 7이므로 플립 – 플롭의 사용 개수는 $2^n=7$로부터 구할 수 있다.

$\log_2 2^n=n=\log_2 7=2.8$개

$\therefore \ n=3$개

memo

전 기 기 사
5 주 완 성

05

Engineer Electricity

전기설비기술기준
(한국전기설비규정[KEC])

01 총칙

1 목적

한국전기설비규정(Korea Electro-technical Code, KEC)은 전기설비기술기준 고시(이하 "기술기준"이라 한다)에서 정하는 전기설비("발전·송전·변전·배전 또는 전기사용을 위하여 설치하는 기계·기구·댐·수로·저수지·전선로·보안통신선로 및 그 밖의 설비"를 말한다)의 안전성능과 기술적 요구사항을 구체적으로 정하는 것을 목적으로 한다.

2 적용범위

① 이 규정은 인축의 감전에 대한 보호와 전기설비 계통, 시설물, 발전용 수력설비, 발전용 화력설비, 발전설비 용접 등의 안전에 필요한 성능과 기술적인 요구사항에 대하여 적용한다.
② 이 규정에서 적용하는 전압의 구분은 다음과 같다.
　(ㄱ) 저압 : 교류는 1 [kV] 이하, 직류는 1.5 [kV] 이하인 것.
　(ㄴ) 고압 : 교류는 1 [kV]를, 직류는 1.5 [kV]를 초과하고, 7 [kV] 이하인 것.
　(ㄷ) 특고압 : 7 [kV]를 초과하는 것.

3 용어의 정의

① "가공인입선"이란 가공전선로의 지지물로부터 다른 지지물을 거치지 아니하고 수용 장소의 붙임점에 이르는 가공전선을 말한다.
② "가섭선(架涉線)"이란 지지물에 가설되는 모든 선류를 말한다.
③ "계통연계"란 둘 이상의 전력계통 사이를 전력이 상호 융통될 수 있도록 선로를 통하여 연결하는 것으로 전력계통 상호간을 송전선, 변압기 또는 직류-교류 변환설비 등에 연결하는 것. 계통연락이라고도 한다.

확인문제

01 한국전기설비규정은 발전, 송전, 변전, 배전 또는 전기사용을 위하여 설치하는 기계, 기구, 댐, 수로, 저수지, ( ), ( ), 기타 설비의 안전성능과 기술적 요구사항을 구체적으로 정하는 것을 목적으로 한다. ( ) 안에 들어갈 용어는 무엇인가?

① 급전소, 개폐소
② 전선로, 보안통신선로
③ 궤전선로, 약전류전선로
④ 옥내배선, 옥외배선

해설 한국전기설비규정의 목적
전기설비("발전·송전·변전·배전 또는 전기사용을 위하여 설치하는 기계·기구·댐·수로·저수지·전선로·보안통신선로 및 그 밖의 설비"를 말한다)의 안전성능과 기술적 요구사항을 구체적으로 정하는 것을 목적으로 한다.

답 : ②

02 교류에서 고압의 범위는?

① 1 [kV]를 초과하고 7 [kV] 이하인 것
② 1.5 [kV]를 초과하고 7[kV] 이하인 것
③ 1 [kV]를 초과하고 7.5 [kV] 이하인 것
④ 1.5 [kV]를 초과하고 7.5 [kV] 이하인 것

해설 전압의 구분
　(1) 저압 : 교류는 1 [kV] 이하, 직류는 1.5 [kV] 이하인 것.
　(2) 고압 : 교류는 1 [kV]를, 직류는 1.5 [kV]를 초과하고, 7 [kV] 이하인 것.
　(3) 특고압 : 7 [kV]를 초과하는 것.

답 : ①

④ "계통외도전부(Extraneous Conductive Part)"란 전기설비의 일부는 아니지만 지면에 전위 등을 전해줄 위험이 있는 도전성 부분을 말한다.

⑤ "계통접지(System Earthing)"란 전력계통에서 돌발적으로 발생하는 이상현상에 대비하여 대지와 계통을 연결하는 것으로, 중성점을 대지에 접속하는 것을 말한다.

⑥ "고장보호(간접접촉에 대한 보호, Protection Against Indirect Contact)"란 고장시 기기의 노출도전부에 간접 접촉함으로써 발생할 수 있는 위험으로부터 인축을 보호하는 것을 말한다.

⑦ "기본보호(직접접촉에 대한 보호, Protection Against Direct Contact)"란 정상운전시 기기의 충전부에 직접 접촉함으로써 발생할 수 있는 위험으로부터 인축을 보호하는 것을 말한다.

⑧ "관등회로"란 방전등용 안정기 또는 방전등용 변압기로부터 방전관까지의 전로를 말한다.

⑨ "내부 피뢰시스템(Internal Lightning Protection System)"이란 등전위본딩 및/또는 외부피뢰시스템의 전기적 절연으로 구성된 피뢰 시스템의 일부를 말한다.

⑩ "노출도전부(Exposed Conductive Part)"란 충전부는 아니지만 고장시에 충전될 위험이 있고 사람이 쉽게 접촉할 수 있는 기기의 도전성 부분을 말한다.

⑪ "단독운전"이란 전력계통의 일부가 전력계통의 전원과 전기적으로 분리된 상태에서 분산형전원에 의해서만 운전되는 상태를 말한다.

⑫ "단순 병렬운전"이란 자가용 발전설비 또는 저압 소용량 일반용 발전설비를 배전 계통에 연계하여 운전하되, 생산한 전력의 전부를 자체적으로 소비하기 위한 것으로서 생산한 전력이 연계계통으로 송전되지 않는 병렬 형태를 말한다.

⑬ "등전위본딩(Equipotential Bonding)"이란 등전위를 형성하기 위해 도전부 상호간을 전기적으로 연결하는 것을 말한다.

⑭ "등전위본딩망(Equipotential Bonding Network)"이란 구조물의 모든 도전부와 충전도체를 제외한 내부설비를 접지극에 상호 접속하는 망을 말한다.

⑮ "리플프리(Ripple-free)직류"란 교류를 직류로 변환할 때 리플성분의 실효값이 10 [%] 이하로 포함된 직류를 말한다.

⑯ "보호도체(PE, Protective Conductor)"란 감전에 대한 보호 등 안전을 위해 제공되는 도체를 말한다.

확인문제

03 "관등회로"에 대한 설명으로 옳은 것은?
① 분기점으로부터 안정기까지의 전로를 말한다.
② 스위치로부터 방전등까지의 전로를 말한다.
③ 스위치로부터 안정기까지의 전로를 말한다.
④ 방전등용 안정기로부터 방전관까지의 전로를 말한다.

해설 용어
관등회로 : 방전등용 안정기 또는 방전등용 변압기로부터 방전관까지의 전로를 말한다.

답 : ④

04 전력계통의 일부가 전력계통의 전원과 전기적으로 분리된 상태에서 분산형전원에 의해서만 가압되는 상태를 무엇이라 하는가?
① 계통연계　② 접속설비
③ 단독운전　④ 단순 병렬운전

해설 용어
단독운전 : 전력계통의 일부가 전력계통의 전원과 전기적으로 분리된 상태에서 분산형전원에 의해서만 운전되는 상태를 말한다.

답 : ③

⑰ "보호 등전위본딩(Protective Equipotential Bonding)"이란 감전에 대한 보호 등과 같이 안전을 목적으로 하는 등전위본딩을 말한다.

⑱ "보호 본딩도체(Protective Bonding Conductor)"란 보호 등전위본딩을 제공하는 보호도체를 말한다.

⑲ "보호접지(Protective Earthing)"란 고장시 감전에 대한 보호를 목적으로 기기의 한 점 또는 여러 점을 접지하는 것을 말한다.

⑳ "분산형 전원"이란 중앙급전 전원과 구분되는 것으로서 전력소비지역 부근에 분산하여 배치 가능한 전원을 말한다. 상용전원의 정전시에만 사용하는 비상용 예비전원은 제외하며, 신·재생에너지 발전설비, 전기저장장치 등을 포함한다.

㉑ "서지보호장치(SPD, Surge Protective Device)"란 과도 과전압을 제한하고 서지전류를 분류하기 위한 장치를 말한다.

㉒ "수뢰부 시스템(Air-termination System)"이란 낙뢰를 포착할 목적으로 돌침, 수평도체, 메시도체 등과 같은 금속 물체를 이용한 외부 피뢰시스템의 일부를 말한다.

㉓ "스트레스전압(Stress Voltage)"이란 지락고장 중에 접지부분 또는 기기나 장치의 외함과 기기나 장치의 다른 부분 사이에 나타나는 전압을 말한다.

㉔ "외부 피뢰시스템(External Lightning Protection System)"이란 수뢰부 시스템, 인하도선 시스템, 접지극 시스템으로 구성된 피뢰시스템의 일종을 말한다.

㉕ "인하도선 시스템(Down-conductor System)"이란 뇌전류를 수뢰부 시스템에서 접지극으로 흘리기 위한 외부 피뢰시스템의 일부를 말한다.

㉖ "임펄스내전압(Impulse Withstand Voltage)"이란 지정된 조건하에서 절연파괴를 일으키지 않는 규정된 파형 및 극성의 임펄스전압의 최대 피크 값 또는 충격 내전압을 말한다.

㉗ "접지시스템(Earthing System)"이란 기기나 계통을 개별적 또는 공통으로 접지하기 위하여 필요한 접속 및 장치로 구성된 설비를 말한다.

㉘ "전기철도용 급전선"이란 전기철도용 변전소로부터 다른 전기철도용 변전소 또는 전차선에 이르는 전선을 말한다.

㉙ "전기철도용 급전선로"란 전기철도용 급전선 및 이를 지지하거나 수용하는 시설물을 말한다.

확인문제

05 다음 중 분산형 전원에 포함되지 않는 것은?
① 전력소비지역 부근에 분산하여 배치 가능한 전원
② 사용전원의 정전시에만 사용하는 비상용 예비전원
③ 신·재생에너지 발전설비
④ 전기저장장치

해설 용어
분산형 전원 : 중앙급전 전원과 구분되는 것으로서 전력소비지역 부근에 분산하여 배치 가능한 전원을 말한다. 상용전원의 정전시에만 사용하는 비상용 예비전원은 제외하며, 신·재생에너지 발전설비, 전기저장장치 등을 포함한다.

답 : ②

06 전기철도용 변전소로부터 다른 전기철도용 변전소 또는 전차선에 이르는 전선을 무엇이라 하는가?
① 급전선
② 전기철도용 급전선
③ 급전선로
④ 전기철도용 급전선로

해설 용어
전기철도용 급전선 : 전기철도용 변전소로부터 다른 전기철도용 변전소 또는 전차선에 이르는 전선을 말한다.

답 : ②

㉚ "제1차 접근상태"란 가공 전선이 다른 시설물과 접근(병행하는 경우를 포함하며 교차하는 경우 및 동일 지지물에 시설하는 경우를 제외한다. 이하 같다)하는 경우에 가공 전선이 다른 시설물의 위쪽 또는 옆쪽에서 수평거리로 가공 전선로의 지지물의 지표상의 높이에 상당하는 거리 안에 시설(수평 거리로 3 [m] 미만인 곳에 시설되는 것을 제외한다)됨으로써 가공 전선로의 전선의 절단, 지지물의 도괴 등의 경우에 그 전선이 다른 시설물에 접촉할 우려가 있는 상태를 말한다.-(영역Ⅱ)

㉛ "제2차 접근상태"란 가공 전선이 다른 시설물과 접근하는 경우에 그 가공 전선이 다른 시설물의 위쪽 또는 옆쪽에서 수평 거리로 3 [m] 미만인 곳에 시설되는 상태를 말한다.-(영역Ⅰ)

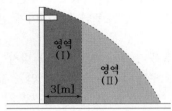

㉜ "접속설비"란 공용 전력계통으로부터 특정 분산형전원 전기설비에 이르기까지의 전선로와 이에 부속하는 개폐장치, 모선 및 기타 관련 설비를 말한다.

㉝ "지중관로"란 지중 전선로·지중 약전류 전선로·지중 광섬유 케이블 선로·지중에 시설하는 수관 및 가스관과 이와 유사한 것 및 이들에 부속하는 지중함 등을 말한다.

㉞ "특별저압(ELV, Extra Low Voltage)"이란 인체에 위험을 초래하지 않을 정도의 저압을 말한다. 특별저압 계통의 전압한계는 교류 50 [V], 직류 120 [V] 이하이어야 하며 여기서 SELV(Safety Extra Low Voltage)는 비접지회로에 해당되며, PELV(Protective Extra Low Voltage)는 접지회로에 해당된다.

㉟ "충전부(Live Part)"란 통상적인 운전 상태에서 전압이 걸리도록 되어 있는 도체 또는 도전부를 말한다. 중성선을 포함하나 PEN 도체, PEM 도체 및 PEL 도체는 포함하지 않는다.

확인문제

07 제2차 접근상태라 함은 가공전선이 다른 시설물과 접근하는 경우에 그 가공전선이 다른 시설물의 위쪽 또는 옆쪽에서 수평거리로 몇 [m] 미만인 곳에 시설되는 상태를 말하는가?

① 2   ② 3
③ 4   ④ 5

해설 용어
제2차 접근상태 : 가공 전선이 다른 시설물과 접근하는 경우에 그 가공 전선이 다른 시설물의 위쪽 또는 옆쪽에서 수평 거리로 3 [m] 미만인 곳에 시설되는 상태를 말한다.

답 : ②

08 특별저압이란 인체에 위험을 초래하지 않을 정도의 저압을 말한다. 이 때 특별저압 계통의 전압한계에 대해서 알맞게 설명한 것은?

① 교류 30 [V] 이하, 직류 100 [V]이하
② 교류 50 [V] 이하, 직류 100 [V]이하
③ 교류 30 [V] 이하, 직류 120 [V]이하
④ 교류 50 [V] 이하, 직류 120 [V]이하

해설 용어
특별저압 : 인체에 위험을 초래하지 않을 정도의 저압을 말한다. 특별저압 계통의 전압한계는 교류 50 [V], 직류 120 [V] 이하를 말한다.

답 : ④

4 안전을 위한 보호

안전을 위한 보호의 기본 요구사항은 전기설비를 적절히 사용할 때 발생할 수 있는 위험과 장애로부터 인축 및 재산을 안전하게 보호함을 목적으로 하고 있다. 가축의 안전을 제공하기 위한 요구사항은 가축을 사육하는 장소에 적용할 수 있다.

1. 감전에 대한 보호

(1) 기본보호

기본보호는 일반적으로 직접접촉을 방지하는 것으로, 전기설비의 충전부에 인축이 접촉하여 일어날 수 있는 위험으로부터 보호되어야 한다. 기본보호는 다음 중 어느 하나에 적합하여야 한다.
① 인축의 몸을 통해 전류가 흐르는 것을 방지
② 인축의 몸에 흐르는 전류를 위험하지 않는 값 이하로 제한

(2) 고장 보호

고장 보호는 일반적으로 기본절연의 고장에 의한 간접접촉을 방지하는 것이다.
① 노출도전부에 인축이 접촉하여 일어날 수 있는 위험으로부터 보호되어야 한다.
② 고장 보호는 다음 중 어느 하나에 적합하여야 한다.
 (ㄱ) 인축의 몸을 통해 고장전류가 흐르는 것을 방지
 (ㄴ) 인축의 몸에 흐르는 고장전류를 위험하지 않는 값 이하로 제한
 (ㄷ) 인축의 몸에 흐르는 고장전류의 지속시간을 위험하지 않은 시간까지로 제한

2. 열 영향에 대한 보호

고온 또는 전기 아크로 인해 가연물이 발화 또는 손상되지 않도록 전기설비를 설치하여야 한다. 또한 정상적으로 전기기기가 작동할 때 인축이 화상을 입지 않도록 하여야 한다.

확인문제

09 안전을 위한 보호 중 감전에 대한 보호로서 고장 보호에 대한 설명이 잘못된 것은?

① 일반적으로 직접접촉을 방지하는 것이다.
② 노출도전부에 인축이 접촉하여 일어날 수 있는 위험으로부터 보호되어야 한다.
③ 인축의 몸을 통해 고장전류가 흐르는 것을 방지
④ 인축의 몸에 흐르는 고장전류의 지속시간을 위험하지 않은 시간까지로 제한

해설 감전에 대한 보호
감전에 대한 보호 중 기본보호는 일반적으로 직접접촉을 방지하는 것으로, 전기설비의 충전부에 인축이 접촉하여 일어날 수 있는 위험으로부터 보호되어야 한다.

답 : ①

10 고온 또는 전기 아크로 인해 가연물이 발화 또는 손상되지 않도록 전기설비를 설치하여야 하는 것은 안전을 위한 보호방법 중 무엇에 대한 보호를 목적으로 하는가?

① 과전압 및 전자기 장애에 대한 보호
② 고장전류에 대한 보호
③ 과전류에 대한 보호
④ 열 영향에 대한 보호

해설 열 영향에 대한 보호
고온 또는 전기 아크로 인해 가연물이 발화 또는 손상되지 않도록 전기설비를 설치하여야 한다. 또한 정상적으로 전기기기가 작동할 때 인축이 화상을 입지 않도록 하여야 한다.

답 : ④

3. 과전류에 대한 보호

① 도체에서 발생할 수 있는 과전류에 의한 과열 또는 전기·기계적 응력에 의한 위험으로부터 인축의 상해를 방지하고 재산을 보호하여야 한다.

② 과전류에 대한 보호는 과전류가 흐르는 것을 방지하거나 과전류의 지속시간을 위험하지 않는 시간까지로 제한함으로써 보호할 수 있다.

4. 고장전류에 대한 보호

① 고장전류가 흐르는 도체 및 다른 부분은 고장전류로 인해 허용온도 상승 한계에 도달하지 않도록 하여야 한다. 도체를 포함한 전기설비는 인축의 상해 또는 재산의 손실을 방지하기 위하여 보호장치가 구비되어야 한다.

② 도체는 3.에 따라 고장으로 인해 발생하는 과전류에 대하여 보호되어야 한다.

5. 과전압 및 전자기 장애에 대한 대책

① 회로의 충전부 사이의 결함으로 발생한 전압에 의한 고장으로 인한 인축의 상해가 없도록 보호하여야 하며, 유해한 영향으로부터 재산을 보호하여야 한다.

② 저전압과 뒤이은 전압 회복의 영향으로 발생하는 상해로부터 인축을 보호하여야 하며, 손상에 대해 재산을 보호하여야 한다.

③ 설비는 규정된 환경에서 그 기능을 제대로 수행하기 위해 전자기 장애로부터 적절한 수준의 내성을 가져야 한다. 설비를 설계할 때는 설비 또는 설치 기기에서 발생되는 전자기 방사량이 설비 내의 전기사용기기와 상호 연결 기기들이 함께 사용되는 데 적합한지를 고려하여야 한다.

6. 전원공급 중단에 대한 보호

전원공급 중단으로 인해 위험과 피해가 예상되면, 설비 또는 설치기기에 적절한 보호장치를 구비하여야 한다.

확인문제

11 과전류에 대한 보호는 도체에서 발생할 수 있는 과전류에 의한 위험요소로부터 인축의 상해를 방지하고 재산을 보호하여야 하는데 이 때 위험요소에 속하지 않은 사항은?

① 과열에 의한 위험
② 전기적 부식에 의한 위험
③ 전기적 응력에 의한 위험
④ 기계적 응력에 의한 위험

[해설] 과전류에 대한 보호
도체에서 발생할 수 있는 과전류에 의한 과열 또는 전기·기계적 응력에 의한 위험으로부터 인축의 상해를 방지하고 재산을 보호하여야 한다.

답 : ②

12 안전을 위한 보호의 기본 요구사항은 전기설비를 적절히 사용할 때 발생할 수 있는 위험과 장애로부터 인축 및 재산을 안전하게 보호함을 목적으로 하고 있다. 다음 중 안전을 위한 보호에 해당되지 않은 것은?

① 감전에 대한 보호
② 과전류에 대한 보호
③ 코로나에 대한 보호
④ 전원공급 중단에 대한 보호

[해설] 안전을 위한 보호
안전을 위한 보호는 감전에 대한 보호, 열 영향에 대한 보호, 과전류에 대한 보호, 고장전류에 대한 보호, 과전압 및 전자기 장애에 대한 대책, 전원공급 중단에 대한 보호로 나누어진다.

답 : ③

5 전선의 선정 및 식별

(1) 전선 일반 요구사항 및 선정

① 전선은 통상 사용 상태에서의 온도에 견디는 것이어야 한다.

② 전선은 설치장소의 환경조건에 적절하고 발생할 수 있는 전기·기계적 응력에 견디는 능력이 있는 것을 선정하여야 한다.

③ 전선은 「전기용품 및 생활용품 안전관리법」의 적용을 받는 것 이외에는 한국산업표준(이하 "KS"라 한다)에 적합한 것을 사용하여야 한다.

(2) 전선의 식별

① 전선의 색상

상(문자)	색상
L1	갈색
L2	흑색
L3	회색
N	청색
보호도체	녹색－노란색

② 색상 식별이 종단 및 연결 지점에서만 이루어지는 나도체 등은 전선 종단부에 색상이 반영구적으로 유지될 수 있는 도색, 밴드, 색 테이프 등의 방법으로 표시해야 한다.

6 전선의 종류

1. 절연전선

① 저압 절연전선은 「전기용품 및 생활용품 안전관리법」의 적용을 받는 것 이외에는 KS에 적합한 것으로서 450/750 [V] 비닐절연전선·450/750 [V] 저독성 난연 폴리올레핀 절연전선·450/750 [V] 저독성 난연 가교폴리올레핀 절연전선·450/750 [V] 고무절연전선을 사용하여야 한다.

② 고압·특고압 절연전선은 KS에 적합한 또는 동등 이상의 전선을 사용하여야 한다.

확인문제

13 전선이 갖추어야 할 일반적인 요구사항 중 알맞지 않은 것은?

① 전선은 온도에 견디는 것이어야 한다.
② 전선은 전기적 응력에 견디는 것이어야 한다.
③ 전선은 기계적 응력에 견디는 것이어야 한다.
④ 전선은 자기적 응력에 견디는 것이어야 한다.

해설 **전선 일반 요구사항**
⑴ 전선은 통상 사용 상태에서의 온도에 견디는 것이어야 한다.
⑵ 전선은 설치장소의 환경조건에 적절하고 발생할 수 있는 전기·기계적 응력에 견디는 능력이 있는 것을 선정하여야 한다.

답 : ④

14 저압 절연전선에 속하지 않은 것은?

① 450/750 [V] 비닐절연전선
② 450/750 [V] 저독성 난연 폴리올레핀 절연전선
③ 450/750 [V] 폴리에틸렌절연전선
④ 450/750 [V] 고무절연전선

해설 **절연전선**
450/750 [V] 비닐절연전선·450/750 [V] 저독성 난연 폴리올레핀 절연전선·450/750 [V] 저독성 난연 가교폴리올레핀 절연전선·450/750 [V] 고무절연전선을 사용하여야 한다.

답 : ③

2. 코드

① 코드는 「전기용품 및 생활용품 안전관리법」에 의한 안전인증을 취득한 것을 사용하여야 한다.

② 코드는 이 규정에서 허용된 경우에 한하여 사용할 수 있다.

3. 캡타이어케이블

캡타이어케이블은 「전기용품 및 생활용품 안전관리법」의 적용을 받는 것 이외에는 KS C IEC 60502-1(정격 전압 1 [kV] ~ 30 [kV] 압출 성형 절연 전력 케이블)에 적합한 것을 사용하여야 한다.

4. 저압케이블

(1) 사용전압이 저압인 전로(전기기계기구 안의 전로를 제외한다)의 전선으로 사용하는 케이블은 「전기용품 및 생활용품 안전관리법」의 적용을 받는 것 이외에는 KS 표준에 적합한 것으로 0.6/1 [kV] 연피(鉛皮)케이블, 클로로프렌외장(外裝)케이블, 비닐외장케이블, 폴리에틸렌외장케이블, 무기물 절연케이블, 금속외장케이블, 저독성 난연 폴리올레핀외장케이블, 300/500 [V] 연질 비닐시스케이블, (2)에 따른 유선텔레비전용 급전겸용 동축케이블(그 외부도체를 접지하여 사용하는 것에 한한다)을 사용하여야 한다. 다만, 다음의 케이블을 사용하는 경우에는 예외로 한다.

(ㄱ) 작업선 등의 실내 배선공사에 따른 선박용 케이블

(ㄴ) 엘리베이터 등의 승강로 안의 저압 옥내배선 등의 시설에 따른 엘리베이터용 케이블

(ㄷ) 통신용 케이블

(ㄹ) 용접용 케이블

(ㅁ) 발열선 접속용 케이블

(ㅂ) 물밑케이블

(2) 유선텔레비전용 급전겸용 동축케이블은 [CATV용(급전겸용) 알루미늄 파이프형 동축케이블]에 적합한 것을 사용한다.

확인문제

15 전선의 종류 중 코드선은 어떤 법률의 안전인증을 취득한 것을 사용하여야 하는가?

① 위험물 안전관리법
② 전기안전관리법
③ 전기용품 및 생활용품 안전관리법
④ 화재예방 및 소방시설 안전관리법

[해설] 코드
(1) 코드는 「전기용품 및 생활용품 안전관리법」에 의한 안전인증을 취득한 것을 사용하여야 한다.
(2) 코드는 이 규정에서 허용된 경우에 한하여 사용할 수 있다.

답 : ③

16 사용전압이 저압인 전로의 전선으로 사용하는 케이블은 「전기용품 및 생활용품 안전관리법」의 적용을 받는 것 이외에는 KS 표준에 적합한 것을 사용하여야 하는 저압케이블은 어떤 것인가?

① 유선텔레비전용 급전겸용 동축케이블
② 작업선 등의 실내 배선공사에 따른 선박용 케이블
③ 통신용 케이블
④ 용접용 케이블

[해설] 저압케이블
선박용 케이블, 엘리베이터용 케이블, 통신용 케이블, 용접용 케이블, 발열선 접속용 케이블, 물밑 케이블은 예외이다.

답 : ①

5. 고압 및 특고압케이블

(1) 고압 전로(전기기계기구 안의 전로를 제외한다)의 전선으로 사용하는 케이블은 KS에 적합한 것으로 연피케이블·알루미늄피케이블·클로로프렌외장케이블·비닐외장케이블·폴리에틸렌외장케이블·저독성 난연 폴리올레핀외장케이블·콤바인덕트케이블 또는 KS에서 정하는 성능 이상의 것을 사용하여야 한다.
다만, 고압 가공전선에 반도전성 외장 조가용 고압케이블을 사용하는 경우, 비행장등화용 고압케이블을 사용하는 경우 또는 물밑전선로의 시설에 따라 물밑케이블을 사용하는 경우에는 그러하지 아니하다.

(2) 특고압 전로(전기기계기구 안의 전로를 제외한다)의 전선으로 사용하는 케이블은 절연체가 에틸렌 프로필렌고무혼합물 또는 가교폴리에틸렌 혼합물인 케이블로서 선심 위에 금속제의 전기적 차폐층을 설치한 것이거나 파이프형 압력 케이블·연피케이블·알루미늄피케이블 그 밖의 금속피복을 한 케이블을 사용하여야 한다.
다만, 물밑전선로의 시설에서 특고압 물밑전선로의 전선에 사용하는 케이블에는 절연체가 에틸렌 프로필렌고무혼합물 또는 가교폴리에틸렌 혼합물인 케이블로서 금속제의 전기적 차폐층을 설치하지 아니한 것을 사용할 수 있다.

(3) 특고압 전로의 다중접지 지중 배전계통에 사용하는 동심중성선 전력케이블은 충실외피를 적용한 충실 케이블과 충실외피를 적용하지 않은 케이블의 두 가지 유형이 있으며, 최고전압은 25.8 [kV] 이하일 것.

6. 나전선 등

나전선(버스덕트의 도체, 기타 구부리기 어려운 전선, 라이팅덕트의 도체 및 절연트롤리선의 도체를 제외한다) 및 지선·가공지선·보호도체·보호망·전력보안 통신용 약전류전선 기타의 금속선(절연전선·캡타이어케이블 및 건조한 조영재에 시설하는 최대사용전압이 30 [V] 이하의 소세력 회로의 전선에 사용하는 피복선을 제외한다)은 KS에 적합한 것을 사용하여야 한다.

확인문제

17 사용전압이 고압인 전로의 전선으로 사용하는 케이블에 속하지 않은 것은?

① 비닐외장케이블
② 폴리에틸렌외장케이블
③ 파이프형 압력 케이블
④ 콤바인덕트 케이블

[해설] 고압 및 특고압케이블
파이프형 압력 케이블은 특고압 전로의 전선으로 사용하는 케이블에 속한다.

답 : ③

18 특고압 전로의 다중접지 지중 배전계통에 사용하는 동심중성선 전력케이블의 최고전압은 몇 [kV] 이하인가?

① 18   ② 22.9
③ 24   ④ 25.8

[해설] 특고압케이블
특고압 전로의 다중접지 지중 배전계통에 사용하는 동심중성선 전력케이블은 충실외피를 적용한 충실 케이블과 충실외피를 적용하지 않은 케이블의 두 가지 유형이 있으며, 최고전압은 25.8 [kV] 이하일 것.

답 : ④

7 전선의 접속

전선을 접속하는 경우에는 옥외등 또는 소세력 회로의 규정에 의하여 시설하는 경우 이외에는 전선의 전기저항을 증가시키지 아니하도록 접속하여야 하며, 또한 다음에 따라야 한다.

① 나전선 상호 또는 나전선과 절연전선 또는 캡타이어 케이블과 접속하는 경우
  (ㄱ) 전선의 세기[인장하중(引張荷重)으로 표시한다. 이하 같다.]를 20 [%] 이상 감소시키지 아니할 것. (또는 80 [%] 이상 유지할 것.)
  (ㄴ) 접속부분은 접속관 기타의 기구를 사용할 것.

② 절연전선 상호·절연전선과 코드, 캡타이어케이블과 접속하는 경우에는 ①의 규정에 준하는 이외에 접속되는 절연전선의 절연물과 동등 이상의 절연성능이 있는 접속기를 사용하거나 접속부분을 그 부분의 절연전선의 절연물과 동등 이상의 절연효력이 있는 것으로 충분히 피복할 것.

③ 코드 상호, 캡타이어 케이블 상호 또는 이들 상호를 접속하는 경우에는 코드 접속기·접속함 기타의 기구를 사용할 것.

④ 도체에 알루미늄(알루미늄 합금을 포함한다. 이하 같다)을 사용하는 전선과 동(동합금을 포함한다.)을 사용하는 전선을 접속하는 등 전기 화학적 성질이 다른 도체를 접속하는 경우에는 접속부분에 전기적 부식(電氣的腐蝕)이 생기지 않도록 할 것.

⑤ 두 개 이상의 전선을 병렬로 사용하는 경우
  (ㄱ) 병렬로 사용하는 각 전선의 굵기는 동선 50 [mm²] 이상 또는 알루미늄 70 [mm²] 이상으로 하고, 전선은 같은 도체, 같은 재료, 같은 길이 및 같은 굵기의 것을 사용할 것.
  (ㄴ) 같은 극의 각 전선은 동일한 터미널러그에 완전히 접속할 것.
  (ㄷ) 같은 극인 각 전선의 터미널러그는 동일한 도체에 2개 이상의 리벳 또는 2개 이상의 나사로 접속할 것.
  (ㄹ) 병렬로 사용하는 전선에는 각각에 퓨즈를 설치하지 말 것.
  (ㅁ) 교류회로에서 병렬로 사용하는 전선은 금속관 안에 전자적 불평형이 생기지 않도록 시설할 것.

확인문제

19 전선의 접속법을 열거한 것 중 잘못 설명한 것은?

① 전선 세기를 30 [%] 이상 감소시키지 않는다.
② 접속부분은 절연전선의 절연물과 동등 이상의 절연효력이 있도록 충분히 피복한다.
③ 접속부분은 접속관, 기타의 기구를 사용한다.
④ 알루미늄 도체의 전선과 동도체의 전선을 접속할 때에는 전기적인 부식이 생기지 않도록 한다.

해설 전선의 접속
전선의 세기[인장하중(引張荷重)으로 표시한다. 이하 같다.]를 20 [%] 이상 감소시키지 아니할 것.

답 : ①

20 두 개 이상의 전선을 병렬로 사용하는 경우 각 전선의 굵기는 동선과 알루미늄에 대해서 몇 [mm²] 이상의 것을 사용하여야 하는가?

① 동선 50 [mm²], 알루미늄 50 [mm²]
② 동선 70 [mm²], 알루미늄 70 [mm²]
③ 동선 50 [mm²], 알루미늄 70 [mm²]
④ 동선 70 [mm²], 알루미늄 50 [mm²]

해설 전선의 접속
병렬로 사용하는 각 전선의 굵기는 동선 50 [mm²] 이상 또는 알루미늄 70 [mm²] 이상으로 하고, 전선은 같은 도체, 같은 재료, 같은 길이 및 같은 굵기의 것을 사용할 것.

답 : ③

8 전로의 절연

전로는 다음 이외에는 대지로부터 절연하여야 한다.
① 각종 접지공사의 접지점
② 다음과 같이 절연할 수 없는 부분
　(ㄱ) 시험용 변압기, 기구 등의 전로의 절연내력 단서에 규정하는 전력선 반송용 결합 리액터, 전기울타리의 시설에 규정하는 전기울타리용 전원장치, 엑스선발생장치, 전기부식방지 시설에 규정하는 전기부식방지용 양극, 단선식 전기철도의 귀선 등 전로의 일부를 대지로부터 절연하지 아니하고 전기를 사용하는 것이 부득이한 것.
　(ㄴ) 전기욕기·전기로·전기보일러·전해조 등 대지로부터 절연하는 것이 기술상 곤란한 것.

9 전로의 절연저항 및 절연내력

(1) 사용전압이 저압인 전로의 절연성능은 기술기준 제52조를 충족하여야 한다. 다만, 저압전로에서 정전이 어려운 경우 등 절연저항 측정이 곤란한 경우에는 누설전류를 1 [mA] 이하이면 그 전로의 절연성능은 적합한 것으로 본다.

참고 기술기준 제52조 저압전로의 절연성능

전기사용 장소의 사용전압이 저압인 전로의 전선 상호간 및 전로와 대지 사이의 절연저항은 개폐기 또는 과전류차단기로 구분할 수 있는 전로마다 다음 표에서 정한 값 이상이어야 한다. 다만, 전선 상호간의 절연저항은 기계기구를 쉽게 분리가 곤란한 분기회로의 경우 기기 접속 전에 측정할 수 있다.

또한, 측정시 영향을 주거나 손상을 받을 수 있는 SPD 또는 기타 기기 등은 측정 전에 분리시켜야 하고, 부득이하게 분리가 어려운 경우에는 시험전압을 250 [V] DC로 낮추어 측정할 수 있지만 절연저항 값은 1 [MΩ] 이상이어야 한다.

전로의 사용전압 [V]	DC 시험전압 [V]	절연저항 [MΩ]
SELV 및 PELV	250	0.5
FELV, 500 [V] 이하	500	1.0
500 [V] 초과	1,000	1.0

[주] 특별저압(extra low voltage : 2차 전압이 AC 50 [V], DC 120 [V] 이하)으로 SELV(비접지회로 구성) 및 PELV(접지회로 구성)은 1차와 2차가 전기적으로 절연된 회로, FELV는 1차와 2차가 전기적으로 절연되지 않은 회로

확인문제

21 다음 중 대지로부터 전로를 절연해야 하는 것은 어느 것인가?

① 전기보일러　　② 전기다리미
③ 전기욕기　　　④ 전기로

해설 절연할 수 없는 부분
(1) 시험용 변압기, 전력선 반송용 결합 리액터, 전기울타리용 전원장치, 엑스선발생장치, 전기부식방지용 양극, 단선식 전기철도의 귀선 등 전로의 일부를 대지로부터 절연하지 아니하고 전기를 사용하는 것이 부득이한 것.
(2) 전기욕기·전기로·전기보일러·전해조 등 대지로부터 절연하는 것이 기술상 곤란한 것.
답 : ②

22 저압전로에서 정전이 어려운 경우 등 절연저항 측정이 곤란한 경우에는 누설전류를 몇 [mA] 이하로 유지해야 하는가?

① 1 [mA]　　② 2 [mA]
③ 3 [mA]　　④ 4 [mA]

해설 전로의 절연저항
사용전압이 저압인 전로에서 정전이 어려운 경우 등 절연저항 측정이 곤란한 경우에는 누설전류를 1 [mA] 이하이면 그 전로의 절연성능은 적합한 것으로 본다.
답 : ①

(2) 고압 및 특고압의 전로는 아래 표에서 정한 시험전압을 전로와 대지 사이(다심케이블은 심선 상호 간 및 심선과 대지 사이)에 연속하여 10분간 가하여 절연내력을 시험하였을 때에 이에 견디어야 한다. 다만, 전선에 케이블을 사용하는 교류 전로로서 아래 표에서 정한 시험전압의 2배의 직류전압을 연속하여 10분간 가하여 절연내력을 시험하였을 때에 이에 견디는 것에 대하여는 그러하지 아니하다.

전로의 최대사용전압		시험전압	최저시험전압
7 [kV] 이하		1.5배	–
7 [kV] 초과 60 [kV] 이하		1.25배	10.5 [kV]
7 [kV] 초과 25 [kV] 이하 중성점 다중접지		0.92배	–
60 [kV] 초과	비접지	1.25배	–
60 [kV] 초과 170 [kV] 이하	접지	1.1배	75 [kV]
	직접접지	0.72배	
170 [kV] 초과	직접접지	0.64배	–
60 [kV] 초과하는 정류기에 접속된 전로		교류측 및 직류 고전압측에 접속되고 있는 전로는 교류측 최대사용전압의 1.1배의 직류전압	

확인문제

23 최대사용전압이 66 [kV]인 중성점 비접지식 전로의 절연내력 시험전압은 몇 [kV]인가?

① 63.48 [kV] ② 82.5 [kV]
③ 86.25 [kV] ④ 103.5 [kV]

해설 고압 및 특고압 전로의 절연내력시험
60 [kV] 초과 비접지식인 경우 시험전압은 최대사용전압의 1.25배를 곱하여 계산한다.
∴ 시험전압=66×1.25=82.5[kV]

답 : ②

24 3상 4선식 22.9 [kV] 중성점 다중접지 전로의 절연내력시험전압은 최대사용전압의 몇 배의 전압인가?

① 0.64배 ② 0.72배
③ 0.92배 ④ 1.25배

해설 고압 및 특고압 전로의 절연내력시험

전로의 최대사용전압	시험전압
7 [kV] 초과 25 [kV] 이하 중성점 다중접지	0.92배

답 : ③

10 회전기, 정류기의 절연내력

회전기 및 정류기는 아래 표에서 정한 시험방법으로 절연내력을 시험하였을 때에 이에 견디어야 한다. 다만, 회전변류기 이외의 교류의 회전기로 아래 표에서 정한 시험전압의 1.6배의 직류전압으로 절연내력을 시험하였을 때 이에 견디는 것을 시설하는 경우에는 그러하지 아니하다.

종류 \ 구분	최대사용전압		시험전압	시험방법
회전기	발전기, 전동기, 조상기, 기타 회전기	7 [kV] 이하	1.5배 (최저 500 [V])	권선과 대지 사이에 연속하여 10분간 가한다.
		7 [kV] 초과	1.25배 (최저 10.5 [kV])	
	회전변류기		직류 측의 최대사용전압의 1배 (최저 500 [V])	
정류기	60 [kV] 이하		직류 측의 최대사용전압의 1배 (최저 500[V])	충전부분과 외함 간에 연속하여 10분간 가한다.
	60 [kV] 초과		교류 측의 최대사용전압의 1.1배	교류측 및 직류 고전압측 단자와 대지 사이에 연속하여 10분간 가한다.

11 연료전지 및 태양전지 모듈의 절연내력

연료전지 및 태양전지 모듈은 최대사용전압의 1.5배의 직류전압 또는 1배의 교류전압(500 [V] 이상일 것)을 충전부분과 대지사이에 연속하여 10분간 가하여 절연내력을 시험하였을 때에 이에 견디는 것이어야 한다.

확인문제

25 3상 220 [V] 유도전동기의 권선과 대지간의 절연내력시험전압과 견뎌야 할 최소시간이 맞는 것은?

① 220 [V], 5분
② 275 [V], 10분
③ 330 [V], 20분
④ 500 [V], 10분

[해설] 회전기 및 정류기의 절연내력시험
7 [kV] 이하이므로 시험전압은 사용전압의 1.5배를 곱하여 계산하고 그 값이 500 [V] 이상이어야 한다. 계산결과가 500[V] 미만인 경우 시험전압은 500 [V]로 정하여야 한다.
시험전압=220×1.5=330 [V]
∴ 500 [V], 10분

답 : ④

26 연료전지 및 태양전지 모듈의 절연내력은 최대 사용 전압의 (㉠)배의 직류전압 또는 1배의 교류전압을 충전부분과 대지 사이에 연속하여 (㉡)분간 가하여 절연내력을 시험하였을 때에 이에 견디는 것이어야 한다. (㉠), (㉡)안에 알맞은 것은?

① ㉠ 1.2 , ㉡ 5
② ㉠ 1.2 , ㉡ 10
③ ㉠ 1.5 , ㉡ 5
④ ㉠ 1.5 , ㉡ 10

[해설] 연료전지 및 태양전지 모듈의 절연내력시험
연료전지 및 태양전지 모듈은 최대사용전압의 1.5배의 직류전압 또는 1배의 교류전압(500 [V] 미만으로 되는 경우에는 500 [V])을 충전부분과 대지 사이에 연속하여 10분간 가하여 절연내력을 시험하였을 때 이에 견디는 것이어야 한다.

답 : ④

12 변압기 전로의 절연내력

변압기의 전로는 아래 표에서 정하는 시험전압 및 시험방법으로 절연내력을 시험하였을 때에 이에 견디어야 한다.

권선의 최대사용전압	시험전압	시험방법
7 [kV] 이하	1.5배 (최저 500 [V])	시험되는 권선과 다른 권선, 철심 및 외함 간에 시험전압을 연속하여 10분간 가한다.
	중성점 다중접지 전로에 접속시 0.92배 (최저 500 [V])	
7 [kV] 초과 25 [kV] 이하 중성점 다중접지식 전로에 접속	0.92배	
7 [kV] 초과 60 [kV] 이하	1.25배 (최저 10.5 [kV])	
60 [kV] 초과 비접지식 전로에 접속	1.25배	

27 권선의 최대사용전압이 7 [kV]를 초과하고 25 [kV] 이하인 중성점 다중접지식 전로에 접속하는 변압기 전로의 절연내력 시험은 최대사용전압 몇 배의 전압에서 10분간 견디어야 하는가?

① 1.5   ② 0.92
③ 1.25   ④ 2

해설 변압기 전로의 절연내력시험

권선의 최대사용전압	시험전압
7 [kV] 이하	1.5배 (최저 500 [V])
7 [kV] 초과 25 [kV] 이하 중성점 다중접지식 전로에 접속	0.92배
7 [kV] 초과 60 [kV] 이하	1.25배 (최저 10.5 [kV])
60 [kV] 초과 비접지식 전로에 접속	1.25배

답 : ②

28 변압기 1차측 3,300 [V], 2차측 220 [V]의 변압기 전로의 절연내력시험 전압은 각각 몇 [V]에서 10분간 견디어야 하는가?

① 1차측 4,950 [V], 2차측 500 [V]
② 1차측 4,500 [V], 2차측 400 [V]
③ 1차측 4,125 [V], 2차측 500 [V]
④ 1차측 3,300 [V], 2차측 400 [V]

해설 변압기 전로의 절연내력시험
7 [kV] 이하이므로 시험전압은 사용전압의 1.5배를 곱하여 계산하고 그 값이 500 [V] 이상이어야 한다. 계산결과가 500 [V] 미만인 경우 시험전압은 500 [V]로 정하여야 한다.
1차측 시험전압 = $3,300 \times 1.5 = 4,950$ [V]
2차측 시험전압 = $220 \times 1.5 = 330$ [V]
∴ 1차측 4,950 [V], 2차측 500 [V]

답 : ①

권선의 최대사용전압	시험전압	시험방법
60 [kV] 초과 접지식 전로에 접속, 성형결선의 중성점, 스콧결선의 T좌권선과 주좌권선의 접속점에 피뢰기를 시설	1.1배 (최저 75 [kV])	시험되는 권선의 중성점단자(스콧결선의 경우에는 T좌권선과 주좌권선의 접속점 단자) 이외의 임의의 1단자, 다른 권선(다른 권선이 2개 이상 있는 경우에는 각권선)의 임의의 1단자, 철심 및 외함을 접지하고 시험되는 권선의 중성점 단자 이외의 각 단자에 3상 교류의 시험전압을 연속하여 10분간 가한다.
60 [kV] 초과 직접접지식 전로에 접속, 170 [kV] 초과하는 권선에는 그 중성점에 피뢰기를 시설	0.72배	시험되는 권선의 중성점단자, 다른 권선(다른 권선이 2개 이상 있는 경우에는 각 권선)의 임의의 1단자, 철심 및 외함을 접지하고 시험되는 권선의 중성점 단자 이외의 임의의 1단자와 대지 사이에 시험전압을 연속하여 10분간 가한다. 이 경우에 중성점에 피뢰기를 시설하는 것에 있어서는 다시 중성점 단자의 대지 간에 최대사용전압의 0.3배의 전압을 연속하여 10분간 가한다.
170 [kV] 초과 직접접지식 전로에 접속	0.64배	시험되는 권선의 중성점 단자, 다른 권선(다른 권선이 2개 이상 있는 경우에는 각 권선)의 임의의 1단자, 철심 및 외함을 접지하고 시험되는 권선의 중성점 단자 이외의 임의의 1단자와 대지 사이에 시험전압을 연속하여 10분간 가한다.
60 [kV] 초과하는 정류기에 접속된 전로	1.1배	시험되는 권선과 다른 권선, 철심 및 외함 간에 시험전압을 연속하여 10분간 가한다.

확인문제

29 중성점 직접 접지식으로서 최대사용전압이 161,000 [V]인 변압기 권선의 절연내력시험전압은 몇 [V]인가?

① 103,040   ② 115,920
③ 148,120   ④ 177,100

해설 변압기 전로의 절연내력시험
60 [kV] 초과하는 직접접지식 전로에 접속하는 변압기 권선의 절연내력시험전압은 최대사용전압의 0.72배를 10분간 가한다.
∴ $161,000 \times 0.72 = 115,920$ [V]

답 : ②

30 최대사용전압이 170,000 [V]를 넘는 권선(성형 결선)으로서 중성점 직접접지식 전로에 접속하고 또는 그 중성점을 직접접지하는 변압기 전로의 절연내력 시험전압은 최대사용전압의 몇 배의 전압인가?

① 0.3   ② 0.64
③ 0.72   ④ 1.1

해설 변압기 전로의 절연내력시험
170 [kV] 초과하는 직접접지식 전로에 접속하는 변압기의 절연내력시험전압은 최대사용전압의 0.64배를 10분간 가한다.

답 : ②

13 기구 등의 전로의 절연내력

개폐기·차단기·전력용 커패시터·유도전압조정기·계기용변성기 기타의 기구의 전로 및 발전소·변전소·개폐소 또는 이에 준하는 곳에 시설하는 기계기구의 접속선 및 모선은 아래 표에서 정하는 시험전압을 충전 부분과 대지 사이(다심케이블은 심선 상호 간 및 심선과 대지 사이)에 연속하여 10분간 가하여 절연내력을 시험하였을 때에 이에 견디어야 한다. 다만 전선에 케이블을 사용하는 기계기구의 교류의 접속선 또는 모선으로서 아래 표에서 정한 시험전압의 2배의 직류전압을 연속하여 10분간 가하여 절연내력을 시험하였을 때에 이에 견디도록 시설할 때에는 그러하지 아니하다.

전로의 최대사용전압		시험전압	최저시험전압
7 [kV] 이하		1.5배	500 [V]
7 [kV] 초과 60 [kV] 이하		1.25배	10.5 [kV]
7 [kV] 초과 25 [kV] 이하 중성점 다중접지		0.92배	–
60 [kV] 초과	비접지	1.25배	–
60 [kV] 초과 170 [kV] 이하	접지	1.1배	75 [kV]
	직접접지	0.72배	–
170 [kV] 초과	직접접지	0.64배	–
60 [kV] 초과하는 정류기에 접속된 전로		교류측 및 직류 고전압측에 접속되고 있는 전로는 교류측 최대사용전압의 1.1배의 직류전압	

확인문제

31 최대사용전압이 3.3 [kV]인 차단기 전로의 절연내력 시험전압은 몇 [V]인가?

① 3,036　② 4,125
③ 4,950　④ 6,600

[해설] 기구 등의 전로의 절연내력시험
7 [kV] 이하인 경우 시험전압은 최대사용전압의 1.5배를 곱하여 계산한다.
∴ 시험전압=3,300×1.5=4,950 [V]

32 최대사용전압이 66 [kV]인 중성점 비접지식 전로에 접속하는 유도전압조정기의 절연내력 시험전압은 몇 [V]인가?

① 47,520　② 72,600
③ 82,500　④ 99,000

[해설] 기구 등의 전로의 절연내력시험
60 [kV] 초과 비접지식인 경우 시험전압은 최대사용전압의 1.25배를 곱하여 계산한다.
∴ 시험전압=66,000×1.25=82,500 [V]

답 : ③　　답 : ③

14 접지시스템의 구분 및 종류

(1) 접지시스템은 계통접지, 보호접지, 피뢰시스템접지 등으로 구분한다.
(2) 접지시스템의 시설 종류에는 단독접지, 공통접지, 통합접지가 있다.

15 접지시스템의 시설

1. 접지시스템의 구성요소 및 요구사항

(1) 접지시스템의 구성요소
  ① 접지시스템은 접지극, 접지도체, 보호도체 및 기타 설비로 구성한다.
  ② 접지극은 접지도체를 사용하여 주접지단자에 연결하여야 한다.

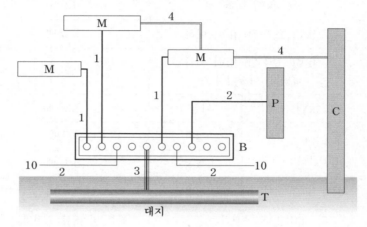

1 : 보호도체(PE)   B : 주접지단자
2 : 주 등전위본딩용 선   M : 전기기구의 노출 도전성부분
3 : 접지도체   C : 철골, 금속닥트의 계통외 도전성부분
4 : 보조 등전위본딩용 선   P : 수도관, 가스관 등 금속배관
10 : 기타 기기(예: 통신설비)   T : 접지극

확인문제

33 접지시스템을 3가지로 구분할 때 이에 속하지 않은 것은?

① 계통접지   ② 추가접지
③ 보호접지   ④ 피뢰시스템접지

[해설] 접지시스템의 구분
접지시스템은 계통접지, 보호접지, 피뢰시스템접지 등으로 구분한다.

답 : ②

34 접지극과 주접지단자는 서로 연결하여야 하는데 이 때 접지극과 주접지단자 사이를 연결하는 것은 무엇인가?

① 접지도체   ② 보호도체
③ 등전위본딩선   ④ 금속관

[해설] 접지시스템의 구성요소
접지극은 접지도체를 사용하여 주접지단자에 연결하여야 한다.

답 : ①

(2) 접지시스템의 요구사항

　① 접지시스템은 다음에 적합하여야 한다.

　　(ㄱ) 전기설비의 보호 요구사항을 충족하여야 한다.

　　(ㄴ) 지락전류와 보호도체 전류를 대지에 전달할 것. 다만, 열적, 열·기계적, 전기·기계적 응력 및 이러한 전류로 인한 감전 위험이 없어야 한다.

　　(ㄷ) 전기설비의 기능적 요구사항을 충족하여야 한다.

　② 접지저항 값은 다음에 의한다.

　　(ㄱ) 부식, 건조 및 동결 등 대지환경 변화에 충족하여야 한다.

　　(ㄴ) 인체감전보호를 위한 값과 전기설비의 기계적 요구에 의한 값을 만족하여야 한다.

2. 접지극의 시설 및 접지저항

(1) 접지극은 다음의 방법 중 하나 또는 복합하여 시설하여야 한다.

　① 콘크리트에 매입 된 기초 접지극

　② 토양에 매설된 기초 접지극

　③ 토양에 수직 또는 수평으로 직접 매설된 금속전극(봉, 전선, 테이프, 배관, 판 등)

　④ 케이블의 금속외장 및 그 밖에 금속피복

　⑤ 지중 금속구조물(배관 등)

　⑥ 대지에 매설된 철근콘크리트의 용접된 금속 보강재. 다만, 강화콘크리트는 제외한다.

(2) 접지극의 매설은 다음에 의한다.

　① 접지극은 매설하는 토양을 오염시키지 않아야 하며, 가능한 다습한 부분에 설치한다.

　② 접지극은 동결 깊이를 감안하여 시설하되 고압 이상의 전기설비와 변압기 중성점 접지에 의하여 시설하는 접지극의 매설깊이는 지표면으로부터 지하 0.75 [m] 이상으로 한다.

　③ 접지도체를 철주 기타의 금속체를 따라서 시설하는 경우에는 접지극을 철주의 밑면으로부터 0.3 [m] 이상의 깊이에 매설하는 경우 이외에는 접지극을 지중에서 그 금속체로부터 1 [m] 이상 떼어 매설하여야 한다.

확인문제

35 접지극은 동결 깊이를 감안하여 시설하되 고압 이상의 전기설비와 변압기 중성점 접지에 의하여 시설하는 접지극은 지하 몇 [cm] 이상의 깊이로 매설하여야 하는가?

① 60　　　　　　② 75
③ 90　　　　　　④ 100

해설 접지극의 시설

접지극은 동결 깊이를 감안하여 시설하되 고압 이상의 전기설비와 변압기 중성점 접지에 의하여 시설하는 접지극의 매설깊이는 지표면으로부터 지하 0.75 [m] 이상으로 한다.

답 : ②

36 접지도체를 철주를 따라서 시설하는 경우 접지극을 철주의 밑면으로부터 20 [cm] 정도의 깊이에 매설하였다면 접지극은 지중에서 그 금속체로부터 몇 [m] 이상 떼어서 매설해야 하는가?

① 0.5 [m]　　　② 0.8 [m]
③ 1 [m]　　　　④ 2 [m]

해설 접지극의 시설

접지도체를 철주 기타의 금속체를 따라서 시설하는 경우에는 접지극을 철주의 밑면으로부터 0.3 [m] 이상의 깊이에 매설하는 경우 이외에는 접지극을 지중에서 그 금속체로부터 1 [m] 이상 떼어 매설하여야 한다.

답 : ③

(3) 접지시스템 부식에 대한 고려는 다음에 의한다.

① 접지극에 부식을 일으킬 수 있는 폐기물 집하장 및 번화한 장소에 접지극 설치는 피해야 한다.

② 서로 다른 재질의 접지극을 연결할 경우 전식을 고려하여야 한다.

③ 콘크리트 기초 접지극에 접속하는 접지도체가 용융 아연도금 강제인 경우 접속부를 토양에 직접 매설해서는 안 된다.

(4) 접지극의 접속

접지극을 접속하는 경우에는 발열성 용접, 압착접속, 클램프 또는 그 밖의 적절한 기계적 접속장치로 접속하여야 한다.

(5) 접지극의 사용 제한

가연성 액체나 가스를 운반하는 금속제 배관은 접지설비의 접지극으로 사용 할 수 없다. 다만, 보호 등전위본딩은 예외로 한다.

(6) 수도관 등을 접지극으로 사용하는 경우는 다음에 의한다.

① 지중에 매설되어 있고 대지와의 전기저항 값이 3 [Ω] 이하의 값을 유지하고 있는 금속제 수도관로가 다음에 따르는 경우 접지극으로 사용이 가능하다.

(ㄱ) 접지도체와 금속제 수도관로의 접속은 안지름 75 [mm] 이상인 부분 또는 여기에서 분기한 안지름 75 [mm] 미만인 분기점으로부터 5 [m] 이내의 부분에서 하여야 한다. 다만, 금속제 수도관로와 대지 사이의 전기저항 값이 2 [Ω] 이하인 경우에는 분기점으로부터의 거리는 5 [m]을 넘을 수 있다.

(ㄴ) 접지도체와 금속제 수도관로의 접속부를 수도계량기로부터 수도 수용가측에 설치하는 경우에는 수도계량기를 사이에 두고 양측 수도관로를 등전위 본딩 하여야 한다.

(ㄷ) 접지도체와 금속제 수도관로의 접속부를 사람이 접촉할 우려가 있는 곳에 설치하는 경우에는 손상을 방지하도록 방호장치를 설치하여야 한다.

(ㄹ) 접지도체와 금속제 수도관로의 접속에 사용하는 금속제는 접속부에 전기적 부식이 생기지 않아야 한다.

확인문제

37 지중에 매설되어 있고 대지와의 전기저항값이 몇 [Ω] 이하의 값을 유지하고 있는 금속제 수도관로는 이를 각 종 접지공사의 접지극으로 사용할 수 있는가?

① 2　　　　　　　② 3
③ 5　　　　　　　④ 10

해설 수도관 등을 접지극으로 사용하는 경우
지중에 매설되어 있고 대지와의 전기저항 값이 3 [Ω] 이하의 값을 유지하고 있는 금속제 수도관로는 접지극으로 사용이 가능하다.

답 : ②

38 지중에 매설되고 또한 대지간의 전기저항이 몇 [Ω] 이하인 경우에 그 금속제 수도관을 각종 접지공사의 접지극으로 사용할 수 있는가?(단, 접지선을 내경 75 [mm]의 금속제 수도관으로부터 분기한 내경 50 [mm]의 금속제 수도관의 분기점으로부터 6 [m] 거리에 접촉하였다.)

① 1　　　　　　　② 2
③ 3　　　　　　　④ 5

해설 수도관 등을 접지극으로 사용하는 경우
금속제 수도관로와 대지 사이의 전기저항 값이 2 [Ω] 이하인 경우에는 분기점으로부터의 거리는 5 [m]을 넘을 수 있다.

답 : ②

② 건축물·구조물의 철골 기타의 금속제는 이를 비접지식 고압전로에 시설하는 기계기구의 철대 또는 금속제 외함의 접지공사 또는 비접지식 고압전로와 저압전로를 결합하는 변압기의 저압전로의 접지공사의 접지극으로 사용할 수 있다. 다만, 대지와의 사이에 전기저항 값이 2 [Ω] 이하인 값을 유지하는 경우에 한한다.

3. 접지도체

(1) 접지도체의 선정

① 접지도체의 단면적은 보호도체 최소 단면적에 의하며 큰 고장전류가 접지도체를 통하여 흐르지 않을 경우 접지도체의 최소 단면적은 다음과 같다.

(ㄱ) 구리는 6 [mm²] 이상

(ㄴ) 철제는 50 [mm²] 이상

② 접지도체에 피뢰시스템이 접속되는 경우, 접지도체의 단면적은 구리 16 [mm²] 또는 철 50 [mm²] 이상으로 하여야 한다.

(2) 다음과 같이 매입되는 지점에는 "안전 전기 연결" 라벨이 영구적으로 고정되도록 시설하여야 한다.

① 접지극의 모든 접지도체 연결지점

② 외부도전성 부분의 모든 본딩도체 연결지점

③ 주개폐기에서 분리된 주접지단자

(3) 접지도체의 보호

접지도체는 지하 0.75 [m] 부터 지표상 2 [m] 까지 부분은 합성수지관(두께 2 [mm] 미만의 합성수지제 전선관 및 가연성 콤바인덕트관은 제외한다) 또는 이와 동등 이상의 절연효과와 강도를 가지는 몰드로 덮어야 한다.

확인문제

39 비접지식 고압전로에 시설하는 금속제 외함에 실시하는 접지공사의 접지극으로 사용할 수 있는 건물의 철골 기타의 금속제는 대지와의 사이에 전기저항 값을 얼마 이하로 유지하여야 하는가?

① 2 [Ω]   ② 3 [Ω]

③ 5 [Ω]   ④ 10 [Ω]

[해설] 수도관 등을 접지극으로 사용하는 경우

건축물·구조물의 철골 기타의 금속제는 이를 비접지식 고압전로에 시설하는 기계기구의 철대 또는 금속제 외함의 접지공사의 접지극으로 사용할 수 있다. 다만, 대지와의 사이에 전기저항 값이 2 [Ω] 이하인 값을 유지하는 경우에 한한다.

답 : ①

40 접지선을 사람이 접촉할 우려가 있는 곳에 시설하는 접지선을 합성수지관 또는 이와 동등 이상의 절연효력 및 강도를 가지는 몰드로 덮게 되어 있는 최소 부위는?

① 지하 30 [cm]로부터 지표상 1.5 [m]까지의 부분

② 지하 50 [cm]로부터 지표상 1.6 [m]까지의 부분

③ 지하 75 [cm]로부터 지표상 2 [m]까지의 부분

④ 지하 90 [cm]로부터 지표상 2.5 [m]까지의 부분

[해설] 접지도체의 보호

접지도체는 지하 0.75 [m] 부터 지표상 2 [m] 까지 부분은 합성수지관(두께 2 [mm] 미만의 합성수지제 전선관 및 가연성 콤바인덕트관은 제외한다) 또는 이와 동등 이상의 절연효과와 강도를 가지는 몰드로 덮어야 한다.

답 : ③

(4) 접지도체의 굵기는 (1)의 ①에서 정한 것 이외에 고장시 흐르는 전류를 안전하게 통할 수 있는 것으로서 다음에 의한다.

① 특고압·고압 전기설비용 접지도체는 단면적 6 [mm^2] 이상의 연동선 또는 동등 이상의 단면적 및 강도를 가져야 한다.

② 중성점 접지용 접지도체는 공칭단면적 16 [mm^2] 이상의 연동선 또는 동등 이상의 단면적 및 세기를 가져야 한다. 다만, 다음의 경우에는 공칭단면적 6 [mm^2] 이상의 연동선 또는 동등 이상의 단면적 및 강도를 가져야 한다.

　㈀ 7 [kV] 이하의 전로

　㈁ 사용전압이 25 [kV] 이하인 특고압 가공전선로. 다만, 중성선 다중접지식의 것으로서 전로에 지락이 생겼을 때 2초 이내에 자동적으로 이를 전로로부터 차단하는 장치가 되어 있는 것.

③ 이동하여 사용하는 전기기계기구의 금속제 외함 등의 접지시스템의 경우는 다음의 것을 사용하여야 한다.

　㈀ 특고압·고압 전기설비용 접지도체 및 중성점 접지용 접지도체는 클로로프렌 캡타이어케이블(3종 및 4종) 또는 클로로설포네이트 폴리에틸렌 캡타이어케이블(3종 및 4종)의 1개 도체 또는 다심 캡타이어케이블의 차폐 또는 기타의 금속체로 단면적이 10 [mm^2] 이상인 것을 사용한다.

　㈁ 저압 전기설비용 접지도체는 다심 코드 또는 다심 캡타이어케이블의 1개 도체의 단면적이 0.75 [mm^2] 이상인 것을 사용한다. 다만, 기타 유연성이 있는 연동연선은 1개 도체의 단면적이 1.5 [mm^2] 이상인 것을 사용한다.

(5) 접지도체와 접지극의 접속은 다음에 의한다.

① 접속은 견고하고 전기적인 연속성이 보장되도록, 접속부는 발열성 용접, 압착접속, 클램프 또는 그 밖에 적절한 기계적 접속장치에 의해야 한다. 다만, 기계적인 접속장치는 제작자의 지침에 따라 설치하여야 한다.

② 클램프를 사용하는 경우, 접지극 또는 접지도체를 손상시키지 않아야 한다. 납땜에만 의존하는 접속은 사용해서는 안 된다.

확인문제

41 고장시 흐르는 전류를 안전하게 통할 수 있는 것으로서 특고압·고압 전기설비용 접지도체는 단면적 몇 [mm²] 이상의 연동선 또는 동등 이상의 단면적 및 강도를 가져야 하는가?

① 6 [mm²]　　　　② 10 [mm²]
③ 16 [mm²]　　　　④ 25 [mm²]

해설 접지도체의 굵기
고장시 흐르는 전류를 안전하게 통할 수 있는 것으로서 특고압·고압 전기설비용 접지도체는 단면적 6 [mm²] 이상의 연동선 또는 동등 이상의 단면적 및 강도를 가져야 한다.

답 : ①

42 이동하여 사용하는 전기기계기구의 금속제 외함 등의 접지시스템의 경우 저압 전기설비용 접지도체는 유연성이 있는 연동연선을 사용할 때 최소 굵기는 몇 [mm²] 이상인 것을 사용하여야 하는가?

① 0.75 [mm²]　　　② 1.5 [mm²]
③ 2.5 [mm²]　　　　④ 6 [mm²]

해설 접지도체의 굵기
이동하여 사용하는 전기기계기구의 금속제 외함 등의 접지시스템의 경우는 저압 전기설비용 접지도체는 다심 코드 또는 다심 캡타이어케이블의 1개 도체의 단면적이 0.75 [mm²] 이상인 것을 사용한다. 다만, 기타 유연성이 있는 연동연선은 1개 도체의 단면적이 1.5 [mm²] 이상인 것을 사용한다.

답 : ②

(6) 접지도체가 사람이 접촉할 우려가 있는 곳에 시설되는 고정설비인 경우

특고압·고압 전기설비 및 변압기 중성점 접지시스템의 경우로서 접지도체가 사람이 접촉할 우려가 있는 곳에 시설되는 고정설비인 경우 접지도체는 절연전선(옥외용 비닐절연전선은 제외) 또는 케이블(통신용 케이블은 제외)을 사용하여야 한다. 다만, 접지도체를 철주 기타의 금속체를 따라서 시설하는 경우 이외의 경우에는 접지도체의 지표상 0.6 [m]를 초과하는 부분에 대하여는 절연전선을 사용하지 않을 수 있다.

4. 보호도체

(1) 보호도체의 최소 단면적

① 보호도체의 최소 단면적은 "②"에 따라 계산하거나 아래 표에 따라 선정할 수 있다.

선도체의 단면적 S ([mm²], 구리)	보호도체의 최소 단면적([mm²], 구리)	
	보호도체의 재질	
	선도체와 같은 경우	선도체와 다른 경우
$S \leq 16$	S	$(k_1/k_2) \times S$
$16 < S \leq 35$	16^a	$(k_1/k_2) \times 16$
$S > 35$	$S^a/2$	$(k_1/k_2) \times (S/2)$

여기서,

$-k_1$: 선도체에 대한 k값

$-k_2$: 보호도체에 대한 k값

$-a$: PEN 도체의 최소단면적은 중성선과 동일하게 적용한다.

확인문제

43 특고압·고압 전기설비 및 변압기 중성점 접지시스템의 경우로서 접지도체가 사람이 접촉할 우려가 있는 곳에 시설되는 고정설비인 경우 접지도체로 사용하여야 하는 전선의 종류는 무엇인가?

① 케이블　　　　② 다심형전선
③ 나전선　　　　④ 옥외용 비닐절연전선

[해설] 접지도체가 사람이 접촉할 우려가 있는 곳에 시설되는 고정설비인 경우

특고압·고압 전기설비 및 변압기 중성점 접지시스템의 경우로서 접지도체가 사람이 접촉할 우려가 있는 곳에 시설되는 고정설비인 경우 접지도체는 절연전선(옥외용 비닐절연전선은 제외) 또는 케이블(통신용 케이블은 제외)을 사용하여야 한다.

답 : ①

44 공통접지공사 적용 시 선도체의 단면적이 16 [mm²]인 경우 보호도체(PE)에 적합한 단면적은?(단, 보호도체의 재질이 선도체와 같은 경우)

① 4　　　　② 6
③ 10　　　　④ 16

[해설] 보호도체의 단면적

선도체의 단면적 S([mm²], 구리)	보호도체의 최소 단면적([mm²], 구리)	
	보호도체의 재질이 선도체와 같은 경우	보호도체의 재질이 선도체와 다른 경우
$S \leq 16$	S	$\dfrac{K_1}{K_2} \times S$
$16 < S \leq 35$	16^a	$\dfrac{K_1}{K_2} \times 16$

답 : ④

② 보호도체의 단면적은 다음의 계산 값 이상이어야 한다. 단, 차단시간이 5초 이하인 경우에만 적용할 것.

$$S = \frac{\sqrt{I^2 t}}{k}$$

여기서,

S : 단면적[mm²]

I : 보호장치를 통해 흐를 수 있는 예상 고장전류 실효값[A]

t : 자동차단을 위한 보호장치의 동작시간[s]

k : 보호도체, 절연, 기타 부위의 재질 및 초기온도와 최종온도에 따라 정해지는 계수로 기본보호에 관한 규정에 의한다.

③ 보호도체가 케이블의 일부가 아니거나 선도체와 동일 외함에 설치되지 않으면 단면적은 다음의 굵기 이상으로 하여야 한다.

(ㄱ) 기계적 손상에 대해 보호가 되는 경우는 구리 2.5 [mm²], 알루미늄 16 [mm²] 이상

(ㄴ) 기계적 손상에 대해 보호가 되지 않는 경우는 구리 4 [mm²], 알루미늄 16 [mm²] 이상

(ㄷ) 케이블의 일부가 아니라도 전선관 및 트렁킹 내부에 설치되거나, 이와 유사한 방법으로 보호되는 경우 기계적으로 보호되는 것으로 간주한다.

(2) 보호도체의 종류

① 보호도체는 다음 중 하나 또는 복수로 구성하여야 한다.

(ㄱ) 다심케이블의 도체

(ㄴ) 충전도체와 같은 트렁킹에 수납된 절연도체 또는 나도체

(ㄷ) 고정된 절연도체 또는 나도체

(ㄹ) "②" (ㄱ), (ㄴ) 조건을 만족하는 금속케이블 외장, 케이블 차폐, 케이블 외장, 전선묶음(편조전선), 동심도체, 금속관

확인문제

45 보호도체가 케이블의 일부가 아니거나 선도체와 동일 외함에 설치되지 않으면 구리도체의 단면적은 기계적 손상에 대해 보호가 되는 경우 몇 [mm²] 이상인 것을 사용하여야 하는가?

① 1.5 [mm²]　　② 2.5 [mm²]

③ 4 [mm²]　　④ 6 [mm²]

[해설] **보호도체의 단면적**
보호도체가 케이블의 일부가 아니거나 상도체와 동일 외함에 설치되지 않으면 단면적은 다음의 굵기 이상으로 하여야 한다.
(1) 기계적 손상에 대해 보호가 되는 경우는 구리 2.5 [mm²], 알루미늄 16 [mm²] 이상
(2) 기계적 손상에 대해 보호가 되지 않는 경우는 구리 4 [mm²], 알루미늄 16 [mm²] 이상

답 : ②

46 보호도체의 종류로 적당하지 않는 것은?

① 다심케이블의 도체

② 충전도체와 같은 트렁킹에 수납된 절연도체

③ 고정된 절연도체

④ 이동용 나도체

[해설] **보호도체의 종류**
보호도체는 다음 중 하나 또는 복수로 구성하여야 한다.
(1) 다심케이블의 도체
(2) 충전도체와 같은 트렁킹에 수납된 절연도체 또는 나도체
(3) 고정된 절연도체 또는 나도체

답 : ④

② 전기설비에 저압개폐기, 제어반 또는 버스덕트와 같은 금속제 외함을 가진 기기가 포함된 경우, 금속함이나 프레임이 다음과 같은 조건을 모두 충족하면 보호도체로 사용이 가능하다.

   (ㄱ) 구조·접속이 기계적, 화학적 또는 전기화학적 열화에 대해 보호할 수 있으며 전기적 연속성을 유지하는 경우

   (ㄴ) 도전성이 (1)의 "①" 또는 "②"의 조건을 충족하는 경우

   (ㄷ) 연결하고자 하는 모든 분기 접속점에서 다른 보호도체의 연결을 허용하는 경우

③ 다음과 같은 금속 부분은 보호도체 또는 보호 본딩 도체로 사용해서는 안 된다.

   (ㄱ) 금속 수도관

   (ㄴ) 가스·액체·분말과 같은 잠재적인 인화성 물질을 포함하는 금속관

   (ㄷ) 상시 기계적 응력을 받는 지지 구조물 일부

   (ㄹ) 가요성 금속배관. 다만, 보호도체의 목적으로 설계된 경우는 예외로 한다.

   (ㅁ) 가요성 금속전선관

   (ㅂ) 지지선, 케이블트레이 및 이와 비슷한 것

(3) 보호도체의 전기적 연속성은 다음에 의한다.

① 보호도체의 보호는 다음에 의한다.

   (ㄱ) 기계적인 손상, 화학적·전기화학적 열화, 전기역학적·열역학적 힘에 대해 보호되어야 한다.

   (ㄴ) 나사접속·클램프접속 등 보호도체 사이 또는 보호도체와 타 기기 사이의 접속은 전기적 연속성 보장 및 충분한 기계적강도와 보호를 구비하여야 한다.

   (ㄷ) 보호도체를 접속하는 나사는 다른 목적으로 겸용해서는 안 된다.

   (ㄹ) 접속부는 납땜(soldering)으로 접속해서는 안 된다.

확인문제

47 다음과 같은 금속 부분 중 보호도체 또는 보호 본딩 도체로 사용할 수 있는 것은?

① 금속 수도관

② 가스·액체·분말과 같은 잠재적인 인화성 물질을 포함하는 금속관

③ 보호도체의 목적으로 설계된 경우의 가요성 금속배관

④ 가요성 금속전선관

해설 **보호도체 또는 보호 본딩 도체로 사용해서는 안되는 금속부분**
가요성 금속배관. 다만, 보호도체의 목적으로 설계된 경우는 예외로 한다.

답 : ③

48 보호도체의 보호에 관한 사항 중 옳지 않은 것은?

① 기계적인 손상, 화학적·전기화학적 열화, 전기역학적·열역학적 힘에 대해 보호되어야 한다.

② 나사접속·클램프접속 등 보호도체 사이 또는 보호도체와 타 기기 사이의 접속은 전기적 연속성 보장 및 충분한 기계적강도와 보호를 구비하여야 한다.

③ 보호도체를 접속하는 나사는 다른 목적으로 겸용해서는 안 된다.

④ 접속부는 납땜(soldering)으로 접속한다.

해설 **보호도체의 보호**
접속부는 납땜(soldering)으로 접속해서는 안 된다.

답 : ④

② 보호도체의 접속부는 검사와 시험이 가능하여야 한다. 다만 다음의 경우는 예외로 한다.

(ㄱ) 화합물로 충전된 접속부

(ㄴ) 캡슐로 보호되는 접속부

(ㄷ) 금속관, 덕트 및 버스덕트에서의 접속부

(ㄹ) 기기의 한 부분으로서 규정에 부합하는 접속부

(ㅁ) 용접(welding)이나 경납땜(brazing)에 의한 접속부

(ㅂ) 압착 공구에 의한 접속부

(4) 보호도체의 제한 사항

① 보호도체에는 어떠한 개폐장치를 연결해서는 안 된다. 다만, 시험목적으로 공구를 이용하여 보호도체를 분리할 수 있는 접속점을 만들 수 있다.

② 접지에 대한 전기적 감시를 위한 전용장치(동작센서, 코일, 변류기 등)를 설치하는 경우, 보호도체 경로에 직렬로 접속하면 안 된다.

③ 기기·장비의 노출 도전부는 다른 기기를 위한 보호도체의 부분을 구성하는데 사용할 수 없다.

(5) 보호도체의 단면적 보강

① 보호도체는 정상 운전상태에서 전류의 전도성 경로(전기자기 간섭 보호용 필터의 접속 등으로 인한)로 사용되지 않아야 한다.

② 전기설비의 정상 운전상태에서 보호도체에 10 [mA]를 초과하는 전류가 흐르는 경우, 다음에 의해 보호도체를 증강하여 사용하여야 한다.

(ㄱ) 보호도체가 하나인 경우 보호도체의 단면적은 전 구간에 구리 10 [mm²] 이상 또는 알루미늄 16 [mm²] 이상으로 하여야 한다.

(ㄴ) 추가로 보호도체를 위한 별도의 단자가 구비된 경우, 최소한 고장 보호에 요구되는 보호도체의 단면적은 구리 10 [mm²], 알루미늄 16 [mm²] 이상으로 한다.

확인문제

49 보호도체의 제한 사항에 해당되지 않는 것은 어느 것인가?

① 보호도체에는 개폐장치를 연결해서는 안 된다.

② 시험목적으로 공구를 이용하여 보호도체를 분리할 수 있는 접속점을 만들 수 있다.

③ 접지에 대한 전기적 감시를 위한 전용장치를 설치하는 경우, 보호도체 경로에 병렬로 접속하면 안 된다.

④ 기기·장비의 노출 도전부는 다른 기기를 위한 보호도체의 부분을 구성하는데 사용할 수 없다.

[해설] 보호도체의 제한 사항

접지에 대한 전기적 감시를 위한 전용장치를 설치하는 경우, 보호도체 경로에 직렬로 접속하면 안 된다.

50 전기설비의 정상 운전상태에서 보호도체에 몇 [mA]를 초과하는 전류가 흐르는 경우 보호도체를 증강하여 사용하여야 하는가?

① 1 [mA]　　　　② 10 [mA]

③ 20 [mA]　　　　④ 30 [mA]

[해설] 보호도체의 단면적 보강

전기설비의 정상 운전상태에서 보호도체에 10 [mA]를 초과하는 전류가 흐르는 경우 보호도체를 증강하여 사용하여야 한다.

답 : ③

답 : ②

(6) 보호도체와 계통도체 겸용

① 보호도체와 계통도체를 겸용하는 겸용도체(중성선과 겸용, 선도체와 겸용, 중간도체와 겸용 등)는 해당하는 계통의 기능에 대한 조건을 만족하여야 한다.

② 겸용도체는 고정된 전기설비에서만 사용할 수 있으며 다음에 의한다.

　(ㄱ) 단면적은 구리 10 [mm²] 또는 알루미늄 16 [mm²] 이상이어야 한다.

　(ㄴ) 중성선과 보호도체의 겸용도체는 전기설비의 부하측으로 시설하여서는 안 된다.

　(ㄷ) 폭발성 분위기 장소는 보호도체를 전용으로 하여야 한다.

③ 겸용도체의 성능은 다음에 의한다.

　(ㄱ) 공칭전압과 같거나 높은 절연성능을 가져야 한다.

　(ㄴ) 배선설비의 금속 외함은 겸용도체로 사용해서는 안 된다.

④ 겸용도체는 다음 사항을 준수하여야 한다.

　(ㄱ) 전기설비의 일부에서 중성선·중간도체·선도체 및 보호도체가 별도로 배선되는 경우, 중성선·중간도체·선도체를 전기설비의 다른 접지된 부분에 접속해서는 안 된다. 다만, 겸용도체에서 각각의 중성선·중간도체·선도체와 보호도체를 구성하는 것은 허용한다.

　(ㄴ) 겸용도체는 보호도체용 단자 또는 바에 접속되어야 한다.

　(ㄷ) 계통 외 도전부는 겸용도체로 사용해서는 안 된다.

(7) 주접지단자

① 접지시스템은 주접지단자를 설치하고, 다음의 도체들을 접속하여야 한다.

　(ㄱ) 등전위본딩도체

　(ㄴ) 접지도체

　(ㄷ) 보호도체

　(ㄹ) 기능성 접지도체

② 여러 개의 접지단자가 있는 장소는 접지단자를 상호 접속하여야 한다.

③ 주접지단자에 접속하는 각 접지도체는 개별적으로 분리할 수 있어야 하며, 접지저항을 편리하게 측정할 수 있어야 한다. 다만, 접속은 견고해야 하며 공구에 의해서만 분리되는 방법으로 하여야 한다.

확인문제

51 보호도체와 계통도체를 겸용하는 겸용도체는 고정된 전기설비에서만 사용할 수 있다. 이 겸용도체의 단면적은 구리도체인 경우 몇 [mm²] 이상인 것을 사용하여야 하는가?

① 4 [mm²]　　　　② 6 [mm²]

③ 10 [mm²]　　　　④ 16 [mm²]

해설 보호도체와 계통도체의 겸용
　겸용도체는 고정된 전기설비에서만 사용할 수 있으며 단면적은 구리 10 [mm²] 또는 알루미늄 16 [mm²] 이상이어야 한다.

답 : ③

52 접지시스템의 주접지단자에 접속하여야 할 것으로 적당하지 않은 것은?

① 등전위본딩도체　　② 접지도체

③ 보호도체　　　　④ 계통 외 도전부

해설 주접지단자
　접지시스템은 주접지단자를 설치하고, 다음의 도체들을 접속하여야 한다.
　⑴ 등전위본딩도체
　⑵ 접지도체
　⑶ 보호도체
　⑷ 기능성 접지도체

답 : ④

5. 전기수용가 접지

(1) 저압수용가 인입구 접지

① 수용장소 인입구 부근에서 다음의 것을 접지극으로 사용하여 변압기 중성점 접지를 한 저압전선로의 중성선 또는 접지측 전선에 추가로 접지공사를 할 수 있다.

㈀ 지중에 매설되어 있고 대지와의 전기저항 값이 3 [Ω] 이하의 값을 유지하고 있는 금속제 수도관로

㈁ 대지 사이의 전기저항 값이 3 [Ω] 이하인 값을 유지하는 건물의 철골

② ①에 따른 접지도체는 공칭단면적 6 [mm²] 이상의 연동선 또는 이와 동등 이상의 세기 및 굵기의 쉽게 부식하지 않는 금속선으로서 고장시 흐르는 전류를 안전하게 통할 수 있는 것이어야 한다. 다만, 접지도체를 사람이 접촉할 우려가 있는 곳에 시설할 때에는 접지도체는 3의 (2)에 따른다.

(2) 주택 등 저압수용장소 접지

① 저압수용장소에서 계통접지가 TN-C-S 방식인 경우에 보호도체는 다음에 따라 시설하여야 한다.

㈀ 보호도체의 최소 단면적은 4의 (1)에 의한 값 이상으로 한다.

㈁ 중성선 겸용 보호도체(PEN)는 고정 전기설비에만 사용할 수 있고, 그 도체의 단면적이 구리는 10 [mm²] 이상, 알루미늄은 16 [mm²] 이상이어야 하며, 그 계통의 최고 전압에 대하여 절연되어야 한다.

② ①에 따른 접지의 경우에는 감전보호용 등전위 본딩을 하여야 한다. 다만, 이 조건을 충족시키지 못하는 경우에 중성선 겸용 보호도체를 수용장소의 인입구 부근에 추가로 접지하여야 하며, 그 접지저항 값은 접촉전압을 허용접촉전압 범위내로 제한하는 값 이하로 하여야 한다.

확인문제

53 수용장소 인입구 부근에서 대지 사이의 전기저항 값이 몇 [Ω] 이하인 값을 유지하는 건물의 철골을 접지극으로 사용하여 변압기 중성점 접지를 한 저압 전선로의 중성선 또는 접지측 전선에 추가로 접지공사를 할 수 있는가?

① 2   ② 3

③ 5   ④ 10

해설 저압수용가 인입구 접지

수용장소 인입구 부근에서 다음의 것을 접지극으로 사용하여 변압기 중성점 접지를 한 저압전선로의 중성선 또는 접지측 전선에 추가로 접지공사를 할 수 있다.

⑴ 지중에 매설되어 있고 대지와의 전기저항 값이 3 [Ω] 이하의 값을 유지하고 있는 금속제 수도관로

⑵ 대지 사이의 전기저항 값이 3 [Ω] 이하인 값을 유지하는 건물의 철골

답 : ②

54 주택 등 저압수용장소에서 고정 전기설비에 TN-C-S 접지방식으로 접지공사 시 중성선 겸용 보호도체(PEN)를 알루미늄으로 사용할 경우 단면적은 몇 [mm²] 이상이어야 하는가?

① 2.5   ② 6

③ 10   ④ 16

해설 주택 등 저압수용장소 접지

저압수용장소에서 계통접지가 TN-C-S 방식인 경우에 보호도체는 다음에 따라 시설하여야 한다.

⑴ 보호도체의 최소 단면적은 4의 (1)에 의한 값 이상으로 한다.

⑵ 중성선 겸용 보호도체(PEN)는 고정 전기설비에만 사용할 수 있고, 그 도체의 단면적이 구리는 10 [mm²] 이상, 알루미늄은 16 [mm²] 이상이어야 하며, 그 계통의 최고전압에 대하여 절연되어야 한다.

답 : ④

6. 변압기 중성점 접지

① 변압기의 중성점 접지저항 값은 다음에 의한다.

　(ㄱ) 일반적으로 변압기의 고압·특고압측 전로 1선 지락전류로 150을 나눈 값과 같은 저항 값 이하로 한다.

　(ㄴ) 변압기의 고압·특고압측 전로 또는 사용전압이 35 [kV] 이하의 특고압 전로가 저압측 전로와 혼촉하고 저압전로의 대지전압이 150 [V]를 초과하는 경우의 저항 값은 1초 초과 2초 이내에 고압·특고압 전로를 자동으로 차단하는 장치를 설치할 때는 300을 나눈 값 이하 또는 1초 이내에 고압·특고압 전로를 자동으로 차단하는 장치를 설치할 때는 600을 나눈 값 이하로 한다.

② 전로의 1선 지락전류는 실측값에 의한다. 다만, 실측이 곤란한 경우에는 선로정수 등으로 계산한 값에 의한다.

7. 공통접지 및 통합접지

① 고압 및 특고압과 저압 전기설비의 접지극이 서로 근접하여 시설되어 있는 변전소 또는 이와 유사한 곳에서의 접지시스템에서 고압 및 특고압 계통의 지락사고 시 저압계통에 가해지는 상용주파 과전압은 아래 표에서 정한 값을 초과해서는 안 된다.

고압계통에서 지락고장시간[초]	저압설비 허용 상용주파 과전압[V]	비 고
>5	$U_0 + 250$	중성선 도체가 없는 계통에서 U_0는 선간전압을 말한다.
≤5	$U_0 + 1,200$	

[비고]
1. 순시 상용주파 과전압에 대한 저압기기의 절연 설계기준과 관련된다.
2. 중성선이 변전소 변압기의 접지계통에 접속된 계통에서, 건축물 외부에 설치한 외함이 접지되지 않은 기기의 절연에는 일시적 상용주파 과전압이 나타날 수 있다.

또한 고압 및 특고압을 수전 받는 수용가의 접지계통을 수전 전원의 다중접지된 중성선과 접속하면 위의 요건은 충족하는 것으로 간주할 수 있다.

55 혼촉 사고시에 2초 안에 자동 차단되는 22.9 [kV] 전로에 결합된 변압기의 중성점 접지저항 값의 최대는 몇 [Ω]인가?(단, 특고압측 1선 지락전류는 25 [A]라 한다.)

① 6 [Ω]　　　　② 12 [Ω]
③ 15 [Ω]　　　　④ 18 [Ω]

해설 변압기 중성점 접지의 접지저항 값

접지저항 $= \dfrac{300}{1선 지락전류}$ [Ω] 이하이므로

∴ 접지저항 $= \dfrac{300}{25} = 12$ [Ω]

답 : ②

56 변압기의 중성점 접지저항 값을 구하기 위한 변압기의 고압·특고압측 전로의 1선 지락전류는 실측값에 의하여야 한다. 다만, 실측이 곤란한 경우에는 무엇으로 계산한 값으로 적용하여야 하는가?

① 4단자정수　　　② 분포정수
③ 집중정수　　　　④ 선로정수

해설 변압기 중성점 접지의 접지저항 값
변압기의 중성점 접지저항 값을 구하기 위한 변압기의 고압·특고압측 전로의 1선 지락전류는 실측값에 의하여야 한다. 다만, 실측이 곤란한 경우에는 선로정수 등으로 계산한 값에 의한다.

답 : ④

② 전기설비의 접지계통·건축물의 피뢰설비·전자통신설비 등의 접지극을 공용하는 통합접지 시스템으로 하는 경우 낙뢰에 의한 과전압 등으로부터 전기전자기기 등을 보호하기 위해 서지보호장치를 설치하여야 한다.

8. 기계기구의 철대 및 외함의 접지

(1) 전로에 시설하는 기계기구의 철대 및 금속제 외함(외함이 없는 변압기 또는 계기용변성기는 철심)에는 **15** 항에 의한 접지공사를 하여야 한다.

(2) 다음의 어느 하나에 해당하는 경우에는 (1)의 규정에 따르지 않을 수 있다.

① 사용전압이 직류 300 [V] 또는 교류 대지전압이 150 [V] 이하인 기계기구를 건조한 곳에 시설하는 경우

② 저압용의 기계기구를 건조한 목재의 마루 기타 이와 유사한 절연성 물건 위에서 취급하도록 시설하는 경우

③ 저압용이나 고압용의 기계기구, 특고압 전선로에 접속하는 특고압 배전용변압기나 이에 접속하는 전선에 시설하는 기계기구 또는 특고압 가공전선로의 전로에 시설하는 기계기구를 사람이 쉽게 접촉할 우려가 없도록 목주 기타 이와 유사한 것의 위에 시설하는 경우

④ 철대 또는 외함의 주위에 적당한 절연대를 설치하는 경우

⑤ 외함이 없는 계기용변성기가 고무·합성수지 기타의 절연물로 피복한 것일 경우

⑥ 「전기용품 및 생활용품 안전관리법」의 적용을 받는 2중 절연구조로 되어 있는 기계기구를 시설하는 경우

⑦ 저압용 기계기구에 전기를 공급하는 전로의 전원측에 절연변압기(2차 전압이 300 [V] 이하이며, 정격용량이 3 [kVA] 이하인 것에 한한다)를 시설하고 또한 그 절연변압기의 부하측 전로를 접지하지 않은 경우

⑧ 물기 있는 장소 이외의 장소에 시설하는 저압용의 개별 기계기구에 전기를 공급하는 전로에 「전기용품 및 생활용품 안전관리법」의 적용을 받는 인체감전보호용 누전차단기(정격감도전류가 30 [mA] 이하, 동작시간이 0.03초 이하의 전류동작형에 한한다)를 시설하는 경우

⑨ 외함을 충전하여 사용하는 기계기구에 사람이 접촉할 우려가 없도록 시설하거나 절연대를 시설하는 경우

확인문제

57 전기설비의 접지계통과 건축물의 피뢰설비 및 통신설비 등의 접지극을 공용하는 통합 접지시스템으로 하는 경우 낙뢰 등 과전압으로부터 전기전자기기 등을 보호하기 위하여 설치해야 하는 것은?

① 과전류차단기   ② 지락보호장치
③ 서지보호장치   ④ 개폐기

[해설] **공통접지 및 통합접지**
전기설비의 접지계통·건축물의 피뢰설비·전자통신설비 등의 접지극을 공용하는 통합접지 시스템으로 하는 경우 낙뢰에 의한 과전압 등으로부터 전기전자기기 등을 보호하기 위해 서지보호장치를 설치하여야 한다.

답 : ③

58 특별한 이유에 의하여 기계기구를 건조한 곳에 시설할 경우, 접지공사를 생략할 수 있는 직류, 교류는 몇 [V]인가?

① 직류 150 [V], 교류 150 [V]
② 직류 150 [V], 교류 300 [V]
③ 직류 300 [V], 교류 150 [V]
④ 직류 600 [V], 교류 300 [V]

[해설] **기계기구의 철대 및 외함의 접지를 생략할 수 있는 경우**
사용전압이 직류 300 [V] 또는 교류 대지전압이 150 [V] 이하인 기계기구를 건조한 곳에 시설하는 경우

답 : ③

16 감전보호용 등전위본딩

1. 등전위본딩의 적용

건축물·구조물에서 접지도체, 주접지단자와 다음의 도전성부분은 등전위본딩하여야 한다. 다만, 이들 부분이 다른 보호도체로 주접지단자에 연결된 경우는 그러하지 아니하다.

① 수도관·가스관 등 외부에서 내부로 인입되는 금속배관

② 건축물·구조물의 철근, 철골 등 금속보강재

③ 일상생활에서 접촉이 가능한 금속제 난방배관 및 공조설비 등 계통 외 도전부

2. 등전위본딩 시설

(1) 보호등전위본딩

① 건축물·구조물의 외부에서 내부로 들어오는 각종 금속제 배관은 다음과 같이 하여야 한다.

㈀ 1 개소에 집중하여 인입하고, 인입구 부근에서 서로 접속하여 등전위본딩 바에 접속하여야 한다.

㈁ 대형건축물 등으로 1 개소에 집중하여 인입하기 어려운 경우에는 본딩 도체를 1개의 본딩 바에 연결한다.

② 수도관·가스관의 경우 내부로 인입된 최초의 밸브 후단에서 등전위본딩을 하여야 한다.

③ 건축물·구조물의 철근, 철골 등 금속보강재는 등전위본딩을 하여야 한다.

(2) 보조 보호등전위본딩

① 보조 보호등전위본딩의 대상은 전원자동차단에 의한 감전보호방식에서 고장시 자동차단 시간이 계통별 최대차단시간을 초과하는 경우이다.

② ①의 차단시간을 초과하고 2.5 [m] 이내에 설치된 고정기기의 노출도전부와 계통 외 도전부는 보조 보호등전위본딩을 하여야 한다.

확인문제

59 감전보호용 등전위본딩의 경우 건축물·구조물에서 접지도체, 주접지단자와 등전위본딩하여야 하는 도전성 부분에 해당되지 않는 것은?

① 수도관·가스관 등 외부에서 내부로 인입되는 금속배관

② 건축물·구조물의 철근, 철골 등 금속보강재

③ 일상생활에서 접촉이 가능한 금속제 난방배관

④ 다른 보호도체로 주접지단자에 연결되는 계통 외 도전부

해설 등전위본딩의 적용

건축물·구조물에서 접지도체, 주접지단자와 17항 1의 도전성부분은 등전위 본딩하여야 한다. 다만, 이들 부분이 다른 보호도체로 주접지단자에 연결된 경우는 그러하지 아니하다.

답 : ④

60 감전보호용 등전위본딩을 시설할 때 건축물·구조물의 외부에서 내부로 들어오는 각종 금속제 배관에 대한 설명이 틀린 것은?

① 1 개소에 집중하여 인입하여야 한다.

② 인입구 부근에서 서로 접속하여 등전위본딩 바에 접속하여야 한다.

③ 대형건축물 등으로 1 개소에 집중하여 인입하기 어려운 경우에는 본딩 도체를 1개의 본딩 바에 연결한다.

④ 수도관·가스관의 경우 내부로 인입된 최초의 밸브 전단에서 등전위본딩을 하여야 한다.

해설 감전보호용 등전위본딩 시설

수도관·가스관의 경우 내부로 인입된 최초의 밸브 후단에서 등전위본딩을 하여야 한다.

답 : ④

(3) 비접지 국부등전위본딩
 ① 절연성 바닥으로 된 비접지 장소에서 다음의 경우 국부등전위본딩을 하여야 한다.
  (ㄱ) 전기설비 상호 간이 2.5 [m] 이내인 경우
  (ㄴ) 전기설비와 이를 지지하는 금속체 사이
 ② 전기설비 또는 계통 외 도전부를 통해 대지에 접촉하지 않아야 한다.

3. 등전위본딩 도체

(1) 보호등전위본딩 도체
 ① 주접지단자에 접속하기 위한 등전위본딩 도체는 설비 내에 있는 가장 큰 보호접지도체 단면적의 1/2 이상의 단면적을 가져야 하고 다음의 단면적 이상이어야 한다.
  (ㄱ) 구리도체 6 [mm^2]
  (ㄴ) 알루미늄 도체 16 [mm^2]
  (ㄷ) 강철 도체 50 [mm^2]
 ② 주접지단자에 접속하기 위한 보호 본딩 도체의 단면적은 구리도체 25 [mm^2] 또는 다른 재질의 동등한 단면적을 초과할 필요는 없다.
 ③ 등전위본딩 도체의 상호 접속은 **19** 항의 4. (1)의 ②를 따른다.

(2) 보조 보호등전위본딩 도체
 ① 두 개의 노출도전부를 접속하는 경우 도전성은 노출도전부에 접속된 더 작은 보호도체의 도전성보다 커야 한다.
 ② 노출도전부를 계통 외 도전부에 접속하는 경우 도전성은 같은 단면적을 갖는 보호도체의 1/2 이상이어야 한다.
 ③ 케이블의 일부가 아닌 경우 또는 선로도체와 함께 수납되지 않은 본딩 도체는 다음 값 이상 이어야 한다.
  (ㄱ) 기계적 보호가 된 것은 구리도체 2.5 [mm^2], 알루미늄 도체 16 [mm^2]
  (ㄴ) 기계적 보호가 없는 것은 구리도체 4 [mm^2], 알루미늄 도체 16 [mm^2]

확인문제

61 절연성 바닥으로 된 비접지 장소에서 전기설비 상호 간 몇 [m] 이내인 경우 국부등전위본딩을 하여야 하는가?

 ① 1 [m]   ② 1.5 [m]
 ③ 2 [m]   ④ 2.5 [m]

해설 비접지 국부등전위본딩
 (1) 절연성 바닥으로 된 비접지 장소에서 다음의 경우 국부 등전위 본딩을 하여야 한다.
  ㉠ 전기설비 상호 간이 2.5 [m] 이내인 경우
  ㉡ 전기설비와 이를 지지하는 금속체 사이
 (2) 전기설비 또는 계통 외 도전부를 통해 대지에 접촉하지 않아야 한다.

답 : ④

62 주접지단자에 접속하기 위한 보호등전위본딩 도체는 설비 내에 있는 가장 큰 보호접지도체 단면적의 1/2 이상의 단면적을 가져야 하고 알루미늄 도체인 경우 단면적 몇 [mm^2] 이상이여야 하는가?

 ① 6 [mm^2]   ② 10 [mm^2]
 ③ 16 [mm^2]   ④ 50 [mm^2]

해설 보호등전위본딩 도체
 주접지단자에 접속하기 위한 등전위본딩 도체는 설비 내에 있는 가장 큰 보호접지도체 단면적의 1/2 이상의 단면적을 가져야 하고 다음의 단면적 이상이어야 한다.
 (1) 구리도체 6 [mm^2]
 (2) 알루미늄 도체 16 [mm^2]
 (3) 강철 도체 50 [mm^2]

답 : ③

17 피뢰시스템의 적용범위 및 구성

1. 적용범위
다음에 시설되는 피뢰시스템에 적용한다.
① 전기전자설비가 설치된 건축물·구조물로서 낙뢰로부터 보호가 필요한 것 또는 지상으로부터 높이가 20 [m] 이상인 것
② 전기설비 및 전자설비 중 낙뢰로부터 보호가 필요한 설비

2. 피뢰시스템의 구성
① 직격뢰로부터 대상물을 보호하기 위한 외부 피뢰시스템
② 간접뢰 및 유도뢰로부터 대상물을 보호하기 위한 내부 피뢰시스템

18 외부 피뢰시스템

1. 수뢰부 시스템
① 수뢰부 시스템을 선정하는 경우 돌침, 수평도체, 메시도체의 요소 중에 한 가지 또는 이를 조합한 형식으로 시설하여야 한다.
② 수뢰부 시스템의 배치는 보호각법, 회전구체법, 메시법 중 하나 또는 조합된 방법으로 배치하여야 하며 건축물·구조물의 뾰족한 부분, 모서리 등에 우선하여 배치한다.
③ 지상으로부터 높이 60 [m]를 초과하는 건축물·구조물에 측뢰 보호가 필요한 경우에는 수뢰부 시스템을 시설하여야 하며 전체 높이 60 [m]를 초과하는 건축물·구조물의 최상부로부터 20 [%] 부분에 한한다.
④ 건축물·구조물과 분리되지 않은 수뢰부 시스템의 시설은 다음에 따른다.
(ㄱ) 지붕 마감재가 불연성 재료로 된 경우 지붕 표면에 시설할 수 있다.
(ㄴ) 지붕 마감재가 높은 가연성 재료로 된 경우 지붕 재료와 초가지붕 또는 이와 유사한 경우 0.15[m] 이상, 다른 재료의 가연성 재료인 경우 0.1 [m] 이상 이격하여야 한다.

확인문제

63 피뢰시스템의 적용범위는 전기전자설비가 설치된 건축물·구조물로서 낙뢰로부터 보호가 필요한 것 또는 지상으로부터 높이가 몇 [m] 이상인 것이어야 하는가?

① 10 [m]　　② 20 [m]
③ 30 [m]　　④ 40 [m]

해설 피뢰시스템의 적용범위
전기전자설비가 설치된 건축물·구조물로서 낙뢰로부터 보호가 필요한 것 또는 지상으로부터 높이가 20 [m] 이상인 것

답 : ②

64 수뢰부 시스템을 선정하는 경우 3가지 요소 중에 한 가지 또는 이를 조합한 형식으로 시설하여야 하는데 이 3가지 요소에 해당되지 않는 것은?

① 인하도선　　② 돌침
③ 수평도체　　④ 메시도체

해설 수뢰부 시스템
수뢰부 시스템을 선정하는 경우 돌침, 수평도체, 메시도체의 요소 중에 한 가지 또는 이를 조합한 형식으로 시설하여야 한다.

답 : ①

2. 인하도선 시스템

① 수뢰부 시스템과 접지시스템을 연결하는 것으로 다음에 의한다.

(ㄱ) 복수의 인하도선을 병렬로 구성해야 한다. 다만, 건축물·구조물과 분리된 피뢰시스템인 경우 예외로 한다.

(ㄴ) 경로의 길이가 최소가 되도록 한다.

② 건축물·구조물과 분리된 피뢰시스템인 경우의 배치 방법

(ㄱ) 뇌전류의 경로가 보호대상물에 접촉하지 않도록 하여야 한다.

(ㄴ) 별개의 지주에 설치되어 있는 경우 각 지주마다 1가닥 이상의 인하도선을 시설한다.

(ㄷ) 수평도체 또는 메시도체인 경우 지지 구조물마다 1가닥 이상의 인하도선을 시설한다.

③ 건축물·구조물과 분리되지 않은 피뢰시스템인 경우의 배치 방법

(ㄱ) 벽이 불연성 재료로 된 경우에는 벽의 표면 또는 내부에 시설할 수 있다. 다만, 벽이 가연성 재료인 경우에는 0.1 [m] 이상 이격하고, 이격이 불가능한 경우에는 도체의 단면적을 100 [mm^2] 이상으로 한다.

(ㄴ) 인하도선의 수는 2가닥 이상으로 한다.

(ㄷ) 보호대상 건축물·구조물의 투영에 따른 둘레에 가능한 한 균등한 간격으로 배치한다. 다만, 노출된 모서리 부분에 우선하여 설치한다.

(ㄹ) 병렬 인하도선의 최대 간격은 피뢰시스템 등급에 따라 Ⅰ·Ⅱ 등급은 10 [m], Ⅲ 등급은 15 [m], Ⅳ 등급은 20 [m]로 한다.

④ 수뢰부 시스템과 접지극 시스템 사이에 전기적 연속성이 형성되도록 다음에 따라 시설하여야 한다.

(ㄱ) 경로는 가능한 한 루프 형성이 되지 않도록 하고, 최단거리로 곧게 수직으로 시설하여야 하며, 처마 또는 수직으로 설치 된 홈통 내부에 시설하지 않아야 한다.

(ㄴ) 철근 콘크리트 구조물의 철근을 자연적 구성부재의 인하도선으로 사용하기 위해서는 해당 철근 전체 길이의 전기저항 값은 0.2 [Ω] 이하가 되어야 한다.

확인문제

65 인하도선 시스템에 대한 설명 중 틀린 것은?

① 수뢰부 시스템과 접지시스템을 연결하는 것은 복수의 인하도선을 병렬로 구성해야 한다.

② 경로의 길이가 최대가 되도록 한다.

③ 건축물·구조물과 분리된 피뢰시스템인 경우에는 복수의 인하도선을 병렬로 구성하지 않아도 된다.

④ 건축물·구조물과 분리된 피뢰시스템인 경우의 배치는 뇌전류의 경로가 보호대상물에 접촉하지 않도록 하여야 한다.

[해설] 인하도선 시스템

수뢰부 시스템과 접지시스템을 연결하는 것으로 경로의 길이가 최소가 되도록 한다.

답 : ②

66 건축물·구조물과 분리되지 않은 피뢰시스템인 경우의 인하도선 시스템 배치 방법 중 벽이 불연성 재료로 된 경우에는 벽의 표면 또는 내부에 시설할 수 있다. 다만, 벽이 가연성 재료인 경우에는 0.1 [m] 이상 이격하고, 이격이 불가능한 경우에는 도체의 단면적을 몇 [mm^2] 이상으로 하는가?

① 100 [mm^2]   ② 150 [mm^2]

③ 200 [mm^2]   ④ 250 [mm^2]

[해설] 인하도선 시스템

벽이 불연성 재료로 된 경우에는 벽의 표면 또는 내부에 시설할 수 있다. 다만, 벽이 가연성 재료인 경우에는 0.1 [m] 이상 이격하고, 이격이 불가능한 경우에는 도체의 단면적을 100[mm^2] 이상으로 한다.

답 : ①

(ㄷ) 시험용 접속점을 접지극 시스템과 가까운 인하도선과 접지극 시스템의 연결부분에 시설하고, 이 접속점은 항상 폐로 되어야 하며 측정시에 공구 등으로만 개방할 수 있어야 한다. 다만, 자연적 구성부재를 이용하거나, 자연적 구성부재 등과 본딩을 하는 경우에는 예외로 한다.

⑤ 인하도선으로 사용하는 자연적 구성부재는 다음에 의한다.

  (ㄱ) 각 부분의 전기적 연속성과 내구성이 확실한 것

  (ㄴ) 전기적 연속성이 있는 구조물 등의 금속제 구조체(철골, 철근 등)

  (ㄷ) 구조물 등의 상호 접속된 강제 구조체

  (ㄹ) 건축물 외벽 등을 구성하는 금속 구조재의 크기가 인하도선에 대한 요구사항에 부합하고 또한 두께가 0.5 [mm] 이상인 금속판 또는 금속관

  (ㅁ) 인하도선을 구조물 등의 상호 접속된 철근·철골 등과 본딩하거나, 철근·철골 등을 인하도선으로 사용하는 경우 수평 환상도체는 설치하지 않아도 된다.

3. 접지극 시스템

① 뇌전류를 대지로 방류시키기 위한 접지극 시스템은 A형 접지극(수평 또는 수직접지극) 또는 B형 접지극(환상도체 또는 기초 접지극) 중 하나 또는 조합하여 시설할 수 있다.

② 접지극 시스템의 접지저항이 10 [Ω] 이하인 경우 최소 길이 이하로 할 수 있다.

③ 접지극은 다음에 따라 시설한다.

  (ㄱ) 지표면에서 0.75 [m] 이상 깊이로 매설 하여야 한다. 다만, 필요시는 해당 지역의 동결심도를 고려한 깊이로 할 수 있다.

  (ㄴ) 대지가 암반지역으로 대지저항이 높거나 건축물·구조물이 전자통신 시스템을 많이 사용하는 시설의 경우에는 환상도체 접지극 또는 기초 접지극으로 한다.

  (ㄷ) 접지극 재료는 대지에 환경오염 및 부식의 문제가 없어야 한다.

  (ㄹ) 철근콘크리트 기초 내부의 상호 접속된 철근 또는 금속제 지하구조물 등 자연적 구성부재는 접지극으로 사용할 수 있다.

확인문제

67 인하도선으로 사용하는 자연적 구성부재에 해당되지 않는 것은?

① 각 부분의 전기적 연속성과 내구성이 확실한 것
② 전기적 연속성이 있는 구조물 등의 금속제 구조체
③ 구조물 등과 독립된 강제 구조체
④ 건축물 외벽 등을 구성하는 금속 구조재의 크기가 인하도선에 대한 요구사항에 부합하고 또한 두께가 0.5 [mm] 이상인 금속관

[해설] **인하도선으로 사용하는 자연적 구성부재**
구조물 등의 상호 접속된 강제 구조체

답 : ③

68 외부 피뢰시스템의 접지극은 지표면에서 몇 [m] 이상 깊이로 매설하여야 하는가?

① 0.5 [m]   ② 0.75 [m]
③ 1 [m]   ④ 2 [m]

[해설] **접지극 시스템**
외부 피뢰시스템의 접지극은 지표면에서 0.75 [m] 이상 깊이로 매설 하여야 한다. 다만, 필요시는 해당 지역의 동결심도를 고려한 깊이로 할 수 있다.

답 : ②

19 내부 피뢰시스템

1. 일반사항

전기전자설비의 뇌서지에 대한 보호로서 피뢰구역 경계부분에서는 접지 또는 본딩을 하여야 한다. 다만, 직접 본딩이 불가능한 경우에는 서지보호장치를 설치한다.

2. 접지와 본딩

① 전기전자설비를 보호하기 위한 접지와 피뢰등전위본딩은 다음에 따른다.
  (ㄱ) 뇌서지 전류를 대지로 방류시키기 위한 접지를 시설하여야 한다.
  (ㄴ) 전위차를 해소하고 자계를 감소시키기 위한 본딩을 구성하여야 한다.
② 접지극은 외부피뢰시스템의 접지극 시스템에 의하는 것 이외에는 다음에 적합하여야 한다.
  (ㄱ) 전자·통신설비(또는 이와 유사한 것)의 접지는 환상도체 접지극 또는 기초 접지극으로 한다.
  (ㄴ) 개별 접지시스템으로 된 복수의 건축물·구조물 등을 연결하는 콘크리트덕트·금속제 배관의 내부에 케이블(또는 같은 경로로 배치된 복수의 케이블)이 있는 경우 각각의 접지 상호 간은 병행 설치된 도체로 연결하여야 한다. 다만, 차폐케이블인 경우는 차폐선을 양끝에서 각각의 접지시스템에 등전위본딩 하는 것으로 한다.
③ 전자·통신설비(또는 이와 유사한 것)에서 위험한 전위차를 해소하고 자계를 감소시킬 필요가 있는 경우 다음에 의한 등전위본딩 망을 시설하여야 한다.
  (ㄱ) 등전위본딩 망은 건축물·구조물의 도전성 부분 또는 내부설비 일부분을 통합하여 시설한다.
  (ㄴ) 등전위본딩 망은 메시 폭이 5 [m] 이내가 되도록 하여 시설하고 구조물과 구조물 내부의 금속부분은 다중으로 접속한다. 다만, 금속 부분이나 도전성 설비가 피뢰구역의 경계를 지나가는 경우에는 직접 또는 서지보호장치를 통하여 본딩한다.
  (ㄷ) 도전성 부분의 등전위본딩은 방사형, 메시형 또는 이들의 조합형으로 한다.

확인문제

69 내부 피뢰시스템에서 전기전자설비의 뇌서지에 대한 보호로서 피뢰구역 경계부분에서는 접지 또는 본딩을 하여야 한다. 다만, 직접 본딩이 불가능한 경우 설치하여야 하는 것은 무엇인가?

① 서지보호장치 ② 과전류차단기
③ 개폐기   ④ 보호계전기

[해설] 전기전자설비의 뇌서지에 대한 보호
전기전자설비의 뇌서지에 대한 보호로서 피뢰구역 경계부분에서는 접지 또는 본딩을 하여야 한다. 다만, 직접 본딩이 불가능한 경우에는 서지보호장치를 설치한다.

70 내부 피뢰시스템은 전자·통신설비에서 위험한 전위차를 해소하고 자계를 감소시킬 필요가 있는 경우에 시설하는 등전위본딩 망은 메시 폭이 몇 [m] 이내가 되도록 시설하여야 하는가?

① 3 [m]   ② 5 [m]
③ 10 [m]   ④ 20 [m]

[해설] 내부피뢰시스템의 등전위본딩 망
등전위본딩 망은 메시 폭이 5 [m] 이내가 되도록 하여 시설하고 구조물과 구조물 내부의 금속부분은 다중으로 접속한다.

답 : ①

답 : ②

3. 서지보호장치의 시설

① 전기전자설비 등에 연결된 전선로를 통하여 서지가 유입되는 경우, 해당 선로에는 서지보호장치를 설치하여야 한다.

② 지중 저압수전의 경우, 내부에 설치하는 전기전자기기의 과전압범주별 임펄스 내전압이 규정 값에 충족하는 경우에는 서지보호장치를 생략할 수 있다.

4. 피뢰등전위본딩

(1) 일반사항

① 피뢰시스템의 등전위화는 다음과 같은 설비들을 서로 접속함으로서 이루어진다.
   (ㄱ) 금속제 설비
   (ㄴ) 구조물에 접속된 외부 도전성 부분
   (ㄷ) 내부시스템

② 등전위본딩의 상호 접속은 다음에 의한다.
   (ㄱ) 자연적 구성부재로 인한 본딩으로 전기적 연속성을 확보할 수 없는 장소는 본딩도체로 연결한다.
   (ㄴ) 본딩도체로 직접 접속할 수 없는 장소의 경우에는 서지보호장치로 연결한다.
   (ㄷ) 본딩도체로 직접 접속이 허용되지 않는 장소의 경우에는 절연방전갭(ISG)을 이용한다.

(2) 금속제 설비의 등전위본딩

① 건축물·구조물과 분리된 외부피뢰시스템의 경우, 등전위본딩은 지표면 부근에서 시행하여야 한다.

② 건축물·구조물과 접속된 외부피뢰시스템의 경우, 피뢰등전위본딩은 다음에 따른다.
   (ㄱ) 기초부분 또는 지표면 부근 위치에서 하여야 하며, 등전위본딩 도체는 등전위본딩 바에 접속하고, 등전위본딩 바는 접지시스템에 접속하여야 한다. 또한 쉽게 점검할 수 있도록 하여야 한다.

확인문제

71 전기전자설비 보호를 위한 서지보호장치 시설 규정에서 내부에 설치하는 전기전자기기의 과전압범주별 임펄스 내전압이 규정 값에 충족한다면 서지보호장치는 어떠한 경우에 생략 할 수 있는가?

① 지중 저압수전의 경우
② 지중 고압수전의 경우
③ 지중 특고압수전의 경우
④ 가공 저압수전의 경우

해설 **서지보호장치의 시설**
지중 저압수전의 경우, 내부에 설치하는 전기전자기기의 과전압범주별 임펄스 내전압이 규정 값에 충족하는 경우에는 서지보호장치를 생략할 수 있다.

답 : ①

72 피뢰등전위본딩의 상호 접속시 자연적 구성부재로 인한 본딩으로 전기적 연속성을 확보할 수 없는 장소에 연결하여야 하는 것은?

① 본딩도체
② 접지도체
③ 보호도체
④ 접지클램프

해설 **피뢰등전위본딩의 상호 접속**
(1) 자연적 구성부재로 인한 본딩으로 전기적 연속성을 확보할 수 없는 장소는 본딩도체로 연결한다.
(2) 본딩도체로 직접 접속할 수 없는 장소의 경우에는 서지보호장치로 연결한다.
(3) 본딩도체로 직접 접속이 허용되지 않는 장소의 경우에는 절연방전갭(ISG)을 이용한다.

답 : ①

(ㄴ) 절연 요구조건에 따른 안전 이격거리를 확보할 수 없는 경우에는 피뢰시스템과 건축물·구조물 또는 내부설비의 도전성 부분은 등전위본딩 하여야 하며, 직접 접속하거나 충전부인 경우는 서지보호장치를 경유하여 접속하여야 한다. 다만, 서지보호장치를 사용하는 경우 보호레벨은 보호구간 기기의 임펄스내전압보다 작아야 한다.

③ 건축물·구조물에는 지하 0.5 [m]와 높이 20 [m] 마다 환상도체를 설치한다. 다만, 철근콘크리트, 철골구조물의 구조체에 인하도선을 등전위본딩하는 경우 환상도체는 설치하지 않을 수 있다.

(3) 인입설비의 등전위본딩

① 건축물·구조물의 외부에서 내부로 인입되는 설비의 도전부에 대한 등전위본딩은 다음에 의한다.

(ㄱ) 인입구 부근에서 **16** 항 1.에 따라 등전위본딩 한다.

(ㄴ) 전원선은 서지보호장치를 사용하여 등전위본딩 한다.

(ㄷ) 통신 및 제어선은 내부와의 위험한 전위차 발생을 방지하기 위해 직접 또는 서지보호장치를 통해 등전위본딩 한다.

② 가스관 또는 수도관의 연결부가 절연체인 경우, 해당 설비 공급사업자의 동의를 받아 적절한 공법(절연방전갭 등 사용)으로 등전위본딩 하여야 한다.

(4) 등전위본딩 바

① 설치 위치는 짧은 경로로 접지시스템에 접속할 수 있는 위치로 하여야 하며, 저압수전계통인 경우 주 배전반에 가까운 지표면 근방 내부 벽면에 설치한다.

② 접지시스템(환상접지전극, 기초접지전극, 구조물의 접지보강재 등)에 짧은 경로로 접속하여야 한다.

③ 외부 도전성 부분, 전원선과 통신선의 인입점이 다른 경우 여러 개의 등전위본딩 바를 설치할 수 있다.

확인문제

73 피뢰등전위본딩에서 건축물·구조물과 접속된 외부피뢰시스템의 경우 절연 요구조건에 따른 안전 이격거리를 확보할 수 없을 때 등전위본딩 해야 할 곳에 해당되지 않는 것은?

① 피뢰시스템
② 건축물·구조물의 도전성 부분
③ 내부설비의 도전성 부분
④ 접지극

[해설] 금속제 설비의 등전위본딩
절연 요구조건에 따른 안전 이격거리를 확보할 수 없는 경우에는 피뢰시스템과 건축물·구조물 또는 내부 설비의 도전성 부분은 등전위본딩 하여야 한다.

답 : ④

74 등전위본딩 바에 대한 설명이 잘못 된 것은?

① 설치 위치는 짧은 경로로 접지시스템에 접속할 수 있는 위치로 하여야 한다.
② 저압수전계통인 경우 주 배전반에 가까운 지표면 근방 내부 벽면에 설치한다.
③ 외부 도전성 부분, 전원선과 통신선의 인입점이 다른 경우 1개의 등전위본딩 바를 설치할 수 있다.
④ 건축물·구조물이 낮은 레벨의 서지내전압이 요구되는 전자·통신설비용인 경우 시설하는 내부 환상도체는 5 [m] 마다 보강재에 접속하여야 한다.

[해설] 등전위 본딩 바
외부 도전성 부분, 전원선과 통신선의 인입점이 다른 경우 여러 개의 등전위 본딩 바를 설치할 수 있다.

답 : ③

★★★

01 전압의 구분에 대한 설명으로 옳지 않은 것은?

① 전압은 저압, 고압, 특고압으로 구분한다.

② 저압은 직류는 1 [kV] 이하, 교류는 1.5 [kV] 이하이다.

③ 고압은 저압을 넘고 7 [kV] 이하이다.

④ 특고압은 7 [kV]를 넘는 것이다.

[해설] 전압의 구분

(1) 저압 : 교류는 1 [kV] 이하, 직류는 1.5 [kV] 이하인 것.

(2) 고압 : 교류는 1 [kV]를, 직류는 1.5 [kV]를 초과하고, 7 [kV] 이하인 것.

(3) 특고압 : 7 [kV]를 초과하는 것.

★★★

02 전압 구분에서 고압에 해당되는 것은?

① 직류는 1.5 [kV]를, 교류는 1 [kV]를 초과하고 7 [kV] 이하인 것

② 직류는 1 [kV]를, 교류는 1.5 [kV]를 초과하고 7 [kV] 이하인 것

③ 직류는 1.5 [kV]를, 교류는 1 [kV]를 초과하고 9 [kV] 이하인 것

④ 직류는 1 [kV]를, 교류는 1.5 [kV]를 초과하고 9 [kV] 이하인 것

[해설] 전압의 구분

(1) 저압 : 교류는 1 [kV] 이하, 직류는 1.5 [kV] 이하인 것.

(2) 고압 : 교류는 1 [kV]를, 직류는 1.5 [kV]를 초과하고, 7 [kV] 이하인 것.

(3) 특고압 : 7 [kV]를 초과하는 것.

★

03 가공전선로의 지지물로부터 다른 지지물을 거치지 아니하고 수용 장소의 붙임점에 이르는 가공전선을 무엇이라 하는가?

① 가공인입선 ② 지중인입선

③ 연접인입선 ④ 옥측배선

[해설] 용어

가공인입선 : 가공전선로의 지지물로부터 다른 지지물을 거치지 아니하고 수용 장소의 붙임점에 이르는 가공전선을 말한다.

★★

04 '계통연계'란 둘 이상의 전력계통 사이를 전력이 상호 융통될 수 있도록 선로를 통하여 연결하는 것으로 전력계통 상호간을 (   ) 등에 연결하는 것을 말한다. (   ) 안에 들어가는 것으로 적당하지 않은 것은?

① 송전선

② 변압기

③ 직류-교류 변환설비

④ 전동기

[해설] 용어

계통연계 : 둘 이상의 전력계통 사이를 전력이 상호 융통될 수 있도록 선로를 통하여 연결하는 것으로 전력계통 상호간을 송전선, 변압기 또는 직류-교류 변환설비 등에 연결하는 것을 말한다.

★★★

05 제2차 접근상태라 함은 가공전선이 다른 시설물과 접근하는 경우에 그 가공전선이 다른 시설물의 위쪽 또는 옆쪽에서 수평거리로 몇 [m] 미만인 곳에 시설되는 상태를 말하는가?

① 2 ② 3

③ 4 ④ 5

[해설] 용어

2차 접근상태 : 가공전선이 다른 시설물과 접근하는 경우 그 가공전선이 다른 시설물의 위쪽 또는 옆쪽에서 수평거리로 3 [m] 미만인 곳에 시설되는 상태를 말한다.

★
06 '리플프리(Ripple-free)직류'란 교류를 직류로 변환할 때 리플성분의 실효값이 몇 [%] 이하로 포함된 직류를 말하는가?

① 5 [%] ② 10 [%]
③ 15 [%] ④ 20 [%]

해설 **용어**
리플프리(Ripple-free)직류 : 교류를 직류로 변환할 때 리플성분의 실효값이 10 [%] 이하로 포함된 직류를 말한다.

★★★
07 '지중관로'에 대한 정의로 가장 옳은 것은?

① 지중전선로·지중 약전류 전선로와 지중매설지선 등을 말한다.
② 지중전선로·지중 약전류 전선로와 복합케이블선로·기타 이와 유사한 것 및 이들에 부속되는 지중함을 말한다.
③ 지중전선로·지중 약전류 전선로·지중에 시설하는 수관 및 가스관과 지중매설지선을 말한다.
④ 지중전선로·지중 약전류 전선로·지중 광섬유 케이블 선로·지중에 시설하는 수관 및 가스관과 기타 이와 유사한 것 및 이들에 부속하는 지중함 등을 말한다.

해설 **용어**
지중관로 : 지중 전선로·지중 약전류 전선로·지중 광섬유 케이블 선로·지중에 시설하는 수관 및 가스관과 이와 유사한 것 및 이들에 부속하는 지중함 등을 말한다.

★★
08 안전을 위한 보호 중 감전에 대한 기본보호에 적합하지 않는 것은?

① 인축의 몸에 흐르는 전류를 위험하지 않는 값 이하로 제한
② 인축의 몸을 통해 전류가 흐르는 것을 방지
③ 전기설비의 충전부에 인축이 접촉하여 일어날 수 있는 위험으로부터 보호
④ 간접접촉을 방지하는 것

해설 **감전에 대한 기본보호**
기본보호는 일반적으로 직접접촉을 방지하는 것으로, 전기설비의 충전부에 인축이 접촉하여 일어날 수 있는 위험으로부터 보호되어야 한다. 기본보호는 다음 중 어느 하나에 적합하여야 한다.
(1) 인축의 몸을 통해 전류가 흐르는 것을 방지
(2) 인축의 몸에 흐르는 전류를 위험하지 않는 값 이하로 제한

★
09 과전압 및 전자기 장애에 대한 대책으로 옳지 않은 것은 어느 것인가?

① 회로의 충전부 사이의 결함으로 발생한 전압에 의한 고장으로 인한 인축의 상해가 없도록 보호하여야 한다.
② 과전압과 뒤이은 전압 회복의 영향으로 발생하는 상해로부터 인축을 보호하여야 한다.
③ 설비는 규정된 환경에서 그 기능을 제대로 수행하기 위해 전자기 장애로부터 적절한 수준의 내성을 가져야 한다.
④ 설비를 설계할 때는 설비 또는 설치 기기에서 발생되는 전자기 방사량이 설비 내의 전기사용기기와 상호 연결 기기들이 함께 사용되는 데 적합한지를 고려하여야 한다.

해설 **과전압 및 전자기 장애에 대한 대책**
저전압과 뒤이은 전압 회복의 영향으로 발생하는 상해로부터 인축을 보호하여야 하며, 손상에 대해 재산을 보호하여야 한다.

10 전선을 식별하기 위한 전선의 색상은 상에 따라 정하고 있다. 다음 중 상(문자)과 색상의 관계가 올바르지 않은 것은?

① L1 – 갈색   ② L2 – 흑색
③ L3 – 회색   ④ L4 – 청색

해설 전선의 색상

상(문자)	색상
L1	갈색
L2	흑색
L3	회색
N	청색
보호도체	녹색-노란색

11 6 [kV] 가공송전선에 있어서 전선의 인장하중이 2.15 [kN]으로 되어 있다. 지지물과 지지물 사이에 이 전선을 접속할 경우 이 전선 접속부분의 세기는 최소 몇 [kN] 이상인가?

① 0.63   ② 1.72
③ 1.83   ④ 1.94

해설 전선의 접속
전선을 접속할 때 전선의 세기(인장하중)를 80 [%] 이상 유지하여야 하므로
∴ 2.15×0.8=1.72 [kN]

12 두 개 이상의 전선을 병렬로 사용하는 경우 전선의 접속법으로 옳지 않은 것은??

① 병렬로 사용하는 각 전선의 굵기는 동선 50 [mm^2] 이상 또는 알루미늄 80 [mm^2] 이상으로 하고, 전선은 같은 도체, 같은 재료, 같은 길이 및 같은 굵기의 것을 사용할 것.
② 같은 극의 각 전선은 동일한 터미널러그에 완전히 접속할 것.
③ 병렬로 사용하는 전선에는 각각에 퓨즈를 설치하지 말 것.
④ 교류회로에서 병렬로 사용하는 전선은 금속관 안에 전자적 불평형이 생기지 않도록 시설할 것.

해설 전선의 접속
두 개 이상의 전선을 병렬로 사용하는 경우
(1) 병렬로 사용하는 각 전선의 굵기는 동선 50 [mm^2] 이상 또는 알루미늄 70 [mm^2] 이상으로 하고, 전선은 같은 도체, 같은 재료, 같은 길이 및 같은 굵기의 것을 사용할 것.
(2) 같은 극의 각 전선은 동일한 터미널러그에 완전히 접속할 것.
(3) 같은 극인 각 전선의 터미널러그는 동일한 도체에 2개 이상의 리벳 또는 2개 이상의 나사로 접속할 것.
(4) 병렬로 사용하는 전선에는 각각에 퓨즈를 설치하지 말 것.
(5) 교류회로에서 병렬로 사용하는 전선은 금속관 안에 전자적 불평형이 생기지 않도록 시설할 것.

★★★
13 전로 절연원칙에 따라 대지로부터 반드시 절연해야 하는 것은?

① 전로의 중성점에 접지공사를 하는 경우의 접지점
② 계기용변성기의 2차측 전로의 접지공사를 하는 경우의 접지점
③ 저압 가공전선로에 접속되는 변압기
④ 시험용 변압기

[해설] 전로의 절연

전로는 다음 이외에는 대지로부터 절연하여야 한다.
(1) 각종 접지공사의 접지점
(2) 다음과 같이 절연할 수 없는 부분
  ㉠ 시험용 변압기, 전력선 반송용 결합 리액터, 전기울타리용 전원장치, 엑스선발생장치, 전기부식방지용 양극, 단선식 전기철도의 귀선 등 전로의 일부를 대지로부터 절연하지 아니하고 전기를 사용하는 것이 부득이한 것.
  ㉡ 전기욕기·전기로·전기보일러·전해조 등 대지로부터 절연하는 것이 기술상 곤란한 것.

★★★
14 다음 중 대지로부터 절연을 하는 것이 기술상 곤란하여 절연을 하지 않아도 되는 것은?

① 항공장애등
② 전기로
③ 옥외조명등
④ 에어컨

[해설] 전로의 절연

전로는 다음 이외에는 대지로부터 절연하여야 한다.
(1) 각종 접지공사의 접지점
(2) 다음과 같이 절연할 수 없는 부분
  ㉠ 시험용 변압기, 전력선 반송용 결합 리액터, 전기울타리용 전원장치, 엑스선발생장치, 전기부식방지용 양극, 단선식 전기철도의 귀선 등 전로의 일부를 대지로부터 절연하지 아니하고 전기를 사용하는 것이 부득이한 것.
  ㉡ 전기욕기·전기로·전기보일러·전해조 등 대지로부터 절연하는 것이 기술상 곤란한 것.

★★★
15 전기사용 장소의 사용전압이 특별 저압인 SELV 및 PELV 전로의 전선 상호간 및 전로와 대지 사이의 DC 시험전압[V]과 절연저항[MΩ]은 각각 얼마인가?

① 250[V], 0.2[MΩ]
② 250[V], 0.5[MΩ]
③ 500[V], 0.5[MΩ]
④ 500[V], 1.0[MΩ]

[해설] 전로의 절연저항

전로의 절연성능 : 전기사용 장소의 사용전압이 저압인 전로의 전선 상호간 및 전로와 대지 사이의 절연저항은 개폐기 또는 과전류차단기로 구분할 수 있는 전로마다 다음 표에서 정한 값 이상이어야 한다. 다만, 전선 상호간의 절연저항은 기계기구를 쉽게 분리가 곤란한 분기회로의 경우 기기 접속 전에 측정할 수 있다.

전로의 사용전압[V]	DC 시험전압[V]	절연저항[MΩ]
SELV 및 PELV	250	0.5
FELV, 500 [V] 이하	500	1.0
500 [V] 초과	1,000	1.0

[주] 특별저압(extra low voltage : 2차 전압이 AC 50 [V], DC 120 [V] 이하)으로 SELV(비접지회로 구성) 및 PELV (접지회로 구성)은 1차와 2차가 전기적으로 절연된 회로, FELV는 1차와 2차가 전기적으로 절연되지 않은 회로

★★★
16 전기사용 장소의 사용전압이 500 [V]를 초과한 경우의 전로의 전선 상호간 및 전로와 대지 사이의 절연저항은 DC 1,000 [V]의 전압으로 시험하였을 때 몇 [MΩ] 이상이어야 하는가?

① 0.2[MΩ]
② 0.5[MΩ]
③ 1.0[MΩ]
④ 1.5[MΩ]

[해설] 전로의 절연저항

전로의 절연성능 : 전기사용 장소의 사용전압이 저압인 전로의 전선 상호간 및 전로와 대지 사이의 절연저항은 개폐기 또는 과전류차단기로 구분할 수 있는 전로마다 다음 표에서 정한 값 이상이어야 한다. 다만, 전선 상호간의 절연저항은 기계기구를 쉽게 분리가 곤란한 분기회로의 경우 기기 접속 전에 측정할 수 있다.

전로의 사용전압[V]	DC 시험전압[V]	절연저항[MΩ]
SELV 및 PELV	250	0.5
FELV, 500 [V] 이하	500	1.0
500 [V] 초과	1,000	1.0

[주] 특별저압(extra low voltage : 2차 전압이 AC 50 [V], DC 120 [V] 이하)으로 SELV(비접지회로 구성) 및 PELV (접지회로 구성)은 1차와 2차가 전기적으로 절연된 회로, FELV는 1차와 2차가 전기적으로 절연되지 않은 회로

17 고압 및 특고압의 전로에 절연내력 시험을 하는 경우 시험전압을 연속해서 얼마 동안 가하는가?

① 10초
② 2분
③ 6분
④ 10분

[해설] 고압 및 특고압 전로의 절연내력시험

고압 및 특고압의 전로는 시험전압을 전로와 대지 사이(다심케이블은 심선 상호 간 및 심선과 대지 사이)에 연속하여 10분간 가하여 절연내력을 시험하였을 때에 이에 견디어야 한다.

18 최대사용전압이 22,900 [V]인 3상 4선식 중성선 다중접지식 전로와 대지 사이의 절연내력 시험전압은 몇 [V]인가?

① 21,068
② 25,229
③ 28,752
④ 32,510

[해설] 고압 및 특고압 전로의 절연내력시험

전로의 최대사용전압	시험전압	최저시험전압
7 [kV] 이하	1.5배	–
7 [kV] 초과 60 [kV] 이하	1.25배	10.5 [kV]
7 [kV] 초과 25 [kV] 이하 중성점 다중접지	0.92배	–

∴ 시험전압 = 22,900×0.92 = 21,068 [V]

19 중성점 직접접지식 전로에 연결되는 최대사용전압이 69 [kV]인 전로의 절연내력 시험전압은 최대사용전압의 몇 배인가?

① 1.25
② 0.92
③ 0.72
④ 1.5

[해설] 고압 및 특고압 전로의 절연내력시험

전로의 최대사용전압		시험전압	최저시험전압
60 [kV] 초과	비접지	1.25배	–
60 [kV] 초과	접지	1.1배	75 [kV]
170 [kV] 이하	직접접지	0.72배	–
170 [kV] 초과	직접접지	0.64배	–

20 최대사용전압 154 [kV] 중성점 직접접지식 전로에 시험전압을 전로와 대지 사이에 몇 [kV]를 연속으로 10분간 가하여 절연내력을 시험하였을 때 이에 견디어야 하는가?

① 231
② 192.5
③ 141.68
④ 110.88

[해설] 고압 및 특고압 전로의 절연내력시험

전로의 최대사용전압		시험전압	최저시험전압
60 [kV] 초과	비접지	1.25배	–
60 [kV] 초과 170 [kV] 이하	접지	1.1배	75 [kV]
	직접접지	0.72배	–
170 [kV] 초과	직접접지	0.64배	–

∴ 시험전압 = 154,000×0.72
= 110,880[V] =110.88 [kV]

21 22.9 [kV] 3상 4선식 다중 접지방식의 지중전선로의 절연내력시험을 직류로 할 경우 시험전압은 몇 [V]인가?

① 16,448
② 21,068
③ 32,796
④ 42,136

[해설] 고압 및 특고압 전로의 절연내력시험

고압 및 특고압의 전로는 시험전압을 전로와 대지 사이(다심케이블은 심선 상호 간 및 심선과 대지 사이)에 연속하여 10분간 가하여 절연내력을 시험하였을 때에 이에 견디어야 한다. 다만, 전선에 케이블을 사용하는 교류 전로로서 아래 표에서 정한 시험전압의 2배의 직류전압을 연속하여 10분간 가하여 절연내력을 시험하였을 때에 이에 견디는 것에 대하여는 그러하지 아니하다.

전로의 최대사용전압	시험전압	최저시험전압
7 [kV] 이하	1.5배	–
7 [kV] 초과 60 [kV] 이하	1.25배	10.5 [kV]
7 [kV] 초과 25 [kV] 이하 중성점 다중접지	0.92배	–

∴ 시험전압 = 22,900×0.92×2 = 42,136 [V]

★★★

22 최대사용전압이 69 [kV]인 중성점 비접지식 지중케이블 선로의 절연내력 시험을 직류전압으로 실시하는 경우 전압의 값은?

① 126.8 [kV] ② 151.8 [kV]

③ 172.5 [kV] ④ 207.4 [kV]

해설 고압 및 특고압 전로의 절연내력시험

고압 및 특고압의 전로는 시험전압을 전로와 대지 사이(다심케이블은 심선 상호 간 및 심선과 대지 사이)에 연속하여 10분간 가하여 절연내력을 시험하였을 때에 이에 견디어야 한다. 다만, 전선에 케이블을 사용하는 교류 전로로서 아래 표에서 정한 시험전압의 2배의 직류전압을 연속하여 10분간 가하여 절연내력을 시험하였을 때에 이에 견디는 것에 대하여는 그러하지 아니하다.

전로의 최대사용전압		시험전압	최저시험 전압
60 [kV] 초과	비접지	1.25배	–
60 [kV] 초과	접지	1.1배	75 [kV]
170 [kV] 이하	직접접지	0.72배	–
170 [kV] 초과	직접접지	0.64배	–

∴ 시험전압=69×1.25×2=172.5 [kV]

★

23 발전기, 전동기, 조상기, 기타 회전기(회전 변류기 제외)의 절연내력시험시 전압은 어느 곳에 가하면 되는가?

① 권선과 대지 사이

② 외함부분과 전선 사이

③ 외함부분과 대지 사이

④ 회전자와 고정자 사이

해설 회전기, 정류기의 절연내력시험

종류 \ 구분	최대사용전압		시험전압	시험방법
회전기	발전기, 전동기, 조상기, 기타 회전기	7 [kV] 이하	1.5배 (최저 500 [V])	권선과 대지 사이에 연속하여 10분간 가한다.
		7 [kV] 초과	1.25배 (최저 10.5 [kV])	
	회전변류기		1배 (최저 500 [V])	

★★

24 최대사용전압이 440 [V]인 전동기의 절연내력 시험전압은 몇 [V]인가?

① 330 ② 440

③ 500 ④ 660

해설 회전기, 정류기의 절연내력시험

종류 \ 구분	최대사용전압		시험전압	시험방법
회전기	발전기, 전동기, 조상기, 기타 회전기	7 [kV] 이하	1.5배 (최저 500 [V])	권선과 대지 사이에 연속하여 10분간 가한다.
		7 [kV] 초과	1.25배 (최저 10.5 [kV])	
	회전변류기		1배 (최저 500 [V])	

∴ 시험전압=440×1.5=660 [V]

★★★

25 3,300 [V] 고압 유도전동기의 절연내력시험전압은 최대 사용전압의 몇 배를 10분간 가하는가?

① 1배 ② 1.25배

③ 1.5배 ④ 2배

해설 회전기, 정류기의 절연내력시험

종류 \ 구분	최대사용전압		시험전압	시험방법
회전기	발전기, 전동기, 조상기, 기타 회전기	7 [kV] 이하	1.5배 (최저 500 [V])	권선과 대지 사이에 연속하여 10분간 가한다.
		7 [kV] 초과	1.25배 (최저 10.5 [kV])	
	회전변류기		1배 (최저 500 [V])	

★★
26 최대사용전압이 7,000 [V]인 회전기의 절연내력시험은 몇 [V]의 시험전압을 권선과 대지간에 가하여 10분간 견뎌야 하는가?

① 6,440　　　　② 7,700
③ 8,750　　　　④ 10,500

해설 회전기, 정류기의 절연내력시험

종류\구분		최대사용전압	시험전압	시험방법
회전기	발전기, 전동기, 조상기, 기타 회전기	7 [kV] 이하	1.5배 (최저 500 [V])	권선과 대지 사이에 연속하여 10분간 가한다.
		7 [kV] 초과	1.25배 (최저 10.5 [kV])	
	회전변류기		1배 (최저 500 [V])	

∴ 시험전압 = 7,000×1.5 = 10,500 [V]

★★★
27 최대사용전압이 7 [kV]를 넘는 회전기의 절연내력 시험은 최대사용전압 몇 배의 전압에서 10분간 견디어야 하는가?

① 0.92　　　　② 1.25
③ 1.5　　　　④ 2

해설 회전기, 정류기의 절연내력시험

종류\구분		최대사용전압	시험전압	시험방법
회전기	발전기, 전동기, 조상기, 기타 회전기	7 [kV] 이하	1.5배 (최저 500 [V])	권선과 대지 사이에 연속하여 10분간 가한다.
		7 [kV] 초과	1.25배 (최저 10.5 [kV])	
	회전변류기		1배 (최저 500 [V])	

★★★
28 최대사용전압이 1차 22,000 [V], 2차 6,600 [V]의 권선으로서 중성점 비접지식 전로에 접속하는 변압기의 특고압 측의 절연내력 시험전압은 몇 [V]인가?

① 44,000　　　　② 33,000
③ 27,500　　　　④ 24,000

해설 변압기 전로의 절연내력시험

권선의 최대사용전압	시험전압	시험방법
7 [kV] 이하	1.5배 (최저 500 [V])	시험되는 권선과 다른 권선, 철심 및 외함 간에 시험전압을 연속하여 10분간 가한다.
7 [kV] 초과 25[kV] 이하 중성점 다중접지식 전로에 접속	0.92배	
7 [kV] 초과 60 [kV] 이하	1.25배 (최저 10.5 [kV])	
60 [kV] 초과 비접지식 전로에 접속	1.25배	

∴ 시험전압 = 22,000×1.25 = 27,500 [V]

★★★
29 최대사용전압이 23 [kV]인 권선으로서 중성선 다중접지방식의 전로에 접속되는 변압기권선의 절연내력시험 시험전압은 몇 [kV]인가?

① 21.16　　　　② 25.3
③ 28.75　　　　④ 34.5

해설 변압기 전로의 절연내력시험

권선의 최대사용전압	시험전압	시험방법
7 [kV] 이하	1.5배 (최저 500 [V])	시험되는 권선과 다른 권선, 철심 및 외함 간에 시험전압을 연속하여 10분간 가한다.
7 [kV] 초과 25[kV] 이하 중성점 다중접지식 전로에 접속	0.92배	
7 [kV] 초과 60 [kV] 이하	1.25배 (최저 10.5 [kV])	
60 [kV] 초과 비접지식 전로에 접속	1.25배	

∴ 시험전압 = 23×0.92=21.16 [kV]

★★
30 접지시스템의 구성요소에 속하지 않는 것은?

① 접지극
② 접지도체
③ 제어도체
④ 보호도체

해설 접지시스템의 구성요소
(1) 접지시스템은 접지극, 접지도체, 보호도체 및 기타 설비로 구성한다.
(2) 접지극은 접지도체를 사용하여 주 접지단자에 연결하여야 한다.

★★
31 접지시스템의 접지저항 값을 결정하는데 필요한 사항이 아닌 것은?

① 고조파 전류를 억제하는 기능을 갖추어야 한다.
② 부식, 건조 및 동결 등 대지환경 변화에 충족하여야 한다.
③ 인체감전보호를 위한 값을 만족하여야 한다.
④ 전기설비의 기계적 요구에 의한 값을 만족하여야 한다.

해설 접지시스템의 요구사항
접지저항 값은 다음에 의한다.
(1) 부식, 건조 및 동결 등 대지환경 변화에 충족하여야 한다.
(2) 인체감전보호를 위한 값과 전기설비의 기계적 요구에 의한 값을 만족하여야 한다.

★★★
32 다음은 접지시스템의 접지극에 대한 시설 방법을 설명한 것으로서 적합하지 않는 것은?

① 콘크리트에 매입 된 기초 접지극
② 토양에 매설된 기초 접지극
③ 케이블의 금속외장 및 그 밖에 금속피복
④ 대지에 매설된 강화콘크리트의 용접된 금속 보강재

해설 접지시스템의 접지극의 시설
접지극은 다음의 방법 중 하나 또는 복합하여 시설하여야 한다.
(1) 콘크리트에 매입 된 기초 접지극
(2) 토양에 매설된 기초 접지극
(3) 토양에 수직 또는 수평으로 직접 매설된 금속전극 (봉, 전선, 테이프, 배관, 판 등)
(4) 케이블의 금속외장 및 그 밖에 금속피복
(5) 지중 금속구조물(배관 등)
(6) 대지에 매설된 철근콘크리트의 용접된 금속 보강재. 다만, 강화콘크리트는 제외한다.

★★★
33 접지시스템의 접지극을 매설하는 방법 중 옳지 않은 것은?

① 접지극은 매설하는 토양을 오염시키지 않아야 한다.
② 접지극은 가능한 건조한 부분에 시설하여야 한다.
③ 동결 깊이를 감안하여 시설하되 고압 이상의 전기설비와 변압기 중성점 접지에 의하여 시설하는 접지극의 매설깊이는 지표면으로부터 지하 0.75 [m] 이상으로 한다.
④ 접지도체를 철주 기타의 금속체를 따라서 시설하는 경우에는 접지극을 철주의 밑면으로부터 0.3 [m] 이상의 깊이에 매설하는 경우 이외에는 접지극을 지중에서 그 금속체로부터 1 [m] 이상 떼어 매설하여야 한다.

해설 접지시스템의 접지극의 매설
(1) 접지극은 매설하는 토양을 오염시키지 않아야 하며, 가능한 다습한 부분에 설치한다.
(2) 접지극은 동결 깊이를 감안하여 시설하되 고압 이상의 전기설비와 변압기 중성점 접지에 의하여 시설하는 접지극의 매설깊이는 지표면으로부터 지하 0.75 [m] 이상으로 한다.
(3) 접지도체를 철주 기타의 금속체를 따라서 시설하는 경우에는 접지극을 철주의 밑면으로부터 0.3 [m] 이상의 깊이에 매설하는 경우 이외에는 접지극을 지중에서 그 금속체로부터 1 [m] 이상 떼어 매설하여야 한다.

★★
34 접지시스템 부식에 대한 고려 사항 중 옳지 않은 것은?

① 접지극에 부식을 일으킬 수 있는 폐기물 집하장에는 접지극 설치를 피해야 한다.
② 접지극에 부식을 일으킬 수 있는 번화한 장소에 접지극 설치는 피해야 한다.
③ 서로 다른 재질의 접지극을 연결할 경우 전식을 고려하여야 한다.
④ 콘크리트 기초 접지극에 접속하는 접지도체가 용융 아연도금 강제인 경우 접속부를 토양에 직접 매설하여야 한다.

해설 접지시스템 부식에 대한 고려 사항
(1) 접지극에 부식을 일으킬 수 있는 폐기물 집하장 및 번화한 장소에 접지극 설치는 피해야 한다.
(2) 서로 다른 재질의 접지극을 연결할 경우 전식을 고려하여야 한다.
(3) 콘크리트 기초 접지극에 접속하는 접지도체가 용융 아연도금 강제인 경우 접속부를 토양에 직접 매설해서는 안 된다.

★★
35 접지시스템의 접지극을 접속하는 방법으로 옳지 않은 것은?

① 발열성 용접   ② 납땜 접속
③ 압착 접속   ④ 클램프를 사용한 접속

해설 접지시스템의 접지극 접속 방법
접지극을 접속하는 경우에는 발열성 용접, 압착접속, 클램프 또는 그 밖의 적절한 기계적 접속장치로 접속하여야 한다.

★★
36 접지설비의 접지극으로 사용할 수 없는 것은?

① 가연성 액체나 가스를 운반하는 금속제 배관
② 보호 등전위본딩
③ 지중에 매설되어 있고 대지와의 전기저항 값이 3 [Ω] 이하의 값을 유지하고 있는 금속제 수도관로
④ 대지와의 사이에 전기저항 값이 2 [Ω] 이하인 건축물·구조물의 철골 기타의 금속제

해설 접지극의 사용 제한
가연성 액체나 가스를 운반하는 금속제 배관은 접지설비의 접지극으로 사용 할 수 없다. 다만, 보호 등전위본딩은 예외로 한다.

★★★
37 금속제 수도관로를 접지공사의 접지극으로 사용하는 경우에 대한 사항이다. (㉠), (㉡), (㉢)에 들어갈 수치로 알맞은 것은?

> 접지도체와 금속제 수도관로의 접속은 안지름 (㉠) [mm] 이상인 금속제 수도관의 부분 또는 이로부터 분기한 안지름 (㉡) [mm] 미만인 금속제 수도관의 그 분기점으로부터 5 [m] 이내의 부분에서 할 것. 다만, 금속제 수도관로와 대지간의 전기저항치가 (㉢) [Ω] 이하인 경우에는 분기점으로부터의 거리는 5 [m]를 넘을 수 있다.

① ㉠ 75   ㉡ 75   ㉢ 2
② ㉠ 75   ㉡ 50   ㉢ 2
③ ㉠ 50   ㉡ 75   ㉢ 4
④ ㉠ 50   ㉡ 50   ㉢ 4

해설 수도관 등을 접지극으로 사용하는 경우 접지도체의 선정
지중에 매설되어 있고 대지와의 전기저항 값이 3 [Ω] 이하의 값을 유지하고 있는 금속제 수도관로가 다음에 따르는 경우 접지극으로 사용이 가능하다.
(1) 접지도체와 금속제 수도관로의 접속은 안지름 75 [mm] 이상인 부분 또는 여기에서 분기한 안지름 75 [mm] 미만인 분기점으로부터 5 [m] 이내의 부분에서 하여야 한다. 다만, 금속제 수도관로와 대지 사이의 전기저항 값이 2 [Ω] 이하인 경우에는 분기점으로부터의 거리는 5 [m]을 넘을 수 있다.

★★★
38 지중에 매설된 금속제 수도관로는 각종 접지공사의 접지극으로 사용할 수 있다. 다음 중에서 접지극으로 사용할 수 없는 것은?

① 안지름 75 [mm]에서 분기한 안지름 50 [mm]의 수도관으로 길이가 6 [m]이고, 전기저항값이 3 [Ω] 이하인 것
② 안지름 75 [mm] 이상이고 전기저항값이 3 [Ω] 이하인 것
③ 안지름 75 [mm] 이상이고 전기저항값이 2 [Ω] 이하인 것
④ 안지름 75 [mm]에서 분기한 안지름 30 [mm]의 수도관 길이가 5 [m] 이내이고 전기저항값이 3 [Ω] 이하인 것

[해설] 수도관 등을 접지극으로 사용하는 경우 접지도체의 선정
지중에 매설되어 있고 대지와의 전기저항 값이 3 [Ω] 이하의 값을 유지하고 있는 금속제 수도관로가 다음에 따르는 경우 접지극으로 사용이 가능하다.
⑴ 접지도체와 금속제 수도관로의 접속은 안지름 75 [mm] 이상인 부분 또는 여기에서 분기한 안지름 75 [mm] 미만인 분기점으로부터 5 [m] 이내의 부분에서 하여야 한다. 다만, 금속제 수도관로와 대지 사이의 전기저항 값이 2 [Ω] 이하인 경우에는 분기점으로부터의 거리는 5 [m]을 넘을 수 있다.

★★
39 접지도체에 피뢰시스템이 접속되는 경우, 접지도체의 단면적으로 알맞은 것은?

① 구리 10 [mm²] 또는 철 25 [mm²] 이상
② 구리 16 [mm²] 또는 철 25 [mm²] 이상
③ 구리 10 [mm²] 또는 철 50 [mm²] 이상
④ 구리 16 [mm²] 또는 철 50 [mm²] 이상

[해설] 접지도체의 선정
접지도체에 피뢰시스템이 접속되는 경우, 접지도체의 단면적은 구리 16 [mm²] 또는 철 50 [mm²] 이상으로 하여야 한다.

★
40 매입되는 지점에 '안전 전기 연결' 라벨이 영구적으로 고정되도록 시설하여야 하는 지점이 아닌 것은?

① 접지극의 모든 접지도체 연결지점
② 외부도전성 부분의 모든 본딩도체 연결지점
③ 보호도체의 모든 상도체 연결지점
④ 주개폐기에서 분리된 주접지단자

[해설] 접지도체의 선정
다음과 같이 매입되는 지점에는 "안전 전기 연결" 라벨이 영구적으로 고정되도록 시설하여야 한다.
⑴ 접지극의 모든 접지도체 연결지점
⑵ 외부도전성 부분의 모든 본딩도체 연결지점
⑶ 주개폐기에서 분리된 주접지단자

★★
41 중성점 접지용 접지도체는 공칭단면적 몇 [mm²] 이상의 연동선 또는 동등 이상의 단면적 및 세기를 가져야 하는가?

① 6 [mm²]
② 10 [mm²]
③ 16 [mm²]
④ 25 [mm²]

[해설] 접지도체의 굵기
고장시 흐르는 전류를 안전하게 통할 수 있는 것으로서 다음에 의한다.
⑴ 특고압·고압 전기설비용 접지도체는 단면적 6 [mm²] 이상의 연동선 또는 동등 이상의 단면적 및 강도를 가져야 한다.
⑵ 중성점 접지용 접지도체는 공칭단면적 16 [mm²] 이상의 연동선 또는 동등 이상의 단면적 및 세기를 가져야 한다. 다만, 다음의 경우에는 공칭단면적 6 [mm²] 이상의 연동선 또는 동등 이상의 단면적 및 강도를 가져야 한다.
㉠ 7 [kV] 이하의 전로
㉡ 사용전압이 25 [kV] 이하인 특고압 가공전선로. 다만, 중성선 다중접지식의 것으로서 전로에 지락이 생겼을 때 2초 이내에 자동적으로 이를 전로로부터 차단하는 장치가 되어 있는 것.

★★
42 7 [kV] 이하인 고압전로의 중성점 접지용 접지도체는 공칭단면적 몇 [mm²] 이상의 연동선 또는 동등 이상의 단면적 및 강도를 가져야 하는가?

① 6 [mm²]   ② 10 [mm²]
③ 16 [mm²]   ④ 25 [mm²]

[해설] 접지도체의 굵기
　고장시 흐르는 전류를 안전하게 통할 수 있는 것으로서 중성점 접지용 접지도체는 다음의 경우에는 공칭단면적 6 [mm²] 이상의 연동선 또는 동등 이상의 단면적 및 강도를 가져야 한다.
⑴ 7 [kV] 이하의 전로
⑵ 사용전압이 25 [kV] 이하인 특고압 가공전선로. 다만, 중성선 다중접지식의 것으로서 전로에 지락이 생겼을 때 2초 이내에 자동적으로 이를 전로로부터 차단하는 장치가 되어 있는 것.

★★
43 사용전압이 25 [kV] 이하인 특고압 가공전선로의 중성점 접지용 접지도체는 공칭단면적 몇 [mm²] 이상의 연동선 또는 동등 이상의 단면적 및 강도를 가져야 하는가?(단, 중성선 다중접지식의 것으로서 전로에 지락이 생겼을 때 2초 이내에 자동적으로 이를 전로로부터 차단하는 장치가 되어 있는 것이다)

① 6 [mm²]   ② 10 [mm²]
③ 16 [mm²]   ④ 25 [mm²]

[해설] 접지도체의 굵기
　고장시 흐르는 전류를 안전하게 통할 수 있는 것으로서 중성점 접지용 접지도체는 다음의 경우에는 공칭단면적 6 [mm²] 이상의 연동선 또는 동등 이상의 단면적 및 강도를 가져야 한다.
⑴ 7 [kV] 이하의 전로
⑵ 사용전압이 25 [kV] 이하인 특고압 가공전선로. 다만, 중성선 다중접지식의 것으로서 전로에 지락이 생겼을 때 2초 이내에 자동적으로 이를 전로로부터 차단하는 장치가 되어 있는 것.

★
44 고장시 흐르는 전류를 안전하게 통할 수 있는 것으로서 이동하여 사용하는 전기기계기구의 금속제 외함 등의 접지시스템의 경우 특고압·고압 전기설비용 접지도체 및 중성점 접지용 접지도체는 다심 캡타이어케이블의 차폐 또는 기타의 금속체로 단면적 몇 [mm²] 이상의 것을 사용하여야 하는가?

① 0.75 [mm²]   ② 1.5 [mm²]
③ 6 [mm²]   ④ 10 [mm²]

[해설] 접지도체의 선정
　고장시 흐르는 전류를 안전하게 통할 수 있는 것으로서 이동하여 사용하는 전기기계기구의 금속제 외함 등의 접지시스템의 경우는 다음의 것을 사용하여야 한다.
⑴ 특고압·고압 전기설비용 접지도체 및 중성점 접지용 접지도체는 클로로프렌 캡타이어케이블(3종 및 4종) 또는 클로로설포네이트 폴리에틸렌 캡타이어케이블(3종 및 4종)의 1개 도체 또는 다심 캡타이어케이블의 차폐 또는 기타의 금속체로 단면적이 10 [mm²] 이상인 것을 사용한다.
⑵ 저압 전기설비용 접지도체는 다심 코드 또는 다심 캡타이어케이블의 1개 도체의 단면적이 0.75 [mm²] 이상인 것을 사용한다. 다만, 기타 유연성이 있는 연동연선은 1개 도체의 단면적이 1.5 [mm²] 이상인 것을 사용한다.

★★★
45 고장시 흐르는 전류를 안전하게 통할 수 있는 것으로서 이동하여 사용하는 전기기계기구의 금속제 외함 등의 접지시스템의 경우 저압 전기설비용 접지도체는 다심 코드 또는 다심 캡타이어케이블의 1개 도체의 단면적이 몇 [mm²] 이상의 것을 사용하여야 하는가?

① 0.75 [mm²]   ② 1.5 [mm²]
③ 6 [mm²]   ④ 10 [mm²]

[해설] 접지도체의 선정
　저압 전기설비용 접지도체는 다심 코드 또는 다심 캡타이어케이블의 1개 도체의 단면적이 0.75 [mm²] 이상인 것을 사용한다. 다만, 기타 유연성이 있는 연동연선은 1개 도체의 단면적이 1.5 [mm²] 이상인 것을 사용한다.

★
46 접지도체와 접지극을 접속하는 방법으로 옳지 않은 것은?

① 접속은 견고하고 전기적인 연속성이 보장되도록 한다.
② 접속부는 발열성 용접, 압착접속, 클램프를 이용한 접속에 의해야 한다.
③ 클램프를 사용하는 경우 접지극 또는 접지도체를 손상시키지 않아야 한다.
④ 접속부는 납땜 접속에만 의존하는 접속도 사용할 수 있다.

해설 **접지도체와 접지극의 접속**
(1) 접속은 견고하고 전기적인 연속성이 보장되도록, 접속부는 발열성 용접, 압착접속, 클램프 또는 그 밖에 적절한 기계적 접속장치에 의해야 한다. 다만, 기계적인 접속장치는 제작자의 지침에 따라 설치하여야 한다.
(2) 클램프를 사용하는 경우, 접지극 또는 접지도체를 손상시키지 않아야 한다. 납땜에만 의존하는 접속은 사용해서는 안 된다.

★
47 특고압·고압 전기설비 및 변압기 중성점 접지 시스템의 경우로서 접지도체가 사람이 접촉할 우려가 있는 곳에 시설되는 고정설비인 경우 접지도체는 절연전선(옥외용 비닐절연전선은 제외) 또는 케이블(통신용 케이블은 제외)을 사용하여야 한다. 다만, 접지도체를 철주 기타의 금속체를 따라서 시설하는 경우 이외의 경우에는 접지도체의 지표상 몇 [m]를 초과하는 부분에 대하여는 절연전선을 사용하지 않을 수 있는가?

① 2 [m]   ② 1 [m]
③ 0.75 [m]   ④ 0.6 [m]

해설 **접지도체가 사람이 접촉할 우려가 있는 곳에 시설되는 고정설비인 경우**
특고압·고압 전기설비 및 변압기 중성점 접지시스템의 경우로서 접지도체가 사람이 접촉할 우려가 있는 곳에 시설되는 고정설비인 경우 접지도체는 절연전선(옥외용 비닐절연전선은 제외) 또는 케이블(통신용 케이블은 제외)을 사용하여야 한다. 다만, 접지도체를 철주 기타의 금속체를 따라서 시설하는 경우 이외의 경우에는 접지도체의 지표상 0.6 [m]를 초과하는 부분에 대하여는 절연전선을 사용하지 않을 수 있다.

★
48 보호도체가 케이블의 일부가 아니거나 선도체와 동일 외함에 설치되지 않는 경우 단면적의 굵기에 해당되지 않는 것은?

① 기계적 손상에 대해 보호가 되는 경우 구리 2.5 [mm^2] 이상으로 하여야 한다.
② 기계적 손상에 대해 보호가 되는 경우 알루미늄 10 [mm^2] 이상으로 하여야 한다.
③ 기계적 손상에 대해 보호가 되지 않는 경우 구리 4 [mm^2] 이상으로 하여야 한다.
④ 기계적 손상에 대해 보호가 되지 않는 경우 알루미늄 16 [mm^2] 이상으로 하여야 한다.

해설 **보호도체의 단면적**
보호도체가 케이블의 일부가 아니거나 상도체와 동일 외함에 설치되지 않으면 단면적은 다음의 굵기 이상으로 하여야 한다.
(1) 기계적 손상에 대해 보호가 되는 경우는 구리 2.5 [mm^2], 알루미늄 16 [mm^2] 이상
(2) 기계적 손상에 대해 보호가 되지 않는 경우는 구리 4 [mm^2], 알루미늄 16 [mm^2] 이상
(3) 케이블의 일부가 아니라도 전선관 및 트렁킹 내부에 설치되거나, 이와 유사한 방법으로 보호되는 경우 기계적으로 보호되는 것으로 간주한다.

★
49 보호도체의 접속부는 검사와 시험이 가능하여야 한다. 다음 중 가능한 부분에 해당되는 것은?

① 기기의 한 부분으로서 규정에 적합한 접속부
② 금속관, 덕트 및 버스덕트에서의 접속부
③ 용접이나 경납땜에 의한 접속부
④ 캡슐로 보호되는 접속부

해설 **보도체의 전기적 연속성**
보호도체의 접속부는 검사와 시험이 가능하여야 한다. 다만 다음의 경우는 예외로 한다.
(1) 화합물로 충전된 접속부
(2) 캡슐로 보호되는 접속부
(3) 금속관, 덕트 및 버스덕트에서의 접속부
(4) 기기의 한 부분으로서 규정에 부합하는 접속부
(5) 용접(welding)이나 경납땜(brazing)에 의한 접속부
(6) 압착 공구에 의한 접속부

정답 46 ④ 47 ④ 48 ② 49 ①

★★
50 보호도체는 전기설비의 정상 운전상태에서 보호도체에 10[mA]를 초과하는 전류가 흐르는 경우 보호도체의 단면적은 전 구간에 몇 [mm²] 이상으로 증강하여 사용하여야 하는가?(단, 보호도체가 하나인 경우)

① 구리 10 [mm²], 알루미늄 10 [mm²]
② 구리 10 [mm²], 알루미늄 16 [mm²]
③ 구리 16 [mm²], 알루미늄 10 [mm²]
④ 구리 16 [mm²], 알루미늄 16 [mm²]

[해설] 보호도체의 단면적 보강
전기설비의 정상 운전상태에서 보호도체에 10 [mA]를 초과하는 전류가 흐르는 경우, 다음에 의해 보호도체를 증강하여 사용하여야 한다.
(1) 보호도체가 하나인 경우 보호도체의 단면적은 전 구간에 구리 10 [mm²] 이상 또는 알루미늄 16 [mm²] 이상으로 하여야 한다.
(2) 추가로 보호도체를 위한 별도의 단자가 구비된 경우, 최소한 고장 보호에 요구되는 보호도체의 단면적은 구리 10 [mm²], 알루미늄 16 [mm²] 이상으로 한다.

★
51 보호도체의 단면적 보강에 있어서 전기설비의 정상 운전상태에서 보호도체에 10 [mA]를 초과하는 전류가 흐르는 경우 보호도체를 증강하여 사용하여야 한다. 이 때 추가로 보호도체를 위한 별도의 단자가 구비된 경우, 최소한 고장 보호에 요구되는 보호도체의 단면적은 몇 [mm²] 이상으로 하여야 하는가?

① 구리 16 [mm²], 알루미늄 16 [mm²]
② 구리 10 [mm²], 알루미늄 10 [mm²]
③ 구리 10 [mm²], 알루미늄 16 [mm²]
④ 구리 16 [mm²], 알루미늄 10 [mm²]

[해설] 보호도체의 단면적 보강
전기설비의 정상 운전상태에서 보호도체에 10 [mA]를 초과하는 전류가 흐르는 경우, 다음에 의해 보호도체를 증강하여 사용하여야 한다.
(1) 보호도체가 하나인 경우 보호도체의 단면적은 전 구간에 구리 10 [mm²] 이상 또는 알루미늄 16 [mm²] 이상으로 하여야 한다.
(2) 추가로 보호도체를 위한 별도의 단자가 구비된 경우, 최소한 고장 보호에 요구되는 보호도체의 단면적은 구리 10 [mm²], 알루미늄 16 [mm²] 이상으로 한다.

★
52 보호도체와 계통도체를 겸용하는 겸용도체의 종류에 해당되지 않는 것은?

① 중성선과 겸용
② 선도체와 겸용
③ 중간도체와 겸용
④ 접지도체와 겸용

[해설] 보호도체와 계통도체 겸용
보호도체와 계통도체를 겸용하는 겸용도체(중성선과 겸용, 선도체와 겸용, 중간도체와 겸용 등)는 해당하는 계통의 기능에 대한 조건을 만족하여야 한다.

★★
53 겸용도체에 대한 설명 중 틀린 것은?

① 겸용도체는 공칭전압과 같거나 높은 절연성능을 가져야 한다.
② 배선설비의 금속 외함은 겸용도체로 사용할 수 있다.
③ 겸용도체는 보호도체용 단자 또는 바에 접속되어야 한다.
④ 계통 외 도전부는 겸용도체로 사용해서는 안된다.

[해설] 보호도체와 계통도체 겸용
(1) 겸용도체의 성능은 다음에 의한다.
  ㉠ 공칭전압과 같거나 높은 절연성능을 가져야 한다.
  ㉡ 배선설비의 금속 외함은 겸용도체로 사용해서는 안 된다.
(2) 겸용도체는 다음 사항을 준수하여야 한다.
  ㉠ 전기설비의 일부에서 중성선·중간도체·선도체 및 보호도체가 별도로 배선되는 경우, 중성선·중간도체·선도체를 전기설비의 다른 접지된 부분에 접속해서는 안 된다. 다만, 겸용도체에서 각각의 중성선·중간도체·선도체와 보호도체를 구성하는 것은 허용한다.
  ㉡ 겸용도체는 보호도체용 단자 또는 바에 접속되어야 한다.
  ㉢ 계통 외 도전부는 겸용도체로 사용해서는 안 된다.

★★
54 보호도체의 주접지단자에 대한 설명으로 틀린 것은?

① 접지시스템은 주접지단자를 설치하고 등전위본딩도체, 접지도체, 보호도체, 기능성 접지도체들을 접속하여야 한다.

② 여러 개의 접지단자가 있는 장소는 접지단자를 상호 접속하여야 한다.

③ 주접지단자에 접속하는 각 접지도체는 개별적으로 분리되어서는 안된다.

④ 접지저항을 편리하게 측정할 수 있어야 한다.

해설 보호도체의 주접지단자

(1) 접지시스템은 주접지단자를 설치하고, 다음의 도체들을 접속하여야 한다.
  ㉠ 등전위본딩도체   ㉡ 접지도체
  ㉢ 보호도체   ㉣ 기능성 접지도체
(2) 여러 개의 접지단자가 있는 장소는 접지단자를 상호 접속하여야 한다.
(3) 주접지단자에 접속하는 각 접지도체는 개별적으로 분리할 수 있어야 하며, 접지저항을 편리하게 측정할 수 있어야 한다. 다만, 접속은 견고해야 하며 공구에 의해서만 분리되는 방법으로 하여야 한다.

★★★
55 수용장소의 인입구 부근에 지중에 매설되어 있고 대지와의 전기저항 값이 몇 [Ω] 이하인 값을 유지하는 금속제 수도관로을 접지극으로 사용하여 저압 변압기 중성점 접지를 한 저압전선로의 중성선 또는 접지측 전선에 추가로 접지할 수 있는가?

① 1 [Ω]   ② 2 [Ω]
③ 3 [Ω]   ④ 4 [Ω]

해설 저압수용가 인입구 접지

(1) 수용장소 인입구 부근에서 다음의 것을 접지극으로 사용하여 변압기 중성점 접지를 한 저압전선로의 중성선 또는 접지측 전선에 추가로 접지공사를 할 수 있다.
  ㉠ 지중에 매설되어 있고 대지와의 전기저항 값이 3 [Ω] 이하의 값을 유지하고 있는 금속제 수도관로
  ㉡ 대지 사이의 전기저항 값이 3 [Ω] 이하인 값을 유지하는 건물의 철골
(2) (1)에 따른 접지도체는 공칭단면적 6 [mm²] 이상의 연동선 또는 이와 동등 이상의 세기 및 굵기의 쉽게 부식하지 않는 금속선으로서 고장 시 흐르는 전류를 안전하게 통할 수 있는 것이어야 한다.

★★★
56 저압수용가 인입구 접지에 있어서 수용장소 인입구 부근에 전기저항 값이 3 [Ω] 이하의 값을 유지하는 금속제 수도관로를 접지극으로 사용하여 변압기 중성점 접지를 한 저압전선로의 중성선 또는 접지측 전선에 추가로 접지공사를 한 경우 접지도체의 공칭단면적은 최소 몇 [mm²]인가?

① 6 [mm²]   ② 10 [mm²]
③ 16 [mm²]   ④ 25 [mm²]

해설 저압수용가 인입구 접지

추가접지에 따른 접지도체는 공칭단면적 6 [mm²] 이상의 연동선 또는 이와 동등 이상의 세기 및 굵기의 쉽게 부식하지 않는 금속선으로서 고장 시 흐르는 전류를 안전하게 통할 수 있는 것이어야 한다.

★★
57 변압기의 중성점 접지저항 값을 $\frac{150}{I}$ [Ω]으로 정하고 있는데, 이 때 I에 해당되는 것은?

① 변압기의 고압측 또는 특고압측 전로의 1선 지락전류의 암페어 수

② 변압기의 고압측 또는 특고압측 전로의 단락 사고시 고장전류의 암페어 수

③ 변압기의 1차측과 2차측의 혼촉에 의한 단락 전류의 암페어 수

④ 변압기의 1차와 2차에 해당되는 전류의 합

해설 변압기 중성점 접지

변압기의 중성점접지 저항 값은 다음에 의한다.

(1) 일반적으로 변압기의 고압·특고압측 전로 1선 지락전류로 150을 나눈 값과 같은 저항 값 이하로 한다.

(2) 변압기의 고압·특고압측 전로 또는 사용전압이 35 [kV] 이하의 특고압 전로가 저압측 전로와 혼촉하고 저압전로의 대지전압이 150 [V]를 초과하는 경우의 저항 값은 1초 초과 2초 이내에 고압·특고압 전로를 자동으로 차단하는 장치를 설치할 때는 300을 나눈 값 이하 또는 1초 이내에 고압·특고압 전로를 자동으로 차단하는 장치를 설치할 때는 600을 나눈 값 이하로 한다.

★★★
58 변압기의 중성점접지 저항 값을 300/I로 정할 수 있는 경우는?(단, I는 변압기의 고압측 1선 지락전류의 암페어 수이다)

① 혼촉으로 인한 저압전로의 대지전압이 150 [V] 초과시 2초 이내에 자동적으로 고압 전로를 차단하는 장치가 있을 때
② 혼촉으로 인한 저압전로의 대지전압이 150 [V] 초과시 1초 이내에 자동적으로 고압 전로를 차단하는 장치가 있을 때
③ 혼촉으로 인한 저압전로의 대지전압이 300 [V] 초과시 2초 이내에 자동적으로 고압 전로를 차단하는 장치가 있을 때
④ 혼촉으로 인한 저압전로의 대지전압이 300 [V] 초과시 1초 이내에 자동적으로 고압 전로를 차단하는 장치가 있을 때

해설 **변압기 중성점 접지**
변압기의 고압·특고압측 전로 또는 사용전압이 35 [kV] 이하의 특고압 전로가 저압측 전로와 혼촉하고 저압전로의 대지전압이 150 [V]를 초과하는 경우의 저항 값은 1초 초과 2초 이내에 고압·특고압 전로를 자동으로 차단하는 장치를 설치할 때는 300을 나눈 값 이하 또는 1초 이내에 고압·특고압 전로를 자동으로 차단하는 장치를 설치할 때는 600을 나눈 값 이하로 한다.

★
59 고압 및 특고압과 저압 전기설비의 접지극이 서로 근접하여 시설되어 있는 변전소 또는 이와 유사한 곳에서의 접지시스템에서 고압 및 특고압 계통의 지락사고시 고압계통에서 지락고장시간이 5초 이하인 경우 저압계통에 가해지는 허용 상용 주파 과전압은 몇 [V] 이하인가?(단, U_0는 중성선 도체가 없는 계통에서 선간전압을 말한다)

① $U_0 + 250$ ② $U_0 + 500$
③ $U_0 + 1,000$ ④ $U_0 + 1,200$

해설 **공통접지 및 통합접지**
고압 및 특고압과 저압 전기설비의 접지극이 서로 근접하여 시설되어 있는 변전소 또는 이와 유사한 곳에서의 접지시스템에서 고압 및 특고압 계통의 지락사고시 저압계통에 가해지는 상용주파 과전압은 아래 표에서 정한 값을 초과해서는 안 된다.

고압계통에서 지락고장시간[초]	저압설비 허용 상용주파 과전압[V]
>5	$U_0 + 250$
≤5	$U_0 + 1,200$

★★★
60 건조한 장소에 시설하는 저압용의 개별 기계기구에 전기를 공급하는 전로 또는 개별 기계기구에 전기용품안전관리법의 적용을 받는 인체 감전보호용 누전차단기를 시설하면 외함의 접지를 생략할 수 있다. 이 경우의 누전차단기의 정격으로 알맞은 것은?

① 정격감도전류 30 [mA] 이하, 동작시간 0.03초 이하의 전류동작형
② 정격감도전류 45 [mA] 이하, 동작시간 0.01초 이하의 전류동작형
③ 정격감도전류 300 [mA] 이하, 동작시간 0.3초 이하의 전류동작형
④ 정격감도전류 450 [mA] 이하, 동작시간 0.1초 이하의 전류동작형

해설 **기계기구의 철대 및 외함의 접지**
다음의 어느 하나에 해당하는 경우에는 기계기구의 철대 및 외함의 접지를 하지 아니할 수 있다.
(1) 사용전압이 직류 300 [V] 또는 교류 대지전압이 150 [V] 이하인 기계기구를 건조한 곳에 시설하는 경우
(2) 저압용의 기계기구를 건조한 목재의 마루 기타 이와 유사한 절연성 물건 위에서 취급하도록 시설하는 경우
(3) 저압용이나 고압용의 기계기구, 특고압 전선로에 접속하는 특고압 배전용변압기나 이에 접속하는 전선에 시설하는 기계기구 또는 특고압 가공전선로의 전로에 시설하는 기계기구를 사람이 쉽게 접촉할 우려가 없도록 목주 기타 이와 유사한 것의 위에 시설하는 경우
(4) 철대 또는 외함의 주위에 적당한 절연대를 설치하는 경우
(5) 외함이 없는 계기용변성기가 고무·합성수지 기타의 절연물로 피복한 것일 경우
(6) 「전기용품 및 생활용품 안전관리법」의 적용을 받는 2중 절연구조로 되어 있는 기계기구를 시설하는 경우
(7) 저압용 기계기구에 전기를 공급하는 전로의 전원측에 절연변압기(2차 전압이 300 [V] 이하이며, 정격용량이 3 [kVA] 이하인 것에 한한다)를 시설하고 또한 그 절연변압기의 부하측 전로를 접지하지 않은 경우
(8) 물기 있는 장소 이외의 장소에 시설하는 저압용의 개별 기계기구에 전기를 공급하는 전로에 「전기용품 및 생활용품 안전관리법」의 적용을 받는 인체 감전보호용 누전차단기(정격감도전류가 30 [mA] 이하, 동작시간이 0.03초 이하의 전류동작형에 한한다)를 시설하는 경우
(9) 외함을 충전하여 사용하는 기계기구에 사람이 접촉할 우려가 없도록 시설하거나 절연대를 시설하는 경우

★★★

61 전로에 시설하는 기계기구 중에서 외함 접지공사를 생략할 수 없는 것은?

① 사용전압이 직류 300 [V] 또는 교류 대지전압이 150 [V] 이하인 기계기구를 건조한 장소에 시설하는 경우
② 정격감도전류 40 [mA], 동작시간이 0.5초인 전류 동작형의 인체감전보호용 누전차단기를 시설하는 경우
③ 외함이 없는 계기용변성기가 고무·합성수지 기타의 절연물로 피복한 것일 경우
④ 철대 또는 외함의 주위에 적당한 절연대를 설치하는 경우

해설 **기계기구의 철대 및 외함의 접지**
물기 있는 장소 이외의 장소에 시설하는 저압용의 개별 기계기구에 전기를 공급하는 전로에 「전기용품 및 생활용품 안전관리법」의 적용을 받는 인체감전보호용 누전차단기(정격감도전류가 30 [mA] 이하, 동작시간이 0.03초 이하의 전류동작형에 한한다)를 시설하는 경우에는 기계기구의 철대 및 외함의 접지를 하지 아니할 수 있다.

★★★

62 전로에 시설하는 기계기구의 철대 및 금속제 외함에는 접지공사를 하여야 하나 그렇지 않은 경우가 있다. 접지공사를 하지 않아도 되는 경우에 해당되는 것은?

① 철대 또는 외함의 주위에 적당한 절연대를 설치하는 경우
② 사용전압이 직류 300 [V]인 기계기구를 습한 곳에 시설하는 경우
③ 교류 대지전압이 300 [V]인 기계기구를 건조한 곳에 시설하는 경우
④ 저압용의 기계기구를 사용하는 전로에 지기가 생겼을 때 그 전로를 자동적으로 차단하는 장치가 없는 경우

해설 **기계기구의 철대 및 외함의 접지**
철대 또는 외함의 주위에 적당한 절연대를 설치하는 경우에는 기계기구의 철대 및 외함의 접지를 하지 아니할 수 있다.

★★★

63 피뢰시스템의 구성에 포함되지 않는 것은?

① 직격뢰로부터 대상물을 보호하기 위한 외부 피뢰시스템
② 방전뢰로부터 대상물을 보호하기 위한 외부 피뢰시스템
③ 간접뢰로부터 대상물을 보호하기 위한 내부 피뢰시스템
④ 유도뢰로부터 대상물을 보호하기 위한 내부 피뢰시스템

해설 **피뢰시스템의 구성**
(1) 직격뢰로부터 대상물을 보호하기 위한 외부 피뢰 시스템
(2) 간접뢰 및 유도뢰로부터 대상물을 보호하기 위한 내부 피뢰 시스템

★★

64 외부 피뢰시스템 중 수뢰부 시스템에 대한 설명 중 틀린 것은?

① 수뢰부 시스템을 선정하는 경우 돌침, 수평도체, 메시도체의 요소 중 한가지 또는 이를 조합한 형식으로 시설하여야 한다.
② 수뢰부 시스템의 배치는 보호각법, 회전구체법, 메시법 중 하나 또는 조합된 방법으로 배치하여야 한다.
③ 건축물·구조물의 뾰족한 부분, 모서리 등에 우선하여 배치한다.
④ 지상으로부터 높이 45 [m]를 초과하는 건축물·구조물에 측뢰 보호가 필요한 경우에는 수뢰부 시스템을 시설하여야 한다.

해설 **수뢰부 시스템**
(1) 수뢰부 시스템을 선정하는 경우 돌침, 수평도체, 메시도체의 요소 중에 한 가지 또는 이를 조합한 형식으로 시설하여야 한다.
(2) 수뢰부 시스템의 배치는 보호각법, 회전구체법, 메시법 중 하나 또는 조합된 방법으로 배치하여야 하며 건축물·구조물의 뾰족한 부분, 모서리 등에 우선하여 배치한다.
(3) 지상으로부터 높이 60 [m]를 초과하는 건축물·구조물에 측뢰 보호가 필요한 경우에는 수뢰부 시스템을 시설하여야 하며 전체 높이 60 [m]를 초과하는 건축물·구조물의 최상부로부터 20 [%] 부분에 한한다.

정답 61 ② 62 ① 63 ② 64 ④

★★
65 인하도선 시스템으로서 건축물·구조물과 분리된 피뢰시스템인 경우의 배치 방법으로 옳지 않은 것은?

① 뇌전류의 경로가 보호대상물에 접촉하지 않도록 하여야 한다.
② 보호대상 건축물구조물의 투영에 따른 둘레에 가능한 한 균등한 간격으로 배치한다.
③ 별개의 지주에 설치되어 있는 경우 각 지주마다 1가닥 이상의 인하도선을 시설한다.
④ 수평도체 또는 메시도체인 경우 지지 구조물마다 1가닥 이상의 인하도선을 시설한다.

해설 인하도선 시스템
(1) 건축물·구조물과 분리된 피뢰 시스템인 경우의 배치 방법
  ㉠ 뇌전류의 경로가 보호대상물에 접촉하지 않도록 하여야 한다.
  ㉡ 별개의 지주에 설치되어 있는 경우 각 지주 마다 1가닥 이상의 인하도선을 시설한다.
  ㉢ 수평도체 또는 메시도체인 경우 지지 구조물 마다 1가닥 이상의 인하도선을 시설한다.
(2) 건축물·구조물과 분리되지 않은 피뢰 시스템인 경우의 배치 방법
  ㉠ 벽이 불연성 재료로 된 경우에는 벽의 표면 또는 내부에 시설할 수 있다. 다만, 벽이 가연성 재료인 경우에는 0.1 [m] 이상 이격하고, 이격이 불가능한 경우에는 도체의 단면적을 100 [mm²] 이상으로 한다.
  ㉡ 인하도선의 수는 2가닥 이상으로 한다.
  ㉢ 보호대상 건축물·구조물의 투영에 다른 둘레에 가능한 한 균등한 간격으로 배치한다. 다만, 노출된 모서리 부분에 우선하여 설치한다.
  ㉣ 병렬 인하도선의 최대 간격은 피뢰시스템 등급에 따라 Ⅰ·Ⅱ 등급은 10 [m], Ⅲ 등급은 15 [m], Ⅳ 등급은 20 [m]로 한다.

★★
66 건축물·구조물과 분리되지 않은 피뢰 시스템인 경우의 인하도선 시스템 배치 방법으로 인하도선의 수는 몇 가닥 이상으로 하여야 하는가??

① 2가닥   ② 3가닥
③ 4가닥   ④ 5가닥

해설 인하도선 시스템
건축물·구조물과 분리되지 않은 피뢰 시스템인 경우의 배치 방법
(1) 벽이 불연성 재료로 된 경우에는 벽의 표면 또는 내부에 시설할 수 있다. 다만, 벽이 가연성 재료인 경우에는 0.1 [m] 이상 이격하고, 이격이 불가능한 경우에는 도체의 단면적을 100 [mm²] 이상으로 한다.
(2) 인하도선의 수는 2가닥 이상으로 한다.
(3) 보호대상 건축물·구조물의 투영에 따른 둘레에 가능한 한 균등한 간격으로 배치한다. 다만, 노출된 모서리 부분에 우선하여 설치한다.
(4) 병렬 인하도선의 최대 간격은 피뢰시스템 등급에 따라 Ⅰ·Ⅱ 등급은 10 [m], Ⅲ 등급은 15 [m], Ⅳ 등급은 20 [m]로 한다.

★★
67 인하도선 시스템 중 수뢰부 시스템과 접지극 시스템 사이에 전기적 연속성이 형성되도록 자연적 구성부재를 사용하는 경우에는 전기적 연속성이 보장되어야 한다. 다만, 전기적 연속성 적합성은 해당하는 금속부재의 최상단부와 지표레벨 사이의 직류 전기저항을 몇 [Ω] 이하로 하여야 하는가?

① 0.2 [Ω]   ② 0.5 [Ω]
③ 1 [Ω]   ④ 10 [Ω]

해설 인하도선 시스템
수뢰부 시스템과 접지극 시스템 사이에 전기적 연속성이 형성되도록 다음에 따라 시설하여야 한다.
(1) 경로는 가능한 한 최루프 형성이 되지 않도록 하고, 최단거리로 곧게 수직으로 시설여야 하며, 처마 또는 수직으로 설치된 홈통 내부에 시설하지 않아야 한다.
(2) 철근 콘크리트 구조의 철근을 자연적 구성부재의 인하도선으로 사용하기 위해서는 해당 철근 전체 길이의 전기저항 값은 0.2 [Ω] 이하가 되어야 한다.
(3) 시험용 접속점을 접지극 시스템과 가까운 인하도선과 접지극 시스템의 연결부분에 시설하고, 이 접속점은 항상 폐로 되어야 하며 측정시에 공구 등으로만 개방할 수 있어야 한다. 다만, 자연적 구성부재를 이용하는 경우는 제외한다.

68 외부 피뢰시스템의 접지극 시스템에서 뇌전류를 대지로 방류시키기 위한 종류가 아닌 것은?

① 수직 접지극
② 환상도체 접지극
③ 성형도체 접지극
④ 기초 접지극

[해설] 접지극 시스템
뇌전류를 대지로 방류시키기 위한 접지극시스템은 수평 또는 수직접지극(A형) 또는 환상도체 접지극 또는 기초 접지극(B형) 중 하나 또는 조합한 시설로 하여야한다.

69 다음 ㉠, ㉡에 들어갈 내용으로 알맞은 것은?

> 내부 피뢰시스템에서 전기전자설비의 접지·본딩은 뇌서지 전류를 대지로 방류시키기 위한 접지를 하여야 한다. 이 때 본딩은 (㉠)를(을) 해소하고 (㉡)를(을) 감소시키기 위한 본딩을 구성하여야 한다.

① ㉠ 전위차, ㉡ 자계
② ㉠ 자위차, ㉡ 전계
③ ㉠ 전자유도장해, ㉡ 전속
④ ㉠ 과전류, ㉡ 자속

[해설] 내부 피뢰시스템
전기전자설비를 보호하는 접지·본딩은 다음에 따른다.
(1) 뇌서지 전류를 대지로 방류시키기 위한 접지를 시설하여야 한다.
(2) 전위차를 해소하고 자계를 감소시키기 위한 본딩을 구성하여야 한다.

70 전자·통신설비에서 위험한 전위차를 해소하고 자계를 감소시킬 필요가 있는 경우 시설하여야 하는 등전위 본딩망에 대한 설명이 잘못된 것은?

① 등전위 본딩망은 건축물·구조물의 도전성 부분 또는 내부설비 일부분을 통합하여 시설한다.
② 등전위 본딩망은 메시 폭이 5 [m] 이내가 되도록 하여 시설하고 구조물과 구조물 내부의 금속부분은 단독으로 접속한다.
③ 금속 부분이나 도전성 설비가 피뢰구역의 경계를 지나가는 경우에는 직접 또는 서지보호장치를 통하여 본딩한다.
④ 도전성 부분의 등전위 본딩은 방사형, 메시형 또는 이들의 조합형으로 한다.

[해설] 내부 피뢰시스템
전자·통신설비(또는 이와 유사한 것)에서 위험한 전위차를 해소하고 자계를 감소시킬 필요가 있는 경우 다음에 의한 등전위 본딩망을 시설하여야 한다.
(1) 등전위 본딩망은 건축물·구조물의 도전성 부분 또는 내부설비 일부분을 통합하여 시설한다.
(2) 등전위 본딩망은 메시 폭이 5 [m] 이내가 되도록 하여 시설하고 구조물과 구조물 내부의 금속부분은 다중으로 접속한다. 다만, 금속 부분이나 도전성 설비가 피뢰구역의 경계를 지나가는 경우에는 직접 또는 서지보호장치를 통하여 본딩한다.
(3) 도전성 부분의 등전위 본딩은 방사형, 메시형 또는 이들의 조합형으로 한다.

71 내부 피뢰시스템에서 지중 저압수전의 경우, 내부에 설치하는 전기전자기기의 과전압범주별 임펄스 내전압이 규정 값에 충족하는 경우에 생략할 수 있는 것은 무엇인가?

① 서지보호장치
② 과전류차단기
③ 보호계전기
④ 개폐기

[해설] 내부 피뢰시스템
전기전자설비 보호를 위한 서지보호장치 시설
(1) 건축물·구조물은 하나 이상의 피뢰구역을 설정하고 각 피뢰구역의 인입 선로에 설치되는 전기선, 통신선 등에는 서지보호장치를 시설하여야 한다.
(2) 지중 저압수전의 경우, 내부에 설치하는 전기전자기기의 과전압범주별 임펄스 내전압이 규정 값에 충족하는 경우는 서지보호장치를 생략할 수 있다.

★
72 피뢰등전위본딩에서 피뢰시스템의 등전위화는 다음과 같은 설비들을 서로 접속함으로서 이루어진다. 다음 중 설비에 포함되지 않는 것은?

① 금속제 설비
② 구조물에 접속된 외부 도전성 부분
③ 내부시스템
④ 전기다리미

해설 **피뢰등전위본딩**
피뢰시스템의 등전위화는 다음과 같은 설비들을 서로 접속함으로서 이루어진다.
(1) 금속제 설비
(2) 구조물에 접속된 외부 도전성 부분
(3) 내부시스템

★★
73 피뢰등전위본딩의 상호 접속에 대한 설명 중 틀린 것은?

① 자연적 구성부재로 인한 본딩으로 전기적 연속성을 확보할 수 없는 장소는 본딩도체로 연결한다.
② 본딩도체로 직접 접속할 수 없는 장소의 경우에는 서지보호장치로 연결한다.
③ 본딩도체로 직접 접속이 허용되지 않는 장소의 경우에는 절연방전갭(ISG)을 이용한다.
④ 본딩도체로 직접 접속이 어려운 경우에는 본딩도체를 생략할 수 있다.

해설 **피뢰등전위본딩의 상호 접속**
전기전자설비 보호를 위한 서지보호장치 시설
(1) 자연적 구성부재로 인한 본딩으로 전기적 연속성을 확보할 수 없는 장소는 본딩도체로 연결한다.
(2) 본딩도체로 직접 접속할 수 없는 장소의 경우에는 서지보호장치로 연결한다.
(3) 본딩도체로 직접 접속이 허용되지 않는 장소의 경우에는 절연방전갭(ISG)을 이용한다.

★★
74 피뢰등전위본딩에서 금속제 설비의 등전위본딩에 대한 설명 중 틀린 것은?

① 건축물·구조물과 분리된 외부 피뢰시스템의 경우, 등전위본딩은 지표면 부근에서 시행하여야 한다.
② 건축물·구조물과 접속된 외부 피뢰시스템의 경우, 피뢰등전위본딩은 기초부분 또는 지표면 부근 위치에서 하여야 한다.
③ 건축물·구조물과 접속된 외부 피뢰시스템의 경우, 등전위본딩 도체는 등전위본딩 바에 접속하고, 등전위본딩 바는 접지시스템에 접속하여야 한다.
④ 철근콘크리트, 철골구조물의 구조체에 인하도선을 등전위본딩하는 경우 반드시 환상도체를 설치한다.

해설 **금속제 설비의 피뢰등전위본딩**
(1) 건축물·구조물과 분리된 외부피뢰시스템의 경우, 등전위본딩은 지표면 부근에서 시행하여야 한다.
(2) 건축물·구조물과 접속된 외부피뢰시스템의 경우, 피뢰등전위본딩은 다음에 따른다.
　㉠ 기초부분 또는 지표면 부근 위치에서 하여야 하며, 등전위본딩 도체는 등전위본딩 바에 접속하고, 등전위본딩 바는 접지시스템에 접속하여야 한다. 또한 쉽게 점검할 수 있도록 하여야 한다.
　㉡ 절연 요구조건에 따른 안전 이격거리를 확보할 수 없는 경우에는 피뢰시스템과 건축물·구조물 또는 내부설비의 도전성 부분은 등전위본딩 하여야 하며, 직접 접속하거나 충전부인 경우는 서지보호장치를 경유하여 접속하여야 한다. 다만, 서지보호장치를 사용하는 경우 보호레벨은 보호구간 기기의 임펄스내전압보다 작아야 한다.
(3) 건축물·구조물에는 지하 0.5 [m]와 높이 20 [m]마다 환상도체를 설치한다. 다만, 철근콘크리트, 철골구조물의 구조체에 인하도선을 등전위본딩하는 경우 환상도체는 설치하지 않을 수 있다.

75 피뢰등전위본딩의 인입설비 등전위본딩에서 건축물·구조물의 외부에서 내부로 인입되는 설비의 도전부에 대한 등전위본딩을 잘못 설명한 것은?

① 인입구 부근에서 등전위본딩 한다.
② 전원선은 서지보호장치를 사용하여 등전위본딩 한다.
③ 통신선은 내부와의 위험한 전위차 발생을 방지하기 위해 직접 등전위본딩 한다.
④ 제어선은 내부와의 위험한 자계 발생을 방지하기 위해 서지보호장치를 통해 등전위본딩 한다.

[해설] 피뢰등전위본딩의 인입설비 등전위본딩
(1) 건축물·구조물의 외부에서 내부로 인입되는 설비의 도전부에 대한 등전위본딩은 다음에 의한다.
　㉠ 인입구 부근에서 등전위본딩 한다.
　㉡ 전원선은 서지보호장치를 사용하여 등전위본딩 한다.
　㉢ 통신 및 제어선은 내부와의 위험한 전위차 발생을 방지하기 위해 직접 또는 서지보호장치를 통해 등전위본딩 한다.
(2) 가스관 또는 수도관의 연결부가 절연체인 경우, 해당설비 공급사업자의 동의를 받아 적절한 공법(절연방전갭 등 사용)으로 등전위본딩 하여야 한다.

76 등전위본딩 바의 설치 위치는 짧은 경로로 접지시스템에 접속할 수 있는 위치로 하여야 하며, 저압수전계통인 경우 어디에 가까운 지표면 근방 내부 벽면에 설치하여야 하는가?

① 변압기
② 분기회로의 분전반
③ 주 배전반
④ 제어반

[해설] 피뢰시스템 등전위본딩
등전위 본딩 바의 설치 위치는 짧은 경로로 접지시스템에 접속할 수 있는 위치로 하여야 하며, 저압수전계통인 경우 주 배전반에 가까운 지표면 근방 내부 벽면에 설치한다.

memo

1 저압 전기설비의 적용범위 및 배전방식

(1) 적용범위

교류 1 [kV] 또는 직류 1.5 [kV] 이하인 저압의 전기를 공급하거나 사용하는 전기설비에 적용하며 다음의 경우를 포함한다.

① 전기설비를 구성하거나, 연결하는 선로와 전기기계 기구 등의 구성품

② 저압 기기에서 유도된 1 [kV] 초과 회로 및 기기(예 : 저압 전원에 의한 고압방전등, 전기집진기 등)

(2) 배전방식

① 교류 회로

(ㄱ) 3상 4선식의 중성선 또는 PEN 도체는 충전도체는 아니지만 운전전류를 흘리는 도체이다.

(ㄴ) 3상 4선식에서 파생되는 단상 2선식 배전방식의 경우 두 도체 모두가 선도체이거나 하나의 선도체와 중성선 또는 하나의 선도체와 PEN 도체이다.

(ㄷ) 모든 부하가 선간에 접속된 전기설비에서는 중성선의 설치가 필요하지 않을 수 있다.

② 직류 회로

PEL과 PEM 도체는 충전도체는 아니지만 운전전류를 흘리는 도체이다. 2선식 배전방식이나 3선식 배전방식을 적용한다.

확인문제

01 저압 전기설비의 적용범위에 해당되지 않는 것은?

① 교류 1 [kV] 이하인 저압의 전기를 공급하거나 사용하는 전기설비에 적용한다.

② 직류 1.5 [kV] 이하인 저압의 전기를 공급하거나 사용하는 전기설비에 적용한다.

③ 직류 1 [kV] 초과인 전기설비를 연결하는 선로와 전기기계 기구 등의 구성품에 적용한다.

④ 저압 기기에서 유도된 1 [kV] 초과 회로 및 저압 전원에 의한 고압방전등에 적용한다.

해설 저압 전기설비의 적용범위

교류 1 [kV] 또는 직류 1.5 [kV] 이하인 저압의 전기를 공급하거나 사용하는 전기설비에 적용하며 다음의 경우를 포함한다.

(1) 전기설비를 구성하거나, 연결하는 선로와 전기기계 기구 등의 구성품

(2) 저압 기기에서 유도된 1 [kV] 초과 회로 및 기기 (예: 저압 전원에 의한 고압방전등, 전기집진기 등)

답 : ③

02 다음은 저압 전기설비의 교류 회로 배전방식에 대한 설명이다. 틀린 것은?

① 3상 4선식의 중성선 또는 PEN 도체는 충전도체는 아니지만 운전전류를 흘리는 도체이다.

② 3상 4선식에서 파생되는 단상 2선식 배전방식의 경우 두 도체 모두가 선도체이거나 하나의 선도체와 중성선 또는 하나의 선도체와 PEN 도체이다.

③ 모든 부하가 선간에 접속된 전기설비에서는 중성선의 설치가 필요하지 않을 수 있다.

④ PEL과 PEM 도체는 충전도체는 아니지만 운전전류를 흘리는 도체이다. 2선식 배전방식이나 3선식 배전방식을 적용한다.

해설 저압 전기설비의 직류 회로 배전방식

PEL과 PEM 도체는 충전도체는 아니지만 운전전류를 흘리는 도체이다. 2선식 배전방식이나 3선식 배전방식을 적용한다.

답 : ④

2 저압 전기설비의 계통접지 방식

(1) 계통접지의 구성
　① 저압전로의 보호도체 및 중성선의 접속 방식에 따라 접지계통은 다음과 같이 분류한다.
　　(ㄱ) TN 계통
　　(ㄴ) TT 계통
　　(ㄷ) IT 계통
　② 계통접지에서 사용되는 문자의 정의
　　(ㄱ) 제1문자 : 전원계통과 대지의 관계

문자	설명
T	한 점을 대지에 직접 접속
I	모든 충전부를 대지와 절연시키거나 높은 임피던스를 통하여 한 점을 대지에 직접 접속

　　(ㄴ) 제2문자 : 전기설비의 노출도전부와 대지의 관계

문자	설명
T	노출도전부를 대지로 직접 접속. 전원계통의 접지와는 무관
N	노출도전부를 전원계통의 접지점(교류 계통에서는 통상적으로 중성점, 중성점이 없을 경우는 선도체)에 직접 접속

　　(ㄷ) 그 다음 문자(문자가 있을 경우) : 중성선과 보호도체의 배치

문자	설명
S	중성선 또는 접지된 선도체 외에 별도의 도체에 의해 제공되는 보호 기능
C	중성선과 보호 기능을 한 개의 도체로 겸용(PEN 도체)

확인문제

03 저압 전기설비의 계통접지 방식에 해당하지 않는 것은?

① TN 계통　　　② IN 계통
③ TT 계통　　　④ IT 계통

[해설] 계통접지의 구성
저압전로의 보호도체 및 중성선의 접속 방식에 따라 접지계통은 다음과 같이 분류한다.
⑴ TN 계통
⑵ TT 계통
⑶ IT 계통

답 : ②

04 저압 전기설비의 계통접지에서 사용되는 문자의 정의가 아닌 것은?

① 제1문자는 전원계통과 대지의 관계를 설명한다.
② 제2문자는 전기설비의 노출도전부와 대지의 관계를 설명한다.
③ 제1문자의 T는 한 점을 대지에 직접 접속하는 것이다.
④ 제1문자의 I는 중성선과 보호 기능을 한 개의 도체로 겸용하는 것이다.

[해설] 계통접지에서 사용되는 문자의 정의
제1문자의 I는 모든 충전부를 대지와 절연시키거나 높은 임피던스를 통하여 한 점을 대지에 직접 접속하는 것이다.

답 : ④

③ 각 계통에서 나타내는 그림의 기호는 다음과 같다.

문자	설명
	중성선(N), 중간도체(M)
	보호도체(PE)
	중성선과 보호도체겸용(PEN)

(2) TN 계통

전원측의 한 점을 직접접지하고 설비의 노출도전부를 보호도체로 접속시키는 방식으로 중성선 및 보호도체(PE 도체)의 배치 및 접속방식에 따라 다음과 같이 분류한다.

① TN-S 계통은 계통 전체에 대해 별도의 중성선 또는 PE 도체를 사용하며, 배전계통의 PE 도체를 추가로 접지할 수 있다.

㉠ 계통 내에서 별도의 중성선과 보호도체가 있는 TN-S 계통

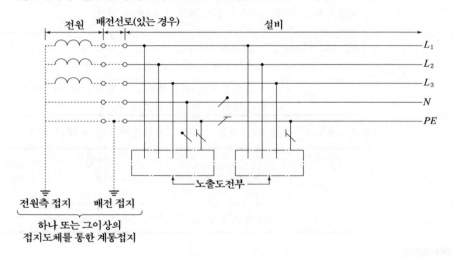

㉡ 계통 내에서 별도의 접지된 선도체와 보호도체가 있는 TN-S 계통

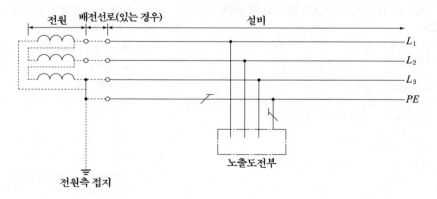

ⓒ 계통 내에서 접지된 보호도체는 있으나 중선선의 배선이 없는 TN-S 계통

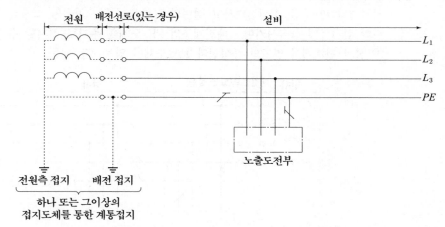

② TN-C 계통은 그 계통 전체에 대해 중성선과 보호도체의 기능을 동일도체로 겸용한 PEN 도체를 사용하며, 배전계통의 PEN 도체를 추가로 접지할 수 있다.

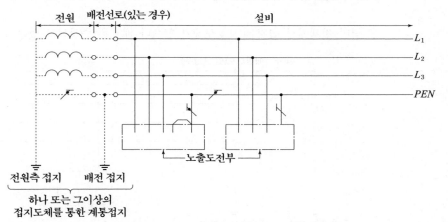

③ TN-C-S 계통은 계통의 일부분에서 PEN 도체를 사용하거나, 중성선과 별도의 PE 도체를 사용하는 방식이 있으며, 배전계통의 PEN 도체와 PE 도체를 추가로 접지할 수 있다.

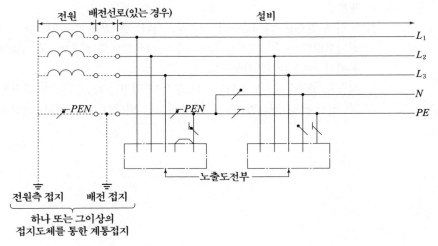

(3) TT 계통

전원측의 한 점을 직접접지하고 설비의 노출도전부는 전원의 접지전극과 전기적으로 독립적인 접지극에 접속시키며, 배전계통의 PE 도체를 추가로 접지할 수 있다.

① 설비 전체에서 별도의 중성선과 보호도체가 있는 TT 계통

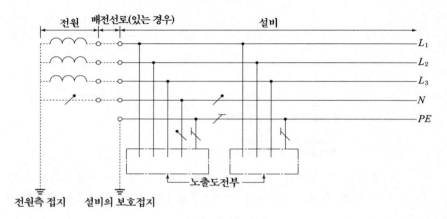

② 설비 전체에서 접지된 보호도체가 있으나 배전용 중성선이 없는 TT 계통

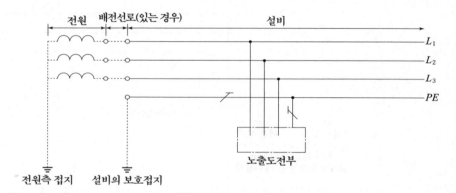

(4) IT 계통

① 충전부 전체를 대지로부터 절연시키거나, 한 점을 임피던스를 통해 대지에 접속시킨다. 전기설비의 노출도전부를 단독 또는 일괄적으로 계통의 PE 도체에 접속시킨다. 배전계통에서 추가접지가 가능하다.

② 계통은 충분히 높은 임피던스를 통하여 접지할 수 있다. 이 접속은 중성점, 인위적 중성점, 선도체 등에서 할 수 있다. 중성선은 배선할 수도 있고, 배선하지 않을 수도 있다.

(ㄱ) 계통 내의 모든 노출도전부가 보호도체에 의해 접속되어 일괄 접지된 IT 계통

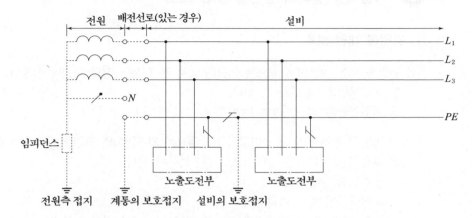

(ㄴ) 노출도전부가 조합으로 또는 개별로 접지된 IT 계통

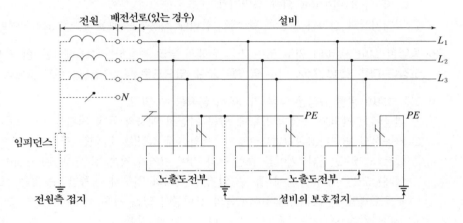

확인문제

05 전원의 한 점을 직접 접지하고, 설비의 노출 도전성 부분을 보호도체로 접속시키는 방식으로 계통의 일부분에서 PEN 도체를 사용하거나, 중성선과 별도의 PE 도체를 사용하는 방식은?

① TN-S 계통　　② TN-C 계통
③ TN-C-S 계통　　④ TT 계통

[해설] **TN-C-S 계통**
전원측의 한 점을 직접접지하고 설비의 노출도전부를 보호도체로 접속시키는 방식으로 계통의 일부분에서 PEN 도체를 사용하거나, 중성선과 별도의 PE 도체를 사용하는 방식

답 : ③

06 전원의 한 점을 직접 접지하고, 설비의 노출 도전성 부분을 전원계통의 접지극과 별도로 전기적으로 독립하여 접지하는 방식은?

① TT 계통　　② TN-C 계통
③ TN-S 계통　　④ TN-C-S 계통

[해설] **TT 계통**
전원측의 한 점을 직접접지하고 설비의 노출도전부는 전원의 접지전극과 전기적으로 독립적인 접지극에 접속시키며, 배전계통의 PE 도체를 추가로 접지할 수 있다.
⑴ 설비 전체에서 별도의 중성선과 보호도체가 있는 TT 계통
⑵ 설비 전체에서 접지된 보호도체가 있으니 배전용 중성선이 없는 TT 계통

답 : ①

3 저압 전기설비의 안전을 위한 보호

1. 감전에 대한 보호

(1) 안전을 위한 보호에서 별도로 언급이 없는 한 다음의 전압 규정에 따른다.
    ① 교류전압은 실효값으로 한다.
    ② 직류전압은 리플프리로 한다.

(2) 설비의 각 부분에서 하나 이상의 보호대책은 외부영향의 조건을 고려하여 적용하여야 한다.
    ① 다음의 보호대책을 일반적으로 적용하여야 한다.
        (ㄱ) 전원의 자동차단
        (ㄴ) 이중절연 또는 강화절연
        (ㄷ) 한 개의 전기사용기기에 전기를 공급하기 위한 전기적 분리
        (ㄹ) SELV와 PELV에 의한 특별저압
    ② 전기기기의 선정과 시공을 할 때는 설비에 적용되는 보호대책을 고려하여야 한다.

(3) 동일한 설비, 설비의 일부 또는 기기 안에서 달리 적용하는 보호대책은 한 가지 보호대책의 고장이 다른 보호대책에 나쁜 영향을 줄 수 있으므로 상호 영향을 주지 않도록 하여야 한다.

(4) 고장보호에 관한 규정은 다음 기기에서 생략할 수 있다.
    ① 건물에 부착되고 접촉범위 밖에 있는 가공선 애자의 금속 지지물
    ② 가공선의 철근강화콘크리트주로서 그 철근에 접근할 수 없는 것
    ③ 볼트, 리벳트, 명판, 케이블 클립 등과 같이 크기가 작은 경우(약 50 [mm] × 50 [mm] 이내) 또는 배치가 손에 쥘 수 없거나 인체의 일부가 접촉할 수 없는 노출도전부로서 보호도체의 접속이 어렵거나 접속의 신뢰성이 없는 경우
    ④ 전기기기를 보호하는 금속관 또는 다른 금속제 외함

확인문제

07 저압 전기설비의 안전을 위한 보호 중 감전에 대한 보호로서 설비의 각 부분에서 하나 이상의 보호대책은 외부영향의 조건을 고려하여 적용하여야 하는데 이 때 일반적으로 적용하여야 하는 보호대책이 아닌 것은?

① 전원의 수동 차단
② 이중절연 또는 강화절연
③ 한 개의 전기사용기기에 전기를 공급하기 위한 전기적 분리
④ SELV와 PELV에 의한 특별저압

[해설] 감전에 대한 보호
일반적으로 적용하는 보호대책은 전원의 자동차단이다.

08 감전에 대한 보호로서 고장보호에 관한 규정을 생략할 수 있는 기기에 해당되지 않는 것은?

① 건물에 부착되고 접촉범위 밖에 있는 가공선 애자의 금속 지지물
② 가공선의 철근강화콘크리트주로서 그 철근에 접근할 수 있는 것
③ 인체의 일부가 접촉할 수 없는 노출도전부로서 보호도체의 접속이 어렵거나 접속의 신뢰성이 없는 경우
④ 전기기기를 보호하는 금속관 또는 다른 금속제 외함

[해설] 고장보호에 관한 규정을 생략할 수 있는 기기
가공선의 철근강화콘크리트주로서 그 철근에 접근할 수 없는 것

답 : ①

답 : ②

(5) 전원의 자동차단에 의한 보호대책

① 기본보호는 충전부의 기본절연 또는 격벽이나 외함에 의한다.

② 고장보호는 보호등전위본딩 및 자동차단에 의한다.

③ 추가적인 보호로 누전차단기를 시설할 수 있다.

④ 누설전류감시장치는 보호장치는 아니지만 전기설비의 누설전류를 감시하는데 사용된다. 다만, 누설전류감시장치는 누설전류의 설정 값을 초과하는 경우 음향 또는 음향과 시각적인 신호를 발생시켜야 한다.

(6) 누전차단기의 시설

① 금속제 외함을 가지는 사용전압이 50 [V]를 초과하는 저압의 기계 기구로서 사람이 쉽게 접촉할 우려가 있는 곳에 시설하는 것에 전기를 공급하는 전로. 다만, 다음의 어느 하나에 해당하는 경우에는 적용하지 않는다.

(ㄱ) 기계기구를 발전소·변전소·개폐소 또는 이에 준하는 곳에 시설하는 경우

(ㄴ) 기계기구를 건조한 곳에 시설하는 경우

(ㄷ) 대지전압이 150 [V] 이하인 기계기구를 물기가 있는 곳 이외의 곳에 시설하는 경우

(ㄹ) 「전기용품 및 생활용품 안전관리법」의 적용을 받는 이중 절연구조의 기계기구를 시설하는 경우

(ㅁ) 그 전로의 전원측에 절연변압기(2차 전압이 300 [V] 이하인 경우에 한한다)를 시설하고 또한 그 절연변압기의 부하측의 전로에 접지하지 아니하는 경우

(ㅂ) 기계기구가 고무·합성수지 기타 절연물로 피복된 경우

(ㅅ) 기계기구가 유도전동기의 2차측 전로에 접속되는 것일 경우

(ㅇ) 기계기구내에 「전기용품 및 생활용품 안전관리법」의 적용을 받는 누전차단기를 설치하고 또한 기계기구의 전원 연결선이 손상을 받을 우려가 없도록 시설하는 경우

② 특고압전로, 고압전로 또는 저압전로와 변압기에 의하여 결합되는 사용전압 400 [V] 초과의 저압전로 또는 발전기에서 공급하는 사용전압 400 [V] 초과의 저압전로(발전소 및 변전소와 이에 준하는 곳에 있는 부분의 전로를 제외한다)

확인문제

09 누전차단기를 시설해야 하는 전로는 사용전압이 몇 [V]를 넘는 금속제 외함을 가지는 저압의 기계기구로서 사람이 쉽게 접촉할 우려가 있는 곳에 전기를 공급하는 전로인가?

① 30 [V]　　　　② 50 [V]
③ 150 [V]　　　　④ 300 [V]

해설 누전차단기의 시설
금속제 외함을 가지는 사용전압이 50 [V]를 초과하는 저압의 기계 기구로서 사람이 쉽게 접촉할 우려가 있는 곳에 시설하는 것에 전기를 공급하는 전로에는 누전차단기를 설치하여야 한다.

답 : ②

10 누전차단기의 시설이 제외된 사항이 아닌 것은?

① 기계기구를 건조한 장소에 시설하는 경우
② 기계기구를 발전소, 변전소 또는 개폐소나 이에 준하는 곳에 시설하는 경우
③ 기계기구가 유도전동기의 2차측 전로에 접속되는 경우
④ 금속제 외함으로 50 [V]를 넘는 저압의 기계 기구에 사람의 접촉 우려가 있는 경우

해설 누전차단기의 시설
금속제 외함으로 50 [V]를 넘는 저압의 기계기구에 사람의 접촉의 우려가 있는 경우에는 누전차단기를 설치하여야 한다.

답 : ④

③ 다음의 전로에는 전기용품안전기준의 적용을 받는 자동복구 기능을 갖는 누전차단기를 시설할 수 있다.
   (ㄱ) 독립된 무인 통신중계소·기지국
   (ㄴ) 관련법령에 의해 일반인의 출입을 금지 또는 제한하는 곳
   (ㄷ) 옥외의 장소에 무인으로 운전하는 통신중계기 또는 단위기기 전용회로. 단, 일반인이 특정한 목적을 위해 지체하는(머물러 있는) 장소로서 버스정류장, 횡단보도 등에는 시설할 수 없다.
④ IEC 표준을 도입한 누전차단기를 저압전로에 사용하는 경우 일반인이 접촉할 우려가 있는 장소(세대 내 분전반 및 이와 유사한 장소)에는 주택용 누전차단기를 시설하여야 하고, 주택용 누전차단기를 정방향(세로)으로 부착할 경우에는 차단기의 위쪽이 켜짐(on)으로, 차단기의 아래쪽은 꺼짐(off)으로 시설하여야 한다.

(7) TN 계통
① TN 계통에서 설비의 접지 신뢰성은 PEN 도체 또는 PE 도체와 접지극과의 효과적인 접속에 의한다.
② PEN 도체는 여러 지점에서 접지하여 PEN 도체의 단선 위험을 최소화할 수 있도록 한다.
③ 전원 공급계통의 중성점이나 중간점은 접지하여야 한다. 중성점이나 중간점을 접지할 수 없는 경우에는 선도체 중 하나를 접지하여야 한다. 설비의 노출도전부는 보호도체로 전원공급계통의 접지점에 접속하여야 한다.
④ 다른 유효한 접지점이 있다면, 보호도체(PE 및 PEN 도체)는 건물이나 구내의 인입구 또는 추가로 접지하여야 한다.
⑤ 고정설비에서 보호도체와 중성선을 겸하여(PEN 도체) 사용될 수 있다. 이러한 경우에는 PEN 도체에는 어떠한 개폐장치나 단로장치가 삽입되지 않아야 하며, PEN 도체는 보호도체의 조건을 충족하여야 한다.

확인문제

11 전기용품안전기준의 적용을 받는 자동복구 기능을 갖는 누전차단기를 시설할 수 없는 곳은?
① 독립된 무인 통신중계소·기지국
② 관련법령에 의해 일반인의 출입을 금지 또는 제한하는 곳
③ 옥외의 장소에 무인으로 운전하는 통신중계기 또는 단위기기 전용회로
④ 일반인이 머물러 있는 장소로서 버스정류장, 횡단보도 등

해설 **누전차단기의 시설**
전기용품안전기준의 적용을 받는 자동복구 기능을 갖는 누전차단기는 일반인이 특정한 목적을 위해 지체하는(머물러 있는) 장소로서 버스정류장, 횡단보도 등에는 시설할 수 없다.

12 TN 계통에 대한 설명으로 틀린 것은?
① PEN 도체는 여러 지점에서 접지하여 PEN 도체의 단선 위험을 최소화할 수 있도록 한다.
② 전원 공급계통의 중성점이나 중간점은 접지하여야 한다.
③ 고정설비에서 보호도체와 중성선을 겸하여(PEN 도체) 사용될 수 있다.
④ PEN 도체에는 적당한 개폐장치나 단로장치를 삽입하여야 한다.

해설 **TN 계통**
고정설비에서 보호도체와 중성선을 겸하여(PEN 도체) 사용될 수 있다. 이러한 경우에는 PEN 도체에는 어떠한 개폐장치나 단로장치가 삽입되지 않아야 하며, PEN 도체는 보호도체의 조건을 충족하여야 한다.

답 : ④

답 : ④

⑥ TN 계통에서 과전류보호장치 및 누전차단기는 고장보호에 사용할 수 있다. 누전차단기를 사용하는 경우 과전류보호 겸용의 것을 사용해야 한다.

⑦ TN-C 계통에는 누전차단기를 사용해서는 아니 된다. TN-C-S 계통에 누전차단기를 설치하는 경우에는 누전차단기의 부하측에는 PEN 도체를 사용할 수 없다. 이러한 경우 PE 도체는 누전차단기의 전원측에서 PEN 도체에 접속하여야 한다.

(8) TT 계통

① 전원계통의 중성점이나 중간점은 접지하여야 한다. 중성점이나 중간점을 이용할 수 없는 경우, 선도체 중 하나를 접지하여야 한다.

② TT 계통은 누전차단기를 사용하여 고장보호를 하여야 하며, 누전차단기를 적용하는 경우에는 (6)에 따라야 한다. 다만, 고장 루프임피던스가 충분히 낮을 때는 과전류 보호장치에 의하여 고장보호를 할 수 있다.

(9) IT 계통

① 노출도전부 또는 대지로 단일고장이 발생한 경우에는 고장전류가 작기 때문에 자동차단이 절대적 요구사항은 아니다. 그러나 두 곳에서 고장발생시 동시에 접근이 가능한 노출도전부에 접촉되는 경우에는 인체에 위험을 피하기 위한 조치를 하여야 한다.

② IT 계통은 다음과 같은 감시장치와 보호장치를 사용할 수 있으며, 1차 고장이 지속되는 동안 작동되어야 한다. 절연감시장치는 음향 및 시각신호를 갖추어야 한다.

(ㄱ) 절연 감시장치
(ㄴ) 누설전류 감시장치
(ㄷ) 절연고장점 검출장치
(ㄹ) 과전류 보호장치
(ㅁ) 누전차단기

확인문제

13 TN 계통에 대한 설명으로 틀린 것은?

① TN 계통에서 과전류보호장치 및 누전차단기는 고장보호에 사용할 수 있다.
② 누전차단기를 사용하는 경우 과전류보호 겸용의 것을 사용해야 한다.
③ TN-C-S 계통에 누전차단기를 설치하는 경우에는 누전차단기의 부하측에는 PEN 도체를 사용할 수 있다.
④ TN-C 계통에는 누전차단기를 사용해서는 아니 된다.

해설 TN 계통
TN-C 계통에는 누전차단기를 사용해서는 아니 된다. TN-C-S 계통에 누전차단기를 설치하는 경우에는 누전차단기의 부하측에는 PEN 도체를 사용할 수 없다. 이러한 경우 PE 도체는 누전차단기의 전원측에서 PEN 도체에 접속하여야 한다.

답 : ③

14 IT 계통에서 사용할 수 있는 감시장치와 보호장치에 해당되지 않는 것은?

① 과전압 보호장치
② 누설전류 감시장치
③ 절연고장점 검출장치
④ 절연 감시장치

해설 IT 계통
IT 계통은 다음과 같은 감시장치와 보호장치를 사용할 수 있으며, 1차 고장이 지속되는 동안 작동되어야 한다. 절연감시장치는 음향 및 시각신호를 갖추어야 한다.
(1) 절연 감시장치
(2) 누설전류 감시장치
(3) 절연고장점 검출장치
(4) 과전류 보호장치
(5) 누전차단기

답 : ①

(10) 기능적 특별저압(FELV)

기능상의 이유로 교류 50 [V], 직류 120 [V] 이하인 공칭전압을 사용하지만, SELV 또는 PELV에 대한 모든 요구조건이 충족되지 않고 SELV와 PELV가 필요치 않은 경우에는 기본보호 및 고장보호의 보장을 위해 다음에 따라야 한다. 이러한 조건의 조합을 FELV라 한다.

① 기본보호는 전원의 1차 회로의 공칭전압에 대응하는 기본절연과 격벽 또는 외함

② 고장보호는 1차 회로가 전원의 자동차단에 의한 보호가 될 경우 FELV 회로 기기의 노출도전부는 전원의 1차 회로의 보호도체에 접속하여야 한다.

③ FELV 계통의 전원은 최소한 단순 분리형 변압기 또는 SELV와 PELV용 전원에 의한다. 만약 FELV 계통이 단권변압기 등과 같이 최소한의 단순 분리가 되지 않는 기기에 의해 높은 전압계통으로부터 공급되는 경우 FELV 계통은 높은 전압계통의 연장으로 간주되고 높은 전압계통에 적용되는 보호방법에 의해 보호해야 한다.

④ FELV 계통용 플러그와 콘센트는 다음의 모든 요구사항에 부합하여야 한다.

(ㄱ) 플러그는 다른 전압 계통의 콘센트에 꽂을 수 없어야 한다.

(ㄴ) 콘센트는 다른 전압 계통의 플러그를 수용할 수 없어야 한다.

(ㄷ) 콘센트는 보호도체에 접속하여야 한다.

(11) 전기적 분리에 의한 보호

① 기본보호는 충전부의 기본절연 또는 격벽과 외함에 의한다.

② 고장보호는 분리된 다른 회로와 대지로부터 단순한 분리에 의한다.

③ 이 보호대책은 단순 분리된 하나의 비접지 전원으로부터 한 개의 전기사용기기에 공급되는 전원으로 제한된다. 다만, 숙련자와 기능자의 통제 또는 감독이 있는 설비에 적용 가능한 보호대책으로 두 개 이상의 전기사용기기에 전원 공급을 위한 전기적 분리인 경우에는 그러하지 아니한다.

확인문제

15 기능적 특별저압인 FELV 계통용 플러그와 콘센트에 대한 요구사항에 부합하지 않는 것은?

① 플러그는 보호도체에 접속하여야 한다.

② 콘센트는 보호도체에 접속하여야 한다.

③ 플러그는 다른 전압 계통의 콘센트에 꽂을 수 없어야 한다.

④ 콘센트는 다른 전압 계통의 플러그를 수용할 수 없어야 한다.

[해설] 기능적 특별저압(FELV)

FELV 계통용 플러그와 콘센트는 다음의 모든 요구사항에 부합하여야 한다.

(1) 플러그는 다른 전압 계통의 콘센트에 꽂을 수 없어야 한다.

(2) 콘센트는 다른 전압 계통의 플러그를 수용할 수 없어야 한다.

(3) 콘센트는 보호도체에 접속하여야 한다.

답 : ①

16 감전에 대한 보호방법 중 전기적 분리에 의한 보호로 잘못 설명된 것은?

① 기본보호는 충전부의 기본절연에 의한다.

② 기본보호는 격벽과 외함에 의한다.

③ 단순 분리된 하나의 비접지 전원과 여러 개의 전기사용기기에 공급되는 전원을 모두 포함한다.

④ 고장보호는 분리된 다른 회로와 대지로부터 단순한 분리에 의한다.

[해설] 전기적 분리에 의한 감전에 대한 보호

이 보호대책은 단순 분리된 하나의 비접지 전원으로부터 한 개의 전기사용기기에 공급되는 전원으로 제한된다. 다만, 숙련자와 기능자의 통제 또는 감독이 있는 설비에 적용 가능한 보호대책으로 두 개 이상의 전기사용기기에 전원 공급을 위한 전기적 분리인 경우에는 그러하지 아니한다.

답 : ③

④ 전기적 분리에 의한 고장보호는 다음에 따른다.
  (ㄱ) 분리된 회로는 최소한 단순 분리된 전원을 통하여 공급되어야 하며, 분리된 회로의 전압은 500 [V] 이하이어야 한다.
  (ㄴ) 분리된 회로의 충전부는 어떤 곳에서도 다른 회로, 대지 또는 보호도체에 접속되어서는 안 되며, 전기적 분리를 보장하기 위해 회로 간에 기본절연을 하여야 한다.
  (ㄷ) 가요 케이블과 코드는 기계적 손상을 받기 쉬운 전체 길이에 대해 육안으로 확인이 가능하여야 한다.
  (ㄹ) 분리된 회로의 노출도전부는 다른 회로의 보호도체, 노출도전부 또는 대지에 접속되어서는 아니 된다.

(12) SELV와 PELV를 적용한 특별저압에 의한 보호
  ① 특별저압 계통의 전압한계는 교류 50 [V] 이하, 직류 120 [V] 이하이어야 한다.
  ② 특별저압 회로를 제외한 모든 회로로부터 특별저압 계통을 보호 분리하고, 특별저압 계통과 다른 특별저압 계통 간에는 기본절연을 하여야 한다.
  ③ SELV 계통과 대지간의 기본절연을 하여야 한다.
  ④ SELV와 PELV용 전원
    (ㄱ) 안전절연변압기 전원
    (ㄴ) 안전절연변압기 및 이와 동등한 절연의 전원
    (ㄷ) 축전지 및 디젤발전기 등과 같은 독립전원
    (ㄹ) 내부고장이 발생한 경우에도 출력단자의 전압이 특별저압 계통의 전압한계에 규정된 값을 초과하지 않도록 적절한 표준에 따른 전자장치
    (ㅁ) 저압으로 공급되는 안전절연변압기, 이중 또는 강화절연 된 전동발전기 등 이동용 전원
  ⑤ SELV와 PELV 계통의 플러그와 콘센트는 다음에 따라야 한다.
    (ㄱ) 플러그는 다른 전압 계통의 콘센트에 꽂을 수 없어야 한다.
    (ㄴ) 콘센트는 다른 전압 계통의 플러그를 수용할 수 없어야 한다.
    (ㄷ) SELV 계통에서 플러그 및 콘센트는 보호도체에 접속하지 않아야 한다.
      (단, FELV 계통용 콘센트는 보호도체에 접속하여야 한다.)

17 감전에 대한 보호 중 SELV와 PELV를 적용한 특별저압에 의한 보호에서 특별저압 계통의 전압 한계로 알맞은 것은?

① 교류 30 [V] 이하, 직류 100 [V] 이하
② 교류 50 [V] 이하, 직류 120 [V] 이하
③ 교류 30 [V] 이하, 직류 120 [V] 이하
④ 교류 50 [V] 이하, 직류 100 [V] 이하

[해설] SELV와 PELV를 적용한 특별저압에 의한 보호
특별저압 계통의 전압한계는 교류 50 [V] 이하, 직류 120 [V] 이하이어야 한다.

답 : ②

18 SELV와 PELV를 적용한 특별저압에 의한 보호에서 플러그와 콘센트 시설이 잘못된 것은?

① 플러그는 다른 전압 계통의 콘센트에 꽂을 수 없어야 한다.
② 콘센트는 다른 전압 계통의 플러그를 수용할 수 없어야 한다.
③ SELV 계통에서 플러그 및 콘센트는 보호도체에 접속하여야 한다.
④ FELV 계통용 콘센트는 보호도체에 접속하여야 한다.

[해설] SELV와 PELV를 적용한 특별저압에 의한 보호
SELV 계통에서 플러그 및 콘센트는 보호도체에 접속하지 않아야 한다.

답 : ③

⑥ SELV 회로의 노출도전부는 대지 또는 다른 회로의 노출도전부나 보호도체에 접속하지 않아야 한다.

⑦ 건조한 상태에서 다음의 경우는 기본보호를 하지 않아도 된다.

  (ㄱ) SELV 회로에서 공칭전압이 교류 25 [V] 또는 직류 60 [V]를 초과하지 않는 경우

  (ㄴ) PELV 회로에서 공칭전압이 교류 25 [V] 또는 직류 60 [V]를 초과하지 않고 노출도전부 및 충전부가 보호도체에 의해서 주접지단자에 접속된 경우

⑧ SELV 또는 PELV 계통의 공칭전압이 교류 12 [V] 또는 직류 30 [V]를 초과하지 않는 경우에는 기본보호를 하지 않아도 된다.

> **| 용어 |**
> ① 특별저압 : 인체에 위험을 초래하지 않을 정도의 저압
> ② SELV(Safety Extra-Low Voltage) : 비접지회로에 해당
> ③ PELV(Protective Extra-Low Voltage) : 접지회로에 해당

(13) 추가적 보호

① 기본보호 및 고장보호를 위한 대상 설비의 고장 또는 사용자의 부주의로 인하여 설비에 고장이 발생한 경우에는 사용 조건에 적합한 누전차단기를 사용하는 경우에는 추가적인 보호로 본다.

② 누전차단기의 사용은 단독적인 보호대책으로 인정하지 않는다.

③ 동시접근 가능한 고정기기의 노출도전부와 계통외도전부에 보조 보호등전위본딩을 한 경우에는 추가적인 보호로 본다.

확인문제

19 SELV와 PELV 계통에서 기본보호를 하지 않아도 되는 공칭전압은 몇 [V]를 초과하지 않는 경우인가?

① 교류 30 [V], 직류 60 [V]
② 교류 12 [V], 직류 60 [V]
③ 교류 30 [V], 직류 30 [V]
④ 교류 12 [V], 직류 30 [V]

[해설] **SELV와 PELV를 적용한 특별저압에 의한 보호**
SELV 또는 PELV 계통의 공칭전압이 교류 12 [V] 또는 직류 30 [V]를 초과하지 않는 경우에는 기본보호를 하지 않아도 된다.

20 감전에 대한 추가적 보호를 설명한 것이다. 틀린 것은?

① 누전차단기의 사용은 단독적인 보호대책으로 인정한다.
② 사용자의 부주의로 인하여 설비에 고장이 발생한 경우에는 사용 조건에 적합한 누전차단기를 사용하는 경우에는 추가적인 보호로 본다.
③ 동시접근 가능한 고정기기의 노출도전부에 보조 보호등전위본딩을 한 경우에는 추가적인 보호로 본다.
④ 동시접근 가능한 계통외도전부에 보조 보호등전위본딩을 한 경우에는 추가적인 보호로 본다.

[해설] **감전에 대한 추가적 보호**
누전차단기의 사용은 단독적인 보호대책으로 인정하지 않는다.

답 : ④

답 : ①

(14) 장애물 및 접촉범위 밖에 배치

　　장애물을 두거나 접촉범위 밖에 배치하는 보호대책은 기본보호만 해당한다. 이 방법은 숙련자 또는 기능자에 의해 통제 또는 감독되는 설비에 적용한다.

① 장애물은 충전부에 무의식적인 접촉을 방지하기 위해 시설하여야 한다. 다만, 고의적 접촉까지 방지하는 것은 아니다.

② 장애물은 다음에 대한 보호를 하여야 한다.

　(ㄱ) 충전부에 인체가 무의식적으로 접근하는 것

　(ㄴ) 정상적인 사용상태에서 충전된 기기를 조작하는 동안 충전부에 무의식적으로 접촉하는 것

③ 장애물은 열쇠 또는 공구를 사용하지 않고 제거될 수 있지만, 비 고의적인 제거를 방지하기 위해 견고하게 고정하여야 한다.

④ 접촉범위 밖에 배치하는 방법에 의한 보호는 충전부에 무의식적으로 접촉하는 것을 방지하기 위함이다.

⑤ 서로 다른 전위로 동시에 접근 가능한 부분이 접촉범위 안에 있으면 안 된다. 두 부분의 거리가 2.5 [m] 이하인 경우에는 동시 접근이 가능한 것으로 간주한다.

(15) 비접지 국부 등전위본딩에 의한 보호

　　비접지 국부 등전위본딩은 위험한 접촉전압이 나타나는 것을 방지하기 위한 것으로 다음과 같이 한다.

① 등전위본딩용 도체는 동시에 접근이 가능한 모든 노출도전부 및 계통외도전부와 상호 접속하여야 한다.

② 국부 등전위본딩 계통은 노출도전부 또는 계통외도전부를 통해 대지와 직접 전기적으로 접촉되지 않아야 한다.

③ 대지로부터 절연된 도전성 바닥이 비접지 등전위본딩 계통에 접속된 곳에서는 등전위 장소에 들어가는 사람이 위험한 전위차에 노출되지 않도록 주의하여야 한다.

확인문제

21 감전에 대한 보호를 위해 장애물 및 접촉범위 밖에 배치하는 보호대책으로 틀린 것은?

① 장애물은 충전부에 무의식적인 접촉을 방지하기 위해 시설하여야 한다.

② 장애물은 충전부에 고의적인 접촉까지 방지하여야 한다.

③ 서로 다른 전위로 동시에 접근 가능한 부분이 접촉범위 안에 있으면 안 된다.

④ 두 부분의 거리가 2.5 [m] 이하인 경우에는 동시 접근이 가능한 것으로 간주한다.

[해설] 장애물 및 접촉범위 밖에 배치하는 감전에 대한 보호
장애물은 다음에 대한 보호를 하여야 한다.
(1) 충전부에 인체가 무의식적으로 접근하는 것
(2) 정상적인 사용상태에서 충전된 기기를 조작하는 동안 충전부에 무의식적으로 접촉하는 것

답 : ②

22 감전에 대한 보호로서 비접지 국부 등전위본딩에 의한 보호방법이 아닌 것은?

① 등전위본딩용 도체는 동시에 접근이 가능한 모든 노출도전부와 상호 접속하여야 한다.

② 등전위본딩용 도체는 동시에 접근이 가능한 모든 계통외도전부와는 접촉되지 않아야 한다.

③ 국부 등전위본딩 계통은 노출도전부를 통해 대지와 직접 전기적으로 접촉되지 않아야 한다.

④ 국부 등전위본딩 계통은 계통외도전부를 통해 대지와 직접 전기적으로 접촉되지 않아야 한다.

[해설] 비접지 국부 등전위본딩에 의한 감전에 대한 보호
등전위본딩용 도체는 동시에 접근이 가능한 모든 노출도전부 및 계통외도전부와 상호 접속하여야 한다.

답 : ②

2. 과전류에 대한 보호

(1) 선도체의 보호

① 과전류 검출기의 설치

(ㄱ) 모든 선도체에 대하여 과전류 검출기를 설치하여 과전류가 발생할 때 전원을 안전하게 차단해야 한다. 다만, 과전류가 검출된 도체 이외의 다른 선도체는 차단하지 않아도 된다.

(ㄴ) 3상 전동기 등과 같이 단상 차단이 위험을 일으킬 수 있는 경우 적절한 보호조치를 해야 한다.

② TT 계통 또는 TN 계통에서, 선도체만을 이용하여 전원을 공급하는 회로의 경우, 다음 조건들을 충족하면 선도체 중 어느 하나에는 과전류 검출기를 설치하지 않아도 된다.

(ㄱ) 동일 회로 또는 전원측에서 부하 불평형을 감지하고 모든 선도체를 차단하기 위한 보호장치를 갖춘 경우

(ㄴ) 보호장치의 부하측에 위치한 회로의 인위적 중성점으로부터 중성선을 배선하지 않는 경우

(2) 중성선의 보호

① TT 계통 또는 TN 계통

(ㄱ) 중성선의 단면적이 선도체의 단면적과 동등 이상의 크기이고, 그 중성선의 전류가 선도체의 전류보다 크지 않을 것으로 예상될 경우, 중성선에는 과전류 검출기 또는 차단장치를 설치하지 않아도 된다. 중성선의 단면적이 선도체의 단면적보다 작은 경우 과전류 검출기를 설치할 필요가 있다. 검출된 과전류가 설계전류를 초과하면 선도체를 차단해야 하지만, 중성선을 차단할 필요까지는 없다.

(ㄴ) "(ㄱ)"의 2가지 경우 모두 단락전류로부터 중성선을 보호해야 한다.

(ㄷ) 중성선에 관한 요구사항은 차단에 관한 것을 제외하고 중성선과 보호도체 겸용(PEN) 도체에도 적용한다.

확인문제

23 과전류에 대한 보호 중 선도체 보호방법의 설명 중 틀린 것은?

① 모든 선도체에 대하여 과전류 검출기를 설치하여 전원을 안전하게 차단해야 한다.

② 과전류가 검출된 도체 이외의 다른 선도체 또한 모두 안전하게 차단해야 한다.

③ 3상 전동기 등과 같이 단상 차단이 위험을 일으킬 수 있는 경우 적절한 보호조치를 해야 한다.

④ TT 계통에서 보호장치의 부하측에 위치한 회로의 인위적 중성점으로부터 중성선을 배선하지 않는 경우 선도체 중 어느 하나에는 과전류 검출기를 설치하지 않아도 된다.

해설 과전류에 대한 보호 중 선도체 보호방법
과전류가 검출된 도체 이외의 다른 선도체는 차단하지 않아도 된다.

답 : ②

24 과전류에 대한 중성선의 보호 중 TT 계통 또는 TN 계통에서 중성선에 과전류 검출기 또는 차단장치를 설치하지 않거나 중성선을 차단할 필요가 없는 조건에 해당되지 않는 사항은?

① 중성선의 단면적이 선도체의 단면적과 동등 이상의 크기일 경우

② 중성선의 전류가 선도체의 전류보다 크지 않을 것으로 예상될 경우

③ 중성선의 단면적이 선도체의 단면적보다 작은 경우

④ 검출된 과전류가 설계전류를 초과할 경우

해설 과전류에 대한 중성선의 보호
중성선의 단면적이 선도체의 단면적보다 작은 경우 과전류 검출기를 설치할 필요가 있다.

답 : ③

② IT 계통

중성선을 배선하는 경우 중성선에 과전류 검출기를 설치해야 하며, 과전류가 검출되면 중성선을 포함한 해당 회로의 모든 충전도체를 차단해야 한다. 다음의 경우에는 과전류 검출기를 설치하지 않아도 된다.

(ㄱ) 설비의 전력 공급점과 같은 전원측에 설치된 보호장치에 의해 그 중성선이 과전류에 대해 효과적으로 보호되는 경우

(ㄴ) 정격감도전류가 해당 중성선 허용전류의 0.2배 이하인 누전차단기로 그 회로를 보호하는 경우

(3) 중성선의 차단 및 재폐로

중성선을 차단 및 재폐로하는 회로의 경우에 설치하는 개폐기 및 차단기는 차단시에는 중성선이 선도체보다 늦게 차단되어야 하며, 재폐로시에는 선도체와 동시 또는 그 이전에 재폐로 되는 것을 설치하여야 한다.

(4) 보호장치의 종류 및 특성

① 과부하전류 및 단락전류 겸용 보호장치 – 보호장치 설치 점에서 예상되는 단락전류를 포함한 모든 과전류를 차단 및 투입할 수 있는 능력이 있어야 한다.

② 과부하전류 전용 보호장치 – 차단용량은 그 설치 점에서의 예상 단락전류 값 미만으로 할 수 있다.

③ 단락전류 전용 보호장치 – 과부하 보호를 별도의 보호장치에 의하거나, 과부하 보호장치의 생략이 허용되는 경우에 설치할 수 있다. 이 보호장치는 예상 단락전류를 차단할 수 있어야 하며, 차단기인 경우에는 이 단락전류를 투입할 수 있는 능력이 있어야 한다.

확인문제

25 과전류에 대한 보호 중 IT 계통에 의한 중성선 보호는 중성선을 배선하는 경우 중성선에 과전류 검출기를 설치해야 하며, 과전류가 검출되면 중성선을 포함한 해당 회로의 모든 충전도체를 차단해야 한다. 이 때 정격감도전류가 해당 중성선 허용전류의 몇 배 이하인 누전차단기로 그 회로를 보호하는 경우 과전류 검출기를 설치하지 않아도 되는가?

① 0.1배 　　② 0.2배
③ 0.3배 　　④ 0.4배

[해설] **과전류에 대한 보호 중 중성선 보호방법**
IT 계통에서 중성선을 배선하는 경우 중성선에 과전류 검출기를 설치해야 하며, 과전류가 검출되면 중성선을 포함한 해당 회로의 모든 충전도체를 차단해야 한다. 그러나 정격감도전류가 해당 중성선 허용전류의 0.2배 이하인 누전차단기로 그 회로를 보호하는 경우 과전류검출기를 설치하지 않아도 된다.

답 : ②

26 다음은 과전류에 대한 보호장치의 종류를 설명한 것이다. 틀린 것은?

① 과부하전류 및 단락전류 겸용 보호장치는 보호장치 설치 점에서 예상되는 단락전류를 포함한 모든 과전류를 차단 및 투입할 수 있어야 한다.

② 과부하전류 전용 보호장치의 차단용량은 그 설치 점에서의 예상 단락전류 값 이상이여야 한다.

③ 단락전류 전용 보호장치는 과부하 보호를 별도의 보호장치에 의하거나, 과부하 보호장치의 생략이 허용되는 경우에 설치할 수 있다.

④ 단락전류 전용 보호장치는 예상 단락전류를 차단할 수 있어야 하며, 차단기인 경우에는 이 단락전류를 투입할 수 있는 능력이 있어야 한다.

[해설] **과전류에 대한 보호장치의 종류**
과부하전류 전용 보호장치의 차단용량은 그 설치 점에서의 예상 단락전류 값 미만으로 할 수 있다.

답 : ②

④ 보호장치의 특성

(ㄱ) 과전류차단기로 저압전로에 사용하는 범용의 퓨즈(「전기용품 및 생활용품 안전관리법」에서 규정하는 것을 제외한다.)는 아래 표에 적합한 것이어야 한다.

정격전류의 구분	시간	정격전류의 배수	
		불용단전류	용단전류
4 [A] 이하	60분	1.5배	2.1배
4 [A] 초과 16 [A] 미만	60분	1.5배	1.9배
16 [A] 이상 63 [A] 이하	60분	1.25배	1.6배
63 [A] 초과 160 [A] 이하	120분	1.25배	1.6배
160 [A] 초과 400 [A] 이하	180분	1.25배	1.6배
400 [A] 초과	240분	1.25배	1.6배

(ㄴ) 과전류차단기로 저압전로에 사용하는 산업용 배선용차단기(「전기용품 및 생활용품 안전관리법」에서 규정하는 것을 제외한다.)와 주택용 배선용차단기는 아래 표에 적합한 것이어야 한다. 다만, 일반인이 접촉할 우려가 있는 장소(세대내 분전반 및 이와 유사한 장소)에는 주택용 배선용차단기를 시설하여야 하고, 주택용 배선용차단기를 정방향(세로)으로 부착할 경우에는 차단기의 위쪽이 켜짐(on)으로, 차단기의 아래쪽이 꺼짐(off)으로 시설하여야 한다.

종류	정격전류의 구분	시간	정격전류의 배수(모든 극에 통전)	
			부동작 전류	동작 전류
산업용 배선용차단기	63 [A] 이하	60분	1.05배	1.3배
	63 [A] 초과	120분	1.05배	1.3배
주택용 배선용차단기	63 [A] 이하	60분	1.13배	1.45배
	63 [A] 초과	120분	1.13배	1.45배

확인문제

27 과전류차단기로서 저압전로에 사용하는 100 [A] 퓨즈를 120분 동안 시험할 때 불용단전류와 용단전류는 각각 정격전류의 몇 배인가?

① 1.5배, 2.1배 ② 1.25배, 1.6배
③ 1.5뱁, 1.6배 ④ 1.25배, 2.1배

해설 과전류차단기로 저압전로에 사용하는 퓨즈

정격전류의 구분	시간	정격전류의 배수	
		불용단전류	용단전류
63 [A] 초과 160 [A] 이하	120분	1.25배	1.6배

답 : ②

28 과전류차단기로서 저압전로에 사용하는 100 [A] 주택용 배선용차단기를 120분 동안 시험할 때 부동작 전류와 동작 전류는 각각 정격전류의 몇 배인가?

① 1.05배, 1.3배 ② 1.05배, 1.45배
③ 1.13뱁, 1.3배 ④ 1.13배, 1.45배

해설 과전류차단기로 저압전로에 사용하는 주택용 배선용차단기

정격전류의 구분	시간	정격전류의 배수	
		불용단전류	용단전류
63 [A] 초과	120분	1.13배	1.45배

답 : ④

(5) 과부하 전류에 대한 보호

① 도체와 과부하 보호장치 사이의 협조

과부하에 대해 케이블(전선)을 보호하는 장치의 동작특성은 다음의 조건을 충족하여야 한다.

$$I_B \leq I_n \leq I_Z \quad \cdots\cdots\cdots\cdots\cdots\cdots\cdots\cdots\cdots\cdots\cdots \text{(식 I)}$$
$$I_2 \leq 1.45 \times I_Z \quad \cdots\cdots\cdots\cdots\cdots\cdots\cdots\cdots\cdots\cdots \text{(식 II)}$$

여기서, I_B : 회로의 설계전류

I_Z : 케이블의 허용전류

I_n : 보호장치의 정격전류

I_2 : 보호장치가 규약시간 이내에 유효하게 동작하는 것을 보장하는 전류

(ㄱ) 조정할 수 있게 설계 및 제작된 보호장치의 경우, 정격전류 I_n은 사용현장에 적합하게 조정된 전류의 설정 값이다.

(ㄴ) 보호장치의 유효한 동작을 보장하는 전류 I_2는 제조자로부터 제공되거나 제품 표준에 제시되어야 한다.

(ㄷ) 식 II에 따른 보호는 조건에 따라서는 보호가 불확실한 경우가 발생할 수 있다. 이러한 경우에는 식 II에 따라 선정된 케이블보다 단면적이 큰 케이블을 선정하여야 한다.

(ㄹ) I_B는 선도체를 흐르는 설계전류이거나, 함유율이 높은 영상분 고조파(특히 제3고조파)가 지속적으로 흐르는 경우 중성선에 흐르는 전류이다.

② 과부하 보호장치의 설치위치

과부하 보호장치는 전로 중 도체의 단면적, 특성, 설치방법, 구성의 변경으로 도체의 허용전류 값이 줄어드는 곳(이하 분기점이라 함)에 설치하여야 한다.

확인문제

29 과부하 전류에 대한 보호에서 도체와 과부하 보호장치 사이의 협조 관계가 틀린 것은?

① 보호장치의 정격전류는 회로의 설계전류보다 크거나 같아야 한다.
② 보호장치가 규약시간 이내에 유효하게 동작하는 것을 보장하는 전류는 케이블의 허용전류에 1.3 배 곱한 값보다 작거나 같아야 한다.
③ 보호장치의 정격전류는 케이블의 허용전류보다 작거나 같아야 한다.
④ 회로의 설계전류는 함유율이 높은 영상분 고조파가 지속적으로 흐르는 경우 중성선에 흐르는 전류이다.

해설 **과부하 전류에 대한 보호**
보호장치가 규약시간 이내에 유효하게 동작하는 것을 보장하는 전류는 케이블의 허용전류에 1.45배 곱한 값보다 작거나 같아야 한다.

답 : ②

30 과전류에 대한 보호장치 중 과부하 보호장치의 설치위치로 알맞은 곳은?

① 인입점   ② 고장점
③ 분기점   ④ 수전점

해설 **과부하 보호장치의 설치위치**
과부하 보호장치는 전로 중 도체의 단면적, 특성, 설치방법, 구성의 변경으로 도체의 허용전류 값이 줄어드는 곳(이하 분기점이라 함)에 설치하여야 한다.

답 : ③

③ 과부하 보호장치의 설치 위치의 예외

과부하 보호장치는 분기점에 설치하여야 하나, 분기점과 분기회로의 과부하 보호장치의 설치점 사이의 배선 부분에 다른 분기회로나 콘센트 회로가 접속되어 있지 않고, 다음 중 하나를 만족하는 경우는 변경이 있는 배선에 설치할 수 있다.

(ㄱ) 분기회로의 과부하 보호장치의 전원측에 다른 분기회로 또는 콘센트의 접속이 없고 단락전류에 대한 보호의 요구사항에 따라 분기회로에 대한 단락보호가 이루어지고 있는 경우, 분기회로의 과부하 보호장치는 분기회로의 분기점으로부터 부하측으로 거리에 구애 받지 않고 이동하여 설치할 수 있다.

(ㄴ) 분기회로의 보호장치는 전원측에서 보호장치의 분기점 사이에 다른 분기회로 또는 콘센트의 접속이 없고, 단락의 위험과 화재 및 인체에 대한 위험성이 최소화 되도록 시설된 경우, 분기회로의 보호장치는 분기회로의 분기점으로부터 3 [m]까지 이동하여 설치할 수 있다.

④ 과부하 보호장치의 생략(일반사항)

(ㄱ) 분기회로의 전원측에 설치된 보호장치에 의하여 분기회로에서 발생하는 과부하에 대해 유효하게 보호되고 있는 분기회로

(ㄴ) 단락보호가 되고 있으며, 분기점 이후의 분기회로에 다른 분기회로 및 콘센트가 접속되지 않는 분기회로 중, 부하에 설치된 과부하 보호장치가 유효하게 동작하여 과부하 전류가 분기회로에 전달되지 않도록 조치를 하는 경우

(ㄷ) 통신회로용, 제어회로용, 신호회로용 및 이와 유사한 설비

⑤ 안전을 위해 과부하 보호장치를 생략할 수 있는 경우

사용 중 예상치 못한 회로의 개방이 위험 또는 큰 손상을 초래할 수 있는 경우로서 다음과 같은 부하에 전원을 공급하는 회로에 대해서는 과부하 보호장치를 생략할 수 있다.

(ㄱ) 회전기의 여자회로　　　　　　　(ㄴ) 전자석 크레인의 전원회로

(ㄷ) 전류변성기의 2차회로　　　　　　(ㄹ) 소방설비의 전원회로

(ㅁ) 안전설비(주거침입경보, 가스누출경보 등)의 전원회로

확인문제

31 과전류에 대한 보호장치 중 분기회로의 과부하 보호장치를 분기회로의 분기점으로부터 부하측으로 거리에 구애 받지 않고 이동하여 설치할 수 있는 경우에 해당되는 것은?

① 분기회로에 대한 지락보호가 이루어지고 있는 경우

② 분기회로에 대한 단락보호가 이루어지고 있는 경우

③ 단락에 대한 위험성이 최소화 되도록 시설된 경우

④ 화재 및 인체에 대한 위험성이 최소화 되도록 시설된 경우

해설 과전류에 대한 과부하 보호장치의 설치위치의 예외
단락전류에 대한 보호의 요구사항에 따라 분기회로에 대한 단락보호가 이루어지고 있는 경우, 분기회로의 과부하 보호장치는 분기회로의 분기점으로부터 부하측으로 거리에 구애받지 않고 이동하여 설치할 수 있다.

답 : ②

32 과전류에 대한 보호장치로서 과부하 보호장치를 생략할 수 있는 설비에 해당되지 않는 것은?

① 통신회로용 설비　　　② 제어회로용 설비

③ 전열회로용 설비　　　④ 신호회로용 설비

해설 과전류에 대한 과부하 보호장치의 생략(일반사항)
통신회로용, 제어회로용, 신호회로용 및 이와 유사한 설비

답 : ③

⑥ 병렬도체의 과부하 보호

하나의 보호장치가 여러 개의 병렬도체를 보호할 경우, 병렬도체는 분기회로, 분리, 개폐장치를 사용할 수 없다.

(6) 단락전류에 대한 보호

이 기준은 동일회로에 속하는 도체 사이의 단락인 경우에만 적용하여야 한다.

① 예상 단락전류의 결정

설비의 모든 관련 지점에서의 예상 단락전류를 결정해야 한다. 이는 계산 또는 측정에 의하여 수행할 수 있다.

② 단락 보호장치의 설치위치

㈀ 단락전류 보호장치는 분기점에 설치해야 한다. 다만, 분기회로의 단락보호장치 설치점과 분기점 사이에 다른 분기회로 또는 콘센트의 접속이 없고 단락, 화재 및 인체에 대한 위험이 최소화될 경우, 분기회로의 단락 보호장치는 분기점으로부터 3 [m] 까지 이동하여 설치할 수 있다.

㈁ 도체의 단면적이 줄어들거나 다른 변경이 이루어진 분기회로의 시작점과 이 분기회로의 단락 보호장치 사이에 있는 도체가 전원측에 설치되는 보호장치에 의해 단락보호가 되는 경우에, 분기회로의 단락 보호장치는 분기점으로부터 거리제한이 없이 설치할 수 있다 단, 전원측 단락 보호장치는 부하측 배선에 대하여 ⑤항에 따라 단락보호를 할 수 있는 특징을 가져야 한다.

③ 단락 보호장치의 생략

배선을 단락위험이 최소화할 수 있는 방법과 가연성 물질 근처에 설치하지 않는 조건이 모두 충족되면 다음과 같은 경우 단락 보호장치를 생략할 수 있다.

㈀ 발전기, 변압기, 정류기, 축전지와 보호장치가 설치된 제어반을 연결하는 도체

㈁ (5)의 ⑤항과 같이 전원차단이 설비의 운전에 위험을 가져올 수 있는 회로

㈂ 특정 측정회로

확인문제

33 과전류에 대한 보호장치 중 단락 보호장치는 분기점과 분기회로의 단락 보호장치의 설치점 사이에 다른 분기회로 또는 콘센트의 접속이 없고 단락, 화재 및 인체에 대한 위험성이 최소화 될 경우, 분기회로의 단락 보호장치는 분기회로의 분기점으로부터 몇 [m]까지 이동하여 설치할 수 있는가?

① 2 [m]　　　　② 3 [m]
③ 5 [m]　　　　④ 8 [m]

해설 과전류에 대한 단락 보호장치의 설치방법
단락 보호장치는 분기점과 분기회로의 단락 보호장치의 설치점 사이에 다른 분기회로 또는 콘센트의 접속이 없고 단락, 화재 및 인체에 대한 위험성이 최소화 될 경우, 분기회로의 단락 보호장치는 분기회로의 분기점으로부터 3 [m]까지 이동하여 설치할 수 있다.

답 : ②

34 과전류에 대한 보호에서 배선을 단락위험이 최소화 할 수 있는 방법과 가연성 물질 근처에 설치하지 않는 조건이 모두 충족되면 단락 보호장치를 생략할 수 있다. 다음 중 생략할 수 있는 경우에 해당되지 않는 것은?

① 유도기와 보호장치가 설치된 제어반을 연결하는 도체
② 변압기와 보호장치가 설치된 제어반을 연결하는 도체
③ 정류기와 보호장치가 설치된 제어반을 연결하는 도체
④ 발전기와 보호장치가 설치된 제어반을 연결하는 도체

해설 과전류에 대한 단락 보호장치의 생략
배선을 단락위험이 최소화할 수 있는 방법과 가연성 물질 근처에 설치하지 않는 조건이 모두 충족되면 발전기, 변압기, 정류기, 축전지와 보호장치가 설치된 제어반을 연결하는 도체에는 단락 보호장치를 생략할 수 있다.

답 : ①

④ 병렬도체의 단락보호

(ㄱ) 여러 개의 병렬도체를 사용하는 회로의 전원측에 1개의 단락 보호장치가 설치되어 있는 조건에서, 어느 하나의 도체에서 발생한 단락고장이라도 효과적인 동작이 보증되는 경우, 해당 보호장치 1개를 이용하여 그 병렬도체 전체의 단락 보호장치로 사용할 수 있다.

(ㄴ) 1개의 보호장치에 의한 단락보호가 효과적이지 못하면, 다음 중 1가지 이상의 조치를 취해야 한다.

- 배선은 기계적인 손상 보호와 같은 방법으로 병렬도체에서의 단락위험을 최소화 할 수 있는 방법으로 설치하고, 화재 또는 인체에 대한 위험을 최소화 할 수 있는 방법으로 설치하여야 한다.
- 병렬도체가 2가닥인 경우 단락 보호장치를 각 병렬도체의 전원측에 설치해야 한다.
- 병렬도체가 3가닥 이상인 경우 단락 보호장치는 각 병렬도체의 전원측과 부하측에 설치해야 한다.

⑤ 단락 보호장치의 특성

(ㄱ) 차단용량 : 정격차단용량은 단락전류 보호장치 설치점에서 예상되는 최대 크기의 단락전류보다 커야 한다. 다만, 전원측 전로에 단락고장전류 이상의 차단능력이 있는 과전류차단기가 설치되는 경우에는 그러하지 아니하다.

(ㄴ) 케이블 등의 단락전류 : 회로의 임의의 지점에서 발생한 모든 단락전류는 케이블 및 절연도체의 허용온도를 초과하지 않는 시간 내에 차단되도록 해야 한다. 단락 지속시간이 5초 이하인 경우, 통상 사용조건에서의 단락전류에 의해 절연체의 허용온도에 도달하기까지의 시간 t는 아래 식과 같이 계산할 수 있다.

$$t = \left(\frac{kS}{I}\right)^2$$

여기서, t : 단락전류 지속시간 [초], S : 도체의 단면적 [mm²], I : 유효 단락전류 [A, rms], k : 도체 재료의 저항률, 온도계수, 열용량, 해당 초기온도와 최종온도를 고려한 계수

확인문제

35 과전류에 대한 보호에서 병렬도체의 단락보호는 1개의 보호장치에 의한 단락보호가 효과적이지 못한 경우 취해야 하는 조치가 아닌 것은?

① 배선은 병렬도체에서의 단락위험을 최소화 할 수 있는 방법으로 설치한다.
② 화재 또는 인체에 대한 위험을 최소화 할 수 있는 방법으로 설치
③ 병렬도체가 2가닥인 경우 단락 보호장치를 각 병렬도체의 전원측에 설치해야 한다.
④ 병렬도체가 3가닥 이상인 경우 단락 보호장치는 각 병렬도체의 부하측에 설치해야 한다.

[해설] 과전류에 대한 보호 중 병렬도체의 단락보호
병렬도체가 3가닥 이상인 경우 단락 보호장치는 각 병렬도체의 전원측과 부하측에 설치해야 한다.

답 : ④

36 단락전류에 대한 보호장치의 특성 중 틀린 것은?

① 모든 단락전류는 케이블 및 절연도체의 허용온도를 초과하는 시간 내에 차단되도록 해야 한다.
② 정격차단용량은 단락전류 보호장치 설치점에서 예상되는 최대 크기의 단락전류보다 커야 한다.
③ 전원측 전로에 단락고장전류 이상의 차단능력이 있는 과전류차단기가 설치되는 경우에는 정격차단용량이 예상 단락전류보다 작을 수 있다.
④ 단락 지속시간이 5초 이하인 경우, 단락전류에 의해 절연체의 허용온도에 도달하기까지의 시간을 계산에 의해 알 수 있다.

[해설] 단락전류에 대한 단락 보호장치의 특징
모든 단락전류는 케이블 및 절연도체의 허용온도를 초과하지 않는 시간 내에 차단되도록 해야 한다.

답 : ①

3. 과전압에 대한 보호

(1) 고압계통의 지락고장시 저압계통에서의 과전압

변전소에서 고압측 지락고장의 경우, 다음 과전압의 유형들이 저압설비에 영향을 미칠 수 있다.

① 상용주파 고장전압(U_f)

② 상용주파 스트레스전압(U_1 및 U_2)

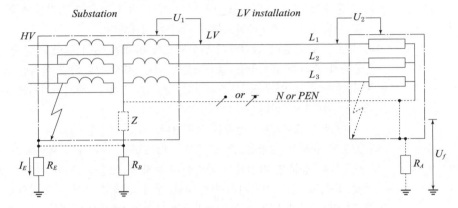

(2) 상용주파 스트레스전압의 크기와 지속시간

고압계통에서의 지락으로 인한 저압설비 내의 저압기기의 상용주파 스트레스전압(U_1과 U_2)의 크기와 지속시간은 아래 표에 주어진 요구사항들을 초과하지 않아야 한다.

고압계통에서 지락고장시간[초]	저압설비 내의 저압기기의 상용주파 스트레스전압[V]	비 고
> 5	$U_0 + 250$	중성선 도체가 없는 계통에서
≤ 5	$U_0 + 1,200$	U_0는 선간전압을 말한다.

확인문제

37 변전소에서 고압측 지락고장의 경우 저압설비에 영향을 미칠 수 있는 과전압의 유형으로 알맞은 것은?

① 상용주파 스트레스전압
② 충격파 방전전압
③ 고조파 유도 과전압
④ 정전유도 과전압

해설 **고압계통의 지락고장시 저압계통에서의 과전압**
변전소에서 고압측 지락고장의 경우, 다음 과전압의 유형들이 저압설비에 영향을 미칠 수 있다.
(1) 상용주파 고장전압
(2) 상용주파 스트레스전압

답 : ①

38 고압계통에서 지락으로 인한 지락고장시간이 5초 이하인 경우 저압설비 내의 저압기기의 상용주파 스트레스 전압은 몇 [V] 이하인가?(단, U_0는 중성선 도체가 없는 계통에서 선간전압을 말한다)

① $U_0 + 250$ ② $U_0 + 500$
③ $U_0 + 1,000$ ④ $U_0 + 1,200$

해설 **상용주파 스트레스전압의 크기와 지속시간**
고압계통에서의 지락으로 인한 저압설비 내의 저압기기의 상용주파 스트레스전압의 크기와 지속시간은 아래 표에 주어진 요구사항들을 초과하지 않아야 한다.

고압계통에서 지락고장시간[초]	저압설비 허용 상용주파 과전압[V]
> 5	$U_0 + 250$
≤ 5	$U_0 + 1,200$

답 : ④

4. 열 영향에 대한 보호

(1) 전기기기에 의한 화재방지

① 전기기기에 의해 발생하는 열은 근처에 고정된 재료나 기기에 화재 위험을 주지 않아야 한다.

② 고정기기의 온도가 인접한 재료에 화재의 위험을 줄 온도까지 도달할 우려가 있는 경우에 이 기기에는 다음과 같은 조치를 취하여야 한다.

(ㄱ) 이 온도에 견디고 열전도율이 낮은 재료 위나 내부에 기기를 설치하거나 이러한 재료를 사용하여 건축구조물로부터 기기를 차폐한다.

(ㄴ) 이 온도에서 열이 안전하게 발산되도록 유해한 열적 영향을 받을 수 있는 재료로부터 충분히 거리를 유지하고 열전도율이 낮은 지지대에 의해 설치한다.

③ 정상 운전 중에 아크 또는 스파크가 발생할 수 있는 전기기기에는 다음 중 하나의 보호 조치를 취하여야 한다.

(ㄱ) 내 아크 재료로 기기 전체를 둘러싼다.

(ㄴ) 분출이 유해한 영향을 줄 수 있는 재료로부터 내 아크 재료로 차폐하거나 이러한 재료로부터 충분한 거리에서 분출을 안전하게 소멸시키도록 기기를 설치한다.

④ 단일 장소에 있는 전기기기가 상당한 양의 인화성 액체를 포함하는 경우에는 액체, 불꽃 및 연소 생성물의 전파를 방지하는 충분한 예방책을 취하여야 한다.

(ㄱ) 누설된 액체를 모을 수 있는 저유조를 설치하고 화재시 소화를 확실히 한다.

(ㄴ) 기기를 적절한 내화성이 있고 연소 액체가 건물의 다른 부분으로 확산되지 않도록 방지턱 또는 다른 수단이 마련된 방에 설치한다. 이러한 방은 외부공기로만 환기되는 것이어야 한다.

⑤ 화재의 위험성이 높은 20 [A] 이하의 분기회로에는 전기 아크로 인한 화재의 우려가 없도록 「사고아크 검출장치에 대한 일반조건」에 적합한 장치를 각각 시설할 수 있다.

확인문제

39 열 영향에 대한 보호 중 단일 장소에 있는 전기기기가 상당한 양의 인화성 액체를 포함하는 경우 전기기기에 의한 화재방지 대책으로서 틀린 것은?

① 액체, 불꽃 및 연소 생성물의 전파를 방지하는 충분한 예방책을 취하여야 한다.
② 누설된 액체는 지하로 자연 방류되도록 시설한다.
③ 기기를 적절한 내화성이 있고 연소 액체가 건물의 다른 부분으로 확산되지 않도록 방지턱을 설치한다.
④ 화재시 소화를 확실히 한다.

[해설] 열 영향에 대한 보호 중 전기기기에 의한 화재방지
단일 장소에 있는 전기기기가 상당한 양의 인화성 액체를 포함하는 경우에는 누설된 액체를 모을 수 있는 저유조를 설치하고 화재시 소화를 확실히 한다.

40 열 영향에 대한 보호 중 전기기기에 의한 화재방지를 위하여 화재의 위험성이 높은 몇 [A] 이하의 분기회로에는 전기 아크로 인한 화재의 우려가 없도록 「사고아크 검출장치에 대한 일반조건」에 적합한 장치를 각각에 시설할 수 있는가?

① 12 [A]　　② 15 [A]
③ 20 [A]　　④ 30 [A]

[해설] 열 영향에 대한 보호 중 전기기기에 의한 화재방지
화재의 위험성이 높은 20 [A] 이하의 분기회로에는 전기 아크로 인한 화재의 우려가 없도록 「사고아크 검출장치에 대한 일반조건」에 적합한 장치를 각각 시설할 수 있다.

답 : ②

답 : ③

(2) 전기기기에 의한 화상방지

접촉범위 내에 있고, 접촉 가능성이 있는 전기기기의 부품류는 인체에 화상을 일으킬 우려가 있는 온도에 도달해서는 안 되며, 아래 표에 제시된 제한 값을 준수하여야 한다. 이 경우 우발적 접촉도 발생하지 않도록 보호를 하여야 한다.

접촉할 가능성이 있는 부분	접촉할 가능성이 있는 표면의 재료	최고 표면온도[℃]
손으로 잡고 조작시키는 것	금속	55
	비금속	65
손으로 잡지 않지만 접촉하는 부분	금속	70
	비금속	80
통상 조작시 접촉할 필요가 없는 부분	금속	80
	비금속	90

5. 과열에 대한 보호

(1) 강제 공기 난방시스템

① 강제 공기 난방시스템에서 중앙 축열기의 발열체가 아닌 발열체는 정해진 풍량에 도달할 때까지는 동작할 수 없고, 풍량이 정해진 값 미만이면 정지되어야 한다. 또한 공기덕트 내에서 허용온도가 초과하지 않도록 하는 2개의 서로 독립된 온도제한장치가 있어야 한다.

② 열소자의 지지부, 프레임과 외함은 불연성 재료이어야 한다.

확인문제

41 열 영향에 대한 보호 중 전기기에 의한 화상방지 대책으로 접촉범위 내에 있고, 접촉 가능성이 있는 전기기의 부품류는 인체 에 화상을 일으킬 우려가 있는 온도에 도달해서는 안된다. 이 경우 손으로 잡고 조작하는 비금속 표면의 최고 온도는 몇 [℃] 까지 제한하고 있는가?

① 55 [℃] 　　　② 60 [℃]
③ 65 [℃] 　　　④ 70 [℃]

해설 열 영향에 대한 보호 중 전기기기에 의한 화상방지
접촉범위 내에 있고, 접촉 가능성이 있는 전기기기의 부품류는 인체에 화상을 일으킬 우려가 있는 온도에 도달해서는 안 되며, 아래 표에 제시된 제한 값을 준수하여야 한다.

접촉할 가능성이 있는 부분	접촉할 가능성이 있는 표면의 재료	최고 표면온도 [℃]
손으로 잡고 조작시키는 것	금속	55
	비금속	65

답 : ③

42 과열에 대한 보호 방법 중 강제 공기 난방시스템에 대한 설명 중 틀린 것은?

① 중앙 축열기의 발열체가 아닌 발열체는 정해진 풍량에 도달할 때까지는 동작할 수 없도록 하여야 한다.

② 풍량이 정해진 값 미만이면 정지되어야 한다.

③ 공기덕트 내에서 허용온도가 초과하지 않도록 하는 1개의 온도제한장치가 있어야 한다.

④ 열소자의 지지부, 프레임과 외함은 불연성 재료이어야 한다.

해설 과열에 대한 보호 중 강제 공기 난방시스템
공기덕트 내에서 허용온도가 초과하지 않도록 하는 2개의 서로 독립된 온도제한장치가 있어야 한다.

답 : ③

(2) 온수기 또는 증기발생기

① 온수 또는 증기를 발생시키는 장치는 어떠한 운전 상태에서도 과열 보호가 되도록 설계 또는 공사를 하여야 한다. 보호장치는 기능적으로 독립된 자동 온도조절장치로부터 독립적 기능을 하는 비자동 복귀형 장치이어야 한다.

② 장치에 개방 입구가 없는 경우에는 수압을 제한하는 장치를 설치하여야 한다.

(3) 공기난방설비

① 공기난방설비의 프레임 및 외함은 불연성 재료이어야 한다.

② 열 복사에 의해 접촉되지 않는 복사 난방기의 측벽은 가연성 부분으로부터 충분한 간격을 유지하여야 한다. 불연성 격벽으로 간격을 감축하는 경우, 이 격벽은 복사난방기의 외함 및 가연성 부분에서 0.01 [m] 이상의 간격을 유지하여야 한다.

③ 복사 난방기는 복사 방향으로 가연성 부분으로부터 2 [m] 이상의 안전거리를 확보할 수 있도록 부착하여야 한다.

6. 저압전로 중의 개폐기 및 과전류차단장치의 시설

(1) 저압전로 중 또는 저압 옥내전로 인입구에서의 개폐기의 시설

① 저압전로 중에 개폐기를 시설하는 경우에는 그 곳의 각 극에 설치하여야 한다.

② 사용전압이 다른 개폐기는 상호 식별이 용이하도록 시설하여야 한다.

③ 저압 옥내전로(화약류 저장소에 시설하는 것을 제외한다)에는 인입구에 가까운 곳으로서 쉽게 개폐할 수 있는 곳에 개폐기(개폐기의 용량이 큰 경우에는 적정 회로로 분할하여 각 회로별로 개폐기를 시설할 수 있다. 이 경우에 각 회로별 개폐기는 집합하여 시설하여야 한다)를 각 극에 시설하여야 한다.

확인문제

43 과열에 대한 보호 방법 중 공기난방설비의 복사 난방기는 복사 방향으로 가연성 부분으로부터 몇 [m] 이상의 안전거리를 확보할 수 있도록 부착하여야 하는가?

① 1 [m]　　　　② 2 [m]
③ 3 [m]　　　　④ 4 [m]

해설 과열에 대한 보호 중 공기난방설비
복사 난방기는 복사 방향으로 가연성 부분으로부터 2 [m] 이상의 안전거리를 확보할 수 있도록 부착하여야 한다.

44 저압전로 중의 개폐기 및 과전류차단장치의 시설에 대한 설명 중 틀린 것은?

① 저압전로 중에 개폐기를 시설하는 경우에는 그 곳의 각 극에 설치하여야 한다.

② 사용전압이 다른 개폐기는 상호 식별이 용이하도록 시설하여야 한다.

③ 저압 옥내전로에는 인입구에 가까운 곳으로서 쉽게 개폐할 수 있는 곳에 개폐기를 각 극에 시설하여야 한다.

④ 저압 옥내전로에 시설하는 개폐기의 용량이 큰 경우에는 적정 회로로 분할하여 각 회로별로 개폐기를 시설할 수 있으며 각 회로별 개폐기는 분리하여 시설하여야 한다.

해설 저압전로 중의 개폐기 및 과전류차단장치의 시설
개폐기의 용량이 큰 경우에는 적정 회로로 분할하여 각 회로별로 개폐기를 시설할 수 있다. 이 경우에 각 회로별 개폐기는 집합하여 시설하여야 한다.

답 : ②

답 : ④

④ 사용전압이 400 [V] 이하인 옥내전로로서 다른 옥내전로(정격전류 16 [A] 이하인 과전류차단기 또는 정격전류 20 [A] 이하인 배선용차단기로 보호되고 있는 것에 한한다.)에 접속하는 길이 15 [m] 이하의 전로에서 전기의 공급을 받는 것은 ③의 규정에 의하지 아니할 수 있다.

(2) 저압전로 중의 전동기 보호용 과전류 보호장치의 시설

① 과전류차단기로 저압전로에 시설하는 과부하 보호장치(전동기가 손상될 우려가 있는 과전류가 발생했을 경우에 자동적으로 이것을 차단하는 것에 한한다)와 단락보호 전용 차단기 또는 과부하 보호장치와 단락보호 전용 퓨즈를 조합한 장치는 전동기에만 연결하는 저압전로에 사용하고 다음 각각에 적합한 것이어야 한다.

(ㄱ) 과부하 보호장치, 단락보호 전용 차단기 및 단락보호 전용 퓨즈는 「전기용품 및 생활용품 안전관리법」에 적용을 받는 것 이외에는 한국산업표준(이하 "KS"라 한다)에 적합하여야 하며, 다음에 따라 시설할 것.

• 과부하 보호장치로 전자접촉기를 사용할 경우에는 반드시 과부하 계전기가 부착되어 있을 것.

• 단락보호 전용 차단기의 단락동작 설정 전류값은 전동기의 기동방식에 따른 기동돌입전류를 고려할 것.

• 단락보호 전용 퓨즈는 아래 표의 용단 특성에 적합한 것일 것.

정격전류의 배수	불용단시간	용단시간
4 배	60초 이내	–
6.3 배	–	60초 이내
8 배	0.5초 이내	
10 배	0.2초 이내	
12.5 배	–	0.5초 이내
19 배	–	0.1초 이내

확인문제

45 과부하 보호장치, 단락보호 전용 차단기 및 단락보호 전용 퓨즈는 「전기용품 및 생활용품 안전관리법」에 적용을 받는 것 이외에는 어떤 기준에 적합하여야 하는가?

① 위험물 안전관리법
② 한국산업표준(KS)
③ 시설물의 안전 및 유지관리에 관한 특별법
④ 화재안전기준

[해설] 저압전로 중의 전동기 보호용 과전류 보호장치의 시설
과부하 보호장치, 단락보호 전용 차단기 및 단락보호 전용 퓨즈는 「전기용품 및 생활용품 안전관리법」에 적용을 받는 것 이외에는 한국산업표준(이하 "KS"라 한다)에 적합하여야 한다.

답 : ②

46 저압전로 중의 전동기 보호용 과전류 보호장치로서 단락보호 전용 퓨즈를 시설하는 경우 전동기 정격전류의 6.3배에서는 몇 초 이내에 용단되어야 하는가?

① 60초　　　　② 0.5초
③ 0.2초　　　　④ 0.1초

[해설] 저압전로 중의 전동기 보호용 과전류 보호장치의 시설
단락보호 전용 퓨즈는 아래 표의 용단 특성에 적합한 것일 것.

정격전류의 배수	불용단시간	용단시간
4 배	60초 이내	–
6.3 배	–	60초 이내

답 : ①

(ㄴ) 과부하 보호장치와 단락보호 전용 차단기 또는 단락보호 전용 퓨즈를 하나의 전용함 속에 넣어 시설한 것일 것.

(ㄷ) 과부하 보호장치가 단락전류에 의하여 손상되기 전에 그 단락전류를 차단하는 능력을 가진 단락보호 전용 차단기 또는 단락보호 전용 퓨즈를 시설한 것일 것.

(ㄹ) 과부하 보호장치와 단락보호 전용 퓨즈를 조합한 장치는 단락보호 전용 퓨즈의 정격전류가 과부하 보호장치의 설정 전류(setting current) 값 이하가 되도록 시설한 것(그 값이 단락보호 전용 퓨즈의 표준 정격에 해당하지 아니하는 경우는 단락보호 전용 퓨즈의 정격전류가 그 값의 바로 상위의 정격이 되도록 시설한 것을 포함한다)일 것.

② 저압 옥내에 시설하는 보호장치의 정격전류 또는 전류 설정값은 전동기 등이 접속되는 경우에는 그 전동기의 기동방식에 따른 기동전류와 다른 전기사용기계기구의 정격전류를 고려하여 선정하여야 한다.

③ 옥내에 시설하는 전동기(정격 출력이 0.2 [kW] 이하인 것을 제외한다)에는 전동기가 손상될 우려가 있는 과전류가 생겼을 때에 자동적으로 이를 저지하거나 이를 경보하는 장치를 하여야 한다. 다만, 다음의 어느 하나에 해당하는 경우에는 그러하지 아니하다.

(ㄱ) 전동기를 운전 중 상시 취급자가 감시할 수 있는 위치에 시설하는 경우

(ㄴ) 전동기의 구조나 부하의 성질로 보아 전동기가 손상될 수 있는 과전류가 생길 우려가 없는 경우

(ㄷ) 단상전동기로서 그 전원측 전로에 시설하는 과전류차단기의 정격전류가 16 [A](배선용차단기는 20 [A]) 이하인 경우

확인문제

47 저압전로 중의 전동기 보호용 과전류 보호장치에 대한 설명 중 틀린 것은?

① 과부하 보호장치와 단락보호 전용 차단기 또는 단락보호 전용 퓨즈를 각각의 전용함 속에 넣어 시설한 것일 것.

② 과부하 보호장치가 단락전류에 의하여 손상되기 전에 그 단락전류를 차단하는 능력을 가진 단락보호 전용 퓨즈를 시설한 것일 것.

③ 과부하 보호장치가 단락전류에 의하여 손상되기 전에 그 단락전류를 차단하는 능력을 가진 단락보호 전용 차단기를 시설한 것일 것.

④ 과부하 보호장치와 단락보호 전용 퓨즈를 조합한 경우 단락보호 전용 퓨즈의 정격전류가 과부하 보호장치의 설정 전류값 이하가 되도록 시설한 것일 것.

해설 **저압전로 중의 전동기 보호용 과전류 보호장치의 시설**
과부하 보호장치와 단락보호 전용 차단기 또는 단락보호 전용 퓨즈를 하나의 전용함 속에 넣어 시설한 것일 것.

48 옥내에 시설하는 전동기에 과부하 보호장치의 시설을 생략할 수 없는 경우는?

① 정격출력이 0.75 [kW]인 전동기

② 전동기를 운전 중 상시 취급자가 감시할 수 있는 위치에 시설하는 경우

③ 전동기의 구조나 부하의 성질로 보아 전동기가 손상될 수 있는 과전류가 생길 우려가 없는 경우

④ 전동기가 단상의 것으로 전원측 전로에 시설하는 배선용차단기의 정격전류가 20 [A] 이하인 경우

해설 **저압전로 중의 전동기 보호용 과전류 보호장치의 시설**
옥내에 시설하는 전동기(정격 출력이 0.2 [kW] 이하인 것을 제외한다)에는 전동기가 손상될 우려가 있는 과전류가 생겼을 때에 자동적으로 이를 저지하거나 이를 경보하는 장치를 하여야 한다.

답 : ①

답 : ①

4 고압·특고압 전기설비의 적용범위 및 일반 요구사항

(1) 적용범위

교류 1 [kV] 초과 또는 직류 1.5 [kV]를 초과하는 고압 및 특고압 전기를 공급하거나 사용하는 전기설비에 적용한다.

(2) 전기적 요구사항

① 중성점 접지방식의 선정시 다음을 고려하여야 한다.

(ㄱ) 전원공급의 연속성 요구사항

(ㄴ) 지락고장에 의한 기기의 손상 제한

(ㄷ) 고장부위의 선택적 차단

(ㄹ) 고장위치의 감지

(ㅁ) 접촉 및 보폭전압

(ㅂ) 유도성 간섭

(ㅅ) 운전 및 유지보수 측면

② 전압 등급

사용자는 계통 공칭전압 및 최대운전전압을 결정하여야 한다.

③ 정상 운전 전류

설비의 모든 부분은 정의된 운전조건에서의 전류를 견딜 수 있어야 한다.

④ 단락전류

(ㄱ) 설비는 단락전류로부터 발생하는 열적 및 기계적 영향에 견딜 수 있도록 설치되어야 한다.

(ㄴ) 설비는 단락을 자동으로 차단하는 장치에 의하여 보호되어야 한다.

(ㄷ) 설비는 지락을 자동으로 차단하는 장치 또는 지락상태 자동표시장치에 의하여 보호되어야 한다.

⑤ 정격 주파수

설비는 운전될 계통의 정격주파수에 적합하여야 한다. 이 외에 코로나, 전계 및 자계, 과전압, 고조파에 의한 전기적 요구사항 등이 있다.

확인문제

49 고압 전기설비의 전기적 요구사항 중 중성점 접지방식의 선정시 고려해야 할 사항이 아닌 것은?

① 전원공급의 연속성 요구사항

② 단락고장에 의한 기기의 손상 제한

③ 고장부위의 선택적 차단

④ 접촉 및 보폭전압

해설 고압·특고압 전기설비의 중성점 접지방식의 선정시 전기적 요구사항

전원공급의 연속성 요구사항, 지락고장에 의한 기기의 손상제한, 고장부위의 선택적 차단, 고장위치의 감지, 접촉 및 보폭전압, 유도성 간섭, 운전 및 유지보수 측면

답 : ②

50 고압 전기설비의 단락전류에 대한 전기적 요구사항과 관계가 없는 것은?

① 설비는 단락전류로부터 발생하는 열적 및 기계적 영향에 견딜 수 있도록 설치되어야 한다.

② 설비는 단락을 자동으로 차단하는 장치에 의하여 보호되어야 한다.

③ 설비는 지락을 자동으로 차단하는 장치에 의하여 보호되어야 한다.

④ 설비는 지락상태 수동표시장치에 의하여 보호되어야 한다.

해설 고압 전기설비의 단락전류에 대한 전기적 요구사항

설비는 지락을 자동으로 차단하는 장치 또는 지락상태 자동표시장치에 의하여 보호되어야 한다.

답 : ④

(3) 기계적 요구사항

기기 및 지지구조물, 인장하중, 빙설하중, 풍압하중, 개폐 전자기력, 단락 전자기력, 도체 인장력의 상실, 지진하중 등을 고려한 기계적 요구사항에 만족하여야 한다.

5 고압·특고압 전기설비의 절연유 누설에 대한 보호

(1) 옥내기기의 절연유 유출방지설비

① 옥내기기가 위치한 구역의 주위에 누설되는 절연유가 스며들지 않는 바닥에 유출방지 턱을 시설하거나 건축물 안에 지정된 보존구역으로 집유한다.

② 유출방지 턱의 높이나 보존구역의 용량을 선정할 때 기기의 절연유량 뿐만 아니라 화재 보호시스템의 용수량을 고려하여야 한다.

(2) 옥외설비의 절연유 유출방지설비

① 절연유 유출 방지설비의 선정은 기기에 들어 있는 절연유의 양, 우수 및 화재보호시스 템의 용수량, 근접 수로 및 토양조건을 고려하여야 한다.

② 집유조 및 집수탱크가 시설되는 경우 집수탱크는 최대 용량 변압기의 유량에 대한 집유 능력이 있어야 한다.

③ 벽, 집유조 및 집수탱크에 관련된 배관은 액체가 침투하지 않는 것이어야 한다.

④ 절연유 및 냉각액에 대한 집유조 및 집수탱크의 용량은 물의 유입으로 지나치게 감소되 지 않아야 하며, 자연배수 및 강제배수가 가능하여야 한다.

⑤ 다음의 추가적인 방법으로 수로 및 지하수를 보호하여야 한다.

(ㄱ) 집유조 및 집수탱크는 바닥으로부터 절연유 및 냉각액의 유출을 방지하여야 한다.

(ㄴ) 배출된 액체는 유수분리장치를 통하여야 하며 이 목적을 위하여 액체의 비중을 고려 하여야 한다.

확인문제

51 고압 전기설비의 절연유 누설에 대한 보호 중 옥 내기기의 절연유 유출방지설비로서 유출방지 턱의 높 이나 보존구역의 용량을 선정할 때 기기의 절연유양 뿐만 아니라 무엇을 고려하여야 하는가?

① 토양 조건
② 근접 수로
③ 배수 능력
④ 화재보호시스템의 용수량

해설 옥내기기의 절연유 유출방지설비
유출방지 턱의 높이나 보존구역의 용량을 선정할 때 기기의 절연유량 뿐만 아니라 화재보호시스템의 용수 량을 고려하여야 한다.

답 : ④

52 고압 전기설비의 절연유 누설에 대한 보호 중 옥외 설비의 절연유 유출방지설비에 대한 설명 중 틀린 것은?

① 집유조 및 집수탱크가 시설되는 경우 집수탱크는 최대 용량 변압기의 유량에 대한 집유능력이 있어 야 한다.

② 벽, 집유조 및 집수탱크에 관련된 배관은 액체가 침투하지 않는 것이어야 한다.

③ 물의 유입에 대한 자연배수 및 강제배수가 되지 않도록 하여야 한다.

④ 집유조 및 집수탱크는 바닥으로부터 절연유 및 냉 각액의 유출을 방지하여야 한다.

해설 옥외설비의 절연유 유출방지설비
절연유 및 냉각액에 대한 집유조 및 집수탱크의 용량 은 물의 유입으로 지나치게 감소되지 않아야 하며, 자 연배수 및 강제배수가 가능하여야 한다.

답 : ③

6 고압·특고압 전기설비의 접지설비

1. 고압·특고압 접지계통

(1) 일반사항

① 고압 또는 특고압 기기는 접촉전압 및 보폭전압의 허용 값 이내의 요건을 만족하도록 시설되어야 한다.

② 모든 케이블의 금속시스(sheath) 부분은 접지를 시행하여야 한다.

③ 고압 및 특고압 전기설비 접지는 제1장. 15 접지시스템의 해당 부분을 적용한다.

(2) 접지시스템

① 고압 또는 특고압 전기설비의 접지는 원칙적으로 공통접지 및 통합접지에 적합하여야 한다.

② 고압 또는 특고압 변전소 내에서만 사용하는 저압전원이 있을 때 저압 접지시스템이 고압 또는 특고압 접지시스템의 구역 안에 포함되어 있다면 각각의 접지시스템은 서로 접속하여야 한다.

③ 고압 또는 특고압 변전소에서 인입 또는 인출되는 저압전원이 있을 때, 접지시스템은 다음과 같이 시공하여야 한다.

㈀ 고압 또는 특고압 변전소의 접지시스템은 공통 및 통합접지의 일부분이거나 또는 다중접지된 계통의 중성선에 접속되어야 한다.

㈁ 고압 또는 특고압과 저압 접지시스템을 분리하는 경우의 접지극은 고압 또는 특고압 계통의 고장으로 인한 위험을 방지하기 위해 보폭전압과 접촉전압을 허용 값 이내로 하여야 한다.

㈂ 고압 및 특고압 변전소에 인접하여 시설된 저압전원의 경우, 기기가 너무 가까이 위치하여 접지계통을 분리하는 것이 불가능한 경우에는 공통 또는 통합접지로 시공하여야 한다.

확인문제

53 고압·특고압 전기설비의 접지계통에 대한 설명 중 틀린 것은?

① 고압 또는 특고압 기기는 접촉전압의 허용 값 이내의 요건을 만족하도록 시설되어야 한다.

② 고압 또는 특고압 기기는 보폭전압의 허용 값 이내의 요건을 만족하도록 시설되어야 한다.

③ 고압 또는 특고압 전기설비의 접지는 원칙적으로 단독접지에 적합하여야 한다.

④ 모든 케이블의 금속시스(sheath) 부분은 접지를 시행하여야 한다.

해설 고압·특고압 접지계통
고압 또는 특고압 전기설비의 접지는 원칙적으로 공통접지 및 통합접지에 적합하여야 한다.

답 : ③

54 고압 또는 특고압 변전소에서 인입 또는 인출되는 저압전원이 있을 때, 고압 또는 특고압 변전소의 접지시스템의 시공방법으로 틀린 것은?

① 접지시스템은 공통접지의 일부분에 접속한다.

② 접지시스템은 단독접지의 일부분에 접속한다.

③ 접지시스템은 통합접지의 일부분에 접속한다.

④ 접지시스템은 다중접지된 계통의 중성선에 접속한다.

해설 고압·특고압 접지계통
고압 또는 특고압 변전소에서 인입 또는 인출되는 저압전원이 있을 때, 고압 또는 특고압 변전소의 접지시스템은 공통 및 통합접지의 일부분이거나 또는 다중접지된 계통의 중성선에 접속되어야 한다.

답 : ②

2. 혼촉에 의한 위험방지시설

(1) 고압 또는 특고압과 저압의 혼촉에 의한 위험방지 시설

① 고압전로 또는 특고압전로와 저압전로를 결합하는 변압기(철도 또는 궤도의 신호용 변압기를 제외한다)의 저압측의 중성점에는 변압기 중성점 접지규정에 의하여 접지공사(사용전압이 35 [kV] 이하의 특고압전로로서 전로에 지락이 생겼을 때에 1초 이내에 자동적으로 이를 차단하는 장치가 되어 있는 것 및 사용전압이 15 [kV] 이하 또는 사용전압이 15 [kV]를 초과하고 25 [kV] 이하인 중성선 다중접지식의 것으로서 전로에 지락이 생겼을 때 2초 이내에 자동적으로 이를 전로로부터 차단장치가 되어 있는 특고압 가공전선로의 전로 이외의 특고압전로와 저압전로를 결합하는 경우에 계산된 접지저항 값이 10 [Ω]을 넘을 때에는 접지저항 값이 10 [Ω] 이하인 것에 한한다)를 하여야 한다. 다만, 저압전로의 사용전압이 300 [V] 이하인 경우에 그 접지공사를 변압기의 중성점에 하기 어려울 때에는 저압측의 1단자에 시행할 수 있다.

② ①항의 접지공사는 변압기의 시설장소마다 시행하여야 한다. 다만, 토지의 상황에 의하여 변압기의 시설장소에서 접지저항 값을 얻기 어려운 경우, 인장강도 5.26 [kN] 이상 또는 지름 4 [mm] 이상의 가공 접지도체를 저압가공전선에 관한 규정에 준하여 시설할 때에는 변압기의 시설장소로부터 200 [m]까지 떼어놓을 수 있다.

③ ①항의 접지공사를 하는 경우에 토지의 상황에 의하여 ②의 규정에 의하기 어려울 때에는 다음에 따라 가공공동지선(架空共同地線)을 설치하여 2 이상의 시설장소에 접지공사를 할 수 있다.

(ㄱ) 가공공동지선은 인장강도 5.26 [kN] 이상 또는 지름 4 [mm] 이상의 경동선을 사용하여 저압가공전선에 관한 규정에 준하여 시설할 것.

(ㄴ) 접지공사는 각 변압기를 중심으로 하는 지름 400 [m] 이내의 지역으로서 그 변압기에 접속되는 전선로 바로 아래의 부분에서 각 변압기의 양쪽에 있도록 할 것.

(ㄷ) 가공공동지선과 대지 사이의 합성 전기저항 값은 1 [km]를 지름으로 하는 지역 안마다 접지저항 값을 가지는 것으로 하고 또한 각 접지도체를 가공공동지선으로부터 분리하였을 경우의 각 접지도체와 대지 사이의 전기저항 값은 300 [Ω] 이하로 할 것.

확인문제

55 고압전로 또는 특고압전로와 저압전로를 결합하는 변압기의 저압측의 중성점에는 변압기 중성점 접지규정에 의하여 접지공사를 하여야 한다. 다만, 저압전로의 사용전압이 몇 [V] 이하인 경우에 그 접지공사를 변압기의 중성점에 하기 어려울 때에는 저압측의 1단자에 시행할 수 있는가?

① 150 [V]　　　　② 300 [V]
③ 400 [V]　　　　④ 600 [V]

해설 고압 또는 특고압과 저압의 혼촉에 의한 위험방지 시설
저압전로의 사용전압이 300 [V] 이하인 경우에 그 접지공사를 변압기의 중성점에 하기 어려울 때에는 저압측의 1단자에 시행할 수 있다.

답 : ②

56 고·저압의 혼촉에 의한 위험을 방지하기 위하여 저압측 중성점에 접지공사를 변압기의 시설장소마다 시행하여야 하지만 토지의 상황에 따라 규정의 접지저항 값을 얻기 어려운 경우 가공 접지도체를 변압기의 시설장소로부터 몇 [m]까지 떼어서 시설할 수 있는가?

① 75　　　　② 100
③ 200　　　　④ 300

해설 가공 접지도체
접지공사는 변압기의 시설장소마다 시행하여야 하지만 토지의 상황에 따라 규정의 접지저항 값을 얻기 어려운 경우 가공 접지도체를 변압기의 시설장소로부터 200 [m]까지 떼어서 시설할 수 있다.

답 : ③

(2) 혼촉방지판이 있는 변압기에 접속하는 저압 옥외전선의 시설 등

고압전로 또는 특고압전로와 비접지식의 저압전로를 결합하는 변압기(철도 또는 궤도의 신호용 변압기를 제외한다)로서 그 고압권선 또는 특고압권선과 저압권선 간에 금속제의 혼촉방지판(混觸防止板)이 있고 또한 그 혼촉방지판에 변압기 중성점 접지규정에 의하여 접지공사[(1)항 ①의 조건과 같다]를 한 것에 접속하는 저압전선을 옥외에 시설할 때에는 다음에 따라 시설하여야 한다.

① 저압전선은 1구내에만 시설할 것.

② 저압 가공전선로 또는 저압 옥상전선로의 전선은 케이블일 것.

③ 저압 가공전선과 고압 또는 특고압의 가공전선을 동일 지지물에 시설하지 아니할 것. 다만, 고압 가공전선로 또는 특고압 가공전선로의 전선이 케이블인 경우에는 그러하지 아니하다.

(3) 특고압과 고압의 혼촉 등에 의한 위험방지 시설

변압기에 의하여 특고압전로에 결합되는 고압전로에는 사용전압의 3배 이하인 전압이 가하여진 경우에 방전하는 장치를 그 변압기의 단자에 가까운 1극에 설치하여야 한다. 다만, 사용전압의 3배 이하인 전압이 가하여진 경우에 방전하는 피뢰기를 고압전로의 모선의 각 상에 시설하거나 특고압권선과 고압권선 간에 혼촉방지판을 시설하여 접지저항 값이 10[Ω] 이하인 접지공사를 한 경우에는 그러하지 아니하다.

3. 전로의 중성점의 접지

(1) 전로의 중성점 접지 목적

① 전로의 보호 장치의 확실한 동작의 확보

② 이상 전압의 억제

③ 대지전압의 저하

확인문제

57 고압전로와 비접지식의 저압전로를 결합하는 변압기로 그 고압권선과 저압권선 간에 금속제의 혼촉방지판이 있고 그 혼촉방지판에 변압기 중성점 접지규정에 의하여 접지공사를 한 것에 접속하는 저압전선을 옥외에 시설하는 경우로 옳지 않은 것은?

① 저압 옥상전선로의 전선은 케이블이어야 한다.

② 저압 가공전선과 고압의 가공전선은 동일 지지물에 시설하지 않아야 한다.

③ 저압전선은 2구내에만 시설한다.

④ 저압 가공전선로의 전선은 케이블이어야 한다.

해설 혼촉방지판이 있는 변압기에 접속하는 저압 옥외전선의 시설 등
저압전선은 1구내에만 시설할 것.

답 : ③

58 변압기에 의하여 특고압전로에 결합되는 고압전로에는 사용전압의 3배 이하인 전압이 가하여진 경우에 어떤 장치를 그 변압기 단자의 가까운 1극에 설치하여야 하는가?

① 스위치 장치 ② 계전보호장치

③ 누설전류검지장치 ④ 방전하는 장치

해설 특고압과 고압의 혼촉 등에 의한 위험방지 시설
변압기에 의하여 특고압전로에 결합되는 고압전로에는 사용전압의 3배 이하인 전압이 가하여진 경우에 방전하는 장치를 그 변압기의 단자에 가까운 1극에 설치하여야 한다.

답 : ④

(2) 특히 필요한 경우에 전로의 중성점에 접지공사를 할 경우에는 다음에 따라야 한다.

① 접지극은 고장시 그 근처의 대지 사이에 생기는 전위차에 의하여 사람이나 가축 또는 다른 시설물에 위험을 줄 우려가 없도록 시설할 것.

② 접지도체는 공칭단면적 16 [mm²] 이상의 연동선 또는 이와 동등 이상의 세기 및 굵기의 쉽게 부식하지 아니하는 금속선(저압 전로의 중성점에 시설하는 것은 공칭단면적 6 [mm²] 이상의 연동선 또는 이와 동등 이상의 세기 및 굵기의 쉽게 부식하지 않는 금속선)으로서 고장시 흐르는 전류가 안전하게 통할 수 있는 것을 사용하고 또한 손상을 받을 우려가 없도록 시설할 것.

③ 접지도체에 접속하는 저항기 · 리액터 등은 고장시 흐르는 전류를 안전하게 통할 수 있는 것을 사용할 것.

④ 접지도체 · 저항기 · 리액터 등은 취급자 이외의 자가 출입하지 아니하도록 설비한 곳에 시설하는 경우 이외에는 사람이 접촉할 우려가 없도록 시설할 것.

⑤ 특고압의 직류전로에 접지공사를 시설할 때, 연료전지의 전로 또는 이것에 접속하는 직류전로에 접지공사를 할 때에는 ②항에 따라 시설하여야 한다.

(3) 중성점 고저항 접지계통

지락전류를 제한하기 위하여 저항기를 사용하는 중성점 고저항 접지설비는 다음에 따를 경우 300 [V] 이상 1 [kV] 이하의 3상 교류계통에 적용할 수 있다.

① 계통에 지락검출장치가 시설될 것.

② 전압선과 중성선 사이에 부하가 없을 것.

③ 고저항 중성점 접지계통은 다음에 적합할 것.

(ㄱ) 접지저항기는 계통의 중성점과 접지극 도체와의 사이에 설치할 것. 중성점을 얻기 어려운 경우에는 접지변압기에 의한 중성점과 접지극 도체 사이에 접지저항기를 설치한다.

(ㄴ) 변압기 또는 발전기의 중성점에서 접지저항기에 접속하는 점까지의 중성선은 동선 10 [mm²] 이상, 알루미늄선 또는 동복 알루미늄선은 16 [mm²] 이상의 절연전선으로서 접지저항기의 최대정격전류 이상일 것.

(ㄷ) 계통의 중성점은 접지저항기를 통하여 접지할 것.

(ㄹ) 변압기 또는 발전기의 중성점과 접지저항기 사이의 중성선은 별도로 배선할 것.

확인문제

59 저압전로의 중성점에 접지선으로 시설하는 연동선의 단면적은 몇 [mm²] 이상이어야 하는가?

① 4 [mm²] 이상   ② 6 [mm²] 이상
③ 10 [mm²] 이상   ④ 16 [mm²] 이상

해설 전로의 중성점 접지
접지도체는 공칭단면적 16 [mm²] 이상의 연동선 또는 이와 동등 이상의 세기 및 굵기의 쉽게 부식하지 아니하는 금속선(저압 전로의 중성점에 시설하는 것은 공칭단면적 6 [mm²] 이상의 연동선 또는 이와 동등 이상의 세기 및 굵기의 쉽게 부식하지 않는 금속선)으로 시설할 것.

답 : ②

60 고저항 중성점 접지계통은 변압기 또는 발전기의 중성점에서 접지저항기에 접속하는 점까지의 중성선은 동선 몇 [mm²] 이상의 절연전선으로서 접지저항기의 최대정격전류 이상의 것이어야 하는가?

① 4 [mm²] 이상   ② 6 [mm²] 이상
③ 10 [mm²] 이상   ④ 16 [mm²] 이상

해설 중성점 고저항 접지계통
변압기 또는 발전기의 중성점에서 접지저항기에 접속하는 점까지의 중성선은 동선 10 [mm²] 이상, 알루미늄선 또는 동복 알루미늄선은 16 [mm²] 이상의 절연전선일 것.

답 : ③

7 고압·특고압 기계 및 기구 시설

(1) 특고압용 변압기의 시설 장소

특고압용 변압기는 발전소·변전소·개폐소 또는 이에 준하는 곳에 시설하여야 한다. 다만, 다음의 변압기는 각각의 규정에 따라 필요한 장소에 시설할 수 있다.

① 아래 (2)항에 따라 시설하는 배전용 변압기

② 15 [kV] 이하 및 15 [kV] 초과 25 [kV] 이하인 다중접지방식 특고압 가공전선로에 접속하는 변압기

③ 교류식 전기철도용 신호회로 등에 전기를 공급하기 위한 변압기

(2) 특고압 배전용 변압기의 시설

특고압 전선로(위의 (1)의 ②항에서 정하는 특고압 가공전선로를 제외한다)에 접속하는 배전용 변압기(발전소·변전소·개폐소 또는 이에 준하는 곳에 시설하는 것을 제외한다)를 시설하는 경우에는 특고압 전선에 특고압 절연전선 또는 케이블을 사용하고 또한 다음에 따라야 한다.

① 변압기의 1차 전압은 35 [kV] 이하, 2차 전압은 저압 또는 고압일 것.

② 변압기의 특고압측에 개폐기 및 과전류차단기를 시설할 것.

③ 변압기의 2차 전압이 고압인 경우에는 고압측에 개폐기를 시설하고 또한 쉽게 개폐할 수 있도록 할 것.

(3) 특고압을 직접 저압으로 변성하는 변압기의 시설

특고압을 직접 저압으로 변성하는 변압기는 다음의 것 이외에는 시설하여서는 아니 된다.

① 전기로 등 전류가 큰 전기를 소비하기 위한 변압기

② 발전소·변전소·개폐소 또는 이에 준하는 곳의 소내용 변압기

③ 위의 (1)의 ②항에서 규정하는 특고압 전선로에 접속하는 변압기

④ 사용전압이 35 [kV] 이하인 변압기로서 그 특고압측 권선과 저압측 권선이 혼촉한 경우에 자동적으로 변압기를 전로로부터 차단하기 위한 장치를 설치한 것.

확인문제

61 특고압 배전용 변압기의 특고압측에 반드시 시설하여야 하는 것은?

① 변성기 및 변류기
② 변류기 및 조상기
③ 개폐기 및 리액터
④ 개폐기 및 과전류 차단기

해설 **특고압 배전용 변압기의 시설**
(1) 변압기의 1차 전압은 35 [kV] 이하, 2차 전압은 저압 또는 고압일 것.
(2) 변압기의 특고압측에 개폐기 및 과전류차단기를 시설할 것.
(3) 변압기의 2차 전압이 고압인 경우에는 고압측에 개폐기를 시설하고 또한 쉽게 개폐할 수 있도록 할 것.

답 : ④

62 특고압을 직접 저압으로 변성하는 변압기를 시설할 수 없는 용도는?

① 전기로 등 전류가 큰 전기를 소비하기 위한 변압기
② 광산에서 물을 양수하기 위한 양수기용변압기
③ 발전소, 변전소에 사용되는 소내용변압기
④ 교류식 전기철도용 신호회로에 전기를 공급하기 위한 변압기

해설 **특고압을 직접 저압으로 변성하는 변압기의 시설**
(1) 전기로 등 전류가 큰 전기를 소비하기 위한 변압기
(2) 발전소·변전소·개폐소 또는 이에 준하는 곳의 소내용 변압기
(3) 교류식 전기철도용 신호회로에 전기를 공급하기 위한 변압기

답 : ②

⑤ 사용전압이 100 [kV] 이하인 변압기로서 그 특고압측 권선과 저압측 권선 사이에 변압기 중성점 접지 규정에 의하여 접지공사(접지저항 값이 10 [Ω] 이하인 것에 한한다)를 한 금속제의 혼촉방지판이 있는 것.

⑥ 교류식 전기철도용 신호회로에 전기를 공급하기 위한 변압기

(4) 고압 및 특고압용 기계기구의 시설

① 고압 및 특고압용 기계기구는 다음의 어느 하나에 해당하는 경우, 발전소·변전소·개폐소 또는 이에 준하는 곳에 시설하는 경우, 또한 특고압용 기계기구는 취급자 이외의 사람이 출입할 수 없도록 설비한 곳에 시설하는 전기집진 응용장치에 전기를 공급하기 위한 변압기·정류기 및 이에 부속하는 특고압의 전기설비 및 전기집진 응용장치, 제1종 엑스선 발생장치, 제2종 엑스선 발생장치에 의하여 시설하는 경우 이외에는 시설하여서는 아니 된다.

(ㄱ) 기계기구의 주위에 제3장. **1** 발전소 등의 울타리·담 등의 시설의 규정에 준하여 울타리·담 등을 시설하는 경우

(ㄴ) 기계기구(이에 부속하는 전선에 고압은 케이블 또는 고압 인하용 절연전선, 특고압은 특고압 인하용 절연전선을 사용하는 경우에 한한다)를 고압용은 지표상 4.5 [m](시가지 외에는 4 [m]) 이상, 특고압용은 지표상 5 [m] 이상의 높이에 시설하는 경우

(ㄷ) 옥내에 설치한 기계기구를 취급자 이외의 사람이 출입할 수 없도록 설치한 곳에 시설하는 경우

(ㄹ) 충전부분이 노출하지 아니하는 기계기구를 사람이 쉽게 접촉할 우려가 없도록 시설하는 경우

② 고압 및 특고압용 기계기구는 노출된 충전부분에 취급자가 쉽게 접촉할 우려가 없도록 시설하여야 한다.

확인문제

63 변전소에 고압용 기계기구를 시가지 내에 사람이 쉽게 접촉할 우려가 없도록 시설하는 경우 지표상 몇 [m] 이상의 높이에 시설하여야 하는가?(단, 고압용 기계기구에 부속하는 전선으로는 케이블을 사용한다.)

① 4 ② 4.5

③ 5 ④ 5.5

[해설] 고압 및 특고압용 기계기구의 시설
기계기구 이에 부속하는 전선에 케이블(또는 고압 인하용 절연전선을 사용하는 것에 한한다)를 지표상 4.5 [m](시가지 외에는 4 [m]) 이상의 높이에 시설하고 또한 사람이 쉽게 접촉할 우려가 없도록 시설하는 경우

64 고압 및 특고압용 기계기구를 시설하는 경우에 대한 설명으로 틀린 것은?

① 발전소·변전소·개폐소 또는 이에 준하는 곳에 시설하여야 한다.

② 기계기구의 주위에 울타리·담 등을 시설하여야 한다.

③ 옥내에 설치한 기계기구를 취급자 이외의 사람이 출입할 수 없도록 설치한 곳에 시설하여야 한다.

④ 특고압용 기계기구는 지표상 4.5 [m] 이상의 높이에 시설하여야 한다.

[해설] 고압 및 특고압용 기계기구의 시설
기계기구의 지표상의 높이는 고압용은 지표상 4.5 [m](시가지 외에는 4 [m]) 이상, 특고압용은 지표상 5 [m] 이상의 높이에 시설하여야 한다.

답 : ②

답 : ④

(5) 고주파 이용 전기설비의 장해방지

고주파 이용 전기설비에서 다른 고주파 이용 전기설비에 누설되는 고주파 전류의 허용한도는 아래 그림의 측정 장치 또는 이에 준하는 측정 장치로 2회 이상 연속하여 10분간 측정하였을 때에 각각 측정값의 최대값에 대한 평균값이 −30 [dB] (1 [mW]를 0 [dB]로 한다)일 것.

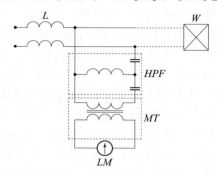

여기서, LM : 선택 레벨계,   MT : 정합 변성기
L : 고주파대역의 하이임피던스장치(고주파 이용 전기설비가 이용하는 전로와 다른 고주파 이용 전기설비가 이용하는 전로와의 경계점에 시설할 것)
HPF : 고역 여파기,   W : 고주파 이용 전기설비

(6) 아크를 발생하는 기구의 시설

고압용 또는 특고압용의 개폐기·차단기·피뢰기 기타 이와 유사한 기구로서 동작시에 아크가 생기는 것은 목재의 벽 또는 천장 기타의 가연성 물체로부터 아래 표에서 정한 값 이상 이격하여 시설하여야 한다.

기구 등의 구분	이격거리
고압용의 것	1 [m] 이상 이격
특고압용의 것	2 [m] (사용전압이 35 [kV] 이하의 특고압용의 기구 등으로서 동작할 때에 생기는 아크의 방향과 길이를 화재가 발생할 우려가 없도록 제한하는 경우에는 1 [m]) 이상

확인문제

65 고주파 이용설비에서 다른 고주파 이용설비에 누설되는 고주파 전류의 허용한도는 몇 [dB]인가?(단, 1 [mW]를 0 [dB]로 한다.)

① 20   ② −20
③ −30   ④ 30

해설 고주파 이용설비의 장해방지

고주파 이용 전기설비에서 다른 고주파 이용 전기설비에 누설되는 고주파 전류의 허용한도는 측정 장치로 2회 이상 연속하여 10분간 측정하였을 때에 각각 측정값의 최대값에 대한 평균값이 −30 [dB] (1 [mW]를 0 [dB]로 한다)일 것.

답 : ③

66 고압용의 개폐기·차단기·피뢰기 기타 이와 유사한 기구로서 동작시에 아크가 생기는 것은 목재의 벽 또는 천장, 기타의 가연성 물체로부터 몇 [m] 이상 떼어놓아야 하는가?

① 1.0 [m]   ② 1.2 [m]
③ 1.5 [m]   ④ 2.0 [m]

해설 아크를 발생하는 기구의 시설

기구 등의 구분	이격거리
고압용의 것	1 [m] 이상 이격
특고압용의 것	2 [m] 이상 이격

답 : ①

(7) 개폐기의 시설

① 전로 중에 개폐기를 시설하는 경우에는 그 곳의 각 극에 설치하여야 한다. 다만, 다음의 경우에는 그러하지 아니하다.

㈀ 인입구에서 저압 옥내간선을 거치지 아니하고 전기사용 기계기구에 이르는 저압 옥내 전로의 규정에 의하여 개폐기를 시설하는 경우

㈁ 특고압 가공전선로로서 다중 접지를 한 중성선 이외의 각 극에 개폐기를 시설하는 경우

㈂ 제어회로 등에 조작용 개폐기를 시설하는 경우

② 고압용 또는 특고압용의 개폐기는 그 작동에 따라 그 개폐상태를 표시하는 장치가 되어 있는 것이어야 한다. 다만, 그 개폐상태를 쉽게 확인할 수 있는 것은 그러하지 아니하다.

③ 고압용 또는 특고압용의 개폐기로서 중력 등에 의하여 자연히 작동할 우려가 있는 것은 자물쇠장치 기타 이를 방지하는 장치를 시설하여야 한다.

④ 고압용 또는 특고압용의 개폐기로서 부하전류를 차단하기 위한 것이 아닌 개폐기는 부하전류가 통하고 있을 경우에는 개로할 수 없도록 시설하여야 한다. 다만, 개폐기를 조작하는 곳의 보기 쉬운 위치에 부하전류의 유무를 표시한 장치 또는 전화기 기타의 지령 장치를 시설하거나 터블렛 등을 사용함으로서 부하전류가 통하고 있을 때에 개로조작을 방지하기 위한 조치를 하는 경우는 그러하지 아니하다.

⑤ 전로에 이상이 생겼을 때 자동적으로 전로를 개폐하는 장치를 시설하는 경우에는 그 개폐기의 자동 개폐 기능에 장해가 생기지 않도록 시설하여야 한다.

(8) 과전류차단기의 시설 및 시설 제한

① 과전류차단기로 시설하는 퓨즈 중 고압전로에 사용하는 포장 퓨즈(퓨즈 이외의 과전류차단기와 조합하여 하나의 과전류차단기로 사용하는 것을 제외한다)는 정격전류의 1.3배의 전류에 견디고 또한 2배의 전류로 120분 안에 용단되는 것, 그리고 비포장 퓨즈는 정격전류의 1.25배의 전류에 견디고 또한 2배의 전류로 2분 안에 용단되는 것이어야 한다.

② 접지공사의 접지도체, 다선식 전로의 중성선, 고압 및 특고압과 저압의 혼촉에 의한 위험방지 시설의 규정에 의하여 전로의 일부에 접지공사를 한 저압 가공전선로의 접지측 전선에는 과전류차단기를 시설하여서는 안 된다.

67 고압용 또는 특고압용 개폐기로서 부하전류를 차단하기 위한 것이 아닌 개폐기의 차단을 방지하기 위한 조치가 아닌 것은?

① 개폐기의 조작위치에 부하전류 유무 표시
② 개폐기 설치위치의 1차측에 방전장치 시설
③ 개폐기의 조작위치에 전화기, 기타의 지령장치 시설
④ 타블렛 등을 사용함으로서 부하전류가 통하고 있을 때에 개로조작을 방지하기 위한 조치

해설 개폐기의 시설
고압용 또는 특고압용의 개폐기로서 부하전류를 차단하기 위한 것이 아닌 개폐기의 차단을 방지하기 위한 조치로 보기 ②는 무관하다.

답 : ②

68 전로 중에서 기계기구 및 전선을 보호하기 위한 과전류차단기의 시설 제한 사항이 아닌 것은?

① 다선식 전로의 중성선
② 저압 옥내배선의 접지측 전선
③ 전로의 일부에 접지공사를 한 저압 가공전선로의 접지측 전선
④ 접지공사의 접지선

해설 과전류차단기의 시설제한
(1) 접지공사의 접지선
(2) 다선식 전로의 중성선
(3) 전로 일부에 접지공사를 한 저압가공전선로의 접지측 전선

답 : ②

(9) 지락차단장치 등의 시설

① 특고압전로 또는 고압전로에 변압기에 의하여 결합되는 사용전압 400 [V] 초과의 저압전로 또는 발전기에서 공급하는 사용전압 400 [V] 초과의 저압전로(발전소 및 변전소와 이에 준하는 곳에 있는 부분의 전로를 제외한다)에는 전로에 지락이 생겼을 때에 자동적으로 전로를 차단하는 장치를 시설하여야 한다.

② 고압 및 특고압 전로 중 다음에 열거하는 곳 또는 이에 근접한 곳에는 전로에 지락(전기철도용 급전선에 있어서는 과전류)이 생겼을 때에 자동적으로 전로를 차단하는 장치를 시설하여야 한다. 다만, 전기사업자로부터 공급을 받는 수전점에서 수전하는 전기를 모두 그 수전점에 속하는 수전장소에서 변성하거나 또는 사용하는 경우는 그러하지 아니하다.

　(ㄱ) 발전소·변전소 또는 이에 준하는 곳의 인출구

　(ㄴ) 다른 전기사업자로부터 공급받는 수전점

　(ㄷ) 배전용변압기(단권변압기를 제외한다)의 시설 장소

(10) 피뢰기의 시설

① 고압 및 특고압의 전로 중 다음에 열거하는 곳 또는 이에 근접한 곳에는 피뢰기를 시설하여야 한다.

　(ㄱ) 발전소·변전소 또는 이에 준하는 장소의 가공전선 인입구 및 인출구

　(ㄴ) 특고압 가공전선로에 접속하는 특고압 배전용 변압기의 고압측 및 특고압측

　(ㄷ) 고압 및 특고압 가공전선로로부터 공급을 받는 수용장소의 인입구

　(ㄹ) 가공전선로와 지중전선로가 접속되는 곳

② 다음의 어느 하나에 해당하는 경우에는 ①의 규정에 의하지 아니할 수 있다.

　(ㄱ) ①의 어느 하나에 해당되는 곳에 직접 접속하는 전선이 짧은 경우

　(ㄴ) ①의 어느 하나에 해당되는 경우 피보호기기가 보호범위 내에 위치하는 경우

확인문제

69 고압 및 특고압 전로 중 전로에 지락이 생긴 경우에 자동적으로 전로를 차단하는 장치를 하지 않아도 되는 곳은?

① 발전소·변전소 또는 이에 준하는 곳의 인출구
② 수전점에서 수전하는 전기를 모두 그 수전점에 속하는 수전장소에서 변성하여 사용하는 경우
③ 다른 전기사업자로부터 공급을 받는 수전점
④ 단권변압기를 제외한 배전용 변압기의 시설장소

[해설] 지락차단장치 등의 시설
전기사업자로부터 공급을 받는 수전점에서 수전하는 전기를 모두 그 수전점에 속하는 수전장소에서 변성하거나 또는 사용하는 경우에는 예외로 한다.

답 : ②

70 다음 중 피뢰기를 설치하지 않아도 되는 곳은?

① 발전소, 변전소의 가공전선 인입구 및 인출구
② 가공전선로의 말구 부분
③ 가공전선로에 접속한 1차측 전압이 35 [kV] 이하인 배전용 변압기의 고압측 및 특고압측
④ 고압 및 특별고압 가공전선로로부터 공급을 받는 수용장소의 인입구

[해설] 피뢰기의 시설
(1) 발전소·변전소 또는 이에 준하는 장소의 가공전선 인입구 및 인출구
(2) 특고압 가공전선로에 접속하는 특고압 배전용 변압기의 고압측 및 특고압측
(3) 고압 및 특고압 가공전선로로부터 공급을 받는 수용장소의 인입구
(4) 가공전선로와 지중전선로가 접속되는 곳

답 : ②

③ 피뢰기의 접지

고압 및 특고압의 전로에 시설하는 피뢰기 접지저항 값은 10 [Ω] 이하로 하여야 한다. 다만, 고압 가공전선로에 시설하는 피뢰기를 접지공사를 한 변압기에 근접하여 시설하는 경우로서, 고압 가공전선로에 시설하는 피뢰기의 접지도체가 그 접지공사 전용의 것인 경우에 그 접지공사의 접지저항 값이 30 [Ω] 이하인 때에는 그 피뢰기의 접지저항값이 10 [Ω] 이하가 아니어도 된다.

(11) 압축공기계통

발전소·변전소·개폐소 또는 이에 준하는 곳에서 개폐기 또는 차단기에 사용하는 압축공기장치는 다음에 따라 시설하여야 한다.

① 공기압축기는 최고 사용압력의 1.5배의 수압(수압을 연속하여 10분간 가하여 시험을 하기 어려울 때에는 최고 사용압력의 1.25배의 기압)을 연속하여 10분간 가하여 시험을 하였을 때에 이에 견디고 또한 새지 아니할 것.

② 공기탱크는 사용 압력에서 공기의 보급이 없는 상태로 개폐기 또는 차단기의 투입 및 차단을 연속하여 1회 이상 할 수 있는 용량을 가지는 것일 것.

③ 내식성을 가지지 아니하는 재료를 사용하는 경우에는 외면에 산화방지를 위한 도장을 할 것.

④ 주 공기탱크의 압력이 저하한 경우에 자동적으로 압력을 회복하는 장치를 시설할 것.

⑤ 주 공기탱크 또는 이에 근접한 곳에는 사용압력의 1.5배 이상, 3배 이하의 최고 눈금이 있는 압력계를 시설할 것.

⑥ 공기압축기·공기탱크 및 압축공기를 통하는 관은 용접에 의한 잔류응력이 생기거나 나사의 조임에 의하여 무리한 하중이 걸리지 아니하도록 할 것.

확인문제

71 고압 가공전선으로부터 수전하는 수용가의 인입구에 시설하는 피뢰기의 접지공사에 있어서 접지선이 피뢰기 접지공사 전용의 것이면 접지저항[Ω]은 얼마까지 허용되는가?

① 5   ② 10
③ 30   ④ 75

[해설] 피뢰기의 시설
고압 및 특고압의 전로에 시설하는 피뢰기 접지저항 값은 10 [Ω] 이하로 하여야 한다. 다만, 고압 가공전선로에 고압 및 특고압 가공선로에 시설하는 피뢰기를 접지공사를 한 변압기에 근접하여 시설하는 경우로서, 고압 가공전선로에 시설하는 피뢰기의 접지도체가 그 접지공사 전용의 것인 경우에 그 접지공사의 접지저항 값이 30 [Ω] 이하인 때에는 예외이다.

답 : ③

72 발전소·변전소·개폐소 또는 이에 준하는 곳에 개폐기 또는 차단기에 사용하는 압축공기장치의 공기압축기는 최고 사용압력의 1.5배의 수압을 연속하여 몇 분간 가하여 시험을 하였을 때에 이에 견디고 또한 새지 아니하여야 하는가?

① 5   ② 10
③ 15   ④ 20

[해설] 압축공기계통
공기압축기는 최고 사용압력의 1.5배의 수압(수압을 연속하여 10분간 가하여 시험을 하기 어려울 때에는 최고 사용압력의 1.25배의 기압)을 연속하여 10분간 가하여 시험을 하였을 때에 이에 견디고 또한 새지 아니할 것.

답 : ②

8 특수 시설

(1) 전기울타리

전기울타리는 목장·논밭 등 옥외에서 가축의 탈출 또는 야생짐승의 침입을 방지하기 위하여 시설하는 경우를 제외하고는 시설해서는 안 된다.

① 전기울타리용 전원장치에 전원을 공급하는 전로의 사용전압은 250 [V] 이하이어야 한다.

② 전기울타리는 사람이 쉽게 출입하지 아니하는 곳에 시설할 것.

③ 전선은 인장강도 1.38 [kN] 이상의 것 또는 지름 2 [mm] 이상의 경동선일 것.

④ 전선과 이를 지지하는 기둥 사이의 이격거리는 25 [mm] 이상일 것.

⑤ 전선과 다른 시설물(가공 전선을 제외한다) 또는 수목과의 이격거리는 0.3 [m] 이상일 것.

⑥ 전기울타리에 전기를 공급하는 전로에는 쉽게 개폐할 수 있는 곳에 전용 개폐기를 시설하여야 한다.

⑦ 전기울타리 전원장치의 외함 및 변압기의 철심은 접지공사를 하여야 한다.

⑧ 전기울타리의 접지전극과 다른 접지 계통의 접지전극의 거리는 2 [m] 이상이어야 한다.

⑨ 가공전선로의 아래를 통과하는 전기울타리의 금속부분은 교차지점의 양쪽으로부터 5 [m] 이상의 간격을 두고 접지하여야 한다.

(2) 전기욕기

① 전기욕기에 전기를 공급하기 위한 전기욕기용 전원장치는 내장되는 전원 변압기의 2차측 전로의 사용전압이 10 [V] 이하의 것에 한한다.

② 2차측 배선은 전기욕기용 전원장치로부터 욕기안의 전극까지의 배선은 공칭단면적 2.5 [mm^2] 이상의 연동선과 이와 동등 이상의 세기 및 굵기의 절연전선(옥외용 비닐절연전선을 제외한다)이나 케이블 또는 공칭단면적이 1.5 [mm^2] 이상의 캡타이어 케이블을 합성수지관공사, 금속관공사 또는 케이블공사에 의하여 시설하거나 또는 공칭단면적이 1.5 [mm^2] 이상의 캡타이어 코드를 합성수지관(두께가 2 [mm] 미만의 합성수지제 전선관 및 난연성이 없는 콤바인 덕트관을 제외한다)이나 금속관에 넣고 관을 조영재에 견고하게 고정하여야 한다. 다만, 전기욕기용 전원장치로부터 욕기에 이르는 배선을 건조하고 전개된 장소에 시설하는 경우에는 그러하지 아니하다.

확인문제

73 전기울타리의 시설에 관한 내용 중 틀린 것은?

① 수목과 이격 거리는 0.3 [m] 이상일 것

② 전선은 지름 2 [mm] 이상의 경동선일 것

③ 전선과 이를 지지하는 기둥 사이의 이격거리는 20 [mm] 이상일 것

④ 전기울타리용 전원장치에 전기를 공급하는 전로의 사용전압은 250 [V] 이하일 것

해설 **전기울타리**
전선과 이를 지지하는 기둥 사이의 이격거리는 25 [mm] 이상일 것.

74 전기욕기에 전기를 공급하는 전원장치는 전기욕기용으로 내장되어 있는 2차측 전로의 사용전압을 몇 [V] 이하로 한정하고 있는가?

① 6
② 10
③ 12
④ 15

해설 **전기욕기**
전기욕기에 전기를 공급하기 위한 전기욕기용 전원장치는 내장되는 전원 변압기의 2차측 전로의 사용전압이 10 [V] 이하의 것에 한한다.

답 : ③

답 : ②

③ 욕기내의 전극간의 거리는 1 [m] 이상일 것.

④ 욕기내의 전극은 사람이 쉽게 접촉될 우려가 없도록 시설할 것.

⑤ 전기욕기용 전원장치의 금속제 외함 및 전선을 넣는 금속관에는 접지공사를 하여야 한다.

⑥ 전기욕기용 전원장치로부터 욕기안의 전극까지의 전선 상호 간 및 전선과 대지 사이의 절연저항은 제1장. **9** 전로의 절연저항에 따른다.

(3) 전극식 온천온수기(溫泉昇溫器)

① 수관을 통하여 공급되는 온천수의 온도를 올려서 수관을 통하여 욕탕에 공급하는 전극식 온천온수기의 사용전압은 400 [V] 이하이어야 한다.

② 전극식 온천온수기 또는 이에 부속하는 급수 펌프에 직결되는 전동기에 전기를 공급하기 위해서는 사용전압이 400 [V] 이하인 절연변압기를 시설하여야 한다.

③ 전극식 온천온수기의 온천수 유입구 및 유출구에는 차폐장치를 설치할 것. 이 경우 차폐장치와 전극식 온천온수기 사이의 이격거리는 0.5 [m] 이상, 차폐장치와 욕탕 사이의 이격거리는 1.5 [m] 이상이어야 한다.

④ 전극식 온천온수기에 접속하는 수관 중 전극식 온천온수기와 차폐장치 사이 및 차폐장치에서 수관에 따라 1.5 [m] 까지의 부분은 절연성 및 내수성이 있는 견고한 것일 것. 이 경우 그 부분에는 수도꼭지 등을 시설해서는 안된다.

⑤ 전극식 온천온수기 전원장치의 절연변압기 1차측 전로에는 개폐기 및 과전류차단기를 각 극(과전류차단기는 다선식의 중성극을 제외한다)에 시설하여야 한다.

⑥ 전극식 온천온수기 전원장치의 절연변압기 철심 및 금속제 외함과 차폐장치의 전극에는 접지공사를 하여야 한다. 이 경우에 차폐장치 접지공사의 접지극은 수도관로를 접지극으로 사용하는 경우 이외에는 다른 접지공사의 접지극과 공용해서는 안 된다.

확인문제

75 전기욕기 내의 전극간의 거리는 몇 [m] 이상이어야 하는가?

① 0.2　　　　② 0.5

③ 1　　　　④ 1.5

해설 전기욕기
욕기 내의 전극 간의 거리는 1 [m] 이상일 것.

76 수관을 통하여 공급되는 온천수의 온도를 올려서 수관을 통하여 욕탕에 공급하는 전극식 온천온수기의 사용전압은 몇 [V] 이하이어야 하는가?

① 150　　　　② 200

③ 300　　　　④ 400

해설 전극식 온천온수기
수관을 통하여 공급되는 온천수의 온도를 올려서 수관을 통하여 욕탕에 공급하는 전극식 온천온수기의 사용전압은 400 [V] 이하이어야 한다.

답 : ③

답 : ④

(4) 전기온상 등 및 도로 등의 전열장치

① 전기온상 등은 식물의 재배 또는 양잠·부화·육추 등의 용도로 사용하는 전열장치를 말하며 다음에 따라 시설하여야 한다.

㈀ 전기온상에 전기를 공급하는 전로의 대지전압은 300 [V] 이하일 것.

㈁ 발열선은 그 온도가 80 [℃]를 넘지 않도록 시설할 것.

㈂ 전기온상 등에 전기를 공급하는 전로에는 전용 개폐기 및 과전류차단기를 각 극(과전류차단기에서 다선식 전로의 중성극을 제외한다)에 시설하여야 한다.

② 발열선을 공중에 시설하는 전기온상 등은 ①의 규정 이외에 다음에 따라 시설하여야 한다.

㈀ 발열선은 노출장소에 시설할 것.

㈁ 발열선 상호간의 간격은 0.03 [m](함 내에 시설하는 경우는 0.02 [m]) 이상일 것. 다만, 발열선을 함 내에 시설하는 경우로서 발열선 상호 간의 사이에 0.4 [m] 이하마다 절연성·난연성 및 내수성이 있는 격벽을 설치하는 경우는 그 간격을 0.015 [m]까지 감할 수 있다.

㈂ 발열선과 조영재 사이의 이격거리는 0.025 [m] 이상으로 할 것.

㈃ 발열선의 지지점간의 거리는 1 [m] 이하일 것. 다만, 발열선 상호간의 간격이 0.06 [m] 이상인 경우에는 2 [m] 이하로 할 수 있다.

③ 도로 등의 전열장치는 발열선을 도로(농로 기타 교통이 빈번하지 아니하는 도로 및 횡단보도교를 포함한다. 이하 같다), 주차장 또는 조영물의 조영재에 고정시켜 시설하는 경우를 말하며 다음에 따라 시설하여야 한다.

㈀ 발열선에 전기를 공급하는 전로의 대지전압은 300 [V] 이하일 것.

㈁ 발열선은 사람이 접촉할 우려가 없고 또한 손상을 받을 우려가 없도록 콘크리트 기타 견고한 내열성이 있는 것 안에 시설할 것.

㈂ 발열선은 그 온도가 80 [℃]를 넘지 아니하도록 시설할 것. 다만, 도로 또는 옥외 주차장에 금속피복을 한 발열선을 시설할 경우에는 발열선의 온도를 120 [℃] 이하로 할 수 있다.

㈃ 발열선은 다른 전기설비·약전류전선 등 또는 수관·가스관이나 이와 유사한 것에 전기적·자기적 또는 열적인 장해를 주지 아니하도록 시설할 것.

확인문제

77 식물 재배용 전기온상에 사용하는 전열 장치에 대한 설명으로 틀린 것은?

① 전로의 대지전압은 300 [V] 이하
② 발열선은 90 [℃]가 넘지 않도록 시설할 것
③ 발열선의 지지점간 거리는 1.0 [m] 이하일 것
④ 발열선과 조영재 사이의 이격거리 2.5 [cm] 이상일 것

[해설] 전기온상 등
전기온상 등은 식물의 재배 또는 양잠·부화·육추 등의 용도로 사용하는 전열장치를 말하며 발열선은 그 온도가 80 [℃]를 넘지 않도록 시설 할 것.

답 : ②

78 도로 등의 전열장치로서 도로 또는 옥외 주차장에 금속피복을 한 발열선을 시설할 경우에는 발열선의 온도를 몇 [℃] 이하로 할 수 있는가?

① 80
② 90
③ 120
④ 130

[해설] 도로 등의 전열장치
발열선은 그 온도가 80 [℃]를 넘지 아니하도록 시설할 것. 다만, 도로 또는 옥외 주차장에 금속피복을 한 발열선을 시설할 경우에는 발열선의 온도를 120 [℃] 이하로 할 수 있다.

답 : ③

(5) 전격살충기

① 전격살충기의 전격격자(電擊格子)는 지표 또는 바닥에서 3.5 [m] 이상의 높은 곳에 시설할 것. 다만, 2차측 개방 전압이 7 [kV] 이하의 절연변압기를 사용하고 또한 보호격자의 내부에 사람의 손이 들어갔을 경우 또는 보호격자에 사람이 접촉될 경우 절연변압기의 1차측 전로를 자동적으로 차단하는 보호장치를 시설한 것은 지표 또는 바닥에서 1.8 [m] 까지 감할 수 있다.

② 전격살충기의 전격격자와 다른 시설물(가공전선은 제외한다) 또는 식물과의 이격거리는 0.3 [m] 이상일 것.

③ 전격살충기에 전기를 공급하는 전로는 전용의 개폐기를 전격살충기에 가까운 장소에서 쉽게 개폐할 수 있도록 시설하여야 한다.

④ 전격살충기를 시설한 장소는 위험표시를 하여야 한다.

(6) 유희용 전차

① 유희용 전차(유원지·유회장 등의 구내에서 유희용으로 시설하는 것을 말한다)에 전기를 공급하기 위하여 사용하는 변압기의 1차 전압은 400 [V] 이하이어야 한다.

② 유희용 전차에 전기를 공급하는 전원장치의 변압기는 절연변압기이고, 전원장치의 2차측 단자의 최대사용전압은 직류의 경우 60 [V] 이하, 교류의 경우 40 [V] 이하일 것.

③ 유희용 전차의 전원장치에 있어서 2차측 회로의 접촉전선은 제3레일 방식에 의하여 시설할 것.

④ 유희용 전차의 전차 내에서 승압하여 사용하는 경우는 다음에 의하여 시설하여야 한다.
　(ㄱ) 변압기는 절연변압기를 사용하고 2차 전압은 150 [V] 이하로 할 것.
　(ㄴ) 변압기는 견고한 함 내에 넣을 것.
　(ㄷ) 전차의 금속제 구조부는 레일과 전기적으로 완전하게 접촉되게 할 것.

확인문제

79 2차측 개방전압이 7 [kV] 이하인 절연변압기를 사용하고 절연변압기의 1차측 전로를 자동적으로 차단하는 보호장치를 시설한 경우의 전격살충기는 전격격자가 지표상 또는 바닥에서 몇 [m] 이상의 높이에 시설하여야 하는가?

① 1.5　　　　② 1.8

③ 2.5　　　　④ 3.5

[해설] 전격살충기

전격살충기의 전격격자(電擊格子)는 지표 또는 바닥에서 3.5 [m] 이상의 높은 곳에 시설할 것. 다만, 2차측 개방 전압이 7 [kV] 이하의 절연변압기를 사용하고 또한 보호격자의 내부에 사람의 손이 들어갔을 경우 또는 보호격자에 사람이 접촉될 경우 절연변압기의 1차측 전로를 자동적으로 차단하는 보호장치를 시설한 것은 지표 또는 바닥에서 1.8 [m] 까지 감할 수 있다.

답 : ②

80 유희용 전차의 시설에 대한 설명 중 틀린 것은?

① 전로의 사용전압은 직류의 경우 60 [V] 이하, 교류의 경우 40 [V] 이하일 것

② 전기를 공급하기 위하여 사용하는 접촉전선은 제3레일 방식일 것

③ 전기를 변성하기 위하여 사용하는 변압기의 1차 전압은 400 [V] 이하일 것

④ 전차 안의 승압용 변압기의 2차 전압은 200 [V] 이하일 것

[해설] 유희용 전차

유희용 전차의 전차 내에서 승압하여 사용하는 경우 변압기는 절연변압기를 사용하고 2차 전압은 150 [V] 이하로 할 것.

답 : ④

(7) 전기집진장치(電氣集塵裝置) 등

　　사용전압이 특고압의 전기집진장치·정전도장장치(靜電塗裝裝置)·전기탈수장치·전기선별장치 기타의 전기집진 응용장치 및 이에 특고압의 전기를 공급하기 위한 전기설비는 다음에 따라 시설하여야 한다.

　　① 전기집진 응용장치에 전기를 공급하기 위한 변압기의 1차측 전로에는 그 변압기에 가까운 곳으로 쉽게 개폐할 수 있는 곳에 개폐기를 시설할 것.

　　② 잔류전하(殘留電荷)에 의하여 사람에게 위험을 줄 우려가 있는 경우에는 변압기의 2차측 전로에 잔류전하를 방전하기 위한 장치를 할 것.

　　③ 전기집진장치는 그 충전부에 사람이 접촉할 우려가 없도록 시설할 것.

　　④ 전기집진 응용장치의 금속제 외함 또는 케이블을 넣은 방호장치의 금속제 부분 및 방식 케이블 이외의 케이블의 피복에 사용하는 금속체에는 접지공사를 하여야 한다.

(8) 아크 용접기

　　이동형의 용접 전극을 사용하는 아크 용접장치는 다음에 따라 시설하여야 한다.

　　① 용접변압기는 절연변압기이고, 1차측 전로의 대지전압은 300 [V] 이하일 것.

　　② 용접변압기의 1차측 전로에는 용접변압기에 가까운 곳에 쉽게 개폐할 수 있는 개폐기를 시설할 것.

　　③ 용접변압기의 2차측 전로 중 용접변압기로부터 용접전극에 이르는 부분 및 용접변압기로부터 피용접재에 이르는 부분은 다음에 의하여 시설할 것.

　　　(ㄱ) 전선은 용접용 케이블이고 용접변압기로부터 용접전극에 이르는 전로는 0.6/1 [kV] EP 고무 절연 클로로프렌 캡타이어 케이블일 것.

　　　(ㄴ) 전로는 용접시 흐르는 전류를 안전하게 통할 수 있는 것일 것.

　　　(ㄷ) 용접기 외함 및 피용접재 또는 이와 전기적으로 접속되는 받침대·정반 등의 금속체는 접지공사를 하여야 한다.

확인문제

81 사용전압이 특고압의 전기집진 응용장치에 대한 설명 중 틀린 것은?

① 변압기의 1차측 전로에는 쉽게 개폐할 수 있는 곳에 개폐기를 시설할 것.

② 변압기의 2차측 전로에 잔류전하를 방전하기 위한 장치를 할 것.

③ 전기집진장치는 그 충전부에 사람이 접촉할 우려가 없도록 시설할 것.

④ 전기집진 응용장치의 금속제 외함 또는 케이블을 넣은 방호장치의 금속제 부분 등에는 비접지로 한다.

해설 전기집진장치 등
전기집진 응용장치의 금속제 외함 또는 케이블을 넣은 방호장치의 금속제 부분 및 방식케이블 이외의 케이블의 피복에 사용하는 금속체에는 접지공사를 하여야 한다.

답 : ④

82 이동형의 용접전극을 사용하는 아크용접장치의 시설에 대한 설명으로 옳은 것은?

① 용접변압기의 1차측 전로의 대지전압은 600 [V] 이하일 것

② 용접변압기의 1차측 전로에는 리액터를 시설할 것

③ 용접변압기는 절연변압기일 것

④ 피용접재 또는 이와 전기적으로 접속되는 받침대·정반 등의 금속체에는 비접지로 할 것

해설 아크 용접기
용접변압기는 절연변압기이고, 1차측 전로의 대지전압은 300 [V] 이하일 것.

답 : ③

(9) 소세력 회로(小勢力回路)

전자 개폐기의 조작회로 또는 초인벨·경보벨 등에 접속하는 전로로서 최대사용전압이 60 [V] 이하인 것(최대사용전류가, 최대사용전압이 15 [V]이하인 것은 5 [A] 이하, 최대사용전압이 15 [V]를 초과하고 30 [V] 이하인 것은 3 [A] 이하, 최대사용전압이 30 [V]를 초과하는 것은 1.5 [A] 이하인 것에 한한다. 이하 "소세력 회로"라 한다)은 다음에 따라 시설하여야 한다.

① 소세력 회로에 전기를 공급하기 위한 절연변압기의 사용전압은 대지전압 300 [V] 이하로 하여야 한다.

② 소세력 회로에 전기를 공급하기 위한 변압기는 절연변압기 이어야 하며 절연변압기의 2차 단락전류는 소세력 회로의 최대사용전압에 따라 아래 표에서 정한 값 이하의 것이어야 한다. 다만, 그 변압기의 2차측 전로에 아래 표에서 정한 값 이하의 과전류차단기를 시설하는 경우에는 그러하지 아니하다.

소세력 회로의 최대사용전압의 구분	2차 단락전류	과전류차단기의 정격전류
15 [V] 이하	8 [A]	5 [A]
15 [V] 초과 30 [V] 이하	5 [A]	3 [A]
30 [V] 초과 60 [V] 이하	3 [A]	1.5 [A]

③ 소세력 회로의 전선을 조영재에 붙여 시설하는 경우에는 공칭단면적 1 [mm²] 이상의 연동선 또는 이와 동등 이상의 세기 및 굵기의 것이어야 하며 전선이 금속망 또는 금속판을 사용한 목조 조영재에 붙여 시설하는 경우에는 절연성·난연성 및 내수성이 있는 애자로 지지하고 조영재 사이의 이격거리를 6 [mm] 이상으로 할 것.

④ 소세력 회로의 전선을 지중에 시설하는 경우 전선은 450/750 V 일반용 단심 비닐절연전선, 캡타이어 케이블 또는 케이블을 사용하여야 하며 전선을 차량 기타 중량물의 압력에 견디는 견고한 관·트라프 기타의 방호장치에 넣어서 시설하는 경우를 제외하고는 매설깊이를 0.3 [m](차량 기타 중량물의 압력을 받을 우려가 있는 장소에 시설하는 경우는 1.2 [m]) 이상으로 하고 또한 개장한 케이블을 사용하여 시설하는 경우 이외에는 전선의 상부를 견고한 판 또는 홈통으로 덮어서 손상을 방지할 것.

확인문제

83 전자개폐기의 조작회로, 벨, 경보기 등의 전로 전압은 최대 몇 [V]인가?

① 15 [V]　　② 60 [V]
③ 150 [V]　　④ 300 [V]

[해설] **소세력 회로**
전자 개폐기의 조작회로 또는 초인벨·경보벨 등에 접속하는 전로로서 최대사용전압이 60 [V] 이하인 것(최대사용전류가, 최대사용전압이 15 [V]이하인 것은 5 [A] 이하, 최대사용전압이 15 [V]를 초과하고 30 [V] 이하인 것은 3 [A] 이하, 최대사용전압이 30 [V]를 초과하는 것은 1.5 [A] 이하인 것에 한한다. 이하 "소세력 회로"라 한다)이어야 한다.

답 : ②

84 전자개폐기의 조작회로 또는 초인벨·경보벨 등에 접속하는 전로로서 최대사용전압이 60 [V] 이하인 것으로 대지전압이 몇 [V] 이하인 절연변압기로 결합되는 것을 소세력 회로라 하는가?

① 100　　② 150
③ 300　　④ 440

[해설] **소세력 회로**
소세력 회로에 전기를 공급하기 위한 절연변압기의 사용전압은 대지전압 300 [V] 이하로 하여야 한다.

답 : ③

⑤ 소세력 회로의 전선을 지상에 시설하는 경우는 전선을 견고한 트라프 또는 개거(開渠)에 넣어서 시설하여야 한다.

⑥ 소세력 회로의 전선을 가공으로 시설하는 경우에는 전선은 인장강도 508 [N/mm²] 이상의 것 또는 지름 1.2 [mm]의 경동선이어야 하며 전선의 지지점간의 거리는 15 [m] 이하로 하여야 한다. 또한 전선의 높이는 다음 표에 의하여야 한다.

구분	높이
도로를 횡단할 경우	지표면상 6 [m] 이상
철도를 횡단할 경우	레일면상 6.5 [m] 이상
기타	지표상 4 [m] 이상. 다만, 전선을 도로 이외의 곳에 시설하는 경우로서 위험의 우려가 없는 경우는 지표상 2.5 [m]까지 감할 수 있다.

(10) 전기부식방지 시설

전기부식방지 시설은 지중 또는 수중에 시설하는 금속체(이하 "피방식체"라 한다)의 부식을 방지하기 위해 지중 또는 수중에 시설하는 양극과 피방식체간에 방식 전류를 통하는 시설을 말하며 다음에 따라 시설하여야 한다.

① 전기부식방지용 전원장치에 전기를 공급하는 전로의 사용전압은 저압이어야 한다.

② 전기부식방지용 전원장치는 견고한 금속제의 외함에 넣어야 하며 변압기는 절연변압기이고, 또한 교류 1 [kV]의 시험전압을 하나의 권선과 다른 권선·철심 및 외함과의 사이에 연속적으로 1분간 가하여 절연내력을 시험하였을 때 이에 견디는 것일 것.

③ 전기부식방지 회로(전기부식방지용 전원장치로부터 양극 및 피방식체까지의 전로를 말한다. 이하 같다)의 사용전압은 직류 60 [V] 이하일 것.

④ 양극(陽極)은 지중에 매설하거나 수중에서 쉽게 접촉할 우려가 없는 곳에 시설하여야 하며 지중에 매설하는 양극의 매설깊이는 0.75 [m] 이상일 것.

⑤ 수중에 시설하는 양극과 그 주위 1 [m] 이내의 거리에 있는 임의 점과의 사이의 전위차는 10 [V]를 넘지 아니할 것.

⑥ 지표 또는 수중에서 1 [m] 간격의 임의의 2점간의 전위차가 5 [V]를 넘지 아니할 것.

⑦ 전기부식방지 회로의 전선을 가공으로 시설하는 경우 지름 2 [mm]의 경동선 또는 이와 동등 이상의 세기 및 굵기의 옥외용 비닐절연전선 이상의 절연효력이 있는 것일 것.

확인문제

85 소세력 회로의 전선을 가공으로 시설하는 경우 전선의 지지점간의 거리는 몇 [m] 이하로 하여야 하는가?

① 5 [m]　　　　② 10 [m]
③ 15 [m]　　　　④ 20 [m]

해설 소세력 회로
소세력 회로의 전선을 가공으로 시설하는 경우 전선의 지지점간의 거리는 15 [m] 이하로 하여야 한다.

답 : ③

86 지중 또는 수중에 시설되는 금속체의 부식 방지를 위한 전기부식 방지 회로의 사용전압은 직류 몇 [V] 이하로 하여야 하는가?

① 24 [V]　　　　② 48 [V]
③ 60 [V]　　　　④ 100 [V]

해설 전기부식방지 시설
전기부식방지 회로(전기부식방지용 전원장치로부터 양극 및 피방식체까지의 전로를 말한다. 이하 같다)의 사용전압은 직류 60 [V] 이하일 것.

답 : ③

⑧ 전기부식방지 회로의 전선중 지중에 시설하는 부분은 다음에 의하여 시설할 것.

    (ㄱ) 전선은 공칭단면적 4.0 [mm²]의 연동선 또는 이와 동등 이상의 세기 및 굵기의 것일 것. 다만, 양극에 부속하는 전선은 공칭단면적 2.5 [mm²] 이상의 연동선 또는 이와 동등 이상의 세기 및 굵기의 것을 사용할 수 있다.

    (ㄴ) 전선을 직접 매설식에 의하여 시설하는 경우에는 전선을 피방식체의 아랫면에 밀착하여 시설하는 경우 이외에는 매설깊이를 차량 기타의 중량물의 압력을 받을 우려가 있는 곳에서는 1 [m] 이상, 기타의 곳에서는 0.3 [m] 이상으로 할 것.

    (ㄷ) 입상(立上)부분의 전선 중 깊이 0.6 [m] 미만인 부분은 사람이 접촉할 우려가 없고 또한 손상을 받을 우려가 없도록 적당한 방호장치를 할 것.

(11) 전기자동차 전원설비

① 전기자동차의 전원공급설비에 사용하는 전로의 전압은 저압으로 한다.

② 전기자동차를 충전하기 위한 저압전로는 전용의 개폐기 및 과전류 차단기를 각 극에 시설하고 또한 전로에 지락이 생겼을 때 자동적으로 그 전로를 차단하는 장치를 시설하여야 한다.

③ 옥내에 시설하는 저압용의 배선기구는 그 충전 부분이 노출되지 아니하도록 시설하여야 한다. 다만, 취급자 이외의 자가 출입할 수 없도록 시설한 곳에서는 그러하지 아니하다.

④ 옥내의 습기가 많은 곳 또는 물기가 있는 곳에 시설하는 저압용의 배선기구에는 방습 장치를 하여야 한다.

⑤ 전기자동차의 충전장치는 다음에 따라 시설하여야 한다.

    (ㄱ) 전기자동차의 충전장치는 쉽게 열 수 없는 구조로 시설하고 충전장치 또는 충전장치를 시설한 장소에는 위험표시를 쉽게 보이는 곳에 표지할 것.

    (ㄴ) 전기자동차의 충전장치는 부착된 충전 케이블을 거치할 수 있는 거치대 또는 충분한 수납공간(옥내 0.45 [m]이상, 옥외 0.6 [m] 이상)을 갖는 구조이며, 충전케이블은 반드시 거치할 것.

    (ㄷ) 충전장치의 충전케이블 인출부는 옥내용의 경우 지면으로부터 0.45 [m] 이상 1.2 [m] 이내에, 옥외용의 경우 지면으로부터 0.6 [m] 이상에 위치할 것.

    (ㄹ) 충전장치와 전기자동차의 접속에는 연장코드를 사용하지 말 것.

★★
01 계통접지의 구성 중 TN-S 계통에 대한 설명이 아닌 것은?

① 계통 내에서 별도의 중성선과 보호도체가 있는 TN-S 계통
② 계통 내에서 접지된 보호도체는 있으나 중성선의 배선이 없는 TN-S 계통
③ 계통 내에서 별도의 접지된 선도체와 보호도체가 있는 TN-S 계통
④ 계통 내에서 중성선과 보호도체의 기능을 동일도체로 겸용한 TN-S 계통

해설 TN-S 계통
TN-S 계통은 계통 전체에 대해 별도의 중성선 또는 PE 도체를 사용하며, 배전계통의 PE 도체를 추가로 접지할 수 있다.
(1) 계통 내에서 별도의 중성선과 보호도체가 있는 TN-S 계통
(2) 계통 내에서 접지된 보호도체는 있으나 중성선의 배선이 없는 TN-S 계통
(3) 계통 내에서 별도의 접지된 선도체와 보호도체가 있는 TN-S 계통
∴ 보기 ④는 TN-C 계통에 대한 설명이다.

★★
02 충전부 전체를 대지로부터 절연시키거나 한 점에 임피던스를 삽입하여 대지에 접속시키고 전기기기의 노출도전성 부분 단독 또는 일괄적으로 접지하거나 또는 계통접지로 접속하는 접지계통을 무엇이라 하는가?

① TT 계통
② IT 계통
③ TN-C 계통
④ TN-S 계통

해설 IT 계통
충전부 전체를 대지로부터 절연시키거나, 한 점을 임피던스를 통해 대지에 접속시킨다. 전기설비의 노출도전부를 단독 또는 일괄적으로 계통의 PE 도체에 접속시킨다.

★★
03 저압 전기설비의 감전에 대한 안전을 위한 보호에서 별도로 언급이 없는 한 교류전압은 무엇으로 정하는가?

① 최대값
② 실효값
③ 평균값
④ 리플프리

해설 감전에 대한 안전을 위한 보호
안전을 위한 보호에서 별도로 언급이 없는 한 다음의 전압 규정에 따른다.
(1) 교류전압은 실효값으로 한다.
(2) 직류전압은 리플프리로 한다.

★★
04 저압 전기설비의 감전에 대한 안전을 위한 보호에서 전원의 자동차단에 의한 보호대책에 해당되지 않는 것은?

① 기본보호는 충전부의 기본절연 또는 격벽이나 외함에 의한다.
② 고장보호는 보호등전위본딩 및 자동차단에 의한다.
③ 추가적인 보호로 배선용차단기를 시설할 수 있다.
④ 누설전류감시장치는 보호장치는 아니지만 전기설비의 누설전류를 감시하는데 사용된다.

해설 감전에 대한 안전을 위한 보호
전원의 자동차단에 의한 보호대책
(1) 기본보호는 충전부의 기본절연 또는 격벽이나 외함에 의한다.
(2) 고장보호는 보호등전위본딩 및 자동차단에 의한다.
(3) 추가적인 보호로 누전차단기를 시설할 수 있다.
(4) 누설전류감시장치는 보호장치는 아니지만 전기설비의 누설전류를 감시하는데 사용된다.

★★
05 감전에 대한 보호 중 전기적 분리에 의한 고장 보호에 대한 설명 중 틀린 것은?

① 분리된 회로는 최소한 단순 분리된 전원을 통하여 공급되어야 하며, 분리된 회로의 전압은 300 [V] 이하이어야 한다.

② 분리된 회로의 충전부는 어떤 곳에서도 다른 회로, 대지 또는 보호도체에 접속되어서는 안 된다.

③ 분리된 회로의 노출도전부는 다른 회로의 보호도체, 노출도전부 또는 대지에 접속되어서는 안 된다.

④ 가요 케이블과 코드는 기계적 손상을 받기 쉬운 전체 길이에 대해 육안으로 확인이 가능하여야 한다.

해설 감전에 대한 전기적 분리에 의한 고장보호

(1) 분리된 회로는 최소한 단순 분리된 전원을 통하여 공급되어야 하며, 분리된 회로의 전압은 500 [V] 이하이어야 한다.

(2) 분리된 회로의 충전부는 어떤 곳에서도 다른 회로, 대지 또는 보호도체에 접속되어서는 안 되며, 전기적 분리를 보장하기 위해 회로 간에 기본절연을 하여야 한다.

(3) 가요 케이블과 코드는 기계적 손상을 받기 쉬운 전체 길이에 대해 육안으로 확인이 가능하여야 한다.

(4) 분리된 회로의 노출도전부는 다른 회로의 보호도체, 노출도전부 또는 대지에 접속되어서는 아니 된다.

★★
06 SELV와 PELV를 적용한 특별저압에 의한 보호에서 SELV와 PELV용 전원에 해당되지 않는 것은?

① 안전절연변압기 전원

② 축전지 및 디젤발전기 등과 같은 독립전원

③ 이중 또는 강화절연 된 전동발전기 등 이동용 전원

④ 연료전지를 이용한 전원

해설 SELV와 PELV를 적용한 특별저압에 의한 보호
SELV와 PELV용 전원

(1) 안전절연변압기 전원

(2) 안전절연변압기 및 이와 동등한 절연의 전원

(3) 축전지 및 디젤발전기 등과 같은 독립전원

(4) 내부고장이 발생한 경우에도 출력단자의 전압이 특별저압 계통의 전압한계에 규정된 값을 초과하지 않도록 적절한 표준에 따른 전자장치

(5) 저압으로 공급되는 안전절연변압기, 이중 또는 강화절연 된 전동발전기 등 이동용 전원

★
07 SELV 회로의 노출도전부와 접속할 수 있는 것은?

① 절연된 금속제 외함

② 대지

③ 다른 회로의 노출도전부

④ 보호도체

해설 SELV와 PELV를 적용한 특별저압에 의한 보호
SELV 회로의 노출도전부는 대지 또는 다른 회로의 노출도전부나 보호도체에 접속하지 않아야 한다.

★★
08 SELV 회로에서 공칭전압이 몇 [V]를 초과하지 않는 경우에 기본보호를 하지 않아도 되는가?(단, 건조한 상태이다.)

① 교류 12 [V] 또는 직류 60 [V]
② 교류 25 [V] 또는 직류 30 [V]
③ 교류 12 [V] 또는 직류 30 [V]
④ 교류 25 [V] 또는 직류 60 [V]

해설 SELV와 PELV를 적용한 특별저압에 의한 보호
건조한 상태에서 다음의 경우는 기본보호를 하지 않아도 된다.
(1) SELV 회로에서 공칭전압이 교류 25 [V] 또는 직류 60 [V]를 초과하지 않는 경우
(2) PELV 회로에서 공칭전압이 교류 25 [V] 또는 직류 60 [V]를 초과하지 않고 노출도전부 및 충전부가 보호도체에 의해서 주접지단자에 접속된 경우

★★
09 건조한 상태에서 PELV 회로에서 공칭전압이 교류 25 [V] 또는 직류 60 [V]를 초과하지 않고 노출도전부 및 충전부가 보호도체에 의해서 무엇과 접속된 경우 기본보호를 하지 않아도 되는가?

① 주접지단자
② 접지극
③ 전기기구의 노출도전성 부분
④ 수도관, 가스관 등 금속배관

해설 SELV와 PELV를 적용한 특별저압에 의한 보호
건조한 상태에서 다음의 경우는 기본보호를 하지 않아도 된다.
(1) SELV 회로에서 공칭전압이 교류 25 [V] 또는 직류 60 [V]를 초과하지 않는 경우
(2) PELV 회로에서 공칭전압이 교류 25 [V] 또는 직류 60 [V]를 초과하지 않고 노출도전부 및 충전부가 보호도체에 의해서 주접지단자에 접속된 경우

★★
10 건조한 상태를 제외한 SELV 또는 PELV 계통의 공칭전압이 몇 [V]를 초과하지 않는 경우에 기본보호를 하지 않아도 되는가?

① 교류 12 [V] 또는 직류 60 [V]
② 교류 25 [V] 또는 직류 30 [V]
③ 교류 12 [V] 또는 직류 30 [V]
④ 교류 25 [V] 또는 직류 60 [V]

해설 SELV와 PELV를 적용한 특별저압에 의한 보호
SELV 또는 PELV 계통의 공칭전압이 교류 12 [V] 또는 직류 30 [V]를 초과하지 않는 경우에는 기본보호를 하지 않아도 된다.

★★
11 장애물을 두거나 접촉범위 밖에 배치하는 보호대책에 대한 설명 중 틀린 것은?

① 장애물은 인체가 무의식적으로 접근하는 것에 대해서 보호하여야 한다.
② 장애물은 열쇠 또는 공구를 사용하지 않고 제거될 수 없도록 하여야 한다.
③ 접촉범위 밖에 배치하는 방법에 의한 보호는 충전부에 무의식적으로 접촉하는 것을 방지하기 위함이다.
④ 서로 다른 전위로 동시에 접근 가능한 부분이 접촉범위 안에 있으면 안 된다.

해설 장애물 및 접촉범위 밖에 배치
장애물을 두거나 접촉범위 밖에 배치하는 보호대책은 기본보호만 해당한다. 이 방법은 숙련자 또는 기능자에 의해 통제 또는 감독되는 설비에 적용한다.
(1) 장애물은 충전부에 무의식적인 접촉을 방지하기 위해 시설하여야 한다. 다만, 고의적 접촉까지 방지하는 것은 아니다.
(2) 장애물은 다음에 대한 보호를 하여야 한다.
㉠ 충전부에 인체가 무의식적으로 접근하는 것
㉡ 정상적인 사용상태에서 충전된 기기를 조작하는 동안 충전부에 무의식적으로 접촉하는 것
(3) 장애물은 열쇠 또는 공구를 사용하지 않고 제거될 수 있지만, 비 고의적인 제거를 방지하기 위해 견고하게 고정하여야 한다.
(4) 접촉범위 밖에 배치하는 방법에 의한 보호는 충전부에 무의식적으로 접촉하는 것을 방지하기 위함이다.
(5) 서로 다른 전위로 동시에 접근 가능한 부분이 접촉범위 안에 있으면 안 된다. 두 부분의 거리가 2.5 [m] 이하인 경우에는 동시 접근이 가능한 것으로 간주한다.

★★

12 TT 계통 또는 TN 계통에서 중성선을 보호할 때 어떤 전류로부터 중성선을 보호해야 하는가?

① 허용전류   ② 지락전류
③ 단락전류   ④ 돌입전류

[해설] 과전류에 대한 보호 중 중성선 보호방법
TT 계통 또는 TN 계통
(1) 중성선의 단면적이 선도체의 단면적과 동등 이상의 크기이고, 그 중성선의 전류가 선도체의 전류보다 크지 않을 것으로 예상될 경우, 중성선에는 과전류 검출기 또는 차단장치를 설치하지 않아도 된다. 중성선의 단면적이 선도체의 단면적보다 작은 경우 과전류 검출기를 설치할 필요가 있다. 검출된 과전류가 설계전류를 초과하면 선도체를 차단해야 하지만, 중성선을 차단할 필요까지는 없다.
(2) "(1)"의 2가지 경우 모두 단락전류로부터 중성선을 보호해야 한다.

★★

13 중성선을 과전류로부터 보호할 경우 중성선의 차단 및 재폐로하는 방법으로 개폐기 및 차단기의 동작이 옳은 것은?

① 차단시에는 중성선이 선도체보다 늦게 차단되어야 한다.
② 차단시에는 중성선이 선도체와 동시에 차단되어야 한다.
③ 차단시에는 중성선이 선도체보다 그 이전에 재폐로 되어야 한다.
④ 재폐로시에는 중성선이 선도체보다 늦게 재폐로 되어야 한다.

[해설] 과전류에 대한 보호 중 중성선 보호방법
중성선의 차단 및 재폐로
중성선을 차단 및 재폐로하는 회로의 경우에 설치하는 개폐기 및 차단기는 차단 시에는 중성선이 선도체보다 늦게 차단되어야 하며, 재폐로 시에는 선도체와 동시 또는 그 이전에 재폐로 되는 것을 설치하여야 한다.

★★★

14 다음 중 과전류에 대한 보호장치의 종류에 해당되지 않는 것은?

① 과부하전류 전용 보호장치
② 단락전류 전용 보호장치
③ 지락전류 전용 보호장치
④ 과부하전류 및 단락전류 겸용 보호장치

[해설] 과전류에 대한 보호장치의 종류
(1) 과부하전류 및 단락전류 겸용 보호장치 – 보호장치 설치 점에서 예상되는 단락전류를 포함한 모든 과전류를 차단 및 투입할 수 있는 능력이 있어야 한다.
(2) 과부하전류 전용 보호장치 – 차단용량은 그 설치 점에서의 예상 단락전류 값 미만으로 할 수 있다.
(3) 단락전류 전용 보호장치 – 과부하 보호를 별도의 보호장치에 의하거나, 과부하 보호장치의 생략이 허용되는 경우에 설치할 수 있다. 이 보호장치는 예상 단락전류를 차단할 수 있어야 하며, 차단기인 경우에는 이 단락전류를 투입할 수 있는 능력이 있어야 한다.

★★★

15 과전류차단기로 저압전로에 사용하는 60 [A] 퓨즈는 정격전류의 몇 배의 전류를 통한 경우 60분 안에 용단되어야 하는가?

① 1.25배   ② 1.6배
③ 1.9배   ④ 2.1배

[해설] 과전류차단기로 저압전로의 퓨즈

정격전류의 구분	시간	정격전류의 배수	
		불용단전류	용단전류
4 [A] 이하	60분	1.5배	2.1배
4 [A] 초과 16 [A] 미만	60분	1.5배	1.9배
16 [A] 이상 63 [A] 이하	60분	1.25배	1.6배
63 [A] 초과 160 [A] 이하	120분	1.25배	1.6배
160 [A] 초과 400 [A] 이하	180분	1.25배	1.6배
400 [A] 초과	240분	1.25배	1.6배

★★★
16 과전류 차단기로 저압전로에 사용하는 퓨즈의 동작특성으로 옳은 것은?(단, 정격전류는 30 [A]라고 한다.)

① 정격전류의 1.1배의 전류로 견딜 것
② 정격전류의 1.6배의 전류로 60분 안에 용단될 것
③ 정격전류의 1.25배의 전류로 60분 안에 용단될 것
④ 정격전류의 1.6배로 60분 이상 견딜 것

해설 과전류차단기로 저압전로의 퓨즈

정격전류의 구분	시간	정격전류의 배수	
		불용단전류	용단전류
16 [A] 초과 63 [A] 이하	60분	1.25배	1.6배

★★★
17 과전류차단기로 저압전로에 사용하는 80 [A] 퓨즈는 정격전류의 1.6배 전류를 통한 경우에 몇 분 안에 용단되어야 하는가?

① 30분   ② 60분
③ 120분   ④ 180분

해설 과전류차단기로 저압전로의 퓨즈

정격전류의 구분	시간	정격전류의 배수	
		불용단전류	용단전류
63 [A] 초과 160 [A] 이하	120분	1.25배	1.6배

★★
18 과전류차단기로서 저압전로에 사용하는 400 [A] 퓨즈를 180분 동안 시험할 때 불용단전류와 용단전류는 각각 정격전류의 몇 배인가?

① 1.5배, 2.1배   ② 1.25배, 1.9배
③ 1.5배, 1.6배   ④ 1.25배, 1.6배

해설 과전류차단기로 저압전로의 퓨즈

정격전류의 구분	시간	정격전류의 배수	
		불용단전류	용단전류
160 [A] 초과 400 [A] 이하	180분	1.25배	1.6배

★★
19 다음 사항은 과전류차단기로 저압전로에 사용하는 퓨즈 또는 배선용단기의 동작특성을 규정한 것이다. 이중에서 주택용 배선용차단기에 한하여 적용되는 것은 어느 것인가?

① 정격전류가 63 [A] 이하인 경우 정격전류의 1.3배의 전류로 60분 안에 동작할 것
② 정격전류가 63 [A] 이하인 경우 정격전류의 1.05배의 전류에 60분 동안 견딜 것
③ 정격전류가 63 [A] 이하인 경우 정격전류의 1.45배의 전류로 60분 안에 동작할 것
④ 정격전류가 63 [A] 이하인 경우 정격전류의 1.13배의 전류에 120분 동안 견딜 것

해설 과전류차단기로 저압전로의 배선용차단기
(1) 산업용 배선용차단기

정격전류의 구분	시간	정격전류의 배수 (모든 극에 통전)	
		부동작전류	동작전류
63 [A] 이하	60분	1.05배	1.3배
63 [A] 초과	120분	1.05배	1.3배

(2) 주택용 배선용차단기

정격전류의 구분	시간	정격전류의 배수 (모든 극에 통전)	
		부동작전류	동작전류
63 [A] 이하	60분	1.13배	1.45배
63 [A] 초과	120분	1.13배	1.45배

★★
20 과전류에 대한 보호장치 중 분기회로의 과부하 보호장치는 전원측에서 보호장치의 분기점 사이에 다른 분기회로 또는 콘센트의 접속이 없고, 단락의 위험과 화재 및 인체에 대한 위험성이 최소화 되도록 시설된 경우, 분기회로의 보호장치는 분기회로의 분기점으로부터 몇 [m]까지 이동하여 설치할 수 있는가?

① 2 [m]   ② 3 [m]
③ 5 [m]   ④ 8 [m]

해설 **과부하 보호장치의 설치 위치의 예외**

과부하 보호장치는 분기점에 설치하여야 하나, 분기점과 분기회로의 과부하 보호장치의 설치점 사이의 배선 부분에 다른 분기회로나 콘센트 회로가 접속되어 있지 않고, 다음 중 하나를 만족하는 경우는 변경이 있는 배선에 설치할 수 있다.

(1) 분기회로의 과부하 보호장치의 전원측에 다른 분기회로 또는 콘센트의 접속이 없고 단락전류에 대한 보호의 요구사항에 따라 분기회로에 대한 단락보호가 이루어지고 있는 경우, 분기회로의 과부하 보호장치는 분기회로의 분기점으로부터 부하측으로 거리에 구애 받지 않고 이동하여 설치할 수 있다.

(2) 분기회로의 보호장치는 전원측에서 보호장치의 분기점 사이에 다른 분기회로 또는 콘센트의 접속이 없고, 단락의 위험과 화재 및 인체에 대한 위험성이 최소화 되도록 시설된 경우, 분기회로의 보호장치는 분기회로의 분기점으로부터 3 [m]까지 이동하여 설치할 수 있다.

★★
21 과전류에 대한 보호장치로서 과부하 보호장치를 생략할 수 있는 일반사항에 해당되지 않는 것은?

① 분기회로의 전원측에 설치된 보호장치에 의하여 분기회로에서 발생하는 과부하에 대해 유효하게 보호되고 있는 분기회로
② 단락보호가 되고 있으며, 부하에 설치된 과부하 보호장치가 유효하게 동작하여 과부하 전류가 분기회로에 전달되지 않도록 조치를 하는 경우
③ 제어회로용 설비
④ 전등회로용 설비

해설 **과부하 보호장치의 생략(일반사항)**

(1) 분기회로의 전원측에 설치된 보호장치에 의하여 분기회로에서 발생하는 과부하에 대해 유효하게 보호되고 있는 분기회로
(2) 단락보호가 되고 있으며, 분기점 이후의 분기회로에 다른 분기회로 및 콘센트가 접속되지 않는 분기회로 중, 부하에 설치된 과부하 보호장치가 유효하게 동작하여 과부하전류가 분기회로에 전달되지 않도록 조치를 하는 경우
(3) 통신회로용, 제어회로용, 신호회로용 및 이와 유사한 설비

★★
22 과전류에 대한 보호장치로서 안전을 위해 과부하 보호장치를 생략할 수 있는 경우에 해당되지 않는 것은?

① 회전기의 여자회로
② 전력용변압기 2차회로
③ 전류변성기의 2차회로
④ 소방설비의 전원회로

해설 **안전을 위해 과부하 보호장치를 생략할 수 있는 경우**

사용 중 예상치 못한 회로의 개방이 위험 또는 큰 손상을 초래할 수 있는 경우로서 다음과 같은 부하에 전원을 공급하는 회로에 대해서는 과부하 보호장치를 생략할 수 있다.

(1) 회전기의 여자회로
(2) 전자석 크레인의 전원회로
(3) 전류변성기의 2차회로
(4) 소방설비의 전원회로
(5) 안전설비(주거침입경보, 가스누출경보 등)의 전원회로

★★
23 과전류에 대한 보호장치 중 단락 보호장치의 설치위치로 알맞은 곳은?

① 분기점 　　② 고장점
③ 인입점 　　④ 수전점

[해설] 단락 보호장치의 설치위치
(1) 단락전류 보호장치는 분기점에 설치해야 한다. 다만, 분기회로의 단락보호장치 설치점과 분기점 사이에 다른 분기회로 또는 콘센트의 접속이 없고 단락, 화재 및 인체에 대한 위험이 최소화될 경우, 분기회로의 단락 보호장치는 분기점으로부터 3[m] 까지 이동하여 설치할 수 있다.
(2) 도체의 단면적이 줄어들거나 다른 변경이 이루어진 분기회로의 시작점과 이 분기회로의 단락 보호장치 사이에 있는 도체가 전원측에 설치되는 보호장치에 의해 단락보호가 되는 경우에, 분기회로의 단락 보호장치는 분기점으로부터 거리제한이 없이 설치할 수 있다. 단, 전원측 단락 보호장치는 부하측 배선에 대하여 단락 보호장치의 특성에 따라 단락보호를 할 수 있는 특정을 가져야 한다.

★★
24 저압전로 중의 전동기 보호용 과부하 보호장치로 전자접촉기를 사용할 경우 반드시 부착되어 있어야 하는 것은 무엇인가?

① 영상변류기
② 과부하 계전기
③ 선택접지계전기
④ 비율차동계전기

[해설] 저압전로 중의 전동기 보호용 과전류 보호장치의 시설
과부하 보호장치, 단락보호 전용 차단기 및 단락보호 전용 퓨즈는 「전기용품 및 생활용품 안전관리법」에 적용을 받는 것 이외에는 한국산업표준(이하 "KS"라 한다)에 적합하여야 하며, 다음에 따라 시설할 것.
(1) 과부하 보호장치로 전자접촉기를 사용할 경우에는 반드시 과부하 계전기가 부착되어 있을 것.
(2) 단락보호 전용 차단기의 단락동작 설정 전류값은 전동기의 기동방식에 따른 기동돌입전류를 고려할 것.

★★★
25 전원측 전로에 시설한 배선용차단기의 정격전류가 몇 [A] 이하의 것이면 이 전로에 접속하는 단상전동기에는 과부하 보호장치를 생략할 수 있는가?

① 15 　　② 20
③ 30 　　④ 50

[해설] 저압전로 중의 전동기 보호용 과전류 보호장치의 시설
옥내에 시설하는 전동기(정격 출력이 0.2[kW] 이하인 것을 제외한다)에는 전동기가 손상될 우려가 있는 과전류가 생겼을 때에 자동적으로 이를 저지하거나 이를 경보하는 장치를 하여야 한다. 다만, 다음의 어느 하나에 해당하는 경우에는 그러하지 아니하다.
(1) 전동기를 운전 중 상시 취급자가 감시할 수 있는 위치에 시설하는 경우
(2) 전동기의 구조나 부하의 성질로 보아 전동기가 손상될 수 있는 과전류가 생길 우려가 없는 경우
(3) 단상전동기로서 그 전원측 전로에 시설하는 과전류차단기의 정격전류가 16[A](배선용차단기는 20[A]) 이하인 경우

★★★
26 옥내에 시설하는 전동기에는 과부하 보호장치를 시설하여야 하는데, 단상전동기인 경우에 전원측 전로에 시설하는 과전류차단기의 정격전류가 몇 [A] 이하이면 과부하 보호장치를 시설하지 않아도 되는가?

① 10 　　② 16
③ 20 　　④ 30

[해설] 저압전로 중의 전동기 보호용 과전류 보호장치의 시설
옥내에 시설하는 전동기(정격 출력이 0.2[kW] 이하인 것을 제외한다)에는 전동기가 손상될 우려가 있는 과전류가 생겼을 때에 자동적으로 이를 저지하거나 이를 경보하는 장치를 하여야 한다. 다만, 다음의 어느 하나에 해당하는 경우에는 그러하지 아니하다.
(1) 전동기를 운전 중 상시 취급자가 감시할 수 있는 위치에 시설하는 경우
(2) 전동기의 구조나 부하의 성질로 보아 전동기가 손상될 수 있는 과전류가 생길 우려가 없는 경우
(3) 단상전동기로서 그 전원측 전로에 시설하는 과전류차단기의 정격전류가 16[A](배선용차단기는 20[A]) 이하인 경우

★★★
27 옥내에 시설하는 전동기가 과전류로 소손될 우려가 있을 경우 자동적으로 이를 저지하거나 경보하는 장치를 하여야 한다. 정격출력이 몇 [kW] 이하인 전동기에는 이와 같은 과부하 보호장치를 시설하지 않아도 되는가?

① 0.2   ② 0.75
③ 3   ④ 5

해설 **저압전로 중의 전동기 보호용 과전류 보호장치의 시설**
옥내에 시설하는 전동기(정격 출력이 0.2 [kW] 이하인 것을 제외한다)에는 전동기가 손상될 우려가 있는 과전류가 생겼을 때에 자동적으로 이를 저지하거나 이를 경보하는 장치를 하여야 한다.

★★★
28 옥내에 시설하는 전동기가 소손되는 것을 방지하기 위한 과부하 보호장치를 하지 않아도 되는 것은?

① 정격출력이 4 [kW]이며 취급자가 감시할 수 없는 경우
② 정격출력이 0.2 [kW] 이하인 경우
③ 전동기가 소손할 수 있는 과전류가 생길 우려가 있는 경우
④ 정격출력이 10 [kW] 이상인 경우

해설 **저압전로 중의 전동기 보호용 과전류 보호장치의 시설**
옥내에 시설하는 전동기(정격 출력이 0.2 [kW] 이하인 것을 제외한다)에는 전동기가 손상될 우려가 있는 과전류가 생겼을 때에 자동적으로 이를 저지하거나 이를 경보하는 장치를 하여야 한다.

★
29 고압·특고압 전기설비의 전기적 요구사항 중 중성점 접지방식의 선정시 고려해야 할 사항이 아닌 것은?

① 전원공급의 연속성 요구사항
② 단락고장에 의한 기기의 손상 제한
③ 고장부위의 선택적 차단
④ 접촉 및 보폭전압

해설 **고압 전기설비의 전기적 요구사항**
중성점 접지방식의 선정시 다음을 고려하여야 한다.
(1) 전원공급의 연속성 요구사항
(2) 지락고장에 의한 기기의 손상제한
(3) 고장부위의 선택적 차단
(4) 고장위치의 감지
(5) 접촉 및 보폭전압
(6) 유도성 간섭
(7) 운전 및 유지보수 측면

★
30 다음은 고압·특고압 접지계통의 접지시스템에 대한 설명이다. 이 중 고압 또는 특고압 변전소에서 인입 또는 인출되는 저압전원이 있을 때 접지시스템 시공방법이 틀린 것은?

① 고압 또는 특고압 변전소의 접지시스템은 공통 및 통합접지의 일부분이다.
② 고압 또는 특고압 변전소의 접지시스템은 다중접지된 계통의 상전선에 접속되어야 한다.
③ 고압 또는 특고압과 저압 접지시스템을 분리하는 경우 보폭전압과 접촉전압을 허용값 이내로 하여야 한다.
④ 고압 및 특고압 변전소에 인접하여 시설된 저압전원의 경우, 기기가 너무 가까이 위치하여 접지계통을 분리하는 것이 불가능한 경우에는 공통 또는 통합접지로 시공하여야 한다.

해설 **고압·특고압 접지계통의 접지시스템**
고압 또는 특고압 변전소에서 인입 또는 인출되는 저압전원이 있을 때, 접지시스템은 다음과 같이 시공하여야 한다.
(1) 고압 또는 특고압 변전소의 접지시스템은 공통 및 통합접지의 일부분이거나 또는 다중접지된 계통의 중성선에 접속되어야 한다.
(2) 고압 또는 특고압과 저압 접지시스템을 분리하는 경우의 접지극은 고압 또는 특고압 계통의 고장으로 인한 위험을 방지하기 위해 보폭전압과 접촉전압을 허용 값 이내로 하여야 한다.
(3) 고압 및 특고압 변전소에 인접하여 시설된 저압전원의 경우, 기기가 너무 가까이 위치하여 접지계통을 분리하는 것이 불가능한 경우에는 공통 또는 통합접지로 시공하여야 한다.

★★★
31 특고압전로와 저압전로를 결합하는 변압기 저압 측의 중성점에 접지공사를 토지의 상황 때문에 변압기의 시설장소마다 하기 어려워서 가공 접지도체를 시설하려고 한다. 이 때 가공 접지도체의 최소 굵기는 몇 [mm]인가?

① 3.2　　　　　② 4
③ 4.5　　　　　④ 5

해설 **가공 접지도체**
고·저압의 혼촉에 의한 위험을 방지하기 위하여 저압 측 중성점에 접지공사를 변압기의 시설장소마다 시행하여야 하지만 토지의 상황에 의하여 변압기의 시설장소에서 접지저항 값을 얻기 어려운 경우, 인장강도 5.26 [kN] 이상 또는 지름 4 [mm] 이상의 가공 접지도체를 저압가공전선에 관한 규정에 준하여 시설할 때에는 변압기의 시설장소로부터 200 [m]까지 떼어 놓을 수 있다.

★★★
32 고·저압 혼촉에 의한 위험을 방지하려고 시행하는 접지공사에 대한 기준으로 틀린 것은?

① 접지공사는 변압기의 시설장소마다 시행하여야 한다.
② 토지의 상황에 의하여 접지저항 값을 얻기 어려운 경우, 가공 접지도체를 사용하여 접지극을 100 [m]까지 떼어 놓을 수 있다.
③ 가공공동지선을 설치하여 접지공사를 하는 경우, 각 변압기를 중심으로 지름 400 [m] 이내의 지역에 접지를 하여야 한다.
④ 저압 전로의 사용전압이 300 [V] 이하인 경우, 그 접지공사를 중성점에 하기 어려우면 저압측의 1단자에 시행할 수 있다.

해설 **가공 접지도체**
고·저압의 혼촉에 의한 위험을 방지하기 위하여 저압측 중성점에 접지공사를 변압기의 시설장소마다 시행하여야 하지만 토지의 상황에 의하여 변압기의 시설장소에서 접지저항 값을 얻기 어려운 경우, 인장강도 5.26 [kN] 이상 또는 지름 4 [mm] 이상의 가공 접지도체를 저압가공전선에 관한 규정에 준하여 시설할 때에는 변압기의 시설장소로부터 200 [m]까지 떼어놓을 수 있다.

★★★
33 고압과 저압전로를 결합하는 변압기 저압측의 중성점에는 접지공사를 변압기의 시설장소마다 하여야 하나 부득이 하여 가공공동지선을 설치하여 공통의 접지공사로 하는 경우 각 변압기를 중심으로 하는 지름 몇 [m] 이내의 지역에 시설하여야 하는가?

① 400　　　　　② 500
③ 600　　　　　④ 800

해설 **가공공동지선**
(1) 가공공동지선은 인장강도 5.26 [kN] 이상 또는 지름 4 [mm] 이상의 경동선을 사용하여 저압가공전선에 관한 규정에 준하여 시설할 것.
(2) 접지공사는 각 변압기를 중심으로 하는 지름 400 [m] 이내의 지역으로서 그 변압기에 접속되는 전선로 바로 아래의 부분에서 각 변압기의 양쪽에 있도록 할 것.
(3) 가공공동지선과 대지 사이의 합성 전기저항 값은 1 [km]를 지름으로 하는 지역 안마다 접지저항 값을 가지는 것으로 하고 또한 각 접지도체를 가공공동지선으로부터 분리하였을 경우의 각 접지도체와 대지 사이의 전기저항 값은 300 [Ω] 이하로 할 것.

★★★
34 가공공동지선에 의한 접지공사에 있어 가공공동지선과 대지간의 합성 전기저항 값은 몇 [m]를 지름으로 하는 지역마다 규정하는 접지저항 값을 가지는 것으로 하여야 하는가?

① 200　　　　　② 400
③ 800　　　　　④ 1,000

해설 **가공공동지선**
가공공동지선과 대지 사이의 합성 전기저항 값은 1 [km]를 지름으로 하는 지역안마다 접지저항 값을 가지는 것으로 하고 또한 각 접지도체를 가공공동지선으로부터 분리하였을 경우의 각 접지도체와 대지 사이의 전기저항 값은 300 [Ω] 이하로 할 것.

★★★

35 고·저압 혼촉에 의한 위험방지시설로 가공공동지선을 설치하여 시설하는 경우에 각 접지선을 가공공동지선으로부터 분리하였을 경우의 각 접지선과 대지간의 전기저항 값은 몇 [Ω] 이하로 하여야 하는가?

① 75　　　　　　② 150

③ 300　　　　　　④ 600

해설 **가공공동지선**

　가공공동지선과 대지 사이의 합성 전기저항 값은 1 [km]를 지름으로 하는 지역안마다 접지저항 값을 가지는 것으로 하고 또한 각 접지도체를 가공공동지선으로부터 분리하였을 경우의 각 접지도체와 대지 사이의 전기저항 값은 300 [Ω] 이하로 할 것.

★★

36 고압전로와 비접지식 저압전로를 결합하는 변압기로 금속제의 혼촉방지판이 붙어 있고 또한 이 혼촉방지판에 변압기 중성점 접지규정에 의하여 접지공사를 한 것에 접촉하는 저압전선을 옥외에 시설할 때 저압 가공전선로의 전선으로 사용할 수 있는 것은?

① 600[V] 비닐절연전선

② 옥외용 비닐절연전선

③ 케이블

④ 다심형전선

해설 **혼촉방지판이 있는 변압기에 접속하는 저압 옥외전선의 시설 등**

　고압전로 또는 특고압전로와 비접지식의 저압전로를 결합하는 변압기(철도 또는 궤도의 신호용 변압기를 제외한다)로서 그 고압권선 또는 특고압권선과 저압권선 간에 금속제의 혼촉방지판(混觸防止板)이 있고 또한 그 혼촉방지판에 변압기 중성점 접지규정에 의하여 접지공사를 한 것에 접촉하 저압전선을 옥외에 시설할 때에는 다음에 따라 시설하여야 한다.

⑴ 저압전선은 1구내에만 시설할 것.

⑵ 저압 가공전선로 또는 저압 옥상전선로의 전선은 케이블일 것.

⑶ 저압 가공전선과 고압 또는 특고압의 가공전선을 동일 지지물에 시설하지 아니할 것. 다만, 고압 가공전선로 또는 특고압 가공전선로의 전선이 케이블인 경우에는 그러하지 아니하다.

★★

37 고압전로와 비접지식의 저압전로를 결합하는 변압기로서 그 고압권선과 저압권선 사이에 금속제의 혼촉방지판이 있고 또한 그 혼촉방지판에 제2종 접지공사를 한 것에 접속하는 저압전선을 옥외에 시설할 때 잘못된 것은?

① 저압 가공전선로의 전선은 케이블을 사용하였다.

② 저압 옥상전선로의 전선으로는 절연전선을 사용하였다.

③ 저압전선은 1구내에만 시설하였다.

④ 저압 가공전선과 고압 가공전선은 별개의 지지물에 시설하였다.

해설 **혼촉방지판이 있는 변압기에 접속하는 저압 옥외전선의 시설 등**

⑴ 저압전선은 1구내에만 시설할 것.

⑵ 저압 가공전선로 또는 저압 옥상전선로의 전선은 케이블일 것.

⑶ 저압 가공전선과 고압 또는 특고압의 가공전선을 동일 지지물에 시설하지 아니할 것. 다만, 고압 가공전선로 또는 특고압 가공전선로의 전선이 케이블인 경우에는 그러하지 아니하다.

★★

38 변압기에 의하여 특고압전로에 결합되는 고압전로에는 사용전압의 3배 이하의 전압이 가하여진 경우에 방전하는 피뢰기를 어느 곳에 시설할 때, 방전장치를 생략할 수 있는가?

① 고압전로의 모선의 각상

② 변압기의 단자

③ 변압기 단자의 1극

④ 특고압 전로의 1극

해설 **특고압과 고압의 혼촉 등에 의한 위험방지 시설**

　변압기에 의하여 특고압전로에 결합되는 고압전로에는 사용전압의 3배 이하인 전압이 가하여진 경우에 방전하는 장치를 그 변압기의 단자에 가까운 1극에 설치하여야 한다. 다만, 사용전압의 3배 이하인 전압이 가하여진 경우에 방전하는 피뢰기를 고압전로의 모선의 각상에 시설하거나 특고압권선과 고압권선 간에 혼촉방지판을 시설하여 접지저항 값이 10 [Ω] 이하인 접지공사를 한 경우에는 그러하지 아니하다.

★★
39 변압기에 의하여 특고압전로에 결합되는 고압전로에는 사용전압의 3배 이하의 전압이 가하여진 경우에 방전하는 장치를 그 변압기의 단자에 가까운 1극에 시설하여야 한다. 다만, 특고압권선과 고압권선 간에 혼촉방지판을 시설하여 접지저항 값이 몇 [Ω] 이하인 접지공사를 한 경우에는 예외로 하는가?

① 2   ② 3
③ 5   ④ 10

[해설] 특고압과 고압의 혼촉 등에 의한 위험방지 시설
변압기에 의하여 특고압전로에 결합되는 고압전로에는 사용전압의 3배 이하인 전압이 가하여진 경우에 방전하는 장치를 그 변압기의 단자에 가까운 1극에 설치하여야 한다. 다만, 사용전압의 3배 이하인 전압이 가하여진 경우에 방전하는 피뢰기를 고압전로의 모선의 각 상에 시설하거나 특고압권선과 고압권선 간에 혼촉방지판을 시설하여 접지저항 값이 10 [Ω] 이하인 접지공사를 한 경우에는 그러하지 아니하다.

★★★
40 154,000[V]에서 6,600[V]로 변성하는 변압기에 결합되는 고압전로에는 사용전압의 몇 배 이하인 전압이 가하여진 경우에 방전하는 장치를 그 변압기의 단자에 가까운 1극에 설치하여야 하는가?

① 2배   ② 3배
③ 4배   ④ 5배

[해설] 특고압과 고압의 혼촉 등에 의한 위험방지 시설
변압기에 의하여 특고압전로에 결합되는 고압전로에는 사용전압의 3배 이하인 전압이 가하여진 경우에 방전하는 장치를 그 변압기의 단자에 가까운 1극에 설치하여야 한다. 다만, 사용전압의 3배 이하인 전압이 가하여진 경우에 방전하는 피뢰기를 고압전로의 모선의 각 상에 시설하거나 특고압권선과 고압권선 간에 혼촉방지판을 시설하여 접지저항 값이 10 [Ω] 이하인 경우에는 그러하지 아니하다.

★★★
41 변압기로서 특별고압과 결합되는 고압전로의 혼촉에 의한 위험방지시설로 옳은 것은?

① 특고압권선과 고압권선 간에 접지저항 값이 10 [Ω] 이하인 혼촉방지판을 시설
② 프라이머리 컷아웃 스위치 장치
③ 퓨즈
④ 사용전압 3배 이하의 전압에서 방전하는 방전장치

[해설] 특고압과 고압의 혼촉 등에 의한 위험방지 시설
변압기에 의하여 특고압전로에 결합되는 고압전로에는 사용전압의 3배 이하인 전압이 가하여진 경우에 방전하는 장치를 그 변압기의 단자에 가까운 1극에 설치하여야 한다. 다만, 사용전압의 3배 이하인 전압이 가하여진 경우에 방전하는 피뢰기를 고압전로의 모선의 각 상에 시설하거나 특고압권선과 고압권선 간에 혼촉방지판을 시설하여 접지저항 값이 10 [Ω] 이하인 경우에는 그러하지 아니하다.

★★
42 154/3.3 [kV]의 변압기를 시설할 때 고압측에 방전기를 시설하고자 한다. 몇 [V]에서 방전을 개시해야 하는가?

① 4,125 [V]   ② 4,950 [V]
③ 6,600 [V]   ④ 9,900 [V]

[해설] 특고압과 고압의 혼촉 등에 의한 위험방지 시설
변압기에 의하여 특고압전로에 결합되는 고압전로에는 사용전압의 3배 이하인 전압이 가하여진 경우에 방전하는 장치를 그 변압기의 단자에 가까운 1극에 설치하여야 한다.
∴ 방전개시전압$=3,300\times3=9,900$ [V]

★★★

43 전로의 중성점을 접지하는 목적에 해당되지 않는 것은?

① 보호장치의 확실한 동작을 확보
② 이상전압의 억제
③ 부하전류의 일부를 대지로 흐르게 하여 전선 절약
④ 대지전압의 저하

해설 전로의 중성점 접지의 목적
　(1) 전로의 보호 장치의 확실한 동작의 확보
　(2) 이상 전압의 억제
　(3) 대지전압의 저하

★★

44 고압전로의 중성점을 접지할 때 접지선으로 연동선을 사용하는 경우의 지름은 최소 몇 [mm²]인가?

① 2.5 [mm²]　　　② 10 [mm²]
③ 16 [mm²]　　　④ 25 [mm²]

해설 전로의 중성점 접지
　접지도체는 공칭단면적 16 [mm²] 이상의 연동선 또는 이와 동등 이상의 세기 및 굵기의 쉽게 부식하지 아니하는 금속선(저압 전로의 중성점에 시설하는 것은 공칭단면적 6 [mm²] 이상의 연동선 또는 이와 동등 이상의 세기 및 굵기의 쉽게 부식하지 않는 금속선)으로서 고장시 흐르는 전류가 안전하게 통할 수 있는 것을 사용하고 또한 손상을 받을 우려가 없도록 시설할 것.

★★

45 3,300[V] 전로의 중성점을 접지하는 경우의 접지선에 연동선을 사용할 때 그 최소 굵기는 몇 [mm²]인가?

① 2.5 [mm²]　　　② 4.0 [mm²]
③ 16 [mm²]　　　④ 25 [mm²]

해설 전로의 중성점 접지
　접지도체는 공칭단면적 16 [mm²] 이상의 연동선 또는 이와 동등 이상의 세기 및 굵기의 쉽게 부식하지 아니하는 금속선(저압 전로의 중성점에 시설하는 것은 공칭단면적 6 [mm²] 이상의 연동선 또는 이와 동등 이상의 세기 및 굵기의 쉽게 부식하지 않는 금속선)으로서 고장시 흐르는 전류가 안전하게 통할 수 있는 것을 사용하고 또한 손상을 받을 우려가 없도록 시설할 것.

★★

46 계속적인 전력공급이 요구되는 곳의 전기설비로서 지락전류를 제한하기 위하여 저항기를 사용하는 중성점 고저항 접지계통에서 300 [V] 이상 1 [kV] 이하의 3상 교류계통에 적용할 수 있는 경우에 해당되지 않는 것은?

① 계통에 지락검출장치가 시설될 것
② 전압선과 중성선 사이에 부하가 있을 것
③ 접지저항기는 계통의 중성점과 접지극 도체와의 사이에 설치할 것
④ 계통의 중성점은 접지저항기를 통하여 접지할 것

해설 중성점 고저항 접지계통
　지락전류를 제한하기 위하여 저항기를 사용하는 중성점 고저항 접지설비는 다음에 따를 경우 300 [V] 이상 1 [kV] 이하의 3상 교류계통에 적용할 수 있다.
　(1) 계통에 지락검출장치가 시설될 것.
　(2) 전압선과 중성선 사이에 부하가 없을 것.
　(3) 고저항 중성점 접지계통은 다음에 적합할 것.
　　㉠ 접지저항기는 계통의 중성점과 접지극 도체와의 사이에 설치할 것. 중성점을 얻기 어려운 경우에는 접지변압기에 의한 중성점과 접지극 도체 사이에 접지저항기를 설치한다.
　　㉡ 변압기 또는 발전기의 중성점에서 접지저항기에 접속하는 점까지의 중성선은 동선 10 [mm²] 이상, 알루미늄선 또는 동복 알루미늄선은 16 [mm²] 이상의 절연전선으로서 접지저항기의 최대정격전류 이상일 것.
　　㉢ 계통의 중성점은 접지저항기를 통하여 접지할 것.
　　㉣ 변압기 또는 발전기의 중성점과 접지저항기 사이의 중성선은 별도로 배선할 것.

★★

47 특고압 전선로에 접속하는 배전용 변압기를 시설하는 경우에 특고압 전선에 특고압 절연전선 또는 케이블을 사용하였다면 변압기의 1차 전압은 몇 [kV] 이하이어야 하는가?(단, 발전소, 변전소, 개폐소 이외의 곳)

① 20　　　　　　② 35
③ 50　　　　　　④ 70

해설 특고압 배전용 변압기의 시설
　(1) 변압기의 1차 전압은 35 [kV] 이하, 2차 전압은 저압 또는 고압일 것.
　(2) 변압기의 특고압측에 개폐기 및 과전류차단기를 시설할 것.
　(3) 변압기의 2차 전압이 고압인 경우에는 고압측에 개폐기를 시설하고 또한 쉽게 개폐할 수 있도록 할 것.

★★★
48 특고압 전선로에 접속하는 배전용 변압기의 1차 및 2차 전압은?

① 1차 : 35 [kV] 이하, 2차 : 저압 또는 고압
② 1차 : 50 [kV] 이하, 2차 : 저압 또는 고압
③ 1차 : 35 [kV] 이하, 2차 : 특고압 또는 고압
④ 1차 : 50 [kV] 이하, 2차 : 특고압 또는 고압

[해설] 특고압 배전용 변압기의 시설
변압기의 1차 전압은 35 [kV] 이하, 2차 전압은 저압 또는 고압일 것.

★
49 특고압 전선로에 접속하는 배전용 변압기를 시설하는 경우에 대한 설명으로 틀린 것은?

① 변압기의 2차 전압이 고압인 경우에는 저압측에 개폐기를 시설한다.
② 특고압 전선으로 특고압 절연전선 또는 케이블을 사용한다.
③ 변압기의 특고압측에 개폐기 및 과전류차단기를 시설한다.
④ 변압기의 1차 전압은 35 [kV] 이하, 2차 전압은 저압 또는 고압이어야 한다.

[해설] 특고압 배전용 변압기의 시설
변압기의 2차 전압이 고압인 경우에는 고압측에 개폐기를 시설하고 또한 쉽게 개폐할 수 있도록 할 것.

★★
50 특고압을 직접 저압으로 변성하는 변압기를 시설하여서는 안 되는 것은?

① 교류식 전기철도용 신호회로에 전기를 공급하기 위한 변압기
② 1차 전압이 22.9 [kV]이고, 1차측과 2차측 권선이 혼촉한 경우에 자동적으로 전로로부터 차단되는 차단기가 설치된 변압기
③ 1차 전압 66 [kV]의 변압기로서 1차측과 2차측 권선 사이에 변압기 중성점 접지 규정에 의하여 접지공사를 한 금속제 혼촉방지판이 있는 변압기
④ 1차 전압이 22 [kV]이고 Δ결선된 비접지 변압기로서 2차측 부하설비가 항상 일정하게 유지되는 변압기

[해설] 특고압을 직접 저압으로 변성하는 변압기의 시설
특고압을 직접 저압으로 변성하는 변압기는 다음의 것 이외에는 시설하여서는 아니 된다.
(1) 전기로 등 전류가 큰 전기를 소비하기 위한 변압기
(2) 발전소·변전소·개폐소 또는 이에 준하는 곳의 소내용 변압기
(3) 15 [kV] 이하 및 15 [kV] 초과 25 [kV] 이하인 다중접지식 특고압 전선로에 접속하는 변압기
(4) 사용전압이 35 [kV] 이하인 변압기로서 그 특고압측 권선과 저압측 권선이 혼촉한 경우에 자동적으로 변압기를 전로로부터 차단하기 위한 장치를 설치한 것
(5) 사용전압이 100 [kV] 이하인 변압기로서 그 특고압측 권선과 저압측 권선 사이에 변압기 중성점 접지 규정에 의하여 접지공사(접지저항 값이 10 [Ω] 이하인 것에 한한다)를 한 금속제의 혼촉방지판이 있는 것
(6) 교류식 전기철도용 신호회로에 전기를 공급하기 위한 변압기

★★
51 특고압 기계기구에 부속하는 전선에 특고압 인하용 절연전선을 사용하는 경우 특고압용 기계기구는 지표상 몇 [m] 이상의 높이에 시설하여야 하는가?

① 4   ② 4.5
③ 5   ④ 5.5

[해설] 고압 및 특고압 기계기구의 시설
고압 및 특고압용 기계기구는 다음의 어느 하나에 해당하는 경우, 발전소·변전소·개폐소 또는 이에 준하는 곳에 시설하는 경우, 또한 특고압용 기계기구는 취급자 이외의 사람이 출입할 수 없도록 설비한 곳에 시설하는 전기집진 응용장치에 전기를 공급하기 위한 변압기·정류기 및 이에 부속하는 특고압의 전기설비 및 전기집진 응용장치, 제1종 엑스선 발생장치, 제2종 엑스선 발생장치에 의하여 시설하는 경우 이외에는 시설하여서는 아니 된다.
(1) 기계기구의 주위에 울타리·담 등의 시설의 규정에 준하여 울타리·담 등을 시설하는 경우
(2) 기계기구(이에 부속하는 전선에 고압은 케이블 또는 고압 인하용 절연전선, 특고압은 특고압 인하용 절연전선을 사용하는 경우에 한한다)를 고압용은 지표상 4.5 [m] (시가지 외에는 4 [m]) 이상, 특고압용은 지표상 5 [m] 이상의 높이에 시설하는 경우
(3) 옥내에 설치한 기계기구를 취급자 이외의 사람이 출입할 수 없도록 설치한 곳에 시설하는 경우
(4) 충전부분이 노출하지 아니하는 기계기구를 사람이 쉽게 접촉할 우려가 없도록 시설하는 경우

★★
52 고압용 차단기 등의 동작시에 아크가 발생하는 기구는 목재의 벽 또는 천장 등 가연성 구조물 등으로부터 몇 [m] 이상 이격하여 시설하여야 하는가?

① 1 ② 1.5
③ 2 ④ 2.5

해설 아크를 발생하는 기구의 시설

고압용 또는 특고압용의 개폐기·차단기·피뢰기 기타 이와 유사한 기구(이하 이 조에서 "기구 등"이라 한다)로서 동작 시에 아크가 생기는 것은 목재의 벽 또는 천장 기타의 가연성 물체로부터 아래 표에서 정한 값 이상 이격하여 시설하여야 한다.

기구 등의 구분	이격거리
고압용의 것	1 [m] 이상 이격
특고압용의 것	2 [m] (사용전압이 35 [kV] 이하의 특고압용의 기구 등으로서 동작할 때에 생기는 아크의 방향과 길이를 화재가 발생할 우려가 없도록 제한하는 경우에는 1 [m]) 이상

★
53 고압용 또는 특별고압용의 개폐기, 차단기, 피뢰기, 기타 이와 유사한 기구는 목재의 벽 또는 천장, 기타 가연성 물질로부터 고압용의 것과 특별고압용의 것은 각각 몇 [m] 이상 이격해야 하는가?

① 0.75, 1 ② 0.75, 1.5
③ 1, 1.5 ④ 1, 2

해설 아크를 발생하는 기구의 시설

기구 등의 구분	이격거리
고압용의 것	1 [m] 이상 이격
특고압용의 것	2 [m] 이상 이격

★
54 고압용 또는 특고압용 개폐기를 시설할 때 반드시 조치하지 않아도 되는 것은?

① 작동시에 개폐상태가 쉽게 확인될 수 없는 경우에는 개폐상태를 표시하는 장치
② 중력 등에 의하여 자연히 작동할 우려가 있는 것은 자물쇠장치 기타 이를 방지하는 장치
③ 고압용 또는 특별고압용이라는 위험 표시
④ 부하전류의 차단용이 아닌 것은 부하전류가 통하고 있을 경우에 개로(開路)할 수 없도록 시설

해설 개폐기의 시설

(1) 전로 중에 개폐기를 시설하는 경우(이 기준에서 개폐기를 시설하도록 정하는 경우에 한한다)에는 그곳의 각 극에 설치하여야 한다.
(2) 고압용 또는 특고압용의 개폐기는 그 작동에 따라 그 개폐상태를 표시하는 장치가 되어 있는 것이어야 한다. 다만, 그 개폐상태를 쉽게 확인할 수 있는 것은 그러하지 아니하다.
(3) 고압용 또는 특고압용의 개폐기로서 중력 등에 의하여 자연히 작동할 우려가 있는 것은 자물쇠장치 기타 이를 방지하는 장치를 시설하여야 한다.
(4) 고압용 또는 특고압용의 개폐기로서 부하전류를 차단하기 위한 것이 아닌 개폐기는 부하전류가 통하고 있을 경우에는 개로할 수 없도록 시설하여야 한다. 다만, 개폐기를 조작하는 곳의 보기 쉬운 위치에 부하전류의 유무를 표시한 장치 또는 전화기 기타의 지령 장치를 시설하거나 터블렛 등을 사용함으로서 부하전류가 통하고 있을 때에 개로조작을 방지하기 위한 조치를 하는 경우는 그러하지 아니하다.
(5) 전로에 이상이 생겼을 때 자동적으로 전로를 개폐하는 장치를 시설하는 경우에는 그 개폐기의 자동 개폐 기능에 장해가 생기지 않도록 시설하여야 한다.

★★
55 고압용 또는 특고압용 단로기로서 부하 전류의 차단을 방지하기 위한 조치가 아닌 것은?

① 단로기의 조작 위치에 부하전류 유무 표시
② 단로기 설치 위치의 1차측에 방전장치 시설
③ 단로기의 조작 위치에 전화기, 기타의 지령 장치 시설
④ 터블렛 등을 사용함으로서 부하전류가 통하고 있을 때에 개로조작을 방지하기 위한 조치

[해설] 개폐기의 시설
고압용 또는 특고압용의 개폐기로서 부하전류를 차단하기 위한 것이 아닌 개폐기는 부하전류가 통하고 있을 경우에는 개로할 수 없도록 시설하여야 한다. 다만, 개폐기를 조작하는 곳의 보기 쉬운 위치에 부하전류의 유무를 표시한 장치 또는 전화기 기타의 지령 장치를 시설하거나 터블렛 등을 사용함으로서 부하전류가 통하고 있을 때에 개로조작을 방지하기 위한 조치를 하는 경우는 그러하지 아니하다.

★★
56 고압용 또는 특별고압용의 개폐기로서 부하전류 차단용이 아닌 개폐기에 대하여 부하전류가 통하고 있을 때 개로할 수 없도록 시설조치를 반드시 취해야 하는 경우는?

① 터블렛 등을 사용함으로서 부하전류가 통하고 있을 때에 개로 조작을 방지하기 위한 조치를 하는 경우
② 부하설비에 무정전 전원장치를 시설하는 경우
③ 전화기 또는 기타의 지령장치를 하는 경우
④ 개폐기를 조작하는 곳의 보기 쉬운 위치에 부하전류의 유무를 표시하는 장치를 하는 경우

[해설] 개폐기의 시설
고압용 또는 특고압용의 개폐기로서 부하전류를 차단하기 위한 것이 아닌 개폐기는 부하전류가 통하고 있을 경우에는 개로할 수 없도록 시설하여야 한다. 다만, 개폐기를 조작하는 곳의 보기 쉬운 위치에 부하전류의 유무를 표시한 장치 또는 전화기 기타의 지령 장치를 시설하거나 터블렛 등을 사용함으로서 부하전류가 통하고 있을 때에 개로조작을 방지하기 위한 조치를 하는 경우는 그러하지 아니하다.

★★★
57 과전류차단기를 시설하여도 좋은 곳은 어느 것인가?

① 전로 일부에 접지공사를 한 저압 가공전선로의 접지측 전선
② 방전장치를 시설한 고압측 전선
③ 접지공사의 접지선
④ 다선식 전로의 중성선

[해설] 과전류차단기의 시설 제한
(1) 접지공사의 접지도체
(2) 다선식 전로의 중성선
(3) 고압 및 특고압과 저압의 혼촉에 의한 위험방지 시설의 규정에 의하여 전로의 일부에 접지공사를 한 저압 가공전선로의 접지측 전선

★★
58 과전류차단기를 시설할 수 있는 곳은?

① 접지공사의 접지선
② 다선식 전로의 중성선
③ 단상 3선식 전로의 저압측 전선
④ 접지공사를 한 저압 가공전선로의 접지측 전선

[해설] 중성점 고저항 접지계통
전압선과 중성선 사이에 부하가 없을 것.

★★
59 과전류차단기를 설치하지 않아야 할 곳은?

① 수용가의 인입선 부분
② 고압 배전선로의 인출장소
③ 직접 접지계통에 설치한 변압기의 접지선
④ 역률조정용 고압 병렬콘덴서 뱅크의 분기선

[해설] 과전류차단기의 시설 제한
(1) 접지공사의 접지도체
(2) 다선식 전로의 중성선
(3) 고압 및 특고압과 저압의 혼촉에 의한 위험방지 시설의 규정에 의하여 전로의 일부에 접지공사를 한 저압 가공전선로의 접지측 전선

★★

60 고압 및 특고압 전로 중 전로에 지락이 생긴 경우에 자동적으로 전로를 차단하는 장치를 하지 않아도 되는 곳은?

① 발전소·변전소 또는 이에 준하는 곳의 인출구
② 수전점에서 수전하는 전기를 모두 그 수전점에 속하는 수전장소에서 변성하여 사용하는 경우
③ 다른 전기사업자로부터 공급을 받는 수전점
④ 단권변압기를 제외한 배전용 변압기의 시설 장소

해설 지락차단장치 등의 시설
(1) 특고압전로 또는 고압전로에 변압기에 의하여 결합되는 사용전압 400 [V]를 초과하는 저압전로 또는 발전기에서 공급하는 사용전압 400 [V]를 초과하는 저압전로(발전소 및 변전소와 이에 준하는 곳에 있는 부분의 전로를 제외한다. 이하 이항에서 같다)에는 전로에 지락이 생겼을 때에 자동적으로 전로를 차단하는 장치를 시설하여야 한다.
(2) 고압 및 특고압 전로 중 다음에 열거하는 곳 또는 이에 근접한 곳에는 전로에 지락이 생겼을 때에 자동적으로 전로를 차단하는 장치를 시설하여야 한다. 다만, 전기사업자로부터 공급을 받는 수전점에서 수전하는 전기를 모두 그 수전점에 속하는 수전장소에서 변성하거나 또는 사용하는 경우는 그러하지 아니하다.
㉠ 발전소·변전소 또는 이에 준하는 곳의 인출구
㉡ 다른 전기사업자로부터 공급받는 수전점
㉢ 배전용변압기(단권변압기를 제외한다)의 시설 장소

★★

61 일반적으로 고압 및 특고압 전로 중 전로에 접지가 생긴 경우에 자동차단장치가 필요하지만 법규상으로 꼭 자동차단장치를 하지 않아도 되는 곳은 다음 중 어느 곳인가?

① 발전소, 변전소 또는 이에 준하는 곳의 인출구
② 개폐소에 있어서 송전선로의 인출구
③ 다른 전기사업자로부터 공급을 받는 수전점
④ 배전용 변압기(단권변압기는 제외)의 시설 장소

해설 지락차단장치 등의 시설
고압 및 특고압 전로 중 다음에 열거하는 곳 또는 이에 근접한 곳에는 전로에 지락이 생겼을 때에 자동적으로 전로를 차단하는 장치를 시설하여야 한다. 다만, 전기사업자로부터 공급을 받는 수전점에서 수전하는 전기를 모두 그 수전점에 속하는 수전장소에서 변성하거나 또는 사용하는 경우는 그러하지 아니하다.
(1) 발전소·변전소 또는 이에 준하는 곳의 인출구
(2) 다른 전기사업자로부터 공급받는 수전점
(3) 배전용변압기(단권변압기를 제외한다)의 시설 장소

★★★

62 피뢰기를 반드시 시설하여야 할 곳은?

① 전기 수용장소 내의 차단기 2차측
② 가공전선로와 지중전선로가 접속되는 곳
③ 수전용변압기의 2차측
④ 경간이 긴 가공전선로

해설 피뢰기의 시설
(1) 고압 및 특고압의 전로 중 다음에 열거하는 곳 또는 이에 근접한 곳에는 피뢰기를 시설하여야 한다.
㉠ 발전소·변전소 또는 이에 준하는 장소의 가공전선 인입구 및 인출구
㉡ 특고압 가공전선로에 접속하는 특고압 배전용 변압기의 고압측 및 특고압측
㉢ 고압 및 특고압 가공전선로로부터 공급을 받는 수용장소의 인입구
㉣ 가공전선로와 지중전선로가 접속되는 곳
(2) 다음의 어느 하나에 해당하는 경우에는 (1)항 규정에 의하지 아니할 수 있다.
㉠ (1)항의 어느 하나에 해당되는 곳에 직접 접속하는 전선이 짧은 경우
㉡ (1)항의 어느 하나에 해당되는 경우 피보호기기가 보호범위 내에 위치하는 경우
(3) 피뢰기의 접지
고압 및 특고압의 전로에 시설하는 피뢰기 접지저항 값은 10 [Ω] 이하로 하여야 한다. 다만, 고압 가공전선로에 고압 및 특고압 가공선로에 시설하는 피뢰기를 접지공사를 한 변압기에 근접하여 시설하는 경우로서, 고압 가공전선로에 시설하는 피뢰기의 접지도체가 그 접지공사 전용의 것인 경우에 그 접지공사의 접지저항 값이 30 [Ω] 이하인 때에는 예외이다.

★★ 63 피뢰기를 시설하지 않아도 되는 곳은?

① 가공전선로와 지중전선로가 접속되는 곳으로서 피보호기가 보호범위 내에 위치하는 경우
② 발전소, 변전소 또는 이에 준하는 장소의 가공전선 인입구
③ 특별고압 가공전선로로부터 공급받는 수용장소의 인입구
④ 가공전선로에 접속하는 특별고압 배전용 변압기의 특별고압측 및 고압측

[해설] 피뢰기의 시설
(1) 고압 및 특고압의 전로 중 다음에 열거하는 곳 또는 이에 근접한 곳에는 피뢰기를 시설하여야 한다.
  ㉠ 발전소·변전소 또는 이에 준하는 장소의 가공전선 인입구 및 인출구
  ㉡ 특고압 가공전선로에 접속하는 특고압 배전용 변압기의 고압측 및 특고압측
  ㉢ 고압 및 특고압 가공전선로로부터 공급을 받는 수용장소의 인입구
  ㉣ 가공전선로와 지중전선로가 접속되는 곳
(2) 다음의 어느 하나에 해당하는 경우에는 (1)항 규정에 의하지 아니할 수 있다.
  ㉠ (1)항의 어느 하나에 해당되는 곳에 직접 접속하는 전선이 짧은 경우
  ㉡ (1)항의 어느 하나에 해당되는 경우 피보호기기가 보호범위 내에 위치하는 경우

★ 64 피뢰기 설치기준으로 옳지 않은 것은?

① 발전소·변전소 또는 이에 준하는 장소의 가공전선의 인입구 및 인출구
② 가공전선로와 특고압 전선로가 접속되는 곳
③ 가공전선로에 접속한 1차측 전압이 35 [kV] 이하인 배전용 변압기의 고압측 및 특고압측
④ 고압 및 특고압 가공전선로로부터 공급받는 수용장소의 인입구

[해설] 피뢰기의 시설
고압 및 특고압의 전로 중 다음에 열거하는 곳 또는 이에 근접한 곳에는 피뢰기를 시설하여야 한다.
(1) 발전소·변전소 또는 이에 준하는 장소의 가공전선 인입구 및 인출구
(2) 특고압 가공전선로에 접속하는 특고압 배전용 변압기의 고압측 및 특고압측
(3) 고압 및 특고압 가공전선로로부터 공급을 받는 수용장소의 인입구
(4) 가공전선로와 지중전선로가 접속되는 곳

★★ 65 고압 및 특고압의 전로에 시설하는 피뢰기 접지저항 값은 몇 [Ω] 이하로 하여야 하는가?

① 10
② 20
③ 25
④ 30

[해설] 피뢰기의 접지
고압 및 특고압의 전로에 시설하는 피뢰기 접지저항 값은 10 [Ω] 이하로 하여야 한다. 다만, 고압 가공전선로에 시설하는 피뢰기를 접지공사를 한 변압기에 근접하여 시설하는 경우로서, 고압 가공전선로에 시설하는 피뢰기의 접지도체가 그 접지공사 전용의 것인 경우에 그 접지공사의 접지저항 값이 30 [Ω] 이하인 때에는 그 피뢰기의 접지저항값이 10 [Ω] 이하가 아니어도 된다.

66 차단기에 사용하는 압축공기장치에 대한 설명 중 틀린 것은?

① 공기압축기를 통하는 관은 용접에 의한 잔류 응력이 생기지 않도록 할 것
② 주 공기탱크에는 사용압력 1.5배 이상 3배 이하의 최고 눈금이 있는 압력계를 시설할 것
③ 공기압축기는 최고사용압력의 1.5배 수압을 연속하여 10분간 가하여 시험하였을 때 이에 견디고 새지 아니할 것
④ 공기탱크는 사용압력에서 공기의 보급이 없는 상태로 차단기의 투입 및 차단을 연속하여 3회 이상 할 수 있는 용량을 가질 것

해설 압축공기계통

발전소·변전소·개폐소 또는 이에 준하는 곳에서 개폐기 또는 차단기에 사용하는 압축공기장치는 다음에 따라 시설하여야 한다.

(1) 공기압축기는 최고 사용압력의 1.5배의 수압(수압을 연속하여 10분간 가하여 시험을 하기 어려울 때에는 최고 사용압력의 1.25배의 기압)을 연속하여 10분간 가하여 시험을 하였을 때에 이에 견디고 또한 새지 아니할 것.
(2) 공기탱크는 사용 압력에서 공기의 보급이 없는 상태로 개폐기 또는 차단기의 투입 및 차단을 연속하여 1회 이상 할 수 있는 용량을 가지는 것일 것.
(3) 내식성을 가지지 아니하는 재료를 사용하는 경우에는 외면에 산화방지를 위한 도장을 할 것.
(4) 주 공기탱크의 압력이 저하한 경우에 자동적으로 압력을 회복하는 장치를 시설할 것.
(5) 주 공기탱크 또는 이에 근접한 곳에는 사용압력의 1.5배 이상 3배 이하의 최고 눈금이 있는 압력계를 시설할 것.
(6) 공기압축기·공기탱크 및 압축공기를 통하는 관은 용접에 의한 잔류응력이 생기거나 나사의 조임에 의하여 무리한 하중이 걸리지 아니하도록 할 것.

67 발전소에서 개폐기 또는 차단기에 사용하는 압축공기 장치는 수압을 연속하여 10분간 가하여 시험하였을 때 최고사용압력 몇 배의 수압에 견디고 새지 않아야 하는가?

① 1.1배
② 1.25배
③ 1.5배
④ 2배

해설 압축공기계통

공기압축기는 최고 사용압력의 1.5배의 수압(수압을 연속하여 10분간 가하여 시험을 하기 어려울 때에는 최고 사용압력의 1.25배의 기압)을 연속하여 10분간 가하여 시험을 하였을 때에 이에 견디고 또한 새지 아니할 것

68 발·변전소의 차단기에 사용하는 압축공기장치의 공기탱크는 사용압력에서 공기의 보급이 없는 상태에서 차단기의 투입 및 차단을 연속하여 몇 회 이상 할 수 있는 용량을 가져야 하는가?

① 1회
② 2회
③ 3회
④ 4회

해설 압축공기계통

공기탱크는 사용 압력에서 공기의 보급이 없는 상태로 개폐기 또는 차단기의 투입 및 차단을 연속하여 1회 이상 할 수 있는 용량을 가지는 것일 것.

69 목장에서 가축의 탈출을 방지하기 위하여 전기울타리를 시설하는 경우의 전선으로 경동선을 사용할 경우 그 최소 굵기는 지름 몇 [mm]인가?

① 1
② 1.2
③ 1.6
④ 2

해설 전기울타리

전기울타리는 목장·논밭 등 옥외에서 가축의 탈출 또는 야생짐승의 침입을 방지하기 위하여 시설하는 경우를 제외하고는 시설해서는 안 된다.

(1) 전기울타리용 전원장치에 전원을 공급하는 전로의 사용전압은 250 [V] 이하이어야 한다.
(2) 전기울타리는 사람이 쉽게 출입하지 아니하는 곳에 시설할 것.
(3) 전선은 인장강도 1.38 [kN] 이상의 것 또는 지름 2 [mm] 이상의 경동선일 것.
(4) 전선과 이를 지지하는 기둥 사이의 이격거리는 25 [mm] 이상일 것.
(5) 전선과 다른 시설물(가공 전선을 제외한다) 또는 수목과의 이격거리는 0.3 [m] 이상일 것.
(6) 전기울타리에 전기를 공급하는 전로에는 쉽게 개폐할 수 있는 곳에 전용 개폐기를 시설하여야 한다.
(7) 전기울타리 전원장치의 외함 및 변압기의 철심은 접지공사를 하여야 한다.
(8) 전기울타리의 접지전극과 다른 접지 계통의 접지전극의 거리는 2 [m] 이상이어야 한다.
(9) 가공전선로의 아래를 통과하는 전기울타리의 금속부분은 교차지점의 양쪽으로부터 5 [m] 이상의 간격을 두고 접지하여야 한다.

★★
70 목장에서 가축의 탈출을 방지하기 위하여 전기울타리를 시설하는 경우의 전선은 인장강도가 몇 [kN] 이상의 것이어야 하는가?

① 0.39 [kN]　　　② 1.38 [kN]
③ 2.78 [kN]　　　④ 5.93 [kN]

해설 전기울타리
전선은 인장강도 1.38 [kN] 이상의 것 또는 지름 2 [mm] 이상의 경동선일 것.

★★★
71 전기울타리의 시설에 관한 규정 중 틀린 것은?

① 전선과 수목 사이의 이격거리는 50 [cm] 이상이어야 한다.
② 전기울타리는 사람이 쉽게 출입하지 아니하는 곳에 설치하여야 한다.
③ 전선은 인장강도 1.38 [kN] 이상의 것 또는 지름 2 [mm] 이상의 경동선이어야 한다.
④ 전기울타리용 전원 장치에 전기를 공급하는 전로의 사용전압은 250 [V] 이하이어야 한다.

해설 전기울타리
전선과 다른 시설물(가공 전선을 제외한다) 또는 수목과의 이격거리는 0.3 [m] 이상일 것.

★★★
72 다음 중 전기울타리의 시설에 관한 사항으로 옳지 않은 것은?

① 전원장치에 전기를 공급하는 전로의 사용전압은 600 [V] 이하일 것
② 사람이 쉽게 출입하지 아니하는 곳에 시설할 것
③ 전선은 인장강도 1.38 [kN] 이상의 것 또는 지름 2 [mm] 이상의 경동선일 것
④ 전선과 수목 사이의 이격거리는 30 [cm] 이상일 것

해설 전기울타리
전기울타리용 전원장치에 전원을 공급하는 전로의 사용전압은 250 [V] 이하이어야 한다.

★★
73 전기울타리 시설에 대한 설명으로 알맞은 것은?

① 전기울타리는 사람이 쉽게 출입할 수 있는 곳에 시설할 것
② 전기울타리용 전원장치에 전기를 공급하는 전로의 사용전압은 600 [V] 이하일 것
③ 전선과 이를 지지하는 기둥 사이의 이격거리는 2.5 [cm] 이상일 것
④ 전선과 수목 사이의 이격거리는 40 [cm] 이상일 것

해설 전기울타리
전선과 이를 지지하는 기둥 사이의 이격거리는 25 [mm] 이상일 것.

★
74 전극식 온천온수기 시설에서 적합하지 않은 것은?

① 온수기의 사용전압은 400 [V] 이하일 것
② 전동기 전원공급용 변압기는 300 [V] 이하의 절연변압기를 사용할 것
③ 절연변압기 외함에는 접지공사를 할 것
④ 승온기 및 차폐장치의 외함은 절연성 및 내수성이 있는 견고한 것일 것

해설 전극식 온천온수기
전극식 온천온수기 또는 이에 부속하는 급수 펌프에 직결되는 전동기에 전기를 공급하기 위해서는 사용전압이 400 [V] 이하인 절연변압기를 시설하여야 한다.

★★
75 전기온상의 발열선의 온도는 몇 [℃]를 넘지 아니하도록 시설하여야 하는가?

① 70　　　　　② 80
③ 90　　　　　④ 100

해설 전기온상
(1) 전기온상에 전기를 공급하는 전로의 대지전압은 300 [V] 이하일 것.
(2) 발열선은 그 온도가 80 [℃]를 넘지 않도록 시설할 것.

★★
76 발열선을 도로, 주차장 또는 조영물의 조영재에 고정시켜 시설하는 경우 발열선에 전기를 공급하는 전로의 대지전압은 몇 [V] 이하이어야 하는가?

① 100   ② 150
③ 200   ④ 300

해설 도로 등의 전열장치
(1) 발열선에 전기를 공급하는 전로의 대지전압은 300 [V] 이하일 것.
(2) 발열선은 그 온도가 80 [℃]를 넘지 아니하도록 시설할 것. 다만, 도로 또는 옥외 주차장에 금속피복을 한 발열선을 시설할 경우에는 발열선의 온도를 120 [℃] 이하로 할 수 있다.

★★
77 전격살충기는 전격격자가 지표상 또는 마루 위 몇 [m] 이상 되도록 시설하여야 하는가?

① 1.5 [m]   ② 2 [m]
③ 2.8 [m]   ④ 3.5 [m]

해설 전격살충기
(1) 전격살충기의 전격격자(電擊格子)는 지표 또는 바닥에서 3.5 [m] 이상의 높은 곳에 시설할 것. 다만, 2차측 개방 전압이 7 [kV] 이하의 절연변압기를 사용하고 또한 보호격자의 내부에 사람의 손이 들어갔을 경우 또는 보호격자에 사람이 접촉될 경우 절연변압기의 1차측 전로를 자동적으로 차단하는 보호장치를 시설한 것은 지표 또는 바닥에서 1.8 [m] 까지 감할 수 있다.
(2) 전격살충기의 전격격자와 다른 시설물(가공전선은 제외한다) 또는 식물과의 이격거리는 0.3 [m] 이상일 것.
(3) 전격살충기에 전기를 공급하는 전로는 전용의 개폐기를 전격살충기에 가까운 장소에서 쉽게 개폐할 수 있도록 시설하여야 한다.
(4) 전격살충기를 시설한 장소는 위험표시를 하여야 한다.

★★
78 유희용 전차에 전기를 공급하는 전로의 사용전압이 교류인 경우 몇 [V] 이하이어야 하는가?

① 20   ② 40
③ 60   ④ 100

해설 유희용 전차
(1) 유희용 전차(유원지·유회장 등의 구내에서 유희용으로 시설하는 것을 말한다)에 전기를 공급하기 위하여 사용하는 변압기의 1차 전압은 400 [V] 이하이어야 한다.
(2) 유희용 전차에 전기를 공급하는 전원장치의 변압기는 절연변압기이고, 전원장치의 2차측 단자의 최대 사용전압은 직류의 경우 60 [V] 이하, 교류의 경우 40 [V] 이하일 것.
(3) 유희용 전차의 전원장치에 있어서 2차측 회로의 접촉전선은 제3레일 방식에 의하여 시설할 것.
(4) 유희용 전차의 전차 내에서 승압하여 사용하는 경우는 다음에 의하여 시설하여야 한다.
  ㉠ 변압기는 절연변압기를 사용하고 2차 전압은 150 [V] 이하로 할 것.
  ㉡ 변압기는 견고한 함 내에 넣을 것.
  ㉢ 전차의 금속제 구조부는 레일과 전기적으로 완전하게 접촉되게 할 것.

★★
79 다음 중 아크용접장치의 시설기준으로 옳지 않은 것은?

① 용접변압기는 절연변압기일 것
② 용접변압기의 1차측 전로의 대지전압은 400 [V] 이하일 것
③ 용접변압기 1차측 전로에는 용접변압기에 가까운 곳에 쉽게 개폐할 수 있는 개폐기를 시설할 것
④ 피용접재 또는 이와 전기적으로 접속되는 받침대·정반 등의 금속체에는 접지공사를 할 것

해설 아크 용접기

이동형의 용접 전극을 사용하는 아크 용접장치는 다음에 따라 시설하여야 한다.

(1) 용접변압기는 절연변압기이고, 1차측 전로의 대지전압은 300 [V] 이하일 것.
(2) 용접변압기의 1차측 전로에는 용접변압기에 가까운 곳에 쉽게 개폐할 수 있는 개폐기를 시설할 것.
(3) 용접변압기의 2차측 전로 중 용접변압기로부터 용접전극에 이르는 부분 및 용접변압기로부터 피용접재에 이르는 부분은 다음에 의하여 시설할 것.
　㉠ 전선은 용접용 케이블이고 용접변압기로부터 용접전극에 이르는 전로는 0.6/1 [kV] EP 고무 절연 클로로프렌 캡타이어 케이블일 것.
　㉡ 전로는 용접시 흐르는 전류를 안전하게 통할 수 있는 것일 것.
　㉢ 중량물이 압력 또는 현저한 기계적 충격을 받을 우려가 있는 곳에 시설하는 전선에는 적당한 방호장치를 할 것.
　㉣ 용접기 외함 및 피용접재 또는 이와 전기적으로 접속되는 받침대·정반 등의 금속체는 접지공사를 하여야 한다.

★★
80 이동형의 용접전극을 사용하는 아크용접장치를 시설할 때 용접변압기의 1차측 전로의 대지전압은 몇 [V] 이하이어야 하는가?

① 200 　　② 250
③ 300 　　④ 600

해설 아크 용접기

용접변압기는 절연변압기이고, 1차측 전로의 대지전압은 300 [V] 이하일 것.

★★
81 아크용접장치의 용접변압기에서 용접전극에 이르는 부분에 사용할 수 있는 전선은?

① EP 고무 절연 클로로프렌 캡타이어 케이블
② 비닐 캡타이어 케이블
③ 옥외용 비닐절연전선
④ 인입용 비닐절연전선

해설 아크 용접기

전선은 용접용 케이블이고 용접변압기로부터 용접전극에 이르는 전로는 0.6/1 [kV] EP 고무 절연 클로로프렌 캡타이어 케이블일 것.

★★★
82 전기부식방지 시설에서 전원장치를 사용하는 경우 적합한 것은?

① 전기부식방지 회로의 사용전압은 교류 60 [V] 이하일 것
② 지중에 매설하는 양극(+)의 매설깊이는 50 [cm] 이상일 것
③ 수중에 시설하는 양극(+)과 그 주위 1 [m] 이내의 전위차는 10 [V]를 넘지 말 것
④ 지표 또는 수중에서 1 [m] 간격의 임의의 2점간의 전위차는 7 [V]를 넘지 말 것

해설 전기부식방지 시설

(1) 전기부식방지용 전원장치에 전기를 공급하는 전로의 사용전압은 저압이어야 한다.
(2) 전기부식방지용 전원장치는 견고한 금속제의 외함에 넣어야 하며 변압기는 절연변압기이고, 또한 교류 1 [kV]의 시험전압을 하나의 권선과 다른 권선·철심 및 외함과의 사이에 연속적으로 1분간 가하여 절연내력을 시험하였을 때 이에 견디는 것일 것.
(3) 전기부식방지 회로(전기부식방지용 전원장치로부터 양극 및 피방식체까지의 전로를 말한다. 이하 같다)의 사용전압은 직류 60 [V] 이하일 것.
(4) 양극(陽極)은 지중에 매설하거나 수중에서 쉽게 접촉할 우려가 없는 곳에 시설하여야 하며 지중에 매설하는 양극의 매설깊이는 0.75 [m] 이상일 것.
(5) 수중에 시설하는 양극과 그 주위 1 [m] 이내의 거리에 있는 임의 점과의 사이의 전위차는 10 [V]를 넘지 아니할 것.
(6) 지표 또는 수중에서 1 [m] 간격의 임의의 2점간의 전위차가 5 [V]를 넘지 아니할 것.

★★★
83 전기부식방지 시설을 할 때 전기부식방지용 전원장치로부터 양극 및 피방식체까지의 전로에 사용되는 전압은 직류 몇 [V] 이하이어야 하는가?

① 20 [V]　　　　　② 40 [V]
③ 60 [V]　　　　　④ 80 [V]

해설 **전기부식방지 시설**
　전기부식방지 회로(전기부식방지용 전원장치로부터 양극 및 피방식체까지의 전로를 말한다. 이하 같다)의 사용전압은 직류 60 [V] 이하일 것.

★★★
84 전기부식방지 시설은 지표 또는 수중에서 1 [m] 간격의 임의의 2점간의 전위차가 몇 [V]를 넘으면 안 되는가?

① 5　　　　　　② 10
③ 25　　　　　④ 30

해설 **전기부식방지 시설**
　지표 또는 수중에서 1 [m] 간격의 임의의 2점간의 전위차가 5 [V]를 넘지 아니할 것.

★
85 철재 물탱크에 전기부식방지 시설을 하였다. 수중에 시설하는 양극과 그 주위 1 [m] 안에 있는 점과의 전위차는 몇 [V] 미만이며, 사용전압은 직류 몇 [V] 이하이어야 하는가?

① 전위차 : 5 [V], 전압 : 30 [V]
② 전위차 : 10 [V], 전압 : 60 [V]
③ 전위차 : 15 [V], 전압 : 90 [V]
④ 전위차 : 20 [V], 전압 : 120 [V]

해설 **전기부식방지 시설**
　⑴ 전기부식방지 회로(전기부식방지용 전원장치로부터 양극 및 피방식체까지의 전로를 말한다. 이하 같다)의 사용전압은 직류 60 [V] 이하일 것.
　⑵ 수중에 시설하는 양극과 그 주위 1 [m] 이내의 거리에 있는 임의 점과의 사이의 전위차는 10 [V]를 넘지 아니할 것.

★
86 전기방식시설의 전기방식 회로의 전선 중 지중에 시설하는 것으로 틀린 것은?

① 전선은 공칭단면적 4.0 [mm²]의 연동선 또는 이와 동등 이상의 세기 및 굵기의 것일 것
② 양극에 부속하는 전선은 공칭단면적 2.5 [mm²] 이상의 연동선 또는 이와 동등 이상의 세기 및 굵기의 것을 사용할 수 있을 것
③ 전선을 직접매설식에 의하여 시설하는 경우 차량 기타의 중량물의 압력을 받을 우려가 없는 것에 매설깊이를 1.0 [m] 이상으로 할 것
④ 입상 부분의 전선 중 깊이 60 [cm] 미만인 부분은 사람이 접촉할 우려가 없고 또한 손상을 받을 우려가 없도록 적당한 방호장치를 할 것

해설 **전기부식방지 시설**
　전기부식방지 회로의 전선중 지중에 시설하는 부분은 다음에 의하여 시설할 것.
　⑴ 전선은 공칭단면적 4.0 [mm²]의 연동선 또는 이와 동등 이상의 세기 및 굵기의 것일 것. 다만, 양극에 부속하는 전선은 공칭단면적 2.5 [mm²] 이상의 연동선 또는 이와 동등 이상의 세기 및 굵기의 것을 사용할 수 있다.
　⑵ 전선을 직접매설식에 의하여 시설하는 경우에는 전선을 피방식체의 아랫면에 밀착하여 시설하는 경우 이외에는 매설깊이를 차량 기타의 중량물의 압력을 받을 우려가 있는 곳에서는 1.0 [m] 이상, 기타의 곳에서는 0.3 [m] 이상으로 할 것.
　⑶ 입상(立上)부분의 전선 중 깊이 0.6 [m] 미만인 부분은 사람이 접촉할 우려가 없고 또한 손상을 받을 우려가 없도록 적당한 방호장치를 할 것.

★★
87 전기자동차의 전원설비에 대한 설명 중 틀린 것은?

① 전기자동차의 전원공급설비에 사용하는 전로의 전압은 저압으로 한다.
② 전기자동차를 충전하기 위한 저압전로는 전용의 개폐기 및 과전류 차단기를 각 극에 시설하여야 한다.
③ 전로에 지락이 생겼을 때 수동으로 그 전로를 차단하는 장치를 시설하여야 한다.
④ 옥내의 습기가 많은 곳 또는 물기가 있는 곳에 시설하는 저압용의 배선기구에는 방습 장치를 하여야 한다.

해설 전기자동차의 전원설비
(1) 전기자동차의 전원공급설비에 사용하는 전로의 전압은 저압으로 한다.
(2) 전기자동차를 충전하기 위한 저압전로는 전용의 개폐기 및 과전류 차단기를 각 극에 시설하고 또한 전로에 지락이 생겼을 때 자동적으로 그 전로를 차단하는 장치를 시설하여야 한다.
(3) 옥내에 시설하는 저압용의 배선기구는 그 충전 부분이 노출되지 아니하도록 시설 하여야 한다. 다만, 취급자 이외의 자가 출입할 수 없도록 시설한 곳에서는 그러하지 아니하다.
(4) 옥내의 습기가 많은 곳 또는 물기가 있는 곳에 시설하는 저압용의 배선기구에는 방습 장치를 하여야 한다.

★★
88 전기자동차의 충전장치에 대한 설명이다. 다음 중 잘못된 것은?

① 전기자동차의 충전장치는 누구나 쉽게 열수 있는 구조로 시설한다.
② 전기자동차의 충전케이블은 반드시 거치할 것.
③ 충전장치의 충전케이블 인출부는 옥외용의 경우 지면으로부터 0.6 [m] 이상에 위치할 것.
④ 충전장치와 전기자동차의 접속에는 연장코드를 사용하지 말 것.

해설 전기자동차의 전원설비
전기자동차의 충전장치는 다음에 따라 시설하여야 한다.
(1) 전기자동차의 충전장치는 쉽게 열 수 없는 구조로 시설하고 충전장치 또는 충전장치를 시설한 장소에는 위험표시를 쉽게 보이는 곳에 표지할 것.
(2) 전기자동차의 충전장치는 부착된 충전 케이블을 거치할 수 있는 거치대 또는 충분한 수납공간(옥내 0.45 [m]이상, 옥외 0.6 [m] 이상)을 갖는 구조이며, 충전케이블은 반드시 거치할 것.
(3) 충전장치의 충전 케이블 인출부는 옥내용의 경우 지면으로부터 0.45 [m] 이상 1.2 [m] 이내에, 옥외용의 경우 지면으로부터 0.6 [m] 이상에 위치할 것.
(4) 충전장치와 전기자동차의 접속에는 연장코드를 사용하지 말 것.

03 발전소, 변전소, 개폐소 등의 전기설비

1 발전소 등의 울타리·담 등의 시설

(1) 고압 또는 특고압의 기계기구·모선 등을 옥외에 시설하는 발전소·변전소·개폐소 또는 이에 준하는 곳에는 다음에 따라 구내에 취급자 이외의 사람이 들어가지 아니하도록 시설하여야 한다. 다만, 토지의 상황에 의하여 사람이 들어갈 우려가 없는 곳은 그러하지 아니하다.
① 울타리·담 등을 시설할 것.
② 출입구에는 출입금지의 표시를 할 것.
③ 출입구에는 자물쇠장치 기타 적당한 장치를 할 것.

(2) 울타리·담 등은 다음에 따라 시설하여야 한다.
① 울타리·담 등의 높이는 2 [m] 이상으로 하고 지표면과 울타리·담 등의 하단 사이의 간격은 0.15 [m] 이하로 할 것.
② 울타리·담 등과 고압 및 특고압의 충전부분이 접근하는 경우에는 울타리·담 등의 높이와 울타리·담 등으로부터 충전부분까지 거리의 합계는 아래 표에서 정한 값 이상으로 할 것.

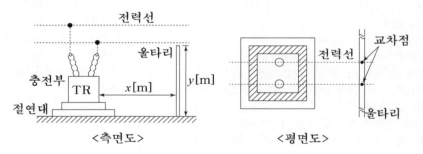

<측면도>   <평면도>

사용전압	울타리·담 등의 높이와 울타리·담 등으로부터 충전부분까지 거리의 합계
35 [kV] 이하	5 [m]
35 [kV] 초과 160 [kV] 이하	6 [m]
160 [kV] 초과	10 [kV] 초과마다 12 [cm] 가산하여 $x+y=6+($사용전압$[kV]/10-16)\times 0.12$ 소수점 절상

③ 고압 또는 특고압 가공전선(전선에 케이블을 사용하는 경우는 제외함)과 금속제의 울타리·담 등이 교차하는 경우에 금속제의 울타리·담 등에는 교차점과 좌, 우로 45 [m] 이내의 개소에 접지공사를 하여야 한다. 또한 울타리·담 등에 문 등이 있는 경우에는 접지공사를 하거나 울타리·담 등과 전기적으로 접속하여야 한다. 다만, 토지의 상황에 의하여 접지저항 값을 얻기 어려울 경우에는 100 [Ω] 이하

로 하고 또한 고압 가공전선로는 고압 보안공사, 특고압 가공전선로는 제2종 특고
압 보안공사에 의하여 시설할 수 있다.

2 특고압 전로의 상 및 접속상태의 표시

(1) 발전소·변전소 또는 이에 준하는 곳의 특고압 전로에는 그의 보기 쉬운 곳에 상별(相別)
  표시를 하여야 한다.

(2) 발전소·변전소 또는 이에 준하는 곳의 특고압 전로에 대하여는 그 접속상태를 모의모
  선(模擬母線)의 사용 기타의 방법에 의하여 표시하여야 한다. 다만, 이러한 전로에 접
  속하는 특고압 전선로의 회선수가 2 이하이고 또한 특고압의 모선이 단일모선인 경우
  에는 그러하지 아니하다.

3 발전기·변압기·조상설비 등의 보호장치

1. 발전기 등의 보호장치

(1) 발전기에는 다음의 경우에 자동적으로 이를 전로로부터 차단하는 장치를 시설하여야 한다.
  ① 발전기에 과전류나 과전압이 생긴 경우
  ② 용량이 500 [kVA] 이상의 발전기를 구동하는 수차의 압유 장치의 유압 또는 전동식
    가이드밴 제어장치, 전동식 니이들 제어장치 또는 전동식 디플렉터 제어장치의 전원전
    압이 현저히 저하한 경우
  ③ 용량이 100 [kVA] 이상의 발전기를 구동하는 풍차(風車)의 압유장치의 유압, 압축 공
    기장치의 공기압 또는 전동식 브레이드 제어장치의 전원전압이 현저히 저하한 경우
  ④ 용량이 2,000 [kVA] 이상인 수차 발전기의 스러스트 베어링의 온도가 현저히 상승한
    경우
  ⑤ 용량이 10,000 [kVA] 이상인 발전기의 내부에 고장이 생긴 경우
  ⑥ 정격출력이 10,000 [kW] 초과하는 증기터빈은 그 스러스트 베어링이 현저하게 마모되
    거나 그의 온도가 현저히 상승한 경우

(2) 연료전지는 다음의 경우에 자동적으로 이를 전로에서 차단하고 연료전지에 연료가스 공
  급을 자동적으로 차단하며 연료전지내의 연료가스를 자동적으로 배제하는 장치를 시설
  하여야 한다.
  ① 연료전지에 과전류가 생긴 경우
  ② 발전요소(發電要素)의 발전전압에 이상이 생겼을 경우 또는 연료가스 출구에서의 산소
    농도 또는 공기 출구에서의 연료가스 농도가 현저히 상승한 경우
  ③ 연료전지의 온도가 현저하게 상승한 경우

(3) 상용전원으로 쓰이는 축전지에는 이에 과전류가 생겼을 경우에 자동적으로 이를 전로로
  부터 차단하는 장치를 시설하여야 한다.

2. 특고압용 변압기의 보호장치

특고압용의 변압기에는 그 내부에 고장이 생겼을 경우에 보호하는 장치를 아래 표와 같이 시설하여야 한다. 다만, 변압기의 내부에 고장이 생겼을 경우에 그 변압기의 전원인 발전기를 자동적으로 정지하도록 시설한 경우에는 그 발전기의 전로로부터 차단하는 장치를 하지 아니하여도 된다.

뱅크용량의 구분	동작조건	장치의 종류
5,000 [kVA] 이상 10,000 [kVA] 미만	변압기 내부고장	자동차단장치 또는 경보장치
10,000 [kVA] 이상	변압기 내부고장	자동차단장치
타냉식변압기(변압기의 권선 및 철심을 직접 냉각시키기 위하여 봉입한 냉매를 강제 순환시키는 냉각방식을 말한다)	냉각장치에 고장이 생긴 경우 또는 변압기의 온도가 현저히 상승한 경우	경보장치

3. 조상설비의 보호장치

조상설비에는 그 내부에 고장이 생긴 경우에 보호하는 장치를 아래 표와 같이 시설하여야 한다.

설비종별	뱅크용량의 구분	자동적으로 전로로부터 차단하는 장치
전력용 커패시터 및 분로리액터	500 [kVA] 초과 15,000 [kVA] 미만	내부에 고장이 생긴 경우에 동작하는 장치 또는 과전류가 생긴 경우에 동작하는 장치
	15,000 [kVA] 이상	내부에 고장이 생긴 경우에 동작하는 장치 및 과전류가 생긴 경우에 동작하는 장치 또는 과전압이 생긴 경우에 동작하는 장치
조상기(調相機)	15,000 [kVA] 이상	내부에 고장이 생긴 경우에 동작하는 장치

4 계측장치

(1) 발전소에서는 다음의 사항을 계측하는 장치를 시설하여야 한다. 다만, 태양전지 발전소는 연계하는 전력계통에 그 발전소 이외의 전원이 없는 것에 대하여는 그러하지 아니하다.
① 발전기·연료전지 또는 태양전지 모듈(복수의 태양전지 모듈을 설치하는 경우에는 그 집합체)의 전압 및 전류 또는 전력
② 발전기의 베어링(수중 메탈을 제외한다) 및 고정자(固定子)의 온도
③ 정격출력이 10,000 [kW]를 초과하는 증기터빈에 접속하는 발전기의 진동의 진폭(정격출력이 400,000 [kW] 이상의 증기터빈에 접속하는 발전기는 이를 자동적으로 기록하는 것에 한한다)
④ 주요 변압기의 전압 및 전류 또는 전력
⑤ 특고압용 변압기의 온도

(2) 정격출력이 10 [kW] 미만의 내연력 발전소는 연계하는 전력계통에 그 발전소 이외의 전원이 없는 것에 대해서는 (1)의 "①" 및 "④"의 사항 중 전류 및 전력을 측정하는 장치를 시설하지 아니할 수 있다.

(3) 동기발전기(同期發電機)를 시설하는 경우에는 동기검정장치를 시설하여야 한다. 다만, 동기발전기를 연계하는 전력계통에는 그 동기발전기 이외의 전원이 없는 경우 또는 동기발전기의 용량이 그 발전기를 연계하는 전력계통의 용량과 비교하여 현저히 적은 경우에는 그러하지 아니하다.

(4) 변전소 또는 이에 준하는 곳에는 다음의 사항을 계측하는 장치를 시설하여야 한다. 다만, 전기철도용 변전소는 주요 변압기의 전압을 계측하는 장치를 시설하지 아니할 수 있다.
① 주요 변압기의 전압 및 전류 또는 전력
② 특고압용 변압기의 온도

(5) 동기조상기를 시설하는 경우에는 다음의 사항을 계측하는 장치 및 동기검정장치를 시설하여야 한다. 다만, 동기조상기의 용량이 전력계통의 용량과 비교하여 현저히 적은 경우에는 동기검정장치를 시설하지 아니할 수 있다.
① 동기조상기의 전압 및 전류 또는 전력
② 동기조상기의 베어링 및 고정자의 온도

5 배전반의 시설

(1) 발전소·변전소·개폐소 또는 이에 준하는 곳에 시설하는 배전반에 붙이는 기구 및 전선은 점검할 수 있도록 시설하여야 한다.

(2) 배전반에 고압용 또는 특별고압용의 기구 또는 전선을 시설하는 경우에는 취급자에게 위험이 미치지 아니하도록 적당한 방호장치 또는 통로를 시설하여야 하며 기기조작에 필요한 공간을 확보하여야 한다.

6 상주 감시를 하지 아니하는 발전소의 시설

(1) 다음과 같은 경우에는 발전기를 전로에서 자동적으로 차단하고 또한 수차 또는 풍차를 자동적으로 정지 또는 내연기관에 연료 유입을 자동적으로 차단하는 장치를 시설할 것.
① 원동기 제어용의 압유장치의 유압, 압축 공기장치의 공기압 또는 전동 제어 장치의 전원 전압이 현저히 저하한 경우
② 원동기의 회전속도가 현저히 상승한 경우
③ 발전기에 과전류가 생긴 경우
④ 정격 출력이 500 [kW] 이상의 원동기(풍차를 시가지 그 밖에 인가가 밀집된 지역에 시설하는 경우에는 100 [kW] 이상) 또는 그 발전기의 베어링의 온도가 현저히 상승한 경우
⑤ 용량이 2,000 [kVA] 이상의 발전기의 내부에 고장이 생긴 경우
⑥ 내연기관의 냉각수 온도가 현저히 상승한 경우 또는 냉각수의 공급이 정지된 경우

⑦ 내연기관의 윤활유 압력이 현저히 저하한 경우

⑧ 내연력 발전소의 제어회로 전압이 현저히 저하한 경우

⑨ 시가지 그 밖에 인가 밀집지역에 시설하는 것으로서 정격 출력이 10 [kW] 이상의 풍차의 중요한 베어링 또는 그 부근의 축에서 회전중에 발생하는 진동의 진폭이 현저히 증대된 경우

(2) 다음의 경우에 연료전지를 자동적으로 전로로부터 차단하여 연료전지, 연료 개질계통 설비 및 연료기화기에의 연료의 공급을 자동적으로 차단하고 또한 연료전지 및 연료 개질계통 설비의 내부의 연료가스를 자동적으로 배제하는 장치를 시설할 것.

① 발전소의 운전 제어 장치에 이상이 생긴 경우

② 발전소의 제어용 압유장치의 유압, 압축 공기 장치의 공기압 또는 전동식 제어장치의 전원전압이 현저히 저하한 경우

③ 설비내의 연료가스를 배제하기 위한 불활성 가스 등의 공급 압력이 현저히 저하한 경우

(3) 다음의 경우에 수력발전소, 풍력발전소, 내연력발전소, 연료전지발전소 및 태양전지발전소에서는 그 발전소를 원격감시 제어하는 제어소(이하 '발전제어소' 라 한다)에 경보하는 장치를 시설할 것.

① 원동기가 자동정지한 경우

② 운전조작에 필요한 차단기가 자동적으로 차단된 경우(차단기가 자동적으로 재폐로 된 경우를 제외한다)

③ 수력발전소 또는 풍력발전소의 제어회로 전압이 현저히 저하한 경우

④ 특고압용의 타냉식 변압기(他冷式變壓器)의 온도가 현저히 상승한 경우 또는 냉각장치가 고장인 경우

⑤ 발전소 안에 화재가 발생한 경우

⑥ 내연기관의 연료유면(燃料油面)이 이상 저하된 경우

⑦ 가스절연기기(압력의 저하에 따라 절연파괴 등이 생길 우려가 없는 것을 제외한다)의 절연가스의 압력이 현저히 저하한 경우

(4) 발전제어소에는 다음의 장치를 시설하여야 한다.

① 원동기 및 발전기, 연료전지의 부하를 조정하는 장치

② 운전 및 정지를 조작하는 장치 및 감시하는 장치

③ 운전 조작에 상시 필요한 차단기를 조작하는 장치 및 개폐상태를 감시하는 장치

④ 고압 또는 특고압의 배전선로용 차단기를 조작하는 장치 및 개폐를 감시하는 장치

7 상주 감시를 하지 아니하는 변전소의 시설

(1) 변전소(이에 준하는 곳으로서 50 [kV]를 초과하는 특고압의 전기를 변성하기 위한 것을 포함한다. 이하 같다)의 운전에 필요한 지식 및 기능을 가진 자(이하 '기술원' 이라고 한다)가 그 변전소에 상주하여 감시를 하지 아니하는 변전소는 다음에 따라 시설하는 경우에 한한다.

① 사용전압이 170 [kV] 이하의 변압기를 시설하는 변전소로서 기술원이 수시로 순회하거나 그 변전소를 원격감시 제어하는 제어소(이하에서 '변전제어소' 라 한다)에서 상시 감시하는 경우

② 사용전압이 170 [kV]를 초과하는 변압기를 시설하는 변전소로서 변전제어소에서 상시 감시하는 경우

(2) (1)의 '①' 에 규정하는 변전소는 다음에 따라 시설하여야 한다.

① 다음의 경우에는 변전제어소 또는 기술원이 상주하는 장소에 경보장치를 시설할 것.

(ㄱ) 운전조작에 필요한 차단기가 자동적으로 차단한 경우(차단기가 재폐로한 경우를 제외한다)

(ㄴ) 주요 변압기의 전원측 전로가 무전압으로 된 경우

(ㄷ) 제어 회로의 전압이 현저히 저하한 경우

(ㄹ) 옥내변전소에 화재가 발생한 경우

(ㅁ) 출력 3,000 [kVA]를 초과하는 특고압용 변압기는 그 온도가 현저히 상승한 경우

(ㅂ) 특고압용 타냉식변압기는 그 냉각장치가 고장 난 경우

(ㅅ) 조상기는 내부에 고장이 생긴 경우

(ㅇ) 수소냉각식 조상기는 그 조상기 안의 수소의 순도가 90 [%] 이하로 저하한 경우, 수소의 압력이 현저히 변동한 경우 또는 수소의 온도가 현저히 상승한 경우

(ㅈ) 가스절연기기(압력의 저하에 의하여 절연파괴 등이 생길 우려가 없는 경우를 제외한다)의 절연가스의 압력이 현저히 저하한 경우

② 수소냉각식 조상기를 시설하는 변전소는 그 조상기 안의 수소의 순도가 85 [%] 이하로 저하한 경우에 그 조상기를 전로로부터 자동적으로 차단하는 장치를 시설할 것.

③ 전기철도용 변전소는 주요 변성기기에 고장이 생긴 경우 또는 전원측 전로의 전압이 현저히 저하한 경우에 그 변성기기를 자동적으로 전로로부터 차단하는 장치를 할 것. 다만, 경미한 고장이 생긴 경우에 기술원주재소에 경보하는 장치를 하는 때에는 그 고장이 생긴 경우에 자동적으로 전로로부터 차단하는 장치의 시설을 하지 아니하여도 된다.

(3) (1)의 '②' 에 규정하는 변전소는 (2)의 규정에 준하는 외에 2 이상의 신호전송경로[적어도 1경로가 무선, 전력선(특고압 전선에 의하는 것에 한한다) 통신용 케이블 또는 광섬유 케이블인 것에 한한다]에 의하여 원격감시제어 하도록 시설하여야 한다.

8 수소냉각식 발전기 등의 시설

수소냉각식의 발전기·조상기 또는 이에 부속하는 수소 냉각 장치는 다음 각 호에 따라 시설하여야 한다.

① 발전기 또는 조상기는 기밀구조(氣密構造)의 것이고 또한 수소가 대기압에서 폭발하는 경우에 생기는 압력에 견디는 강도를 가지는 것일 것.

② 발전기축의 밀봉부에는 질소 가스를 봉입할 수 있는 장치 또는 발전기 축의 밀봉부로부터 누설된 수소 가스를 안전하게 외부에 방출할 수 있는 장치를 시설할 것.

③ 발전기 내부 또는 조상기 내부의 수소의 순도가 85 [%] 이하로 저하한 경우에 이를 경보하는 장치를 시설할 것.

④ 발전기 내부 또는 조상기 내부의 수소의 압력을 계측하는 장치 및 그 압력이 현저히 변동한 경우에 이를 경보하는 장치를 시설할 것.

⑤ 발전기 내부 또는 조상기 내부의 수소의 온도를 계측하는 장치를 시설할 것.

⑥ 발전기 내부 또는 조상기 내부로 수소를 안전하게 도입할 수 있는 장치 및 발전기안 또는 조상기안의 수소를 안전하게 외부로 방출할 수 있는 장치를 시설할 것.

⑦ 수소를 통하는 관은 동관 또는 이음매 없는 강판이어야 하며 또한 수소가 대기압에서 폭발하는 경우에 생기는 압력에 견디는 강도의 것일 것.

⑧ 수소를 통하는 관·밸브 등은 수소가 새지 아니하는 구조로 되어 있을 것.

⑨ 발전기 또는 조상기에 붙인 유리제의 점검 창 등은 쉽게 파손되지 아니하는 구조로 되어 있을 것.

★★★
01 다음은 울타리·담 등의 시설에 관한 설명이다. ㉮, ㉯에 알맞은 것은?

> 고압 또는 특별고압의 기계기구, 모선 등을 옥외에 시설하는 발전소, 변전소, 개폐소 또는 이에 준하는 곳에 시설하는 울타리, 담 등의 높이는 (㉮) [m] 이상으로 하고, 지표면과 울타리, 담 등의 하단사이의 간격은 (㉯) [cm] 이하로 하여야 한다.

① ㉮ 3   ㉯ 15
② ㉮ 2   ㉯ 15
③ ㉮ 3   ㉯ 25
④ ㉮ 2   ㉯ 25

[해설] 발전소 등의 울타리·담 등의 시설
울타리·담 등은 다음에 따라 시설하여야 한다.
(1) 울타리·담 등의 높이는 2 [m] 이상으로 하고 지표면과 울타리·담 등의 하단 사이의 간격은 0.15 [m] 이하로 할 것.
(2) 울타리·담 등과 고압 및 특고압의 충전부분이 접근하는 경우에는 울타리·담 등의 높이와 울타리·담 등으로부터 충전부분까지 거리의 합계는 아래 표에서 정한 값 이상으로 할 것.

사용전압	울타리·담 등의 높이와 울타리·담 등으로부터 충전부분까지 거리의 합계
35 [kV] 이하	5 [m]
35 [kV] 초과 160 [kV] 이하	6 [m]
160 [kV] 초과	10 [kV] 초과마다 12 [cm] 가산하여 6+(사용전압[kV]/10−16) 소수점 절상 ×0.12

★★★
02 특고압의 기계기구·모선 등을 옥외에 시설하는 변전소의 구내에 취급자 이외의 자가 들어가지 못하도록 시설하는 울타리·담 등의 높이는 몇 [m] 이상으로 하여야 하는가?

① 2.0   ② 2.6
③ 3.2   ④ 3.8

[해설] 발전소 등의 울타리·담 등의 시설
울타리·담 등의 높이는 2 [m] 이상으로 하고 지표면과 울타리·담 등의 하단 사이의 간격은 0.15 [m] 이하로 할 것.

★★
03 1차 22,900 [V], 2차 3,300 [V]의 변압기를 옥외에 시설할 때 구내에 취급자 이외의 사람이 들어가지 아니하도록 울타리를 시설하려고 한다. 이때 울타리의 높이는 몇 [m] 이상으로 하여야 하는가?

① 1   ② 2
③ 5   ④ 6

[해설] 발전소 등의 울타리·담 등의 시설
울타리·담 등의 높이는 2 [m] 이상으로 하고 지표면과 울타리·담 등의 하단 사이의 간격은 0.15 [m] 이하로 할 것.

★★★
04 154 [kV] 옥외 변전소의 울타리 최소 높이는 몇 [m]인가?

① 2.0   ② 2.5
③ 3.0   ④ 3.5

[해설] 발전소 등의 울타리·담 등의 시설
울타리·담 등의 높이는 2 [m] 이상으로 하고 지표면과 울타리·담 등의 하단 사이의 간격은 0.15 [m] 이하로 할 것.

★★
05 35 [kV] 기계 기구, 모선 등을 옥외에 시설하는 변전소의 구내에 취급자 이외의 사람이 들어가지 않도록 울타리를 시설하는 경우에 울타리의 높이와 울타리로부터 충전 부분까지의 거리의 합계는 몇 [m]인가?

① 5　　　　　　　② 6
③ 7　　　　　　　④ 8

해설 **발전소 등의 울타리·담 등의 시설**
울타리·담 등과 고압 및 특고압의 충전부분이 접근하는 경우에는 울타리·담 등의 높이와 울타리·담 등으로부터 충전부분까지 거리의 합계는 아래 표에서 정한 값 이상으로 할 것.

사용전압	울타리·담 등의 높이와 울타리·담 등으로부터 충전부분까지 거리의 합계
35 [kV] 이하	5 [m]

★
06 66 [kV]에 사용되는 변압기를 취급자 이외의 자가 들어가지 않도록 적당한 울타리·담 등을 설치하여 시설하는 경우 울타리·담 등의 높이와 울타리·담 등으로부터 충전부분까지의 거리의 합계는 최소 몇 [m] 이상으로 하여야 하는가?

① 5　　　　　　　② 6
③ 8　　　　　　　④ 10

해설 **발전소 등의 울타리·담 등의 시설**
울타리·담 등과 고압 및 특고압의 충전부분이 접근하는 경우에는 울타리·담 등의 높이와 울타리·담 등으로부터 충전부분까지 거리의 합계는 아래 표에서 정한 값 이상으로 할 것.

사용전압	울타리·담 등의 높이와 울타리·담 등으로부터 충전부분까지 거리의 합계
35[kV] 초과 160[kV] 이하	6 [m]

★★
07 변전소에서 154 [kV], 용량 2,100 [kVA] 변압기를 옥외에 시설할 때 취급자 이외의 사람이 들어가지 않도록 시설하는 울타리는 울타리의 높이와 울타리에서 충전부분까지의 거리의 합계를 몇 [m] 이상으로 하여야 하는가?

① 5　　　　　　　② 5.5
③ 6　　　　　　　④ 6.5

해설 **발전소 등의 울타리·담 등의 시설**
울타리·담 등과 고압 및 특고압의 충전부분이 접근하는 경우에는 울타리·담 등의 높이와 울타리·담 등으로부터 충전부분까지 거리의 합계는 아래 표에서 정한 값 이상으로 할 것.

사용전압	울타리·담 등의 높이와 울타리·담 등으로부터 충전부분까지 거리의 합계
35 [kV] 초과 160 [kV] 이하	6 [m]

★★
08 사용전압이 170 [kV]일 때 울타리·담 등의 높이와 울타리·담 등으로부터 충전부분까지의 거리 [m]의 합계는?

① 5　　　　　　　② 5.12
③ 6　　　　　　　④ 6.12

해설 **발전소 등의 울타리·담 등의 시설**
울타리·담 등과 고압 및 특고압의 충전부분이 접근하는 경우에는 울타리·담 등의 높이와 울타리·담 등으로부터 충전부분까지 거리의 합계는 아래 표에서 정한 값 이상으로 할 것.

사용전압	울타리·담 등의 높이와 울타리·담 등으로부터 충전부분까지 거리의 합계
160 [kV] 초과	10 [kV] 초과마다 12 [cm] 가산하여 6+(사용전압[kV]/10−16) 소수점 절상 ×0.12

∴ 거리의 합계 = 6+(170/10−16)×0.12
　　　　　　 = 6+1×0.12
　　　　　　 = 6.12 [m]

★★★
09 345 [kV]의 전압을 변압하는 변전소가 있다. 이 변전소에 울타리를 시설하고자 하는 경우, 울타리의 높이와 울타리로부터 충전부분까지의 거리의 합계는 몇 [m] 이상으로 하여야 하는가?

① 7.42 [m]　　　② 8.28 [m]
③ 10.15 [m]　　　④ 12.31 [m]

해설 **발전소 등의 울타리·담 등의 시설**
울타리·담 등과 고압 및 특고압의 충전부분이 접근하는 경우에는 울타리·담 등의 높이와 울타리·담 등으로부터 충전부분까지 거리의 합계는 아래 표에서 정한 값 이상으로 할 것.

사용전압	울타리·담 등의 높이와 울타리·담 등으로부터 충전부분까지 거리의 합계
160 [kV] 초과	10 [kV] 초과마다 12 [cm] 가산하여 6+(사용전압[kV]/10-16) 소수점 절상 ×0.12

∴ 거리의 합계 = 6+(345/10-16)×0.12
　　　　　　= 6+19×0.12 = 8.28 [m]

★★
10 345 [kV] 변전소의 충전 부분에서 5.98 [m] 거리에 울타리를 설치할 경우 울타리 최소 높이는 몇 [m]인가?

① 2.1　　　② 2.3
③ 2.5　　　④ 2.7

해설 **발전소 등의 울타리·담 등의 시설**
울타리·담 등과 고압 및 특고압의 충전부분이 접근하는 경우에는 울타리·담 등의 높이와 울타리·담 등으로부터 충전부분까지 거리의 합계는 아래 표에서 정한 값 이상으로 할 것.

사용전압	울타리·담 등의 높이와 울타리·담 등으로부터 충전부분까지 거리의 합계
160 [kV] 초과	10 [kV] 초과마다 12 [cm] 가산하여 6+(사용전압[kV]/10-16) 소수점 절상 ×0.12

6+(345/10-16)×0.12 = 6+19×0.12
　　　　　　　　= 5.98+울타리 높이
∴ 울타리 높이 = 6+19×0.12-5.98 = 2.3 [m]

★
11 고압 또는 특고압 가공전선과 금속제 울타리·담 등이 교차하는 경우에 금속제의 울타리·담 등에는 교차점과 좌우로 몇 [m] 이내의 개소에 접지공사를 하여야 하는가?

① 15 [m]　　　② 25 [m]
③ 35 [m]　　　④ 45 [m]

해설 **발전소 등의 울타리·담 등의 시설**
고압 또는 특고압 가공전선(전선에 케이블을 사용하는 경우는 제외함)과 금속제의 울타리·담 등이 교차하는 경우에 금속제의 울타리·담 등에는 교차점과 좌, 우로 45 [m] 이내의 개소에 접지공사를 하여야 한다. 또한 울타리·담 등에 문 등이 있는 경우에는 접지공사를 하거나 울타리·담 등과 전기적으로 접속하여야 하며, 고압 가공전선로는 고압 보안공사, 특고압 가공전선로는 제2종 특고압 보안공사에 의하여 시설할 수 있다.

★★
12 전로에는 그의 보기 쉬운 곳에 상별표시를 해야 한다. 기술기준에서 표시 의무가 없는 곳은?

① 발전소의 특고압 전로
② 변전소의 특고압 전로
③ 수전설비의 특고압 전로
④ 수전설비의 고압 전로

해설 **특고압 전로의 상 및 접속상태의 표시**
(1) 발전소·변전소 또는 이에 준하는 곳의 특고압 전로에는 그의 보기 쉬운 곳에 상별(相別)표시를 하여야 한다.
(2) 발전소·변전소 또는 이에 준하는 곳의 특고압 전로에 대하여는 그 접속상태를 모의모선(模擬母線)의 사용 기타의 방법에 의하여 표시하여야 한다. 다만, 이러한 전로에 접속하는 특고압 전선로의 회선수가 2 이하이고 또한 특고압의 모선이 단일모선인 경우에는 그러하지 아니하다.

★★★
13 발전소·변전소 또는 이에 준하는 곳의 특고압 전로에 대한 접속상태를 모의모선의 사용 또는 기타의 방법을 표시하여야 하는데, 그 표시의 의무가 없는 것은?

① 전선로의 회선수가 3회선 이하로서 복모선
② 전선로의 회선수가 2회선 이하로서 복모선
③ 전선로의 회선수가 3회선 이하로서 단일모선
④ 전선로의 회선수가 2회선 이하로서 단일모선

해설 특고압 전로의 상 및 접속상태의 표시
발전소·변전소 또는 이에 준하는 곳의 특고압 전로에 대하여는 그 접속상태를 모의모선(模擬母線)의 사용 기타의 방법에 의하여 표시하여야 한다. 다만, 이러한 전로에 접속하는 특고압 전선로의 회선수가 2 이하이고 또한 특고압의 모선이 단일모선인 경우에는 그러하지 아니하다.

★★★
14 다음 중 발전기를 전로로부터 자동적으로 차단하는 장치를 시설하여야 하는 경우에 해당되지 않는 것은?

① 발전기에 과전류가 생긴 경우
② 용량이 500 [kVA] 이상의 발전기를 구동하는 수차의 압유장치의 유압이 현저히 저하한 경우
③ 용량이 100 [kVA] 이상의 발전기를 구동하는 풍차의 압유장치의 유압, 압축공기장치의 공기압이 현저히 저하한 경우
④ 용량이 5,000 [kVA] 이상인 발전기의 내부에 고장이 생긴 경우

해설 발전기 등의 보호장치
발전기에는 다음의 경우에 자동적으로 이를 전로로부터 차단하는 장치를 시설하여야 한다.
(1) 발전기에 과전류나 과전압이 생긴 경우
(2) 용량이 500 [kVA] 이상의 발전기를 구동하는 수차의 압유 장치의 유압 또는 전동식 가이드밴 제어장치, 전동식 니이들 제어장치 또는 전동식 디플렉터 제어장치의 전원전압이 현저히 저하한 경우
(3) 용량이 100 [kVA] 이상의 발전기를 구동하는 풍차(風車)의 압유장치의 유압, 압축 공기장치의 공기압 또는 전동식 브레이드 제어장치의 전원전압이 현저히 저하한 경우

(4) 용량이 2,000 [kVA] 이상인 수차 발전기의 스러스트 베어링의 온도가 현저히 상승한 경우
(5) 용량이 10,000 [kVA] 이상인 발전기의 내부에 고장이 생긴 경우
(6) 정격출력이 10,000 [kW] 초과하는 증기터빈은 그 스러스트 베어링이 현저하게 마모되거나 그의 온도가 현저히 상승한 경우

★★★
15 발전기의 용량에 관계없이 자동적으로 이를 전로로부터 차단하는 장치를 시설하여야 하는 경우는?

① 베어링의 과열
② 과전류 인입
③ 압유제어장치의 전원전압
④ 발전기 내부고장

해설 발전기 등의 보호장치
발전기에는 다음의 경우에 자동적으로 이를 전로로부터 차단하는 장치를 시설하여야 한다.
• 발전기에 과전류나 과전압이 생긴 경우

★★
16 스러스트 베어링의 온도가 현저히 상승하는 경우 자동적으로 이를 전로로부터 차단하는 장치를 시설하여야 하는 수차발전기의 용량은 몇 [kVA] 이상인가?

① 500 [kVA]   ② 1,000 [kVA]
③ 1,500 [kVA]   ④ 2,000 [kVA]

해설 발전기 등의 보호장치
발전기에는 다음의 경우에 자동적으로 이를 전로로부터 차단하는 장치를 시설하여야 한다.
• 용량이 2,000 [kVA] 이상인 수차 발전기의 스러스트 베어링의 온도가 현저히 상승한 경우

★★★
17 수력발전소의 발전기 내부에 고장이 발생하였을 때 자동적으로 전로로부터 차단하는 장치를 시설하여야 하는 발전기 용량은 몇 [kVA] 이상인가?

① 3,000   ② 5,000
③ 8,000   ④ 10,000

해설 발전기 등의 보호장치
발전기에는 다음의 경우에 자동적으로 이를 전로로부터 차단하는 장치를 시설하여야 한다.
• 용량이 10,000 [kVA] 이상인 발전기의 내부에 고장이 생긴 경우

정답 13 ④ 14 ④ 15 ② 16 ④ 17 ④

★★★
18 일정 용량 이상의 특고압용 변압기에 내부고장이 생겼을 경우, 자동적으로 이를 전로로부터 자동차단하는 장치 또는 경보장치를 시설해야 하는 뱅크 용량은?

① 1,000 [kVA] 이상, 5,000 [kVA] 미만
② 5,000 [kVA] 이상, 10,000 [kVA] 미만
③ 10,000 [kVA] 이상, 15,000 [kVA] 미만
④ 15,000 [kVA] 이상, 20,000 [kVA] 미만

해설 **특고압용 변압기의 보호장치**
특고압용의 변압기에는 그 내부에 고장이 생겼을 경우에 보호하는 장치를 아래 표와 같이 시설하여야 한다. 다만, 변압기의 내부에 고장이 생겼을 경우에 그 변압기의 전원인 발전기를 자동적으로 정지하도록 시설한 경우에는 그 발전기의 전로로부터 차단하는 장치를 하지 아니하여도 된다.

뱅크용량의 구분	동작조건	장치의 종류
5,000 [kVA] 이상 10,000 [kVA] 미만	변압기 내부고장	자동차단장치 또는 경보장치
10,000 [kVA] 이상	변압기 내부고장	자동차단장치
타냉식변압기 (냉각방식을 말한다)	냉각장치에 고장이 생긴 경우	경보장치

★★★
19 뱅크용량이 10,000 [kVA] 이상인 특고압 변압기의 내부고장이 발생하면 어떤 보호장치를 설치하여야 하는가?

① 자동차단장치　　② 경보장치
③ 표시장치　　④ 경보 및 자동차단장치

해설 **특고압용 변압기의 보호장치**
특고압용의 변압기에는 그 내부에 고장이 생겼을 경우에 보호하는 장치를 아래 표와 같이 시설하여야 한다. 다만, 변압기의 내부에 고장이 생겼을 경우에 그 변압기의 전원인 발전기를 자동적으로 정지하도록 시설한 경우에는 그 발전기의 전로로부터 차단하는 장치를 하지 아니하여도 된다.

뱅크용량의 구분	동작조건	장치의 종류
10,000 [kVA] 이상	변압기 내부고장	자동차단장치

★★★
20 특고압용 변압기로서 변압기 내부고장이 생겼을 경우 반드시 자동차단 되어야 하는 변압기의 뱅크용량은 몇 [kVA] 이상인가?

① 5,000 [kVA]　　② 7,500 [kVA]
③ 10,000 [kVA]　　④ 15,000 [kVA]

해설 **특고압용 변압기의 보호장치**
특고압용의 변압기에는 그 내부에 고장이 생겼을 경우에 보호하는 장치를 아래 표와 같이 시설하여야 한다. 다만, 변압기의 내부에 고장이 생겼을 경우에 그 변압기의 전원인 발전기를 자동적으로 정지하도록 시설한 경우에는 그 발전기의 전로로부터 차단하는 장치를 하지 아니하여도 된다.

뱅크용량의 구분	동작조건	장치의 종류
10,000 [kVA] 이상	변압기 내부고장	자동차단장치

★★★
21 타냉식의 특고압용 변압기의 냉각장치에 고장이 생긴 경우 보호하는 장치로 가장 알맞은 것은?

① 경보장치　　② 자동차단장치
③ 압축공기장치　　④ 속도조정장치

해설 **특고압용 변압기의 보호장치**
특고압용의 변압기에는 그 내부에 고장이 생겼을 경우에 보호하는 장치를 아래 표와 같이 시설하여야 한다. 다만, 변압기의 내부에 고장이 생겼을 경우에 그 변압기의 전원인 발전기를 자동적으로 정지하도록 시설한 경우에는 그 발전기의 전로로부터 차단하는 장치를 하지 아니하여도 된다.

뱅크용량의 구분	동작조건	장치의 종류
타냉식변압기 (냉각방식을 말한다)	냉각장치에 고장이 생긴 경우	경보장치

★★
22 송유풍냉식 특고압용 변압기의 송풍기에 고장이 생긴 경우에 대비하여 시설하여야 하는 보호장치는?

① 경보장치　　　　② 과전류 측정장치
③ 온도측정장치　　④ 속도조정장치

해설 **특고압용 변압기의 보호장치**
　특고압용의 변압기에는 그 내부에 고장이 생겼을 경우에 보호하는 장치를 아래 표와 같이 시설하여야 한다. 다만, 변압기의 내부에 고장이 생겼을 경우에 그 변압기의 전원인 발전기를 자동적으로 정지하도록 시설한 경우에는 그 발전기의 전로로부터 차단하는 장치를 하지 아니하여도 된다.

뱅크용량의 구분	동작조건	장치의 종류
타냉식변압기 (냉각방식을 말한다)	냉각장치에 고장이 생긴 경우	경보장치

★★★
23 내부고장이 생긴 경우 및 과전류가 생긴 경우 자동적으로 전로로부터 차단하는 장치를 하여야 하는 전력용 커패시터의 뱅크용량[kVA]은?

① 500 [kVA] 초과 15,000 [kVA] 미만
② 500 [kVA] 초과 20,000 [kVA] 미만
③ 50 [kVA] 초과 15,000 [kVA] 미만
④ 50 [kVA] 초과 10,000 [kVA] 미만

해설 **무효전력 보상장치의 보호장치**
　무효전력 보상장치에는 그 내부에 고장이 생긴 경우에 보호하는 장치를 아래 표와 같이 시설하여야 한다.

설비 종별	뱅크용량의 구분	자동적으로 전로로부터 차단하는 장치
전력용 커패시터 및 분로리액터	500[kVA] 초과 15,000[kVA] 미만	내부에 고장이 생긴 경우에 동작하는 장치 또는 과전류가 생긴 경우에 동작하는 장치
	15,000[kVA] 이상	내부에 고장이 생긴 경우에 동작하는 장치 및 과전류가 생긴 경우에 동작하는 장치 또는 과전압이 생긴 경우에 동작하는 장치
조상기 (調相機)	15,000[kVA] 이상	내부에 고장이 생긴 경우에 동작하는 장치

★★
24 전력용 커패시터의 내부에 고장이 생긴 경우 및 과전류 또는 과전압이 생긴 경우에 자동적으로 전로로부터 차단하는 장치가 필요한 뱅크용량은 몇 [kVA] 이상인 것인가?

① 1,000 [kVA]　　② 5,000 [kVA]
③ 10,000 [kVA]　④ 15,000 [kVA]

해설 **무효전력 보상장치의 보호장치**
　무효전력 보상장치에는 그 내부에 고장이 생긴 경우에 보호하는 장치를 아래 표와 같이 시설하여야 한다.

설비 종별	뱅크용량의 구분	자동적으로 전로로부터 차단하는 장치
전력용 커패시터 및 분로리액터	15,000[kVA] 이상	내부에 고장이 생긴 경우에 동작하는 장치 및 과전류가 생긴 경우에 동작하는 장치 또는 과전압이 생긴 경우에 동작하는 장치

★★★
25 뱅크용량이 20,000[kVA]인 전력용 커패시터에 자동적으로 전로로부터 차단하는 보호장치를 하려고 한다. 반드시 시설하여야 할 보호장치가 아닌 것은?

① 내부에 고장이 생긴 경우에 동작하는 장치
② 절연유의 압력이 변화할 때 동작하는 장치
③ 과전류가 생긴 경우에 동작하는 장치
④ 과전압이 생긴 경우에 동작하는 장치

해설 **무효전력 보상장치의 보호장치**
　무효전력 보상장치에는 그 내부에 고장이 생긴 경우에 보호하는 장치를 아래 표와 같이 시설하여야 한다.

설비 종별	뱅크용량의 구분	자동적으로 전로로부터 차단하는 장치
전력용 커패시터 및 분로리액터	15,000[kVA] 이상	내부에 고장이 생긴 경우에 동작하는 장치 및 과전류가 생긴 경우에 동작하는 장치 또는 과전압이 생긴 경우에 동작하는 장치

정답 22 ①　23 ①　24 ④　25 ②

★★★
26 용량 몇 [kVA] 이상의 조상기에는 그 내부에 고장이 생긴 경우에 자동적으로 이를 전로로부터 차단하는 장치를 하여야 하는가?

① 5,000 　　　　② 10,000
③ 15,000 　　　　④ 20,000

해설 **무효전력 보상장치의 보호장치**
무효전력 보상장치에는 그 내부에 고장이 생긴 경우에 보호하는 장치를 아래 표와 같이 시설하여야 한다.

설비 종별	뱅크용량의 구분	자동적으로 전로로부터 차단하는 장치
조상기 (調相機)	15,000[kVA] 이상	내부에 고장이 생긴 경우에 동작하는 장치

★★★
27 발전소에는 필요한 계측장치를 시설해야 한다. 다음 중 시설을 생략해도 되는 계측장치는?

① 발전기의 전압 및 전류 계측장치
② 주요 변압기의 역률 계측장치
③ 발전기의 고정자 온도 계측장치
④ 특별고압용 변압기의 온도 계측장치

해설 **계측장치**
발전소에서는 다음의 사항을 계측하는 장치를 시설하여야 한다. 다만, 태양전지 발전소는 연계하는 전력계통에 그 발전소 이외의 전원이 없는 것에 대하여는 그러하지 아니하다.
(1) 발전기·연료전지 또는 태양전지 모듈(복수의 태양전지 모듈을 설치하는 경우에는 그 집합체)의 전압 및 전류 또는 전력
(2) 발전기의 베어링(수중 메탈을 제외한다) 및 고정자 (固定子)의 온도
(3) 정격출력이 10,000 [kW]를 초과하는 증기터빈에 접속하는 발전기의 진동의 진폭(정격출력이 400,000 [kW] 이상의 증기터빈에 접속하는 발전기는 이를 자동적으로 기록하는 것에 한한다)
(4) 주요 변압기의 전압 및 전류 또는 전력
(5) 특고압용 변압기의 온도

★★★
28 발전소에서 계측장치를 설치하여 계측하는 사항에 포함되지 않는 것은?

① 발전기의 고정자 온도
② 발전기의 전압 및 전류 또는 전력
③ 특고압 모선의 전류 및 전압 또는 전력
④ 주요 변압기의 전압 및 전류 또는 전력

해설 **계측장치**
발전소에서는 다음의 사항을 계측하는 장치를 시설하여야 한다. 다만, 태양전지 발전소는 연계하는 전력계통에 그 발전소 이외의 전원이 없는 것에 대하여는 그러하지 아니하다.
(1) 발전기·연료전지 또는 태양전지 모듈(복수의 태양전지 모듈을 설치하는 경우에는 그 집합체)의 전압 및 전류 또는 전력
(2) 발전기의 베어링(수중 메탈을 제외한다) 및 고정자 (固定子)의 온도
(3) 정격출력이 10,000 [kW]를 초과하는 증기터빈에 접속하는 발전기의 진동의 진폭(정격출력이 400,000 [kW] 이상의 증기터빈에 접속하는 발전기는 이를 자동적으로 기록하는 것에 한한다)
(4) 주요 변압기의 전압 및 전류 또는 전력
(5) 특고압용 변압기의 온도

★
29 발전소의 계측요소가 아닌 것은?

① 발전기의 고정자 온도
② 저압용 변압기의 온도
③ 발전기의 전압 및 전류
④ 주요 변압기의 전류 및 전압

해설 **계측장치**
발전소에서는 다음의 사항을 계측하는 장치를 시설하여야 한다. 다만, 태양전지 발전소는 연계하는 전력계통에 그 발전소 이외의 전원이 없는 것에 대하여는 그러하지 아니하다.
(1) 발전기·연료전지 또는 태양전지 모듈(복수의 태양전지 모듈을 설치하는 경우에는 그 집합체)의 전압 및 전류 또는 전력
(2) 발전기의 베어링(수중 메탈을 제외한다) 및 고정자 (固定子)의 온도
(3) 정격출력이 10,000 [kW]를 초과하는 증기터빈에 접속하는 발전기의 진동의 진폭(정격출력이 400,000 [kW] 이상의 증기터빈에 접속하는 발전기는 이를 자동적으로 기록하는 것에 한한다)
(4) 주요 변압기의 전압 및 전류 또는 전력
(5) 특고압용 변압기의 온도

★★
30 발전소의 주요 변압기에 반드시 시설하여야 할 계측장치로 옳은 것은?

① 전압 및 전류 또는 전력량
② 전압, 유온(油溫) 및 주파수
③ 전압 및 전류 또는 전력
④ 전압, 전류 및 수요전력량

해설 계측장치
발전소에서는 다음의 사항을 계측하는 장치를 시설하여야 한다. 다만, 태양전지 발전소는 연계하는 전력계통에 그 발전소 이외의 전원이 없는 것에 대하여는 그러하지 아니하다.
• 주요 변압기의 전압 및 전류 또는 전력

★
31 변전소의 주요 변압기에 시설하지 않아도 되는 계측장치는?

① 역률계
② 전압계
③ 전력계
④ 전류계

해설 계측장치
변전소 또는 이에 준하는 곳에는 다음의 사항을 계측하는 장치를 시설하여야 한다. 다만, 전기철도용 변전소는 주요 변압기의 전압을 계측하는 장치를 시설하지 아니할 수 있다.
(1) 주요 변압기의 전압 및 전류 또는 전력
(2) 특고압용 변압기의 온도

★
32 일반 변전소 또는 이에 준하는 곳의 주요 변압기에 반드시 시설하여야 하는 계측장치가 아닌 것은?

① 주파수
② 전압
③ 전류
④ 전력

해설 계측장치
변전소 또는 이에 준하는 곳에는 다음의 사항을 계측하는 장치를 시설하여야 한다. 다만, 전기철도용 변전소는 주요 변압기의 전압을 계측하는 장치를 시설하지 아니할 수 있다.
(1) 주요 변압기의 전압 및 전류 또는 전력
(2) 특고압용 변압기의 온도

★
33 전기철도용 변전소 이외의 변전소의 주요 변압기에 계측장치가 꼭 필요하지 않은 것은?

① 전압
② 전류
③ 주파수
④ 전력

해설 계측장치
변전소 또는 이에 준하는 곳에는 다음의 사항을 계측하는 장치를 시설하여야 한다. 다만, 전기철도용 변전소는 주요 변압기의 전압을 계측하는 장치를 시설하지 아니할 수 있다.
(1) 주요 변압기의 전압 및 전류 또는 전력
(2) 특고압용 변압기의 온도

★★★
34 발·변전소의 주요 변압기에 시설하지 않아도 되는 계측 장치는?

① 역률계
② 전압계
③ 전력계
④ 전류계

해설 계측장치
(1) 발전소 주요 변압기의 전압 및 전류 또는 전력
(2) 변전소 주요 변압기의 전압 및 전류 또는 전력

★★
35 동기발전기를 사용하는 전력계통에 시설하여야 하는 장치는?

① 비상 조속기
② 동기검정장치
③ 분로 리액터
④ 절연유 유출방지설비

해설 계측장치
동기발전기(同期發電機)를 시설하는 경우에는 동기검정장치를 시설하여야 한다. 다만, 동기발전기를 연계하는 전력계통에는 그 동기발전기 이외의 전원이 없는 경우 또는 동기발전기의 용량이 그 발전기를 연계하는 전력계통의 용량과 비교하여 현저히 적은 경우에는 그러하지 아니하다.

★★★
36 전력계통의 용량과 비슷한 동기조상기를 시설하는 경우에 반드시 시설되어야 할 검정장치나 계측장치가 아닌 것은?

① 동기검정장치
② 동기조상기의 역률
③ 동기조상기의 전압 및 전류 또는 전력
④ 고정자의 온도측정장치

[해설] 계측장치
　동기조상기를 시설하는 경우에는 다음의 사항을 계측하는 장치 및 동기검정장치를 시설하여야 한다. 다만, 동기조상기의 용량이 전력계통의 용량과 비교하여 현저히 적은 경우에는 동기검정장치를 시설하지 아니할 수 있다.
⑴ 동기조상기의 전압 및 전류 또는 전력
⑵ 동기조상기의 베어링 및 고정자의 온도

★★★
37 동기조상기를 시설할 때 동기조상기의 전압, 전류, 전력, 베어링 및 고정자의 온도를 계측하는 장치와 동기검정장치를 시설해야 하는데 동기조상기의 용량이 전력계통의 용량과 비교하여 현저히 적은 경우에는 그 시설을 생략할 수 있는 것이 있다. 그것은 무엇인가?

① 전력측정장치
② 고정자의 온도측정장치
③ 베어링의 온도측정장치
④ 동기검정장치

[해설] 계측장치
　동기조상기를 시설하는 경우에는 다음의 사항을 계측하는 장치 및 동기검정장치를 시설하여야 한다. 다만, 동기조상기의 용량이 전력계통의 용량과 비교하여 현저히 적은 경우에는 동기검정장치를 시설하지 아니할 수 있다.

★
38 전기철도용 변전소 이외의 변전소의 주요 변압기에 계측장치가 꼭 필요하지 않은 것은?

① 전압　　　② 전류
③ 주파수　　④ 전력

[해설] 계측장치
　변전소 또는 이에 준하는 곳에는 다음의 사항을 계측하는 장치를 시설하여야 한다. 다만, 전기철도용 변전소는 주요 변압기의 전압을 계측하는 장치를 시설하지 아니할 수 있다.
⑴ 주요 변압기의 전압 및 전류 또는 전력
⑵ 특고압용 변압기의 온도

★
39 발전소, 변전소, 개폐소 또는 이에 준하는 곳에 설치하는 배전반 시설에 법규상 확보할 사항이 아닌 것은?

① 방호장치
② 통로를 시설
③ 기기 조작에 필요한 공간
④ 공기 여과장치

[해설] 배전반의 시설
⑴ 발전소·변전소·개폐소 또는 이에 준하는 곳에 시설하는 배전반에 붙이는 기구 및 전선은 점검할 수 있도록 시설하여야 한다.
⑵ 배전반에 고압용 또는 특별고압용의 기구 또는 전선을 시설하는 경우에는 취급자에게 위험이 미치지 아니하도록 적당한 방호장치 또는 통로를 시설하여야 하며 기기조작에 필요한 공간을 확보하여야 한다.

★
40 변전소를 관리하는 기술원이 상주하는 장소에 경보장치를 시설하지 아니하여도 되는 것은?

① 조상기 내부에 고장이 생긴 경우
② 주요 변압기의 전원측 전로가 무전압으로 된 경우
③ 특고압용 타냉식변압기의 냉각장치가 고장 난 경우
④ 출력 2,000 [kVA] 특고압용 변압기의 온도가 현저히 상승한 경우

해설 **상주 감시를 하지 아니하는 변전소의 시설**
변전소의 운전에 필요한 지식 및 기능을 가진 기술원이 그 변전소에 상주하여 감시를 하지 아니하는 사용전압이 170 [kV] 이하의 변압기를 시설하는 변전소로서 기술원이 수시로 순회하거나 그 변전소를 원격감시 제어하는 제어소에서 상시 감시하는 경우에는 아래와 같은 상황일 때 변전제어소 또는 기술원이 상주하는 장소에 경보장치를 시설하여야 한다.
(1) 운전조작에 필요한 차단기가 자동적으로 차단한 경우(차단기가 재폐로한 경우를 제외한다)
(2) 주요 변압기의 전원측 전로가 무전압으로 된 경우
(3) 제어 회로의 전압이 현저히 저하한 경우
(4) 옥내변전소에 화재가 발생한 경우
(5) 출력 3,000 [kVA]를 초과하는 특고압용 변압기는 그 온도가 현저히 상승한 경우
(6) 특고압용 타냉식변압기는 그 냉각장치가 고장난 경우
(7) 조상기는 내부에 고장이 생긴 경우
(8) 수소냉각식조상기는 그 조상기 안의 수소의 순도가 90 [%] 이하로 저하한 경우, 수소의 압력이 현저히 변동한 경우 또는 수소의 온도가 현저히 상승한 경우
(9) 가스절연기기(압력의 저하에 의하여 절연파괴 등이 생길 우려가 없는 경우를 제외한다)의 절연가스의 압력이 현저히 저하한 경우

★★★
41 수소냉각식 발전기 등의 시설기준을 잘못 설명한 것은?

① 발전기는 기밀구조의 것이고 또한 수소가 대기압에서 폭발하는 경우에 생기는 압력에 견디는 강도를 가지는 것일 것
② 발전기 안의 수소의 온도를 계측하는 장치를 시설할 것
③ 발전기 안의 수소의 압력을 계측하는 장치 및 그 압력이 현저히 변동한 경우에 이를 경보하는 장치를 시설할 것
④ 발전기 안의 수소의 순도가 85 [%] 이상으로 상승하는 경우 이를 경보하는 장치를 시설할 것

해설 **수소냉각식 발전기 등의 시설**
수소냉각식의 발전기·조상기 또는 이에 부속하는 수소 냉각 장치는 다음 각 호에 따라 시설하여야 한다.
(1) 발전기 또는 조상기는 기밀구조의 것이고 또한 수소가 대기압에서 폭발하는 경우에 생기는 압력에 견디는 강도를 가지는 것일 것.
(2) 발전기축의 밀봉부에는 질소 가스를 봉입할 수 있는 장치 또는 발전기 축의 밀봉부로부터 누설된 수소 가스를 안전하게 외부에 방출할 수 있는 장치를 시설할 것.
(3) 발전기 내부 또는 조상기 내부의 수소의 순도가 85 [%] 이하로 저하한 경우에 이를 경보하는 장치를 시설할 것.
(4) 발전기 내부 또는 조상기 내부의 수소의 압력을 계측하는 장치 및 그 압력이 현저히 변동한 경우에 이를 경보하는 장치를 시설할 것.
(5) 발전기 내부 또는 조상기 내부의 수소의 온도를 계측하는 장치를 시설할 것.
(6) 발전기 내부 또는 조상기 내부로 수소를 안전하게 도입할 수 있는 장치 및 발전기안 또는 조상기안의 수소를 안전하게 외부로 방출할 수 있는 장치를 시설할 것.
(7) 수소를 통하는 관은 동관 또는 이음매 없는 강판이어야 하며 또한 수소가 대기압에서 폭발하는 경우에 생기는 압력에 견디는 강도의 것일 것.
(8) 수소를 통하는 관·밸브 등은 수소가 새지 아니하는 구조로 되어 있을 것.
(9) 발전기 또는 조상기에 붙인 유리제의 점검 창 등은 쉽게 파손되지 아니하는 구조로 되어 있을 것.

★★★
42 수소냉각식 발전기 안 또는 조상기 안의 수소의 순도가 몇 [%] 이하로 저하한 경우 이를 경보하는 장치를 시설하도록 하고 있는가?

① 90 [%]　　　　② 85 [%]
③ 80 [%]　　　　④ 75 [%]

해설 수소냉각식 발전기 등의 시설
　　발전기 내부 또는 조상기 내부의 수소의 순도가 85 [%] 이하로 저하한 경우에 이를 경보하는 장치를 시설할 것.

★★
43 수소 냉각식의 발전기·조상기 또는 이에 부속하는 수소냉각장치에 시설하는 계측 장치에 해당되지 않는 것은?

① 수소의 순도가 85[%] 이하로 저하한 경우의 경보 장치
② 수소의 압력을 계측하는 장치
③ 수소의 도입량과 방출량을 계측하는 장치
④ 수소의 온도를 계측하는 장치

해설 수소냉각식 발전기 등의 시설
　　발전기 내부 또는 조상기 내부로 수소를 안전하게 도입할 수 있는 장치 및 발전기안 또는 조상기안의 수소를 안전하게 외부로 방출할 수 있는 장치를 시설할 것.

★★
44 수소냉각식의 발전기·조상기에 부속하는 수소냉각장치에서 필요 없는 장치는?

① 수소의 순도 저하를 경보하는 장치
② 수소의 압력을 계측하는 장치
③ 수소의 온도를 계측하는 장치
④ 수소의 유량을 계측하는 장치

해설 수소냉각식 발전기 등의 시설
　　⑴ 발전기 내부 또는 조상기 내부의 수소의 순도가 85 [%] 이하로 저하한 경우에 이를 경보하는 장치를 시설할 것.
　　⑵ 발전기 내부 또는 조상기 내부의 수소의 압력을 계측하는 장치 및 그 압력이 현저히 변동한 경우에 이를 경보하는 장치를 시설할 것.
　　⑶ 발전기 내부 또는 조상기 내부의 수소의 온도를 계측하는 장치를 시설할 것.

1 가공전선 및 지지물

(1) 가공전선 및 지지물의 시설

① 가공전선로의 지지물은 다른 가공전선, 가공약전류전선, 가공광섬유케이블, 약전류전선 또는 광섬유케이블 사이를 관통하여 시설하여서는 아니 된다.

② 가공전선은 다른 가공전선로, 가공전차전로, 가공약전류전선로 또는 가공광섬유케이블선로의 지지물을 사이에 두고 시설하여서는 아니 된다.

③ 가공전선과 다른 가공전선, 가공약전류전선, 가공광섬유케이블 또는 가공전차선을 동일 지지물에 시설하는 경우에는 ①항, ②항에 의하지 아니할 수 있다.

(2) 가공전선의 분기

가공전선의 분기는 분기점에서 전선에 장력이 가하여지지 않도록 시설하는 경우 이외에는 그 전선의 지지점에서 하여야 한다.

(3) 가공전선로 지지물의 철탑오름 및 전주오름 방지

가공전선로의 지지물에 취급자가 오르고 내리는데 사용하는 발판 볼트 등을 지표상 1.8 [m] 미만에 시설하여서는 아니 된다. 다만, 다음의 어느 하나에 해당되는 경우에는 그러하지 아니하다.

① 발판 볼트 등을 내부에 넣을 수 있는 구조로 되어 있는 지지물에 시설하는 경우

② 지지물에 철탑오름 및 전주오름 방지장치를 시설하는 경우

③ 지지물 주위에 취급자 이외의 사람이 출입할 수 없도록 울타리·담 등의 시설을 하는 경우

④ 지지물이 산간(山間) 등에 있으며 사람이 쉽게 접근할 우려가 없는 곳에 시설하는 경우

(4) 가공전선로에 시설하는 지지물의 종류

가공전선로의 지지물에는 목주·철주·철근 콘크리트주 또는 철탑을 사용할 것

확인문제

01 가공전선로의 지지물에 취급자가 오르고 내리는데 사용하는 발판 볼트 등은 지표상 몇 [m] 미만에 시설하여서는 아니 되는가?

① 1.2 ② 1.5
③ 1.8 ④ 2.0

해설 **가공전선로의 지지물의 철탑오름 및 전주오름 방지**
가공전선로의 지지물에 취급자가 오르고 내리는데 사용하는 발판 볼트 등을 지표상 1.8 [m] 미만에 시설하여서는 아니 된다.

답 : ③

02 가공전선로의 지지물로 볼 수 없는 것은?

① 철주 ② 지선
③ 철탑 ④ 철근콘크리트주

해설 **가공전선로에 시설하는 지지물의 종류**
가공전선로의 지지물에는 목주·철주·철근 콘크리트주 또는 철탑을 사용할 것

답 : ②

2 풍압하중의 종별과 적용

1. 풍압하중의 종별

(1) 갑종풍압하중 : 각 구성재의 수직투영면적 1 [m²]에 대한 풍압을 기초로 하여 계산

풍압을 받는 구분				구성재의 수직투영면적 1[m²]에 대한 풍압[Pa]
목주				588
지지물	철주	원형의 것		588
		삼각형 또는 마름모형의 것		1,412
		강관에 의하여 구성되는 4각형의 것		1,117
		기타의 것		복재(腹材)가 전·후면에 겹치는 경우에는 1,627, 기타의 경우에는 1,784
	철근콘크리트주	원형의 것		588
		기타의 것		882
	철탑	단주(완철류는 제외)	원형의 것	588
			기타의 것	1,117
		강관으로 구성되는 것(단주는 제외)		1,255
		기타의 것		2,157
전선 기타 가섭선	다도체(구성하는 전선이 2가닥마다 수평으로 배열되고 또한 그 전선 상호 간의 거리가 전선의 바깥지름의 20배 이하인 것)를 구성하는 전선			666
	기타의 것			745
애자장치(특별고압 전선로용의 것)				1,039
목주·철주(원형의 것) 및 철근 콘크리트주의 완금류(특고압 전선로용의 것)				단일재로서 사용하는 경우에는 1,196, 기타의 경우에는 1,627

03 가공전선로의 지지물이 원형 철근콘크리트주인 경우 갑종풍압하중은 몇 [Pa]를 기초로 하여 계산하는가?

① 588
② 1,039
③ 1,117
④ 1,255

해설 갑종풍압하중

풍압을 받는 구분			풍압[Pa]
지지물	철근 콘크리트주	원형	588
		기타	882

답 : ①

04 강관으로 구성된 철탑의 갑종풍압하중은 수직 투영면적 1 [m²]에 대한 풍압을 기초로 하여 계산한 값이 몇 [Pa]인가?

① 1,255
② 1,340
③ 1,560
④ 2,060

해설 갑종풍압하중

풍압을 받는 구분			풍압[Pa]
지지물	철탑	강관으로 구성	1,255

답 : ①

(2) 을종풍압하중

전선 기타의 가섭선(架涉線) 주위에 두께 6 [mm], 비중 0.9의 빙설이 부착된 상태에서 수직 투영면적 372 [Pa](다도체를 구성하는 전선은 333 [Pa]), 그 이외의 것은 갑종풍압하중의 2분의 1을 기초로 하여 계산한 것.

(3) 병종풍압하중

갑종풍압하중의 2분의 1을 기초로 하여 계산한 것.

2. 풍압하중의 적용

① 빙설이 많은 지방 이외의 지방에서는 고온계절에는 갑종풍압하중, 저온계절에는 병종풍압하중

② 빙설이 많은 지방(③의 지방은 제외한다)에서는 고온계절에는 갑종풍압하중, 저온계절에는 을종풍압하중

③ 빙설이 많은 지방 중 해안지방 기타 저온계절에 최대풍압이 생기는 지방에서는 고온계절에는 갑종풍압하중, 저온계절에는 갑종풍압하중과 을종풍압하중 중 큰 것.

④ 인가가 많이 연접되어 있는 장소에 시설하는 가공전선로의 구성재 중 다음의 풍압하중에 대하여는 병종풍압하중을 적용할 수 있다.

　(ㄱ) 저압 또는 고압 가공전선로의 지지물 또는 가섭선

　(ㄴ) 사용전압이 35 [kV] 이하의 전선에 특고압 절연전선 또는 케이블을 사용하는 특고압 가공전선로의 지지물, 가섭선 및 특고압 가공전선을 지지하는 애자장치 및 완금류

3. 가공전선로 지지물의 기초 안전율

가공전선로의 지지물에 하중이 가하여지는 경우에 그 하중을 받는 지지물의 기초의 안전율은 2(이상 시 상정하중이 가하여지는 경우의 그 이상시 상정하중에 대한 철탑의 기초에 대하여는 1.33) 이상이어야 한다. 다만, 아래 표에서 정한 지지물의 매설깊이에 따라 시설하는 경우에는 적용하지 않는다.

확인문제

05 가공 전선로에 사용하는 지지물의 강도 계산에 적용하는 풍압하중 중 병종풍압하중은 갑종풍압하중에 대한 얼마의 풍압을 기초로 하여 계산한 것인가?

① $\frac{1}{2}$ 　　　　② $\frac{1}{3}$

③ $\frac{2}{3}$ 　　　　④ $\frac{1}{4}$

해설 **병종풍압하중**
갑종풍압하중의 2분의 1을 기초로 하여 계산한 것.

06 철탑의 강도계산에 사용하는 이상시 상정하중이 가하여지는 경우 그 이상시 상정하중에 대한 철탑의 기초에 대한 안전율은 얼마 이상이어야 하는가?

① 1.2 　　　　② 1.33

③ 1.5 　　　　④ 2

해설 **가공전선로 지지물의 기초 안전율**
가공전선로의 지지물에 하중이 가하여지는 경우에 그 하중을 받는 지지물의 기초의 안전율은 2(이상 시 상정하중이 가하여지는 경우의 그 이상시 상정하중에 대한 철탑의 기초에 대하여는 1.33) 이상이어야 한다.

답 : ①

답 : ②

전장 \ 설계하중	6.8 [kN] 이하	6.8 [kN] 초과 9.8 [kN] 이하	9.8 [kN] 초과 14.72 [kN] 이하		지지물
15 [m] 이하	① 전장×$\frac{1}{6}$ 이상	–	–		목주, 철주, 철근 콘크리트주
15 [m] 초과 16 [m] 이하	② 2.5 [m] 이상	–	–		
16 [m] 초과 20 [m] 이하	2.8 [m] 이상	–	–		
14 [m] 초과 20 [m] 이하	–	①, ②항 +30 [cm]	15 [m] 이하	①항+ 50 [cm]	철근 콘크리트주
			15 [m] 초과 18 [m] 이하	3 [m] 이상	
			18 [m] 초과	3.2 [m] 이상	

①항, ②항의 경우 논이나 그 밖의 지반이 연약한 곳에서는 견고한 근가(根架)를 시설할 것.

3 지선의 시설

(1) 가공전선로의 지지물로 사용하는 철탑은 지선을 사용하여 그 강도를 분담시켜서는 안된다.

(2) 가공전선로의 지지물에 시설하는 지선은 다음에 따라야 한다.
   ① 지선의 안전율은 2.5 이상일 것. 이 경우에 허용인장하중의 최저는 4.31 [kN]으로 한다.
   ② 지선에 연선을 사용할 경우에는 다음에 의할 것.
   (ㄱ) 소선(素線) 3가닥 이상의 연선일 것.
   (ㄴ) 소선의 지름이 2.6 [mm] 이상의 금속선을 사용한 것일 것.
   (ㄷ) 지중부분 및 지표상 30 [cm]까지의 부분에는 내식성이 있는 것 또는 아연도금을 한 철봉을 사용하고 쉽게 부식하지 아니하는 근가에 견고하게 붙일 것.
   (ㄹ) 지선근가는 지선의 인장하중에 충분히 견디도록 시설할 것.

확인문제

07 설계하중이 6.8 [kN]인 철근 콘크리트주의 길이가 17 [m]라 한다. 이 지지물을 지반이 연약한 곳 이외의 곳에서 안전율을 고려하지 않고 시설하려고 하면 땅에 묻히는 깊이는 몇 [m] 이상으로 하여야 하는가?

① 2.0 　　② 2.3
③ 2.5 　　④ 2.8

해설 지지물의 매설깊이

전장 \ 설계하중	6.8 [kN] 이하	–	–
16 [m] 초과 20 [m] 이하	2.8 [m] 이상	–	–

답 : ④

08 다음 ㉠, ㉡에 들어갈 내용으로 알맞은 것은?

> 지선의 안전율은 (㉠) 이상일 것. 이 경우에 안전율은 인장하중의 최저는 (㉡) [kN]으로 한다.

① ㉠ 2.0, ㉡ 2.1 　　② ㉠ 2.0, ㉡ 4.31
③ ㉠ 2.5, ㉡ 2.1 　　④ ㉠ 2.5, ㉡ 4.31

해설 지선의 시설
   지선의 안전율은 2.5 이상일 것. 이 경우에 허용인장하중의 최저는 4.31 [kN]으로 한다.

답 : ④

(3) 지선의 높이

① 도로를 횡단하여 시설하는 경우에는 지표상 5 [m] 이상으로 하여야 한다. 다만, 기술상 부득이한 경우로서 교통에 지장을 초래할 우려가 없는 경우에는 지표상 4.5 [m] 이상으로 할 수 있다.

② 보도의 경우에는 2.5 [m] 이상으로 할 수 있다.

4 구내인입선

1. 가공인입선

(1) 저압 가공인입선의 시설

① 전선은 절연전선, 다심형 전선 또는 케이블일 것.

② 전선이 케이블인 경우 이외에는 인장강도 2.30 [kN] 이상의 것 또는 지름 2.6 [mm] 이상의 인입용 비닐절연전선일 것. 다만, 경간이 15 [m] 이하인 경우는 인장강도 1.25 [kN] 이상의 것 또는 지름 2 [mm] 이상의 인입용 비닐절연전선일 것.

③ 전선이 옥외용 비닐절연전선인 경우에는 사람이 접촉할 우려가 없도록 시설하고, 옥외용 비닐절연전선 이외의 절연 전선인 경우에는 사람이 쉽게 접촉할 우려가 없도록 시설할 것.

④ 전선의 높이

(ㄱ) 도로(차도와 보도의 구별이 있는 도로인 경우에는 차도)를 횡단하는 경우에는 노면상 5 [m] (기술상 부득이한 경우에 교통에 지장이 없을 때에는 3 [m]) 이상

(ㄴ) 철도 또는 궤도를 횡단하는 경우에는 레일면상 6.5 [m] 이상

(ㄷ) 횡단보도교의 위에 시설하는 경우에는 노면상 3 [m] 이상

(ㄹ) (ㄱ)에서 (ㄷ)까지 이외의 경우에는 지표상 4 [m] (기술상 부득이한 경우에 교통에 지장이 없을 때에는 2.5 [m]) 이상

확인문제

09 저압 가공인입선의 시설에 대한 설명으로 틀린 것은?

① 전선은 절연전선, 다심형 전선 또는 케이블일 것

② 전선은 지름 1.6 [mm]의 경동선 또는 이와 동등 이상의 세기 및 굵기일 것

③ 전선의 높이는 철도 및 궤도를 횡단하는 경우에는 레일면상 6.5 [m] 이상일 것

④ 전선의 높이는 횡단보도교의 위에 시설하는 경우에는 노면상 3 [m] 이상일 것

[해설] 저압 가공인입선의 시설
전선이 케이블인 경우 이외에는 인장강도 2.30 [kN] 이상의 것 또는 지름 2.6 [mm] 이상의 인입용 비닐절연전선일 것.

답 : ②

10 저압 가공인입선 시설 시 도로를 횡단하여 시설하는 경우 노면상 높이는 몇 [m] 이상으로 하여야 하는가?

① 4   ② 4.5

③ 5   ④ 5.5

[해설] 저압 가공인입선의 높이
도로(차도와 보도의 구별이 있는 도로인 경우에는 차도)를 횡단하는 경우에는 노면상 5 [m] (기술상 부득이한 경우에 교통에 지장이 없을 때에는 3 [m]) 이상

답 : ③

(2) 고압 가공인입선의 시설

① 전선에는 인장강도 8.01 [kN] 이상의 고압 절연전선, 특고압 절연전선 또는 지름 5 [mm] 이상의 경동선의 고압 절연전선, 특고압 절연전선일 것

② 전선의 높이

(ㄱ) 도로[농로 기타 교통이 번잡하지 않은 도로 및 횡단보도교(도로·철도·궤도 등의 위를 횡단하여 시설하는 다리모양의 시설물로서 보행용으로만 사용되는 것을 말한다. 이하 같다.)를 제외한다. 이하 같다.]를 횡단하는 경우에는 지표상 6 [m] 이상. 단, 고압 가공인입선이 케이블 이외의 것인 때에는 그 전선의 아래쪽에 위험 표시를 한 경우에는 지표상 3.5 [m]까지로 감할 수 있다.

(ㄴ) 철도 또는 궤도를 횡단하는 경우에는 레일면상 6.5 [m] 이상

(ㄷ) 횡단보도교의 위에 시설하는 경우에는 노면상 3.5 [m] 이상

(ㄹ) (ㄱ)에서 (ㄷ)까지 이외의 경우에는 지표상 5 [m] 이상

(3) 특고압 가공인입선의 시설

① 변전소 또는 개폐소에 준하는 곳에 인입하는 특고압 가공인입선은 인장강도 8.71 [kN] 이상의 또는 단면적이 22 [mm²] 이상의 경동연선 또는 동등 이상의 인장강도를 갖는 알루미늄 전선이나 절연전선이어야 한다.

② 전선의 높이

사용전압의 구분	지표상의 높이
35 [kV] 이하	5 [m] (철도 또는 궤도를 횡단하는 경우에는 6.5 [m], 도로를 횡단하는 경우에는 6 [m], 횡단보도교의 위에 시설하는 경우로서 전선이 특고압 절연전선 또는 케이블인 경우에는 4 [m])
35 [kV] 초과 160 [kV] 이하	6 [m] (철도 또는 궤도를 횡단하는 경우에는 6.5 [m], 산지(山地) 등에 사람이 쉽게 들어갈 수 없는 장소에 시설하는 경우에는 5 [m], 횡단보도교의 위에 시설하는 경우 전선이 케이블인 때는 5 [m])

확인문제

11 고압 가공인입선의 전선으로는 지름이 몇 [mm] 이상의 경동선의 고압 절연전선을 사용하는가?

① 1.6   ② 2.6
③ 3.5   ④ 5.0

해설 고압 가공인입선의 시설
전선에는 인장강도 8.01 [kN] 이상의 고압 절연전선, 특고압 절연전선 또는 지름 5 [mm] 이상의 경동선의 고압 절연전선, 특고압 절연전선일 것

답 : ④

12 고압 가공인입선이 케이블 이외의 것으로서 그 아래에 위험표시를 하였다면 전선의 지표상 높이는 몇 [m]까지로 감할 수 있는가?

① 2.5 [m]   ② 3.5 [m]
③ 4.5 [m]   ④ 5.5 [m]

해설 고압 가공인입선의 높이
도로를 횡단하는 경우에는 지표상 6 [m] 이상. 단, 고압 가공인입선이 케이블 이외의 것인 때에는 그 전선의 아래쪽에 위험 표시를 한 경우에는 지표상 3.5 [m]까지로 감할 수 있다.

답 : ②

2. 연접인입선

(1) 저압 연접인입선

① 인입선에서 분기하는 점으로부터 100 [m]를 초과하는 지역에 미치지 아니할 것.

② 폭 5 [m]를 초과하는 도로를 횡단하지 아니할 것.

③ 옥내를 통과하지 아니할 것.

(2) 고압 연접인입선과 특고압 연접인입선은 시설하여서는 안된다.

5 구내에 시설하는 저압 가공전선로와 농사용 저압 가공전선로

1. 구내에 시설하는 저압 가공전선로

1구내에만 시설하는 사용전압이 400 [V] 이하인 저압 가공전선로의 전선이 건조물의 위에 시설되는 경우, 도로(폭이 5 [m]를 초과하는 것에 한한다) · 횡단보도교 · 철도 · 궤도 · 삭도, 가공약전류전선 등, 안테나, 다른 가공전선 또는 전차선과 교차하여 시설되는 경우 및 이들과 수평거리로 그 저압 가공전선로의 지지물의 지표상 높이에 상당하는 거리 이내에 접근하여 시설되는 경우 이외에 한하여 시설할 때에는 다음에 의할 것.

① 전선은 지름 2 [mm] 이상의 경동선의 절연전선 또는 이와 동등 이상의 세기 및 굵기의 절연전선일 것. 다만, 경간이 10 [m] 이하인 경우에 한하여 공칭단면적 4 [mm^2] 이상의 연동 절연전선을 사용할 수 있다.

② 전선로의 경간은 30 [m] 이하일 것.

③ 도로를 횡단하는 경우에는 4 [m] 이상이고 교통에 지장이 없는 높이일 것.

④ 도로를 횡단하지 않는 경우에는 3 [m] 이상의 높이일 것.

2. 농사용 저압 가공전선로

① 사용전압은 저압일 것.

② 전선은 인장강도 1.38 [kN] 이상의 것 또는 지름 2 [mm] 이상의 경동선일 것.

확인문제

13 저압 연접인입선은 인입선에서 분기하는 점으로부터 몇 [m]를 초과하는 지역에 미치지 아니하도록 시설하여야 하는가?

① 10 [m] 　　　② 20 [m]

③ 100 [m] 　　　④ 200 [m]

해설 저압 연접인입선

(1) 인입선에서 분기하는 점으로부터 100 [m]를 초과하는 지역에 미치지 아니할 것.

(2) 폭 5 [m]를 초과하는 도로를 횡단하지 아니할 것.

(3) 옥내를 통과하지 아니할 것.

답 : ③

14 방직공장의 구내 도로에 220 [V] 조명등용 저압 가공전선로를 설치하고자 한다. 전선로의 경간은 몇 [m] 이하이어야 하는가?

① 20 [m] 　　　② 30 [m]

③ 40 [m] 　　　④ 50 [m]

해설 구내에 시설하는 저압 가공전선로

1구내에만 시설하는 사용전압이 400 [V] 이하인 저압 가공전선로의 전선이 건조물의 위에 세설되는 경우 전선로의 경간은 30 [m] 이하일 것

답 : ②

③ 저압 가공전선의 지표상의 높이는 3.5 [m] 이상일 것. 다만, 저압 가공전선을 사람이 쉽게 출입하지 못하는 곳에 시설하는 경우에는 3 [m]까지로 감할 수 있다.

④ 목주의 굵기는 말구 지름이 0.09 [m] 이상일 것.

⑤ 전선로의 지지점간 거리는 30 [m] 이하일 것.

⑥ 다른 전선로에 접속하는 곳 가까이에 그 저압 가공전선로 전용의 개폐기 및 과전류 차단기를 각 극(과전류 차단기는 중성극을 제외한다)에 시설할 것.

6 옥측전선로와 옥상전선로

1. 옥측전선로

(1) 저압 옥측전선로

① 저압 옥측전선로의 공사방법은 다음과 같다.

(ㄱ) 애자공사(전개된 장소에 한한다)

(ㄴ) 합성수지관공사

(ㄷ) 금속관공사(목조 이외의 조영물에 시설하는 경우에 한한다.)

(ㄹ) 버스덕트공사[목조 이외의 조영물(점검할 수 없는 은폐된 장소는 제외한다.)에 시설하는 경우에 한한다.]

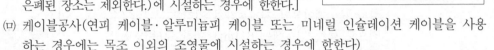

(ㅁ) 케이블공사(연피 케이블·알루미늄피 케이블 또는 미네럴 인슐레이션 케이블을 사용하는 경우에는 목조 이외의 조영물에 시설하는 경우에 한한다)

② 애자공사에 의한 저압 옥측전선로는 다음에 의하고 또한 사람이 쉽게 접촉될 우려가 없도록 시설할 것.

(ㄱ) 전선은 공칭단면적 4 [mm²] 이상의 연동 절연전선(옥외용 비닐절연전선 및 인입용 절연전선은 제외한다)일 것.

확인문제

15 다음 중 농사용 저압 가공전선로의 시설 기준으로 옳지 않은 것은?

① 사용전압이 저압일 것

② 저압 가공 전선의 인장강도는 1.38 [kN] 이상일 것

③ 저압 가공전선의 지표상 높이는 3.5 [m] 이상일 것

④ 전선로의 경간은 40 [m] 이하일 것

해설 농사용 저압 가공전선로

(1) 사용전압은 저압일 것.

(2) 전선은 인장강도 1.38 [kN] 이상의 것 또는 지름 2 [mm] 이상의 경동선일 것.

(3) 저압 가공전선의 지표상의 높이는 3.5 [m] 이상일 것. 다만, 저압 가공전선을 사람이 쉽게 출입하지 못하는 곳에 시설하는 경우에는 3 [m] 까지로 감할 수 있다.

(4) 전선로의 지지점 간 거리는 30 [m] 이하일 것.

답 : ④

16 저압 옥측전선로를 시설하는 경우 옳지 않은 공사방법은?(단, 전개된 장소로서 목조 이외의 조영물에 시설하는 경우이다.)

① 애자공사　　② 합성수지관공사

③ 케이블공사　　④ 금속몰드공사

해설 저압 옥측전선로의 공사방법

(1) 애자공사(전개된 장소에 한한다.)

(2) 합성수지관공사

(3) 금속관공사(목조 이외의 조영물에 시설하는 경우에 한한다.)

(4) 버스덕트공사[목조 이외의 조영물(점검할 수 없는 은폐된 장소는 제외한다.)에 시설하는 경우에 한한다.]

(5) 케이블공사(연피 케이블·알루미늄피 케이블 또는 미네럴 인슐레이션 케이블을 사용하는 경우에는 목조 이외의 조영물에 시설하는 경우에 한한다)

답 : ④

(ㄴ) 전선 상호 간의 간격 및 전선과 그 저압 옥측전선로를 시설하는 조영재 사이의 이격거리는 아래 표와 같다.

시설장소	전선 상호간		전선과 조영재간	
	400 [V] 이하	400 [V] 초과	400 [V] 이하	400 [V] 초과
비나 이슬에 젖지 않는 장소	0.06 [m]	0.06 [m]	0.025 [m]	0.025 [m]
비나 이슬에 젖는 장소	0.06 [m]	0.12 [m]	0.025 [m]	0.045 [m]

(ㄷ) 전선의 지지점간의 거리는 2 [m] 이하일 것.

(ㄹ) 전선과 식물 사이의 이격거리는 0.2 [m] 이상이어야 한다. 다만, 저압 옥측전선로의 전선이 고압 절연전선 또는 특고압 절연전선인 경우에 그 전선을 식물에 접촉하지 않도록 시설하는 경우에는 적용하지 아니한다.

(2) 고압 옥측전선로(전개된 장소에 시설하는 경우)

① 전선은 케이블일 것.

② 케이블은 견고한 관 또는 트라프에 넣거나 사람이 접촉할 우려가 없도록 시설할 것.

③ 케이블을 조영재의 옆면 또는 아랫면에 따라 붙일 경우에는 케이블의 지지점간의 거리를 2 [m](수직으로 붙일 경우에는 6 [m]) 이하로 하고 또한 피복을 손상하지 아니하도록 붙일 것.

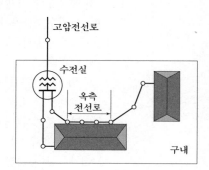

(3) 특고압 옥측전선로

특고압 옥측전선로는 시설하여서는 아니 된다. 다만, 사용전압이 100 [kV] 이하인 경우에는 그러하지 아니하다.

확인문제

17 사용전압 220 [V]인 경우에 애자공사에 의한 옥측전선로를 시설할 때 전선과 조영재와의 이격거리는 몇 [cm] 이상이어야 하는가?

① 2.5　　　　　② 4.5

③ 6　　　　　　④ 8

해설 저압 옥측전선로

애자공사에 의한 저압 옥측전선로에서 전선 상호 간의 간격 및 전선과 그 저압 옥측전선로를 시설하는 조영재 사이의 이격거리는 아래 표와 같다.

시설장소	전선 상호간		전선과 조영재간	
	400 [V] 미만	400 [V] 이상	400 [V] 미만	400 [V] 이상
비나 이슬에 젖지 않는 장소	6 [cm]	6 [cm]	2.5 [cm]	2.5 [cm]
비나 이슬에 젖는 장소	6 [cm]	12 [cm]	2.5 [cm]	4.5 [cm]

답 : ①

18 특고압 옥측전선로의 사용제한전압은 몇 [kV] 이하인가?

① 35,000 [V]　　　② 60,000 [V]

③ 100,000 [V]　　　④ 170,000 [V]

해설 특고압 옥측전선로

특고압 옥측전선로는 시설하여서는 아니 된다. 다만, 사용전압이 100 [kV] 이하인 경우에는 그러하지 아니하다.

답 : ③

2. 옥상전선로

(1) 저압 옥상전선로

① 저압 옥상전선로는 전개된 장소에 다음에 따르고 또한 위험의 우려가 없도록 시설하여야 한다.

  (ㄱ) 전선은 인장강도 2.30 [kN] 이상의 것 또는 지름 2.6 [mm] 이상의 경동선을 사용할 것.

  (ㄴ) 전선은 절연전선(OW전선을 포함한다.) 또는 이와 동등 이상의 절연효력이 있는 것을 사용할 것.

  (ㄷ) 전선은 조영재에 견고하게 붙인 지지주 또는 지지대에 절연성·난연성 및 내수성이 있는 애자를 사용하여 지지하고 또한 그 지지점 간의 거리는 15 [m] 이하일 것.

  (ㄹ) 전선과 그 저압 옥상 전선로를 시설하는 조영재와의 이격거리는 2 [m](전선이 고압 절연전선, 특고압 절연전선 또는 케이블인 경우에는 1 [m]) 이상일 것.

② 저압 옥상전선로의 전선은 상시 부는 바람 등에 의하여 식물에 접촉하지 아니하도록 시설하여야 한다.

(2) 고압 옥상전선로

① 고압 옥상전선로는 케이블을 사용하여 전개된 장소에서 조영재에 견고하게 붙인 지지주 또는 지지대에 의하여 지지하고 또한 조영재 사이의 이격거리를 1.2 [m] 이상으로 하여 시설하여야 한다.

② 고압 옥상전선로의 전선이 다른 시설물(가공전선을 제외한다)과 접근하거나 교차하는 경우에는 고압 옥상전선로의 전선과 이들 사이의 이격거리는 0.6 [m] 이상이어야 한다.

③ 고압 옥상전선로의 전선은 상시 부는 바람 등에 의하여 식물에 접촉하지 아니하도록 시설하여야 한다.

(3) 특고압 옥상전선로

특고압 옥상전선로는 시설하여서는 아니 된다.

확인문제

19 저압 옥상전선로의 시설에 대한 설명으로 옳지 않은 것은?

① 전선과 옥상전선로를 시설하는 조영재와의 이격 거리를 0.5 [m]로 하였다.

② 전선은 상시 부는 바람 등에 의하여 식물에 접촉하지 않도록 시설하였다.

③ 전선은 절연 전선을 사용하였다.

④ 전선은 지름 2.6 [mm]의 경동선을 사용하였다.

[해설] **저압 옥상전선로**

전선과 그 저압 옥상 전선로를 시설하는 조영재와의 이격거리는 2 [m](전선이 고압절연전선, 특고압 절연전선 또는 케이블인 경우에는 1 [m]) 이상일 것.

답 : ①

20 고압 옥상전선로의 전선이 다른 시설물과 접근하거나 교차하는 경우에는 고압 옥상전선로의 전선과 이들 사이의 이격거리는 몇 [cm] 이상이어야 하는가?

① 30   ② 40

③ 50   ④ 60

[해설] **고압 옥상전선로**

고압 옥상전선로의 전선이 다른 시설물(가공전선을 제외한다)과 접근하거나 교차하는 경우에는 고압 옥상전선로의 전선과 이들 사이의 이격거리는 0.6 [m] 이상이어야 한다.

답 : ④

7 가공전선의 굵기 및 종류

1. 가공전선의 굵기

구분		인장강도 및 굵기	보안공사로 한 경우
저압 400 [V] 이하		3.43 [kN] 이상의 것 또는 3.2 [mm] 이상의 경동선	5.26 [kN] 이상의 것 4 [mm] 이상의 경동선
		절연전선인 경우 2.3 [kN] 이상의 것 또는 2.6 [mm] 이상 경동선	
저압 400 [V] 초과 및 고압	시가지 외	5.26 [kN] 이상의 것 또는 4 [mm] 이상의 경동선	5 [mm] 이상의 것 8.01 [kN] 이상의 경동선
	시가지	8.01 [kN] 이상의 것 또는 5 [mm] 이상의 경동선	
특고압	시가지 외	8.71 [kN] 이상의 연선 또는 22 [mm^2] 이상의 경동연선 또는 동등 이상의 인장강도를 갖는 알루미늄 전선이나 절연전선	
	시가지	100 [kV] 미만 : 21.67 [kN] 이상의 연선 또는 55 [mm^2] 이상의 경동연선	
		100 [kV] 이상 170 [kV] 이하 : 58.84 [kN] 이상의 연선 또는 150 [mm^2] 이상의 경동연선	
		170 [kV] 초과 : 240 [mm^2] 이상의 강심알루미늄선 또는 이와 동등 이상의 인장강도 및 내(耐)아크 성능을 가지는 연선	

2. 가공전선의 종류

① 저압 가공전선 : 나전선(중성선 또는 다중접지된 접지측 전선으로 사용하는 전선에 한한다), 절연전선, 다심형 전선 또는 케이블

② 고압 가공전선 : 경동선의 고압 절연전선, 특고압 절연전선 및 케이블

③ 특고압 가공전선 : 연선 또는 경동연선, 알루미늄 전선이나 절연전선

확인문제

21 사용전압이 400 [V] 이하인 저압 가공전선으로 절연전선을 사용하는 경우, 지름 몇 [mm] 이상의 경동선을 사용하여야 하는가?

① 2.0   ② 2.6
③ 3.2   ④ 4.0

해설 가공전선의 굵기

구분	인장강도 및 굵기
저압 400 [V] 이하	3.43 [kN] 이상의 것 또는 3.2 [mm] 이상의 경동선
	절연전선인 경우 2.3 [kN] 이상의 것 또는 2.6 [mm] 이상 경동선

답 : ②

22 154 [kV] 특고압 가공전선로를 시가지에 경동연선으로 시설할 경우 단면적은 몇 [mm²] 이상을 사용하여야 하는가?

① 100   ② 150
③ 200   ④ 250

해설 가공전선의 굵기

구분		인장강도 및 굵기
특고압 시가지	100 [kV] 미만	55 [mm^2] 이상의 경동연선
	100 [kV] 이상 170 [kV] 이하	150 [mm^2] 이상의 경동연선

답 : ②

8 가공전선의 높이

구분	시설장소		전선의 높이	
저·고압	도로 횡단시		지표상 6 [m] 이상	
	철도 또는 궤도 횡단시		레일면상 6.5 [m] 이상	
	횡단보도교	저압	노면상 3.5 [m] 이상	절연전선, 다심형 전선, 케이블 사용시 3 [m] 이상
		고압	노면상 3.5 [m] 이상	
	위의 장소 이외의 곳		지표상 5 [m] 이상	저압가공전선을 절연전선, 케이블 사용하여 교통에 지장없이 옥외조명등에 공급시 4 [m] 까지 감할 수 있다.
특별고압	시가지	35 [kV] 이하	① 지표상 10 [m]	② 특별고압 절연전선 사용시 8 [m]
		35 [kV] 초과 170 [kV] 이하	10 [kV]마다 12 [cm] 가산하여 ①, ②항 +(사용전압[kV]/10-3.5)×0.12 소수점 절상	
	시가지 외	35 [kV] 이하	도로횡단시	지표상 6 [m] 이상
			철도 또는 궤도 횡단시	레일면상 6.5 [m] 이상
			횡단보도교	특고압 절연전선 또는 케이블인 경우 4 [m] 이상
			기타	지표상 5 [m] 이상
		35 [kV] 초과 160 [kV] 이하	① 산지	지표상 5 [m] 이상
			② 평지	지표상 6 [m] 이상
			철도 또는 궤도 횡단시	레일면상 6.5 [m] 이상
			횡단보도교	케이블인 경우 5 [m] 이상
		160 [kV] 초과	10 [kV]마다 12 [cm] 가산하여 ①, ②항 +(사용전압[kV]/10-16)×0.12 소수점 절상	

확인문제

23 고압 가공전선의 높이는 철도 또는 궤도를 횡단하는 경우 레일면상 몇 [m] 이상이어야 하는가?

① 5　　　　　　② 5.5
③ 6　　　　　　④ 6.5

해설 가공전선의 높이

구분	시설장소	전선의 높이
저·고압	철도 또는 궤도 횡단시	레일면상 6.5 [m] 이상

답 : ④

24 22 [kV]의 특고압 가공전선로의 전선을 특고압 절연전선으로 시가지에 시설할 경우, 전선의 지표상의 높이는 최소 몇 [m] 이상인가?

① 8　　　　　　② 10
③ 12　　　　　④ 14

해설 가공전선의 높이

구분	시설장소		전선의 높이
특고압 시가지	35 [kV] 이하	지표상 10 [m]	특고압 절연전선 사용시 8 [m]

답 : ①

9 가공전선로의 경간

지지물 종류 \ 구분	표준경간	저·고압 보안공사	25 [kV] 이하 다중접지	170 [kV] 이하 특고압 시가지	1종 특고압 보안공사	2, 3종 특고압 보안공사
A종주, 목주	150 [m]	100 [m]	100 [m]	75 [m] 목주사용불가	사용불가	100 [m]
B종주	250 [m]	150 [m]	150 [m]	150 [m]	150 [m]	200 [m]
철탑	600 [m] ① 400 [m]	400 [m]	400 [m]	400 [m] ② 250 [m]	400 [m] ① 300 [m]	400 [m] ① 300 [m]
지지물 종류 \ 구분	③ 표준경간	④ 저·고압 보안공사	⑤ 25 [kV] 이하 다중접지	⑥ 1종 특고압 보안공사	⑦ 2종 특고압 보안공사	⑧ 3종 특고압 보안공사
A종주, 목주	300 [m]	150 [m] 고압은 예외	100 [m]	사용불가	100 [m]	150 [m]
B종주	500 [m]	250 [m]	250 [m]	250 [m]	250 [m]	250 [m]
철탑	–	600 [m]	600 [m]	600 [m] ① 400 [m]	600 [m]	600 [m] ① 400 [m]

여기서, A종주는 A종 철주 또는 A종 철근콘크리트주, B종주는 B종 철주 또는 B종 철근콘크리트주를 의미한다.

【표에 기재된 ① ~ ⑧에 대한 적용】

① 특고압 기공전선로의 경간으로 철탑이 단주인 경우에 적용한다.

② 전선이 수평으로 2 이상 있는 경우에 전선 상호 간의 간격이 4 [m] 미만인 때에 적용한다.

확인문제

25 시가지에 시설하는 특고압 가공전선로용 지지물로 사용될 수 없는 것은?(단, 사용전압이 170,000 [V] 이하의 전선로인 경우이다.)

① 철근 콘크리트주 ② 목주
③ 철탑 ④ 철주

해설 가공전선로의 경간

지지물 종류 \ 구분	170 [kV] 이하 특별고압 시가지
A종주, 목주	75 [m] 목주사용불가
B종주	150 [m]
철탑	400 [m] ② 250 [m]

답 : ②

26 특고압 가공전선로의 경간은 지지물이 철탑인 경우 몇 [m] 이하이어야 하는가?(단, 단주가 아닌 경우이다.)

① 400 ② 500
③ 600 ④ 700

해설 가공전선로의 경간

지지물 종류 \ 구분	170 [kV] 이하 특별고압 시가지
A종주, 목주	150 [m]
B종주	250 [m]
철탑	600 [m] ① 400 [m]

답 : ③

③ 고압 가공전선로의 전선에 인장강도 8.71 [kN] 이상의 것 또는 단면적 22 [mm²] 이상의 경동연선의 것을 사용하는 경우, 특고압 가공전선로의 전선에 인장강도 21.67 [kN] 이상의 것 또는 단면적 50 [mm²] 이상의 경동연선의 것을 사용하는 경우에 적용한다.

④ 저압 가공전선로의 전선에 인장강도 8.71 [kN] 이상의 것 또는 단면적 22 [mm²] 이상의 경동연선의 것을 사용하는 경우, 고압 가공전선로의 전선에 인장강도 14.51 [kN] 이상의 것 또는 단면적 38 [mm²] 이상의 경동연선의 것을 사용하는 경우에 적용한다.

⑤ 특고압 가공전선이 인장강도 14.51 [kN] 이상의 케이블이나 특고압 절연전선 또는 단면적 38 [mm²] 이상의 경동연선의 것을 사용하는 경우에 적용한다.

⑥ 특고압 가공전선이 인장강도 58.84 [kN] 이상의 연선 또는 단면적 150 [mm²] 이상의 경동연선의 것을 사용하는 경우에 적용한다.

⑦ 특고압 가공전선이 인장강도 38.05 [kN] 이상의 연선 또는 단면적 95 [mm²] 이상의 경동연선의 것을 사용하는 경우에 적용한다.

⑧ 특고압 가공전선이 인장강도 14.51 [kN] 이상의 연선 또는 단면적 38 [mm²] 이상의 경동연선의 것을 사용하는 경우의 목주 및 A종주는 150 [m], 인장강도 21.67 [kN] 이상의 연선 또는 단면적 55 [mm²] 이상의 경동연선의 것을 사용하는 경우의 B종주는 250 [m], 인장강도 21.67 [kN] 이상의 연선 또는 단면적 55 [mm²] 이상의 경동연선의 것을 사용하는 경우의 철탑은 600 [m]이다.

10 보안공사

1. 저압 보안공사

① 저압 가공전선의 전선이 인장강도 8.01 [kN] 이상의 것 또는 지름 5 [mm](사용전압이 400 [V] 이하인 경우에는 인장강도 5.26 [kN] 이상의 것 또는 지름 4 [mm]) 이상의 경동선인 것.

② 목주인 경우에는 풍압하중에 대한 안전율이 1.5 이상이고 목주의 굵기는 말구(末口)의 지름 0.12 [m] 이상인 것.

확인문제

27 고압 가공전선로의 지지물로는 A종 철근콘크리트주를 사용하고, 전선으로는 단면적 22 [mm²]의 경동연선을 사용한다면 경간은 최대 몇 [m] 이하이어야 하는가?

① 150　　　　② 250
③ 300　　　　④ 500

해설 **가공전선로의 경간**
　　고압 가공전선로의 전선에 인장강도 8.71 [kN] 이상의 것 또는 단면적 22 [mm²] 이상의 경동연선의 것을 사용하는 경우 A종주와 목주는 300 [m], B종주는 500 [m] 이하로 시설할 수 있다.

답 : ③

28 100 [kV] 미만의 특고압 가공전선로의 지지물로 B종 철주를 사용하여 경간을 300 [m]로 하고자 하는 경우 전선으로 사용되는 경동연선의 최소 단면적은 몇 [mm²] 이상이어야 하는가?

① 38　　　　② 50
③ 100　　　　④ 150

해설 **가공전선로의 경간**
　　특고압 가공전선로의 전선에 인장강도 21.67 [kN] 이상의 것 또는 단면적 50 [mm²] 이상의 경동연선의 것을 사용하는 경우 A종주와 목주는 300 [m], B종주는 500 [m] 이하로 시설할 수 있다.

답 : ②

2. 고압 보안공사

① 고압 가공전선의 전선이 인장강도 8.01 [kN] 이상의 것 또는 지름 5 [mm] 이상의 경동선인 것.

② 목주의 풍압하중에 대한 안전율이 1.5 이상인 것.

3. 특고압 보안공사

(1) 제1종 특고압 보안공사

① 전선의 단면적

사용전압	인장강도 및 굵기
100 [kV] 미만	21.67 [kN] 이상의 연선 또는 단면적 55 [mm²] 이상의 경동연선 또는 동등 이상의 인장강도를 갖는 알루미늄 전선이나 절연전선
100 [kV] 이상 300 [kV] 미만	58.84 [kN] 이상의 연선 또는 단면적 150 [mm²] 이상의 경동연선 또는 동등 이상의 인장강도를 갖는 알루미늄 전선이나 절연전선
300 [kV] 이상	77.47 [kN] 이상의 연선 또는 단면적 200 [mm²] 이상의 경동연선 또는 동등 이상의 인장강도를 갖는 알루미늄 전선이나 절연전선

② 전선로의 지지물에는 B종 철주·B종 철근 콘크리트주 또는 철탑을 사용할 것.

③ 특고압 가공전선에 지락 또는 단락이 생겼을 경우에 3초(사용전압이 100 [kV] 이상인 경우에는 2초) 이내에 자동적으로 이것을 전로로부터 차단하는 장치를 시설할 것.

④ 전선은 바람 또는 눈에 의한 요동으로 단락될 우려가 없도록 시설할 것.

확인문제

29 154 [kV] 전선로를 제1종 특고압 보안공사로 시설할 때 경동연선의 최소 굵기는 몇 [mm²]이어야 하는가?

① 55   ② 100
③ 150   ④ 200

해설 제1종 특고압 보안공사
전선의 단면적

사용전압	인장강도 및 굵기
100 [kV] 미만	21.67 [kN] 이상의 연선 또는 단면적 55 [mm²] 이상의 경동연선
100 [kV] 이상 300 [kV] 미만	58.84 [kN] 이상의 연선 또는 단면적 150 [mm²] 이상의 경동연선
300 [kV] 이상	77.47 [kN] 이상의 연선 또는 단면적 200 [mm²] 이상의 경동연선

답 : ③

30 제1종 특별고압 보안공사에 의하여 시설한 154 [kV] 가공송전선로는 전선에 지락 또는 단락이 생긴 경우에 몇 초안에 자동적으로 이를 전로로부터 차단하는 장치를 시설하여야 하는가?

① 1   ② 2
③ 3   ④ 5

해설 제1종 특고압 보안공사
특고압 가공전선에 지락 또는 단락이 생겼을 경우에 3초(사용전압이 100 [kV] 이상인 경우에는 2초) 이내에 자동적으로 이것을 전로로부터 차단하는 장치를 시설할 것.

답 : ②

(2) 제2종 특고압 보안공사
　① 특고압 가공전선은 연선일 것.
　② 목주의 풍압하중에 대한 안전율이 2 이상인 것.
　③ 전선은 바람 또는 눈에 의한 요동으로 단락될 우려가 없도록 시설할 것.

(3) 제3종 특고압 보안공사
　① 특고압 가공전선은 연선일 것.
　② 전선은 바람 또는 눈에 의한 요동으로 단락될 우려가 없도록 시설할 것.

11 유도장해 방지

1. 저·고압 가공전선로

① 저압 가공전선로 또는 고압 가공전선로와 기설 가공약전류전선로가 병행하는 경우에는 유도작용에 의하여 통신상의 장해가 생기지 않도록 전선과 기설 약전류전선간의 이격거리는 2 [m] 이상이어야 한다.
② ①에 따라 시설하더라도 기설 가공약전류전선로에 장해를 줄 우려가 있는 경우에는 다음 중 한 가지 또는 두 가지 이상을 기준으로 하여 시설하여야 한다.
　(ㄱ) 가공전선과 가공약전류전선간의 이격거리를 증가시킬 것.
　(ㄴ) 교류식 가공전선로의 경우에는 가공전선을 적당한 거리에서 연가할 것.
　(ㄷ) 가공전선과 가공약전류전선 사이에 인장강도 5.26 [kN] 이상의 것 또는 지름 4 [mm] 이상인 경동선의 금속선 2가닥 이상을 시설하고 접지공사를 할 것.

확인문제

31 지지물로 목주를 사용하는 제2종 특별고압보안공사의 시설 기준에서 잘못된 것은?
① 전선은 연선일 것
② 목주의 풍압하중에 대한 안전율은 2 이상일 것
③ 지지물의 경간은 150 [m] 이하일 것
④ 전선은 바람 또는 눈에 의한 요동에 의하여 단락될 우려가 없도록 시설할 것

[해설] 제2종 특고압 보안공사
(1) 특고압 가공전선은 연선일 것.
(2) 목주의 풍압하중에 대한 안전율이 2 이상인 것.
(3) 전선은 바람 또는 눈에 의한 요동으로 단락될 우려가 없도록 시설할 것.
(4) 가공전선로의 경간

구분 지지물 종류	A종주, 목주	B종주	철탑
2, 3종 특별고압 보안공사	100 [m]	200 [m]	400 [m]

답 : ③

32 고압 가공전선로와 기설 가공약전류 전선로가 병행되는 경우에는 유도작용에 의하여 통신상의 장해가 발생하지 않도록 전선과 기설 가공약전류전선간의 이격거리는 최소 몇 [m] 이상이어야 하는가?
① 0.5 [m]　　② 1 [m]
③ 1.5 [m]　　④ 2 [m]

[해설] 유도장해 방지
저압 가공전선로 또는 고압 가공전선로와 기설 가공약전류전선로가 병행하는 경우에는 유도작용에 의하여 통신상의 장해가 생기지 않도록 전선과 기설 약전류전선간의 이격거리는 2 [m] 이상이어야 한다.

답 : ④

2. 특고압 가공전선로

① 특고압 가공 전선로는 다음 (ㄱ), (ㄴ)에 따르고 또한 기설 가공 전화선로에 대하여 상시 정전유도작용(常時 靜電誘導作用)에 의한 통신상의 장해가 없도록 시설하여야 한다.

(ㄱ) 사용전압이 60 [kV] 이하인 경우에는 전화선로의 길이 12 [km] 마다 유도전류가 2 [μA]를 넘지 아니하도록 할 것.

(ㄴ) 사용전압이 60 [kV]를 초과하는 경우에는 전화선로의 길이 40 [km] 마다 유도전류가 3 [μA]을 넘지 아니하도록 할 것.

② 특고압 가공전선로는 기설 통신선로에 대하여 상시 정전유도작용에 의하여 통신상의 장해를 주지 아니하도록 시설하여야 한다.

③ 특고압 가공 전선로는 기설 약전류 전선로에 대하여 통신상의 장해를 줄 우려가 없도록 시설하여야 한다.

12 가공케이블의 시설

저·고압 가공전선 및 특고압 가공전선에 케이블을 사용하는 경우에는 다음에 따라 시설하여야 한다.

① 케이블은 조가용선에 행거로 시설할 것. 이 경우에 사용전압이 고압인 경우 행거의 간격은 0.5 [m] 이하로 하는 것이 좋으며, 특고압인 경우에는 행거 간격을 0.5 [m] 이하로 하여 시설하여야 한다.

② 조가용선을 저·고압 가공전선에 시설하는 경우에는 인장강도 5.93 [kN] 이상의 것 또는 단면적 22 [mm^2] 이상인 아연도강연선을 사용하고, 특고압 가공전선에 시설하는 경우에는 인장강도 13.93 [kN] 이상의 연선 또는 단면적 22 [mm^2] 이상인 아연도강연선을 사용하여야 한다.

③ 조가용선에 접촉시키고 그 위에 쉽게 부식되지 아니하는 금속테이프 등을 0.2 [m] 이하의 간격을 유지시켜 나선형으로 감아 붙일 것.

④ 조가용선 및 케이블의 피복에 사용하는 금속체에는 접지시스템의 규정에 준하여 접지공사를 하여야 한다. 다만, 저압 가공전선에 케이블을 사용하고 조가용선에 절연전선 또는 이와 동등 이상의 절연내력이 있는 것을 사용할 때에는 접지공사를 하지 아니할 수 있다.

확인문제

33 유도장해 방지를 위한 규정으로 사용전압 60 [kV] 이하인 가공 전선로의 유도전류는 전화선로의 길이 12 [km]마다 몇 [μA]를 넘지 않도록 하여야 하는가?

① 1 [μA]
② 2 [μA]
③ 3 [μA]
④ 4 [μA]

해설 특고압 가공전선로의 유도전류 제한
(1) 사용전압이 60 [kV] 이하인 경우에는 전화선로의 길이 12 [km] 마다 유도전류가 2 [μA]를 넘지 아니하도록 할 것.
(2) 사용전압이 60 [kV]를 초과하는 경우에는 전화선로의 길이 40 [km] 마다 유도전류가 3 [μA]을 넘지 아니하도록 할 것.

답 : ②

34 가공 케이블 시설시 고압 가공전선에 케이블을 사용하는 경우 조가용선은 단면적이 몇 [mm²] 이상인 아연도 강연선이어야 하는가?

① 8
② 14
③ 22
④ 30

해설 가공케이블의 시설
조가용선을 저·고압 가공전선에 시설하는 경우에는 인장강도 5.93 [kN] 이상의 것 또는 단면적 22 [mm^2] 이상인 아연도강연선을 사용하고, 특고압 가공전선에 시설하는 경우에는 인장강도 13.93 [kN] 이상의 연선 또는 단면적 22 [mm^2] 이상인 아연도강연선을 사용하여야 한다.

답 : ③

13 가공전선과 건조물과의 접근

(1) 가공전선과 건조물의 조영재 사이의 이격거리

① 저·고압 가공전선과 건조물이 접근상태로 시설되는 경우 고압 가공전선은 고압 보안공사에 의하며, 35 [kV] 이하의 특고압 가공전선이 건조물과 1차 접근상태로 시설되는 경우에는 제3종 특고압 보안공사에 의하여야 한다. 가공전선과 건조물의 조영재 사이의 이격거리는 아래 표의 값 이상으로 시설하여야 한다.

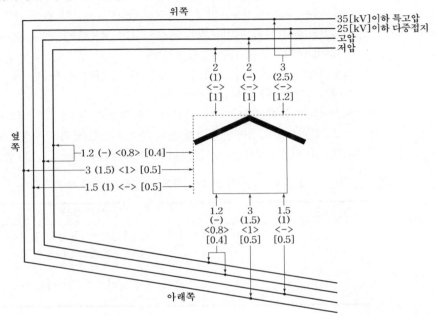

<기호 설명>

( ) : 저압선에 DV전선 또는 450/750 [V] 일반용 단심 비닐절연전선을 사용하고, 고압선에 고압 절연전선을 사용하거나 특고압선에 특고압 절연전선을 사용하는 경우

[ ] : 저압선에 고압 절연전선, 특고압 절연전선 또는 케이블을 사용하거나 고압과 특고압선에 케이블을 사용하는 경우

< > : 사람이 쉽게 접촉할 우려가 없도록 시설하는 경우

확인문제

35 고압 가공전선과 건조물의 상부 조영재와의 옆쪽 이격거리는 몇 [m] 이상 인가?(단, 전선에 사람이 쉽게 접촉할 우려가 있고 케이블이 아닌 경우이다.)

① 1.0   ② 1.2

③ 2.5   ④ 3.0

해설 가공전선과 건조물의 조영재 사이의 이격거리
저·고압 가공전선과 건조물의 상부 조영재 옆쪽 이격거리는 1.2 [m](사람이 접촉할 우려가 없도록 시설하는 경우 0.8 [m], 저압선에 고압 절연전선, 특고압 절연전선 또는 케이블을 사용하거나 고압과 특고압선에 케이블을 사용하는 경우 0.4 [m]) 이상이어야 한다.

답 : ②

36 DV 전선을 사용한 저압 가공전선이 위쪽에서 상부 조영재와 접근하는 경우의 전선과 상부 조영재간의 이격거리는 몇 [m] 이상이어야 하는가?

① 1   ② 1.5

③ 2   ④ 2.5

해설 가공전선과 건조물의 조영재 사이의 이격거리
저압 가공전선과 건조물의 상부 조영재 위쪽 이격거리는 2 [m](저압선에 DV전선 또는 절연전선으로 시설하는 경우 1 [m], 저압선에 고압 절연전선, 특고압 절연전선 또는 케이블을 사용하는 경우 1 [m]) 이상이어야 한다.

답 : ①

② 사용전압이 35 [kV]를 초과하는 특고압 가공전선과 건조물 사이의 이격거리는 10 [kV] 마다 15 [cm]를 가산하여 이격하여야 한다.

계산방법 ; 3+(사용전압[kV]/10-3.5)×0.15 [m] 이상
소수점 절상

③ 사용전압이 35 [kV] 이하인 특고압 가공전선이 건조물과 제2차 접근상태로 시설되는 경우에는 제2종 특고압 보안공사에 의하여야 하며 이격거리는 ①항과 같다.

④ 사용전압이 35 [kV] 초과 400 [kV] 미만인 특고압 가공전선이 건조물(제2차 접근상태로 있는 부분의 상부조영재가 불연성 또는 자소성이 있는 난연성의 건축 재료로 건조된 것에 한한다)과 제2차 접근상태에 있는 경우에는 제1종 특고압 보안공사에 의하여야 하며 이격거리는 ①항, ②항과 같다.

⑤ 사용전압이 400 [kV] 이상의 특고압 가공전선이 건조물과 제2차 접근상태로 있는 경우에는 다음에 따라 시설하여야 한다.

(ㄱ) 전선높이가 최저상태일 때 가공전선과 건조물 상부[지붕·챙(차양 : 遮陽)·옷 말리는 곳 기타 사람이 올라갈 우려가 있는 개소를 말한다]와의 수직거리가 28 [m] 이상일 것.

(ㄴ) 건조물 최상부에서 전계(3.5 [kV/m]) 및 자계(83.3 [μT])를 초과하지 아니할 것.

(2) 저·고압 가공전선이 건조물의 아래쪽에 시설되는 경우 이격거리

구분	이격거리
저압	0.6 [m](전선이 고압 절연전선, 특고압 절연전선 또는 케이블인 경우에는 0.3 [m]) 이상
고압	0.8 [m](전선이 케이블인 경우에는 0.4 [m]) 이상

확인문제

37 사용전압 161 [kV]의 가공전선이 건조물과 제1차 접근상태로 시설되는 경우 가공전선과 건조물 사이의 이격거리는 몇 [m] 이상인가?

① 4.25
② 4.65
③ 4.95
④ 5.45

해설 가공전선과 건조물의 조영재 사이의 이격거리

사용전압이 35 [kV]를 초과하는 특고압 가공전선과 건조물 사이의 이격거리는 10 [kV] 마다 0.15 [m]를 가산하여 이격하여야 한다.

계산방법 ; 3+(사용전압[kV]/10-3.5)×0.15 [m]이상
소수점 절상

∴ 이격거리=3+(161/10-3.5)×0.15
= 3+13×0.15
= 4.95 [m] 이상

【절상법】
161/10-3.5=12.6 일 때 소수점 이하는 버리고 소수 위는 올림으로 처리하여 13 으로 적용한다.

답 : ③

38 765 [kV] 특고압 가공전선이 건조물과 2차 접근 상태로 있는 경우 전선 높이가 최저상태일 때 가공전선과 건조물 상부와의 수직거리는 몇 [m] 이상이어야 하는가?

① 20
② 22
③ 25
④ 28

해설 가공전선과 건조물의 조영재 사이의 이격거리

사용전압이 400 [kV] 이상의 특고압 가공전선이 건조물과 제2차 접근상태로 있는 경우에는 다음에 따라 시설하여야 한다.

(1) 전선높이가 최저상태일 때 가공전선과 건조물 상부[지붕·챙(차양 : 遮陽)·옷 말리는 곳 기타 사람이 올라갈 우려가 있는 개소를 말한다]와의 수직거리가 28 [m] 이상일 것.

(2) 건조물 최상부에서 전계(3.5 [kV/m]) 및 자계(83.3 [μT])를 초과하지 아니할 것.

답 : ④

14 가공전선과 도로 등의 접근 또는 교차

(1) 가공전선과 도로 등과 접근상태로 시설되는 경우

① 저·고압 가공전선 및 특고압 가공전선이 도로·횡단보도교·철도 또는 궤도 등("도로 등"이라 한다.)과 접근상태로 시설되는 경우 고압 가공전선은 고압 보안공사에 의하며, 특고압 가공전선이 도로 등과 1차 접근상태로 시설되는 경우에는 제3종 특고압 보안공사에 의하여야 한다. 가공전선과 도로 등 사이의 이격거리는 아래 표의 값 이상으로 시설하여야 한다. 다만 도로 등과 수평거리가 저압 1 [m], 고압과 특고압은 1.2 [m] 이상인 경우에는 그러하지 아니하다.

구분		이격거리
도로·횡단보도교·철도 또는 궤도	저·고압 및 35 [kV] 이하	3 [m]
	35 [kV] 초과	10 [kV]마다 15 [cm] 가산하여 3+(사용전압[kV]/10-3.5)×0.15 소수점 절상
저압 전차선로의 지지물	저압	0.3 [m]
	고압	0.6 [m] (케이블인 경우 0.3 [m])

② 특고압 가공전선이 도로 등과 제2차 접근상태로 시설되는 경우
(ㄱ) 특고압 가공전선로는 제2종 특고압 보안공사에 의하여야 한다.
(ㄴ) 특고압 가공전선 중 도로 등에서 수평거리 3 [m] 미만으로 시설되는 부분의 길이가 연속하여 100 [m] 이하이고 또한 1경간 안에서의 그 부분의 길이의 합계가 100 [m] 이하일 것.

(2) 특고압 가공전선이 도로 등과 교차하는 경우
특고압 가공전선이 도로 등의 위에 시설되는 때에는 특고압 가공전선로는 제2종 특고압 보안공사(애자장치에 관계되는 부분을 제외한다)에 의할 것. 다만, 특고압 가공전선과 도로 등 사이에 다음에 의하여 보호망을 시설하는 경우에는 제2종 특고압 보안공사(애자장치에 관계되는 부분에 한한다)에 의하지 아니할 수 있다.

확인문제

39 시가지에 시설하는 154 [kV] 가공전선로를 도로와 제1차 접근상태로 시설하는 경우, 전선과 도로와의 이격거리는 몇 [m] 이상인가?

① 4.4 [m]
② 4.8 [m]
③ 5.2 [m]
④ 5.6 [m]

해설 가공전선과 도로 등과 접근상태로 시설되는 경우
사용전압이 35 [kV]를 초과하는 특고압 가공전선과 건조물 사이의 이격거리는 10 [kV]마다 0.15 [m]를 가산한다.
∴ 이격거리=3+(154/10-3.5)×0.15
       =3+12×0.15
       =4.8 [m] 이상

답 : ②

40 특별고압 가공전선이 도로 등과 제2차 접근상태로 시설되는 경우 사용전압이 35,000 [V] 이하인 특별고압 가공전선과 도로 등 사이에 무엇을 시설하는 경우에 특별고압 가공전선로를 제2종 특별고압 보안공사에 의하지 아니하여도 되는가?(단, 애자장치에 관한 부분에 한한다.)

① 접지설비
② 보호망
③ 차폐장치
④ 전류제한장치

해설 특고압 가공전선이 도로 등과 교차하는 경우
특고압 가공전선과 도로 등 사이에 보호망을 시설하는 경우에는 제2종 특고압 보안공사(애자장치에 관계되는 부분에 한한다)에 의하지 아니할 수 있다.

답 : ②

① 보호망을 구성하는 금속선은 그 외주(外周) 및 특고압 가공전선의 직하에 시설하는 금속 선에는 인장강도 8.01 [kN] 이상의 것 또는 지름 5 [mm] 이상의 경동선을 사용하고 그 밖의 부분에 시설하는 금속선에는 인장강도 5.26 [kN] 이상의 것 또는 지름 4 [mm] 이상의 경동선을 사용할 것.

② 보호망을 구성하는 금속선 상호의 간격은 가로, 세로 각각 1.5 [m] 이하일 것.

15 가공전선과 다른 가공전선·약전류전선·안테나·삭도 등과의 이격거리

① 저·고압 가공전선 및 특고압 가공전선이 다른 가공전선이나 약전류전선·안테나·삭도 등과 접근 또는 교차되는 경우 고압 가공전선은 고압 보안공사에 의하며, 특고압 가공 전선이 1차 접근상태로 시설되는 경우에는 제3종 특고압 보안공사에 의하여야 한다. 저 ·고압 가공전선 및 특고압 가공전선과 가공전선과 다른 가공전선이나 약전류전선·안 테나·삭도 등과의 이격거리는 아래 표의 값 이상으로 시설하여야 한다.

구분		이격거리
가공전선·약전 류전선·안테나· 삭도 등	저압 가공전선	저압 가공전선 상호간 0.6 [m] (어느 한쪽이 고압 절연전선, 특고압 절연전선, 케이블인 경우 0.3 [m])
	고압 가공전선	저압 또는 고압 가공전선과 0.8 [m] (고압 가공전선이 케이블인 경우 0.4 [m])
	25 [kV] 이하 다중접지	나전선 2 [m], 특고압 절연전선 1.5[m], 케이블 0.5 [m](삭도와 접근 또는 교차하는 경우 나전선 2 [m], 특고압 절연전선 1[m], 케이블 0.5 [m])
	특고압 가공전선 / 60 [kV] 이하	2 [m]
	특고압 가공전선 / 60 [kV] 초과	10 [kV]마다 12 [cm] 가산하여 2+(사용전압[kV]/10-6)×0.12 소수점 절상

확인문제

41 특고압 가공전선과 도로 등 사이에 시설하는 보호 망에서 보호망을 구성하는 금속선 상호간의 간격은 가로 및 세로를 각각 몇 [m] 이하로 시설하여야 하 는가?

① 0.75 [m]　　　② 1.0 [m]
③ 1.25 [m]　　　④ 1.5 [m]

해설 특고압 가공전선이 도로 등과 교차하는 경우 보호망 시설 보호망을 구성하는 금속선 상호의 간격은 가로, 세로 각 1.5 [m] 이하일 것.

답 : ④

42 특고압 절연전선을 사용한 22,900 [V] 3상 4선 식 중성선 다중접지식 가공전선과 안테나와의 최소 이격거리는 몇 [m]인가?

① 0.5 [m]　　　② 1.2 [m]
③ 1.5 [m]　　　④ 2.0 [m]

해설 가공전선과 다른 가공전선·약전류전선·안테나·삭도 등 과의 이격거리

구분		이격거리
안테나	25 [kV] 이하 다중접지	나전선 2 [m], 특고압 절연전선 1.5[m], 케이블 0.5 [m]

답 : ③

구분		이격거리
저압 가공전선과 다른 저압 가공전선로의 지지물		0.3 [m]
고압 가공전선과 다른 고압 가공전선로의 지지물		0.6 [m] (전선이 케이블인 경우 0.3 [m])
특고압 가공전선과 저·고압 가공전선로의 지지물	60 [kV] 이하	2 [m]
	60 [kV] 초과	10 [kV]마다 12 [cm] 가산하여 2+(사용전압[kV]/10-6)×0.12 소수점 절상

② 사용전압이 35 [kV] 이하인 특고압 가공전선에 특고압 절연전선 또는 케이블을 사용하는 경우 저·고압 가공전선 등 또는 이들의 지지물이나 지주 사이의 이격거리는 아래 표의 값 이상으로 시설하여야 한다.

구분	전선의 종류	이격거리
저압 가공전선 또는 저압이나 고압의 전차선	특고압 절연전선	1.5 [m] (저압 가공전선이 절연전선 또는 케이블인 경우 1 [m])
	케이블	1.2 [m] (저압 가공전선이 절연전선 또는 케이블인 경우 0.5 [m])
고압 가공전선	특고압 절연전선	1 [m]
	케이블	0.5 [m]
가공약전류전선 등 또는 저·고압 가공전선 등의 지지물	특고압 절연전선	1 [m]
	케이블	0.5 [m]

43 345 [kV]의 가공전선과 154 [kV] 가공전선과의 이격거리는 최소 몇 [m] 이상이어야 하는가?

① 4.48　　　　　　② 4
③ 5.48　　　　　　④ 5

[해설] 가공전선과 다른 가공전선·약전류전선·안테나·삭도 등과의 이격거리
사용전압이 60 [kV]를 초과하는 특고압 가공전선과 다른 특고압 가공전선 사이의 이격거리는 10 [kV]마다 0.12 [m]를 가산하여 이격하여야 한다.
계산방법 ; 2+(사용전압[kV]/10-6)×0.12 [m]
　　　　　　　소수점 절상
∴ 이격거리=2+(34.5/10-6)×0.12
　　　　　=2+29×0.12
　　　　　=5.48 [m] 이상

답 : ③

44 사용전압이 35 [kV] 이하인 특고압 가공전선에 특고압 절연전선을 사용하는 경우 특고압 가공전선과 고압 가공전선의 지지물 사이의 이격거리는 몇 [m] 이상이어야 하는가?

① 0.5　　　　　　② 1
③ 1.5　　　　　　④ 2

[해설] 가공전선과 다른 가공전선·약전류전선·안테나·삭도 등과의 이격거리
사용전압이 35 [kV] 이하인 특고압 가공전선에 특고압 절연전선을 사용하는 경우 저·고압 가공전선 등 또는 이들의 지지물이나 지주 사이의 이격거리는 1 [m] 이상으로 시설하여야 한다.

답 : ②

③ 특고압 가공전선이 저·고압 가공전선 등과 제2차 접근상태로 시설되거나 또는 교차하는 경우 특고압 가공전선로는 제2종 특고압 보안공사에 의할 것. 다만, 특고압 가공전선과 저·고압 가공전선 등 사이에 보호망을 시설하는 경우에는 제2종 특고압 보안공사(애자장치에 관계되는 부분에 한한다)에 의하지 아니할 수 있다.

④ ③항에 시설하는 보호망은 접지공사를 한 금속제의 망상장치(網狀裝置)로 하고 또한 다음에 따라 시설하는 이외에 견고하게 지지하여야 한다.

  (ㄱ) 보호망을 구성하는 금속선은 그 외주(外周) 및 특고압 가공전선의 바로 아래에 시설하는 금속선에 인장강도 8.01 [kN] 이상의 것 또는 지름 5 [mm] 이상의 경동선을 사용하고 기타 부분에 시설하는 금속선에 인장강도 3.64 [kN] 이상 또는 지름 4 [mm] 이상의 아연도철선을 사용할 것.

  (ㄴ) 보호망을 구성하는 금속선 상호 간의 간격은 가로, 세로 각각 1.5 [m] 이하일 것.

  (ㄷ) 보호망과 저고압 가공전선 등과의 수직 이격거리는 60 [cm] 이상일 것.

16 가공전선과 식물의 이격거리

구분		이격거리
저·고압 가공전선		상시 부는 바람 등에 의하여 식물에 접촉하지 않도록 시설하여야 한다.
특고압 가공전선	25 [kV] 이하 다중접지	1.5 [m] 이상 (특고압 절연전선이나 케이블인 경우 식물에 접촉하지 않도록 시설할 것)
	35 [kV] 이하	고압 절연전선을 사용할 경우 0.5 [m] 이상 (특고압 절연전선 또는 케이블을 사용하는 경우 식물에 접촉하지 않도록 시설하고, 특고압 수밀형 케이블을 사용하는 경우에는 접촉에 관계 없다.)
	60 [kV] 이하	2 [m]
	60 [kV] 초과	10 [kV]마다 12 [cm] 가산하여 2+(사용전압[kV]/10−6)×0.12 소수점 절상

확인문제

45 특고압 가공전선과 가공약전류 전선 사이에 사용하는 보호망에 있어서 보호망을 구성하는 금속선의 상호 간격[m]은 얼마 이하로 시설하여야 하는가?

① 0.5   ② 1.0
③ 1.5   ④ 2.0

[해설] 보호망의 시설
보호망을 구성하는 금속선 상호 간의 간격은 가로, 세로 각각 1.5 [m] 이하일 것.

답 : ③

46 중성선 다중 접지식으로서 전로에 지락이 생겼을 때 2초 이내에 자동적으로 이를 전로로부터 차단하는 장치가 되어 있는 사용전압 22,900 [V]인 특고압 가공전선과 식물과의 이격거리는 몇 [m] 이상이어야 하는가?

① 1.2   ② 1.5
③ 2   ④ 2.5

[해설] 가공전선과 식물의 이격거리
25 [kV] 이하인 다중접지된 특고압 가공전선과 식물 사이의 이격거리는 1.5 [m] 이상이어야 한다. 다만, 특고압 가공전선이 특고압 절연전선이나 케이블인 경우에는 식물에 접촉하지 않도록 시설하여야 한다.

답 : ②

17 가공전선과 교류전차선 등의 접근 또는 교차

(1) 가공전선과 교류전차선 등이 접근하는 경우

저·고압 가공전선 및 25 [kV] 이하인 특고압 가공전선이 교류전차선 등과 접근하는 경우에 저·고압 가공전선과 특고압 가공전선은 교류전차선 위쪽에 시설하여서는 아니 된다. 다만 가공전선과 교류전차선 등의 수평거리가 3 [m] 이상인 경우로서 다음에 의할 때에는 그러하지 아니하다.

① 저압 가공전선로는 저압 보안공사, 고압 가공전선로는 고압 보안공사에 의할 것.

② 가공전선로의 절단, 지지물의 도괴 등의 경우에 가공전선이 교류전차선 등과 접촉할 우려가 없을 것.

③ 가공전선로의 지지물(철탑은 제외한다)에는 교류전차선 등과 접근하는 반대쪽에 지선을 시설할 것.

(2) 가공전선과 교류전차선 등이 교차하는 경우

저·고압 가공전선 및 25 [kV] 이하인 특고압 가공전선이 교류전차선 등과 교차하는 경우에 저·고압 가공전선과 특고압 가공전선이 교류전차선 등의 위에 시설되는 때에는 다음에 따라야 한다.

① 전선의 굵기(교류 전차선 등과 교차하는 부분을 포함하는 경간에 접속점이 없는 것에 한한다)

구분	전선의 종류	굵기 및 인장강도
저압 가공전선	케이블	단면적 35 [mm^2] 이상인 아연도강연선으로서 인장강도 19.61 [kN] 이상인 것으로 조가하여 시설할 것.
고압 가공전선	케이블인 경우 외	단면적 38 [mm^2] 이상인 경동연선 또는 인장강도 14.51 [kN] 이상의 것일 것.
	케이블	단면적 38 [mm^2] 이상인 아연도강연선으로서 인장강도 19.61 [kN] 이상인 것으로 조가하여 시설할 것.

확인문제

47 고압 가공전선이 교류전차선 등과 접근하는 경우에 고압 가공전선은 교류전차선 위쪽에 시설하여서는 아니된다. 다만, 고압 가공전선과 교류전차선 등의 수평거리가 몇 [m] 이상인 경우로 고압 보안공사에 의한 경우 그러하지 아니할 수 있는가?

① 1　　　　　　② 2
③ 3　　　　　　④ 4

해설 가공전선과 교류전차선 등이 접근하는 경우

가공전선과 교류전차선 등의 수평거리가 3 [m] 이상인 경우로서 고압 가공전선로를 고압 보안공사에 의할 때 고압 가공전선을 교류전차선 위쪽에 시설할 수 있다.

답 : ③

48 고압가공전선이 교류전차선과 교차하는 경우, 고압 가공전선으로 케이블을 사용하는 경우 이외에는 단면적 몇 [mm^2] 이상의 경동연선을 사용하여야 하는가?

① 14　　　　　　② 22
③ 30　　　　　　④ 38

해설 가공전선과 교류전차선 등이 교차하는 경우 전선의 굵기

구분	전선의 종류	굵기 및 인장강도
고압 가공 전선	케이블인 경우 외	단면적 38 [mm^2] 이상인 경동연선
	케이블	단면적 38 [mm^2] 이상인 아연도강연선

답 : ④

구분	전선의 종류	굵기 및 인장강도
25 [kV] 이하인 특고압 가공전선	케이블인 경우 외	단면적 38 [mm²] 이상인 경동선 또는 인장강도 14.5 [kN] 이상의 특고압 절연전선일 것.
	케이블	단면적 38 [mm²] 이상인 강연선으로서 인장강도 19.61 [kN] 이상인 것으로 조가하여 시설할 것.

② 고압 가공전선로 및 특고압 가공전선로의 지지물은 전선이 케이블인 경우 이외에는 장력에 견디는 내장애자장치(耐張碍子裝置)가 되어 있는 것일 것.

③ 가공전선로 지지물에 사용하는 목주의 풍압하중에 대한 안전율은 2 이상일 것.

④ 가공전선로의 경간

지지물의 종류	경 간
목주·A종 철주·A종 철근 콘크리트주	60 [m]
B종 철주·B종 철근 콘크리트주	120 [m]

18 가공전선과 다른 시설물의 접근 또는 교차

가공전선이 건조물· 도로· 횡단보도교· 철도· 궤도· 삭도· 가공약전류전선로 등· 안테나· 교류전차선 등· 전차선· 다른 가공전선 이외의 시설물과 접근상태로 시설되는 경우를 말한다.

(1) 가공전선이 다른 시설물의 상부 조영재와 접근 또는 교차되는 경우 이격거리

가공전선	구분	이격거리
저압	조영물의 상부 조영재 위쪽	2 [m] (전선이 고압 절연전선, 특고압 절연전선 또는 케이블인 경우 1 [m]) 이상
	조영물의 상부 조영재 옆쪽 또는 아래쪽	0.6 [m] (전선이 고압 절연전선, 특고압 절연전선 또는 케이블인 경우 0.3 [m]) 이상
	조영물의 상부 조영재 이외의 부분 또는 조영물 이외의 시설물	0.6 [m] (전선이 고압 절연전선, 특고압 절연전선 또는 케이블인 경우 0.3 [m]) 이상

확인문제

49 B종 철주를 사용한 고압 가공전선로가 교류 전차선로와 교차하는 경우에 고압 가공전선이 교류전차선 등의 위에 시설되는 때에 가공전선로의 경간은 몇 [m] 이하이어야 하는가?

① 60 [m] ② 80 [m]
③ 100 [m] ④ 120 [m]

해설 가공전선과 교류전차선 등이 교차하는 경우 가공전선로의 경간
(1) 목주·A종 철주·A종 철근 콘크리트주인 경우 60 [m] 이하
(2) B종 철주·B종 철근 콘크리트주인 경우 120 [m] 이하

답 : ④

50 저압 가공전선이 다른 시설물의 상부 조영재와 접근 또는 교차되는 경우 저압 가공전선이 다른 시설물의 상부 조영재 위쪽에 시설될 때의 이격거리는 몇 [m] 이상으로 시설하여야 하는가?

① 1 ② 1.5
③ 2 ④ 2.5

해설 가공전선 다른 시설물의 상부 조영재와 접근 또는 교차

가공 전선	구분	이격거리
저압	위쪽	2 [m] (전선이 고압 절연전선, 특고압 절연전선 또는 케이블인 경우 1 [m]) 이상

답 : ③

가공전선	구분	이격거리
고압	조영물의 상부 조영재 위쪽	2 [m] (전선이 케이블인 경우 1 [m]) 이상
	조영물의 상부 조영재 옆쪽 또는 아래쪽	0.8 [m] (전선이 케이블인 경우 0.4 [m]) 이상
	조영물의 상부 조영재 이외의 부분 또는 조영물 이외의 시설물	0.8 [m] (전선이 케이블인 경우 0.4 [m]) 이상
35 [kV] 이하 특고압	조영물의 상부 조영재 위쪽	2 [m] (전선이 케이블인 경우 1.2 [m]) 이상
	조영물의 상부 조영재 옆쪽 또는 아래쪽	1 [m] (전선이 케이블인 경우 0.5 [m]) 이상
	조영물의 상부 조영재 이외의 부분 또는 조영물 이외의 시설물	1 [m] (전선이 케이블인 경우 0.5 [m]) 이상

(2) 가공전선이 다른 시설물의 아래쪽에 접근하는 경우 이격거리

가공전선	이격거리
저압	0.6 [m] (전선이 고압 절연전선, 특고압 절연전선 또는 케이블인 경우 0.3 [m])
고압	0.8 [m] (전선이 케이블인 경우 0.4 [m]) 이상
35 [kV] 이하 특고압	2 [m] (전선이 특고압 절연전선 경우는 1 [m], 케이블인 경우 0.5 [m]) 이상

확인문제

51 22.9 [kV] 특고압으로 가공전선과 조영물이 아닌 다른 시설물이 교차하는 경우, 상호간의 이격거리는 몇 [cm]까지 감할 수 있는가?(단, 전선은 케이블이다.)

① 50   ② 60
③ 100   ④ 120

[해설] 가공전선 다른 시설물의 상부 조영재와 접근 또는 교차

가공전선	구분	이격거리
35 [kV] 이하 특고압	조영물의 상부 조영재 이외의 부분 또는 조영물 이외의 시설물	1 [m] (전선이 케이블인 경우 0.5 [m]) 이상

답 : ①

52 35 [kV] 이하인 특고압 가공전선이 다른 시설물의 아래쪽에서 접근하는 경우 특고압 가공전선과 다른 시설물과의 이격거리는 몇 [m] 이상으로 시설하여야 하는가?(단, 전선은 특고압 절연전선이나 케이블이 아닌 경우이다.)

① 0.5   ② 1.0
③ 1.2   ④ 2.0

[해설] 가공전선이 다른 시설물의 아래쪽에서 접근

가공전선	이격거리
35 [kV] 이하 특고압	2 [m] (전선이 특고압 절연전선 경우는 1 [m], 케이블인 경우 0.5 [m]) 이상

답 : ④

19 가공전선의 병행설치(병가)

동일 지지물에 전력선과 전력선을 병행하여 설치하는 것으로서 전압이 높은 전력선을 위로 설치하여야 하며, 별도의 완금을 시설하여야 한다.

(1) 고압 가공전선 등의 병행설치

   ① 저압 가공전선(다중접지된 중성선은 제외한다)과 고압 가공전선을 동일 지지물에 시설하는 경우에는 다음에 따라야 한다.

     (ㄱ) 저압 가공전선을 고압 가공전선의 아래로 하고 별개의 완금류에 시설할 것.

     (ㄴ) 저압 가공전선과 고압 가공전선 사이의 이격거리는 0.5 [m] 이상일 것.

   ② 다음 어느 하나에 해당되는 경우에는 ①항에 의하지 아니할 수 있다.

     (ㄱ) 고압 가공전선에 케이블을 사용하는 경우 이격거리를 0.3 [m] 이상으로 하여 시설하는 경우

     (ㄴ) 저압 가공인입선을 분기하기 위하여 저압 가공전선을 고압용의 완금류에 견고하게 시설하는 경우

(2) 특고압 가공전선과 저·고압 가공전선 또는 전차선 등의 병행설치

   ① 사용전압이 35 [kV] 이하인 특고압 가공전선과 저압 또는 고압의 가공전선을 동일 지지물에 시설하는 경우에는 다음에 따라야 한다.

     (ㄱ) 특고압 가공전선은 저압 또는 고압 가공전선의 위에 시설하고 별개의 완금류에 시설할 것. 다만, 특고압 가공전선이 케이블이고 저압 또는 고압 가공전선이 절연전선 또는 케이블인 경우에는 그러하지 아니하다.

     (ㄴ) 특고압 가공전선은 연선일 것.

     (ㄷ) 특고압 가공전선과 저압 또는 고압 가공전선 사이의 이격거리는 1.2 [m] 이상일 것. 다만, 특고압 가공전선이 케이블이고 저압 가공전선이 절연전선이거나 케이블인 때 또는 고압 가공전선이 고압 절연전선, 특고압 절연전선 또는 케이블인 때는 0.5 [m] 까지로 감할 수 있다.

확인문제

53 동일 지지물에 고·저압을 병가할 때 저압 가공전선은 어느 위치에 시설해야 하는가?

① 고압 가공전선의 상부에 시설
② 동일 완금에 고압가공전선과 평행하게 시설
③ 고압 가공전선의 하부에 시설
④ 고압 가공전선의 측면으로 평행하게 시설

해설 병가
동일 지지물에 전력선과 전력선을 병행하여 설치하는 것으로서 전압이 높은 전력선을 위로 설치하여야 하며, 별도의 완금을 시설하여야 한다.

답 : ③

54 동일 지지물에 고압 가공전선과 저압 가공전선을 병행설치할 경우 일반적으로 양 전선간의 이격거리는 몇 [m] 이상이어야 하는가?

① 0.5 [m] ② 0.6 [m]
③ 0.7 [m] ④ 0.8 [m]

해설 고압 가공전선의 병가
저압 가공전선과 고압 가공전선 사이의 이격거리는 0.5 [m] 이상일 것.

답 : ①

② 사용전압이 35 [kV]를 초과하고 100 [kV] 미만인 특고압 가공전선과 저압 또는 고압 의 가공전선을 동일 지지물에 시설하는 경우에는 다음에 따라야 한다.

(ㄱ) 특고압 가공전선로는 제2종 특고압 보안공사에 의할 것.

(ㄴ) 특고압 가공전선과 저압 또는 고압 가공전선 사이의 이격거리는 2 [m] 이상일 것. 다만, 특고압 가공전선이 케이블이고 저압 가공전선이 절연전선 혹은 케이블인 때 또는 고압 가공전선이 절연전선 혹은 케이블인 때에는 1 [m] 까지 감할 수 있다.

(ㄷ) 특고압 가공전선은 케이블인 경우를 제외하고는 인장강도 21.67 [kN] 이상의 연선 또는 단면적이 50 [mm^2] 이상인 경동연선일 것.

(ㄹ) 특고압 가공전선로의 지지물은 철주·철근 콘크리트주 또는 철탑일 것.

③ 25 [kV] 이하 다중접지 방식인 특고압 가공전선과 저·고압 가공전선 또는 전차선 등의 병행설치

특고압 가공전선과 저압 또는 고압 가공전선 사이의 이격거리는 1 [m](15 [kV] 이하 다중접지 방식인 특고압 가공전선과의 이격거리는 0.75 [m]) 이상일 것. 다만, 특고압 가공전선이 케이블이고 저압 가공전선이 저압 절연전선이거나 케이블인 때 또는 고압 가공전선이 고압 절연전선이거나 케이블인 때는 0.5 [m]까지로 감할 수 있다.

④ 사용전압이 100 [kV] 이상인 특고압 가공전선과 저압 또는 고압 가공전선은 동일 지지물에 시설하여서는 아니 된다.

【병가 종합 정리】

I. 35 [kV] 이하에서 적용

전력선의 종류	고압과 저압	35 [kV] 이하인 특별고압과 저·고압	25 [kV] 이하 다중접지 방식인 특고압과 저·고압
이격거리	0.5 [m], 케이블 사용시 0.3 [m]	1.2 [m], 케이블 사용시 0.5 [m]	1 [m], 케이블 사용시 0.5 [m]

II. 35 [kV] 초과 100 [kV] 미만에서 적용

전력선의 종류	35 [kV] 초과 100 [kV] 미만인 특별고압과 저·고압	제한사항
이격거리	2 [m], 케이블 사용시 1 [m]	• 목주는 사용하지 말 것 • 50 [mm²] 이상, 21.67 [kN] 이상 • 제2종 특별고압 보안공사일 것

확인문제

55 66 [kV] 가공전선로에 고압 가공전선을 동일 지지물에 시설하는 경우 특고압 가공전선은 케이블인 경우를 제외하고 인장강도가 몇 [kN] 이상의 연선이어야 하는가?

① 5.26 [kN] ② 8.31 [kN]
③ 14.5 [kN] ④ 21.67 [kN]

[해설] 특고압 가공전선과 저·고압 가공전선 등의 병행설치
특고압 가공전선은 케이블인 경우를 제외하고 인장강도 21.67 [kN] 이상의 연선 또는 단면적이 50 [mm^2] 이상인 경동연선일 것.

답 : ④

56 사용전압 66,000 [V]인 특고압 가공전선로에 고압 가공전선을 병행설치하는 경우 특고압 가공전선로는 어느 종류의 보안공사를 해야 하는가?

① 고압 보안공사
② 제1종 특고압 보안공사
③ 제2종 특고압 보안공사
④ 제3종 특고압 보안공사

[해설] 특고압 가공전선과 저·고압 가공전선 등의 병행설치
특고압 가공전선로는 제2종 특고압 보안공사에 의할 것.

답 : ③

20 가공전선의 공용설치(공가)

동일 지지물에 전력선과 가공약전류전선을 공용하여 설치하는 것으로서 전력선을 위로 설치하여야 하며, 별도의 완금을 시설하여야 한다.

(1) 저·고압 가공전선과 가공약전류전선 등의 공용설치
  ① 전선로의 지지물로서 사용하는 목주의 풍압하중에 대한 안전율은 1.5 이상일 것.
  ② 가공전선을 가공약전류전선 등의 위로하고 별개의 완금류에 시설할 것. 다만, 가공약전류전선로의 관리자의 승낙을 받은 경우에 저압 가공전선에 고압 절연전선, 특고압 절연전선 또는 케이블을 사용하는 때에는 그러하지 아니하다.
  ③ 가공전선과 가공약전류전선 등 사이의 이격거리는 저압(다중 접지된 중성선을 제외한다)은 0.75 [m] 이상, 고압은 1.5 [m] 이상일 것. 다만, 가공약전류전선 등이 절연전선과 동등 이상의 절연효력이 있는 것 또는 통신용 케이블인 경우에 이격거리를 저압 가공전선이 고압 절연전선, 특고압 절연전선 또는 케이블인 경우에는 0.3 [m], 고압 가공전선이 케이블인 때에는 0.5 [m] 까지 감할 수 있다.(가공약전류전선로등의 관리자의 승낙을 얻은 경우에는 저압은 0.6 [m], 고압은 1 [m])
  ④ 가공전선이 가공약전류전선에 대하여 유도작용에 의한 통신상의 장해를 줄 우려가 있는 경우에는 상호간의 이격거리를 증가시키거나 적당한 거리에서 연가하여 시설한다.

(2) 특고압 가공전선과 가공약전류전선 등의 공용설치
  ① 사용전압이 35 [kV] 이하인 특고압 가공전선과 가공약전류전선 등을 동일 지지물에 시설하는 경우에는 다음에 따라야 한다.
  (ㄱ) 특고압 가공전선로는 제2종 특고압 보안공사에 의할 것.
  (ㄴ) 특고압 가공전선과 가공약전류전선 등 사이의 이격거리는 2 [m] 이상일 것. 다만, 특고압 가공전선이 케이블인 경우에는 0.5 [m] 까지 감할 수 있다.
  (ㄷ) 특고압 가공전선은 케이블인 경우를 제외하고는 인장강도 21.67 [kN] 이상의 연선 또는 단면적이 50 [mm²] 이상인 경동연선일 것.
  ② 사용전압이 35 [kV]를 초과하는 특고압 가공전선과 가공약전류전선 등은 동일 지지물에 시설하여서는 아니 된다.

확인문제

57 고압가공전선과 가공약전류전선을 공가할 수 있는 최소 이격거리[m]는?

① 0.5 [m]　　　　② 0.75 [m]
③ 1.5 [m]　　　　④ 2.0 [m]

해설 저·고압 가공전선과 가공약전류전선 등의 공용설치
가공전선과 가공약전류전선 등 사이의 이격거리는 저압(다중 접지된 중성선을 제외한다)은 0.75 [m] 이상, 고압은 1.5 [m] 이상일 것. 다만, 가공약전류전선 등이 절연전선과 동등 이상의 절연효력이 있는 것 또는 통신용 케이블인 경우에 이격거리를 저압 가공전선이 고압 절연전선, 특고압 절연전선 또는 케이블인 경우 에는 0.3 [m], 고압 가공전선이 케이블인 때에는 0.5 [m] 까지 감할 수 있다.

답 : ③

58 가공 약전류전선을 사용전압이 22.9[kV]인 특고압 가공전선과 동일 지지물에 공가하고자 할 때 가공전선으로 경동연선을 사용한다면 단면적이 몇 [mm²] 이상인가?

① 22　　　　　　② 38
③ 50　　　　　　④ 55

해설 특고압 가공전선과 가공약전류전선의 공용설치
사용전압이 35 [kV] 이하인 특고압 가공전선과 가공약전류전선 등을 동일 지지물에 시설하는 경우 특고압 가공전선은 케이블인 경우를 제외하고는 인장강도 21.67 [kN] 이상의 연선 또는 단면적이 50 [mm²] 이상인 경동연선일 것.

답 : ③

【공가 종합 정리】

Ⅰ. 35 [kV] 이하에서만 적용

전력선의 종류	저압과 가공약전류전선	고압과 가공약전류전선	특고압과 가공약전류전선
이격거리	0.75 [m], 관리자 승인시 0.6 [m] 케이블 사용시 0.3 [m]	1.5 [m], 관리자 승인시 1 [m] 케이블 사용시 0.5 [m]	2 [m], 케이블 사용시 0.5 [m]

Ⅱ. 35 [kV] 초과시 공가하여서는 아니 된다.

21 특고압 가공전선과 지지물 등의 이격거리

특고압 가공전선과 그 지지물·완금류·지주 또는 지선 사이의 이격거리는 아래 표에서 정한 값 이상이어야 한다.

사용전압	이격거리 [m]
15 [kV] 미만	0.15
15 [kV] 이상 25 [kV] 미만	0.2
25 [kV] 이상 35 [kV] 미만	0.25
35 [kV] 이상 50 [kV] 미만	0.3
50 [kV] 이상 60 [kV] 미만	0.35
60 [kV] 이상 70 [kV] 미만	0.4
70 [kV] 이상 80 [kV] 미만	0.45
80 [kV] 이상 130 [kV] 미만	0.65
130 [kV] 이상 160 [kV] 미만	0.9
160 [kV] 이상 200 [kV] 미만	1.1
200 [kV] 이상 230 [kV] 미만	1.3
230 [kV] 이상	1.6

확인문제

59 사용전압이 몇 [V]를 넘는 특고압 가공전선과 가공약전류전선 등은 동일 지지물에 시설하여서는 안되는가?

① 6,600　　　　② 22,900
③ 30,000　　　　④ 35,000

해설 특고압 가공전선과 가공약전류전선의 공용설치
사용전압이 35 [kV]를 초과하는 특고압 가공전선과 가공약전류전선 등은 동일 지지물에 시설하여서는 아니 된다.

답 : ④

60 사용전압 22.9 [kV]인 가공전선과 지지물과의 이격거리는 일반적으로 몇 [cm] 이상이어야 하는가?

① 5　　　　② 10
③ 15　　　　④ 20

해설 특고압 가공전선과 지지물 등의 이격거리
특고압 가공전선과 그 지지물·완금류·지주 또는 지선 사이의 이격거리는 다음과 같다.

사용전압	이격거리 [m]
15 [kV] 이상 25 [kV] 미만	0.2

답 : ④

22 시가지 등에서 특고압 가공전선로의 시설

특고압 가공전선로는 전선이 케이블인 경우 또는 전선로를 다음과 같이 시설하는 경우에는 시가지 그 밖에 인가가 밀집한 지역에 시설할 수 있다.

(1) 사용전압이 170 [kV] 이하인 전선로를 다음에 의하여 시설하는 경우
① 특고압 가공전선을 지지하는 애자장치는 다음 중 어느 하나에 의할 것.
㈀ 50 [%] 충격섬락전압 값이 그 전선의 근접한 다른 부분을 지지하는 애자장치 값의 110 [%] (사용전압이 130 [kV]를 초과하는 경우는 105 [%]) 이상인 것.
㈁ 아크 혼을 붙인 현수애자 · 장간애자(長幹碍子) 또는 라인포스트애자를 사용하는 것.
㈂ 2련 이상의 현수애자 또는 장간애자를 사용하는 것.
㈃ 2개 이상의 핀애자 또는 라인포스트애자를 사용하는 것.
② 지지물에는 철주 · 철근 콘크리트주 또는 철탑을 사용할 것.
③ 지지물에는 위험 표시를 보기 쉬운 곳에 시설할 것. 다만, 사용전압이 35 [kV] 이하의 특고압 가공전선로의 전선에 특고압 절연전선을 사용하는 경우는 그러하지 아니하다.
④ 사용전압이 100 [kV]를 초과하는 특고압 가공전선에 지락 또는 단락이 생겼을 때에는 1초 이내에 자동적으로 이를 전로로부터 차단하는 장치를 시설할 것.

(2) 사용전압이 170 [kV] 초과하는 전선로를 다음에 의하여 시설하는 경우
① 경간 거리는 600 [m] 이하일 것.
② 지지물은 철탑을 사용할 것.
③ 전선로에는 가공지선을 시설할 것.
④ 전선은 압축접속에 의하는 경우 이외에는 경간 도중에 접속점을 시설하지 아니할 것.
⑤ 지지물에는 위험표시를 보기 쉬운 곳에 시설할 것.
⑥ 전선로에 지락 또는 단락이 생겼을 때에는 1초 이내에 그리고 전선이 아크전류에 의하여 용단될 우려가 없도록 자동적으로 전로에서 차단하는 장치를 시설할 것.

확인문제

61 154 [kV] 가공전선을 지지하는 애자장치의 50 [%] 충격섬락전압 값이 그 전선의 근접한 다른 부분을 지지하는 애자장치의 값의 몇 [%] 이상이고, 또한 위험의 우려가 없도록 하면 시가지 기타 인가가 밀집하는 지역에 시설하여도 되는가?
① 100 ② 105
③ 110 ④ 115

해설 시가지 등에서 특고압 가공전선로의 시설
특고압 가공전선로는 전선이 케이블인 경우 또는 사용전압이 170 [kV] 이하인 전선로의 특고압 가공전선을 지지하는 애자장치를 50 [%] 충격섬락전압 값이 그 전선의 근접한 다른 부분을 지지하는 애자장치 값의 110 [%] (사용전압이 130 [kV]를 초과하는 경우는 105[%]) 이상인 것을 사용하는 경우에는 시가지 그 밖에 인가가 밀집한 지역에 시설할 수 있다.

답 : ②

62 시가지 등에서 특고압 가공전선로를 시설하는 경우 특고압 가공전선로용 지지물로 사용할 수 없는 것은? (단, 사용전압이 170 [kV] 이하인 경우이다.)
① 철탑 ② 철근 콘크리트주
③ A종 철주 ④ 목주

해설 시가지 등에서 특고압 가공전선로의 시설
(1) 사용전압이 170 [kV] 이하인 전선로를 다음에 의하여 시설하는 경우 지지물에는 철주 · 철근 콘크리트주 또는 철탑을 사용할 것.
(2) 사용전압이 170 [kV] 초과하는 전선로를 다음에 의하여 시설하는 경우 지지물은 철탑을 사용할 것.

답 : ④

23 25 [kV] 이하인 특고압 가공전선로의 시설

사용전압이 15 [kV] 이하인 특고압 가공전선로 및 사용전압이 25 [kV] 이하인 특고압 가공전선로는 중성선 다중접지식의 것으로서 전로에 지락이 생겼을 때 2초 이내에 자동적으로 이를 전로로부터 차단하는 장치가 되어 있는 것에 한한다.

(1) 접지도체

접지도체는 공칭단면적 6 [mm^2] 이상의 연동선 또는 이와 동등 이상의 세기 및 굵기의 쉽게 부식하지 않는 금속선으로서 고장시에 흐르는 전류를 안전하게 통할 수 있는 것일 것.

(2) 접지한 곳 상호간의 거리

사용전압이 15 [kV] 이하인 경우 300 [m] 이하, 사용전압이 25 [kV] 이하인 경우 150 [m] 이하로 시설하여야 한다.

(3) 전기저항 값

각 접지도체를 중성선으로부터 분리하였을 경우의 각 접지점의 대지 전기저항 값과 1 [km] 마다의 중성선과 대지사이의 합성 전기저항 값은 아래 표에서 정한 값 이하일 것.

사용전압	각 접지점의 대지 전기저항치	1 [km]마다의 합성전기저항치
15 [kV] 이하	300 [Ω]	30 [Ω]
25 [kV] 이하	300 [Ω]	15 [Ω]

(4) 특고압 가공전선로가 상호간 접근 또는 교차하는 경우

25 [kV] 이하인 특고압 가공전선이 다른 특고압 가공전선과 접근 또는 교차하는 경우의 이격거리는 아래 표에서 정한 값 이상일 것.

전선의 종류	이격거리
어느 한쪽 또는 양쪽이 나전선인 경우	1.5 [m]
양쪽이 특고압 절연전선인 경우	1 [m]
한쪽이 케이블이고 다른 한쪽이 케이블이거나 특고압 절연전선인 경우	0.5 [m]

확인문제

63 22.9 [kV] 특고압 가공전선로의 시설에 있어서 중성선을 다중 접지하는 경우에 각각 접지한 곳 상호간의 거리는 전선로에 따라 몇 [m] 이하이어야 하는가?

① 150　　　　② 300
③ 400　　　　④ 500

해설 25 [kV] 이하인 특고압 가공전선로의 시설
접지한 곳 상호간의 거리는 사용전압이 15 [kV] 이하인 경우 300 [m] 이하, 사용전압이 25 [kV] 이하인 경우 150 [m] 이하로 시설하여야 한다.

답 : ①

64 특고압 가공전선로의 중성선의 다중접지 시설에서 각 접지선을 중성선으로부터 분리하였을 경우 각 접지점의 대지 전기저항값은 몇 [Ω] 이하이어야 하는가?

① 100　　　　② 150
③ 300　　　　④ 500

해설 25 [kV] 이하인 특고압 가공전선로의 시설

사용전압	각 접지점의 대지 전기저항치	1 [km]마다의 합성전기저항치
15 [kV] 이하	300 [Ω]	30 [Ω]
25 [kV] 이하	300 [Ω]	15 [Ω]

답 : ③

24 특고압 가공전선로의 지지물

(1) 특고압 가공전선로의 B종 철주·B종 철근 콘크리트주 또는 철탑의 종류

① 직선형 : 전선로의 직선부분(3도 이하인 수평각도를 이루는 곳을 포함한다)에 사용하는 것.

② 각도형 : 전선로중 3도를 초과하는 수평각도를 이루는 곳에 사용하는 것.

③ 인류형 : 전가섭선을 인류하는 곳에 사용하는 것.

④ 내장형 : 전선로의 지지물 양쪽의 경간의 차가 큰 곳에 사용하는 것.

⑤ 보강형 : 전선로의 직선부분에 그 보강을 위하여 사용하는 것.

(2) 철탑의 강도계산에 사용하는 이상시 상정하중

철탑의 강도계산에 사용하는 이상 시 상정하중은 풍압이 전선로에 직각방향으로 가하여지는 경우의 하중과 전선로의 방향으로 가하여지는 경우의 하중을 각각 다음에 따라 계산하여 각 부재에 대한 이들의 하중 중 그 부재에 큰 응력이 생기는 쪽의 하중을 채택한다.

① 수직 하중 : 가섭선·애자장치·지지물 부재 등의 중량에 의한 하중

② 수평 횡하중 : 풍압하중, 전선로에 수평각도가 있는 경우의 가섭선의 상정 최대장력에 의하여 생기는 수평 횡분력에 의한 하중 및 가섭선의 절단에 의하여 생기는 비틀림 힘에 의한 하중

③ 수평 종하중 : 가섭선의 절단에 의하여 생기는 불평균 장력의 수평 종분력(水平從分力)에 의한 하중 및 비틀림 힘에 의한 하중

(3) 특고압 가공전선로의 내장형 등의 지지물 시설

① 특고압 가공전선로 중 지지물로서 B종 철주 또는 B종 철근 콘크리트주를 연속하여 10기 이상 사용하는 부분에는 10기 이하마다 장력에 견디는 형태의 철주 또는 철근 콘크리트주 1기를 시설하거나 5기 이하마다 보강형의 철주 또는 철근 콘크리트주 1기를 시설하여야 한다.

② 특고압 가공전선로 중 지지물로서 직선형의 철탑을 연속하여 10기 이상 사용하는 부분에는 10기 이하마다 장력에 견디는 애자장치가 되어 있는 철탑 또는 이와 동등 이상의 강도를 가지는 철탑 1기를 시설하여야 한다.

확인문제

65 특고압 가공전선로의 지지물 중 전선로의 지지물 양쪽의 경간의 차가 큰 곳에 사용하는 철탑은?

① 내장형 철탑　　　② 인류형 철탑
③ 보강형 철탑　　　④ 각도형 철탑

해설 **특고압 가공전선로의 지지물**
내장형 : 전선로의 지지물 양쪽의 경간의 차가 큰 곳에 사용하는 것.

답 : ①

66 직선형의 철탑을 사용한 특고압 가공전선로가 연속하여 10기 이상 사용하는 부분에는 몇 기 이하마다 내장 애자장치가 되어 있는 철탑 1기를 시설하여야 하는가?

① 5　　　　　　② 10
③ 15　　　　　④ 20

해설 **특고압 가공전선로의 내장형 등의 지지물 시설**
특고압 가공전선로 중 지지물로서 직선형의 철탑을 연속하여 10기 이상 사용하는 부분에는 10기 이하마다 장력에 견디는 애자장치가 되어 있는 철탑 또는 이와 동등 이상의 강도를 가지는 철탑 1기를 시설하여야 한다.

답 : ②

25 가공전선로의 지지물에 시설하는 가공지선

사용전압	가공지선의 규격
고압	인장강도 5.26 [kN] 이상의 것 또는 지름 4 [mm] 이상의 나경동선
특고압	인장강도 8.01 [kN] 이상의 것 또는 지름 5 [mm] 이상의 나경동선, 22 [mm²] 이상의 나경동연선이나 아연도강연선, OPGW(광섬유 복합 가공지선) 전선

【각종 안전율에 대한 종합 정리】

구분		안전율
지지물		기초 안전율 2 (이상시 상정하중에 대한 철탑의 기초에 대하여는 1.33)
목주	저압	1.2(저압 보안공사로 한 경우 1.5)
	고압	1.3(고압 보안공사로 한 경우 1.5)
	특고압	1.5(제2종 특고압 보안공사로 한 경우 2)
	저·고압 가공전선의 공가	1.5
	저·고압 가공전선이 교류전차선 위로 교차	2
전선		2.5(경동선 또는 내열 동합금선은 2.2)
지선		2.5
특고압 가공전선을 지지하는 애자장치		2.5
무선용 안테나를 지지하는 지지물, 케이블 트레이		1.5

확인문제

67 고압 가공전선으로 경동선을 사용하는 경우 안전율은 얼마 이상이 되는 이도(弛度)로 시설하여야 하는가?

① 2.0   ② 2.2
③ 2.5   ④ 4.0

해설 각종 안전율

구분	안전율
전선	2.5 (경동선 또는 내열 동합금선은 2.2)

답 : ②

68 특고압 가공전선로의 지지물로 사용하는 목주의 풍압하중에 대한 안전율은 얼마 이상이어야 하는가?

① 1.2   ② 1.5
③ 2.0   ④ 2.5

해설 각종 안전율

구분		안전율
목주	특고압	1.5 (제2종 특고압 보안공사로 한 경우 2)

답 : ②

26 지중전선로

(1) 지중전선로의 시설

① 지중전선로는 전선에 케이블을 사용하고 또한 관로식·암거식(暗渠式) 또는 직접매설식에 의하여 시설하여야 한다.

② 지중전선로를 관로식 또는 암거식에 의하여 시설하는 경우에는 다음에 따라야 한다.

　(ㄱ) 관로식에 의하여 시설하는 경우에는 매설 깊이를 1.0 [m] 이상으로 하되, 매설깊이가 충분하지 못한 장소에는 견고하고 차량 기타 중량물의 압력에 견디는 것을 사용할 것. 다만 중량물의 압력을 받을 우려가 없는 곳은 0.6 [m] 이상으로 한다.

　(ㄴ) 암거식에 의하여 시설하는 경우에는 견고하고 차량 기타 중량물의 압력에 견디는 것을 사용할 것.

③ 지중전선로를 직접매설식에 의하여 시설하는 경우에는 매설 깊이를 차량 기타 중량물의 압력을 받을 우려가 있는 장소에는 1.0 [m] 이상, 기타 장소에는 0.6 [m] 이상으로 하고 또한 지중전선을 견고한 트라프 기타 방호물에 넣어 시설하여야 한다. 다만, 저압 또는 고압의 지중전선에 콤바인덕트 케이블을 사용하여 시설하는 경우에는 지중전선을 견고한 트라프 기타 방호물에 넣지 아니하여도 된다.

(2) 지중함의 시설

지중전선로에 사용하는 지중함은 다음에 따라 시설하여야 한다.

① 지중함은 견고하고 차량 기타 중량물의 압력에 견디는 구조일 것.

② 지중함은 그 안의 고인 물을 제거할 수 있는 구조로 되어 있을 것.

③ 폭발성 또는 연소성의 가스가 침입할 우려가 있는 것에 시설하는 지중함으로서 그 크기가 1 [m³] 이상인 것에는 통풍장치 기타 가스를 방산시키기 위한 적당한 장치를 시설할 것.

④ 지중함의 뚜껑은 시설자 이외의 자가 쉽게 열 수 없도록 시설할 것.

확인문제

69 지중전선로를 직접매설식에 의하여 차량 기타 중량물의 압력을 받을 우려가 없는 장소에 기준에 적합하게 시설할 경우 매설 깊이는 최소 몇 [m] 이상이면 되는가?

① 0.6　　　　　　② 0.8
③ 1.0　　　　　　④ 1.2

해설 **지중전선로의 시설**
지중전선로를 직접매설식에 의하여 시설하는 경우에는 매설 깊이를 차량 기타 중량물의 압력을 받을 우려가 있는 장소에는 1.0 [m] 이상, 기타 장소에는 0.6 [m] 이상으로 하고 또한 지중전선을 견고한 트라프 기타 방호물에 넣어 시설하여야 한다.

답 : ①

70 폭발성 또는 연소성의 가스가 침입할 우려가 있는 곳에 시설하는 지중전선로의 지중함은 그 크기가 최소 몇 [m³] 이상인 경우에는 통풍장치 기타 가스를 방사시키기 위한 적당한 장치를 시설하여야 하는가?

① 1　　　　　　　② 3
③ 5　　　　　　　④ 10

해설 **지중함의 시설**
폭발성 또는 연소성의 가스가 침입할 우려가 있는 것에 시설하는 지중함으로서 그 크기가 1 [m³] 이상인 것에는 통풍장치 기타 가스를 방산시키기 위한 적당한 장치를 시설할 것.

답 : ①

(3) 케이블 가압장치의 시설

압축가스를 사용하여 케이블에 압력을 가하는 장치를 시설할 경우 압축가스 또는 압유(壓油)를 통하는 관, 압축 가스탱크 또는 압유탱크 및 압축기는 각각의 최고 사용압력의 1.5배의 유압 또는 수압(유압 또는 수압으로 시험하기 곤란한 경우에는 최고 사용압력의 1.25배의 기압)을 연속하여 10분간 가하여 시험을 하였을 때 이에 견디고 또한 누설되지 아니하는 것일 것.

(4) 지중전선의 피복금속체(被覆金屬體)의 접지

관·암거 기타 지중전선을 넣은 방호장치의 금속제부분(케이블을 지지하는 금구류는 제외한다)·금속제의 전선 접속함 및 지중전선의 피복으로 사용하는 금속체에는 접지공사를 하여야 한다. 다만, 이에 방식조치(防蝕措置)를 한 부분에 대하여는 적용하지 않는다.

(5) 지중약전류전선의 유도장해 방지(誘導障害防止)

지중전선로는 기설 지중약전류전선로에 대하여 누설전류 또는 유도작용에 의하여 통신상의 장해를 주지 않도록 기설 지중약전류전선로로부터 충분히 이격시키거나 기타 적당한 방법으로 시설하여야 하다.

(6) 지중전선과 지중약전류전선 등 또는 관과의 접근 또는 교차

① 지중전선이 지중약전류전선 등과 접근하거나 교차하는 경우에 상호간의 이격거리가 저압 또는 고압의 지중전선은 0.3 [m] 이하, 특고압 지중전선은 0.6 [m] 이하인 때에는 지중전선과 지중약전류전선 등 사이에 견고한 내화성의 격벽(隔壁)을 설치하는 경우 이외에는 지중전선을 견고한 불연성(不燃性) 또는 난연성(難燃性)의 관에 넣어 그 관이 지중약전류전선 등과 직접 접촉하지 아니하도록 하여야 한다.

② 특고압 지중전선이 가연성이나 유독성의 유체(流體)를 내포하는 관과 접근하거나 교차하는 경우에 상호간의 이격거리가 1 [m] 이하(단, 사용전압이 25 [kV] 이하인 다중접지방식 지중전선로인 경우에는 0.5 [m] 이하)인 때에는 지중전선과 관 사이에 견고한 내화성의 격벽을 시설하는 경우 이외에는 지중전선을 견고한 불연성 또는 난연성의 관에 넣어 그 관이 가연성이나 유독성의 유체를 내포하는 관과 직접 접촉하지 아니하도록 시설하여야 한다.

확인문제

71 압축가스를 사용하여 케이블에 압력을 가할 때 압축가스 탱크는 최고사용압력의 몇 배의 유압을 몇 분간 가하는가?

① 1.1, 10 ② 1.25, 10
③ 1.5, 10 ④ 2.0, 10

[해설] 지중전선로의 케이블 가압장치
압축가스를 사용하여 케이블에 압력을 가하는 장치를 시설할 경우 압축가스 또는 압유(壓油)를 통하는 관, 압축 가스탱크 또는 압유탱크 및 압축기는 각각의 최고 사용압력의 1.5배의 유압 또는 수압을 연속하여 10분간 가하여 시험을 하였을 때 이에 견디고 또한 누설되지 아니하는 것일 것.

답 : ③

72 고압 지중전선이 지중약전류전선 등과 접근하여 이격거리가 몇 [m] 이하인 때에는 양 전선 사이에 견고한 불연성 또는 난연성의 관에 넣어 그 관이 지중 약전류전선 등과 직접 접촉되지 않도록 하여야 하는가?

① 0.1 ② 0.3
③ 0.5 ④ 0.1

[해설] 지중전선과 지중약전류전선 등 또는 관과의 접근
저압 또는 고압의 지중전선은 0.3 [m] 이하, 특고압 지중전선은 0.6 [m] 이하인 때 지중전선을 견고한 불연성 또는 난연성의 관에 넣어 그 관이 지중약전류전선 등과 직접 접촉하지 아니하도록 하여야 한다.

답 : ②

③ 특고압 지중전선이 ②에 규정하는 관 이외의 관과 접근하거나 교차하는 경우에 상호간의 이격거리가 0.3 [m] 이하인 경우에는 지중전선과 관 사이에 견고한 내화성 격벽을 시설하는 경우 이외에는 견고한 불연성 또는 난연성의 관에 넣어 시설하여야 한다.

(7) 지중전선 상호간의 접근 또는 교차

지중전선이 다른 지중전선과 접근하거나 교차하는 경우에 지중함 내 이외의 곳에서 상호간의 거리가 저압 지중전선과 고압 지중전선에 있어서는 0.15 [m] 이하, 저압이나 고압의 지중전선과 특고압 지중전선에 있어서는 0.3 [m] 이하인 때에는 다음의 어느 하나에 해당하는 경우에 한하여 시설할 수 있다.

① 난연성의 피복이 있는 것을 사용하는 경우 또는 견고한 난연성의 관에 넣어 시설하는 경우
② 어느 한쪽의 지중전선에 불연성의 피복으로 되어 있는 것을 사용하는 경우
③ 어느 한쪽의 지중전선을 견고한 불연성의 관에 넣어 시설하는 경우
④ 지중전선 상호간에 견고한 내화성의 격벽을 설치할 경우
⑤ 사용전압이 25 [kV] 이하인 다중접지방식 지중전선로를 관에 넣어 0.1 [m] 이상 이격하여 시설하는 경우

27 특수 장소의 전선로

1. 터널 안 전선로의 시설

(1) 철도·궤도 또는 자동차도 전용터널 안의 전선로
① 저압 전선은 다음 중 1에 의하여 시설할 것.
(ㄱ) 애자공사에 의하여 인장강도 2.3 [kN] 이상의 절연전선 또는 지름 2.6 [mm] 이상의 경동선의 절연전선을 사용하고 또한 이를 레일면상 또는 노면상 2.5 [m] 이상의 높이로 유지할 것.
(ㄴ) 케이블공사, 금속관공사, 합성수지관공사, 가요전선관공사, 애자공사에 의할 것.

확인문제

73 특별고압 지중전선과 고압 지중전선이 서로 교차하며, 각각의 지중전선을 견고한 난연성의 관에 넣어 시설하는 경우, 지중함내 이외의 곳에서 상호간의 이격거리는 몇 [m] 이하로 시설하여도 되는가?

① 0.3 　　　　　② 0.6
③ 0.8 　　　　　④ 1.2

해설 지중전선 상호간의 접근 또는 교차
지중전선이 다른 지중전선과 접근하거나 교차하는 경우에 지중함 내 이외의 곳에서 상호간의 거리가 저압 지중전선과 고압 지중전선에 있어서는 0.15 [m] 이하, 저압이나 고압의 지중전선과 특고압 지중전선에 있어서는 0.3 [m] 이하인 때에는 견고한 난연성의 관에 넣어 시설하여야 한다.

답 : ①

74 철도·궤도 또는 자동차도 전용터널 안의 전선로를 시설할 때 저압 전선은 인장강도 몇 [kN] 이상의 절연선을 사용하여야 하는가?

① 1.38 [kN] 　　② 2.30 [kN]
③ 2.46 [kN] 　　④ 5.26 [kN]

해설 철도·궤도 또는 자동차 전용터널 안의 전선로
저압 전선은 애자공사에 의하여 인장강도 2.3 [kN] 이상의 절연전선 또는 지름 2.6 [mm] 이상의 경동선의 절연전선을 사용하고 또한 이를 레일면상 또는 노면상 2.5 [m] 이상의 높이로 유지할 것.

답 : ②

② 고압 전선은 다음 중 1에 의하여 시설할 것.

(ㄱ) 전선은 케이블공사에 의할 것. 다만 인장강도 5.26 [kN] 이상의 것 또는 지름 4 [mm] 이상의 경동선의 고압 절연전선 또는 특고압 절연전선을 사용하여 애자공사에 의하여 시설하고 또한 이를 레일면상 또는 노면상 3 [m] 이상의 높이로 유지하여 시설하는 경우에는 그러하지 아니하다.

(ㄴ) 케이블을 조영재의 옆면 또는 아랫면에 따라 붙일 경우에는 케이블의 지지점간의 거리를 2 [m](수직으로 붙일 경우에는 6 [m]) 이하로 하고 또한 피복을 손상하지 아니하도록 붙일 것.

③ 특고압 전선은 케이블공사에 의할 것.

(2) 사람이 상시 통행하는 터널 안의 전선로

① 저압 전선은 다음 중 1에 의하여 시설할 것.

(ㄱ) 애자공사에 의하여 인장강도 2.3 [kN] 이상의 절연전선 또는 지름 2.6 [mm] 이상의 경동선의 절연전선을 사용하고 또한 이를 레일면상 또는 노면상 2.5 [m] 이상의 높이로 유지할 것.

(ㄴ) 케이블공사, 금속관공사, 합성수지관공사, 가요전선관공사, 애자공사에 의할 것.

② 고압 전선은 케이블공사에 의할 것.

③ 특고압 전선은 시설하여서는 아니 된다.

(3) 터널 안 전선로의 전선과 약전류전선 등 또는 관 사이의 이격거리

① 터널 안의 전선로의 저압전선이 그 터널 안의 다른 저압전선(관등회로의 배선은 제외한다)·약전류전선 등 또는 수관·가스관이나 이와 유사한 것과 접근하거나 교차하는 경우 그 사이의 이격거리는 0.1 [m](전선이 나전선인 경우 0.3 [m]) 이상이어야 한다. 다만, 사이에 절연성의 격벽을 견고하게 시설하거나 저압전선을 충분한 길이의 난연성 및 내수성이 있는 견고한 절연관에 넣어 시설하는 때에는 그러하지 아니하다.

② 터널 안의 전선로의 고압전선 또는 특고압전선이 그 터널 안의 다른 저압전선·고압전선(관등회로의 배선은 제외한다)·약전류전선 등 또는 수관·가스관이나 이와 유사한 것과 접근하거나 교차하는 경우 그 사이의 이격거리는 0.15 [m] 이상이어야 한다. 다만, 사이에 내화성이 있는 견고한 격벽을 설치하여 시설하는 경우 또는 고압전선을 내화성이 있는 견고한 관에 시설하는 경우에는 그러하지 아니하다.

확인문제

75 터널 내에 3,300 [V] 전선로를 케이블 공사로 시행하려고 한다. 케이블을 조영재의 옆면 또는 아랫면에 따라 붙일 경우에 케이블의 지지점간의 거리는 몇 [m] 이하로 하여야 하는가?

① 1 ② 1.5
③ 2 ④ 2.5

해설 철도·궤도 또는 자동차도 전용터널 안의 전선로
고압 전선은 케이블공사에 의하고 케이블을 조영재의 옆면 또는 아랫면에 따라 붙일 경우에는 케이블의 지지점간의 거리를 2 [m] 이하로 하여야 한다.

답 : ③

76 사람이 상시 통행하는 터널 안의 교류 220 [V]의 배선을 애자공사에 의하여 시설할 경우 전선은 노면상 몇 [m] 이상 높이로 시설하여야 하는가?

① 2.0 [m] ② 2.5 [m]
③ 3.0 [m] ④ 3.5 [m]

해설 사람이 상시 통행하는 터널 안의 저압 전선로
애자공사에 의하여 인장강도 2.3 [kN] 이상의 절연전선 또는 지름 2.6 [mm] 이상의 경동선의 절연전선을 사용하고 또한 이를 레일면상 또는 노면상 2.5 [m] 이상의 높이로 유지할 것.

답 : ②

2. 수상전선로

(1) 전선의 종류
    ① 저압인 경우 : 클로로프렌 캡타이어케이블
    ② 고압인 경우 : 고압용 캡타이어케이블

(2) 수상전선과 가공전선의 접속점의 높이
    ① 접속점이 육상에 있을 경우 지표상 5 [m] 이상. 다만, 수상전선로의 사용전압이 저압인 경우에 도로상 이외의 곳에 있을 때에는 지표상 4 [m]까지 감할 수 있다.
    ② 접속점이 수면상에 있을 경우 수상전선로의 사용전압이 저압인 경우에는 수면상 4 [m], 고압인 경우에는 수면상 5 [m] 이상.

(3) 보호장치
수상전선로에는 이와 접속하는 가공전선로에 전용개폐기 및 과전류 차단기를 각 극에 시설하고 또한 수상전선로의 사용전압이 고압인 경우에는 전로에 지락이 생겼을 때에 자동적으로 전로를 차단하기 위한 장치를 시설하여야 한다.

3. 물밑전선로

(1) 저·고압 물밑전선로
저압 또는 고압의 물밑전선로의 전선은 물밑케이블 또는 규정에서 정하는 구조로 개장한 케이블이어야 한다. 다만, 다음 어느 하나에 의하여 시설하는 경우에는 그러하지 아니하다.
    ① 전선에 케이블을 사용하고 또한 이를 견고한 관에 넣어서 시설하는 경우
    ② 전선에 지름 4.5 [mm] 아연도철선 이상의 기계적 강도가 있는 금속선으로 개장한 케이블을 사용하고 또한 이를 물밑에 매설하는 경우
    ③ 전선에 4.5 [mm] (비행장의 유도로 등 기타 표지 등에 접속하는 것은 지름 2 [mm]) 아연도철선 이상의 기계적 강도가 있는 금속선으로 개장하고 또한 개장 부위에 방식피복을 한 케이블을 사용하는 경우

확인문제

77 저압 수상전선로에 사용되는 전선은?

① MI 케이블
② 알루미늄피 케이블
③ 클로로프렌시스 케이블
④ 클로로프렌 캡타이어 케이블

해설 수상 전선로의 전선의 종류
  (1) 저압인 경우 : 클로로프렌 캡타이어케이블
  (2) 고압인 경우 : 고압용 캡타이어케이블

답 : ④

78 수상전선로를 시설하는 경우 수상전선로가 가공전선로의 전선과 접속한다면 접속점은 수면상에 있을 때 수상전선로의 사용전압이 저압일 때와 고압일 때 각각 수면상 몇 [m] 이상의 높이로 지지물에 견고하게 붙여야 하는가?

① 3 [m], 4 [m]   ② 3 [m], 5 [m]
③ 4 [m], 4 [m]   ④ 4 [m], 5 [m]

해설 수상전선과 가공전선의 접속점의 높이
  (1) 접속점이 육상에 있을 경우 지표상 5 [m] 이상. 다만, 수상전선로의 사용전압이 저압인 경우에 도로상 이외의 곳에 있을 때에는 지표상 4 [m]까지 감할 수 있다.
  (2) 접속점이 수면상에 있을 경우 수상전선로의 사용전압이 저압인 경우에는 수면상 4 [m], 고압인 경우에는 수면상 5 [m] 이상.

답 : ④

(2) 특고압 물밑전선로
  ① 전선은 케이블일 것.
  ② 케이블은 견고한 관에 넣어 시설할 것. 다만, 전선에 지름 6 [mm]의 아연도철선 이상의 기계적강도가 있는 금속선으로 개장한 케이블을 사용하는 경우에는 그러하지 아니하다.

4. 지상에 시설하는 전선로

(1) 지상에 시설하는 저·고압 전선로
  ① 1구내에만 시설하는 전선로의 전부 또는 일부로 시설할 것.
  ② 1구내 전용의 전선로 중 그 구내에 시설하는 부분의 전부 또는 일부로 시설할 것.
  ③ 전선은 케이블 또는 클로로프렌 캡타이어 케이블일 것.
  ④ 전선이 케이블인 경우에는 철근 콘크리트제의 견고한 개거(開渠) 또는 트라프에 넣어 시설할 것.
  ⑤ 전선이 캡타이어 케이블인 경우에는 다음에 따라 시설하여야 한다.
    (ㄱ) 전선의 도중에는 접속점을 만들지 아니할 것.
    (ㄴ) 전선로의 전원측 전로에는 전용의 개폐기 및 과전류 차단기를 각 극에 시설하여야 하며 사용전압이 0.4 [kV] 초과하는 저압 또는 고압의 전로 중에는 전로에 지락이 생겼을 때에 자동적으로 전로를 차단하는 장치를 시설할 것.

(2) 지상에 시설하는 특고압 전선로
  (1)의 ①항과 ②항의 어느 하나에 해당하고 또한 사용전압이 100 [kV] 이하인 경우 이외에는 시설하여서는 아니 된다.

5. 임시 전선로의 시설

  ① 가공전선로의 지지물로 철탑·철주·철근 콘크리트주를 사용할 때 사용기한은 6개월 이내이다.
  ② 저·고압 가공전선에 케이블을 사용할 때 또는 재해후의 복구에 사용하는 특고압 가공전선에 케이블을 사용할 때 케이블은 설치공사 완료한 날로부터 2개월 이내이다.

확인문제

79 지상에 전선로를 시설하는 규정에 대한 내용으로 설명이 잘못된 것은?

① 1구내에서만 시설하는 전선로의 전부 또는 일부로 시설하는 경우에 사용한다.
② 사용전선은 케이블 또는 클로로프렌 캡타이어 케이블을 사용한다.
③ 전선이 케이블인 경우는 철근콘크리트제의 견고한 개거 또는 트라프에 넣어야 한다.
④ 캡타이어 케이블을 사용하는 경우 전선 도중에 접속점을 제공하는 장치를 시설한다.

해설 **지상에 시설하는 저·고압 전선로**
전선이 캡타이어 케이블인 경우에는 전선의 도중에는 접속점을 만들지 아니할 것.

답 : ④

80 임시 가공전선로의 지지물로 철탑을 사용시 사용기간은?

① 1개월 이내   ② 3개월 이내
③ 4개월 이내   ④ 6개월 이내

해설 **임시 전선로의 시설**
가공전선로의 지지물로 철탑·철주·철근 콘크리트주를 사용할 때 사용기한은 6개월 이내이다.

답 : ④

6. 교량에 시설하는 전선로

구분	항목	저압 전선로	고압 전선로	특고압 전선로
교량의 윗면에 시설	전선의 높이	노면상 5 [m] 이상	노면상 5 [m] 이상	-
	전선의 종류	케이블인 경우 이외에 인장강도 2.3 [kN] 이상의 것 또는 2.6 [mm] 이상의 경동선의 절연전선	케이블일 것. 다만, 철도 또는 궤도 전용의 교량에는 인장강도 5.26 [kN] 이상의 것 또는 4 [mm] 이상의 경동선	
	전선과 조영재의 이격거리	0.3 [m] 이상 단, 케이블인 경우 0.15 [m] 이상	0.6 [m] 이상 단, 케이블인 경우 0.3 [m] 이상	
교량의 옆면에 시설할 경우의 공사방법		위의 방법 또는 저압 옥측전선로의 규정에 준하여 시설한다.	위의 방법 또는 고압 옥측전선로의 규정에 준하여 시설한다.	고압 옥측전선로의 규정에 준하여 시설한다. 다만, 케이블에 대한 규정은 특고압 가공케이블의 규정에 따를 것
교량의 아랫면에 시설할 경우의 공사방법		합성수지관공사 금속관공사 가요전선관공사 케이블공사	고압 옥측전선로의 규정에 준하여 시설한다.	

7. 급경사지에 시설하는 전선로의 시설

① 전선의 지지점 간의 거리는 15 [m] 이하일 것
② 전선은 케이블인 경우 이외에는 벼랑에 견고하게 붙인 금속제 완금류에 절연성, 난연성, 내수성의 애자로 지지할 것
③ 전선에 사람이 접촉할 우려가 있는 곳 또는 손상을 받을 우려가 있는 곳에 시설하는 경우에는 적당한 방호장치를 시설할 것
④ 저압전선로와 고압전선로를 같은 벼랑에 시설하는 경우에는 고압전선로를 저압전선로의 위로 하고 또한 고압전선과 저압전선 사이의 이격거리는 0.5 [m] 이상일 것

확인문제

81 교량 위에 시설하는 조명용 저압 가공전선로에 사용되는 경동선의 절연전선 굵기는 최소 몇 [mm] 이상이어야 하는가?

① 1.6　　② 2.0
③ 2.6　　④ 3.2

해설 교량에 시설하는 전선로
교량의 윗면에 시설하는 저압 가공전선로의 전선은 케이블인 경우 이외에 인장강도 2.3 [kN] 이상의 것 또는 2.6 [mm] 이상의 경동선의 절연전선을 사용하여야 한다.

답 : ③

82 급경사지에 시설하는 저압전선로와 고압전선로를 같은 벼랑에 시설하는 경우에는 고압전선로를 전압전선로의 위로 하고 또한 고압전선과 저압전선 사이의 이격거리를 몇 [m] 이상으로 시설하여야 하는가?

① 0.5　　② 1
③ 1.5　　④ 2

해설 급경사지에 시설하는 전선로의 시설
저압전선로와 고압전선로를 같은 벼랑에 시설하는 경우에는 고압전선로를 저압전선로의 위로 하고 또한 고압전선과 저압전선 사이의 이격거리는 0.5 [m] 이상일 것.

답 : ①

28 전력보안통신설비

1. 전력보안통신설비의 시설장소

(1) 송전선로
    ① 66 [kV], 154 [kV], 345 [kV], 765 [kV] 계통 송전선로 구간(가공, 지중, 해저) 및 안전상 특히 필요한 경우에 전선로의 적당한 곳
    ② 고압 및 특고압 지중전선로가 시설되어 있는 전력구내에서 안전상 특히 필요한 경우의 적당한 곳
    ③ 직류 계통 송전선로 구간 및 안전상 특히 필요한 경우의 적당한 곳
    ④ 송변전 자동화 등 지능형 전력망 구현을 위해 필요한 구간

(2) 배전선로
    ① 22.9 [kV] 계통 배전선로 구간(가공, 지중, 해저)
    ② 22.9 [kV] 계통에 연결되는 분산전원형 발전소
    ③ 폐회로 배전 등 신 배전방식 도입 개소
    ④ 배전자동화, 원격검침, 부하감시 등 지능형 전력망 구현을 위해 필요한 구간

(3) 발전소, 변전소 및 변환소
    ① 원격감시제어가 되지 아니하는 발전소·변전소(이에 준하는 곳으로서 특고압의 전기를 변성하기 위한 곳을 포함한다)·개폐소, 전선로 및 이를 운용하는 급전소 및 급전분소 간
    ② 2 이상의 급전소(분소) 상호 간과 이들을 총합 운용하는 급전소(분소) 간
    ③ 수력설비 중 필요한 곳, 수력설비의 안전상 필요한 양수소(量水所) 및 강수량 관측소와 수력발전소 간
    ④ 동일 수계에 속하고 안전상 긴급 연락의 필요가 있는 수력발전소 상호 간
    ⑤ 동일 전력계통에 속하고 또한 안전상 긴급연락의 필요가 있는 발전소·변전소(이에 준하는 곳으로서 특고압의 전기를 변성하기 위한 곳을 포함한다) 및 개폐소 상호 간

확인문제

83 전력보안통신설비의 배전선로 시설장소로 적당하지 않은 것은?

① 22.9 [kV] 계통에 연결되는 분산전원형 발전소
② 폐회로 배전 등 신 배전방식 도입 개소
③ 배전자동화, 원격검침, 부하감시 등 지능형 전력망 구현을 위해 필요한 구간
④ 고압 및 특고압 지중전선로가 시설되어 있는 전력구내에서 안전상 특히 필요한 경우의 적당한 곳

해설 전력보안통신설비의 시설장소
④번 보기는 송전선로에서의 전력보안통신설비 시설장소에 속한다.

답 : ④

84 발전소, 변전소 및 변환소에 대한 전력보안 통신용 전화설비의 시설장소로 틀린 것은?

① 동일 수계에 속하고 보안상 긴급연락의 필요가 있는 수력발전소 상호간
② 동일 전력계통에 속하고 보안상 긴급연락의 필요가 있는 발전소 및 개폐소 상호간
③ 2 이상의 급전소 상호간과 이들을 총합 운용하는 급전소간
④ 원격감시제어가 되지 않는 발전소와 변전소간

해설 전력보안통신설비의 시설장소
원격감시제어가 되지 아니하는 발전소·변전소·개폐소, 전선로 및 이를 운용하는 급전소 및 급전분소 간

답 : ④

⑥ 발전소·변전소 및 개폐소와 기술원 주재소 간. 다만, 다음 어느 항목에 적합하고 또한 휴대용이거나 이동형 전력보안통신설비에 의하여 연락이 확보된 경우에는 그러하지 아니하다.

　(ㄱ) 발전소로서 전기의 공급에 지장을 미치지 않는 곳.

　(ㄴ) 상주감시를 하지 않는 변전소(사용전압이 35 [kV] 이하의 것에 한한다)로서 그 변전소에 접속되는 전선로가 동일 기술원 주재소에 의하여 운용되는 곳.

⑦ 발전소·변전소(이에 준하는 곳으로서 특고압의 전기를 변성하기 위한 곳을 포함한다)·개폐소·급전소 및 기술원 주재소와 전기설비의 안전상 긴급 연락의 필요가 있는 기상대·측후소·소방서 및 방사선 감시계측 시설물 등의 사이

(4) 배전자동화 주장치가 시설되어 있는 배전센터, 전력수급조절을 총괄하는 중앙급전사령실

(5) 전력보안통신 데이터를 중계하거나, 교환 장치가 설치된 정보통신실

2. 전력보안통신설비는 정전시에도 그 기능을 잃지 않도록 비상용 예비전원을 구비하여야 한다.

3. 전력보안통신선 시설기준

(1) 전력보안통신선의 종류
통신선의 종류는 광섬유케이블, 동축케이블 및 차폐용 실드케이블(STP) 또는 이와 동등 이상이어야 한다.

(2) 전력보안통신선은 다음과 같이 시공한다.
① 중량물의 압력 또는 심한 기계적 충격을 받을 우려가 있는 장소에 시설하는 전력보안통신선(이하 통신선이라 한다)에는 적당한 방호장치를 하거나 이들에 견디는 보호 피복을 한 것을 사용하여야 한다.

확인문제

85 발전소, 변전소 및 변환소에 대한 전력보안 통신용 전화설비를 시설하여야 하는 곳은?

① 원격감시제어가 되는 변전소와 이를 운용하는 급전소간
② 동일 수계에 속하고 보안상 긴급연락의 필요가 없는 수력발전소 상호간
③ 원격감시제어가 되는 발전소와 이를 운용하는 급전소간
④ 2 이상의 급전소 상호간과 이들을 총합 운용하는 급전소간

[해설] 전력보안통신설비의 시설장소
2 이상의 급전소(분소) 상호 간과 이들을 총합 운용하는 급전소(분소) 간

답 : ④

86 전력보안통신선의 종류로 옳지 않은 것은?

① 조가용선
② 광섬유케이블
③ 동축케이블
④ 차폐용 실드케이블

[해설] 전력보안통신케이블의 종류
통신케이블의 종류는 광섬유케이블, 동축케이블 및 차폐용 실드케이블(STP) 또는 이와 동등 이상일 것.

답 : ①

② 전력보안 가공통신선(가공통신선)은 다음에 따라 시설하여야 한다. 다만, 가공지선 또는 중성선을 이용하여 광섬유케이블을 시설하는 경우에는 그러하지 아니하다.

(ㄱ) 가공통신선은 반드시 조가선에 시설할 것. 다만, 통신선 자체가 지지 기능을 가진 경우는 조가선을 생략할 수 있다.

(ㄴ) 가공전선로의 지지물에 시설하는 가공통신선에 직접 접속하는 통신선(옥내에 시설하는 것을 제외한다)은 절연전선, 일반통신용 케이블 이외의 케이블 또는 광섬유케이블이어야 한다.

(ㄷ) 전력구에 시설하는 경우는 통신선에 다음의 어느 하나에 해당하는 난연 조치를 하여야 한다.
- 불연성 또는 자소성이 있는 난연성의 피복을 가지는 통신선을 사용하여야 한다.
- 불연성 또는 자소성이 있는 난연성의 연소방지 테이프, 연소방지 시트, 연소방지 도료 그 외에 이들과 비슷한 것으로 통신선을 피복하여야 한다.
- 불연성 또는 자소성이 있는 난연성의 관 또는 트라프에 통신선을 수용하여 설치하여야 한다.

4. 전력보안통신선의 시설 높이와 이격거리

(1) 전력보안 가공통신선의 높이는 다음과 같다.
① 도로(차도와 인도의 구별이 있는 도로는 차도) 위에 시설하는 경우에는 지표상 5 [m] 이상. 다만, 교통에 지장을 줄 우려가 없는 경우에는 지표상 4.5 [m] 까지로 감할 수 있다.
② 철도 또는 궤도를 횡단하는 경우에는 레일면상 6.5 [m] 이상.
③ 횡단보도교 위에 시설하는 경우에는 그 노면상 3 [m] 이상.
④ ①부터 ③까지 이외의 경우에는 지표상 3.5 [m] 이상.

확인문제

87 전력보안 통신선 시설에서 가공전선로의 지지물에 시설하는 가공 통신선에 직접 접속하는 통신선의 종류로 틀린 것은?

① 조가용선
② 절연전선
③ 광섬유케이블
④ 일반통신용 케이블 이외의 케이블

해설 **전력보안통신선의 시공방법**
가공전선로의 지지물에 시설하는 전력보안 가공통신선에 직접 접속하는 통신선(옥내에 시설하는 것을 제외한다)은 절연전선, 일반통신용 케이블 이외의 케이블 또는 광섬유케이블이어야 한다.

답 : ①

88 전력보안 가공통신선의 설치 높이를 규정한 것 중 틀린 것은?

① 도로 위에 시설하는 경우는 지표상 4.5 [m] 이상
② 철도를 횡단하는 경우는 궤도면상 6.5 [m] 이상
③ 횡단보도교 위에 시설하는 경우는 노면상 3 [m] 이상
④ 위 세 가지 이외의 경우는 지표상 3.5 [m] 이상

해설 **전력보안 가공통신선의 높이**
도로(차도와 인도의 구별이 있는 도로는 차도) 위에 시설하는 경우에는 지표상 5 [m] 이상. 다만, 교통에 지장을 줄 우려가 없는 경우에는 지표상 4.5 [m] 까지로 감할 수 있다.

답 : ①

(2) 가공전선로의 지지물에 시설하는 통신선(첨가 통신선) 또는 이에 직접 접속하는 가공통신선의 높이는 다음에 따라야 한다.

① 도로를 횡단하는 경우에는 지표상 6 [m] 이상. 다만, 저압이나 고압의 가공전선로의 지지물에 시설하는 통신선 또는 이에 직접 접속하는 가공통신선을 시설하는 경우에 교통에 지장을 줄 우려가 없을 때에는 지표상 5 [m] 까지로 감할 수 있다.

② 철도 또는 궤도를 횡단하는 경우에는 레일면상 6.5 [m] 이상.

③ 횡단보도교 위에 시설하는 경우에는 그 노면상 5 [m] 이상. 다만, 다음 중 어느 하나에 해당하는 경우에는 그러하지 아니하다.

　(ㄱ) 저압 또는 고압의 가공전선로의 지지물에 시설하는 통신선 또는 이에 직접 접속하는 가공통신선을 노면상 3.5 [m] (통신선이 절연전선과 동등 이상의 절연성능이 있는 것인 경우에는 3 [m]) 이상으로 하는 경우

　(ㄴ) 특고압 전선로의 지지물에 시설하는 통신선 또는 이에 직접 접속하는 가공통신선으로서 광섬유케이블을 사용하는 것을 그 노면상 4 [m] 이상으로 하는 경우

④ ①에서 ③까지 이외의 경우에는 지표상 5 [m] 이상. 다만, 저압이나 고압의 가공전선로의 지지물에 시설하는 통신선 또는 이에 직접 접속하는 가공통신선이 다음 중 어느 하나에 해당하는 경우에는 그러하지 아니하다.

　(ㄱ) 횡단보도교의 하부 기타 이와 유사한 곳(차도를 제외한다)에 시설하는 경우에 통신선에 절연전선과 동등 이상의 절연성능이 있는 것을 사용하고 또한 지표상 4 [m] 이상으로 할 때

　(ㄴ) 도로 이외의 곳에 시설하는 경우에 지표상 4 [m] 이상으로 할 때나 광섬유케이블인 경우에는 3.5 [m] 이상으로 할 때

확인문제

89 가공전선로의 지지물에 시설하는 통신선 또는 이에 직접 접속하는 가공통신선의 높이에 대한 설명으로 알맞은 것은?

① 도로를 횡단하는 경우에는 지표상 5 [m] 이상
② 철도 또는 궤도를 횡단하는 경우에는 레일면상 6.5 [m] 이상
③ 횡단보도교 위에 시설하는 경우에는 그 노면상 3.5 [m] 이상
④ 도로를 횡단하며 교통에 지장이 없는 경우에는 4.5 [m] 이상

해설 가공전선로의 지지물에 시설하는 통신선 또는 이에 직접 접속하는 가공통신선의 높이
(1) 도로를 횡단하는 경우에는 지표상 6 [m] 이상
(2) 철도 또는 궤도를 횡단하는 경우에는 레일면상 6.5 [m] 이상.
(3) 횡단보도교 위에 시설하는 경우에는 그 노면상 5 [m] 이상.
(4) 도로를 횡단하며 교통에 지장이 없는 경우에는 5 [m] 이상.

답 : ②

90 고압 가공전선로의 지지물에 시설하는 통신선 또는 이에 직접 접속하는 가공통신선을 횡단보도교의 위에 시설하는 경우, 그 노면상 최소 몇 [m] 이상의 높이로 시설하면 되는가?

① 3.5　　　　② 4
③ 4.5　　　　④ 5

해설 가공전선로의 지지물에 시설하는 통신선 또는 이에 직접 접속하는 가공통신선의 높이
횡단보도교 위에 시설하는 경우에는 그 노면상 5 [m] 이상. 다만, 저압 또는 고압의 가공전선로의 지지물에 시설하는 통신선 또는 이에 직접 접속하는 가공통신선을 노면상 3.5 [m] (통신선이 절연전선과 동등 이상의 절연성능이 있는 것인 경우에는 3 [m]) 이상으로 하는 경우

답 : ①

(3) 가공전선과 첨가 통신선과의 이격거리

　① 가공전선로의 지지물에 시설하는 통신선은 다음에 따른다.

　　㈀ 통신선은 가공전선의 아래에 시설할 것. 다만, 가공전선에 케이블을 사용하는 경우 또는 광섬유 케이블이 내장된 가공지선을 사용하는 경우 또는 수직 배선으로 가공전선과 접촉할 우려가 없도록 지지물 또는 완금류에 견고하게 시설하는 경우에는 그러하지 아니하다.

　　㈁ 통신선과 저압 가공전선 또는 전로에 지락이 생겼을 때에 2초 이내에 자동적으로 이를 전로로부터 차단하는 장치가 되어 있는 25 [kV] 이하인 특고압 가공전선로(중성선 다중접지 방식)에 규정하는 특고압 가공전선로의 다중접지를 한 중성선 사이의 이격거리는 0.6 [m] 이상일 것. 다만, 저압 가공전선이 절연전선 또는 케이블인 경우에 통신선이 절연전선과 동등 이상의 절연성능이 있는 것인 경우에는 0.3 [m] (저압 가공전선이 인입선이고 또한 통신선이 첨가 통신용 제2종 케이블 또는 광섬유 케이블일 경우에는 0.15 [m]) 이상으로 할 수 있다.

　　㈂ 통신선과 고압 가공전선 사이의 이격거리는 0.6 [m] 이상일 것. 다만, 고압 가공전선이 케이블인 경우에 통신선이 절연전선과 동등 이상의 절연성능이 있는 것인 경우에는 0.3 [m] 이상으로 할 수 있다.

　　㈃ 통신선은 고압 가공전선로 또는 전로에 지락이 생겼을 때에 2초 이내에 자동적으로 이를 전로로부터 차단하는 장치가 되어 있는 25 [kV] 이하인 특고압 가공전선로(중성선 다중접지 방식)에 규정하는 특고압 가공전선로의 지지물에 시설하는 기계기구에 부속되는 전선과 접촉할 우려가 없도록 지지물 또는 완금류에 견고하게 시설하여야 한다.

　　㈄ 통신선과 특고압 가공전선(25 [kV] 이하인 특고압 가공전선로의 다중 접지를 한 중성선은 제외한다) 사이의 이격거리는 1.2 [m] (전로에 지락이 생겼을 때에 2초 이내에 자동적으로 이를 전로로부터 차단하는 장치가 되어 있는 25 [kV] 이하인 특고압 가공전선로(중성선 다중접지 방식)에 규정하는 특고압 가공전선은 0.75 [m]) 이상일 것. 다만, 특고압 가공전선이 케이블인 경우에 통신선이 절연전선과 동등 이상의 절연성능이 있는 것인 경우에는 0.3 [m] 이상으로 할 수 있다.

확인문제

91 가공전선로의 지지물에 시설하는 통신선과 고압 가공전선 사이의 이격거리는 몇 [cm] 이상이어야 하는가?

① 120 [cm]　　　② 100 [cm]
③ 75 [cm]　　　④ 60 [cm]

해설 가공전선과 첨가 통신선과의 이격거리
가공전선로의 지지물에 시설하는 통신선과 고압 가공전선 사이의 이격거리는 0.6 [m] 이상일 것. 다만, 고압 가공전선이 케이블인 경우에 통신선이 절연전선과 동등 이상의 절연성능이 있는 것인 경우에는 0.3 [m] 이상으로 할 수 있다.

답 : ④

92 가공전선로의 지지물에 시설하는 통신선은 가공전선과의 이격거리를 몇 [cm] 이상 유지하여야 하는가?(단, 가공전선은 고압으로 케이블을 사용한다.)

① 30　　　② 45
③ 60　　　④ 75

해설 가공전선과 첨가 통신선과의 이격거리
가공전선로의 지지물에 시설하는 통신선과 고압 가공전선 사이의 이격거리는 0.6 [m] 이상일 것. 다만, 고압 가공전선이 케이블인 경우에 통신선이 절연전선과 동등 이상의 절연성능이 있는 것인 경우에는 0.3 [m] 이상으로 할 수 있다.

답 : ①

(4) 특고압 가공전선로의 지지물에 시설하는 통신선

특고압 가공전선로의 지지물에 시설하는 통신선 또는 이에 직접 접속하는 통신선이 도로·횡단보도교·철도의 레일·삭도·가공전선·다른 가공약전류 전선 등 또는 교류전차선 등과 교차하는 경우에는 다음에 따라 시설하여야 한다.

① 통신선이 도로·횡단보도교·철도의 레일 또는 삭도와 교차하는 경우에는 통신선은 연선의 경우 단면적 16 [mm²](단선의 경우 지름 4 [mm])의 절연전선과 동등 이상의 절연 효력이 있는 것, 인장강도 8.01 [kN] 이상의 것 또는 연선의 경우 단면적 25 [mm²](단선의 경우 지름 5 [mm])의 경동선일 것.

② 통신선과 삭도 또는 다른 가공약전류전선 등 사이의 이격거리는 0.8 [m](통신선이 케이블 또는 광섬유케이블일 때는 0.4 [m]) 이상으로 할 것.

③ 통신선이 저압 가공전선 또는 다른 가공약전류 전선 등과 교차하는 경우에는 그 위에 시설하고 또한 통신선은 ①에 규정하는 것을 사용할 것. 다만, 저압 가공전선 또는 다른 가공약전류 전선 등이 절연전선과 동등 이상의 절연 효력이 있는 것, 인장강도 8.01 [kN] 이상의 것 또는 연선의 경우 단면적 25 [mm²](단선의 경우 지름 5 [mm])의 경동선인 경우에는 통신선을 그 아래에 시설할 수 있다.

④ 통신선이 다른 특고압 가공전선과 교차하는 경우에는 그 아래에 시설하고 통신선은 인장강도 8.01 [kN] 이상의 것 또는 연선의 경우 단면적 25 [mm²](단선의 경우 지름 5 [mm])의 경동선일 것.

⑤ 통신선이 교류 전차선 등과 교차하는 경우에는 고압가공전선의 규정에 준하여 시설할 것.

(5) 조가선 시설기준

① 조가선은 단면적 38 [mm²] 이상의 아연도강연선을 사용할 것.

② 조가선은 설비 안전을 위하여 전주와 전주 경간 중에 접속하지 않아야 하며, 부식되지 않는 별도의 금구를 사용하고 조가선 끝단은 날카롭지 않게 할 것.

확인문제

93 특고압 가공전선로의 지지물에 시설하는 통신선이 저압 가공전선 또는 다른 가공약전류 전선 등과 교차하는 경우에는 그 위에 시설하여야 한다. 다만, 저압 가공전선 또는 다른 가공약전류 전선 등이 연선의 경우 단면적 몇 [mm²]의 경동선인 경우 통신선을 그 아래에 시설할 수 있는가?

① 6   ② 10
③ 16   ④ 25

해설 특고압 가공전선로의 지지물에 시설하는 통신선
단면적 25 [mm²](지름 5 [mm])의 경동선인 경우에는 통신선을 그 아래에 시설할 수 있다.

94 전력보안통신케이블을 조가선에 시설할 때 조가선은 단면적 몇 [mm²] 이상의 아연도강연선을 사용하여야 하는가?

① 10   ② 16
③ 25   ④ 38

해설 조가선 시설기준
조가선은 단면적 38 [mm²] 이상의 아연도강연선을 사용할 것.

답 : ④

답 : ④

③ 조가선은 2조까지만 시설하여야 하며, 조가선 간의 이격거리는 조가선 2개가 시설될 경우 0.3 [m]를 유지하여야 한다.

④ 조가선은 과도한 장력에 의한 전주손상을 방지하기 위하여 전주경간 50 [m] 기준, 그리고 0.4 [m] 정도의 이도를 반드시 유지할 것.

⑤ 조가선의 접지규정은 다음과 같다.

(ㄱ) 조가선은 매 500 [m] 마다 또는 증폭기, 옥외형 광송수신기 및 전력공급기 등이 시설된 위치에서 단면적 16 [mm²](지름 4 [mm]) 이상의 연동선과 접지선 서비스 커넥터 등을 이용하여 접지할 것.

(ㄴ) 접지는 전력용 접지와 별도의 독립접지 시공을 원칙으로 할 것.

(ㄷ) 접지선 몰딩은 육안식별이 가능하도록 몰딩표면에 쉽게 지워지지 않는 방법으로 "통신용 접지선"임을 표시하고, 전력선용 접지선 몰드와는 반대 방향으로 전주의 외관을 따라 수직방향으로 미려하게 시설하며 2 [m] 간격으로 밴딩 처리할 것.

(ㄹ) 접지극은 지표면에서 0.75 [m] 이상의 깊이에 타 접지극과 1 [m] 이상 이격하여 시설할 것.

(5) 전력유도의 방지

전력보안통신설비는 가공전선로로부터의 정전유도작용 또는 전자유도작용에 의하여 사람에게 위험을 줄 우려가 없도록 시설하여야 한다. 다음의 제한값을 초과하거나 초과할 우려가 있는 경우에는 이에 대한 방지조치를 하여야 한다.

① 이상시 유도위험전압 : 650 [V]. 다만, 고장시 전류제거시간이 0.1초 이상인 경우에는 430 [V]로 한다.

② 상시 유도위험종전압 : 60 [V]

③ 기기 오동작 유도종전압 : 15 [V]

④ 잡음전압 : 0.5 [mV]

확인문제

95 전력보안통신설비에 시설하는 조가선은 과도한 장력에 의한 전주손상을 방지하기 위하여 전주경간 ㉠ [m] 기준, 그리고 ㉡ [m] 정도의 이도를 유지하여야 하는가?

① ㉠ 30, ㉡ 0.2   ② ㉠ 50, ㉡ 0.4
③ ㉠ 60, ㉡ 0.2   ④ ㉠ 100, ㉡ 0.4

해설 조가선 시설기준
조가선은 과도한 장력에 의한 전주손상을 방지하기 위하여 전주경간 50 [m] 기준, 그리고 0.4 [m] 정도의 이도를 반드시 유지할 것.

답 : ②

96 다음 ( ) 안의 내용으로 옳은 것은?

전력보안통신설비는 가공전선로로부터의 ( )에 의하여 사람에게 위험을 줄 우려가 없도록 시설하여야 한다.

① 정전유도작용 또는 표피작용
② 전자유도작용 또는 표피작용
③ 정전유도작용 또는 전자유도작용
④ 전자유도작용 또는 페란티작용

해설 전력유도의 방지
전력보안통신설비는 가공전선로로부터의 정전유도작용 또는 전자유도작용에 의하여 사람에게 위험을 줄 우려가 없도록 시설하여야 한다.

답 : ③

5. 특고압 가공전선로 첨가설치 통신선의 시가지 인입 제한

(1) 특고압 가공전선로의 지지물에 첨가설치하는 통신선 또는 이에 직접 접속하는 통신선은 시가지에 시설하는 통신선("시가지의 통신선"이라 한다)에 접속하여서는 아니 된다. 다만, 다음에 해당하는 경우에는 그러하지 아니하다.

① 특고압 가공전선로의 지지물에 첨가설치하는 통신선 또는 이에 직접 접속하는 통신선과 시가지의 통신선과의 접속점에 특고압용 제1종 보안장치, 특고압용 제2종 보안장치 또는 이에 준하는 보안장치를 시설하고 또한 그 중계선륜(中繼線輪) 또는 배류 중계선륜(排流中繼線輪)의 2차측에 시가지의 통신선을 접속하는 경우

② 시가지의 통신선이 절연전선과 동등 이상의 절연효력이 있는 것.

(2) 시가지에 시설하는 통신선은 특고압 가공전선로의 지지물에 시설하여서는 아니 된다. 다만, 통신선이 절연전선과 동등 이상의 절연효력이 있고 인장강도 5.26 [kN] 이상의 것 또는 연선의 경우 단면적 16 [mm²](단선의 경우 지름 4 [mm]) 이상의 절연전선 또는 광섬유케이블인 경우에는 그러하지 아니하다.

(3) 보안장치의 표준

① 보안장치 중에서 고압용 배류중계코일을 시설하는 경우 선로측 코일과 옥내측 코일 사이 및 선로측 코일과 대지와의 사이의 절연내력은 교류 3 [kV]의 시험전압으로 시험하였을 때 연속하여 1분간 이에 견디는 것이어야 한다.

② 보안장치 중에서 특고압용 배류중계코일을 시설하는 경우 선로측 코일과 옥내측 코일 사이 및 선로측 코일과 대지와의 사이의 절연내력은 교류 6 [kV]의 시험전압으로 시험하였을 때 연속하여 1분간 이에 견디는 것이어야 한다.

6. 25 [kV] 이하인 특고압 가공전선로 첨가 통신선의 시설에 관한 특례

특고압 가공전선로의 지지물에 시설하는 통신선 또는 이에 직접 접속하는 통신선은 광섬유케이블일 것. 다만, 통신선은 광섬유케이블 이외의 경우에 이를 특고압 제2종 보안장치 또는 이에 준하는 보안장치를 시설할 때에는 그러하지 아니하다.

확인문제

97 시가지에 시설하는 통신선은 특별고압 가공전선로의 지지물에 시설하여서는 아니된다. 그러나 통신선이 지름 몇 [mm] 이상의 절연전선 또는 이와 동등 이상의 세기 및 절연효력이 있는 것이면 시설이 가능한가?

① 4 　　　　② 4.5
③ 5 　　　　④ 5.5

해설 특고압 가공전선로 첨가설치 통신선의 시가지 인입 제한
통신선이 절연전선과 동등 이상의 절연효력이 있고 인장강도 5.26 [kN] 이상의 것 또는 단면적 16 [mm²](지름 4 [mm]) 이상의 절연전선 또는 광섬유 케이블인 경우에는 특고압 가공전선로의 지지물에 시설이 가능하다.

답 : ①

98 특고압용 제2종 보안장치 또는 이에 준하는 보안장치 등이 되어 있지 않은 25 [kV] 이하인 특고압 가공전선로의 지지물에 시설하는 통신선 또는 이에 직접 접속하는 통신선으로 사용할 수 있는 것은?

① 광섬유 케이블
② CN/CV 케이블
③ 캡타이어 케이블
④ 지름 2.6 [mm] 이상의 절연전선

해설 25 [kV] 이하인 특고압 가공전선로 첨가 통신선의 시설에 관한 특례
특고압 가공전선로의 지지물에 시설하는 통신선 또는 이에 직접 접속하는 통신선은 광섬유 케이블일 것. 다만, 통신선은 광섬유 케이블 이외의 경우에 이를 특고압 제2종 보안장치 또는 이에 준하는 보안장치를 시설할 때에는 그러하지 아니하다.

답 : ①

7. 특고압 가공전선로 첨가설치 통신선에 직접 접속하는 옥내 통신선의 시설

특고압 가공전선로의 지지물에 시설하는 통신선(광섬유 케이블을 제외한다) 또는 이에 직접 접속하는 통신선 중 옥내에 시설하는 부분은 400 [V] 초과의 저압옥내 배선시설에 준하여 시설하여야 한다. 다만, 취급자 이외의 사람이 출입할 수 없도록 시설한 곳에서 위험의 우려가 없도록 시설하는 경우에는 그러하지 아니하다. 옥내에 시설하는 통신선(광섬유 케이블을 포함한다)에는 식별인식표를 부착하여 오인으로 절단 또는 충격을 받지 않도록 하여야 한다.

8. 전원공급기의 시설

① 지상에서 4 [m] 이상 유지할 것.
② 누전차단기를 내장할 것.
③ 시설방향은 인도측으로 시설하며 외함은 접지를 시행할 것.
④ 기기주, 변대주 및 분기주 등 설비 복잡개소에는 전원공급기를 시설할 수 없다.
　 다만, 현장 여건상 부득이한 경우에는 예외적으로 전원공급기를 시설할 수 있다.

9. 전력선 반송 통신용 결합장치의 보안장치

전력선 반송 통신용 결합 커패시터에 접속하는 회로에는 아래 그림의 보안장치 또는 이에 준하는 보안장치를 시설하여야 한다.

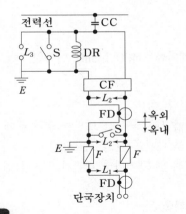

FD : 동축케이블
F　 : 정격전류 10 [A] 이하의 포장 퓨즈
DR : 전류 용량 2 [A] 이상의 배류 선륜
L_1 : 교류 300 [V] 이하에서 동작하는 피뢰기
L_2 : 동작 전압이 교류 1.3 [kV]를 초과하고 1.6 [kV] 이하로 조정된 방전갭
L_3 : 동작 전압이 교류 2 [kV]를 초과하고 3 [kV] 이하로 조정된 구상 방전갭
S　 : 접지용 개폐기
CF : 결합 필타
CC : 결합 커패시터(결합 안테나를 포함한다.)
E　 : 접지

확인문제

99 전력보안 통신설비의 보안 장치 중에서 특고압용 배류중계코일을 시설하는 경우 선로측 코일과 대지와의 사이의 절연내력은 몇 [kV]의 시험전압으로 연속하여 1분간 견디어야 하는가?

① AC 0.6 [kV] 　　② AC 6 [kV]
③ AC 0.3 [kV] 　　④ AC 3 [kV]

[해설] **보안장치의 표준**
보안장치 중에서 특고압용 배류중계코일을 시설하는 경우 선로측 코일과 옥내측 코일 사이 및 선로측 코일과 대지와의 사이의 절연내력은 교류 6 [kV]의 시험전압으로 시험하였을 때 연속하여 1분간 이에 견디는 것이어야 한다.

답 : ②

100 전력보안통신설비의 전원공급기의 시설에 대한 설명으로 옳지 않은 것은?

① 전원공급기는 지상에서 4 [m] 이상 유지할 것.
② 전원공급기 내부에는 누전차단기를 내장할 것.
③ 전원공급기의 시설방향은 인도측의 반대편으로 할 것.
④ 외함에는 접지를 시행할 것.

[해설] **전력보안통신설비의 전원공급기**
시설방향은 인도측으로 시설하며 외함은 접지를 시행할 것.

답 : ③

29 무선용 안테나

(1) 무선용 안테나 등을 지지하는 철탑 등의 시설

전력보안통신설비인 무선통신용 안테나 또는 반사판(이하 "무선용 안테나 등"이라 한다)을 지지하는 목주·철주·철근 콘크리트주 또는 철탑은 다음에 따라 시설하여야 한다. 다만, 무선용 안테나 등이 전선로의 주위상태를 감시할 목적으로 시설되는 것일 경우에는 그러하지 아니하다.

① 목주의 풍압하중에 대한 안전율은 1.5 이상이어야 한다.

② 철주·철근 콘크리트주 또는 철탑의 기초 안전율은 1.5 이상이어야 한다.

③ 철주(강관주 제외)·철근콘크리트주 또는 철탑은 수직하중과 수평하중의 3분의 2배의 하중에 견디는 강도를 가져야 한다. 단, 강관주는 수직하중과 수평하중에 견디는 강도를 가져야 한다.

(2) 무선용 안테나 등의 시설 제한

무선용 안테나 등은 전선로의 주위 상태를 감시하거나 배전자동화, 원격검침 등 지능형 전력망을 목적으로 시설하는 것 이외에는 가공전선로의 지지물에 시설하여서는 아니 된다.

30 지중통신선로 설비

(1) 통신케이블

지중 공가설비로 사용하는 광케이블 및 동축케이블은 400 [mm²] 이하일 것.

(2) 전력구내 통신케이블의 시설

① 전력구내에서 통신용 행거는 최상단에 시설할 것.

② 전력구의 통신용 케이블은 반드시 내관 속에 시설하고 그 내관을 행거 위에 시설할 것.

③ 전력구에 시설하는 비난연 재질인 통신선 및 내관은 난연 조치할 것.

④ 전력구에서는 통신케이블을 고정시키기 위해 매 행거마다 내관과 행거를 견고하게 고정할 것.

⑤ 통신용 행거 끝에는 행거 안전캡(야광)을 씌울 것.

확인문제

101 무선용 안테나 등을 지지하는 철탑의 기초 안전율은 얼마 이상이어야 하는가?

① 1.0   ② 1.5
③ 2.0   ④ 2.5

[해설] 무선용 안테나 등을 지지하는 철탑 등의 시설
(1) 목주의 풍압하중에 대한 안전율은 1.5 이상이어야 한다.
(2) 철주·철근 콘크리트주 또는 철탑의 기초 안전율은 1.5 이상이어야 한다.

답 : ②

102 전력보안통신설비로 무선용안테나 등의 시설에 관한 설명으로 옳은 것은?

① 항상 가공전선로의 지지물에 시설한다.
② 피뢰침설비가 불가능한 개소에 시설한다.
③ 접지와 공용으로 사용할 수 있도록 시설한다.
④ 전선로의 주위 상태를 감시할 목적으로 시설한다.

[해설] 무선용 안테나 등의 시설 제한
무선용 안테나 등은 전선로의 주위 상태를 감시하거나 배전자동화, 원격검침 등 지능형전력망을 목적으로 시설하는 것 이외에는 가공전선로의 지지물에 시설하여서는 아니 된다.

답 : ④

⑥ 전력케이블이 시설된 행거에는 통신케이블을 시설하지 말 것.

⑦ 전력구에 시설하는 통신용 관로구와 내관은 누수가 되지 않도록 철저히 방수처리 할 것.

(3) 맨홀 또는 관로에서 통신케이블의 시설

① 맨홀 내 통신케이블은 보호장치를 활용하여 맨홀 측벽으로 정리할 것.

② 맨홀 내에서는 통신케이블이 시설된 매 행거마다 통신케이블을 고정할 것.

③ 맨홀 내에서는 통신케이블을 전력선위에 얹어 놓는 경우가 없도록 처리할 것.

④ 배전케이블이 시설되어 있는 관로에 통신케이블을 시설하지 말 것.

⑤ 맨홀 내 통신케이블을 시설하는 관로구와 내관은 누수가 되지 않도록 철저히 방수처리 할 것.

(4) 맨홀 및 전력구내 통신기기의 시설

① 지중 전력설비 운영 및 유지보수, 화재 등 비상시를 대비하여 전력구내에는 유무선 비상 통신설비를 시설하여야 하며, 무선통신은 급전소, 변전소 등과 지령통신 및 그룹통신이 가능한 방식을 적용하여야 한다.

② 통신기기 중 전원공급기는 맨홀, 전력구내에 시설하여서는 아니 된다. 다만, 그 외의 기기는 다음의 기준에 의해 시설할 수 있다.

㈀ 맨홀과 전력구내 통신용기기는 전력케이블 유지보수에 지장이 없도록 최상단 행거의 위쪽 벽면에 시설하여야 한다.

㈁ 통신용기기는 맨홀 상부 벽면 또는 전력구 최상부 벽면에 ㄱ자형 또는 T자형 고정 금구류를 시설하고 이탈되지 않도록 견고하게 시설하여야 한다.

㈂ 통신용 기기에서 발생하는 열 등으로 전력케이블에 손상이 가지 않도록 하여야 한다.

31 통신설비의 식별

통신설비의 식별은 다음에 따라 표시하여야 한다.

(1) 모든 통신기기에는 식별이 용이하도록 인식용 표찰을 부착하여야 한다.

(2) 통신사업자의 설비표시명판은 플라스틱 및 금속판 등 견고하고 가벼운 재질로 하고 글씨는 각인하거나 지워지지 않도록 제작된 것을 사용하여야 한다.

(3) 설비표시명판 시설기준

① 배전주에 시설하는 통신설비의 설비표시명판은 다음에 따른다.

㈀ 직선주는 전주 5경간마다 시설할 것.

㈁ 분기주, 인류주는 매 전주에 시설할 것.

② 지중설비에 시설하는 통신설비의 설비표시명판은 다음에 따른다.

㈀ 관로는 맨홀마다 시설할 것.

㈁ 전력구내 행거는 50 [m] 간격으로 시설할 것.

★★★
01 가공전선로에 사용하는 지지물의 강도계산에 적용하는 갑종풍압하중을 계산할 때 구성재의 수직 투영면적 1 [m²]에 대한 풍압의 기준이 잘못된 것은?

① 목주 : 588 [Pa]
② 원형 철주 : 588 [Pa]
③ 원형 철근콘크리트주 : 822 [Pa]
④ 강관으로 구성(단주는 제외)된 철탑 : 1,255 [Pa]

해설 **풍압하중의 종별**
갑종풍압하중 : 각 구성재의 수직투영면적 1 [m²]에 대한 풍압을 기초로 하여 계산

풍압을 받는 구분			구성재의 수직투영면적 1[m²]에 대한 풍압[Pa]
목주			588
지지물	철주	원형의 것	588
		삼각형 또는 마름모형의 것	1,412
		강관에 의하여 구성되는 사각형의 것	1,117
	철근 콘크리트주	원형의 것	588
		기타의 것	882
	철탑	단주 (완철류는 제외) 원형의 것	588
		단주 (완철류는 제외) 기타의 것	1,117
		강관으로 구성되는 것 (단주는 제외)	1,255
전선 기타 가섭선	다도체		666
	기타의 것		745
애자장치(특별고압 전선로용의 것)			1,039

★★★
02 가공전선로에 사용되는 특고압 전선용의 애자장치에 대한 갑종풍압하중은 그 구성재의 수직투영면적 1 [m²]에 대한 풍압으로 몇 [Pa]를 기초로 계산하여야 하는가?

① 588 ② 745
③ 660 ④ 1,039

해설 **풍압하중의 종별**
갑종풍압하중 : 각 구성재의 수직투영면적 1 [m²]에 대한 풍압을 기초로 하여 계산

풍압을 받는 구분	풍압[Pa]
애자장치(특별고압 전선로용의 것)	1,039

★★★
03 철주를 강관에 의하여 구성되는 사각형의 것일 때 갑종풍압하중을 계산하려 한다. 수직 투영면적 1 [m²]에 대한 풍압하중은 몇 [Pa]를 기초하여 계산하는가?

① 588 ② 882
③ 1,117 ④ 1,225

해설 **풍압하중의 종별**
갑종풍압하중 : 각 구성재의 수직투영면적 1 [m²]에 대한 풍압을 기초로 하여 계산

풍압을 받는 구분		풍압[Pa]
지지물	철주	원형의 것	588
		삼각형 또는 마름모형의 것	1,412
		강관에 의하여 구성되는 사각형의 것	1,117

★

04 가공전선로에 사용하는 지지물의 강도계산에 적용하는 풍압하중의 종별로 알맞은 것은?

① 갑종, 을종, 병종　　② A종, B종, C종
③ 1종, 2종, 3종　　　　④ 수평, 수직, 각도

[해설] 풍압하중의 종별
(1) 갑종풍압하중 : 수직 투영면적 1 [m²]에 대한 풍압을 기초로 하여 계산
(2) 을종풍압하중 : 전선 기타의 가섭선 주위에 두께 6 [mm], 비중 0.9의 빙설이 많은 저온계 지역에 적용
(3) 병종풍압하중 : 인가가 많이 연접된 장소로서 저·고압 가공전선로의 지지물 및 가섭선, 35 [kV] 이하의 전선에 특고압 절연전선 또는 케이블을 사용한 특별고압가공전선로의 지지물 및 가섭선, 특고압 가공전선을 지지하는 애자장치 및 완금류

★

05 빙설이 많은 지방의 특고압 가공전선 주위에 부착되는 빙설의 두께 [mm]와 비중은?

① 6 [mm], 0.9　　　② 6 [mm], 1.0
③ 8 [mm], 0.9　　　④ 8 [mm], 1.0

[해설] 풍압하중의 종별
을종풍압하중 : 전선 기타의 가섭선 주위에 두께 6 [mm], 비중 0.9의 빙설이 많은 저온계 지역에 적용

★★★

06 전선 기타의 가섭선 주위에 두께 6 [mm], 비중 0.9의 빙설이 부착된 상태에서 수직투영면적 1 [m²]당 다도체를 구성하는 전선의 을종풍압하중은 몇 [Pa]을 적용하는가?

① 333　　　　　　② 666
③ 372　　　　　　④ 745

[해설] 풍압하중의 종별
갑종풍압하중 : 각 구성재의 수직투영면적 1 [m²]에 대한 풍압을 기초로 하여 계산

풍압을 받는 구분		풍압[Pa]
전선 기타 가섭선	다도체	666
	기타의 것	745

을종풍압하중과 병종풍압하중은 모두 갑종풍압하중의 $\frac{1}{2}$ 배로 계산하므로

$$\therefore 666 \times \frac{1}{2} = 333 \ [Pa]$$

★★

07 전선 기타의 가섭선(架涉線) 주위에 두께 6 [mm], 비중 0.9의 빙설이 부착된 상태에서 을종풍압하중은 구성재의 수직 투영면적 1 [m²]당 몇 [Pa]을 기초로 하여 계산하는가?(단, 다도체를 구성하는 전선이 아니라고 한다.)

① 333 [Pa]　　　　② 372 [Pa]
③ 588 [Pa]　　　　④ 666 [Pa]

[해설] 풍압하중의 종별
갑종풍압하중 : 각 구성재의 수직투영면적 1 [m²]에 대한 풍압을 기초로 하여 계산

풍압을 받는 구분		풍압[Pa]
전선 기타 가섭선	다도체	666
	기타의 것	745

을종풍압하중과 병종풍압하중은 모두 갑종풍압하중의 $\frac{1}{2}$ 배로 계산하므로

$$\therefore 745 \times \frac{1}{2} = 372 \ [Pa]$$

★★

08 가공전선로에 사용하는 지지물의 강도 계산에 적용하는 병종풍압하중은 갑종풍압하중의 몇 [%]를 기초로 하여 계산한 것인가?

① 30　　　　　　② 50
③ 80　　　　　　④ 100

[해설] 풍압하중의 종별
을종풍압하중과 병종풍압하중은 모두 갑종풍압하중의 $\frac{1}{2}$ 배(50 [%])로 계산한다.

09 인가가 많이 연접되어 있는 장소에 시설하는 가공전선로의 구성재 중 고압 가공전선로의 지지물 또는 가섭선에 적용하는 풍압하중에 대한 설명으로 옳은 것은?

① 갑종풍압하중의 1.5배를 적용시켜야 한다.
② 을종풍압하중의 2배를 적용시켜야 한다.
③ 병종풍압하중을 적용시킬 수 있다.
④ 갑종풍압하중과 을종풍압하중 중 큰 것만 적용시킨다.

해설 **풍압하중의 종별**
병종풍압하중 : 인가가 많이 연접된 장소로서 저·고압 가공전선로의 지지물 및 가섭선, 35 [kV] 이하의 전선에 특고압 절연전선 또는 케이블을 사용한 특별고압 가공전선로의 지지물 및 가섭선, 특고압 가공전선을 지지하는 애자장치 및 완금류

10 가공전선로에 사용하는 지지물을 강관으로 구성되는 철탑으로 할 경우 지지물의 강도계산에 적용하는 병종풍압하중은 구성재의 수직투영면적 1 [m³]에 대한 풍압의 몇 [Pa]를 기초로 하여 계산하는가?(단, 단주는 제외한다.)

① 588 [Pa]   ② 628 [Pa]
③ 666 [Pa]   ④ 598 [Pa]

해설 **풍압하중의 종별**
갑종풍압하중 : 각 구성재의 수직투영면적 1 [m²]에 대한 풍압을 기초로 하여 계산

풍압을 받는 구분			풍압[Pa]
지지물	철탑	단주(완철류는 제외) 원형의 것	588
		단주(완철류는 제외) 기타의 것	1,117
		강관으로 구성되는 것(단주는 제외)	1,255

을종풍압하중과 병종풍압하중은 모두 갑종풍압하중의 $\frac{1}{2}$ 배로 계산하므로

$$\therefore 1,255 \times \frac{1}{2} = 628 \text{ [Pa]}$$

11 빙설의 정도에 따라 풍압하중을 적용하도록 규정하고 있는 내용 중 옳은 것은?

① 빙설이 많은 지방에서는 고온계절에는 갑종풍압하중, 저온계절에는 을종풍압하중을 적용한다.
② 빙설이 많은 지방에서는 고온계절에는 을종풍압하중, 저온계절에는 갑종풍압하중을 적용한다.
③ 빙설이 적은 지방에서는 고온계절에는 갑종풍압하중, 저온계절에는 을종풍압하중을 적용한다.
④ 빙설이 적은 지방에서는 고온계절에는 을종풍압하중, 저온계절에는 갑종풍압하중을 적용한다.

해설 **풍압하중의 적용**
(1) 빙설이 많은 지방 이외의 지방에서는 고온계절에는 갑종풍압하중, 저온계절에는 병종풍압하중
(2) 빙설이 많은 지방((3)의 지방은 제외한다)에서는 고온계절에는 갑종풍압하중, 저온계절에는 을종풍압하중
(3) 빙설이 많은 지방 중 해안지방 기타 저온계절에 최대풍압이 생기는 지방에서는 고온계절에는 갑종풍압하중, 저온계절에는 갑종풍압하중과 을종풍압하중 중 큰 것.
(4) 인가가 많이 연접되어 있는 장소에 시설하는 가공전선로의 구성재 중 다음의 풍압하중에 대하여는 병종풍압하중을 적용할 수 있다.
  ㉠ 저압 또는 고압 가공전선로의 지지물 또는 가섭선
  ㉡ 사용전압이 35 [kV] 이하의 전선에 특고압 절연전선 또는 케이블을 사용하는 특고압 가공전선로의 지지물, 가섭선 및 특고압 가공전선을 지지하는 애자장치 및 완금류

★★
12 빙설이 적고 인가가 밀집된 도시에 시설하는 고압 가공전선로 설계에 사용하는 풍압하중은?

① 갑종풍압하중
② 을종풍압하중
③ 병종풍압하중
④ 갑종풍압하중과 을종풍압하중을 각 설비에 따라 혼용

해설 **풍압하중의 적용**
병종풍압하중의 적용
(1) 빙설이 많은 지방 이외의 지방에서는 고온계절에는 갑종풍압하중, 저온계절에는 병종풍압하중
(2) 인가가 많이 연접된 장소로서 저·고압 가공전선로의 지지물 및 가섭선, 35 [kV] 이하의 전선에 특고압 절연전선 또는 케이블을 사용한 특별고압가공전선로의 지지물 및 가섭선, 특고압 가공전선을 지지하는 애자장치 및 완금류

★★★
13 가공전선로의 지지물에 하중이 가해지는 경우에 그 하중을 받는 지지물의 기초의 안전율은 일반적인 경우 얼마 이상이어야 하는가?

① 1.2
② 1.5
③ 1.8
④ 2

해설 **가공전선로 지지물의 기초 안전율**
가공전선로의 지지물에 하중이 가하여지는 경우에 그 하중을 받는 지지물의 기초의 안전율은 2(이상 시 상정하중이 가하여지는 경우의 그 이상시 상정하중에 대한 철탑의 기초에 대하여는 1.33) 이상이어야 한다.

★
14 가공전선로의 지지물로서 길이 9 [m], 설계하중이 6.8 [kN] 이하인 철근 콘크리트주를 시설할 때 땅에 묻히는 깊이는 몇 [m] 이상으로 하여야 하는가?

① 1.2
② 1.5
③ 2
④ 2.5

해설 **지지물의 매설 깊이**

설계하중 / 전장	6.8[kN] 이하	6.8[kN] 초과 9.8[kN] 이하	9.8[kN] 초과 14.72[kN] 이하		지지물
15[m] 이하	① 전장 × $\frac{1}{6}$ 이상	−	−		목주, 철주, 철근 콘크리트주
15[m] 초과 16[m] 이하	② 2.5[m] 이상	−	−		
16[m] 초과 20[m] 이하	2.8[m] 이상				
14[m] 초과 20[m] 이하	−	①, ②항 +30[cm]	15[m] 이하	①항 +50[cm]	철근 콘크리트주
			15[m] 초과 18[m] 이하	3[m] 이상	
			18[m] 초과	3.2[m] 이상	

①항, ②항의 경우 논이나 그 밖의 지반이 연약한 곳에서는 견고한 근가(根架)를 시설할 것.

∴ $9 \times \frac{1}{6} = 1.5$ [m]

★★★

15 전체의 길이가 18 [m]이고, 설계하중이 6.8 [kN]인 철근 콘크리트주를 지반이 튼튼한 곳에 시설하려고 한다. 기초 안전율을 고려하지 않기 위해서는 묻히는 깊이를 몇 [m] 이상으로 시설하여야 하는가?

① 2.5 [m]　　　　② 2.8 [m]
③ 3.0 [m]　　　　④ 3.2 [m]

해설 지지물의 매설 깊이

설계하중 전장	6.8[kN] 이하	−	−	−
16[m] 초과 20[m] 이하	2.8[m] 이상	−	−	−

★★★

16 철근 콘크리트주로서 전장이 15 [m]이고, 설계하중이 7.8 [kN]이다. 이 지지물을 논, 기타 지반이 약한 곳 이외에 기초 안전율의 고려 없이 시설하는 경우에 그 묻히는 깊이는 기준보다 몇 [cm]를 가산하여 시설하여야 하는가?

① 10　　　　② 30
③ 50　　　　④ 70

해설 지지물의 매설 깊이

설계하중 전장	6.8[kN] 이하	6.8[kN] 초과 9.8[kN] 이하	−	−
15[m] 이하	① 전장×$\frac{1}{6}$ 이상	−	−	−
14[m] 초과 20[m] 이하	−	①, ②항 +30[cm]	− − −	− − −

★★★

17 전체의 길이가 16 [m]이고 설계하중이 6.8 [kN] 초과 9.8 [kN] 이하인 철근 콘크리트주를 논, 기타 지반이 연약한 곳 이외의 곳에 시설할 때, 묻히는 깊이를 2.5 [m]보다 몇 [cm] 가산하여 시설하는 경우에는 기초의 안전율에 대한 고려 없이 시설하여도 되는가?

① 10　　　　② 20
③ 30　　　　④ 40

해설 지지물의 매설 깊이

설계하중 전장	6.8[kN] 이하	6.8[kN] 초과 9.8[kN] 이하	−	−
15[m] 초과 16[m] 이하	② 2.5[m] 이상	−	−	−
14[m] 초과 20[m] 이하	−	①, ②항 +30[cm]	− − −	− − −

★★★

18 길이 16 [m], 설계하중 8.2 [kN]의 철근콘크리트주를 지반이 튼튼한 곳에 시설하는 경우 지지물 기초의 안전율과 무관하려면 땅에 묻는 깊이를 몇 [m] 이상으로 하여야 하는가?

① 2.0　　　　② 2.5
③ 2.8　　　　④ 3.2

해설 지지물의 매설 깊이

설계하중 전장	6.8[kN] 이하	6.8[kN] 초과 9.8[kN] 이하	−	−
15[m] 초과 16[m] 이하	② 2.5[m] 이상	−	−	−
14[m] 초과 20[m] 이하	−	①, ②항 +30[cm]	− − −	− − −

∴ $2.5 \times 0.3 = 2.8$ [m]

★★
19 지선을 사용하여 그 강도를 분담시켜서는 아니되는 가공전선로의 지지물은?

① 목주
② 철주
③ 철근 콘크리트주
④ 철탑

해설 지선의 시설
(1) 가공전선로의 지지물로 사용하는 철탑은 지선을 사용하여 그 강도를 분담시켜서는 안된다.
(2) 가공전선로의 지지물에 시설하는 지선은 다음에 따라야 한다.
　㉠ 지선의 안전율은 2.5 이상일 것. 이 경우에 허용인장하중의 최저는 4.31 [kN]으로 한다.
　㉡ 지선에 연선을 사용할 경우에는 다음에 의할 것.
　　가. 소선(素線) 3가닥 이상의 연선일 것.
　　나. 소선의 지름이 2.6 [mm] 이상의 금속선을 사용한 것일 것.
　　다. 지중부분 및 지표상 30 [cm]까지의 부분에는 내식성이 있는 것 또는 아연도금을 한 철봉을 사용하고 쉽게 부식하지 아니하는 근가에 견고하게 붙일 것.
　　라. 지선근가는 지선의 인장하중에 충분히 견디도록 시설할 것.
(3) 지선의 높이
　㉠ 도로를 횡단하여 시설하는 경우에는 지표상 5 [m] 이상으로 하여야 한다. 다만, 기술상 부득이한 경우로서 교통에 지장을 초래할 우려가 없는 경우에는 지표상 4.5 [m] 이상으로 할 수 있다.
　㉡ 보도의 경우에는 2.5 [m] 이상으로 할 수 있다.

★★★
20 가공 전선로의 지지물에 시설하는 지선에 관한 사항으로 옳은 것은?

① 지선의 안전율은 1.2 이상이고 허용인장하중의 최저는 4.31 [kN]으로 한다.
② 지선에 연선을 사용할 경우에는 소선은 3가닥 이상의 연선을 사용한다.
③ 소선은 지름 1.2 [mm] 이상인 금속선을 사용한다.
④ 도로를 횡단하여 시설하는 지선의 높이는 지표상 6.0 [m] 이상이다.

해설 지선의 시설
(1) 지선의 안전율은 2.5 이상일 것. 이 경우에 허용인장하중의 최저는 4.31 [kN]으로 한다.
(2) 소선(素線) 3가닥 이상의 연선일 것.
(3) 소선의 지름이 2.6 [mm] 이상의 금속선을 사용한 것일 것.
(4) 도로를 횡단하여 시설하는 경우에는 지표상 5 [m] 이상으로 하여야 한다. 다만, 기술상 부득이한 경우로서 교통에 지장을 초래할 우려가 없는 경우에는 지표상 4.5 [m] 이상으로 할 수 있다.

★★★
21 가공전선로의 지지물에 사용하는 지선의 시설과 관련하여 다음 중 옳지 않은 것은?

① 지선의 안전율은 2.5 이상, 허용 인장하중의 최저는 3.31 [kN]으로 할 것
② 지선에 연선을 사용하는 경우 소선(素線) 3가닥 이상의 연선일 것
③ 지선에 연선을 사용하는 경우 소선의 지름이 2.6 [mm] 이상의 금속선을 사용한 것일 것
④ 가공전선로의 지지물로 사용하는 철탑은 지선을 사용하여 그 강도를 분담시키지 않을 것

해설 지선의 시설
지선의 안전율은 2.5 이상일 것. 이 경우에 허용인장하중의 최저는 4.31 [kN]으로 한다.

★★
22 가공 전선로의 지지물에 시설하는 지선의 시설 기준에 대한 설명 중 옳은 것은?

① 지선의 안전율은 2.5 이상일 것
② 소선 4조 이상의 연선일 것
③ 지중 부분 및 지표상 100 [cm]까지의 부분은 철봉을 사용할 것
④ 도로를 횡단하여 시설하는 지선의 높이는 지표상 4.5 [m] 이상으로 할 것

해설 지선의 시설
(1) 지선의 안전율은 2.5 이상일 것. 이 경우에 허용인 장하중의 최저는 4.31 [kN]으로 한다.
(2) 소선(素線) 3가닥 이상의 연선일 것.
(3) 지중부분 및 지표상 30 [cm]까지의 부분에는 내식성이 있는 것 또는 아연도금을 한 철봉을 사용하고 쉽게 부식하지 아니하는 근가에 견고하게 붙일 것.
(4) 도로를 횡단하여 시설하는 경우에는 지표상 5 [m] 이상으로 하여야 한다. 다만, 기술상 부득이한 경우로서 교통에 지장을 초래할 우려가 없는 경우에는 지표상 4.5 [m] 이상으로 할 수 있다.

★★★
23 저압 가공인입선 시설시 사용할 수 없는 전선은?

① 절연전선, 다심형 전선 또는 케이블
② 경간 20 [m] 이하인 경우 지름 2 [mm] 이상의 인입용 비닐절연전선
③ 지름 2.6 [mm] 이상의 인입용 비닐절연전선
④ 사람 접촉 우려가 없도록 시설하는 경우 옥외용 비닐절연전선

해설 저압 가공인입선의 시설
(1) 전선은 절연전선, 다심형 전선 또는 케이블일 것.
(2) 전선이 케이블인 경우 이외에는 인장강도 2.30 [kN] 이상의 것 또는 지름 2.6 [mm] 이상의 인입용 비닐절연전선일 것. 다만, 경간이 15 [m] 이하인 경우는 인장강도 1.25 [kN] 이상의 것 또는 지름 2 [mm] 이상의 인입용 비닐절연전선일 것.
(3) 전선이 옥외용 비닐절연전선인 경우에는 사람이 접촉할 우려가 없도록 시설하고, 옥외용 비닐절연전선 이외의 절연 전선인 경우에는 사람이 쉽게 접촉할 우려가 없도록 시설할 것.
(4) 전선의 높이
  ㉠ 도로(차도와 보도의 구별이 있는 도로인 경우에는 차도)를 횡단하는 경우에는 노면상 5 [m] (기술상 부득이한 경우에 교통에 지장이 없을 때에는 3 [m]) 이상
  ㉡ 철도 또는 궤도를 횡단하는 경우에는 레일면상 6.5 [m] 이상
  ㉢ 횡단보도교의 위에 시설하는 경우에는 노면상 3 [m] 이상
  ㉣ ㉠에서 ㉢까지 이외의 경우에는 지표상 4 [m] (기술상 부득이한 경우에 교통에 지장이 없을 때에는 2.5 [m]) 이상

정답 22 ① 23 ②

24 저압 가공인입선의 시설에 대한 설명으로 틀린 것은?

① 전선은 절연전선, 다심형 전선 또는 케이블일 것

② 전선은 지름 1.6 [mm]의 경동선 또는 이와 동등 이상의 세기 및 굵기일 것

③ 전선의 높이는 철도 및 궤도를 횡단하는 경우에는 레일면상 6.5 [m] 이상일 것

④ 전선의 높이는 횡단보도교의 위에 시설하는 경우에는 노면상 3 [m] 이상일 것

해설 저압 가공인입선의 시설

전선이 케이블인 경우 이외에는 인장강도 2.30 [kN] 이상의 것 또는 지름 2.6 [mm] 이상의 인입용 비닐절연전선일 것. 다만, 경간이 15 [m] 이하인 경우는 인장강도 1.25 [kN] 이상의 것 또는 지름 2 [mm] 이상의 인입용 비닐절연전선일 것.

25 고압 가공인입선의 높이는 그 아래에 위험표시를 하였을 경우에 지표상 몇 [m]까지로 감할 수 있는가?

① 2.5 　② 3

③ 3.5 　④ 4

해설 고압 가공인입선의 시설

(1) 전선에는 인장강도 8.01 [kN] 이상의 고압 절연전선, 특고압 절연전선 또는 지름 5 [mm] 이상의 경동선의 고압 절연전선, 특고압 절연전선일 것

(2) 전선의 높이

㉠ 도로[농로 기타 교통이 번잡하지 않은 도로 및 횡단보도교(도로·철도·궤도 등의 위를 횡단하여 시설하는 다리모양의 시설물로서 보행용으로만 사용되는 것을 말한다. 이하 같다.)를 제외한다. 이하 같다.]를 횡단하는 경우에는 지표상 6 [m] 이상. 단, 고압 가공인입선이 케이블 이외의 것인 때에는 그 전선의 아래쪽에 위험 표시를 한 경우에는 지표상 3.5 [m]까지로 감할 수 있다.

㉡ 철도 또는 궤도를 횡단하는 경우에는 레일면상 6.5 [m] 이상

㉢ 횡단보도교의 위에 시설하는 경우에는 노면상 3.5 [m] 이상

㉣ ㉠에서 ㉢까지 이외의 경우에는 지표상 5 [m] 이상

26 저압 연접인입선은 폭 몇 [m]를 초과하는 도로를 횡단하지 않아야 하는가?

① 5 　② 6

③ 7 　④ 8

해설 연접인입선

(1) 저압 연접인입선

㉠ 인입선에서 분기하는 점으로부터 100 [m]를 초과하는 지역에 미치지 아니할 것.

㉡ 폭 5 [m]를 초과하는 도로를 횡단하지 아니할 것.

㉢ 옥내를 통과하지 아니할 것.

(2) 고압 연접인입선과 특고압 연접인입선은 시설하여서는 안된다.

27 저압 연접인입선이 횡단할 수 있는 최대의 도로 폭[m]은?

① 3.5 [m] 　② 4.0 [m]

③ 5.0 [m] 　④ 5.5 [m]

해설 저압 연접인입선

(1) 인입선에서 분기하는 점으로부터 100 [m]를 초과하는 지역에 미치지 아니할 것.

(2) 폭 5 [m]를 초과하는 도로를 횡단하지 아니할 것.

(3) 옥내를 통과하지 아니할 것.

28 고압 인입선 시설에 대한 설명으로 틀린 것은?

① 15 [m] 떨어진 다른 수용가에 고압 연접인입선을 시설하였다.

② 전선은 5 [mm] 경동선과 동등한 세기의 고압 절연전선을 사용하였다.

③ 고압 가공인입선 아래 위험표시를 하고 지표상 3.5 [m]의 높이에 설치하였다.

④ 횡단보도교 위에 시설하는 경우 케이블을 사용하여 노면상에서 3.5 [m]의 높이에 시설하였다.

해설 연접인입선

고압 연접인입선과 특고압 연접인입선은 시설하여서는 안 된다.

★
29 농사용 저압 가공전선로의 전선은 경동선 몇 [mm] 이상의 것을 사용해야 하는가?

① 1.6 [mm]   ② 2.0 [mm]
③ 2.6 [mm]   ④ 3.2 [mm]

해설 농사용 저압 가공전선로
(1) 사용전압은 저압일 것.
(2) 전선은 인장강도 1.38 [kN] 이상의 것 또는 지름 2 [mm] 이상의 경동선일 것.
(3) 저압 가공전선의 지표상의 높이는 3.5 [m] 이상일 것. 다만, 저압 가공전선을 사람이 쉽게 출입하지 못하는 곳에 시설하는 경우에는 3 [m] 까지로 감할 수 있다.
(4) 목주의 굵기는 말구 지름이 0.09 [m] 이상일 것.
(5) 전선로의 지지점간 거리는 30 [m] 이하일 것.
(6) 다른 전선로에 접속하는 곳 가까이에 그 저압 가공전선로 전용의 개폐기 및 과전류 차단기를 각 극(과전류 차단기는 중성극을 제외한다)에 시설할 것.

★★
30 농사용 저압 가공전선로 시설에 대한 설명으로 옳지 않은 것은?

① 목주의 말구 지름은 9 [cm] 이상일 것
② 지름 2 [mm] 이상의 경동선일 것
③ 지표상 3.5 [m] 이상일 것
④ 전선로의 경간은 50 [m] 이하일 것

해설 농사용 저압 가공전선로
전선로의 지지점간 거리는 30 [m] 이하일 것.

★★★
31 농사용 저압 가공전선로의 경간은 몇 [m] 이하이어야 하는가?

① 30   ② 50
③ 60   ④ 100

해설 농사용 저압 가공전선로
전선로의 지지점간 거리는 30 [m] 이하일 것.

★★
32 저압 옥측전선로의 시설로 잘못된 것은?

① 철골주 조영물에 버스덕트공사로 시설
② 합성수지관공사로 시설
③ 목조 조영물에 금속관공사로 시설
④ 전개된 장소에 애자공사로 시설

해설 저압 옥측전선로
(1) 저압 옥측전선로의 공사방법은 다음과 같다.
㉠ 애자공사(전개된 장소에 한한다.)
㉡ 합성수지관공사
㉢ 금속관공사(목조 이외의 조영물에 시설하는 경우에 한한다.)
㉣ 버스덕트공사[목조 이외의 조영물(점검할 수 없는 은폐된 장소는 제외한다.)에 시설하는 경우에 한한다.]
㉤ 케이블공사(연피 케이블·알루미늄피 케이블 또는 미네럴 인슐레이션 케이블을 사용하는 경우에는 목조 이외의 조영물에 시설하는 경우에 한한다)
(2) 애자공사에 의한 저압 옥측전선로는 다음에 의하고 또한 사람이 쉽게 접촉될 우려가 없도록 시설할 것.
㉠ 전선은 공칭단면적 4 [mm²] 이상의 연동 절연전선(옥외용 비닐절연전선 및 인입용 절연전선은 제외한다)일 것.
㉡ 전선 상호 간의 간격 및 전선과 그 저압 옥측전선로를 시설하는 조영재 사이의 이격거리는 다음 표와 같다.

시설장소	전선 상호간		전선과 조영재간	
	400 [V] 이하	400 [V] 초과	400 [V] 이하	400 [V] 초과
비나 이슬에 젖지 않는 장소	6 [cm]	6 [cm]	2.5 [cm]	2.5 [cm]
비나 이슬에 젖는 장소	6 [cm]	12 [cm]	2.5 [cm]	4.5 [cm]

㉢ 전선의 지지점간의 거리는 2 [m] 이하일 것.
㉣ 전선과 식물 사이의 이격거리는 0.2 [m] 이상이어야 한다. 다만, 저압 옥측전선로의 전선이 고압 절연전선 또는 특고압 절연전선인 경우에 그 전선을 식물에 접촉하지 않도록 시설하는 경우에는 적용하지 아니한다.

33 저압 옥측전선로에 사용하는 연동선의 굵기[mm²]는?

① 2.0 [mm²]
② 3.2 [mm²]
③ 4.0 [mm²]
④ 5.0 [mm²]

[해설] 저압 옥측전선로
애자공사에 의한 저압 옥측전선로의 전선은 공칭단면적 4 [mm²] 이상의 연동 절연전선(옥외용 비닐절연전선 및 인입용 절연전선은 제외한다)일 것.

34 저압 옥상전선로에 시설하는 전선은 인장강도 2.30 [kN] 이상의 것 또는 지름이 몇 [mm] 이상의 경동선이어야 하는가?

① 1.6
② 2.0
③ 2.6
④ 3.2

[해설] 저압 옥상전선로
(1) 저압 옥상전선로는 전개된 장소에 다음에 따르고 또한 위험의 우려가 없도록 시설하여야 한다.
  ㉠ 전선은 인장강도 2.30 [kN] 이상의 것 또는 지름 2.6 [mm] 이상의 경동선을 사용할 것.
  ㉡ 전선은 절연전선(OW전선을 포함한다.) 또는 이와 동등 이상의 절연효력이 있는 것을 사용할 것.
  ㉢ 전선은 조영재에 견고하게 붙인 지지주 또는 지지대에 절연성·난연성 및 내수성이 있는 애자를 사용하여 지지하고 또한 그 지지점 간의 거리는 15 [m] 이하일 것.
  ㉣ 전선과 그 저압 옥상 전선로를 시설하는 조영재와의 이격거리는 2 [m](전선이 고압절연전선, 특고압 절연전선 또는 케이블인 경우에는 1 [m]) 이상일 것.
(2) 저압 옥상전선로의 전선은 상시 부는 바람 등에 의하여 식물에 접촉하지 아니하도록 시설하여야 한다.

35 저압 옥상전선로의 전선과 식물 사이의 이격거리는 일반적으로 어떻게 규정하고 있는가?

① 20 [cm] 이상 이격거리를 두어야 한다.
② 30 [cm] 이상 이격거리를 두어야 한다.
③ 특별한 규정이 없다.
④ 바람 등에 의하여 접촉하지 않도록 한다.

[해설] 저압 옥상전선로
저압 옥상전선로의 전선은 상시 부는 바람 등에 의하여 식물에 접촉하지 아니하도록 시설하여야 한다.

36 다음 중 특고압의 전선로로 시설하여서는 아니 되는 것은?

① 터널 안 전선로
② 지중 전선로
③ 물밑 전선로
④ 옥상 전선로

[해설] 특고압 옥상전선로
특고압 옥상전선로는 시설하여서는 아니 된다.

37 사용전압이 400 [V] 이하인 저압 가공전선은 케이블이나 절연전선인 경우를 제외하고 인장강도가 3.43 [kN] 이상인 것 또는 지름이 몇 [mm] 이상의 경동선이어야 하는가?

① 1.2 [mm]
② 2.6 [mm]
③ 3.2 [mm]
④ 4.0 [mm]

[해설] 저·고압 가공전선의 굵기

구분		인장강도 및 굵기
저압 400 [V] 이하		3.43 [kN] 이상의 것 또는 3.2 [mm] 이상의 경동선
		절연전선인 경우 2.3 [kN] 이상의 것 또는 2.6 [mm] 이상 경동선
저압 400 [V] 초과 및 고압	시가지 외	5.26 [kN] 이상의 것 또는 4 [mm] 이상의 경동선
	시가지	8.01 [kN] 이상의 것 또는 5 [mm] 이상의 경동선

고압 가공전선은 경동선의 고압 절연전선, 특고압 절연전선 및 케이블일 것

★★

38 사용전압이 400 [V] 이하인 저압 가공전선은 지름 몇 [mm] 이상의 절연전선이어야 하는가?

① 1.2 [mm]   ② 2.6 [mm]

③ 3.2 [mm]   ④ 5.0 [mm]

해설 저·고압 가공전선의 굵기

구분	인장강도 및 굵기
저압 400 [V] 이하	3.43 [kN] 이상의 것 또는 3.2 [mm] 이상의 경동선
	절연전선인 경우 2.3 [kN] 이상의 것 또는 2.6 [mm] 이상 경동선

★★★

39 시가지에 시설하는 고압 가공전선으로 경동선의 고압 절연전선을 사용하려면 그 지름은 최소 몇 [mm]이어야 하는가?

① 2.6 [mm]   ② 3.2 [mm]

③ 4.0 [mm]   ④ 5.0 [mm]

해설 저·고압 가공전선의 굵기

구분		인장강도 및 굵기
저압 400 [V] 초과 및 고압	시가지 외	5.26 [kN] 이상의 것 또는 4 [mm] 이상의 경동선
	시가지	8.01 [kN] 이상의 것 또는 5 [mm] 이상의 경동선

고압 가공전선은 경동선의 고압 절연전선, 특고압 절연전선 및 케이블일 것

★★★

40 100 [kV] 미만인 특고압 가공전선로를 인가가 밀집한 지역에 시설할 경우 전선로에 사용되는 전선의 단면적이 몇 [mm²] 이상의 경동연선이어야 하는가?

① 38   ② 55

③ 100   ④ 150

해설 특고압 가공전선의 굵기

구분		인장강도 및 굵기
특고압	시가지 외	8.71 [kN] 이상의 연선 또는 22 [mm²] 이상의 경동연선 또는 동등 이상의 인장강도를 갖는 알루미늄 전선이나 절연전선
	시가지 100 [kV] 미만	21.67 [kN] 이상의 연선 또는 55 [mm²] 이상의 경동연선
	100 [kV] 이상 170 [kV] 이하	58.84 [kN] 이상의 연선 또는 150 [mm²] 이상의 경동연선
	170 [kV] 초과	240 [mm²] 이상의 강심알루미늄선 또는 이와 동등 이상의 인장강도 및 내(耐)아크 성능을 가지는 연선

★

41 사용전압이 170 [kV]을 초과하는 특고압 가공전선로를 시가지에 시설하는 경우 전선의 단면적은 몇 [mm²] 이상의 강심알루미늄선 또는 이와 동등 이상의 인장강도 및 내 아크 성능을 가지는 연선을 사용하여야 하는가?

① 22   ② 55

③ 150   ④ 240

해설 특고압 가공전선의 굵기

구분			인장강도 및 굵기
특고압	시가지	170 [kV] 초과	240 [mm²] 이상의 강심알루미늄선 또는 이와 동등 이상의 인장강도 및 내(耐)아크 성능을 가지는 연선

★★
42 시가지 도로를 횡단하여 저압 가공전선을 시설하는 경우 지표상 높이는 몇 [m] 이상으로 하여야 하는가?

① 4.0 ② 5.0
③ 6.0 ④ 6.5

해설 저·고압 가공전선의 높이

구분	시설장소		전선의 높이	
저·고압	도로 횡단시		지표상 6 [m] 이상	
	철도 또는 궤도 횡단시		레일면상 6.5 [m] 이상	
	횡단 보도 교	저압	노면상 3.5 [m] 이상	절연전선, 다심형 전선, 케이블 사용시 3 [m] 이상
		고압	노면상 3.5 [m] 이상	
	위의 장소 이외의 곳		지표상 5 [m] 이상	저압가공전선을 절연전선, 케이블 사용하여 교통에 지장없이 옥외조명등에 공급시 4 [m] 까지 감할 수 있다.

★★
43 3,300 [V] 고압 가공전선을 교통이 번잡한 도로를 횡단하여 시설하는 경우 지표상 높이를 몇 [m] 이상으로 하여야 하는가?

① 5.0 ② 5.5
③ 6.0 ④ 6.5

해설 저·고압 가공전선의 높이

구분	시설장소	전선의 높이
저·고압	도로 횡단시	지표상 6 [m] 이상

★★★
44 저압가공전선 또는 고압가공전선이 도로를 횡단할 때 지표상의 높이는 몇 [m] 이상으로 하여야 하는가?(단, 농로 기타 교통이 번잡하지 않은 도로 및 횡단보도교는 제외한다.)

① 4 ② 5
③ 6 ④ 7

해설 저·고압 가공전선의 높이

구분	시설장소	전선의 높이
저·고압	도로 횡단시	지표상 6 [m] 이상

★★
45 저·고압 가공전선이 철도 또는 궤도를 횡단하는 경우 레일면상 높이는 몇 [m] 이상이어야 하는가?

① 4 [m] ② 5 [m]
③ 5.5 [m] ④ 6.5 [m]

해설 저·고압 가공전선의 높이

구분	시설장소	전선의 높이
저·고압	철도 또는 궤도 횡단시	레일면상 6 [m] 이상

★
46 저압 및 고압 가공전선의 최소 높이는 도로를 횡단하는 경우와 철도를 횡단하는 경우에 각각 몇 [m] 이상이어야 하는가?

① 지표상 6 [m], 레일면상 6.5 [m]
② 지표상 6 [m], 레일면상 6 [m]
③ 지표상 5 [m], 레일면상 6.5 [m]
④ 지표상 5 [m], 레일면상 6 [m]

해설 저·고압 가공전선의 높이

구분	시설장소	전선의 높이
저·고압	도로 횡단시	지표상 6 [m] 이상
	철도 또는 궤도 횡단시	레일면상 6.5 [m] 이상

★★
47 인입용 비닐절연전선을 사용한 저압 가공전선은 횡단보도교 위에 시설하는 경우 노면상의 높이는 몇 [m] 이상으로 하여야 하는가?

① 3
② 3.5
③ 4
④ 4.5

해설 저·고압 가공전선의 높이

구분	시설장소		전선의 높이	
저·고압	횡단보도교	저압	노면상 3.5 [m] 이상	절연전선, 다심형 전선, 케이블 사용시 3 [m] 이상
		고압	노면상 3.5 [m] 이상	

★★
48 시가지에서 저압 가공전선로를 도로에 따라 시설할 경우 지표상의 최저 높이는 몇 [m] 이상이어야 하는가?

① 4.5
② 5
③ 5.5
④ 6

해설 저·고압 가공전선의 높이

구분	시설장소	전선의 높이	
저·고압	위의 장소 이외의 곳	지표상 5 [m] 이상	저압가공전선을 절연전선, 케이블 사용하여 교통에 지장없이 옥외조명등에 공급시 4 [m] 까지 감할 수 있다.

★★★
49 사용전압 35 [kV] 이하인 특별고압 가공전선으로 경동연선을 시가지에 시설할 경우 전선의 지표상의 높이는 최소 몇 [m] 이상이어야 하는가?

① 4 [m]
② 6 [m]
③ 8 [m]
④ 10 [m]

해설 특고압 가공전선의 높이

구분	시설장소		전선의 높이	
특별고압	시가지	35[kV] 이하	① 지표상 10 [m]	② 특별고압 절연전선 사용시 8 [m]
		35[kV] 초과 170[kV] 이하	10,000 [V]마다 12 [cm] 가산하여 ①, ②항 +(사용전압[kV]/10−3.5)×0.12 소수점 절상	

★★★
50 22.9 [kV]의 가공전선로를 시가지에 시설하는 경우 전선의 지표상 높이는 최소 몇 [m] 이상인가?(단, 전선은 특고압 절연전선을 사용한다)

① 6
② 7
③ 8
④ 10

해설 특고압 가공전선의 높이

구분	시설장소		전선의 높이	
특별고압	시가지	35[kV] 이하	① 지표상 10 [m]	② 특별고압 절연전선 사용시 8 [m]

51
★★ 사용전압이 66 [kV]인 가공전선로를 시가지에 시설할 경우 전선의 지표상 최소 높이는 몇 [m]인가?

① 6.48　　　　　② 8.36
③ 10.48　　　　④ 12.36

해설 특고압 가공전선의 높이

구분	시설장소		전선의 높이
특별고압	시가지	35[kV] 초과 170[kV] 이하	10,000 [V]마다 12 [cm] 가산하여 ①, ②항 +(사용전압[kV]/10−3.5)×0.12 소수점 절상

$\therefore$ 10+(6.6−3.5)×0.12=10+4×0.12
　　　　　　　　　　=10.48 [m] 이상

52
★★★ 사용전압이 154 [kV]인 가공전선로를 시가지 내에 시설할 때 전선의 지표상의 높이는 몇 [m] 이상이어야 하는가?

① 7　　　　　　② 8
③ 9.44　　　　④ 11.44

해설 특고압 가공전선의 높이

구분	시설장소		전선의 높이
특별고압	시가지	35[kV] 초과 170[kV] 이하	10,000 [V]마다 12 [cm] 가산하여 ①, ②항 +(사용전압[kV]/10−3.5)×0.12 소수점 절상

$\therefore$ 10+(15.4−3.5)×0.12=10+12×0.12
　　　　　　　　　　　=11.44 [m] 이상

53
★★ 사용전압이 161 [kV]인 가공전선로를 시가지 내에 시설할 때 전선의 지표상의 높이는 몇 [m] 이상이어야 하는가?

① 8.65　　　　　② 9.56
③ 10.47　　　　④ 11.56

해설 특고압 가공전선의 높이

구분	시설장소		전선의 높이
특별고압	시가지	35[kV] 초과 170[kV] 이하	10,000 [V]마다 12 [cm] 가산하여 ①, ②항 +(사용전압[kV]/10−3.5)×0.12 소수점 절상

$\therefore$ 10+(16.1−3.5)×0.12=10+13×0.12
　　　　　　　　　　=11.56 [m] 이상

54
★★★ 사용전압이 22.9 [kV]인 특고압 가공전선이 도로를 횡단하는 경우 지표상의 높이는 몇 [m] 이상이어야 하는가?

① 4.5 [m]　　　② 5 [m]
③ 5.5 [m]　　　④ 6 [m]

해설 특고압 가공전선의 높이

구분	시설장소			전선의 높이
특별고압	시가지 외	35[kV] 이하	도로횡단시	지표상 6 [m] 이상
			철도 또는 궤도 횡단시	레일면상 6.5 [m] 이상
			횡단보도교	특고압 절연전선 또는 케이블인 경우 4 [m] 이상
			기타	지표상 5 [m] 이상
		35[kV] 초과 160[kV] 이하	① 산지	지표상 5 [m] 이상
			② 평지	지표상 6 [m] 이상
			철도 또는 궤도 횡단시	레일면상 6.5 [m] 이상
			횡단보도교	케이블인 경우 5 [m] 이상
		160[kV] 초과		10,000 [V]마다 12 [cm] 가산하여 ①, ②항 +(사용전압[kV]/10−16)×0.12 소수점 절상

★★
55 사용전압 22.9 [kV]의 가공전선이 철도를 횡단하는 경우, 전선의 레일면상의 높이는 몇 [m] 이상이어야 하는가?

① 5 ② 5.5
③ 6 ④ 6.5

해설 특고압 가공전선의 높이

구분	시설장소		전선의 높이	
특별고압	시가지외	35 [kV] 이하	철도 또는 궤도 횡단시	레일면상 6.5 [m] 이상

★★
56 154 [kV]의 특고압 가공전선을 사람이 쉽게 들어갈 수 없는 산지(山地) 등에 시설하는 경우 지표상의 높이는 몇 [m] 이상으로 하여야 하는가?

① 4 [m] ② 5 [m]
③ 6.5 [m] ④ 8 [m]

해설 특고압 가공전선의 높이

구분	시설장소		전선의 높이	
특별고압	시가지외	35 [kV] 초과 160 [kV] 이하	① 산지	지표상 5 [m] 이상

★★★
57 345 [kV]의 송전선을 사람이 쉽게 들어갈 수 없는 산지에 시설하는 경우 전선의 지표상 높이는 최소 몇 [m] 이상이어야 하는가?

① 7.28 ② 8.28
③ 7.85 ④ 8.85

해설 특고압 가공전선의 높이

구분	시설장소		전선의 높이	
특별고압	시가지외	35 [kV] 초과 160 [kV] 이하	① 산지	지표상 5 [m] 이상
			② 평지	지표상 6 [m] 이상
		160 [kV] 초과	10,000 [V]마다 12 [cm] 가산하여 ①, ②항 +(사용전압[kV]/10−16)×0.12 소수점 절상	

$$\therefore 5+(34.6-16) \times 0.12 = 5+19 \times 0.12$$
$$= 7.28 \text{ [m] 이상}$$

★★★
58 345 [kV]의 가공송전선로를 평지에 건설하는 경우 전선의 지표상 높이는 최소 몇 [m] 이상이어야 하는가?

① 7.58 [m] ② 7.95 [m]
③ 8.28 [m] ④ 8.85 [m]

해설 특고압 가공전선의 높이

구분	시설장소		전선의 높이	
특별고압	시가지외	35 [kV] 초과 160 [kV] 이하	① 산지	지표상 5 [m] 이상
			② 평지	지표상 6 [m] 이상
		160 [kV] 초과	10,000 [V]마다 12 [cm] 가산하여 ①, ②항 +(사용전압[kV]/10−16)×0.12 소수점 절상	

$$\therefore 6+(34.6-16) \times 0.12 = 6+19 \times 0.12$$
$$= 8.28 \text{ [m] 이상}$$

★★
59 지지물이 A종 철근 콘크리트주일 때 고압 가공 전선로의 경간은 몇 [m] 이하인가?

① 150　　　　　② 250
③ 400　　　　　④ 600

[해설] 가공전선로의 경간

구분 지지물종류	A종주, 목주	B종주	철탑
표준경간	150[m]	250[m]	600[m] ㉠ 400[m]
저·고압 보안공사	100[m]	150[m]	400[m]
25[kV] 이하 다중접지	100[m]	150[m]	400[m]
170 [kV] 이하 특고압 시가지	75[m] 목주 사용불가	150[m]	400[m] ㉡ 250[m]
1종 특고압 보안공사	사용불가	150[m]	400[m] ㉠ 300[m]
2, 3종 특고압 보안공사	100[m]	200[m]	400[m] ㉠ 300[m]

㉠ 특고압 기공전선로의 경간으로 철탑이 단주인 경우에 적용한다.
㉡ 전선이 수평으로 2 이상 있는 경우에 전선 상호 간의 간격이 4 [m] 미만인 때에 적용한다.

★★★
60 B종 철주 또는 B종 철근 콘크리트주를 사용하는 특고압 가공전선로의 경간은 몇 [m] 이하이어야 하는가?

① 150　　　　　② 250
③ 400　　　　　④ 600

[해설] 가공전선로의 경간

구분 지지물종류	A종주, 목주	B종주	철탑
표준경간	150[m]	250[m]	600[m] ㉠ 400[m]

특고압 기공전선로의 경간으로 철탑이 단주인 경우에 적용한다.

★★
61 고압 가공전선로의 지지물로 철탑을 사용하는 경우 최대 경간은 몇 [m]인가?

① 150　　　　　② 200
③ 250　　　　　④ 600

[해설] 가공전선로의 경간

구분 지지물종류	A종주, 목주	B종주	철탑
표준경간	150[m]	250[m]	600[m] ㉠ 400[m]

특고압 기공전선로의 경간으로 철탑이 단주인 경우에 적용한다.

★★
62 저압보안공사에 있어서 A종 철주의 최대경간 [m]은?

① 50[m]　　　　② 75[m]
③ 100[m]　　　④ 150[m]

[해설] 가공전선로의 경간

구분 지지물종류	A종주, 목주	B종주	철탑
저·고압 보안공사	100[m]	150[m]	400[m]

★★
63 고압보안공사시에 지지물로 A종 철근 콘크리트주를 사용할 경우 경간은 몇 [m] 이하이어야 하는가?

① 75　　　　　② 100
③ 150　　　　　④ 200

[해설] 가공전선로의 경간

구분 지지물종류	A종주, 목주	B종주	철탑
저·고압 보안공사	100[m]	150[m]	400[m]

★★

64 고압보안공사에 철탑을 지지물로 사용하는 경우 경간은 몇 [m] 이하이어야 하는가?

① 100 　　　　② 150
③ 400 　　　　④ 600

해설 가공전선로의 경간

구분 지지물종류	A종주, 목주	B종주	철탑
저·고압 보안공사	100[m]	150[m]	400[m]

★★

65 사용전압이 22.9 [kV]인 특고압 가공전선이 건조물 등과 접근상태로 시설되는 경우 지지물로 A종 철근 콘크리트주를 사용하면 그 경간은 몇 [m] 이하이어야 하는가?(단, 중성선 다중접지식으로 전로에 단락이 생겼을 때에 2초 이내에 자동적으로 이를 전로로부터 차단하는 장치가 되어있는 경우이다)

① 100 　　　　② 150
③ 200 　　　　④ 250

해설 가공전선로의 경간

구분 지지물종류	A종주, 목주	B종주	철탑
25[kV] 이하 다중접지	100[m]	150[m]	400[m]

★★

66 특고압 가공전선로를 시가지에 A종 철주를 사용하여 시설하는 경우 경간의 최대는 몇 [m]인가?

① 100[m] 　　　② 75[m]
③ 150[m] 　　　④ 200[m]

해설 가공전선로의 경간

구분 지지물종류	A종주, 목주	B종주	철탑
170 [kV] 이하 특고압 시가지	75[m] 목주 사용불가	150[m]	400[m] ⓛ 250[m]

ⓛ 전선이 수평으로 2 이상 있는 경우에 전선 상호 간의 간격이 4 [m] 미만인 때에 적용한다.

★★★

67 특고압 가공전선로를 시가지에 시설하는 경우, 지지물로 사용할 수 없는 것은?

① 목주 　　　　② 철탑
③ 철근 콘크리트주 　④ 철주

해설 가공전선로의 경간

구분 지지물종류	A종주, 목주	B종주	철탑
170 [kV] 이하 특고압 시가지	75[m] 목주 사용불가	150[m]	400[m] ⓛ 250[m]

ⓛ 전선이 수평으로 2 이상 있는 경우에 전선 상호 간의 간격이 4 [m] 미만인 때에 적용한다.

★★★

68 시가지에 시설하는 특고압 가공전선로의 철탑의 경간은 몇 [m] 이하이어야 하는가?

① 250 　　　　② 300
③ 350 　　　　④ 400

해설 가공전선로의 경간

구분 지지물종류	A종주, 목주	B종주	철탑
170 [kV] 이하 특고압 시가지	75[m] 목주 사용불가	150[m]	400[m] ⓛ 250[m]

ⓛ 전선이 수평으로 2 이상 있는 경우에 전선 상호 간의 간격이 4 [m] 미만인 때에 적용한다.

★★★

69 시가지에 시설하는 특고압 가공전선로의 지지물이 철탑이고 전선이 수평으로 2 이상 있는 경우에 전선 상호간의 간격이 4 [m] 미만인 때에는 특고압 가공 전선로의 경간은 몇 [m] 이하이어야 하는가?

① 250 　　　　② 300
③ 350 　　　　④ 400

해설 가공전선로의 경간

구분 지지물종류	A종주, 목주	B종주	철탑
170 [kV] 이하 특고압 시가지	75[m] 단, 목주 사용불가	150[m]	400[m] ⓛ 250[m]

ⓛ 전선이 수평으로 2 이상 있는 경우에 전선 상호 간의 간격이 4 [m] 미만인 때에 적용한다.

★★
70 제2종 특고압 보안공사시 B종 철주를 지지물로 사용하는 경우 경간은 몇 [m] 이하인가?

① 100   ② 200
③ 400   ④ 500

해설 가공전선로의 경간

구분 지지물종류	A종주, 목주	B종주	철탑
2, 3종 특고압 보안공사	100[m]	200[m]	400[m]

★★
71 단면적 50 [mm²]인 경동연선을 사용하는 특고압 가공전선로의 지지물로 내장형의 B종 철근 콘크리트 주를 사용하는 경우, 허용 최대경간은 몇 [m]인가?

① 150   ② 250
③ 300   ④ 500

해설 가공전선로의 경간

구분 지지물종류	A종주, 목주	B종주	철탑
㉡ 표준경간	300[m]	500[m]	–
㉣ 저·고압 보안공사	150[m] 고압은 예외	250[m]	600[m]
㉤ 25[kV] 이하 다중접지	100[m]	250[m]	600[m]
㉥ 1종 특고압 보안공사	사용불가	250[m]	600[m] ㉠ 400[m]
㉦ 2종 특고압 보안공사	100[m]	250[m]	600[m]
㉧ 3종 특고압 보안공사	150[m]	250[m]	600[m] ㉠ 400[m]

㉠ 특고압 기공전선로의 경간으로 철탑이 단주인 경우에 적용한다.

㉡ 고압 가공전선로의 전선에 인장강도 8.71 [kN] 이상의 것 또는 단면적 22 [mm²] 이상의 경동연선의 것을 사용하는 경우, 특고압 가공전선로의 전선에 인장강도 21.67 [kN] 이상의 것 또는 단면적 50 [mm²] 이상의 경동연선의 것을 사용하는 경우에 적용한다.

㉣ 저압 가공전선로의 전선에 인장강도 8.71 [kN] 이상의 것 또는 단면적 22 [mm²] 이상의 경동연선의 것을 사용하는 경우, 고압 가공전선로의 전선에 인장강도 14.51 [kN] 이상의 것 또는 단면적 38 [mm²] 이상의 경동연선의 것을 사용하는 경우에 적용한다.

㉤ 특고압 가공전선이 인장강도 14.51 [kN] 이상의 케이블이나 특고압 절연전선 또는 단면적 38 [mm²] 이상의 경동연선의 것을 사용하는 경우에 적용한다.

㉥ 특고압 가공전선이 인장강도 58.84 [kN] 이상의 연선 또는 단면적 150 [mm²] 이상의 경동연선의 것을 사용하는 경우에 적용한다.

㉦ 특고압 가공전선이 인장강도 38.05 [kN] 이상의 연선 또는 단면적 95 [mm²] 이상의 경동연선의 것을 사용하는 경우에 적용한다.

㉧ 특고압 가공전선이 인장강도 14.51 [kN] 이상의 연선 또는 단면적 38 [mm²] 이상의 경동연선의 것을 사용하는 경우의 목주 및 A종주는 150 [m], 인장강도 21.67 [kN] 이상의 연선 또는 단면적 55 [mm²] 이상의 경동연선의 것을 사용하는 경우의 B종주는 250 [m], 인장강도 21.67 [kN] 이상의 연선 또는 단면적 55 [mm²] 이상의 경동연선의 것을 사용하는 경우의 철탑은 600 [m]이다.

★
72 고압 가공전선로의 전선으로 단면적 14 [mm²]의 경동연선을 사용할 때 그 지지물이 B종 철주인 경우라면, 경간은 몇 [m]이어야 하는가?

① 150   ② 200
③ 250   ④ 300

해설 가공전선로의 경간

구분 지지물종류	A종주, 목주	B종주	철탑
표준경간	150[m] ㉡ 300[m]	250[m] ㉡ 500[m]	600[m] ㉠ 400[m]

㉠ 특고압 기공전선로의 경간으로 철탑이 단주인 경우에 적용한다.

㉡ 고압 가공전선로의 전선에 인장강도 8.71 [kN] 이상의 것 또는 단면적 22 [mm²] 이상의 경동연선의 것을 사용하는 경우, 특고압 가공전선로의 전선에 인장강도 21.67 [kN] 이상의 것 또는 단면적 50 [mm²] 이상의 경동연선의 것을 사용하는 경우에 적용한다.

★★
73 지지물로서 B종 철주를 사용하는 특고압 가공전선로의 경간을 250 [m]보다 더 넓게 하고자 하는 경우에 사용되는 경동연선의 굵기를 최소 얼마 이상의 것이어야 하는가?

① 38 [mm²] ② 50 [mm²]
③ 100 [mm²] ④ 150 [mm²]

해설 가공전선로의 경간

구분 지지물종류	A종주, 목주	B종주	철탑
표준경간	150[m] ⓒ 300[m]	250[m] ⓒ 500[m]	600[m] ⓐ 400[m]

ⓐ 특고압 가공전선로의 경간으로 철탑이 단주인 경우에 적용한다.
ⓒ 고압 가공전선로의 전선에 인장강도 8.71 [kN] 이상의 것 또는 단면적 25 [mm²] 이상의 경동연선의 것을 사용하는 경우, 특고압 가공전선로의 전선에 인장강도 21.67 [kN] 이상의 것 또는 단면적 50 [mm²] 이상의 경동연선의 것을 사용하는 경우에 적용한다.

★★
74 제2종 특고압 보안공사에 의한 철탑 사용시 특고압 가공전선로의 경간을 600 [m]로 하려면 전선에는 경동연선으로 얼마 이상 굵기[mm²]의 것을 사용해야 하는가?

① 38 [mm²] ② 55 [mm²]
③ 82 [mm²] ④ 95 [mm²]

해설 가공전선로의 경간

구분 지지물종류	A종주, 목주	B종주	철탑
Ⓐ 2종 특고압 보안공사	100[m]	250[m]	600[m]

Ⓐ 특고압 가공전선이 인장강도 38.05 [kN] 이상의 연선 또는 단면적 95 [mm²] 이상의 경동연선의 것을 사용하는 경우에 적용한다.

★★
75 다음 중 단면적 38 [mm²]의 경동연선을 사용하고 지지물로 A종 철근 콘크리트주를 사용한 66 [kV] 가공전선로를 제3종 특고압 보안공사에 의하여 시설할 때 경간의 한도는 몇 [m]인가?

① 100 [m] ② 150 [m]
③ 200 [m] ④ 250 [m]

해설 가공전선로의 경간

구분 지지물종류	A종주, 목주	B종주	철탑
◎ 3종 특고압 보안공사	150[m]	250[m]	600[m]

◎ 특고압 가공전선이 인장강도 14.51 [kN] 이상의 연선 또는 단면적 38 [mm²] 이상의 경동연선의 것을 사용하는 경우의 목주 및 A종주는 150 [m], 인장강도 21.67 [kN] 이상의 연선 또는 단면적 55 [mm²] 이상의 경동연선의 것을 사용하는 경우의 B종주는 250 [m], 인장강도 21.67 [kN] 이상의 연선 또는 단면적 55 [mm²] 이상의 경동연선의 것을 사용하는 경우의 철탑은 600 [m]이다.

★★
76 사용전압 380 [V]인 저압보안공사에 사용되는 경동선은 그 지름이 최소 몇 [mm] 이상의 것을 사용하여야 하는가?

① 2.0 ② 2.6
③ 4.0 ④ 5.0

해설 저압보안공사
(1) 저압 가공전선의 전선이 인장강도 8.01 [kN] 이상의 것 또는 지름 5 [mm] (사용전압이 400 [V] 미만인 경우에는 인장강도 5.26 [kN] 이상의 것 또는 지름 4 [mm]) 이상의 경동선인 것.
(2) 목주인 경우에는 풍압하중에 대한 안전율이 1.5 이상이고 목주의 굵기는 말구(末口)의 지름 0.12 [m] 이상인 것.

★★
77 다음 중 고압보안공사에 사용되는 전선의 기준으로 옳은 것은?

① 케이블인 경우 이외에는 인장강도 8.01 [kN] 이상의 것 또는 지름 5 [mm] 이상의 경동선일 것
② 케이블인 경우 이외에는 인장강도 8.01 [kN] 이상의 것 또는 지름 4 [mm] 이상의 경동선일 것
③ 케이블인 경우 이외에는 인장강도 8.71 [kN] 이상의 것 또는 지름 5 [mm] 이상의 경동선일 것
④ 케이블인 경우 이외에는 인장강도 8.71 [kN] 이상의 것 또는 지름 4 [mm] 이상의 경동선일 것

해설 고압보안공사
(1) 고압 가공전선의 전선이 인장강도 8.01 [kN] 이상의 것 또는 지름 5 [mm] 이상의 경동선인 것.
(2) 목주의 풍압하중에 대한 안전율이 1.5 이상인 것.

★★
78 22.9 [kV] 전선로를 제1종 특고압 보안공사로 시설할 경우 전선으로 경동연선을 사용한다면 그 단면적은 몇 [mm²] 이상의 것을 사용하여야 하는가?

① 38   ② 55
③ 80   ④ 100

해설 제1종 특고압 보안공사
(1) 전선의 단면적

사용전압	인장강도 및 굵기
100 [kV] 미만	21.67 [kN] 이상의 연선 또는 단면적 55 [mm²] 이상의 경동연선 또는 동등 이상의 인장강도를 갖는 알루미늄 전선이나 절연전선
100 [kV] 이상 300 [kV] 미만	58.84 [kN] 이상의 연선 또는 단면적 150 [mm²] 이상의 경동연선 또는 동등 이상의 인장강도를 갖는 알루미늄 전선이나 절연전선
300 [kV] 이상	77.47 [kN] 이상의 연선 또는 단면적 200 [mm²] 이상의 경동연선 또는 동등 이상의 인장강도를 갖는 알루미늄 전선이나 절연전선

(2) 전선로의 지지물에는 B종 철주·B종 철근 콘크리트주 또는 철탑을 사용할 것.
(3) 특고압 가공전선에 지락 또는 단락이 생겼을 경우에 3초(사용전압이 100 [kV] 이상인 경우에는 2초) 이내에 자동적으로 이것을 전로로부터 차단하는 장치를 시설할 것.
(4) 전선은 바람 또는 눈에 의한 요동으로 단락될 우려가 없도록 시설할 것.

★★
79 345 [kV] 가공전선로를 제1종 특고압 보안공사에 의하여 시설하는 경우에 사용하는 전선은 인장강도 77.47 [kN] 이상의 연선 또는 단면적 몇 [mm²] 이상의 경동연선이어야 하는가?

① 100   ② 125
③ 150   ④ 200

해설 제1종 특고압 보안공사
전선의 단면적

사용전압	인장강도 및 굵기
300 [kV] 이상	77.47 [kN] 이상의 연선 또는 단면적 200 [mm²] 이상의 경동연선 또는 동등 이상의 인장강도를 갖는 알루미늄 전선이나 절연전선

★★
80 제1종 특고압 보안공사로 시설하는 전선로의 지지물로 사용할 수 없는 것은?

① 철탑
② B종 철주
③ B종 철근 콘크리트주
④ 목주

해설 제1종 특고압 보안공사
전선로의 지지물에는 B종 철주·B종 철근 콘크리트주 또는 철탑을 사용할 것.

★★
81 제1종 특고압 보안공사에 의하여 시설한 154 [kV] 가공송전선로는 전선에 지락 또는 단락이 생긴 경우에 몇 초안에 자동적으로 이를 전로로부터 차단하는 장치를 시설하여야 하는가?

① 0.5   ② 1
③ 2   ④ 3

해설 제1종 특고압 보안공사
특고압 가공전선에 지락 또는 단락이 생겼을 경우에 3초(사용전압이 100 [kV] 이상인 경우에는 2초) 이내에 자동적으로 이것을 전로로부터 차단하는 장치를 시설할 것.

★★
82 다음 중 제2종 특고압 보안공사의 기준으로 옳지 않은 것은?

① 특별고압 가공전선은 연선일 것
② 지지물로 사용하는 목주의 풍압하중에 대한 안전율은 2 이상일 것
③ 지지물이 목주일 경우 그 경간은 100 [m] 이하일 것
④ 지지물이 A종 철주일 경우 그 경간은 150 [m] 이하일 것

해설 **제2종 특고압 보안공사**
(1) 특고압 가공전선은 연선일 것
(2) 목주의 풍압하중에 대한 안전율이 2 이상인 것
(3) 전선은 바람 또는 눈에 의한 요동으로 단락될 우려가 없도록 시설할 것
(4) 가공전선로의 경간

구분 지지물종류	A종주, 목주	B종주	철탑
2, 3종 특고압 보안공사	100 [m]	200 [m]	400 [m]

★★
83 일반적으로 저압 가공전선로와 기설 가공약전류전선로가 병행하는 경우에는 유도작용에 의한 통신상의 장해가 생기지 않도록 전선과 기설 약전류 전선간의 이격거리는 몇 [m] 이상으로 하여야 하는가?(단, 저압 가공전선은 케이블이 아니다.)

① 2[m]   ② 3[m]
③ 4[m]   ④ 5[m]

해설 **유도장해 방지**
저·고압 가공전선로
(1) 저압 가공전선로 또는 고압 가공전선로와 기설 가공약전류전선로가 병행하는 경우에는 유도작용에 의하여 통신상의 장해가 생기지 않도록 전선과 기설 약전류전선간의 이격거리는 2 [m] 이상이어야 한다.
(2) (1)에 따라 시설하더라도 기설 가공약전류전선로에 장해를 줄 우려가 있는 경우에는 다음 중 한 가지 또는 두 가지 이상을 기준으로 하여 시설하여야 한다.
㉠ 가공전선과 가공약전류전선간의 이격거리를 증가시킬 것.
㉡ 교류식 가공전선로의 경우에는 가공전선을 적당한 거리에서 연가할 것.
㉢ 가공전선과 가공약전류전선 사이에 인장강도 5.26 [kN] 이상의 것 또는 지름 4 [mm] 이상인 경동선의 금속선 2가닥 이상을 시설하고 접지공사를 할 것

★★★
84 저압 또는 고압의 가공전선로와 기설 가공약전류전선로가 병행할 때 유도작용에 의한 통신상의 장해가 생기지 않도록 전선과 기설 약전류전선간의 이격거리는 몇 [m] 이상이어야 하는가?(단, 전기철도용 급전선과 단선식 전화선로는 제외한다)

① 2   ② 3
③ 4   ④ 6

해설 **유도장해 방지**
저압 가공전선로 또는 고압 가공전선로와 기설 가공약전류전선로가 병행하는 경우에는 유도작용에 의하여 통신상의 장해가 생기지 않도록 전선과 기설 약전류전선간의 이격거리는 2 [m] 이상이어야 한다.

★
85 사용전압이 60 [kV]를 초과하는 특고압 가공 전선로는 상시 정전유도작용(常侍靜電誘導作用)에 의한 통신상의 장해가 없도록 시설하기 위하여 전화선로의 길이 40 [km]마다 유도전류는 몇 [μA]를 넘지 않도록 하여야 하는가?

① 1   ② 2
③ 3   ④ 5

해설 **유도장해 방지**
특고압 가공전선로
(1) 특고압 가공전선로는 다음 ㉠, ㉡에 따르고 또한 기설 가공 전화선로에 대하여 상시 정전유도작용(常時 靜電誘導作用)에 의한 통신상의 장해가 없도록 시설하여야 한다.
㉠ 사용전압이 60 [kV] 이하인 경우에는 전화선로의 길이 12 [km] 마다 유도전류가 2 [μA]를 넘지 아니하도록 할 것.
㉡ 사용전압이 60 [kV]를 초과하는 경우에는 전화선로의 길이 40 [km] 마다 유도전류가 3 [μA]을 넘지 아니하도록 할 것.
(2) 특고압 가공전선로는 기설 통신선로에 대하여 상시 정전유도작용에 의하여 통신상의 장해를 주지 아니하도록 시설하여야 한다.
(3) 특고압 가공 전선로는 기설 약전류 전선로에 대하여 통신상의 장해를 줄 우려가 없도록 시설하여야 한다.

★★★
86 저압 가공전선으로 케이블을 사용하는 경우이다. 케이블은 조가용선에 행거로 시설하고 이때 사용전압이 고압인 때에는 행거의 간격을 몇 [cm] 이하로 시설하여야 하는가?

① 30   ② 50
③ 75   ④ 100

해설 **가공케이블의 시설**
저·고압 가공전선 및 특고압 가공전선에 케이블을 사용하는 경우에는 다음에 따라 시설하여야 한다.

(1) 케이블은 조가용선에 행거로 시설할 것. 이 경우에 사용전압이 고압인 경우 행거의 간격은 0.5 [m] 이하로 하는 것이 좋으며, 특고압인 경우에는 행거 간격을 0.5 [m] 이하로 하여 시설하여야 한다.
(2) 조가용선을 저·고압 가공전선에 시설하는 경우에는 인장강도 5.93 [kN] 이상의 것 또는 단면적 22 [mm²] 이상인 아연도강연선을 사용하고, 특고압 가공전선에 시설하는 경우에는 인장강도 13.93 [kN] 이상의 연선 또는 단면적 22 [mm²] 이상인 아연도강연선을 사용하여야 한다.
(3) 조가용선에 접촉시키고 그 위에 쉽게 부식되지 아니하는 금속테이프 등을 0.2 [m] 이하의 간격을 유지시켜 나선형으로 감아 붙일 것.
(4) 조가용선 및 케이블의 피복에 사용하는 금속체에는 접지공사를 하여야 한다. 다만, 저압 가공전선에 케이블을 사용하고 조가용선에 절연전선 또는 이와 동등 이상의 절연내력이 있는 것을 사용할 때에는 접지공사를 하지 아니할 수 있다.

★★
87 고압 가공전선에 케이블을 사용하는 경우 케이블을 조가용선에 행거로 시설하고자 할 행거의 간격은 몇 [m] 이하로 하여야 하는가?

① 0.3   ② 0.5
③ 0.8   ④ 0.1

해설 **가공케이블의 시설**
저·고압 가공전선 및 특고압 가공전선에 케이블을 사용하는 경우에는 케이블은 조가용선에 행거로 시설할 것. 이 경우에 사용전압이 고압인 경우 행거의 간격은 0.5 [m] 이하로 하는 것이 좋으며, 특고압인 경우에는 행거 간격을 0.5 [m] 이하로 하여 시설하여야 한다.

★★
88 다음 중 10경간의 고압 가공전선으로 케이블을 사용할 때 이용되는 조가용선에 대한 설명으로 옳은 것은?

① 조가용선은 인장강도 5.93 [kN] 이상의 것 또는 단면적 22 [mm²] 이상인 아연도강연선을 사용한다.
② 조가용선은 인장강도 5.93 [kN] 이상의 것 또는 단면적 25 [mm²] 이상인 아연도강연선을 사용한다.
③ 조가용선은 인장강도 13.93 [kN] 이상의 것 또는 단면적 22 [mm²] 이상인 아연도강연선을 사용한다.
④ 조가용선은 인장강도 13.93 [kN] 이상의 것 또는 단면적 25 [mm²] 이상인 아연도강연선을 사용한다.

해설 **가공케이블의 시설**
저·고압 가공전선 및 특고압 가공전선에 케이블을 사용하는 경우 조가용선을 저·고압 가공전선에 시설하는 경우에는 인장강도 5.93 [kN] 이상의 것 또는 단면적 22 [mm²] 이상인 아연도강연선을 사용하고, 특고압 가공전선에 시설하는 경우에는 인장강도 13.93 [kN] 이상의 연선 또는 단면적 22 [mm²] 이상인 아연도강연선을 사용하여야 한다.

89 특고압 가공전선로의 전선으로 케이블을 사용하여 시설하는 경우 기준에 적합하지 않은 것은?

① 케이블은 조가용선에 행거에 의하여 시설할 것
② 행거의 간격은 0.5 [m] 이하로 하여 시설할 것
③ 케이블은 조가용선에 접촉시키고 그 위에 쉽게 부식되지 아니하는 금속 테이프 등을 20 [cm] 이하의 간격을 유지시켜 나선형으로 감아 붙일 것
④ 조가용선은 인장강도 13.93 [kN] 이상의 연선 또는 단면적 38 [mm^2] 이상의 아연도강연선일 것

해설 **가공케이블의 시설**
저·고압 가공전선 및 특고압 가공전선에 케이블을 사용하는 경우 조가용선을 저·고압 가공전선에 시설하는 경우에는 인장강도 5.93 [kN] 이상의 것 또는 단면적 22 [mm^2] 이상인 아연도강연선을 사용하고, 특고압 가공전선에 시설하는 경우에는 인장강도 13.93 [kN] 이상의 연선 또는 단면적 22 [mm^2] 이상인 아연도강연선을 사용하여야 한다.

90 특고압 가공전선로를 가공 케이블로 시설하는 경우 잘못된 것은?

① 조가용선 행거의 간격은 1 [m]로 시설하였다.
② 조가용선 및 케이블의 피복에 사용하는 금속체에는 접지공사를 하였다.
③ 조가용선은 단면적 22 [mm^2]의 아연도강연선을 사용하였다.
④ 조가용선에 접촉시켜 금속테이프를 간격 20 [cm] 이하의 간격을 유지시켜 나선형으로 감아 붙였다.

해설 **가공케이블의 시설**
저·고압 가공전선 및 특고압 가공전선에 케이블을 사용하는 경우 케이블은 조가용선에 행거로 시설할 것. 이 경우에 사용전압이 고압인 경우 행거의 간격은 0.5 [m] 이하로 하는 것이 좋으며, 특고압인 경우에는 행거 간격을 0.5 [m] 이하로 하여 시설하여야 한다.

91 저압 가공전선이 상부 조영재 위쪽에서 접근하는 경우 전선과 상부 조영재간의 이격거리[m]는 얼마 이상이어야 하는가?(단, 특고압 절연전선 또는 케이블인 경우이다.)

① 0.8　　　　② 1.0
③ 1.2　　　　④ 2.0

해설 가공전선과 건조물의 조영재 사이의 이격거리

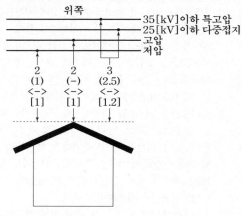

〈기호 설명〉
( ) : 저압선에 DV전선 또는 450/750 [V] 일반용 단심 비닐절연전선을 사용하고, 고압선에 고압 절연전선을 사용하거나 특고압선에 특고압 절연전선을 사용하는 경우
[ ] : 저압선에 고압 절연전선, 특고압 절연전선 또는 케이블을 사용하거나 고압과 특고압선에 케이블을 사용하는 경우
< > : 사람이 쉽게 접촉할 우려가 없도록 시설하는 경우

★★★
92 고압 가공전선이 상부 조영재의 위쪽으로 접근 시의 가공전선과 조영재의 이격거리는 몇 [m] 이상이어야 하는가?

① 0.6 ② 0.8
③ 1.2 ④ 2.0

해설 가공전선과 건조물의 조영재 사이의 이격거리

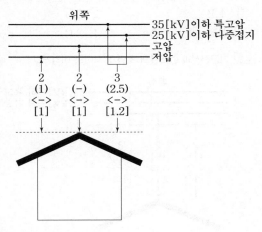

<기호 설명>
( ) : 저압선에 DV전선 또는 450/750 [V] 일반용 단심 비닐절연전선을 사용하고, 고압선에 고압 절연전선을 사용하거나 특고압선에 특고압 절연전선을 사용하는 경우
[ ] : 저압선에 고압 절연전선, 특고압 절연전선 또는 케이블을 사용하거나 고압과 특고압선에 케이블을 사용하는 경우
< > : 사람이 쉽게 접촉할 우려가 없도록 시설하는 경우

★★
93 35 [kV] 이하의 특고압 가공전선이 상부 조영재의 위쪽에서 건조물과 제1차 접근상태로 시설되는 경우의 이격거리는 일반적인 경우 몇 [m] 이상이어야 하는가?

① 3 [m] ② 3.5 [m]
③ 4 [m] ④ 4.5 [m]

해설 가공전선과 건조물의 조영재 사이의 이격거리

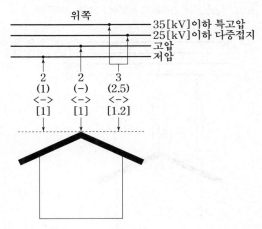

<기호 설명>
( ) : 저압선에 DV전선 또는 450/750 [V] 일반용 단심 비닐절연전선을 사용하고, 고압선에 고압 절연전선을 사용하거나 특고압선에 특고압 절연전선을 사용하는 경우
[ ] : 저압선에 고압 절연전선, 특고압 절연전선 또는 케이블을 사용하거나 고압과 특고압선에 케이블을 사용하는 경우
< > : 사람이 쉽게 접촉할 우려가 없도록 시설하는 경우

★★
94 사용전압이 35 [kV] 이하인 특고압 가공전선이 상부 조영재의 위쪽에서 제1차 접근상태로 시설되는 경우, 특고압 가공전선과 건조물의 조영재 이격거리는 몇 [m] 이상이어야 하는가?(단, 전선의 종류는 케이블이라고 한다.)

① 0.5 [m] ② 1.2 [m]

③ 2.5 [m] ④ 3.0 [m]

해설 가공전선과 건조물의 조영재 사이의 이격거리

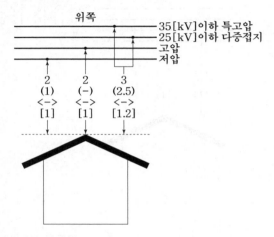

<기호 설명>
( ) : 저압선에 DV전선 또는 450/750 [V] 일반용 단심 비닐절연전선을 사용하고, 고압선에 고압 절연전선을 사용하거나 특고압선에 특고압 절연전선을 사용하는 경우
[ ] : 저압선에 고압 절연전선, 특고압 절연전선 또는 케이블을 사용하거나 고압과 특고압선에 케이블을 사용하는 경우
< > : 사람이 쉽게 접촉할 우려가 없도록 시설하는 경우

★★★
95 중성선 다중접지식의 것으로 전로에 지락이 생겼을 때에 2초 이내에 자동적으로 이를 전로로부터 차단하는 장치가 되어 있는 22.9 [kV] 가공전선로를 상부 조영재의 위쪽에서 접근상태로 시설하는 경우, 가공전선과 건조물과의 이격거리는 몇 [m] 이상이어야 하는가?(단, 전선으로는 나전선을 사용한다고 한다.)

① 1.2 ② 1.5

③ 2.5 ④ 3.0

해설 가공전선과 건조물의 조영재 사이의 이격거리

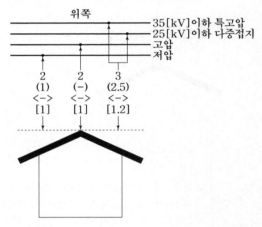

<기호 설명>
( ) : 저압선에 DV전선 또는 450/750 [V] 일반용 단심 비닐절연전선을 사용하고, 고압선에 고압 절연전선을 사용하거나 특고압선에 특고압 절연전선을 사용하는 경우
[ ] : 저압선에 고압 절연전선, 특고압 절연전선 또는 케이블을 사용하거나 고압과 특고압선에 케이블을 사용하는 경우
< > : 사람이 쉽게 접촉할 우려가 없도록 시설하는 경우

★★★
96 사람이 접촉할 우려가 있는 경우 고압 가공전선과 상부 조영재의 옆쪽에서의 이격거리는 몇 [m] 이상 이어야 하는가?(단, 전선은 경동연선이라고 한다.)

① 0.6　　　　　② 0.8
③ 1.0　　　　　④ 1.2

해설 가공전선과 건조물의 조영재 사이의 이격거리

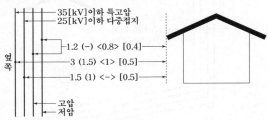

〈기호 설명〉
( ) : 저압선에 DV전선 또는 450/750 [V] 일반용 단심 비닐절연전선을 사용하고, 고압선에 고압 절연전선을 사용하거나 특고압선에 특고압 절연전선을 사용하는 경우
[ ] : 저압선에 고압 절연전선, 특고압 절연전선 또는 케이블을 사용하거나 고압과 특고압선에 케이블을 사용하는 경우
< > : 사람이 쉽게 접촉할 우려가 없도록 시설하는 경우

★★
97 저압 가공전선 또는 고압 가공전선이 건조물과 접근상태로 시설되는 경우 상부 조영재의 옆쪽과의 이격거리는 각각 몇 [m]인가?

① 저압 : 1.2 [m], 고압 : 1.2 [m]
② 저압 : 1.2 [m], 고압 : 1.5 [m]
③ 저압 : 1.5 [m], 고압 : 1.5 [m]
④ 저압 : 1.5 [m], 고압 : 2.0 [m]

해설 가공전선과 건조물의 조영재 사이의 이격거리

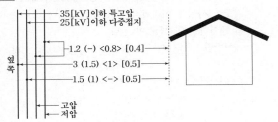

〈기호 설명〉
( ) : 저압선에 DV전선 또는 450/750 [V] 일반용 단심 비닐절연전선을 사용하고, 고압선에 고압 절연전선을 사용하거나 특고압선에 특고압 절연전선을 사용하는 경우
[ ] : 저압선에 고압 절연전선, 특고압 절연전선 또는 케이블을 사용하거나 고압과 특고압선에 케이블을 사용하는 경우
< > : 사람이 쉽게 접촉할 우려가 없도록 시설하는 경우

〈기호 설명〉
( ) : 저압선에 DV전선 또는 450/750 [V] 일반용 단심 비닐절연전선을 사용하고, 고압선에 고압 절연전선을 사용하거나 특고압선에 특고압 절연전선을 사용하는 경우
[ ] : 저압선에 고압 절연전선, 특고압 절연전선 또는 케이블을 사용하거나 고압과 특고압선에 케이블을 사용하는 경우
< > : 사람이 쉽게 접촉할 우려가 없도록 시설하는 경우

★★
98 어떤 공장에서 케이블을 사용하는 사용전압이 22 [kV]인 가공전선을 건물 옆쪽에서 1차 접근상태로 시설하는 경우, 케이블과 건물의 조영재 이격거리는 몇 [cm] 이상이어야 하는가?

① 50　　　　　② 80
③ 100　　　　　④ 120

해설 가공전선과 건조물의 조영재 사이의 이격거리

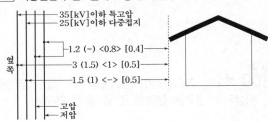

〈기호 설명〉
( ) : 저압선에 DV전선 또는 450/750 [V] 일반용 단심 비닐절연전선을 사용하고, 고압선에 고압 절연전선을 사용하거나 특고압선에 특고압 절연전선을 사용하는 경우
[ ] : 저압선에 고압 절연전선, 특고압 절연전선 또는 케이블을 사용하거나 고압과 특고압선에 케이블을 사용하는 경우
< > : 사람이 쉽게 접촉할 우려가 없도록 시설하는 경우

★★★

99 중성선 다중 접지한 22.9 [kV] 3상 4선식 가공 전선로를 건조물의 옆쪽 또는 아래쪽에서 접근 상 태로 시설하는 경우 가공 나전선과 건조물의 최소 이격거리[m]는?

① 1.2   ② 1.5

③ 2.0   ④ 2.5

해설 가공전선과 건조물의 조영재 사이의 이격거리

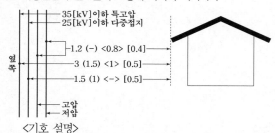

〈기호 설명〉

( ) : 저압선에 DV전선 또는 450/750 [V] 일반용 단심 비닐절연전선을 사용하고, 고압선에 고압 절연전 선을 사용하거나 특고압선에 특고압 절연전선을 사용 하는 경우

[ ] : 저압선에 고압 절연전선, 특고압 절연전선 또는 케이블을 사용하거나 고압과 특고압선에 케이블을 사 용하는 경우

< > : 사람이 쉽게 접촉할 우려가 없도록 시설하는 경우

★★

100 특고압 가공전선이 건조물과 1차 접근 상태로 시설되는 경우를 설명한 것 중 틀린 것은?

① 상부 조영재와 위쪽으로 접근 시 케이블을 사용 하면 1.2 [m] 이상 이격거리를 두어야 한다.

② 상부 조영재와 옆쪽으로 접근 시 특고압 절 연전선을 사용하면 1.5 [m] 이상 이격거리 를 두어야 한다.

③ 상부 조영재와 아래쪽으로 접근 시 특고압 절연전선을 사용하면 1.5 [m] 이상 이격거 리를 두어야 한다.

④ 상부 조영재와 위쪽으로 접근 시 특고압 절 연전선을 사용하면 2.0 [m] 이상 이격거리 를 두어야 한다.

해설 가공전선과 건조물의 조영재 사이의 이격거리

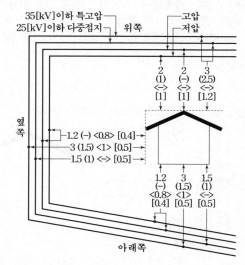

〈기호 설명〉

( ) : 저압선에 DV전선 또는 450/750 [V] 일반용 단심 비닐절연전선을 사용하고, 고압선에 고압 절연전 선을 사용하거나 특고압선에 특고압 절연전선을 사용 하는 경우

[ ] : 저압선에 고압 절연전선, 특고압 절연전선 또는 케이블을 사용하거나 고압과 특고압선에 케이블을 사 용하는 경우

< > : 사람이 쉽게 접촉할 우려가 없도록 시설하는 경우

★★★

101 66 [kV]의 가공전선이 건조물에 제1차 접근 상태로 시설되는 경우 가공전선과 건조물 사이의 이격거리는 몇 [m] 이상이어야 하는가?

① 2.5 [m]   ② 3.0 [m]

③ 3.6 [m]   ④ 4.8 [m]

해설 가공전선과 건조물의 조영재 사이의 이격거리

사용전압이 35 [kV]를 초과하는 특고압 가공전선과 건조물 사이의 이격거리는 10 [kV] 마다 0.15 [m] 를 가산하여 이격하여야 한다.

계산방법 ; 3+(사용전압[kV]/10−3.5)×0.15 [m]

소수점 절상

∴ 이격거리=3+(66/10−3.5)×0.15

= 3+4×0.15

= 3.6 [m] 이상

★★
102 최대사용전압 360 [kV] 가공전선이 교량과 제1차 접근상태로 시설되는 경우에 전선과 교량과의 최소 이격거리는 몇 [m]인가?

① 5.96 [m]   ② 6.96 [m]
③ 7.95 [m]   ④ 8.95 [m]

해설 가공전선과 건조물의 조영재 사이의 이격거리
　　사용전압이 35 [kV]를 초과하는 특고압 가공전선과 건조물 사이의 이격거리는 10 [kV] 마다 0.15 [m]를 가산하여 이격하여야 한다.
　　계산방법 ; 3+(사용전압[kV]/10−3.5)×0.15 [m]
　　　　　　　　소수점 절상
　　∴ 이격거리=3+(360/10−3.5)×0.15= 3+33×0.15
　　　　　　　　=7.95 [m] 이상

★★★
103 사용전압이 22,900 [V]인 가공전선이 건조물과 제2차 접근상태로 시설되는 경우에 이 특별고압 가공전선로의 보안공사는 어떤 종류의 보안공사로 하여야 하는가?

① 고압 보안공사
② 제1종 특별고압 보안공사
③ 제2종 특별고압 보안공사
④ 제3종 특별고압 보안공사

해설 가공전선과 건조물의 조영재 사이의 이격거리
　(1) 사용전압이 35 [kV] 이하인 특고압 가공전선이 건조물과 제2차 접근상태로 시설되는 경우에는 제2종 특고압 보안공사에 의하여야 하며 이격거리는 ①항과 같다.
　(2) 사용전압이 35 [kV] 초과 400 [kV] 미만인 특고압 가공전선이 건조물(제2차 접근상태로 있는 부분의 상부조영재가 불연성 또는 자소성이 있는 난연성의 건축 재료로 건조된 것에 한한다)과 제2차 접근상태에 있는 경우에는 제1종 특고압 보안공사에 의하여야 하며 이격거리는 ①항, ②항과 같다.
　(3) 사용전압이 400 [kV] 이상의 특고압 가공전선이 건조물과 제2차 접근상태로 있는 경우에는 다음에 따라 시설하여야 한다.
　　(ㄱ) 전선높이가 최저상태일 때 가공전선과 건조물 상부[지붕·챙(차양 : 遮陽)·옷 말리는 곳 기타 사람이 올라갈 우려가 있는 개소를 말한다]와의 수직거리가 28 [m] 이상일 것.
　　(ㄴ) 건조물 최상부에서 전계(3.5 [kV/m]) 및 자계(83.3 [μT])를 초과하지 아니할 것.

★
104 사용전압이 400 [kV] 이상의 특고압 가공전선이 건조물과 제2차 접근상태로 있는 경우 건조물 최상부에서 전계는 몇 [kV/m]를 초과하지 않도록 시설하여야 하는가?

① 3.5   ② 2.5
③ 1.5   ④ 0.5

해설 가공전선과 건조물의 조영재 사이의 이격거리
　　사용전압이 400 [kV] 이상의 특고압 가공전선이 건조물과 제2차 접근상태로 있는 경우에는 다음에 따라 시설하여야 한다.
　(1) 전선높이가 최저상태일 때 가공전선과 건조물 상부[지붕·챙(차양 : 遮陽)·옷말리는 곳 기타 사람이 올라갈 우려가 있는 개소를 말한다]와의 수직거리가 28 [m] 이상일 것.
　(2) 건조물 최상부에서 전계(3.5 [kV/m]) 및 자계(83.3 [μT])를 초과하지 아니할 것.

★
105 사용전압이 400 [kV] 이상의 특고압 가공전선로이 건조물과 제2차 접근상태로 있는 경우 건조물 최상부에서 자계는 몇 [μT] 이하로 시설하여야 하는가?

① 28.0   ② 46.5
③ 70.0   ④ 83.3

해설 가공전선과 건조물의 조영재 사이의 이격거리
　　사용전압이 400 [kV] 이상의 특고압 가공전선이 건조물과 제2차 접근상태로 있는 경우에는 다음에 따라 시설하여야 한다.
　(1) 전선높이가 최저상태일 때 가공전선과 건조물 상부[지붕·챙(차양 : 遮陽)·옷말리는 곳 기타 사람이 올라갈 우려가 있는 개소를 말한다]와의 수직거리가 28 [m] 이상일 것.
　(2) 건조물 최상부에서 전계(3.5 [kV/m]) 및 자계(83.3 [μT])를 초과하지 아니할 것.

★
106 저압 또는 고압 가공전선이 도로에 접근상태로 시설되는 경우 잘못된 것은?

① 저압 가공전선이 도로에 접근하는 경우는 2[m] 이상을 이격하여야 한다.
② 저압 가공전선이 도로와 수평 이격거리 1[m] 이상인 경우는 예외 조항을 적용할 수 있다.
③ 고압 가공전선로는 고압 보안공사에 기준하여 시설한다.
④ 고압 가공전선은 저압 전차선로의 지지물과 60 [cm]를 이격하여야 한다.

해설 가공전선과 도로 등과 접근
(1) 저·고압 가공전선 및 특고압 가공전선이 도로·횡단보도교·철도 또는 궤도 등("도로 등"이라 한다.)과 접근상태로 시설되는 경우 고압 가공전선은 고압 보안공사에 의하며, 특고압 가공전선이 도로 등과 제1차 접근상태로 시설되는 경우에는 제3종 특고압 보안공사에 의하여야 한다. 가공전선과 도로 등 사이의 이격거리는 아래 표의 값 이상으로 시설하여야 한다. 다만 도로 등과 수평거리가 저압 1[m], 고압과 특고압은 1.2 [m] 이상인 경우에는 그러하지 아니하다.

구분		이격거리
도로·횡단보도교·철도 또는 궤도	저·고압 및 35[kV] 이하	3 [m]
	35[kV] 초과	10 [kV]마다 15 [cm] 가산하여 3+(사용전압[kV]/10−3.5)×0.15
저압 전차선로의 지지물	저압	0.3 [m]
	고압	0.6 [m] (케이블인 경우 0.3 [m])

(2) 특고압 가공전선이 도로 등과 제2차 접근상태로 시설되는 경우
  ㉠ 특고압 가공전선로는 제2종 특고압 보안공사에 의하여야 한다.
  ㉡ 특고압 가공전선 중 도로 등에서 수평거리 3[m] 미만으로 시설되는 부분의 길이가 연속하여 100 [m] 이하이고 또한 1경간 안에서의 그 부분의 길이의 합계가 100 [m] 이하일 것.

★★★
107 시가지에 시설하는 154 [kV] 가공전선로를 도로와 제1차 접근상태로 시설하는 경우, 전선과 도로와의 이격거리는 몇 [m] 이상이어야 하는가?

① 4.4[m] ② 4.8[m]
③ 5.2[m] ④ 5.6[m]

해설 가공전선과 도로 등과 접근

구분		이격거리
도로	35[kV] 초과	10 [kV]마다 15 [cm] 가산하여 3+(사용전압[kV]/10−3.5)×0.15

∴ 3+(154/10−3.5)×0.15 = 3+12×0.15 = 4.8 [m] 이상

★★
108 특고압 가공전선이 도로·횡단보도교·철도 또는 궤도와 제1차 접근상태로 시설되는 경우 특고압 가공전선로는 제 몇 종 보안공사에 의하여야 하는가?

① 제1종 특고압 보안공사
② 제2종 특고압 보안공사
③ 제3종 특고압 보안공사
④ 제4종 특고압 보안공사

해설 가공전선과 도로 등과 접근
저·고압 가공전선 및 특고압 가공전선이 도로·횡단보도교·철도 또는 궤도 등("도로 등"이라 한다.)과 접근상태로 시설되는 경우 고압 가공전선은 고압 보안공사에 의하며, 특고압 가공전선이 도로 등과 제1차 접근상태로 시설되는 경우에는 제3종 특고압 보안공사에 의하여야 한다. 가공전선과 도로 등 사이의 이격거리는 아래 표의 값 이상으로 시설하여야 한다. 다만 도로 등과 수평거리가 저압 1[m], 고압과 특고압은 1.2 [m] 이상인 경우에는 그러하지 아니하다.

★
109 특고압 가공전선이 도로와 제2차 접근상태로 시설되는 경우 가공전선 중 도로 등에서 수평거리 3 [m] 미만으로 시설되는 부분의 길이가 연속하여 100 [m] 이하이고 또한 1경간 안에서의 그 부분의 길이의 합계가 몇 [m] 이하여야 하는가?

① 100 ② 110
③ 120 ④ 130

해설 가공전선과 도로 등과 접근

특고압 가공전선이 도로 등과 제2차 접근상태로 시설 되는 경우

(1) 특고압 가공전선로는 제2종 특고압 보안공사에 의 하여야 한다.

(2) 특고압 가공전선 중 도로 등에서 수평거리 3 [m] 미만으로 시설되는 부분의 길이가 연속하여 100 [m] 이하이고 또한 1경간 안에서의 그 부분의 길 이의 합계가 100 [m] 이하일 것.

★★★
110 저압 가공전선이 안테나와 접근상태로 시설되 는 경우 가공전선과 안테나 사이의 이격거리는 저 압인 경우 몇 [cm] 이상이어야 하는가?

① 40　　　　　　② 60
③ 80　　　　　　④ 100

해설 가공전선과 다른 가공전선·약전류전선·안테나·삭도 등 과의 이격거리

저·고압 가공전선 및 특고압 가공전선이 다른 가공전 선이나 약전류전선·안테나·삭도 등과 접근 또는 교차 되는 경우 고압 가공전선은 고압 보안공사에 의하며, 특고압 가공전선이 1차 접근상태로 시설되는 경우에 는 제3종 특고압 보안공사에 의하여야 한다. 저·고압 가공전선 및 특고압 가공전선과 가공전선과 다른 가공 전선이나 약전류전선·안테나·삭도 등과의 이격거리는 아래 표의 값 이상으로 시설하여야 한다.

구분			이격거리
가공전선·약전류전선·안테나·삭도 등	저압 가공전선		저압 가공전선 상호간 0.6[m] (어느 한쪽이 고압 절연전선, 특고압 절연전선, 케이블인 경우 0.3[m])
	고압 가공전선		저압 또는 고압 가공전선과 0.8[m] (고압 가공전선이 케이블인 경우 0.4[m])
	25[kV] 이하 다중접지		나전선 2[m], 특고압 절연전선 1.5[m], 케이블 0.5[m] (삭도와 접근 또는 교차하는 경우 나전선 2[m], 특고압 절연전선 1[m], 케이블 0.5[m])
	특고압 가공전선	60[kV] 이하	2[m]
		60[kV] 초과	10 [kV]마다 12 [cm] 가산하여 2+(사용전압[kV]/10-6) 소수점 절상 ×0.12

★★★
111 저압 가공전선이 가공약전류전선과 접근하여 시설될 때 가공전선과 가공약전류전선 사이의 이 격거리는 몇 [cm] 이상이어야 하는가?

① 30 [cm]　　　　② 40 [cm]
③ 60 [cm]　　　　④ 80 [cm]

해설 가공전선과 다른 가공전선·약전류전선·안테나·삭도 등 과의 이격거리

구분	이격거리
저압 가공전선	저압 가공전선 상호간 0.6[m] (어느 한쪽이 고압 절연전선, 특고압 절연전선, 케이블인 경우 0.3[m])

★★★
112 저압 가공전선이 다른 저압 가공저선과 접근 상태로 시설되거나 교차하여 시설되는 경우에 저 압 가공전선 상호간의 이격거리는 몇 [cm] 이상이 어야 하는가?(단, 한 쪽의 전선이 고압 절연전선이 라고 한다.)

① 30　　　　　　② 60
③ 80　　　　　　④ 100

해설 가공전선과 다른 가공전선·약전류전선·안테나·삭도 등 과의 이격거리

구분	이격거리
저압 가공전선	저압 가공전선 상호간 0.6[m] (어느 한쪽이 고압 절연전선, 특고압 절연전선, 케이블인 경우 0.3[m])

★★
113 고압 가공전선 상호간이 접근 또는 교차하여 시설되는 경우, 고압 가공전선 상호간의 이격거리 는 몇 [cm] 이상이어야 하는가?(단, 고압 가공전 선은 모두 케이블이 아니라고 한다.)

① 50　　　　　　② 60
③ 70　　　　　　④ 80

해설 가공전선과 다른 가공전선·약전류전선·안테나·삭도 등 과의 이격거리

구분	이격거리
고압 가공전선	저압 또는 고압 가공전선과 0.8[m] (고압 가공전선이 케이블인 경우 0.4[m])

★★
114 6,000 [V] 가공전선과 안테나 접근하여 시설될 때 전선과 안테나와의 수평 이격거리는 몇 [cm] 이상이어야 하는가?(단, 가공전선에는 케이블을 사용하지 않는다고 한다.)

① 40   ② 60
③ 80   ④ 100

해설   가공전선과 다른 가공전선·약전류전선·안테나·삭도 등과의 이격거리

구분	이격거리
고압 가공전선	저압 또는 고압 가공전선과 0.8[m] (고압 가공전선이 케이블인 경우 0.4[m])

★★
115 가공전화선에 고압 가공전선을 접근하여 시설하는 경우, 이격거리는 최소 몇 [cm] 이상이어야 하는가?(단, 가공전선으로는 절연전선을 사용한다고 한다.)

① 60   ② 80
③ 100   ④ 120

해설   가공전선과 다른 가공전선·약전류전선·안테나·삭도 등과의 이격거리

구분	이격거리
고압 가공전선	저압 또는 고압 가공전선과 0.8[m] (고압 가공전선이 케이블인 경우 0.4[m])

★★
116 고압 가공전선이 케이블인 경우 가공전선과 안테나 사이의 이격거리는 몇 [cm] 이상인가?

① 40 [cm]   ② 80 [cm]
③ 120 [cm]   ④ 160 [cm]

해설   가공전선과 다른 가공전선·약전류전선·안테나·삭도 등과의 이격거리

구분	이격거리
고압 가공전선	저압 또는 고압 가공전선과 0.8[m] (고압 가공전선이 케이블인 경우 0.4[m])

★★
117 고압 가공전선이 가공약전류전선 등과 접근하는 경우는 고압 가공전선과 가공약전류전선 등 사이의 이격거리는 몇 [cm] 이상이어야 하는가?(단, 전선이 케이블인 경우이다.)

① 15 [cm]   ② 30 [cm]
③ 40 [cm]   ④ 80 [cm]

해설   가공전선과 다른 가공전선·약전류전선·안테나·삭도 등과의 이격거리

구분	이격거리
고압 가공전선	저압 또는 고압 가공전선과 0.8[m] (고압 가공전선이 케이블인 경우 0.4[m])

★★★
118 다음 (㉠), (㉡)에 들어갈 내용으로 알맞은 것은?

> 가공전선과 안테나 사이의 이격거리는 저압은 (㉠) 이상, 고압은 (㉡) 이상일 것

① ㉠ 30 [cm], ㉡ 60 [cm]
② ㉠ 60 [cm], ㉡ 90 [cm]
③ ㉠ 60 [cm], ㉡ 80 [cm]
④ ㉠ 80 [cm], ㉡ 120 [cm]

해설   가공전선과 다른 가공전선·약전류전선·안테나·삭도 등과의 이격거리

구분	이격거리
저압 가공전선	저압 가공전선 상호간 0.6[m] (어느 한쪽이 고압 절연전선, 특고압 절연전선, 케이블인 경우 0.3[m])
고압 가공전선	저압 또는 고압 가공전선과 0.8[m] (고압 가공전선이 케이블인 경우 0.4[m])

★★
119 특고압 절연전선을 사용한 22.9 [kV] 가공전선과 안테나의 이격(수평이격) 거리는 몇 [m] 이상이어야 하는가?(단, 중성선 다중접지식의 것으로 전로에 지락이 생겼을 때에 2초 이내에 자동적으로 이를 전로로부터 차단하는 장치가 되어 있음)

① 1.0 ② 1.2
③ 1.5 ④ 2.0

해설 가공전선과 다른 가공전선·약전류전선·안테나·삭도 등과의 이격거리

구분	이격거리
25 [kV] 이하 다중접지	나전선 2[m], 특고압 절연전선 1.5[m], 케이블 0.5[m] (삭도와 접근 또는 교차하는 경우 나전선 2[m], 특고압 절연전선 1[m], 케이블 0.5[m])

★★
120 사용전압이 22,900 [V]인 가공전선이 삭도와 제1차 접근상태로 시설되는 경우, 가공전선과 삭도 또는 삭도용 지주 사이의 이격거리는 몇 [m] 이상이어야 하는가?(단, 가공전선으로는 나전선을 사용한다고 한다.)

① 0.5 [m] ② 1.0 [m]
③ 1.5 [m] ④ 2.0 [m]

해설 가공전선과 다른 가공전선·약전류전선·안테나·삭도 등과의 이격거리

구분	이격거리
25 [kV] 이하 다중접지	나전선 2[m], 특고압 절연전선 1.5[m], 케이블 0.5[m] (삭도와 접근 또는 교차하는 경우 나전선 2[m], 특고압 절연전선 1[m], 케이블 0.5[m])

★★
121 사용전압이 22.9 [kV]인 가공전선이 삭도와 제1차 접근상태로 시설되는 경우, 가공전선과 삭도 또는 삭도용 지주사이의 이격거리는 최소 몇 [m] 이상으로 하여야 하는가?(단, 전선으로는 특고압 절연전선을 사용한다고 한다.)

① 0.5 [m] ② 1 [m]
③ 2 [m] ④ 2.12 [m]

해설 가공전선과 다른 가공전선·약전류전선·안테나·삭도 등과의 이격거리

구분	이격거리
25 [kV] 이하 다중접지	나전선 2[m], 특고압 절연전선 1.5[m], 케이블 0.5[m] (삭도와 접근 또는 교차하는 경우 나전선 2[m], 특고압 절연전선 1[m], 케이블 0.5[m])

★★★
122 특고압 가공전선이 저·고압 가공전선과 제1차 접근상태로 시설하는 경우, 66 [kV] 특고압 가공전선과 저·고압 가공전선 사이의 이격거리는 몇 [m] 이상이어야 하는가?

① 2.0[m] ② 2.12[m]
③ 2.2[m] ④ 2.5[m]

해설 가공전선과 다른 가공전선·약전류전선·안테나·삭도 등과의 이격거리

구분		이격거리
특고압 가공전선	60[kV] 이하	2[m]
	60[kV] 초과	10 [kV] 마다 12 [cm] 가산하여 2+(사용전압[kV]/10−6) 소수점 절상 ×0.12

∴ 2+(66/10−6)×0.12 = 2+1×0.12
= 2.12 [m]

★★★
123 345 [kV]의 가공전선과 154 [kV] 가공전선과의 이격거리는 최소 몇 [m] 이상이어야 하는가?

① 4.4 　　　　② 4
③ 5.48 　　　　④ 6

해설 가공전선과 다른 가공전선·약전류전선·안테나·삭도 등과의 이격거리

구분		이격거리
특고압 가공 전선	60[kV] 이하	2[m]
	60[kV] 초과	10 [kV]마다 12 [cm] 가산하여 2+(사용전압[kV]/10−6) 소수점 절상 ×0.12

∴ 2+(345/10−6)×0.12 = 2+29×0.12
　　　　　　　　　　　　 = 5.48 [m]

★
124 사용전압 22.9 [kV] 특고압 가공전선과 저·고압 가공전선 등 또는 이들의 지지물이나 지주 사이의 이격거리는 최소 몇 [m] 이상이어야 하는가?(단, 특고압 가공전선이 저·고압 가공전선과 제1차 접근상태일 경우이다.)

① 1.5 　　　　② 2
③ 2.5 　　　　④ 3

해설 가공전선과 다른 가공전선·약전류전선·안테나·삭도 등과의 이격거리

구분		이격거리
저압 가공전선과 다른 저압 가공전선로의 지지물		0.3 [m]
고압 가공전선과 다른 고압 가공전선로의 지지물		0.6 [m] (전선이 케이블인 경우 0.3 [m])
특고압 가공전선과 저·고압 가공전선로의 지지물	60[kV] 이하	2 [m]
	60[kV] 초과	10 [kV]마다 12 [cm] 가산하여 2+(사용전압[kV]/10−6) 소수점 절상 ×0.12

★★
125 다음 설명의 ( ) 안에 알맞은 내용은?

> 고압 가공전선이 다른 고압 가공전선과 접근 상태로 시설되거나 교차하여 시설되는 경우에 고압 가공전선 상호간의 이격거리는 (㉠) 이상, 하나의 고압 가공전선과 다른 고압 가공전선로의 지지물 사이의 이격거리는 (㉡) 이상일 것

① ㉠ 80 [cm], ㉡ 50 [cm]
② ㉠ 80 [cm], ㉡ 60 [cm]
③ ㉠ 60 [cm], ㉡ 30 [cm]
④ ㉠ 40 [cm], ㉡ 30 [cm]

해설 가공전선과 다른 가공전선·약전류전선·안테나·삭도 등과의 이격거리

구분	이격거리
고압 가공전선	저압 또는 고압 가공전선과 0.8[m] (고압 가공전선이 케이블인 경우 0.4 [m])
고압 가공전선과 다른 고압 가공전선로의 지지물	0.6 [m] (전선이 케이블인 경우 0.3 [m])

★★
126 특고압 가공전선이 삭도와 제2차 접근상태로 시설할 경우에 특고압 가공전선로의 보안공사는?

① 고압 보안공사
② 제1종 특고압 보안공사
③ 제2종 특고압 보안공사
④ 제3종 특고압 보안공사

해설 가공전선과 다른 가공전선·약전류전선·안테나·삭도 등과의 이격거리
특고압 가공전선이 저·고압 가공전선 등과 제2차 접근상태로 시설되거나 또는 교차하는 경우 특고압 가공전선로는 제2종 특고압 보안공사에 의할 것. 다만, 특고압 가공전선과 저·고압 가공전선 등 사이에 보호망을 시설하는 경우에는 제2종 특고압 보안공사(애자장치에 관계되는 부분에 한한다)에 의하지 아니할 수 있다.

정답 123 ③　124 ②　125 ②　126 ③

★★

127 저압 가공전선과 식물이 상호 접촉되지 않도록 이격시키는 기준으로 옳은 것은?

① 이격거리는 최소 50 [cm] 이상 떨어져 시설하여야 한다.

② 상시 불고 있는 바람 등에 의하여 식물에 접촉하지 않도록 시설하여야 한다.

③ 저압 가공전선은 반드시 방호구에 넣어 시설하여야 한다.

④ 트리와이어(Tree Wire)를 사용하여 시설하여야 한다.

해설 가공전선과 식물의 이격거리

구분		이격거리
저·고압 가공전선		상시 부는 바람 등에 의히여 식물에 접촉하지 않도록 시설하여야 한다.
특고압 가공 전선	25 [kV] 이하 다중접지	1.5 [m] 이상 (특고압 절연전선이나 케이블인 경우 식물에 접촉하지 않도록 시설할 것)
	35 [kV] 이하	고압 절연전선을 사용할 경우 0.5 [m] 이상 (특고압 절연전선 또는 케이블을 사용하는 경우 식물에 접촉하지 않도록 시설하고, 특고압 수밀형 케이블을 사용하는 경우에는 접촉에 관계 없다.)
	60 [kV] 이하	2 [m]
	60 [kV] 초과	10,000 [V]마다 12 [cm] 가산하여 2+(사용전압 [kV]/10−6) 소수점 절상 ×0.12

★★

128 고압 가공전선과 식물과의 이격거리에 대한 기준으로 가장 적절한 것은?

① 고압 가공전선의 주위에 보호망으로 이격시킨다.

② 식물과의 접촉에 대비하여 차폐선을 시설하도록 한다.

③ 고압 가공전선을 절연전선으로 사용하고 주변의 식물을 제거시키도록 한다.

④ 식물에 접촉하기 않도록 시설하여야 한다.

해설 가공전선과 식물의 이격거리

구분	이격거리
저·고압 가공전선	상시 부는 바람 등에 의하여 식물에 접촉하지 않도록 시설하여야 한다.

★★

129 중성선 다중 접지식으로서 전로에 지락이 생겼을 때 2초 이내에 자동적으로 이를 전로로부터 차단하는 장치가 되어 있는 사용전압 22.9 [kV]인 특고압 가공전선과 식물과의 이격거리는 몇 [m] 이상이어야 하는가?(단, 전선은 특고압 절연전선을 사용하였다.)

① 1.2

② 1.5

③ 2

④ 식물과 접촉하지 않도록 시설한다.

해설 가공전선과 식물의 이격거리

구분	이격거리
25 [kV] 이하 다중접지	1.5 [m] 이상 (특고압 절연전선이나 케이블인 경우 식물에 접촉하지 않도록 시설할 것)

★★★
130 22.9 [kV]의 특고압 케이블과 수목과의 접근 거리는 얼마인가?

① 1.0
② 1.5
③ 2.0
④ 접촉되지 않게 한다.

해설 가공전선과 식물의 이격거리

구분	이격거리
특고압 가공전선 35 [kV] 이하	고압 절연전선을 사용할 경우 0.5 [m] 이상 (특고압 절연전선 또는 케이블을 사용하는 경우 식물에 접촉하지 않도록 시설하고, 특고압 수밀형 케이블을 사용하는 경우에는 접촉에 관계 없다.)

★★
131 특고압 가공전선을 사용하는 전선에 고압 절연전선을 사용하는 경우 식물과 몇 [cm] 이상을 이격하여 시설하는가?

① 30 [cm]
② 50 [cm]
③ 60 [cm]
④ 80 [cm]

해설 가공전선과 식물의 이격거리

구분	이격거리
특고압 가공전선 35 [kV] 이하	고압 절연전선을 사용할 경우 0.5 [m] 이상 (특고압 절연전선 또는 케이블을 사용하는 경우 식물에 접촉하지 않도록 시설하고, 특고압 수밀형 케이블을 사용하는 경우에는 접촉에 관계 없다.)

★★
132 60 [kV] 이하의 특고압 가공전선과 식물과의 이격거리는 몇 [m] 이상이어야 하는가?

① 2
② 2.12
③ 2.24
④ 2.36

해설 가공전선과 식물의 이격거리

구분		이격거리
특고압 가공전선	60 [kV] 이하	2 [m]
	60 [kV] 초과	10,000 [V]마다 12 [cm] 가산하여 $2+(사용전압[kV]/10-6)$ 소수점 절상 $\times 0.12$

★★★
133 66 [kV] 송전선로의 송전선과 수목과의 이격거리는 최소 몇 [m] 이상이어야 하는가?

① 2.0[m]
② 2.12[m]
③ 2.24[m]
④ 2.36[m]

해설 가공전선과 식물의 이격거리

구분		이격거리
특고압 가공전선	60[kV] 이하	2[m]
	60[kV] 초과	10 [kV]마다 12 [cm] 가산하여 $2+(사용전압[kV]/10-6)\times 0.12$ 소수점 절상

$\therefore 2+(66/10-6)\times 0.12 = 2+1\times 0.12$
$= 2.12$ [m]

★★★
134 사용전압 154 [kV]의 가공송전선과 식물과의 최소 이격거리는 몇 [m]인가?

① 3.0 [m]　　② 3.12 [m]
③ 3.2 [m]　　④ 3.4 [m]

해설 가공전선과 다른 가공전선·약전류전선·안테나·삭도 등과의 이격거리

구분		이격거리
특고압 가공 전선	60[kV] 이하	2[m]
	60[kV] 초과	10 [kV]마다 12 [cm] 가산하여 2+(사용전압[kV]/10−6)×0.12 소수점 절상

∴ 2+(154/10−6)×0.12=2+10×0.12
　　　　　　　　=3.2[m] 이상

★
135 특고압 가공전선이 교류전차선과 교차하고 교류전차선의 위에 시설되는 경우, 지지물로 A종 철근 콘크리트주를 사용한다면 특고압 가공전선로의 경간은 몇 [m] 이하로 하여야 하는가?

① 30　　② 40
③ 50　　④ 60

해설 가공전선과 교류전차선 등이 교차하는 경우
가공전선로의 경간

지지물의 종류	경 간
목주·A종 철주·A종 철근 콘크리트주	60 [m]
B종 철주·B종 철근 콘크리트주	120 [m]

★★★
136 동일 지지물에 저압가공전선(다중접지된 중성선은 제외)과 고압가공전선을 시설하는 경우 저압 가공전선은?

① 고압가공전선의 위로 하고 동일 완금류에 시설
② 고압가공전선과 나란하게 하고 동일 완금류에 시설
③ 고압가공전선의 아래로 하고 별개의 완금류에 시설
④ 고압가공전선과 나란하게 하고 별개의 완금류에 시설

해설 고·저압 가공전선의 병행설치(고·저압 병가)
(1) 저압 가공전선(다중접지된 중성선은 제외한다)과 고압 가공전선을 동일 지지물에 시설하는 경우에는 다음에 따라야 한다.
　㉠ 저압 가공전선을 고압 가공전선의 아래로 하고 별개의 완금류에 시설할 것.
　㉡ 저압 가공전선과 고압 가공전선 사이의 이격거리는 0.5 [m] 이상일 것.
(2) 다음 어느 하나에 해당되는 경우에는 ①항에 의하지 아니할 수 있다.
　㉠ 고압 가공전선에 케이블을 사용하는 경우 이격거리를 0.3 [m] 이상으로 하여 시설하는 경우
　㉡ 저압 가공인입선을 분기하기 위하여 저압 가공전선을 고압용의 완금류에 견고하게 시설하는 경우

★★★
137 저압 가공전선과 고압 가공전선을 동일 지지물에 시설하는 경우 저압 가공전선과 고압 가공전선 이격거리는 몇 [cm] 이상이어야 하는가?

① 10　　② 20
③ 40　　④ 50

해설 고·저압 가공전선의 병행설치(고·저압 병가)
저압 가공전선과 고압 가공전선 사이의 이격거리는 0.5 [m] 이상일 것.

★★
138 고압 가공전선과 저압 가공전선을 동일 지지물에 시설하는 경우 고압 가공전선에 케이블을 사용하면 그 케이블과 저압 가공전선의 이격거리는 최소 몇 [cm] 이상으로 할 수 있는가?

① 30 [cm]　　　　② 50 [cm]
③ 75 [cm]　　　　④ 100 [cm]

해설 **고·저압 가공전선의 병행설치(고·저압 병가)**
　　고압 가공전선에 케이블을 사용하는 경우 이격거리를 0.3 [m] 이상으로 하여 시설하는 경우

★
139 저·고압 가공전선(다중접지된 중성선은 제외)을 병가하는 방법 중 옳지 않은 것은?

① 저압가공전선과 고압가공전선을 동일 지지물에 시설하는 경우 저압가공전선을 아래에 둔다.
② 저압가공전선과 고압가공전선을 동일 지지물에 시설하는 경우 별개의 완금류에 시설해야 한다.
③ 저압가공전선과 고압가공전선 사이의 이격거리는 50 [cm] 이상이어야 한다.
④ 저압가공 인입선을 분기하기 위한 목적으로 저압가공전선을 고압용의 완금류에 시설할 수 없다.

해설 **저·고압 가공전선의 병행설치(저·고압 병가)**
　⑴ 저압 가공전선(다중접지된 중성선은 제외한다)과 고압 가공전선을 동일 지지물에 시설하는 경우에는 다음에 따라야 한다.
　　㉠ 저압 가공전선을 고압 가공전선의 아래로 하고 별개의 완금류에 시설할 것.
　　㉡ 저압 가공전선과 고압 가공전선 사이의 이격거리는 0.5 [m] 이상일 것.
　⑵ 다음 어느 하나에 해당되는 경우에는 ⑴항에 의하지 아니할 수 있다.
　　㉠ 고압 가공전선에 케이블을 사용하는 경우 이격거리를 0.3 [m] 이상으로 하여 시설하는 경우
　　㉡ 저압 가공인입선을 분기하기 위하여 저압 가공전선을 고압용의 완금류에 견고하게 시설하는 경우

★★★
140 사용전압이 35 [kV] 이하인 특고압 가공전선과 저압 가공전선을 동일 지지물에 시설하는 경우 전선 상호간 이격거리는 몇 [m] 이상이어야 하는가?(단, 특고압 가공전선으로는 케이블을 사용하지 않는 것으로 한다.)

① 1.0　　　　② 1.2
③ 1.5　　　　④ 2.0

해설 **특고압과 저·고압 가공전선 또는 전차선 등의 병행설치 (특고압과 저·고압 병가)**
　　사용전압이 35 [kV] 이하인 특고압 가공전선과 저압 또는 고압의 가공전선을 동일 지지물에 시설하는 경우에는 다음에 따라야 한다.
　⑴ 특고압 가공전선은 저압 또는 고압 가공전선의 위에 시설하고 별개의 완금류에 시설할 것. 다만, 특고압 가공전선이 케이블이고 저압 또는 고압 가공전선이 절연전선 또는 케이블인 경우에는 그러하지 아니하다.
　⑵ 특고압 가공전선은 연선일 것.
　⑶ 특고압 가공전선과 저압 또는 고압 가공전선 사이의 이격거리는 1.2 [m] 이상일 것. 다만, 특고압 가공전선이 케이블이고 저압 가공전선이 절연전선이거나 케이블인 때 또는 고압 가공전선이 고압 절연전선, 특고압 절연전선 또는 케이블인 때는 0.5 [m]까지로 감할 수 있다.

★★
141 66 [kV] 가공전선로에 6 [kV] 가공전선을 동일 지지물에 시설하는 경우 특고압 가공전선은 케이블인 경우를 제외하고 인장강도가 몇 [kN] 이상의 연선이어야 하는가?

① 5.26 [kN]　　　② 8.31 [kN]
③ 14.5 [kN]　　　④ 21.67 [kN]

해설 특고압과 저·고압 가공전선 또는 전차선 등의 병행설치 (특고압과 저·고압 병가)
사용전압이 35 [kV]를 초과하고 100 [kV] 미만인 특고압 가공전선과 저압 또는 고압의 가공전선을 동일 지지물에 시설하는 경우에는 다음에 따라야 한다.
(1) 특고압 가공전선로는 제2종 특고압 보안공사에 의할 것.
(2) 특고압 가공전선과 저압 또는 고압 가공전선 사이의 이격거리는 2 [m] 이상일 것. 다만, 특고압 가공전선이 케이블이고 저압 가공전선이 절연전선 혹은 케이블인 때 또는 고압 가공전선이 절연전선 혹은 케이블인 때에는 1 [m] 까지 감할 수 있다.
(3) 특고압 가공전선은 케이블인 경우를 제외하고는 인장강도 21.67 [kN] 이상의 연선 또는 단면적이 50 [mm²] 이상인 경동연선일 것.
(4) 특고압 가공전선로의 지지물은 철주·철근 콘크리트주 또는 철탑일 것.

★★
142 사용전압 66 [kV] 가공전선과 6 [kV] 가공전선을 동일 지지물에 시설하는 경우, 특고압 가공전선은 케이블인 경우를 제외하고는 단면적이 몇 [mm²]인 경동연선 또는 이와 동등 이상의 세기 및 굵기의 연선이어야 하는가?

① 22　　　② 38
③ 50　　　④ 100

해설 특고압과 저·고압 가공전선 또는 전차선 등의 병행설치 (특고압과 저·고압 병가)
사용전압이 35 [kV]를 초과하고 100 [kV] 미만인 특고압 가공전선과 저압 또는 고압의 가공전선을 동일 지지물에 시설하는 경우 특고압 가공전선은 케이블인 경우를 제외하고는 인장강도 21.67 [kN] 이상의 연선 또는 단면적이 50 [mm²] 이상인 경동연선일 것.

★★
143 사용전압이 35,000 [V]를 넘고 100,000 [V] 미만인 특별고압 가공전선로의 지지물에 고압 또는 저압가공전선을 병가할 수 있는 조건으로 틀린 것은?

① 특별고압 가공전선로는 제2종 특별고압 보안공사에 의한다.
② 특별고압 가공전선과 고압 또는 저압가공전선과의 이격거리는 0.8 [m] 이상으로 한다.
③ 특별고압 가공전선은 케이블인 경우를 제외하고 단면적이 50 [mm²]인 경동연선 또는 이와 동등 이상의 세기 및 굵기의 연선을 사용한다.
④ 특별고압 가공전선로의 지지물은 강판 조립주를 제외한 철주, 철근콘크리트주 또는 철탑이어야 한다.

해설 특고압과 저·고압 가공전선 또는 전차선 등의 병행설치 (특고압과 저·고압 병가)
사용전압이 35 [kV]를 초과하고 100 [kV] 미만인 특고압 가공전선과 저압 또는 고압의 가공전선을 동일 지지물에 시설하는 경우 특고압 가공전선과 저압 또는 고압 가공전선 사이의 이격거리는 2 [m] 이상일 것. 다만, 특고압 가공전선이 케이블이고 저압 가공전선이 절연전선 혹은 케이블인 때 또는 고압 가공전선이 절연전선 혹은 케이블인 때에는 1 [m] 까지 감할 수 있다.

★★
144 중성점 다중접지에 22.9 [kV] 가공전선과 직류 1,500 [V] 전차선을 동일 지지물에 병가할 때 상호 간의 이격거리는 일반적인 경우 몇 [m] 이상인가?

① 1.0 [m]　　　② 1.2 [m]
③ 1.5 [m]　　　④ 2.0 [m]

해설 특고압과 저·고압 가공전선 또는 전차선 등의 병행설치 (특고압과 저·고압 병가)
25 [kV] 이하 다중접지 방식인 특고압 가공전선과 저·고압 가공전선 또는 전차선 등의 병행설치
특고압 가공전선과 저압 또는 고압 가공전선 사이의 이격거리는 1 [m] (15 [kV] 이하 다중접지 방식인 특고압 가공전선과의 이격거리는 0.75 [m]) 이상일 것. 다만, 특고압 가공전선이 케이블이고 저압 가공전선이 저압 절연전선이거나 케이블인 때 또는 고압 가공전선이 고압 절연전선이거나 케이블인 때는 0.5 [m]까지로 감할 수 있다.

★★
145 저압가공전선과 가공약전류전선을 동일 지지물에 시설하는 경우에 전선 상호간의 최소 이격거리는 일반적으로 몇 [m] 이상이어야 하는가?

① 0.75   ② 1.0

③ 1.2   ④ 1.5

해설 저·고압 가공전선과 가공약전류전선 등의 공용설치(저·고압 공가)

(1) 전선로의 지지물로서 사용하는 목주의 풍압하중에 대한 안전율은 1.5 이상일 것.

(2) 가공전선을 가공약전류전선 등의 위로하고 별개의 완금류에 시설할 것. 다만, 가공약전류전선로의 관리자의 승낙을 받은 경우에 저압 가공전선에 고압 절연전선, 특고압 절연전선 또는 케이블을 사용하는 때에는 그러하지 아니하다.

(3) 가공전선과 가공약전류전선 등 사이의 이격거리는 저압(다중 접지된 중성선을 제외한다)은 0.75 [m] 이상, 고압은 1.5 [m] 이상일 것. 다만, 가공약전류전선 등이 절연전선과 동등 이상의 절연효력이 있는 것 또는 통신용 케이블인 경우에 이격거리를 저압 가공전선이 고압 절연전선, 특고압 절연전선 또는 케이블인 경우 에는 0.3 [m], 고압 가공전선이 케이블인 때에는 0.5 [m] 까지 감할 수 있다. (가공약전류전선로등의 관리자의 승낙을 얻은 경우에는 저압은 0.6 [m], 고압은 1 [m])

(4) 가공전선이 가공약전류전선에 대하여 유도작용에 의한 통신상의 장해를 줄 우려가 있는 경우에는 상호간의 이격거리를 증가시키거나 적당한 거리에서 연가하여 시설한다.

★★★
146 저·고압가공전선과 가공약전류전선 등을 동일 지지물에 시설하는 경우로 틀린 것은?

① 가공전선을 가공약전류전선 등의 위로 하고 별개의 완금류에 시설할 것

② 전선로의 지지물로 사용하는 목주의 풍압하중에 대한 안전율은 1.5 이상일 것

③ 가공전선과 가공약전류전선 등 사이의 이격거리는 저압과 고압 모두 75 [cm] 이상일 것

④ 가공전선이 가공약전류전선에 대하여 유도작용에 의한 통신상의 장해를 줄 우려가 있는 경우에는 가공전선을 적당한 거리에서 연가할 것

해설 저·고압 가공전선과 가공약전류전선 등의 공용설치(저·고압 공가)

가공전선과 가공약전류전선 등 사이의 이격거리는 저압(다중 접지된 중성선을 제외한다)은 0.75 [m] 이상, 고압은 1.5 [m] 이상일 것.

★★★
147 사용전압이 35,000 [V] 이하인 특고압 가공전선과 가공약전류 전선을 동일 지지물에 시설하는 경우 특고압 가공전선로의 보안공사로 알맞은 것은?

① 고압 보안공사

② 제1종 특고압 보안공사

③ 제2종 특고압 보안공사

④ 제3종 특고압 보안공사

해설 특고압 가공전선과 가공약전류전선 등의 공용설치(특고압 공가)

(1) 사용전압이 35 [kV] 이하인 특고압 가공전선과 가공약전류전선 등을 동일 지지물에 시설하는 경우에는 다음에 따라야 한다.

㉠ 특고압 가공전선로는 제2종 특고압 보안공사에 의할 것.

㉡ 특고압 가공전선과 가공약전류전선 등 사이의 이격거리는 2 [m] 이상일 것. 다만, 특고압 가공전선이 케이블인 경우에는 0.5 [m] 까지 감할 수 있다.

㉢ 특고압 가공전선은 케이블인 경우를 제외하고는 인장강도 21.67 [kN] 이상의 연선 또는 단면적이 50 [mm²] 이상인 경동연선일 것.

(2) 사용전압이 35 [kV]를 초과하는 특고압 가공전선과 가공약전류전선 등은 동일 지지물에 시설하여서는 아니 된다.

148 특고압 가공전선로를 제2종 특고압 보안공사에 의해서 시설할 수 있는 경우는?

① 특고압 가공전선이 가공 약전류전선 등과 제1차 접근상태로 시설되는 경우
② 특고압 가공전선이 가공 약전류전선의 위쪽에서 교차하여 시설되는 경우
③ 특고압 가공전선이 도로 등과 제1차 접근상태로 시설되는 경우
④ 특고압 가공전선이 철도 등과 제1차 접근상태로 시설되는 경우

해설 특고압 가공전선과 가공약전류전선 등의 공용설치(특고압 공가)
사용전압이 35 [kV] 이하인 특고압 가공전선과 가공약전류전선 등을 동일 지지물에 시설하는 경우 특고압 가공전선로는 제2종 특고압 보안공사에 의할 것.

참고 제1차 접근상로 시설되는 경우는 제3종 특고압 보안공사에 해당되는 사항이다.

149 특고압 가공전선과 지지물, 완금류, 지주 또는 지선 사이의 이격거리는 사용전압 15 [kV] 미만인 경우 일반적으로 몇 [cm] 이상이어야 하는가?

① 15　　② 20
③ 30　　④ 35

해설 특고압 가공전선과 지지물·완금류·지주·지선 등과의 이격거리

사용전압	이격거리 [m]
15 [kV] 미만	0.15
15 [kV] 이상 25 [kV] 미만	0.2
25 [kV] 이상 35 [kV] 미만	0.25
35 [kV] 이상 50 [kV] 미만	0.3
50 [kV] 이상 60 [kV] 미만	0.35
60 [kV] 이상 70 [kV] 미만	0.4
70 [kV] 이상 80 [kV] 미만	0.45
80 [kV] 이상 130 [kV] 미만	0.65
130 [kV] 이상 160 [kV] 미만	0.9
160 [kV] 이상 200 [kV] 미만	1.1
200 [kV] 이상 230 [kV] 미만	1.3
230 [kV] 이상	1.6

150 한국전기설비기준에서 정하는 15 [kV] 이상 25 [kV] 미만인 특고압 가공전선과 그 지지물, 완금류, 지주 또는 지선 사이의 이격거리는 몇 [cm] 이상이어야 하는가?

① 20　　② 25
③ 30　　④ 40

해설 특고압 가공전선과 지지물·완금류·지주·지선 등과의 이격거리

사용전압	이격거리 [m]
15 [kV] 이상 25 [kV] 미만	0.2

151 사용전압이 22.9 [kV]인 특고압 가공전선과 그 지지물·완금류·지주 또는 지선 사이의 이격거리는 몇 [cm] 이상이어야 하는가?

① 15　　② 20
③ 25　　④ 30

해설 특고압 가공전선과 지지물·완금류·지주·지선 등과의 이격거리

사용전압	이격거리 [m]
15 [kV] 이상 25 [kV] 미만	0.2

152 66 [kV] 특고압 가공전선로를 케이블을 사용하여 시가지에 시설하려고 한다. 애자장치는 50 [%] 충격섬락전압의 값이 다른 부분을 지지하는 애자장치의 몇 [%] 이상으로 되어야 하는가?

① 100 ② 115
③ 110 ④ 105

해설 시가지 등에서 특고압 가공전선로의 시설
사용전압이 170 [kV] 이하인 전선로를 다음에 의하여 시설하는 경우
(1) 특고압 가공전선을 지지하는 애자장치는 다음 중 어느 하나에 의할 것.
 ㉠ 50 [%] 충격섬락전압 값이 그 전선의 근접한 다른 부분을 지지하는 애자장치 값의 110 [%] (사용전압이 130 [kV]를 초과하는 경우는 105 [%]) 이상인 것.
 ㉡ 아크 혼을 붙인 현수애자·장간애자(長幹碍子) 또는 라인포스트애자를 사용하는 것.
 ㉢ 2련 이상의 현수애자 또는 장간애자를 사용하는 것.
 ㉣ 2개 이상의 핀애자 또는 라인포스트애자를 사용하는 것.
(2) 지지물에는 철주·철근 콘크리트주 또는 철탑을 사용할 것.
(3) 지지물에는 위험 표시를 보기 쉬운 곳에 시설할 것. 다만, 사용전압이 35 [kV] 이하의 특고압 가공전선로의 전선에 특고압 절연전선을 사용하는 경우는 그러하지 아니하다.
(4) 사용전압이 100 [kV]를 초과하는 특고압 가공전선에 지락 또는 단락이 생겼을 때에는 1초 이내에 자동적으로 이를 전로로부터 차단하는 장치를 시설할 것.

153 154 [kV] 가공전선로를 시가지에 시설하는 경우 특별고압가공전선에 지락 또는 단락이 생기면 몇 초 이내에 자동적으로 이를 전로로부터 차단하는 장치를 시설하는가?

① 1 ② 2
③ 3 ④ 5

해설 시가지 등에서 특고압 가공전선로의 시설
사용전압이 100 [kV]를 초과하는 특고압 가공전선에 지락 또는 단락이 생겼을 때에는 1초 이내에 자동적으로 이를 전로로부터 차단하는 장치를 시설할 것.

154 시가지 등에서 특고압 가공전선로의 시설에 대한 내용 중 틀린 것은?

① A종 철주를 지지물로 사용하는 경우의 경간은 75 [m] 이하이다.
② 사용전압이 170 [kV] 이하인 전선로를 지지하는 애자장치는 2련 이상의 현수애자 또는 장간애자를 사용한다.
③ 사용전압이 100 [kV]를 초과하는 특고압 가공전선에 지락 또는 단락이 생겼을 때에는 1초 이내에 자동적으로 이를 전로로부터 차단하는 장치를 시설한다.
④ 사용전압이 170 [kV] 이하인 전선로를 지지하는 애자장치는 50 [%] 충격섬락전압 값이 그 전선의 근접한 다른 부분을 지지하는 애자장치 값의 100 [%] 이상인 것을 사용한다.

해설 시가지 등에서 특고압 가공전선로의 시설
(1) 특고압 가공전선을 지지하는 애자장치는 50 [%] 충격섬락전압 값이 그 전선의 근접한 다른 부분을 지지하는 애자장치 값의 110 [%] (사용전압이 130 [kV]를 초과하는 경우는 105 [%]) 이상인 것.
(2) 가공전선로의 경간

구분 \ 지지물종류	A종주, 목주	B종주	철탑
170 [kV] 이하 특고압 시가지	75[m] 목주 사용불가	150[m]	400[m] ㉡ 250[m]

정답 152 ③ 153 ① 154 ④

155 사용전압이 15,000 [V] 이하인 가공전선로의 중성선을 다중접지하는 경우에 1 [km]마다의 중성선과 대지 사이의 합성 전기저항값은 몇 [Ω] 이하가 되어야 하는가?

① 10[Ω] ② 15[Ω]
③ 20[Ω] ④ 30[Ω]

해설 25 [kV] 이하인 특고압 가공전선로의 시설

사용전압이 15 [kV] 이하인 특고압 가공전선로 및 사용전압이 25 [kV] 이하인 특고압 가공전선로는 중성선 다중접지식의 것으로서 전로에 지락이 생겼을 때 2초 이내에 자동적으로 이를 전로로부터 차단하는 장치가 되어 있는 것에 한한다.

(1) 각 접지도체를 중성선으로부터 분리하였을 경우의 각 접지점의 대지 전기저항 값과 1 [km] 마다의 중성선과 대지사이의 합성 전기저항 값은 아래 표에서 정한 값 이하일 것.

사용전압	각 접지점의 대지 전기저항치	1 [km]마다의 합성전기저항치
15 [kV] 이하	300 [Ω]	30 [Ω]
25 [kV] 이하	300 [Ω]	15 [Ω]

(2) 25 [kV] 이하인 특고압 가공전선이 다른 특고압 가공전선과 접근 또는 교차하는 경우의 이격거리는 아래 표에서 정한 값 이상일 것.

전선의 종류	이격거리
어느 한쪽 또는 양쪽이 나전선인 경우	1.5 [m]
양쪽이 특고압 절연전선인 경우	1 [m]
한쪽이 케이블이고 다른 한쪽이 케이블이거나 특고압 절연전선인 경우	0.5 [m]

156 중성선 다중접지식의 것으로 전로에 지락이 생긴 경우에 2초 안에 자동적으로 이를 차단하는 장치를 가지는 22.9 [kV] 특고압 가공전선로에서 각 접지점의 대지 전기저항값이 300 [Ω] 이하이며, 1 [km]마다의 중성선과 대지간의 합성전기저항값은 몇 [Ω] 이하이어야 하는가?

① 10 ② 15
③ 20 ④ 30

해설 25 [kV] 이하인 특고압 가공전선로의 시설

각 접지도체를 중성선으로부터 분리하였을 경우의 각 접지점의 대지 전기저항 값과 1 [km] 마다의 중성선과 대지사이의 합성 전기저항 값은 아래 표에서 정한 값 이하일 것.

사용전압	각 접지점의 대지 전기저항치	1 [km]마다의 합성전기저항치
15 [kV] 이하	300 [Ω]	30 [Ω]
25 [kV] 이하	300 [Ω]	15 [Ω]

157 25 [kV] 이하의 특고압 가공전선로가 상호간 접근 또는 교차하는 경우 사용전선이 양쪽 모두 나전선인 경우 이격거리는 얼마 이상이어야 하는가?

① 1.0[m] ② 1.2[m]
③ 1.5[m] ④ 1.75[m]

해설 25 [kV] 이하인 특고압 가공전선로의 시설

25 [kV] 이하인 특고압 가공전선이 다른 특고압 가공전선과 접근 또는 교차하는 경우의 이격거리는 아래 표에서 정한 값 이상일 것.

전선의 종류	이격거리
어느 한쪽 또는 양쪽이 나전선인 경우	1.5 [m]
양쪽이 특고압 절연전선인 경우	1 [m]
한쪽이 케이블이고 다른 한쪽이 케이블이거나 특고압 절연전선인 경우	0.5 [m]

★★
158 중성선 다중접지식의 것으로서 전로에 지락이 생겼을 때 2초 이내에 자동적으로 이를 전로로부터 차단하는 장치가 되어 있는 22.9 [kV] 특고압 가공전선과 다른 특고압 가공전선과 접근하는 경우 이격거리는 몇 [m] 이상으로 하여야 하는가? (단, 양쪽이 나전선인 경우이다.)

① 0.5   ② 1.0
③ 1.5   ④ 2.0

해설 25 [kV] 이하인 특고압 가공전선로의 시설
    25 [kV] 이하인 특고압 가공전선이 다른 특고압 가공전선과 접근 또는 교차하는 경우의 이격거리는 아래 표에서 정한 값 이상일 것.

전선의 종류	이격거리
어느 한쪽 또는 양쪽이 나전선인 경우	1.5 [m]
양쪽이 특고압 절연전선인 경우	1 [m]
한쪽이 케이블이고 다른 한쪽이 케이블이거나 특고압 절연전선인 경우	0.5 [m]

★
159 25[kV] 이하인 특고압 가공전선로가 상호접근 또는 교차하는 경우 사용전선이 양쪽 모두 케이블인 경우 이격거리는 몇 [m] 이상인가?

① 0.25   ② 0.5
③ 0.75   ④ 1.0

해설 25 [kV] 이하인 특고압 가공전선로의 시설
    25 [kV] 이하인 특고압 가공전선이 다른 특고압 가공전선과 접근 또는 교차하는 경우의 이격거리는 아래 표에서 정한 값 이상일 것.

전선의 종류	이격거리
어느 한쪽 또는 양쪽이 나전선인 경우	1.5 [m]
양쪽이 특고압 절연전선인 경우	1 [m]
한쪽이 케이블이고 다른 한쪽이 케이블이거나 특고압 절연전선인 경우	0.5 [m]

★
160 특별고압 가공전선로에 사용되는 B종 철주 각 도형은 전선로 중 최소 몇 도를 넘는 수평각도를 이루는 곳에 사용되는가?

① 3   ② 5
③ 8   ④ 10

해설 특고압 가공전선로의 B종 철주B종 철근 콘크리트주 또는 철탑의 종류
  (1) 직선형 : 전선로의 직선부분(3도 이하인 수평각도를 이루는 곳을 포함한다)에 사용하는 것.
  (2) 각도형 : 전선로중 3도를 초과하는 수평각도를 이루는 곳에 사용하는 것.
  (3) 인류형 : 전가섭선을 인류하는 곳에 사용하는 것.
  (4) 내장형 : 전선로의 지지물 양쪽의 경간의 차가 큰 곳에 사용하는 것.
  (5) 보강형 : 전선로의 직선부분에 그 보강을 위하여 사용하는 것.

★
161 특별고압 가공전선로의 지지물로 사용하는 철탑의 종류 중 인류형은?

① 전선로의 이완이 없도록 사용하는 것
② 지지물 양쪽 상호간의 이도를 주기 위하여 사용하는 것
③ 풍압에 의한 하중을 인류하기 위하여 사용하는 것
④ 전가섭선을 인류하는 곳에 사용하는 것

해설 특고압 가공전선로의 B종 철주B종 철근 콘크리트주 또는 철탑의 종류
  인류형 : 전가섭선을 인류하는 곳에 사용하는 것.

★★★
162 특고압 가공전선로의 지지물로 사용하는 B종 철주, B종 철근콘크리트주 또는 철탑의 종류에서 전선로 지지물의 양쪽 경간의 차가 큰 곳에 사용하는 것은?

① 각도형   ② 인류형
③ 내장형   ④ 보강형

해설 특고압 가공전선로의 B종 철주B종 철근 콘크리트주 또는 철탑의 종류
  내장형 : 전선로의 지지물 양쪽의 경간의 차가 큰 곳에 사용하는 것.

★
163 철탑의 강도계산에 사용하는 이상시 상정하중을 계산하는데 사용되는 것은?

① 미진에 의한 요동과 철구조물의 인장하중
② 풍압이 전선로에 직각방향으로 가하여 지는 경우의 하중
③ 이상전압이 전선로에 내습하였을 때 생기는 충격하중
④ 뇌가 철탑에 가하여졌을 경우의 충격하중

해설 철탑의 강도계산에 사용하는 이상시 상정하중
철탑의 강도계산에 사용하는 이상 시 상정하중은 풍압이 전선로에 직각방향으로 가하여지는 경우의 하중과 전선로의 방향으로 가하여지는 경우의 하중을 각각 다음에 따라 계산하여 각 부재에 대한 이들의 하중 중 그 부재에 큰 응력이 생기는 쪽의 하중을 채택한다.
(1) 수직 하중 : 가섭선·애자장치·지지물 부재 등의 중량에 의한 하중
(2) 수평 횡하중 : 풍압하중, 전선로에 수평각도가 있는 경우의 가섭선의 상정 최대장력에 의하여 생기는 수평 횡분력에 의한 하중 및 가섭선의 절단에 의하여 생기는 비틀림 힘에 의한 하중
(3) 수평 종하중 : 가섭선의 절단에 의하여 생기는 불평균 장력의 수평 종분력(水平從分力)에 의한 하중 및 비틀림 힘에 의한 하중

★★
164 철탑의 강도 계산에 사용하는 이상시 상정하중의 종류가 아닌 것은?

① 수직 하중
② 좌굴하중
③ 수평 횡하중
④ 수평 종하중

해설 철탑의 강도계산에 사용하는 이상시 상정하중
(1) 수직 하중
(2) 수평 횡하중
(3) 수평 종하중

★★★
165 고압 가공전선로에 사용하는 가공지선은 인장강도가 5.26 [kN] 이상의 것 또는 지름 몇 [mm] 이상의 나경동선을 사용하여야 하는가?

① 2.6
② 3.2
③ 4.0
④ 5.0

해설 가공전선로의 지지물에 시설하는 가공지선

사용 전압	가공지선의 규격
고압	인장강도 5.26 [kN] 이상의 것 또는 지름 4 [mm] 이상의 나경동선
특고압	인장강도 8.01 [kN] 이상의 것 또는 지름 5 [mm] 이상의 나경동선, 22 [mm²] 이상의 나경동연선이나 아연도강연선, OPGW(광섬유 복합 가공지선) 전선

★★
166 특고압 가공전선로에 사용하는 가공지선에는 지름 몇 [mm]의 나경동선 또는 이와 동등 이상의 세기 및 굵기의 나선을 사용하여야 하는가?

① 2.6
② 3.5
③ 4
④ 5

해설 가공전선로의 지지물에 시설하는 가공지선

사용 전압	가공지선의 규격
고압	인장강도 5.26 [kN] 이상의 것 또는 지름 4 [mm] 이상의 나경동선
특고압	인장강도 8.01 [kN] 이상의 것 또는 지름 5 [mm] 이상의 나경동선, 22 [mm²] 이상의 나경동연선이나 아연도강연선, OPGW(광섬유 복합 가공지선) 전선

★★★
167 가공전선로의 지지물에 하중이 가해지는 경우에 그 하중을 받는 지지물의 기초의 안전율은 일반적인 경우 얼마 이상이어야 하는가?

① 1.2 ② 1.5
③ 1.8 ④ 2

해설 각종 안전율에 대한 종합 정리
(1) 지지물 : 기초 안전율 2(이상시 상정하중에 대한 철탑의 기초에 대하여는 1.33)
(2) 목주
  ㉠ 저압 : 1.2(저압 보안공사로 한 경우 1.5)
  ㉡ 고압 : 1.3(고압 보안공사로 한 경우 1.5)
  ㉢ 특고압 : 1.5(제2종 특고압 보안공사로 한 경우 2)
  ㉣ 저·고압 가공전선의 공가 : 1.5
  ㉤ 저·고압 가공전선이 교류전차선 위로 교차 : 2
(3) 전선 : 2.5(경동선 또는 내열 동합금선은 2.2)
(4) 지선 : 2.5
(5) 특고압 가공전선을 지지하는 애자장치 : 2.5
(6) 무선용 안테나를 지지하는 지지물, 케이블 트레이 : 1.5

★★
168 ACSR 전선을 사용전압 직류 1,500 [V]의 가공급전선으로 사용할 경우 안전율은 얼마 이상이 되는 이도로 시설하여야 하는가?

① 2.0 ② 2.1
③ 2.2 ④ 2.5

해설 각종 안전율에 대한 종합 정리
전선 : 2.5(경동선 또는 내열 동합금선은 2.2)

★★★
169 고압가공전선으로 경동선 또는 내열 동합금선을 사용할 때 그 안전율은 최소 얼마 이상이 되는 이도로 시설하여야 하는가?

① 2.0 ② 2.2
③ 2.5 ④ 3.3

해설 각종 안전율에 대한 종합 정리
전선 : 2.5(경동선 또는 내열 동합금선은 2.2)

★★★
170 가공전선로의 지지물에 시설하는 지선의 안전율은 일반적인 경우 얼마 이상이어야 하는가?

① 2.0 ② 2.2
③ 2.5 ④ 2.7

해설 각종 안전율에 대한 종합 정리
지선 : 2.5

★★
171 전력보안 통신설비인 무선통신용 안테나 또는 반사판을 지지하는 철근콘크리트주의 기초의 안전율은 얼마 이상이어야 하는가?(단, 무선통신용 안테나 또는 반사판이 전선로의 주위상태를 감시할 목적으로 시설되는 것이 아닌 경우이다.)

① 1.5 ② 2.2
③ 2.5 ④ 4.5

해설 각종 안전율에 대한 종합 정리
무선용 안테나를 지지하는 지지물, 케이블 트레이 : 1.5

★★
172 케이블 트레이 공사에 사용하는 케이블 트레이의 최소 안전율은?

① 1.5 ② 1.8
③ 2.0 ④ 3.0

해설 각종 안전율에 대한 종합 정리
무선용 안테나를 지지하는 지지물, 케이블 트레이 : 1.5

★★
173 지중전선로에 사용되는 전선은?

① 절연전선 ② 동복강선
③ 케이블 ④ 나경동선

해설 **지중전선로의 시설**
(1) 지중전선로는 전선에 케이블을 사용하고 또한 관로식·암거식(暗渠式) 또는 직접매설식에 의하여 시설하여야 한다.
(2) 지중전선로를 관로식 또는 암거식에 의하여 시설하는 경우에는 다음에 따라야 한다.
  ㉠ 관로식에 의하여 시설하는 경우에는 매설 깊이를 1.0 [m] 이상으로 하되, 매설깊이가 충분하지 못한 장소에는 견고하고 차량 기타 중량물의 압력에 견디는 것을 사용할 것. 다만 중량물의 압력을 받을 우려가 없는 곳은 0.6 [m] 이상으로 한다.
  ㉡ 암거식에 의하여 시설하는 경우에는 견고하고 차량 기타 중량물의 압력에 견디는 것을 사용할 것.
(3) 지중전선로를 직접매설식에 의하여 시설하는 경우에는 매설 깊이를 차량 기타 중량물의 압력을 받을 우려가 있는 장소에는 1.0 [m] 이상, 기타 장소에는 0.6 [m] 이상으로 하고 또한 지중전선을 견고한 트라프 기타 방호물에 넣어 시설하여야 한다. 다만, 저압 또는 고압의 지중전선에 콤바인덕트 케이블을 사용하여 시설하는 경우에는 지중전선을 견고한 트라프 기타 방호물에 넣지 아니하여도 된다.

★★
174 지중전선로의 시설 방식이 아닌 것은?

① 직접매설식 ② 관로식
③ 압착식 ④ 암거식

해설 **지중전선로의 시설**
지중전선로는 전선에 케이블을 사용하고 또한 관로식·암거식(暗渠式) 또는 직접매설식에 의하여 시설하여야 한다.

★★
175 지중전선로를 관로식에 의하여 시설하는 경우에는 매설 깊이를 몇 [m] 이상으로 하여야 하는가?

① 0.6 ② 1.0
③ 1.2 ④ 1.5

해설 **지중전선로의 시설**
관로식에 의하여 시설하는 경우에는 매설 깊이를 1.0 [m] 이상으로 하되, 매설깊이가 충분하지 못한 장소에는 견고하고 차량 기타 중량물의 압력에 견디는 것을 사용할 것. 다만 중량물의 압력을 받을 우려가 없는 곳은 0.6 [m] 이상으로 한다.

★★★
176 지중전선로를 직접매설식에 의하여 차량 기타 중량물의 압력을 받을 우려가 있는 장소에 시설하는 경우 그 깊이는 몇 [m] 이상이어야 하는가?

① 0.6 ② 1.0
③ 1.5 ④ 2

해설 **지중전선로의 시설**
지중전선로를 직접매설식에 의하여 시설하는 경우에는 매설 깊이를 차량 기타 중량물의 압력을 받을 우려가 있는 장소에는 1.0 [m] 이상, 기타 장소에는 0.6 [m] 이상으로 하고 또한 지중전선을 견고한 트라프 기타 방호물에 넣어 시설하여야 한다. 다만, 저압 또는 고압의 지중전선에 콤바인덕트 케이블을 사용하여 시설하는 경우에는 지중전선을 견고한 트라프 기타 방호물에 넣지 아니하여도 된다.

★★
177 지중전선로를 직접매설식에 의하여 시설할 때, 중량물의 압력을 받을 우려가 있는 장소에 지중전선을 견고한 트라프 기타 방호물에 넣지 않고도 부설할 수 있는 케이블은?

① 염화비닐 절연케이블
② 폴리에틸렌 외장케이블
③ 콤바인 덕트 케이블
④ 알루미늄피 케이블

해설 **지중전선로의 시설**
지중전선로를 직접매설식에 의하여 시설하는 경우에는 매설 깊이를 차량 기타 중량물의 압력을 받을 우려가 있는 장소에는 1.0 [m] 이상, 기타 장소에는 0.6 [m] 이상으로 하고 또한 지중전선을 견고한 트라프 기타 방호물에 넣어 시설하여야 한다. 다만, 저압 또는 고압의 지중전선에 콤바인덕트 케이블을 사용하여 시설하는 경우에는 지중전선을 견고한 트라프 기타 방호물에 넣지 아니하여도 된다.

★★★
178 지중전선로에 사용하는 지중함의 시설기준으로 틀린 것은?

① 견고하고 차량 기타 중량물의 압력에 견딜 수 있을 것
② 그 안의 고인물을 제거할 수 있는 구조일 것
③ 뚜껑은 시설자 이외의 자가 쉽게 열 수 없도록 할 것
④ 조명 및 세척이 가능한 장치를 하도록 할 것

해설 **지중함의 시설**
지중전선로에 사용하는 지중함은 다음에 따라 시설하여야 한다.
⑴ 지중함은 견고하고 차량 기타 중량물의 압력에 견디는 구조일 것.
⑵ 지중함은 그 안의 고인 물을 제거할 수 있는 구조로 되어 있을 것.
⑶ 폭발성 또는 연소성의 가스가 침입할 우려가 있는 것에 시설하는 지중함으로서 그 크기가 1 [m³] 이상인 것에는 통풍장치 기타 가스를 방산시키기 위한 적당한 장치를 시설할 것.
⑷ 지중함의 뚜껑은 시설자 이외의 자가 쉽게 열 수 없도록 시설할 것.

★★
179 지중전선로에 사용하는 지중함의 시설기준으로 옳지 않은 것은?

① 크기가 1 [m³] 이상인 것에는 밀폐하도록 할 것
② 뚜껑은 시설자 이외의 자가 쉽게 열 수 없도록 할 것
③ 지중함안의 고인 물을 제거할 수 있는 구조일 것
④ 견고하고 차량 기타 중량물의 압력에 견딜 수 있을 것

해설 **지중함의 시설**
지중전선로에 사용하는 지중함은 다음에 따라 시설하여야 한다.
⑴ 지중함은 견고하고 차량 기타 중량물의 압력에 견디는 구조일 것.
⑵ 지중함은 그 안의 고인 물을 제거할 수 있는 구조로 되어 있을 것.
⑶ 폭발성 또는 연소성의 가스가 침입할 우려가 있는 것에 시설하는 지중함으로서 그 크기가 1 [m³] 이상인 것에는 통풍장치 기타 가스를 방산시키기 위한 적당한 장치를 시설할 것.
⑷ 지중함의 뚜껑은 시설자 이외의 자가 쉽게 열 수 없도록 시설할 것.

★★★
180 다음 (   )에 들어갈 적당한 것은?

> 지중 전선로는 기설 지중 약전류 전선로에 대하여 (㉠) 또는 (㉡)에 의하여 통신상의 장해를 주지 않도록 기설 약전류 전선으로부터 충분히 이격시키거나 기타 적당한 방법으로 시설하여야 한다.

① ㉠ 방전용량,   ㉡ 표피작용
② ㉠ 정전용량,   ㉡ 유도작용
③ ㉠ 누설전류,   ㉡ 표피작용
④ ㉠ 누설전류,   ㉡ 유도작용

해설 **지중약전류전선의 유도장해 방지**
지중전선로는 기설 지중약전류전선로에 대하여 누설전류 또는 유도작용에 의하여 통신상의 장해를 주지 않도록 기설 지중약전류전선로로부터 충분히 이격시키거나 기타 적당한 방법으로 시설하여야 한다.

★★★
181 지중전선이 지중약전류 전선 등과 접근하거나 교차하는 경우에 상호 간의 이격거리가 저압 또는 고압의 지중전선이 몇 [cm] 이하일 때, 지중 전선과 지중약전류 전선 사이에 견고한 내화성의 격벽(隔壁)을 설치하여야 하는가?

① 10 [cm] ② 20 [cm]
③ 30 [cm] ④ 60 [cm]

해설 지중전선과 지중약전류전선 등 또는 관과의 접근 또는 교차
(1) 지중전선이 지중약전류전선 등과 접근하거나 교차하는 경우에 상호간의 이격거리가 저압 또는 고압의 지중전선은 0.3 [m] 이하, 특고압 지중전선은 0.6 [m] 이하인 때에는 지중전선과 지중약전류전선 등 사이에 견고한 내화성의 격벽(隔壁)을 설치하는 경우 이외에는 지중전선을 견고한 불연성(不燃性) 또는 난연성(難燃性)의 관에 넣어 그 관이 지중약전류전선 등과 직접 접촉하지 아니하도록 하여야 한다.
(2) 특고압 지중전선이 가연성이나 유독성의 유체(流體)를 내포하는 관과 접근하거나 교차하는 경우에 상호간의 이격거리가 1 [m] 이하(단, 사용전압이 25 kV 이하인 다중접지방식 지중전선로인 경우에는 0.5 [m] 이하)인 때에는 지중전선과 관 사이에 견고한 내화성의 격벽을 시설하는 경우 이외에는 지중전선을 견고한 불연성 또는 난연성의 관에 넣어 그 관이 가연성이나 유독성의 유체를 내포하는 관과 직접 접촉하지 아니하도록 시설하여야 한다.
(3) 특고압 지중전선이 (2)에 규정하는 관 이외의 관과 접근하거나 교차하는 경우에 상호간의 이격거리가 0.3 [m] 이하인 경우에는 지중전선과 관 사이에 견고한 내화성 격벽을 시설하는 경우 이외에는 견고한 불연성 또는 난연성의 관에 넣어 시설하여야 한다.

★★★
182 특고압 지중전선과 지중약전류전선이 접근 또는 교차되는 경우에 견고한 내화성의 격벽을 시설하였다면 두 전선간의 이격거리는 몇 [cm] 이하인 경우로 볼 수 있는가?

① 30 [cm] ② 40 [cm]
③ 50 [cm] ④ 60 [cm]

해설 지중전선과 지중약전류전선 등 또는 관과의 접근 또는 교차 지중전선이 지중약전류전선 등과 접근하거나 교차하는 경우에 상호간의 이격거리가 저압 또는 고압의 지중전선은 0.3 [m] 이하, 특고압 지중전선은 0.6 [m] 이하인 때에는 지중전선과 지중약전류전선 등 사이에 견고한 내화성의 격벽(隔壁)을 설치하는 경우 이외에는 지중전선을 견고한 불연성(不燃性) 또는 난연성(難燃性)의 관에 넣어 그 관이 지중약전류전선 등과 직접 접촉하지 아니하도록 하여야 한다.

★
183 22.9 [kVY]의 지중전선과 지중약전류전선의 최소 이격거리[cm]는?

① 10[cm] ② 15[cm]
③ 30[cm] ④ 60[cm]

해설 지중전선과 지중약전류전선 등 또는 관과의 접근 또는 교차 지중전선이 지중약전류전선 등과 접근하거나 교차하는 경우에 상호간의 이격거리가 저압 또는 고압의 지중전선은 0.3 [m] 이하, 특고압 지중전선은 0.6 [m] 이하인 때에는 지중전선과 지중약전류전선 등 사이에 견고한 내화성의 격벽(隔壁)을 설치하는 경우 이외에는 지중전선을 견고한 불연성(不燃性) 또는 난연성(難燃性)의 관에 넣어 그 관이 지중약전류전선 등과 직접 접촉하지 아니하도록 하여야 한다.

★★★
184 특고압 지중전선이 가연성이나 유독성의 유체(流體)를 내포하는 관과 접근하기 때문에 상호간에 견고한 내화성의 격벽을 시설하였다. 상호 간의 이격거리가 몇 [m] 이하인 경우인가?

① 0.4 ② 0.6
③ 0.8 ④ 1.0

해설 지중전선과 지중약전류전선 등 또는 관과의 접근 또는 교차 특고압 지중전선이 가연성이나 유독성의 유체(流體)를 내포하는 관과 접근하거나 교차하는 경우에 상호간의 이격거리가 1 [m] 이하(단, 사용전압이 25 [kV] 이하인 다중접지방식 지중전선로인 경우에는 0.5 [m] 이하)인 때에는 지중전선과 관 사이에 견고한 내화성의 격벽을 시설하는 경우 이외에는 지중전선을 견고한 불연성 또는 난연성의 관에 넣어 그 관이 가연성이나 유독성의 유체를 내포하는 관과 직접 접촉하지 아니하도록 시설하여야 한다.

★★★

185 철도, 궤도 또는 자동차도의 전용터널 안의 터널 내 전선로의 시설방법으로 틀린 것은?

① 저압전선으로 지름 2.0 [mm]의 경동선을 사용하였다.

② 고압전선은 케이블공사로 하였다.

③ 저압전선을 애자공사에 의하여 시설하고 이를 궤조면상 또는 노면상 2.5 [m] 이상으로 하였다.

④ 저압전선을 가요전선관공사에 의하여 시설하였다.

해설 철도·궤도 또는 자동차도 전용터널 안의 전선로

(1) 저압 전선은 다음 중 1에 의하여 시설할 것.
　㉠ 애자공사에 의하여 인장강도 2.3 [kN] 이상의 절연전선 또는 지름 2.6 [mm] 이상의 경동선의 절연전선을 사용하고 또한 이를 레일면상 또는 노면상 2.5 [m] 이상의 높이로 유지할 것.
　㉡ 케이블공사, 금속관공사, 합성수지관공사, 가요전선관공사, 애자공사에 의할 것.
(2) 고압 전선은 다음 중 1에 의하여 시설할 것.
　㉠ 전선은 케이블공사에 의할 것. 다만 인장강도 5.26 [kN] 이상의 것 또는 지름 4 [mm] 이상의 경동선의 고압 절연전선 또는 특고압 절연전선을 사용하여 애자공사에 의하여 시설하고 또한 이를 레일면상 또는 노면상 3 [m] 이상의 높이로 유지하여 시설하는 경우에는 그러하지 아니하다.
　㉡ 케이블을 조영재의 옆면 또는 아랫면에 따라 붙일 경우에는 케이블의 지지점간의 거리를 2 [m](수직으로 붙일 경우에는 6 [m]) 이하로 하고 또한 피복을 손상하지 아니하도록 붙일 것.
(3) 특고압 전선은 케이블배선에 의할 것.

★★★

186 사람이 상시 통행하는 터널 내 저압 전선로의 애자공사시 노면상 최소 높이는?

① 2.0[m]　　　② 2.2[m]

③ 2.5[m]　　　④ 3.0[m]

해설 사람이 상시 통행하는 터널 안의 전선로

(1) 저압 전선은 다음 중 1에 의하여 시설할 것.
　㉠ 애자공사에 의하여 인장강도 2.3 [kN] 이상의 절연전선 또는 지름 2.6 [mm] 이상의 경동선의 절연전선을 사용하고 또한 이를 레일면상 또는 노면상 2.5 [m] 이상의 높이로 유지할 것.
　㉡ 케이블공사, 금속관공사, 합성수지관공사, 가요전선관공사, 애자공사에 의할 것.
(2) 고압 전선은 케이블공사에 의할 것.
(3) 특고압 전선은 시설하여서는 아니 된다.

★★

187 다음 중 터널 안 전선로의 시설방법으로 옳은 것은?

① 저압전선은 지름 2.6 [mm]의 경동선의 절연전선을 사용하였다.

② 고압전선은 절연전선을 사용하여 합성수지관공사로 하였다.

③ 저압전선을 애자공사에 의하여 시설하고 이를 레일면상 또는 노면상 2.2 [m]의 높이로 시설하였다.

④ 고압전선을 금속관공사에 의하여 시설하고 이를 레일면상 또는 노면상 2.4 [m]의 높이로 시설하였다.

해설 터널 안의 전선로

(1) 철도·궤도 또는 자동차도 전용터널 안의 전선로
　저압 전선은 애자공사에 의하여 인장강도 2.3 [kN] 이상의 절연전선 또는 지름 2.6 [mm] 이상의 경동선의 절연전선을 사용하고 또한 이를 레일면상 또는 노면상 2.5 [m] 이상의 높이로 유지할 것.
(2) 사람이 상시 통행하는 터널 안의 전선로
　저압 전선은 애자공사에 의하여 인장강도 2.3 [kN] 이상의 절연전선 또는 지름 2.6 [mm] 이상의 경동선의 절연전선을 사용하고 또한 이를 레일면상 또는 노면상 2.5 [m] 이상의 높이로 유지할 것.

★
188 다음 중 수상전선로를 시설하는 경우에 대한 설명으로 알맞은 것은?

① 사용전압이 고압인 경우에는 클로로프렌 캡타이어케이블을 사용한다.
② 가공전선로의 전선과 접속하는 경우, 접속점이 육상에 있는 경우에는 지표상 4 [m] 이상의 높이로 지지물에 견고하게 붙인다.
③ 가공전선로의 전선과 접속하는 경우, 접속점이 수면상에 있는 경우, 사용전압이 고압인 경우에는 수면상 5 [m]의 높이로 지지물에 견고하게 붙인다.
④ 고압 수상전선로에 지락이 생길 때를 대비하여 전로를 수동으로 차단하는 장치를 시설한다.

해설 **수상전선로**
(1) 전선의 종류
　㉠ 저압인 경우 : 클로로프렌 캡타이어케이블
　㉡ 고압인 경우 : 고압용 캡타이어케이블
(2) 수상전선과 가공전선의 접속점의 높이
　㉠ 접속점이 육상에 있을 경우 지표상 5 [m] 이상. 다만, 수상전선로의 사용전압이 저압인 경우에 도로상 이외의 곳에 있을 때에는 지표상 4 [m] 까지 감할 수 있다.
　㉡ 접속점이 수면상에 있을 경우 수상전선로의 사용전압이 저압인 경우에는 수면상 4 [m], 고압인 경우에는 수면상 5 [m] 이상.
(3) 보호장치
　수상전선로에는 이와 접속하는 가공전선로에 전용개폐기 및 과전류 차단기를 각 극에 시설하고 또한 수상전선로의 사용전압이 고압인 경우에는 전로에 지락이 생겼을 때에 자동적으로 전로를 차단하기 위한 장치를 시설하여야 한다.

★
189 특수장소에 시설하는 전선로의 기준으로 옳지 않은 것은?

① 교량의 윗면에 시설하는 저압전선로는 교량 노면상 5 [m] 이상으로 할 것
② 합성수지관공사, 금속관공사 또는 케이블공사에 의해 교량의 아랫면에 저압전선로를 시설할 수 있으나, 가요전선관공사에 의해 시설할 수 없다.
③ 벼랑과 같은 수직부분에 시설하는 전선로는 부득이한 경우에 시설하며, 이때 전선의 지지점간의 거리는 15 [m] 이하이어야 한다.
④ 저압전선로와 고압전선로를 같은 벼랑에 시설하는 경우 고압전선과 저압전선 사이의 이격거리는 50 [cm] 이상일 것

해설 **특수장소에 시설하는 전선로**
(1) 교량에 시설하는 전선로

구분	항목	저압 전선로	고압 전선로
교량의 윗면에 시설	전선의 높이	노면상 5 [m] 이상	노면상 5 [m] 이상
	전선의 종류	2.6 [mm] 이상의 경동선의 절연전선	케이블
	전선과 조영재의 이격거리	30 [cm] 이상 단, 케이블인 경우 15 [cm] 이상	60 [cm] 이상 단, 케이블인 경우 30 [cm] 이상
교량의 아랫면에 시설할 경우의 공사방법		합성수지관공사 금속관공사 가요전선관공사 케이블공사	-

(2) 급경사지에 시설하는 전선로
　㉠ 전선의 지지점 간의 거리는 15 [m] 이하일 것
　㉡ 전선은 케이블인 경우 이외에는 벼랑에 견고하게 붙인 금속제 완금류에 절연성, 난연성, 내수성의 애자로 지지할 것
　㉢ 전선에 사람이 접촉할 우려가 있는 곳 또는 손상을 받을 우려가 있는 곳에 시설하는 경우에는 적당한 방호장치를 시설할 것
　㉣ 저압전선로와 고압전선로를 같은 벼랑에 시설하는 경우에는 고압전선로를 저압전선로의 위로하고 또한 고압전선과 저압전선 사이의 이격거리는 50 [cm] 이상일 것

★★★

190 전력보안통신설비를 하지 않아도 되는 곳은?

① 원격감시제어가 되지 않는 발전소, 변전소
② 2 이상의 급전소 상호간과 이들을 총합 운용하는 급전소 간
③ 급전소를 총합 운용하는 급전소로서, 서로 연계가 똑같은 전력계통에 속하는 급전소 간
④ 동일 수계에 속하고 보안상 긴급연락의 필요가 있는 수력발전소의 상호간

해설 전력보안통신설비의 시설장소

발전소, 변전소 및 변환소
(1) 원격감시제어가 되지 아니하는 발전소·변전소(이에 준하는 곳으로서 특고압의 전기를 변성하기 위한 곳을 포함한다)·개폐소, 전선로 및 이를 운용하는 급전소 및 급전분소 간
(2) 2 이상의 급전소(분소) 상호 간과 이들을 총합 운용하는 급전소(분소) 간
(3) 수력설비 중 필요한 곳, 수력설비의 안전상 필요한 양수소(量水所) 및 강수량 관측소와 수력발전소 간
(4) 동일 수계에 속하고 안전상 긴급 연락의 필요가 있는 수력발전소 상호 간
(5) 동일 전력계통에 속하고 또한 안전상 긴급연락의 필요가 있는 발전소·변전소(이에 준하는 곳으로서 특고압의 전기를 변성하기 위한 곳을 포함한다) 및 개폐소 상호 간
(6) 발전소·변전소 및 개폐소와 기술원 주재소 간. 다만, 다음 어느 항목에 적합하고 또한 휴대용이거나 이동형 전력보안통신설비에 의하여 연락이 확보된 경우에는 그러하지 아니하다.
　㉠ 발전소로서 전기의 공급에 지장을 미치지 않는 것.
　㉡ 상주감시를 하지 않는 변전소(사용전압이 35 [kV] 이하의 것에 한한다)로서 그 변전소에 접속되는 전선로가 동일 기술원 주재소에 의하여 운용되는 곳.
(7) 발전소·변전소(이에 준하는 곳으로서 특고압의 전기를 변성하기 위한 곳을 포함한다)·개폐소·급전소 및 기술원 주재소와 전기설비의 안전상 긴급 연락의 필요가 있는 기상대·측후소·소방서 및 방사선 감시계측 시설물 등의 사이

★

191 전력보안통신설비를 시설하지 않아도 되는 경우는?

① 수력설비의 강수량 관측소와 수력발전소간
② 동일 수계에 속한 수력 발전소 상호간
③ 급전소와 기상대
④ 휴대용 전화설비를 갖춘 22.9 [kV] 변전소와 기술원 주재소

해설 전력보안통신설비의 시설장소

발전소·변전소 및 개폐소와 기술원 주재소 간. 다만, 다음 어느 항목에 적합하고 또한 휴대용이거나 이동형 전력보안통신설비에 의하여 연락이 확보된 경우에는 그러하지 아니하다.
(1) 발전소로서 전기의 공급에 지장을 미치지 않는 것.
(2) 상주감시를 하지 않는 변전소(사용전압이 35 [kV] 이하의 것에 한한다)로서 그 변전소에 접속되는 전선로가 동일 기술원 주재소에 의하여 운용되는 곳.

★★

192 전력보안 가공통신선이 철도의 궤도를 횡단하는 경우에는 레일면상 몇 [m] 이상에 시설하여야 하는가?

① 5.0 [m]　　　② 5.5 [m]
③ 6.0 [m]　　　④ 6.5 [m]

해설 전력보안 가공통신선의 높이

(1) 도로(차도와 인도의 구별이 있는 도로는 차도) 위에 시설하는 경우에는 지표상 5 [m] 이상. 다만, 교통에 지장을 줄 우려가 없는 경우에는 지표상 4.5 [m] 까지로 감할 수 있다.
(2) 철도 또는 궤도를 횡단하는 경우에는 레일면상 6.5 [m] 이상.
(3) 횡단보도교 위에 시설하는 경우에는 그 노면상 3 [m] 이상.
(4) (1)부터 (3)까지 이외의 경우에는 지표상 3.5 [m] 이상.

정답 190 ③　191 ④　192 ④

★★

193 전력보안 가공통신선을 횡단보도교 위에 설치하고자 할 때 노면상의 높이는 몇 [m] 이상이어야 하는가?

① 3   ② 3.5

③ 5   ④ 6.5

해설 전력보안 가공통신선의 높이
  (1) 도로(차도와 인도의 구별이 있는 도로는 차도) 위에 시설하는 경우에는 지표상 5 [m] 이상. 다만, 교통에 지장을 줄 우려가 없는 경우에는 지표상 4.5 [m] 까지로 감할 수 있다.
  (2) 철도 또는 궤도를 횡단하는 경우에는 레일면상 6.5 [m] 이상.
  (3) 횡단보도교 위에 시설하는 경우에는 그 노면상 3 [m] 이상.
  (4) (1)부터 (3)까지 이외의 경우에는 지표상 3.5 [m] 이상.

★★

194 전력보안 가공통신선을 도로 위, 철도 또는 궤도, 횡단보도교 위 등이 아닌 일반적인 장소에 시설하는 경우에는 지표상 몇 [m] 이상으로 시설하여야 하는가?

① 3.5   ② 4

③ 4.5   ④ 5

해설 전력보안 가공통신선의 높이
  (1) 도로(차도와 인도의 구별이 있는 도로는 차도) 위에 시설하는 경우에는 지표상 5 [m] 이상. 다만, 교통에 지장을 줄 우려가 없는 경우에는 지표상 4.5 [m] 까지로 감할 수 있다.
  (2) 철도 또는 궤도를 횡단하는 경우에는 레일면상 6.5 [m] 이상.
  (3) 횡단보도교 위에 시설하는 경우에는 그 노면상 3 [m] 이상.
  (4) (1)부터 (3)까지 이외의 경우에는 지표상 3.5 [m] 이상.

★★

195 저압 가공전선로의 지지물에 시설하는 통신선 또는 이에 직접 접속하는 가공 통신선이 도로를 횡단하는 경우, 일반적으로 지표상 몇 [m] 이상의 높이로 시설하여야 하는가?

① 6.0   ② 4.0

③ 5.0   ④ 3.0

해설 가공전선로의 지지물에 시설하는 통신선(첨가 통신선) 또는 이에 직접 접속하는 가공통신선의 높이
  (1) 도로를 횡단하는 경우에는 지표상 6 [m] 이상. 다만, 저압이나 고압의 가공전선로의 지지물에 시설하는 통신선 또는 이에 직접 접속하는 가공통신선을 시설하는 경우에 교통에 지장을 줄 우려가 없을 때에는 지표상 5 [m] 까지로 감할 수 있다.
  (2) 철도 또는 궤도를 횡단하는 경우에는 레일면상 6.5 [m] 이상.
  (3) 횡단보도교 위에 시설하는 경우에는 그 노면상 5 [m] 이상. 다만, 다음 중 어느 하나에 해당하는 경우에는 그러하지 아니하다.
    ㉠ 저압 또는 고압의 가공전선로의 지지물에 시설하는 통신선 또는 이에 직접 접속하는 가공통신선을 노면상 3.5 [m] (통신선이 절연전선과 동등 이상의 절연성능이 있는 것인 경우에는 3 [m]) 이상으로 하는 경우
    ㉡ 특고압 전선로의 지지물에 시설하는 통신선 또는 이에 직접 접속하는 가공통신선으로서 광섬유케이블을 사용하는 것을 그 노면상 4 [m] 이상으로 하는 경우

★★

196 특별고압 가공전선로의 지지물에 시설하는 통신선 또는 이에 직접 접속하는 가공통신선의 높이는 철도 또는 궤도를 횡단하는 경우에는 궤조면상 몇 [m] 이상으로 하여야 하는가?

① 5   ② 5.5

③ 6   ④ 6.5

해설 가공전선로의 지지물에 시설하는 통신선(첨가 통신선) 또는 이에 직접 접속하는 가공통신선의 높이
  철도 또는 궤도를 횡단하는 경우에는 레일면상 6.5 [m] 이상.

★★
197 고압 가공전선로의 지지물에 시설하는 통신선의 높이는 도로를 횡단하는 경우 교통에 지장을 줄 우려가 없다면 지표상 몇 [m]까지로 감할 수 있는가?

① 4   ② 4.5
③ 5   ④ 6

해설 가공전선로의 지지물에 시설하는 통신선(첨가 통신선) 또는 이에 직접 접속하는 가공통신선의 높이
도로를 횡단하는 경우에는 지표상 6 [m] 이상. 다만, 저압이나 고압의 가공전선로의 지지물에 시설하는 통신선 또는 이에 직접 접속하는 가공통신선을 시설하는 경우에 교통에 지장을 줄 우려가 없을 때에는 지표상 5 [m] 까지로 감할 수 있다.

★★
198 고압 가공전선로의 지지물에 첨가한 통신선을 횡단보도교 위에 시설하는 경우 그 노면상의 높이는 몇 [m] 이상으로 하여야 하는가?

① 3 이상   ② 3.5 이상
③ 5 이상   ④ 5.5 이상

해설 가공전선로의 지지물에 시설하는 통신선(첨가 통신선) 또는 이에 직접 접속하는 가공통신선의 높이
횡단보도교 위에 시설하는 경우에는 그 노면상 5 [m] 이상. 다만, 다음 중 어느 하나에 해당하는 경우에는 그러하지 아니하다.
(1) 저압 또는 고압의 가공전선로의 지지물에 시설하는 통신선 또는 이에 직접 접속하는 가공통신선을 노면상 3.5 [m] (통신선이 절연전선과 동등 이상의 절연성능이 있는 것인 경우에는 3 [m]) 이상으로 하는 경우
(2) 특고압 전선로의 지지물에 시설하는 통신선 또는 이에 직접 접속하는 가공통신선으로서 광섬유케이블을 사용하는 것을 그 노면상 4 [m] 이상으로 하는 경우

★★
199 가공전선로의 지지물에 시설하는 통신선 또는 이에 직접 접속하는 가공 통신선의 높이에 대한 설명 중 틀린 것은?

① 도로를 횡단하는 경우에는 지표상 6 [m] 이상으로 한다.
② 철도 또는 궤도를 횡단하는 경우에는 레일면상 6 [m] 이상으로 한다.
③ 횡단보도교의 위에 시설하는 경우에는 그 노면상 5 [m] 이상으로 한다.
④ 도로를 횡단하는 경우, 저압이나 고압의 가공전선로의 지지물에 시설하는 통신선이 교통에 지장을 줄 우려가 없는 경우에는 지표상 5 [m]까지로 감할 수 있다.

해설 가공전선로의 지지물에 시설하는 통신선(첨가 통신선) 또는 이에 직접 접속하는 가공통신선의 높이
철도 또는 궤도를 횡단하는 경우에는 레일면상 6.5 [m] 이상.

★★
200 가공전선과 첨가 통신선과의 시공방법으로 틀린 것은?

① 통신선은 가공전선의 아래에 시설할 것
② 통신선과 고압 가공전선 사이의 이격거리는 60 [cm] 이상일 것
③ 통신선과 특고압 가공전선로의 다중접지한 중성선 사이의 이격거리는 1.2 [m] 이상일 것
④ 통신선은 특고압 가공전선로의 지지물에 시설하는 기계지구에 부속되는 전선과 접촉할 우려가 없도록 지지물 또는 완금류에 견고하게 시설할 것

해설 가공전선과 첨가 통신선과의 이격거리
가공전선로의 지지물에 시설하는 통신선은 다음에 따른다.
(1) 통신선은 가공전선의 아래에 시설할 것
(2) 통신선과 저압 가공전선 또는 특고압 가공전선로의 다중접지를 한 중성선 사이의 이격거리는 0.6 [m] 이상일 것. 다만, 저압 가공전선이 절연전선 또는 케이블인 경우에 통신선이 절연전선과 동등 이상의 절연성능이 있는 것인 경우에는 0.3 [m] (저압 가공전선이 인입선이고 또한 통신선이 첨가 통신용 제2종 케이블 또는 광섬유 케이블일 경우에는 0.15 [m]) 이상으로 할 수 있다.
(3) 통신선과 고압 가공전선 사이의 이격거리는 0.6 [m] 이상일 것. 다만, 고압 가공전선이 케이블인 경우에 통신선이 절연전선과 동등 이상의 절연성능이 있는 것인 경우에는 0.3 [m] 이상으로 할 수 있다.
(4) 통신선은 고압 가공전선로 또는 특고압 가공전선로의 지지물에 시설하는 기계기구에 부속되는 전선과 접촉할 우려가 없도록 지지물 또는 완금류에 견고하게 시설하여야 한다.
(5) 통신선과 특고압 가공전선(25 [kV] 이하인 특고압 가공전선로의 다중 접지를 한 중성선은 제외한다) 사이의 이격거리는 1.2 [m] (전로에 지락이 생겼을 때에 2초 이내에 자동적으로 이를 전로로부터 차단하는 장치가 되어 있는 25 [kV] 이하인 특고압 가공전선로(중성선 다중접지 방식)에 규정하는 특고압 가공전선은 0.75 [m]) 이상일 것. 다만, 특고압 가공전선이 케이블인 경우에 통신선이 절연전선과 동등 이상의 절연성능이 있는 것인 경우에는 0.3 [m] 이상으로 할 수 있다.

★★
201 통신선과 저압 가공전선 또는 특고압 가공전선로의 다중 접지를 한 중성선 사이의 이격거리는 몇 [cm] 이상인가?

① 15   ② 30
③ 60   ④ 90

해설 가공전선과 첨가 통신선과의 이격거리
가공전선로의 지지물에 시설하는 통신선은 다음에 따른다.
통신선과 저압 가공전선 또는 특고압 가공전선로의 다중접지를 한 중성선 사이의 이격거리는 0.6 [m] 이상일 것. 다만, 저압 가공전선이 절연전선 또는 케이블인 경우에 통신선이 절연전선과 동등 이상의 절연성능이 있는 것인 경우에는 0.3 [m] (저압 가공전선이 인입선이고 또한 통신선이 첨가 통신용 제2종 케이블 또는 광섬유 케이블일 경우에는 0.15 [m]) 이상으로 할 수 있다.

★★
202 가공전선로의 지지물에 시설하는 통신선과 고압 가공전선 사이의 이격거리는 몇 [cm] 이상이어야 하는가?

① 120   ② 100
③ 75   ④ 60

해설 가공전선과 첨가 통신선과의 이격거리
가공전선로의 지지물에 시설하는 통신선은 다음에 따른다.
통신선과 고압 가공전선 사이의 이격거리는 0.6 [m] 이상일 것. 다만, 고압 가공전선이 케이블인 경우에 통신선이 절연전선과 동등 이상의 절연성능이 있는 것인 경우에는 0.3 [m] 이상으로 할 수 있다.

203 가공전선로의 지지물에 시설하는 통신선은 가공전선과의 이격거리를 몇 [cm] 이상 유지하여야 하는가? (단, 가공전선은 고압으로 케이블을 사용한다.)

① 30
② 45
③ 60
④ 75

해설 **가공전선과 첨가 통신선과의 이격거리**

가공전선로의 지지물에 시설하는 통신선은 다음에 따른다.

통신선과 고압 가공전선 사이의 이격거리는 0.6 [m] 이상일 것. 다만, 고압 가공전선이 케이블인 경우에 통신선이 절연전선과 동등 이상의 절연성능이 있는 것인 경우에는 0.3 [m] 이상으로 할 수 있다.

204 특고압 가공전선이 케이블인 경우에 통신선이 절연전선과 동등 이상의 절연효력이 있을 때 통신선과 특고압 가공전선과의 이격거리는 몇 [cm] 이상인가?

① 30
② 60
③ 75
④ 90

해설 **가공전선과 첨가 통신선과의 이격거리**

가공전선로의 지지물에 시설하는 통신선은 다음에 따른다.

통신선과 특고압 가공전선(25 [kV] 이하인 특고압 가공전선로의 다중 접지를 한 중성선은 제외한다) 사이의 이격거리는 1.2 [m](전로에 지락이 생겼을 때에 2초 이내에 자동적으로 이를 전로로부터 차단하는 장치가 되어 있는 25 [kV] 이하인 특고압 가공전선로(중성선 다중접지 방식)에 규정하는 특고압 가공전선은 0.75 [m]) 이상일 것. 다만, 특고압 가공전선이 케이블인 경우에 통신선이 절연전선과 동등 이상의 절연성능이 있는 것인 경우에는 0.3 [m] 이상으로 할 수 있다.

205 전력보안 통신설비는 가공전선로로부터의 어떤 작용에 의하여 사람에게 위험을 줄 우려가 없도록 시설하여야 하는가?

① 정전유도작용 또는 전자유도작용
② 표피작용 또는 부식작용
③ 부식작용 또는 정전유도작용
④ 전압강하작용 또는 전자유도작용

해설 **전력유도의 방지**

전력보안통신설비는 가공전선로로부터의 정전유도작용 또는 전자유도작용에 의하여 사람에게 위험을 줄 우려가 없도록 시설하여야 한다. 다음의 제한값을 초과하거나 초과할 우려가 있는 경우에는 이에 대한 방지조치를 하여야 한다.

(1) 이상시 유도위험전압 : 650 [V]. 다만, 고장시 전류제거시간이 0.1초 이상인 경우에는 430 [V]로 한다.
(2) 상시 유도위험종전압 : 60 [V]
(3) 기기 오동작 유도종전압 : 15 [V]
(4) 잡음전압 : 0.5 [mV]

206 전력보안 통신설비 시설시 가공전선로로부터 가장 주의하여야 하는 것은?

① 전선의 굵기
② 단락전류에 의한 기계적 충격
③ 전자유도작용
④ 와류손

해설 **전력유도의 방지**

전력보안통신설비는 가공전선로로부터의 정전유도작용 또는 전자유도작용에 의하여 사람에게 위험을 줄 우려가 없도록 시설하여야 한다. 다음의 제한값을 초과하거나 초과할 우려가 있는 경우에는 이에 대한 방지조치를 하여야 한다.

(1) 이상시 유도위험전압 : 650 [V]. 다만, 고장시 전류제거시간이 0.1초 이상인 경우에는 430 [V]로 한다.
(2) 상시 유도위험종전압 : 60 [V]
(3) 기기 오동작 유도종전압 : 15 [V]
(4) 잡음전압 : 0.5 [mV]

★★
207 시가지에 시설하는 통신선은 특고압 가공전선로의 지지물에 시설하여서는 아니된다. 그러나 통신선이 절연전선과 동등 이상의 절연효력이 있고 인장강도 5.26[kN] 이상의 것 또는 지름 몇 [mm] 이상의 절연전선 또는 광섬유 케이블인 것이면 시설이 가능한가?

① 4　　　　　　　② 4.5
③ 5　　　　　　　④ 5.5

[해설] 특고압 가공전선로 첨가설치 통신선의 시가지 인입 제한
시가지에 시설하는 통신선은 특고압 가공전선로의 지지물에 시설하여서는 아니 된다. 다만, 통신선이 절연전선과 동등 이상의 절연효력이 있고 인장강도 5.26 [kN] 이상의 것 또는 단면적 16 [mm²](지름 4 [mm]) 이상의 절연전선 또는 광섬유 케이블인 경우에는 그러하지 아니하다.

★★
208 시가지에 시설하는 통신선을 특고압 가공전선로의 지지물에 시설하여서는 아니되는 것은?

① 지름 4 [mm]의 절연전선
② 단면적 10 [mm²]의 절연전선
③ 인장강도 5.26 [kN] 이상의 것
④ 광섬유 케이블

[해설] 특고압 가공전선로 첨가설치 통신선의 시가지 인입 제한
시가지에 시설하는 통신선은 특고압 가공전선로의 지지물에 시설하여서는 아니 된다. 다만, 통신선이 절연전선과 동등 이상의 절연효력이 있고 인장강도 5.26 [kN] 이상의 것 또는 단면적 16 [mm²](지름 4 [mm]) 이상의 절연전선 또는 광섬유 케이블인 경우에는 그러하지 아니하다.

★★
209 특고압 가공전선로의 지지물에 시설하는 통신선 또는 이에 직접 접속하는 통신선 중 옥내에 시설하는 부분은 몇 [V] 초과의 저압 옥내배선의 규정에 준하여 시설하도록 하고 있는가?

① 150　　　　　　② 300
③ 380　　　　　　④ 400

[해설] 특고압 가공전선로 첨가설치 통신선에 직접 접속하는 옥내 통신선의 시설
특고압 가공전선로의 지지물에 시설하는 통신선(광섬유 케이블을 제외한다) 또는 이에 직접 접속하는 통신선 중 옥내에 시설하는 부분은 400 [V] 초과의 저압 옥내 배선시설에 준하여 시설하여야 한다. 다만, 취급자 이외의 사람이 출입할 수 없도록 시설한 곳에서 위험의 우려가 없도록 시설하는 경우에는 그러하지 아니하다. 옥내에 시설하는 통신선(광섬유 케이블을 포함한다)에는 식별인식표를 부착하여 오인으로 절단 또는 충격을 받지 않도록 하여야 한다.

★★
210 그림은 전력선 반송통신용 결합장치의 보안장치이다. 그림에서 CC는 무엇인가?

① 접지용 개폐기
② 결합 커패시터
③ 동축케이블
④ 방전갭

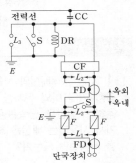

[해설] 전력선 반송통신용 결합장치의 보안장치
FD : 동축케이블
F : 정격전류 10 [A] 이하의 포장 퓨즈
DR : 전류 용량 2 [A] 이상의 배류 선륜
L₁ : 교류 300 [V] 이하에서 동작하는 피뢰기
L₂ : 동작 전압이 교류 1.3 [kV] 를 초과하고 1.6 [kV] 이하로 조정된 방전 갭
L₃ : 동작 전압이 교류 2 [kV] 를 초과하고 3 [kV] 이하로 조정된 구상 방전 갭
S : 접지용 개폐기
CF : 결합 필터
CC : 결합 커패시터(결합 안테나를 포함한다.)
E : 접지

05 옥내배선 및 조명설비

1 저압 옥내배선의 사용전선

(1) 저압 옥내배선의 전선은 단면적 2.5 [mm²] 이상의 연동선 또는 이와 동등 이상의 강도 및 굵기의 것.

(2) 옥내배선의 사용 전압이 400 [V] 이하인 경우로 다음 중 어느 하나에 해당하는 경우에는 (1)항을 적용하지 않는다.

① 전광표시장치 기타 이와 유사한 장치 또는 제어회로 등에 사용하는 배선에 단면적 1.5 [mm²] 이상의 연동선을 사용하고 이를 합성수지관공사·금속관공사·금속몰드공사·금속덕트공사·플로어덕트공사 또는 셀룰러덕트공사에 의하여 시설하는 경우

② 전광표시장치 기타 이와 유사한 장치 또는 제어회로 등의 배선에 단면적 0.75 [mm²] 이상인 다심케이블 또는 다심 캡타이어 케이블을 사용하고 또한 과전류가 생겼을 때에 자동적으로 전로에서 차단하는 장치를 시설하는 경우

③ 진열장 또는 이와 유사한 것의 내부 배선 및 진열장 또는 이와 유사한 것의 내부 관등회로 배선의 규정에 의하여 단면적 0.75 [mm²] 이상인 코드 또는 캡타이어케이블을 사용하는 경우

④ 엘리베이터·덤웨이터 등의 승강로 안의 저압 옥내배선 등의 시설 규정에 의하여 리프트 케이블을 사용하는 경우

⑤ 특별저압 조명용 특수 용도에 대해서는 「특수설비 또는 특수장소에 관한 요구사항–특별 저전압 조명설비」를 참조한다.

확인문제

01 저압 옥내배선의 사용전압이 220 [V]인 전광표시장치 기타 이와 유사한 장치 또는 제어회로 등에 사용하는 배선을 금속관공사에 의하여 시공하였다. 여기서 사용되는 배선은 최소 몇 [mm²] 이상의 연동선을 사용하면 되는가?

① 1.5 [mm²] 　　　② 2.5 [mm²]
③ 4 [mm²] 　　　④ 6 [mm²]

[해설] 저압 옥내배선의 사용전선
(1) 저압 옥내배선의 전선은 단면적 2.5 [mm²] 이상의 연동선 또는 이와 동등 이상의 강도 및 굵기의 것.
(2) 옥내배선의 사용 전압이 400 [V] 이하인 경우로 전광표시장치 기타 이와 유사한 장치 또는 제어회로 등에 사용하는 배선에 단면적 1.5 [mm²] 이상의 연동선을 사용하고 이를 합성수지관공사·금속관공사·금속몰드공사·금속덕트공사·플로어덕트공사 또는 셀룰러덕트공사에 의하여 시설하는 경우에는 (1)항을 적용하지 않는다.

02 저압 옥내배선에 적용하는 사용전선의 내용 중 틀린 것은?

① 단면적 2.5 [mm²] 이상의 연동선이어야 한다.
② 미네럴인슈레이션케이블로 옥내배선을 하려면 케이블 단면적은 2 [mm²] 이상이어야 한다.
③ 진열장 등 사용전압이 400 [V] 이하인 경우 0.75 [mm²] 이상인 코드 또는 캡타이어 케이블을 사용할 수 있다.
④ 전광표시장치 또는 제어회로에 사용전압이 400 [V] 이하인 경우 사용하는 배선은 단면적 1.5 [mm²] 이상의 연동선을 사용하고 합성수지관공사로 할 수 있다.

[해설] 저압 옥내배선의 사용전선
보기 ②는 저압 옥내배선의 사용전선에 해당되지 않는 사항이다.

답 : ①

답 : ②

2 나전선의 사용 제한

옥내에 시설하는 저압전선에는 나전선을 사용하여서는 아니 된다. 다만, 다음 중 어느 하나에 해당하는 경우에는 그러하지 아니하다.

① 애자공사에 의하여 전개된 곳에 다음의 전선을 시설하는 경우
　(ㄱ) 전기로용 전선
　(ㄴ) 전선의 피복 절연물이 부식하는 장소에 시설하는 전선
　(ㄷ) 취급자 이외의 자가 출입할 수 없도록 설비한 장소에 시설하는 전선
② 버스덕트공사에 의하여 시설하는 경우
③ 라이팅덕트공사에 의하여 시설하는 경우
④ 옥내에 시설하는 저압 접촉전선을 시설하는 경우
⑤ 유희용 전차의 전원장치에 있어서 2차측 회로의 배선을 제3레일 방식에 의한 접촉전선을 시설하는 경우

3 고주파 전류에 의한 장해의 방지

① 전기기계기구가 무선설비의 기능에 계속적이고 또한 중대한 장해를 주는 고주파 전류를 발생시킬 우려가 있는 경우 이를 방지하기 위하여 형광 방전등에는 적당한 곳에 정전용량이 $0.006\,[\mu F]$ 이상 $0.5\,[\mu F]$ 이하(예열시동식(豫熱始動式)의 것으로 글로우램프에 병렬로 접속할 경우에는 $0.006\,[\mu F]$ 이상 $0.01\,[\mu F]$ 이하)인 커패시터를 시설할 것.
② 사용전압이 저압이고 정격 출력이 $1\,[kW]$ 이하인 전기드릴용의 소형교류직권전동기에는 단자 상호 간에 정전용량이 $0.1\,[\mu F]$ 무유도형 커패시터를, 각 단자와 대지와의 사이에 정전용량이 $0.003\,[\mu F]$인 충분한 측로효과가 있는 관통형 커패시터를 시설할 것.
③ 네온점멸기에는 전원단자 상호 간 및 각 접점에 근접하는 곳에서 이 들에 접속하는 전로에 고주파전류의 발생을 방지하는 장치를 할 것.

확인문제

03 옥내 저압전선으로 나전선의 사용이 기본적으로 허용되지 않는 것은?

① 금속덕트공사에 의하여 시설하는 경우
② 버스덕트공사에 의하여 시설하는 경우
③ 애자공사에 의하여 전개된 곳에 전기로용 전선을 시설하는 경우
④ 유희용 전차에 전기를 공급하기 위하여 접촉전선을 사용하는 경우

해설 나전선의 사용 제한
다음의 경우에는 저압 옥내배선에 나전선을 사용할 수 있다.
(1) 애자공사에 의한 전기로용 전선
(2) 버스덕트공사에 의하여 시설하는 경우
(3) 유희용 전차의 전원장치에 있어서 2차측 회로의 배선을 제3레일 방식에 의한 접촉전선을 시설하는 경우

답 : ①

04 전기기계기구가 무선설비의 기능에 계속적이고 또한 중대한 장해를 주는 고주파 전류를 발생시킬 우려가 있는 경우에는 이를 방지하기 위한 조치를 해야 하는데 다음 중 형광 방전등에 시설해야 하는 커패시터의 정전용량은 몇 $[\mu F]$이어야 하는가?(단, 형광 방전등은 예열시동식이 아닌 경우이다.)

① $0.01\,[\mu F]$ 이상 $1\,[\mu F]$ 이하
② $0.006\,[\mu F]$ 이상 $0.01\,[\mu F]$ 이하
③ $0.006\,[\mu F]$ 이상 $0.5\,[\mu F]$ 이하
④ $0.006\,[\mu F]$ 이상 $10[\mu F]$ 이하

해설 저고주파 전류에 의한 장해의 방지
형광 방전등에는 적당한 곳에 정전용량이 $0.006\,[\mu F]$ 이상 $0.5\,[\mu F]$ 이하(예열시동식의 것으로 글로우램프에 병렬로 접속할 경우에는 $0.006\,[\mu F]$ 이상 $0.01\,[\mu F]$ 이하)인 커패시터를 시설할 것.

답 : ③

4 옥내전로의 대지전압의 제한

(1) 백열전등(전기스텐드 및 「전기용품 및 생활용품 안전관리법」의 적용을 받는 장식용의 전등기구를 제외한다) 또는 방전등(방전관·방전등용 안정기 및 방전관의 점등에 필요한 부속품과 관등회로의 배선을 말하며 전기스텐드 기타 이와 유사한 방전등 기구를 제외한다)에 전기를 공급하는 옥내(전기사용 장소의 옥내의 장소를 말한다)의 전로(주택의 옥내전로를 제외한다)의 대지전압은 300 [V] 이하여야 하며 다음에 따라 시설하여야 한다. 다만, 대지전압 150 [V] 이하의 전로인 경우에는 다음에 따르지 않을 수 있다.

① 백열전등 또는 방전등 및 이에 부속하는 전선은 사람이 접촉할 우려가 없도록 시설하여야 한다.

② 백열전등(기계장치에 부속하는 것을 제외한다) 또는 방전등용 안정기는 저압의 옥내배선과 직접 접속하여 시설하여야 한다.

③ 백열전등의 전구소켓은 키나 그 밖의 점멸기구가 없는 것이어야 한다.

(2) 주택의 옥내전로(전기기계기구내의 전로를 제외한다)의 대지전압은 300 [V] 이하이여야 하며 다음 각 호에 따라 시설하여야 한다. 다만, 대지전압 150 [V] 이하인 전로에는 다음에 따르지 않을 수 있다.

① 사용전압은 400 [V] 이하이여야 한다.

② 주택의 전로 인입구에는 「전기용품 및 생활용품 안전관리법」에 적용을 받는 감전보호용 누전차단기를 시설하여야 한다. 다만, 전로의 전원측에 정격용량이 3 [kVA] 이하인 절연변압기(1차 전압이 저압이고, 2차 전압이 300 [V] 이하인 것에 한한다)를 사람이 쉽게 접촉할 우려가 없도록 시설하고 또한 그 절연변압기의 부하측 전로를 접지하지 않는 경우에는 예외로 한다.

③ ②항의 누전차단기를 자연재해대책법에 의한 자연재해위험개선지구의 지정 등에서 지정되어진 지구 안의 지하주택에 시설하는 경우에는 침수시 위험의 우려가 없도록 지상에 시설하여야 한다.

확인문제

05 사무실 건물의 조명설비에 사용되는 백열전등 또는 방전등에 전기를 공급하는 옥내전로의 대지전압은 몇 [V] 이하인가?

① 250　　　　　　② 300

③ 350　　　　　　④ 400

[해설] 옥내전로의 대지전압의 제한

백열전등 또는 방전등에 전기를 공급하는 옥내(전기사용 장소의 옥내의 장소를 말한다)의 전로(주택의 옥내전로를 제외한다)의 대지전압은 300 [V] 이하여야 하며 다음에 따라 시설하여야 한다.

답 : ②

06 주택의 옥내전로의 사용전압은 몇 [V] 이하로 하여야 하는가?(단, 전기기계기구내의 전로는 제외한다)

① 150　　　　　　② 300

③ 400　　　　　　④ 600

[해설] 옥내전로의 대지전압의 제한

주택의 옥내전로(전기기계기구내의 전로를 제외한다)의 대지전압은 300 [V] 이하이여야 하며 사용전압은 400 [V] 이하이여야 한다.

답 : ③

④ 전기기계기구 및 옥내의 전선은 사람이 쉽게 접촉할 우려가 없도록 시설하여야 한다. 다만, 전기기계기구로서 사람이 쉽게 접촉할 우려가 있는 부분이 절연성이 있는 재료로 견고하게 제작되어 있는 것 또는 건조한 곳에서 취급하도록 시설된 것 및 물기 있는 장소 이외의 장소에 시설하는 저압용의 개별 기계기구에 전기를 공급하는 전로에 「전기용품 및 생활용품 안전관리법」의 적용을 받는 인체감점보호용 누전차단기(정격감도전류가 30 [mA] 이하, 동작시간 0.03초 이하의 전류동작형에 한한다)가 시설된 것은 예외로 한다.

⑤ 백열전등의 전구소켓은 키나 그 밖의 점멸기구가 없는 것이어야 한다.

⑥ 정격 소비전력 3 [kW] 이상의 전기기계기구에 전기를 공급하기 위한 전로에는 전용의 개폐기 및 과전류 차단기를 시설하고 그 전로의 옥내배선과 직접 접속하거나 적정 용량의 전용콘센트를 시설하여야 한다.

⑦ 주택의 옥내를 통과하여 그 주택 이외의 장소에 전기를 공급하기 위한 옥내배선은 사람이 접촉할 우려가 없는 은폐된 장소에 합성수지관공사, 금속관공사 또는 케이블공사에 의하여 시설하여야 한다.

⑧ 주택의 옥내를 통과하여 옥내에 시설하는 전선로는 사람이 접촉할 우려가 없는 은폐된 장소에 합성수지관공사, 금속관공사나 케이블공사에 의하여 시설하여야 한다.

(3) 주택 이외의 곳의 옥내(여관, 호텔, 다방, 사무소, 공장 등 또는 이와 유사한 곳의 옥내를 말한다)에 시설하는 가정용 전기기계기구(소형 전동기·전열기·라디오 수신기·전기스탠드·「전기용품 및 생활용품 안전관리법」의 적용을 받는 장식용 전등기구 기타의 전기기계기구로서 주로 주택 그 밖에 이와 유사한 곳에서 사용하는 것을 말하며 백열전등과 방전등을 제외한다)에 전기를 공급하는 옥내전로의 대지전압은 300 [V] 이하이어야 하며, 가정용 전기기계기구와 이에 전기를 공급하기 위한 옥내배선과 배선기구(개폐기·차단기·접속기 그 밖에 이와 유사한 기구를 말한다)를 시설하거나 또는 취급자 이외의 자가 쉽게 접촉할 우려가 없도록 시설하여야 한다.

확인문제

07 옥내전로의 대지전압 제한에 관한 규정으로 주택의 전로 인입구에 절연변압기를 사람이 쉽게 접촉할 우려가 없이 시설하는 경우 정격용량이 몇 [kVA] 이하일 때 인체 보호용 누전차단기를 시설하지 않아도 되는가?

① 2   ② 3
③ 5   ④ 10

해설 옥내전로의 대지전압의 제한
주택의 전로 인입구에는 감전보호용 누전차단기를 시설하여야 한다. 다만, 전로의 전원측에 정격용량이 3 [kVA] 이하인 절연변압기(1차 전압이 저압이고, 2차 전압이 300 [V] 이하인 것에 한한다)를 사람이 쉽게 접촉할 우려가 없도록 시설하고 또한 그 절연변압기의 부하측 전로를 접지하지 않는 경우에는 예외로 한다.

답 : ②

08 주택의 옥내를 통과하여 그 주택 이외의 장소에 전기를 공급하기 위한 옥내배선을 공사하는 방법이다. 사람이 접촉할 우려가 없는 은폐된 장소에서 시행하는 공사 종류가 아닌 것은?(단, 주택의 옥내전로의 대지전압은 300 [V]이다.)

① 금속관공사   ② 케이블공사
③ 금속덕트공사   ④ 합성수지관공사

해설 옥내전로의 대지전압의 제한
주택의 옥내를 통과하여 그 주택 이외의 장소에 전기를 공급하기 위한 옥내배선은 사람이 접촉할 우려가 없는 은폐된 장소에 합성수지관공사, 금속관공사 또는 케이블공사에 의하여 시설하여야 한다.

답 : ③

5 배선설비

(1) 배선설비 공사의 종류

사용하는 전선 또는 케이블의 종류에 따른 배선설비의 설치방법(버스바트렁킹 시스템 및 파워트랙 시스템은 제외)은 다음과 같다.

① 나전선은 애자공사으로 사용할 수 있다.

② 절연전선은 전선관시스템, 케이블덕팅시스템, 애자공사로 사용할 수 있으며 또한 케이블 트렁킹시스템이 IP4X 또는 IPXXD급의 이상의 보호조건을 제공하고, 도구 등을 사용하여 강제적으로 덮개를 제거할 수 있는 경우에 한하여 절연전선을 사용할 수 있다.(보호 도체 또는 보호 본딩도체로 사용되는 절연전선은 적절하다면 어떠한 절연 방법이든 사용할 수 있고 전선관시스템, 트렁킹시스템 또는 덕팅시스템에 배치하지 않아도 된다.)

③ 케이블(외장 및 무기질절연물을 포함한다)은 다음과 같다.

설치방법 구분	케이블공사			전선관 시스템	케이블 트렁킹	케이블 덕팅	케이블 트레이	애자공사
	비고정	직접고정	지지선					
다심	○	○	○	○	○	○	○	△
단심	△	○	○	○	○	○	○	△

표에서 ○ : 사용할 수 있다.

△ : 적용할 수 없거나 실용상 일반적으로 사용할 수 없다.

(2) 설치방법에 해당하는 공사방법의 분류

설치방법	공사방법
전선관 시스템	합성수지관공사, 금속관공사, 가요전선관공사
케이블트렁킹 시스템	합성수지몰드공사, 금속몰드공사, 금속덕트공사[a]
케이블덕팅 시스템	플로어덕트공사, 셀룰러덕트공사, 금속덕트공사[b]

확인문제

09 사용하는 전선 또는 케이블의 종류에 따른 배선설비의 설치방법에 대한 설명으로 틀린 것은?

① 나전선은 애자공사로 사용할 수 있다.

② 절연전선은 전선관공사로 사용할 수 있다.

③ 다심 케이블은 실용상 일반적으로 애자공사를 사용할 수 있다.

④ 단심 케이블은 실용상 일반적으로 애자공사를 사용할 수 없다.

해설 배선설비 공사의 종류

다심 케이블은 실용상 일반적으로 애자공사를 사용할 수 없다.

답 : ③

10 다음의 배선방법 중 전선관 시스템으로 설치하는 경우의 배선방법에 해당되지 않는 것은?

① 애자공사　　　　② 합성수지관공사

③ 금속관공사　　　④ 가요전선관공사

해설 설치방법에 해당하는 공사방법의 분류

설치방법	공사방법
전선관 시스템	합성수지관공사, 금속관공사, 가요전선관공사
애자공사	애자공사

답 : ①

설치방법	배선방법
애자공사	애자공사
케이블트레이 시스템	케이블트레이공사
케이블공사	케이블공사

표에서 금속덕트공사[a] : 금속본체와 커버가 별도로 구성되어 커버를 개폐할 수 있는 금속덕트 공사를 말한다.

금속덕트공사[b] : 본체와 커버 구분 없이 하나로 구성된 금속덕트공사를 말한다.

6 애자공사

(1) 사용 전선

① 저압 전선은 다음의 경우 이외에는 절연전선(옥외용 비닐절연전선 및 인입용 비닐절연 전선을 제외한다)일 것.

(ㄱ) 전기로용 전선

(ㄴ) 전선의 피복 절연물이 부식하는 장소에 시설하는 전선

(ㄷ) 취급자 이외의 자가 출입할 수 없도록 설비한 장소에 시설하는 전선

② 고압 전선은 6 [mm²] 이상의 연동선 또는 동등 이상의 세기 및 굵기의 고압 절연전선 이나 특고압 절연전선 또는 6/10 [kV] 인하용 고압 절연전선

(2) 고 · 저압 옥내배선의 시설

애자공사에 의한 고 · 저압 옥내배선은 사람이 접촉할 우려가 없도록 시설하여야 하고 사용 전압이 400 [V] 이하인 경우에 사람이 쉽게 접촉할 우려가 없도록 시설하는 때에는 그러 하지 아니하다.

확인문제

11 옥내의 저압전선으로 애자공사에 의하여 전개된 곳에 나전선의 사용이 허용되지 않는 경우는?

① 전기로용 전선

② 취급자 이외의 자가 출입할 수 없도록 설비한 장소에 시설하는 전선

③ 제분공장의 전선

④ 전선의 피복절연물이 부식하는 장소에 시설하는 전선

[해설] 애자공사

애자공사에 의하여 나전선의 사용이 허용되는 경우

(1) 전기로용 전선

(2) 전선의 피복 절연물이 부식하는 장소에 시설하는 전선

(3) 취급자 이외의 자가 출입할 수 없도록 설비한 장소에 시설하는 전선

답 : ③

12 애자공사에 의한 고압 옥내배선에 사용되는 연동선의 최소 굵기는 몇 [mm²]인가?

① 2.5 　　　② 4

③ 6 　　　④ 8

[해설] 애자공사

고압 전선은 6 [mm²] 이상의 연동선 또는 동등 이상의 세기 및 굵기의 고압 절연전선이나 특고압 절연전선 또는 6/10 [kV] 인하용 고압 절연전선

답 : ③

(3) 전선의 종류, 전선간 이격거리, 전선과 조영재 이격거리, 전선 지지점 간격

전압종별 구분	저압	고압
굵기	저압 옥내배선의 전선 규격에 따른다.	6 [mm²] 이상의 연동선 또는 동등 이상의 세기 및 굵기의 고압 절연전 선이나 특고압 절연전선 또는 6/10 [kV] 인하용 고압 절연전선
전선 상호간의 간격	6 [cm] 이상	8 [cm] 이상
전선과 조영재 이격거리	사용전압 400 [V] 이하 : 2.5 [cm] 이상 사용전압 400 [V] 초과 : 4.5 [cm] 이상 단, 건조한 장소 : 2.5[cm] 이상	5 [cm] 이상
전선의 지지점간의 거리	400 [V] 초과인 것은 6 [m] 이하 단, 전선을 조영재의 윗면 또는 옆면에 따라 붙일 경우에는 2 [m] 이하	6 [m] 이하 단, 전선을 조영재의 면을 따라 붙이는 경우에는 2 [m] 이하

(4) 애자의 선정

애자는 절연성·난연성 및 내수성의 것이어야 한다.

(5) 전선이 조영재를 관통

전선이 조영재를 관통하는 경우에는 그 관통하는 부분의 전선을 전선마다 각각 별개의 난 연성 및 내수성이 있는 견고한 절연관에 넣을 것. 다만, 저압으로서 사용전압이 150 [V] 이하인 저압 전선을 건조한 장소에 시설하는 경우로서 관통하는 부분의 전선에 내구성이 있는 절연 테이프를 감을 때에는 그러하지 아니하다.

확인문제

13 사용전압 480 [V]인 저압 옥내배선으로 절연전선 을 애자공사에 의해서 점검할 수 있는 은폐장소에 시 설하는 경우, 전선 상호간의 간격은 몇 [cm] 이상이 어야 하는가?

① 2.5 　　　　　② 4.5
③ 6 　　　　　　④ 8

해설 애자공사
전선의 종류, 전선간 이격거리, 전선과 조영재 이격거 리, 전선 지지점 간격

전압종별 구분	저압	고압
전선 상호간의 간격	6 [cm] 이상	8 [cm] 이상

답 : ③

14 애자공사에 의한 고압 옥내배선을 할 때 전선을 조영재의 면을 따라 붙이는 경우, 전선의 지지점간의 거리는 몇 [m] 이하이어야 하는가?

① 2 [m] 　　　　　② 3 [m]
③ 4 [m] 　　　　　④ 5 [m]

해설 애자공사
전선의 종류, 전선간 이격거리, 전선과 조영재 이격거 리, 전선 지지점 간격

전압종별 구분	저압	고압
전선의 지지점간의 거리	400 [V] 초과인 것은 6 [m] 이하 단, 전선을 조영재의 윗면 또는 옆면에 따라 붙일 경우에는 2 [m] 이하	6 [m] 이하 단, 전선을 조영재의 면을 따라 붙이는 경우에는 2 [m] 이하

답 : ①

7 합성수지관공사

① 전선은 절연전선(옥외용 비닐 절연전선을 제외한다)일 것.

② 전선은 **연선**일 것. 다만, 짧고 가는 합성수지관에 넣은 것과 단면적 10 [mm²](알루미늄 선은 단면적 16 [mm²]) 이하의 것은 적용하지 않는다.

③ 전선은 합성수지관 안에서 접속점이 없도록 할 것.

④ 중량물의 압력 또는 현저한 기계적 충격을 받을 우려가 없도록 시설할 것.

⑤ 관의 끝부분 및 안쪽 면은 전선의 피복을 손상하지 아니하도록 매끈한 것일 것.

⑥ 관[합성수지제 휨(가요) 전선관을 제외한다]의 두께는 2 [mm] 이상일 것. 다만, 전개된 장소 또는 점검할 수 있는 은폐된 장소로서 건조한 장소에 사람이 접촉할 우려가 없도록 시설한 경우(옥내배선의 사용전압이 400 [V] 이하인 경우에 한한다)에는 그러하지 아니하다.

⑦ 관 상호 간 및 박스와는 관을 삽입하는 깊이를 관의 바깥지름의 1.2배(접착제를 사용하는 경우에는 0.8배) 이상으로 하고 또한 꽂음 접속에 의하여 견고하게 접속할 것.

⑧ 관의 지지점 간의 거리는 1.5 [m] 이하로 하고, 또한 그 지지점은 관의 끝·관과 박스의 접속점 및 관 상호 간의 접속점 등에 가까운 곳에 시설할 것.

⑨ 습기가 많은 장소 또는 물기가 있는 장소에 시설하는 경우에는 방습 장치를 할 것.

⑩ 합성수지제 휨(가요) 전선관 상호 간은 직접 접속하지 말 것.

⑪ 이중천장(반자 속 포함) 내에는 시설할 수 없다.

8 합성수지몰드공사

① 전선은 절연전선(옥외용 비닐 절연전선을 제외한다)일 것.

② 합성수지몰드 안에는 접속점이 없도록 할 것. 다만, 합성수지몰드 안의 전선을 합성 수지 제의 조인트 박스를 사용하여 접속할 경우에는 그러하지 아니하다.

③ 합성수지몰드는 홈의 폭 및 깊이가 35 [mm] 이하, 두께는 2 [mm] 이상의 것일 것. 다만, 사람이 쉽게 접촉할 우려가 없도록 시설하는 경우에는 폭이 50 [mm] 이하, 두께 1 [mm] 이상의 것을 사용할 수 있다.

④ 합성수지몰드 상호 간 및 합성수지 몰드와 박스 기타의 부속품과는 전선이 노출되지 아니하도록 접속할 것.

확인문제

15 합성수지관공사에 의한 저압 옥내배선에 대한 설명으로 옳은 것은?

① 합성수지관 안에 전선의 접속점이 있어도 된다.
② 전선은 반드시 옥외용 비닐절연전선을 사용한다.
③ 기계적 충격을 받을 우려가 없도록 시설하여야 한다.
④ 관의 지지점간의 거리는 3[m] 이하로 한다.

[해설] 합성수지관공사
중량물의 압력 또는 현저한 기계적 충격을 받을 우려가 없도록 시설할 것.

답 : ③

16 합성수지몰드공사에 의한 저압 옥내배선의 시설방법으로 옳지 않은 것은?

① 합성수지몰드는 홀의 폭 및 깊이가 3.5 [cm] 이하의 것 이어야 한다.
② 전선은 옥외용 비닐절연전선을 제외한 절연전선이어야 한다.
③ 합성수지몰드 상호간 및 합성수지몰드와 박스 기타의 부속품과는 전선이 노출되지 않도록 접속한다.
④ 합성수지몰드 안에는 접속점을 1개소까지 허용한다.

[해설] 합성수지몰드공사
합성수지몰드 안에는 접속점이 없도록 할 것.

답 : ④

9 금속관공사

① 전선은 절연전선(옥외용 비닐 절연전선을 제외한다)일 것.

② 전선은 연선일 것. 다만, 짧고 가는 금속관에 넣은 것과 단면적 10 $[mm^2]$(알루미늄선은 단면적 16 $[mm^2]$) 이하의 것은 적용하지 않는다.

③ 전선은 금속관 안에서 접속점이 없도록 할 것.

④ 전선관의 접속부분의 나사는 5턱 이상 완전히 나사결합이 될 수 있는 길이일 것.

⑤ 관의 두께는 콘크리트에 매설하는 것은 1.2 [mm] 이상, 이외의 것은 1 [mm] 이상일 것. 다만, 이음매가 없는 길이 4 [m] 이하인 것을 건조하고 전개된 곳에 시설하는 경우에는 0.5 [mm] 까지로 감할 수 있다.

⑥ 관 상호간 및 관과 박스 기타의 부속품과는 나사접속 기타 이와 동등 이상의 효력이 있는 방법에 의하여 견고하고 또한 전기적으로 완전하게 접속할 것.

⑦ 관의 끝 부분에는 전선의 피복을 손상하지 아니하도록 적당한 구조의 부싱을 사용할 것. 다만, 금속관공사로부터 애자공사로 옮기는 경우에는 그 부분의 관의 끝부분에는 절연부싱 또는 이와 유사한 것을 사용하여야 한다.

⑧ 습기가 많은 장소 또는 물기가 있는 장소에 시설하는 경우에는 방습장치를 할 것.

⑨ 관에는 접지시스템의 규정에 의한 접지공사를 할 것. 다만, 사용전압이 400 [V] 이하로서 다음 중 하나에 해당하는 경우에는 그러하지 아니하다.
  (ㄱ) 관의 길이가 4 [m] 이하인 것을 건조한 장소에 시설하는 경우
  (ㄴ) 옥내배선의 사용전압이 직류 300 [V] 또는 교류 대지전압 150 [V] 이하로서 그 전선을 넣는 관의 길이가 8 [m] 이하인 것을 사람이 쉽게 접촉할 우려가 없도록 시설하는 경우 또는 건조한 장소에 시설하는 경우

확인문제

17 저압 옥내배선을 위한 금속관을 콘크리트에 매설할 때 적합한 관의 두께[mm]와 전선의 종류는?

① 1.0 [mm] 이상, 옥외용 비닐절연전선
② 1.2 [mm] 이상, 인입용 비닐절연전선
③ 1.0 [mm] 이상, 인입용 비닐절연전선
④ 1.2 [mm] 이상, 옥외용 비닐절연전선

[해설] 금속관공사
 (1) 전선은 절연전선(옥외용 비닐 절연전선을 제외한다)일 것.
 (2) 관의 두께는 콘크리트에 매설하는 것은 1.2 [mm] 이상, 이외의 것은 1 [mm] 이상일 것. 다만, 이음매가 없는 길이 4 [m] 이하인 것을 건조하고 전개된 곳에 시설하는 경우에는 0.5 [mm]까지로 감할 수 있다.

답 : ②

18 금속관공사에서 절연부싱을 사용하는 가장 주된 목적은?

① 관의 끝이 터지는 것을 방지
② 관내 해충 및 이물질 출입 방지
③ 관의 단구에서 조영재의 접촉 방지
④ 관의 단구에서 전선 피복의 손상 방지

[해설] 금속관공사
 관의 끝 부분에는 전선의 피복을 손상하지 아니하도록 적당한 구조의 부싱을 사용할 것. 다만, 금속관공사로부터 애자사용공사로 옮기는 경우에는 그 부분의 관의 끝부분에는 절연부싱 또는 이와 유사한 것을 사용하여야 한다.

답 : ④

10 금속몰드공사

① 전선은 절연전선(옥외용 비닐 절연전선을 제외한다)일 것.

② 금속몰드 안에는 전선에 접속점이 없도록 할 것. 다만, 「전기용품 및 생활용품 안전관리법」에 의한 금속제 조인트 박스를 사용할 경우에는 접속할 수 있다.

③ 금속몰드의 사용전압이 400 [V] 이하로 옥내의 건조한 장소로 전개된 장소 또는 점검할 수 있는 은폐장소에 한하여 시설할 수 있다.

④ 「전기용품 및 생활용품 안전관리법」에서 정하는 표준에 적합한 금속제의 몰드 및 박스 기타 부속품 또는 황동이나 동으로 견고하게 제작한 것으로서 안쪽면이 매끈한 것일 것.

⑤ 황동제 또는 동제의 몰드는 폭이 50 [mm] 이하, 두께 0.5 [mm] 이상인 것일 것.

⑥ 몰드에는 접지시스템의 규정에 의한 접지공사를 할 것. 다만, 다음 중 하나에 해당하는 경우에는 그러하지 아니하다.
  (ㄱ) 몰드의 길이가 4 [m] 이하인 것을 사용하는 경우
  (ㄴ) 옥내배선의 사용전압이 직류 300 [V] 또는 교류 대지전압 150 [V] 이하로서 그 전선을 넣는 몰드의 길이가 8 [m] 이하인 것을 사람이 쉽게 접촉할 우려가 없도록 시설하는 경우 또는 건조한 장소에 시설하는 경우

11 금속제 가요전선관공사

① 전선은 절연전선(옥외용 비닐 절연전선을 제외한다)일 것.

② 전선은 연선일 것. 다만, 단면적 10 [mm^2](알루미늄선은 단면적 16 [mm^2]) 이하의 것은 적용하지 않는다.

③ 가요전선관 안에는 전선에 접속점이 없도록 할 것.

④ 가요전선관은 2종 금속제 가요전선관일 것. 다만, 전개된 장소 또는 점검할 수 있는 은폐된 장소(옥내배선의 사용전압이 400 [V] 초과인 경우에는 전동기에 접속하는 부분으로서 가요성을 필요로 하는 부분에 사용하는 것에 한한다)에는 1종 가요전선관(습기가 많은 장소 또는 물기가 있는 장소에는 비닐 피복 1종 가요전선관에 한한다)을 사용할 수 있다.

확인문제

19 금속몰드공사에 의한 저압 옥내배선의 시설방법으로 옳지 않은 것은?

① 전선에 옥외용 비닐절연전선을 사용하였다.
② 금속몰드 안의 전선에 접속점이 없도록 하였다.
③ 황동제 또는 동제의 몰드는 폭 50 [mm] 이하, 두께 0.5 [mm] 이상으로 하였다.
④ 금속몰드의 길이가 4 [m] 이하인 것을 사용하여 금속몰드에 접지공사를 하였다.

해설 **금속몰드공사**
(1) 전선은 절연전선(옥외용 비닐 절연전선을 제외한다)일 것
(2) 보기 "④"는 금속몰드공사에 대한 접지공사 예외 규정이다.

답 : ①, ④

20 가요전선관공사에 있어서 저압 옥내배선 시설에 맞지 않는 것은?

① 전선은 절연전선일 것
② 가요전선관 안에는 전선에 접속점이 없을 것
③ 일반적으로 가요전선관은 3종 금속제 가요전선관일 것
④ 전개된 장소 또는 점검할 수 있는 은폐된 장소에 1종 가요전선관을 사용하였다.

해설 **가요전선관공사**
일반적인 가요전선관은 2종 금속제 가요전관이다.

답 : ③

⑤ 2종 금속제 가요전선관을 사용하는 경우에 습기 많은 장소 또는 물기가 있는 장소에 시설하는 때에는 비닐 피복 2종 가요전선관일 것.

⑥ 1종 금속제 가요전선관에는 단면적 2.5 [mm²] 이상의 나연동선을 전체 길이에 걸쳐 삽입 또는 첨가하여 그 나연동선과 1종 금속제가요전선관을 양쪽 끝에서 전기적으로 완전하게 접속할 것. 다만, 관의 길이가 4 [m] 이하인 것을 시설하는 경우에는 그러하지 아니하다.

⑦ 가요전선관공사는 접지시스템의 규정에 의한 접지공사를 할 것.

12 금속덕트공사

① 전선은 절연전선(옥외용 비닐 절연전선을 제외한다)일 것.

② 금속덕트에 넣은 전선의 단면적(절연피복의 단면적을 포함한다)의 합계는 덕트의 내부 단면적의 20 [%](전광표시장치 기타 이와 유사한 장치 또는 제어회로 등의 배선만을 넣는 경우에는 50 [%]) 이하일 것.

③ 금속덕트 안에는 전선에 접속점이 없도록 할 것. 다만, 전선을 분기하는 경우에는 그 접속점을 쉽게 점검할 수 있는 때에는 그러하지 아니하다.

④ 폭이 40 [mm] 이상, 두께가 1.2 [mm] 이상인 철판 또는 동등 이상의 기계적 강도를 가지는 금속제의 것으로 견고하게 제작한 것일 것.

⑤ 안쪽 면은 전선의 피복을 손상시키는 돌기(突起)가 없는 것이어야 하며 안쪽 면 및 바깥 면에는 산화 방지를 위하여 아연도금 또는 이와 동등 이상의 효과를 가지는 도장을 한 것일 것.

⑥ 덕트를 조영재에 붙이는 경우에는 덕트의 지지점 간의 거리를 3 [m](취급자 이외의 자가 출입할 수 없도록 설비한 곳에서 수직으로 붙이는 경우에는 6 [m]) 이하로 하고 또한 견고하게 붙일 것.

⑦ 덕트의 본체와 구분하여 뚜껑을 설치하는 경우에는 쉽게 열리지 아니하도록 시설할 것.

⑧ 덕트의 끝부분은 막을 것. 또한, 덕트 안에 먼지가 침입하지 아니하도록 할 것.

⑨ 덕트 상호간의 견고하고 또한 전기적으로 완전하게 접속할 것.

⑩ 덕트는 접지시스템의 규정에 의한 접지공사를 할 것.

확인문제

21 금속덕트공사에 의한 저압 옥내배선에서, 금속덕트에 넣은 전선의 단면적의 합계는 덕트 내부 단면적의 얼마 이하이어야 하는가?

① 20 [%] 이하　　② 30 [%] 이하
③ 40 [%] 이하　　④ 50 [%] 이하

해설 **금속덕트공사**
금속덕트에 넣은 전선의 단면적(절연피복의 단면적을 포함한다)의 합계는 덕트의 내부 단면적의 20 [%](전광표시장치 기타 이와 유사한 장치 또는 제어회로 등의 배선만을 넣는 경우에는 50 [%]) 이하일 것.

22 전광표시장치 기타 이와 유사한 장치 또는 제어회로의 배선을 금속덕트공사에 의하여 시설하고자 한다. 절연피복을 포함한 전선의 총면적은 덕트 내부 단면적의 몇 [%]까지 할 수 있는가?

① 20
② 30
③ 40
④ 50

해설 **금속덕트공사**
금속덕트에 넣은 전선의 단면적(절연피복의 단면적을 포함한다)의 합계는 덕트의 내부 단면적의 20 [%](전광표시장치 기타 이와 유사한 장치 또는 제어회로 등의 배선만을 넣는 경우에는 50 [%]) 이하일 것.

답 : ①

답 : ④

13 버스덕트공사

① 덕트 상호 간 및 전선 상호 간은 견고하고 또한 전기적으로 완전하게 접속할 것.

② 덕트를 조영재에 붙이는 경우에는 덕트의 지지점 간의 거리를 3 [m](취급자 이외의 자가 출입할 수 없도록 설비한 곳에서 수직으로 붙이는 경우에는 6 [m]) 이하로 하고 또한 견고하게 붙일 것.

③ 덕트(환기형의 것을 제외한다)의 끝부분은 막을 것.

④ 덕트(환기형의 것을 제외한다)의 내부에 먼지가 침입하지 아니하도록 할 것.

⑤ 덕트는 접지시스템의 규정에 의한 접지공사를 할 것.

⑥ 습기가 많은 장소 또는 물기가 있는 장소에 시설하는 경우에는 옥외용 버스덕트를 사용하고 버스덕트 내부에 물이 침입하여 고이지 아니하도록 할 것.

⑦ 도체는 단면적 20 [mm²] 이상의 띠 모양, 지름 5 [mm] 이상의 관모양이나 둥글고 긴 막대 모양의 동 또는 단면적 30 [mm²] 이상의 띠 모양의 알루미늄을 사용한 것일 것.

⑧ 도체 지지물은 절연성·난연성 및 내수성이 있는 견고한 것일 것.

⑨ 덕트는 아래 표의 두께 이상의 강판 또는 알루미늄판으로 견고히 제작한 것일 것.

덕트의 최대 폭[mm]	덕트의 판 두께[mm]		
	강판	알루미늄판	합성수지판
150 이하	1.0	1.6	2.5
150 초과 300 이하	1.4	2.0	5.0
300 초과 500 이하	1.6	2.3	–
500 초과 700 이하	2.0	2.9	–
700 초과하는 것	2.3	3.2	–

확인문제

23 버스덕트공사에 대한 설명 중 옳은 것은?

① 버스덕트 끝부분을 개방 할 것

② 덕트를 수직으로 붙이는 경우 지지점간 거리는 12 [m] 이하로 할 것

③ 덕트를 조용재에 붙이는 경우 덕트의 지지점간 거리는 6 [m] 이하로 할 것

④ 덕트의 내부에 먼지가 침입하지 아니하도록 할 것.

[해설] 버스덕트공사

(1) 덕트를 조영재에 붙이는 경우에는 덕트의 지지점간의 거리를 3 [m](취급자 이외의 자가 출입할 수 없도록 설비한 곳에서 수직으로 붙이는 경우에는 6 [m]) 이하로 하고 또한 견고하게 붙일 것.

(2) 덕트(환기형의 것을 제외한다)의 끝부분은 막을 것.

(3) 덕트(환기형의 것을 제외한다)의 내부에 먼지가 침입하지 아니하도록 할 것.

답 : ④

24 버스덕트공사에 덕트를 조영재에 붙이는 경우 지지점간의 거리는?

① 2 [m] 이하   ② 3 [m] 이하

③ 4 [m] 이하   ④ 5 [m] 이하

[해설] 버스덕트공사

덕트를 조영재에 붙이는 경우에는 덕트의 지지점 간의 거리를 3 [m](취급자 이외의 자가 출입할 수 없도록 설비한 곳에서 수직으로 붙이는 경우에는 6 [m]) 이하로 하고 또한 견고하게 붙일 것.

답 : ②

14 라이팅덕트공사

① 덕트 상호 간 및 전선 상호 간은 견고하고 또한 전기적으로 완전하게 접속할 것.
② 덕트는 조영재에 견고하게 붙일 것.
③ 덕트의 지지점 간의 거리는 2 [m] 이하로 할 것.
④ 덕트의 끝부분은 막을 것.
⑤ 덕트의 개구부(開口部)는 아래로 향하여 시설할 것. 다만, 사람이 쉽게 접촉할 우려가 없는 장소에서 덕트의 내부에 먼지가 들어가지 아니하도록 시설하는 경우에 한하여 옆으로 향하여 시설할 수 있다.
⑥ 덕트는 조영재를 관통하여 시설하지 아니할 것.
⑦ 덕트에는 합성수지 기타의 절연물로 금속재 부분을 피복한 덕트를 사용한 경우 이외에는 접지시스템의 규정에 의한 접지공사를 할 것. 다만, 대지전압이 150 [V] 이하이고 또한 덕트의 길이가 4 [m] 이하인 때는 그러하지 아니하다.
⑧ 덕트를 사람이 용이하게 접촉할 우려가 있는 장소에 시설하는 경우에는 전로에 지락이 생겼을 때에 자동적으로 전로를 차단하는 장치를 시설할 것.

15 플로어덕트공사

① 전선은 절연전선(옥외용 비닐 절연전선을 제외한다)일 것.
② 전선은 연선일 것. 다만, 단면적 10 [mm²](알루미늄선은 단면적 16 [mm²]) 이하의 것은 적용하지 않는다.
③ 플로어덕트 안에는 전선에 접속점이 없도록 할 것. 다만, 전선을 분기하는 경우에는 접속점을 쉽게 점검할 수 있을 때에는 그러하지 아니하다.
④ 덕트 및 박스 기타의 부속품은 물이 고이는 부분이 없도록 시설하여야 한다.
⑤ 박스 및 인출구는 마루 위로 돌출하지 아니하도록 시설하고 또한 물이 스며들지 아니하도록 밀봉할 것.
⑥ 덕트의 끝부분은 막을 것.
⑦ 덕트는 접지시스템의 규정에 의한 접지공사를 할 것.

확인문제

25 라이팅덕트공사에 의한 저압 옥내배선에서 덕트의 지지점간의 거리는 몇 [m] 이하로 하여야 하는가?

① 2
② 3
③ 4
④ 5

[해설] 라이팅덕트공사
덕트의 지지점 간의 거리는 2 [m] 이하로 할 것.

26 플로어덕트공사에 의한 저압 옥내배선에서 연선을 사용하지 않아도 되는 전선(동선)의 단면적은 최대 몇 [mm²]인가?

① 2.4 [mm²]
② 4 [mm²]
③ 6 [mm²]
④ 10 [mm²]

[해설] 플로어덕트공사
전선은 연선일 것. 다만, 단면적 10 [mm²](알루미늄선은 단면적 16 [mm²]) 이하의 것은 적용하지 않는다.

답 : ①

답 : ④

16 셀룰러덕트공사

① 전선은 절연전선(옥외용 비닐 절연전선을 제외한다)일 것.

② 전선은 연선일 것. 다만, 단면적 10 [mm²](알루미늄선은 단면적 16 [mm²]) 이하의 것은 적용하지 않는다.

③ 셀룰러덕트 안에는 전선에 접속점이 없도록 할 것. 다만, 전선을 분기하는 경우에는 접속점을 쉽게 점검할 수 있을 때에는 그러하지 아니하다.

④ 덕트 및 부속품은 물이 고이는 부분이 없도록 시설하여야 한다.

⑤ 인출구는 바닥 위로 돌출하지 아니하도록 시설하고 또한 물이 스며들지 아니하도록 밀봉할 것.

⑥ 덕트의 끝부분은 막을 것.

⑦ 덕트는 접지시스템의 규정에 의한 접지공사를 할 것.

17 케이블공사

① 전선은 케이블 및 캡타이어케이블일 것.

② 중량물의 압력 또는 현저한 기계적 충격을 받을 우려가 있는 곳에 시설하는 케이블에는 적당한 방호 장치를 할 것.

③ 전선을 조영재의 아랫면 또는 옆면에 따라 붙이는 경우에는 전선의 지지점 간의 거리를 케이블은 2 [m](사람이 접촉할 우려가 없는 곳에서 수직으로 붙이는 경우에는 6 [m]) 이하, 캡타이어 케이블은 1 [m] 이하로 하고 또한 그 피복을 손상하지 아니하도록 붙일 것.

④ 관 기타의 전선을 넣는 방호장치의 금속제 부분·금속제의 전선 접속함 및 전선의 피복에 사용하는 금속체에는 접지시스템의 규정에 의한 접지공사를 할 것.

⑤ 콘크리트 직매용 포설

　(ㄱ) 전선은 콘크리트 직매용 케이블 또는 개장을 한 케이블일 것.

　(ㄴ) 박스는 합성 수지제의 것 또는 황동이나 동으로 견고하게 제작한 것일 것.

　(ㄷ) 전선을 박스 또는 풀박스 안에 인입하는 경우는 물이 침입하지 아니하도록 적당한 구조의 부싱 또는 이와 유사한 것을 사용할 것.

　(ㄹ) 콘크리트 안에는 전선에 접속점을 만들지 아니할 것.

확인문제

27 옥내의 저압전선을 셀룰러덕트공사에 의하여 시설할 경우 전선으로 단선을 사용하였다. 이 때 전선의 최대 굵기는 몇 [mm²]인가?

① 2.5　　　　　　　② 6
③ 10　　　　　　　④ 16

해설 셀룰러덕트공사
　전선은 연선일 것. 다만, 단면적 10 [mm²] (알루미늄선은 단면적 16 [mm²]) 이하의 것은 적용하지 않는다.

답 : ③

28 케이블공사로 저압 옥내배선을 시설하려고 한다. 캡타이어 케이블을 사용하여 조영재의 아랫면에 따라 붙이고자 할 때 전선의 지지점간의 거리는 몇 [m] 이하로 하여야 하는가?

① 1　　　　　　　　② 2
③ 3　　　　　　　　④ 5

해설 케이블공사
　전선을 조영재의 아랫면 또는 옆면에 따라 붙이는 경우에는 전선의 지지점간의 거리를 케이블은 2 [m] 이하, 캡타이어 케이블은 1 [m] 이하로 하고 또한 그 피복을 손상하지 아니하도록 붙일 것.

답 : ①

18 케이블트레이공사

케이블트레이공사는 케이블을 지지하기 위하여 사용하는 금속재 또는 불연성 재료로 제작된 유닛 또는 유닛의 집합체 및 그에 부속하는 부속재 등으로 구성된 견고한 구조물을 말하며 사다리형, 펀칭형, 메시형, 바닥밀폐형 기타 이와 유사한 구조물을 포함하여 적용한다.

① 전선은 연피케이블, 알루미늄피 케이블 등 난연성 케이블 또는 기타 케이블(적당한 간격으로 연소(延燒)방지 조치를 하여야 한다) 또는 금속관 혹은 합성수지관 등에 넣은 절연전선을 사용하여야 한다.

② 케이블트레이 안에서 전선을 접속하는 경우에는 전선 접속부분에 사람이 접근할 수 있고 또한 그 부분이 측면 레일 위로 나오지 않도록 하고 그 부분을 절연처리 하여야 한다.

③ 저압 케이블과 고압 또는 특고압 케이블은 동일 케이블 트레이 안에 시설하여서는 아니 된다. 다만, 견고한 불연성의 격벽을 시설하는 경우 또는 금속 외장 케이블인 경우에는 그러하지 아니하다.

④ 수용된 모든 전선을 지지할 수 있는 적합한 강도의 것이어야 한다. 이 경우 케이블트레이의 안전율은 1.5 이상으로 하여야 한다.

⑤ 지지대는 트레이 자체 하중과 포설된 케이블 하중을 충분히 견딜 수 있는 강도를 가져야 한다.

⑥ 전선의 피복 등을 손상시킬 돌기 등이 없이 매끈하여야 한다.

⑦ 비금속제 케이블 트레이는 난연성 재료의 것이어야 한다.

⑧ 금속제 케이블 트레이 계통은 기계적 및 전기적으로 완전하게 접속하여야 하며 금속제 트레이는 접지시스템의 규정에 의한 접지공사를 하여야 한다.

⑨ 케이블이 케이블 트레이 계통에서 금속관, 합성수지관 등 또는 함으로 옮겨가는 개소에는 케이블에 압력이 가하여지지 않도록 지지하여야 한다.

⑩ 케이블트레이가 방화구획의 벽, 마루, 천장 등을 관통하는 경우에 관통부는 불연성의 물질로 충전(充塡)하여야 한다.

확인문제

29 케이블트레이공사에 사용하는 케이블트레이에 적합하지 않은 것은?

① 금속재의 것은 적절한 방식처리를 하거나 내식성 재료의 것이어야 한다.

② 비금속재 케이블 트레이는 난연성 재료가 아니어도 된다.

③ 케이블 트레이가 방화구획의 벽 등을 관통하는 경우에는 개구부에 연소방지지설을 하여야 한다.

④ 금속제 케이블 트레이 계통은 기계적 또는 전기적으로 완전하게 접속하여야 한다.

[해설] 케이블트레이공사
비금속제 케이블 트레이는 난연성 재료의 것이어야 한다.

답 : ②

30 케이블트레이공사 적용 시 적합한 사항은?

① 난연성 케이블을 사용한다.

② 케이블 트레이의 안전율은 2.0 이상으로 한다.

③ 케이블 트레이 안에서 전선접속을 허용하지 않는다.

④ 비금속제 케이블 트레이는 절연성 재료의 것이어야 한다.

[해설] 케이블트레이공사
전선은 연피케이블, 알루미늄피 케이블 등 난연성 케이블 또는 기타 케이블(적당한 간격으로 연소(延燒)방지 조치를 하여야 한다) 또는 금속관 혹은 합성수지관 등에 넣은 절연전선을 사용하여야 한다.

답 : ①

19 고압 및 특고압 옥내배선

(1) 고압 옥내배선

고압 옥내배선은 다음 중 하나에 의하여 시설할 것.

① 애자공사(건조한 장소로서 전개된 장소에 한한다)

② 케이블공사

③ 케이블트레이공사

(2) 특고압 옥내배선

특고압 옥내배선은 다음에 따르고 또한 위험의 우려가 없도록 시설하여야 한다.

① 사용전압은 100 [kV] 이하일 것. 다만, 케이블트레이배선에 의하여 시설하는 경우에는 35 [kV] 이하일 것.

② 전선은 케이블일 것.

③ 케이블은 철재 또는 철근 콘크리트제의 관·덕트 기타의 견고한 방호장치에 넣어 시설할 것.

④ 관 그 밖에 케이블을 넣는 방호장치의 금속제 부분·금속제의 전선 접속함 및 케이블의 피복에 사용하는 금속체에는 접지시스템의 규정에 의한 접지공사를 하여야 한다.

20 옥내배선과 타시설물(약전류 전선·수관·가스관·전력선 등)과 접근 또는 교차

(1) 저압 옥내배선이 약전류 전선 등 또는 수관·가스관이나 이와 유사한 것과 접근하거나 교차하는 경우에 저압 옥내배선을 애자공사에 의하여 시설하는 때에는 저압 옥내배선과 약전류 전선 등 또는 수관·가스관이나 이와 유사한 것과의 이격거리는 0.1 [m](전선이 나전선인 경우에 0.3 [m]) 이상이어야 한다. 다만, 저압 옥내배선의 사용전압이 400 [V] 이하인 경우에 저압 옥내배선과 약전류 전선 등 또는 수관·가스관이나 이와 유사한 것과의 사이에 절연성의 격벽을 견고하게 시설하거나 저압 옥내배선을 충분한 길이의 난연성 및 내수성이 있는 견고한 절연관에 넣어 시설하는 때에는 그러하지 아니하다.

확인문제

31 건조하며 전개된 장소에 시설할 수 있는 고압 옥내배선은?

① 금속관공사　　② 금속덕트공사

③ 합성수지관공사　④ 애자공사

[해설] 고압 옥내배선

고압 옥내배선은 다음 중 하나에 의하여 시설할 것.

(1) 애자공사(건조한 장소로서 전개된 장소에 한한다)

(2) 케이블공사

(3) 케이블트레이공사

답 : ④

32 저압 옥내배선이 약전류 전선 등과 접근하거나 교차하는 경우에 저압 옥내배선을 애자공사에 의하여 시설하는 때에는 저압 옥내배선과 약전류 전선 사이의 이격거리는 몇 [cm] 이상이어야 하는가?

① 10　　　　　② 15

③ 30　　　　　④ 60

[해설] 옥내배선과 타시설물(약전류 전선·수관·가스관·전력선 등)과 접근 또는 교차

저압 옥내배선이 약전류 전선 등과 접근하거나 교차하는 경우에 저압 옥내배선을 애자사용공사에 의하여 시설하는 때에는 저압 옥내배선과 약전류 전선 등과의 이격거리는 0.1 [m](전선이 나전선인 경우에 0.3 [m]) 이상이어야 한다.

답 : ①

(2) 고압 옥내배선이 다른 고압 옥내배선·저압 옥내전선·관등회로의 배선·약전류 전선 등 또는 수관·가스관이나 이와 유사한 것과 접근하거나 교차하는 경우에는 고압 옥내배선과 다른 고압 옥내배선·저압 옥내전선·관등회로의 배선·약전류 전선 등 또는 수관·가스관이나 이와 유사한 것 사이의 이격거리는 0.15 [m] (애자공사에 의하여 시설하는 저압 옥내전선이 나전선인 경우에는 0.3 [m], 가스계량기 및 가스관의 이음부와 전력량계 및 개폐기와는 0.6 [m]) 이상이어야 한다. 다만, 고압 옥내배선을 케이블배선에 의하여 시설하는 경우에 케이블과 이들 사이에 내화성이 있는 견고한 격벽을 시설할 때, 케이블을 내화성이 있는 견고한 관에 넣어 시설할 때 또는 다른 고압 옥내배선의 전선이 케이블일 때에는 그러하지 아니하다.

(3) 특고압 옥내배선이 저압 옥내전선·관등회로의 배선·고압 옥내전선·약전류 전선 등 또는 수관·가스관이나 이와 유사한 것과 접근하거나 교차하는 경우에는 다음에 따라야 한다.

① 특고압 옥내배선과 저압 옥내전선·관등회로의 배선 또는 고압 옥내전선 사이의 이격거리는 0.6 [m] 이상일 것. 다만, 상호 간에 견고한 내화성의 격벽을 시설할 경우에는 그러하지 아니하다.

② 특고압 옥내배선과 약전류 전선 등 또는 수관·가스관이나 이와 유사한 것과 접촉하지 아니하도록 시설할 것.

21 옥내에 시설하는 접촉전선 공사

(1) 저압 접촉전선 공사

① 이동기중기·자동청소기 그 밖에 이동하며 사용하는 저압의 전기기계기구에 전기를 공급하기 위하여 사용하는 접촉전선(전차선을 제외한다)을 옥내에 시설하는 경우에는 전개된 장소 또는 점검할 수 있는 은폐된 장소에 애자공사 또는 버스덕트공사 또는 절연 트롤리공사에 의하여야 한다.

확인문제

33 고압 옥내배선이 다른 고압 옥내배선과 접근하거나 교차하는 경우 상호간의 이격거리는 최소 몇 [cm] 이상이어야 하는가?

① 10　　　　　② 15
③ 20　　　　　④ 25

[해설] 옥내배선과 타시설물(약전류 전선·수관·가스관·전력선 등)과 접근 또는 교차

고압 옥내배선이 다른 고압 옥내배선과 접근하거나 교차하는 경우에는 고압 옥내배선과 다른 고압 옥내배선 사이의 이격거리는 0.15 [m] (애자공사에 의하여 시설하는 저압 옥내전선이 나전선인 경우에는 0.3 [m]) 이상이어야 한다.

답 : ②

34 특고압 옥내배선과 저압 옥내전선·관등회로의 배선 또는 고압 옥내전선 사이의 이격거리는 일반적으로 몇 [cm] 이상이어야 하는가?

① 15　　　　　② 30
③ 45　　　　　④ 60

[해설] 옥내배선과 타시설물(약전류 전선·수관·가스관·전력선 등)과 접근 또는 교차

특고압 옥내배선과 저압 옥내전선·관등회로의 배선 또는 고압 옥내전선 사이의 이격거리는 0.6 [m] 이상일 것. 다만, 상호 간에 견고한 내화성의 격벽을 시설할 경우에는 그러하지 아니하다.

답 : ④

② 저압 접촉전선을 애자공사에 의하여 옥내의 전개된 장소에 시설하는 경우에는 다음에 따라야 한다.

(ㄱ) 전선의 바닥에서의 높이는 3.5 [m] 이상으로 하고 또한 사람이 접촉할 우려가 없도록 시설할 것.

(ㄴ) 전선과 건조물 또는 주행 크레인에 설치한 보도·계단·사다리·점검대이거나 이와 유사한 것 사이의 이격거리는 위쪽 2.3 [m] 이상, 옆쪽 1.2 [m] 이상으로 할 것.

(ㄷ) 전선은 인장강도 11.2 [kN] 이상의 것 또는 지름 6 [mm]의 경동선으로 단면적이 28 [mm²] 이상인 것일 것. 다만, 사용전압이 400 [V] 이하인 경우에는 인장강도 3.44 [kN] 이상의 것 또는 지름 3.2 [mm] 이상의 경동선으로 단면적이 8 [mm²] 이상인 것을 사용할 수 있다.

(ㄹ) 전선의 지저점간의 거리는 6 [m] 이하일 것.

(ㅁ) 전선 상호간의 간격은 전선을 수평으로 배열하는 경우에는 0.14 [m] 이상, 기타의 경우에는 0.2 [m] 이상일 것.

(ㅂ) 전선과 조영재 사이의 이격거리 및 그 전선에 접촉하는 집전장치의 충전부분과 조영재 사이의 이격거리는 습기가 많은 곳 또는 물기가 있는 곳에 시설하는 것은 45 [mm] 이상, 기타의 곳에 시설하는 것은 25 [mm] 이상일 것.

③ 저압 접촉전선을 절연트롤리공사에 의하여 시설하는 경우에는 다음에 따라 시설하여야 한다.

(ㄱ) 절연트롤리선은 사람이 쉽게 접할 우려가 없도록 시설할 것.

(ㄴ) 절연트롤리선의 도체는 지름 6 [mm]의 경동선 또는 이와 동등 이상의 세기의 것으로서 단면적이 28 [mm²] 이상의 것일 것.

(ㄷ) 절연트롤리선의 개구부는 아래 또는 옆으로 향하여 시설할 것.

확인문제

35 옥내에 시설하는 저압 접촉전선 공사방법이 아닌 것은?

① 점검할 수 있는 은폐된 장소의 애자공사
② 버스덕트공사
③ 금속몰드공사
④ 절연트롤리공사

[해설] **옥내에 시설하는 저압 접촉전선 공사**
이동기중기·자동청소기 그 밖에 이동하며 사용하는 저압의 전기기계기구에 전기를 공급하기 위하여 사용하는 접촉전선을 옥내에 시설하는 경우에는 전개된 장소 또는 점검할 수 있는 은폐된 장소에 애자공사 또는 버스덕트공사 또는 절연트롤리공사에 의하여야 한다.

답 : ③

36 다음 중 사용전압이 440 [V]인 이동 기중기용 접촉전선을 애자공사에 의하여 옥내의 전개된 장소에 시설하는 경우 사용하는 전선으로 옳은 것은?

① 인장강도가 3.44 [kN] 이상인 것 또는 지름 2.6 [mm]의 경동선으로 단면적이 8 [mm²] 이상인 것
② 인장강도가 3.44 [kN] 이상인 것 또는 지름 3.2 [mm]의 경동선으로 단면적이 18 [mm²] 이상인 것
③ 인장강도가 11.2 [kN] 이상인 것 또는 지름 6 [mm]의 경동선으로 단면적이 28 [mm²] 이상인 것
④ 인장강도가 11.2 [kN] 이상인 것 또는 지름 8 [mm]의 경동선으로 단면적이 18 [mm²] 이상인 것

[해설] **옥내에 시설하는 저압 접촉전선 공사**
저압 접촉전선을 애자공사에 의하여 옥내의 전개된 장소에 시설하는 경우 전선은 인장강도 11.2 [kN] 이상의 것 또는 지름 6 [mm]의 경동선으로 단면적이 28 [mm²] 이상인 것일 것.

답 : ③

(ㄹ) 절연트롤리선의 끝 부분은 충전부분이 노출되지 아니하는 구조의 것일 것.

(ㅁ) 절연트롤리선은 각 지지점에서 견고하게 시설하는 것 이외에 그 양쪽 끝을 내장 인류 장치에 의하여 견고하게 인류할 것.

(ㅂ) 절연트롤리선 지지점 간의 거리는 아래 표에서 정한 값 이상일 것. 다만, 절연트롤리 선을 "(ㅁ)"의 규정에 의하여 시설하는 경우에는 6 [m]를 넘지 아니하는 범위내의 값 으로 할 수 있다.

도체 단면적의 구분	지지점 간격
500 [mm²] 미만	2 [m] (굴곡 반지름이 3 [m] 이하의 곡선 부분에서는 1 [m])
500 [mm²] 이상	3 [m] (굴곡 반지름이 3 [m] 이하의 곡선 부분에서는 1 [m])

(ㅅ) 절연트롤리선 및 그 절연트롤리선에 접촉하는 집전장치는 조영재와 접촉되지 아니하 도록 시설할 것.

(ㅇ) 절연트롤리선을 습기가 많은 장소 또는 물기가 있는 장소에 시설하는 경우에는 옥외 용 행거 또는 옥외용 내장 인류장치를 사용할 것.

(2) 고압 접촉전선 공사

이동 기중기 기타 이동하여 사용하는 고압의 전기기계기구에 전기를 공급하기 위하여 사용 하는 접촉전선(전차선을 제외한다)을 옥내에 시설하는 경우에는 전개된 장소 또는 점검할 수 있는 은폐된 장소에 애자공사에 의하고 또한 다음에 따라 시설하여야 한다.

① 전선은 사람이 접촉할 우려가 없도록 시설할 것.

② 전선은 인장강도 2.78 [kN] 이상의 것 또는 지름 10 [mm]의 경동선으로 단면적이 70 [mm²] 이상인 구부리기 어려운 것일 것.

확인문제

37 저압 접촉전선을 절연트롤리공사에 의하여 시설하 는 경우에 대한 기준으로 옳지 않은 것은?(단, 기계기 구에 시설하는 경우가 아닌 것으로 한다.)

① 절연트롤리선은 사람이 쉽게 접할 우려가 없도록 시설할 것

② 절연트롤리선의 개구부는 아래 또는 옆으로 향하 여 시설할 것

③ 절연트롤리선의 끝 부분은 충전부분이 노출되는 구조일 것

④ 절연트롤리선은 각 지지점에서 견고하게 시설하 는 것 이외에 그 양쪽 끝을 내장 인류장치에 의하 여 견고하게 인류할 것

해설 옥내에 시설하는 저압 접촉전선 공사
저압 접촉전선을 절연트롤리공사에 의하여 시설하는 경우 절연트롤리선의 끝 부분은 충전부분이 노출되지 아니하는 구조의 것일 것.

답 : ③

38 이동 기중기 기타 이동하여 사용하는 고압의 전기 기계기구에 전기를 공급하기 위하여 사용하는 접촉전 선을 옥내에 시설하는 경우에는 전개된 장소 또는 점 검할 수 있는 은폐된 장소에 애자공사에 의하고 또한 전선의 굵기는 지름 몇 [mm]의 경동선으로 단면적이 몇 [mm²] 이상인 구부리기 어려운 것이어야 하는가?

① 지름 2.6 [mm], 단면적 16 [mm²]

② 지름 3.2 [mm], 단면적이 28 [mm²]

③ 지름 6 [mm], 단면적이 50 [mm²]

④ 지름 10 [mm], 단면적이 70 [mm²]

해설 옥내에 시설하는 고압 접촉전선 공사
전선은 인장강도 2.78 kN 이상의 것 또는 지름 10 [mm]의 경동선으로 단면적이 70 [mm²] 이상인 구 부리기 어려운 것일 것.

답 : ④

③ 전선 지지점 간의 거리는 6 [m] 이하일 것.

④ 전선 상호간의 간격 및 집전장치의 충전부분 상호간 및 집전장치의 충전부분과 극성이 다른 전선 사이의 이격거리는 0.3 [m] 이상일 것.

⑤ 전선과 조영재와의 이격거리 및 그 전선에 접촉하는 집전장치의 충전부분과 조영재사이의 이격거리는 0.2 [m] 이상일 것.

(2) 특고압 접촉전선 배선

특고압의 접촉전선(전차선을 제외한다)은 옥내에 시설하여서는 아니 된다.

22 옥내 고압용 및 특고압용 이동전선의 시설

(1) 옥내 고압용 이동전선의 시설

① 전선은 고압용의 캡타이어케이블일 것.

② 이동전선과 전기사용기계기구와는 볼트 조임 기타의 방법에 의하여 견고하게 접속할 것.

③ 이동전선에 전기를 공급하는 전로(유도전동기의 2차측 전로를 제외한다)에는 전용개폐기 및 과전류차단기를 각 극(과전류차단기는 다선식 전로의 중성극을 제외한다)에 시설하고, 또한 전로에 지락이 생겼을 때에 자동적으로 전로를 차단하는 장치를 시설할 것.

(2) 옥내 특고압용 이동전선의 시설

특고압의 이동전선은 옥내에 시설하여서는 아니 된다. 다만, 충전부분에 사람이 접촉할 경우 사람에게 위험을 줄 우려가 없는 전기집진 응용장치에 부속하는 이동전선은 예외이다.

23 엘리베이터·덤웨이터 등의 승강로 안의 저압 옥내배선 등의 시설

엘리베이터·덤웨이터 등의 승강로 내에 시설하는 사용전압이 400 [V] 이하인 저압 옥내배선, 저압의 이동전선 및 이에 직접 접속하는 리프트 케이블은 이에 적합한 비닐리프트 케이블 또는 고무리프트 케이블을 사용하여야 한다.

확인문제

39 이동 기중기 기타 이동하여 사용하는 고압의 전기기계기구에 전기를 공급하기 위하여 사용하는 접촉전선을 옥내에 시설하는 경우 전선 지지점간의 거리는 몇 [m]인가?

① 2.5   ② 4

③ 6   ④ 8

해설 옥내에 시설하는 고압 접촉전선 공사

이동 기중기 기타 이동하여 사용하는 고압의 전기기계기구에 전기를 공급하기 위하여 사용하는 접촉전선(전차선을 제외한다)을 옥내에 시설하는 경우에는 전개된 장소 또는 점검할 수 있는 은폐된 장소에 애자공사에 의하고 전선 지지점 간의 거리는 6 [m] 이하일 것.

답 : ③

40 옥내에 시설하는 고압의 이동전선의 종류로 적합한 것은?

① 비닐절연전선

② 비닐 캡타이어케이블

③ 고무절연전선

④ 고압용의 캡타이어케이블

해설 옥내 고압용 이동전선의 시설

전선은 고압용의 캡타이어케이블일 것.

답 : ④

24 옥내에 시설하는 저압용 배·분전반 등의 시설

(1) 옥내에 시설하는 저압용 배·분전반의 기구 및 전선은 쉽게 점검할 수 있도록 하고 다음에 따라 시설할 것.
  ① 노출된 충전부가 있는 배전반 및 분전반은 취급자 이외의 사람이 쉽게 출입할 수 없도록 설치하여야 한다.
  ② 한 개의 분전반에는 한 가지 전원(1회선의 간선)만 공급하여야 한다. 다만, 안전 확보가 충분하도록 격벽을 설치하고 사용전압을 쉽게 식별할 수 있도록 그 회로의 과전류차단기 가까운 곳에 그 사용전압을 표시하는 경우에는 그러하지 아니하다.
  ③ 주택용 분전반은 독립된 장소(신발장, 옷장 등의 은폐된 장소는 제외한다)에 시설하여야 한다.
  ④ 옥내에 설치하는 배전반 및 분전반은 불연성 또는 난연성이 있도록 시설할 것.

(2) 옥내에 시설하는 저압용 전기계량기와 이를 수납하는 계기함을 사용할 경우는 쉽게 점검 및 보수할 수 있는 위치에 시설하고, 계기함은 내연성에 적합한 재료일 것.

25 조명설비

1. 등기구의 시설

(1) 등기구의 집합
  하나의 공통 중성선만으로 3상 회로의 3개 선도체 사이에 나뉘어진 등기구의 집합은 모든 선도체가 하나의 장치로 동시에 차단되어야 한다.

(2) 보상 커패시터
  총 정전용량이 0.5 [μF]를 초과하는 보상 커패시터는 형광 램프 및 방전 램프용 커패시터의 요구사항에 적합한 방전 저항기와 결합한 경우에 한해 사용할 수 있다.

확인문제

41 옥내에 시설하는 저압용 배·분전반 등의 시설에 관한 설명 중 틀린 것은?
① 쉽게 점검할 수 있도록 시설할 것
② 주택용 분전반은 독립된 장소로서 은폐된 장소에 시설할 것
③ 노출된 충전부가 있는 경우에는 취급자 이외의 사람이 쉽게 출입할 수 없도록 설치할 것
④ 옥내에 시설하는 배전반 및 분전반은 불연성 또는 난연성이 있도록 시설할 것.

[해설] 옥내에 시설하는 저압용 배·분전반의 시설
주택용 분전반은 독립된 장소(신발장, 옷장 등의 은폐된 장소는 제외한다)에 시설하여야 한다.

답 : ②

42 총 정전용량이 0.5 [μF]를 초과하는 보상 커패시터는 형광 램프 및 방전 램프용 커패시터의 요구사항에 적합한 무엇과 결합한 경우에 한해서만 사용할 수 있는가?
① 직렬 리액터 ② 서지흡수기
③ 방전 저항기 ④ 분로 리액터

[해설] 보상 커패시터
총 정전용량이 0.5 [μF]를 초과하는 보상 커패시터는 형광 램프 및 방전 램프용 커패시터의 요구사항에 적합한 방전 저항기와 결합한 경우에 한해 사용할 수 있다.

답 : ③

2. 코드 및 이동전선

① 코드는 조명용 전원코드 및 이동전선으로만 사용할 수 있으며, 고정배선으로 사용하여서는 안 된다. 다만, 건조한 곳에 시설하고 또한 내부를 건조한 상태로 사용하는 진열장 등의 내부에 배선할 경우에는 고정배선으로 사용할 수 있다.

② 코드는 사용전압 400 [V] 이하의 전로에 사용한다.

③ 조명용 전원코드 또는 이동전선은 단면적 0.75 [mm²] 이상의 코드 또는 캡타이어케이블을 용도에 따라서 선정하여야 한다.

④ 옥내에서 조명용 전원코드 또는 이동전선을 습기가 많은 장소 또는 수분이 있는 장소에 시설할 경우에는 고무코드(사용전압이 400 [V] 이하인 경우에 한함) 또는 0.6/1 [kV] EP 고무 절연 클로로프렌캡타이어케이블로서 단면적이 0.75 [mm²] 이상인 것이어야 한다.

3. 콘센트의 시설

① 노출형 콘센트는 기둥과 같은 내구성이 있는 조영재에 견고하게 부착할 것.

② 콘센트를 조영재에 매입할 경우는 매입형의 것을 견고한 금속제 또는 난연성 절연물로 된 박스 속에 시설할 것.

③ 콘센트를 바닥에 시설하는 경우는 방수구조의 플로어박스에 설치하거나 또는 이들 박스의 표면 플레이트에 틀어서 부착할 수 있도록 된 콘센트를 사용할 것.

④ 욕조나 샤워시설이 있는 욕실 또는 화장실 등 인체가 물에 젖어있는 상태에서 전기를 사용하는 장소에 콘센트를 시설하는 경우에는 다음에 따라 시설하여야 한다.

　(ㄱ) 「전기용품 및 생활용품 안전관리법」의 적용을 받는 인체감전보호용 누전차단기(정격 감도전류 15 [mA] 이하, 동작시간 0.03초 이하의 전류동작형의 것에 한한다) 또는 절연변압기(정격용량 3 [kVA] 이하인 것에 한한다)로 보호된 전로에 접속하거나, 인체감전보호용 누전차단기가 부착된 콘센트를 시설하여야 한다.

　(ㄴ) 콘센트는 접지극이 있는 방적형 콘센트를 사용하여 접지하여야 한다.

확인문제

43 습기가 많은 장소 또는 수분이 있는 장소에 고무코드를 시설할 경우 사용전압이 몇 [V] 초과인 저압용의 전구선 또는 이동전선을 옥내에 시설할 수 없는가?

① 250 [V]　　　　② 300 [V]

③ 350 [V]　　　　④ 400 [V]

[해설] **전구선 및 이동전선**
옥내에서 전구선 또는 이동전선을 습기가 많은 장소 또는 수분이 있는 장소에 시설할 경우에는 고무코드(사용전압이 400 [V] 이하인 경우에 한함) 또는 0.6/1 [kV] EP 고무 절연 클로로프렌캡타이어케이블로서 단면적이 0.75 [mm²] 이상인 것이어야 한다.

답 : ④

44 콘센트 시설에 대한 설명 중 틀린 것은?

① 노출형 콘센트는 시설하여서는 안된다.

② 콘센트를 조영재에 매입할 경우는 매입형의 것을 견고한 금속제 또는 난연성 절연물로 된 박스 속에 시설할 것.

③ 콘센트를 바닥에 시설하는 경우는 방수구조의 플로어박스에 설치할 것.

④ 욕실 또는 화장실 등 인체가 물에 젖어있는 상태에서 전기를 사용하는 장소에 콘센트를 시설하는 경우에는 인체감전보호용 누전차단기가 부착된 콘센트를 시설할 것.

[해설] **콘센트의 시설**
노출형 콘센트는 기둥과 같은 내구성이 있는 조영재에 견고하게 부착할 것.

답 : ①

⑤ 습기가 많은 장소 또는 수분이 있는 장소에 시설하는 콘센트 및 기계기구용 콘센트는 접지용 단자가 있는 것을 사용하여 접지하고 방습 장치를 하여야 한다.

⑥ 주택의 옥내전로에는 접지극이 있는 콘센트를 사용하여 접지하여야 한다.

4. 점멸기의 시설

① 점멸기는 전로의 비접지측에 시설하고 분기개폐기에 배선용차단기를 사용하는 경우는 이것을 점멸기로 대용할 수 있다

② 노출형의 점멸기는 기둥 등의 내구성이 있는 조영재에 견고하게 설치할 것.

③ 욕실 내는 점멸기를 시설하지 말 것.

④ 가정용 전등은 매 등기구마다 점멸이 가능하도록 할 것. 다만, 장식용 등기구(상들리에, 스포트라이트, 간접조명등, 보조등기구 등) 및 발코니 등기구는 예외로 할 수 있다.

⑤ 공장·사무실·학교·상점 및 기타 이와 유사한 장소의 옥내에 시설하는 전체 조명용 전등은 부분조명이 가능하도록 전등군으로 구분하여 전등군마다 점멸이 가능하도록 하되, 태양광선이 들어오는 창과 가장 가까운 전등은 따로 점멸이 가능하도록 할 것.

⑥ 광 천장 조명 또는 간접조명을 위하여 전등을 격등 회로로 시설하는 경우는 전등군으로 구분하여 점멸하거나 등기구마다 점멸되도록 시설하지 아니할 수 있다.

⑦ 국부 조명설비는 그 조명대상에 따라 점멸할 수 있도록 시설할 것.

⑧ 자동조명제어장치의 제어반은 쉽게 조작 및 점검이 가능한 장소에 시설하고, 자동조명 제어장치에 내장된 전자회로는 다른 전기설비 기능에 전기적 또는 자기적 장애를 주지 않도록 시설하여야 한다.

⑨ 다음의 경우에는 센서등(타임스위치를 포함한다)을 시설하여야 한다.
  (ㄱ) 「관광 진흥법」과 「공중위생관리법」에 의한 관광숙박업 또는 숙박업(여인숙업을 제외한다)에 이용되는 객실의 입구등은 1분 이내에 소등되는 것.
  (ㄴ) 일반주택 및 아파트 각 호실의 현관등은 3분 이내에 소등되는 것.

⑩ 가로등, 보안등 또는 옥외에 시설하는 공중전화기를 위한 조명등용 분기회로에는 주광 센서를 설치하여 주광에 의하여 자동점멸 하도록 시설할 것. 다만, 타이머를 설치하거나 집중제어방식을 이용하여 점멸하는 경우에는 적용하지 않는다.

확인문제

45 조명용 전등을 설치할 때 타임스위치를 시설해야 할 곳은?

① 공장   ② 사무실
③ 병원   ④ 아파트 현관

해설 **점멸기의 시설**
다음의 경우에는 센서등(타임스위치를 포함한다)을 시설하여야 한다.
(1) 관광숙박업 또는 숙박업(여인숙업을 제외한다)에 이용되는 객실의 입구등은 1분 이내에 소등되는 것.
(2) 일반주택 및 아파트 각 호실의 현관등은 3분 이내에 소등되는 것.

답 : ④

46 일반주택 및 아파트 각 호실의 현관에 조명용 백열 전등을 설치할 때 사용하는 타임스위치는 몇 분 이내 에 소등되는 것을 시설하여야 하는가?

① 1분   ② 3분
③ 5분   ④ 10분

해설 **점멸기의 시설**
다음의 경우에는 센서등(타임스위치를 포함한다)을 시설하여야 한다.
(1) 관광숙박업 또는 숙박업(여인숙업을 제외한다)에 이용되는 객실의 입구등은 1분 이내에 소등되는 것.
(2) 일반주택 및 아파트 각 호실의 현관등은 3분 이내에 소등되는 것.

답 : ②

5. 옥외등

① 옥외등에 전기를 공급하는 전로의 사용전압은 대지전압을 300 [V] 이하로 하여야 한다.

② 옥외등과 옥내등을 병용하는 분기회로는 20 [A] 과전류차단기 분기회로로 할 것.

③ 옥내등 분기회로에서 옥외등 배선을 인출할 경우는 인출점 부근에 개폐기 및 과전류차단기를 시설할 것.

④ 옥외등 또는 그의 점멸기에 이르는 인하선은 사람의 접촉과 전선피복의 손상을 방지하기 위하여 다음 공사방법으로 시설하여야 한다.

   (ㄱ) 애자공사(지표상 2 [m] 이상의 높이에서 노출된 장소에 시설할 경우에 한한다)

   (ㄴ) 금속관공사

   (ㄷ) 합성수지관공사

   (ㄹ) 케이블공사(알루미늄피 등 금속제 외피가 있는 것은 목조 이외의 조영물에 시설하는 경우에 한한다)

⑤ 옥외등 공사에 사용하는 개폐기, 과전류차단기, 기타 이와 유사한 기구는 옥내에 시설할 것.

6. 1 [kV] 이하 방전등

① 관등회로의 사용전압이 1 [kV] 이하인 방전등을 옥내(또는 옥측 및 옥외)에 시설할 경우 방전등에 전기를 공급하는 전로의 대지전압은 300 [V] 이하로 하여야 하며, 다음에 의하여 시설하여야 한다. 다만, 대지전압이 150 [V] 이하의 것은 적용하지 않는다.

   (ㄱ) 방전등은 사람이 접촉될 우려가 없도록 시설할 것.

   (ㄴ) 방전등용 안정기는 옥내배선과 직접 접속하여 시설할 것.

② 방전등용 안정기는 조명기구에 내장하여야 한다. 다만, 다음에 의할 경우는 조명기구의 외부에 시설할 수 있다.

   (ㄱ) 안정기를 견고한 내화성의 외함 속에 넣을 때

   (ㄴ) 노출장소에 시설할 경우는 외함을 가연성의 조영재에서 0.01 [m] 이상 이격하여 견고하게 부착할 것.

   (ㄷ) 간접조명을 위한 벽안 및 진열장 안의 은폐장소에는 외함을 가연성의 조영재에서 10 [mm] 이상 이격하여 견고하게 부착하고 쉽게 점검할 수 있도록 시설할 것.

   (ㄹ) 은폐장소에 시설할 경우는 외함을 또 다른 내화성 함속에 넣고 그 함은 가연성의 조영재로부터 10 [mm] 이상 떼어서 견고하게 부착하고 쉽게 점검할 수 있도록 시설하여야 한다.

확인문제

47 옥외등에 전기를 공급하는 사용전압은 대지전압 몇 [V] 이하로 하여야 하는가?

① 100 [V]   ② 150 [V]
③ 300 [V]   ④ 400 [V]

[해설] 옥외등
옥외등에 전기를 공급하는 전로의 사용전압은 대지전압을 300 [V] 이하로 하여야 한다.

답 : ③

48 관등회로의 사용전압이 1 [kV] 이하인 방전등을 옥내에 시설할 경우 방전등에 전기를 공급하는 옥내전로의 대지전압은 몇 [V] 이하를 원칙으로 하는가?

① 300 [V]   ② 380 [V]
③ 440 [V]   ④ 600 [V]

[해설] 1 [kV] 이하 방전등
관등회로의 사용전압이 1 [kV] 이하인 방전등을 옥내에 시설할 경우 방전등에 전기를 공급하는 전로의 대지전압은 300 [V] 이하로 하여야 한다.

답 : ①

③ 방전등용 안정기를 물기 등이 유입될 수 있는 곳에 시설할 경우는 방수형이나 이와 동등한 성능이 있는 것을 사용하여야 한다.

④ 관등회로의 사용전압이 400 [V] 초과인 경우는 방전등용 변압기를 사용하여야 하며 방전등용 변압기는 절연변압기를 사용할 것. 다만, 방전관을 떼어냈을 때 1차측 전로를 자동적으로 차단할 수 있도록 시설할 경우에는 그러하지 아니하다.

⑤ 관등회로의 사용전압이 400 [V] 이하인 배선은 전선에 형광등 전선 또는 공칭단면적 2.5 [mm^2] 이상의 연동선과 이와 동등 이상의 세기 및 굵기의 절연전선(옥외용 비닐 절연전선 및 인입용 비닐절연전선은 제외한다), 캡타이어케이블 또는 케이블을 사용하여 시설하여야 한다.

⑥ 관등회로의 사용전압이 400 [V] 초과이고, 1 [kV] 이하인 배선은 그 시설장소에 따라 합성수지관공사·금속관공사·가요전선관공사이나 케이블공사 또는 아래 표 중 어느 하나의 방법에 의하여야 한다.

시설장소의 구분		공사 방법
전개된 장소	건조한 장소	애자공사·합성수지몰드공사 또는 금속몰드공사
	기타의 장소	애자공사
점검할 수 있는 은폐된 장소	건조한 장소	금속몰드공사

⑦ ⑥항의 관등회로의 배선을 애자공사로 할 경우는 전선에 사람이 쉽게 접촉될 우려가 없도록 아래 표에 의하여 시설하고, 그 밖의 사항은 애자공사의 규정에 따를 것.

공사방법	전선 상호간의 거리	전선과 조영재의 거리	전선 지지점간의 거리	
			400 [V] 초과 600 [V] 이하의 것	600 [V] 초과 1 [kV] 이하의 것
애자공사	60 [mm] 이상	25 [mm] 이상 (습기가 많은 장소는 45 [mm] 이상)	2 [m] 이하	1 [m] 이하

확인문제

49 옥내에 시설하는 사용전압 400 [V] 초과 1,000 [V] 이하인 전개된 장소로서 건조한 장소가 아닌 기타의 장소의 관등회로 배선공사로서 적합한 것은?

① 애자공사　　　　② 합성수지몰드공사
③ 금속몰드공사　　④ 금속덕트공사

해설　1 [kV] 이하 방전등
　관등회로의 사용전압이 400 [V] 이상이고, 1 [kV] 이하인 배선의 공사방법

		저압	고압
전개된 장소	건조한 장소	애자공사·합성수지몰드공사 또는 금속몰드공사	
	기타의 장소	애자공사	

답 : ①

50 관등회로의 사용전압이 400 [V] 초과 1 [kV] 이하인 배선을 애자공사로 할 때 전선 상호간의 거리는 몇 [mm] 이상으로 시설하여야 하는가?

① 30　　　　　　② 60
③ 75　　　　　　④ 100

해설　1 [kV] 이하 방전등
　관등회로의 사용전압이 400 [V] 초과 1 [kV] 이하인 배선을 애자공사로 할 경우
　(1) 전선 상호간의 거리 : 60 [mm]
　(2) 전선과 조영재의 거리 : 25 [mm] (습기가 많은 장소는 45 [mm]) 이상
　(3) 전선 지지점간의 거리 : 600 [V] 이하인 경우 2 [m] 이하, 1 [kV] 이하인 경우 1 [m] 이하

답 : ②

⑧ 진열장 안의 관등회로의 배선을 외부로부터 보기 쉬운 곳의 조영재에 접촉하여 시설하는 경우에는 다음에 의하여야 한다.

(ㄱ) 전선의 사용은 **25** 항의 2. 코드 및 이동전선 규정을 따를 것.

(ㄴ) 전선에는 방전등용 안정기의 리드선 또는 방전등용 소켓 리드선과의 접속점 이외에는 접속점을 만들지 말 것.

(ㄷ) 전선의 접속점은 조영재에서 이격하여 시설할 것.

(ㄹ) 전선은 건조한 목재·석재 등 기타 이와 유사한 절연성이 있는 조영재에 그 피복을 손상하지 아니하도록 적당한 기구로 붙일 것.

(ㅁ) 전선의 부착점간의 거리는 1 [m] 이하로 하고 배선에는 전구 또는 기구의 중량을 지지하지 않도록 할 것.

⑨ 방전등용 안정기의 외함 및 전등기구의 금속제부분에는 접지시스템의 규정에 의한 접지공사를 하여야 한다. 단, 다음의 조건에서는 접지공사를 생략할 수 있다.

(ㄱ) 관등회로의 사용전압이 대지전압 150 [V] 이하의 것을 건조한 장소에서 시공할 경우

(ㄴ) 관등회로의 사용전압이 400 [V] 이하 또는 변압기의 정격 2차 단락전류 혹은 회로의 동작전류가 50 [mA] 이하의 것으로 안정기를 외함에 넣고, 이것을 조명기구와 전기적으로 접속되지 않도록 시설할 경우

(ㄷ) 관등회로의 사용전압이 400 [V] 이하의 것을 사람이 쉽게 접촉될 우려가 없는 건조한 장소에서 시설할 경우로 그 안정기의 외함 및 조명기구의 금속제부분이 금속제의 조영재와 전기적으로 접속되지 않도록 시설할 경우

(ㄹ) 건조한 장소에 시설하는 목제의 진열장속에 안정기의 외함 및 이것과 전기적으로 접속하는 금속제부분을 사람이 쉽게 접촉되지 않도록 시설할 경우

확인문제

51 1 [kV] 이하인 진열장 안의 관등회로의 배선을 외부로부터 보기 쉬운 곳의 조영재에 접촉하여 시설하는 경우 다음 설명 중 틀린 것은?

① 전선은 단면적 0.75 [mm²] 이상의 코드선을 사용할 것.
② 전선의 접속점은 조영재에서 이격하여 시설할 것.
③ 전선에는 방전등용 안정기의 리드선 또는 방전등용 소켓 리드선과의 접속점 이외에는 접속점을 만들지 말 것.
④ 전선의 부착점간의 거리는 2 [m] 이하로 하고 배선에는 전구 또는 기구의 중량을 지지하지 않도록 할 것.

[해설] 1 [kV] 이하의 진열장 안의 관등회로 배선
전선의 부착점간의 거리는 1 [m] 이하로 하고 배선에는 전구 또는 기구의 중량을 지지하지 않도록 할 것.

답 : ④

52 관등회로의 사용전압이 400 [V] 이하 또는 방전등용 변압기의 2차 단락전류나 관등회로의 동작전류가 몇 [mA] 이하로 방전등을 시설하는 경우에 접지공사를 생략할 수 있는가?

① 25 ② 50
③ 75 ④ 100

[해설] 1 [kV] 이하 방전등
방전등용 안정기의 외함 및 전등기구의 금속제부분에 접지공사를 생략할 수 있는 경우
(1) 관등회로의 사용전압이 대지전압 150 [V] 이하의 것을 건조한 장소에서 시공할 경우
(2) 관등회로의 사용전압이 400 [V] 이하 또는 변압기의 정격 2차 단락전류 혹은 회로의 동작전류가 50 [mA] 이하의 것으로 안정기를 외함에 넣고, 이것을 조명기구와 전기적으로 접속되지 않도록 시설할 경우

답 : ②

7. 네온방전등

① 네온방전등에 공급하는 전로의 대지전압은 300 [V] 이하로 하여야 하며, 다음에 의하여 시설하여야 한다. 다만, 네온방전등에 공급하는 전로의 대지전압이 150 [V] 이하인 경우는 적용하지 않는다.

(ㄱ) 네온관은 사람이 접촉될 우려가 없도록 시설할 것.

(ㄴ) 네온변압기는 옥내배선과 직접 접속하여 시설할 것.

② 관등회로의 배선은 애자공사로 다음에 따라서 시설하여야 한다.

(ㄱ) 전선은 네온전선을 사용할 것.

(ㄴ) 배선은 외상을 받을 우려가 없고 사람이 접촉될 우려가 없는 노출장소에 시설할 것.

(ㄷ) 전선은 자기 또는 유리제 등의 애자로 견고하게 지지하여 조영재의 아랫면 또는 옆면에 부착하고 또한 다음 표와 같이 시설할 것.

구분	이격거리	
전선 상호간	60 [mm]	
전선과 조영재 사이	6 [kV] 이하	20 [mm]
	6 [kV] 초과 9 [kV] 이하	30 [mm]
	9 [kV] 초과	40 [mm]
전선 지지점간의 거리	1 [m] 이하	

③ 네온변압기의 외함, 네온변압기를 넣는 금속함 및 관등을 지지하는 금속제프레임 등은 접지시스템의 규정에 의한 접지공사를 하여야 한다.

8. 수중조명등

① 수중조명등에 전기를 공급하기 위해서는 절연변압기를 사용하고, 그 사용전압은 절연변압기 1차측 전로 400 [V] 이하, 2차측 전로 150 [V] 이하로 하여야 한다. 또한 2차측 전로는 비접지로 하여야 한다.

② 수중조명등의 절연변압기 2차측 배선은 금속관배선에 의하여 시설하여야 하며, 이동전선은 접속점이 없는 단면적 2.5 [mm²] 이상의 0.6/1 [kV] EP 고무절연 클로프렌 캡타이어케이블 일 것.

확인문제

53 네온방전등에 공급하는 관등회로의 배선은 어떤 공사로 시설하여야 하는가?

① MI 케이블공사　② 금속관공사
③ 합성수지관공사　④ 애자공사

해설 네온방전등
네온방전등에 공급하는 관등회로의 배선은 애자공사로 시설하여야 한다.

답 : ④

54 수중조명등에 전기를 공급하기 위해서는 절연변압기를 사용하고, 그 사용전압은 절연변압기 1차측 전로와 2차측 전로에 각각 몇 [V] 이하로 하여야 하는가?

① 400 [V], 150 [V]　② 400 [V], 300 [V]
③ 300 [V], 150 [V]　④ 300 [V], 30 [V]

해설 수중조명증등
절연변압기 1차측 전로 400 [V] 이하, 2차측 전로 150 [V] 이하로 하여야 한다. 또한 2차측 전로는 비접지로 하여야 한다.

답 : ①

③ 수중조명등은 용기에 넣고 또한 이것을 손상 받을 우려가 있는 곳에 시설하는 경우는 방호장치를 시설하여야 한다.

④ 수중조명등의 절연변압기의 2차측 전로에는 개폐기 및 과전류차단기를 각 극에 시설하여야 한다.

⑤ 수중조명등의 절연변압기는 그 2차측 전로의 사용전압이 30 [V] 이하인 경우는 1차권선과 2차권선 사이에 금속제의 혼촉방지판을 설치하고 접지공사를 하여야 한다.

⑥ 수중조명등의 절연변압기의 2차측 전로의 사용전압이 30 [V]를 초과하는 경우에는 그 전로에 지락이 생겼을 때에 자동적으로 전로를 차단하는 정격감도전류 30 [mA] 이하의 누전차단기를 시설하여야 한다.

⑦ 사람 출입의 우려가 없는 수중조명등의 시설

(ㄱ) 조명등에 전기를 공급하는 전로의 대지전압은 150 [V] 이하일 것.

(ㄴ) 전선에는 접속점이 없을 것.

(ㄷ) 조명등 용기의 금속제 부분에는 접지공사를 할 것.

10. 교통신호등

① 교통신호등 제어장치의 2차측 배선의 최대사용전압은 300 [V] 이하이어야 한다.

② 교통신호등의 2차측 배선(인하선을 제외한다)은 전선에 케이블인 경우 이외에는 공칭단면적 2.5 [mm^2] 연동선과 동등 이상의 세기 및 굵기의 450/750 [V] 일반용 단심 비닐절연전선 또는 450/750 [V] 내열성 에틸렌아세테이트 고무절연전선일 것.

③ 제어장치의 2차측 배선 중 전선(케이블은 제외한다)을 조가용선으로 조가하여 시설하는 경우 조가용선은 인장강도 3.7 [kN]의 금속선 또는 지름 4 [mm] 이상의 아연도철선을 2가닥 이상 꼰 금속선을 사용할 것.

④ 교통신호등 회로의 사용전선의 지표상 높이는 저압 가공전선의 기준에 따를 것.

⑤ 교통신호등의 전구에 접속하는 인하선은 전선의 지표상의 높이를 2.5 [m] 이상으로 할 것.

⑥ 교통신호등의 제어장치 전원측에는 전용개폐기 및 과전류차단기를 각 극에 시설하여야 한다.

⑦ 교통신호등 회로의 사용전압이 150 [V]를 넘는 경우는 전로에 지락이 생겼을 경우 자동적으로 전로를 차단하는 누전차단기를 시설할 것.

확인문제

55 풀용 수중조명등에 사용되는 절연변압기의 2차측 전로의 사용전압이 몇 [V]를 넘는 경우에 그 전로에 지기가 생겼을 때 자동적으로 전로를 차단하는 장치를 하여야 하는가?

① 30 　　　　② 60
③ 150 　　　④ 300

[해설] 수중조명등
수중조명등의 절연변압기의 2차측 전로의 사용전압이 30 [V]를 초과하는 경우에는 그 전로에 지락이 생겼을 때에 자동적으로 전로를 차단하는 정격감도전류 30 [mA] 이하의 누전차단기를 시설하여야 한다.

답 : ①

56 교통신호등 회로의 사용전압은 몇 [V] 이하여야 하는가?

① 60 　　　　② 110
③ 220 　　　④ 300

[해설] 교통신호등
교통신호등 제어장치의 2차측 배선의 최대사용전압은 300 [V] 이하이어야 한다.

답 : ④

26 특수 장소

(1) 폭연성 분진 위험장소

폭연성 분진(마그네슘·알루미늄·티탄·지르코늄 등의 먼지가 쌓여있는 상태에서 불이 붙었을 때에 폭발할 우려가 있는 것을 말한다. 이하 같다) 또는 화약류의 분말이 전기설비가 발화원이 되어 폭발할 우려가 있는 곳에 시설하는 저압 옥내 전기설비(사용전압이 400 [V] 초과인 방전등을 제외한다)는 다음에 따르고 또한 위험의 우려가 없도록 시설하여야 한다.

① 저압 옥내배선, 저압 관등회로 배선, 소세력 회로의 전선(이하 "저압 옥내배선 등"이라 한다)은 금속관공사 또는 케이블공사(캡타이어케이블을 사용하는 것을 제외한다)에 의할 것.

② 금속관공사에 의하는 때에는 박강 전선관(薄鋼電線管) 또는 이와 동등 이상의 강도를 가지는 것이어야 하며, 박스 기타의 부속품 및 풀박스는 쉽게 마모·부식 기타의 손상을 일으킬 우려가 없는 패킹을 사용하여 먼지가 내부에 침입하지 아니하도록 시설할 것. 또한 관 상호 간 및 관과 박스 기타의 부속품·풀박스 또는 전기기계기구와는 5턱 이상 나사조임으로 접속하는 방법 기타 이와 동등 이상의 효력이 있는 방법에 의하여 견고하게 접속하고 또한 내부에 먼지가 침입하지 아니하도록 접속할 것.

③ 케이블배선에 의하는 때에는 개장된 케이블 또는 미네럴인슈레이션 케이블을 사용하는 경우 이외에는 관 기타의 방호 장치에 넣어 사용할 것.

(2) 가연성 분진 위험장소

가연성 분진(소맥분·전분·유황 기타 가연성의 먼지로 공중에 떠다니는 상태에서 착화 하였을 때에 폭발할 우려가 있는 것을 말하며 폭연성 분진을 제외한다. 이하 같다)에 전기설비가 발화원이 되어 폭발할 우려가 있는 곳에 시설하는 저압 옥내 전기설비는 다음에 따르고 또한 위험의 우려가 없도록 시설하여야 한다.

① 저압 옥내배선 등은 합성수지관공사(두께 2 [mm] 미만의 합성수지전선관 및 난연성이 없는 콤바인덕트관을 사용하는 것을 제외한다)·금속관공사 또는 케이블공사에 의할 것.

확인문제

57 폭연성 분진 또는 화약류의 분말이 전기설비가 발화원이 되어 폭발할 우려가 있는 곳에 시설하는 저압 옥내 전기설비의 배선공사를 할 수 있는 것은?

① 애자공사 ② 캡타이어케이블공사
③ 합성수지관공사 ④ 금속관공사

[해설] 폭연성 분진 위험장소

폭연성 분진(마그네슘·알루미늄·티탄·지르코늄 등의 먼지가 쌓여있는 상태에서 불이 붙었을 때에 폭발할 우려가 있는 것을 말한다. 이하 같다) 또는 화약류의 분말이 전기설비가 발화원이 되어 폭발할 우려가 있는 곳에 시설하는 저압 옥내 전기설비(사용전압이 400 [V] 이상인 방전등을 제외한다)는 금속관공사 또는 케이블공사(캡타이어케이블을 사용하는 것을 제외한다)에 의할 것.

답 : ④

58 다음 중 가연성 분진에 전기설비가 발화원이 되어 폭발할 우려가 있는 곳에 시공할 수 있는 저압 옥내 배선은?

① 버스덕트공사 ② 라이팅덕트공사
③ 가요전선관공사 ④ 금속관공사

[해설] 가연성 분진 위험장소

가연성 분진(소맥분·전분·유황 기타 가연성의 먼지로 공중에 떠다니는 상태에서 착화 하였을 때에 폭발할 우려가 있는 것을 말하며 폭연성 분진을 제외한다. 이하 같다)에 전기설비가 발화원이 되어 폭발할 우려가 있는 곳에 시설하는 저압 옥내 전기설비는 합성수지관공사(두께 2 [mm] 미만의 합성수지전선관 및 난연성이 없는 콤바인덕트관을 사용하는 것을 제외한다)·금속관공사 또는 케이블공사에 의할 것.

답 : ④

② 합성수지관공사에 의하는 때에는 관과 전기기계기구는 관 상호간 및 박스와는 관을 삽입하는 깊이를 관의 바깥지름의 1.2배(접착제를 사용하는 경우에는 0.8배) 이상으로 하고 또한 꽂음 접속에 의하여 견고하게 접속할 것.

③ 금속관공사에 의하는 때에는 관 상호 간 및 관과 박스 기타 부속품·풀 박스 또는 전기기계기구와는 5턱 이상 나사 조임으로 접속하는 방법 기타 또는 이와 동등 이상의 효력이 있는 방법에 의하여 견고하게 접속할 것.

④ 케이블공사에 의하는 때에는 개장된 케이블 또는 미네럴인슈레이션케이블을 사용하는 경우 이외에는 관 기타의 방호장치에 넣어 사용할 것.

(3) 위험물 등이 존재하는 장소

셀룰로이드·성냥·석유류 기타 타기 쉬운 위험한 물질(이하 "위험물"이라 한다)을 제조하거나 저장하는 곳에 시설하는 저압 옥내전기설비는 금속관공사, 케이블공사, 합성수지관공사(두께 2 [mm] 미만의 합성수지 전선관 및 난연성이 없는 콤바인 덕트관을 사용하는 것을 제외한다)의 규정에 준하여 시설하고 또한 위험의 우려가 없도록 시설하여야 한다.

(4) 화약류 저장소 등의 위험장소

① 화약류 저장소 안에는 전기설비를 시설해서는 안 되며 옥내배선은 금속관공사 또는 케이블공사에 의하여 시설하여야 한다. 다만, 백열전등이나 형광등 또는 이들에 전기를 공급하기 위한 전기설비(개폐기 및 과전류차단기를 제외한다)는 다음에 따라 시설하는 경우에는 그러하지 아니하다.

(ㄱ) 전로에 대지전압은 300 [V] 이하일 것.

(ㄴ) 전기기계기구는 전폐형의 것일 것.

(ㄷ) 케이블을 전기기계기구에 인입할 때에는 인입구에서 케이블이 손상될 우려가 없도록 시설할 것.

(ㄹ) 전용개폐기 또는 과전류차단기에서 화약류저장소의 인입구까지의 저압 배선은 케이블을 사용하여 지중선로로 시설할 것.

② 화약류 저장소 안의 전기설비에 전기를 공급하는 전로에는 화약류 저장소 이외의 곳에 전용개폐기 및 과전류차단기를 각 극(과전류 차단기는 다선식 전로의 중성극을 제외한다)에 취급자 이외의 자가 쉽게 조작할 수 없도록 시설하고 또한 전로에 지락이 생겼을 때에 자동적으로 전로를 차단하거나 경보하는 장치를 시설하여야 한다.

확인문제

59 석유류를 저장하는 장소의 전등배선에서 사용할 수 없는 공사 방법은?

① 애자공사　　② 케이블공사
③ 금속관공사　　④ 경질비닐관공사

해설 **위험물 등이 존재하는 장소**
셀룰로이드·성냥·석유류 기타 타기 쉬운 위험한 물질(이하 "위험물"이라 한다)을 제조하거나 저장하는 곳에 시설하는 저압 옥내전기설비는 금속관공사, 케이블공사, 합성수지관공사(두께 2 [mm] 미만의 합성수지 전선관 및 난연성이 없는 콤바인덕트관을 사용하는 것을 제외한다)의 규정에 준하여 시설한다.

답 : ①

60 전용개폐기 또는 과전류차단기에서 화약류저장소의 인입구까지의 저압 배선은 어떻게 시설하는가?

① 애자공사에 의하여 시설한다.
② 합성수지관공사에 의하여 가공으로 시설한다.
③ 케이블을 사용하여 가공으로 시설한다.
④ 케이블을 사용하여 지중선로로 한다.

해설 **화약류 저장소 등의 위험장소**
전용개폐기 또는 과전류차단기에서 화약류저장소의 인입구까지의 저압 배선은 케이블을 사용하여 지중선로로 시설할 것.

답 : ④

(5) 가연성 가스 등의 위험장소

가연성 가스 또는 인화성 물질의 증기가 누출되거나 체류하여 전기설비가 발화원이 되어 폭발할 우려가 있는 곳(프로판 가스 등의 가연성 액화 가스를 다른 용기에 옮기거나 나누는 등의 작업을 하는 곳, 에탄올·메탄올 등의 인화성 액체를 옮기는 곳 등)에 있는 저압 옥내전기설비는 다음에 따르고 또한 위험의 우려가 없도록 시설하여야 한다.

① 금속관공사에 의하는 때에는 다음에 의할 것.

(ㄱ) 관 상호간 및 관과 박스 기타의 부속품·풀박스 또는 전기기계기구와는 5턱 이상 나사 조임으로 접속하는 방법 또는 기타 이와 동등 이상의 효력이 있는 방법에 의하여 견고하게 접속할 것.

(ㄴ) 전동기에 접속하는 부분으로 가요성을 필요로 하는 부분의 배선에는 내압의 방폭형 또는 안전증가 방폭형의 유연성 부속을 사용할 것.

② 케이블공사에 의하는 때에는 전선을 전기기계기구에 인입할 경우에는 인입구에서 전선이 손상될 우려가 없도록 할 것.

③ 이동전선은 접속점이 없는 0.6/1 [kV] EP 고무절연 클로로프렌캡타이어케이블을 사용하는 이외에 전선을 전기기계기구에 인입할 경우에는 인입구에서 먼지가 내부로 침입하지 아니하도록 하고 또한 인입구에서 전선이 손상될 우려가 없도록 시설할 것.

④ 전기기계기구의 방폭구조는 내압방폭구조, 압력방폭구조나 유입방폭구조 또는 이들의 구조와 다른 구조로서 이와 동등 이상의 방폭 성능을 가지는 구조로 되어 있을 것. 다만, 통상의 상태에서 불꽃 또는 아크를 일으키거나 가스 등에 착화할 수 있는 온도에 달한 우려가 없는 부분은 안전증방폭구조라도 할 수 있다.

27 전시회, 쇼 및 공연장의 전기설비

(1) 사용전압

무대·무대마루 밑·오케스트라 박스·영사실 기타 사람이나 무대 도구가 접촉할 우려가 있는 곳에 시설하는 저압 옥내배선, 전구선 또는 이동전선은 사용전압이 400 [V] 이하이어야 한다.

확인문제

61 가연성 가스 등의 위험장소에 시설하는 전기기계기구의 방폭구조로서 적당하지 않는 것은?

① 내열방폭구조　② 내압방폭구조
③ 압력방폭구조　④ 유입방폭구조

[해설] 가연성 가스 등의 위험장소
전기기계기구의 방폭구조는 내압방폭구조, 압력방폭구조나 유입방폭구조 또는 이들의 구조와 다른 구조로서 이와 동등 이상의 방폭 성능을 가지는 구조로 되어 있을 것. 다만, 통상의 상태에서 불꽃 또는 아크를 일으키거나 가스 등에 착화할 수 있는 온도에 달한 우려가 없는 부분은 안전증방폭구조라도 할 수 있다.

답 : ①

62 공연장에 시설하는 저압 전기설비로서 무대, 나락 오케스트라 영사실 기타 사람이나 무대도구가 접촉할 우려가 있는 곳에 시설하는 저압 옥내배선 전구선 또는 이동용 전선은 사용전압이 몇 [V] 이하이어야 하는가?

① 300 [V]　② 400 [V]
③ 500 [V]　④ 600 [V]

[해설] 전시회, 쇼 및 공연장의 전기설비
무대·무대마루 밑·오케스트라 박스·영사실 기타 사람이나 무대 도구가 접촉할 우려가 있는 곳에 시설하는 저압 옥내배선, 전구선 또는 이동전선은 사용전압이 400 [V] 이하이어야 한다.

답 : ②

(2) 배선설비

① 배선용 케이블은 구리 도체로 최소 단면적이 1.5 [mm²]이다.

② 무대마루 밑에 시설하는 전구선은 300/300 [V] 편조 고무코드 또는 0.6/1 [kV] EP 고무절연 클로로프렌 캡타이어케이블이어야 한다.

③ 기계적 손상의 위험이 있는 경우에는 외장케이블 또는 적당한 방호 조치를 한 케이블을 시설하여야 한다.

④ 회로 내에 접속이 필요한 경우를 제외하고 케이블의 접속 개소는 없어야 한다. 다만, 불가피하게 접속을 하는 경우에는 해당 접속기를 사용 또는 보호등급을 갖춘 폐쇄함 내에서 접속을 실시하여야 한다.

(3) 기타 전기기기

① 조명기구가 바닥으로부터 높이 2.5 [m] 이하에 시설되거나 과실에 의해 접촉이 발생할 우려가 있는 경우에는 적절한 방법으로 견고하게 고정시키고 사람의 상해 또는 물질의 발화위험을 방지할 수 있는 위치에 설치하거나 방호하여야 한다.

② 전동기에 전기를 공급하는 전로에는 각 극에 단로장치를 전동기에 근접하여 시설하여야 한다.

③ 특별저압(ELV) 변압기 및 전자식 컨버터는 다음과 같이 시설하여야 한다.

(ㄱ) 다중 접속한 특별저압 변압기는 안전등급을 갖춘 것이어야 한다.

(ㄴ) 각 변압기 또는 전자식 컨버터의 2차 회로는 수동으로 리셋하는 보호장치로 보호하여야 한다.

(ㄷ) 취급자 이외의 사람이 쉽게 접근할 수 없는 곳에 설치하고 충분한 환기장치를 시설하여야 한다.

확인문제

63 전시회, 쇼 및 공연장의 전기설비에 사용하는 배선설비에 대한 설명으로 틀린 것은?

① 배선용 케이블은 구리 도체로 최소 단면적이 2.5 [mm²]이다.

② 무대마루 밑에 시설하는 전구선은 300/300 [V] 편조 고무코드를 사용하여야 한다.

③ 무대마루 밑에 시설하는 전구선은 0.6/1 [kV] EP 고무절연 클로로프렌 캡타이어케이블이어야 한다.

④ 기계적 손상의 위험이 있는 경우에는 외장케이블 또는 적당한 방호 조치를 한 케이블을 시설하여야 한다.

[해설] 전시회, 쇼 및 공연장의 전기설비
배선용케이블은 구리 도체로 최소 단면적이 1.5 [mm²]이다.

답 : ①

64 전시회, 쇼 및 공연장의 전기설비 중 전동기에 전기를 공급하는 전로에는 각 극에 어떤 장치를 전동기에 근접하여 시설하여야 하는가?

① 단로장치　　② 피뢰장치
③ 기동장치　　④ 차단장치

[해설] 전시회, 쇼 및 공연장의 전기설비
전동기에 전기를 공급하는 전로에는 각 극에 단로장치를 전동기에 근접하여 시설하여야 한다.

답 : ①

(4) 개폐기 및 과전류차단기

① 무대·무대마루 밑·오케스트라 박스 및 영사실의 전로에는 전용개폐기 및 과전류차단기를 시설하여야 한다.

② 무대용의 콘센트 박스·플라이덕트 및 보더라이트의 금속제 외함에는 접지공사를 하여야 한다.

③ 비상 조명을 제외한 조명용 분기회로 및 정격 32 [A] 이하의 콘센트용 분기회로는 정격감도전류 30 [mA] 이하의 누전차단기로 보호하여야 한다.

28 진열장 또는 이와 유사한 것의 내부 배선

① 건조한 장소에 시설하고 또한 내부를 건조한 상태로 사용하는 진열장 또는 이와 유사한 것의 내부에 사용전압이 400 [V] 이하의 배선을 외부에서 잘 보이는 장소에 한하여 코드 또는 캡타이어케이블로 직접 조영재에 밀착하여 배선할 수 있다.

② 배선은 단면적 0.75 [mm²] 이상의 코드 또는 캡타이어케이블일 것.

③ 배선 또는 이것에 접속하는 이동전선과 다른 사용전압이 400 [V] 이하인 배선과의 접속은 꽂음 플러그 접속기 기타 이와 유사한 기구를 사용하여 시공하여야 한다.

확인문제

65 공연장에 시설하는 저압 전기설비로서 비상조명을 제외한 조명용 분기회로 및 정격 32 [A] 이하의 콘센트용 분기회로는 정격감도전류 몇 [mA] 이하의 누전차단기로 보호하여야 하는가?

① 15 [mA] ② 20 [mA]
③ 25 [mA] ④ 30 [mA]

해설 전시회, 쇼 및 공연장의 전기설비
비상 조명을 제외한 조명용 분기회로 및 정격 32 [A] 이하의 콘센트용 분기회로는 정격감도전류 30 [mA] 이하의 누전차단기로 보호하여야 한다.

66 진열장 안의 사용전압이 400[V] 이하인 저압 옥내배선으로 외부에서 보기 쉬운 곳에 한하여 시설할 수 있는 전선은?(단, 진열장은 건조한 곳에 시설하고 또한 진열장 내부를 건조한 상태로 사용하는 경우이다.)

① 단면적이 0.75 [mm²] 이상인 나전선 또는 캡타이어 케이블

② 단면적이 1.25 [mm²] 이상인 코드 또는 절연전선

③ 단면적이 0.75 [mm²] 이상인 코드 또는 캡타이어 케이블

④ 단면적이 1.25 [mm²] 이상인 나전선 또는 다심형전선

해설 진열장 또는 이와 유사한 것의 내부 배선
(1) 건조한 장소에 시설하고 또한 내부를 건조한 상태로 사용하는 진열장 또는 이와 유사한 것의 내부에 사용전압이 400 [V] 이하의 배선을 외부에서 잘 보이는 장소에 한하여 코드 또는 캡타이어케이블로 직접 조영재에 밀착하여 배선할 수 있다.
(2) 배선은 단면적 0.75 [mm²] 이상의 코드 또는 캡타이어케이블일 것.

답 : ④

답 : ③

29 터널, 갱도 기타 이와 유사한 장소

(1) 사람이 상시 통행하는 터널 안의 배선의 시설

사람이 상시 통행하는 터널 안의 배선(전기기계기구 안의 배선, 관등회로의 배선, 소세력 회로의 전선을 제외한다)은 그 사용전압이 저압의 것에 한하고 또한 다음에 따라 시설하여 야 한다.

① 케이블공사, 금속관공사, 합성수지관공사, 가요전선관공사, 애자공사에 의할 것.

② 공칭단면적 2.5 [mm^2]의 연동선과 동등 이상의 세기 및 굵기의 절연전선(옥외용 비닐 절연전선 및 인입용 비닐 절연전선을 제외한다)을 사용하여 애자공사에 의하여 시설하 고 또한 이를 노면상 2.5 [m] 이상의 높이로 할 것.

③ 전로에는 터널의 입구에 가까운 곳에 전용 개폐기를 시설할 것.

(2) 광산 기타 갱도 안의 시설

① 광산 기타 갱도 안의 배선은 사용전압이 저압 또는 고압의 것에 한하고 또한 다음에 따 라 시설하여야 한다.

(ㄱ) 저압 배선은 케이블공사에 의하여 시설할 것. 다만, 사용전압이 400 [V] 이하인 저압 배선에 공칭단면적 2.5 [mm^2] 연동선과 동등 이상의 세기 및 굵기의 절연전선(옥외 용 비닐절연전선 및 인입용 비닐절연전선을 제외한다)을 사용하고 전선 상호간의 사 이를 적당히 떨어지게 하고 또한 암석 또는 목재와 접촉하지 않도록 절연성·난연성 및 내수성의 애자로 이를 지지할 경우에는 그러하지 아니하다.

(ㄴ) 고압 배선은 케이블을 사용하고 또한 관 기타의 케이블을 넣는 방호장치의 금속제 부 분·금속제의 전선 접속함 및 케이블의 피복에 사용하는 금속체에는 접지시스템의 규 정에 의한 접지공사를 하여야 한다.

(ㄷ) 전로에는 갱도 입구에 가까운 곳에 전용 개폐기를 시설할 것.

확인문제

67 사람이 상시 통행하는 터널 안의 교류 220 [V]의 배선을 애자공사에 의하여 시설할 경우 전선은 노면상 몇 [m] 이상 높이로 시설하여야 하는가?

① 2.0 [m]　　② 2.5 [m]
③ 3.0 [m]　　④ 3.5 [m]

[해설] 터널, 갱도 기타 이와 유사한 장소
사람이 상시 통행하는 터널 안의 배선은 공칭단면적 2.5 [mm^2]의 연동선과 동등 이상의 세기 및 굵기의 절연전선(옥외용 비닐 절연전선 및 인입용 비닐 절 연전선을 제외한다)을 사용하여 애자공사에 의하여 시설하고 또한 이를 노면상 2.5 [m] 이상의 높이로 할 것.

답 : ②

68 광산 기타 갱도 안의 배선이 저압 배선일 때 시설 하여야 할 배선방법으로 알맞은 것은?(단, 사용전압 이 고압이라 한다.)

① 애자공사　　② 금속관공사
③ 케이블공사　　④ 합성수지관공사

[해설] 터널, 갱도 기타 이와 유사한 장소
광산 기타 갱도 안의 배선은 사용전압이 저압 또는 고압의 것에 한하고 저압 배선은 케이블배선에 의하 여 시설할 것.

답 : ③

(3) 터널 등의 전구선 또는 이동전선 등의 시설

① 터널 등에 시설하는 사용전압이 400 [V] 이하인 저압의 전구선 또는 이동전선은 다음과 같이 시설하여야 한다.

(ㄱ) 전구선은 단면적 0.75 [mm²] 이상의 300/300 [V] 편조 고무코드 또는 0.6/1 [kV] EP 고무 절연 클로로프렌 캡타이어케이블일 것.

(ㄴ) 이동전선은 용접용케이블을 사용하는 경우 이외에는 300/300 [V] 편조 고무코드, 비닐코드 또는 캡타이어케이블일 것. 다만, 비닐코드 및 비닐 캡타이어케이블은 단면적 0.75 [mm²] 이상의 이동전선에 한하여 사용할 수 있다.

(ㄷ) 전구선 또는 이동전선을 현저히 손상시킬 우려가 있는 곳에 설치하는 경우에는 이를 가요성 전선관에 넣거나 이에 준하는 보호장치를 할 것.

② 터널 등에 시설하는 사용전압이 400 [V] 초과인 저압의 이동전선은 0.6/1 [kV] EP 고무절연 클로로프렌 캡타이어케이블로서 단면적이 0.75 [mm²] 이상인 것일 것. 다만, 전기를 열로 이용하지 아니하는 전기기계기구에 부속된 이동전선은 단면적이 0.75 [mm²] 이상인 0.6/1 [kV] 비닐절연 비닐 캡타이어케이블을 사용하는 경우에는 그러하지 아니하다.

30 의료장소

(1) 적용범위

의료장소[병원이나 진료소 등에서 환자의 진단·치료(미용치료 포함)·감시·간호 등의 의료행위를 하는 장소를 말한다. 이하 같다]는 의료용 전기기기의 장착부(의료용 전기기기의 일부로서 환자의 신체와 필연적으로 접촉되는 부분)의 사용방법에 따라 다음과 같이 구분한다.

① 그룹 0 : 일반병실, 진찰실, 검사실, 처치실, 재활치료실 등 장착부를 사용하지 않는 의료장소

② 그룹 1 : 분만실, MRI실, X선 검사실, 회복실, 구급처치실, 인공투석실, 내시경실 등 장착부를 환자의 신체 외부 또는 심장 부위를 제외한 환자의 신체 내부에 삽입시켜 사용하는 의료장소

③ 그룹 2 : 관상동맥질환 처치실(심장카테터실), 심혈관조영실, 중환자실(집중치료실), 마취실, 수술실, 회복실 등 장착부를 환자의 심장 부위에 삽입 또는 접촉시켜 사용하는 의료장소

(2) 의료장소별 접지 계통

의료장소별로 다음과 같이 접지계통을 적용한다.

① 그룹 0 : TT 계통 또는 TN 계통

② 그룹 1 : TT 계통 또는 TN 계통. 다만, 전원자동차단에 의한 보호가 의료행위에 중대한 지장을 초래할 우려가 있는 의료용 전기기기를 사용하는 회로에는 의료 IT 계통을 적용할 수 있다.

③ 그룹 2 : 의료 IT 계통. 다만, 이동식 X-레이 장치, 정격출력이 5 [kVA] 이상인 대형
　　　　　기기용 회로, 생명유지 장치가 아닌 일반 의료용 전기기기에 전력을 공급하는
　　　　　회로 등에는 TT 계통 또는 TN 계통을 적용할 수 있다.

④ 의료장소에 TN 계통을 적용할 때에는 주배전반 이후의 부하 계통에서는 TN-C 계통
　으로 시설하지 말 것.

(3) 의료장소의 안전을 위한 보호 설비

의료장소의 안전을 위한 보호설비는 다음과 같이 시설한다.

① 그룹 1 및 그룹 2의 의료 IT 계통은 다음과 같이 시설할 것.

　(ㄱ) 전원측에 이중 또는 강화절연을 한 비단락보증 절연변압기를 설치하고 그 2차측 전로
　　는 접지하지 말 것.

　(ㄴ) 비단락보증 절연변압기는 함 속에 설치하여 충전부가 노출되지 않도록 하고 의료장소
　　의 내부 또는 가까운 외부에 설치할 것.

　(ㄷ) 비단락보증 절연변압기의 2차측 정격전압은 교류 250 [V] 이하로 하며 공급방식 및
　　정격출력은 단상 2선식, 10 [kVA] 이하로 할 것.

　(ㄹ) 의료 IT 계통의 절연저항을 계측, 지시하는 절연감시장치를 설치하여 절연저항이 50
　　[kΩ]까지 감소하면 표시설비 및 음향설비로 경보를 발하도록 할 것.

　(ㅁ) 의료 IT 계통의 분전반은 의료장소의 내부 혹은 가까운 외부에 설치할 것.

② 그룹 1과 그룹 2의 의료장소에서 사용하는 교류 콘센트는 배선용 콘센트를 사용할 것.
　다만, 플러그가 빠지지 않는 조의 콘센트가 필요한 경우에는 걸림형을 사용한다.

③ 그룹 1과 그룹 2의 의료장소에 무영등 등을 위한 특별저압(SELV 또는 PELV) 회로를
　시설하는 경우에는 사용전압은 교류 실효값 25 [V] 또는 직류 비맥동 60 [V] 이하로
　할 것.

④ 의료장소의 전로에는 정격 감도전류 30 [mA] 이하, 동작시간 0.03초 이내의 누전차단
　기를 설치할 것. 다만, 다음의 경우는 그러하지 아니하다.

　(ㄱ) 의료 IT 계통의 전로

　(ㄴ) TT 계통 또는 TN 계통에서 전원자동차단에 의한 보호가 의료행위에 중대한 지장을
　　초래할 우려가 있는 회로에 누전경보기를 시설하는 경우

　(ㄷ) 의료장소의 바닥으로부터 2.5 [m]를 초과하는 높이에 설치된 조명기구의 전원회로

　(ㄹ) 건조한 장소에 설치하는 의료용 전기기기의 전원회로

(4) 의료장소 내의 접지 설비

의료장소와 의료장소 내의 전기설비 및 의료용 전기기기의 노출도전부, 그리고 계통외도전
부에 대하여 다음과 같이 접지설비를 시설하여야 한다.

① 접지설비란 접지극, 접지도체, 기준접지 바, 보호도체, 등전위 본딩도체를 말한다.

② 의료장소마다 그 내부 또는 근처에 기준접지 바를 설치할 것. 다만, 인접하는 의료장소
　와의 바닥 면적 합계가 50 [m²] 이하인 경우에는 기준접지 바를 공용할 수 있다.

③ 의료장소 내에서 사용하는 모든 전기설비 및 의료용 전기기기의 노출도전부는 보호도체에 의하여 기준접지 바에 각각 접속되도록 할 것.

④ 보호도체, 등전위 본딩도체 및 접지도체의 종류는 450/750 [V] 일반용 단심 비닐절연 전선으로서 절연체의 색이 녹/황의 줄무늬이거나 녹색인 것을 사용할 것.

(5) 의료장소내의 비상전원

상용전원 공급이 중단될 경우 의료행위에 중대한 지장을 초래할 우려가 있는 전기설비 및 의료용 전기기기에는 다음에 따라 비상전원을 공급하여야 한다.

① 절환시간 0.5초 이내에 비상전원을 공급하는 장치 또는 기기

  (ㄱ) 0.5초 이내에 전력공급이 필요한 생명유지장치

  (ㄴ) 그룹 1 또는 그룹 2의 의료장소의 수술등, 내시경, 수술실 테이블, 기타 필수 조명

② 절환시간 15초 이내에 비상전원을 공급하는 장치 또는 기기

  (ㄱ) 15초 이내에 전력공급이 필요한 생명유지장치

  (ㄴ) 그룹 2의 의료장소에 최소 50 [%]의 조명, 그룹 1의 의료장소에 최소 1개의 조명

③ 절환시간 15초를 초과하여 비상전원을 공급하는 장치 또는 기기

  (ㄱ) 병원기능을 유지하기 위한 기본 작업에 필요한 조명

  (ㄴ) 그 밖의 병원 기능을 유지하기 위하여 중요한 기기 또는 설비

31 저압 옥내 직류전기설비

(1) 전기품질 및 저압 직류과전류차단장치와 저압 직류개폐장치

① 저압 옥내 직류전로에 교류를 직류로 변환하여 공급하는 경우에 직류는 리플프리 직류 이어야 한다.

② 저압 직류전로에 과전류차단장치를 시설하는 경우 직류단락전류를 차단하는 능력을 가지는 것이어야 하고 "직류용" 표시를 하여야 한다.

③ 다중전원전로의 과전류차단기는 모든 전원을 차단할 수 있도록 시설하여야 한다.

④ 직류전로에 사용하는 개폐기는 직류전로 개폐시 발생하는 아크에 견디는 구조이어야 한다.

⑤ 다중전원전로의 개폐기는 개폐할 때 모든 전원이 개폐될 수 있도록 시설하여야 한다.

(2) 축전지실 등의 시설

① 30 [V]를 초과하는 축전지는 비접지측 도체에 쉽게 차단할 수 있는 곳에 개폐기를 시설하여야 한다.

② 옥내전로에 연계되는 축전지는 비접지측 도체에 과전류보호장치를 시설하여야 한다.

③ 축전지실 등은 폭발성의 가스가 축적되지 않도록 환기장치 등을 시설하여야 한다.

(3) 저압 옥내직류 전기설비의 접지

① 저압 옥내직류 전기설비는 전로 보호장치의 확실한 동작의 확보, 이상전압 및 대지전압의 억제를 위하여 직류 2선식의 임의의 한 점 또는 변환장치의 직류측 중간점, 태양전지의 중간점 등을 접지하여야 한다. 다만, 직류 2선식을 다음에 따라 시설하는 경우는 그러하지 아니하다.

(ㄱ) 사용전압이 60 [V] 이하인 경우

(ㄴ) 접지검출기를 설치하고 특정구역내의 산업용 기계기구에만 공급하는 경우

(ㄷ) 교류 전로로부터 공급을 받는 정류기에서 인출되는 직류계통

(ㄹ) 최대전류 30 [mA] 이하의 직류화재경보회로

(ㅁ) 절연감시장치 또는 절연고장점 검출장치를 설치하여 관리자가 확인할 수 있도록 경보장치를 시설하는 경우

② 접지공사는 접지시스템의 규정에 의한 접지공사를 하여야 한다.

③ 직류전기설비를 시설하는 경우는 감전에 대한 보호를 하여야 한다.

④ 직류전기설비의 접지시설은 전기부식방지를 하여야 한다.

⑤ 직류접지계통은 교류접지계통과 같은 방법으로 금속제 외함, 교류접지도체 등과 본딩하여야 하며, 교류접지가 피뢰설비 · 통신접지 등과 통합접지되어 있는 경우는 함께 통합접지공사를 할 수 있다. 이 경우 낙뢰 등에 의한 과전압으로부터 전기설비 등을 보호하기 위해 과전압 보호장치에 따라 서지보호장치(SPD)를 설치하여야 한다.

★★★
01 저압 옥내배선은 일반적인 경우, 단면적 몇 [mm²] 이상의 연동선이거나 이와 동등 이상의 강도 및 굵기의 것을 사용하여야 하는가?

① 1.5　　　　　② 2.5
③ 4　　　　　　④ 6

해설 저압 옥내배선의 사용전선
　(1) 저압 옥내배선의 전선은 단면적 2.5 [mm²] 이상의 연동선 또는 이와 동등 이상의 강도 및 굵기의 것.
　(2) 옥내배선의 사용 전압이 400 [V] 이하인 경우로 다음 중 어느 하나에 해당하는 경우에는 (1)항을 적용하지 않는다.
　　㉠ 전광표시장치 기타 이와 유사한 장치 또는 제어회로 등에 사용하는 배선에 단면적 1.5 [mm²] 이상의 연동선을 사용하고 이를 합성수지관공사·금속관공사·금속몰드공사·금속덕트공사·플로어덕트공사 또는 셀룰러덕트공사에 의하여 시설하는 경우
　　㉡ 전광표시장치 기타 이와 유사한 장치 또는 제어회로 등의 배선에 단면적 0.75 [mm²] 이상인 다심케이블 또는 다심 캡타이어 케이블을 사용하고 또한 과전류가 생겼을 때에 자동적으로 전로에서 차단하는 장치를 시설하는 경우
　　㉢ 진열장 또는 이와 유사한 것의 내부 배선 및 진열장 또는 이와 유사한 것의 내부 관등회로 배선의 규정에 의하여 단면적 0.75 [mm²] 이상인 코드 또는 캡타이어케이블을 사용하는 경우

★★
02 저압 옥내배선용 전선으로 적합한 것은?

① 단면적이 0.8[mm²] 이상의 미네럴인슈레이션 케이블
② 단면적이 1.0[mm²] 이상의 미네럴인슈레이션 케이블
③ 단면적이 1.5[mm²] 이상의 연동선
④ 단면적이 2.5[mm²] 이상의 연동선

해설 저압 옥내배선의 사용전선
　저압 옥내배선의 전선은 단면적 2.5 [mm²] 이상의 연동선 또는 이와 동등 이상의 강도 및 굵기의 것.

★★★
03 옥내에 시설하는 저압전선으로 나전선을 사용할 수 없는 공사는?

① 전개된 곳의 애자공사
② 금속덕트공사
③ 버스덕트공사
④ 라이팅덕트공사

해설 나전선의 사용 제한
　옥내에 시설하는 저압전선에는 나전선을 사용하여서는 아니 된다. 다만, 다음 중 어느 하나에 해당하는 경우에는 그러하지 아니하다.
　(1) 애자공사에 의하여 전개된 곳에 다음의 전선을 시설하는 경우
　　㉠ 전기로용 전선
　　㉡ 전선의 피복 절연물이 부식하는 장소에 시설하는 전선
　　㉢ 취급자 이외의 자가 출입할 수 없도록 설비한 장소에 시설하는 전선
　(2) 버스덕트공사에 의하여 시설하는 경우
　(3) 라이팅덕트공사에 의하여 시설하는 경우
　(4) 옥내에 시설하는 저압 접촉전선을 시설하는 경우
　(5) 유희용 전차의 전원장치에 있어서 2차측 회로의 배선을 제3레일 방식에 의한 접촉전선을 시설하는 경우

★★

04 다음의 옥내배선에서 나전선을 사용할 수 없는 곳은?

① 접촉전선의 시설
② 라이팅덕트공사에 의한 시설
③ 합성수지관공사에 의한 시설
④ 버스덕트공사에 의한 시설

해설 나전선의 사용 제한

옥내에 시설하는 저압전선에는 나전선을 사용하여서는 아니 된다. 다만, 다음 중 어느 하나에 해당하는 경우에는 그러하지 아니하다.
(1) 버스덕트공사에 의하여 시설하는 경우
(2) 라이팅덕트공사에 의하여 시설하는 경우
(3) 옥내에 시설하는 저압 접촉전선을 시설하는 경우
(4) 유희용 전차의 전원장치에 있어서 2차측 회로의 배선을 제3레일 방식에 의한 접촉전선을 시설하는 경우

★★★

05 다음의 공사에 의한 저압 옥내배선 중 사용되는 전선이 반드시 절연전선이 아니라도 상관없는 공사는?

① 합성수지관공사
② 금속관공사
③ 버스덕트공사
④ 플로어덕트공사

해설 나전선의 사용 제한

옥내에 시설하는 저압전선에는 나전선을 사용하여서는 아니 된다. 다만, 다음 중 어느 하나에 해당하는 경우에는 그러하지 아니하다.
(1) 애자공사
(2) 버스덕트공사에 의하여 시설하는 경우
(3) 라이팅덕트공사에 의하여 시설하는 경우

★★

06 대지전압 220 [V]의 백열전등 또는 방전등에 전기를 공급하는 사무실용 건물에 시설되는 옥내 전로의 시설 방법이 잘못된 것은?

① 전선은 사람이 접촉할 우려가 없도록 시설
② 백열전등의 전구 소켓은 키나 그 밖의 점멸 기구가 있는 것을 사용
③ 백열전등은 저압의 옥내배선과 직접 접속하여 시설
④ 방전등용 안정기는 저압의 옥내배선과 직접 접속하여 시설

해설 옥내전로의 대지전압의 제한

백열전등 또는 방전등에 전기를 공급하는 옥내의 전로(주택의 옥내전로를 제외한다)의 대지전압은 300 [V] 이하여야 하며 다음에 따라 시설하여야 한다. 다만, 대지전압 150 [V] 이하의 전로인 경우에는 다음에 따르지 않을 수 있다.
(1) 백열전등 또는 방전등 및 이에 부속하는 전선은 사람이 접촉할 우려가 없도록 시설하여야 한다.
(2) 백열전등(기계장치에 부속하는 것을 제외한다) 또는 방전등용 안정기는 저압의 옥내배선과 직접 접속하여 시설하여야 한다.
(3) 백열전등의 전구소켓은 키나 그 밖의 점멸기구가 없는 것이어야 한다.

★★★

07 백열전등 또는 방전등에 전기를 공급하는 옥내 전로의 대지전압은 몇 [V] 이하이어야 하는가? (단, 백열전등 또는 방전등 및 이에 부속하는 전선은 사람이 접촉할 우려가 없다고 한다.)

① 150   ② 220
③ 300   ④ 600

해설 옥내전로의 대지전압의 제한

백열전등 또는 방전등에 전기를 공급하는 옥내의 전로(주택의 옥내전로를 제외한다)의 대지전압은 300 [V] 이하여야 하며 다음에 따라 시설하여야 한다. 다만, 대지전압 150 [V] 이하의 전로인 경우에는 다음에 따르지 않을 수 있다.

★★
08 다음 중 주택의 옥내전로 시설 기준으로 적절하지 않은 것은?

① 주택의 옥내전로의 대지전압은 250 [V] 이하이어야 한다.

② 주택의 옥내전로의 사용전압은 400 [V] 이하이어야 한다.

③ 주택의 전로 인입구에는 인체보호용 누전차단기를 시설하여야 한다.

④ 정격 소비전력 3 [kW] 이상의 전기기계기구는 옥내배선과 직접 접속한다.

[해설] 옥내전로의 대지전압의 제한

주택의 옥내전로(전기기계기구내의 전로를 제외한다)의 대지전압은 300 [V] 이하이여야 하며 다음 각 호에 따라 시설하여야 한다. 다만, 대지전압 150 [V] 이하인 전로에는 다음에 따르지 않을 수 있다.

(1) 사용전압은 400 [V] 이하이여야 한다.

(2) 주택의 전로 인입구에는 「전기용품 및 생활용품 안전관리법」에 적용을 받는 감전보호용 누전차단기를 시설하여야 한다. 다만, 전로의 전원측에 정격용량이 3 [kVA] 이하인 절연변압기(1차 전압이 저압이고, 2차 전압이 300 [V] 이하인 것에 한한다)를 사람이 쉽게 접촉할 우려가 없도록 시설하고 또한 그 절연변압기의 부하측 전로를 접지하지 않는 경우에는 예외로 한다.

(3) 전기기계기구 및 옥내의 전선은 사람이 쉽게 접촉할 우려가 없도록 시설하여야 한다. 다만, 전기기계기구로서 사람이 쉽게 접촉할 우려가 있는 부분이 절연성이 있는 재료로 견고하게 제작되어 있는 것 또는 건조한 곳에서 취급하도록 시설된 것 및 물기 있는 장소 이외의 장소에 시설하는 저압용의 개별 기계기구에 전기를 공급하는 전로에 「전기용품 및 생활용품 안전관리법」의 적용을 받는 인체감전보호용 누전차단기(정격감도전류가 30 [mA] 이하, 동작시간 0.03초 이하의 전류동작형에 한한다)가 시설된 것은 예외로 한다.

(4) 정격 소비전력 3 [kW] 이상의 전기기계기구에 전기를 공급하기 위한 전로에는 전용의 개폐기 및 과전류 차단기를 시설하고 그 전로의 옥내배선과 직접 접속하거나 적정 용량의 전용콘센트를 시설하여야 한다.

★★
09 주택의 전로 인입구에 누전차단기를 시설하지 않는 경우 옥내전로의 대지전압은 최대 몇 [V]까지 가능한가?

① 100　　　　② 150
③ 250　　　　④ 300

[해설] 옥내전로의 대지전압의 제한

주택의 옥내전로(전기기계기구내의 전로를 제외한다)의 대지전압은 300 [V] 이하이여야 하며 다음 각 호에 따라 시설하여야 한다. 다만, 대지전압 150 [V] 이하인 전로에는 다음에 따르지 않을 수 있다.

(1) 사용전압은 400 [V] 이하이여야 한다.

(2) 주택의 전로 인입구에는 「전기용품 및 생활용품 안전관리법」에 적용을 받는 감전보호용 누전차단기를 시설하여야 한다. 다만, 전로의 전원측에 정격용량이 3 [kVA] 이하인 절연변압기(1차 전압이 저압이고, 2차 전압이 300 [V] 이하인 것에 한한다)를 사람이 쉽게 접촉할 우려가 없도록 시설하고 또한 그 절연변압기의 부하측 전로를 접지하지 않는 경우에는 예외로 한다.

★
10 배선방법 중 금속본체와 커버가 별도로 구성되어 커버를 개폐할 수 있는 금속덕트공사의 설치방법에 해당되는 것은?

① 전선관 시스템
② 케이블트레이 시스템
③ 케이블트렁킹 시스템
④ 케이블덕트 시스템

[해설] 설치방법에 따른 공사방법의 분류

설치방법	배선방법
전선관 시스템	합성수지관공사, 금속관공사, 가요전선관공사
케이블트렁킹 시스템	합성수지몰드공사, 금속몰드공사, 금속덕트공사[a]
케이블덕트 시스템	플로어덕트공사, 셀룰러덕트공사, 금속덕트공사[b]
애자공사	애자공사
케이블트레이 시스템	케이블트레이공사
케이블공사	케이블공사

금속덕트공사[a] : 금속본체와 커버가 별도로 구성되어 커버를 개폐할 수 있는 금속덕트를 사용한 공사방법을 말한다.

금속덕트공사[b] : 본체와 커버 구분없이 하나로 구성된 금속덕트를 사용한 공사방법을 말한다.

★★
11 저압 옥내배선을 할 때 인입용 비닐절연전선을 사용할 수 없는 것은?

① 합성수지관공사　　② 금속관공사
③ 애자공사　　　　　④ 가요전선관공사

해설 애자공사
(1) 저압 전선은 다음의 경우 이외에는 절연전선(옥외용 비닐 절연전선 및 인입용 비닐 절연전선을 제외한다)일 것.
　㉠ 전기로용 전선
　㉡ 전선의 피복 절연물이 부식하는 장소에 시설하는 전선
　㉢ 취급자 이외의 자가 출입할 수 없도록 설비한 장소에 시설하는 전선
(2) 고압 전선은 6 [mm²] 이상의 연동선 또는 동등 이상의 세기 및 굵기의 고압 절연전선이나 특고압 절연전선 또는 6/10 [kV] 인하용 고압 절연전선

★★★
12 애자공사에 의한 저압 옥내배선시 전선 상호간의 간격은 몇 [cm] 이상이어야 하는가?

① 2 [cm]　　　　　② 4 [cm]
③ 6 [cm]　　　　　④ 8 [cm]

해설 애자공사

	저압	고압
굵기	저압 옥내배선의 전선 규격에 따른다.	6 [mm²] 이상의 연동선
전선 상호간의 간격	6 [cm] 이상	8 [cm] 이상
전선과 조영재 이격거리	사용전압 400 [V] 미만 : 2.5 [cm] 이상 사용전압 400 [V] 이상 : 4.5 [cm] 이상 단, 건조한 장소 : 2.5[cm] 이상	5 [cm] 이상
전선의 지지점간의 거리	400 [V] 이상인 것은 6 [m] 이하 단, 전선을 조영재의 윗면 또는 옆면에 따라 붙일 경우에는 2 [m] 이하	6 [m] 이하 단, 전선을 조영재의 면을 따라 붙이는 경우에는 2 [m] 이하

★
13 고압 옥내배선을 애자공사에 의하여 시설하는 경우 전선 상호의 간격은 몇 [cm] 이상인가?

① 2 [cm]　　　　　② 1.5 [cm]
③ 6 [cm]　　　　　④ 8 [cm]

해설 애자공사

	저압	고압
전선 상호간의 간격	6 [cm] 이상	8 [cm] 이상

★★★
14 사용전압이 380 [V]인 옥내배선을 애자공사로 시설할 때 전선과 조영재 사이의 이격거리는 몇 [cm] 이상이어야 하는가?

① 2　　　　　　② 2.5
③ 4.5　　　　　④ 6

해설 애자공사

	저압	고압
전선과 조영재 이격거리	사용전압 400 [V] 이하 : 2.5 [cm] 이상 사용전압 400 [V] 초과 : 4.5 [cm] 이상 단, 건조한 장소 : 2.5[cm] 이상	5 [cm] 이상

★★
15 애자공사를 습기가 많은 장소에 시설하는 경우 전선과 조영재 사이의 이격거리는 몇 [cm] 이상이어야 하는가?(단, 사용전압은 440 [V]인 경우이다.)

① 2.0　　　　　② 2.5
③ 4.5　　　　　④ 6.0

해설 애자공사

	저압	고압
전선과 조영재 이격거리	사용전압 400 [V] 이하 : 2.5 [cm] 이상 사용전압 400 [V] 초과 : 4.5 [cm] 이상 단, 건조한 장소 : 2.5[cm] 이상	5 [cm] 이상

★★

16 점검할 수 있는 은폐장소로서 건조한 곳에 시설하는 애자공사에 의한 저압 옥내배선은 사용전압이 400 [V] 초과인 경우에 전선과 조영재와의 이격거리는 몇 [cm] 이상이어야 하는가?

① 2.5   ② 3.0
③ 4.5   ④ 5.0

해설 애자공사

	저압	고압
전선과 조영재 이격거리	사용전압 400 [V] 이하 : 2.5 [cm] 이상 사용전압 400 [V] 초과 : 4.5 [cm] 이상 단, 건조한 장소 : 2.5[cm] 이상	5 [cm] 이상

★★

17 애자공사에 의한 고압 옥내배선을 시설하고자 할 경우 전선과 조영재 사이의 이격거리는 몇 [cm] 이상인가?

① 3   ② 4
③ 5   ④ 6

해설 애자공사

	저압	고압
전선과 조영재 이격거리	사용전압 400 [V] 이하 : 2.5 [cm] 이상 사용전압 400 [V] 초과 : 4.5 [cm] 이상 단, 건조한 장소 : 2.5[cm] 이상	5 [cm] 이상

★★★

18 애자공사에 의한 저압 옥내배선을 시설할 때 전선의 지지점간의 거리는 전선을 조영재의 윗면 또는 옆면에 따라 붙일 경우 몇 [m] 이하인가?

① 1.5   ② 2
③ 2.5   ④ 3

해설 애자공사

	저압	고압
전선의 지지점간의 거리	400 [V] 초과인 것은 6 [m] 이하 단, 전선을 조영재의 윗면 또는 옆면에 따라 붙일 경우에는 2 [m] 이하	6 [m] 이하 단, 전선을 조영재의 면을 따라 붙이는 경우에는 2 [m] 이하

★★★

19 애자공사에 의한 고압 옥내배선공사를 할 때 전선의 지지점간의 거리는 몇 [m] 이하로 하여야 하는가?(단, 전선은 조영재의 면을 따라 붙였다고 한다.)

① 2   ② 3
③ 4   ④ 5

해설 애자공사

	저압	고압
전선의 지지점간의 거리	400 [V] 초과인 것은 6 [m] 이하 단, 전선을 조영재의 윗면 또는 옆면에 따라 붙일 경우에는 2 [m] 이하	6 [m] 이하 단, 전선을 조영재의 면을 따라 붙이는 경우에는 2 [m] 이하

★★
20 저압 옥내배선을 합성수지관공사에 의하여 실시하는 경우 사용할 수 있는 단선(동선)의 최대 단면적은 몇 [mm²]인가?

① 4
② 6
③ 10
④ 16

해설 합성수지관공사
(1) 전선은 절연전선(옥외용 비닐 절연전선을 제외한다)일 것.
(2) 전선은 연선일 것. 다만, 짧고 가는 합성수지관에 넣은 것과 단면적 10 [mm²](알루미늄선은 단면적 16 [mm²]) 이하의 것은 적용하지 않는다.
(3) 전선은 합성수지관 안에서 접속점이 없도록 할 것.
(4) 중량물의 압력 또는 현저한 기계적 충격을 받을 우려가 없도록 시설할 것.
(5) 관의 끝부분 및 안쪽 면은 전선의 피복을 손상하지 아니하도록 매끈한 것일 것.
(6) 관[합성수지제 휨(가요) 전선관을 제외한다]의 두께는 2 [mm] 이상일 것. 다만, 전개된 장소 또는 점검할 수 있는 은폐된 장소로서 건조한 장소에 사람이 접촉할 우려가 없도록 시설한 경우(옥내배선의 사용전압이 400 [V] 이하인 경우에 한한다)에는 그러하지 아니하다.
(7) 관 상호 간 및 박스와는 관을 삽입하는 깊이를 관의 바깥지름의 1.2배(접착제를 사용하는 경우에는 0.8배) 이상으로 하고 또한 꽂음 접속에 의하여 견고하게 접속할 것.
(8) 관의 지지점 간의 거리는 1.5 [m] 이하로 하고, 또한 그 지지점은 관의 끝관과 박스의 접속점 및 관 상호 간의 접속점 등에 가까운 곳에 시설할 것.
(9) 습기가 많은 장소 또는 물기가 있는 장소에 시설하는 경우에는 방습 장치를 할 것.
(10) 합성수지제 휨(가요) 전선관 상호 간은 직접 접속하지 말 것.
(11) 이중천장(반자 속 포함) 내에는 시설할 수 없다.

★★★
21 합성수지관공사시 관 상호간 및 박스와의 접속은 관에 삽입하는 깊이를 관 바깥지름의 몇 배 이상으로 하여야 하는가?(단, 접착제를 사용하지 않는 경우이다.)

① 0.5
② 0.8
③ 1.2
④ 1.5

해설 합성수지관공사
관 상호 간 및 박스와는 관을 삽입하는 깊이를 관의 바깥지름의 1.2배(접착제를 사용하는 경우에는 0.8배) 이상으로 하고 또한 꽂음 접속에 의하여 견고하게 접속할 것.

★★
22 합성수지관공사시 관 상호간 및 박스와의 접속은 접착제를 사용하는 경우 관에 삽입하는 깊이를 관 바깥지름의 몇 배 이상으로 하여야 하는가?

① 0.5
② 0.8
③ 1.2
④ 1.5

해설 합성수지관공사
관 상호 간 및 박스와는 관을 삽입하는 깊이를 관의 바깥지름의 1.2배(접착제를 사용하는 경우에는 0.8배) 이상으로 하고 또한 꽂음 접속에 의하여 견고하게 접속할 것.

★★
23 합성수지관공사에 의한 저압 옥내배선 시설방법에 대한 설명 중 틀린 것은?

① 관의 지지점 간의 거리는 1.2 [m] 이하로 할 것.
② 박스 기타의 부속품을 습기가 많은 장소에 시설하는 경우에는 방습 장치로 할 것.
③ 사용전선은 절연전선일 것.
④ 합성수지관 안에는 전선의 접속점이 없도록 할 것.

해설 합성수지관공사
관의 지지점 간의 거리는 1.5 [m] 이하로 하고, 또한 그 지지점은 관의 끝관과 박스의 접속점 및 관 상호 간의 접속점 등에 가까운 곳에 시설할 것.

★★★
24 합성수지관공사에 의한 저압 옥내배선의 시설 기준으로 옳지 않은 것은?

① 습기가 많은 장소에 방습장치를 하여 사용하였다.
② 전선은 옥외용 비닐절연전선을 사용하였다.
③ 전선은 연선을 사용하였다.
④ 관의 지지점간의 거리는 1.5 [m]로 하였다.

해설 합성수지관공사
전선은 절연전선(옥외용 비닐 절연전선을 제외한다)일 것.

★
25 합성수지몰드공사에 의한 저압옥내배선의 시설 방법으로 옳은 것은?

① 전선으로는 단선만을 사용하고 연선을 사용해서는 안 된다.
② 전선으로 옥외용 비닐절연전선을 사용하였다.
③ 합성수지몰드 안에 전선의 접속점을 두기 위해 합성수지제의 조인트 박스를 사용하였다.
④ 합성수지몰드 안에는 전선의 접속점을 최소 2개소 두어야 한다.

해설 합성수지몰드공사
(1) 전선은 절연전선(옥외용 비닐 절연전선을 제외한다)일 것.
(2) 합성수지몰드 안에는 접속점이 없도록 할 것. 다만, 합성수지몰드 안의 전선을 합성 수지제의 조인트 박스를 사용하여 접속할 경우에는 그러하지 아니하다.
(3) 합성수지몰드는 홈의 폭 및 깊이가 35 [mm] 이하의 것일 것. 다만, 사람이 쉽게 접촉할 우려가 없도록 시설하는 경우에는 폭이 50 [mm] 이하의 것을 사용할 수 있다.
(4) 합성수지몰드 상호 간 및 합성수지 몰드와 박스 기타의 부속품과는 전선이 노출되지 아니하도록 접속할 것.

★★
26 합성수지몰드공사에 의한 저압 옥내배선은 다음과 같이 시설해야 한다. 옳지 못한 것은?

① 합성수지몰드는 홈의 폭 및 깊이가 3.5 [cm] 이하
② 전선으로 옥외용 비닐절연전선을 사용하였다.
③ 사람이 쉽게 접촉할 우려가 없도록 시설하는 경우에는 폭이 5 [cm] 이하
④ 합성수지몰드 안에서는 전선에 접속점이 있어서는 안 된다.

해설 합성수지몰드공사
전선은 절연전선(옥외용 비닐 절연전선을 제외한다)일 것.

★★★
27 금속관공사를 콘크리트에 매설하여 시행하는 경우 관의 두께는 몇 [mm] 이상이어야 하는가?

① 1.0   ② 1.2
③ 1.4   ④ 1.6

해설 금속관공사
(1) 전선은 절연전선(옥외용 비닐 절연전선을 제외한다)일 것.
(2) 전선은 연선일 것. 다만, 짧고 가는 금속관에 넣은 것과 단면적 10 [mm²](알루미늄선은 단면적 16 [mm²]) 이하의 것은 적용하지 않는다.
(3) 전선은 금속관 안에서 접속점이 없도록 할 것.
(4) 전선관의 접속부분의 나사는 5턱 이상 완전히 나사 결합이 될 수 있는 길이일 것.
(5) 관의 두께는 콘크리트에 매설하는 것은 1.2 [mm] 이상, 이외의 것은 1 [mm] 이상일 것. 다만, 이음매가 없는 길이 4 [m] 이하인 것을 건조하고 전개된 곳에 시설하는 경우에는 0.5 [mm]까지로 감할 수 있다.
(6) 관 상호간 및 관과 박스 기타의 부속품과는 나사접속 기타 이와 동등 이상의 효력이 있는 방법에 의하여 견고하고 또한 전기적으로 완전하게 접속할 것.
(7) 관의 끝 부분에는 전선의 피복을 손상하지 아니하도록 적당한 구조의 부싱을 사용할 것. 다만, 금속관공사로부터 애자사용공사로 옮기는 경우에는 그 부분의 관의 끝부분에는 절연부싱 또는 이와 유사한 것을 사용하여야 한다.
(8) 습기가 많은 장소 또는 물기가 있는 장소에 시설하는 경우에는 방습장치를 할 것.

★★★
28 다음 중 금속관 공사에 대한 기준으로 옳지 않은 것은?

① 저압 옥내배선에 사용하는 전선으로 옥외용 비닐절연전선을 사용하였다.

② 저압 옥내배선의 금속관 안에는 전선에 접속점이 없도록 하였다.

③ 콘크리트에 매설하는 금속관의 두께는 1.2 [mm]를 사용하였다.

④ 습기가 많은 장소 또는 물기가 있는 장소에 시설하는 경우에는 방습장치를 할 것.

해설 금속관공사
전선은 절연전선(옥외용 비닐 절연전선을 제외한다)일 것.

★★
29 저압 옥내배선을 금속관공사에 의하여 시설하는 경우에 대한 설명 중 옳은 것은?

① 전선에 옥외용 비닐절연전선을 사용하여야 한다.

② 전선은 굵기에 관계없이 연선을 사용하여야 한다.

③ 콘크리트에 매설하는 금속관의 두께는 1.2 [mm] 이상이어야 한다.

④ 전선관의 접속부분의 나사는 3턱 이상 완전히 나사결합이 될 수 있는 길이일 것.

해설 금속관공사
관의 두께는 콘크리트에 매설하는 것은 1.2 [mm] 이상, 이외의 것은 1 [mm] 이상일 것. 다만, 이음매가 없는 길이 4 [m] 이하인 것을 건조하고 전개된 곳에 시설하는 경우에는 0.5 [mm]까지로 감할 수 있다.

★★★
30 금속관공사에 의한 저압옥내배선 시설방법으로 틀린 것은?

① 전선은 절연전선일 것.

② 전선은 연선일 것.

③ 관의 두께는 콘크리트에 매설시 1.2 [mm] 이상일 것.

④ 전선은 금속관 안에서 접속점이 있어도 무관하다.

해설 금속관공사
전선은 금속관 안에서 접속점이 없도록 할 것.

★★
31 저압 옥내배선을 금속제 가요전선관공사에 의해 시공하고자 한다. 이 금속제 가요전선관에 설치하는 전선으로 단선을 사용할 경우 그 단면적은 최대 몇 [mm²] 이하이어야 하는가?(단, 알루미늄선은 제외한다.)

① 2.5   ② 4
③ 6   ④ 10

해설 금속제 가요전선관공사
(1) 전선은 절연전선(옥외용 비닐 절연전선을 제외한다)일 것.
(2) 전선은 연선일 것. 다만, 단면적 10 [mm²] (알루미늄선은 단면적 16 [mm²]) 이하의 것은 적용하지 않는다.
(3) 가요전선관 안에는 전선에 접속점이 없도록 할 것.
(4) 가요전선관은 2종 금속제 가요전선관일 것. 다만, 전개된 장소 또는 점검할 수 있는 은폐된 장소(옥내배선의 사용전압이 400 [V] 초과인 경우에는 전동기에 접속하는 부분으로서 가요성을 필요로 하는 부분에 사용하는 것에 한한다)에는 1종 가요전선관(습기가 많은 장소 또는 물기가 있는 장소에는 비닐 피복 1종 가요전선관에 한한다)을 사용할 수 있다.
(5) 2종 금속제 가요전선관을 사용하는 경우에 습기 많은 장소 또는 물기가 있는 장소에 시설하는 때에는 비닐 피복 2종 가요전선관일 것.
(6) 1종 금속제 가요전선관에는 단면적 2.5 [mm²] 이상의 나연동선을 전체 길이에 걸쳐 삽입 또는 첨가하여 그 나연동선과 1종 금속제가요전선관을 양쪽 끝에서 전기적으로 완전하게 접속할 것. 다만, 관의 길이가 4 [m] 이하인 것을 시설하는 경우에는 그러하지 아니하다.
(7) 관에는 접지공사를 할 것.

★★
32 금속제 가요전선관공사에 대한 설명 중 틀린 것은?

① 가요전선관 안에서는 전선의 접속점이 없어야 한다.

② 가요전선관은 1종 금속제 가요전선관이어여 한다.

③ 가요전선관 내에 수용되는 전선은 연선이어야 하며 단면적 $10[\text{mm}^2]$ 이하는 무방하다.

④ 가요전선관 내에 수용되는 전선은 옥외용 비닐절연전선을 제외하고는 절연전선이어야 한다.

해설 금속제 가요전선관공사
가요전선관은 2종 금속제 가요전선관일 것. 다만, 전개된 장소 또는 점검할 수 있는 은폐된 장소(옥내배선의 사용-전압이 400 [V] 초과인 경우에는 전동기에 접속하는 부분으로서 가요성을 필요로 하는 부분에 사용하는 것에 한한다)에는 1종 가요전선관(습기가 많은 장소 또는 물기가 있는 장소에는 비닐 피복 1종 가요전선관에 한한다)을 사용할 수 있다.

★★★
33 제어회로용 절연전선을 금속덕트공사에 의하여 시설하고자 한다. 절연 피복을 포함한 전선의 총 면적은 덕트의 내부 단면적의 몇 [%]까지 할 수 있는가?

① 20 [%] ② 30 [%]

③ 40 [%] ④ 50 [%]

해설 금속덕트공사
(1) 전선은 절연전선(옥외용 비닐 절연전선을 제외한다)일 것.

(2) 금속덕트에 넣은 전선의 단면적(절연피복의 단면적을 포함한다)의 합계는 덕트의 내부 단면적의 20 [%](전광표시장치 기타 이와 유사한 장치 또는 제어회로 등의 배선만을 넣는 경우에는 50 [%]) 이하일 것.

(3) 금속덕트 안에는 전선에 접속점이 없도록 할 것. 다만, 전선을 분기하는 경우에는 그 접속점을 쉽게 점검할 수 있는 때에는 그러하지 아니하다.

(4) 폭이 50 [mm]를 초과하고 또한 두께가 1.2 [mm] 이상인 철판 또는 동등 이상의 세기를 가지는 금속제의 것으로 견고하게 제작한 것일 것.

(5) 안쪽 면은 전선의 피복을 손상시키는 돌기(突起)가 없는 것이어야 하며 안쪽 면 및 바깥 면에는 산화방지를 위하여 아연도금 또는 이와 동등 이상의 효과를 가지는 도장을 한 것일 것.

(6) 덕트를 조영재에 붙이는 경우에는 덕트의 지지점 간의 거리를 3 [m](취급자 이외의 자가 출입할 수 없도록 설비한 곳에서 수직으로 붙이는 경우에는 6 [m]) 이하로 하고 또한 견고하게 붙일 것.

(7) 덕트의 본체와 구분하여 뚜껑을 설치하는 경우에는 쉽게 열리지 아니하도록 시설할 것.

(8) 덕트의 끝부분은 막을 것. 또한, 덕트 안에 먼지가 침입하지 아니하도록 할 것.

(9) 덕트 상호간의 견고하고 전기적으로 완전하게 접속하여야 한다.

(10) 덕트는 접지공사를 할 것.

정답 32 ② 33 ④

34 금속덕트공사에 의한 저압옥내배선공사 중 적합하지 않은 것은?

① 금속덕트에 넣은 전선의 단면적의 합계가 덕트의 내부 단면적의 20 [%] 이하가 되게 하여야 한다.

② 덕트 상호간은 견고하고 전기적으로 완전하게 접속하여야 한다.

③ 덕트를 조명재에 붙이는 경우에는 덕트의 지지점간 거리를 8 [m] 이하로 하여야 한다.

④ 덕트의 끝부분은 막아야 한다.

해설 금속덕트공사

덕트를 조영재에 붙이는 경우에는 덕트의 지지점 간의 거리를 3 [m] (취급자 이외의 자가 출입할 수 없도록 설비한 곳에서 수직으로 붙이는 경우에는 6 [m]) 이하로 하고 또한 견고하게 붙일 것.

35 금속덕트공사에 의한 저압 옥내배선공사 시설에 적합하지 않은 것은?

① 덕트 안에 먼지가 침입하지 아니하도록 할 것.

② 금속덕트에 넣은 전선의 단면적의 합계가 덕트의 내부 단면적의 20 [%] 이하가 되도록 한다.

③ 금속덕트는 두께 1.0 [mm] 이상인 철판으로 제작하고 덕트 상호간에 완전하게 접속한다.

④ 덕트를 조영재에 붙이는 경우 덕트 지지점간의 거리를 3 [m] 이하로 견고하게 붙인다.

해설 금속덕트공사

폭이 50 [mm]를 초과하고 또한 두께가 1.2 [mm] 이상인 철판 또는 동등 이상의 세기를 가지는 금속제의 것으로 견고하게 제작한 것일 것.

36 저압 옥내배선 버스덕트공사에서 지지점간의 거리[m]는?(단, 취급자만이 출입하는 곳에서 수직으로 붙이는 경우)

① 3   ② 5
③ 6   ④ 8

해설 버스덕트공사

(1) 덕트 상호 간 및 전선 상호 간은 견고하고 또한 전기적으로 완전하게 접속할 것.

(2) 덕트를 조영재에 붙이는 경우에는 덕트의 지지점 간의 거리를 3 [m] (취급자 이외의 자가 출입할 수 없도록 설비한 곳에서 수직으로 붙이는 경우에는 6 [m]) 이하로 하고 또한 견고하게 붙일 것.

(3) 덕트(환기형의 것을 제외한다)의 끝부분은 막을 것.

(4) 덕트(환기형의 것을 제외한다)의 내부에 먼지가 침입하지 아니하도록 할 것.

(5) 덕트는 접지공사를 할 것.

(6) 습기가 많은 장소 또는 물기가 있는 장소에 시설하는 경우에는 옥외용 버스덕트를 사용하고 버스덕트 내부에 물이 침입하여 고이지 아니하도록 할 것.

(7) 도체 지지물은 절연성·난연성 및 내수성이 있는 견고한 것일 것.

(8) 덕트는 아래 표의 두께 이상의 강판 또는 알루미늄판으로 견고히 제작한 것일 것.

덕트의 최대 폭[mm]	덕트의 판 두께[mm]		
	강판	알루미늄판	합성수지판
150 이하	1.0	1.6	2.5
150 초과 300 이하	1.4	2.0	5.0
300 초과 500 이하	1.6	2.3	–
500 초과 700 이하	2.0	2.9	–
700 초과하는 것	2.3	3.2	–

37 버스덕트공사에 의한 저압 옥내배선에 대한 시설로 잘못 설명한 것은?

① 환기형을 제외한 덕트의 끝부분은 막을 것
② 도체 지지물은 절연성·난연성 및 내수성이 있는 견고한 것일 것.
③ 덕트의 내부에 먼지가 침입하지 아니하도록 할 것
④ 덕트를 조영재에 붙이는 경우에는 덕트의 지지점 간의 거리를 4 [m] 이하로 하고 또한 견고하게 붙일 것.

해설 버스덕트공사

덕트를 조영재에 붙이는 경우에는 덕트의 지지점 간의 거리를 3 [m] (취급자 이외의 자가 출입할 수 없도록 설비한 곳에서 수직으로 붙이는 경우에는 6 [m]) 이하로 하고 또한 견고하게 붙일 것.

38 플로어덕트공사에 의한 저압 옥내배선 공사에 적합하지 않은 것은?

① 박스 및 인출구는 마루 위로 돌출하지 아니하도록 시설하고 또한 물이 스며들지 아니하도록 밀봉할 것.
② 덕트의 끝 부분은 막을 것.
③ 덕트 및 박스 기타의 부속품은 물이 고이는 부분이 없도록 시설하여야 한다.
④ 옥외용 비닐절연전선을 사용할 것.

해설 플로어덕트공사

(1) 전선은 절연전선(옥외용 비닐 절연전선을 제외한다)일 것.
(2) 전선은 연선일 것. 다만, 단면적 10 [mm^2] (알루미늄선은 단면적 16 [mm^2]) 이하의 것은 적용하지 않는다.
(3) 플로어덕트 안에는 전선에 접속점이 없도록 할 것. 다만, 전선을 분기하는 경우에는 접속점을 쉽게 점검할 수 있을 때에는 그러하지 아니하다.
(4) 덕트 및 박스 기타의 부속품은 물이 고이는 부분이 없도록 시설하여야 한다.
(5) 박스 및 인출구는 마루 위로 돌출하지 아니하도록 시설하고 또한 물이 스며들지 아니하도록 밀봉할 것.
(6) 덕트의 끝부분은 막을 것.
(7) 덕트는 접지공사를 할 것.

39 케이블트레이의 시설에 대한 설명으로 틀린 것은?

① 안전율은 1.5 이상으로 하여야 한다.
② 비금속제 케이블 트레이는 난연성 재료의 것이어야 한다.
③ 저압 케이블과 고압 또는 특고압 케이블은 동일 케이블트레이 안에 시설한다.
④ 전선의 피복 등을 손상시킬 돌기 등이 없이 매끈하여야 한다.

해설 케이블트레이공사

케이블트레이배선은 케이블을 지지하기 위하여 사용하는 금속재 또는 불연성 재료로 제작된 유닛 또는 유닛의 집합체 및 그에 부속하는 부속재 등으로 구성된 견고한 구조물을 말하며 사다리형, 펀칭형, 메시형, 바닥밀폐형 기타 이와 유사한 구조물을 포함하여 적용한다.

(1) 케이블트레이 안에서 전선을 접속하는 경우에는 전선 접속부분에 사람이 접근할 수 있고 또한 그 부분이 측면 레일 위로 나오지 않도록 하고 그 부분을 절연처리 하여야 한다.
(2) 저압 케이블과 고압 또는 특고압 케이블은 동일 케이블 트레이 안에 시설하여서는 아니 된다. 다만, 견고한 불연성의 격벽을 시설하는 경우 또는 금속 외장 케이블인 경우에는 그러하지 아니하다.
(3) 수용된 모든 전선을 지지할 수 있는 적합한 강도의 것이어야 한다. 이 경우 케이블 트레이의 안전율은 1.5 이상으로 하여야 한다.
(4) 지지대는 트레이 자체 하중과 포설된 케이블 하중을 충분히 견딜 수 있는 강도를 가져야 한다.
(5) 전선의 피복 등을 손상시킬 돌기 등이 없이 매끈하여야 한다.
(6) 비금속제 케이블 트레이는 난연성 재료의 것이어야 한다.
(7) 금속제 케이블 트레이 계통은 기계적 및 전기적으로 완전하게 접속하여야 하며 금속제 트레이는 접지공사를 하여야 한다.

정답 37 ④ 38 ④ 39 ③

40 코드 및 이동전선에 대한 설명으로 틀린 것은?

① 코드는 조명용 전원코드 및 이동전선으로만 사용할 수 있다.

② 건조한 곳에 시설하고 또한 내부를 건조한 상태로 사용하는 진열장 등의 내부에 배선할 경우에는 고정배선으로 사용할 수 있다.

③ 코드는 사용전압 300 [V] 이하의 전로에 사용한다.

④ 조명용 전원코드 또는 이동전선은 단면적 0.75 [mm²] 이상의 코드 또는 캡타이어케이블을 용도에 따라서 선정하여야 한다.

[해설] 코드 및 이동전선

(1) 코드는 전구선 및 이동전선으로만 사용할 수 있으며, 고정배선으로 사용하여서는 안 된다. 다만, 건조한 곳에 시설하고 또한 내부를 건조한 상태로 사용하는 진열장 등의 내부에 배선할 경우는 고정배선으로 사용할 수 있다.

(2) 코드는 사용전압 400 [V] 이하의 전로에 사용한다.

(3) 전구선 또는 이동전선은 단면적 0.75 [mm²] 이상의 코드 또는 캡타이어케이블을 용도에 따라서 선정하여야 한다.

(4) 옥내에서 전구선 또는 이동전선을 습기가 많은 장소 또는 수분이 있는 장소에 시설할 경우에는 고무코드(사용전압이 400 [V] 이하인 경우에 한함) 또는 0.6/1 [kV] EP 고무 절연 클로로프렌캡타이어케이블로서 단면적이 0.75 [mm²] 이상인 것이어야 한다.

41 욕조나 샤워시설이 있는 욕실 또는 화장실 등 인체가 물에 젖어있는 상태에서 전기를 사용하는 장소에 콘센트를 시설하는 경우 올바르지 않는 방법은 무엇인가?

① 정격감도전류 15 [mA] 이하인 누전차단기가 부착된 콘센트를 시설한다.

② 동작시간 0.03초 이하인 누전차단기가 부착된 콘센트를 시설한다.

③ 전류동작형 누전차단기가 부착된 콘센트를 시설한다.

④ 정격용량이 1.5 [kVA] 이하인 절연변압기로 보호된 전로에 접속한다.

[해설] 콘센트의 시설

욕조나 샤워시설이 있는 욕실 또는 화장실 등 인체가 물에 젖어있는 상태에서 전기를 사용하는 장소에 콘센트를 시설하는 경우에는 다음에 따라 시설하여야 한다.

(1) 「전기용품 및 생활용품 안전관리법」의 적용을 받는 인체감전보호용 누전차단기(정격감도전류 15 [mA] 이하, 동작시간 0.03초 이하의 전류동작형의 것에 한한다) 또는 절연변압기(정격용량 3 [kVA] 이하인 것에 한한다)로 보호된 전로에 접속하거나, 인체감전보호용 누전차단기가 부착된 콘센트를 시설하여야 한다.

(2) 콘센트는 접지극이 있는 방적형 콘센트를 사용하여 접지하여야 한다.

★★
42 옥내에 시설하는 조명용 전등의 점멸장치에 대한 설명으로 틀린 것은?

① 가정용 전등은 등기구마다 점멸이 가능하도록 한다.
② 국부조명설비는 그 조명 대상에 따라 점멸할 수 있도록 시설한다.
③ 공장, 사무실 등에 시설하는 전체 조명용 전등은 부분 조명이 가능하도록 전등군으로 구분하여 전등군마다 점멸이 가능하도록 한다.
④ 광 천장 조명 또는 간접조명을 위하여 전등을 격등회로로 시설하는 경우에는 10개의 전등군으로 구분하여 점멸이 가능하도록 한다.

해설 점멸기의 시설
(1) 점멸기는 전로의 비접지측에 시설하고 분기개폐기에 배선용차단기를 사용하는 경우는 이것을 점멸기로 대용할 수 있다
(2) 노출형의 점멸기는 기둥 등의 내구성이 있는 조영재에 견고하게 설치할 것.
(3) 욕실 내는 점멸기를 시설하지 말 것.
(4) 가정용 전등은 매 등기구마다 점멸이 가능하도록 할 것. 다만, 장식용 등기구(샹들리에, 스포트라이트, 간접조명등, 보조등기구 등) 및 발코니 등기구는 예외로 할 수 있다.
(5) 공장·사무실·학교·상점 및 기타 이와 유사한 장소의 옥내에 시설하는 전체 조명용 전등은 부분조명이 가능하도록 전등군으로 구분하여 전등군마다 점멸이 가능하도록 하되, 태양광선이 들어오는 창과 가장 가까운 전등은 따로 점멸이 가능하도록 할 것.
(6) 광 천장 조명 또는 간접조명을 위하여 전등을 격등회로로 시설하는 경우는 전등군으로 구분하여 점멸하거나 등기구마다 점멸되도록 시설하지 아니할 수 있다.
(7) 국부 조명설비는 그 조명대상에 따라 점멸할 수 있도록 시설할 것.

★★★
43 호텔 또는 여관 각 객실의 입구등을 설치할 경우 몇 분 이내에 소등되는 타임스위치를 시설해야 하는가?

① 1   ② 2
③ 3   ④ 10

해설 점멸기의 시설
조명용 전등을 설치할 때에는 다음에 의하여 타임스위치를 시설하여야 한다.
(1) 「관광 진흥법」과 「공중위생법」에 의한 관광숙박업 또는 숙박업(여인숙업을 제외한다)에 이용되는 객실의 입구등은 1분 이내에 소등되는 것.
(2) 일반주택 및 아파트 각 호실의 현관등은 3분 이내에 소등되는 것.

★★
44 옥외등 또는 그의 점멸기에 이르는 인하선의 시설방법으로 옳지 않은 것은?

① 지표상 3 [m] 이상의 높이에서 노출된 장소에 애자공사로 시설하여야 한다.
② 금속관공사로 시설하여야 한다.
③ 합성수지관공사로 시설하여야 한다.
④ 목조 이외의 조영물에 케이블공사로 시설하여야 한다.

해설 옥외등
옥외등 또는 그의 점멸기에 이르는 인하선은 사람의 접촉과 전선피복의 손상을 방지하기 위하여 다음 배선방법으로 시설하여야 한다.
(1) 애자공사(지표상 2 [m] 이상의 높이에서 노출된 장소에 시설할 경우에 한한다)
(2) 금속관공사
(3) 합성수지관공사
(4) 케이블공사(알루미늄피 등 금속제 외피가 있는 것은 목조 이외의 조영물에 시설하는 경우에 한한다)

★★
45 관등회로의 사용전압이 1 [kV] 이하인 방전등을 옥내에 시설할 경우 다음 중 틀린 것은?

① 방전등에 전기를 공급하는 전로의 대지전압은 300 [V] 이하로 하여야 한다.
② 대지전압이 300 [V] 이하인 전로에 접속된 방전등용 안정기는 옥내배선과 직접 접속하여서는 안된다.
③ 방전등용 안정기는 조명기구에 내장하여야 한다.
④ 방전등용 안정기를 물기 등이 유입될 수 있는 곳에 시설할 경우는 방수형이나 이와 동등한 성능이 있는 것을 사용하여야 한다.

해설 1 [kV] 이하 방전등
(1) 관등회로의 사용전압이 1 [kV] 이하인 방전등을 옥내에 시설할 경우 방전등에 전기를 공급하는 전로의 대지전압은 300 [V] 이하로 하여야 하며, 다음에 의하여 시설하여야 한다. 다만, 대지전압이 150 [V] 이하의 것은 적용하지 않는다.
  ㉠ 방전등은 사람이 접촉될 우려가 없도록 시설할 것.
  ㉡ 방전등용 안정기는 옥내배선과 직접 접속하여 시설할 것.
(2) 방전등용 안정기는 조명기구에 내장하여야 한다.
(3) 방전등용 안정기를 물기 등이 유입될 수 있는 곳에 시설할 경우는 방수형이나 이와 동등한 성능이 있는 것을 사용하여야 한다.
(4) 관등회로의 사용전압이 400 [V] 초과인 경우는 방전등용 변압기를 사용하여야 하며 방전등용 변압기는 절연변압기를 사용할 것. 다만, 방전관을 떼어냈을 때 1차측 전로를 자동적으로 차단할 수 있도록 시설할 경우에는 그러하지 아니하다.

★★
46 옥내 방전등 공사에서 관등회로의 사용전압이 몇 [V] 초과인 경우에 방전등용 변압기를 시설하여야 하는가?

① 150 [V] ② 300 [V]
③ 400 [V] ④ 600 [V]

해설 1 [kV] 이하 방전등
관등회로의 사용전압이 400 [V] 초과인 경우는 방전등용 변압기를 사용하여야 하며 방전등용 변압기는 절연변압기를 사용할 것. 다만, 방전관을 떼어냈을 때 1차측 전로를 자동적으로 차단할 수 있도록 시설할 경우에는 그러하지 아니하다.

★★★
47 방전등용 변압기의 2차 단락전류나 관등회로의 동작전류가 몇 [mA] 이하인 방전등을 시설하는 경우 방전등용 안정기의 외함 및 방전등용 전등기구의 금속제 부분에 옥내 방전등 공사의 접지공사를 하지 않아도 되는가?(단, 방전등용 안정기를 외함에 넣고 또한 그 외함과 방전등용 안정기를 넣을 방전등용 전등기구를 전기적으로 접속하지 않도록 시설한다고 한다.)

① 25 [mA] ② 50 [mA]
③ 75 [mA] ④ 100 [mA]

해설 1 [kV] 이하 방전등
방전등용 안정기의 외함 및 전등기구의 금속제부분에는 접지공사를 하여야 한다. 단, 다음의 조건에서는 접지공사를 생략할 수 있다.
(1) 관등회로의 사용전압이 대지전압 150 [V] 이하의 것을 건조한 장소에서 시공할 경우
(2) 관등회로의 사용전압이 400 [V] 이하 또는 변압기의 정격 2차 단락전류 혹은 회로의 동작전류가 50 [mA] 이하의 것으로 안정기를 외함에 넣고, 이것을 조명기구와 전기적으로 접속되지 않도록 시설할 경우

★★★
48 옥내에 시설하는 관등회로의 사용전압이 1,000 [V]를 넘는 방전관에 네온방전관을 사용하고, 관등회로의 배선은 애자공사에 의하여 시설할 경우 다음 설명 중 옳지 않은 것은?

① 전선은 네온전선일 것.
② 전선 상호간의 간격은 6 [cm] 이상일 것.
③ 전선의 지지점간의 거리는 1 [m] 이하일 것.
④ 전선은 조영재의 앞면 또는 윗면에 붙일 것.

해설 네온방전등
(1) 네온방전등에 공급하는 전로의 대지전압은 300 [V] 이하로 하여야 하며, 다음에 의하여 시설하여야 한다. 다만, 네온방전등에 공급하는 전로의 대지전압이 150 [V] 이하인 경우는 적용하지 않는다.
　⊙ 네온관은 사람이 접촉될 우려가 없도록 시설할 것.
　⊙ 네온변압기는 옥내배선과 직접 접속하여 시설할 것.
(2) 관등회로의 배선은 애자공사로 다음에 따라서 시설하여야 한다.
　⊙ 전선은 네온전선을 사용할 것.
　⊙ 배선은 외상을 받을 우려가 없고 사람이 접촉될 우려가 없는 노출장소 또는 점검할 수 있는 은폐장소(관등회로에 배선하기 위하여 특별히 설치한 장소에 한하며 보통 천장안·다락·선반 등은 포함하지 않는다)에 시설할 것.
　⊙ 전선은 자기 또는 유리제 등의 애자로 견고하게 지지하여 조영재의 아랫면 또는 옆면에 부착하고 또한 다음 표와 같이 시설할 것.

구분	이격거리	
전선 상호간	60 [mm]	
전선과 조영재 사이	6 [kV] 이하	20 [mm]
	6 [kV] 초과 9 [kV] 이하	30 [mm]
	9 [kV] 초과	40 [mm]
전선 지지점간의 거리	1 [m] 이하	

(3) 네온변압기의 외함, 네온변압기를 넣는 금속함 및 관등을 지지하는 금속제프레임 등은 접지공사를 하여야 한다.

★★
49 옥내 관등회로의 사용전압이 1,000 [V]를 넘는 네온방전등 공사로 적합하지 않은 것은?

① 애자공사에 의한 전선 상호간의 간격은 10 [cm] 이상일 것
② 관등회로의 배선은 전개된 장소 또는 점검할 수 있는 은폐된 장소에 시설할 것
③ 점검할 수 있는 은폐장소에서 전선과 조영재 사이의 이격거리는 6 [cm] 이상일 것
④ 애자공사에 의한 전선의 지지점간의 거리는 1 [m] 이하일 것

해설 네온방전등
전선은 자기 또는 유리제 등의 애자로 견고하게 지지하여 조영재의 아랫면 또는 옆면에 부착하고 또한 다음 표와 같이 시설할 것.

구분	이격거리	
전선 상호간	60 [mm]	
전선과 조영재 사이	6 [kV] 이하	20 [mm]
	6 [kV] 초과 9 [kV] 이하	30 [mm]
	9 [kV] 초과	40 [mm]
전선 지지점간의 거리	1 [m] 이하	

★★
50 옥내의 네온방전등 공사에 대한 설명으로 틀린 것은?

① 방전등용 변압기는 네온변압기일 것.
② 관등회로의 배선은 점검할 수 없는 은폐장소에 시설할 것.
③ 관등회로의 배선은 애자공사에 의하여 시설할 것.
④ 네온변압기는 옥내배선과 직접 접속하여 시설할 것

해설 네온방전등
관등회로의 배선은 애자공사로 다음에 따라서 시설하여야 한다.
(1) 전선은 네온전선을 사용할 것.
(2) 배선은 외상을 받을 우려가 없고 사람이 접촉될 우려가 없는 노출장소 또는 점검할 수 있는 은폐장소(관등회로에 배선하기 위하여 특별히 설치한 장소에 한하며 보통 천장 안·다락·선반 등은 포함하지 않는다)에 시설할 것.

★★★

51 옥내의 네온 방전등 공사의 방법으로 옳은 것은?

① 전선 상호간의 간격은 5 [cm] 이상일 것.
② 관등회로의 배선은 애자공사에 의할 것.
③ 전선의 지지점간의 거리는 2 [m]이하로 할 것.
④ 관등회로의 배선은 점검할 수 없는 은폐된 장소에 시설할 것.

[해설] 네온방전등
관등회로의 배선은 애자공사로 시설하여야 한다.

★★

52 풀장용 수중조명등에 전기를 공급하기 위하여 사용되는 절연변압기에 대한 설명으로 옳지 않은 것은?

① 절연변압기 2차측 전로의 사용전압은 150 [V] 이하이어야 한다.
② 절연변압기 2차측 전로의 사용전압이 30 [V] 이하인 경우에는 1차 권선과 2차 권선 사이에 금속제의 혼촉방지판이 있어야 한다.
③ 절연변압기의 1차측 전로에는 개폐기 및 과전류차단기를 각 극에 시설하여야 한다.
④ 절연변압기의 2차측 전로의 사용전압이 30 [V]를 넘는 경우에는 그 전로에 지락이 생긴 경우 자동적으로 전로를 차단하는 차단장치가 있어야 한다.

[해설] 수중조명등
(1) 수중조명등에 전기를 공급하기 위해서는 절연변압기를 사용하고, 그 사용전압은 절연변압기 1차측 전로 400 [V] 이하, 2차측 전로 150 [V] 이하로 하여야 한다. 또한 2차측 전로는 비접지로 하여야 한다.
(2) 수중조명등의 절연변압기의 2차측 전로에는 개폐기 및 과전류차단기를 각 극에 시설하여야 한다.
(3) 수중조명등의 절연변압기는 그 2차측 전로의 사용전압이 30 [V] 이하인 경우는 1차 권선과 2차 권선 사이에 금속제의 혼촉방지판을 설치하고 접지공사를 하여야 한다.
(4) 수중조명등의 절연변압기의 2차측 전로의 사용전압이 30 [V]를 초과하는 경우에는 그 전로에 지락이 생겼을 때에 자동적으로 전로를 차단하는 정격감도전류 30 [mA] 이하의 누전차단기를 시설하여야 한다.

★★

53 교통신호등의 시설공사를 다음과 같이 하였을 때 틀린 것은?

① 전선은 450/750 [V] 일반용 단심 비닐절연전선을 사용하였다.
② 신호등의 인하선은 지표상 2.5 [m]로 하였다.
③ 사용전압을 300 [V] 이하로 하였다.
④ 사용전압이 300 [V]를 넘는 경우는 전로에 지락이 생겼을 경우 자동적으로 전로를 차단하는 누전차단기를 시설하였다.

[해설] 교통신호등
(1) 교통신호등 제어장치의 2차측 배선의 최대사용전압은 300 [V] 이하이어야 한다.
(2) 교통신호등의 2차측 배선(인하선을 제외한다)은 전선에 케이블인 경우 이외에는 공칭단면적 2.5 [mm²] 연동선과 동등 이상의 세기 및 굵기의 450/750 [V] 일반용 단심 비닐절연전선 또는 450/750 [V] 내열성 에틸렌아세테이트 고무절연전선일 것.
(3) 제어장치의 2차측 배선 중 전선(케이블은 제외한다)을 조가용선으로 조가하여 시설하는 경우 조가용선은 인장강도 3.7 [kN]의 금속선 또는 지름 4 [mm] 이상의 아연도철선을 2가닥 이상 꼰 금속선을 사용할 것.
(4) 교통신호등 회로의 사용전선의 지표상 높이는 저압 가공전선의 기준에 따를 것.
(5) 교통신호등의 전구에 접속하는 인하선은 전선의 지표상의 높이를 2.5 [m] 이상으로 할 것.
(6) 교통신호등의 제어장치 전원측에는 전용개폐기 및 과전류차단기를 각 극에 시설하여야 한다.
(7) 교통신호등 회로의 사용전압이 150 [V]를 넘는 경우는 전로에 지락이 생겼을 경우 자동적으로 전로를 차단하는 누전차단기를 시설할 것.

★★★

54 교통신호등의 제어장치의 전원측에는 전용개폐기 및 과전류차단기를 각 극에 시설하여야 하며 또한 교통신호등 회로의 사용전압이 몇 [V]를 넘는 경우에는 전로에 지기가 생겼을 때 자동적으로 차단장치를 시설해야 하는가?

① 150 [V] ② 300 [V]
③ 380 [V] ④ 600 [V]

[해설] 교통신호등
교통신호등 회로의 사용전압이 150 [V]를 넘는 경우는 전로에 지락이 생겼을 경우 자동적으로 전로를 차단하는 누전차단기를 시설할 것.

★★★
55 다음 중 폭연성 분진이 많은 장소의 저압 옥내 배선에 적합한 배선공사방법은?

① 금속관공사　　　② 애자공사
③ 합성수지관공사　④ 가요전선관공사

해설 **폭연성 분진 위험장소**
(1) 폭연성 분진(마그네슘·알루미늄·티탄·지르코늄 등의 먼지가 쌓여있는 상태에서 불이 붙었을 때에 폭발할 우려가 있는 것을 말한다. 이하 같다) 또는 화약류의 분말이 전기설비가 발화원이 되어 폭발할 우려가 있는 곳에 시설하는 저압 옥내 전기설비(사용전압이 400 [V] 이상인 방전등을 제외한다)의 저압 옥내배선, 저압 관등회로 배선, 소세력 회로의 전선 및 출퇴표시등 회로의 전선(이하 "저압 옥내 배선 등"이라 한다)은 금속관배선 또는 케이블배선(캡타이어케이블을 사용하는 것을 제외한다)에 의할 것.
(2) 케이블배선에 의하는 때에는 개장된 케이블 또는 미네럴인슈레이션 케이블을 사용하는 경우 이외에는 관 기타의 방호 장치에 넣어 사용할 것.

★★
56 마그네슘 분말이 존재하는 장소에서 전기설비가 발화원이 되어 폭발할 우려가 있는 곳에서의 저압옥내 전기설비 공사는?

① 캡타이어케이블공사
② 합성수지관공사
③ 애자공사
④ 금속관공사

해설 **폭연성 분진 위험장소**
폭연성 분진(마그네슘·알루미늄·티탄·지르코늄 등의 먼지가 쌓여있는 상태에서 불이 붙었을 때에 폭발할 우려가 있는 것을 말한다. 이하 같다) 또는 화약류의 분말이 전기설비가 발화원이 되어 폭발할 우려가 있는 곳에 시설하는 저압 옥내 전기설비(사용전압이 400 [V] 이상인 방전등을 제외한다)의 저압 옥내배선, 저압 관등회로 배선, 소세력 회로의 전선 및 출퇴표시등 회로의 전선(이하 "저압 옥내배선 등"이라 한다)은 금속관배선 또는 케이블배선(캡타이어 케이블을 사용하는 것을 제외한다)에 의할 것.

★★★
57 폭연성 분진 또는 화학류의 분말이 존재하는 곳의 저압 옥내배선은 어느 공사에 의하는가?

① 애자공사 또는 가요전선관공사
② 캡타이어케이블공사
③ 합성수지관공사
④ 금속관공사 또는 케이블공사

해설 **폭연성 분진 위험장소**
폭연성 분진(마그네슘·알루미늄·티탄·지르코늄 등의 먼지가 쌓여있는 상태에서 불이 붙었을 때에 폭발할 우려가 있는 것을 말한다. 이하 같다) 또는 화약류의 분말이 전기설비가 발화원이 되어 폭발할 우려가 있는 곳에 시설하는 저압 옥내 전기설비(사용전압이 400 [V] 이상인 방전등을 제외한다)의 저압 옥내배선, 저압 관등회로 배선, 소세력 회로의 전선 및 출퇴표시등 회로의 전선(이하 "저압 옥내배선 등"이라 한다)은 금속관배선 또는 케이블배선(캡타이어 케이블을 사용하는 것을 제외한다)에 의할 것.

★★
58 폭연성 분진 또는 화약류의 분말이 전기설비가 발화원이 되어 폭발할 우려가 있는 곳에 시설하는 저압 옥내 전기설비를 케이블 공사로 할 경우 관이나 방호 장치에 넣지 않고 노출로 설치할 수 있는 케이블은?

① 미네럴인슈레이션 케이블
② 고무절연 비닐 시스케이블
③ 폴리에틸렌절연 비닐 시스케이블
④ 폴리에틸렌절연 폴리에틸렌 시스케이블

해설 **폭연성 분진 위험장소**
케이블배선에 의하는 때에는 개장된 케이블 또는 미네럴인슈레이션 케이블을 사용하는 경우 이외에는 관 기타의 방호 장치에 넣어 사용할 것.

★★★
59 소맥분, 전분, 유황 등의 가연성 분진이 존재하는 공장에 전기설비가 발화원이 되어 폭발할 우려가 있는 곳의 저압 옥내배선에 적합하지 못한 공사는?(단, 각 전선관공사시 관의 두께는 모두 기준에 적합한 것을 사용한다.)

① 합성수지관공사
② 금속관공사
③ 가요전선관공사
④ 케이블공사

해설 **가연성 분진 위험장소**

가연성 분진(소맥분·전분·유황 기타 가연성의 먼지로 공중에 떠다니는 상태에서 착화 하였을 때에 폭발 우려가 있는 것을 말하며 폭연성 분진을 제외한다. 이하 같다)에 전기설비가 발화원이 되어 폭발할 우려가 있는 곳에 시설하는 저압 옥내 전기설비의 저압 옥내배선 등은 합성수지관배선(두께 2 [mm] 미만의 합성수지전선관 및 난연성이 없는 콤바인 덕트관을 사용하는 것을 제외한다)·금속관배선 또는 케이블배선에 의할 것.

★★
60 소맥분, 전분 기타의 가연성 분진이 존재하는 곳의 저압옥내배선으로 적합하지 않은 공사방법은?

① 케이블공사
② 두께 2 [mm] 이상의 합성수지관공사
③ 금속관공사
④ 가요전선관공사

해설 **가연성 분진 위험장소**

가연성 분진(소맥분·전분·유황 기타 가연성의 먼지로 공중에 떠다니는 상태에서 착화 하였을 때에 폭발할 우려가 있는 것을 말하며 폭연성 분진을 제외한다. 이하 같다)에 전기설비가 발화원이 되어 폭발할 우려가 있는 곳에 시설하는 저압 옥내 전기설비의 저압 옥내배선 등은 합성수지관배선(두께 2 [mm] 미만의 합성수지전선관 및 난연성이 없는 콤바인 덕트관을 사용하는 것을 제외한다)·금속관배선 또는 케이블배선에 의할 것.

★★
61 화약류 저장소의 전기설비의 시설기준으로 틀린 것은?

① 전로의 대지전압은 150 [V] 이하일 것
② 전기기계기구는 전폐형의 것일 것
③ 전용개폐기 및 과전류차단기는 화약류저장소 밖에 설치할 것
④ 개폐기 또는 과전류차단기에서 화약류저장소의 인입구까지의 배선은 케이블을 사용할 것

해설 **화약류 저장소 등의 위험장소**

(1) 화약류 저장소 안에는 전기설비를 시설해서는 안되며 옥내배선은 금속관배선 또는 케이블배선에 의하여 시설하여야 한다. 다만, 백열전등이나 형광등 또는 이들에 전기를 공급하기 위한 전기설비(개폐기 및 과전류차단기를 제외한다)는 다음에 따라 시설하는 경우에는 그러하지 아니하다.
　㉠ 전로에 대지전압은 300 [V] 이하일 것.
　㉡ 전기기계기구는 전폐형의 것일 것.
　㉢ 케이블을 전기기계기구에 인입할 때에는 인입구에서 케이블이 손상될 우려가 없도록 시설할 것.
　㉣ 전용개폐기 또는 과전류차단기에서 화약류저장소의 인입구까지의 저압 배선은 케이블을 사용하여 지중선로로 시설할 것.
(2) 화약류 저장소 안의 전기설비에 전기를 공급하는 전로에는 화약류 저장소 이외의 곳에 전용개폐기 및 과전류차단기를 각 극(과전류 차단기는 다선식 전로의 중성극을 제외한다)에 취급자 이외의 자가 쉽게 조작할 수 없도록 시설하고 또한 전로에 지락이 생겼을 때에 자동적으로 전로를 차단하거나 경보하는 장치를 시설하여야 한다.

★★
62 화약류 저장소에서의 전기설비 시설기준으로 틀린 것은?

① 전용개폐기 및 과전류차단기는 화약류 저장소 이외의 곳에 둔다.
② 전기기계기구는 반폐형의 것을 사용한다.
③ 전로의 대지전압은 300 [V] 이하이어야 한다.
④ 케이블을 전기기계기구에 인입할 때에는 인입구에서 케이블이 손상될 우려가 없도록 시설하여야 한다.

해설 **화약류 저장소 등의 위험장소**

전기기계기구는 전폐형의 것일 것.

☆☆
63 화약류 저장소에 전기설비를 시설할 때의 사항으로 틀린 것은?

① 전로의 대지전압이 400 [V] 이하이어야 한다.
② 개폐기 및 과전류차단기는 화약류 저장소 밖에 둔다.
③ 옥내배선은 금속관배선 또는 케이블배선에 의하여 시설한다.
④ 과전류차단기에서 저장소 인입구까지의 배선에는 케이블을 사용한다.

해설 화약류 저장소 등의 위험장소
　　전로에 대지전압은 300 [V] 이하일 것.

☆☆☆
64 화약류 저장소에 있어서의 전기 설비의 시설이 적당하지 않은 것은?

① 전로의 대지전압은 300 [V] 이하일 것
② 전기기계기구는 개방형일 것
③ 지락차단장치 또는 경보장치를 시설할 것
④ 전용개폐기 또는 과전류차단장치를 시설할 것

해설 화약류 저장소 등의 위험장소
　　전기기계기구는 전폐형의 것일 것.

☆☆☆
65 무대, 무대마루 밑, 오케스트라 박스, 영사실 기타 사람이나 무대도구가 접촉할 우려가 있는 곳에 시설하는 저압 옥내배선, 전구선 또는 이동전선은 사용전압이 몇 [V] 이하이어야 하는가?

① 60　　　　　　② 110
③ 220　　　　　　④ 400

해설 전시회, 쇼 및 공연장의 전기설비
　　무대·무대마루 밑·오케스트라 박스·영사실 기타 사람이나 무대 도구가 접촉할 우려가 있는 곳에 시설하는 저압 옥내배선, 전구선 또는 이동전선은 사용전압이 400 [V] 이하이어야 한다.

☆☆
66 진열장 안의 저압 배선공사에서 사용전압의 최대값은 몇 [V] 이하인가?

① 100 [V]　　　　② 200 [V]
③ 400 [V]　　　　④ 600 [V]

해설 진열장 또는 이와 유사한 것의 내부 배선
(1) 건조한 장소에 시설하고 또한 내부를 건조한 상태로 사용하는 진열장 또는 이와 유사한 것의 내부에 사용전압이 400 [V] 이하의 배선을 외부에서 잘 보이는 장소에 한하여 코드 또는 캡타이어케이블로 직접 조영재에 밀착하여 배선할 수 있다.
(2) 배선은 단면적 0.75 [mm²] 이상의 코드 또는 캡타이어케이블일 것.
(3) 배선 또는 이것에 접속하는 이동전선과 다른 사용전압이 400 [V] 이하인 배선과의 접속은 꽂음 플러그 접속기 기타 이와 유사한 기구를 사용하여 시공하여야 한다.

☆
67 사용전압 400 [V] 이하인 쇼윈도 내의 배선에 사용하는 캡타이어케이블의 단면적은 최소 몇 [mm²] 이상이어야 하는가?

① 0.5　　　　　　② 0.75
③ 1.0　　　　　　④ 1.25

해설 진열장 또는 이와 유사한 것의 내부 배선
(1) 건조한 장소에 시설하고 또한 내부를 건조한 상태로 사용하는 진열장 또는 이와 유사한 것의 내부에 사용전압이 400 [V] 이하의 배선을 외부에서 잘 보이는 장소에 한하여 코드 또는 캡타이어케이블로 직접 조영재에 밀착하여 배선할 수 있다.
(2) 배선은 단면적 0.75 [mm²] 이상의 코드 또는 캡타이어케이블일 것.

★★★
68 터널 등에 시설하는 사용전압이 220 [V]인 저압의 전구선으로 편조 고무코드를 사용하는 경우 단면적은 몇 [mm²] 이상인가?

① 0.5   ② 0.75
③ 1.0   ④ 1.25

해설 터널 등의 전구선 또는 이동전선 등의 시설
(1) 터널 등에 시설하는 사용전압이 400 [V] 이하인 저압의 전구선 또는 이동전선은 다음과 같이 시설하여야 한다.
  ㉠ 전구선은 단면적 0.75 [mm²] 이상의 300/300 [V] 편조 고무코드 또는 0.6/1 [kV] EP 고무 절연 클로로프렌 캡타이어케이블일 것.
  ㉡ 이동전선은 용접용 케이블을 사용하는 경우 이외에는 300/300 [V] 편조 고무코드, 비닐 코드 또는 캡타이어케이블일 것. 다만, 비닐 코드 및 비닐 캡타이어케이블은 단면적 0.75 [mm²] 이상의 이동전선에 한하여 사용할 수 있다.
  ㉢ 전구선 또는 이동전선을 현저히 손상시킬 우려가 있는 곳에 설치하는 경우에는 이를 가요성 전선관에 넣거나 이에 강인한 외장을 할 것.
(2) 터널 등에 시설하는 사용전압이 400 [V] 초과인 저압의 이동전선은 0.6/1 [kV] EP 고무 절연 클로로프렌 캡타이어 케이블로서 단면적이 0.75 [mm²] 이상인 것일 것. 다만, 전기를 열로 이용하지 아니하는 전기기계기구에 부속된 이동전선은 단면적이 0.75 [mm²] 이상인 0.6/1 [kV] 비닐절연 비닐 캡타이어케이블을 사용하는 경우에는 그러하지 아니하다.

★★
69 터널 등에 시설하는 사용전압이 220 [V]인 전구선이 0.6/1 [kV] EP 고무절연 클로로프렌 캡타이어 케이블일 경우 단면적은 최소 몇 [mm²] 이상이어야 하는가?

① 0.5   ② 0.75
③ 1.25   ④ 1.4

해설 터널 등의 전구선 또는 이동전선 등의 시설
터널 등에 시설하는 사용전압이 400 [V] 이하인 저압의 전구선은 단면적 0.75 [mm²] 이상의 300/300 [V] 편조 고무코드 또는 0.6/1 [kV] EP 고무 절연 클로로프렌 캡타이어케이블일 것.

★★
70 터널에 시설하는 사용전압이 400 [V] 초과의 저압인 경우, 이동전선은 몇 [mm²] 이상의 0.6/1 [kV] EP 고무절연 클로로프렌 케이블이어야 하는가?

① 0.25   ② 0.55
③ 0.75   ④ 1.25

해설 터널 등의 전구선 또는 이동전선 등의 시설
터널 등에 시설하는 사용전압이 400 [V] 초과인 저압의 이동전선은 0.6/1 [kV] EP 고무 절연 클로로프렌 캡타이어케이블로서 단면적이 0.75 [mm²] 이상인 것일 것. 다만, 전기를 열로 이용하지 아니하는 전기기계기구에 부속된 이동전선은 단면적이 0.75 [mm²] 이상인 0.6/1 [kV] 비닐절연 비닐 캡타이어 케이블을 사용하는 경우에는 그러하지 아니하다.

★★
71 의료장소의 수술실에서 전기설비의 시설에 대한 설명으로 틀린 것은?

① 의료용 절연변압기의 정격출력은 10 [kVA] 이하로 한다.
② 의료용 절연변압기의 2차측 정격전압은 교류 250 [V] 이하로 한다.
③ 절연감시장치를 설치하는 경우 절연저항이 50 [kΩ]까지 감소하면 표시설비 및 음향설비로 경보를 발하도록 한다.
④ 전원측에 강화절연을 한 의료용 절연변압기를 설치하고 그 2차측 전로는 접지한다.

해설 의료장소
그룹 1 및 그룹 2의 의료 IT 계통은 다음과 같이 시설할 것.
(1) 전원측에 이중 또는 강화절연을 한 비단락보증 절연변압기를 설치하고 그 2차측 전로는 접지하지 말 것.
(2) 비단락보증 절연변압기는 함 속에 설치하여 충전부가 노출되지 않도록 하고 의료장소의 내부 또는 가까운 외부에 설치할 것.
(3) 비단락보증 절연변압기의 2차측 정격전압은 교류 250 [V] 이하로 하며 공급방식 및 정격출력은 단상 2선식, 10 [kVA] 이하로 할 것.
(4) 의료 IT 계통의 절연저항을 계측, 지시하는 절연감시장치를 설치하여 절연저항이 50 [kΩ]까지 감소하면 표시설비 및 음향설비로 경보를 발하도록 할 것.
(5) 의료 IT 계통의 분전반은 의료장소의 내부 혹은 가까운 외부에 설치할 것.

★★
72 의료장소의 안전을 위한 의료용 절연변압기에 대한 다음 설명 중 옳은 것은?

① 2차측 정격전압은 교류 300 [V] 이하이다.
② 2차측 정격전압은 직류 250 [V] 이하이다.
③ 정격출력은 5 [kVA] 이하이다.
④ 정격출력은 10 [kVA] 이하이다.

해설 의료장소
비단락보증 절연변압기의 2차측 정격전압은 교류 250 [V] 이하로 하며 공급방식 및 정격출력은 단상 2선식, 10 [kVA] 이하로 할 것.

★★
73 의료장소에서 전기설비시설로 적합하지 않는 것은?

① 그룹 0 장소는 TN 또는 TT 접지계통 적용
② 의료 IT계통의 분전반은 의료장소의 내부 혹은 가까운 외부에 설치
③ 그룹 1 또는 그룹 2 의료장소의 수술등, 내시경 조명등은 정전시 0.5초 이내 비상전원 공급
④ 의료 IT 계통의 절연저항을 계측, 지시하는 절연감시장치를 설치하여 절연저항이 30 [kΩ]까지 감소하면 표시설비 및 음향설비로 경보하도록 시설

해설 의료장소
⑴ 그룹 0 : TT 계통 또는 TN 계통
⑵ 의료 IT 계통의 분전반은 의료장소의 내부 혹은 가까운 외부에 설치할 것.
⑶ 절환시간 0.5초 이내에 비상전원을 공급하는 장치 또는 기기
　　㉠ 0.5초 이내에 전력공급이 필요한 생명유지장치
　　㉡ 그룹 1 또는 그룹 2의 의료장소의 수술등, 내시경, 수술실 테이블, 기타 필수 조명
⑷ 의료 IT 계통의 절연저항을 계측, 지시하는 절연감시장치를 설치하여 절연저항이 50 [kΩ]까지 감소하면 표시설비 및 음향설비로 경보를 발하도록 할 것.

★★
74 의료장소에서 인접하는 의료장소와의 바닥면적 합계가 몇 [m²] 이하인 경우 기준접지 바를 공용으로 할 수 있는가?

① 30
② 50
③ 80
④ 100

해설 의료장소
의료장소와 의료장소 내의 전기설비 및 의료용 전기기기의 노출도전부, 그리고 계통외도전부에 대하여 다음과 같이 접지설비를 시설하여야 한다.
⑴ 접지설비란 접지극, 접지도체, 기준접지 바, 보호도체, 등전위 본딩도체를 말한다.
⑵ 의료장소마다 그 내부 또는 근처에 기준접지 바를 설치할 것. 다만, 인접하는 의료장소와의 바닥 면적 합계가 50 [m²] 이하인 경우에는 기준접지 바를 공용할 수 있다.
⑶ 의료장소 내에서 사용하는 모든 전기설비 및 의료용 전기기기의 노출도전부는 보호도체에 의하여 기준접지 바에 각각 접속되도록 할 것.
⑷ 보호도체, 등전위 본딩도체 및 접지도체의 종류는 450/750 [V] 일반용 단심 비닐절연전선으로서 절연체의 색이 녹/황의 줄무늬이거나 녹색인 것을 사용할 것.

memo

06 기타 전기철도설비 및 분산형 전원설비

1 전기철도설비

1. 통칙

(1) 전기철도의 일반사항

① 이 규정은 직류 및 교류 전기철도설비의 설계, 시공, 감리, 운영, 유지보수, 안전관리에 대하여 적용하여야 한다.

② 이 규정은 다음의 기기 또는 설비에 대해서는 적용하지 않는다.

    (ㄱ) 철도신호 전기설비

    (ㄴ) 철도통신 전기설비

(2) 용어의 정의

① 전기철도설비 : 전기철도설비는 전철 변전설비, 급전설비, 부하설비(전기철도차량설비 등)로 구성된다.

② 전기철도차량 : 전기적 에너지를 기계적 에너지로 바꾸어 열차를 견인하는 차량으로 전기방식에 따라 직류, 교류, 직·교류 겸용, 성능에 따라 전동차, 전기기관차로 분류한다.

③ 전차선 : 전기철도차량의 집전장치와 접촉하여 전력을 공급하기 위한 전선을 말한다.

④ 전차선로 : 전기철도차량에 전력을 공급하기 위하여 선로를 따라 설치한 시설물로서 전차선, 급전선, 귀선과 그 지지물 및 설비를 총괄한 것을 말한다.

⑤ 급전선 : 전기철도차량에 사용할 전기를 변전소로부터 전차선에 공급하는 전선을 말한다.

⑥ 급전선로 : 급전선 및 이를 지지하거나 수용하는 설비를 총괄한 것을 말한다.

확인문제

01 전기철도설비의 규정은 직류 및 교류 전기철도설비의 설계, 시공, 감리, 운영, 유지보수, 안전관리에 대하여 적용한다. 다음 중 전기철도설비 규정에 적용하지 않는 설비는 무엇인가?

① 철도신호 전기설비   ② 전기철도차량설비

③ 변전설비   ④ 급전설비

[해설] 전기철도설비

(1) 전기철도설비 규정은 다음의 기기 또는 설비에 대해서는 적용하지 않는다.

  ㉠ 철도신호 전기설비

  ㉡ 철도통신 전기설비

(2) 전기철도설비는 전철 변전설비, 급전설비, 부하설비(전기철도차량설비 등)로 구성된다.

답 : ①

02 전기철도설비의 용어에 대한 설명이 올바르지 않는 것은?

① 전차선이란 전기철도차량의 집전장치와 접촉하여 전력을 공급하기 위한 전선을 말한다.

② 전차선로란 전기철도차량에 전력을 공급하기 위하여 선로를 따라 설치한 시설물로서 전차선, 급전선, 귀선과 그 지지물 및 설비를 총괄한 것을 말한다.

③ 급전선이란 전기철도차량에 사용할 전기를 급전소로부터 전차선에 공급하는 전선을 말한다.

④ 급전선로이란 급전선 및 이를 지지하거나 수용하는 설비를 총괄한 것을 말한다.

[해설] 용어의 정의

급전선 : 전기철도차량에 사용할 전기를 변전소로부터 전차선에 공급하는 전선을 말한다.

답 : ③

⑦ 급전방식 : 변전소에서 전기철도차량에 전력을 공급하는 방식을 말하며, 급전방식에 따라 직류식, 교류식으로 분류한다.

⑧ 합성전차선 : 전기철도차량에 전력을 공급하기 위하여 설치하는 전차선, 조가선(강체포함), 행어이어, 드로퍼 등으로 구성된 가공전선을 말한다.

⑨ 조가선 : 전차선이 레일면상 일정한 높이를 유지하도록 행어이어, 드로퍼 등을 이용하여 전차선 상부에서 조가하여 주는 전선을 말한다.

⑩ 가선방식 : 전기철도차량에 전력을 공급하는 전차선의 가선방식으로 가공방식, 강체방식, 제3레일방식으로 분류한다.

⑪ 귀선회로 : 전기철도차량에 공급된 전력을 변전소로 되돌리기 위한 귀로를 말한다.

⑫ 누설전류 : 전기철도에 있어서 레일 등에서 대지로 흐르는 전류를 말한다.

⑬ 전철변전소 : 외부로부터 공급된 전력을 구내에 시설한 변압기, 정류기 등 기타의 기계기구를 통해 변성하여 전기철도차량 및 전기철도설비에 공급하는 장소를 말한다.

⑭ 지속성 최저전압 : 무한정 지속될 것으로 예상되는 전압의 최저값을 말한다.

⑮ 지속성 최고전압 : 무한정 지속될 것으로 예상되는 전압의 최고값을 말한다.

⑯ 장기 과전압 : 지속시간이 20 [ms] 이상인 과전압을 말한다.

2. 전기철도의 전기방식

(1) 전력수급조건

① 수전선로의 전력수급조건은 부하의 크기 및 특성, 지리적 조건, 환경적 조건, 전력조류, 전압강하, 수전 안정도, 회로의 공진 및 운용의 합리성, 장래의 수송수요, 전기사업자 협의 등을 고려하여 아래 표의 공칭전압(수전전압)으로 선정하여야 한다.

공칭전압(수전전압) [kV]	교류 3상 22.9, 154, 345

② 수전선로는 지형적 여건 등 시설조건에 따라 가공 또는 지중 방식으로 시설하며, 비상시를 대비하여 예비선로를 확보하여야 한다.

확인문제

03 전기철도에서 사용되는 용어 중 장기 과전압이란 지속시간이 몇 [ms] 이상인 과전압을 말하는가?

① 10 [ms] ② 20 [ms]
③ 30 [ms] ④ 40 [ms]

해설 용어의 정의
장기 과전압 : 지속시간이 20 [ms] 이상인 과전압을 말한다.

답 : ②

04 수전선로의 전력수급조건은 부하의 크기 및 특성, 지리적 조건, 환경적 조건, 전력조류, 전압강하, 수전 안정도, 회로의 공진 및 운용의 합리성, 장래의 수송수요, 전기사업자 협의 등을 고려하여 수전전압을 선정하여야 한다. 다음 중 수전전압에 해당되지 않는 것은?

① 22.9 [kV] ② 66 [kV]
③ 154 [kV] ④ 345 [kV]

해설 전력수급조건
공칭전압(수전전압) 다음과 같다.

공칭전압 (수전전압) [kV]	교류 3상 22.9, 154, 345

답 : ②

(2) 전차선로의 전압

전차선로의 전압은 전원측 도체와 전류귀환도체 사이에서 측정된 집전장치의 전위로서 전원공급시스템이 정상 동작상태에서의 값이며, 직류방식과 교류방식으로 구분된다. 사용전압과 각 전압별 최고, 최저전압은 아래 표에 따라 선정하여야 한다. 다만, 직류방식에서 비지속성 최고전압은 지속시간이 5분 이하로 예상되는 전압의 최고값으로 하고 또한 교류방식에서 비지속성 최저전압은 지속시간이 2분 이하로 예상되는 전압의 최저값으로 하되, 기존 운행중인 전기철도차량과의 인터페이스를 고려한다.

구분	비지속성 최저전압 [V]	지속성 최저전압 [V]	공칭전압 [V] (b)	지속성 최고전압 [V]	비지속성 최고전압 [V]	장기 과전압 [V]
DC (평균값)	–	500 900	750 1,500	900 1,800	950 (a) 1,950	1,269 2,538
주파수 60 [Hz] 실효값	17,500 35,000	19,000 38,000	25,000 50,000	27,500 55,000	29,000 58,000	38,746 77,492

(a) 회생제동의 경우 1,000 [V]의 비지속성 최고전압은 허용 가능하다.
(b) 교류방식에서 급전선과 전차선간의 공칭전압은 단상 교류 50 [kV](급전선과 레일 및 전차선과 레일 사이의 전압은 25 [kV])를 표준으로 한다.

3. 전기철도의 변전방식

(1) 변전소의 등의 구성

① 전기철도설비는 고장 시 고장의 범위를 한정하고 고장전류를 차단할 수 있어야 하며, 단전이 필요할 경우 단전 범위를 한정할 수 있도록 계통별 및 구간별로 분리할 수 있어야 한다.

② 차량 운행에 직접적인 영향을 미치는 설비 고장이 발생한 경우 고장 부분이 정상 부분으로 파급되지 않게 전기적으로 자동 분리할 수 있어야 하며, 예비설비를 사용하여 정상 운용할 수 있어야 한다.

확인문제

05 교류방식에서 급전선과 전차선간의 공칭전압은 단상 교류 몇 [kV]를 표준으로 하는가?

① 22.9 [kV] ② 25 [kV]
③ 50 [kV] ④ 154 [kV]

[해설] 전차선로의 전압
교류방식에서 급전선과 전차선간의 공칭전압은 단상 교류 50 [kV](급전선과 레일 및 전차선과 레일 사이의 전압은 25 [kV])를 표준으로 한다.

답 : ③

06 전기철도의 변전소 구성에 대한 설명 중 틀린 것은?

① 전기철도설비는 고장시 고장범위를 한정하고 고장전류를 차단할 수 있어야 한다.
② 단전이 필요한 경우 단전 범위를 한정할 수 있도록 계통별 및 구간별로 분리할 수 있어야 한다.
③ 차량운행에 직접적으로 영향을 미치는 설비고장이 발생한 경우 수동으로 분리하여야 한다.
④ 차량운행에 직접적으로 영향을 미치는 설비고장이 발생한 경우 예비설비를 사용할 수 있어야 한다.

[해설] 전기철도의 변전소 등의 구성
차량 운행에 직접적인 영향을 미치는 설비 고장이 발생한 경우 고장 부분이 정상 부분으로 파급되지 않게 전기적으로 자동 분리할 수 있어야 한다.

답 : ③

(2) 변전소 등의 계획

① 전기철도 노선, 전기철도차량의 특성, 차량운행계획 및 철도망건설계획 등 부하특성과 연장급전 등을 고려하여 변전소 등의 용량을 결정하고, 급전계통을 구성하여야 한다.

② 변전소의 위치는 가급적 수전선로의 길이가 최소화되도록 하며, 전력수급이 용이하고, 변전소 앞 절연구간에서 전기철도차량의 타행운행이 가능한 곳을 선정하여야 한다. 또한 기기와 시설자재의 운반이 용이하고, 공해, 염해, 각종 재해의 영향이 적거나 없는 곳을 선정하여야 한다.

③ 변전설비는 설비운영과 안전성 확보를 위하여 원격 감시 및 제어방법과 유지보수 등을 고려하여야 한다.

(3) 변전소의 용량

① 변전소의 용량은 급전구간별 정상적인 열차부하조건에서 1시간 최대출력 또는 순시 최대출력을 기준으로 결정하고, 연장급전 등 부하의 증가를 고려하여야 한다.

② 변전소의 용량 산정 시 현재의 부하와 장래의 수송수요 및 고장 등을 고려하여 변압기 뱅크를 구성하여야 한다.

(4) 변전소의 설비

① 변전소 등의 계통을 구성하는 각종 기기는 운용 및 유지보수성, 시공성, 내구성, 효율성, 친환경성, 안전성 및 경제성 등을 종합적으로 고려하여 선정하여야 한다.

② 급전용변압기는 직류 전기철도의 경우 3상 정류기용 변압기, 교류 전기철도의 경우 3상 스코트결선 변압기의 적용을 원칙으로 하고, 급전계통에 적합하게 선정하여야 한다.

③ 차단기는 계통의 장래계획을 감안하여 용량을 결정하고, 회로의 특성에 따라 기종과 동작책무 및 차단시간을 선정하여야 한다.

④ 개폐기는 선로 중 중요한 분기점, 고장발견이 필요한 장소, 빈번한 개폐를 필요로 하는 곳에 설치하며, 개폐상태의 표시, 쇄정장치 등을 설치하여야 한다.

⑤ 제어용 교류전원은 상용과 예비의 2계통으로 구성하여야 한다.

⑥ 제어반의 경우 디지털계전기방식을 원칙으로 하여야 한다.

확인문제

07 전기철도의 변전소 위치선정에 대한 설명 중 틀린 것은?

① 가급적 수전선로의 길이가 최대화 되도록 한다.
② 전력수급이 용이하여야 한다.
③ 변전소 앞 절연구간에서 전기철도차량의 타행운행이 가능한 곳이어야 한다.
④ 공해, 염해, 각종 재해의 영향이 적거나 없는 곳을 선정하여야 한다.

해설 전기철도의 변전소 위치선정
변전소의 위치는 가급적 수전선로의 길이가 최소화 되도록 하여야 한다.

답 : ①

08 전기철도 변전소의 급전용 변압기는 직류 전기철도의 경우 어떤 변압기 적용을 원칙으로 하는가?

① 3상 정류기용 변압기
② 3상 스코트결선 변압기
③ 3상 흡상변압기
④ 3상 단권변압기

해설 전기철도 변전소의 급전용 변압기
급전용변압기는 직류 전기철도의 경우 3상 정류기용 변압기, 교류 전기철도의 경우 3상 스코트결선 변압기의 적용을 원칙으로 하고, 급전계통에 적합하게 선정하여야 한다.

답 : ①

4. 전기철도의 전차선로

(1) 전차선 가선방식

전차선의 가선방식은 열차의 속도 및 노반의 형태, 부하전류 특성에 따라 적합한 방식을 채택하여야 하며, 가공방식, 강체방식, 제3레일방식을 표준으로 한다.

(2) 전차선로의 충전부와 건조물 간의 절연이격

① 건조물과 전차선, 급전선 및 집전장치의 충전부 비절연 부분 간의 공기 절연이격거리는 아래 표에 제시되어 있는 정적 및 동적 최소 절연이격거리 이상을 확보하여야 한다. 동적 절연이격의 경우 팬터그래프가 통과하는 동안의 일시적인 전선의 움직임을 고려하여야 한다.

② 해안 인접지역, 열기관을 포함한 교통량이 과중한 곳, 오염이 심한 곳, 안개가 자주 끼는 지역, 강풍 또는 강설 지역 등 특정한 위험도가 있는 구역에서는 최소 절연이격거리보다 증가시켜야 한다.

시스템 종류	공칭전압 [V]	동적 [mm]		정적 [mm]	
		비오염	오염	비오염	오염
직류	750	25	25	25	25
	1,500	100	110	150	160
단상교류	25,000	170	220	270	320

(3) 전차선로의 충전부와 차량 간의 절연이격

① 차량과 전차선로나 충전부 비절연 부분 간의 공기 절연이격은 아래 표에 제시되어 있는 정적 및 동적 최소 절연이격거리 이상을 확보하여야 한다. 동적 절연이격의 경우 팬터그래프가 통과하는 동안의 일시적인 전선의 움직임을 고려하여야 한다.

확인문제

09 전기철도의 전차선 가선방식은 열차의 속도 및 노반의 형태, 부하전류 특성에 따라 적합한 방식을 채택하여야 하는데 다음 중 전차선 가선방식의 표준이 아닌 것은?

① 지중조가선방식　　② 가공방식
③ 강체방식　　　　　④ 제3레일방식

해설 전기철도의 전차선 가선방식

전차선의 가선방식은 열차의 속도 및 노반의 형태, 부하전류 특성에 따라 적합한 방식을 채택하여야 하며, 가공방식, 강체방식, 제3레일방식을 표준으로 한다.

답 : ①

10 전차선로의 충전부와 건조물 간의 절연이격거리에 대한 설명이 잘못된 것은?

① 직류 시스템의 공칭전압이 750 [V]인 오염지역의 동적 이격거리는 25 [mm] 이상이다.
② 직류 시스템의 공칭전압이 1,500 [V]인 오염지역의 동적 이격거리는 110 [mm] 이상이다.
③ 교류 시스템의 공칭전압이 25,000 [V]인 오염지역의 동적 이격거리는 170 [mm] 이상이다.
④ 교류 시스템의 공칭전압이 25,000 [V]인 오염지역의 정적 이격거리는 320 [mm] 이상이다.

해설 전차선로의 충전부와 건조물 간의 절연이격

시스템 종류	공칭 전압 [V]	동적 [mm]		정적 [mm]	
		비오염	오염	비오염	오염
단상 교류	25,000	170	220	270	320

답 : ③

② 해안 인접지역, 안개가 자주 끼는 지역, 강풍 또는 강설 지역 등 특정한 위험도가 있는 구역에서는 최소 절연이격거리보다 증가시켜야 한다.

시스템 종류	공칭전압 [V]	동적 [mm]	정적 [mm]
직류	750	25	25
	1,500	100	150
단상교류	25,000	170	270

(4) 급전선로

① 급전선은 나전선을 적용하여 가공식으로 가설을 원칙으로 한다. 다만, 전기적 이격거리 가 충분하지 않거나 지락, 섬락 등의 우려가 있을 경우에는 급전선을 케이블로 하여 안 전하게 시공하여야 한다.

② 가공식은 전차선의 높이 이상으로 전차선로 지지물에 병가하며, 나전선의 접속은 직선 접속을 원칙으로 한다.

③ 신설 터널 내 급전선을 가공으로 설계할 경우 지지물의 취부는 C찬넬 또는 매입전을 이용하여 고정하여야 한다.

④ 선상승강장, 인도교, 과선교 또는 교량 하부 등에 설치할 때에는 최소 절연이격거리 이 상을 확보하여야 한다.

(5) 귀선로

① 귀선로는 비절연보호도체, 매설접지도체, 레일 등으로 구성하여 단권변압기 중성점과 공 통접지에 접속한다.

② 비절연보호도체의 위치는 통신유도장해 및 레일전위의 상승의 경감을 고려하여 결정하 여야 한다.

③ 귀선로는 사고 및 지락 시에도 충분한 허용전류용량을 갖도록 하여야 한다.

확인문제

11 전차선로의 충전부와 차량 간의 절연이격거리에 대한 설명이 잘못된 것은?

① 직류 시스템의 공칭전압이 1,500 [V]인 동적 이 격거리는 100 [mm] 이상이다.

② 직류 시스템의 공칭전압이 1,500 [V]인 정적 이 격거리는 150 [mm] 이상이다.

③ 교류 시스템의 공칭전압이 25,000 [V]인 동적 이 격거리는 170 [mm] 이상이다.

④ 교류 시스템의 공칭전압이 25,000 [V]인 정적 이 격거리는 320 [mm] 이상이다.

해설 전차선로의 충전부와 차량 간의 절연이격

시스템 종류	공칭전압 [V]	동적 [mm]	정적 [mm]
직류	1,500	100	150
단상교류	25,000	170	270

답 : ④

12 전기철도의 급전선로에 대한 설명 중 틀린 것은?

① 급전선은 나전선을 적용하여 가공식으로 가설을 원칙으로 한다.

② 전기적 이격거리가 충분하지 않거나 지락, 섬락 등의 우려가 있을 경우에는 급전선을 케이블로 하여 안전하게 시공하여야 한다.

③ 가공식은 전차선의 높이 이상으로 전차선로 지지 물에 병가하여야 한다.

④ 나전선의 접속은 분기접속을 원칙으로 한다.

해설 전기철도의 급전선로
가공식은 전차선의 높이 이상으로 전차선로 지지물 에 병가하며, 나전선의 접속은 직선접속을 원칙으로 한다.

답 : ④

(6) 전차선 및 급전선의 높이

전차선과 급전선의 최소 높이는 아래 표의 값 이상을 확보하여야 한다. 다만, 전차선 및 급전선의 최소 높이는 최대 대기온도에서 바람이나 팬터그래프의 영향이 없는 안정된 위치에 놓여 있는 경우 사람의 안전측면에서 건널목, 터널 내 전선, 공항 부근 등을 고려하여 궤도 면상 높이로 정의한다. 전차선의 최소높이는 항상 열차의 통과 게이지보다 높아야 하며 전기적 이격거리와 팬터그래프의 최소 작동 높이를 고려하여야 한다.

시스템 종류	공칭전압 [V]	동적 [mm]	정적 [mm]
직류	750	4,800	4,400
	1,500	4,800	4,400
단상교류	25,000	4,800	4,570

(7) 전차선의 기울기

전차선의 기울기는 해당 구간의 열차 통과 속도에 따라 아래 표를 따른다. 다만 구분장치 또는 분기구간에서는 전차선에 기울기를 주지 않아야 한다. 또한, 궤도면상으로부터 전차선 높이는 같은 높이로 가선하는 것을 원칙으로 하되 터널, 과선교 등 특정 구간에서 높이 변화가 필요한 경우에는 가능한 한 작은 기울기로 이루어져야 한다.

설계속도 V [km/시간]	속도등급	기울기(천분율)
300 < V ≤ 350	350 킬로급	0
250 < V ≤ 300	300 킬로급	0
200 < V ≤ 250	250 킬로급	1
150 < V ≤ 200	200 킬로급	2
120 < V ≤ 150	150 킬로급	3
70 < V ≤ 120	120 킬로급	4
V ≤ 70	70 킬로급	10

확인문제

13 전기철도의 전차선 및 급전선의 높이는 단상 교류 시스템의 공칭전압이 25,000 [V]인 경우 정적인 상태에서 몇 [mm] 이상 확보하여야 하는가?

① 4,800 [mm] 　② 4,570 [mm]
③ 4,400 [mm] 　④ 4,100 [mm]

해설 전기철도의 전차선 및 급전선의 높이

시스템 종류	공칭전압 [V]	동적 [mm]	정적 [mm]
직류	750	4,800	4,400
	1,500	4,800	4,400
단상교류	25,000	4,800	4,570

답 : ②

14 전기철도의 전차선의 기울기는 해당 구간의 열차 통과 속도에 따라 정해지는데 이 때 전차선에 기울기를 주면 안되는 곳이 어디인가?

① 분기구간 　② 곡선구간
③ 직선구간 　④ 터널구간

해설 전차선의 기울기
구분장치 또는 분기구간에서는 전차선에 기울기를 주지 않아야 한다.

답 : ①

(8) 전차선의 편위

① 전차선의 편위는 오버랩이나 분기구간 등 특수구간을 제외하고 레일 면에 수직인 궤도 중심선으로부터 좌우로 각각 200 [mm]를 표준으로 하며, 팬터그래프 집전판의 고른 마모를 위하여 지그재그 편위를 준다.

② 전차선의 편위는 선로의 곡선반경, 궤도조건, 열차속도, 차량의 편위량 등을 고려하여 최악의 운행환경에서도 전차선이 팬터그래프 집전판의 집전 범위를 벗어나지 않아야 한다.

③ 제3레일방식에서 전차선의 편위는 차량의 집전장치의 집전범위를 벗어나지 않아야 한다.

(9) 전차선로 지지물 설계 시 고려하여야 하는 하중

① 전차선로 지지물 설계 시 선로에 직각 및 평행방향에 대하여 전선 중량, 브래킷, 빔 기타 중량, 작업원의 중량을 고려하여야 한다.

② 또한 풍압하중, 전선의 횡장력, 지지물이 특수한 사용조건에 따라 일어날 수 있는 모든 하중을 고려하여야 한다.

③ 지지물 및 기초, 지선기초에는 지진 하중을 고려하여야 한다.

(10) 전차선로 설비의 안전율

하중을 지탱하는 전차선로 설비의 강도는 작용이 예상되는 하중의 최악 조건 조합에 대하여 다음의 최소 안전율이 곱해진 값을 견디어야 한다.

① 조가선 및 조가선 장력을 지탱하는 부품에 대하여 2.5 이상

② 복합체 자재(고분자 애자 포함)에 대하여 2.5 이상

③ 가동브래킷의 애자는 최대 만곡하중에 대하여 2.5 이상

④ 지선은 선형일 경우 2.5 이상, 강봉형은 소재 허용응력에 대하여 1.0 이상

⑤ 경동선의 경우 2.2 이상

⑥ 지지물 기초에 대하여 2.0 이상

⑦ 장력조정장치 2.0 이상

⑧ 합금전차선의 경우 2.0 이상

⑨ 철주는 소재 허용응력에 대하여 1.0 이상

⑩ 빔 및 브래킷은 소재 허용응력에 대하여 1.0 이상

확인문제

15 전차선의 편위는 오버랩이나 분기구간 등 특수구간을 제외하고 레일 면에 수직인 궤도 중심선으로부터 좌우로 각각 몇 [mm]를 표준으로 하는가?

① 100 [mm] ② 150 [mm]
③ 200 [mm] ④ 400 [mm]

해설 전차선의 편위
전차선의 편위는 오버랩이나 분기구간 등 특수구간을 제외하고 레일 면에 수직인 궤도 중심선으로부터 좌우로 각각 200 [mm]를 표준으로 하며, 팬터그래프 집전판의 고른 마모를 위하여 지그재그 편위를 준다.

답 : ③

16 전차선로 설비의 안전율에 대한 설명이 잘못된 것은?

① 조가선 및 조가선 장력을 지탱하는 부품에 대하여 2.5 이상

② 가동브래킷의 애자는 최대 만곡하중에 대하여 2.5 이상

③ 지선은 강봉형일 경우 소재 허용응력에 대하여 2.5 이상

④ 합금전차선의 경우 2.0 이상

해설 전차선로 설비의 안전율
지선은 선형일 경우 2.5 이상, 강봉형은 소재 허용응력에 대하여 1.0 이상

답 : ③

(11) 전자선 등과 식물 사이의 이격거리

교류 전차선 등 충전부와 식물 사이의 이격거리는 5 [m] 이상이어야 한다. 다만, 5 [m] 이상 확보하기 곤란한 경우에는 현장여건을 고려하여 방호벽 등 안전조치를 하여야 한다.

5. 전기철도의 원격감시제어설비

(1) 원격감시제어시스템(SCADA)

① 원격감시제어시스템은 열차의 안전운행과 현장 전철 전력설비의 유지보수를 위하여 제어, 감시대상, 수준, 범위 및 확인, 운용방법 등을 고려하여 구성하여야 한다.

② 중앙감시제어반의 구성, 방식, 운용방식 등을 계획하여야 한다.

③ 전철변전소, 배전소의 운용을 위한 소규모 제어설비에 대한 위치, 방식 등을 고려하여 구성하여야 한다.

(2) 중앙감시제어장치

① 전철변전소 등의 제어 및 감시는 전기사령실에서 이루어지도록 한다.

② 원격감시제어시스템(SCADA)은 열차집중제어장치(CTC), 통신집중제어장치와 호환되도록 하여야 한다.

③ 전기사령실과 전철변전소, 급전구분소 또는 그 밖의 관제 업무에 필요한 장소에는 상호 연락할 수 있는 통신 설비를 시설하여야 한다.

④ 소규모 감시제어장치는 유사시 현지에서 중앙감시제어장치를 대체할 수 있도록 하고, 전원설비 운용에 용이하도록 구성한다.

6. 전기철도의 전기철도차량설비

(1) 절연구간

① 교류 구간에서는 변전소 및 급전구분소 앞에서 서로 다른 위상 또는 공급점이 다른 전원이 인접하게 될 경우 전원이 혼촉되는 것을 방지하기 위한 절연구간을 설치하여야 한다.

확인문제

17 교류 전차선 등 충전부와 식물 사이의 이격거리는 몇 [m] 이상이어야 하는가?

① 3 [m]   ② 5 [m]
③ 7 [m]   ④ 10 [m]

해설 전차선 등과 식물 사이의 이격거리
교류 전차선 등 충전부와 식물 사이의 이격거리는 5 [m] 이상이어야 한다. 다만, 5 [m] 이상 확보하기 곤란한 경우에는 현장여건을 고려하여 방호벽 등 안전조치를 하여야 한다.

18 전기철도의 원격감시제어설비에 대한 설명 중 틀린 것은?

① 원격감시제어시스템은 중앙감시제어반의 구성, 방식, 운용방식 등을 계획하여야 한다.

② 전철변전소 등의 제어 및 감시는 급전센터에서 이루어지도록 한다.

③ 원격감시제어시스템은 열차집중제어장치와 호환되도록 하여야 한다.

④ 원격감시제어시스템은 통신집중제어장치와 호환되도록 하여야 한다.

해설 전기철도의 원격감시제어설비
변전소 등의 제어 및 감시는 전기사령실에서 이루어지도록 한다.

답 : ②

답 : ②

② 전기철도차량의 교류-교류 절연구간을 통과하는 방식은 역행 운전방식, 타행 운전방식, 변압기 무부하 전류방식, 전력소비 없이 통과하는 방식이 있으며, 각 통과방식을 고려하여 가장 적합한 방식을 선택하여 시설한다.

③ 교류-직류(직류-교류) 절연구간은 교류구간과 직류 구간의 경계지점에 시설한다. 이 구간에서 전기철도차량은 노치 오프(notch off) 상태로 주행한다.

④ 절연구간의 소요길이는 구간 진입시의 아크시간, 잔류전압의 감쇄시간, 팬터그래프 배치 간격, 열차속도 등에 따라 결정한다.

(2) 팬터그래프 형상

전차선과 접촉되는 팬터그래프는 헤드, 기하학적 형상, 집전범위, 집전판의 길이, 최대넓이, 헤드의 왜곡 등을 고려하여 제작하여야 한다.

(3) 전차선과 팬터그래프간 상호작용

① 전차선의 전류는 차량속도, 무게, 차량간 거리, 선로경사, 전차선로 시공 등에 따라 다르고, 팬터그래프와 전차선의 특성은 과열이 일어나지 않도록 하여야 한다.

② 정지시 팬터그래프당 최대전류값은 전차선 재질 및 수량, 집전판 수량 및 재질, 접촉력, 열차속도, 환경조건에 따라 다르게 고려되어야 한다.

③ 팬터그래프의 압상력은 전류의 안전한 집전에 부합하여야 한다.

(4) 전기철도차량의 역률

① 비지속성 최저전압에서 비지속성 최고전압까지의 전압범위에서 유도성 역률 및 전력소비에 대해서만 적용되며, 회생제동 중에는 전압을 제한 범위내로 유지시키기 위하여 유도성 역률을 낮출 수 있다. 다만, 전기철도차량이 전차선로와 접촉한 상태에서 견인력을 끄고 보조전력을 가동한 상태로 정지해 있는 경우, 가공 전차선로의 유효전력이 200 [kW] 이상일 경우 총 역률은 0.8보다는 작아서는 안 된다.

팬터그래프에서의 전기철도차량 순간전력 [MW]	전기철도차량의 유도성 역률 λ
P > 6	λ ≥ 0.95
2 ≤ P ≤ 6	λ ≥ 0.93

확인문제

19 전기철도차량설비 중 절연구간의 소요길이를 결정하는데 필요한 조건에 해당되지 않는 것은?

① 구간 진입시의 아크시간
② 잔류전압의 감쇄시간
③ 공급점 전원의 위상차
④ 열차속도

해설 전기철도차량설비의 절연구간
절연구간의 소요길이는 구간 진입시의 아크시간, 잔류전압의 감쇄시간, 팬터그래프 배치간격, 열차속도 등에 따라 결정한다.

답 : ③

20 전기철도차량이 전차선로와 접촉한 상태에서 견인력을 끄고 보조전력을 가동한 상태로 정지해 있는 경우, 가공 전차선로의 유효전력이 200 [kW] 이상일 경우 총 역률은 몇 [%] 이상이어야 하는가?

① 80 [%]   ② 85 [%]
③ 90 [%]   ④ 95 [%]

해설 전기철도차량의 역률
전기철도차량이 전차선로와 접촉한 상태에서 견인력을 끄고 보조전력을 가동한 상태로 정지해 있는 경우, 가공 전차선로의 유효전력이 200 [kW] 이상일 경우 총 역률은 0.8보다는 작아서는 안된다.

답 : ①

(5) 회생제동

① 전기철도차량은 다음과 같은 경우에 회생제동의 사용을 중단해야 한다.
- (ㄱ) 전차선로에 지락이 발생한 경우
- (ㄴ) 전차선로에서 전력을 받을 수 없는 경우
- (ㄷ) 선로전압이 장기 과전압보다 높은 경우

② 회생전력을 다른 전기장치에서 흡수할 수 없는 경우에는 전기철도차량은 다른 제동시스템으로 전환되어야 한다.

③ 전기철도 전력공급시스템은 회생제동이 상용제동으로 사용이 가능하고 다른 전기철도차량과 전력을 지속적으로 주고받을 수 있도록 설계되어야 한다.

(6) 전기철도차량 전기설비의 전기위험방지를 위한 보호대책

① 감전을 일으킬 수 있는 충전부는 직접접촉에 대한 보호가 있어야 한다.

② 간접 접촉에 대한 보호대책은 노출된 도전부는 고장 조건하에서 부근 충전부와의 유도 및 접촉에 의한 감전이 일어나지 않아야 한다. 그 목적은 위험도가 노출된 도전부가 같은 전위가 되도록 보장하는데 있다. 이는 보호용 본딩으로만 달성될 수 있으며 또는 자동급전 차단 등 적절한 방법을 통하여 달성할 수 있다.

③ 주행레일과 분리되어 있거나 또는 공동으로 되어있는 보호용 도체를 채택한 시스템에서 운행되는 모든 전기철도차량은 차체와 고정 설비의 보호용 도체사이에는 최소 2개 이상의 보호용 본딩 연결로가 있어야 하며, 한쪽 경로에 고장이 발생하더라도 감전 위험이 없어야 한다.

④ 차체와 주행 레일과 같은 고정설비의 보호용 도체간의 임피던스는 이들 사이에 위험 전압이 발생하지 않을 만큼 낮은 수준인 아래 표에 따른다. 이 값은 적용전압이 50 [V]를 초과하지 않는 곳에서 50 [A]의 일정 전류로 측정하여야 한다.

차량 종류	최대 임피던스 [Ω]
기관차	0.05
객차	0.15

확인문제

21 전기철도차량의 회생제동 사용을 중단해야 하는 경우에 해당되지 않는 것은?

① 전차선로에 과전류가 유입된 경우
② 전차선로에 지락이 발생한 경우
③ 전차선로에서 전력을 받을 수 없는 경우
④ 선로전압이 장기 과전압보다 높은 경우

해설 회생제동

전기철도차량은 다음과 같은 경우에 회생제동의 사용을 중단해야 한다.
(1) 전차선로에 지락이 발생한 경우
(2) 전차선로에서 전력을 받을 수 없는 경우
(3) 선로전압이 장기 과전압보다 높은 경우

답 : ①

22 전기철도차량 전기설비의 전기위험방지를 위한 보호대책으로 차체와 주행 레일과 같은 고정설비의 보호용 도체간의 임피던스는 차량의 종류가 기관차인 경우 몇 [Ω]인가?

① 0.2 [Ω]　　　　② 0.15 [Ω]
③ 0.1 [Ω]　　　　④ 0.05 [Ω]

해설 전기철도설비의 보호용 도체간의 임피던스

차량 종류	최대 임피던스 [Ω]
기관차	0.05
객차	0.15

답 : ④

7. 전기철도의 설비를 위한 보호

(1) 보호협조
① 사고 또는 고장의 파급을 방지하기 위하여 계통 내에서 발생한 사고전류를 검출하고 차단장치에 의해서 신속하고 순차적으로 차단할 수 있는 보호시스템을 구성하며 설비계통 전반의 보호협조가 되도록 하여야 한다.
② 보호계전방식은 신뢰성, 선택성, 협조성, 적절한 동작, 양호한 감도, 취급 및 보수 점검이 용이하도록 구성하여야 한다.
③ 급전선로는 안정도 향상, 자동복구, 정전시간 감소를 위하여 보호계전방식에 자동 재폐로 기능을 구비하여야 한다.
④ 전차선로용 애자를 섬락사고로부터 보호하고 접지전위 상승을 억제하기 위하여 적정한 보호설비를 구비하여야 한다.
⑤ 가공 선로측에서 발생한 지락 및 사고전류의 파급을 방지하기 위하여 피뢰기를 설치하여야 한다.

(2) 피뢰기 설치장소
① 다음의 장소에 피뢰기를 설치하여야 한다.
(ㄱ) 변전소 인입측 및 급전선 인출측
(ㄴ) 가공전선과 직접 접속하는 지중케이블에서 낙뢰에 의해 절연파괴의 우려가 있는 케이블 단말
② 피뢰기는 가능한 한 보호하는 기기와 가깝게 시설하되 누설전류 측정이 용이하도록 지지대와 절연하여 설치한다.

(3) 피뢰기의 선정
피뢰기는 다음의 조건을 고려하여 선정한다.
① 피뢰기는 밀봉형을 사용하고 유효 보호거리를 증가시키기 위하여 방전개시전압 및 제한전압이 낮은 것을 사용한다.
② 유도뢰 서지에 대하여 2선 또는 3선의 피뢰기 동시 동작이 우려되는 변전소 근처의 단락 전류가 큰 장소에는 속류차단능력이 크고 또한 차단성능이 회로조건의 영향을 받을 우려가 적은 것을 사용한다.

확인문제

23 전기철도의 급전선로에서 보호계전방식에 자동 재폐로 기능을 구비해야하는 하는 이유로 적당하지 않은 것은?
① 안정도 향상 ② 자동복구
③ 전위상승 억제 ④ 정전시간 감소

해설 전기철도의 설비를 위한 보호협조
급전선로는 안정도 향상, 자동복구, 정전시간 감소를 위하여 보호계전방식에 자동 재폐로 기능을 구비하여야 한다.

답 : ③

24 전기철도 설비를 보호하기 위하여 시설하는 피뢰기의 설치장소로 적합하지 않는 것은?
① 변전소 인입측 ② 변전소 인출측
③ 급전소 인출측 ④ 케이블 단말

해설 전기철도설비 보호를 위한 피뢰기 설치장소
다음의 장소에 피뢰기를 설치하여야 한다.
(1) 변전소 인입측 및 급전선 인출측
(2) 가공전선과 직접 접속하는 지중케이블에서 낙뢰에 의해 절연파괴의 우려가 있는 케이블 단말

답 : ②

8. 전기철도의 안전을 위한 보호

(1) 감전에 대한 보호조치

① 공칭전압이 교류 1 [kV] 또는 직류 1.5 [kV] 이하인 경우 사람이 접근할 수 있는 보행 표면의 경우 가공 전차선의 충전부뿐만 아니라 전기철도차량 외부의 충전부(집전장치, 지붕도체 등)와의 직접접촉을 방지하기 위한 공간거리가 있어야 하며 아래 그림에서 표시한 공간거리 이상을 확보하여야 한다. 단, 제3궤조 방식에는 적용되지 않는다.

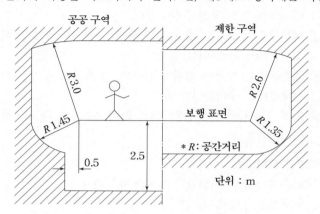

② "①"에 제시된 공간거리를 유지할 수 없는 경우 충전부와의 직접 접촉에 대한 보호를 위해 장애물을 설치하여야 한다. 충전부가 보행표면과 동일한 높이 또는 낮게 위치한 경우 장애물 높이는 장애물 상단으로부터 1.35 [m]의 공간 거리를 유지하여야 하며, 장애물과 충전부 사이의 공간거리는 최소한 0.3 [m]로 하여야 한다.

③ 공칭전압이 교류 1 [kV] 초과 25 [kV] 이하인 경우 또는 직류 1.5 [kV] 초과 25 [kV] 이하인 경우 사람이 접근할 수 있는 보행표면의 경우 가공 전차선의 충전부뿐만 아니라 차량외부의 충전부(집전장치, 지붕도체 등)와의 직접접촉을 방지하기 위한 공간거리가 있어야 하며, 아래 그림에서 표시한 공간거리 이상을 유지하여야 한다.

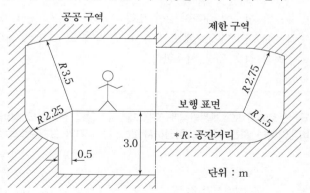

④ "③"에 제시된 공간거리를 유지할 수 없는 경우 충전부와의 직접 접촉에 대한 보호를 위해 장애물을 설치하여야 한다.

⑤ 충전부가 보행표면과 동일한 높이 또는 낮게 위치한 경우 장애물 높이는 장애물 상단으로부터 1.5 [m]의 공간 거리를 유지하여야 하며, 장애물과 충전부 사이의 공간거리는 최소한 0.6 [m]로 하여야 한다.

(2) 레일 전위의 위험에 대한 보호
　① 레일 전위는 고장 조건에서의 접촉전압 또는 정상 운전조건에서의 접촉전압으로 구분하여야 한다.
　② 교류 전기철도 급전시스템에서의 레일 전위의 최대 허용 접촉전압은 아래 표의 값 이하여야 한다. 단, 작업장 및 이와 유사한 장소에서는 최대 허용 접촉전압을 25 [V](실효값)를 초과하지 않아야 한다.

시간 조건	최대 허용 접촉전압(실효값)
순시조건(t ≤ 0.5초)	670 [V]
일시적 조건(0.5초 < t ≤ 300초)	65 [V]
영구적 조건(t > 300)	60 [V]

　③ 직류 전기철도 급전시스템에서의 레일 전위의 최대 허용 접촉전압은 아래 표의 값 이하여야 한다. 단, 작업장 및 이와 유사한 장소에서 최대 허용 접촉전압은 60 [V]를 초과하지 않아야 한다.

시간 조건	최대 허용 접촉전압(실효값)
순시조건(t ≤ 0.5초)	535 [V]
일시적 조건(0.5초 < t ≤ 300초)	150 [V]
영구적 조건(t > 300)	120 [V]

　④ 직류 및 교류 전기철도 급전시스템에서 최대 허용 접촉전압을 초과하는 높은 접촉전압이 발생할 수 있는지를 판단하기 위해서는 해당 지점에서 귀선 도체의 전압강하를 기준으로 하여 정상 동작 및 고장 조건에 대한 레일전위를 평가하여야 한다.
　⑤ 직류 및 교류 전기철도 급전시스템에서 레일전위를 산출하여 평가 할 경우, 주행레일에 흐르는 최대 동작전류와 단락전류를 사용하고, 단락 산출의 경우에는 초기 단락전류를 사용하여야 한다.

확인문제

25 교류 전기철도 급전시스템에서의 레일 전위의 최대 허용 접촉전압은 작업장 및 이와 유사한 장소에서 몇 [V]를 초과하지 않아야 하는가?

① 25 [V]　　② 50 [V]
③ 60 [V]　　④ 120 [V]

[해설] 전기철도 레일 전위의 위험에 대한 보호
교류 전기철도 급전시스템에서의 레일 전위의 최대 허용 접촉전압은 작업장 및 이와 유사한 장소에서는 25 [V](실효값)를 초과하지 않아야 한다.

답 : ①

26 직류 전기철도 급전시스템에서의 레일 전위의 최대 허용 접촉전압은 영구적 조건일 때 몇 [V] 이하이어야 하는가?

① 25 [V]　　② 50 [V]
③ 60 [V]　　④ 120 [V]

[해설] 전기철도 레일 전위의 위험에 대한 보호
직류 전기철도 급전시스템에서의 레일 전위의 최대 허용 접촉전압은 아래 표의 값 이하여야 한다.

시간 조건	최대 허용 접촉전압(실효값)
순시조건(t ≤ 0.5초)	535 [V]
일시적 조건(0.5초 < t ≤ 300초)	150 [V]
영구적 조건(t > 300)	120 [V]

답 : ④

(3) 레일 전위의 접촉전압 감소 방법

① 교류 전기철도 급전시스템은 다음 방법을 고려하여 접촉전압을 감소시켜야 한다.

　(ㄱ) 접지극 추가 사용

　(ㄴ) 등전위 본딩

　(ㄷ) 전자기적 커플링을 고려한 귀선로의 강화

　(ㄹ) 전압제한소자 적용

　(ㅁ) 보행 표면의 절연

　(ㅂ) 단락전류를 중단시키는데 필요한 트래핑 시간의 감소

② 직류 전기철도 급전시스템은 다음 방법을 고려하여 접촉전압을 감소시켜야 한다.

　(ㄱ) 고장조건에서 레일 전위를 감소시키기 위해 전도성 구조물 접지의 보강

　(ㄴ) 전압제한소자 적용

　(ㄷ) 귀선 도체의 보강

　(ㄹ) 보행 표면의 절연

　(ㅁ) 단락전류를 중단시키는데 필요한 트래핑 시간의 감소

(4) 전식방지대책

① 주행레일을 귀선으로 이용하는 경우에는 누설전류에 의하여 케이블, 금속제 지중관로 및 선로 구조물 등에 영향을 미치는 것을 방지하기 위한 적절한 시설을 하여야 한다.

② 전기철도측의 전식방식 또는 전식예방을 위해서는 다음 방법을 고려하여야 한다.

　(ㄱ) 변전소 간 간격 축소

　(ㄴ) 레일본드의 양호한 시공

　(ㄷ) 장대레일채택

　(ㄹ) 절연도상 및 레일과 침목사이에 절연층의 설치

　(ㅁ) 기타

확인문제

27 레일 전위의 접촉전압 감소 방법 중 직류 전기철도 급전시스템에서 적용하는 접촉전압 감소 방법이 아닌 것은?

① 등전위 본딩

② 전압제한소자 적용

③ 보행 표면의 절연

④ 단락전류를 중단시키는데 필요한 트래핑 시간의 감소

[해설] 레일 전위의 접촉전압 감소 방법

직류 전기철도 급전시스템의 접촉전압 감소방법

(1) 고장조건에서 레일 전위를 감소시키기 위해 전도성 구조물 접지의 보강

(2) 전압제한소자 적용

(3) 귀선 도체의 보강

(4) 보행 표면의 절연

(5) 단락전류를 중단시키는데 필요한 트래핑 시간의 감소

답 : ①

28 전기철도측의 전식방지를 위한 방법에 해당되지 않는 것은?

① 변전소 간 간격 축소

② 레일본드의 양호한 시공

③ 배류장치 설치

④ 절연도상 및 레일과 침목사이에 절연층의 설치

[해설] 전기철도 레일 전위의 위험에 대한 보호

전기철도측의 전식방식 또는 전식예방을 위해서는 다음 방법을 고려하여야 한다.

(1) 변전소 간 간격 축소

(2) 레일본드의 양호한 시공

(3) 장대레일채택

(4) 절연도상 및 레일과 침목사이에 절연층의 설치

답 : ③

③ 매설 금속체측의 누설전류에 의한 전식의 피해가 예상되는 곳은 다음 방법을 고려하여
  야 한다.
  (ㄱ) 배류장치 설치
  (ㄴ) 절연코팅
  (ㄷ) 매설 금속체 접속부 절연
  (ㄹ) 저준위 금속체를 접속
  (ㅁ) 궤도와의 이격 거리 증대
  (ㅂ) 금속판 등의 도체로 차폐

(5) 누설전류 간섭에 대한 방지
  ① 직류 전기철도 시스템의 누설전류를 최소화하기 위해 귀선전류를 금속귀선로 내부로만
    흐르도록 하여야 한다.
  ② 심각한 누설전류의 영향이 예상되는 지역에서는 정상 운전 시 단위 길이당 컨덕턴스 값
    은 아래 표의 값 이하로 유지될 수 있도록 하여야 한다.

견인시스템	옥외 [S/km]	터널 [S/km]
철도선로(레일)	0.5	0.5
개방 구성에서의 대량수송 시스템	0.5	0.1
폐쇄 구성에서의 대량수송 시스템	2.5	–

  ③ 귀선시스템의 종방향 전기저항을 낮추기 위해서는 레일 사이에 저저항 레일본드를 접합
    또는 접속하여 전체 종방향 저항이 5 [%] 이상 증가하지 않도록 하여야 한다.
  ④ 귀선시스템의 어떠한 부분도 대지와 절연되지 않은 설비, 부속물 또는 구조물과 접속되
    어서는 안 된다.
  ⑤ 직류 전기철도 시스템이 매설 배관 또는 케이블과 인접할 경우 누설전류를 피하기 위해
    최대한 이격시켜야 하며 주행레일과 최소 1 [m] 이상의 거리를 유지하여야 한다.

확인문제

29 누설전류 간섭에 대한 방지 방법 중 직류 전기철도 시스템의 심각한 누설전류의 영향이 예상되는 지역에서는 정상 운전시 단위 길이당 컨덕턴스 값을 옥외 철도선로 레일에서 몇 [S/km] 이하로 유지될 수 있도록 하여야 하는가 ?

① 0.1 ② 0.5
③ 2.0 ④ 2.5

해설 누설전류 간접에 대한 방지
심각한 누설전류의 영향이 예상되는 지역에서는 정상 운전 시 단위 길이당 컨덕턴스 값은 아래 표의 값 이하로 유지될 수 있도록 하여야 한다.

견인시스템	옥외 [S/km]	터널 [S/km]
철도선로(레일)	0.5	0.5

답 : ②

30 직류 전기철도 시스템이 매설 배관 또는 케이블과 인접할 경우 누설전류를 피하기 위해 최대한 이격시켜야 하며 주행레일과 최소 몇 [m] 이상의 거리를 유지하여야 하는가?

① 0.3 ② 0.5
③ 1.0 ④ 1.5

해설 누설전류 간접에 대한 방지
직류 전기철도 시스템이 매설 배관 또는 케이블과 인접할 경우 누설전류를 피하기 위해 최대한 이격시켜야 하며 주행레일과 최소 1 [m] 이상의 거리를 유지하여야 한다.

답 : ③

9. 전자파 장해의 방지 및 통신상의 유도장해 방지시설

(1) 전자파 장해의 방지

① 전차선로는 무선설비의 기능에 계속적이고 또한 중대한 장해를 주는 전자파가 생길 우려가 있는 경우에는 이를 방지하도록 시설하여야 한다.

② "①"의 경우에 전차선로에서 발생하는 전자파 방사성 방해 허용기준은 궤도 중심선으로부터 측정 안테나까지의 거리 10 [m] 떨어진 지점에서 6회 이상 측정하고, 각 회 측정한 첨두값의 평균값이 「전자파 적합성 기준」에 따르도록 하여야 한다.

(2) 통신상의 유도장해 방지시설

교류식 전기철도용 전차선로는 기설 가공약전류 전선로에 대하여 유도작용에 의한 통신상의 장해가 생기지 않도록 시설하여야 한다.

2 분산형 전원설비

1. 통칙

(1) 분산형 전원 계통 연계설비의 전기 공급방식 등

분산형 전원설비의 전기 공급방식, 측정 장치 등은 다음과 같은 기준에 따른다.

① 분산형 전원설비의 전기 공급방식은 전력계통과 연계되는 전기 공급방식과 동일할 것.

② 분산형 전원설비 사업자의 한 사업장의 설비용량 합계가 250 [kVA] 이상일 경우에는 송·배전계통과 연계지점의 연결 상태를 감시 또는 유효전력, 무효전력 및 전압을 측정할 수 있는 장치를 시설할 것.

확인문제

31 전차선로는 무선설비의 기능에 계속적이고 또한 중대한 장해를 주는 전자파가 생길 우려가 있는 경우에 전차선로에서 발생하는 전자파 방사성 방해 허용기준은 궤도 중심선으로부터 측정 안테나까지의 거리 몇 [m] 떨어진 지점에서 몇 회 이상 측정하여야 하는가?

① 5 [m], 1회   ② 5 [m], 3회
③ 10 [m], 6회   ④ 10 [m], 10회

해설 전자파 장해의 방지

전차선로는 무선설비의 기능에 계속적이고 또한 중대한 장해를 주는 전자파가 생길 우려가 있는 경우에 전차선로에서 발생하는 전자파 방사성 방해 허용기준은 궤도 중심선으로부터 측정 안테나까지의 거리 10 [m] 떨어진 지점에서 6회 이상 측정하여야 한다.

32 분산형 전원설비 사업자의 한 사업장의 설비용량 합계가 몇 [kVA] 이상일 경우 송·배전계통과 연계지점의 연결 상태를 감시 또는 유효전력, 무효전력 및 전압을 측정할 수 있는 장치를 시설하여야 하는가?

① 100 [kVA]   ② 150 [kVA]
③ 200 [kVA]   ④ 250 [kVA]

해설 분산형 전원 계통 연계설비의 전기 공급방식 등

분산형 전원설비 사업자의 한 사업장의 설비용량 합계가 250 [kVA] 이상일 경우에는 송·배전계통과 연계지점의 연결 상태를 감시 또는 유효전력, 무효전력 및 전압을 측정할 수 있는 장치를 시설할 것.

답 : ③

답 : ④

(2) 분산형 전원 저압계통 연계시 직류유출방지 변압기의 시설

분산형 전원설비를 인버터를 이용하여 전력판매사업자의 저압 전력계통에 연계하는 경우 인버터로부터 직류가 계통으로 유출되는 것을 방지하기 위하여 접속점(접속설비와 분산형 전원설비 설치자 측 전기설비의 접속점을 말한다)과 인버터 사이에 상용주파수 변압기(단권변압기를 제외한다)를 시설하여야 한다. 다만, 다음을 모두 충족하는 경우에는 예외로 한다.

① 인버터의 직류측 회로가 비접지인 경우 또는 고주파 변압기를 사용하는 경우

② 인버터의 교류출력측에 직류 검출기를 구비하고, 직류 검출시에 교류출력을 정지하는 기능을 갖춘 경우

(3) 분산형 전원 계통 연계설비의 단락전류 제한장치의 시설

분산형 전원을 계통 연계하는 경우 전력계통의 단락용량이 다른 자의 차단기의 차단용량 또는 전선의 순시허용전류 등을 상회할 우려가 있을 때에는 그 분산형 전원 설치자가 전류제한리액터 등 단락전류를 제한하는 장치를 시설하여야 하며, 이러한 장치로도 대응할 수 없는 경우에는 그 밖에 단락전류를 제한하는 대책을 강구하여야 한다.

(4) 분산형 전원 계통 연계용 보호장치의 시설

① 계통 연계하는 분산형 전원설비를 설치하는 경우 다음에 해당하는 이상 또는 고장 발생시 자동적으로 분산형 전원설비를 전력계통으로부터 분리하기 위한 장치 시설하여야 한다.

㈎ 분산형 전원설비의 이상 또는 고장

㈏ 연계한 전력계통의 이상 또는 고장

㈐ 단독운전 상태

② ①의 "㈏"에 따라 연계한 전력계통의 이상 또는 고장 발생시 분산형 전원의 분리 시점은 해당 계통의 재폐로 시점 이전이어야 하며, 이상 발생 후 해당 계통의 전압 및 주파수가 정상 범위 내에 들어올 때까지 계통과의 분리 상태를 유지하는 등 연계한 계통의 재폐로 방식과 협조를 이루어야 한다.

확인문제

33 분산형 전원설비를 인버터를 이용하여 전력판매사업자의 저압 전력계통에 연계하는 경우 인버터로부터 직류가 계통으로 유출되는 것을 방지하기 위하여 접속점과 인버터 사이에 시설하여야 하는 변압기의 종류는 무엇인가?

① 단권변압기 ② 상용주파수 변압기

③ 고주파 변압기 ④ 흡상변압기

해설 분산형 전원 저압계통 연계시 직류유출방지 변압기의 시설
분산형 전원설비를 인버터를 이용하여 전력판매사업자의 저압 전력계통에 연계하는 경우 인버터로부터 직류가 계통으로 유출되는 것을 방지하기 위하여 접속점과 인버터 사이에 상용주파수 변압기를 시설하여야 한다.

34 계통 연계하는 분산형 전원을 설치하는 경우에 이상 또는 고장 발생시 자동적으로 분산형 전원을 전력계통으로부터 분리하기 위한 장치를 시설해야 하는 경우가 아닌 것은?

① 역률 저하 상태

② 단독운전 상태

③ 분산형전원의 이상 또는 고장

④ 연계한 전력계통의 이상 또는 고장

해설 분산형 전원 계통 연계용 보호장치의 시설
(1) 분산형전원설비의 이상 또는 고장
(2) 연계한 전력계통의 이상 또는 고장
(3) 단독운전 상태

답 : ②

답 : ①

③ 단순 병렬운전 분산형 전원설비의 경우에는 역전력계전기를 설치한다. 단, 신·재생에너지를 이용하여 동일 전기사용장소에서 전기를 생산하는 합계 용량이 50 [kW] 이하의 소규모 분산형 전원(단, 해당 구내계통 내의 전기사용 부하의 수전 계약전력이 분산형 전원 용량을 초과하는 경우에 한한다)으로서 ①의 "(ㄷ)"에 의한 단독운전 방지기능을 가진 것을 단순 병렬로 연계하는 경우에는 역전력계전기 설치를 생략할 수 있다.

2. 전기저장장치(2차 전지 이용)

(1) 시설장소의 요구사항

① 전기저장장치의 2차전지, 제어반, 배전반의 시설은 기기 등을 조작 또는 보수·점검할 수 있는 충분한 공간을 확보하고 조명설비를 설치하여야 한다.

② 전기저장장치를 시설하는 장소는 폭발성 가스의 축적을 방지하기 위한 환기시설을 갖추고 제조사가 권장하는 온도·습도·수분·분진 등 적정 운영환경을 상시 유지하여야 한다.

③ 침수의 우려가 없도록 시설하여야 한다.

(2) 설비의 안전 요구사항

① 충전부분은 노출되지 않도록 시설하여야 한다.

② 고장이나 외부 환경요인으로 인하여 비상상황 발생 또는 출력에 문제가 있을 경우 전기저장장치의 비상정지 스위치 등 안전하게 작동하기 위한 안전시스템이 있어야 한다.

③ 모든 부품은 충분한 내열성을 확보하여야 한다.

(3) 옥내전로의 대지전압 제한
주택의 전기저장장치의 축전지에 접속하는 부하측 옥내배선을 다음에 따라 시설하는 경우에 주택의 옥내전로의 대지전압은 직류 600 [V] 이하이어야 한다.

확인문제

35 단순 병렬운전 분산형 전원설비의 경우에는 역전력계전기를 설치한다. 단, 신·재생에너지를 이용하여 동일 전기사용장소에서 전기를 생산하는 합계 용량이 몇 [kW] 이하의 소규모 분산형 전원으로서 단독운전 방지기능을 가진 것을 단순 병렬로 연계하는 경우 역전력계전기 설치를 생략할 수 있는가?

① 30 [kW]　　　② 50 [kW]
③ 100 [kW]　　④ 150 [kW]

해설 분산형 전원 계통 연계용 보호장치의 시설
단순 병렬운전 분산형 전원설비의 경우에는 역전력계전기를 설치한다. 단, 신·재생에너지를 이용하여 동일 전기사용장소에서 전기를 생산하는 합계 용량이 50 [kW] 이하의 소규모 분산형 전원으로서 단독운전 방지기능을 가진 것을 단순 병렬로 연계하는 경우에는 역전력계전기 설치를 생략할 수 있다.

답 : ②

36 분산형 전원설비의 전기저장장치 설치장소에 대한 요구사항에 해당되지 않는 것은?

① 침수의 우려가 없도록 시설하여야 한다.
② 폭발성 가스의 축적을 방지하기 위한 환기시설을 갖추어야 한다.
③ 세척이 가능한 설비를 갖추어야 한다.
④ 조명설비를 시설하여야 한다.

해설 분산형 전원설비의 전기저장장치 설치장소 요구사항
(1) 전기저장장치의 축전지, 제어반, 배전반의 시설은 기기 등을 조작 또는 보수·점검할 수 있는 충분한 공간을 확보하고 조명설비를 시설하여야 한다.
(2) 폭발성 가스의 축적을 방지하기 위한 환기시설을 갖추고 적정한 온도와 습도를 유지하도록 시설하여야 한다.
(3) 침수의 우려가 없도록 시설하여야 한다.

답 : ③

① 전로에 지락이 생겼을 때 자동적으로 전로를 차단하는 장치를 시설할 것
② 사람이 접촉할 우려가 없는 은폐된 장소에 합성수지관공사, 금속관공사 및 케이블공사에 의하여 시설하거나, 사람이 접촉할 우려가 없도록 케이블배선에 의하여 시설하고 전선에 적당한 방호장치를 시설할 것

(4) 전기저장장치의 전기배선

① 전선은 공칭단면적 2.5 [mm²] 이상의 연동선 또는 이와 동등 이상의 세기 및 굵기의 것일 것.
② 배선설비 공사는 옥내 및 옥측 또는 옥외에 시설할 경우에는 합성수지관공사, 금속관공사, 금속제 가요전선관공사, 케이블공사의 규정에 준하여 시설하여야 한다.

(5) 전기저장장치의 제어 및 보호장치 등

① 전기저장장치는 배터리의 SOC특성(충전상태 : State of charge)에 따라 제조사가 제시한 정격으로 충전 및 방전할 수 있어야 한다.
② 충전 및 방전할 때에는 전기저장장치의 충전상태 및 방전상태 또는 배터리 상태를 시각화하여 정보를 제공해야 한다.
③ 전기저장장치의 접속점에는 쉽게 개폐할 수 있는 곳에 개방상태를 육안으로 확인할 수 있는 전용의 개폐기를 시설하여야 한다.
④ 전기저장장치의 2차 전지는 다음에 따라 자동으로 전로로부터 차단하는 장치를 시설하여야 한다.
  (ㄱ) 과전압 또는 과전류가 발생한 경우
  (ㄴ) 제어장치에 이상이 발생한 경우
  (ㄷ) 2차 전지 모듈의 내부 온도가 급격히 상승할 경우
⑤ 직류전로에 과전류차단기를 설치하는 경우 직류 단락전류를 차단하는 능력을 가지는 것이어야 하고 "직류용" 표시를 하여야 한다.
⑥ 직류전로에는 지락이 생겼을 때에 자동적으로 전로를 차단하는 장치를 시설하여야 한다.
⑦ 발전소 또는 변전소 혹은 이에 준하는 장소에 전기저장장치를 시설하는 경우 전로가 차단되었을 때에 경보하는 장치를 시설하여야 한다.

확인문제

37 분산형 전원설비에서 주택의 전기저장장의 축전지에 접속하는 부하측 옥내배선을 전로에 지락이 생겼을 때 자동적으로 전로를 차단하는 장치를 시설할 때 주택의 옥내전로의 대지전압은 직류 몇 [V] 이하이어야 하는가?

① 150[V] ② 300 [V]
③ 500 [V] ④ 600 [V]

해설 분산형 전원설비의 전기저장장치
주택의 전기저장장치의 축전지에 접속하는 부하측 옥내배선을 다음에 따라 시설하는 경우에 주택의 옥내전로의 대지전압은 직류 600 [V] 이하이어야 한다.

답 : ④

38 분산형 전원설비의 전기저장장치는 공칭단면적 몇 [mm²] 이상의 연동선을 사용하여야 하는가?

① 0.75 [mm²] ② 2.5 [mm²]
③ 4.0 [mm²] ④ 6.0 [mm²]

해설 분산형 전원설비의 전기저장장치 전기배선
전선은 공칭단면적 2.5 [mm²] 이상의 연동선 또는 이와 동등 이상의 세기 및 굵기의 것일 것.

답 : ②

(6) 계측장치
전기저장장치를 시설하는 곳에는 다음의 사항을 계측하는 장치를 시설하여야 한다.
① 축전지 출력 단자의 전압, 전류, 전력 및 충방전 상태
② 주요변압기의 전압, 전류 및 전력

3. 태양광 발전설비

(1) 설치장소의 요구사항
① 인버터, 제어반, 배전반 등의 시설은 기기 등을 조작 또는 보수 점검할 수 있는 충분한 공간을 확보하고 필요한 조명설비를 시설하여야 한다.
② 인버터 등을 수납하는 공간에는 실내온도의 과열 상승을 방지하기 위한 환기시설을 갖추어야하며 적정한 온도와 습도를 유지하도록 시설하여야 한다.
③ 배전반, 인버터, 접속장치 등을 옥외에 시설하는 경우 침수의 우려가 없도록 시설하여야 한다.
④ 태양전지 모듈을 지붕에 시설하는 경우 취급자에게 추락의 위험이 없도록 점검통로를 안전하게 시설하여야 한다.
⑤ 태양전지 모듈의 직렬군 최대개방전압이 직류 750 [V] 초과 1,500 [V] 이하인 시설장소는 다음에 따라 울타리 등의 안전조치를 하여야 한다.
  (ㄱ) 태양전지 모듈을 지상에 설치하는 경우는 울타리·담 등을 시설하여야 한다.
  (ㄴ) 태양전지 모듈을 일반인이 쉽게 출입할 수 있는 옥상 등에 시설하는 경우는 식별이 가능하도록 위험 표시를 하여야 한다.
  (ㄷ) 태양전지 모듈을 일반인이 쉽게 출입할 수 없는 옥상·지붕에 설치하는 경우는 모듈 프레임 등 쉽게 식별할 수 있는 위치에 위험 표시를 하여야 한다.

확인문제

39 분산형 전원설비의 전기저장장치를 시설하는 곳에서 시설하여야 하는 계측장치가 아닌 것은?
① 축전지 출력 단자의 전압, 전류, 전력을 계측하는 장치
② 축전지 충방전 상태를 계측하는 장치
③ 주요변압기의 전압, 전류 및 전력을 계측하는 장치
④ 주요변압기의 역률을 계측하는 장치

해설 **전기저장장치에 시설하는 계측장치**
전기저장장치를 시설하는 곳에는 다음의 사항을 계측하는 장치를 시설하여야 한다.
(1) 축전지 출력 단자의 전압, 전류, 전력 및 충방전 상태
(2) 주요변압기의 전압, 전류 및 전력

답 : ④

40 분산형 전원설비의 태양광 발전설비 설치장소에 대한 요구사항에 해당되지 않는 것은?
① 배전반, 인버터, 접속장치 등을 옥외에 시설하는 경우 침수의 우려가 없도록 시설하여야 한다.
② 인버터 등을 수납하는 공간에는 적정한 온도와 습도를 유지하도록 시설하여야 한다.
③ 태양전지 모듈을 지붕에 시설하는 경우 취급자에게 추락의 위험이 없도록 점검통로는 시설하지 않아야 한다.
④ 인버터, 제어반, 배전반 등의 시설은 기기 등을 조작 또는 보수 점검할 수 있는 충분한 조명설비를 시설하여야 한다.

해설 **분산형 전원설비의 태양광 발전설비**
태양전지 모듈을 지붕에 시설하는 경우 취급자에게 추락의 위험이 없도록 점검통로를 안전하게 시설하여야 한다.

답 : ③

(ㄹ) 태양전지 모듈을 주차장 상부에 시설하는 경우는 "(ㄴ)"과 같이 시설하고 차량의 출입 등에 의한 구조물, 모듈 등의 손상이 없도록 하여야 한다.

(ㅁ) 태양전지 모듈을 수상에 설치하는 경우는 "(ㄷ)"과 같이 시설하여야 한다.

(2) 설비의 안전 요구사항

① 태양전지 모듈, 전선, 개폐기 및 기타 기구는 충전부분이 노출되지 않도록 시설하여야 한다.

② 모든 접속함에는 내부의 충전부가 인버터로부터 분리된 후에도 여전히 충전상태일 수 있음을 나타내는 경고가 붙어 있어야 한다.

③ 태양광 설비의 고장이나 외부 환경요인으로 인하여 계통연계에 문제가 있을 경우 회로 분리를 위한 안전시스템이 있어야 한다.

(3) 옥내전로의 대지전압 제한

주택의 태양전지모듈에 접속하는 부하측 옥내배선(복수의 태양전지모듈을 시설하는 경우에는 그 집합체에 접속하는 부하측의 배선)을 다음에 따라 시설하는 경우에 옥내배선의 대지전압은 직류 600 [V] 이하이어야 한다.

① 전로에 지락이 생겼을 때 자동적으로 전로를 차단하는 장치를 시설할 것.

② 사람이 접촉할 우려가 없는 은폐된 장소에 합성수지관공사, 금속관공사 및 케이블공사에 의하여 시설하거나, 사람이 접촉할 우려가 없도록 케이블공사에 의하여 시설하고 전선에 적당한 방호장치를 시설할 것.

확인문제

41 분산형 전원설비에서 주택의 태양전지 모듈에 접속하는 부하측 옥내배선을 사람이 접촉할 우려가 없는 장소에 합성수지관공사로 시설할 경우 옥내배선의 대지전압은 직류 몇 [V] 이하이어야 하는가?

① 150[V] ② 300 [V]
③ 500 [V] ④ 600 [V]

해설 분산형 전원설비의 태양광 발전설비

주택의 태양전지모듈에 접속하는 부하측 옥내배선(복수의 태양전지모듈을 시설하는 경우에는 그 집합체에 접속하는 부하측의 배선)을 다음에 따라 시설하는 경우에 옥내배선의 대지전압은 직류 600 [V] 이하이어야 한다.

답 : ④

42 태양광 발전설비에서 주택의 태양전지모듈에 접속하는 부하측 옥내배선의 대지전압이 직류 600 [V] 이하일 때 사람이 접촉할 우려가 없는 은폐장소에 시설할 수 있는 배선방법이 아닌 것은?

① 합성수지관공사 ② 애자공사
③ 금속관공사 ④ 케이블공사

해설 분산형 전원설비의 태양광 발전설비

주택의 전기저장장치의 축전지에 접속하는 부하측 옥내배선을 다음에 따라 시설하는 경우에 주택의 옥내전로의 대지전압은 직류 600 [V] 이하이어야 한다.

(1) 전로에 지락이 생겼을 때 자동적으로 전로를 차단하는 장치를 시설할 것.

(2) 사람이 접촉할 우려가 없는 은폐된 장소에 합성수지관공사, 금속관공사 및 케이블공사에 의하여 시설하거나, 사람이 접촉할 우려가 없도록 케이블공사에 의하여 시설할 것.

답 : ②

(4) 태양광 설비의 간선 전기배선

① 모듈 및 기타 기구에 전선을 접속하는 경우는 나사로 조이고, 기타 이와 동등 이상의 효력이 있는 방법으로 기계적·전기적으로 안전하게 접속하고, 접속점에 장력이 가해지지 않도록 할 것.

② 배선시스템은 바람, 결빙, 온도, 태양방사와 같이 예상되는 외부 영향을 견디도록 시설할 것.

③ 모듈의 출력배선은 극성별로 확인할 수 있도록 표시할 것.

④ 직렬 연결된 태양전지모듈의 배선은 과도과전압의 유도에 의한 영향을 줄이기 위하여 스트링 양극간의 배선간격이 최소화 되도록 배치할 것.

⑤ 전선은 공칭단면적 2.5 [mm^2] 이상의 연동선 또는 이와 동등 이상의 세기 및 굵기의 것일 것.

⑥ 배선설비 공사는 옥내 및 옥측 또는 옥외에 시설할 경우에는 합성수지관공사, 금속관공사, 금속제 가요전선관공사, 케이블공사의 규정에 준하여 시설하여야 한다.

(5) 태양광 설비의 시설기준

① 태양광 설비에 시설하는 태양전지 모듈(이하 "모듈"이라 한다)은 다음에 따라 시설하여야 한다.

(ㄱ) 모듈은 자중, 적설, 풍압, 지진 및 기타의 진동과 충격에 대하여 탈락하지 아니하도록 지지물에 의하여 견고하게 설치할 것.

(ㄴ) 모듈의 각 직렬군은 동일한 단락전류를 가진 모듈로 구성하여야 하며 1대의 인버터에 연결된 모듈 직렬군이 2병렬 이상일 경우에는 각 직렬군의 출력전압 및 출력전류가 동일하게 형성되도록 배열할 것.

② 인버터, 절연변압기 및 계통 연계 보호장치 등 전력변환장치의 시설은 다음에 따라 시설하여야 한다.

(ㄱ) 인버터는 실내·실외용을 구분할 것.

(ㄴ) 각 직렬군의 태양전지 개방전압은 인버터 입력전압 범위 이내일 것.

(6) 태양광 설비의 제어 및 보호장치 등

① 어레이 출력 개폐기는 다음과 같이 시설하여야 한다.

(ㄱ) 태양전지 모듈에 접속하는 부하측의 태양전지 어레이에서 전력변환장치에 이르는 전로(복수의 태양전지 모듈을 시설한 경우에는 그 집합체에 접속하는 부하측의 전로)에는 그 접속점에 근접하여 개폐기 기타 이와 유사한 기구(부하전류를 개폐할 수 있는 것에 한한다)를 시설할 것.

(ㄴ) 어레이 출력개폐기는 점검이나 조작이 가능한 곳에 시설할 것.

② 과전류 및 지락 보호장치

(ㄱ) 모듈을 병렬로 접속하는 전로에는 그 전로에 단락전류가 발생할 경우에 전로를 보호하는 과전류차단기 또는 기타 기구를 시설하여야 한다. 단, 그 전로가 단락전류에 견딜 수 있는 경우에는 그러하지 아니하다.

(ㄴ) 태양전지 발전설비의 직류 전로에 지락이 발생했을 때 자동적으로 전로를 차단하는 장치를 시설하여야 한다.

(7) 태양광 설비의 계측장치

태양광 설비에는 전압, 전류 및 전력을 계측하는 장치를 시설하여야 한다.

4. 풍력발전설비

(1) 화재방호설비 시설

500 [kW] 이상의 풍력터빈은 나셀 내부의 화재 발생시, 이를 자동으로 소화할 수 있는 화재방호설비를 시설하여야 한다.

(2) 풍력설비의 시설기준

① 풍력발전기에서 출력배선에 쓰이는 전선은 CV선 또는 TFR-CV선을 사용하거나 동등 이상의 성능을 가진 제품을 사용하여야 하며, 전선이 지면을 통과하는 경우에는 피복이 손상되지 않도록 별도의 조치를 취할 것.

② 풍력터빈은 작업자의 안전을 위하여 유지, 보수 및 점검 시 전원 차단을 위해 풍력터빈 타워의 기저부에 개폐장치를 시설하여야 한다.

③ 접지설비는 풍력발전설비 타워기초를 이용한 통합접지공사를 하여야 하며, 설비 사이의 전위차가 없도록 등전위본딩을 하여야 한다.

④ 풍력터빈의 피뢰설비는 다음에 따라 시설하여야 한다.

(ㄱ) 수뢰부를 풍력터빈 선단부분 및 가장자리 부분에 배치하되 뇌격전류에 의한 발열에 용손(溶損)되지 않도록 재질, 크기, 두께 및 형상 등을 고려할 것

(ㄴ) 풍력터빈에 설치하는 인하도선은 쉽게 부식되지 않는 금속선으로서 뇌격전류를 안전하게 흘릴 수 있는 충분한 굵기여야 하며, 가능한 직선으로 시설할 것.

(ㄷ) 풍력터빈 내부의 계측 센서용 케이블은 금속관 또는 차폐케이블 등을 사용하여 뇌유도 과전압으로부터 보호할 것.

(ㄹ) 풍력터빈에 설치한 피뢰설비(리셉터, 인하도선 등)의 기능저하로 인해 다른 기능에 영향을 미치지 않을 것.

⑤ 전력기기 · 제어기기 등의 피뢰설비는 다음에 따라 시설하여야 한다.

(ㄱ) 전력기기는 금속시스케이블, 내뢰변압기 및 서지보호장치(SPD)를 적용할 것.

(ㄴ) 제어기기는 광케이블 및 포토커플러를 적용할 것.

⑥ 풍력터빈에는 설비의 손상을 방지하기 위하여 운전 상태를 계측하는 계측장치로 회전속도계, 나셀(nacelle) 내의 진동을 감시하기 위한 진동계, 풍속계, 압력계 및 온도계를 시설하여야 한다.

5. 연료전지설비

(1) 설치장소의 안전 요구사항

① 연료전지를 설치할 주위의 벽 등은 화재에 안전하게 시설하여야 한다..

② 가연성물질과 안전거리를 충분히 확보하여야 한다.

③ 침수 등의 우려가 없는 곳에 시설하여야 한다.

(2) 연료전지 발전실의 가스 누설 대책

"연료가스 누설시 위험을 방지하기 위한 적절한 조치"란 다음에 열거하는 것을 말한다.

① 연료가스를 통하는 부분은 최고사용 압력에 대하여 기밀성을 가지는 것이어야 한다.

② 연료전지 설비를 설치하는 장소는 연료가스가 누설 되었을 때 체류하지 않는 구조의 것이어야 한다.

③ 연료전지 설비로부터 누설되는 가스가 체류 할 우려가 있는 장소에 해당 가스의 누설을 감지하고 경보하기 위한 설비를 설치하여야 한다.

(3) 연료전지설비의 구조

① 내압시험은 연료전지 설비의 내압 부분 중 최고사용압력이 0.1 [MPa] 이상의 부분은 최고사용압력의 1.5배의 수압(수압으로 시험을 실시하는 것이 곤란한 경우는 최고사용 압력의 1.25배의 기압)까지 가압하여 압력이 안정된 후 최소 10분간 유지하는 시험을 실시하였을 때 이것에 견디고 누설이 없어야 한다.

② 기밀시험은 연료전지 설비의 내압 부분 중 최고사용압력이 0.1 [MPa] 이상의 부분(액체 연료 또는 연료가스 혹은 이것을 포함한 가스를 통하는 부분에 한정한다)의 기밀시험은 최고사용압력의 1.1배의 기압으로 시험을 실시하였을 때 누설이 없어야 한다.

(4) 안전밸브

안전밸브의 분출압력은 아래와 같이 설정하여야 한다.

① 안전밸브가 1개인 경우는 그 배관의 최고사용압력 이하의 압력으로 한다. 다만, 배관의 최고사용압력 이하의 압력에서 자동적으로 가스의 유입을 정지하는 장치가 있는 경우에는 최고사용압력의 1.03배 이하의 압력으로 할 수 있다.

② 안전밸브가 2개 이상인 경우에는 1개는 상기에 준하는 압력으로 하고 그 이외의 것은 그 배관의 최고사용압력의 1.03배 이하의 압력이어야 한다.

(5) 연료전지설비의 보호장치

연료전지는 다음의 경우에 자동적으로 이를 전로에서 차단하고 연료전지에 연료가스 공급을 자동적으로 차단하며 연료전지내의 연료가스를 자동적으로 배제하는 장치를 시설하여야 한다.

① 연료전지에 과전류가 생긴 경우

② 발전요소(發電要素)의 발전전압에 이상이 생겼을 경우 또는 연료가스 출구에서의 산소 농도 또는 공기 출구에서의 연료가스 농도가 현저히 상승한 경우

③ 연료전지의 온도가 현저하게 상승한 경우

(6) 연료전지설비의 계측장치

연료전지설비에는 전압, 전류 및 전력을 계측하는 장치를 시설하여야 한다.

(7) 연료전지설비의 비상정지장치

"운전 중에 일어나는 이상"이란 다음에 열거하는 경우를 말한다.

① 연료 계통 설비내의 연료가스의 압력 또는 온도가 현저하게 상승하는 경우

② 증기계통 설비내의 증기의 압력 또는 온도가 현저하게 상승하는 경우

③ 실내에 설치되는 것에서는 연료가스가 누설하는 경우

(8) 접지설비

연료전지에 대하여 전로의 보호장치의 확실한 동작의 확보 또는 대지전압의 저하를 위하여 특히 필요할 경우에 연료전지의 전로 또는 이것에 접속하는 직류전로에 접지공사를 할 때에는 다음에 따라 시설하여야 한다.

① 접지극은 고장시 그 근처의 대지 사이에 생기는 전위차에 의하여 사람이나 가축 또는 다른 시설물에 위험을 줄 우려가 없도록 시설할 것.

② 접지도체는 공칭단면적 16 [mm²] 이상의 연동선 또는 이와 동등 이상의 세기 및 굵기의 쉽게 부식하지 아니하는 금속선(저압 전로의 중성점에 시설하는 것은 공칭단면적 6 [mm²] 이상의 연동선 또는 이와 동등 이상의 세기 및 굵기의 쉽게 부식하지 않는 금속선)으로서 고장시 흐르는 전류가 안전하게 통할 수 있는 것을 사용하고 또한 손상을 받을 우려가 없도록 시설할 것.

③ 접지도체에 접속하는 저항기·리액터 등은 고장시 흐르는 전류를 안전하게 통할 수 있는 것을 사용할 것.

④ 접지도체·저항기·리액터 등은 취급자 이외의 자가 출입하지 아니하도록 설비한 곳에 시설하는 경우 이외에는 사람이 접촉할 우려가 없도록 시설할 것.

memo

전기기사 5주완성 ❷

저 자 전기기사수험연구회
발행인 이 종 권

2018年	1月	9日	초 판 발 행
2018年	1月	23日	초판2쇄발행
2018年	10月	4日	2차개정발행
2019年	10月	8日	3차개정발행
2020年	12月	22日	4차개정발행
2022年	1月	5日	5차개정발행
2023年	1月	17日	6차개정발행
2023年	9月	18日	7차개정발행
2025年	1月	8日	8차개정발행

發行處 **(주) 한솔아카데미**

(우)06775 서울시 서초구 마방로10길 25 트윈타워 A동 2002호
TEL : (02)575-6144/5   FAX : (02)529-1130
〈1998. 2. 19 登錄 第16-1608號〉

※ 본 교재의 내용 중에서 오타, 오류 등은 발견되는 대로 한솔아
카데미 인터넷 홈페이지를 통해 공지하여 드리며 보다 완벽한
교재를 위해 끊임없이 최선의 노력을 다하겠습니다.

※ 파본은 구입하신 서점에서 교환해 드립니다.
www.inup.co.kr / www.bestbook.co.kr

ISBN 979-11-6654-557-3 14560
ISBN 979-11-6654-555-9 (세트)